Physik – Der Studienbegleiter

Lowry A. Kirkby

Physik – Der Studienbegleiter

Alle Grundlagen im Überblick: Für Physiker, Ingenieure und Naturwissenschaftler

Aus dem Amerikanischen übersetzt von
Verena Muckhoff, Anna-Lena Noll, Max Riediger
und Benedikt Ziebarth

Springer Spektrum

Lowry A. Kirkby, University of Oxford

Aus dem Amerikanischen übersetzt von Verena Muckhoff, Anna-Lena Noll,
Max Riediger und Benedikt Ziebarth

ISBN 978-3-8274-3049-6 ISBN 978-3-8274-3050-2 (eBook)
DOI 10.1007/978-3-8274-3050-2

Die Deutsche Nationalbibliothek verzeichnet diese Publikation in der Deutschen Nationalbibliografie; detaillierte bibliografische Daten sind im Internet über http://dnb.d-nb.de abrufbar.

Springer Spektrum
Übersetzung der amerikanischen Ausgabe: *Physics: a student companion* von Lowry A. Kirkby, erschienen bei Scion Publishing, Ltd, 2011, © Scion Publishing, Ltd, 2011.
This translation of *Physics: a student companion* is published by arrangement with Elsevier – Springer Verlag GmbH, Springer Spektrum.

Planung und Lektorat: Vera Spillner, Stefanie Adam
Einbandabbildung: © Eti Ammos – Fotolia.com, © Anatoly Maslennikov – Fotolia.com
Einbandentwurf: SpieszDesign, Neu-Ulm

Gedruckt auf säurefreiem und chlorfrei gebleichtem Papier

Springer Spektrum ist eine Marke von Springer DE. Springer DE ist Teil der Fachverlagsgruppe Springer Science+Business Media.
www.springer-spektrum.de

Vorwort

Es gibt viele Textbücher für Physik, von denen die meisten von Professoren geschrieben wurden, mit dem Ziel, ein Thema in all seinen Details zu unterrichten. Als Studierende befassen wir uns mit diesen, besuchen die Vorlesungen und stellen uns den anstehenden Prüfungen. Als Vorbereitung für letztere prägen wir uns ein, was wir (hoffentlich) bereits gelernt haben. Wie gehen wir das an? All die Textbücher nochmals zu lesen, ist zeitaufwändig und für eine Nachbearbeitung ineffizient: Wenn die Vorbereitung nicht bereits erledigt ist, so ist es in der Regel zu spät, einen Aufholversuch zu starten. Gewissenhafte Studierende machen eigene Notizen, welche eine praktische Gedächtnisstütze der grundlegenden Formeln und Fakten sind und so das Gelernte zusammenfassen. Dieses Vorgehen ist als Teil des Lernprozesses von unschätzbarem Wert. Genau das ist es, was dieses Buch so ungewöhnlich und möglicherweise so einzigartig macht.

Lowry Kirkby war bis vor kurzem eine Physikstudentin der University of Oxford. Sie entwarf ihre eigene Zusammenstellung von Studiennotizen und erzielte einen der besten Notenspiegel ihres Jahrgangs. Ihre Notizen sind das, was den Kern dieses Buches bildete.

Studierende, die sich auf Prüfungen vorbereiten und Zugang zu einer praktischen und erfolgreichen Zusammenstellung von Arbeits- und Übersichtsnotizen haben wollen, müssen nicht weitersuchen. Überdies wurden sie ursprünglich von einer Studentin geschrieben, sie haben also das „Gefühl" dafür, was echte Studentinnen und Studenten wirklich brauchen. Ich bedauere nur zwei Dinge. Zum Ersten, dass Notizen wie diese noch nicht verfügbar waren, als ich Student war. Und zweitens, dass ich nicht selbst auf den Gedanken gekommen bin, das zu tun. Diese originelle Herangehensweise an Prüfungsvorbereitungen verspricht eine unschätzbare Hilfe für alle Studierenden der Physik zu sein.

Frank Close

Professor der Theoretischen Physik, University of Oxford
Physiktutor, Exeter College Oxford

Vorwort

Kurz nachdem ich mein Physikstudium an der University of Oxford begann, wurde mir klar, dass ich einen Weg finden musste, die immense Menge des Stoffes, den wir abdeckten, zu etwas Beherrschbarem zu gliedern, wenn ich den Überblick über mein Fach behalten wollte, besonders im Hinblick auf die Prüfungen. Demzufolge verbrachte ich während der nächsten vier Jahre eine ordentliche Menge Zeit damit, durch Skripte und Kursnotizen, Aufgabenblätter und Lehrbücher zu gehen, um eine verständliche und fundierte Zusammenstellung von Studiennotizen zu erstellen. Ich wiederholte und gliederte Schlüsselkonzepte, Gleichungen und ihre Herleitung, um mir völliges Vertrauen zu verschaffen, dass ich den Stapel von Textbüchern und die Berge von Mitschriften risikofrei hinten im Schrank verstauen und mich allein auf meine Notizen konzentrieren konnte, wenn die entscheidende Prüfungsphase kam. Tatsächlich stellte ich während jener vier Jahre fest, dass ich die Notizen nicht nur für Prüfungen, sondern regelmäßig nutzte, um mich an eine Gleichung oder Herleitung zu erinnern. Der anfängliche Aufwand hat sich also immer wieder gelohnt.

Bei Erreichen des Abschlusses hatte ich einen kompletten Überblick meiner ersten vier Studienjahre, zusammengefasst auf nur wenigen hundert Blättern Papier. Da sich die Notizen für meine Prüfungsvorbereitung als erfolgreich erwiesen hatten, dachte ich, dass auch andere Studierende von einer solchen Quelle profitieren könnten: etwas zwischen Vorlesungsskripten und einem Lehrbuch, eine zugängliche Referenz für Kernideen und Gleichungen und verlässlicher Prüfungsbegleiter. Und so nahm die Idee, dieses Buch zu schreiben, welche sich seit einer Weile stillschweigend formte, eine konkrete Gestalt an.

Das Buch deckt die Konzepte des physikalischen Grundstudiums in einer gut zugänglichen und gedächtnisfreundlichen Weise ab. Es ist als Vervollständigung zu den üblichen Lehrbüchern und eurer eigenen harten Arbeit gedacht. Ich hoffe ihr werdet es sowohl nützlich als auch bereichernd finden!

Lowry A. Kirbky
August 2011

Über die Autorin

Lowry Kirkby absolvierte das Studium an der University of Oxford mit einem First-Class Honours Master of Physics Degree. Sie strebt aktuell den Doktor der Biophysik an der University of California, Berkeley, an.

Danksagung

Viele Menschen haben dabei geholfen, es mir zu ermöglichen, dieses Buch zu schreiben. Ich möchte Arzhang Ardavan, Giles Barr, John Gregg und Geoff Smith, meinen Physiktutoren am Magdalen College, gerne einen herzlichen Dank dafür aussprechen, dass sie meine Jahre in Oxford zu einer unschätzbaren und äußerst angenehmen Lernerfahrung gemacht haben; Frank Close, meinem Physiktutor am Exeter College dafür, dass er mich angehört und sich für mich eingesetzt hat, als ich anfangs mit der Idee, dieses Buch zu schreiben, zu ihm kam; Matt George für seine hilfreichen Kommentare und Rückmeldungen zu einer früheren Version des Elektrodynamikteils; Tenzing Joshi für seinen Enthusiasmus und seine Motivation, die mich während der letzten Schreibphasen unterstützt haben; und Kathryn Nicklin dafür, dass sie während meiner ersten Studienjahre mein zweites Gehirn war.

Ich möchte weiterhin den anonymen Rezensenten für ihre konstruktiven und positiven Kommentare danken, ebenso wie meiner Redakteurin Caren Brown, den Korrektoren John Jarvis und Clare Bloomer, sowie dem Verleger bei Scion Publishing, Jonathan Ray.

Und selbstverständlich besonderen Dank an meine Familie für ihre unentwegte Ermutigung und Unterstützung. Besonders an meine Schwester Eva, deren Glaube an mein Projekt geholfen hat, meine Ausdauer durchweg aufrechtzuerhalten; an meine Mutter Rita, eine beständige Quelle von Tee und moralischer Unterstützung; und an meinen Vater Jasper dafür, dass er nahezu bevor ich sprechen konnte mit mir über den Urknall geredet hat und dass er mir die Freude an der Physik gezeigt hat.

Wie man dieses Buch verwendet

Dieses Buch möchte Studenten beim Beginn des Physikstudiums bis zur Prüfungsvorbereitung unterstützen: es verbindet erzählerische Teile mit Abschnitten, in denen vorgerechnet wird. Letztere Abschnitte sind dabei stets mit ausführlichen Kommentaren versehen, die zum Großteil neben dem Text in Boxen zusammengefasst sind. Dadurch erhält sich der Text seine flüssige Lesbarkeit, während die Beispielkästen das Verständnis unterstützen und vertiefen.

Gleichungen und ihre Herleitungen: Als ich damals meine Studien-Notizen anfertigte, folgte ich einem konsistenten Layout: Überschrift, Überblick, Gleichung im Kasten und Herleitung der Gleichung. Die Herleitung bestand dabei aus einer zweispaltigen Kolumne, in deren linken Seite die mathematischen Gleichungen standen und rechts davon eine kurze Erläuterung der wichtigsten mathematischen Schritte.

Dieses Buch ist in fast identischer Weise verfasst: Gleichungen und Herleitungen stehen separat vom Haupttext, so dass sie neben dem Haupttext laufen und diesen nicht stören, sondern ergänzen. Wo Herleitungen Erklärungen benötigen, gibt es einen Kommentar, der die einzelnen Schritte so erklärt, wie ein Student sie dem anderen erläutern würde. Die Erklärungen sind zugleich auf dem Niveau von sehr guten Antworten in Prüfungssituationen.

Ausgearbeitete Beispiele und Übungen: Zusätzlich zu den Herleitungen gibt es auch Bereiche, in denen der Leser ausgearbeitete Beispielaufgaben findet, die ihm zeigen, wie man ein bestimmtes Konzept anwendet. Das Format der Aufgaben ist dabei ähnlich wie bei den Herleitungen, Mathematik links und die Erklärungen rechts daneben.

Eine der besten Arten, sich auf eine Prüfung vorzubereiten, ist es, Fragen vergangener Prüfungen kennenzulernen und diese beantworten zu lernen. Ich kann Ihnen versichern, dass meine Notizen – und damit auch dieses Buch – genau das richtige Level an Hintergrundwissen vermitteln, um eine solche Prüfung souverän anzutreten und die darin gestellten Fragen sicher zu beantworten.

Das Buch deckt folgende Themengebiete ab:

Teil I: Newton'sche Mechanik und spezielle Relativitätstheorie
Teil II: Elektrodynamik
Teil III: Wellen und Optik
Teil IV: Quantenphysik
Teil V: Physik der Wärme

Diese Themen werden normalerweise in einem Physik-Bachelorstudium abgedeckt und bilden auch den zentralen Kern der physikalischen Graduate Record Examination (GRE), die Studenten bestehen müssen, wenn sie sich auf ein PhD-Studium in den USA bewerben.

Über die deutsche Ausgabe:

Die Übersetzung der deutschen Ausgabe wurde von einem engagierten Team von PhysikstudentInnen vorgenommen. Die Übersetzer haben den Inhalt kommentiert und gegebenenfalls um deutschsprachige Literaturtipps oder für das Studium in Deutschland, Österreich und der Schweiz relevante Inhalte ergänzt und somit das Werk an das deutschsprachige Bachelorsystem angepasst. Ein großer Dank vom Lektorat somit für eine äußerst engagierte und kompetente Mitarbeit geht somit an Verena Muckhoff, Benedikt Ziebarth, Anna-Lena Noll und Max Riediger, die mit Ihrem Fachwissen und ihrer studentischen Erfahrung die deutsche Übersetzung bereichert haben.

Inhaltsverzeichnis

Teil IV Quantenphysik

Teil V Physik der Wärme

Teil I

Newton'sche Mechanik und spezielle Relativitätstheorie

Einleitung

Überblick

Die klassische Mechanik ist die Lehre der Bewegung von Körpern infolge von Krafteinwirkung. Den Kern der klassischen Mechanik bilden Newtons Bewegungsgesetze, welche die Wirkung einer Kraft auf die geradlinige Bewegung eines Körpers beschreiben (Kap. 1, Anwendungsbeispiele in Kap. 2). Eine Kraft, die hingegen auf eine gegebene Achse wirkt, übt ein Drehmoment auf einen Körper aus, woraus sich eine Änderung in seiner *radialen* Bewegung ergibt; so haben Newtons Bewegungsgesetze eine winkelförmige Entsprechung, welche die Radialbewegung von rotierenden Körpern beschreibt (Kap. 3). Praktische Anwendungen von geradliniger und Kreisbewegung finden sich in der Beschreibung von Planetenbahnen (Kap. 4) und Zweikörperbewegungen (Kap. 4). Obwohl Newtons Gesetze die Bewegung von Körpern bei niedrigen Geschwindigkeiten erfolgreich beschreiben, wurde festgestellt, dass sie für Körper, welche sich mit Geschwindigkeiten in der Größenordnung der Lichtgeschwindigkeit bewegen, nicht gelten. In diesen Fällen wird die Bewegung von Körpern durch Einsteins spezielle Relativitätstheorie beschrieben, welche sich im niedrigen Geschwindigkeitsbereich durch in Newtons Gesetze annähern lässt (Kap. 6).

Praktische Anwendungen

Die Anwendungen der klassischen Mechanik sind vielfältig. Wir sind vertraut damit, Newtons Gesetze beispielsweise auf Geschosse, Stöße, Schwingungen und Gravitation anzuwenden, doch die Gesetze der klassischen Mechanik beschreiben die mechanischen Eigenschaften und Bewegung von allen ausgedehnten Körpern, wie Flüssigkeiten, Sternen, Galaxien, Gezeiten, Gyroskopen, lebenden Organismen etc. Vielleicht ist es aussagekräftiger zu sagen, wann wir die klassische Mechanik *nicht* anwenden können – für sehr kleine (Quantenmechanik) und für sehr schnelle (relativistische Mechanik) Objekte. Allerdings scheint die Erhaltung von Energie, Impuls und Drehimpuls – Prinzipien, die in der klassischen Mechanik fundamental sind – universell gültig zu sein.

Meine bescheidene Meinung

Die klassische Mechanik ist ein Fachgebiet, das zu großen Teilen durch Beispiele und Anwendungen gelehrt wird. Das mag vielen Studenten gefallen, wohingegen andere es schwierig finden, da es den Eindruck erweckt, als sei eine Anwendung unabhängig von einer anderen, was tatsächlich nicht so ist. In der Newton'schen Mechanik gibt es ein paar fundamentale Konzepte – von denen die meisten im ersten Kapitel dieses Buches behandelt werden –, die wir auf unterschiedliche Art und Weise wieder und wieder auf eine Vielzahl verschiedener Probleme anwenden. Es lohnt sich, sich die Zeit zu nehmen, nochmals auf die Konzepte, die in Kap. 1 beschrieben werden, zurückzukommen und zu verinnerlichen, dass viele Problemlösungen der klassischen Mechanik nur auf ein paar grundlegende Prinzipien hinauslaufen, wie Energie- und Impulserhaltung oder Newtons zweites Gesetz.

Empfohlene Bücher

- Tipler, P. und Mosca, G., 2009, *Physik: für Wissenschaftler und Ingenieure*. 6. Aufl. Spektrum Akademischer Verlag.
- Demtröder, W., 2008, *Experimentalphysik 1: Mechanik und Wärme*. 5. Aufl. Springer.
- Fließbach, T., 2009, *Mechanik: Lehrbuch zur Theoretischen Physik I*. 6. Aufl. Spektrum Akademischer Verlag.
- Kuypers, F. 2010 *Klassische Mechanik*. 9. Aufl. Wiley.
- Kibble, T. und Berkshire, F., 2004, *Classical Mechanics*, 5. Aufl. Imperial College Press.
- McCall, M., 2001, *Classical Mechanics: a Modern Introduction*. Wiley.
- Taylor, J., 2005, *Classical Mechanics*. University Science Books.

Das Buch von Tipler und Mosca bietet eine exzellente Erklärung des gesamten Stoffes der Experimentalphysik bis hin zum Bachelor (insbesondere auch der Mechanik) mit ausführlich kommentierten Rechenbeispielen. Die Reihe von Demtröder schließt jedes Kapitel mit einer Zusammenfassung und charakteristischen Aufgaben inklusvie Lösungen ab, welche als Überprüfung, ob alles verstanden wurde, hilfreich sind.

Als Einstieg in die theoretische Physik sind die Bücher von Fließbach gut geeignet, das von Kuypers erklärt Details sehr gut und rechnet mehr Beispielrechnungen sowie Aufgaben mit Lösungen als jedes andere Buch. Das Buch von McCall bietet eine anschauliche, präzise und handliche Einführung in die klassische Mechanik und die spezielle Relativitätstheorie. Mehr Details liefern sowohl das Buch von Kibble und Berkshire als auch das von Taylor durch anschauliche Erklärungen und zahlreiche Anwendungen.

Geradlinige Bewegung

1

Geradlinige Bewegung ist die Bewegung entlang einer Geraden. Wir setzen der geradlinigen Bewegung die *Radialbewegung* entgegen (Kap. 3), also die Rotationsbewegung eines Köpers um eine Drehachse. Körper bewegen sich als Reaktion auf Kräfte, die auf sie wirken. Die Wirkung einer Kraft auf einen Körper wird von den drei Newton' schen Bewegungsgesetzen zusammengefasst. Wenn wir die Anfangsbedingungen kennen, können wir mithilfe dieser Gesetze die anschließende Bewegung eines Körpers vorhersagen.

1.1 Newtons Bewegungsgesetze

Die klassische Bewegung gründet auf drei Gesetzen, allgemein bekannt als *Newton'sche Bewegungsgesetze*. Obwohl ihr mit diesen drei Gesetzen zweifelsfrei vertraut seid, ist es hilfreich, sie noch einmal durchzugehen und anzuerkennen, dass viele fundamentale Konzepte, die wir „für selbsverständlich halten" in der Tat durch Newtons Gesetze erklärt werden, wie wir in diesem Kapitel sehen werden. Beispielsweise liegen sie dem Konzept von Kraft, Impuls, Arbeit und Energie zugrunde ebenso wie der Impuls- und Energieerhaltung.

1.1.1 Newtons erstes und zweites Gesetz

Kraft und Impuls

Wir betrachten einen kleinen Körper der Masse m [kg]. In der linearen Mechanik behandeln wir diesen Körper so, als ob seine ganze Masse in einem einzigen Punkt konzentriert wäre: in seinem *Massenschwerpunkt*. Dies ist der Punkt, der die mittlere Position aller Masse in dem Körper darstellt. Unser eigener Massenschwerpunkt ist zum Beispiel in der Nähe unseres Magens. Der *Ortsvektor* eines Körpers, $\vec{x}$ [m], ist der Vektor, der die Position des Massenschwerpunktes in Bezug auf einen beliebigen Ursprung darstellt.

Für einen Körper, der sich in der Zeit, t [s], bewegt, beschreibt die *Geschwindigkeit*, $\vec{v}$ [m s^{-1}], die Änderungsrate des Ortsvektors und die *Beschleunigung*, $\vec{a}$ [m s^{-2}], die Änderungsrate der Geschwindigkeit (Gln. 1.1–1.3). Eine gebräuchliche Kurzschreibweise der ersten und zweiten Zeitableitung einer Variable ist ein einzelner beziehungsweise doppelter Punkt über der Variablen. Beispielsweise:

$$\frac{\mathrm{d}\vec{x}}{\mathrm{d}t} \equiv \dot{\vec{x}} \quad \text{und} \quad \frac{\mathrm{d}^2\vec{x}}{\mathrm{d}^2t} \equiv \ddot{\vec{x}}\,.$$

Die geradlinige Bewegung eines Körpers ist durch ihren *Impuls*, $\vec{p}$ [kg m s^{-1}], gekennzeichnet, welcher definiert ist als die Masse eines Körpers multipliziert mit seiner Geschwindigkeit (Gl. 1.4).

Geschwindigkeit und Beschleunigung:

Geschwindigkeit:

$$\vec{v} = \frac{\mathrm{d}\vec{x}}{\mathrm{d}t} \equiv \dot{\vec{x}} \tag{1.1}$$

Beschleunigung:

$$\vec{a} = \frac{\mathrm{d}\vec{v}}{\mathrm{d}t} \equiv \dot{\vec{v}} \tag{1.2}$$

$$= \frac{\mathrm{d}^2\vec{x}}{\mathrm{d}t^2} \equiv \ddot{\vec{x}} \tag{1.3}$$

Impuls:

$$\vec{p} = m\vec{v} \tag{1.4}$$

Körper bewegen sich als Reaktion auf eine resultierende *Kraft*,[1] $\vec{F}$ [N], die auf sie wirkt. *Wie* sich der Impuls eines Körpers als Ergebnis einer auf ihn wirkenden Kraft ändert – d. h. die *Bewegung* eines Körpers –, ist die Fragestellung, welche die Basis der klassischen Mechanik bildet. Die Beziehung zwischen Kraft und Impuls wird durch Netwons erstes und zweites Gesetz formell ausgedrückt. Wenn keine Kraft auf einen Körper wirkt, bleibt sein Impuls konstant (Newtons erstes Gesetz, Gl. 1.5 in Zusammenfassung 1.1). Die Wirkun einer Kraft, $\vec{F}$, ist, dass sie seinen Impuls ändert, wobei die Änderungsrate des Impulses der Kraft $\vec{F}$ entspricht:

$$\vec{F} = \frac{\mathrm{d}\vec{p}}{\mathrm{d}t}\,.$$

(Newtons zweites Gesetz, Gl. 1.6 in Zusammenfassung 1.1). Folglich definieren Newtons erstes und zweites Gesetz das Konzept einer Kraft; das erste Gesetz beschreibt es qualitativ, während das zweite Gesetz es quantitativ beschreibt. Newtons zweites Gesetz bildet den Kern der klassischen Bewegung. Davon ausgehend können wir die Entwicklung eines Systems vorhersagen, wenn wir die Anfangsbedingungen kennen (Beispiele siehe Kap. 2).

[1] Die resultierende Kraft auf einen Körper ist die Vektorsumme der Einzelkräfte, die auf ihn wirken.

Dynamisches Gleichgewicht

Newtons erstes Gesetz könnte als unnötig betrachtet werden, da es für den Fall $\vec{F} = 0$ im zweiten Gesetz enthalten ist. Allerdings ist es hilfreich, das erste Gesetz explizit zu formulieren, da es das Konzept des *dynamischen Gleichgewichtes* definiert. Auf einen Körper im dynamischen Gleichgewicht wirkt keine Kraft, daher ist er in einem Zustand konstanter Bewegung; er bleibt entweder unbewegt oder hat einen konstanten Impuls. Ein Körper der Masse m im dynamischen Gleichgewicht bewegt sich also mit konstanter Geschwindigkeit, da $\vec{p} = m\vec{v} = \text{konstant}$.

Träge und schwere Masse

Ein weiteres Konzept, das aus Newtons erstem Gesetz folgt, ist das Konzept der *Massenträgheit*. Die Trägheit eines Körpers beschreibt seine Tendenz, entweder unbewegt zu bleiben oder sich weiterhin mit konstanter Geschwindigkeit zu bewegen; sie vertritt seinen Widerstand gegenüber einer Bewegungsänderung. Die Trägheit wird durch die Masse eines Körpers gemessen; seine *träge Masse*, m [kg], ist definiert als die Kraft, die benötigt wird, um einen Körper um $1\,\text{m}\,\text{s}^{-2}$ zu beschleunigen:

$$m = \left|\frac{\vec{F}}{\vec{a}}\right| .$$

Diese Definition der Masse folgt aus Newtons zweitem Gesetz (Gl. 1.6). Schwerere Körper haben einen größeren Widerstand gegenüber einer Bewegungsänderung (es wird eine größere Kraft benötigt, um sie um $1\,\text{m}\,\text{s}^{-2}$ zu beschleunigen), was bedeutet, dass sie eine größere Trägheit haben.

Wir definieren die *schwere Masse*, m_g [kg], konventionell als die *gravitative* Kraft, die benötigt wird, um einen Körper im freien Fall um $1\,\text{m}\,\text{s}^{-2}$ zu beschleunigen:

$$m_g = \left|\frac{\vec{F}_g}{\vec{g}}\right| .$$

Die gravitative Erdbeschleunigung ist $|\vec{g}| \simeq 9.81\,\text{m}\,\text{s}^{-2}$. Galileo hat im 17. Jahrhundert eine Versuchsreihe durchgeführt, die beinhaltete, Objekte unterschiedlicher Massen unter Einfluss der Erdbeschleunigung von der selben Höhe frei fallen zu lassen. Dadurch machte er die Feststellung, dass träge und schwere Masse gleichwertig sind; was allgemein bekannt ist als *Galilei'sches Äquivalenzprinzip*. Körper besitzen also nur eine „Art" von Masse, deren Betrag gleich der trägen Masse ist.

1.1.2 Newtons drittes Gesetz

Newtons drittes Gesetz bezieht sich auf die gegenseitige Wechselwirkung zweier Körper. Es sagt aus, dass die Kraft, die ein Körper 2 auf einen Körper 1 ausübt, gleich im Betrag und entgegengesetzt in der Richtung zur Kraft ist, die der erste Körper auf den zweiten ausübt:

$$\vec{F}_{12} = -\vec{F}_{21} .$$

(Gl. 1.7 in der Zusammenfassung 1.1). Wir benutzen dieses Gesetz, um die innere Dynamik eines Vielkörpersystems zu beschreiben, welches nicht durch seine äußere Umgebung beeinflusst wird (Beispiele siehe Kap. 5).

1.2 Kraft und Impuls

1.2.1 Kraftstoß

Wirkt eine konstante Kraft $\vec{F}$ im Zeitintervall Δt auf einen Körper, so erfährt dieser einen *Kraftstoß*, $\vec{I}$ [$\text{kg}\,\text{m}\,\text{s}^{-1}$], welcher als das Produkt von Kraft und Zeit definiert ist:

$$\vec{I} = \vec{F}\Delta t .$$

Der Kraftstoß ist eine vektorielle Größe, dessen Richtung parallel zur angreifenden Kraft verläuft. Für eine zeitabhängige Kraft $\vec{F}(t)$, die zwischen den Zeiten t_1 und t_2 wirkt, ist der Kraftstoß das Integral über die Kraft bezüglich der Zeit (Gl. 1.8). In einem Kraft-Zeit-Diagramm (mit $\left|\vec{F}(t)\right| \equiv F(t)$) ist der Kraftstoß gleich dem Bereich unterhalb der Kurve.

Kraftstoß-Impuls-Theorem

Unter Verwendung von Newtons zweitem Gesetz in Gl. 1.8 sehen wir, dass der Kraftstoß eines Körpers gleich der Impulsänderung ist, die er durch die Wirkung einer Kraft erfährt:

$$\begin{aligned}\vec{I} &= \int_{t_1}^{t_2} \vec{F}\,\mathrm{d}t \\ &= \int_{t_1}^{t_2} \frac{\mathrm{d}\vec{p}}{\mathrm{d}t}\,\mathrm{d}t \\ &= \int_{\vec{p}_1}^{\vec{p}_2} \mathrm{d}\vec{p} \\ &= \Delta\vec{p} .\end{aligned}$$

Die Aussage, dass die Impulsänderung eines Körpers, $\Delta\vec{p}$, gleich seinem Kraftstoß ist, wird manchmal als *Kraftstoß-Impuls-Theorem* bezeichnet (Gl. 1.9).

Zusammenfassung 1.1: Newton'sche Gesetze

1. **Erstes Newton'sches Gesetz: Prinzip der Trägheit**
   Der Impuls eines Körpers, auf welchen keine äußere Kraft wirkt, ändert sich nicht. Ein Körper mit konstanter Masse m bleibt also unbewegt oder bewegt sich mit konstanter Geschwindigkeit; er ist im Zustand des *dynamischen Gleichgewichts*, wenn keine äußere Kraft auf ihn wirkt:

$$\vec{F} = 0 \quad \rightarrow \quad \vec{p} = \text{konstant}$$
$$\text{oder} \quad \vec{v} = \text{konstant für konstantes } m \tag{1.5}$$

2. **Zweites Newton'sches Gesetz: Prinzip der Bewegung**
   Die resultierende Kraft auf einen Körper bewirkt eine Änderung seines Impulses. Die Änderungsrate des Impulses ist gleich der externen Kraft:

$$\begin{aligned}\vec{F} &= \frac{\mathrm{d}\vec{p}}{\mathrm{d}t} \\ &= m\vec{a} \quad \text{für konstantes } m, \text{ mit } \vec{a} = \mathrm{d}\vec{v}/\,\mathrm{d}t.\end{aligned} \tag{1.6}$$

3. **Drittes Newton'sches Gesetz: Prinzip der Aktion und Reaktion**
   Zwei isolierte Körper üben entgegengesetzt gleiche Kräfte aufeinander aus:

$$\vec{F}_{12} = -\vec{F}_{21}\,. \tag{1.7}$$

Kraftstoß:

$$\vec{I} = \int_{t_1}^{t_2} \vec{F}(t)\,\mathrm{d}t \tag{1.8}$$
$$\equiv \Delta\vec{p} \tag{1.9}$$

Impulserhaltung (Herleitung 1.1):

$$\begin{aligned}\vec{P} &= \sum_{i=1}^{N} \vec{p}_i \\ &= \text{konstant}\end{aligned} \tag{1.10}$$

1.2.2 Impulserhaltung

Eine bedeutende Folgerung aus den Newton'schen Bewegungsgleichungen ist die *Impulserhaltung*. Wir betrachten ein isoliertes System aus N Körpern, welche nicht von äußeren Kräften beeinflusst werden, aber gegenseitige Zweikörperwechselwirkungen, $\vec{F}_{ij}$, erfahren, wobei die Indizes i und j jeweils einen der Körper repräsentieren. Unter Verwendung von Newtons drittem Gesetz stellen wir fest, dass der Gesamtimpuls aller Körper, $\vec{P}$ (die Summe der einzelnen Impulse jedes Körpers des Systems), eine konstante Größe ist (Gl. 1.10 und Herleitung 1.1).

Diese Aussage impliziert, dass der Impuls in isolierten Systemen (d. h. solchen, die nicht mit ihrer Umgebung wechselwirken) eine Erhaltungsgröße ist. Da das Universum ein isoliertes System darstellt, ist der Gesamtimpuls des Universums konstant: Ein Impuls kann weder erschaffen noch zerstört werden; allerdings kann ein Impuls von einem Körper auf einen anderen übertragen werden. Die Impulserhaltung ist ein grundlegendes Ergebnis, welches sich auf *alle* Bereiche der Physik anwenden lässt. In Abschn. 2.1 werden wir uns ihre Anwendungen auf Stöße ansehen.

Herleitung 1.1: Herleitung der Impulserhaltung (Gl. 1.10)

$$\begin{aligned}\vec{P} &= \sum_{i=1}^{N} \vec{p}_i \\ &= \vec{p}_1 + \vec{p}_2 + \vec{p}_3 + \ldots + \vec{p}_N \\ &= \vec{p}_1 + \vec{p}_2 \quad \text{für ein Zweikörpersystem}\end{aligned}$$

$$\begin{aligned}\rightarrow \frac{\mathrm{d}\vec{P}}{\mathrm{d}t} &= \frac{\mathrm{d}(\vec{p}_1 + \vec{p}_2)}{\mathrm{d}t} \\ &= \frac{\mathrm{d}\vec{p}_1}{\mathrm{d}t} + \frac{\mathrm{d}\vec{p}_2}{\mathrm{d}t} \\ &= \vec{F}_{12} + \vec{F}_{21} \\ &= 0 \quad \text{(drittes Newton'sches Gesetz)}\end{aligned}$$

$$\rightarrow \mathrm{d}\vec{P} = 0$$

$$\Rightarrow \vec{P} = \text{konstant}$$

- Ansatz: Der Gesamtimpuls eines Systems von Körpern, $\vec{P}$, ist die Summe der einzelnen Impulse jedes Körpers, $\vec{p}_i$. Der Einfachheit halber betrachten wir ein System von zwei Körpern.
- Aus dem zweiten Newton'schen Gesetz folgt, dass die Impulsänderung eines Körpers gleich der auf ihn wirkenden Kraft ist. Betrachten wir ein isoliertes System, auf welches keine äußere Kraft wirkt, dann ist die resultierende Kraft auf Körper i gleich seiner Wechselwirkung mit Körper j, $\vec{F}_{ij}$.
- Aus dem dritten Newton'schen Gesetz folgt, dass die gegenseitigen Kräfte zweier miteinander wechselwirkenden Körper entgegengesetzt gleich sind: $\rightarrow \vec{F}_{12} = -\vec{F}_{21}$.
- Folglich stellen wir fest, dass der Gesamtimpuls eines isolierten Systems konstant ist.

1.3 Kraft und Energie

Da vielen von uns die Konzepte von Kraft und Energie in einem jungen Alter beigebracht wurden, hören wir nie auf, uns zu fragen, was Energie wirklich ist und wo sie herkommt. Im weitesten Sinne beschreibt die Energie, E [J], eines Körpers seinen physikalischen Zustand. Der *Zustand* eines Körpers ist wiederum ein allgemeiner Begriff, welcher jegliche physikalischen Eigenschaften beinhaltet, die ihn beschreiben, wie seine Position, Geschwindigkeit, Temperatur, Deformation etc. Energie ist in verschiedene Formen unterteilt, die von dem Zustand des Körpers abhängen. Sehr schnelle Körper haben beispielsweise eine hohe *kinetische* Energie und sehr heiße Körper eine hohe *thermische* Energie.

1.3.1 Arbeit durch eine Kraft

Wie gewinnt ein Körper also überhaupt erst Energie? Ein Körper gewinnt Energie, wenn Arbeit, W, [J], an ihm verrichtet wird. Eine Kraft, die auf einen Körper wirkt und ihn verschiebt, verrichtet Arbeit an ihm. Die Arbeit, die von einer Kraft verrichtet wird, ist gleich dem Skalarprodukt der Kraft mit der Verschiebung des Körpers:

$$\mathrm{d}W = \vec{F} \cdot \mathrm{d}\vec{r}\,.$$

Das Skalarprodukt pickt die Komponente von $\vec{F}$ heraus, welche die gleiche Richtung wie die Verschiebung von $\vec{r}$ hat (Abb. 1.1). Die Gesamtarbeit, die eine Kraft an einem Körper verrichtet, wenn sie ihn von seiner Position a zu einer Position b verschiebt, erhalten wir durch Integration von $\mathrm{d}W$, siehe Gl. 1.11 für Bewegung in einer Dimension, bzw. Gl. 1.12 für drei Dimensionen.

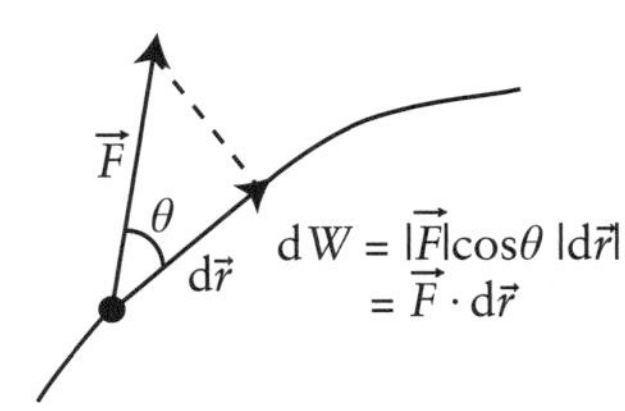

Abbildung 1.1 Eine Kraft verrichtet Arbeit an einem Körper, wenn sie ihn verschiebt. Diese Arbeit ist gleich der Kraft in Richtung der Verschiebung multipliziert mit der Verschiebung

Arbeit durch eine Kraft:

$$\text{In einer Dimension:} \quad W = \int_a^b F(x)\,\mathrm{d}x \qquad (1.11)$$

$$\text{In drei Dimensionen:} \quad W = \int_{\vec{a}}^{\vec{b}} \vec{F}(\vec{r}) \cdot \mathrm{d}\vec{r} = \int_a^b F(r)\cos\theta\,\mathrm{d}r \qquad (1.12)$$

Bei einem eindimensionalen Diagramm der Kraft, $F(x)$, gegen die Verschiebung x, ist die Arbeit gleich dem Bereich unter der Kurve (Abb. 1.2).

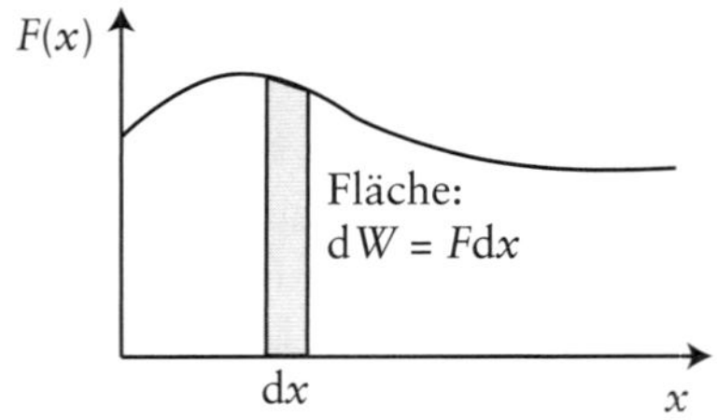

Abbildung 1.2 Die verrichtete Arbeit ist der Bereich unter der Kurve des Kraft-Verschiebungs-Diagramms

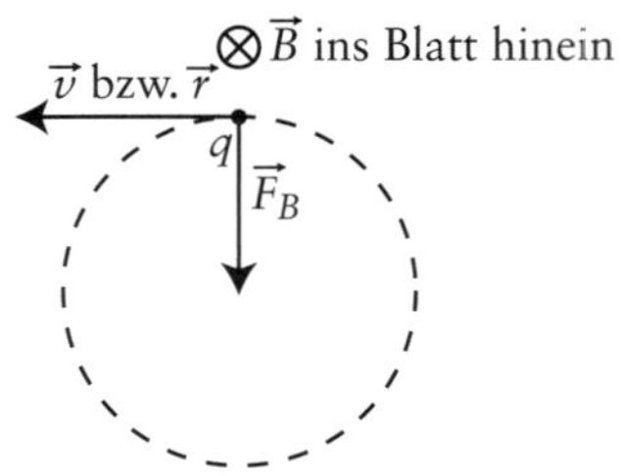

Abbildung 1.3 Magnetostatische Kräften wirken in Richtung $\vec{v} \times \vec{B}$, wobei $\vec{v}$ die Geschwindigkeit des geladenen Teilchens ist. Da die Verschiebung des Teilchens, $\vec{r}$, senkrecht zur Kraft ist ($\vec{r}$ ist parallel zu $\vec{v}$), verrichten magnetostatische Kräfte keine Arbeit an geladenen Teilchen

Arbeits-Energie-Theorem

Das *Arbeits-Energie-Theorem* besagt, dass die Energie eines Körpers sich um den Betrag der an ihm verrichteten Arbeit verändert, wenn eine externe Kraft auf ihn wirkt (Gl. 1.13). Obwohl Arbeit wie Energie ein in Joule gemessener Skalar ist, ist sie keine Form von Energie *an sich*: sie ist eine Form von *Energietransport* zu einem Körper oder von ihm weg.

Arbeits-Energie-Theorem:

$$\Delta E = W = \int_{\vec{a}}^{\vec{b}} \vec{F}(\vec{r}) \cdot \mathrm{d}\vec{r}\,. \qquad (1.13)$$

Eine Kraft verrichtet keine Arbeit an einem Körper, wenn (i) die angreifende Kraft den Körper nicht bewegt oder wenn (ii) die Bewegungsrichtung senkrecht zur Richtung der Kraft ist. Die magnetostatische Kraft, $\vec{F}_B$, wirkt zum Beispiel senkrecht zur Geschwindigkeit eines geladenen Objektes:

$$\vec{F}_B = q\vec{v} \times \vec{B}$$

wobei q die Ladung [C] des Objektes und $\vec{B}$ das von der Ladung wahrgenommene magnetische Feld [T] ist. Da $\vec{F}_B$ rechtwinklig zu $\vec{v}$ ist, findet keine Verschiebung des Objektes in Richtung von $\vec{F}_B$ statt, was bedeutet, dass magnetostatische Kräfte keine Arbeit an Ladungen verrichten – sie ändern die Energie von bewegten Ladungen nicht (Abb. 1.3).

Kraft verrichtet *an* vs. *durch* einen Körper

An einem Körper wird Kraft verrichtet, wenn $W > 0$. Das Ergebnis ist eine *Zunahme* der Gesamtenergie des Körpers; die Gesamtenergie eines Körpers ist also ein Maß der Arbeit, die durch externe Kräfte an ihm verrichtet wurde. Bewegt sich ein Körper dagegen in eine Richtung, die eine resultierende Komponente in die *entgegengesetzte* Richtung einer äußeren Kraft, $\vec{F}$, hat, so ist das Skalarprodukt $\vec{F} \cdot \mathrm{d}\vec{r}$ negativ und $W < 0$. In diesem Fall wird Arbeit *durch* einen Körper verrichtet, wodurch sich eine *Abnahme* der Gesamtenergie des Körpers ergibt. Beispielsweise verrichtet ein Ball Arbeit, wenn er auf einer flachen Oberfläche rollt und aufgrund der Reibungskraft des Bodens langsamer wird. Energie wird daher oft als „die Fähigkeit eines Körpers, Arbeit zu verrichten" definiert: Je höher die Energie des Körpers ist, desto größer ist seine Fähigkeit, Arbeit zu verrichten.

Analogie zwischen Arbeit und Kraftstoß

In Gl. 1.8 haben wir gesehen, dass der Kraftstoß definiert ist als das Integral der Kraft bezüglich der Zeit. Der Kraftstoß bewirkt eine Impulsänderung des Körpers. Analog ist die Arbeit definiert als das Integral der Kraft bezüglich des *Weges*. Die Arbeit bewirkt eine *Energieänderung* des Körpers.

1.3.2 Leistung

Leistung, P [W], ist die Rate der verrichteten Arbeit (Gl. 1.14).

Unter Verwendung von $\mathrm{d}W = \vec{F} \cdot \mathrm{d}\vec{r}$ und der Annahme, dass $\vec{F}$ zeitlich konstant ist, können wir die Frequenz, mit welcher Arbeit an einem Körper verrichtet wird, ausdrücken als die auf ihn wirkende externe Kraft multipliziert mit der Geschwindigkeit des Körpers (Gl. 1.15):

$$P = \frac{\mathrm{d}W}{\mathrm{d}t} = \vec{F} \cdot \frac{\mathrm{d}\vec{r}}{\mathrm{d}t} = \vec{F} \cdot \vec{v}\,.$$

Das Skalarprodukt pickt die Kraftkomponente heraus, welche in die Richtung der Geschwindigkeit des Körpers wirkt.

Leistung:

Bezüglich der Arbeit:

$$P = \frac{\mathrm{d}W}{\mathrm{d}t} \qquad (1.14)$$

Bezüglich der Kraft:

$$P = \vec{F} \cdot \vec{v}$$
$$= \left|\vec{F}\right| |\vec{v}| \cos\theta \qquad (1.15)$$

1.4 Mechanische Energie

Mechanische Energie ist die mit der Bewegung und Position eines Körpers assoziierte Energie, sie beinhaltet sowohl kinetische als auch potentielle Energie, welche unten beschrieben werden.

1.4.1 Kinetische Energie (KE)

Kinetische Energie, T [J], ist die mit der Bewegung eines Körpers assoziierte Energie. Die kinetische Energie eines Körpers ist gleich der Arbeit, die verrichtet wird, um den Körper von einem unbewegten Zustand auf eine Geschwindigkeit $\vec{v}$ zu beschleunigen. Mithilfe von $dW = \vec{F} \cdot d\vec{r}$ und Newtons zweitem Gesetz stellen wir fest, dass die kinetische Energie eines Körpers der Masse m proportional zum Quadrat der Geschwindigkeit oder des Impulses dieses Körpers ist (Gl. 1.16 und Herleitung 1.2). Die kinetische Energie eines Körpers ändert sich also, wenn sich seine Geschwindigkeit bzw. sein Impuls ändert.

Kinetische Energie (Herleitung 1.2):

$$T = \frac{1}{2}mv^2$$
$$= \frac{p^2}{2m} \qquad (1.16)$$

1.4.2 Potentielle Energie (PE)

Potentielle Energie, V [J], ist die mit der Position und Konfiguration eines Körpers assoziierte Energie. In einem System gespeicherte potentielle Energie gibt ihm „das Potential", diese Energie durch Ausführung von Arbeit in eine andere Form umzuwandeln, wie kinetische oder thermische Energie. Ein Körper speichert etwa *gravitative* potentielle Energie aufgrund seiner Höhe, dehnbare Körper speichern *elastische* potentielle Energie, wenn sie gedehnt oder gestaucht sind. Demnach speichern Körper potentielle Energie, wenn sie im gespanntem Zustand oder nicht im Gleichgewicht sind. Die Kraft, die einen Körper in seinen entspannten oder Gleichgewichtszustand zurück„zieht" wird *Rückstellkraft*, $\vec{F}_R$, genannt. Die potentielle Energie eines Körpers nimmt zu, wenn Arbeit *entgegen* der Rückstellkraft verrichtet wird; was bedeutet, dass die Kraft, die angewandt werden muss, um den Betrag der potentiellen Energie eines Körpers zu erhöhen, entgegengesetzt gleich zu $\vec{F}_R$ ist: $\vec{F}_{ang} = -\vec{F}_R$. Bezüglich der ausgeübten Arbeit ist die potentielle Energie also definiert als:

$$V = W$$
$$= \int \vec{F}_{ang} \cdot d\vec{r}$$
$$= -\int \vec{F}_R \cdot d\vec{r}\,.$$

Wenn ein Körper sich entgegen der Rückstellkraft von $\vec{a}$ nach $\vec{b}$ bewegt, gewinnt er die durch Gl. 1.17 gegebene Energie. Die Art der Rückstellkraft hängt von dem jeweiligen System ab, Ausdrücke für elastische und gravitative potentielle Energie werden in der Beispielrechnung 1.1 berechnet.

Potentielle Energie:

$$V = -\int_{\vec{a}}^{\vec{b}} \vec{F}(\vec{r}) \cdot d\vec{r} \qquad (1.17)$$

1.4.3 Energieerhaltung

Eine Schlussfolgerung aus dem zweiten Newton'schen Gesetz, $\vec{F} = m\vec{a}$, ist, dass die Energie in isolierten Systemen (d. h. solchen, die nicht mit ihrer Umgebung wechselwirken) eine Erhaltungsgröße ist. In einem idealen mechanischen System (in dem Reibung vernachlässigbar ist) ist die Gesamtenergie, E_0, die Summe der kinetischen sowie der potentiellen Energie (Gl. 1.20 und Herleitung 1.3). Durch Ausübung von Arbeit kann Energie von einem Körper auf einen anderen übertragen oder von einer Form in eine andere umgewandelt werden. Ein Ball etwa, der von einer Höhe h fällt, verliert potentielle Energie, während er sich dem Boden nähert, seine kinetische Energie nimmt jedoch zu, sodass $T + V =$ konstant gilt.

Herleitung 1.2: Herleitung der kinetischen Energie (Gl. 1.16)

$$\begin{aligned} T &= W \\ &= \int_0^{\vec{r}} \vec{F}_a \cdot d\vec{r}' \\ &= \int_0^{t} \vec{F}_a \cdot \vec{v}'\, dt' \\ &= m \int_0^{t} \frac{d\vec{v}'}{dt'} \cdot \vec{v}'\, dt' \\ &= m \int_0^{\vec{v}} d\vec{v}' \cdot \vec{v}' \\ &= m \int_0^{v} v'\, dv' \\ &= \frac{1}{2} m v^2 \end{aligned}$$

Um die Variablen von den Integrationsgrenzen zu unterscheiden, werden sie gestrichen notiert.

- Ansatz: Die kinetische Energie eines Körpers ist die während der Beschleunigung an ihm verrichtete Arbeit:

$$\begin{aligned} T = W &= \int \vec{F}_a \cdot d\vec{r} \\ &= \int \vec{F}_a \cdot \vec{v}\, dt\,. \end{aligned}$$

mit der äußeren Kraft $\vec{F}_a$, die benötigt wird, um den Körper zu beschleunigen, und seiner Geschwindigkeit $\vec{v} = d\vec{r}/dt$.

- Aus dem zweiten Newton'schen Gesetz folgt, dass die einen Körper beschleunigende äußere Kraft gleich der Änderungsrate seines Impulses ist:

$$\begin{aligned} \vec{F}_a &= \frac{d\vec{p}}{dt} \\ &= m\frac{d\vec{v}}{dt} \quad \text{für konstante Masse, } m. \end{aligned}$$

- Das Skalarprodukt eines Vektors mit sich selbst ist $\vec{v} \cdot \vec{v} = |\vec{v}|^2 \equiv v^2$. Durch Ableitung beider Seiten erhalten wir:

$$\begin{aligned} d(\vec{v} \cdot \vec{v}) &= d\vec{v} \cdot \vec{v} + \vec{v} \cdot d\vec{v} = 2\vec{v} \cdot d\vec{v} \\ \text{und} \quad d\left(v^2\right) &= 2v\, dv \\ \rightarrow \vec{v} \cdot d\vec{v} &= v\, dv\,. \end{aligned}$$

Erhaltung mechanischer Energie (Herleitung 1.3):

$$\begin{aligned} E_0 &= T + V \\ &= \text{konstant} \end{aligned} \qquad (1.20)$$

Die Energieerhaltung ist ein fundamentales Gesetz, welches für alle Gebiete der Physik gilt. Da das Universum ein isoliertes System ist, bleibt die Gesamtenergie des Universums konstant – sie kann weder erschaffen noch zerstört werden. Das „endgültige Schicksal des Universums" betrachtend hat diese Aussage philosophische Implikationen.

1.4.4 Dissipation

Gewöhnlich gibt es in vielen mechanischen Systemen einen Energieverlust in Form von Wärme, Q [J]. Das System hat diese Energie unwiderruflich an seine Umgebung verloren. Wärme ist keine Form von Energie *an sich*, sondern sie ist (wie Arbeit) eine Form von *Energietransport* von einem Körper zu einem anderen oder von einem System zu seiner Umgebung. Wärmeverlust eines mechanischen Systems bewirkt eine Zunahme der thermischen Energie der Umgebung. Kräfte, die mechanischen Energieverlust eines Systems bewirken, heißen *dissipative* Kräfte. Übliche dissipative Kräfte sind Reibung und Strömungs- oder Luftwiderstand. Für langsam bewegte Körper können dissipative Kräfte oft als proportional zur Geschwindigkeit dargestellt werden, die Proportionalitätskonstante heißt Abklingkonstante oder Dämpfungskoeffizient, Γ [$\mathrm{N\,s\,m^{-1}}$]. Dissipative Kräfte wirken in die der Geschwindigkeit des Objektes entgegengesetzte Richtung, folglich gilt:

$$\vec{F}_\Gamma = -\Gamma\vec{v}\,.$$

In Abschn. 2.2 werden wir die Wirkung von dissipativen Kräften auf die Bewegung von Geschossen und schwingenden Federn betrachten.

Beispielrechnung 1.1: Elastische und gravitative potentielle Energie (Gl. 1.17)

Elastische potentielle Energie:

Die Rückstellkraft einer Feder, die ein kurzes Stück, $\vec{r}$, vom Gleichgewichtspunkt ausgelenkt wurde, ist:

$$\vec{F}_{\text{Feder}} = -k\vec{r} \quad \text{in drei Dimensionen}$$
$$\text{bzw.} \quad F_{\text{Feder}} = -kx \quad \text{in einer Dimension.}$$

wobei k die *Federkonstante* [N m^{-1}] ist. Mit Gl. 1.17 ist die in einer Feder, welche um eine Strecke x aus ihrem Gleichgewicht ausgelenkt ist, gespeicherte potentielle Energie gleich:

$$\begin{aligned} V_{\text{Feder}} &= -\int_0^x F_{\text{Feder}}\, \mathrm{d}x' \\ &= \int_0^x kx'\, \mathrm{d}x' \\ &= \frac{1}{2}kx^2 . \end{aligned} \tag{1.18}$$

Um die Variablen von den Integrationsgrenzen zu unterscheiden, werden sie gestrichen notiert.

Gravitative potentielle Energie:

Die auf einen vertikal in einem Gravitationsfeld angehobenen Körper wirkende Rückstellkraft ist:

$$F_{\text{vG}} = -mg .$$

wobei g die gravitationsbedingte Beschleunigung [9.81 m s^{-2}] ist. Mit Gl. 1.17 ist die gravitative potentielle Energie, GPE, einer Masse m, die um eine vertikale Höhe h vom Boden angehoben wurde:

$$\begin{aligned} \text{GPE} &= -\int_0^h F_{\text{G}}\, \mathrm{d}z \\ &= \int_0^h mg\, \mathrm{d}z \\ &= mgh . \end{aligned} \tag{1.19}$$

1.5 Konservative Kräfte

Dissipative Kräfte bewirken einen irreversiblen Verlust mechanischer Energie eines Systems in Form von Wärmeverlust. Im Kontrast dazu erhalten *konservative Kräfte* mechanische Energie. Wir werden uns unten einige Eigenschaften konservativer Kräfte ansehen.

Funktionen potentieller Energie

Wenn wir die Gleichung der Energieerhaltung, $E_0 = T + V$ (Gl. 1.20), ableiten, erhalten wir:

$$\frac{\mathrm{d}}{\mathrm{d}t}E_0 = \frac{\mathrm{d}}{\mathrm{d}t}\left(\frac{1}{2}m\dot{x}^2 + V(x)\right)$$

$$\begin{aligned} \rightarrow 0 &= m\dot{x}\ddot{x} + \frac{\mathrm{d}V(x)}{\mathrm{d}t} \\ &= m\dot{x}\ddot{x} + \frac{\mathrm{d}V(x)}{\mathrm{d}x}\frac{\mathrm{d}x}{\mathrm{d}t} \\ &= m\dot{x}\ddot{x} + \dot{x}\frac{\mathrm{d}V(x)}{\mathrm{d}x} \end{aligned}$$

$$\rightarrow m\ddot{x} = -\frac{\mathrm{d}V(x)}{\mathrm{d}x} .$$

Unter Verwendung von $F = ma = m\ddot{x}$ sehen wir also, dass eine konservative Kraft mit dem Gradienten einer Funktion der potentiellen Energie verbunden ist:

$$\rightarrow F(x) = -\frac{\mathrm{d}V(x)}{\mathrm{d}x} .$$

(Gl. 1.21). Dieses Ergebnis ist nicht sehr überraschend, da wir bereits festgestellt haben, dass potentielle Energie die gegen eine Rückstellkraft verrichtete Arbeit ist:

$$V(x) = -\int F(x)\, \mathrm{d}x \quad \text{in einer Dimension}$$
$$\text{bzw.} \quad V(\vec{r}) = -\int \vec{F}(\vec{r}) \cdot \mathrm{d}\vec{r} \quad \text{in drei Dimensionen}$$

(siehe Gl. 1.17). Bei der Verallgemeinerung zu drei Dimensionen wird die Ableitung nach dem Ort in Gl. 1.21 durch den Gradienten (Nabla-Operator) ersetzt (Gl. 1.22).

Konservative Kräfte:

$$\text{In einer Dimension:} \quad F(x) = -\frac{\mathrm{d}V(x)}{\mathrm{d}x} \tag{1.21}$$

$$\text{In drei Dimensionen:} \quad \vec{F}(\vec{r}) = -\nabla V(\vec{r}) \tag{1.22}$$

Eine konservative Kraft ist wirbelfrei:

$$\nabla \times \vec{F} = 0 \tag{1.23}$$

Herleitung 1.3: Herleitung der Energieerhaltung (Gl. 1.20)

$$\vec{F} = m\ddot{\vec{r}}$$

$$\rightarrow \vec{F}\cdot\dot{\vec{r}} = m\ddot{\vec{r}}\cdot\dot{\vec{r}}$$

$$\rightarrow \int \vec{F}\cdot\frac{\mathrm{d}\vec{r}}{\mathrm{d}t}\,\mathrm{d}t = m\int\frac{\mathrm{d}\dot{\vec{r}}}{\mathrm{d}t}\cdot\dot{\vec{r}}\,\mathrm{d}t$$
$$= m\int \mathrm{d}\dot{\vec{r}}\cdot\dot{\vec{r}}$$
$$= m\int \dot{r}\,\mathrm{d}\dot{r}$$
$$= \frac{1}{2}m\dot{r}^2 + \underbrace{\text{Konstante}}_{=-E_0}$$

$$\rightarrow \int \vec{F}\cdot\mathrm{d}\vec{r} = \frac{1}{2}m\dot{r}^2 - E_0$$

Umformung:

$$\rightarrow E_0 = \underbrace{\frac{1}{2}m\dot{r}^2}_{=T}\underbrace{-\int\vec{F}\cdot\mathrm{d}\vec{r}}_{=V}$$
$$= T + V$$
$$= \text{konstant}$$

- Ansatz: Die Änderungsrate der Arbeit (Leistung) ist:

$$P = \frac{\mathrm{d}W}{\mathrm{d}t} = \vec{F}\cdot\dot{\vec{r}}$$

mit $\mathrm{d}W = \vec{F}\cdot\mathrm{d}\vec{r}$ (siehe Abschn. 1.3.2). Die Frequenz, mit welcher eine externe Kraft, $\vec{F} = m\ddot{\vec{r}}$, Arbeit verrichtet, ergibt sich also aus dem Skalarprodukt des zweiten Newton'schen Gesetzes mit $\dot{\vec{r}}$:

$$\vec{F}\cdot\dot{\vec{r}} = m\ddot{\vec{r}}\cdot\dot{\vec{r}}$$

(zur Erinnerung: $\dot{\vec{r}} = \vec{v}$ und $\ddot{\vec{r}} = \dot{\vec{v}} = \vec{a}$).
- Die Integration dieser Gleichung bezüglich der Zeit ergibt die insgesamt verrichtete Arbeit (die Gesamtenergie).
- Wir verwenden die Beziehung:

$$\mathrm{d}(\dot{\vec{r}}\cdot\dot{\vec{r}}) = \mathrm{d}\left|\dot{\vec{r}}\right|^2 = \mathrm{d}(\dot{r}^2)$$
$$\rightarrow 2\dot{\vec{r}}\cdot\mathrm{d}\dot{\vec{r}} = 2\dot{r}\,\mathrm{d}\dot{r}\,.$$

- Die Integrationskonstante sei $-E_0$, wobei E_0 für die Gesamtenergie des Systems steht. Durch Umformung sehen wir, dass die Gesamtenergie die Summe der kinetischen und potentiellen Energie ist.

Was bedeuten Gln. 1.21 und 1.22 nun? Eine Landschaft mit Bergen und Tälern ist ein gutes gedankliches Beispiel einer potentiellen Energiefunktion. In der Beispielrechnung 1.1 haben wir die gravitationsbedingte potentielle Energie als Funktion der vertikalen Höhe, z, berechnet:

$$V(z) = mgz\,.$$

Wenn wir durch die Masse teilen, erhalten wir das *Gravitationspotential*, ϕ, als Skalarfunktion von z:

$$\phi(z) = \frac{V(z)}{m} = gz\,.$$

In einer Landschaft mit Bergen und Tälern stellen die Bergspitzen Regionen mit hohem Gravitationspotential (großes z) dar, Täler solche mit niedrigem Gravitationspotential (kleines z), und die Höhenlinien sind Linien konstanten Potentials (Äquipotentiallinien, konstantes z).

Die Steilheit eines Berges repräsentiert den Gradienten der Funktion des Gravitationspotentials – sie ist ein Maß der Änderung des Potentials über die Entfernung. Aus Erfahrung wissen wir, dass wir die Gravitationskraft auf steilen Bergen stärker erfahren als auf flachen Ebenen, die Gravitationskraft ist also proportional zum Gradienten der Funktion des Gravitationspotentials. Drücken wir diese Aussage mathematisch aus, so erhalten wir:

$$F \propto \frac{\mathrm{d}\phi}{\mathrm{d}z}\,.$$

Durch diese intuitiven Beispiele bekommen wir also ein „Gefühl" dafür, was die Gln. 1.21 und 1.22 bedeuten.

Wirbel konservativer Kräfte

Wenn wir die Rotation von Gl. 1.22, bilden, sehen wir, dass konservative Kräfte wirbelfrei sind (da die Rotation eines Gradienten mathematisch immer null ist):

$$\nabla\times\vec{F} = -\nabla\times\nabla V(\vec{r})$$
$$= 0$$

(Gl. 1.23). In der Tat wird diese Aussage gewöhnlicherweise als „Ausgangspunkt" verwendet und eine konservative Kraft wird *definiert* als eine Kraft, deren Rotation gleich null ist. Deshalb sind wir gerade *wegen* dieser Eigenschaft

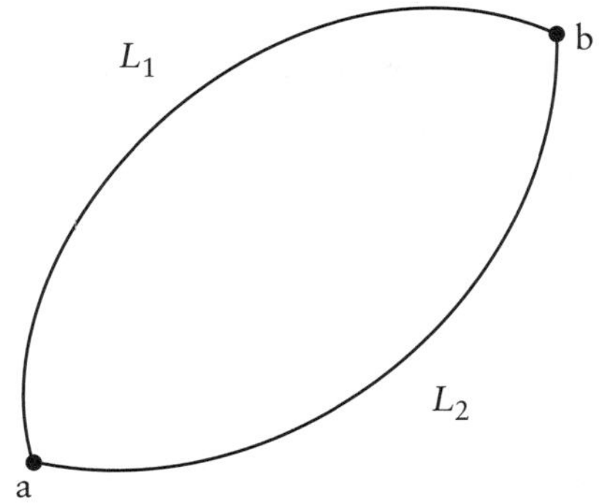

Abbildung 1.4 Wegintegral einer konservativen Kraft entlang eines geschlossenen Pfades

in der Lage, ein potentielles Skalarfeld, $V(\vec{r})$, zu definieren, dass gleich dem Wegintegral von $\vec{F}(\vec{r})$ ist. Warum dies so ist, werden wir nun nachvollziehen.

Aus dem Satz von Stokes folgt, dass das geschlossene Linienintegral eines wirbelfreien Vektorfeldes gleich null ist:

$$\begin{aligned}\int_S \nabla \times \vec{F} \cdot d\vec{s} &= \oint_L \vec{F} \cdot d\vec{l} \\ &= 0 \quad \text{wenn } \nabla \times \vec{F} = 0.\end{aligned}$$

Das Integral zwischen zwei beliebigen Punkten innerhalb eines solchen Vektorfeldes ist folglich wegunabhängig und hat einen eindeutigen Wert (siehe Abb. 1.4):

$$\begin{aligned}\rightarrow \oint_L \vec{F} \cdot d\vec{l} &= \int_a^b \vec{F} \cdot d\vec{l}_{L_1} + \int_b^a \vec{F} \cdot d\vec{l}_{L_2} \\ &= \int_a^b \vec{F} \cdot d\vec{l}_{L_1} - \int_a^b \vec{F} \cdot d\vec{l}_{L_2} \\ &= 0\end{aligned}$$

$$\rightarrow \int_a^b \vec{F} \cdot d\vec{l}_{L_1} = \int_a^b \vec{F} \cdot d\vec{l}_{L_2} .$$

Wir können also eine Skalarfunktion $V(\vec{r})$ definieren, deren Betrag am Punkt $\vec{r}$ gleich dem Linienintegral des korrespondiereden Vektorfeldes von einem vorgebenem Referenzpunkt, O, nach $\vec{r}$ ist:

$$V(\vec{r}) \stackrel{\text{def}}{=} -\int_O^{\vec{r}} \vec{F}(\vec{r}) \cdot d\vec{r} .$$

Das Minuszeichen ist Konvention. Dissipative Kräfte wie Reibung sind nicht wirbelfrei, ihre Wirkung ist also nicht

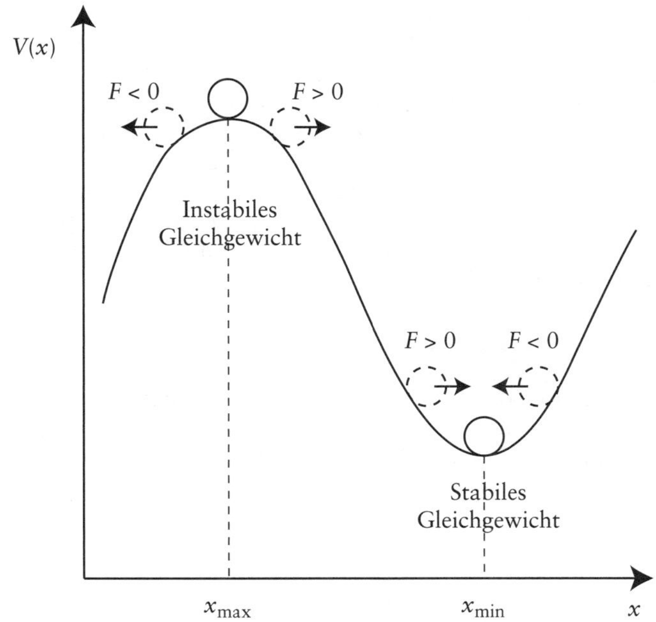

Abbildung 1.5 Stabiles und instabiles Gleichgewicht und potentielle Energiefunktionen. Der negative Gradient einer potentiellen Energiefunktion ist gleich der externen Kraft, die auf den Körper wirkt: $F = -dV/dx$. Lokale Maxima potentieller Energie stimmen mit Regionen instabilen Gleichgewichtes überein, lokale Minima mit denen stabilen Gleichgewichtes

wegunabhängig. Für dissipative Kräfte können wir daher weder ein Sklarfeld der potentiellen Energie definieren, noch die Kraft als Gradienten eines Potentials ausdrücken.

Gleichgewicht und Stabilität

Wir betrachten eine beliebige eindimensionale potentielle Energiefunktion, die zwei Extrempunkte hat, wie in Abb. 1.5 illustriert. Stellt euch vor, dass diese Funktion eine potentielle Energielandschaft $V(x) = mgh(x)$ darstellt, mit dem Hochpunkt als Berg und dem Tiefpunkt als Tal, und legt einen Ball in die Landschaft. Aus unserer Erfahrung wissen wir, dass ein auf eine Bergspitze gelegter Ball sich im instabilen (labilen) Gleichgewicht befindet: Eine kleine Verschiebung vom Hochpunkt wird ihn dazu bringen, bergabwärts zu rollen. Wird der Ball dagegen im Tal platziert, so befindet er sich im stabilen Gleichgewicht: Eine kleine Verschiebung vom Tiefpunkt bringt ihn dazu, wieder zurück in seine Ausgangslage am Grund des Tals zu rollen.

Gleichung 1.21 stellt das stabile und labile Gleichgewicht mathematisch dar. Wenn der Ball ein kleines Stück gegenüber dem lokalen Maximum ausgelenkt wird, so wirkt die äußere Kraft in dieselbe Richtung wie die Auslenkung, da $F = -dV/dx$, und der Ball entfernt sich weiter vom Maximum. (Für eine kleine Auslenkung dx in $+x$-Richtung ist dV/dx beispielsweise negativ, was bedeutet, dass F

positiv ist und somit in $+x$-Richtung wirkt, was den Ball weiter vom lokalen Maximum wegstößt.) Wird jedoch ein Ball bei $x_{\min}$ vom lokalen Minimum verschoben, so wirkt die Kraft in die zur Auslenkung *entgegengesetzte* Richtung und zieht ihn so zu $x_{\min}$ zurück. Derart wirkende Kräfte heißen *Rückstellkräfte*, da sie ein System wieder in seine Gleichgewichtslage „zurückstellen". Daraus folgt, dass Systeme die Tendenz haben, ihre potentielle Energie zu minimieren, da diese Zustände mit den Gleichgewichtszuständen übereinstimmen.

Rückstellkräfte und Federnstanten

Was ist der Betrag der Rückstellkraft auf einen Ball, der ein kurzes Stück aus seiner Gleichgewichtslage ausgelenkt ist? Laut Gl. 1.21 ist die Kraft mit der potentiellen Energie verbunden durch:

$$F(x) = -\frac{\mathrm{d}V(x)}{\mathrm{d}x}\,.$$

Die Kenntnis der x-Abhängigkeit von $V(x)$ beim lokalen Minimum liefert uns einen Ausdruck für die Rückstellkraft. Wir können eine Taylorentwicklung von $V(x)$ um $x_{\min}$ durchführen, um eine Näherung für diese Abhängigkeit zu finden (Herleitung 1.4). Dadurch sehen wir, dass die Rückstellkraft proportional zur Auslenkung vom Gleichgewicht ist und in die ihr entgegengesetzte Richtung wirkt. Für eine kleine Auslenkung Δx von $x_{\min}$ ist die Rückstellkraft demnach:

$$F(\Delta x) = -k\Delta x$$

mit der Proportionalitätskonstanten

$$k = \left(\frac{\mathrm{d}^2 V}{\mathrm{d}x^2}\right)_{x_{\min}}$$

(Gln. 1.24 und 1.25, Herleitung 1.4). Diese lineare Abhängigkeit der Rückstellkraft von der Auslenkung sollte euch bekannt vorkommen: es ist das *Hooke'sche Gesetz*. Die Rückstellkraft auf ein Federpendel, eine Masse auf einer Feder und schwingende Atome in einem Festkörper folgen alle – oder können angenähert werden durch – dass Hooke'sche Gesetz. Die Bewegung um einen Punkt des stabilen Gleichgewichts nach dem Hooke'schen Gesetz ist periodisch und bekannt als *harmonische Schwingung* (siehe Abschn. 2.3).

Näherung Hooke'sches Gesetz (Herleitung 1.4):

Rückstellkraft für eine kleine Auslenkung aus dem Gleichgewicht, Δx:

$$F(\Delta x) = -k\Delta x \qquad (1.24)$$

mit der Federkonstanten

$$k = \left(\frac{\mathrm{d}^2 V(x)}{\mathrm{d}x^2}\right)_{x_0} \qquad (1.25)$$

($\Delta x = x - x_0$, mit der Gleichgewichtslage x_0).

Gebundene und ungebunde Bewegung

Die Bewegung eines Objektes wird als *gebundene Bewegung* bezeichnet, wenn sie auf eine bestimmte Region im Raum beschränkt ist, und als *ungebunden*, wenn sie das nicht ist. Betrachtet als Beispiel die in Abb. 1.6 dargestellte Gesamtenergiefunktion. Die mechanische Gesamtenergie der Objekte sei E_A, E_B, und E_C für die Abb. 1.6 a, b bzw. c. Diese ist aufgeteilt in potentielle Energie $V(x)$ und kinetische Energie $T(x)$, sodass die Gesamtenergie erhalten ist:

$$E_{A,B,C} = V(x) + T(x)\,.$$

Die Energieverteilung zwischen diesen beiden Formen ändert sich als Funktion von x. Wenn die potentielle Energiefunktion die Gesamtenergie des Objektes nicht übersteigt, wie in Abb. 1.6 a dargestellt, so gibt es keine Beschränkungen bezügliche der Auslenkung des Körpers (sie kann für x jeden Wert annehmen), die Bewegung ist also *ungebunden*. Fällt die Gesamtenergie für einen bestimmten Bereich von x jedoch *unter* $V(x)$, wie in den Abb. 1.6 b und c dargestellt, so kann das Objekt keine Auslenkungen haben, welche in diese Bereiche fallen. Solche Bereiche mit $E < V(x)$ werden *klassisch verbotene* Bereiche genannt.[2] In diesen Fällen ist der Körper auf die Bereiche mit $E > V(x)$ beschränkt, seine Bewegung ist also *gebunden*. Ein Körper an x_{tief} oder x_{hoch} (siehe Abb. 1.6 b und c) hat keine kinetische Energie. An diesen Positionen ist der Körper also unbewegt und seine gesamte Energie ist in Form von potentieller Energie gespeichert.

[2] In der Quantenmechanik ist es einem Teilchen möglich, durch einen *Tunneleffekt* genannten Prozess in die klassisch verbotenen Bereiche einzudringen (siehe Abschn. 17.2.2).

Herleitung 1.4: Herleitung der Näherung Hooke'sches Gesetz (Gln. 1.24 und 1.25)

Taylorentwicklung von $V(x)$ um ein lokales Minimum, x_0:

$$\begin{aligned} V(x) &= V(x_0 + \Delta x) \\ &= V(x_0) + \underbrace{\Delta x \left(\frac{\mathrm{d}V}{\mathrm{d}x}\right)_{x_0}}_{=0} + \frac{\Delta x^2}{2}\left(\frac{\mathrm{d}^2V}{\mathrm{d}x^2}\right)_{x_0} + \dots \\ &\simeq V(x_0) + \frac{\Delta x^2}{2}\left(\frac{\mathrm{d}^2V}{\mathrm{d}x^2}\right)_{x_0} \end{aligned}$$

Die Kraft ist der negative Gradient des Potentials:

$$\begin{aligned} \to F(\Delta x) &= -\frac{\mathrm{d}V(x)}{\mathrm{d}\Delta x} \\ &= -\frac{\mathrm{d}}{\mathrm{d}\Delta x}\left(\underbrace{V(x_0)}_{=\text{ konstant}} + \frac{\Delta x^2}{2}\underbrace{\left(\frac{\mathrm{d}^2V}{\mathrm{d}x^2}\right)_{x_0}}_{=\text{ konstant}}\right) \\ &= -\Delta x \underbrace{\left(\frac{\mathrm{d}^2V}{\mathrm{d}x^2}\right)_{x_0}}_{\equiv k} \\ &\equiv -k\Delta x \end{aligned}$$

$$\text{mit} \quad k = \left(\frac{\mathrm{d}^2V}{\mathrm{d}x^2}\right)_{x_0}$$

- Ansatz: Betrachte einen Punkt stabilen Gleichgewichtes, x_0, (lokales Minimum). Definiere eine kleine Auslenkung vom Gleichgewicht als:

$$\Delta x = x - x_0$$

- Führe eine Taylorentwicklung der potentiellen Energiefunktion um die Gleichgewichtslage x_0 durch. Die erste Ableitung von $V(x)$ bei x_0 ist gleich null, da x_0 ein Extrempunkt ist.
- Die Kraft als Funktion der Auslenkung vom Gleichgewicht, $F(\Delta x)$, ist der negative Gradient des Potentials. $V(x_0)$ sowie die zweite Ableitung ausgewertet an x_0 sind beides Konstanten.
- Definieren wir die zweite Ableitung bei x_0 als die Federkonstante, k, sehen wir, dass die Rückstellkraft um die Gleichgewichtslage gleich der Auslenkung aus der Gleichgewichtslage ist und daher dem Hooke'schen Gesetz ($F(x) = -kx$) folgt.

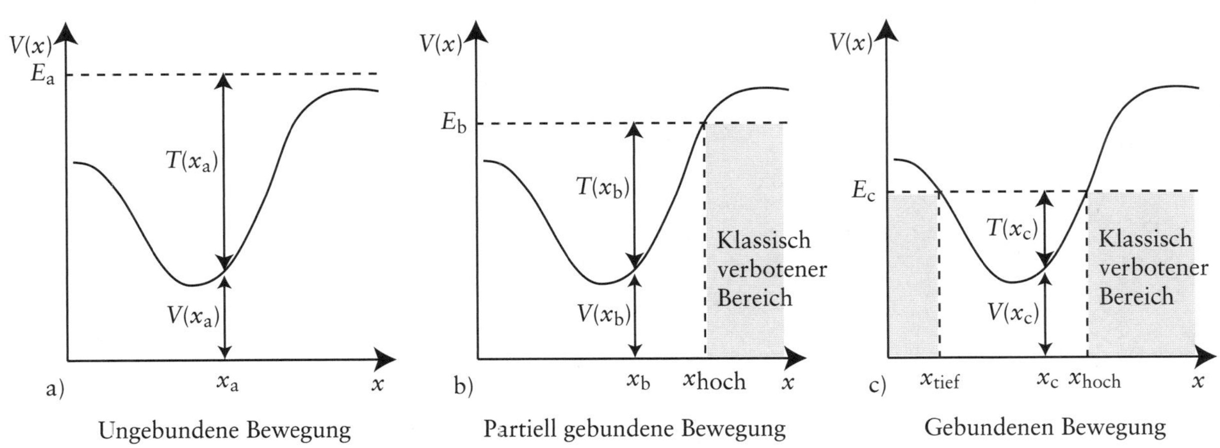

Abbildung 1.6 **a** Ungebundene, **b** partiell gebundene und **c** gebundene Bewegung. Die Bereiche, an denen die Gesamtenergie des Systems unter die potentielle Energie fällt, sind klassisch verboten

Praktische Anwendungen der geradlinigen Bewegung

2

Im vorigen Kapitel sind wir noch einmal auf die Newton'schen Gesetze zurückgekommen und haben gesehen, dass sich die Konzepte von Kraft, Impuls, Arbeit und Energie ebenso auf sie gründen wie die Energie- und Impulserhaltung. In diesem Kapitel werden wir uns einige praktische Anwendungen der Newton'schen Gesetze ansehen. Wir werden damit beginnen, die Impuls- und Energieerhaltung zu verwenden, um Zweikörperprobleme zu lösen, daraufhin verwenden wir das zweite Newton'sche Gesetz, um das Verhalten von Systemen unter dem Einfluss externer Kräfte zu bestimmen. Soweit nicht anders vorgegeben, behandeln alle Beispiele Bewegung in einer Dimension, daher werden wir die Vektornotation in diesen Fällen nicht verwenden.

2.1 Zweikörperstöße

Wie Energie- und Impulserhaltung helfen, um die Bewegung von Körpern zu bestimmen, lässt sich gut an Stoßproblemen darstellen. Als erstes Beispiel betrachten wir ein System zweier sphärischer Körper der Massen m_1 und m_2. Vor dem Stoß haben diese Massen die Geschwindigkeiten u_1 und u_2. Durch den Zusammenstoß werden kinetische Energie sowie Impuls von einem Körper auf den anderen übertragen, sodass sich die Endgeschwindigkeiten v_1 und v_2 ergeben (siehe Abbildung in der Beispielrechnung 2.1).

2.1.1 Elastische und inelastische Stöße

Abhängig davon, ob beim Aufprall kinetische Energie an die Umgebung verloren geht oder nicht, werden Stöße als *inelastisch* oder *elastisch* bezeichnet. Energie geht beispielsweise verloren, wenn die aufeinanderprallenden Körper verformt werden.

- Elastische Stöße: Die Gesamtenergie des Systems bleibt erhalten. Wir nehmen an, dass die stoßenden Körper harte Objekte, wie etwa Billardkugeln, sind, sodass sie sich beim Aufprall nicht verformen und ihre innere potentielle Energie konstant bleibt. Damit folgt aus der Energieerhaltung, dass die gesamte kinetische Energie vor dem Stoß gleich der gesamten kinetischen Energie danach ist. Die Beispielrechnung 2.1 zeigt, wie die Endgeschwindigkeiten zweier Körper nach einem elastischen Stoß in einer Dimension berechnet werden können.
- Inelastische Stöße: Ein Teil der kinetischen Energie der stoßenden Körper geht während des Aufpralls etwa als Wärme oder aufgrund von Verformung verloren, folglich ist die gesamte kinetische Energie vor dem Stoß größer als danach. Beim *vollkommen unelastischen* (oder plastischen) Stoß „kleben" die kollidierenden Körper nach dem Aufprall zusammen, sie haben nun also beide die gleiche Geschwindigkeit. In diesem Fall geht der maximal mögliche Anteil der kinetischen Energie verloren.

Sowohl bei elastischen als auch bei inelastischen Stößen bleibt der Impuls erhalten.

Der Restitutionskoeffizient

Der *Restitutionskoeffizient*, ε, auch Stoßzahl genannt, ist ein dimensionsloser Parameter, der beschreibt, zu welchem Grad ein Stoß inelasitsch ist. Er ist als Verhältnis der Entfernungsgeschwindigkeit der beiden Massen nach dem Aufprall, $v_2 - v_1$, zu ihrer Annäherungsgeschwindigkeit vor dem Aufprall, $u_1 - u_2$, definiert:

$$\varepsilon = \frac{v_2 - v_1}{u_1 - u_2}$$

(Gl. 2.3; zur Definition der Geschwindigkeiten, siehe Diagramm in Beispielrechnung 2.1.) Bei vollkommen elastischen Stößen ist die Annäherungsgeschwindigkeit bei gleichem Betrag entgegengesetzt der Entfernungsgeschwindigkeit, $\rightarrow \varepsilon = 1$. Im anderen Extremfall, bei vollkommen unelastischen Stößen, verbinden sich die beiden Körper beim Aufprall und bewegen sich mit einer gemeinsamen Geschwindigkeit weiter; folglich gilt $v_2 - v_1 = 0$ und $\varepsilon = 0$. Demnach haben inelastische Stöße einen Restitutionskoeffizienten zwischen 0 und 1.

Restitutionskoeffizient:

$$\varepsilon = \frac{v_2 - v_1}{u_1 - u_2} \tag{2.3}$$

$$\begin{aligned} \text{Elastischer Stoß:} \quad & \varepsilon = 1 \\ \text{Inelastischer Stoß:} \quad & 0 < \varepsilon < 1 \\ \text{Vollkommen inelastischer Stoß:} \quad & \varepsilon = 0 \end{aligned}$$

Unter Verwendung von Gl. 2.3 sowie der Impulserhaltung ($m_1u_1 + m_2u_2 = m_1v_1 + m_2v_2$) erhalten wir ein Gleichungssystem, mit dem wir die Endgeschwindigkeiten in Abhängigkeit von den Anfangsgeschwindigkeiten sowie ε ausdrücken können. Auf diese Weise sehen wir:

$$v_1 = \left(\frac{m_1 - \varepsilon m_2}{m_1 + m_2}\right) u_1 + \left(\frac{(1+\varepsilon)m_2}{m_1 + m_2}\right) u_2$$
$$v_2 = \left(\frac{(1+\varepsilon)m_1}{m_1 + m_2}\right) u_1 + \left(\frac{m_2 - \varepsilon m_1}{m_1 + m_2}\right) u_2 .$$

Mit $\varepsilon = 1$ erlangen wir – wie erwartet – wieder die Ausdrücke für v_1 und v_2 für elastische Stöße aus der Beispielrechnung 2.1.

Beispielrechnung 2.1: Elastischer Zweikörperstoß in einer Dimension

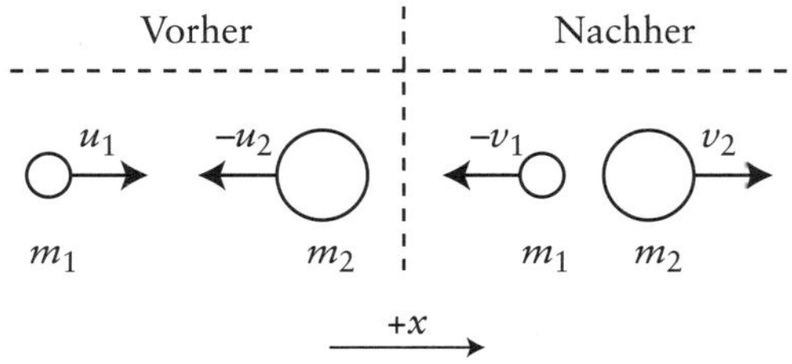

1. Betrachtet die Impulserhaltung. Positive Geschwindigkeiten sind in Richtung der positiven x-Achse defniert.
2. Betrachtet die Energieerhaltung. Verwendet Gl. 2.1, um den Ausdruck zu vereinfachen.
3. Löst das Gleichungssystem 2.1 und 2.2 mit bekannten Anfangsgeschwindigkeiten u_1 und u_2 nach den Endgeschwindigkeiten v_1 und v_2 auf.

1. Impulserhaltung:

$$\underbrace{m_1 u_1 + m_2 u_2}_{p \text{ vorher}} = \underbrace{m_1 v_1 + m_2 v_2}_{p \text{ nachher}}$$

$$\rightarrow m_1 (v_1 - u_1) = m_2 (u_2 - v_2) \tag{2.1}$$

2. Erhaltung der kinetischen Energie:

$$\underbrace{\frac{1}{2} m_1 u_1^2 + \frac{1}{2} m_2 u_2^2}_{\text{kinetische Energie vorher}} = \underbrace{\frac{1}{2} m_1 v_1^2 + \frac{1}{2} m_2 v_2^2}_{\text{kinetische Energie nachher}}$$

$$\rightarrow m_1 \left(v_1^2 - u_1^2\right) = m_2 \left(u_2^2 - v_2^2\right)$$

$$m_1 (v_1 - u_1)(v_1 + u_1) = m_2 (u_2 - v_2)(u_2 + v_2)$$

$$\rightarrow (v_1 + u_1) = (u_2 + v_2) \tag{2.2}$$

3. Auflösung des Gleichungssystems nach v_1 und v_2:

$$\rightarrow v_1 = \left(\frac{m_1 - m_2}{m_1 + m_2}\right) u_1 + \left(\frac{2m_2}{m_1 + m_2}\right) u_2$$

$$\text{und} \quad v_2 = \left(\frac{2m_1}{m_1 + m_2}\right) u_1 - \left(\frac{m_1 - m_2}{m_1 + m_2}\right) u_2$$

2.1.2 Elastische Stöße in zwei Dimensionen

Stoßprobleme in zwei oder drei Dimensionen können wir in ähnlicher Weise lösen wie eindimensionale Probleme: durch Erhaltung des Impulses sowie der Energie der stoßenden Körper vor und nach der Kollision. Da der Impuls ein Vektor ist, bleibt der Impuls entlang jeder orthogonalen Achse, x, y, und z, unabhängig voneinander erhalten. Wir betrachten nun einen zweidimensionalen elastischen Stoß zwischen zwei Körpern gleicher Masse m, wobei Körper 2 zu Beginn ruht und Körper 1 mit einer Geschwindigkeit $\vec{u}$ einfällt (siehe Abbildung in Herleitung 2.1). Die Endgeschwindigkeiten der Körper haben die Beträge v_1 und v_2, ihre Richtungen sind um die Winkel θ_1 und θ_2 bezüglich $\vec{u}$ geneigt, wie in der Herleitung 2.1 abgebildet. Laut Erhaltung der horizontalen und vertikalen Komponente des Impulses sowie der kinetischen Energie erfüllen die Endgeschwindigkeiten der Körper die Bedingung:

$$v_1 v_2 \cos(\theta_1 + \theta_2) = 0$$

(Gl. 2.4 und Herleitung 2.1).

Elastischer Stoß in zwei Dimensionen (Herleitung 2.1)

$$v_1 v_2 \cos(\theta_1 + \theta_2) = 0 \tag{2.4}$$

$$\rightarrow \quad \text{entweder} \quad v_1 = 0 \quad \text{für zentrale Stöße}$$
$$(\text{da} \quad \theta_1 + \theta_2 = 0)$$
$$\text{oder} \quad \theta_1 + \theta_2 = \frac{\pi}{2} \quad \text{für schräge Stöße}$$

Wenn der Stoß genau zentral ist, bewegt sich Körper 2 nach dem Aufprall in dieselbe Richtung wie $\vec{u}$ ($\theta_1 + \theta_2 = 0$) und das Problem wird auf eine Dimension reduziert. Bei Körpern gleicher Masse überträgt Körper 1 in diesem Fall seine gesamte kinetische Energie auf Körper 2, seine Endgeschwindigkeit ist also $v_1 = 0$, die von Körper 2 ist $v_2 = u$. Diese Berechnung stimmt mit der aus der Beispielrechnung 2.1 im Spezialfall $m_1 = m_2 = m$ überein. Bei schrägen Stößen überträgt Körper 1 einen Teil seiner kinetischen Energie auf Körper 2, sodass keiner der beiden nach einer solchen Kollision in Ruhe ist. In diesem Fall bewegt sich Körper 2 entlang der Linie, welche die Mittelpunkte der beiden Kugeln an ihrem Berührungspunkt

Zusammenfassung 2.1: Sonderfälle

Sonderfälle: Betrachtet den Sonderfall, wo m_2 anfangs unbewegt ist, $\rightarrow u_2 = 0$. In diesem Fall sind die Endgeschwindigkeiten:

$$v_1 = \left(\frac{m_1 - m_2}{m_1 + m_2}\right) u_1 \qquad \text{und} \qquad v_2 = \left(\frac{2m_1}{m_1 + m_2}\right) u_1$$

- Die ruhende Masse ist kleiner als die stoßende: Beide Körper bewegen sich in positive x-Richtung. Die Geschwindigkeit des stoßenden Körpers nimmt nach der Kollision ab, da ein Teil seiner kinetischen Energie auf den ruhenden Körper übertragen wird. $m_1 > m_2 \rightarrow v_1 > 0,\ v_2 > 0$
- Beide Massen sind gleich: Der Impuls des bewegten Körpers wird komplett auf den ruhenden übertragen, sodass der stoßende Körper nach dem Aufprall ruht. $m_1 = m_2 \rightarrow v_1 = 0,\ v_2 = u_1$
- Die ruhende Masse ist größer als die stoßende: Der stoßende Körper prallt zurück und bewegt sich in negative x-Richtung, während sich die anfangs ruhende Masse in positive x-Richtung bewegt. $m_1 < m_2 \rightarrow v_1 < 0,\ v_2 > 0$
- Die ruhende Masse ist viel größer als die stoßende: Der stoßende Körper wird vom ruhenden mit einer Geschwindigkeit reflektiert, die vom Betrag ungefähr der Einfallsgeschwindigkeit entspricht, dieser aber entgegengesetzt ist, während der ruhende Körper fast in Ruhe bleibt. (Merke, dass dies nicht gegen die Impulserhaltung verstößt – Masse m_2 prallt mit einem endlichen Impuls, jedoch aufgrund seiner großen Masse mit vernachlässigbarer Geschwindigkeit, zurück.) $m_1 \ll m_2 \rightarrow v_1 \simeq -u_1,\ v_2 \simeq 0$

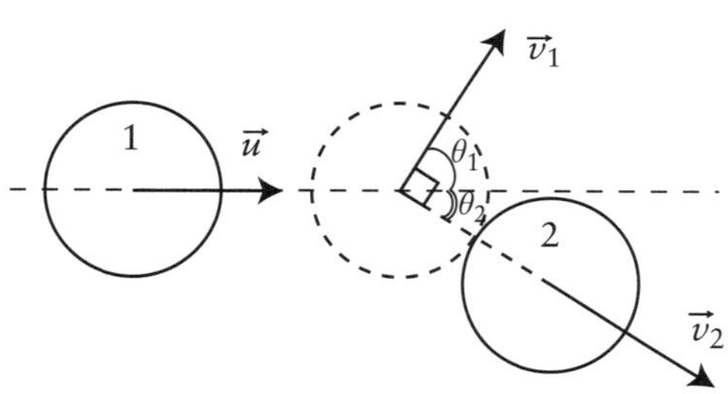

Abbildung 2.1 Elastischer Stoß zwischen zwei Körpern gleicher Masse bei schrägem Einfall. Die Richtung $\vec{v}_2$ ist die Linie, die die Mittelpunkte der beiden Körper während ihres Zusammenstoßes verbindet, $\vec{v}_1$ steht nach Gl. 2.4 senkrecht auf $\vec{v}_2$

verbindet, wie in Abb. 2.1. gezeigt. Laut Gl. 2.4 bewegt sich Körper 1 rechtwinklig zu dieser Richtung. Dies ist die Physik hinter Zusammenstößen von Billardkugeln sowie der Kunstgriff eines guten Billardspielers.

2.2 Bewegungsgleichungen

Eine *Bewegungsgleichung* beschreibt, wie sich die Bewegung eines Körpers, d. h. seine Position oder Geschwindigkeit, als Funktion der Zeit verändert. Das zweite Newton'sche Gesetz sagt aus, dass eine resultierende Kraft auf einen Körper eine Änderung seines Impulses bewirkt, wobei die Änderungsrate des Impulses gleich der Kraft ist:

$$\vec{F} = \frac{\mathrm{d}\vec{p}}{\mathrm{d}t}.$$

Demnach ist das zweite Newton'sche Gesetz eine Bewegungsgleichung, da es die Entwicklung des Impulses eines Systems, oder, unter Verwendung von $\vec{p} = m\vec{v}$, dessen Geschwindigkeit beschreibt (Gl. 2.6). Falls die Masse konstant ist, können wir das zweite Newton'sche Gesetz als erste Ableitung der Geschwindigkeit oder als zweite Ableitung des Ortsvekotrs ausdrücken, wobei $\vec{v} = \mathrm{d}\vec{r}/\,dt$ ist (Gln. 2.7 bzw. 2.8). Ist die Masse nicht konstant, wie etwa bei einem Regentropfen oder einer Rakete, dann können wir die Produktregel verwenden, um $\vec{p} = m\vec{v}$ abzuleiten (Gl. 2.9). Lösungen zur Geschwindigkeit oder Position der Differentialgleichungen 2.7–2.9 sind ebenfalls

Herleitung 2.1: Geschwindigkeiten nach elastischen Zweikörperstößen in zwei Dimensionen (Gl. 2.4)

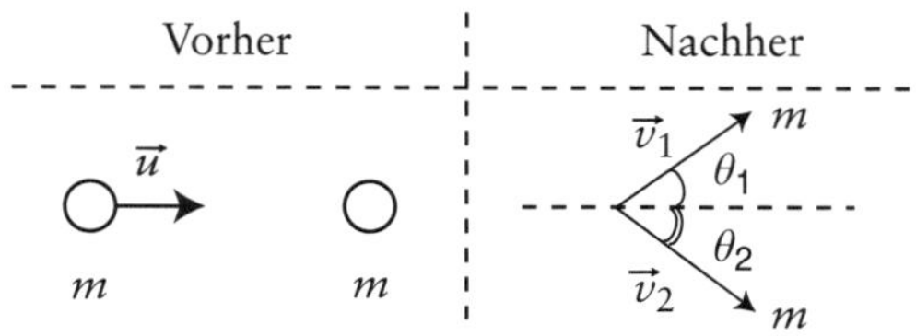

Lösung 1: in Abhängigkeit der Impulskomponenten:

$$\begin{pmatrix} u \\ 0 \end{pmatrix} = \begin{pmatrix} v_1 \cos\theta_1 \\ v_1 \sin\theta_1 \end{pmatrix} + \begin{pmatrix} v_2 \cos\theta_2 \\ -v_2 \sin\theta_2 \end{pmatrix}$$

$$\rightarrow u^2 = v_1^2 \cos^2\theta_1 + v_2^2 \cos^2\theta_2 + 2v_1v_2 \cos\theta_1 \cos\theta_2$$

$$\text{und} \quad 0 = v_1^2 \sin^2\theta_1 + v_2^2 \sin^2\theta_2 - 2v_1v_2 \sin\theta_1 \sin\theta_2$$

Addition der beiden Ausdrücke:

$$\begin{aligned} u^2 &= v_1^2 \left(\cos^2\theta_1 + \sin^2\theta_1\right) + v_2^2 \left(\cos^2\theta_2 + \sin^2\theta_2\right) \\ &\quad + 2v_1v_2 \left(\cos\theta_1 \cos\theta_2 - \sin\theta_1 \sin\theta_2\right) \\ &= v_1^2 + v_2^2 + 2v_1v_2 \cos\left(\theta_1 + \theta_2\right) \end{aligned}$$

Lösung 2: in Abhängigkeit der Geschwindigkeitsvektoren:

$$\begin{aligned} u^2 &= \vec{u} \cdot \vec{u} \\ &= (\vec{v}_1 + \vec{v}_2) \cdot (\vec{v}_1 + \vec{v}_2) \\ &= \vec{v}_1 \cdot \vec{v}_1 + \vec{v}_2 \cdot \vec{v}_2 + 2\vec{v}_1 \cdot \vec{v}_2 \\ &= v_1^2 + v_2^2 + 2v_1v_2 \cos\phi \\ &= v_1^2 + v_2^2 + 2v_1v_2 \cos\left(\theta_1 + \theta_2\right) \end{aligned}$$

Eliminierung von u^2 mithilfe der kinetischen Energieerhaltung:

$$\rightarrow v_1v_2 \cos\left(\theta_1 + \theta_2\right) = 0$$

- Impulserhaltung für gleiche Massen:

$$\begin{aligned} m\vec{u} &= m\vec{v}_1 + m\vec{v}_2 \\ \rightarrow \vec{u} &= \vec{v}_1 + \vec{v}_2 \end{aligned} \tag{2.5}$$

Die horizontale und vertikale Komponente des Impulses bleiben einzeln erhalten.

- Verwendet die Impulserhaltung, um einen Ausdruck für u^2 zu finden. Dies können wir auf zwei Arten tun: Wir können die Erhaltung jeder Komponente einzeln betrachten (Lösung 1), oder wir können direkt mit Vektorabhängigkeiten arbeiten und das Skalarprodukt von Gl. 2.5 mit sich selbst bilden (Lösung 2). Im letzteren Fall sei der Winkel zwischen den Vektoren $\vec{v}_1$ und $\vec{v}_2$ $\phi = \theta_1 + \theta_2$.
- Erhaltung der kinetischen Energie für gleiche Massen:

$$\begin{aligned} \frac{1}{2}mu^2 &= \frac{1}{2}mv_1^2 + \frac{1}{2}mv_2^2 \\ \rightarrow u^2 &= v_1^2 + v_2^2 \end{aligned}$$

- Setzt den aus der Impulserhaltung hergeleiteten Ausdruck für u^2 mit der aus der kinetischen Energieerhaltung gleich, um die Eigenschaften der elastischen Kollision zu bestimmen.

Bewegungsgleichungen. Bei gegebenen Randbedingungen sagen diese Lösungen die weitere Bewegung eines Körpers unter der Wirkung einer gegebenen externen Gesamtkraft voraus. In diesem Kapitel werden wir uns einige Beispiele zur Lösung des zweiten Newton'schen Gesetzes ansehen, um das Verhalten eines Systems als Funktion der Zeit herzuleiten.

Bewegungsgleichung:

$$\vec{F} = \frac{\mathrm{d}\vec{p}}{\mathrm{d}t} = \frac{\mathrm{d}(m\vec{v})}{\mathrm{d}t} \tag{2.6}$$

Konstante Masse:

$$\vec{F} = m\frac{\mathrm{d}\vec{v}}{\mathrm{d}t} = m\dot{\vec{v}} \tag{2.7}$$

$$\text{bzw.} \quad \vec{F} = m\frac{\mathrm{d}^2\vec{r}}{\mathrm{d}t^2} = m\ddot{\vec{r}} \tag{2.8}$$

Variable Masse:

$$\vec{F} = m\frac{\mathrm{d}\vec{v}}{\mathrm{d}t} + \vec{v}\frac{\mathrm{d}m}{\mathrm{d}t} \tag{2.9}$$

2.2.1 Konstante Kraft und Geschosse

Ein Körper, der sich unter einer konstanten Kraft bewegt, erfährt eine konstante Beschleunigung, $\vec{a}$. Demzufolge ist die Kraft, welche auf den Körper wirkt, $\vec{F} = m\vec{a}$. Betrachten wir ein eindimensionales Problem: $F = ma$. In einer Dimension sind die Gln. 2.7 und 2.8:

$$F = m\frac{\mathrm{d}v}{\mathrm{d}t}$$
$$\text{und} \quad F = m\frac{\mathrm{d}^2x}{\mathrm{d}t^2}\,.$$

Nun können wir die Differentialgleichungen für die Geschwindigkeit und Position eines Körpers, welcher sich unter einer konstanten Kraft bewegt, als Funktionen der Zeit lösen, wenn wir diese Ausdrücke zu $F = ma$ gleichsetzen (Gln. 2.10 und 2.11, Herleitung 2.2). Weiterhin können wir die Gln. 2.10 und 2.11 verbinden, um die Bewegungsgleichungen in Anbhängigkeit verschiedener Variablen auszudrücken (Gln. 2.12–2.14, Herleitung 2.2).

Bewegung unter einer konstanten äußeren Kraft (Herleitung 2.2):

$$v(t) = u_0 + at \tag{2.10}$$
$$s(t) = u_0t + \frac{1}{2}at^2 \tag{2.11}$$

Durch Verbindung der oberen Gleichungen erhalten wir:

$$s(t) = \frac{1}{2}(u_0 + v(t))t \tag{2.12}$$
$$\text{bzw.} \quad s(t) = v(t)t - \frac{1}{2}at^2 \tag{2.13}$$
$$v^2(t) = u_0^2 + 2as(t) \tag{2.14}$$

mit der Anfangsgeschwindigkeit u_0.

Viele von euch werden diese Gleichungen in der Schule verwendet haben und wiedererkennen. Gewöhnlich werden sie direkt durch Integration von a und v hergeleitet, statt dass auf Kraft oder das zweite Newton'sche Gesetz Bezug genommen wird:

$$a = \frac{\mathrm{d}v}{\mathrm{d}t}$$
$$\text{und} \quad v = \frac{\mathrm{d}x}{\mathrm{d}t}\,.$$

Es ist jedoch nützlich anzuerkennen, dass diese Bewegungsgleichungen im Fall einer konstanten äußeren Kraft und somit einer konstanten Beschleunigung mit den Lösungen des zweiten Newton'schen Gesetzes übereinstimmen.

Bewegung eines Geschosses

Ein häufiges Beispiel der Bewegung unter einer konstanten Kraft ist jene unter dem Einfluss von Gravitation, wie die Bewegung eines *Geschosses*. Die Erdbeschleunigung ist konstant mit $g \simeq 9.81\,\mathrm{m\,s^{-2}}$. Die Beispielrechnung 2.2 zeigt, wie das zweite Newton'sche Gesetz für einen Flugkörper unter der Bedingung, dass der Luftwiderstand vernachlässigbar ist, zu lösen ist. Somit sehen wir, dass die horizontale (x) und vertikale (y) Position des Geschosses als Funktionen der Zeit

$$x(t) = vt\cos\phi$$
$$y(t) = vt\sin\phi - \frac{1}{2}gt^2$$

sind. Dabei ist v die Anfangsgeschwindigkeit und ϕ der Winkel gegenüber dem Boden (siehe Abbildung in der Beispielrechnung 2.2). Aus diesen Ausdrücken für $x(t)$ und $y(t)$ können wir Eigenschaften der Bewegung des Geschosses, wie etwa die Flugzeit und Reichweite, ableiten (siehe Beispielrechnung 2.2). Falls der Luftwiderstand *nicht* vernachlässigbar ist, muss die Differentialgleichung aus dem zweiten Newton'schen Gesetz auch die Luftwiderstandskraft berücksichtigen. Bei einer zur Geschwindigkeit des Geschosses proportionalen Widerstandskraft, $\vec{F}_\Gamma = -\Gamma\vec{v}$, ist die äußere Gesamtkraft eine Kombination aus dem Luftwiderstand und der Gravitation: $\vec{F} = -\Gamma\vec{v} + m\vec{g}$. Wenn wir dies mit dem aus dem zweiten Newton'schen Gesetz folgenden Ausdruck, $\vec{F} = m\,\mathrm{d}\vec{v}/\,\mathrm{d}t$, gleichsetzen, erhalten wir eine Differentialgleichung, die wir nach der Geschwindigkeit auflösen können. Wie Newtons zweites Gesetz für diesen Fall des Luftwiderstandes gelöst werden kann, wird in der Beispielrechnung 2.3 gezeigt.

2.2.2 Probleme mit variablen Massen

Wenn die Masse eines Körpers nicht konstant ist, beinhaltet das zweite Newton'sche Gesetz die Änderungsrate der Masse ebenso wie den Beschleunigungsterm:

$$\vec{F} = \frac{\mathrm{d}\vec{p}}{\mathrm{d}t} = m\frac{\mathrm{d}\vec{v}}{\mathrm{d}t} + \vec{v}\frac{\mathrm{d}m}{\mathrm{d}t}\,.$$

Im Folgenden werden wir diese Form des Newton'schen Gesetzes auf einen fallenden Regentropfen sowie auf eine Rakete anwenden.

Massenzuwachs eines Regentropfens

Ein Regentropfen entsteht um einen Kern herum und lagert Masse an, während er fällt. Wenn wir die Abwärtsrichtung als positiv definieren und den Regentropfen mit

Herleitung 2.2: Herleitung der Bewegungsgleichungen unter konstanter Beschleunigung (Gln. 2.10–2.14)

Endgeschwindigkeit:

$$\frac{dv}{dt} = a \to dv = a\,dt$$

$$\int_{u_0}^{v(t)} dv = a \int_0^t dt$$

$$\to v(t) = u_0 + at$$

Position:

$$\frac{d^2x}{dt^2} = a \to \frac{dx}{dt} = u_0 + at$$

$$\to \int_0^{s(t)} dx = u_0 \int_0^t dt + a \int_0^t t\,dt$$

$$\begin{aligned} s(t) &= u_0 t + \frac{1}{2}at^2 \\ &\equiv v(t)\,t - \frac{1}{2}at^2 \\ &\equiv \underbrace{\frac{1}{2}\left(u_0 + v(t)\right)}_{\bar{v}} t \end{aligned}$$

Geschwindigkeitsquadrat:

$$\begin{aligned} v^2(t) &= u_0^2 + 2u_0 at + (at)^2 \\ &= u_0^2 + 2a(u_0 t + \frac{1}{2}at^2) \\ &= u_0^2 + 2as(t) \end{aligned}$$

- Endgeschwindigkeit: Durch Gleichsetzen von $F = ma$ und $F = m\,dv/\,dt$, wobei a eine Konstante ist, erhalten wir:

$$a = \frac{dv}{dt}.$$

Durch Integration dieses Ausdrucks können wir die Geschwindigkeit eines Körpers als Funktion der Zeit, $v(t)$, bestimmen. Die Anfangsgeschwindigkeit sei u_0.

- Position: Wenn wir $F = ma$ mit $F = m\,d^2x/\,dt^2$ gleichsetzen, wobei a eine Konstante ist, erhalten wir:

$$a = \frac{d^2x}{dt^2}.$$

Integrieren wir zweimal bezüglich der Zeit, so erhalten wir die Geschwindigkeit eines Körpers als Funktion der Zeit, $v(t)$. Die Anfangsgeschwindigkeit sei u_0, die Startposition $s_0 = 0$.

- Verwendet den Ausdruck für $v(t)$, um entweder u_0 oder a aus $s(t)$ zu eliminieren und zwei weitere gleichwertige Ausdrücke für $s(t)$ zu gewinnen. Der Ausdruck $s(t) = (u_0 + v(t))t/2$ definiert die Durchschnittsgeschwindigkeit während einer Zeit t: $\bar{v} = (u_0 + v(t))/2 = s(t)/t$.
- Geschwindigkeitsquadrat: Quadriert $v(t)$ und setzt es in $s(t)$ ein.

einer Geschwindigkeit von v unter Gravitation fallen lassen, dann gilt $F = mg$ und die Differentialgleichung der Bewegung in einer Dimension (abwärts) ist:

$$m\frac{dv}{dt} + v\frac{dm}{dt} = mg.$$

Wir nehmen an, dass der Regentropfen exponentiell mit der Entfernung Masse anlagert:

$$\frac{dm}{dz} = \alpha m,$$

wobei α eine Konstante ist. Kombinieren wir dies mit der Differentialgleichung der Bewegung, so ist die Geschwindigkeit:

$$\begin{aligned} \frac{dv}{dt} &= g - \frac{v}{m}\frac{dm}{dt} \\ &= g - \frac{v}{m}\frac{dm}{dz}\frac{dz}{dt} \\ &= g - \frac{v^2}{m}\frac{dm}{dz} \\ &= g - \alpha v^2. \end{aligned}$$

Mithilfe von

$$\frac{dv}{dt} = \frac{dz}{dt}\frac{dv}{dz} = v\frac{dv}{dz}$$

können wir die obigen Differentialgleichungen zu einer in $dv/\,dz$ zusammenfassen, wenn wir die Geschwindigkeit

Beispielrechnung 2.2: Bewegung eines Geschosses

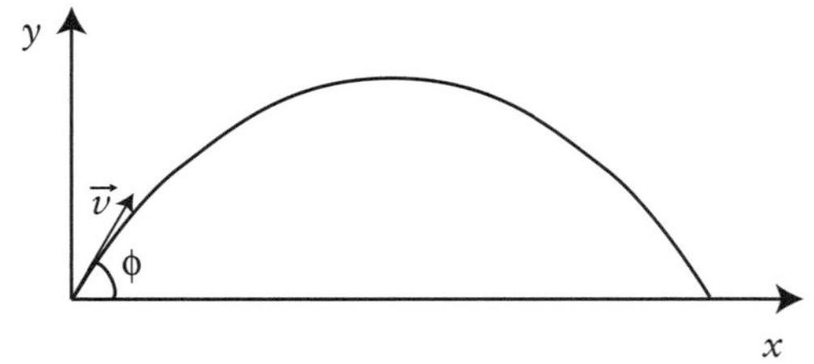

Ein Flugkörper der Masse m wird mit der Geschwindigkeit $\vec{v}$ in einem Winkel von ϕ zur Horizontalen von einer flachen Oberfläche abgeschossen. Der Luftwiderstand sei vernachlässigbar.

1. **Bewegungsgleichung:** Die Gravitation ist die einzige auf das Geschoss wirkende Kraft, die äußere Kraft ist also $\vec{F} = m\vec{g}$. In Verbindung mit dem zweiten Newton'schen Gesetz ist die Bewegungsgleichung $\vec{F} = m\ddot{\vec{r}} = m\vec{g}$. Indem wir x und y separat betrachten, teilen wir die zweidimensionale Bewegung in zwei Komponenten auf. Die Gravitationsbeschleunigung habe den Betrag g in negativer y-Richtung (abwärts):

$$m\ddot{\vec{r}} = m\vec{g} \rightarrow m\begin{pmatrix} \ddot{x} \\ \ddot{y} \end{pmatrix} = m\begin{pmatrix} 0 \\ -g \end{pmatrix}.$$

2. **Lösungen mit beliebigen Konstanten:** Nach zweifacher Integration der horizontalen und vertikalen Komponente sind die Lösungen von x und y:

$$\ddot{x} = \frac{d^2x}{dt^2} = 0 \rightarrow x(t) = a + bt \tag{2.15}$$

$$\ddot{y} = \frac{d^2y}{dt^2} = -g \rightarrow y(t) = c + dt - \frac{1}{2}gt^2 \tag{2.16}$$

mit den Integrationskonstanten a, b, c, und d. Wir stellen fest, dass diese Gleichungen bei Beschleunigung $a = -g$ und Startposition s_0 im Einklang mit $s(t) = s_0 + u_0 t + at^2/2$ (siehe Gl. 2.11) sind.

3. **Randbedingungen und Lösungen:** Die beliebigen Konstanten werden durch Startpositionen und Geschwindigkeiten festgelegt. Mit dem Ursprung als Startposition sind die Randbedingungen:

$$\begin{aligned} x(0) &= 0 \rightarrow a = 0 \\ y(0) &= 0 \rightarrow c = 0 \\ \dot{x}(0) &= v\cos\phi \rightarrow b = v\cos\phi \\ \dot{y}(0) &= v\sin\phi \rightarrow d = v\sin\phi\,. \end{aligned}$$

Nach Eliminierung der Konstanten aus den Gln. 2.15 und 2.16 sind die Lösungen:

$$x(t) = vt\cos\phi$$

$$y(t) = vt\sin\phi - \frac{1}{2}gt^2\,.$$

- Die Flugzeit ergibt sich durch Lösung von t mit $y = 0$:

$$\rightarrow t_{tot} = \frac{2v\sin\phi}{g}\,.$$

- Die Reichweite ergibt sich durch Einsetzen von t_{tot} in x:

$$x_{max} = \frac{2v^2\sin\phi\cos\phi}{g}\,.$$

als Funktion der Entfernung angeben wollen. Derart folgt:

$$\rightarrow \frac{dv}{dz} = \frac{g}{v} - \alpha v$$

$$\rightarrow \int_0^z dz = \int_0^{v(z)} \frac{dv}{g/v - \alpha v}.$$

Nach Integration (Probe durch Einsetzen) ergibt sich die Geschwindigkeit zu:

$$\begin{aligned} z &= \left[-\frac{1}{2\alpha}\ln\left(g - \alpha v^2\right)\right]_0^{v(z)} \\ &= -\frac{1}{2\alpha}\ln\left(\frac{g - \alpha v^2(z)}{g}\right) \\ \rightarrow v(z) &= \sqrt{\frac{g}{\alpha}\left(1 - e^{-2\alpha z}\right)} \end{aligned} \tag{2.17}$$

Beispielrechnung 2.3: Bewegung eines Geschosses mit Luftwiderstand

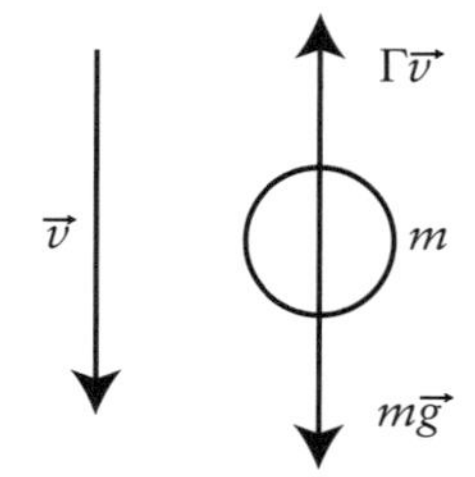

Ein Flugkörper der Masse m fällt mit der Geschwindigkeit $\vec{v}$. Der Betrag des Luftwiderstandes ist proportional zu seiner Geschwindigkeit und entgegengesetzt zur Bewegungsrichtung: $\vec{F}_\Gamma = -\Gamma\vec{v}$.

1. **Bewegungsgleichung:** Die resultierende Kraft auf den Körper ist $\vec{F} = m\vec{g} - \Gamma\vec{v}$. In Verbindung mit dem zweiten Newton'schen Gesetz ist die Bewegungsgleichung $\vec{F} = m\dot{\vec{v}} = m\vec{g} - \Gamma\vec{v}$. Indem wir x und y separat betrachten, teilen wir die zweidimensionale Bewegung in zwei Komponenten auf. Die Gravitationsbeschleunigung habe den Betrag g in negativer y-Richtung (abwärts):

$$m\dot{\vec{v}} = -\Gamma\vec{v} + m\vec{g}$$
$$\rightarrow m\begin{pmatrix} \dot{v}_x \\ \dot{v}_y \end{pmatrix} = -\Gamma\begin{pmatrix} v_x \\ v_y \end{pmatrix} + m\begin{pmatrix} 0 \\ -g \end{pmatrix}.$$

2. **Lösungen mit beliebigen Konstanten:** Sei $\gamma = \Gamma/m$. Durch Umstellen und einfaches Integrieren der obigen Gleichungen stellen wir fest, dass die Geschwindigkeitskomponenten v_x und v_y exponentiell abfallen:

$$\dot{v}_x = \frac{dv_x}{dt} = -\gamma v_x \rightarrow \ln(v_x(t)) = -\gamma t + a$$
$$\rightarrow v_x(t) = A\,e^{-\gamma t}$$
$$\dot{v}_y = \frac{dv_y}{dt} = -\gamma v_y - g \rightarrow \text{setze} \quad p = \gamma\,v_y - g$$
$$\rightarrow \frac{dp}{dt} = -\gamma p$$
$$\rightarrow p = B e^{-\gamma t}$$
$$\rightarrow v_y(t) = \frac{1}{\gamma}\left(B e^{-\gamma t} - g\right)$$

mit den Integrationskonstanten A und B.

3. **Randbedingungen:** Wir betrachten eine Masse m, die aus großer Höhe vertikal fallen gelassen wird. Sowohl in x-, als auch in y-Richtung ist die Anfangsgeschwindigkeit 0. In diesem Fall sind die Randbedingungen und Lösungen:

$$v_x(0) = 0 \quad \rightarrow A = 0 \rightarrow v_x(t) = 0$$
$$\text{und} \quad v_y(0) = 0 \quad \rightarrow B = g \rightarrow v_y(t) = -\frac{g}{\gamma}\left(1 - e^{-\gamma t}\right).$$

Der Körper erreicht seine *Endgeschwindigkeit* bei $t \rightarrow \infty$:

$$\rightarrow v_t = -\frac{g}{\gamma}.$$

Dies stimmt überein mit der Geschwindigkeit, bei welcher der Luftwiderstand gleich der Gravitation ist: $\Gamma v_t = -mg \rightarrow v_t = -g/\gamma$. Die Annäherung an die Endgeschwindigkeit ist exponentiell.

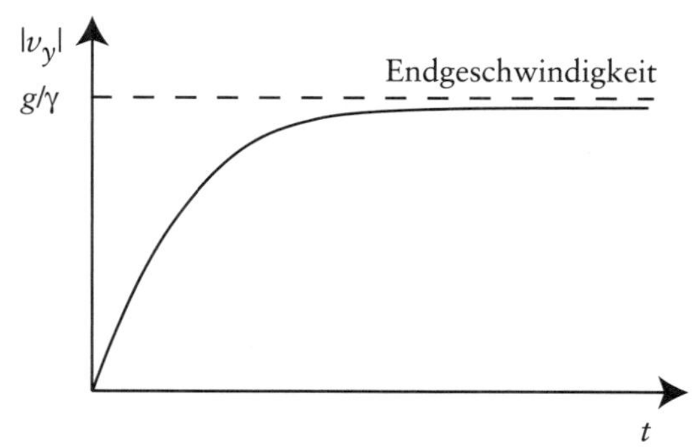

$v(z)$ ist in Abb. 2.2 aufgezeichnet. Die Geschwindigkeit des Regentropfens nimmt mit der Entfernung zu, bis sie die Endgeschwindigkeit, $v_t = \sqrt{g/\alpha}$, erreicht.

Raketenschub

Raketen werden angetrieben, indem sie hinter sich heißes Gas ausstoßen, wie Abb. 2.3 illustriert. Aus der Impulserhaltung folgt, dass der rückwärtsgerichtete Impuls des Gases durch einen ebenso großen vorwärtsgerichteten Impuls der Rakete ausgeglichen wird. Eine Bewegung, die derart aus der Impulserhaltung entsteht, wird *Rückstoß* genannt; sie ist ähnlich zum Rückstoß, den eine Person erfährt, welche eine Waffe abfeuert. Die aufgrund des Rückstoßes auf die Rakete wirkende Kraft wird *Schub* genannt.

Unter Beachtung der Impulserhaltung stellen wir die Bewegungsgleichung auf. Zur Zeit t sei die Geschwindigkeit der Rakete $v(t)$, ihre Masse sei $m(t)$. Ihr anfänglicher Impuls vor Ausstoß des Treibstoffs ist daher:

$$p_{\text{anfang}} = m(t)v(t).$$

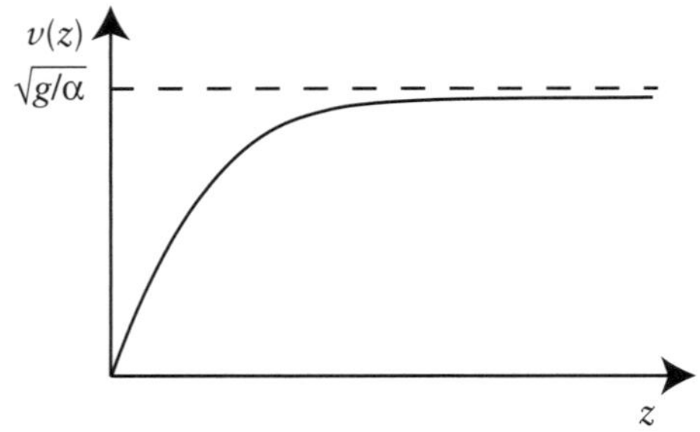

Abbildung 2.2 Geschwindigkeit eines fallenden Regentropfens (Gl. 2.17). Wir nehmen an, dass der Regentropfen exponentiell mit der Entfernung Masse anlagert: $\mathrm{d}m/\mathrm{d}z = \alpha m$. Die Geschwindigkeit nimmt zu, bis sie die Endgeschwindigkeit, $v_t = \sqrt{g/\alpha}$ erreicht, wobei g die Gravitationsbeschleunigung ist

Daraufhin stößt die Rakete eine kleine Menge Treibstoff, $\mathrm{d}m$, mit einer Geschwindigkeit $-v_0$ *relativ* zur Rakete aus, wodurch sich die Geschwindigkeit der Rakete um $\mathrm{d}v$ erhöht (siehe Abb. 2.3). Die neue Masse der Rakete ist $m_\mathrm{r} = m(t) - \mathrm{d}m$, ihre Geschwindigkeit $v_\mathrm{r} = v(t) + \mathrm{d}v$. Die Masse des ausgestoßenen Treibstoffs ist $m_\mathrm{g} = \mathrm{d}m$, dessen Geschwindigkeit $v_\mathrm{g} = v(t) - v_0$. Der Impuls von Rakete und Treibstoff nach dem Ausstoß des Treibstoffs ergibt sich somit zu

$$\begin{aligned} p_\mathrm{final} &= m_\mathrm{r} v_\mathrm{r} + m_\mathrm{g} v_\mathrm{g} \\ &= (m(t) - \mathrm{d}m)\,(v(t) + \mathrm{d}v) + \mathrm{d}m\,(v(t) - v_0) \\ &\simeq m(t)v(t) + m(t)\,\mathrm{d}v - v_0\,\mathrm{d}m\,, \end{aligned}$$

die zweite Ordnung des $\mathrm{d}m\,\mathrm{d}v$-Terms wurde hier ignoriert. Demnach ist die Änderung des Impulses gleich $\mathrm{d}p = m(t)\mathrm{d}v - v_0\mathrm{d}m$ und damit ist die Änderungsrate des Impulses:

$$\begin{aligned} F &= \frac{\mathrm{d}p}{\mathrm{d}t} \\ &= m(t)\frac{\mathrm{d}v}{\mathrm{d}t} - \underbrace{v_0\frac{\mathrm{d}m}{\mathrm{d}t}}_{\text{Schub}}\,. \end{aligned} \tag{2.18}$$

Dies ist die Differentialgleichung der Bewegung für die Rakete. Wie erwartet hat sie die Form des zweiten Newton'schen Gesetzes für ein variables Massenproblem. Vor dem zweiten Term befindet sich ein Minuszeichen, da die Masse der Rakete im Laufe der Zeit abnimmt, $\mathrm{d}m/\mathrm{d}t$ ist also negativ. Diese Kraft ist der *Schub* der Rakete. Wir können die Gl. 2.18 für zwei verschiedene Fälle lösen: (i) während des Starts, wobei die externe Kraft auf die Rakete die Gravitation ist, $\rightarrow F = -m(t)g$, und (ii) im Weltall, wo keine externen Kräfte auf die Rakete wirken, $\rightarrow F = 0$. Die Lösungen der Geschwindigkeit sowie der Masse der Rakete als Funktionen der Zeit sind jeweils für beide Verläufe in den Gln. 2.19–2.2.2 gegeben (Herleitung 2.3).

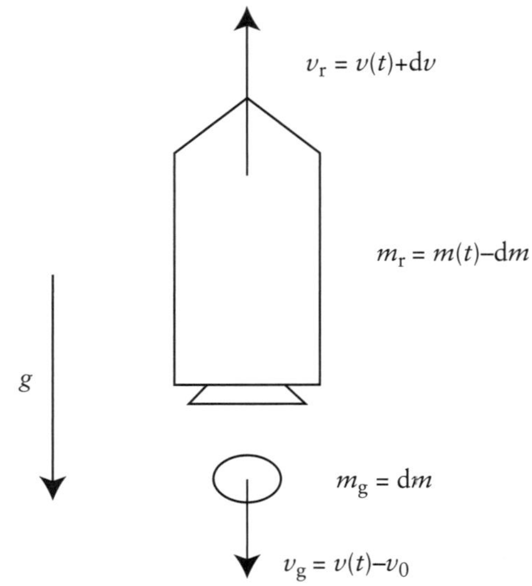

Abbildung 2.3 Raketenschub. Die Masse des ausgestoßenen Gases ist $m_\mathrm{g} = \mathrm{d}m$. Die momentane Geschwindigkeit der Rakete ist $v_\mathrm{r} = v(t) + \mathrm{d}v$, wobei $\mathrm{d}v$ der Gewinn durch den Rückstoß ist. Die momentane Geschwindigkeit des Gases ist $v_\mathrm{g} = v(t) - v_0$, wobei v_0 die Geschwindigkeit ist, mit der das Gas relativ zur Rakete ausgestoßen wird. Während des Starts wirkt die Gravitation in Abwärtsrichtung auf das System

Raketenbewegung (Herleitung 2.3):

Während des Starts (unter Gravitation):

$$v(t) = \ln\left(\frac{m_0}{m(t)}\right) v_0 - gt \tag{2.19}$$

$$m(t) = m_0\,\mathrm{e}^{-(v(t)+gt)/v_0} \tag{2.20}$$

mit $m(t) = m_0 - \dot{m}t$.

Im Weltall (keine Gravitation):

$$v_\mathrm{f} = v_\mathrm{i} + \ln\left(\frac{m_\mathrm{i}}{m_\mathrm{f}}\right) v_0 \tag{2.21}$$

$$m_\mathrm{f} = m_\mathrm{i}\,\mathrm{e}^{-(v_\mathrm{f}-v_\mathrm{i})/v_0} \tag{2.22}$$

mit $m_\mathrm{f} = m_\mathrm{i} - \dot{m}\Delta t$.

2.3 Schwingende Systeme

In Abschn. 1.5 haben wir gesehen, dass Punkte stabilen Gleichgewichtes mit den lokalen Minima der potentiellen Energiefunktion eines Systems übereinstimmen. Durch eine Auslenkung aus dem Gleichgewicht erfährt

Herleitung 2.3: Herleitung der Bewegungsgleichungen von Raketen (Gln. 2.19–2.2.2)

Bewegung unter Gravitation:

$$\begin{aligned} m(t)\frac{\mathrm{d}v}{\mathrm{d}t} &= v_0\dot{m} - m(t)g \\ \rightarrow \frac{\mathrm{d}v}{\mathrm{d}t} &= \frac{\dot{m}}{m(t)}v_0 - g \\ &= \frac{\dot{m}}{m_0 - \dot{m}t}v_0 - g \\ \int_0^{v(t)} \mathrm{d}v &= \int_0^t \left(\frac{\dot{m}}{m_0 - \dot{m}t'}v_0 - g\right)\mathrm{d}t' \\ \rightarrow v(t) &= \ln\left(\frac{m_0}{m_0 - \dot{m}t}\right)v_0 - gt \\ &= \ln\left(\frac{m_0}{m(t)}\right)v_0 - gt \end{aligned}$$

Bewegung im Weltall, ohne Gravitation:

$$\begin{aligned} m(t)\frac{\mathrm{d}v}{\mathrm{d}t} &= v_0\dot{m} \\ \rightarrow \frac{\mathrm{d}v}{\mathrm{d}t} &= \frac{\dot{m}}{m(t)}v_0 \\ &= \frac{\dot{m}}{m_\mathrm{a} - \dot{m}t}v_0 \\ \int_{v_\mathrm{a}}^{v_\mathrm{f}} \mathrm{d}v &= \int_0^{\Delta t} \left(\frac{\dot{m}}{m_\mathrm{a} - \dot{m}t}v_0\right)\mathrm{d}t \\ \rightarrow v_\mathrm{f} &= v_\mathrm{a} + \ln\left(\frac{m_\mathrm{a}}{m_\mathrm{a} - \dot{m}\Delta t}\right)v_0 \\ &= v_\mathrm{a} + \ln\left(\frac{m_\mathrm{a}}{m_\mathrm{f}}\right)v_0 \\ \rightarrow m_\mathrm{f} &= m_\mathrm{i}\,\mathrm{e}^{-(v_\mathrm{f}-v_\mathrm{a})/v_0} \end{aligned}$$

- Ansatz: Die Bewegungsgleichung einer Rakete ist:

$$\begin{aligned} F &= m(t)\frac{\mathrm{d}v}{\mathrm{d}t} - v_0\frac{\mathrm{d}m}{\mathrm{d}t} \\ &= m(t)\frac{\mathrm{d}v}{\mathrm{d}t} - v_0\dot{m}\,. \end{aligned}$$

  wobei v_0 die Geschwindigkeit ist, mit der das Gas relativ zur Rakete ausgestoßen wird (für Herleitung siehe Text). Nehmt an, dass die Ausstoßrate der Masse konstant ist, $\rightarrow \dot{m} =$ konstant.
- Bewegung unter Gravitation: Während des Starts wirkt die Gravitation auf die Rakete, $\rightarrow F = -m(t)g$, und die Bewegungsgleichung ist:

$$m(t)\frac{\mathrm{d}v}{\mathrm{d}t} - v_0\dot{m} = -m(t)g\,.$$

- Die Masse der Rakete nach einer Zeit t sei $m(t) = m_0 - \dot{m}t$, wobei m_0 die Anfangsmasse der Rakete ist.
- Bewegung im Weltall, ohne Gravitation: Keine externen Kräfte wirken auf die Rakete, $\rightarrow F = 0$, und die Bewegungsgleichung ist:

$$m(t)\frac{\mathrm{d}v}{\mathrm{d}t} - v_0\dot{m} = 0\,.$$

- Die Masse der Rakete nach einer Zeit t sei $m(t) = m_\mathrm{i} - \dot{m}t$, wobei m_i die Anfangsmasse der Rakete in der gravitationsfreien Zone ist.
- Die finale Masse der Geschwindigkeit nach einer Zeit Δt sei $m_\mathrm{f} = m_\mathrm{i} - \dot{m}\Delta t$. Die Geschwindigkeit ändert sich während dieser Zeit von der Startgeschwindigkeit v_a zu ihrer Endgeschwindigkeit v_f.

das System eine *Rückstellkraft*, welche das System wieder in Richtung Gleichgewicht zurück„zieht". Für ausreichend kleine Auslenkungen aus dem Gleichgewicht ist die Rückstellkraft proportional zur Auslenkung aus dem Gleichgewicht, x (Hooke'sches Gesetz):

$$F = -kx$$

Die Proportionalitätskonstante, k [N m^{-1}], wird *Federkonstante* genannt[1] und kann als zweite Ortsableitung der potentiellen Energiefunktion (ausgewertet am Punkt des stabilen Gleichgewichtes, x_0), angenähert werden.

$$k = \left(\frac{\mathrm{d}^2V(x)}{\mathrm{d}x^2}\right)_{x_0}$$

(siehe Abschn. 1.5, Gl. 1.25). In diesem Abschnitt werden wir das zweite Newton'sche Gesetz gemeinsam mit dem Hooke'schen Gesetz verwenden, um eine Differentialgleichung auszuarbeiten, welche die Bewegung von Körpern bestimmt, die ein kleines Stück vom Gleichgewicht ausgelenkt sind, und um unter verschiedenen Bedingungen Lösungen der Differentialgleichungen zu finden. Auf diese Weise werden wir sehen, dass solche Systeme kleine Oszillationen um die Gleichgewichtslage vollführen; diese Bewegung wird *harmonische Schwingung* genannt. Viele

[1] Da eine Masse auf einer Feder eine gebräuchliche Anwendung des Hooke'schen Gesetzes ist.

physikalische Systeme führen harmonische Schwingungen aus, beispielsweise ein Pendel, eine Masse auf einer Feder oder die Schwingungen von in Festkörpern gebundenen Atomen.

2.3.1 Harmonische Schwingung

Die äußere Kraft auf einen Körper konstanter Masse in einer Dimension ist laut dem zweiten Newton'schen Gesetz (siehe Abschn. 1.1.1):

$$\begin{aligned} F &= \frac{\mathrm{d}p}{\mathrm{d}t} \\ &= m\frac{\mathrm{d}v}{\mathrm{d}t} \\ &= m\frac{\mathrm{d}^2x}{\mathrm{d}t^2} \\ &= m\ddot{x}\,. \end{aligned}$$

Wird dies mit dem Hooke'schen Gesetz ($F = -kx$) gleichgesetzt, so ist die differentielle Bewegungsgleichung eines Körpers der Masse m, der ein kleines Stück x aus dem Gleichgewicht ausgelenkt ist:

$$m\ddot{x} = -kx$$

(Gl. 2.23). Unser Ziel ist es, eine Lösung $x(t)$ zu finden, welche die Differentialgleichung erfüllt. Diese Lösung beschreibt die Auslenkung des Körpers als Funktion der Zeit – d. h. seine *Bewegung*. Wir stellen uns die Frage „Welche Funktion ist gleich dem Negativen ihrer zweiten Ableitung?" Erfahrungsgemäß wissen wir, dass sinusförmige Funktionen dieses Kriterium erfüllen (aus $x = \sin\theta, x' = -\cos\theta \rightarrow x'' = -\sin\theta = -x$). Wir probieren also eine Lösung aus:

$$x(t) = a\sin\alpha t\,.$$

Dabei sind a und α Konstanten (Amplitude bzw. Frequenz). Überprüfen wir diese Lösung mit Gl. 2.23, so erhalten wir:

$$\begin{aligned} -m\alpha^2 a\sin\alpha t &= -ka\sin\alpha t \\ \rightarrow \alpha &= \pm\sqrt{\frac{k}{m}}\,. \end{aligned}$$

Da α für eine Frequenz steht, ist die negative Lösung physikalisch nicht möglich. Die Winkelfrequenz[2] ist also

$$\rightarrow \alpha = \omega_0 = \sqrt{\frac{k}{m}} \quad \mathrm{s}^{-1}\,.$$

[2] Bei der Wellenbewegung ist die Winkelfrequenz ω über $\omega = 2\pi f$ mit der Frequenz f verbunden. Die zeitliche Periode einer Schwingung ist daher $T = 1/f = 2\pi/\omega$.

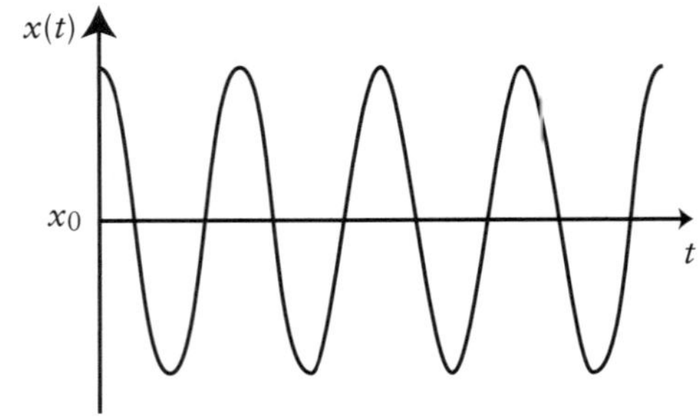

Abbildung 2.4 Harmonische Schwingung (sinusförmige Oszillationen) um eine Gleichgewichtslage, x_0

$x(t) = a\cos\omega_0 t$ erfüllt ebenso Gl. 2.23 wie auch $x(t) = a\sin(\omega_0 t + \phi)$ und $a\cos(\omega_0 t + \phi)$, wobei ϕ eine beliebige Phasenverschiebung ist (Probe durch Einsetzen). a und ϕ sind die beiden Integrationskonstanten, welche durch die Randbedingungen des jeweiligen Systems bestimmt sind. Mithilfe trigonometrischer Beziehungen können wir die Lösung als Summe von Sinus und Kosinus angeben:

$$\begin{aligned} x(t) &= a\sin(\omega_0 t + \phi) \\ &= \underbrace{a\cos\phi}_{=A}\sin\omega_0 t + \underbrace{a\sin\phi}_{=B}\cos\omega_0 t \\ &= A\sin\omega_0 t + B\cos\omega_0 t\,. \end{aligned}$$

wobei A und B die durch die Randbedingungen festgesetzten Integrationskonstanten sind. Diese Lösungen machen deutlich, dass eine ein kurzes Stück aus dem Gleichgewicht ausgelenkte Masse mit sinusförmiger Zeitabhängigkeit um die Gleichgewichtslage schwingen wird (Abb. 2.4). Diese Bewegungsform wird *harmonische Schwingung* genannt. ω_0 ist die *Eigenfrequenz* der Schwingung; falls es keine Reibungskraft oder zusätzliche Antriebskraft gibt, schwingt das System mit dieser Frequenz.

Komplexe exponentielle Form

Eine weitere Funktion, die gleich dem Negativen ihrer zweiten Ableitung ist und somit die Bewegungsgleichung aus Gl. 2.23 erfüllt, ist die komplexe Exponentialfunktion. Probieren wir die Lösung $x(t) = C\mathrm{e}^{\mathrm{i}\beta t}$ mit der beliebigen Konstanten C in Gl. 2.23 aus, so erhalten wir:

$$\begin{aligned} -m\beta^2 C\mathrm{e}^{\mathrm{i}\beta t} &= -kC\mathrm{e}^{\mathrm{i}\beta t} \\ \rightarrow \beta^2 &= \frac{k}{m} \\ &\equiv \omega_0^2 \\ \rightarrow \beta &= \pm\omega_0 = \pm\sqrt{\frac{k}{m}}\,. \end{aligned}$$

Die allgemeine Lösung ist daher:

$$x(t) = A'\mathrm{e}^{\mathrm{i}\omega_0 t} + B'\mathrm{e}^{-\mathrm{i}\omega_0 t}\,.$$

Mit der Euler'schen Formel ($e^{i\theta} = \cos\theta + i\sin\theta$) erhalten wir aus $x(t)$ wieder die sinusförmige Lösung:

$$\begin{aligned} x(t) &= A\sin\omega_0 t + B\cos\omega_0 t \\ \text{mit}\quad A &= i(A' - B') \\ \text{und}\quad B &= A' + B'\,. \end{aligned}$$

Die Lösungen mit der Sinus- sowie der komplexen Exponentialfunktion sind also gleichwertig. Oft ist es mathematisch einfach, mit komplexen Exponentialfunktionen zu arbeiten, daher ist es gut, sich bei deren Benutzung wohl zu fühlen. Die Gln. 2.23–2.27 fassen die Differentialgleichung der harmonischen Schwingung sowie ihre Lösungen zusammen.

Harmonische Schwingung: Differentielle Bewegungsgleichung:

$$m\ddot{x} = -kx \tag{2.23}$$

Periodische Lösungen:

$$\begin{aligned} x(t) &= a\sin(\omega_0 t + \phi) && (2.24)\\ &\equiv A\sin\omega_0 t + B\cos\omega_0 t && (2.25)\\ &\equiv A'\,e^{i\omega_0 t} + B'\,e^{-i\omega_0 t} && (2.26) \end{aligned}$$

Die Eigenfrequenz der Schwingung ist:

$$\omega_0 = \sqrt{\frac{k}{m}} \tag{2.27}$$

Die Koeffizienten sind verknüpft durch:

$$\begin{aligned} A &= a\cos\phi \\ B &= a\sin\phi \\ \text{und}\quad A &= i(A' - B') \\ B &= A' + B' \end{aligned}$$

Diese werden durch Randbedingungen festegesetzt.

Schwingungsenergie

Die gesamte mechanische Energie eines schwingenden Systems ist die Summe seiner kinetischen sowie seiner potentiellen Energie: $E_0 = T + V$. In Abhängigkeit der Auslenkung des Systems, x, schwanken diese Energieformen mit der Zeit, während die Gesamtenergie konstant bleibt (unter der Voraussetzung, dass keine Reibungskräfte auf das System wirken). Ausdrücke für die kinetische

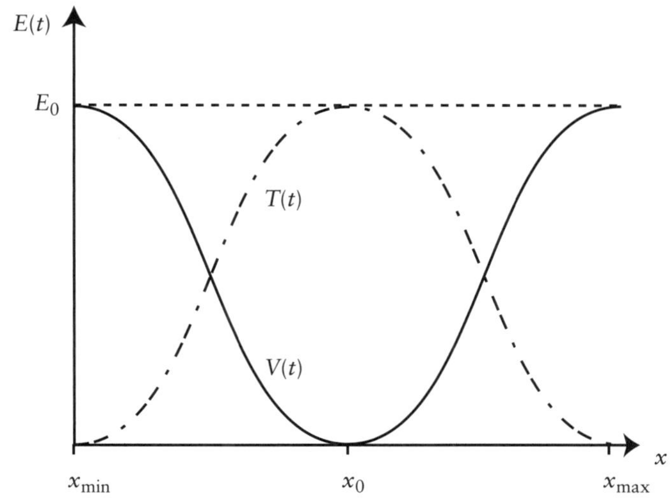

Abbildung 2.5 Kinetische, $T(t)$, und potentielle Energie, $V(t)$, einer Masse, die zwischen x_{min} und x_{max} eine harmonische Schwingung ausführt, mit der Gleichgewichtslage x_0. Die Summe der kinetischen und potentiellen Energie hat den konstanten Wert E_0

und potentielle Energie in Abhängigkeit von $x(t)$ und seinen Ableitungen sind:

$$\begin{aligned} T(t) &= \frac{1}{2}mv^2(t) \\ &= \frac{1}{2}m\dot{x}^2(t) \\ \text{und}\quad V(t) &= -\int F(t)\,dx \\ &= \int kx(t)\,dx \\ &= \frac{1}{2}kx^2(t) \end{aligned}$$

(Gln. 2.28 und 2.29 sowie Abb. 2.5). Die Energie des Körpers variiert von maximaler kinetischer bzw. nicht vorhandener potentieller Energie in der Nähe der Gleichgewichtslage zu fehlender kinetischer bzw. maximaler potentieller Energie an den Enden (Umkehrpunkten) der Schwingung.

Schwingungsenergie:

$$\begin{aligned} \text{Kinetisch:}\quad T(t) &= \frac{1}{2}m\dot{x}^2 && (2.28)\\ \text{Potentiell:}\quad V(t) &= \frac{1}{2}kx^2 && (2.29)\\ \text{Gesamt:}\quad E_0 &= T(t) + V(t) && (2.30) \end{aligned}$$

2.3.2 Gedämpfte harmonische Schwingung

Wir betrachten nun einen Körper in harmonischer Schwingung, der einer Dämpfungskraft, F_Γ, ausgesetzt ist. Für Körper, die sich mit kleinen Geschwindigkeiten bewegen, kann F_Γ als proportional zur Geschwindigkeit der Körper angenähert werden:

$$F_\Gamma = -\Gamma v = -\Gamma \dot{x}.$$

Die Proportionalitätskonstante, Γ [N s m^{-1}], ist der *Dämpfungskoeffizient*. Die insgesamt auf den Körper wirkende Kraft ist also die Summe der Rückstellkraft sowie der Dämpfungskraft:

$$F = \underbrace{-kx}_{\text{Rückstell-kraft}} - \underbrace{\Gamma\dot{x}}_{\text{Dämpfungs-kraft}}.$$

Setzen wir dies mit dem zweiten Newton'schen Gesetz ($F = ma = m\ddot{x}$) gleich, so ist die differentielle Bewegungsgleichung der gedämpften harmonischen Schwingung:

$$\rightarrow m\ddot{x} = -kx - \Gamma\dot{x}.$$

Die Lösung dieser Differentialgleichung ist eine sinusförmige Oszillation (harmonische Bewegung), deren Amplitude mit einem exponentiellen Dämpfungsfaktor mutlipliziert ist:

$$x(t) = \underbrace{a\,\mathrm{e}^{-\frac{\gamma t}{2}}}_{\text{Dämpfung}} \cdot \underbrace{\sin(\omega t + \phi)}_{\text{harmonische Schwingung}}$$

(Gln. 2.31–2.34 und Herleitung 2.4). Die Amplitude a und Phase ϕ sind durch Randbedingungen festgelegte Integrationskonstanten.

Gedämpfte harmonische Schwingung (Herleitung 2.4):

Differentielle Bewegungsgleichung:

$$m\ddot{x} + \Gamma\dot{x} + kx = 0$$

$$\text{bzw.} \quad \ddot{x} + \gamma\dot{x} + \omega_0^2 x = 0 \qquad (2.31)$$

mit $\omega_0^2 = k/m$ (Eigenfrequenz) und $\gamma = \Gamma/m$.

Lösungen (gedämpfte Oszillationen):

$$x(t) = a\,\mathrm{e}^{-\frac{\gamma t}{2}} \sin(\omega t + \phi) \qquad (2.32)$$

$$\equiv \mathrm{e}^{-\frac{\gamma t}{2}} (A \sin\omega t + B\cos\omega t) \qquad (2.33)$$

$$\equiv \mathrm{e}^{-\frac{\gamma t}{2}} \left(A'\,\mathrm{e}^{\mathrm{i}\omega t} + B'\,\mathrm{e}^{-\mathrm{i}\omega t}\right) \qquad (2.34)$$

mit der Schwingungsfrequenz:

$$\omega = \sqrt{\omega_0^2 - \gamma^2/4} \qquad (2.35)$$

Die Koeffizienten sind verknüpft durch:

$$A = a\cos\phi$$
$$B = a\sin\phi$$
$$\text{und} \quad A = \mathrm{i}(A' - B')$$
$$B = A' + B'$$

Sie werden durch Randbedingungen festgelegt.

Arten der Dämpfung

Die Schwingungsfrequenz hängt sowohl von der Eigenfrequenz, ω_0, als auch vom Dämpfungskoeffizienten pro Masseneinheit, γ, ab:

$$\omega = \sqrt{\omega_0^2 - \gamma^2/4}$$

(siehe Herleitung 2.4). Es gibt drei Arten gedämpfter Bewegung, die von den relativen Beträgen von ω_0 und γ abhängen (siehe Abb. 2.6):

1. **Schwach gedämpfte Bewegung:** (Schwingfall)

   $$\omega_0^2 > \gamma^2/4 \quad \rightarrow \omega \quad \text{ist reell}$$

   Das System schwingt mit der Frequenz ω und die Amplitude der Schwingungen nimmt exponentiell mit der Zeitkonstanten $\tau = 2/\gamma$ ab:

   $$x(t) = \mathrm{e}^{-\frac{\gamma t}{2}} \left(A'\,\mathrm{e}^{\mathrm{i}\omega t} + B'\,\mathrm{e}^{-\mathrm{i}\omega t}\right)$$

2. **Kritisch gedämpfte Bewegung:** (Aperiodischer Grenzfall)

   $$\omega_0^2 = \gamma^2/4 \quad \rightarrow \omega = 0$$

   Das System schwingt nicht. Es kehrt mit der Zeitkonstanten $\tau = 2/\gamma$ exponentiell zur Gleichgewichtslage zurück:

   $$x(t) = \mathrm{e}^{-\frac{\gamma t}{2}} (A' + B')$$

3. **Stark gedämpfte Bewegung:** (Kriechfall)

   $$\omega_0^2 < \gamma^2/4 \quad \rightarrow \omega \quad \text{ist imaginär}$$

   Das System schwingt nicht. Es kehrt mit einer Zeitkonstanten, die langsamer als der Grenzwert der kritischen Dämpfung ist, exponentiell zur Gleichgewichtslage zurück:

   $$x(t) = \mathrm{e}^{-\frac{\gamma t}{2}} \left(A'\,\mathrm{e}^{-\omega t} + B'\,\mathrm{e}^{\omega t}\right)$$

Herleitung 2.4: Herleitung der gedämpften harmonischen Schwingung (Gln. 2.32–2.35)

- Ansatz: Die Differentialgleichung der Bewegung für gedämpfte harmonische Oszillationen ist:

$$\ddot{x} + \gamma\dot{x} + \omega_0^2 x = 0\,.$$

wobei $\omega_0^2 = k/m$ die Eigenfrequenz der Schwingung und $\gamma = \Gamma/m$ der Dämpfungskoeffizient pro Masseneinheit ist (siehe Text für Herleitung.)

- Prüft eine Lösung der Form $x = A\,\mathrm{e}^{\mathrm{i}\alpha t}$.
- Löst die quadratische Gleichung nach α auf und definiert die Schwingungsfrequenz als:

$$\omega^2 = \omega_0^2 - \frac{\gamma^2}{4}$$

- Die Lösungen sind also sinusförmige Oszillationen mit exponentiell abnehmender Amplitude. Ohne Dämpfung ($\gamma = 0$) erlangen wir wieder die ungedämpfte harmonische Schwingung, wobei die Frequenz die Eigenfrequenz der Schwingung, $\omega = \omega_0$, ist.

$$-\alpha^2 + \mathrm{i}\alpha\gamma + \omega_0^2 = 0$$

$$\begin{aligned}\rightarrow \alpha &= \frac{-\mathrm{i}\gamma \pm \sqrt{-\gamma^2 + 4\omega_0^2}}{-2}\\ &= \frac{\mathrm{i}\gamma}{2} \pm \sqrt{\omega_0^2 - \frac{\gamma^2}{4}}\\ &= \frac{\mathrm{i}\gamma}{2} \pm \omega\end{aligned}$$

Daher ist die Lösung die Summe von zwei komplexen Exponentialtermen:

$$\begin{aligned}\rightarrow x &= A\,\mathrm{e}^{\mathrm{i}\alpha t}\\ &= \mathrm{e}^{-\frac{\gamma t}{2}}\left(A'\,\mathrm{e}^{\mathrm{i}\omega t} + B'\,\mathrm{e}^{-\mathrm{i}\omega t}\right)\end{aligned}$$

Mit der Euler'schen Formel ($\mathrm{e}^{\mathrm{i}\theta} = \cos\theta + \mathrm{i}\sin\theta$):

$$\begin{aligned}x &= \mathrm{e}^{-\frac{\gamma t}{2}}\left(A'(\cos\omega t + \mathrm{i}\sin\omega t) + B'(\cos\omega t - \mathrm{i}\sin\omega t)\right)\\ &= \mathrm{e}^{-\frac{\gamma t}{2}}\left(\underbrace{\mathrm{i}(A' - B')}_{=A}\sin\omega t + \underbrace{(A' + B')}_{=B}\cos\omega t\right)\\ &= \mathrm{e}^{-\frac{\gamma t}{2}}\left(A\sin\omega t + B\cos\omega t\right)\\ &\equiv a\,\mathrm{e}^{-\frac{\gamma t}{2}}\sin(\omega t + \phi)\end{aligned}$$

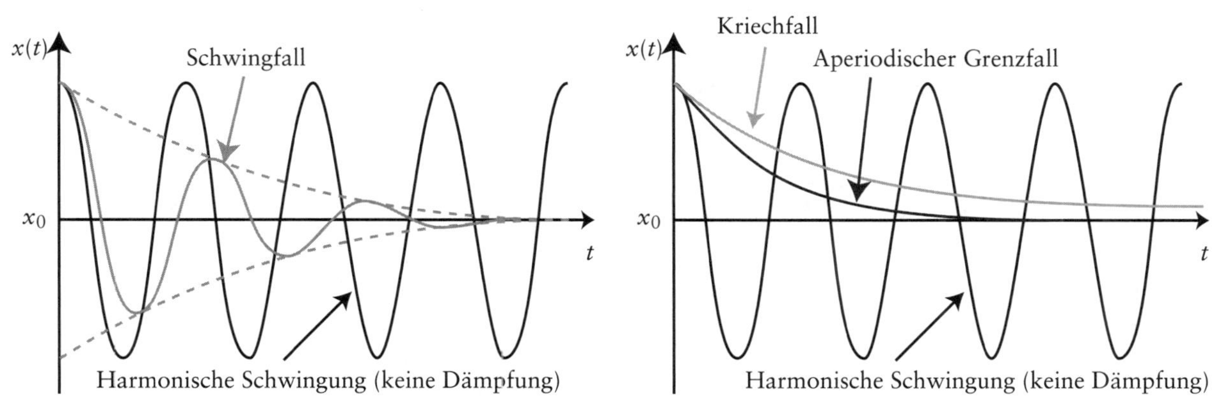

Abbildung 2.6 Schwingfall, aperiodischer Grenzfall und Kriechfa l der harmonischen Schwingung

Gütefaktor

Die *Güte*, Q, ist ein dimensionsloser Parameter, der das Ausmaß der Dämpfung eines schwingenden Systems beschreibt (gilt nur für schwache Dämpfung). Bei schwacher Dämpfung ist Q groß, und umgekehrt bei starker Dämpfung klein. Q ist als Verhältnis der Eigenfrequenz ω_0 des Systems zum Dämpfungskoeffizienten γ definiert:

$$Q \overset{\text{def}}{=} \frac{\omega_0}{\gamma}$$

(Gl. 2.36). Wir können ein intuitives Gefühl dafür entwickeln, was Q repräsentiert, wenn wir die beiden mit gedämpfter harmonischer Schwingung assoziierten natürlichen Zeitskalen betrachten: (i) die spezifische *Periodendauer* der Oszillationen, $T_\omega = 2\pi/\omega_0$, und (ii) die *Abklingkonstante*, $\tau = 2/\gamma$. Daher ist die ungfähre Anzahl an Perioden während einer Relaxationszeit:

$$N_\mathrm{p} \sim \frac{\tau}{T_\omega} \sim \frac{\omega_0}{\pi\gamma} \sim \frac{Q}{\pi}$$

(Gl. 2.37). Oszillatoren mit größerem Q (geringere Dämpfung) durchlaufen also mehr Oszillationszyklen bevor die Schwingungsamplitude signifikant abgefallen ist. Eine Stimmgabel wird beispielsweise einen höheren Q-Wert haben als ein mechanisches Pendel.

Gütefaktor für schwach gedämpfte Bewegung:

$$Q \stackrel{\text{def}}{=} \frac{\omega_0}{\gamma} \tag{2.36}$$

Anzahl der Perioden während der Relaxationszeit:

$$N_\mathrm{p} \sim \frac{Q}{\pi} \tag{2.37}$$

2.3.3 Erzwungene Oszillationen

Um ungewollte Dämpfung von Schwingungen, beispielsweise in Pendeluhren, zu überwinden, ist die Anbringung einer externen *Antriebskraft* an das System nötig. Unter der Annahme, dass die Antriebskraft sich periodisch mit der Amplitude F'_d und der Frequenz ω ändert, ist die gesamte äußere Kraft auf das System:

$$F = \underbrace{-kx}_{\text{Rückstell-kraft}} \; - \underbrace{\Gamma\dot{x}}_{\text{Reibung}} \; + \underbrace{F'_\mathrm{d}\cos\omega t}_{\text{Antriebs-kraft}} .$$

Die differentielle Bewegungsgleichung in einer Dimension lautet also:

$$m\ddot{x} = -kx - \Gamma\dot{x} + F'_\mathrm{d}\cos\omega t$$

(Gl. 2.38). Zur Auflösung nach x ist es vorteilhaft, die Antriebskraft als Realteil eines komplexen Exponentialterms auszudrücken:

$$F'_\mathrm{d}\cos\omega t = \mathrm{Re}\left\{F'_\mathrm{d}\,\mathrm{e}^{\mathrm{i}\omega t}\right\} .$$

Wir können dann eine Lösung der Form $x = \mathrm{Re}\left\{A\,\mathrm{e}^{\mathrm{i}\omega t}\right\}$ ausprobieren und nach der Amplitude, A, auflösen. Auf diese Weise sehen wir, dass A eine Funktion der Antriebsfrequenz, ω, ist, was bedeutet, dass die Auslenkung x ebenso eine Funktion von ω ist (Gl. 2.39 und Herleitung 2.5). Das System schwingt mit derselben Frequenz wie die Antriebskraft und es gibt eine Phasenverzögerung, ϕ, zwischen der Antriebskraft und der Reaktion des Systems, welche ebenfalls eine Funktion von ω ist (Gl. 2.40 und Herleitung 2.5).

Erzwungene harmonische Schwingung (Herleitung 2.5):

Differentielle Bewegungsgleichung:

$$\begin{aligned} & m\ddot{x} + \Gamma\dot{x} + kx = F'_\mathrm{d}\cos\omega t \\ \text{bzw.} \quad & \ddot{x} + \gamma\dot{x} + \omega_0^2 x = F_\mathrm{d}\cos\omega t \\ & \equiv \mathrm{Re}\left\{F_\mathrm{d}\,\mathrm{e}^{\mathrm{i}\omega t}\right\} \end{aligned} \tag{2.38}$$

mit $\omega_0^2 = k/m$ (Eigenfrequenz), $\gamma = \Gamma/m$, und $F_\mathrm{d} = F'_\mathrm{d}/m$.

Periodische Lösung für die Antriebskraft ω:

$$x(t) = \frac{F_\mathrm{d}\cos(\omega t - \phi)}{\sqrt{\left(\omega_0^2 - \omega^2\right)^2 + (\omega\gamma)^2}} \tag{2.39}$$

mit Phaseverzögerung zwischen Reaktion und Antriebskraft:

$$\tan\phi = \frac{\omega\gamma}{\omega_0^2 - \omega^2} . \tag{2.40}$$

Resonanz

Die Amplitude der Schwingungen ist eine Funktion der Antriebsfrequenz, ω:

$$x(t) = \underbrace{\frac{F_\mathrm{D}}{\sqrt{\left(\omega_0^2 - \omega^2\right)^2 + (\omega\gamma)^2}}}_{\text{Amplitude, } A} \cos(\omega t - \phi) .$$

Abbildung 2.7 a zeigt A als Funktion von ω. Wir sehen, dass es eine Frequenz gibt, bei welcher die Amplitude der Schwingungen ein Maximum erreicht, was mit dem Punkt übereinstimmt, an welchem der Nenner von A ein Minimum erreicht. Leiten wir also den Nenner von A ab und setzen ihn mit null gleich, so finden wir das Maximum der Amplitude bei:

$$-2\omega\left(\omega_0^2 - \omega^2\right) + \omega\gamma^2 = 0 .$$

Dies stimmt mit einer Antriebsfrequenz von

$$\omega^2 = \omega_0^2 - \frac{\gamma^2}{2}$$

Herleitung 2.5: Herleitung erzwungener Schwingungen (Gln. 2.39 und 2.40)

$$-\omega^2 A + \mathrm{i}\omega\gamma A + \omega_0^2 A = F_\mathrm{d}$$

$$\rightarrow A = \frac{F_\mathrm{d}}{\underbrace{\omega_0^2 - \omega^2 + \mathrm{i}\omega\gamma}_{z=\beta \mathrm{e}^{\mathrm{i}\phi}}}$$

$$\equiv \frac{F_\mathrm{d}\,\mathrm{e}^{-\mathrm{i}\phi}}{\sqrt{\left(\omega_0^2 - \omega^2\right)^2 + (\omega\gamma)^2}}$$

$$\text{mit} \quad \tan\phi = \frac{\omega\gamma}{\omega_0^2 - \omega^2}$$

$$\rightarrow x(t) = \mathrm{Re}\left\{A\,\mathrm{e}^{\mathrm{i}\omega t}\right\}$$

$$= \mathrm{Re}\left\{\frac{F_\mathrm{d}\,\mathrm{e}^{\mathrm{i}(\omega t - \phi)}}{\sqrt{\left(\omega_0^2 - \omega^2\right)^2 + (\omega\gamma)^2}}\right\}$$

$$= \frac{F_\mathrm{d}\cos(\omega t - \phi)}{\sqrt{\left(\omega_0^2 - \omega^2\right)^2 + (\omega\gamma)^2}}$$

- Ansatz: Die differentielle Bewegungsgleichung gedämpfter harmonischer Schwingungen mit einer periodischen Antriebskraft $F_\mathrm{d}\cos\omega t$ ist:

$$\ddot{x} + \gamma\dot{x} + \omega_0^2 x = F_\mathrm{d}\cos\omega t$$

$$\equiv \mathrm{Re}\left\{F_\mathrm{d}\,\mathrm{e}^{\mathrm{i}\omega t}\right\}.$$

Die Eigenfrequenz ist $\omega_0^2 = k/m$ und der Dämpfungskoeffizient pro Masseneinheit ist $\gamma = \Gamma/m$ (zur Herleitung siehe Text).

- Prüft eine Lösung der Form $x(t) = \mathrm{Re}\left\{A\,\mathrm{e}^{\mathrm{i}\omega t}\right\}$. Setzt dies in die differentielle Bewegungsgleichung ein und löst nach A auf.
- Drückt den komplexen Nenner von A als komplexe Exponentialfunktion aus:

$$z = \underbrace{\omega_0^2 - \omega^2}_{\mathrm{Re}\{z\}} + \mathrm{i}\underbrace{\omega\gamma}_{\mathrm{Im}\{z\}} \equiv \beta\,\mathrm{e}^{\mathrm{i}\phi}$$

$$\text{mit} \quad \beta = \sqrt{(\mathrm{Re}\{z\})^2 + (\mathrm{Im}\{z\})^2}$$

$$= \sqrt{\left(\omega_0^2 - \omega^2\right)^2 + (\omega\gamma)^2}$$

$$\text{und} \quad \tan\phi = \frac{\mathrm{Im}\{z\}}{\mathrm{Re}\{z\}} = \frac{\omega\gamma}{\omega_0^2 - \omega^2}.$$

- Setzt A in $x(t) = \mathrm{Re}\left\{A\,\mathrm{e}^{\mathrm{i}\omega t}\right\}$ ein. Die Amplitude von x ist eine Funktion der Antriebsfrequenz, ω.

überein. Diese wird *Resonanzfrequenz*, ω_R, genannt (Gl. 2.41). Bei $\gamma = 0$ (keine Reibungskräfte) ist sie gleich der Eigenfrequenz.

Resonanz:

$$\omega_\mathrm{R}^2 = \omega_0^2 - \frac{\gamma^2}{2} \tag{2.41}$$

Die Phasenverzögerung ϕ zwischen der Reaktion des Systems und der Antriebskraft ist eine Funktion von ω (Gl. 2.40), bei Resonanz geht sie durch $\pi/2$ (Abb. 2.7 b).

Güte und Energie

Wir haben oben gesehen, dass der Gütefaktor, Q, das Maß der Dämpfung eines Systems beschreibt. Für Systeme in Resonanz ist er oft in Abhängigkeit des Inversen Teilverlustes der Energie pro Zyklus definiert:

$$Q = 2\pi\left(\frac{\text{im System gespeicherte Energie}}{\text{Energieverlust pro Zyklus bei Resonanz}}\right) = 2\pi\frac{E}{\Delta E}. \tag{2.42}$$

Dies ist gleichbedeutend mit der Definition von Q als $Q = \omega_0/\gamma$ für schwach gedämpfte Bewegung (siehe Gl. 2.36), wie wir durch die folgenden Berechnungen sehen werden. Betrachtet ein schwach gedämpftes Systems, dessen Auslenkung gegeben ist durch:

$$x(t) = A\,\mathrm{e}^{-\gamma t/2}\sin(\omega t + \phi).$$

Durch Ableitung erhalten wir:

$$\dot{x}(t) = -\frac{\gamma}{2}A\,\mathrm{e}^{-\gamma t/2}\sin(\omega t + \phi) + \omega A\,\mathrm{e}^{-\gamma t/2}\cos(\omega t + \phi)$$

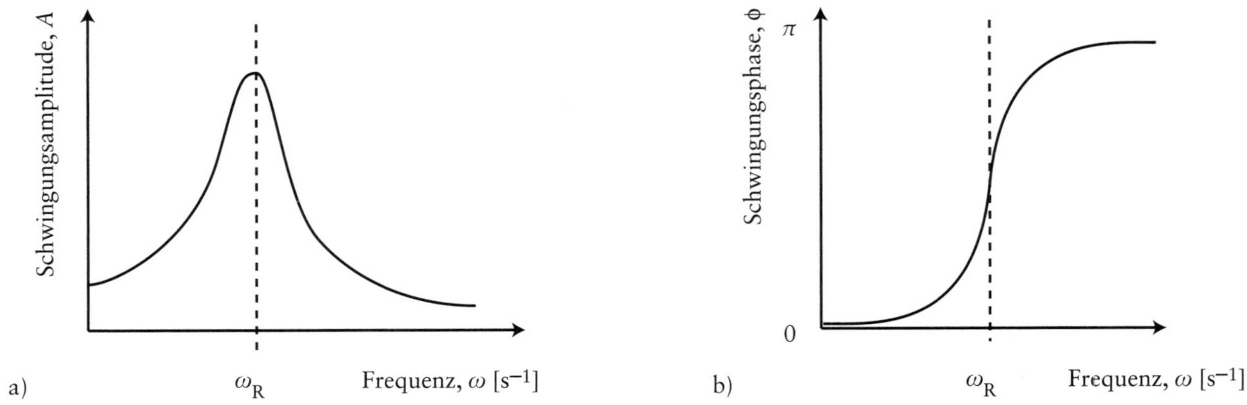

Abbildung 2.7 Amplitude und Phase von Schwingungen als Funktion der Frequenz, ω. Die Resonanzfrequenz, ω_R, ist gleich der Antriebsfrequenz, bei der die Amplitude der Schwingungen ein Maximum erreicht

für ein schwingendes System in Resonanz, mit schwacher Dämpfung, $\gamma \ll \omega_0$ und $\to \omega \simeq \omega_0$. In diesem Fall ist der gesamte Energieverlust des Systems:

$$
\begin{aligned}
E &= \frac{1}{2}m\dot{x}^2(t) + \frac{1}{2}kx^2(t) \\
&= \frac{1}{2}m\dot{x}^2(t) + \frac{1}{2}m\omega_0^2x^2(t) \\
&\simeq \frac{1}{2}mA^2\omega_0^2\mathrm{e}^{-\gamma t}\Bigg(\underbrace{\frac{\gamma^2}{4\omega_0^2}\sin^2(\omega_0 t+\phi)}_{\to 0 \quad \text{für} \quad \gamma\ll\omega_0} \\
&\quad + \cos^2(\omega_0 t+\phi) \\
&\quad \underbrace{-\frac{\gamma}{\omega_0}\sin(\omega_0 t+\phi)\cos(\omega_0 t+\phi)}_{\to 0 \quad \text{für} \quad \gamma\ll\omega_0}\Bigg) \\
&\quad + \frac{1}{2}mA^2\omega_0^2\mathrm{e}^{-\gamma t}\sin^2(\omega_0 t+\phi) \\
&\simeq \frac{1}{2}mA^2\omega_0^2\mathrm{e}^{-\gamma t}\,.
\end{aligned}
$$

Der Energieverlust pro Zyklus ist bei Resonanz:

$$
\Delta E = E\left(t-\pi/\omega_0\right) - E\left(t+\pi/\omega_0\right)\,.
$$

Daher ist der Q-Wert des Systems im Grenzbereich $\gamma \ll \omega_0$:

$$
\begin{aligned}
Q &= 2\pi\frac{E}{\Delta E} \\
&\simeq 2\pi\frac{mA^2\omega_0^2\mathrm{e}^{-\gamma t}/2}{mA^2\omega_0^2\mathrm{e}^{-\gamma t}\left(\mathrm{e}^{\gamma\pi/\omega_0}-\mathrm{e}^{-\gamma\pi/\omega_0}\right)/2} \\
&\simeq 2\pi\frac{1}{(1+\gamma\pi/\omega_0)-(1-\gamma\pi/\omega_0)} \\
&\simeq 2\pi\frac{\omega_0}{2\pi\gamma} \\
&\simeq \frac{\omega_0}{\gamma}\,.
\end{aligned}
$$

Der Q-Wert beschreibt die Schärfe der Resonanzspitze. Systeme mit hohem Q-Wert haben enge Kurven, die in einer scharfen Spitze auslaufen, wohingegen Systeme mit niedrigem Q-Wert flachere und breitere Kurven haben. Die Breite der Kurve ist $\Delta\omega \simeq \gamma$. Eine andere Definition von Q ist daher:

$$
Q = \frac{\omega_0}{\Delta\omega}\,.
$$

wobei $\Delta\omega$ als *Bandbreite* des Systems bezeichnet wird. In elektrischen Systemen, wo die Bandbreite mit dem Bereich der Ausgangsfrequenzen eines elektrischen Wechselstromkreises übereinstimmt, ist diese Definition hilfreich (mehr Details siehe Abschn. 9.4.4).

2.3.4 Gekoppelte Oszillatoren

Als abschließendes Beispiel schwingender Systeme werden wir uns *gekoppelte Oszillatoren* ansehen. Dies sind Körper, die auf irgendeine Art mit einanderverbunden sind, wodurch die Schwingung eines Körpers die Bewegung der anderen Körper beeinflusst.

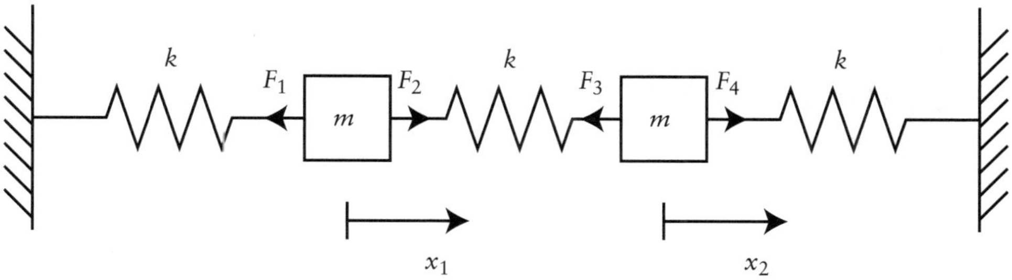

Abbildung 2.8 System aus zwei gekoppelten Massen auf Federn

Zwei gekoppelte Oszillatoren

Wir betrachten zwei Massen, die durch Federn verbunden sind, wie in Abb. 2.8 gezeigt. Der Einfachheit halber nehmen wir an, dass die Massen sowie alle Federkonstanten gleich sind. Die Auslenkung der ersten Masse aus der Gleichgewichtslage sei x_1 und die der zweiten Masse sei x_2. Die auf den ersten Körper wirkenden Kräfte sind also:

$$\begin{aligned} F_1 &= -kx_1 \\ \text{und} \quad F_2 &= k(x_2 - x_1) \end{aligned}$$

und die auf den zweiten Körper wirkenden Kräfte sind:

$$\begin{aligned} F_3 &= -k(x_2 - x_1) \\ \text{und} \quad F_4 &= -kx_2 \,. \end{aligned}$$

Daher sind die Bewegungsgleichungen für jeden der Körper:

$$\begin{aligned} m\ddot{x}_1 &= F_1 + F_2 \\ &= kx_2 - 2kx_1 \\ \text{und} \quad m\ddot{x}_2 &= F_3 + F_4 \\ &= kx_1 - 2kx_2 \,. \end{aligned}$$

Wie erwartet sind diese Gleichungen symmetrisch, wenn wir die Indizes austauschen. Wenn wir harmonische Lösungen der Form

$$\begin{aligned} x_1 &= X_1 \cos(\omega t) \\ \text{und} \quad x_2 &= X_2 \cos(\omega t) \end{aligned}$$

ausprobieren, finden wir zwei simultane Gleichungen für X_1 und X_2:

$$(2k - m\omega^2)X_1 = kX_2 \tag{2.43}$$

$$\text{und} \quad (2k - m\omega^2)X_2 = kX_1 \,. \tag{2.44}$$

Normalmodenschwingungen

Eliminieren wir X_2 mithilfe von Gl. 2.44 aus Gl. 2.43, so erhalten wir:

$$\begin{aligned} (2k - m\omega^2)^2 &= k^2 \\ \to \omega^2 &= 2\frac{k}{m} \pm \frac{k}{m} \\ &= \frac{k}{m} \quad \text{bzw.} \quad 3\frac{k}{m} \,. \end{aligned}$$

Ist $\omega_1^2 = k/m$, so ist das Verhältnis der Amplituden:

$$\frac{X_1}{X_2} = 1$$

und ist $\omega_2^2 = 3k/m$, so ist das Amplitudenverhältnis:

$$\frac{X_1}{X_2} = -1 \,.$$

Diese beiden Lösungen werden als die *Normalmoden* des Systems bezeichnet. Befindet sich das System in einer der Normalmoden, so vollführen alle seine Komponenten eine harmonische Schwingung derselben Frequenz mit feststehendem Amplitudenverhältnis. Die beiden Normalmoden des oben beschriebenen Systems sind in Abb. 2.9 dargestellt. Bei der Normalmode mit $\omega_1^2 = k/m$ schwingen die beiden Massen in dieselbe Richtung (in Phase): $X_1 = X_2$; bei der anderen Normalmode mit $\omega_2^2 = 3k/m$, schwingen die beiden Massen in entgegengesetzte Richtungen (antiphasisch): $X_1 = -X_2$. Da die Bewegungsgleichungen linear sind, ist die allgemeine Lösung eine lineare Superposition der Normalmoden:

$$\begin{aligned} x_1 &= A\cos\omega_1 t + B\sin\omega_1 t + C\cos\omega_2 t + D\sin\omega_2 t \\ x_2 &= \underbrace{A\cos\omega_1 t + B\sin\omega_1 t}_{X_1/X_2=1} \underbrace{-C\cos\omega_2 t - D\sin\omega_2 t}_{X_1/X_2=-1} \,. \end{aligned}$$

Die Konstanten A, B, C, und D sind durch Anfangsbedingungen (zwei Startpositionen sowie zwei Anfangsgeschwindigkeiten) festgesetzt. Die oben beschriebene Methode kann verwendet werden, um verschiedene Konfigurationen gekoppelter Oszillatoren zu beschreiben, beispielsweise zwei gekoppelte Pendel oder zwei Massen auf einer Schnur.

N gekoppelte Oszillatoren

Normalmoden existieren für jedes lineare System aus Federn und Massen mit jeder Anzahl von Komponenten. Für ein System mit N gekoppelten Oszillatoren gibt es N Normalmoden; in drei Dimensionen gibt es $3N$ Normal-

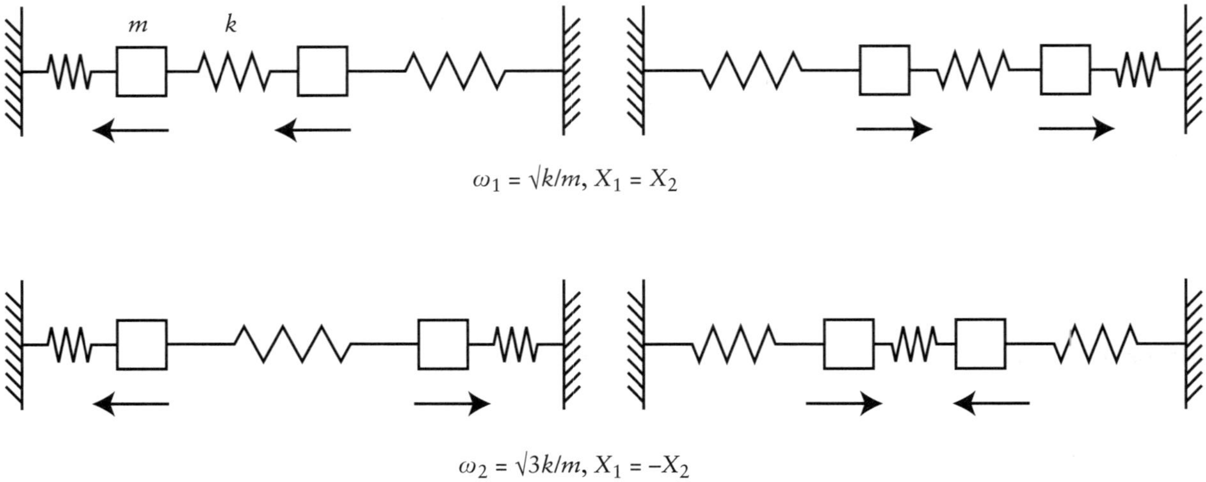

Abbildung 2.9 Die beiden Normalmoden von zwei gekoppelten Massen auf Federn. Die Massen (m) sowie die Federkonstanten (k) sind gleich. Die Frequenzen der beiden Normalmoden sind $\omega_1 = \sqrt{k/m}$, wobei die Massen in Phase schwingen (gleiche Amplitudenauslenkungen, $X_1 = X_2$), und $\omega_2 = \sqrt{3k/m}$, wobei die Massen antiphasisch schwingen (entgegengesetzt gleiche Amplitudenauslenkungen, $X_1 = -X_2$)

moden. Die Normalmoden von Massen auf einer Schnur führen im Grenzbereich $N \to \infty$ zur Ausbreitung einer Transversalwelle auf der Schnur. Gleichermaßen ist die Ausbreitung von Wellen durch Materie gleichbedeutend mit den Schwingungen von $N \to \infty$ gekoppelten Atomen in einem Festkörper.

Drehbewegung

3

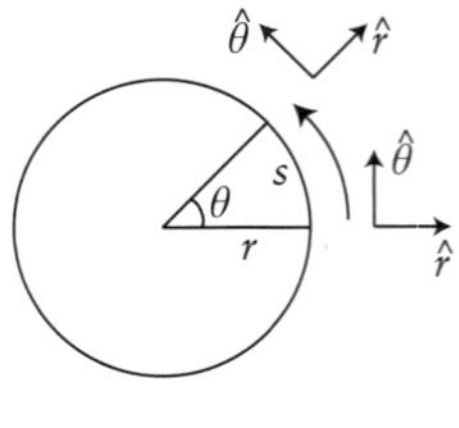

Abbildung 3.1 Richtung und Betrag des Winkelabstandes, $\vec{\theta}$. In Polarkoordinaten zeigt $\hat{r}$ radial nach außen, $\hat{\theta}$ steht senkrecht auf $\hat{r}$ und tangential auf dem Vektor der Bewegungsrichtung. Die Richtung der Achsen ändert sich mit $\vec{\theta}$

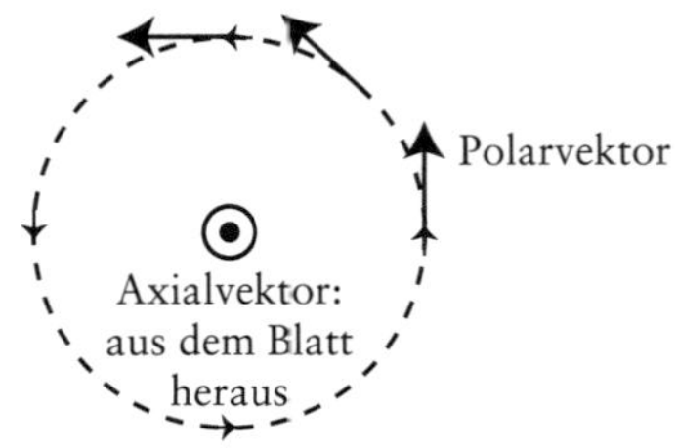

Abbildung 3.2 Polarer und axialer Vektor eines bewegten Teilchens auf einer Kreisbahn. Der polare Vektor zeigt in Richtung der Auslenkung, welche tangential auf dem Kreis steht, während der axiale Vektor entlang der Rotationsachse zeigt (in diesem Fall aus dem Blatt heraus)

Bislang haben wir Massen als punktförmige Teilchen behandelt und nur die geradlinige Bewegung ihres Massenzentrums betrachtet. Nun werden wir die *radiale* Bewegung eines punktförmigen Teilchens um eine *Achse* betrachten ebenso wie die Bewegung einer ausgedehnten Massenverteilung (starre Körper), wobei hier die Form und Masse des Körpers ebenfalls in Betracht gezogen werden müssen. Da radiale Bewegungsgleichungen größtenteils mit denen der linearen Mechanik übereinstimmen, werden wir den radialen Fall an geeigneten Stellen mit seinem linearen Gegenstück vergleichen.

3.1 Drehbewegung

Die zur Beschreibung der geradlinigen Bewegung verwendeten Parameter haben eine radiale Entsprechung.

Winkelabstand

Der lineare Abstand, $\vec{x}$, ist die Wegstrecke, die ein Körper entlang einer Linie zurückgelegt hat. Analog ist der *Winkelabstand*, $\vec{\theta}$, der *Winkel*, den ein Körper um eine gegebene Achse überstrichen hat. Abb. 3.1 illustriert dies für einen Körper, der sich entlang eines Kreises bewegt. Die Verbindung zwischen dem linearen Abstand entlang des Kreisbogens (der *Bogenlänge*), s, und dem Winkelabstand, θ, ist für einen Kreis mit Radius r:

$$s = r\theta\,.$$

Da θ eine Richtung hat, ist es ein Vektor, der in die Richtung von $\hat{\theta}$ zeigt. $\hat{\theta}$ steht immer senkrecht auf $\hat{r}$ (Abb. 3.1).

Winkelgeschwindigkeit und Beschleunigung

Die Änderungsrate des Winkelabstandes, $\dot{\vec{\theta}}$, wird *Winkelgeschwindigkeit*, $\vec{\omega}$ [s^{-1}], genannt und ist das radiale Gegenstück zur linearen Geschwindigkeit. Dementsprechend wird die Änderungsrate der Winkelgeschwindigkeit, $\dot{\vec{\omega}}$, *Winkelbeschleunigung*, $\vec{\alpha}$ [s^{-2}], genannt. Die Beträge von $\vec{\theta}$, $\vec{\omega}$, und $\vec{\alpha}$ sind miteinander ebenso verknüpft wie $\vec{x}$, $\vec{v}$, und $\vec{a}$ es sind (Gln. 3.1–3.3).

Lineare → radiale Bewegung:

Winkelabstand, $\vec{\theta}$:

$$\vec{x} \to \vec{\theta} \tag{3.1}$$

Winkelgeschwindigkeit, $\vec{\omega}$:

$$\vec{v} = \dot{\vec{x}} \to \vec{\omega} = \dot{\vec{\theta}} \tag{3.2}$$

Winkelbeschleunigung, $\vec{\alpha}$:

$$\vec{a} = \dot{\vec{v}} = \ddot{\vec{x}} \to \vec{\alpha} = \dot{\vec{\omega}} = \ddot{\vec{\theta}} \tag{3.3}$$

3.1.1 Polare und axiale Vektoren

Die Variablen, die in der geradlinigen Bewegung Vektoren sind, sind es auch bei Drehbewegungen, Skalare verhalten sich ebenso. Da $\vec{x}$, $\vec{v}$ und $\vec{a}$ Vektoren sind, sind also auch $\vec{\theta}$, $\vec{\omega}$ und $\vec{\alpha}$ Vektoren. Von der geradlinigen Bewegung sind wir es gewohnt, mit *polaren* Vektoren zu arbeiten. Gewöhnlicherweise sind Vektoren per Definition dann polar, wenn sie bei Umkehrung der Koordinatenachsen in ihr Negatives umgewandelt werden. Beispielsweise wird ein Körper, der sich in $+\vec{x}$-Richtung bewegt, unter Umkehrung der kartesischen Koordinatenachsen derart transformiert, dass er sich nun in $-\vec{x}$-Richtung bewegt. Es gibt noch eine andere Art von Vektoren, die axiale oder Pseudovektoren genannt werden. Die Richtung eines axialen Vektors gibt die Rotationsachse an, um welche ein sich verändernder polarer Vektor zeigt (Abb. 3.2). Anders als polare Vektoren werden axiale Vektoren bei Umkehrung der Koordinatenachsen nicht in ihr Negatives umgewandelt. In diesem Kapitel werden wir sehen, dass viele Vektorgrößen der Drehbewegung axiale Vektoren sind, wie etwa Winkelgeschwindigkeit, Drehimpuls und Drehmoment.

Schraubenregel der rechten Hand

Die Richtung eines axialen Vektors lässt sich durch Anwendung der Schrauben- oder Korkenzieherregel der rechten Hand bestimmen: wenn ihr die Finger eurer rechten Hand der Rotation des Objektes folgen lasst, dann zeigt der Daumen entlang der Rotationsachse. Diese Achse stimmt mit der Richtung des axialen Vektors überein (siehe Abb. 3.2).

Verbindung zwischen axialen und polaren Vektoren

Axiale und polare Vektoren sind (ebenso wie Geschwindigkeit und Winkelgeschwindigkeit, wie wir als nächstes sehen werden) durch das Kreuzprodukt miteinander verbunden. Für einen polaren, $\vec{p}$, und einen axialen Vektor, $\vec{a}$, sind die aus einem Kreuzprodukt folgenden Vektortypen verknüpft durch:

$$\vec{p} \times \vec{p} = \vec{a} \tag{3.4}$$

$$\vec{a} \times \vec{a} = \vec{a} \tag{3.5}$$

$$\vec{a} \times \vec{p} = \vec{p}\,. \tag{3.6}$$

Dies ist hilfreich um herauszufinden, ob eine gegebene Größe ein polarer oder axialer Vektor ist, wenn die Art der beiden anderen Vektoren des Kreuzproduktes bekannt ist. Die magnetische Kraft wird beispielsweise durch das Kreuzprodukt $\vec{F}_B = q\vec{v} \times \vec{B}$ beschrieben. Wir wissen, dass $\vec{F}_B$ und $\vec{v}$ polare Vektoren sind, daher können wir aus Gl. 3.6 ableiten, dass $\vec{B}$ ein axialer Vektor ist.

3.1.2 Winkelgeschwindigkeit

Die von einem Körper, der sich entlang eines Kreises bewegt, überstrichene Bogenlänge ist $s = r\theta$. Leiten wir dies ab, so erhalten wir die die Tangentialgeschwindigkeit zu:

$$\begin{aligned} v_\theta &= \frac{\mathrm{d}s}{\mathrm{d}t} \\ &= r\frac{\mathrm{d}\theta}{\mathrm{d}t} \\ &= r\omega\,, \end{aligned}$$

wobei ω die *Winkelgeschwindigkeit* ist. Die Parameter $\vec{v}$, $\vec{r}$ und $\vec{\omega}$ sind alles Vektoren, was sind ihre jeweiligen Richtungen? Wir betrachten einen beliebigen Ortsvektor $\vec{r}$, der nicht in der Ebene der Kreisbewegung liegt, wie in Abb. 3.3 dargestellt. Für eine kleine Änderung von $\vec{\theta}$ ist die kleine Änderung der Bogenlänge:

$$\mathrm{d}\vec{s} = |\vec{r}| \sin\phi \, \mathrm{d}\vec{\theta}\,,$$

Abbildung 3.3 Radiale und lineare Geschwindigkeit

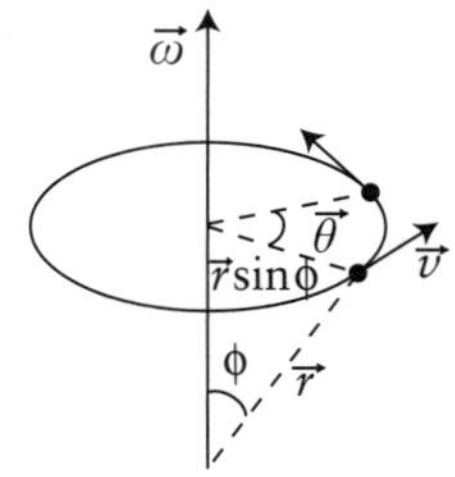

wobei ϕ den Winkel zwischen $\vec{\omega}$ und $\vec{r}$ bezeichnet. Leiten wir dies ab, so ist die momentane Geschwindigkeit:

$$\begin{aligned} \vec{v} &= \frac{\mathrm{d}\vec{s}}{\mathrm{d}t} \\ &= |\vec{r}| \sin\phi \frac{\mathrm{d}\vec{\theta}}{\mathrm{d}t} \\ &= |\vec{\omega}|\,|\vec{r}| \sin\phi \cdot \hat{n} \\ &\equiv \vec{\omega} \times \vec{r}\,, \end{aligned}$$

wobei $\hat{n}$ ein Einheitsvektor in Richtung von $\hat{v}$ ist (dies hat die allgemeine Form des Kreuzproduktes aus Gl. 3.6). $\vec{v}$ ist also sowohl zu $\vec{\omega}$ als auch zu $\vec{r}$ rechtwinklig (Gl. 3.7).

Winkelgeschwindigkeit, $\vec{\omega}$:

$$\vec{v} = \vec{\omega} \times \vec{r} \tag{3.7}$$

$\vec{\omega}$ wird oft als *Kreisfrequenz* [rad s^{-1}] bezeichnet. Der Betrag der Kreisfrequenz ist wie folgt mit der zeitlichen Frequenz (oder Drehzahl), f [s^{-1}], verbunden:

$$\omega = 2\pi f\,.$$

3.2 Drehmoment und Drehimpuls

Eine Kraft, die mit dem Bestreben, ihn um eine Achse zu drehen, auf einen Körper wirkt, erzeugt ein Drehmoment, $\vec{\tau}$ [N m]. Das Drehmoment ist ein axialer Vektor, dessen Richtung entlang der Drehachse zeigt und dessen Betrag die Stärke der Drehwirkung beschreibt. Er ist durch ein Kreuzprodukt mit der linearen Kraft verbunden:

$$\begin{aligned} \vec{\tau} &\overset{\text{def}}{=} \vec{r} \times \vec{F} \\ &= |\vec{r}| \left|\vec{F}_\perp\right| \hat{n}\,. \end{aligned}$$

Hierbei ist $\vec{F}_\perp$ die Kraftkomponente, die zum Ortsvektor, $\vec{r}$, des Körpers vom Schwerpunkt aus senkrecht steht

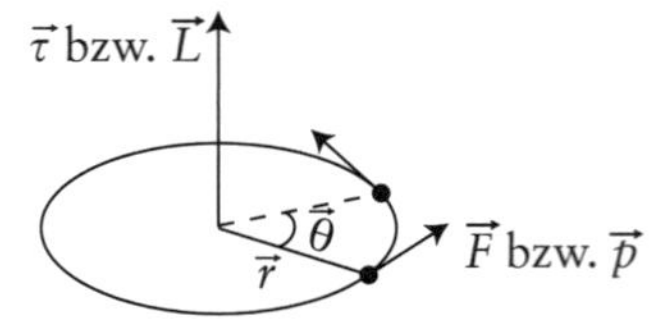

Abbildung 3.4 Drehmoment und Drehimpuls

und $\hat{n}$ ist ein Einheitsvektor in Richtung von $\vec{\tau}$ (Gl. 3.8 und Abb. 3.4). Es erzeugen also nur die Komponenten der Kraft, die nicht in Richtung von $\vec{r}$ wirken, ein Drehmoment. Das Drehen eines Schraubenschlüssels zum Lösen von Schrauben ist ein gebräuchliches Beispiel einer Kraft, die ein Drehmoment erzeugt.

Drehimpuls

Ein Körper, der sich um einen Schwerpunkt dreht, hat einen *Drehimpuls*, $\vec{L}$ [$\mathrm{kg\,m^2\,s^{-1}}$]. Der Drehimpuls ist ebenfalls ein axialer Vektor, der mit dem linearen Impuls auf ähnliche Weise verbunden ist wie das Drehmoment mit der linearen Kraft:

$$\begin{aligned}\vec{L} &\stackrel{\text{def}}{=} \vec{r} \times \vec{p} \\ &= |\vec{r}|\,|\vec{p}_\perp|\,\hat{n}\,,\end{aligned}$$

wobei $\vec{p}_\perp$ die senkrecht auf dem Ortsvektor, $\vec{r}$, des Körpers (von der Rotationsachse aus) stehende Komponente des linearen Impulses und $\hat{n}$ ein Einheitsvektor in Richtung von $\vec{L}$ ist (Gl. 3.9 und Abb. 3.4). Drehmoment und Drehimpuls können als radiale Analogien der Kraft bzw. des linearen Impulses betrachtet werden.

Drehmoment und Drehimpuls:

Drehmoment:

$$\vec{\tau} \stackrel{\text{def}}{=} \vec{r} \times \vec{F} \tag{3.8}$$

Drehimpuls:

$$\vec{L} \stackrel{\text{def}}{=} \vec{r} \times \vec{p} \tag{3.9}$$

Newtons zweites Gesetz

Praktischerweise gelten viele der linearen Bewegungsgleichungen auch für ihre radialen Gegenstücke. Wir beginnen mit dem zweiten Newton' schen Gesetz. Die Änderungsrate des Drehimpulses ist:

$$\begin{aligned}\frac{\mathrm{d}\vec{L}}{\mathrm{d}t} &= \frac{\mathrm{d}}{\mathrm{d}t}(\vec{r} \times \vec{p}) \\ &= \vec{r} \times \dot{\vec{p}} + \dot{\vec{r}} \times \vec{p} \\ &= \vec{r} \times \dot{\vec{p}} + m\dot{\vec{r}} \times \dot{\vec{r}} \\ &= \vec{r} \times \dot{\vec{p}} \\ &= \vec{r} \times \vec{F} \\ &= \vec{\tau}\,,\end{aligned}$$

was selbstverständlich analog zu $\vec{F} = \mathrm{d}\vec{p}/\,\mathrm{d}t$ ist (Gl. 3.10). Der Drehimpuls eines Objektes bleibt also konstant, es sei denn ein Drehmoment wirkt auf ihn. Durch Umstellen und Integrieren von Gl. 3.10 sehen wir, dass das Integral des Drehmoments über eine Zeitspanne – der Winkelantrieb – gleich der Gesamtänderung des Drehimpulses des Körpers ist. Das Kraftstoß-Impuls-Theorem gilt also auch bei der Drehbewegung (Gl. 3.11).

Newtons zweites Gesetz (linear → radial):

$$\vec{F} = \frac{\mathrm{d}\vec{p}}{\mathrm{d}t} \rightarrow \vec{\tau} = \frac{\mathrm{d}\vec{L}}{\mathrm{d}t} \tag{3.10}$$

Antrieb:

$$\Delta\vec{p} = \int \vec{F}\,\mathrm{d}t \rightarrow \Delta\vec{L} = \int \vec{\tau}\,\mathrm{d}t \tag{3.11}$$

Drehimpulserhaltung

Wir betrachten ein isoliertes System zweier Körper, welche unter den gegenseitigen Kräften $\vec{F}_{12}$ und $\vec{F}_{21}$ wechselwirken, wobei:

$$\vec{F}_{12} = -\vec{F}_{21}$$

(drittes Newton'sches Gesetz). Wir stellen fest, dass für das gegenseitige Drehmoment analoge Beziehungen gelten (Gl. 3.12 und Herleitung 3.1). Dies impliziert wiederum, dass der gesamte Drehimpuls eines isolierten Systems konstant ist, der Drehimpuls ist also eine Erhaltungsgröße (Gl. 3.13 und Herleitung 3.1). Die Drehimpulserhaltung bewirkt, dass ein Pirouetten drehender Eiskunstläufer sich schneller dreht, wenn er seine Arme näher zur Brust bringt: $\vec{r}$ nimmt ab, daher muss $\vec{v}$ zunehmen, damit $\vec{L}$ konstant bleibt.

Newtons drittes Gesetz (Herleitung 3.1):

$$\vec{F}_{12} = -\vec{F}_{21} \rightarrow \vec{\tau}_{12} = -\vec{\tau}_{21} \tag{3.12}$$

Drehimpulserhaltung:

$$\vec{L} = \sum \vec{L}_i = \text{konstant} \quad (3.13)$$

3.2.1 Arbeit und Leistung

Die radiale Arbeit, die durch die Drehung eines Objektes um eine Achse verrichtet wird, ist ebenfalls analog zu ihrem linearen Gegenstück. Bei der geradlinigen Bewegung wird Arbeit dadurch ausgeübt, dass eine Kraft auf ein Objekt wirkt und es verschiebt; bei der Drehbewegung dadurch, dass ein Drehmoment auf ein Objekt wirkt und es um eine gegebene Achse *rotieren* lässt. Die Arbeit, die von einem Drehmoment $\vec{\tau}$ über eine radiale Auslenkung $d\vec{\theta}$ verrichtet wird, ist also:

$$dW = \vec{\tau} \cdot d\vec{\theta}$$

und die Gesamtarbeit kann durch Integration über alle Winkel gefunden werden (Gl. 3.14 und Herleitung 3.2). Leistung ist die Frequenz, mit der Arbeit verrichtet wird ($P = dW/dt$). Verwenden wir dies gemeinsam mit Gl. 3.14, sehen wir, dass die Leistung eines rotierenden Objektes gleich seiner Winkelgeschwindigkeit multipliziert mit dem Drehmoment ist (Gl. 3.15).

Arbeit und Leistung (linear → radial) (Herleitung 3.2):

$$W = \int \vec{F} \cdot d\vec{r} \rightarrow W = \int \vec{\tau} \cdot d\vec{\theta} \quad (3.14)$$

$$P = \vec{F} \cdot \vec{v} \rightarrow P = \vec{\tau} \cdot \vec{\omega} \quad (3.15)$$

3.3 Rotation eines starren Körpers

Der vorausgegangene Abschnitt hat die Drehbewegung einer Punktmasse um eine Achse beschrieben. Nun werden wir die Drehbewegung eines ausgedehnten Festkörpers betrachten, wobei wir die Form und Masse des Körpers ebenfalls in Betracht ziehen müssen. Ein sogenannter *starrer Körper* ist ein ausgedehnter Festkörper, der sich nicht verformt oder seine Gestalt ändert, wenn eine Kraft auf ihn wirkt. Starre Körper sind Idealisierungen, da sich alle Körper etwas verformen, wenn sie einer äußeren Kraft ausgesetzt sind.

3.3.1 Der Massenschwerpunkt

In Kap. 1 haben wir Körper der Masse m als punktförmige Teilchen betrachtet, so als ob ihre gesamte Masse sich in ihrem *Massenschwerpunkt*, $\vec{R}$ [m], befände. Dieser Ortsvektor stimmt mit dem Punkt überein, der die durchschnittliche Position der gesamten Masse in einem Körper repräsentiert. Zu diesem Zeitpunkt ist es hilfreich festzulegen, wie der Massenschwerpunkt eines gegebenen Objektes berechnet wird.

Für einen Körper der Gesamtasse M mit Schwerpunkt $\vec{R}$ kann das zweite Newton'sche Gesetz ausgedrückt werden als:

$$\vec{F} = M\ddot{\vec{R}} . \quad (3.16)$$

Wir stellen uns nun vor, dass wir den Körper in kleine Massenelemente, dm, unterteilen. Der Impuls eines Massenelementes ist dann $d\vec{p} = \dot{\vec{r}} dm$, wobei $\vec{r}$ der Ortsvektor und $\dot{\vec{r}}$ die Geschwindigkeit des Elementes dm ist. Der Gesamtimpuls des Körpers ist daher:

$$\vec{p} = \int \dot{\vec{r}} dm .$$

Unter Verwendung des zweiten Newton'schen Gesetzes erhalten wir:

$$\vec{F} = \dot{\vec{p}} = \int \ddot{\vec{r}} dm .$$

Setzen wir dies mit Gl. 3.16 gleich, so ist der Schwerpunkt definiert als:

$$M\ddot{\vec{R}} = \int \ddot{\vec{r}} dm$$

$$\rightarrow \ddot{\vec{R}} = \frac{1}{M} \int \ddot{\vec{r}} dm$$

$$\rightarrow \vec{R} = \frac{1}{M} \int \vec{r} dm$$

(Gl. 3.17). Der Massenschwerpunkt ist also ein massengewichteter Durchschnitt aller Ortsvektoren, $\vec{r}$. Bei einer symmetrischen Massenverteilung liegt der Schwerpunkt im Mittelpunkt des Körpers. Der Massenschwerpunkt eines Menschen liegt beispielsweise ungefähr in der Nähe seines Magens. Wenn er ein großes Gewicht über seinem Kopf trägt, so wandert sein Schwerpunkt in Richtung seines Kopfes nach oben. Die Gesamtmasse ist das Integral über alle Massenelemente:

$$M = \int dm .$$

Es ist einfach, dies als Volumenintegral auszudrücken. Wenn die Dichte eines Körpers (als Funktion von $\vec{r}$) $\rho(\vec{r})$ [$kg\,m^{-3}$] ist, so folgt $dm = \rho(\vec{r})dV$ und:

$$\rightarrow M = \int_V \rho(\vec{r})\, dV .$$

I Mechanik

Herleitung 3.1: Herleitung des dritten Newton'schen Gesetzes für Drehbewegung (Gln. 3.12 und 3.13)

$$\vec{\tau}_{\text{tot}} = \vec{\tau}_{12} + \vec{\tau}_{21}$$
$$= (\vec{r}_1 - \vec{r}_2) \times \vec{F}_{12}$$
$$= -\vec{r}_s \times \vec{F}_{12}$$
$$= 0$$

$$\rightarrow \vec{\tau}_{12} = -\vec{\tau}_{21}$$

Drehimpulserhaltung:

$$\frac{d\vec{L}}{dt} = \vec{\tau}_{\text{tot}} = 0$$

$$\rightarrow \vec{L} = \text{konstant}$$

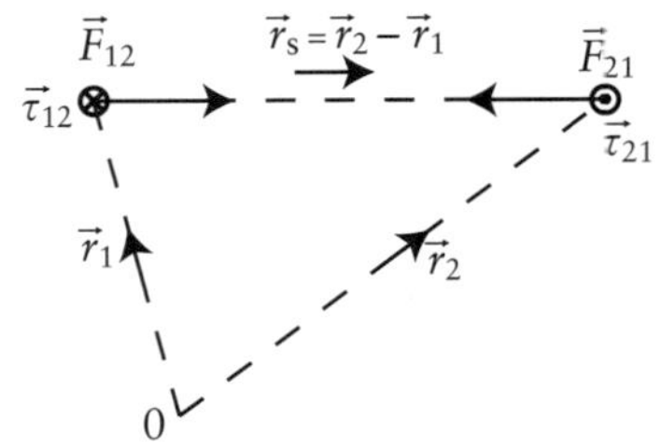

- Ansatz: Die gegenseitigen Drehmomente auf die Körper sind laut Diagramm:

$$\vec{\tau}_{12} = \vec{r}_1 \times \vec{F}_{12}$$
$$\vec{\tau}_{21} = \vec{r}_2 \times \vec{F}_{21}$$
$$= -\vec{r}_2 \times \vec{F}_{12}$$

- Das Gesamtdrehmoment des Systems, $\vec{\tau}_{\text{tot}}$, ist die Summe der gegenseitigen Drehmomente. Wie im Diagramm zu sehen, ist der Differenzvektor, $\vec{r}_s = \vec{r}_2 - \vec{r}_1$, parallel zu $\vec{F}_{12}$, daher ist ihr Kreuzprodukt gleich null.

Herleitung 3.2: Herleitung der durch ein Drehmoment verrichteten Arbeit (Gl. 3.14)

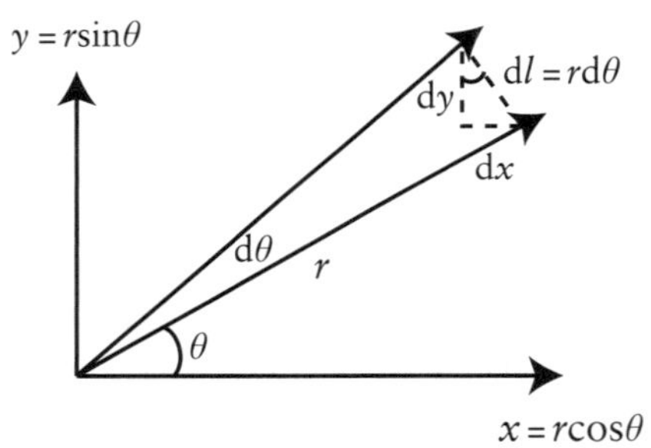

$$dW = \vec{F} \cdot d\vec{l}$$
$$= F_x\,dx + F_y\,dy$$
$$= \underbrace{(-F_x y + F_y x)}_{=\vec{r}\times\vec{F}=\vec{\tau}}\,d\theta$$
$$= \vec{\tau} \cdot d\vec{\theta}$$
$$\rightarrow W = \int \vec{\tau} \cdot d\vec{\theta}$$

- Ansatz: Die von einer Kraft verrichtete Arbeit ist definiert als die Kraft multipliziert mit der Wegkomponenten in Kraftrichtung:

$$dW = \vec{F} \cdot d\vec{l}.$$

- Umformung von kartesischen zu Polarkoordinaten mithilfe von:

$$x = r\cos\theta$$
$$\text{und} \quad y = r\sin\theta$$
$$\rightarrow dx = -r\sin\theta\,d\theta = -y\,d\theta$$
$$\text{und} \quad dy = r\cos\theta\,d\theta = x\,d\theta$$

für konstantes r.

- Somit sehen wir, dass ein Drehmoment Arbeit verrichtet, um ein Objekt um einen Schwerpunkt rotieren zu lassen.

Massenschwerpunkt:

$$\vec{R} = \frac{1}{M}\int \vec{r}\,\mathrm{d}m \qquad (3.17)$$

$$\text{mit} \quad M = \int \mathrm{d}m = \int_V \rho(\vec{r})\,\mathrm{d}V$$

3.3.2 Trägheitsmoment

Die Trägheit eines Körpers beschreibt seine Tendenz, entweder unbewegt zu bleiben oder fortzufahren, sich mit mit konstanter Geschwindigkeit zu bewegen; sie vertritt seinen Widerstand gegenüber einer Bewegungsänderung. Schwerere Körper haben einen größeren Widerstand gegenüber einer Bewegungsänderung, was bedeutet, dass sie eine größere Trägheit haben. Das radiale Gegenstück zu Masse und Trägheit ist das Trägheitsmoment, I [kg m^2]. Das Trägheitsmoment repräsentiert den Widerstand eines Körpers gegenüber einer Änderung seiner *radialen* Bewegung, wie etwa der Rotation eines Körpers um eine gegebene Achse. I ist eine Funktion der Geometrie und Massenverteilung eines Körpers.
Wenn wir einen Körper in kleine Massenelemente $\mathrm{d}m$ aufteilen, können wir einen Ausdruck für I finden, indem wir den Drehimpuls von $\mathrm{d}m$ betrachten:

$$\mathrm{d}\vec{L} = (\vec{r} \times \vec{v})\,\mathrm{d}m\,.$$

wobei $\vec{r}$ der Ortsvektor von $\mathrm{d}m$ von der Rotationsachse aus ist. Der Einfachheit halber nehmen wir an, dass $\vec{r}$ in der Rotationsebene liegt, sodass wir das Kreuzprodukt weglassen können.[1] Unter Verwendung von $v = \omega r$ ergibt sich der Betrag von $\mathrm{d}\vec{L}$ zu:

$$\rightarrow \left|\mathrm{d}\vec{L}\right| = |\vec{r}|\,|\vec{v}|\,\mathrm{d}m = r^2\,|\vec{\omega}|\,\mathrm{d}m\,.$$

Nach Integration folgt der gesamte Drehimpuls des Körpers:

$$\rightarrow \left|\vec{L}\right| = |\vec{\omega}| \underbrace{\int r^2\,\mathrm{d}m}_{=I} = I\,|\vec{\omega}|\,.$$

[1] Wenn $\vec{r}$ *nicht* in in der Rotationsebene liegt, dann zeigen $\vec{\omega}$ und $\vec{L}$ nicht entlang derselben Achse, was eine Kreiselbewegung von $\vec{L}$ um $\vec{\omega}$ hervorruft. Dies gilt für die Bewegung von Gyroskopen.

Dies ist das radiale Gegenstück zu $\vec{p} = m\vec{v}$, wobei das Trägheitsmoment durch das folgende Integral definiert ist:

$$I \stackrel{\text{def}}{=} \int r^2\,\mathrm{d}m\,.$$

Mithilfe von $\mathrm{d}m = \rho(\vec{r})\mathrm{d}V$, wobei ρ die Dichte ist, können wir I als Volumenintegral ausdrücken (Gl. 3.18). Der Widerstand eines Körpers gegenüber einer Drehung hängt von der Rotationsachse ab, daher muss das Trägheitsmoment eines Körpers immer in Bezug auf eine bestimmt Achse angegeben werden. So hängt etwa das Drehmoment eines zylindrischen Stabes mit Radius a und Länge L davon ab, ob er sich um die Mittelachse ($I = Ma^2/2$), um ein Stabende ($I = ML^2/3$), oder um die Mitte des Stabes ($I = ML^2/12$) dreht, wie in der Beispielrechnung 3.1 gezeigt wird.

Trägheitsmoment:

$$I \stackrel{\text{def}}{=} \int r^2\,\mathrm{d}m \equiv \int_V \rho(\vec{r})\,r^2\,\mathrm{d}V \qquad (3.18)$$

Trägheitsradius

Trägheitsmomente nehmen die allgemeine Form $I = Mk^2$ an, wobei M die Gesamtmasse des Objektes und k [m] der *Trägheitsradius* ist. Aus der Beispielrechnung 3.1 folgern wir, dass der Trägheitsradius abhängig von der Rotationsachse für dasselbe Objekt unterschiedliche Formen annimmt. Weitere gebräuchliche Trägheitsmomente werden in den Gln. 3.19–3.25 zusammengefasst (mit Herleitung 3.3 für das Trägheitsmoment einer Kugel). Die allgemeine Vorgehensweise für das Berechnen von Trägheitsmomenten ist wie in der Beispielrechnung 3.1 umrissen (d. h., bestimmt einen Ausdruck für $\mathrm{d}V$; bestimmt einen Ausdruck für ρ; setzt dies in $I = \int \rho r^2 \mathrm{d}V$ ein, wobei r der Abstand zur Rotationsachse ist und integriert).

Beispielrechnung 3.1: Berechnung des Trägheitsmomentes eines dünnen zylindrischen Stabes

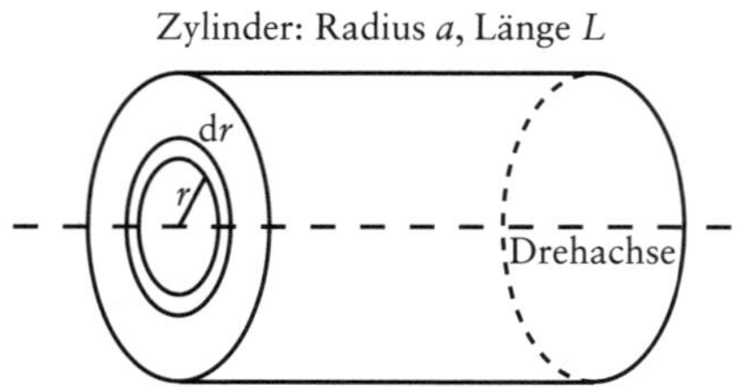

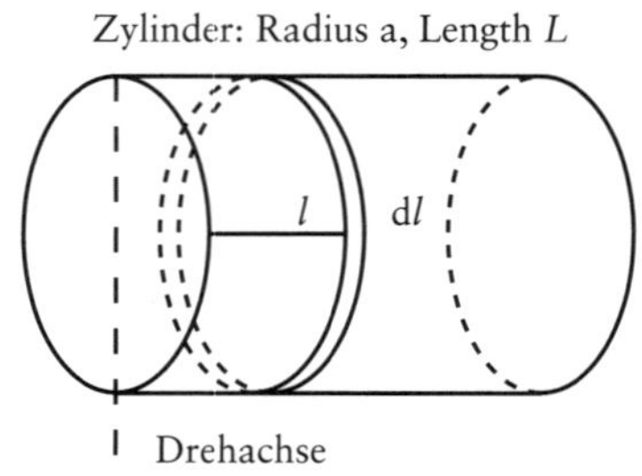

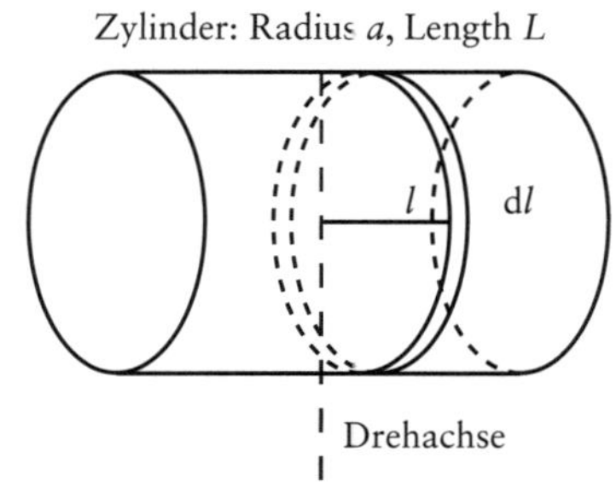

Um die Mittelachse:

$$\begin{aligned} dV &= 2\pi r L \, dr \\ \rho &= \frac{M}{V} = \frac{M}{\pi a^2 L} \\ \to I &= \rho \int r^2 \, dV \\ &= \frac{M}{\pi a^2 L} \int_0^a 2\pi L r^3 \, dr \\ &= \frac{1}{2} M a^2 \end{aligned}$$

Um ein Ende:

$$\begin{aligned} dV &= \pi a^2 \, dl \\ \rho &= \frac{M}{V} = \frac{M}{\pi a^2 L} \\ \to I &= \rho \int l^2 \, dV \\ &= \frac{M}{\pi a^2 L} \int_0^L \pi a^2 l^2 \, dl \\ &= \frac{1}{3} M L^2 \end{aligned}$$

Um die Mitte:

$$\begin{aligned} dV &= \pi a^2 \, dl \\ \rho &= \frac{M}{V} = \frac{M}{\pi a^2 L} \\ \to I &= \rho \int l^2 \, dV \\ &= \frac{M}{\pi a^2 L} \int_{-L/2}^{L/2} \pi a^2 l^2 \, dl \\ &= \frac{1}{12} M L^2 \end{aligned}$$

Häufig anzutreffende Trägheitsmomente:

Dünne zylindrische Hülle:
(Radius a)

$$\text{Um die Mittelachse:} \quad I = Ma^2 \tag{3.19}$$

Dünner zylindrischer Stab (Beispielrechnung 3.1):
(Radius a, Länge L)

$$\text{Um die Mittelachse:} \quad I = \frac{1}{2} Ma^2 \tag{3.20}$$

$$\text{Um ein Ende:} \quad I = \frac{1}{3} ML^2 \tag{3.21}$$

$$\text{Um die Mitte:} \quad I = \frac{1}{12} ML^2 \tag{3.22}$$

Kugel (Herleitung 3.3):
(Radius a)

$$\text{Hohlkugel:} \quad I = \frac{2}{3} Ma^2 \tag{3.23}$$

$$\text{Vollkugel:} \quad I = \frac{2}{5} Ma^2 \tag{3.24}$$

Dünne rechteckige Platte:
(Länge a, Breite b)

$$\text{Um den Mittelpunkt:} \quad I = \frac{1}{12} M(a^2 + b^2) \tag{3.25}$$

Parallele und senkrechte Achsentheoreme

Es gibt zwei Theoreme, die helfen, das Trägheitsmoment eines Objektes um eine gegebene Achse zu berechnen, sie werden *paralleles*[2] bzw. *senkrechtes* Achsentheorem genannt.

Das parallele Achsentheorem verbindet dass Trägheitsmoment um die Schwerpunktsachse, I_s, mit dem um eine Achse parallel zur Schwerpunktsachse, welche einen senkrechten Abstand h zu ihr hat (Gl. 3.26 und Herleitung 3.4). Das senkrechte Achsentheorem kann nur für flache oder dünne Objekte verwendet werden. Wenn das Objekt in der x-y-Ebene liegt und die Trägheitsmomente um die anderen Achsen, I_x und I_y, bekannt sind, dann ist das Trägheitsmoment um die senkrechte z-Achse durch ihre Summe gegeben (Gl. 3.27 und Herleitung 3.5).

[2] Satz von Steiner

Herleitung 3.3: Herleitung des Trägheitsmoments einer Kugel (Gln. 3.23 und 3.24)

Hohlkugel:

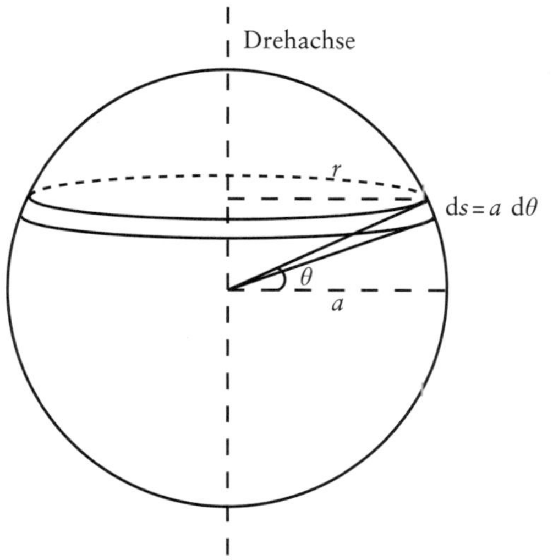

Die Dichte (Masse pro Einheitsfläche) einer Hohlkugel mit Radius a ist:

$$\rho_{\text{hohl}} = \frac{M}{4\pi a^2}.$$

Stellt euch zunächst kreisförmige Streifen der Dicke ds mit einem zur Drehachse senkrechten Radius r vor, um das Trägheitsmoment der Hohlkugel zu bestimmen. Der Bereich der Streifen ist:

$$\begin{aligned} \mathrm{d}A &= 2\pi r\,\mathrm{d}s \\ &= 2\pi r a\,\mathrm{d}\theta. \end{aligned}$$

Das Trägheitsmoment der Hohlkugel ist also:

$$\begin{aligned} I_{\text{hohl}} &= \rho \int r^2\,\mathrm{d}A \\ &= 2\pi a\rho \int r^3\,\mathrm{d}\theta \\ &= 2\pi a\rho \int (a\cos\theta)^3\,d\theta \\ &= 2\pi a^4 \frac{M}{4\pi a^2} \int_{-\pi/2}^{\pi/2} \cos^3\theta\,\mathrm{d}\theta \\ &= \frac{1}{2} M a^2 \int_{-\pi/2}^{\pi/2} \cos\theta \left(1-\sin^2\theta\right)\,\mathrm{d}\theta \\ &= \frac{1}{2} M a^2 \left[\sin\theta - \frac{1}{3}\sin^3\theta\right]_{-\pi/2}^{\pi/2} \\ &= \frac{2}{3} M a^2 . \end{aligned}$$

Vollkugel:

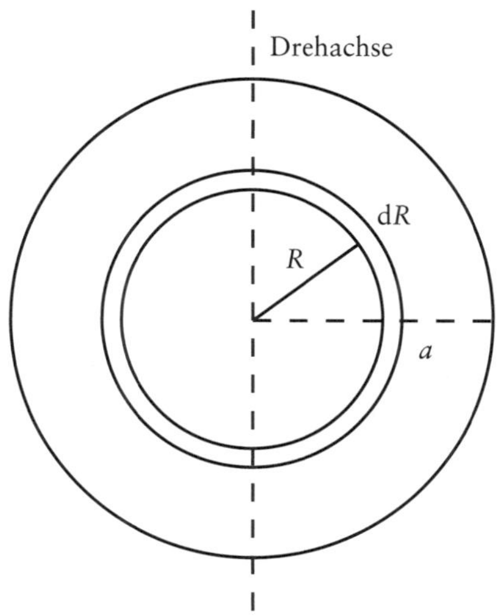

Die Dichte (Masse pro Einheitsvolumen) einer Vollkugel mit Radius a ist:

$$\rho_{\text{voll}} = \frac{M}{4\pi a^3/3} = \frac{3M}{4\pi a^3}.$$

Behandelt die Kugel als Summe von Hohlkugeln mit zunehmendem Radius, um das Trägheitsmoment der Vollkugel zu bestimmen. Das Volumen einer Hohlkugel mit Radius R vom Kugelmittelpunkt ist:

$$\mathrm{d}V = 4\pi R^2\,\mathrm{d}R.$$

Das Trägheitsmoment der Vollkugel ist also:

$$\begin{aligned} I_{\text{voll}} &= \int_{R=0}^{R=a} I_{\text{hohl}} \\ &= \frac{2}{3} \int R^2\,\mathrm{d}m \\ &= \frac{2}{3}\rho \int R^2\,\mathrm{d}V \\ &= \frac{2}{3}\frac{3M}{4\pi a^3} \int 4\pi R^4\,\mathrm{d}R \\ &= \frac{2M}{a^3} \int_0^a R^4\,\mathrm{d}R \\ &= \frac{2}{5} M a^2 . \end{aligned}$$

Herleitung 3.4: Herleitung des parallelen Achsentheorems (Gl. 3.26)

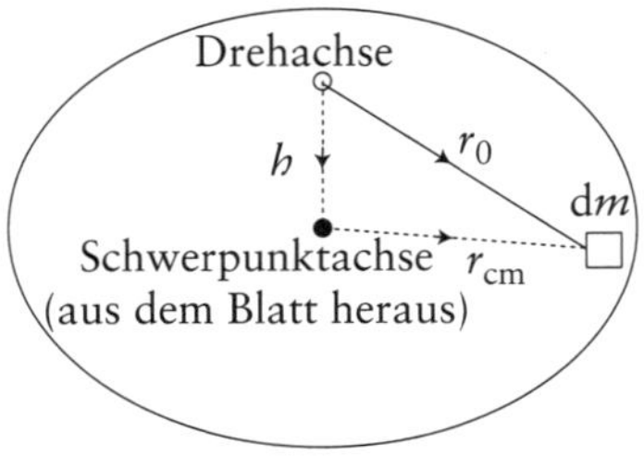

$$
\begin{aligned}
I_0 &= \int r_0^2 \, dm \\
&= \int \left(\vec{h} + \vec{r}_s\right) \cdot \left(\vec{h} + \vec{r}_s\right) dm \\
&= \underbrace{\int r_s^2 \, dm}_{=I_s} + h^2 \underbrace{\int dm}_{=M} + 2\vec{h} \cdot \underbrace{\int \vec{r}_s \, dm}_{=0} \\
&= I_s + Mh^2
\end{aligned}
$$

- Ansatz: Das Trägheitsmoment um eine gegebene Drehachse ist:

$$I_0 = \int r_0^2 \, dm\,.$$

wobei $\vec{r}_0$ der Ortsvektor eines Massenelementes dm von der Drehachse aus ist.

- Der Abstand zwischen der Drehachse und dm ist:

$$\vec{r}_0 = \vec{h} + \vec{r}_s\,.$$

wobei $\vec{h}$ der Ortsvektor der Schwerpunktsachse von der Drehachse aus und $\vec{r}_s$ der Ortsvektor von dm von der Schwerpunktsachse aus ist.

- Aus der Definition des Schwerpunktes folgt:

$$\int \vec{r}_s \, dm = 0\,.$$

Herleitung 3.5: Herleitung des senkrechten Achsentheorems (Gl. 3.27)

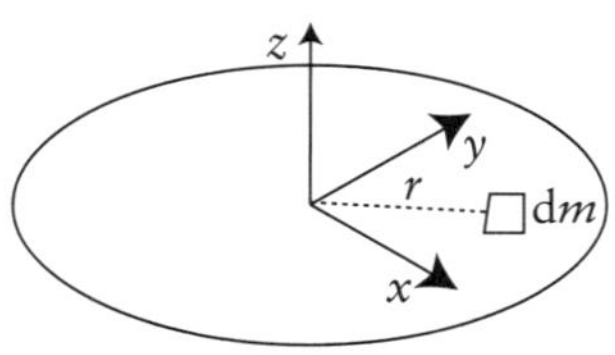

$$
\begin{aligned}
I_z &= \int r^2 \, dm \\
&= \int \left(x^2 + y^2\right) dm \\
&= \underbrace{\int x^2 \, dm}_{=I_y} + \underbrace{\int y^2 \, dm}_{=I_x} \\
&= I_y + I_z
\end{aligned}
$$

- Ansatz: Das Drehmoment um die z-Achse ist:

$$I_z = \int r^2 \, dm\,.$$

wobei r der radiale Abstand des Massenelementes dm von der z-Achse ist.

- Der Betrag von r ist mit x und y verknüpft über:

$$r = \sqrt{x^2 + y^2}\,.$$

- Da das Objekt flach ist, ist das Trägheitsmoment um die x-Achse:

$$I_x = \int y^2 \, dm\,.$$

Für I_y erhalten wir einen ähnlichen Ausdruck.

Achsentheoreme (Herleitung 3.4 und 3.5):

Paralleles Achsentheorem:

$$I_0 = I_s + Mh^2 \qquad (3.26)$$

Senkrechtes Achsentheorem:

$$I_z = I_x + I_y \qquad (3.27)$$

Beispielrechnung 3.2: Schwingungsfrequenz eines einfachen Pendels (Gl. 3.29)

Ein dünner zylindrischer Stab der Länge L und Masse m ist an einem Ende aufgehängt und kann sich um den Punkt P drehen. Bestimmt die Schwingungsfrequenz aus der Bewegungsgleichung des Pendels.

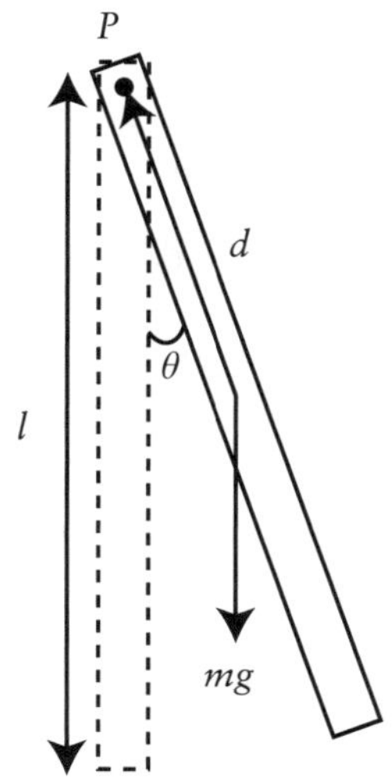

Drehmoment des Massenschwerpunktes um Punkt P:

$$\begin{aligned}\vec{\tau} &= \vec{r} \times \vec{F} \\ \rightarrow \tau &= -dmg\sin\theta \\ &= -\frac{lmg}{2}\sin\theta \\ &\simeq -\frac{lmg}{2}\theta \quad \text{mit Kleinwinkelnäherung}\end{aligned}$$

Trägheitsmoment (siehe Gl. 3.21):

$$I = \frac{1}{3}ml^2$$

Bewegungsgleichung:

$$\begin{aligned}I\frac{d^2\theta}{dt^2} &= \tau \\ \rightarrow \frac{1}{3}ml^2\frac{d^2\theta}{dt^2} &= -\frac{lmg}{2}\theta \\ \rightarrow \frac{d^2\theta}{dt^2} &= -\underbrace{\frac{3g}{2l}}_{=\omega^2}\theta\end{aligned}$$

Dies stimmt überein mit einer harmonischen Schwingung mit der Schwingungsfrequenz:

$$\omega = \sqrt{\frac{3g}{2l}}$$

3.3.3 Bewegungsgleichung

In Abschn. 3.2 haben wir gesehen, dass das zweite Newton'sche Gesetz sowohl für lineare als auch für radiale Dynamik gilt. Bei der radialen Dynamik ist das Drehmoment also gleich der Änderungsrate des Drehimpulses:

$$\vec{\tau} = \frac{d\vec{L}}{dt}.$$

Mithilfe von $\vec{L} = I\vec{\omega}$ (das radiale Gegenstück zu $\vec{p} = m\vec{v}$) können wir das zweite Newton'sche Gesetz für konstantes I bezüglich der Änderungsrate von $\vec{\omega}$ oder $\vec{\theta}$ ausdrücken (Gln. 3.28 und 3.29). Diese Gleichungen sind radiale Bewegungsgleichungen, welche bei gegebenen Anfangsbedingungen gelöst werden können, um die weitere Drehbewegung des Systems vorherzusagen. Die Beispielrechnung 3.2 zeigt, wie Gl. 3.29 verwendet wird, um die Schwingungsfrequenz eines einfachen Pendels zu bestimmen.

Bewegungsgleichungen (linear → radial):

$$\vec{F} = m\frac{d\vec{v}}{dt} \rightarrow \vec{\tau} = I\frac{d\vec{\omega}}{dt} \tag{3.28}$$

$$\equiv m\frac{d^2\vec{x}}{dt^2} \equiv I\frac{d^2\vec{\theta}}{dt^2} \tag{3.29}$$

Radiale kinetische Energie

Berechnen wir die Arbeit, die nötig ist, um einen Körper um einen Winkel θ zu beschleunigen, so stellen wir fest, dass auch die radiale kinetische Energie eine zu ihrem linearen Gegenstück analoge Form hat:

$$T = \frac{1}{2}I\omega^2$$

Herleitung 3.6: Herleitung der radialen kinetischen Energie (Gl. 3.30)

$$\begin{aligned}
T &= W \\
&= \int_0^\theta \vec{\tau} \cdot \mathrm{d}\vec{\theta}' \\
&= I \int_0^\theta \frac{\mathrm{d}\vec{\omega}'}{\mathrm{d}t} \cdot \mathrm{d}\vec{\theta}' \\
&= I \int_0^\omega \frac{\mathrm{d}\vec{\theta}'}{\mathrm{d}t} \cdot \mathrm{d}\vec{\omega}' \\
&= I \int_0^\omega \vec{\omega}' \cdot \mathrm{d}\vec{\omega}' \\
&= I \int_0^\omega \omega' \, \mathrm{d}\omega' \\
&= \frac{1}{2} I \omega^2
\end{aligned}$$

Um die Variablen von den Integrationsgrenzen zu unterscheiden, werden sie gestrichen notiert.

- Ansatz: Die Arbeit, die benötigt wird, um einen Körper um einen Winkel $\vec{\theta}$ zu beschleunigen, ist:

$$W = \int_0^\theta \vec{\tau} \cdot \mathrm{d}\vec{\theta} \, .$$

Laut Arbeits-Energie-Theorem ist dies gleich dem Gewinn der radialen kinetischen Energie, T, des Körpers.
- Das zweite Newton'sche Gesetz für Drehbewegungen lautet:

$$\vec{\tau} = I\vec{\alpha} = I\dot{\vec{\omega}}$$

(analog zu $\vec{F} = m\vec{a} = m\dot{\vec{v}}$).
- Das Skalarprodukt eines Vektors mit sich selbst ist $\vec{\omega} \cdot \vec{\omega} = |\vec{\omega}|^2 \equiv \omega^2$. Durch Ableiten von beiden Seiten erhalten wir:

$$\begin{aligned}
&\mathrm{d}(\vec{\omega} \cdot \vec{\omega}) = \mathrm{d}\vec{\omega} \cdot \vec{\omega} + \vec{\omega} \cdot \mathrm{d}\vec{\omega} = 2\vec{\omega} \cdot \mathrm{d}\vec{\omega} \\
\text{und} \quad &\mathrm{d}\left(\omega^2\right) = 2\omega \, \mathrm{d}\omega \\
&\rightarrow \vec{\omega} \cdot \mathrm{d}\vec{\omega} = \omega \, \mathrm{d}\omega \, .
\end{aligned}$$

- Wenn wir den Ausdruck für T integrieren, sehen wir, dass der Ausdruck der radialen kinetischen Energie analog zur linearen kinetischen Energie, $T = mv^2/2$, ist.

(Gl. 3.30 und Herleitung 3.6). Viele Probleme können auf die Bewegung *des* Schwerpunktes (geradlinige Bewegung) und die Bewegung *um* den Schwerpunkt (Drehbewegung) reduziert werden. Die Beispielrechnung 3.3 zeigt, wie man die Endgeschwindigkeit einer Kugel, die eine schiefe Ebene hinabrollt, berechnet, indem man die lineare Bewegung des Schwerpunktes zuzüglich der Drehbewegung um den Schwerpunkt betrachtet.

Kinetische Energie (linear → radial) (Herleitung 3.6):

$$\begin{aligned}
T = \frac{1}{2} m v^2 \rightarrow T &= \frac{1}{2} I \omega^2 \\
= \frac{p^2}{2m} &= \frac{L^2}{2I}
\end{aligned} \qquad (3.30)$$

Beispielrechnung 3.3: Geschwindigkeit einer Kugel, die eine schiefe Ebene hinabrollt

Eine Hohlkugel und eine Vollkugel rollen ohne zu rutschen eine um den Winkel θ geneigte Ebene hinab. Zeigt, dass das Verhältnis ihrer Geschwindigkeiten am Ende der Ebene wie folgt aussieht: $v_{\text{voll}}/v_{\text{hohl}} = 5/\sqrt{21}$.

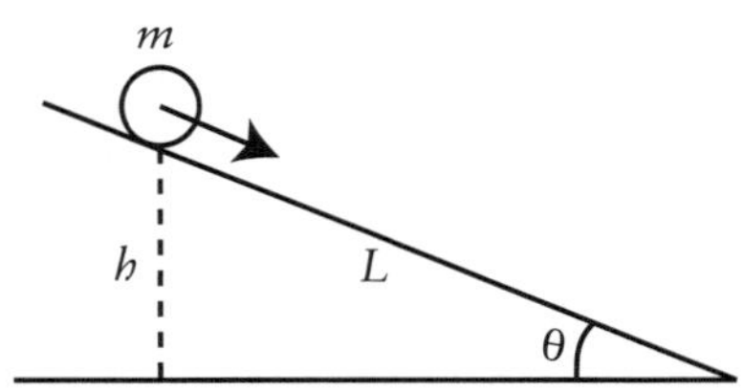

Energieerhaltung:

$$V = T_{\text{linear}} + T_{\text{drehend}}$$
$$\rightarrow mgh = \frac{1}{2}mv^2 + \frac{1}{2}I\omega^2$$

Trägheitsmoment von Objekten (siehe Gln. 3.23 und 3.24):

$$I_{\text{hohl}} = \frac{2}{3}mr^2$$
$$I_{\text{voll}} = \frac{2}{5}mr^2$$

Geschwindigkeit der Hohlkugel:

$$\begin{aligned} mgL\sin\theta &= \frac{1}{2}mv^2 + \frac{1}{2}\left(\frac{2}{3}mr^2\right)\left(\frac{v}{r}\right)^2 \\ &= \frac{1}{2}mv^2 + \frac{1}{3}mv^2 \\ &= \frac{5}{6}mv^2 \\ \rightarrow v_{\text{hohl}} &= \sqrt{\frac{6}{5}gL\sin\theta} \end{aligned}$$

Geschwindigkeit der Vollkugel:

$$\begin{aligned} mgL\sin\theta &= \frac{1}{2}mv^2 + \frac{1}{2}\left(\frac{2}{5}mr^2\right)\left(\frac{v}{r}\right)^2 \\ &= \frac{1}{2}mv^2 + \frac{1}{5}mv^2 \\ &= \frac{7}{10}mv^2 \\ \rightarrow v_{\text{voll}} &= \sqrt{\frac{10}{7}gL\sin\theta} \end{aligned}$$

Das Verhältnis der Geschwindigkeiten am Ende der Ebene ist:

$$\Rightarrow \frac{v_{\text{voll}}}{v_{\text{hohl}}} = \frac{5}{\sqrt{21}}$$

Gravitation und Umlaufbahnen

4

Eine weitere Anwendung der Newton'schen Gesetze ist die Umlaufbahn eines Himmelskörpers um einen anderen. Die Gravitationskraft ist die schwächste der vier Naturkräfte der Physik.[1] Sie ist eine anziehende Kraft und hängt nur von der Masse der wechselwirkenden Körper sowie dem Abstand zwischen ihnen ab. Newton entdeckte, dass die Gravitationskraft, die ein Körper der Masse m_2 auf einen Körper der Masse m_1 ausübt, mit dem Quadrat des Abstandes zwischen ihnen, r_{12}, abfällt: $F_G \propto m_1 m_2 / r_{12}^2$. In diesem Kapitel werden wir die Eigenschaften von Gravitation und Planetenumlaufbahnen betrachten. Es gibt im Wesentlichen keine „neue Physik" in diesem Kapitel – es ist einfach eine Anwendung der in den Kap. 1 und 3 behandelten Konzepte.

4.1 Bewegungsgleichungen

Bevor wir speziell die Eigenschaften von Gravitation und Umlaufbahnen betrachten, bestimmen wir eine allgemeine Bewegungsgleichung eines Körpers, der eine kreisförmige oder elliptische Bewegung in einer zweidimensionalen Ebene ausführt. Hierbei arbeitet man am besten mit *Polar*koordinaten (r, θ) statt mit kartesischen Koordinaten (x, y).

4.1.1 Polarkoordinaten

In Polarkoordinaten ist die Bewegung eines Köpers definiert durch seinen Ortsvektor $\vec{r}$ und seinen Winkel θ relativ zur positiven kartesischen x-Achse (Abb. 4.1). Der eine polare Einheitsvektor ist $\hat{r}$, welcher radial nach außen zeigt, und der andere $\hat{\theta}$, welcher senkrecht auf $\hat{r}$ steht. Sie sind wie folgt mit den kartesischen Einheitsvektoren $\hat{i}$ und $\hat{j}$ verbunden:

$$\hat{r} = \hat{i}\cos\theta + \hat{j}\sin\theta \tag{4.1}$$

$$\text{und} \quad \hat{\theta} = -\hat{i}\sin\theta + \hat{j}\cos\theta \tag{4.2}$$

(siehe Abb. 4.2).

Abbildung 4.1 Kartesischer und polarer Ortsvektor

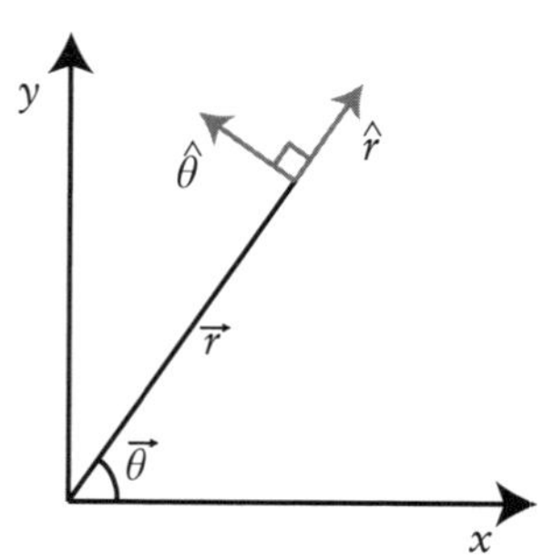

[1] Die anderen drei sind die schwache Kraft, die elektromagnetische Kraft und die starke Kraft.

Abbildung 4.2 Kartesischer und polarer Einheitsvektor

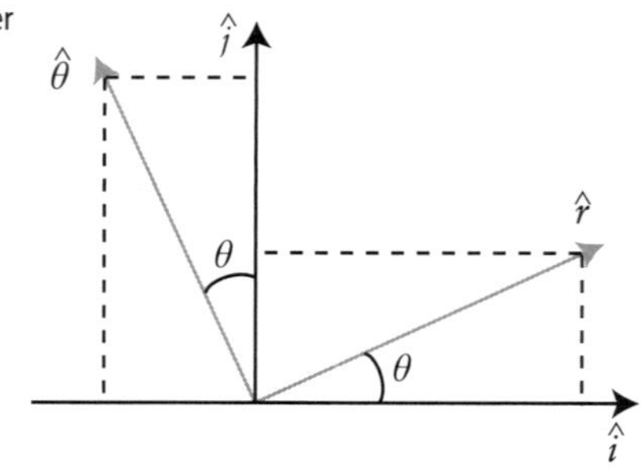

Die Änderungsrate der Einheitsvektoren ergibt sich durch Ableitung der Gln. 4.1 und 4.2 nach der Zeit:

$$\begin{aligned}\frac{\mathrm{d}\hat{r}}{\mathrm{d}t} &= -\hat{i}\sin\theta\,\dot{\theta} + \hat{j}\cos\theta\,\dot{\theta} \\ &= \dot{\theta}\left(-\hat{i}\sin\theta + \hat{j}\cos\theta\right) \\ &= \dot{\theta}\hat{\theta}\end{aligned} \tag{4.3}$$

und

$$\begin{aligned}\frac{\mathrm{d}\hat{\theta}}{\mathrm{d}t} &= -\hat{i}\cos\theta\,\dot{\theta} - \hat{j}\sin\theta\,\dot{\theta} \\ &= -\dot{\theta}\left(\hat{i}\cos\theta + \hat{j}\sin\theta\right) \\ &= -\dot{\theta}\hat{r}\,.\end{aligned} \tag{4.4}$$

Der Richtungsvektor $\hat{r}$ ändert seinen Betrag, wenn sich entweder seine Länge (Änderung längs $\hat{r}$) oder seine Richtung (Änderung längs $\hat{\theta}$) ändert. Daher haben die Geschwindigkeit $\dot{\vec{r}}$ sowie die Beschleunigung $\ddot{\vec{r}}$ beide eine $\hat{r}$- und eine $\hat{\theta}$-Komponente – d. h., sie haben beide eine radiale und eine Winkelkomponente. Durch Ableiten von $\vec{r}$ können wir Ausdrücke für diese Komponenten herleiten, wie in Herleitung 4.1 gezeigt. Damit können wir das zweite Newton'sche Gesetz $\vec{F} = m\ddot{\vec{r}}$ in eine radiale Kraftkomponente F_r (Gl. 4.5 und Herleitung 4.1) und eine Winkelkomponente F_θ (Gl. 4.6 und Herleitung 4.1) aufteilen. Die Gesamtkraft ergibt sich dann als Vektorsumme beider Komponenten (Gl. 4.7 und Abb. 4.3). Unten werden wir uns die Darstellung beider Komponenten ansehen.

Bewegungsgleichung in Polarkoordinaten (Herleitung 4.1):

Radiale Komponente der Kraft:

$$F_r = m\left(\ddot{r} - r\dot{\theta}^2\right) \tag{4.5}$$

Winkelkomponente der Kraft:

$$F_\theta = m\left(r\ddot{\theta} + 2\dot{r}\dot{\theta}\right) \tag{4.6}$$

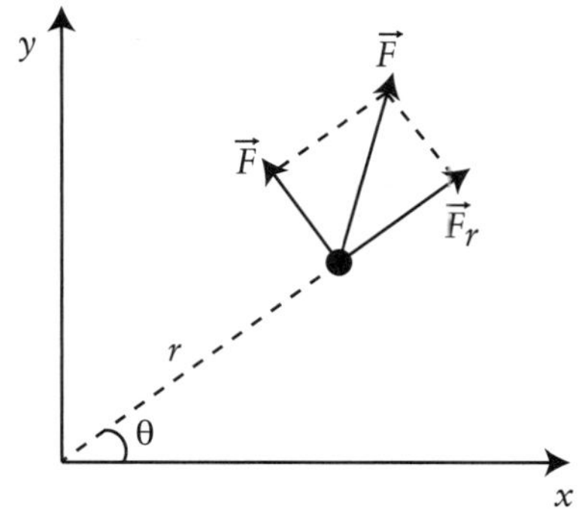

Abbildung 4.3 Zerlegung einer Kraft in ihre radiale sowie tangentiale (winkelförmige) Komponente, F_r und F_θ

Gesamtkraft:

$$\vec{F} = F_r\,\hat{r} + F_\theta\,\hat{\theta} \tag{4.7}$$

Radiale Komponente

Die radiale Komponente der Beschleunigung in Gl. 4.5 hat zwei Terme. Der erste Term ist die lineare Beschleunigung $\ddot{r}$, die wir von der geradlinigen Bewegung kennen. Der zweite Term, $-r\dot{\theta}^2$, zeigt radial nach innen (wegen des Miuszeichens) und ist ungleich null für alle Massenpunkte, die mit Winkelgeschwindigkeit $\omega = \dot{\theta}$ um eine Achse rotieren. Wenn wir dies in Bezug auf $v_\theta = \omega r$ schreiben, wobei v_θ die tangentiale Komponente der Geschwindigkeit ist, erhalten wir:

$$\begin{aligned} r\dot{\theta}^2 &= r\omega^2 \\ &= \frac{v_\theta^2}{r}\,. \end{aligned}$$

Einige von euch werden dies als die nach innen gerichtete *Zentripetalbeschleunigung* für Körper, die sich auf einer gekrümmten Bahn bewegen, kennen. Die äußere Kraft, welche diese Beschleunigung verursacht, heißt *Zentripetalkraft* und ist gegeben durch:

$$\vec{F} = -\frac{mv_\theta^2}{r}\hat{r}\,.$$

Körper, die in einem konstanten Abstand von einer Achse rotieren, haben keine lineare Beschleunigung, was bedeutet, dass die Länge r konstant ist und $\ddot{r} = 0$ gilt. Daher bewegen sich solche Körper nur unter der Zentripetalkraft. Diese Kraft könnte beispielsweise durch die Fadenspannung einer rotierenden Masse an einem Faden oder durch Reibung zwischen den Autoreifen und der Straße eines um eine Kurve fahrenden Autos ausgeübt werden.

Winkelkomponente

Es ist ein bisschen weniger offensichtlich, intuitiv zu sehen, was die Winkelkomponente der Kraft repräsentiert. Das zweite Newton'sche Gesetz besagt, dass das Drehmoment eines Körpers der Änderung seines Drehimpulses entspricht, $\tau = \dot{L}$. Für eine kreisförmige Bewegung ist der Betrag des Drehimpulses:

$$L = mrv_\theta = m\omega r^2 = m\dot{\theta}r^2\,.$$

Setzen wir dies in das zweite Newton'sche Gesetz ein, so erhalten wir:

$$\begin{aligned} \tau &= \frac{\mathrm{d}L}{\mathrm{d}t} \\ &= m\frac{\mathrm{d}}{\mathrm{d}t}\left(r^2\dot{\theta}\right) \\ &= m\left(r^2\ddot{\theta} + 2r\dot{r}\dot{\theta}\right) \\ &= mr\left(r\ddot{\theta} + 2\dot{r}\dot{\theta}\right) \\ &\equiv rF_\theta\,. \end{aligned}$$

Daher repräsentiert F_θ (in Gl. 4.6) die lineare Kraft bei r, die ein Drehmoment um eine Achse bewirkt.

4.1.2 Zentralkräfte

Eine Kraft, die nur von dem Betrag des Abstandes zwischen zwei wechselwirkenden Körpern, r, abhängt und radial nach außen oder nach innen wirkt, wird eine *Zentralkraft* genannt:

$$\vec{F} = f(r)\hat{r}\,, \tag{4.8}$$

wobei $f(r)$ eine beliebige Funktion von r ist. Setzt man dies mit Gl. 4.7 gleich, so ergibt sich für die radiale bzw. Winkelkomponente einer Kraft:

$$\begin{aligned} F_r &= m(\ddot{r} - r\dot{\theta}^2) \\ &\equiv f(r) \\ \text{und}\quad F_\theta &= m(r\ddot{\theta} + 2\dot{r}\dot{\theta}) \\ &= 0\,. \end{aligned}$$

Systeme, die von Zentralkräften beherrscht werden, erhalten die mechanische Energie und den Drehimpuls, wie in Herleitung 4.2 gezeigt wird. Einige übliche Kräfte sind:

- **Gravitation:** Die Gravitationskraft zwischen zwei Massen M und m folgt einem Gesetz des inversen Abstandsquadrates:

  $$\vec{F}_\mathrm{G} = -\frac{GMm}{r^2}\hat{r}\,.$$

  Da Massen immer positiv sind, ist die Gravitationskraft stets eine anziehende.

Herleitung 4.1: Herleitung der Bewegungsgleichung in Polarkoordinaten (Gln. 4.5 und 4.6)

- Ansatz: In Polarkoordinaten ist der radiale Ortsvektor, $\vec{r}$, definiert als:

$$\vec{r} = r\hat{r}.$$

- Leiten wir nach der Zeit ab, so erhalten wir:

$$\dot{\vec{r}} = \dot{r}\hat{r} + r\frac{\mathrm{d}\hat{r}}{\mathrm{d}t} = \underbrace{\dot{r}\hat{r}}_{\text{radiale Geschwindigkeit}} + \underbrace{r\dot{\theta}\hat{\theta}}_{\text{Winkelgeschwindigkeit}} .$$

$$\left(\frac{\mathrm{d}\hat{r}}{\mathrm{d}t} = \dot{\theta}\hat{\theta} \quad \text{und} \quad \frac{\mathrm{d}\hat{\theta}}{\mathrm{d}t} = -\dot{\theta}\hat{r}\right)$$

Wie erwartet ist der Term der Radialgeschwindigkeit $v_\mathrm{r} = \dot{r}$ und der Term der Winkelgeschwindigkeit $v_\theta = r\dot{\theta} = r\omega$.

- Den Beschleunigungsvektor, $\ddot{\vec{r}}$, erhalten wir durch Ableitung von $\dot{\vec{r}}$ nach der Zeit (siehe linke Seite).

Ableitung von $\dot{\vec{r}}$ ergibt:

$$\begin{aligned}\ddot{\vec{r}} &= \ddot{r}\hat{r} + \dot{r}\frac{\mathrm{d}\hat{r}}{\mathrm{d}t} + \dot{r}\dot{\theta}\hat{\theta} + r\ddot{\theta}\hat{\theta} + r\dot{\theta}\frac{\mathrm{d}\hat{\theta}}{\mathrm{d}t}\\ &= \ddot{r}\hat{r} + \dot{r}\dot{\theta}\hat{\theta} + \dot{r}\dot{\theta}\hat{\theta} + r\ddot{\theta}\hat{\theta} - r\dot{\theta}^2\hat{r}\\ &= \underbrace{\left(\ddot{r} - r\dot{\theta}^2\right)}_{\text{radiale Komponente}}\hat{r} + \underbrace{\left(r\ddot{\theta} + 2\dot{r}\dot{\theta}\right)}_{\text{Winkelkomponente}}\hat{\theta}\end{aligned}$$

- Damit sehen wir, dass die Beschleunigung eine radiale und eine Winkelkomponente hat, woraus wir eine radiale und eine Winkelkraftkomponente definieren (F_r bzw. F_θ).

→ Radialkraft:

$$F_r = m\ddot{\vec{r}} \cdot \hat{r} = m\left(\ddot{r} - r\dot{\theta}^2\right)$$

Winkelkraft:

$$F_\theta = m\ddot{\vec{r}} \cdot \hat{\theta} = m\left(r\ddot{\theta} + 2\dot{r}\dot{\theta}\right)$$

- **Coulombkraft:** Die elektrostatische Kraft zwischen zwei Ladungen Q und q folgt einem Gesetz des inversen Abstandsquadrates:

$$\vec{F}_\mathrm{C} = \frac{qQ}{4\pi\varepsilon_0 r^2}\hat{r}.$$

Die Kraft ist anziehend für Ladungen mit entgegengesetztem Vorzeichen und abstoßend für gleiche Ladungen.

- **Rückstellkraft einer Feder:** Für kleine Dehnungen ist die Rückstellkraft einer Feder proportional zur Auslenkung:

$$\vec{F}_\mathrm{R} = -kr\hat{r}.$$

- **Zentripetalkraft:** Auf Körper, die eine Kreisbewegung vollführen, wirkt die radial nach innen gerichtete Zentralkraft:

$$\vec{F} = -\frac{mv^2}{r}\hat{r}.$$

4.2 Gravitationskraft und Energie

Wir werden unsere Aufmerksamkeit jetzt der *Gravitationskraft* zuwenden, die folgende Diskussion gilt jedoch für alle Zentralkräfte. Newton entdeckte, dass die anziehene Gravitationskraft eines Körpers der Masse m, die von einem Körper der Masse M ausgeübt wird, antiproportional zum Quadrat des Abstandes zwischen ihnen, r, ist und entlang dieses Abstandes wirkt:

$$\vec{F}_\mathrm{G} = -\frac{GMm}{r^2}\hat{r}$$

(Gl. 4.9). Die Proportionalitätskonstante, G [$6.67 \cdot 10^{-11}$ $\mathrm{m^3\,kg^{-1}\,s^{-2}}$], wird *Gravitationskonstante* genannt. Ihr kleiner Betrag bedeutet, dass die Gravitationskräfte relativ schwach sind, die Stärke von F_G wird für massenreichere Körper bedeutender.

Der Vergleich von Gl. 4.9 mit Gl. 4.8 zeigt, dass die Gravitationskraft eine Zentralkraft ist, der Betrag der Kraft ist:

$$f(r) = -\frac{GMm}{r^2}.$$

Gravitation als konservative Kraft

Laut Definition ist eine konservative Kraft (d. h. eine, die mechanische Energie erhält) wirbelfrei:

$$\nabla \times \vec{F} = 0$$

(siehe Abschn. 1.5). Da die Gravitation eine radiale Kraft und die Rotation eines Vektors ein Maß dafür ist, wie stark

Herleitung 4.2: Herleitung der Energie- und Impulserhaltung für Zentralkräfte

Energieerhaltung:
Das Skalarprodukt einer Zentralkraft ($\vec{F} = f(r)\hat{r} = m\ddot{\vec{r}}$) mit $\dot{\vec{r}}$ gibt die Rate an, mit der eine Kraft Arbeit verrichtet ($\dot{W} = P = \vec{F} \cdot \vec{v}$):

$$\rightarrow m\ddot{\vec{r}} \cdot \dot{\vec{r}} = f(r)\hat{r} \cdot \dot{\vec{r}} .$$

Integrieren wir dies bezüglich der Zeit, wobei die Integrationskonstante die Gesamtenergie, E_0 ist, so erlangen wir die Energieerhaltung:

$$\begin{aligned}\frac{1}{2}m\dot{r}^2 &= \int f(r)\mathrm{d}r + \text{Konstante} \\ \rightarrow E_0 &= \underbrace{\frac{1}{2}m\dot{r}^2}_{\text{KE}} - \underbrace{\int f(r)\mathrm{d}r}_{\text{PE}} \\ &= T + V .\end{aligned}$$

Drehimpulserhaltung:
Körper, die sich unter Einfluss einer Zentralkraft bewegen, erfahren kein Drehmoment, da es keine tangentiale Kraftkomponente gibt ($F_\theta = 0$):

$$\begin{aligned}\vec{\tau} &= \vec{r} \times \vec{F} \\ &= f(r)\vec{r} \times \hat{r} \\ &= 0 .\end{aligned}$$

Der Drehimpuls bleibt also erhalten:

$$\begin{aligned}\rightarrow \vec{L} &= \int \vec{\tau}\,\mathrm{d}t \\ &= \text{konstant.}\end{aligned}$$

Herleitung 4.3: Herleitung der Rotation einer Gravitationskraft, $\vec{F}_\mathrm{G}$

$$\begin{aligned}\int_S \left(\nabla \times \vec{F}_\mathrm{G}\right) \cdot \mathrm{d}\vec{s} &= \oint_L \vec{F}_\mathrm{G} \cdot \mathrm{d}\vec{l} \\ &= -\oint_L \frac{GMm}{r^2}\vec{\hat{r}} \cdot \mathrm{d}\vec{l} \\ &= -\oint_L \frac{GMm}{r^2}\vec{\hat{r}} \cdot \vec{\hat{r}}\mathrm{d}r \\ &= -\oint_L \frac{GMm}{r^2}\mathrm{d}r \\ &= GMm\left[\frac{1}{r}\right]_a^{b=a} \\ &= GMm\left(\frac{1}{a} - \frac{1}{a}\right) \\ &= 0 \\ \rightarrow \nabla \times \vec{F}_\mathrm{G} &= 0\end{aligned}$$

- Ansatz: Der Satz von Stokes bringt die Rotation eines Vektors $\vec{F}$ in Verbindung mit seinem Integral entlang einer geschlossenen Kurve:

$$\int_S \left(\nabla \times \vec{F}\right) \cdot \mathrm{d}\vec{s} = \oint_L \vec{F} \cdot \mathrm{d}\vec{l}.$$

- Die Gravitationskraft ist eine Zentralkraft (sie hat nur eine radiale Komponente):

$$\vec{F}_\mathrm{G} = -\frac{GMm}{r^2}\vec{\hat{r}}.$$

- In sphärischen Polarkoordinaten ist ein Linienelement:

$$\mathrm{d}\vec{l} = \mathrm{d}r\hat{r} + r\,\mathrm{d}\theta\,\hat{\theta} + r\sin\theta\mathrm{d}\phi\,\hat{\phi}.$$

  Da $\hat{r}$ orthogonal zu $\hat{\theta}$ und $\hat{\phi}$ ist, verbleibt nur die $\hat{r}$-Komponente von $\mathrm{d}\vec{l}$ im Integral.
- Bei einem Integral über eine geschlossene Kurve sind die Integrationsgrenzen gleich.

er sich um eine Achse dreht, können wir erraten, dass die Rotation einer Gravitationskraft gleich null sein muss. Dies wird unter Verwendung des Satzes von Stokes in Herleitung 4.3 gezeigt. Die Gravitation ist also wirbelfrei und somit eine *konservative* Kraft, daher bleibt mechanische Energie erhalten.

Gravitative potentielle Energie

Da die Gravitation eine konservative Kraft ist, können wir eine *gravitative potentielle Energiefunktion* (GPE) oder V definieren, die nur von der Position abhängt. Für einen Körper der Masse m im Abstand r vom Mittelpunkt eines Körpers der Masse M, in dessen gravitativen Feld er sich befindet, ist die gravitative potentielle Energiefunktion:

$$\rightarrow V(\vec{r}) = -\int f(r')\mathrm{d}r' = \int_{O}^{r} \frac{GMm}{(r')^2}\mathrm{d}r' = -\frac{GMm}{r}$$

(Gl. 4.10) mit festen Bezugspunkt O, an dem $V(\mathrm{O}) = 0$ gilt.

Gravitationskraft und potentielle Energie:

$$\vec{F}_G(\vec{r}) = -\frac{GMm}{r^2}\hat{r} \quad (4.9)$$

$$V(\vec{r}) = -\frac{GMm}{r} \quad (4.10)$$

4.3 Planetenbahnen

4.3.1 Die Kepler'schen Gesetze

Die *Kepler'schen Gesetze der Planetenbewegung* beschreiben die Umlaufbahnen von Planeten um die Sonne. Sie wurden 1609 von Johannes Kepler empirisch bestimmt und können leicht aus der Newton'schen Mechanik abgeleitet werden. Diese Gesetze sind in der Zusammenfassung 4.1 zu finden.

4.3.2 Energie eines umkreisenden Körpers

Die Gesamtenergie eines Körpers der Masse m im gravitativen Feld eines anderen Körpers der Masse M ist durch die Summe seiner kinetischen und potentiellen Energie gegeben (Gl. 4.13 und Herleitung 4.4).

Energie eines umkreisenden Körpers (Herleitung 4.4):

$$E_0 = \frac{1}{2}m\dot{r}^2 + V_{\text{eff}} \quad (4.13)$$

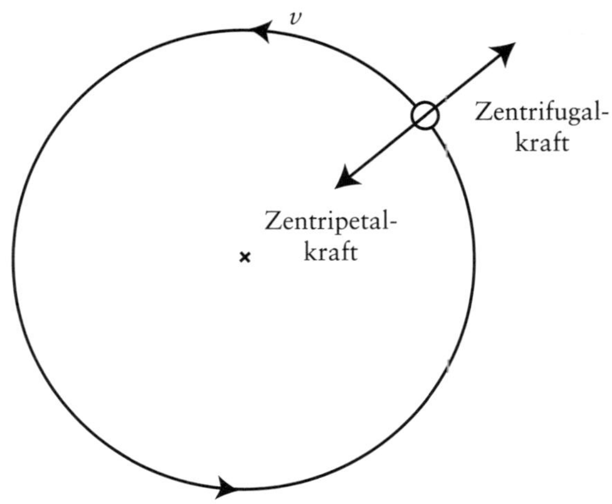

Abbildung 4.4 Zentripetal- und Zentrifugalkraft

mit der effektiven potentiellen Energie:

$$V_{\text{eff}} = \frac{L^2}{2mr^2} - \frac{GMm}{r} \quad (4.14)$$

V_{eff} ist die *effektive potentielle Energie* des Körpers (Gl. 4.14 und Herleitung 4.4). Sie besteht aus zwei Termen: aus dem der *winkelförmigen kinetischen Energie* ($L^2/2mr^2$) und aus dem der *gravitativen potentiellen Energie* ($-GMm/r$). Der Term der winkelförmigen kinetischen Energie wird manchmal *zentrifugale potentielle Energie* genannt, da seine Form mit dem negativen Integral der Zentrifugalkraft übereinstimmt. Während die Zentri*petal*kraft radial nach innen zeigt und Objekte auf einer gekrümmten Bahn bewegt hält, zeigt die Zentri*fugal*kraft radial nach außen (Abb. 4.4). Sie ist betragsmäßig gleich der Zentripetalkraft, ihr aber richtungsmäßig entgegengesetzt.[2] Erinnert euch daran, dass die Zentripetalkraft

$$\vec{F}_{\text{in}} = -\frac{mv_\theta^2}{r}\hat{r}$$

[2] Beachtet, dass die Zentripetal- und die Zentrifugalkraft nicht gleichzeitig auf denselben Körper wirken (andernfalls würden sie sich ausgleichen und der Körper würde sich entlang einer geraden Linie bewegen). Stattdessen entsprechen sie dem Aktion-Reaktion-Kräftepaar der kreisförmigen Bewegung (erinnert euch daran, dass es laut dem dritten Newton'schen Gesetz für jede Aktionskraft eine Reaktionskraft gibt, welche zur ersten entgegengesetzt gleich ist). Betrachtet als Beispiel einen Ball, welcher durch eine Schnur an eine Drehachse gebunden ist und in der horizontalen Ebene eine Kreisbewegung vollführt. Die Spannung der Schnur liefert die Zentripetalkraft, welche den Ball zwingt, auf einer gekrümmten Bahn zu bleiben. Die *durch* den Ball *auf* die Schnur ausgeübte Kraft entspricht dann der Zentrifugalkraft, welche betragsmäßig gleich und in der Richtung entgegengesetzt zur Zentrifugalkraft ist.

Zusammenfassung 4.1: Kepler'sche Gesetze der Planetenbewegung

1. **Erstes Keplergesetz: Gesetz der elliptischen Bahnen**
   Die Planeten rotieren in elliptischen Bahnen um die Sonne, welche im Brennpunkt der Ellipse liegt. Die Gleichung einer Ellipse mit Exzentrizität e ist in Polarkoordinaten:

$$\frac{l}{r} = 1 + e\cos\theta \quad \text{mit} \quad l = \frac{L^2}{GMm^2}\,. \tag{4.11}$$

   Der *Längenparameter* l [m] ist eine Konstante, die vom Gesamtdrehimpuls, L, des Systems abhängt. Die Erdumlaufbahn ist nahezu kreisförmig $\rightarrow e \simeq 0$.
2. **Zweites Keplergesetz: Gesetz der gleichen Flächen**
   Ein von der Sonne ausgehender „Fahrstrahl" überstreicht in gleichen Zeitintervallen Δt gleiche Flächen: $A_1 = A_2$.

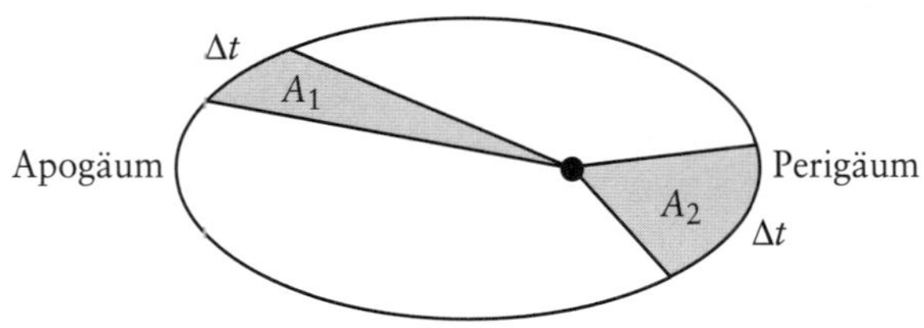

   Beweis: Das von einem Winkel $\mathrm{d}\theta$ überstrichene Flächenelement ist angenähert gleich der Fläche eines Dreiecks der Länge r und Höhe $r\mathrm{d}\theta$, $\rightarrow \mathrm{d}A \simeq r^2\mathrm{d}\theta/2$. Die Geschwindigkeit, mit der die Fläche überstrichen wird, ist also:

$$\frac{\mathrm{d}A}{\mathrm{d}t} = \frac{1}{2}r^2\frac{\mathrm{d}\theta}{\mathrm{d}t} = \frac{L}{2m} = \text{konstant},$$

   wobei $L = rp = mrv_\theta = m\omega r^2$ der konstante Gesamtdrehimpuls und $\omega = \dot{\theta}$ die Winkelgeschwindigkeit ist.
3. **Drittes Keplergesetz: Gesetz der Umlaufzeiten**
   Das Quadrat der Umlaufzeit um die Sonne, T, ist proportional zur dritten Potenz der großen Bahnhalbachse, a:

$$T^2 \propto a^3\,. \tag{4.12}$$

   Beweis: Bei einer kreisförmigen Umlaufbahn ist die Gravitation die Zentralkraft. Für eine Bewegung mit der Winkelgeschwindigkeit $\omega = 2\pi/T$, wobei T die Umlaufzeit ist, erhalten wir:

$$\frac{GMm}{r^2} = \frac{mv^2}{r} = mr\omega^2 = mr\left(\frac{2\pi}{T}\right)^2$$
$$\rightarrow T^2 \propto r^3\,.$$

   Obwohl dies der Beweis für eine kreisförmige Umlaufbahn ist, gilt das Gesetz auch für elliptische Bahnen, wobei r die große Bahnhalbachse ist.

ist. Daher ist die Zentrifugalkraft:

$$\begin{aligned}\vec{F}_{\text{aus}} &= \frac{mv_\theta^2}{r}\hat{r}\\ &\equiv mr\omega^2\hat{r}\\ &\equiv mr\dot{\theta}^2\hat{r}\\ &\equiv \frac{L^2}{mr^3}\hat{r}\,.\end{aligned}$$

Somit sehen wir, dass die zu dieser Kraft gehörende potentielle Energiefunktion

$$\begin{aligned}V_{\text{aus}} &= -\int \frac{L^2}{mr^3}\mathrm{d}r\\ &= \frac{L^2}{2mr^2}\end{aligned}$$

Herleitung 4.4: Herleitung der Gesamtenergie einer Masse m in einer Umlaufbahn (Gln. 4.13 und 4.14)

$$\begin{aligned} E &= T + V \\ &= \frac{1}{2}m\dot{\vec{r}}\cdot\dot{\vec{r}} - \frac{GMm}{r} \\ &= \frac{1}{2}m(\dot{r}\hat{r} + r\dot{\theta}\hat{\theta})\cdot(\dot{r}\hat{r} + r\dot{\theta}\hat{\theta}) - \frac{GMm}{r} \\ &= \frac{1}{2}m\dot{r}^2 + \frac{1}{2}mr^2\dot{\theta}^2 - \frac{GMm}{r} \\ &= \underbrace{\frac{1}{2}m\dot{r}^2}_{\text{lineare KE}} + \underbrace{\underbrace{\frac{L^2}{2mr^2}}_{\text{winkelf. KE}} \underbrace{- \frac{GMm}{r}}_{\text{PE}}}_{\text{effektive PE}} \end{aligned}$$

- Ansatz: Die Gesamtenergie eines Körpers der Masse m, der einen Körper der Masse M umkreist, ist die Summe seiner kinetischen, T, und potentiellen Energie, V, mit:

$$V = -\frac{GMm}{r}\,.$$

- Die Geschwindigkeit des Körpers ist:

$$\begin{aligned} \dot{\vec{r}} &= v_r\hat{r} + v_\theta\hat{\theta} \\ &= \dot{r}\hat{r} + r\dot{\theta}\hat{\theta} \end{aligned}$$

(siehe Herleitung 4.1).

- Der Drehimpuls des Körpers ist:

$$L = mrv_\theta = mr^2\omega = mr^2\dot{\vartheta}\,.$$

Verwendet dies, um $\dot{\theta}^2$ aus dem Ausdruck für E zu eliminieren.

- Auf diese Weise kann die kinetische Energie als Summe ihrer linearen sowie Winkelkomponente geschrieben werden. Kombinieren wir die winkelförmige kinetische Energie mit der gravitativen potentiellen Energie, so können wir die *effektive potentielle Energie* wie folgt definieren:

$$V_{\text{eff}} = \frac{L^2}{2mr^2} - \frac{GMm}{r}\,.$$

ist, was der erste Term der effektiven potentiellen Energie ist.

4.3.3 Gebundene und ungebundene Umlaufbahnen

Ein Körper der Masse m wird einen Körper der größeren Masse M umkreisen, wenn er in sein gravitatives Feld eintritt. Die Art der Umlaufbahn wird abhängig vom Verhältnis der kinetischen Energie des umkreisenden Körpers zu seiner potentiellen Energie als *gebunden* oder *ungebunden* eingeordnet. Wenn die kinetische Energie des umkreisenden Körpers *kleiner* als seine potentielle Energie ist, so bleibt der Körper in einer *gebundenen* Umlaufbahn um die Zentralmasse. Die Form der Bahn ist entweder elliptisch oder kreisförmig und folgt den Kepler'schen Gesetzen. Wenn die kinetische Energie des umkreisenden Körpers *größer* als seine potentielle Energie ist, dann bleibt er nicht in einer gebunden Bahn um die Zentralmasse, sondern seine Bahnkurve wird von ihr reflektiert. Daher wird diese Art des Umlaufs *ungebundene* Umlaufbahn genannt, seine Form ist entweder eine Parabel oder eine Hyperbel.

Nach dem ersten Keplergesetz ist die Gleichung, welche die Bahn eines umkreisenden Körpers beschreibt:

$$\frac{l}{r} = 1 + e\cos\theta\,.$$

Für gebundene Umlaufbahnen ist die Exzentrizität:

$$\begin{aligned} e &= 0 \quad \text{für kreisförmige Bahnen} \\ \text{und} \quad 0 < e &< 1 \quad \text{für elliptische Bahnen.} \end{aligned}$$

für ungebundene Umlaufbahnen ist sie hingegen:

$$\begin{aligned} e &= 1 \quad \text{für parabolische Bahnen} \\ \text{und} \quad e &> 1 \quad \text{für hyperbolische Bahnen.} \end{aligned}$$

Kreisförmige Umlaufbahnen

Bei kreisförmigen Umlaufbahnen ist der Radius konstant, daher gilt $\dot{r} = 0$, was bedeutet, dass der Term der linearen kinetischen Energie in Gl. 4.13 (der erste Term) null ist. Die Gesamtenergie ist also gleich dem effektiven Potential, der Summe der winkelförmigen kinetischen Energie und der gravitativen potentiellen Energie:

$$E_0 = \frac{L_0^2}{2mr_0^2} - \frac{GMm}{r_0}\,.$$

Wir können einen Ausdruck für den Radius des Orbits, r_0, oder die orbitale Geschwindigkeit, v_θ, bestimmen, indem wir den Betrag der nach innen gerichteten Gravitationskraft mit der nach außen gerichteten Zentrifugalkraft gleichsetzen:

$$\frac{GMm}{r_0^2} = \frac{mv_\theta^2}{r_0}$$

(Gln. 4.15 und 4.16). Wenn wir den Ausdruck für r_0 aus Gl. 4.15 verwenden, können wir Ausdrücke für den Betrag des Gesamtdrehimpulses, L_0, und die Gesamtenergie, E_0, in Abhängigkeit der orbitalen Geschwindigkeit, v_θ, finden (Gln. 4.17 bzw. 4.18).

Kreisförmige Umlaufbahnen:

Radius und Geschwindigkeit des Orbits:

$$\frac{GMm}{r_0^2} = \frac{mv_\theta^2}{r_0} \rightarrow r_0 = \frac{GM}{v_\theta^2} \tag{4.15}$$

$$\text{und} \quad v_\theta = \sqrt{\frac{GM}{r_0}} \tag{4.16}$$

Drehimpuls:

$$L_0 = mr_0 v_\theta \rightarrow L_0 = \frac{GMm}{v_\theta} \tag{4.17}$$

Gesamtenergie:

$$\begin{aligned} E_0 &= \frac{L_0^2}{2mr_0^2} - \frac{GMm}{r_0} \\ &= \frac{1}{2}mv_\theta^2 - \frac{GMm}{r_0} \\ &= -\frac{1}{2}mv_\theta^2 \end{aligned} \tag{4.18}$$

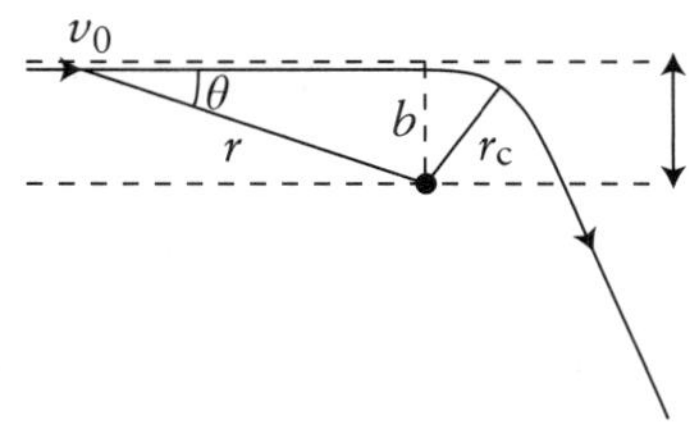

Abbildung 4.5 Ungebundene hyperbolische Umlaufbahn. Der Stoßparameter, b, ist der Abstand zwischen dem Mittelpunkt des ablenkenden Objektes und dem einfallenden Geschwindigkeitsvektor, $\vec{v}_0$, und r_c ist der Abstand der größten Annäherung

Elliptische Umlaufbahnen

Der Abstand der größten Annäherung in einem elliptischen Orbit wird *Perigäum*, r_p, genannt, der Abstand der weitesten Entfernung *Apogäum*[3], r_a. Bei r_p und r_a ist die radiale Komponente der Geschwindigkeit null, $\dot{r} = 0$, daher (mit Gl. 4.13) ist die Gesamtenergie an diesen Punkten:

$$E_e = \frac{L_e^2}{2mr_{p,a}^2} - \frac{GMm}{r_{p,a}}\,.$$

E_e ist die Gesamtenergie eines Körpers in einer elliptischen Umlaufbahn und L_e ist sein Gesamtdrehimpuls. Wir erhalten eine in r quadratische Gleichung, wenn wir die obige umformen:

$$r_{p,a}^2 + \frac{GMm}{E_e} r_{p,a} - \frac{L_e^2}{2mE_e} = 0\,.$$

Die beiden Lösungen für $r_{p,a}$ geben uns den Radius von Perigäum und Apogäum.

Ungebundene Umlaufbahnen

Um den Abstand der größten Annäherung für ungebunde Umlaufbahnen zu bestimmen, definieren wir den *Stoßparameter*, b, welcher ein senkrechter Abstand zwischen dem einfallenden Geschwindigkeitsvektor, $\vec{v}_0$, umd der ablenkenden Masse, M, ist (Abb. 4.5). Der Radius der größten Annäherung ist der Punkt, an dem die radiale Geschwindigkeitskomponente null ist, $\dot{r} = 0$. Daher (mit Gl. 4.13) ist die Gesamtenergie beim Abstand der größten Annäherung:

$$E_0 = \frac{L^2}{2mr_c^2} - \frac{GMm}{r_c}\,. \tag{4.19}$$

Unter der Annahme, dass der anfängliche Abstand des umkreisenden Körpers von der Masse M sehr groß ist, ist

[3] Geht es um die Position eines Himmelskörpers bezüglich der Erde, so werden die Begriffe *Ernähe* bzw. *Erdferne* verwandt.

die anfängliche potentielle Energie vernachlässigbar und seine Gesamtenergie ist gleich seiner kinetischen Energie:

$$E_0 = \frac{1}{2}mv_0^2$$

Nach Abb. 4.5 ist der Betrag des Drehimpulses des Körpers:

$$\begin{aligned} L &= mv_0 r \sin\theta \\ &= mv_0 b\,. \end{aligned}$$

Verwenden wir die obigen Ausdrücke, um E_0 und L aus Gl. 4.19 zu eliminieren, dann können wir die quadratische Gleichung lösen, um den Radius der größten Annäherung, r_c, zu finden:

$$\frac{1}{2}mv_0^2 = \frac{(mv_0 b)^2}{2mr_c^2} - \frac{GMm}{r_c}$$

$$r_c^2 = b^2 - \frac{2GM}{v_0^2}r_c$$

$$\rightarrow r_c = -\frac{GM}{v_0^2} + \sqrt{\left(\frac{GM}{v_0^2}\right)^2 + b^2}$$

(die positive Wurzel ist gewünschte Lösung).

Zweikörperdynamiken

5

In diesem Kapitel werden wir die Konzepte der linearen sowie der Winkelbewegung kombinieren, um uns die Mechanik von Zweikörpersystemen anzuschauen, die sowohl gegenseitigen Wechselwirkungen als auch einer externen resultierenden Kraft unterworfen sind. In allen Fällen werden wir feststellen, dass wir das System in die lineare Bewegung *von* seinem Massenschwerpunkt sowie die Drehbewegung *um* seinen Massenschwerpunkt aufteilen können.

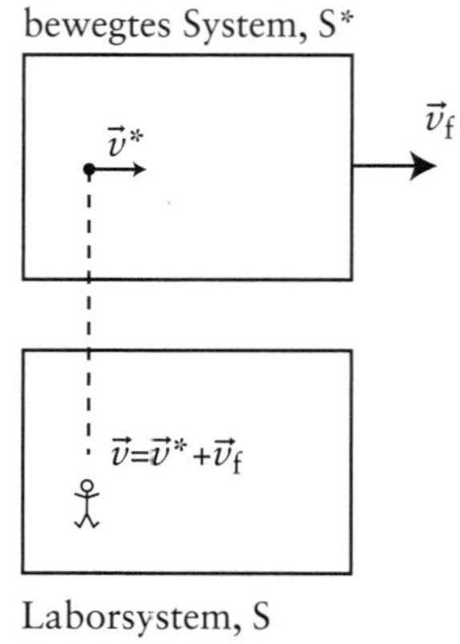

Abbildung 5.1 Scheinbare Geschwindigkeit eines Körpers in einem bewegten Bezugssystem S* für einen Beobachter im Laborsystem, S, wobei $\vec{v}_\mathrm{B}$ die Geschwindigkeit des Systems ist

5.1 Bezugssysteme

Wie wir (der „Beobachter") die Bewegung eines Körpers wahrnehmen, hängt von unserem Bezugspunkt ab. Eine Person, die in einem Zug sitzt, wird beispielsweise von einem Beobachter, der im selben Zug sitzt, als ruhend wahrgenommen, während ein am Bahnhof sitzender Beobachter sieht, dass sie mit der Geschwindigkeit des Zuges bewegt ist. Wir müssen die Bewegung anderer Körper also in Bezug auf ein von uns zu definierendes Koordinatensystem messen. Dieses Koordinatensystem wird *Bezugssystem* genannt.

Inertialsysteme

Manche Bezugssysteme können als *Inertialsysteme* klassifiziert werden, andere hingegen *nicht*. Um den Unterschied zwischen den beiden Kategorien zu verstehen, definieren wir zunächst zwei Systeme: Das mit S gekennzeichnete *Labor*system, „in" welchem der Beobachter sich befindet, und das mit S* gekennzeichnete *bewegte* System,[1] welches der Beobachter „beobachtet". Wir nehmen an, dass sich das bewegte Bezugssystem mit einer Geschwindigkeit $\vec{v}_\mathrm{B}$ relativ zum Laborsystem bewegt. In einem *Inertial*system ist $\vec{v}_\mathrm{B}$ konstant, in einem *Nichtinertial*system jedoch nicht (d. h., Letzteres ist ein beschleunigtes Bezugssystem).

Wir betrachten nun ein Objekt der Masse m, welches sich mit der Geschwindigkeit $\vec{v}^*$ im System S* bewegt. Welche Geschwindigkeit scheint diese Masse für einen Beobachter in S zu haben? Nun, die Antwort ist einfach: Die Summe seiner Geschwindigkeit im bewegten System, $\vec{v}^*$, plus der Geschwindigkeit des bewegten Systems, $\vec{v}_\mathrm{B}$:

$$\vec{v} = \vec{v}^* + \vec{v}_\mathrm{B}$$

(siehe Abb. 5.1). Wenn wir das zweite Newton'sche Gesetz anwenden, sehen wir:

$$m\frac{\mathrm{d}\vec{v}}{\mathrm{d}t} = m\frac{\mathrm{d}\vec{v}^*}{\mathrm{d}t} + m\frac{\mathrm{d}\vec{v}_\mathrm{B}}{\mathrm{d}t}\,.$$

[1] Im obigen Zug-Beispiel stimmt das Bezugssystem des Beobachters am Bahnhof mit dem Laborsystem, S, überein, während das Bezugssystem der Person im Zug mit dem bewegten System, S*, übereinstimmt.

In einem Inertialsystem ist $\vec{v}_\mathrm{B}$ nach Definition konstant:

$$\begin{aligned} \rightarrow m\frac{\mathrm{d}\vec{v}}{\mathrm{d}t} &= m\frac{\mathrm{d}\vec{v}^*}{\mathrm{d}t} \\ \Rightarrow \vec{F} &= \vec{F}^*\,. \end{aligned}$$

Die im Laborsystem gemessene Kraft auf eine Masse m ist also gleich der scheinbaren Kraft auf sie, die in einem anderen Inertialsystem gemessen wird – die Kraft „sieht" in allen Inertialsystemen gleich aus.

Invariante Größen

Die Aussage, dass die Kraft in allen Inertialsystemen gleich „aussieht", bedeutet, dass die Kraft eine *invariante* Größe ist – sie ist eine Größe, die unverändert bleibt, wenn eine bestimmte Transformation angewendet wird (in diesem Fall eine Transformation des Bezugssystems). Die Masse ist ebenso eine invariante Größe.

Da scheinbare Geschwindigkeit eines Körpers jedoch vom Bezugssystem abhängt, ist die Geschwindigkeit keine invariante Größe. Der Impuls ebensowenig – sein Betrag hängt vom Bezugssystem ab:

$$\begin{aligned} \vec{v} &= \vec{v}^* + \vec{v}_\mathrm{B} \\ \rightarrow m\vec{v} &= m\vec{v}^* + m\vec{v}_\mathrm{B} \\ \text{bzw.}\quad \vec{p} &= \vec{p}^* + \vec{p}_\mathrm{B}\,. \end{aligned}$$

Generell ist jede im Laborsystem gemessene Größe, q, folgendermaßen mit der im bewegten System S* verbunden:

$$q_\mathrm{S} = q_{\mathrm{S}^*} + q_\mathrm{B}\,.$$

wobei q_B eine Eigenschaft des Systems selbst ist. q ist invariant für $q_\mathrm{B} = 0$ und nichtinvariant für $q_\mathrm{B} \neq 0$ (Gln. 5.1–5.3).

Nichtinertialsysteme

In *Nichtinertial*systemen ist $\vec{v}_\mathrm{B}$ *nicht* konstant, was bedeutet, dass die Kraft auf eine Masse m in den beiden

Systemen nicht gleich ist:

$$\rightarrow \vec{F} = \vec{F}^* + \vec{F}_B$$
$$\text{mit} \quad \vec{F}_B = m\frac{d\vec{v}_B}{dt}$$

In Nicht-Inertialsystemen ist die Kraft also keine invariante Größe (Gln. 5.4 und 5.5). In einem Nicht-Inertialsystem wird eine zusätzliche Kraft auf einen Körper eingeführt, welche daraus resultiert, dass das System selbst beschleunigt wird. Diese wird manchmal als *Schein*kraft bezeichnet, da sie keine auf den Körper wirkende externe Kraft ist, aber dennoch einen Einfluss auf seine scheinbare Bewegung hat.

Stellt euch als Beispiel eine Person A vor, die auf einem bewegten Karussell sitzt (ein Nichtinertialsystem bezüglich des Bodens). Person B wirft vom Boden (dem „Laborsystem") aus einen Ball entlang einer geraden Linie. Für die Person A scheint der Ball einer gekrümmten Bahnkurve zu folgen, was darauf hindeutet, dass eine von der Seite kommende Kraft auf ihn wirkt. Diese scheinbare seitliche Kraft ist die sogenannte Scheinkraft, welche sich daraus ergibt, dass das Karrusellsystem relativ zum Laborsystem kein Intertialsystem ist.

Bezugssysteme:

Für eine Größe q gilt:

$$q_S = q_{S^*} + q_B \tag{5.1}$$

Definition einer invarianten Größe:

$$q \text{ invariant:} \quad q_S = q_{S^*} \tag{5.2}$$
$$q \text{ nichtinvariant:} \quad q_S \neq q_{S^*} \tag{5.3}$$

Definition eines Intertialsystems:

$$\text{Inertialsystem:} \quad \vec{F} = \vec{F}^* \tag{5.4}$$
$$\text{Nichtinertialsystem:} \quad \vec{F} \neq \vec{F}^* . \tag{5.5}$$

wobei S mit dem Laborsystem und S* mit dem bewegten System übereinstimmt.

5.1.1 Das Schwerpunktsystem

Für Vielkörpersysteme ist es nützlich, ein als *Schwerpunkt*system[2] bezeichnetes Bezugssystem zu definieren.

[2] Aufgrund der englischen Bezeichnung „center-of-mass system" oft CMS abgekürzt.

Der Massenschwerpunkt

Der *Massenschwerpunkt*[3] eines Systems punktförmiger Teilchen, $\vec{r}_{cm}$ [m], repräsentiert den Punkt, an dem die Masse des Systems vereinigt zu sein scheint. Seine Definition ist ähnlich zu der des Massenschwerpunktes eines Festkörpers, die wir in Abschn. 3.3.1 kennengelernt haben.

Wir betrachten ein System mit N Körpern. Der Impuls des i. Körpers ist $\vec{p}_i = m_i\dot{\vec{r}}_i$, wobei $\vec{r}_i$ sein Ortsvektor und m_i seine Masse ist. Der Gesamtimpuls aller Körper des Systems ergibt sich also zu:

$$\vec{p} = \sum_{i=1}^{N} m_i\dot{\vec{r}}_i .$$

Mit dem zweiten Newton'schen Gesetz erhalten wir (unter der Annahme, dass die Masse konstant ist):

$$\vec{F} = \dot{\vec{p}} = \sum_{i=1}^{N} m_i\ddot{\vec{r}}_i . \tag{5.6}$$

Wenn wir annehmen, dass wir das System als einen einzelnen Körper behandeln können, dessen Masse $M = \sum m_i$ sich im Schwerpunkt, $\vec{r}_{cm}$, befindet, dann kann das zweite Newton'sche Gesetz für diesen Körper wie folgt ausgedrückt werden:

$$\vec{F} = M\ddot{\vec{r}}_{cm} .$$

Eine Gleichsetzung mit Gl. 5.6 ergibt die folgende Definition des Massenschwerpunktes:

$$M\ddot{\vec{r}}_{cm} = \sum_i m_i\ddot{\vec{r}}_i$$
$$\rightarrow \ddot{\vec{r}}_{cm} = \frac{1}{M}\sum_i m_i\ddot{\vec{r}}_i$$
$$\rightarrow \vec{r}_{cm} = \frac{1}{M}\sum_i m_i\vec{r}_i .$$

Somit ist der Massenschwerpunkt der Ortsvektor, der den massengewichteten Durchschnitt der einzelnen Orstvektoren, $\vec{r}_i$, repräsentiert (Gl. 5.7 und Abb. 5.2).

Massenschwerpunkt eines Vielkörpersystems:

$$\vec{r}_{cm} = \frac{\sum m_i\vec{r}_i}{M} \tag{5.7}$$
$$\text{mit} \quad M = \sum m_i$$

[3] engl. center-of-mass, cm.

Abbildung 5.2 Der Massenschwerpunkt eines Vielkörpersystems stimmt mit der massengewichteten durchschnittlichen Position der einzelnen Körper überein

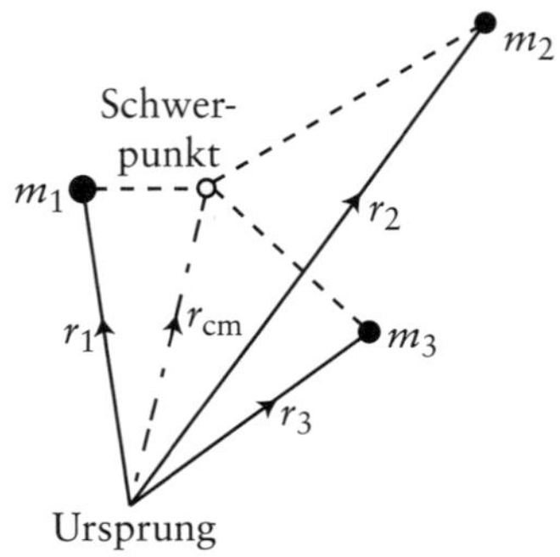

Das Schwerpunktsystem

Das Bezugssystem, in welchem der Massenschwerpunkt in Ruhe bleibt, ist als *Schwerpunktsystem*, S^*_{cm}, definiert. Im Schwerpunktsystem ist der Ortsvektor des Schwerpunktes also konstant[4]

$$\begin{aligned} \dot{\vec{r}}^*_{cm} &= 0 \\ \rightarrow \vec{r}^*_{cm} &= \text{konstant} \end{aligned}$$

Die Geschwindigkeit des Schwerpunktsystems relativ zum Laborsystem ist also:

$$\begin{aligned} \dot{\vec{r}}_B &= \dot{\vec{r}}_{cm} - \dot{\vec{r}}^*_{cm} \\ &= \dot{\vec{r}}_{cm}\,, \end{aligned}$$

d. h., das Schwerpunktsystem bewegt sich mit dem Schwerpunkt. Die Transformation der Geschwindigkeit sowie der Ortsvektoren zwischen dem Laborsystem und dem Schwerpunktsystem beinhaltet daher $\vec{r}_{cm}$ und dessen Ableitungen (Gln. 5.8 und 5.9).

Laborsystem $\leftrightarrow$ Schwerpunktsystem:

Geschwindigkeit der Masse m_i:

$$\dot{\vec{r}}_i = \dot{\vec{r}}^*_i + \dot{\vec{r}}_{cm} \qquad (5.8)$$

Ortsvektor der Masse m_i:

$$\vec{r}_i = \vec{r}^*_i + \vec{r}_{cm} \qquad (5.9)$$

Das Schwerpunktsystem wird manchmal auch als *Impulsschwerpunkt-System* bezeichnet, da es mit dem Bezugssystem übereinstimmt, in welchem die Summe aller Impulse gleich null ist:

$$\begin{aligned} \sum \vec{p}^*_i &= \sum m_i \dot{\vec{r}}^*_i \\ &= M\dot{\vec{r}}^*_{cm} \\ &= 0\,. \end{aligned}$$

5.1.2 Abstandsvektor

Betrachtet zwei Punktmassen m_1 und m_2 im Laborsystem, welche die Ortsvektoren $\vec{r}_1$ bzw. $\vec{r}_2$ haben. Der Massenschwerpunkt liegt auf der Strecke, welche die beiden Massen verbindet, und zwar bei $\vec{r}_{cm}$ (Abb. 5.3 a). Wir können einen Vektor definieren, welcher die beiden Massen voneinander trennt und welchen wir *Abstandsvektor*, $\vec{r}_s$, der einzelnen Ortsvektoren nennen werden:

$$\vec{r}_s = \vec{r}_2 - \vec{r}_1\,.$$

Bei zu lösenden Problemen hat die Verwendung von $\vec{r}_s$ den Vorteil, dass die Wahl des Ursprungs beliebig ist, da er sich aufhebt.

Wenn wir uns nun vorstellen, auf dem Massenschwerpunkt zu sitzen, dann beobachten wir vom Schwerpunktsystem ausgehend. In diesem Bezugssystem hat die Masse m_1 den Ortsvektor $\vec{r}^*_1$ und m_2 hat den Ortsvektor $\vec{r}^*_2$ (Abb. 5.3 b). Der Abstandsvektor im Schwerpunktsystem ist dann:

$$\vec{r}^*_s = \vec{r}^*_2 - \vec{r}^*_1\,.$$

Mithilfe von Gl. 5.9 sehen wir, dass $\vec{r}_s$ eine invariante Größe ist:

$$\begin{aligned} \vec{r}_s &= \vec{r}_2 - \vec{r}_1 \\ &= (\vec{r}^*_2 + \vec{r}_{cm}) - (\vec{r}^*_1 + \vec{r}_{cm}) \\ &= \vec{r}^*_s \end{aligned}$$

(Abb. 5.3 c).

Schwerpunkt und Abstandsvektor (Abb. 5.3):

Schwerpunkt (nichtinvariant):

$$\text{Laborsystem:} \quad \vec{r}_{cm} = \frac{m_1\vec{r}_1 + m_2\vec{r}_2}{M} \qquad (5.10)$$

$$\text{Schwerpunktsystem:} \quad \vec{r}^*_{cm} = 0 \quad \text{(oder konstant)} \qquad (5.11)$$

Abstandsvektor (invariant):

$$\text{Laborsystem:} \quad \vec{r}_s = \vec{r}_2 - \vec{r}_1 \qquad (5.12)$$

$$\text{Schwerpunktsystem:} \quad \vec{r}^*_s = \vec{r}^*_2 - \vec{r}^*_1 = \vec{r}_s \qquad (5.13)$$

[4] Genau genommen ist das Schwerpunktsystem unbewegt im *Ursprung*, d. h., $\vec{r}^*_{cm} = 0$. Der Ursprung kann jedoch normalerweise beliebig gewählt werden, weshalb wir ein Koordinatensystem definieren können, in dem $\vec{r}^*_{cm} = 0$ gilt.

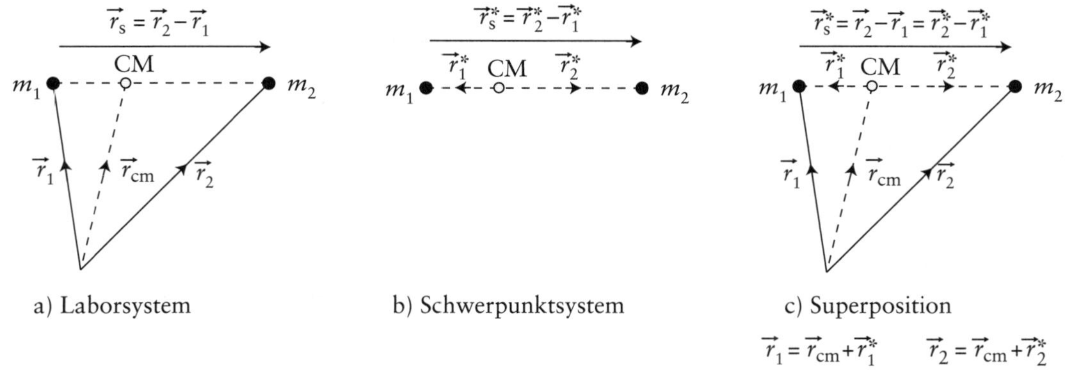

Abbildung 5.3 Definition der Ortsvektoren **a** im Laborsystem, **b** im Schwerpunktsystem (mit Massenschwerpunkt im Ursprung) und **c** bei einer Superposition des Labor- und Schwerpunktsystems

Bewegung des Schwerpunkts und um den Schwerpunkt

Wenn wir die Ausdrücke für den Massenschwerpunkt gemeinsam mit denen für den Abstandsvektor (Gln. 5.10–5.13) verwenden, so erhalten wir zwei Gleichungssysteme, durch die wir die Orstvektoren von m_1 und m_2 in Abhängigkeit von $\vec{r}_{cm}$ und $\vec{r}_s$ ausdrücken können (Gln. 5.14–5.17). Dadurch teilen wir die Bewegung eines Systems in die Bewegung *des* Schwerpunktes ($\vec{r}_{cm}$) und die Bewegung *um* den Schwerpunkt ($\vec{r}_s$) auf. Im nächsten Abschnitt werden wir sehen, dass es hilfreich ist, die Bewegung derart aufzuteilen, wenn wir Größen wie kinetische Energie oder Drehimpuls zwischen Bezugssystemen transformieren wollen.

Bewegung des Schwerpunkts und um den Schwerpunkt (aus dem System der Gln. 5.10–5.13, Abb. 5.3):

$$\text{Laborsystem:}\quad \vec{r}_1 = \vec{r}_{cm} - \frac{m_2}{M}\vec{r}_s \qquad (5.14)$$

$$\vec{r}_2 = \vec{r}_{cm} + \frac{m_1}{M}\vec{r}_s \qquad (5.15)$$

$$\text{Schwerpunktsystem:}\quad \vec{r}_1^* = -\frac{m_2}{M}\vec{r}_s \qquad (5.16)$$

$$\vec{r}_2^* = \frac{m_1}{M}\vec{r}_s \qquad (5.17)$$

5.2 Zweikörperdynamiken

Abgeschlossene Systeme

Ein System wird als *abgeschlossen* bezeichnet, wenn es nicht mit seiner Umgebung wechselwirkt. Auf isolierte Systeme wirken keine externen Kräfte und weder Energie noch Materie werden zwischen dem System und seiner Umgebung ausgetauscht. Beispielsweise stellt das Universum ein isoliertes System dar. Somit sind Körper in einem abgeschlossenen System nur internen Kräften unterworfen – d. h. denen, die aus dem System selbst stammen, wie gegenseitige Wechselwirkungen zwischen Körpern. Das dritte Newton'sche Gesetz besagt, dass die Kraft, die Körper 2 auf Körper 1 ausübt, gleich im Betrag und entgegengesetzt in der Richtung zu der von Körper 1 auf Körper 2 ausgeübten Kraft ist:

$$\vec{F}_{12} = -\vec{F}_{21}\,.$$

In isolierten Systemen können Körper miteinander zusammenstoßen, während des Vorgangs werden Energie und Impuls von einem Körper auf einen anderen übertragen. Die gesamte Energie und der Impuls eines abgeschlossenen Systems bleiben immer erhalten.

Reduzierte Masse

Betrachtet ein isoliertes System zweier Körper der Massen m_1 und m_2. Im Laborsystem sind die Bewegungsgleichungen der beiden Körper:

$$m_1\ddot{\vec{r}}_1 = \vec{F}_{12}$$
$$m_2\ddot{\vec{r}}_2 = \vec{F}_{21} = -\vec{F}_{12}\,.$$

Daraus folgend ist die Beschleunigung des Abstandsvektors, $\ddot{\vec{r}}_s$:

$$\begin{aligned}\ddot{\vec{r}}_s &= \ddot{\vec{r}}_2 - \ddot{\vec{r}}_1\\ &= -\left(\frac{1}{m_2} + \frac{1}{m_1}\right)\vec{F}_{12}\\ &\equiv -\frac{1}{\mu}\vec{F}_{12}\,.\end{aligned}$$

μ [kg] ist die *reduzierte Masse* des Systems (Gl. 5.18). Wie die Gesamtmasse, M (Gl. 5.19), ist die reduzierte Masse eine invariante Größe.

Gesamtmasse und reduzierte Masse:

Reduzierte Masse (invariant):

$$\frac{1}{\mu} = \frac{1}{m_2} + \frac{1}{m_1} \rightarrow \mu = \frac{m_1 m_2}{M} \quad (5.18)$$

Gesamtmasse (invariant):

$$M = m_1 + m_2 \quad (5.19)$$

Ein abgeschlossenes System ohne äußere Kräfte verhält sich also wie ein einziges Teilchen der Masse μ, das mit $\ddot{\vec{r}}_s$ beschleunigt wird:

$$\vec{F}_{12} = -\mu\ddot{\vec{r}}_s .$$

Da die Kraft eine invariante Größe ist, gilt sowohl im Labor- als auch im Schwerpunktsystem $\vec{F} = \mu\ddot{\vec{r}}_s$ (Gln. 5.20 und 5.21).

Kraft auf einen Körper (invariante Größe):

$$\text{Laborsystem:} \quad \vec{F}_{12} = -\mu\ddot{\vec{r}}_s$$

$$\vec{F}_{21} = \mu\ddot{\vec{r}}_s \quad (5.20)$$

$$\text{Schwerpunktsystem:} \quad \vec{F}^*_{12} = \vec{F}_{12} = -\mu\ddot{\vec{r}}_s$$

$$\vec{F}^*_{21} = \vec{F}_{21} = \mu\ddot{\vec{r}}_s \quad (5.21)$$

5.2.1 Transformation zwischen Bezugssystemen

Da die Geschwindigkeit nicht invariant ist, sind es der Impuls und die kinetische Energie auch nicht. Weiter unten werden wir uns ansehen, wie Impuls und kinetische Energie zwischen dem Labor- und Schwerpunktsystem transformiert werden.

Transformationen des Impulses

Im Laborsystem können wir den Gesamtimpuls berechnen, indem wir über die einzelnen Impulse jedes Körpers summieren. Auf diese Weise sehen wir, dass der Gesamtimpuls

$$\vec{P} = M\dot{\vec{r}}_{cm}$$

ist (Gl. 5.22 und Herleitung 5.1). Der Gesamtimpuls des Systems ist also gleich dem Impuls eines einzelnen Teilchens der Masse $M = m_1 + m_2$, das sich mit der Geschwindigkeit des Massenschwerpunktes, $\dot{\vec{r}}_{cm}$, bewegt. Im Schwerpunktsystem, $\dot{\vec{r}}^*_{cm} = 0$, gilt somit $\vec{P}^* = 0$ (Gl. 5.23 und Herleitung 5.1), was bedeutet, dass die Impulse der beiden Körper im Schwerpunktsystem immer entgegengesetzt gleich sind.

Gesamtimpuls (nichtinvariant) (Herleitung 5.1):

$$\text{Laborsystem:} \quad \vec{P} = M\dot{\vec{r}}_{cm} \quad (5.22)$$

$$\text{Schwerpunktsystem:} \quad \vec{P}^* = 0 \quad (5.23)$$

Transformation des Impulses:

$$\vec{P} = \vec{P}^* + \vec{P}_{cm}$$

$$\text{mit} \quad \vec{P}_{cm} = M\dot{\vec{r}}_{cm}$$

Transformationen der kinetischen Energie

Auch die gesamte kinetische Energie können wir im Laborsystem berechnen, indem wir die einzelnen kinetischen Energien jedes Körpers addieren (Gl. 5.24 und Herleitung 5.2). Wenn wir dies tun, sehen wir, dass die gesamte kinetische Energie im Laborsystem als Summe von zwei Komponenten ausgedrückt werden kann: der kinetischen Energie *des* Massenschwerpunktes, $M\dot{r}^2_{cm}/2$, und der kinetischen Energie *um* den Massenschwerpunkt, $\mu\dot{r}^2_s/2$. Der zweite Term in Gl. 5.24 repräsentiert die gesamte kinetische Energie im Schwerpunktsystem (Gl. 5.25 und Herleitung 5.2).

Gesamte kinetische Energie (nichtinvariant) (Herleitung 5.2):

$$\text{Laborsystem:} \quad T = \frac{1}{2}M\dot{r}^2_{cm} + \frac{1}{2}\mu\dot{r}^2_s \quad (5.24)$$

$$\text{Schwerpunktsystem:} \quad T^* = \frac{1}{2}\mu\dot{r}^2_s \quad (5.25)$$

Transformation der kinetischen Energie:

$$T = T^* + T_{cm}$$

$$\text{mit} \quad T_{cm} = \frac{1}{2}M\dot{r}^2_{cm}$$

Die kinetische Energie des Schwerpunktsystems ($\mu\dot{r}^2_s/2$) stimmt mit der kinetischen Energie überein, die bei einem inelastischen Stoß (d. h. einer, bei dem die Körper

Herleitung 5.1: Herleitung des Gesamtimpulses eines Zweikörpersystems (Gln. 5.22 und 5.23)

Laborsystem:

$$\begin{aligned}\vec{P} &= \vec{p}_1 + \vec{p}_2 \\ &= m_1\dot{\vec{r}}_1 + m_2\dot{\vec{r}}_2 \\ &= (m_1 + m_2)\,\dot{\vec{r}}_{cm} \\ &= M\dot{\vec{r}}_{cm}\end{aligned}$$

Schwerpunktsystem:

$$\begin{aligned}\vec{P}^* &= \vec{p}_1^* + \vec{p}_2^* \\ &= m_1\dot{\vec{r}}_1^* + m_2\dot{\vec{r}}_2^* \\ &= -\frac{m_1 m_2}{M}\dot{\vec{r}}_s + \frac{m_1 m_2}{M}\dot{\vec{r}}_s \\ &= 0\end{aligned}$$

- Ansatz: Der Gesamtdrehimpuls ist die Summe der einzelnen Impulse von m_1 und m_2.
- Übertragt die Koordinaten von $\vec{r}_{cm}$ nach $\vec{r}_s$ mithilfe der Transformationen:

$$\vec{r}_1 = \vec{r}_{cm} - \frac{m_2}{M}\vec{r}_s \quad \text{und} \quad \vec{r}_2 = \vec{r}_{cm} + \frac{m_1}{M}\vec{r}_s$$

$$\text{bzw.} \quad \vec{r}_1^* = -\frac{m_2}{M}\vec{r}_s \quad \text{und} \quad \vec{r}_2^* = \frac{m_1}{M}\vec{r}_s$$

(siehe Abschnitt 5.1.2).
- Der Impuls im Labor- und im Schwerpunktsystem sind wie folgt miteinander verbunden:

$$\vec{P} = \vec{P}^* + \vec{P}_{cm}$$

$$\text{mit} \quad \vec{P}_{cm} = M\dot{\vec{r}}_{cm}\,.$$

Herleitung 5.2: Herleitung der gesamten kinetischen Energie eines Zweikörpersystems (Gln. 5.24 und 5.25)

Laborsystem:

$$\begin{aligned}T &= T_1 + T_2 \\ &= \frac{1}{2}m_1\dot{r}_1^2 + \frac{1}{2}m_2\dot{r}_2^2 \\ &= \frac{1}{2}(m_1 + m_2)\,\dot{r}_{cm}^2 + \frac{1}{2}\frac{m_1 m_2}{M}\dot{r}_s^2 \\ &= \frac{1}{2}M\dot{r}_{cm}^2 + \frac{1}{2}\mu\dot{r}_s^2\end{aligned}$$

Schwerpunktsystem:

$$\begin{aligned}T^* &= T_1^* + T_2^* \\ &= \frac{1}{2}m_1\left(\dot{r}_1^*\right)^2 + \frac{1}{2}m_2\left(\dot{r}_2^*\right)^2 \\ &= \frac{1}{2}\frac{m_1 m_2}{M}\dot{r}_s^2 \\ &= \frac{1}{2}\mu\dot{r}_s^2\end{aligned}$$

- Ansatz: Die kinetische Gesamtenergie ist die Summe der einzelnen kinetischen Energien von m_1 und m_2.
- Übertragt die Koordinaten von $\vec{r}_{cm}$ nach $\vec{r}_s$ mithilfe der Transformationen:

$$\vec{r}_1 = \vec{r}_{cm} - \frac{m_2}{M}\vec{r}_s \quad \text{und} \quad \vec{r}_2 = \vec{r}_{cm} + \frac{m_1}{M}\vec{r}_s$$

$$\text{bzw.} \quad \vec{r}_1^* = -\frac{m_2}{M}\vec{r}_s \quad \text{und} \quad \vec{r}_2^* = \frac{m_1}{M}\vec{r}_s$$

(siehe Abschn. 5.1.2).
- Die kinetischen Energien im Labor- und Schwerpunktsystem sind wie folgt miteinander verbunden:

$$T = T^* + T_{cm}$$

$$\text{mit} \quad T_{cm} = \frac{1}{2}M\dot{r}_{cm}^2\,.$$

nach dem Aufprall aneinander hängen bleiben und sich mit der selben Geschwindigkeit weiterbewegen) maximal verloren gehen kann. Die Endgeschwindigkeit der verbundenen Körper wäre im Schwerpunktsystem gleich null (dies folgt aus der Impulserhaltung), daher gilt nach einem vollkommen inelastischen Stoß $T^* = 0$, und der maximale Verlust an kinetischer Energie ist tatsächlich $\mu\dot{r}_s^2/2$. Im Laborsystem ist der „Restbetrag" der Energie, $M\dot{r}_{cm}^2/2$, im System „eingesperrt" und kann bei einer inelastischen Kollision nicht verschwinden.

Transformationen des Drehimpulses

Ebenso können wir den gesamten Drehimpuls eines Zweikörpersystems berechnen, indem wir die einzelnen Drehimpulse jedes Körpers addieren (Gl. 5.26 und Her-

Herleitung 5.3: Herleitung des gesamten Drehimpulses eines Zweikörpersystems (Gln. 5.26–5.27)

Laborsystem:

$$\begin{aligned}\vec{L} &= \vec{L}_1 + \vec{L}_2 \\ &= m_1\left(\vec{r}_1 \times \dot{\vec{r}}_1\right) + m_2\left(\vec{r}_2 \times \dot{\vec{r}}_2\right) \\ &= (m_1+m_2)\left(\vec{r}_{cm} \times \dot{\vec{r}}_{cm}\right) + \frac{m_1 m_2}{M}\left(\vec{r}_s \times \dot{\vec{r}}_s\right) \\ &= M\left(\vec{r}_{cm} \times \dot{\vec{r}}_{cm}\right) + \mu\left(\vec{r}_s \times \dot{\vec{r}}_s\right)\end{aligned}$$

Schwerpunktsystem:

$$\begin{aligned}\vec{L}^* &= \vec{L}_1^* + \vec{L}_2^* \\ &= m_1\left(\vec{r}_1^* \times \dot{\vec{r}}_1^*\right) + m_2\left(\vec{r}_2^* \times \dot{\vec{r}}_2^*\right) \\ &= \frac{m_1 m_2}{M}\left(\vec{r}_s \times \dot{\vec{r}}_s\right) \\ &= \mu\left(\vec{r}_s \times \dot{\vec{r}}_s\right)\end{aligned}$$

- Ansatz: Der gesamte Drehimpuls ist die Summe der einzelnen Drehimpulse von m_1 und m_2.
- Übertragt die Koordinaten von $\vec{r}_{cm}$ nach $\vec{r}_s$ mithilfe der Transformationen:

$$\vec{r}_1 = \vec{r}_{cm} - \frac{m_2}{M}\vec{r}_s \quad \text{und} \quad \vec{r}_2 = \vec{r}_{cm} + \frac{m_1}{M}\vec{r}_s$$
$$\text{bzw.} \quad \vec{r}_1^* = -\frac{m_2}{M}\vec{r}_s \quad \text{und} \quad \vec{r}_2^* = \frac{m_1}{M}\vec{r}_s$$

(siehe Abschnitt 5.1.2).

- Die Drehimpulse im Labor- und Schwerpunktsystem sind wie folgt miteinander verbunden:

$$\vec{L} = \vec{L}^* + \vec{L}_{cm}$$
$$\text{mit} \quad \vec{L}_{cm} = M\left(\vec{r}_{cm} \times \dot{\vec{r}}_{cm}\right).$$

leitung 5.3). Genau wie die kinetische Energie kann der gesamte Drehimpuls in den Drehimpuls *des* Schwerpunktes ($M\left(\vec{r}_{cm} \times \dot{\vec{r}}_{cm}\right)$) sowie den Drehimpuls *um* den Schwerpunkt ($\mu\left(\vec{r}_s \times \dot{\vec{r}}_s\right)$) aufgeteilt werden. Im Schwerpunktsystem ist der gesamte Drehimpuls gleich dem Drehimpuls um den Schwerpunkt (Gl. 5.27 und Herleitung 5.3).

Gesamter Drehimpuls (nichtinvariant) (Herleitung 5.3):

Laborsystem:

$$\vec{L} = M\left(\vec{r}_{cm} \times \dot{\vec{r}}_{cm}\right) + \mu\left(\vec{r}_s \times \dot{\vec{r}}_s\right) \tag{5.26}$$

Schwerpunktsystem:

$$\vec{L}^* = \mu\left(\vec{r}_s \times \dot{\vec{r}}_s\right) \tag{5.27}$$

Transformation des Drehimpulses:

$$\vec{L} = \vec{L}^* + \vec{L}_{cm}$$
$$\text{mit} \quad \vec{L}_{cm} = M\left(\vec{r}_{cm} \times \dot{\vec{r}}_{cm}\right)$$

5.2.2 Wirkung einer externen Kraft

Eine externe Kraft, $\vec{F}^{ext}$, bewirkt eine Änderung des Gesamtimpulses des Systems (und des Drehimpulses, falls $\vec{F}^{ext}$ ein Drehmoment ausübt).

Geradlinige Bewegung

Falls eine externe Kraft wirkt, sind die Bewegungsgleichungen für die jeweiligen Körper:

$$\dot{\vec{p}}_1 = m_1\ddot{\vec{r}}_1 = \vec{F}_{12} + \vec{F}_1^{ext}$$
$$\text{und} \quad \dot{\vec{p}}_2 = m_2\ddot{\vec{r}}_2 = \vec{F}_{21} + \vec{F}_2^{ext}.$$

wobei $\vec{F}_{ij}$ die innere Kraft (Wechselwirkung zwischen den Körpern i und j) und $\vec{F}_i^{ext}$ die äußere Kraft auf den Körper i repräsentiert. Wenn wir diese Gleichungen addieren und das dritte Newton'sche Gesetz verwenden, sehen wir, dass die Änderungsrate des Gesamtimpulses des Systems, $\vec{P}$, gleich der externen Kraft ist:

$$\dot{\vec{p}}_1 + \dot{\vec{p}}_2 = \vec{F}_1^{ext} + \vec{F}_2^{ext}$$
$$\rightarrow \dot{\vec{P}} = \vec{F}^{ext}.$$

Vorher haben wir festgestellt, dass der Gesamtimpuls im Laborsystem $\vec{P} = M\dot{\vec{r}}_{\text{cm}}$ ist (Gl. 5.22). Bei konstanter Masse wirkt die äußere Kraft also auf das System, als ob es ein einzelner Körper wäre, dessen Masse M sich im Schwerpunkt befindet:

$$\vec{F}^{\text{ext}} = M\ddot{\vec{r}}_{\text{cm}} .$$

Anders ausgedrückt reagiert die Bewegung des Schwerpunktes auf externe Kräfte (Gl. 5.28).

Impuls und externe Kraft:

$$\begin{aligned}\dot{\vec{P}} &= \vec{F}^{\text{ext}} \\ &= M\ddot{\vec{r}}_{\text{cm}}\end{aligned} \tag{5.28}$$

Drehbewegung

Der gesamte Drehimpuls ist im Laborsystem:

$$\vec{L} = M\left(\vec{r}_{\text{cm}} \times \dot{\vec{r}}_{\text{cm}}\right) + \mu\left(\vec{r}_{\text{s}} \times \dot{\vec{r}}_{\text{s}}\right)$$

(Gl. 5.26). Leiten wir dies ab und verwenden $\vec{F}^{\text{ext}} = M\ddot{\vec{r}}_{\text{cm}}$ und $\vec{F}_{21} = \mu\ddot{\vec{r}}_{\text{s}}$, so erhalten wir die Änderungsrate des Drehimpulses als:

$$\begin{aligned}\dot{\vec{L}} &= M\left(\vec{r}_{\text{cm}} \times \ddot{\vec{r}}_{\text{cm}}\right) + \mu\left(\vec{r}_{\text{s}} \times \ddot{\vec{r}}_{\text{s}}\right) \\ &= \underbrace{\vec{r}_{\text{cm}} \times \vec{F}^{\text{ext}}}_{=\vec{\tau}^{\text{ext}}} + \underbrace{\vec{r}_{\text{s}} \times \vec{F}_{21}}_{=0} \\ &= \vec{\tau}^{\text{ext}}\end{aligned}$$

(Der zweite Term ist gleich null, da $\vec{r}_{\text{s}}$ und $\vec{F}_{21}$ parallel sind.) Dementsprechend verändert sich der gesamte Drehimpuls des Systems, wenn $\vec{F}^{\text{ext}}$ ein Drehmoment um den Massenschwerpunkt bewirkt, wobei die Änderungsrate des Drehimpulses gleich dem äußeren Drehmoment ist (Gl. 5.29).

Drehimpuls und externes Drehmoment:

$$\begin{aligned}\dot{\vec{L}} &= \vec{r}_{\text{cm}} \times \vec{F}^{\text{ext}} \\ &\equiv \vec{\tau}^{\text{ext}}\end{aligned} \tag{5.29}$$

Einführung in die spezielle Relativitätstheorie

6

Die Newton'schen Gesetze beschreiben die Bewegung von Körpern bei niedrigen Geschwindigkeiten erfolgreich, es wurde jedoch festgestellt, dass sie bei solchen in der Nähe der Lichtgeschwindigkeit versagen. 1905 stellte Einstein die spezielle Relativitätstheorie auf, welche die Eigenschaften und das Verhalten von Körpern beschreibt, die sich mit Geschwindigkeiten bewegen, die sich der des Lichtes annähern. Im Grenzbereich niedriger Geschwindigkeiten wird diese Theorie durch die Newton'schen Gesetze dargestellt. Die praktischen Anwendungen der speziellen Relativistik beinhalten die experimentelle Teilchenphysik, bei der hochenergetische Teilchen sich nahezu mit Lichtgeschwindigkeit bewegen.

6.1 Axiome der speziellen Relativitätstheorie

Die spezielle Relativitätstheorie gilt für Inertialsysteme – d. h. Bezugssysteme, bei denen die Geschwindigkeit des einen relativ zum anderen System konstant ist (siehe Abschn. 5.1). Sie basiert auf den beiden fundamentalen Axiomen Einsteins:

1. Die Gesetze der Physik sind in allen Bezugssystemen gleich.
2. Die Lichtgeschwindigkeit ist im Vakuum dieselbe wie in allen Inertialsystemen.

Das zweite Axiom ist mit sämtlichen klassischen Geschwindigkeitstransformationen aus der Newton'schen Mechanik inkompatibel. In Abschn. 5.1 haben wir gesehen, dass wir die Geschwindigkeit des Bezugssystems, v_B, zu der Geschwindikgeit v eines Objektes im Laborsystem S addieren oder von ihr subtrahieren müssen, um sie von dieser in die scheinbare Geschwindigkeit v' im bewegten Inertialsystem S′ umzuwandeln bzw. umgekehrt (siehe Abb. 5.1):

$$\begin{aligned} &\text{Laborsystem:} && v = v' + v_B \\ &\text{Bewegtes System:} && v' = v - v_B\,. \end{aligned}$$

Diese klassischen Geschwindigkeitstransformationen werden *Galileitransformationen* genannt. Wir betrachten nun ein Photon, das sich mit $v' = c$ in einem bewegten System bewegt. Unter Verwendung der Galileitransformationen wäre seine Geschwindigkeit im Laborsystem $v = c + v_B > c$, was das zweite Axiom der speziellen Relativitätstheorie verletzt. Daher gelten die Galileitransformationen nur im Grenzbereich niedriger Geschwindigkeiten, $v << c$. (Für Objekte, welche sich nahezu mit Lichtgeschwindigkeit bewegen, müssen wir zur Umwandlung zwischen Bezugssystemen stattdessen die *Lorentztransformationen* verwenden, welche in Abschn. 6.2 hergeleitet werden.)

Das Michelson-Morley-Experiment

Bevor Einstein die Konstanz der Lichtgeschwindigkeit, c, postulierte, wurde die *Ätherhypothese* aufgestellt. Diese Hypothese postulierte, dass sich die Erde durch ein *Äther* genanntes Medium bewegt und dass ein bevorzugtes Bezugssystem existiert, in welchem c durch dieses Medium hindurch konstant ist. Diese Hypothese wiederum deutet auf ein absolutes Bezugssystem hin. Das *Michelson-Morley*-Experiment wurde entwickelt, um die Lichtgeschwindigkeit im Äther zu messen. Dieses Experiment bestand aus der Verwendung eines Interferometers, mit dem das Interferenzmuster kohärenten Lichtes gemessen wurde (Abb. 6.1). Man dachte, dass sich die Positionen der Gebiete der konstruktiven und destruktiven Interferenz bei Drehung der Apparatur verlagern würden, da die Lichtgeschwindigkeit im Äther sich abhängig von ihrer Ausbreitungsrichtung relativ zum Ätherwind verändern würde. Das Experiment brachte jedoch ein Null-Resultat hervor – keine Verlagerung des Interferenzmusters wurde beobachtet. Diese Beobachtungen widerlegten die Ätherhypothese sowie die Vorstellung eines absoluten Bezugssystems.

6.1.1 Zeitdilatation und Längenkontraktion

Um die Konstanz der Lichtgeschwindigkeit zu erhalten, führt die spezielle Relativitätstheorie zu einigen Phänomenen, die der Intuition entgegenlaufen. In Bezugssystemen, die sich nahe der Lichtgeschwindigkeit bewegen, scheint die Zeit relativ zum Laborsystem beispielsweise langsamer zu vergehen und Längen erscheinen kürzer. Diese beide Phänomene sind als *Zeitdilatation*[1] bzw. *Längenkontraktion*[2] bekannt.

Eine Möglichkeit, über diese Phänomene nachzudenken, ist, ein hypothetisches Gerät zu betrachten, welches *Lichtuhr* genannt wird. In diesem Gerät wird Licht zwischen zwei parallelen Spiegeln, die sich in einem Abstand d' voneinander befinden, hin und her reflektiert (siehe Abbildung in Herleitung 6.1). Die Zeit für ein „Ticken" der Uhr (für die Bewegung des Lichtes von einem Spiegel zum anderen) ist:

$$t' = \frac{d'}{c}\,.$$

Stellt euch vor, dass sich die Lichtuhr mit einer Geschwindigkeit, v, bewegt, deren Betrag in der Größenordnung der Lichtgeschwindigkeit ist. Mit simpler Geometrie sehen wir, dass die scheinbare Zeit für ein Ticken für einen

[1] Anm. d. Übser.: aus lat.: *dilatare*, „ausbreiten", „aufschieben"; engl. *to dilate*.

[2] Anm. d. Übers.: aus lat.: *kontrahere*, „zusammenziehen", „verkleinern"; engl. *to contract*.

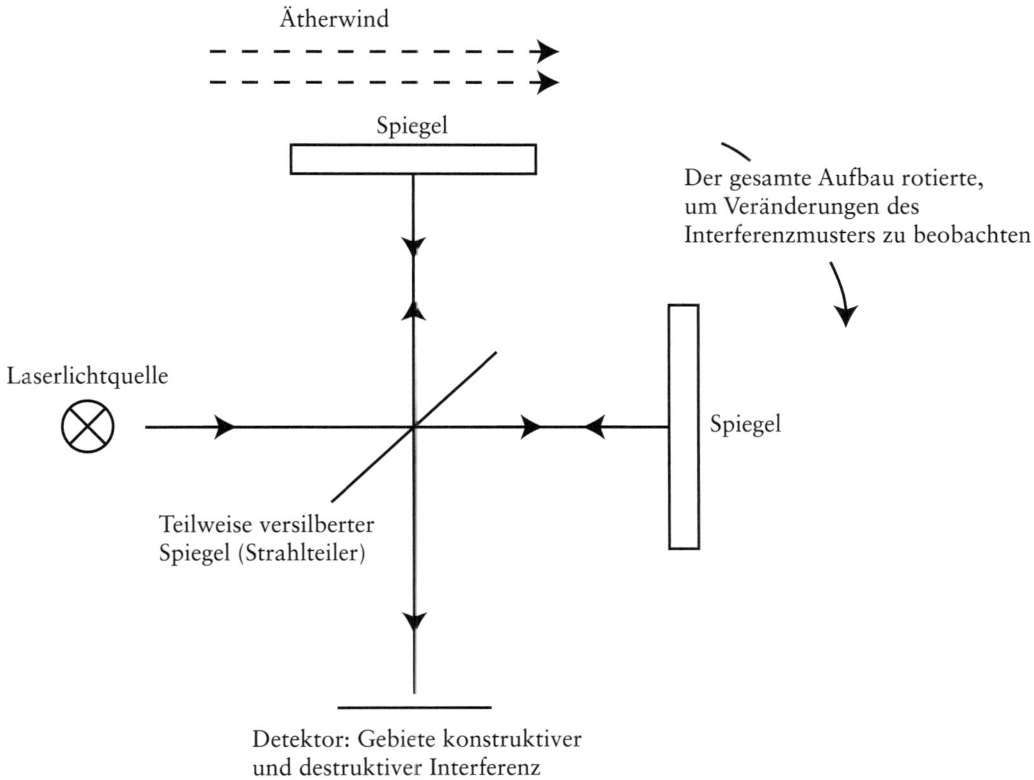

Abbildung 6.1 Experimenteller Michelson-Morley-Aufbau

Beobachter im Laborsystem, t, um einen Faktor, der von der Geschwindigkeit der Uhr abhängt, länger als t' ist:

$$t = \frac{t'}{\sqrt{1-(v/c)^2}} \equiv \gamma t'$$

(Gl. 6.1 und Herleitung 6.1). Daher scheint die Zeit relativ zu einem bewegten Objekt um einen Betrag

$$\gamma = \frac{1}{\sqrt{1-(v/c)^2}}$$

verlängert zu sein, wobei γ der sogenannte *Lorentzfaktor* ist (siehe unten). Für einen Beobachter im Laborsystem tickt die bewegte Lichtuhr n Mal während einer Strecke:

$$l_0 = nv\Delta t\,.$$

Wenn wir uns jedoch vorstellen, dass wir auf der Lichtuhr sitzen, sodass wir uns mit der Geschwindigkeit v bewegen, dann würde die Strecke, während der die Uhr n Mal tickt, *kürzer* erscheinen als l_0:

$$\begin{aligned}\Delta l' &= nv\Delta t' \\ &= nv\frac{\Delta t}{\gamma} \\ &= \frac{l_0}{\gamma}\end{aligned}$$

(Gl. 6.2).[3] Daher beobachten bewegte Objekte Längen, die relativ zur „ruhenden" Länge (die in diesem Fall mit der im Laborsystem beobachteten Länge übereinstimmt) um einen Betrag γ *kontrahiert* sind.

Zeitdilatation und Längenkontraktion (Herleitung 6.1):

$$t = \gamma t' \tag{6.1}$$

$$l = \frac{l'}{\gamma} \tag{6.2}$$

$$\text{mit} \quad \gamma = \frac{1}{\sqrt{1-(v/c)^2}}$$

[3] In Gl. 6.2 haben wir $l_0 \to l'$ und $\Delta l' \to l$ verwendet. Die Verwendungen gestrichener und ungestrichener Variablen kann bei gemeinsamer Betrachtung der Zeitdilatation und Längenkontraktion verwirrend sein, da das „ruhende" System in jedem Fall mit einem anderen System übereinstimmt; das System, welches eine Zeit t' misst (das „bewegte" Uhrsystem), misst die kontrahierte Länge l, während das System, das die verlängerte Zeit t misst (das „ruhende" Laborsystem), die Länge l' misst. Es ist eindeutiger, in Abhängigkeiten des *Ruhesystems* des Objektes zu denken, welches in den Abchnitten 6.3.2 und 6.3.4 genauer beschrieben wird. (Beim Beispiel im Text ist das Ruhesystem der Uhr nicht das gleiche wie das Ruhesystem der Länge l.)

Herleitung 6.1: Herleitung der Zeitdilatation und des Lorentzfaktors (Gl. 6.1)

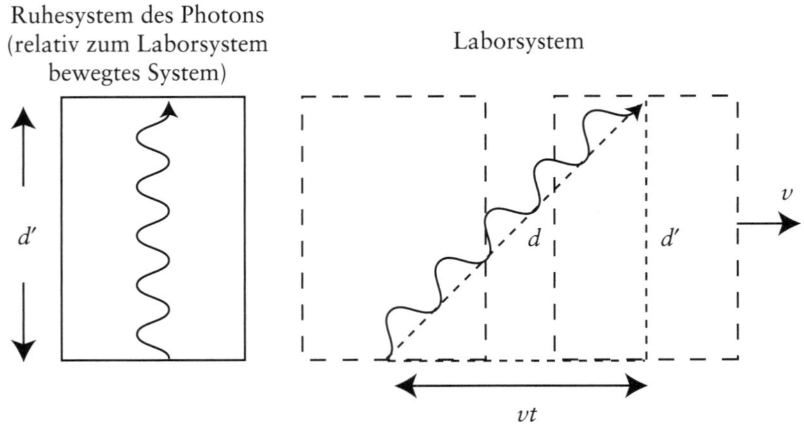

$$t = \frac{d}{c} = \frac{\sqrt{(vt)^2 + (d')^2}}{c} = \frac{\sqrt{(vt)^2 + (ct')^2}}{c}$$

$$\rightarrow (ct)^2 = (vt)^2 + (ct')^2$$

$$\rightarrow t^2 = \left(\frac{1}{1-(v/c)^2}\right) t'^2$$

$$\rightarrow t = \underbrace{\frac{1}{\sqrt{1-(v/c)^2}}}_{=\gamma} t' \equiv \gamma t'$$

- Ansatz: Betrachtet ein Photon in einem Ruhesystem (relativ zum Laborsystem bewegtes System). Im Ruhesystem des Photons ist die Zeit, die es benötigt, um eine Strecke d' zurückzulegen:

$$t' = \frac{d'}{c}.$$

- Wenn sich das Ruhesystem des Photons mit einer Geschwindigkeit v relativ zum Laborsystem bewegt, dann ist die Zeit, die es benötigt, um eine Strecke d zurückzulegen, für einen Beobachter im Laborsystem $t = d/c$. Mithilfe von Geometrie (siehe Abbildung oben) sehen wir:

$$d^2 = (vt)^2 + (d')^2.$$

- Wenn wir die obigen Ausdrücke verwenden, um nach t aufzulösen, sehen wir, dass die scheinbare Zeit im Laborsystem relativ zum bewegten System $t = \gamma t'$ ist, wobei der Proportionalitätsfaktor der *Lorentzfaktor* ist:

$$\gamma = \frac{1}{\sqrt{1-(v/c)^2}}.$$

Der Lorentzfaktor

Der *Lorentzfaktor* ist definiert als:

$$\gamma = \frac{1}{\sqrt{1-\beta^2}},$$

wobei der *Betafaktor*:

$$\beta = \frac{v}{c}$$

ist (Gln. 6.3 und 6.4). Dies sind dimensionslose Größen, welche die Geschwindigkeit bewegter Bezugssysteme definieren.

Lorentzfaktor:

$$\gamma = \frac{1}{\sqrt{1-\beta^2}} \quad (6.3)$$

$$\text{mit} \quad \beta = \frac{v}{c} \quad (6.4)$$

In klassischen Systemen gilt $v \ll c$ und somit $\beta \ll 1$ und $\gamma \simeq 1$. Während v sich an c annähert, nimmt γ zu. Der Lorentzfaktor enthählt die Bedingung, dass sich alle Objekte langsamer als mit Lichtgeschwindigkeit bewegen müssen; im Fall $v = c$ wird γ unendlich, was physikalisch nicht möglich ist.

6.2 Lorentztransformation

Oben haben wir gesehen, dass für Geschwindigkeiten in der Größenordnung des Lichtes weder Zeit noch Raum Erhaltungsgrößen[4] sind. Um Zeit- und Raumkoordinaten von einem System zu einem anderen zu transformieren, verwenden wir die *Lorentztransformation*. Dies ist eine Transformation, welche die Koordinaten (x', y', z') eines Körpers im bewegten System zu den im Laborsystem beobachteten Koordinaten (x, y, z) und die Zeit t' des bewegten Systems zu t im Laborsystem umwandelt:

$$\begin{aligned} (x', y', z') &\to (x, y, z) \\ \text{und} \quad t' &\to t\,. \end{aligned}$$

Für die Bewegung in einer Dimension, etwa x, tritt die Längenkontraktion nur entlang dieser Achse auf und die Längen, die zur Bewegungsrichtung querlaufen, sind invariant:

$$\begin{aligned} \to y' &= y \\ z' &= z\,. \end{aligned}$$

Wir werden nun die Lorentztransformation für Bewegung in einer Richtung herleiten.

Herleitung der Lorentztransformation

Wir nehmen an, dass die Lorentztransformation linear ist. In Matrixform geschrieben ist die Transformation dann:

$$\underbrace{\begin{pmatrix} ct' \\ x' \end{pmatrix}}_{\substack{\text{bewegtes} \\ \text{System}}} = \underbrace{\begin{pmatrix} A & B \\ C & D \end{pmatrix}}_{\substack{\text{Transformations-} \\ \text{matrix}}} \underbrace{\begin{pmatrix} ct' \\ x' \end{pmatrix}}_{\substack{\text{Labor-} \\ \text{system}}},$$

wobei A, B, C, und D zu bestimmende Konstanten sind. Nach Konvention wird die Zeitkoordinate als ct oder ct' statt t oder t' ausgedrückt.

Für ein mit der Geschwindigkeit v relativ zum Laborsystem S bewegtes System S′ wird der Ursprung von S′ in S zu vt transformiert: $x' = 0 \to x = vt$. Daher ist die Transformation für diese Koordinate:

$$\begin{pmatrix} ct' \\ 0 \end{pmatrix} = \begin{pmatrix} A & B \\ C & D \end{pmatrix} \begin{pmatrix} ct \\ vt \end{pmatrix}.$$

Multiplizieren wir dies aus, so stellen wir fest, dass das Verhältnis von C zu D mit dem Betafaktor des Systems verknüpft ist:

$$\begin{aligned} 0 &= Cct + Dvt \\ \to \frac{C}{D} &= -\frac{v}{c} = -\beta\,. \end{aligned} \tag{6.5}$$

Mit ähnlichen Überlegungen wird die Koordinate $-vt$ in S′ zu dem Ursprung in S transformiert: $x' = -vt \to x = 0$. Die Transformation für diese Koordinate ist also:

$$\begin{pmatrix} ct' \\ -vt' \end{pmatrix} = \begin{pmatrix} A & B \\ C & D \end{pmatrix} \begin{pmatrix} ct \\ 0 \end{pmatrix}.$$

Multiplizieren wir dies aus, so stellen wir fest, dass das Verhältnis von C zu A ebenfalls mit dem Betafaktor des Systems verknüpft ist:

$$\begin{aligned} ct' &= Act \\ \text{und} \quad -vt' &= Cct \\ \to \frac{C}{A} &= -\frac{v}{c} = -\beta\,. \end{aligned} \tag{6.6}$$

Wenn wir die Gln. 6.5 und 6.6 sowie $F = B/A$ verwenden, dann kann die Transformation wie folgt geschrieben werden:

$$\begin{pmatrix} ct' \\ x' \end{pmatrix} = A \begin{pmatrix} 1 & F \\ -\beta & 1 \end{pmatrix} \begin{pmatrix} ct \\ x \end{pmatrix}. \tag{6.7}$$

Betrachtet nun ein drittes System, S″, mit der Geschwindigkeit $\beta' = v'/c$ relativ zum System S′. Die Transformation ist in diesem Fall:

$$\begin{pmatrix} ct'' \\ x'' \end{pmatrix} = A' \begin{pmatrix} 1 & F' \\ -\beta' & 1 \end{pmatrix} \begin{pmatrix} ct' \\ x' \end{pmatrix}.$$

Wenn wir die beiden Transformationen verbinden, erhalten wir:

$$\begin{aligned} \begin{pmatrix} ct'' \\ x'' \end{pmatrix} &= AA' \begin{pmatrix} 1 & F' \\ -\beta' & 1 \end{pmatrix} \begin{pmatrix} 1 & F \\ -\beta & 1 \end{pmatrix} \begin{pmatrix} ct \\ x \end{pmatrix} \\ &= AA' \begin{pmatrix} (1 - \beta F') & (F + F') \\ (-\beta' - \beta) & (1 - \beta' F) \end{pmatrix} \begin{pmatrix} ct \\ x \end{pmatrix}. \end{aligned}$$

Die obige Matrixtransformation ist eine weitere Lorentztransformation und muss daher dieselbe Form wie die Lorentztransformation aus Gl. 6.7 annehmen, wo die Terme der Hauptdiagonale gleich sind:

$$\begin{aligned} \to 1 - \beta F' &= 1 - \beta' F \\ \to \frac{\beta}{F} &= \frac{\beta'}{F'} \\ &= \text{konstant.} \end{aligned}$$

[4] Zur Erinnerung: Eine invariante Größe ist eine Größe, welche in allen Inertialsystemen denselben Betrag hat (siehe Abschn. 5.1)

Das Verhältnis β/F muss konstant sein, da die Funktion auf der linken Seite nur von v abhängt und die auf der rechten Seite nur von v'. Lassen wir die Konstante gleich -1 sein und definieren $F = B/A = -\beta$, dann kann die Transformation aus Gl. 6.7 als

$$\begin{pmatrix} ct' \\ x' \end{pmatrix} = A \begin{pmatrix} 1 & -\beta \\ -\beta & 1 \end{pmatrix} \begin{pmatrix} ct \\ x \end{pmatrix} \tag{6.8}$$

geschrieben werden.

Alles, was wir jetzt noch tun müssen, ist also, einen Ausdruck für A zu finden. Wir können dies tun, indem wir das Inverse der obigen Transformation betrachten. Damit erhalten wir:

$$\begin{pmatrix} ct \\ x \end{pmatrix} = \frac{1}{A(1-\beta^2)} \begin{pmatrix} 1 & \beta \\ \beta & 1 \end{pmatrix} \begin{pmatrix} ct' \\ x' \end{pmatrix} . \tag{6.9}$$

Was repräsentiert die inverse Transformation physikalisch? Es ist im Wesentlichen dieselbe Transformation, nur dass die Relativgeschwindigkeit nun $-v$ statt v ist. Daher ist die Substitution von β für $-\beta$ (oder $-\beta \to \beta$) ein anderer Weg, die inverse Transformation in Gl. 6.8 zu schreiben:

$$\to \begin{pmatrix} ct \\ x \end{pmatrix} = A \begin{pmatrix} 1 & \beta \\ \beta & 1 \end{pmatrix} \begin{pmatrix} ct' \\ x' \end{pmatrix} . \tag{6.10}$$

Setzen wir die Gln. 6.9 und 6.10 gleich, so erhalten wir daher:

$$\begin{aligned} A &= \frac{1}{A(1-\beta^2)} \\ \to A &= \frac{1}{\sqrt{1-\beta^2}} \\ &= \gamma . \end{aligned}$$

Setzen wir schließlich A wieder in die Gln. 6.8 und 6.10 ein, dann sind die Lorentztransformation sowie ihr Inverses:

$$\begin{aligned} \begin{pmatrix} ct' \\ x' \end{pmatrix} &= \gamma \begin{pmatrix} 1 & -\beta \\ -\beta & 1 \end{pmatrix} \begin{pmatrix} ct \\ x \end{pmatrix} \\ \text{und} \quad \begin{pmatrix} ct \\ x \end{pmatrix} &= \gamma \begin{pmatrix} 1 & \beta \\ \beta & 1 \end{pmatrix} \begin{pmatrix} ct' \\ x' \end{pmatrix} \end{aligned}$$

(Gln. 6.11 und 6.12).

Lorentztransformation in einer Dimension:

Koordinaten des bewegten Systems, S′:

$$\begin{pmatrix} ct' \\ x' \end{pmatrix} = \gamma \begin{pmatrix} 1 & -\beta \\ -\beta & 1 \end{pmatrix} \begin{pmatrix} ct \\ x \end{pmatrix} \tag{6.11}$$

Koordinaten des Laborsystems, S:
(inverse Transformation)

$$\begin{pmatrix} ct \\ x \end{pmatrix} = \gamma \begin{pmatrix} 1 & \beta \\ \beta & 1 \end{pmatrix} \begin{pmatrix} ct' \\ x' \end{pmatrix} \tag{6.12}$$

Multiplizieren wir die Lorentztransformation aus, so erhalten wir:

$$\begin{aligned} ct' &= \gamma(ct - \beta x) \\ \text{und} \quad x' &= \gamma(x - \beta ct) . \end{aligned}$$

Wenn $\beta = v/c$ sei, dann kann die Transformation wie folgt ausgedrückt werden:

$$\begin{aligned} t' &= \gamma\left(t - \frac{vx}{c^2}\right) \\ \text{und} \quad x' &= \gamma(x - vt) . \end{aligned}$$

Die inversen Transformationen sind dann:

$$\begin{aligned} t &= \gamma\left(t' + \frac{vx'}{c^2}\right) \\ \text{und} \quad x &= \gamma(x' + vt') . \end{aligned}$$

Dies ist eine gebräuchliche Art, die Lorentztransformation zu schreiben, welche wir später in diesem Kapitel verwenden werden.

Grenzbereich niedriger Geschwindigkeiten

Im Grenzbereich niedriger Geschwindigkeiten gilt $v \ll c \Rightarrow \beta \ll 1$ und $\gamma \simeq 1$. Die Lorentztransformationen verändern sich damit zu:

$$\begin{aligned} t' &\to t - \frac{vx}{c^2} \simeq t \\ \text{und} \quad x' &\to x - vt . \end{aligned}$$

Leiten wir die x'-Gleichung ab, so ist die Geschwindigkeitstransformation:

$$u' = u - v .$$

Für den niedrigen Geschwindigkeitsbereich erlangen wir also wieder die Galileitransformationen, bei denen die Zeit, wie gefordert, eine invariante Größe ist.

6.3 Verwendung der Lorentztransformation

6.3.1 Der invariante Abstand

Betrachtet zwei *Ereignisse*; das erste Ereignis tritt zur Zeit t_1 am Ort x_1 auf und das zweite zur Zeit t_2 am Ort x_2. Das erste Ereignis könnte beispielsweise das Werfen eines Balls sein und das zweite das Fangen des Balls. Der *Raumzeit-Abstand*, Δs^2, ist definiert als:

$$(\Delta s)^2 = (c\Delta t)^2 - (\Delta x)^2 .$$

wobei $\Delta t = t_2 - t_1$ der Zeitabstand und $\Delta x = x_2 - x_1$ der Raumabstand zwischen den beiden Ereignissen ist. Unter Verwendung der Lorentztransformation sehen wir, dass $(\Delta s)^2$ eine invariante Größe ist – sie hat in allen Inertialsystemen denselben Betrag. Daher wird dieser Abstand als *invarianter Abstand* bezeichnet (Gl. 6.13 und Herleitung 6.2).

Invarianter Abstand (Herleitung 6.2):

$$(\Delta s)^2 = (c\Delta t)^2 - (\Delta x)^2 \qquad (6.13)$$

Arten des Raumzeit-Abstandes

Abhängig vom Vorzeichen von $(\Delta s)^2$ definieren wir drei verschiedene Arten des Raumzeit-Abstandes.

1. Zeitartiger Abstand:

   $$(\Delta s)^2 > 0 \rightarrow\rightarrow (c\Delta t)^2 > \Delta x^2$$

   Zwischen den beiden Ereignissen im Abstand Δx mit der Zeit Δt vergeht genug Zeit, dass das Ereignis bei x_1 das bei x_2 verursachen kann. Daher sind die beiden Ereignisse durch Ursache und Wirkung miteinander verbunden. Anders ausgedrückt bewegt sich in einer Zeit Δt Information mit der Geschwindigkeit $v = \Delta x/\Delta t < c$ von x_1 nach x_2. Die Reihenfolge der durch den zeitartigen Abstand verbundenen Ereignisse ist in allen Systemen die gleiche (wir könnten beispielsweise niemals einen Ball fangen, bevor er geworfen wurde, weshalb Werfen und Fangen durch einen zeitartigen Abstand verbunden sind).
2. Lichtartiger Abstand:

   $$(\Delta s)^2 = 0 \rightarrow\rightarrow (c\Delta t)^2 = \Delta x^2$$

   Hier bewegt sich Information während einer Zeit Δt mit der Geschwindigkeit $v = \Delta x/\Delta t = c$ von x_1 nach x_2. Ereignisse mit lichtartigem Abstand sind also durch Photonen, welches sich mit Lichtgeschwindigkeit bewegen, miteinander verbunden.
3. Raumartiger Abstand:

   $$(\Delta s)^2 < 0 \rightarrow\rightarrow (c\Delta t)^2 < \Delta x^2$$

   Ereignisse, die durch einen raumartigen Abstand getrennt sind, habe keine Ursache-und-Wirkungs-Verbindung, da nicht genug Zeit vergeht, damit das Ereignis bei x_1 jenes bei x_2 hervorrufen könnte: $v = \Delta x/\Delta t > c$. Wenn wir die Systeme wechseln, könnte sich also auch die Reihenfolge der beiden Ereignisse ändern.

6.3.2 Zeitdilatation

In Abschn. 6.1.1 haben wir einen Ausdruck für die Zeitdilatation hergeleitet, indem wir die Bewegung eines Photons betrachtet und geometrische Argumente verwendet haben (siehe Herleitung 6.1). Hier werden wir dasselbe Ergebnis unter Verwendung der Lorentztransformation herleiten. Wir stellen fest, dass ein Beobachter im Laborsystem für ein Ereignis, welches in einem bewegten System S′ eine Zeit $\Delta t'$ dauert, ein längeres Zeitintervall misst: $\Delta t = \gamma\Delta t'$ (Gl. 6.14 und Herleitung 6.3).

Zeitdilatation (Herleitung 6.3):

$$\Delta t = \gamma\Delta t' \qquad (6.14)$$

In der Herleitung 6.3 haben wir außerdem das Zeitintervall eines Ereignisses in S′ berechnet, wie vom Laborsystem aus gemessen wird. Hätte das Ereignis jedoch im Laborsystem stattgefunden, sodass $x_2 - x_1 = 0$, dann würde das Laborsystem mit dem Ruhesystem übereinstimmen und ein Beobachter in S′ würde denselben Faktor der zeitlichen Ausdehnung messen:

$$\begin{aligned}\Delta t' &= t_2' - t_1' \\ &= \gamma\left(t_2 - \frac{vx_2}{c^2}\right) - \gamma\left(t_1 - \frac{vx_1}{c^2}\right) \\ &= \gamma\left(t_2 - t_1\right) - \frac{\gamma v}{c^2}\underbrace{(x_2 - x_1)}_{=0} \\ &= \gamma\Delta t .\end{aligned}$$

Daher ist das scheinbare Zeitintervall in einem bewegten System gegenüber dem Ruhesystem des Ereignisses immer ausgedehnt.

Eigenzeit

Das System, in welchem $\Delta x' = 0$ gilt, wird *Ruhesystem* des Ereignisses genannt. Die im Ruhesystem gemessene Zeit

Herleitung 6.2: Herleitung des invarianten Abstandes (Gl. 6.13)

$$\begin{aligned}
(\Delta s')^2 &= (c\Delta t')^2 - (\Delta x')^2 \\
&= (ct_2' - ct_1')^2 - (x_2' - x_1')^2 \\
&= (\gamma(ct_2 - \beta x_2) - \gamma(ct_1 - \beta x_1))^2 \\
&\quad - (\gamma(x_2 - \beta ct_2) - \gamma(x_1 - \beta ct_1))^2 \\
&= \gamma^2 (c\Delta t - \beta\Delta x)^2 - \gamma^2 (\Delta x - \beta c\Delta t)^2 \\
&= \gamma^2 \Big((c\Delta t)^2 + (\beta\Delta x)^2 - 2\beta c\Delta t\Delta x \\
&\quad - (\Delta x)^2 - (\beta c\Delta t)^2 + 2\beta c\Delta t\Delta x\Big) \\
&= \gamma^2 \left((c\Delta t)^2 - (\Delta x)^2\right)\left(1 - \beta^2\right) \\
&= (c\Delta t)^2 - (\Delta x)^2 \\
&= (\Delta s)^2
\end{aligned}$$

- Ansatz: Der Raumzeit-Abstand ist in einem System S′ definiert als:

$$(\Delta s')^2 = (c\Delta t')^2 - (\Delta x')^2$$

mit $\Delta t' = t_2' - t_1'$ und $\Delta x' = x_2' - x_1'$.
- Übertragt dies ins Laborsystem, S, indem ihr die Lorentztransformationen verwendet:

$$\begin{aligned}
ct' &= \gamma(ct - \beta x) \\
\text{und} \quad x' &= \gamma(x - \beta ct) \\
\text{mit} \quad \gamma &= \frac{1}{\sqrt{1-\beta^2}} .
\end{aligned}$$

- Formen wir dies um, so stellen wir fest, dass der Raumzeit–Abstand im bewegten System gleich dem Raumzeit-Abstand im Laborsystem ist, daher ist $(\Delta s)^2$ eine invariante Größe:

$$(\Delta s')^2 = (\Delta s)^2 = \text{invariant} .$$

Herleitung 6.3: Herleitung der Zeitdilatation (Gl. 6.14)

$$\begin{aligned}
\Delta t &= t_2 - t_1 \\
&= \gamma\left(t_2' + \frac{vx_2'}{c^2}\right) - \gamma\left(t_1' + \frac{vx_1'}{c^2}\right) \\
&= \gamma\left(t_2' - t_1'\right) + \frac{\gamma v}{c^2}\underbrace{(x_2' - x_1')}_{=0} \\
&= \gamma\Delta t'
\end{aligned}$$

- Ansatz: Das Zeitintervall zwischen zwei Ereignissen, die im Laborsystem S auftreten, ist durch $\Delta t = t_2 - t_1$ gegeben.
- Verwendet die inverse Lorentztransformation zur Umwandlung ins bewegte System, S′:

$$t = \gamma\left(t' + \frac{vx'}{c^2}\right) .$$

- Definiert das System S′ als System, in welchem beide Ereignisse sich an derselben Position decken, → $x_2' = x_1' \rightarrow x_2' - x_1' = 0$. Dies stimmt mit dem Ruhesystem des Objektes/Ereignisses überein.
- Tun wir dies, so stellen wir fest, dass das im Laborsystem gemessene Zeitintervall länger ist als das zu ihm gehörige Intervall im bewegten System (Ruhesystem des Ereignisses) ⇒ *Zeitdilatation.*

wird *Eigenzeit*, τ, genannt. Da in allen anderen System $\Delta x > 0$ gilt, ist die Eigenzeit immer das kürzeste Zeitintervall. Mithilfe des Raumszeit-Abstandes aus Gl. 6.13 erhalten wir:

$$\begin{aligned}(c\tau)^2 &= (c\Delta t)^2 - (\Delta x)^2\\ (c\tau)^2 &< (c\Delta t)^2\\ &\rightarrow \tau < \Delta t\\ \text{oder}\quad \Delta t &= \gamma\tau\,.\end{aligned}$$

Betrachtet als Beispiel ein Myon,[5] welches sich mit einer relativistischen Geschwindigkeit durch die Atmosphäre bewegt. Wenn die Lebenszeit eines ruhenden Myons, bevor es zerfällt, τ ist (d. h. Ruhesystem des Myons), dann misst ein Beobachter auf der Erde eine Lebenszeit von $t = \gamma\tau$. Dies bedeutet, dass ein bewegtes Myon länger lebt, bevor es zerfällt, als ein ruhendes Myon.

6.3.3 Relativistischer Dopplereffekt

Der *Dopplereffekt* ist die scheinbare Änderung der Frequenz einer Welle aufgrund der Relativbewegung zwischen einer Quelle und einem Beobachter. Wenn die Relativgeschwindigkeit sich der des Lichtes annähert, verwenden wir den *relativistischen* Dopplereffekt, um der Zeitdilatation der zeitlichen Periode der Welle Rechnung zu tragen. Für einen Beobachter, der sich zu der Quelle hin bewegt, scheint die Frequenz der Welle größer zu sein als die tatsächliche Frequenz der ausgesandten Welle, f_0:

$$f_B = f_0\sqrt{\frac{(1+\beta)}{(1-\beta)}}$$

(Gl. 6.15 und Herleitung 6.4). Für sichtbares Licht stimmt dies mit der Verschiebung der Frequenz zum blauen Ende des Spektrums überein, daher heißt es, dass die Welle *blauverschoben* ist. Für einen Beobachter, der sich von der Quelle weg bewegt scheint die Frequenz der Welle niedriger zu sein als die Frequenz der ausgesandten Welle:

$$f_R = f_0\sqrt{\frac{(1-\beta)}{(1+\beta)}}\,.$$

(Gl. 6.16 und Herleitung 6.4). In diesem Fall wird gesagt, dass die Welle *rotverschoben* ist, da der Effekt mit einer Verschiebung zum roten Ende des Spektrums übereinstimmt.

[5] Ein Myon ist ein dem Elektron ähnliches Elementarteilchen, es hat jedoch eine Masse, die ~ 200 Mal größer ist als die des Elektrons. In der Atmosphäre entstehen Myonen, wenn kosmische Röntgenstrahlen (hochenergetische Teilchen aus dem Weltall) die Atmosphäre treffen, und sie bewegen sich mit relativistischen Geschwindigkeiten durch diese hindurch.

Relativistischer Dopplereffekt (Herleitung 6.4):

Auf die Quelle zu (Blauverschiebung):

$$f_B = f_0\sqrt{\frac{(1+\beta)}{(1-\beta)}} \tag{6.15}$$

Von der Quelle weg (Rotverschiebung):

$$f_R = f_0\sqrt{\frac{(1-\beta)}{(1+\beta)}} \tag{6.16}$$

mit $\beta = v/c$, wobei v die Geschwindigkeit der Quelle ist.

6.3.4 Längenkontraktion

Um zu sehen, dass ein Beobachter im Laborsystem eine kürzere Länge $l < l'$ für ein Objekt der Länge l' in einem bewegten System S′ misst, können wir eine der Zeitdilatationsrechnung ähnliche Rechnung durchführen. Dieses Phänomen ist als *Längenkontraktion* bekannt und der Kontraktionsfaktor ist γ (Gl. 6.17 und Herleitung 6.5).

Längenkontraktion (Herleitung 6.5):

$$l = \frac{l'}{\gamma} \tag{6.17}$$

Auf ähnliche Weise ist die von einem Beobachter in S′ gemessene Länge eines Objektes, wenn S sein Ruhesystem ist, *ebenfalls* kontrahiert. Dies kann man sehen, indem man die *inverse* Lorentztransformation auf l anwendet:

$$\begin{aligned} l &= x_2 - x_1\\ &= \gamma\left(x_2' + vt_2'\right) - \gamma\left(x_1' + vt_1'\right)\\ &= \gamma\left(x_2' - x_1'\right) + \gamma v\underbrace{\left(t_2' - t_1'\right)}_{=0}\\ &= \gamma l'\\ \rightarrow l' &= \frac{l}{\gamma}\,.\end{aligned}$$

Dementsprechend ist die scheinbare Länge in einem bewegten System relativ zum Ruhesystem des Objektes immer kontrahiert.

Herleitung 6.4: Herleitung des relativistischen Dopplereffektes (Gln. 6.15 und 6.16)

Bewegung des Beobachters auf die Quelle zu:

$$\begin{aligned} f' &= \frac{c}{\lambda'} \\ &= \frac{c}{(c-v)\,T} \\ &= \frac{c}{(c-v)\,\gamma T_0} \\ &= \frac{f_0}{(1-\beta)\,\gamma} \\ &= f_0 \frac{\sqrt{(1-\beta)\,(1+\beta)}}{(1-\beta)} \\ &= f_0 \sqrt{\frac{(1+\beta)}{(1-\beta)}} \end{aligned}$$

$f' > f_0 \Rightarrow$ Blauverschiebung

Bewegung des Beobachters von der Quelle weg:

$$\begin{aligned} f' &= \frac{c}{\lambda'} \\ &= \frac{c}{(c+v)\,T} \\ &= \frac{f_0}{(1+\beta)\,\gamma} \\ &= f_0 \sqrt{\frac{(1-\beta)}{(1+\beta)}} \end{aligned}$$

$f' < f_0 \Rightarrow$ Rotverschiebung

- Ansatz: Die scheinbare Wellenlänge einer elektromagnetischen Welle, die von einer Quelle ausgesendet wird, welche sich mit der relativistischen Geschwindigkeit v auf den Beobachter zu bewegt, ist:

$$\begin{aligned} \lambda' &= \lambda - vT \\ &= \frac{c}{f} - \frac{v}{f} \\ &= T(c-v)\,. \end{aligned}$$

wobei T die im Laborsystem gemessene zeitliche Periode der Welle ist. Die scheinbare Frequenz der Welle ist $f' = c/\lambda'$.
- Aufgrund der Zeitdilatation ist die Periode der Welle im Laborsystem, T, mit der Periode im System der Quelle, T_0, durch $T = \gamma T_0$ verbunden. Die Frequenz der von der Quelle ausgesandten Welle ist dann im System der Quelle $f_0 = 1/T_0$.
- Der Betafaktor der Quelle ist $\beta = v/c$ und der Lorentzfaktor ist:

$$\gamma = \frac{1}{\sqrt{1-\beta^2}} = \frac{1}{\sqrt{(1-\beta)(1+\beta)}}\,.$$

- Die scheinbare Wellenlänge einer elektromagnetischen Welle, die von einer Quelle ausgesendet wird, welche sich mit einer relativistischen Geschwindigkeit v vom Beobachter weg bewegt, ist:

$$\lambda' = T(c+v)\,.$$

Eigenlänge

Die *Eigenlänge*, l_0, ist die in seinem Ruhesystem gemessene Länge eines Objektes. (Wenn wir uns vorstellen, auf dem fraglichen Objekt zu sitzen, dann befinden wir uns im Ruhesystem dieses Objektes.) Die Eigenlänge stimmt immer mit der längsten Länge des Objektes überein; wird sie von irgendeinem gegenüber dem Ruhesystem bewegten System aus gemessen, so erscheint seine Länge kürzer als l_0:

$$l = \frac{l_0}{\gamma}\,.$$

Betrachten wir zum Beispiel ein Myon, welches sich durch die Atmosphäre bewegt, dann ist die Eigenlänge der Atmosphäre jene, die im Laborsystem gemessen wird, L_{atm} (die Atmosphäre bewegt sich relativ zur Erde nicht). Im Ruhesystem des Myons bewegt sich die Atmosphäre jedoch mit einer relativistischen Geschwindigkeit auf es zu, daher scheint sie aufgrund der Längenkontraktion kürzer als L_{atm} zu sein. Deshalb sind Myonen aufgrund einer Kombination aus der Zeitdilatation ihrer Lebenszeit und der Längenkontraktion der Strecke, die sie zurücklegen, in der Lage, die Erde zu erreichen, bevor sie zerfallen.

6.3.5 Transformation der Geschwindigkeiten

Die relativistischen Geschwindigkeitstransformationen können durch Ableitung der Lorentztransformationen gefunden werden (Gln. 6.18 und 6.19 und Herleitung 6.6).

Herleitung 6.5: Herleitung der Längenkontraktion (Gl. 6.17)

$$
\begin{aligned}
l' &= x_2' - x_1' \\
&= \gamma\,(x_2 - vt) - \gamma\,(x_1 - vt) \\
&= \gamma\,(x_2 - x_1) - \gamma v \underbrace{(t_2 - t_1)}_{=0} \\
&= \gamma l
\end{aligned}
$$

- Ansatz: Die Länge eines Objektes in seinem Ruhesystem S' ist die Differenz zweier beliebiger Endpunkte, $l' = x_2' - x_1'$.
- Verwendet die Lorentztransformation, um ins Laborsystem umzuformen:

$$x' = \gamma(x - vt)\,.$$

- Die zu l' gehörige Länge im Laborsystem wird durch die Koordinaten der entsprechenden Endpunkte des Objektes zu einer gegebenen Zeit t bestimmt, was bedeutet, dass $t_2 - t_1 = \Delta t = 0$ gilt.
- Die im Laborsystem gemessene Länge eines Objektes scheint also um einen Faktor γ kürzer zu sein als die in seinem eigenen Ruhesystem gemessene Länge $\gamma \Rightarrow$ *Längenkontraktion*:

$$l = \frac{l'}{\gamma}\,.$$

Herleitung 6.6: Herleitung der Geschwindigkeitstransformationen (Gln. 6.18 und 6.19)

Geschwindigkeit im bewegten System:

$$
\begin{aligned}
u' &= \frac{\mathrm{d}x'}{\mathrm{d}t'} \\
&= \frac{\mathrm{d}x - v\mathrm{d}t}{\mathrm{d}t - v\mathrm{d}x/c^2} \\
&= \frac{u - v}{1 - uv/c^2}
\end{aligned}
$$

Geschwindigkeit im Laborsystem:

$$
\begin{aligned}
u &= \frac{\mathrm{d}x}{\mathrm{d}t} \\
&= \frac{\mathrm{d}x' + v\mathrm{d}t'}{\mathrm{d}t' + v\mathrm{d}x'/c^2} \\
&= \frac{u' + v}{1 + u'v/c^2}
\end{aligned}
$$

- Ansatz: Die Geschwindigkeit eines Objektes in einem bewegten System S' ist:

$$u' = \frac{\mathrm{d}x'}{\mathrm{d}t'}\,.$$

- Leitet die Lorentztransformationen ab:

$$
\begin{aligned}
x' &= \gamma(x - vt) \\
\to \mathrm{d}x' &= \gamma(\mathrm{d}x - v\mathrm{d}t) \\
\text{und} \quad t' &= \gamma\left(t - \frac{vx}{c^2}\right) \\
\to \mathrm{d}t' &= \gamma\left(\mathrm{d}t - \frac{v\mathrm{d}x}{c^2}\right)
\end{aligned}
$$

und setzt dies in u' ein. Die entsprechende Geschwindigkeit des Objektes im Laborsystem ist $u = \mathrm{d}x/\mathrm{d}t$.
- Verwendet die inversen Lorentztransformationen, um die Geschwindigkeit des Objektes im Laborsystem, u, in Abhängigkeit von seiner Geschwindigkeit im bewegten System, u', und der Geschwindigkeit des Systems, v, zu bestimmen.

Geschwindigkeitstransformationen (Herleitung 6.6):

Geschwindigkeit im bewegten System:

$$u' = \frac{u - v}{1 - uv/c^2} \qquad (6.18)$$

Geschwindigkeit im Laborsystem:

$$u = \frac{u' + v}{1 + u'v/c^2}\,. \qquad (6.19)$$

wobei v die relative Geschwindigkeit des Systems ist.

Für den Fall $u = c$ folgt aus Gl. 6.18:

$$u' = \frac{c - v}{1 - v/c} = c\frac{(c - v)}{(c - v)} = c\,.$$

Dabei gilt für $v = c$:

$$u' = \frac{u - c}{1 - u/c} = c\frac{(u - c)}{(c - u)} = -c\,.$$

Ebenso folgt aus Gl. 6.19 $u = c$, wenn entweder $u' = c$ oder $v = c$ gilt. Daher kann sich kein Objekt schneller als mit Lichtgeschwindigkeit bewegen.

Grenzbereich niedriger Geschwindigkeiten

Wenn entweder die Geschwindigkeit des Objektes oder die des Systems viel kleiner als c ist oder wenn ihr Produkt derart ist, dass $uv \ll c$ oder $u'v \ll c$ gilt, dann erhalten wir wieder die Galileitransformationen:

$$\begin{aligned} u' &= u - v \\ \text{und} \quad u &= u' + v\,. \end{aligned}$$

Daher wird die relativistische Theorie im niedrigen Geschwindigkeitsbereich durch die klassische Theorie angenähert.

6.4 Relativistische Energie und Impuls

In der Newton'schen Mechanik sind die kinetische Energie und der Impuls eines Teilchens:

$$\begin{aligned} T &= \frac{1}{2}mv^2 \\ \text{und} \quad p &= mv\,. \end{aligned}$$

Aus dem zweiten Newton'schen Gesetz folgt, dass der Impuls eines Körpers zunimmt, wenn eine externe Kraft auf ihn ausgeübt wird. Daher würden wir klassischerweise keine obere Grenze des Impuls eines Körpers erwarten, da die ausgeübte Kraft nach oben hin theoretisch nicht begrenzt ist. Da die Geschwindigkeit eines Körpers die Lichtgeschwindigkeit jedoch nicht überschreiten kann, *ist* der Impulses eines Körpers nach oben hin beschränkt. Deshalb sind die Ausdrücke für die kinetische Energie und den Impuls bei relativistischen Geschwindigkeiten von ihren klassischen Beträgen abgewandelt, um die Forderung zu erfüllen, dass die Geschwindigkeit eines Körpers $v < c$ sein muss.

Der invariante Abstand

Im Abschn. 6.3.2 haben wir gesehen, dass der Raumzeit-Abstand für eine Trennung mit der Eigenzeit $\mathrm{d}\tau$ im Ruhesystem des Ereignisses als

$$(c\mathrm{d}\tau)^2 = (c\mathrm{d}t)^2 - (\mathrm{d}x)^2 \qquad (6.20)$$

gegeben ist, wobei $\mathrm{d}t$ der zeitliche und $\mathrm{d}x$ der räumliche Abstand im Laborsystem ist. Durch Umstellen erhalten wir den Ausdruck für die Zeitdilatation:

$$\begin{aligned} \mathrm{d}\tau^2 &= \mathrm{d}t^2\left(1 - \frac{(\mathrm{d}x/\mathrm{d}t)^2}{c^2}\right) \\ &= \mathrm{d}t^2 \underbrace{\left(1 - v^2/c^2\right)}_{=1/\gamma^2} \\ \rightarrow \mathrm{d}\tau &= \frac{\mathrm{d}t}{\gamma}\,. \end{aligned}$$

Setzen wir dies in Gl. 6.20 ein, so erhalten wir:

$$\begin{aligned} c^2 &= \left(c\frac{\mathrm{d}t}{\mathrm{d}\tau}\right)^2 - \left(\frac{\mathrm{d}x}{\mathrm{d}\tau}\right)^2 \\ &= (\gamma c)^2 - \left(\gamma\frac{\mathrm{d}x}{\mathrm{d}t}\right)^2 \\ &= (\gamma c)^2 - (\gamma v)^2\,. \end{aligned}$$

Wir können den invarianten Abstand in Abhängigkeit von der Ruhemasse m (d. h. der Masse eines Körpers in seinem Ruhesystem), der Energie und dem Impuls eines Körpers darstellen, wenn wir den obigen Ausdruck mit m^2c^2 multiplizieren:

$$\underbrace{\left(mc^2\right)^2}_{\text{Ruhemasse-term}} = \underbrace{\left(\gamma mc^2\right)^2}_{\text{Energie-term}} - \underbrace{(\gamma mvc)^2}_{\text{Impuls-term}}\ldots$$

Wir werden uns nun jeden Term der Reihe nach ansehen.

6.4.1 Äquivalenz von Masse und Energie

Die *Äquivalenz von Masse und Energie* besagt, dass die Masse eines Körpers äquivalent zu seinem Energiegehalt ist. Dieses Konzept wird durch Einsteins berühmte Gleichung beschrieben:

$$E = mc^2 .$$

In natürlichen Einheiten ausgedrückt, bei denen $c = 1$ gilt, wird die Gleichung zu $E = m$, was die Äquivalenz von Masse und Energie klar verdeutlicht.

Ruhemasse und relativistische Masse

Im Ruhesystem eines Teilchens ist m seine *Ruhemasse* und $E_0 = mc^2$ seine Ruhemassenenergie (Gl. 6.21). In einem System, in welchem das Teilchen relativ zu einem Beobachter *nicht* in Ruhe ist, scheint seine Masse um einen Faktor γ größer zu sein. Die *relativistische Masse* eines bewegten Teilchens ist definiert als:

$$m_\gamma = \gamma m$$

In diesem System ist die Gesamtenergie eines relativistischen Teilchens somit:

$$E = \gamma mc^2 .$$

(Gl. 6.22).

Wie viel Energie für wie viel Masse?

In klassischen Situationen beobachten wir Änderungen der Energie (etwa der kinetischen oder der potentiellen Energie) von Körpern ohne eine sichtbare Änderung ihrer Masse. Wie ist dies mit der Äquivalenz von Masse und Energie vereinbar? Wir stellen fest, dass klassische Energien, welche sich meist in der Größenordnung weniger Joule befinden, mit einer Massenänderungen in der Größenordnung von:

$$\frac{\Delta m}{m} \sim \frac{1}{c^2} \sim 10^{-17}$$

übereinstimmen. Die relative Massenänderung, welche für eine klassische Änderung der Energie weniger Joule benötigt benötigt wird, ist also vernachlässigbar. Somit ist es gerechtfertigt, die Ruhemassenenergie in klassischen Situationen als konstant anzusehen. In Kernreaktionen ist jedoch eine Umwandlung der Masse in Energie nachweisbar. Eine Tonne (1000 kg) herkömmlichen TNTs setzt $E_N \sim 4.2 \cdot 10^9\,\mathrm{J}$ an Energie frei. Der damit übereinstimmende nukleare Massenverlust während einer Kernreaktion ist also:

$$\Delta m = \frac{E_N}{c^2} \sim 4.7 \cdot 10^{-8}\,\mathrm{kg} .$$

Demnach liegt der relative Massenverlust in der Größenordnung einer Zehntelbillion:

$$\frac{\Delta m}{m} = \frac{4.7 \cdot 10^{-8}}{1000} \sim 4.7 \cdot 10^{-11} .$$

Obwohl dies ebenfalls eine kleine relative Änderung ist, ist sie doch nahezu millionenfach größer als für Änderungen der klassischen Energie. Wasserstoffbomben bringen eine verheerend große Menge an Energie hervor – die relative Massenänderung einer typischen Wasserstoffbombe beträgt $\sim 0.1\%$, was $\sim 2 \cdot 10^6$ Tonnen TNT entspricht.

Relativistischer Impuls

Der Impuls eines relativistischen Teilchens ist:

$$p = \gamma m v .$$

Wenn $\beta = v/c$ sei, erhalten wir stattdessen $p = \gamma\beta mc$ (Gl. 6.23). Im Grenzbereich niedriger Geschwindigkeiten stimmt der erste Term in v mit dem Ausdruck für den klassischen Impuls überein:

$$\begin{aligned} p &= \left(\frac{1}{\sqrt{1-(v/c)^2}}\right) mv \\ &= \left(\left(1-(v/c)^2\right)^{-1/2}\right) mv \\ &\simeq \left(1 + \frac{(v/c)^2}{2} + \dots\right) mv \\ &\simeq mv \quad \text{für } v \ll c . \end{aligned}$$

Relativistische kinetische Energie

Die kinetische Energie eines relativistischen Teilchens ist die Differenz zwischen seiner Gesamtenergie und seiner Ruhemassenenergie:

$$\begin{aligned} T &= E - E_0 \\ &= \gamma mc^2 - mc^2 \\ &= (\gamma - 1)mc^2 . \end{aligned}$$

Denselben Ausdruck erlangen wir, wenn wir die Arbeit berechnen, welche benötigt wird, um ein Teilchen auf eine relativistische Geschwindigkeit zu beschleunigen, wie in Herleitung 6.7 gezeigt wird (Gl. 6.24 und Herleitung 6.7). Für den niedrigen Geschwindigkeitsbereich erlangen wir wieder den Ausdruck für die klassische kinetische Energie:

$$
\begin{aligned}
T &= \left(\frac{1}{\sqrt{1-(v/c)^2}} - 1\right) mc^2 \\
&= \left(\left(1-(v/c)^2\right)^{-1/2} - 1\right) mc^2 \\
&\simeq \left(1 + \frac{(v/c)^2}{2} + \ldots - 1\right) mc^2 \\
&\simeq \frac{1}{2} mv^2 \quad \text{für } v \ll c\,.
\end{aligned}
$$

Relativistische Energie und Impuls:

Ruhemassenenergie:

$$E_0 = mc^2 \tag{6.21}$$

Gesamtenergie:

$$E = \gamma mc^2 \tag{6.22}$$

Impuls:

$$
\begin{aligned}
p &= \gamma mv \\
&= \gamma\beta mc
\end{aligned} \tag{6.23}
$$

Kinetische Energie (Herleitung 6.7):

$$
\begin{aligned}
T &= E - E_0 \\
&= (\gamma - 1)mc^2\,,
\end{aligned} \tag{6.24}
$$

wobei m die Ruhemasse des Körpers ist.

Geschwindigkeit eines relativistischen Teilchens

Mit den Gln. 6.22 und 6.23 ergeben sich einige hilfreiche Identitäten, um die Geschwindigkeit (γ und β) eines Teilchens zu bestimmen:

$$\gamma = \frac{E}{mc^2} \tag{6.25}$$

$$\gamma\beta = \frac{pc}{mc^2} \tag{6.26}$$

$$\rightarrow \beta = \frac{pc}{E} \tag{6.27}$$

6.5 Lorentztransformationen für *E* und *p* in einer Dimension

Die Gesamtenergie sowie der Impuls eines Teilchens hängen von seinem Lorentzfaktor (von seiner Geschwindigkeit) ab. Dementsprechend sind Energie und Impuls keine invarianten Größen—ihr Betrag hängt vom Bezugssystem ab, aus welchem heraus sie gemessen werden. Wir formen von einem System in ein anderes um, indem wir dieselbe Matrixtransformation wie für x und t verwenden: die Lorentztransformation. Um Energie und Impuls vom Laborsystem S in eine bewegtes System S′ umzuwandeln, erhalten wir somit:

$$\begin{pmatrix} cp' \\ E' \end{pmatrix} = \gamma_0 \begin{pmatrix} 1 & -\beta_0 \\ -\beta_0 & 1 \end{pmatrix} \begin{pmatrix} cp \\ E \end{pmatrix}$$

(Gl. 6.28). Wir schreiben den Impuls als Produkt cp statt nur als p, da dies die Einheit einer Energie hat und die Transformationsmatrix dann symmetrisch ist. Ähnlich dazu verwenden wir die inverse Transformation, um von einem bewegten System ins Laborsystem umzuformen:

$$\begin{pmatrix} cp \\ E \end{pmatrix} = \gamma_0 \begin{pmatrix} 1 & \beta_0 \\ \beta_0 & 1 \end{pmatrix} \begin{pmatrix} cp' \\ E' \end{pmatrix}$$

(Gl. 6.29). Der in der Transformation verwendete Lorentz- und Betafaktor, γ_0 bzw. β_0, entspricht dem des bewegten *Systems*. Die Energie und der Impuls eines Teilchens im Laborsystem sind dann $E = \gamma mc^2$ und $p = \gamma mv$, im bewegten System sind sie $E' = \gamma' mc^2$ und $p' = \gamma' mv'$, wobei γ, γ', und γ_0 den drei verschiedenen Lorentzfaktoren entsprechen.

Lorentztransformation für *E* und *p*:

Bewegtes System, S′:

$$\begin{pmatrix} cp' \\ E' \end{pmatrix} = \gamma_0 \begin{pmatrix} 1 & -\beta_0 \\ -\beta_0 & 1 \end{pmatrix} \begin{pmatrix} cp \\ E \end{pmatrix} \tag{6.28}$$

Laborsystem, S:
(inverse Transformation)

$$\begin{pmatrix} cp \\ E \end{pmatrix} = \gamma_0 \begin{pmatrix} 1 & \beta_0 \\ \beta_0 & 1 \end{pmatrix} \begin{pmatrix} cp' \\ E' \end{pmatrix} \tag{6.29}$$

Die Transformationen in den Gln. 6.28 und 6.29 gelten für Bewegung in einer Dimension. Zur Bewegungsrichtung quergerichtete Impulse sind invariant. Für eine Bewegung entlang der x-Achse sind die quergerichteten Impulse beispielsweise:

$$
\begin{aligned}
p'_y &= p_y \\
\text{und} \quad p'_z &= p_z\,.
\end{aligned}
$$

Herleitung 6.7: Herleitung der relativistischen kinetischen Energie (Gl. 6.24)

- Ansatz: Die kinetische Energie eines Teilchens geht aus der während der Beschleunigung an ihm verrichteten Arbeit hervor:

$$T = W = \int F \mathrm{d}x = \int F v \mathrm{d}t$$

mit $v = \mathrm{d}x/\mathrm{d}t$.

- Laut dem zweiten Newton'schen Gesetz ist die äußere Kraft, welche benötigt wird, um einen Körper zu beschleunigen, gleich der Änderungsrate seines Impulses:

$$F = \frac{\mathrm{d}p}{\mathrm{d}t}$$

mit $p = \gamma m v$ für relativistische Geschwindigkeiten. Die Ruhemasse m ist konstant.

- Der Lorentzfaktor ist gegeben durch:

$$\gamma = \frac{1}{\sqrt{1-(v/c)^2}}.$$

Stellen wir γ um und leiten ab, so sehen wir:

$$\left(\frac{v}{c}\right)^2 = 1 - \frac{1}{\gamma^2}$$

$$\rightarrow \frac{2v\mathrm{d}v}{c^2} = \frac{2\mathrm{d}\gamma}{\gamma^3}$$

Verwendet diese Ausdrücke, um v^2 und $v\mathrm{d}v$ aus dem Ausdruck für T zu eliminieren.

- Durch Integration über γ erhalten wir:

$$T = (\gamma - 1)mc^2 = E - E_0 .$$

$$\begin{aligned}
T &= \int_0^x F \mathrm{d}x' \\
&= \int_0^t \frac{\mathrm{d}(\gamma' m v')}{\mathrm{d}t'} v' \mathrm{d}t' \\
&= \int_0^t \left(\gamma' m \frac{\mathrm{d}v'}{\mathrm{d}t'} + m v' \frac{\mathrm{d}\gamma'}{\mathrm{d}t'}\right) v' \mathrm{d}t' \\
&= \int_{\substack{v'=0\\ \gamma'=1}}^{\substack{v\\ \gamma}} \left(\gamma' m v' \mathrm{d}v' + m v'^2 \mathrm{d}\gamma'\right) \\
&= \int_1^\gamma \left(\gamma' mc^2 \frac{\mathrm{d}\gamma'}{\gamma'^3} + mc^2\left(1 - \frac{1}{\gamma'^2}\right)\mathrm{d}\gamma'\right) \\
&= \int_1^\gamma mc^2 \mathrm{d}\gamma' \\
&= (\gamma - 1)\, mc^2
\end{aligned}$$

Um die Variablen von den Integrationsgrenzen zu unterscheiden, werden sie gestrichen notiert.

6.5.1 Invarianz der Ruhemassenenergie

Wir stellen fest, dass die Größe:

$$(\Delta s)^2 = (c\Delta t)^2 - (\Delta x)^2$$

in Raum-Zeit-Koordinaten eine invariante Größe ist (sie hat in allen Inertialsystemen den selben Wert). Daher können wir aufgrund der Symmetrie zwischen der E-p- sowie der x-t-Transformationen schlussfolgern, dass die Größe $(c\Delta p)^2 - (\Delta E^2)$ ebenso invariant ist (siehe Herleitung 6.2).

Unter Verwendung von $E = \gamma mc^2$ und $p = \gamma m v$ stellen wir fest, dass die Größe $E^2 - (pc)^2$ gleich dem Quadrat der Ruhemassenenergie eines Teilchens ist:

$$\begin{aligned}
E^2 - (pc)^2 &= \left(\gamma mc^2\right)^2 - (\gamma m v c)^2 \\
&= (\gamma m)^2 c^2 \left(c^2 - v^2\right) \\
&= \left(mc^2\right)^2 \gamma^2 \left(1 - \beta^2\right) \\
&= \left(mc^2\right)^2 .
\end{aligned}$$

Daher ist die Ruhemassenenergie eines Teilchens eine invariante Größe (Gl. 6.30).

Invarianz der Ruhemassenenergie:

$$(mc^2)^2 = E^2 - (pc)^2 = \text{invariant} \tag{6.30}$$

6.5.2 Das Schwerpunktsystem

Das Schwerpunktsystem (oder Impulsschwerpunktsystem)[6] ist als das System definiert, in welchem der Gesamtimpuls aller Teilchen gleich null ist. Im Folgenden werden wir den Lorentz- und Betafaktor sowohl für das Schwerpunktsystem eines einzelnen Teilchens als auch für das eines Systems von N Teilchen bestimmen.

Für ein einzelnes Teilchen

Für ein einzelnes Teilchen stimmt das Schwerpunktsystem mit dem *Ruhesystem* des Teilchens, d. h. dem System, in welchem das Teilchen ruht, überein. (Wenn wir uns vorstellen, auf einem Teilchen zu sitzen, dann befinden wir uns im Ruhesystem dieses Teilchens.) Im Ruhesystem eines Teilchens der Masse m ist der Impuls des Teilchens $p' = 0$ und seine Ruhemassenenergie ist $E' = mc^2$:

$$\rightarrow \begin{pmatrix} cp' \\ E' \end{pmatrix} = \begin{pmatrix} 0 \\ mc^2 \end{pmatrix}.$$

Die Lorentztransformation vom Laborsystem zum Ruhesystem des Teilchens ist daher:

$$\begin{pmatrix} 0 \\ mc^2 \end{pmatrix} = \gamma_0 \begin{pmatrix} 1 & -\beta_0 \\ -\beta_0 & 1 \end{pmatrix} \begin{pmatrix} cp \\ E \end{pmatrix},$$

wobei γ_0 und β_0 der Lorentz- und Betafaktor des Ruhesystems relativ zum Laborsystem sind. Multiplizieren wir dies aus, so erhalten wir:

$$0 = \gamma_0 cp - \beta_0 \gamma_0 E \tag{6.31}$$

$$\text{und} \quad mc^2 = -\beta_0 \gamma_0 cp + \gamma_0 E. \tag{6.32}$$

Durch Umstellen der Gl. 6.31 finden wir einen Ausdruck für den Betafaktor des Systems:

$$\beta_0 = \frac{cp}{E}$$

(Gl. 6.33). Verwenden wir dies zusammen mit Gl. 6.32 so erhalten wir einen Ausdruck für den Lorentzfaktor des Systems:

$$\begin{aligned} mc^2 &= -\beta_0^2 \gamma_0 E + \gamma_0 E \\ &= \gamma_0 E \left(1 - \beta_0^2\right) \\ &= \frac{E}{\gamma_0} \\ \rightarrow \gamma_0 &= \frac{E}{mc^2} \end{aligned}$$

(Gl. 6.34). Vergleichen wir diese Ausdrücke mit den Gln. 6.25 und 6.27, so sehen wir, dass die Geschwindigkeiten im Schwerpunktsystem (γ_0 und β_0) wie erwartet mit den im Laborsystem gemessenen Geschwindigkeiten des Teilchens (γ und β) übereinstimmen.

Geschwindigkeit im Schwerpunktsystem eines einzelnen Teilchens:

$$\beta_0 = \frac{cp}{E} \tag{6.33}$$

$$\gamma_0 = \frac{E}{mc^2}, \tag{6.34}$$

wobei m die Ruhemasse des Körpers ist.

Für ein System von Teilchen

Für ein System aus N Teilchen sind der Gesamtimpuls sowie die Gesamtenergie des Systems die Summe der Impulse und Energien der einzelnen Teilchen:

$$p_{\text{ges}} = \sum_{i=1}^{N} p_i = \sum_{i=1}^{N} \gamma_i m_i v_i$$

$$E_{\text{ges}} = \sum_{i=1}^{N} E_i = \sum_{i=1}^{N} \gamma_i m_i c^2.$$

Die Lorentztransformation für die Gesamtenergie sowie den Impuls ist also:

$$\begin{pmatrix} cp'_{\text{ges}} \\ E'_{\text{ges}} \end{pmatrix} = \gamma_0 \begin{pmatrix} 1 & -\beta_0 \\ -\beta_0 & 1 \end{pmatrix} \begin{pmatrix} cp_{\text{ges}} \\ E_{\text{ges}} \end{pmatrix}.$$

oder

$$\begin{pmatrix} \sum cp'_i \\ \sum E'_i \end{pmatrix} = \gamma_0 \begin{pmatrix} 1 & -\beta_0 \\ -\beta_0 & 1 \end{pmatrix} \begin{pmatrix} \sum cp_i \\ \sum E_i \end{pmatrix}.$$

Im Schwerpunktsystem ist der Gesamtimpuls gleich null und die Gesamtenergie gleich der Energie des Massenschwerpunktes, E_{cm} (der Summe der einzelnen Energien

---

[6] Das Massenschwerpunktsystem ist ein Spezialfall des Impulsschwerpunktsystems, in welchem der Massenschwerpunkt im Ursprung ruht. Die Wahl des Ursprungs ist jedoch normalerweise beliebig, daher können wir oft ein Koordinatensystem definieren, sodass dies zutreffend ist.

der Teilchen im Schwerpunktsystem):

$$\rightarrow \begin{pmatrix} \sum cp_i' \\ \sum E_i' \end{pmatrix} = \begin{pmatrix} 0 \\ E_{\text{cm}} \end{pmatrix}.$$

Die Lorentztransformation vom Laborsystem zum Schwerpunktsystem ist demnach:

$$\begin{pmatrix} 0 \\ E_{\text{cm}} \end{pmatrix} = \gamma_{\text{cm}} \begin{pmatrix} 1 & -\beta_{\text{cm}} \\ -\beta_{\text{cm}} & 1 \end{pmatrix} \begin{pmatrix} \sum cp_i \\ \sum E_i \end{pmatrix}.$$

Multiplizieren wir die Transformation aus, so erhalten wir:

$$\begin{aligned} 0 &= \gamma_{\text{cm}} \sum cp_i - \beta_{\text{cm}}\gamma_{\text{cm}} \sum E_i \\ \text{und} \quad E_{\text{cm}} &= -\beta_{\text{cm}}\gamma_{\text{cm}} \sum cp_i + \gamma_{\text{cm}} \sum E_i . \end{aligned}$$

Wir finden Ausdrücke für die Geschwindigkeit des Schwerpunktsystems (β_{cm} und γ_{cm}), wenn wir diese Gleichungen umstellen:

$$\begin{aligned} \beta_{\text{cm}} &= \frac{\sum cp_i}{\sum E_i} \\ \text{und} \quad \gamma_{\text{cm}} &= \frac{\sum E_i}{E_{\text{cm}}} \end{aligned}$$

(Gln. 6.35 und 6.36).

Geschwindigkeit im Schwerpunktsystem mehrerer Teilchen:

$$\beta_{\text{cm}} = \frac{\sum cp_i}{\sum E_i} \tag{6.35}$$

$$\gamma_{\text{cm}} = \frac{\sum E_i}{E_{\text{cm}}} \tag{6.36}$$

mit $p_i = \gamma_i m_i v_i$ und $E_i = \gamma_i m_i c^2$.

Schwerpunktsenergie und Invarianz

Die invariante Größe eines Systems mehrerer Teilchen ist:

$$\text{invariant} = \left(\sum E_i\right)^2 - \left(\sum p_i c\right)^2 .$$

Im Schwerpunktsystem gilt $\sum E_i' = E_{\text{cm}}$ und $\sum p_i' c = 0$. Die invariante Größe ist somit:

$$\text{invariant} = E_{\text{cm}}^2 .$$

Anders formuliert stimmt die invariante Größe mit der Schwerpunktsenergie überein:

$$\rightarrow E_{\text{cm}}^2 = \left(\sum E_i\right)^2 - \left(\sum p_i c\right)^2$$

(Gl. 6.37). Für ein Zweiteilchensystem ergibt das Ausmultiplizieren dieser Gleichung:

$$\begin{aligned} E_{\text{cm}}^2 &= \left(\sum E_i\right)^2 - \left(\sum cp_i\right)^2 \\ &= (E_1 + E_2)^2 - (cp_1 + cp_2)^2 \\ &= \underbrace{E_1^2 - (cp_1)^2}_{=(m_1c^2)^2} + \underbrace{E_2^2 - (cp_2)^2}_{=(m_2c^2)^2} \\ &\quad + 2E_1E_2 - 2cp_1cp_2 \\ &= \left(m_1c^2\right)^2 + \left(m_2c^2\right)^2 + 2E_1E_2\,(1 - \beta_1\beta_2) \end{aligned}$$

mit dem Betafaktor des i. Teilchens:

$$\beta_i = \frac{cp_i}{E_i} = \frac{v_i}{c} .$$

Schwerpunktsenergie und effektive Masse

Wenn alle Teilchen im Schwerpunktsystem *ruhen*, dann ist E_{cm} gleich der Summe ihrer Ruhemassenenergien:

$$\begin{aligned} E_{\text{cm}} &= m_1c^2 + m_2c^2 + \ldots m_Nc^2 \\ &= \sum_{i=1}^{N} m_ic^2 \\ &= M_{\text{ges}}c^2 . \end{aligned}$$

In diesem Fall ist das Schwerpunktsystem gleich einem einzelnen Körper der Masse $M_{\text{ges}} = \sum m_i$, welcher im Schwerpunkt ruht. Wenn die Teilchen im Schwerpunktsystem *nicht* in Ruhe sind, sondern sich in verschiedene Richtungen bewegen, sodass sich ihre Impulse ausgleichen, dann beinhaltet E_{cm} auch die kinetischen Energien der einzelnen Teilchen. In diesem Fall ist E_{cm} größer als die Summe der einzelnen Ruhemassenenergien. E_{cm} wird manchmal als die *effektive Masse*, M_{eff}, des Systems bezeichnet, da sie mit einem einzelnen Teilchen einer effektiven Ruhemassenenergie von

$$E_{\text{cm}} = M_{\text{eff}}c^2$$

übereinstimmt (Gl. 6.38). In Abhängigkeit von der invarianten Größe erhalten wir:

$$(M_{\text{eff}}c^2)^2 = \left(E_{\text{ges}}\right)^2 - \left(p_{\text{ges}}c\right)^2 ,$$

wobei E_{ges} und p_{ges} die Gesamtenergien sowie -impulse der einzelnen Teilchen im Laborsystem sind. Die Beispielrechnung 6.1 zeigt, wie E_{cm} zu verwenden ist, um die Grenzmasse eines in einer hochenergetischen Elektron-Positron-Kollision produzierten Teilchens zu bestimmen.

Beispielrechnung 6.1: Elektron-Positron-Kollision (Gln. 6.37 und 6.38)

Ein Elektron und ein Positron, jeweils mit Masse m_e, erzeugen beim Zusammenstoß ein ruhendes Teilchen. Bestimmt die Grenzmasse des neuen Teilchens abhängig von den Energien der stoßenden Teilchen. Nehmt an, dass $E_e \gg m_e c^2$ gilt.

Vorm Stoß:

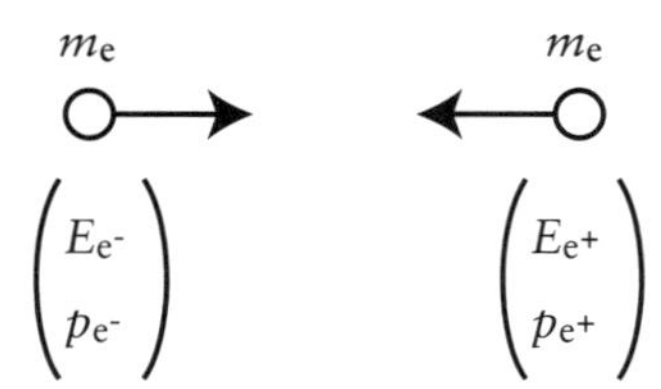

Nach dem Stoß:

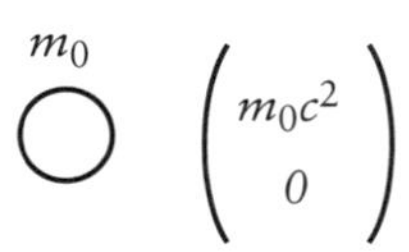

Die Grenzmasse eines durch einen Stoß produzierten ruhenden Teilchens ist:

$$E_{cm} = m_0 c^2 .$$

Die invariante Größe ist $(E_{cm})^2 = (\sum E_i)^2 - (\sum p_i c)^2$. Unter der Annahme, dass die Energie sowie der Impuls des Elektrons und Positrons viel größer sind als ihre Ruhemassenenergie, erhalten wir:

$$\begin{aligned}
&(E_{cm})^2 \\
&= \left(\sum E_i\right)^2 - \left(\sum p_i c\right)^2 \\
&= (E_{e^-} + E_{e^+})^2 - (cp_{e^-} - cp_{e^+})^2 \\
&= E_{e^-}^2 + E_{e^+}^2 + 2E_{e^-}E_{e^+} - \left(c^2p_{e^-}^2 + c^2p_{e^+}^2 - 2c^2 p_{e^-}p_{e^+}\right) \\
&= \underbrace{E_{e^-}^2 - (cp_{e^-})^2}_{=(m_ec^2)^2} + \underbrace{E_{e^+}^2 - (cp_{e^+})^2}_{=(m_ec^2)^2} + 2E_{e^-}E_{e^+} + 2c^2p_{e^-}p_{e^+} \\
&\simeq 2E_{e^-}E_{e^+} + 2c^2 p_{e^-}p_{e^+} \\
&\simeq 4E_{e^-}E_{e^+} .
\end{aligned}$$

wobei die letzten Schritte für $E_e \gg m_e c^2$ die Annahme $E_e \simeq p_e c$ machen. Die Grenzmasse des durch die Kollision produzierten ruhenden Teilchens ist somit:

$$\begin{aligned}
4E_{e^-}E_{e^+} &\simeq \left(m_0c^2\right)^2 \\
\rightarrow m_0c^2 &= 2\sqrt{E_{e^-}E_{e^+}} .
\end{aligned}$$

Schwerpunktsenergie:

$$E_{cm}^2 = \left(\sum E_i\right)^2 - \left(\sum p_i c\right)^2 \tag{6.37}$$

$$\text{und} \quad E_{cm} = M_{eff}c^2 , \tag{6.38}$$

wobei M_{eff} die effektive Masse des Systems ist.

6.5.3 Photonen- und Comptonstreuung

Photonen haben keine Masse und damit auch keine Ruhemassenenergie:

$$(mc^2)^2 = E^2 - (pc)^2 = 0 .$$

Energie und Impuls eines Photons sind daher wie folgt verbunden:

$$E = pc .$$

Die Streuung von Röntgenstrahlen oder Gammastrahlen an einem Elektron wird *Comptonstreuung* genannt. Während des Stoßes wird ein Teil der Energie des einfallenden Photons auf das Elektron übertragen, was zu einer Abnahme der Energie des gestreuten Photons und somit zu einer Zunahme seiner Wellenlänge führt. Indem wir die Energie- und Impulserhaltung vor und nach dem Stoß berücksichtigen, stellen wir fest, dass die Energien des Photons wie folgt miteinander verbunden sind:

$$\frac{1}{E'} - \frac{1}{E} = \frac{(1-\cos\theta)}{m_e c^2} ,$$

wobei E' die Energie des gestreuten, E die Energie des einfallenden Photons und θ der Streuwinkel ist (Gl. 6.39 und Herleitung 6.8). Mit $E = h\nu = hc/\lambda$, wobei h das *Planck'sche Wirkungsquantum* [$6.63 \cdot 10^{-34}$ J s] ist, stellen wir fest, dass die Abnahme der Energie des Photons einer Zunahme seiner Wellenlänge um:

$$\Delta\lambda = \lambda' - \lambda = \frac{h(1-\cos\theta)}{m_e c}$$

entspricht (Gl. 6.40).

Herleitung 6.8: Herleitung der Photonenenergien bei der Comptonstreuung (Gl. 6.39)

Ein Photon (Gammastrahl) der Energie E_γ und des Impulses $\vec{p}_\gamma$ fällt auf ein ruhendes Elektron der Ruhemasse $m_e c^2$ ein. Das Photon wird vom Elektron in einem Streuwinkel θ gestreut. Die Energie und der Impuls des gestreuten Photons sind E'_γ bzw. $\vec{p}'_\gamma$ und die des zurückgestoßenen Elektrons sind E'_e bzw. $\vec{p}'_e$.

Vor der Streuung

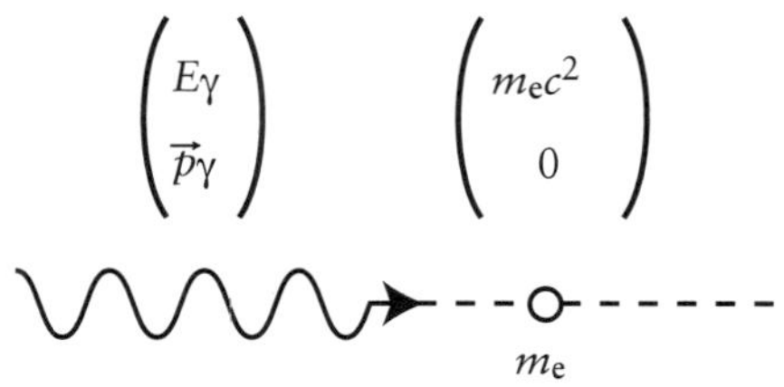

Nach der Streuung

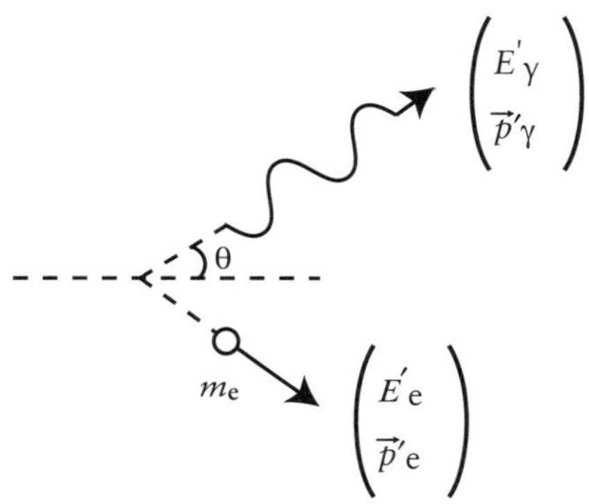

Impulserhaltung:

$$\vec{p}_\gamma = \vec{p}'_\gamma + \vec{p}'_e$$
$$\rightarrow (p'_e)^2 = \vec{p}'_e \cdot \vec{p}'_e$$
$$= \left(\vec{p}_\gamma - \vec{p}'_\gamma\right) \cdot \left(\vec{p}_\gamma - \vec{p}'_\gamma\right)$$
$$= p_\gamma^2 + p'^2_\gamma - 2p_\gamma p'_\gamma \cos\theta$$
$$= \frac{1}{c^2}\left(E_\gamma^2 + E'^2_\gamma - 2E_\gamma E'_\gamma \cos\theta\right)$$

Energieerhaltung:

$$E_\gamma + m_e c^2 = E'_\gamma + E'_e$$
$$\rightarrow (E'_e)^2 = \left(m_e c^2 + E_\gamma - E'_\gamma\right)^2$$
$$= \left(m_e c^2\right)^2 + \left(E_\gamma - E'_\gamma\right)^2 + 2m_e c^2\left(E_\gamma - E'_\gamma\right)$$
$$= \left(m_e c^2\right)^2 + \left(E_\gamma^2 + E'^2_\gamma - 2E_\gamma E'_\gamma\right) + 2m_e c^2\left(E_\gamma - E'_\gamma\right)$$

Ruhemasse des Elektrons:

$$\left(m_e c^2\right)^2 = (E'_e)^2 - (cp'_e)^2$$
$$= \left(m_e c^2\right)^2 + \left(E_\gamma^2 + E'^2_\gamma - 2E_\gamma E'_\gamma\right) + 2m_e c^2\left(E_\gamma - E'_\gamma\right) - \left(E_\gamma^2 + E'^2_\gamma - 2E_\gamma E'_\gamma \cos\theta\right)$$
$$= \left(m_e c^2\right)^2 - 2E_\gamma E'_\gamma (1 - \cos\theta) + 2m_e c^2\left(E_\gamma - E'_\gamma\right)$$

Comptonformel:

$$\rightarrow m_e c^2\left(E_\gamma - E'_\gamma\right) = E_\gamma E'_\gamma (1 - \cos\theta)$$
$$\rightarrow \frac{1}{E'_\gamma} - \frac{1}{E_\gamma} = \frac{(1 - \cos\theta)}{m_e c^2}$$

Comptonstreuung (Herleitung 6.8):

$$\frac{1}{E'} - \frac{1}{E} = \frac{(1 - \cos\theta)}{m_e c^2} \tag{6.39}$$

$$\rightarrow \lambda' - \lambda = \frac{h\,(1 - \cos\theta)}{m_e c} \tag{6.40}$$

Die Energie, welche das Photon verliert, wird auf das streuende Elektron übertragen und gibt ihm eine kinetische Rückstoßenergie von:

$$\begin{aligned} T_e &= E - E' \\ &= E - \frac{m_e c^2 E}{(1 - \cos\theta)\,E + m_e c^2} \\ &= \frac{(1 - \cos\theta)\,E^2}{(1 - \cos\theta)\,E + m_e c^2} \end{aligned}$$

Diese ist maximal, wenn das Photon genau zurückgestreut wird, d. h. wenn $\theta = \pi$ gilt:

$$\rightarrow T_e^{max} = \frac{2E^2}{2E + m_e c^2}\,.$$

Teil II
Elektrodynamik

Einleitung

Überblick

Elektrodynamik ist die Lehre vom Verhalten und den Eigenschaften elektrischer und magnetischer Felder und elektromagnetischer Wellen sowie ihrer Wechselwirkung mit Materie. Ruhende elektrische Ladung verursacht ein konstantes elektrisches Feld, dessen Erforschung *Elektrostatik* genannt wird (Kap. 7); ein gleichförmiger Strom erzeugt ein konstantes Magnetfeld, dessen Erforschung *Magnetostatik* genannt wird (Kap. 8). Wir können elektrostatische und magnetostatische Konzepte anwenden, um die Eigenschaften elektrischer Stromkreise zu bestimmen (Kap. 9). Interessanter wird es, wenn elektrische und magnetische Felder zeitlich nicht konstant sind; ein sich änderndes Magnetfeld erzeugt ein elektrisches Feld und ein veränderliches elektrisches Feld erzeugt ein Magnetfeld. Diese Phänomene begründen das Thema der *elektromagnetischen Induktion* (Kap. 10). Alle Eigenschaften elektrischer und magnetischer Felder werden auf elegante Weise durch die vier fundamentalen Gleichungen des Elektromagnetismus auf den Punkt gebracht: die Maxwell-Gleichungen. Auf der Basis dieser vier Gleichungen können wir die Eigenschaften elektrischer und magnetischer Felder in Materie (Kap. 11) ebenso verstehen und vorhersagen wie die Eigenschaften elektromagnetischer Wellen, sowohl im Vakuum als auch in Materie (Kap. 12).

Praktische Anwendungen

Die elektromagnetische Kraft ist eine der vier fundamentalen Wechselwirkungen.[7] Sie hält Atome und Gegenstände zusammen und beherrscht viele der Phänomene, denen wir in unserem alltäglichen Leben begegnen. Allein das elektromagnetische Spektrum liefert unzählige Anwendungen – Fernsehen, Radio, die Mikrowelle, sichtbares Licht, Röntgenstrahlen etc. Elektromagnetismus versorgt uns mit Elektrizität um Haushalte und Industrie mit Energie zu versorgen. Und selbstverständlich sind natürliche Phänomene, so wie Blitze und das Magnetfeld der Erde, ebenfalls elektromagnetisch.

[7] ie vier fundamentalen Wechselwirkungen sind, in zunehmender Stärke, die Gravitation, die elektromagnetische Kraft, die schwache Kraft und die starke Kraft.

Meine bescheidene Meinung

Die Schwierigkeit des Elektromagnetismus für einen neuen Studenten ist gerade, dass sie so *gut* erforscht ist. Insbesondere gibt es so viele verschiedene Arten, die meisten Probleme zu lösen oder eine gegebene Beziehung zu beweisen, dass es so scheint, als gäbe es nur begrenzt viele physikalische Sachverhalte zu lernen. Darüber hinaus stammen Standardtexte über Elektromagnetismus oft aus der gleichen Zeit wie das Thema selbst, was es zu einem recht trockenen und mühsam zu lernenden Thema macht. Es *ist* ein sehr umfangreiches Thema – es gibt unzählige Anwendungen der elektromagnetischen Theorie –, doch es ist nicht so ausgiebig, wie man uns glauben macht. Elektrische Dipole begründen beispielsweise *keine* neuen Gesetze der Physik – sie wenden lediglich an, was wir über zwei Punktladungen in geringer Entfernung wissen.

Tatsächlich wird Elektromagnetismus oft als eine der elegantesten und präzisesten Disziplinen der Physik angesehen, da die räumlichen und zeitlichen Eigenschaften elektromagnetischer Felder und Wellen alle in den Maxwell-Gleichungen enthalten sind. Um jedoch zu verstehen, was diese Gleichungen verkörpern, müssen wir zunächst das statische Verhalten elektrischer und magnetischer Felder und die Weise, wie geladene Teilchen und Ströme sie hervorrufen, verstehen. In einem Einführungskurs zum Elektromagnetismus behandeln wir daher zunächst Elektrostatik und Magnetostatik und die Maxwell-Gleichungen bilden eher das Ziel als die Mittel. Seid also geduldig – mit mehr Vertrautheit werden die Dinge schließlich anfangen, klar zu werden, und ihr werdet sehen, dass es keine scheinbar endlose Anzahl an Fakten zu wissen gibt; es gibt nur vier!

Empfohlene Bücher

- Giancoli, D., 2009, *Physik: Lehr- und Übungsbuch*. 3. Aufl. Pearson Studium.
- Nolting, W., 2011, *Grundkurs Theoretische Physik 3: Elektrodynamik*. 9. Aufl. Springer.
- Greiner, W., 2008, *Theoretische Physik Bd. 3: Theoretische Elektrodynamik*. 7. Aufl. Deutsch (Harri).
- Fleisch, D., 2008, *A Student's Guide to Maxwell's Equations*. Cambridge University Press.

- Griffiths, D., 1999, *Introduction to Electrodynamics*, 3. Aufl. Prentice Hall.[8]
- Lorrain, P., Corson, D., and Lorrain, F., 1988, *Electromagnetic Fields and Waves*, 3. Aufl. Freeman.

Insbesondere die vielen Anwendungsbeispiele aus dem Alltag sowie der Technik zeichnen dieses Buch von Giancoli aus, es bietet für den Bereich der Experimentalphysik somit eine gute Möglichkeit der Vor- und Nachbereitung. Weiterhin enthält es viele Aufgaben, zu denen im Internet englischsprachige Lösungen zur Verfügung stehen. Das Buch von Greiner enthält die beste Rechenbeispiele zu Multipolen, ist vom Niveau her jedoch eher für Theoretische Physiker geeignet. Dank der vielen Aufgaben mit Lösungen ist das Buch von Nolting besonders zur Klausurvorbereitung geeignet.

Es gibt einige gute Bücher zur Elektrodynamik, doch die oben genannten sind meine persönlichen Favoriten. Das Buch von Griffiths ist zur Einführung in das Thema besonders gut; es ist auf dynamische und sehr klare Art geschrieben. Das Buch von Lorrain et al. umfasst ebenfalls die einleitenden Ausführungen, es ist jedoch gut für eine weitergehende Diskussion elektromagnetischer Felder und Wellen in Materie. Das Buch von Fleisch wurde veröffentlicht, nachdem ich mein Grundstudium abgeschlossen hatte, es liefert eine kurze und dennoch tiefgehende Beschreibung, welche sich auf die Maxwell'schen Gleichungen konzentriert. Es gibt einen klaren und konzeptionellen Überblick über das Thema.

[8] Anm. d. Übers.: Deutsche Ausgabe: *Elektrodynamik: Eine Einführung*. Pearson Studium.

Elektrostatik

7

Elektrostatik ist die Lehre von Systemen ruhender elektrischer Ladungen. Diese verursachen elektrische Felder, deren Eigenschaften zeitlich konstant bleiben. In diesem Kapitel werden wir uns die Kraft und Energie in elektrostatischen Systemen ansehen, ebenso wie die Eigenschaften statischer elektrischer Felder.

7.1 Elektrische Ladung

Die *elektrische Ladung*, Q [C], ist eine den Teilchen von Natur aus zugehörige Eigenschaft. Eine stationäre Verteilung elektrischer Ladung ruft elektrostatische Phänomene hervor. Die *Elementarladung*, e [$1.602 \cdot 10^{-19}$ C], ist eine grundlegende Konstante, wobei die Ladung eines Protons $Q_\mathrm{p} = +e$ und die Ladung eines Elektrons $Q_\mathrm{e} = -e$ ist. Neutronen[1] haben keine elektrische Ladung; die Ladung eines Neutrons ist daher $Q_\mathrm{n} = 0$. Elektrisch neutrale Atome haben eine gleiche Anzahl an Protonen und Elektronen, geladene Atome (Ionen) hingegen nicht. Ein Objekt erhält eine Ladung, wenn es ein Ungleichgewicht positiver und negativer Ladungen hat, was bedeutet, dass es ein Ungleichgewicht von Protonen und Elektronen hat.

Ladungsverteilungen

Eine *Punktladung*, mit q bezeichnet, ist ein idealisiertes geladenes Objekt, welches eine vernachlässigbare Ausdehnung hat. Wir sprechen von jedem System, welches größer ist als eine einzelne Punktladung, als eine *Ladungsverteilung*. Diese werden gewöhnlicherweise entweder als *diskret* oder als *kontinuierlich* eingestuft. Eine diskrete Verteilung wird von einer Ansammlung einzelner Punktladungen gebildet (Abb. 7.1 a), während eine kontinuierlich über eine Region verteilte Ladung eine kontinuierliche Ladungsverteilung darstellt (Abb. 7.1 b). Die Gesamtladung einer diskreten Verteilung ist die Summe der einzelnen Punktladungen:

$$Q = \sum_i q_i \,.$$

Bei einer kontinuierlichen Verteilung teilen wir das System in Ladungselemente, $\mathrm{d}q$, auf und behandeln diese Elemente als Punktladungen. Die Gesamtladung wird dann durch Integration über alle Elemente $\mathrm{d}q$ gefunden:

$$Q = \int \mathrm{d}q \,.$$

[1] Beachtet, dass die elektrische Ladung von Quarks, welche die fundamentalen Teilchen sind, aus welchen Protonen und Neutronen bestehen, ein Bruchteil von e ist: Quarks haben entweder die Ladung $+2e/3$ oder $-e/3$. Protonen und Neutronen sind aus jeweils drei Quarks zusammengesetzt, wobei $Q_\mathrm{p} = 2 \cdot (2e/3) - (e/3) = e$ und $Q_\mathrm{n} = (2e/3) - 2 \cdot (e/3) = 0$.

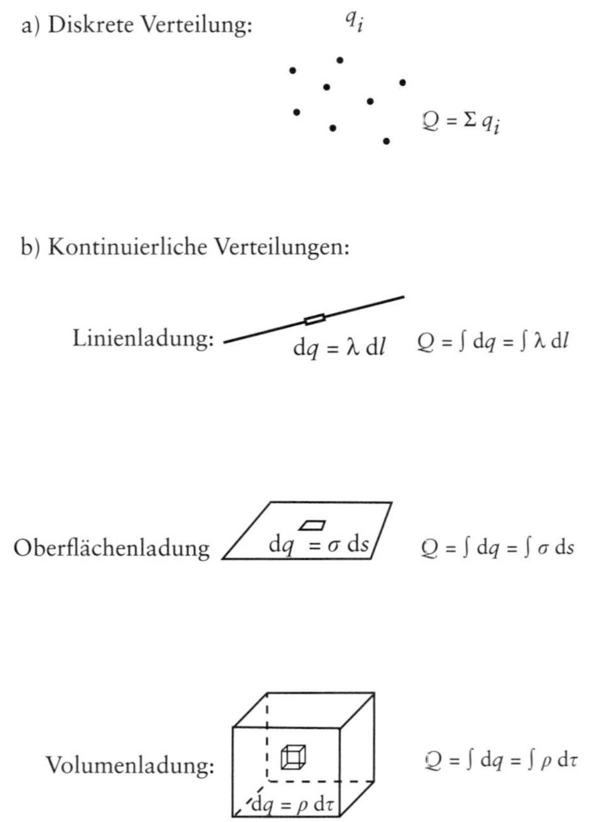

Abbildung 7.1 **a** Diskrete Ladungsverteilung. Die Gesamtladung ist die Summe der einzelnen Punktladungen. **b** Kontinuierliche Ladungsverteilung. Die Gesamtladung wird durch Integration über die Ladungselemente, $\mathrm{d}q$, gefunden

Ladungsdichten

Es ist praktisch, das Element $\mathrm{d}q$ in Abhängigkeit von einer *Ladungsdichte* auszudrücken. Eine Linienladungsdichte, λ [$\mathrm{C\,m^{-1}}$], ist eine Ladung pro Einheitslänge:

$$\lambda = \frac{\mathrm{d}q}{\mathrm{d}l}$$

(Gl. 7.1); eine *Oberflächenladungsdichte*, σ [$\mathrm{C\,m^{-2}}$], ist eine Ladung pro Einheitsfläche:

$$\sigma = \frac{\mathrm{d}q}{\mathrm{d}s}$$

(Gl. 7.2); und eine *Raumladungsdichte*, ρ [$\mathrm{C\,m^{-3}}$], ist eine Ladung pro Einheitsvolumen:

$$\rho = \frac{\mathrm{d}q}{\mathrm{d}\tau}$$

(Gl. 7.3). Diese Definitionen erlauben uns, die Gesamtladung als ein Integral über den Raum statt über die Ladung auszudrücken, was in Rechnungen besonders nützlich ist, wie wir in späteren Beispielen sehen werden (Gln. 7.4 und 7.5).

Ladungsdichten (siehe Abb. 7.1):

$$\text{Linienladung:} \quad \lambda = \frac{dq}{dl} \tag{7.1}$$

$$\text{Oberflächenladung:} \quad \sigma = \frac{dq}{ds} \tag{7.2}$$

$$\text{Raumladung:} \quad \rho = \frac{dq}{d\tau} \tag{7.3}$$

Ladungselement und Gesamtladung:

$$dq = \begin{cases} \lambda\, dl & \text{in einer Dimension (1D)} \\ \sigma\, ds & \text{in zwei Dimensionen (2D)} \\ \rho\, d\tau & \text{in drei Dimensionen (3D)} \end{cases} \tag{7.4}$$

$$\Rightarrow Q = \int dq = \begin{cases} \int \lambda\, dl & \text{in 1D} \\ \int \sigma\, ds & \text{in 2D} \\ \int \rho\, d\tau & \text{in 3D} \end{cases} \tag{7.5}$$

7.1.1 Das Coulomb'sche Gesetz

Eine ruhende Ladung übt auf eine andere eine *elektrostatische Kraft* aus. Betrachtet zwei Punktladungen q_1 und q_2, die eine Strecke r_{12} voneinander entfernt sind, wobei der Vektor $\vec{r}_{12}$ von q_1 zu q_2 zeigt: $\vec{r}_{12} = \vec{r}_2 - \vec{r}_1$ (Abb. 7.2). Man stellt fest, dass die Kraft, welche die Ladung q_1 auf q_2 ausübt, einem invers quadratischen Gesetz folgt:

$$\vec{F}_{12} = k\frac{q_1 q_2}{r_{12}^2}\hat{r}_{12},$$

wobei k eine Konstante ist. Ähnlich dazu ist die Kraft auf q_1 durch q_2:

$$\begin{aligned} \vec{F}_{21} &= k\frac{q_1 q_2}{r_{21}^2}\hat{r}_{21} \\ &= -k\frac{q_1 q_2}{r_{12}^2}\hat{r}_{12} \\ &= -\vec{F}_{12}. \end{aligned}$$

Dieses Ergebnis ist selbstverständlich das dritte Newton'sche Gesetz. Die Konstante, k, ist:

$$k = \frac{1}{4\pi\varepsilon_0}$$

wobei ε_0 [$8.85 \cdot 10^{-12}\,\mathrm{F\,m^{-1}}$] ein fundamentaler elektrischer Parameter ist, welcher als *Permittivität des freien Raumes* bezeichnet wird.

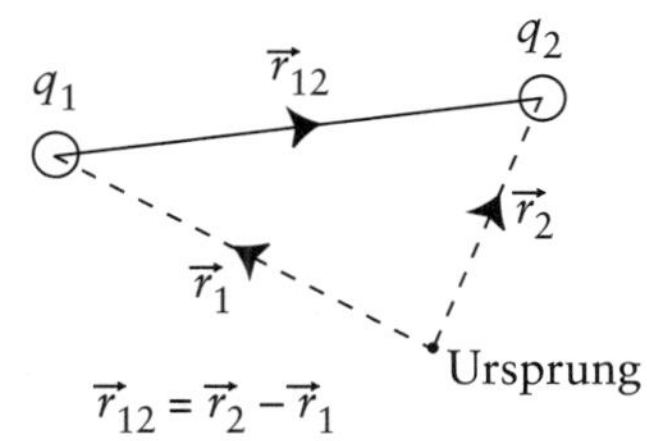

Abbildung 7.2 Definitionen der Ladungen und Ortsvektoren für das Coulomb'sche Gesetz

Der Ausdruck für $\vec{F}_{12}$ ist als *Coulomb'sches Gesetz* bekannt (Gl. 7.6) und wurde in den 1780er Jahren von Charles Coulomb empirisch bestimmt. Es zeigt, dass (i) die Richtung der elektrostatischen Kraft auf eine Ladung durch eine andere entlang der Verbindungslinie der beiden Ladungen wirkt ($\vec{F}_{12} \propto \hat{r}_{12}$) und (ii) für jedwede zwei Ladungen gegebener Größe die Stärke der Kraft nur vom Abstand zwischen ihnen abhängt und einem invers quadratischen Gesetz folgt ($\left|\vec{F}_{12}\right| \propto 1/r_{12}^2$). Zwei Ladungen mit gleichem Vorzeichen stoßen sich ab ($\vec{F}_{12} \propto \hat{r}_{12}$), wohingegen sich zwei Ladungen entgegensetzten Vorzeichens anziehen ($\vec{F}_{12} \propto -\hat{r}_{12}$).

Coulomb'sches Gesetz (siehe Abb. 7.2):

$$\vec{F}_{12} = \frac{q_1 q_2}{4\pi\varepsilon_0 r_{12}^2}\hat{r}_{12} \tag{7.6}$$

$$\text{mit} \quad \vec{r}_{12} = \vec{r}_2 - \vec{r}_1$$

Vergleich mit Gravitation

Das Coulomb'sche Gesetz hat eine ähnliche Form wie das Newton'sche Gravitationsgesetz, welches die gravitative Kraft, $\vec{F}_G$, die eine Masse m_1 auf eine um den Abstand r_{12} entfernte Masse m_2 ausübt, angibt:

$$\vec{F}_G = -\frac{G m_1 m_2}{r_{12}^2}\hat{r}_{12}.$$

Die Stärke der Kraft wird durch die *Gravitationskonstante*, G [$6.67 \cdot 10^{-11}\,\mathrm{m^3\,kg^{-1}\,s^{-2}}$], charakterisiert. Da Massen immer positiv sind, bedeutet das Minuszeichen im Ausdruck für $\vec{F}_G$, dass die Gravitationskraft stets anziehend ist. Wenn wir das Verhältnis der Beträge der Gravitationskraft zur durch das Coulomb'sche Gesetz gegebenen elektromagnetischen Kraft, $\vec{F}_E$, für zwei Protonen ($m = m_p$ and $q = +e$) berechnen, stellen wir fest, dass die Gravitation um etwa 36 Größenordnungen schwächer ist als die elektrostatische Kraft:

$$\left|\frac{\vec{F}_G}{\vec{F}_E}\right| = 4\pi\varepsilon_0 G\left(\frac{m_p}{e}\right)^2 \sim 10^{-36}.$$

Dies bedeutet, dass wir gravitative Effekte in vielen elektrostatischen Rechnungen normalerweise gefahrlos vernachlässigen können.

Das Superpositionsprinzip

Was ist die elektrostatische Kraft auf eine Ladung q_1, welche sich in der Nähe *mehrerer* anderer Ladungen, q_2, q_3, q_4, befindet? Experimentell wurde herausgefunden, dass die Kraft auf q_1 die Vektorsumme der einzelnen Coulombkräfte aufgrund jeder anderen Ladung ist, was bedeutet, dass die Gesamtkraft auf q_1:

$$\vec{F}_1^{\text{ges}} = \vec{F}_{21} + \vec{F}_{31} + \vec{F}_{41} + \ldots$$

ist. Diese Art der linearen Addition von einzelnen Komponenten, um die totale Kraft zu bestimmen, gilt für viele sogenannte *lineare Systeme* und wird als *Superpositionsprinzip* bezeichnet.[2] Die Gesamtkraft auf eine Ladung Q ist für eine diskrete Ladungsverteilung demnach durch die *Summe* über die einzelnen Coulomb'schen Wechselwirkungen der Ladungen q_i gegeben:

$$\begin{aligned}\vec{F}_Q &= \vec{F}_{1Q} + \vec{F}_{2Q} + \vec{F}_{3Q} + \ldots \\ &= \frac{Qq_1}{4\pi\varepsilon_0 r_{1Q}^2}\hat{r}_{1Q} + \frac{Qq_2}{4\pi\varepsilon_0 r_{2Q}^2}\hat{r}_{2Q} + \ldots \\ &= \sum_i \frac{Qq_i}{4\pi\varepsilon_0 r_{iQ}^2}\hat{r}_{iQ}\end{aligned}$$

(Gln. 7.7 und Abb. 7.3 a). Bei einer kontinuierlichen Ladungsverteilung wird die Summe zum *Integral* über die Elemente der Ladung dq (Gl. 7.8 und Abb. 7.3 b).

Gesamte elektrostatische Kraft auf eine Ladung Q (Abb. 7.3):

Diskrete Verteilung:

$$\vec{F}_Q = \sum_i \frac{Qq_i}{4\pi\varepsilon_0 r_{iQ}^2}\hat{r}_{iQ} \qquad (7.7)$$

mit $\vec{r}_{iQ} = \vec{r}_Q - \vec{r}_i$

Kontinuierliche Verteilung:

$$\vec{F}_Q = \int \frac{Q\mathrm{d}q}{4\pi\varepsilon_0 r_{\mathrm{d}q\,Q}^2}\hat{r}_{\mathrm{d}q\,Q} \qquad (7.8)$$

mit $\vec{r}_{\mathrm{d}q\,Q} = \vec{r}_Q - \vec{r}_{\mathrm{d}q}$

(siehe Gl. 7.4 für Ausdrücke für dq).

[2] Das Superpositionsprinzip gilt beispielsweise auch für die Interferenz kohärenter Wellen (die resultierende Amplitude zweier interferierender Wellen ist gleich der Summe ihrer einzelnen Amplituden).

a) Diskrete Verteilung:

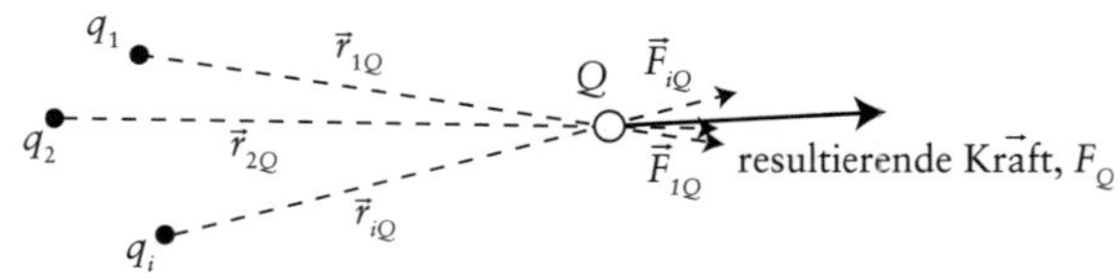

(Die Ladungen $q_1, q_2 \ldots q_i$ und Q besitzen die Ortsvektoren $\vec{r}_1, \vec{r}_2 \ldots \vec{r}_i$ bzw. $\vec{r}_Q$, daher gilt $\vec{r}_{iQ} = \vec{r}_Q - \vec{r}_i$)

b) Kontinuierliche Verteilung:

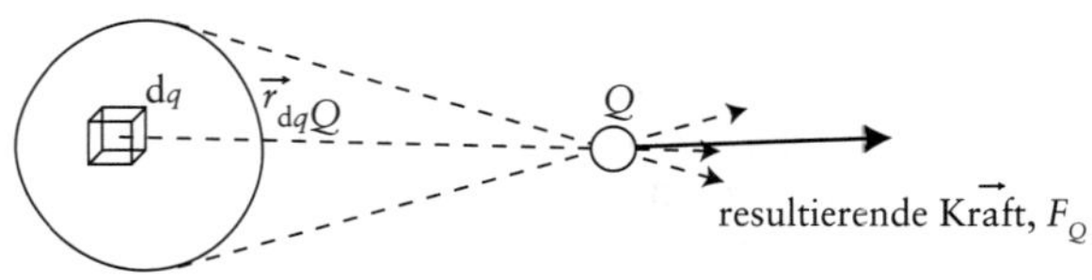

(Die Ladungselemente dq sowie die Ladung Q besitzen die Ortsvektoren $\vec{r}_{\mathrm{d}q}$ bzw. $\vec{r}_Q$, daher gilt, $\vec{r}_{\mathrm{d}qQ} = \vec{r}_Q - \vec{r}_{\mathrm{d}q}$)

Abbildung 7.3 **a** Diskrete Ladungsverteilung. Die Gesamtkraft ist die Vektorsumme der einzelnen Kräfte (Gl. 7.7). **b** Kontinuierliche Ladungsverteilung. Die Gesamtkraft wird durch Integration über die Kraftelemente gefunden (Gl. 7.8)

7.1.2 Das elektrische Feld

Das *elektrische Feld*, $\vec{E}$ [N C^{-1} oder V m^{-1}], ist eine grundlegende Eigenschaft elektrischer Ladung. Es ist durch die elektrostatische Kraft auf eine Probeladung Q im Grenzbereich Q gegen null definiert:

$$\vec{E} \overset{\text{def}}{=} \lim_{Q\to 0} \frac{\vec{F}}{Q}.$$

Auf andere, vielleicht intuitivere Weise kann $\vec{E}$ definiert werden als die Kraft, die eine Einheitsprobeladung $Q = 1$ C erfahren würde, wenn sie in der Nähe einer anderen Ladung platziert würde:

$$\vec{E} = \frac{\vec{F}}{Q}.$$

Die frühere Definition zeigt jedoch, dass $\vec{E}$ selbst in der Abwesenheit einer Probeladung, mit welcher $\vec{F}$ wahrgenommen werden könnte, definiert ist. Der Limes $Q \to 0$ sichert weiterhin, dass die Präsenz der Probeladung Q die Ladungsverteilung nicht ändert, sodass das elektrische Feld in der Anwesenheit von Q dasselbe ist wie in der Abwesenheit von Q.

Die von einer im Ursprung platzierten Ladung q auf eine im radialen Abstand r von ihr befindliche Probeladung Q

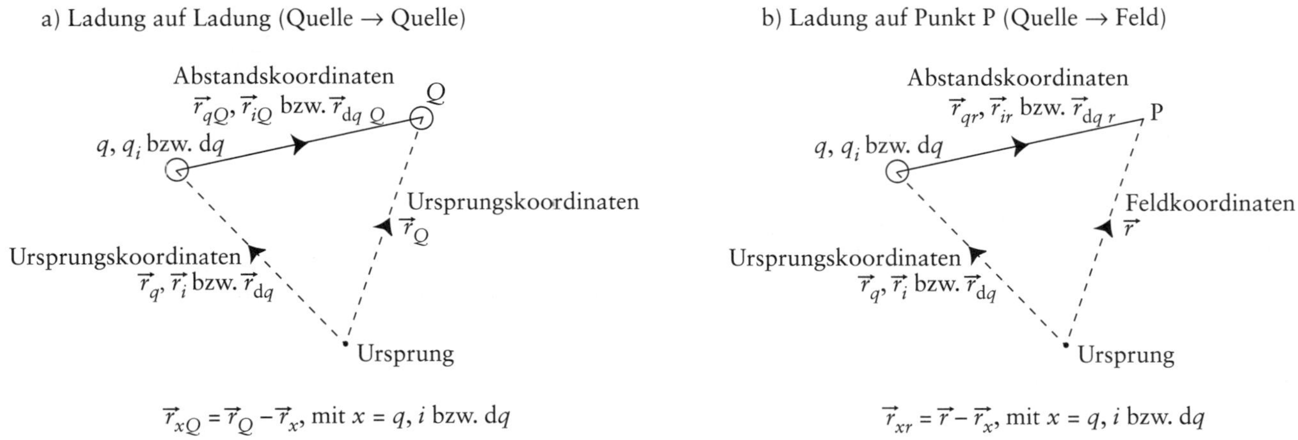

Abbildung 7.4 Terminologie für Ortsvektoren. Feldkoordinaten werden mit $\vec{r}$ und Quellenkoordinate mit einem einfachen Index bezeichnet, wobei der Index mit der Ladung übereinstimmt, beispielsweise $\vec{r}_q$ für eine Ladung q oder $\vec{r}_i$ für eine Ladung q_i. Abstandsvektoren werden mit einem doppelten Index bezeichnet, wobei der erste Index mit dem anfänglichen Ortsvektor und der zweite mit dem finalen Ortsvektor übereinstimmt. **a** Abstandsvektor von einer Quellenkoordinate zu einer anderen Quellenkoordinate und **b** Abstandsvektor von einer Quellenkoordinate zu einer Feldkoordinate

ausgeübte Coulombkraft ist:

$$\vec{F}_{qQ} = \frac{qQ}{4\pi\varepsilon_0 r^2}\hat{r}\,.$$

Das elektrische Feld von q als Funktion von $\vec{r}$ ist dann:

$$\begin{aligned}\vec{E}(\vec{r}) &= \left(\frac{1}{Q}\right)\cdot\left(\frac{qQ}{4\pi\varepsilon_0 r^2}\hat{r}\right)\\ &= \frac{q}{4\pi\varepsilon_0 r^2}\hat{r}\,.\end{aligned}$$

Demnach hängt das elektrische Feld nur vom Betrag der Ladung, welche das Feld hervorruft, q, ab und sein Betrag variiert als Funktion des Abstandes von q, r.

Nebenbemerkung: Wahl der Terminologie für Ortsvektoren

Viele Variablen im Elektromagnetismus sind Funktionen der *Position*. Die Position wird für gewöhnlich durch einen Ortsvektor, $\vec{r}$, bezeichnet, wobei der Betrag von $\vec{r}$ in Bezug auf einen gegeben Ursprung definiert ist, welcher für jedes System normalerweise beliebig ist. Wie wir in den folgenden Abschnitten sehen werden, müssen wir zwischen drei verschiedenen Ortsvektoren unterscheiden: (i) jene, die mit dem Ortsvektor übereinstimmen, welcher die Eigenschaften eines *Feldes* beschreibt, (ii) jene, die mit dem Ortsvektor einer Ladungs*quelle* übereinstimmen, welche ein elektrisches Feld hervorruft (so wie eine Ladung q_i oder ein Ladungselement dq), und (iii) jene, die mit dem Abstandsvektor zwischen der Quelle und dem Feld, welches sie hervorruft, übereinstimmen.

Unglücklicherweise gibt es zwischen Lehrbüchern wenig Einheitlichkeit und eine gute Terminologie ist nicht gründlich definiert. Das Buch von Griffiths hat eine intuitive Notation, um zwischen Feld- und Quellenkoordinaten zu unterscheiden, wobei Feldkoordinaten ungestrichenen Symbolen, $\vec{r}$, und Quellenkoordinaten gestrichenen Symbolen, $\vec{r}'$, entsprechen. Die Unterscheidung zwischen Feld- und Quellenkoordinaten wird durch den *Abstandsvektor*, $\vec{r}_a = \vec{r} - \vec{r}'$, repräsentiert. Obwohl dies eine gute Notation ist, haben wir uns aus dem folgenden Grund entschlossen, sie nicht zu übernehmen: Wir haben gestrichene Koordinaten dafür reserviert, um Integrationsgrenzen von ihren Gegenstücken innerhalb eines Integrals zu unterscheiden (siehe zum Beispiel Gl. 7.20; die Integrationsgrenzen stimmen mit den ungestrichenen Variablen überein, während die Variablen im Integral gestrichen sind).

Vor diesem Hintergrund haben wir beschlossen, Indizes gemeinsam mit dem Ortsvektor $\vec{r}$ zu verwenden, um zwischen Feld, Quelle und Abstandskoordinaten zu unterscheiden (siehe Abb. 7.4).

- **Feldkoordinaten** werden einfach durch $\vec{r}$ dargestellt. Dies stimmt mit dem Ortsvektor des fraglichen Punktes vom Ursprung aus (welcher für gewöhnlich beliebig ist) überein.
- **Quellenkoordinaten** werden durch einen einfachen Index dargestellt. Der Ortsvektor einer Ladung q ist $\vec{r}_q$, der einer Ladung Q ist $\vec{r}_Q$, der einer Ladung q_i ist $\vec{r}_i$ und der eines Ladungselementes, dq, ist $\vec{r}_{\mathrm{d}q}$.
- **Abstandskoordinaten** werden durch einen doppelten Index dargestellt, wobei der erste Index mit dem anfänglichen Ortsvektor und der zweite mit dem finalen Ortsvektor übereinstimmt (Abb. 7.4). Der Abstandsvektor, der von einer Ladung q zu Q zeigt, ist beispielsweise $\vec{r}_{qQ} = \vec{r}_Q - \vec{r}_q$, einer, der von einer Ladung q_1 zu q_2 zeigt, ist $\vec{r}_{12} = \vec{r}_2 - \vec{r}_1$, und einer, der von ei-

nem Ladungselement dq zu Q zeigt, ist $\vec{r}_{\mathrm{d}q\,Q} = \vec{r}_Q - \vec{r}_{\mathrm{d}q}$ (Abb. 7.4 a). Für einen Abstandsvektor, der von einer Quellenkoordinate zu einer *Feld*koordinate zeigt, verwendet wir eine nicht ganz standardgemäße Notation: Der Abstandsvektor wird immer noch durch einen doppelten Index dargestellt, aber nun ist der zweite Index einfach „r", um den Ortsvektor $\vec{r}$ zu repräsentieren. Der Abstandsvektor von der Ladung q zu einer Position $\vec{r}$ ist beispielsweise $\vec{r}_{qr} = \vec{r} - \vec{r}_q$ usw. (Abb. 7.4 b). Unter Verwendung dieser Terminologie ist $\vec{r}_q = 0$ und $\vec{r}_{qr} = \vec{r}$, wenn q sich im Ursprung befindet.

Elektrisches Feld einer Punktladung

Oben haben wir gesehen, dass das elektrische Feld einer im Ursprung befindlichen Punktladung q:

$$\vec{E}(\vec{r}) = \frac{q}{4\pi\varepsilon_0 r^2}\hat{r}$$

ist. Für eine Punktladung, welche sich *nicht* im Ursprung, sondern stattdessen bei $\vec{r}_q$ befindet, ist das elektrische Feld als Funktion von $\vec{r}$ nun:

$$\vec{E}(\vec{r}) = \frac{q}{4\pi\varepsilon_0 r_{qr}^2}\hat{r}_{qr}$$
$$\text{mit} \quad \vec{r}_{qr} = \vec{r} - \vec{r}_q$$

(Gl. 7.9).

Das Superpositionsprinzip

Wie die Coulombkraft folgt auch das elektrische Feld dem Superpositionsprinzip. Betrachten wir zunächst eine diskrete Verteilung von Punktladungen, q_1, q_2, q_3, welche die Ortsvektoren $\vec{r}_1$, $\vec{r}_2$, $\vec{r}_3$ etc. besitzen. Das unabhängig voneinander durch jede einzelne Punktladung hervorgerufene elektrische Feld ist:

$$\vec{E}_1(\vec{r}) = \frac{q_1}{4\pi\varepsilon_0 r_{1r}^2}\hat{r}_{1r}$$
$$\text{mit} \quad \vec{r}_{1r} = \vec{r} - \vec{r}_1$$
$$\vec{E}_2(\vec{r}) = \frac{q_2}{4\pi\varepsilon_0 r_{2r}^2}\hat{r}_{2r}$$
$$\text{mit} \quad \vec{r}_{2r} = \vec{r} - \vec{r}_2$$

und so weiter. Das resultierende elektrische Feld, welches durch die Verteilung hervorgerufen wird, ist dann:

$$\begin{aligned}\vec{E}_{\text{ges}}(\vec{r}) &= \vec{E}_1(\vec{r}) + \vec{E}_2(\vec{r}) + \vec{E}_3(\vec{r}) + \ldots \\ &= \frac{q_1}{4\pi\varepsilon_0 r_{1r}^2}\hat{r}_{1r} + \frac{q_2}{4\pi\varepsilon_0 r_{2r}^2}\hat{r}_{2r} + \ldots \\ &= \sum_i \frac{q_i}{4\pi\varepsilon_0 r_{ir}^2}\hat{r}_{ir}\end{aligned}$$
$$\text{mit} \quad \vec{r}_{ir} = \vec{r} - \vec{r}_i$$

(Gl. 7.10). Bei einer kontinuierlichen Verteilung wird die Summe zu einem Integral über die Ladungselemente dq, wobei ein Element dq den Ortsvektor $\vec{r}_{\mathrm{d}q}$ besitzt (Gl. 7.11). Die Beispielrechnung 7.1 zeigt, wie die Gl. 7.11 zu verwenden ist, um das von einer unendlichen ebenen Oberflächenladung hervorgerufene elektrische Feld zu bestimmen.

Elektrisches Feld am Ort $\vec{r}$
(siehe Diagramm unten für Definitionen der Ortsvektoren):

Punktladung bei $\vec{r}_q$:

$$\vec{E}(\vec{r}) = \frac{q}{4\pi\varepsilon_0 r_{qr}^2}\hat{r}_{qr} \tag{7.9}$$
$$\text{mit} \quad \vec{r}_{qr} = \vec{r} - \vec{r}_q$$
$$\text{und} \quad r_{qr} \stackrel{\text{def}}{=} |\vec{r}_{qr}|$$

(für eine Punktladung im Ursprung, $\vec{r}_q = 0 \Rightarrow \vec{r}_{qr} = \vec{r}$).

Diskrete Verteilung
(die i. Ladung hat den Ortsvektor $\vec{r}_i$):

$$\vec{E}(\vec{r}) = \sum_i \frac{q_i}{4\pi\varepsilon_0 r_{ir}^2}\hat{r}_{ir} \tag{7.10}$$
$$\text{mit} \quad \vec{r}_{ir} = \vec{r} - \vec{r}_i$$
$$\text{und} \quad r_{ir} \stackrel{\text{def}}{=} |\vec{r}_{ir}|$$

Kontinuierliche Verteilung
(das Ladungselement dq hat den Ortsvektor $\vec{r}_{\mathrm{d}q}$):

$$\vec{E}(\vec{r}) = \int \frac{\mathrm{d}q}{4\pi\varepsilon_0 r_{\mathrm{d}q\,r}^2}\hat{r}_{\mathrm{d}q\,r} \tag{7.11}$$
$$\text{mit} \quad \vec{r}_{\mathrm{d}q\,r} = vecr - \vec{r}_{\mathrm{d}q}$$
$$\text{und} \quad r_{\mathrm{d}q\,r} \stackrel{\text{def}}{=} |\vec{r}_{\mathrm{d}q\,r}|$$

(Ausdrücke für dq siehe Gl. 7.4).

Definitionen der entsprechenden Ortsvektoren, für ein elektrisches Feld am Punkt P (P hat den Ortsvektor $\vec{r}$ bezüglich des Ursprungs):

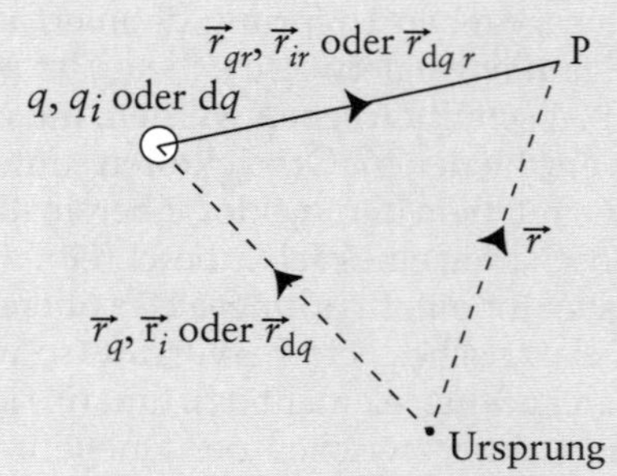

$\vec{r}_{xr} = \vec{r} - \vec{r}_x$, wobei $x = q$, i oder dq ist

Beispielrechnung 7.1: Elektrisches Feld einer unendlichen Oberflächenladung unter Verwendung von Gl. 7.11

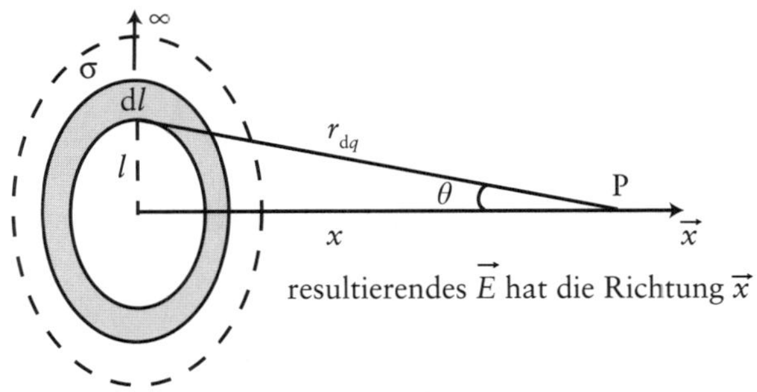

Löst $\vec{E}$ in seine Komponenten parallel und senkrecht zu $\vec{x}$ auf, um das elektrische Feld am Punkt P zu bestimmen. Auf diese Weise stellen wir fest, dass sich die senkrechten Komponenten aufheben, die parallele Komponente ist:

$$E_x = \vec{E} \cdot \hat{x} = \left|\vec{E}\right| \cos\theta = \left|\vec{E}\right| \frac{x}{r_{dq}}.$$

Unter Verwendung des Integrals aus Gl. 7.11 ergibt sich die x-Komponente des elektrischen Feldes zu:

$$E_x = \int \frac{dq}{4\pi\varepsilon_0 r_{dq}^2} \cos\theta\,,$$

bei einem senkrecht zum Feld stehenden Radius l entlang der Oberfläche (siehe Diagramm) gilt:

$$\begin{aligned} dq &= \sigma ds \\ &= \sigma 2\pi l\, dl \end{aligned}$$

$$\text{und} \quad r_{dq}^2 = l^2 + x^2\,.$$

Verwendet die Ausdrücke für dq und r_{dq}^2 im Integral für E_x; um das Integral zu lösen sei $m = l^2 + x^2$:

$$\begin{aligned} E_x &= \int \frac{dq}{4\pi\varepsilon_0 r_{dq}^2} \cos\theta \\ &= \int \frac{\sigma ds}{4\pi\varepsilon_0 r_{dq}^2} \cos\theta \\ &= \int \frac{\sigma x ds}{4\pi\varepsilon_0 r_{dq}^3} \\ &= \frac{2\pi\sigma x}{4\pi\varepsilon_0} \int_0^\infty \frac{l dl}{(l^2+x^2)^{3/2}} \\ &= \frac{\sigma x}{2\varepsilon_0} \int_{x^2}^\infty \frac{dm}{2m^{3/2}} \\ &= \frac{\sigma x}{2\varepsilon_0} \left[\frac{-1}{\sqrt{m}}\right]_{x^2}^\infty \\ &= \frac{\sigma}{2\varepsilon_0} \\ \Rightarrow \vec{E} &= \frac{\sigma}{2\varepsilon_0} \vec{x}\,. \end{aligned}$$

Das durch eine unendliche Oberflächenladung hervorgerufene elektrische Feld ist daher homogen (es variiert nicht mit dem Abstand von der Oberfläche) und senkrecht zur Oberfläche.

Elektrische Feldlinien

Mit den Ausdrücken für $\vec{E}$ (Gln. 7.9–7.11) sehen wir, dass mit jedem Punkt im Raum ein Vektor verknüpft werden kann, welcher den Betrag und die Richtung des elektrischen Feldes anzeigt. Dies bedeutet, dass elektrische Felder *Vektorfelder* sind und daher schematisch durch *Feldlinien* dargestellt werden können. Die Richtung der Feldlinien repräsentiert die Richtung des elektrischen Feldes und die Dichte der Feldlinien repräsentiert seine Stärke. Laut Gl. 7.9 gehen die Feldlinien einer Punktladung radial nach außen im Fall einer positiven Ladung oder radial nach innen im Fall einer negativen Ladung, und die Stärke fällt mit dem invers quadratischen Gesetz ab, $1/r^2$ (positive bzw. negative Punktladung siehe Abb. 7.5 a und b). Feldlinien beginnen an positiven Ladungen und enden an negativen (sie können auch im Unendlichen beginnen und enden). Aus dem Superpositionsprinzip folgt, dass die kombinierten Feldlinien von zwei oder mehr nahegelegenen Punktladungen durch die Vektorsumme der einzelnen Feldlinien jeder Komponente an jedem Punkt im Raum gegeben sind. Die Feldlinien zweier entgegengesetzter Ladungen addieren sich beispielsweise zu den in Abb. 7.5 c illustrierten Feldlinien und jene zweier gleicher Ladungen gleichen sich aus und ergeben somit die in Abb. 7.5 d illustrierten Feldlinien. Diese Abbildungen zeigen, dass entgegensetzte Ladungen einander anziehen (ihre Feldlinien „treffen zusammen“), wohingegen sich gleiche Ladungen abstoßen. Feldlinien schneiden sich niemals, da dies bedeuten würde, dass ein elektrisches Feld an einem einzigen Punkt im Raum zwei verschiedene Richtungen hätte.

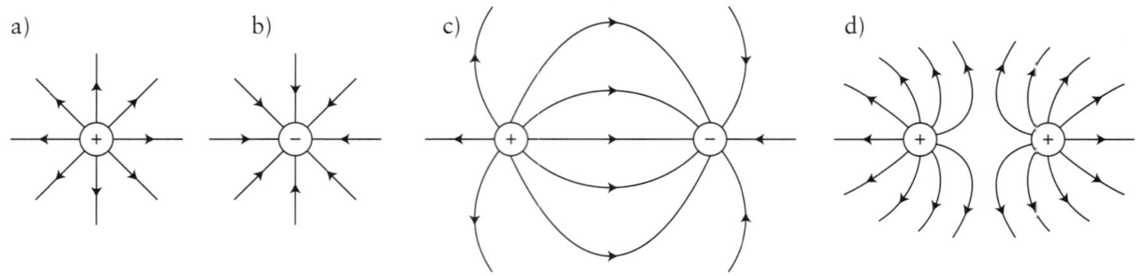

Abbildung 7.5 Elektrische Feldlinien für a) eine positive Punktladung, b) eine negative Punktladung, c) ein Paar von Punktladungen entgegengesetzten Vorzeichens (anziehend) und d) ein Paar von Punktladungen des gleichen Vorzeichens (abstoßend)

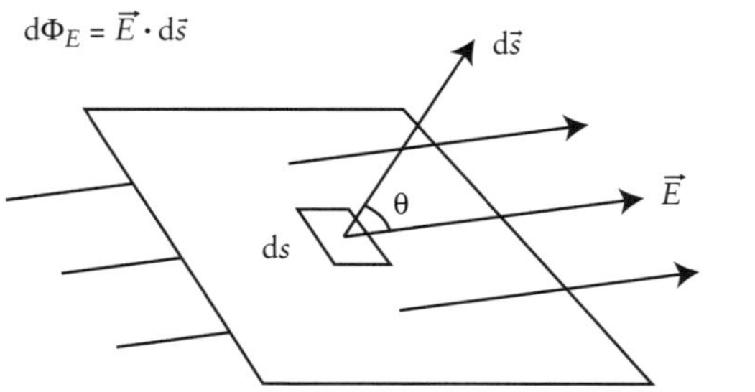

Abbildung 7.6 Elektrischer Fluss. $d\vec{s}$ ist der senkrecht auf dem Oberflächenelement ds stehende Vektor, dessen Betrag gleich dem Flächenelement ist, und θ ist der Winkel zwischen $\vec{E}$ und $d\vec{s}$

Elektrischer Fluss

Der *elektrische Fluss*, Φ_E [$\mathrm{N\,C^{-1}\,m^2}$], ist eine skalare Größe, welche das elektrische Feld in einem gegebenen Bereich misst. Er kann als proportional zur Anzahl der Feldlinien, welche durch eine Oberfläche gehen, gedacht werden. Er ist definiert als die zu einer Oberfläche senkrechte Komponente eines elektrischen Feldes multipliziert mit dem Gebiet der Oberfläche. Für ein elektrisches Feld $\vec{E}$, welches ein Flächenelement $d\vec{s}$ durchkreuzt, ist der elektrische Fluss dann:

$$d\Phi_E = \vec{E} \cdot d\vec{s}\,.$$

Das Skalarprodukt sucht die senkrechte Komponente von $\vec{E}$ durch das Flächenelement heraus, wie in Abb. 7.6 dargestellt. Der gesamte elektrische Fluss durch eine Oberfläche S wird dann durch Integration über alle Flächenelemente gefunden:

$$\Phi_E = \int d\Phi_E = \int_S \vec{E} \cdot d\vec{s}$$

(Gl. 7.12). Intuitiverweise kann der Fluss als analog zur Wechselwirkung von Wind und dem Segel eines Bootes betrachtet werden, wobei die Wechselwirkung am stärksten ist, wenn der Wind senkrecht auf dem Segel steht.

Weiter unten werden wir sehen, dass der elektrische Fluss durch eine geschlossene Fläche proportional zur Gesamtladung innerhalb der Fläche ist. Diese Aussage ist die Grundlage des Gauß'schen Gesetzes, welches im folgenden Abschnitt behandelt wird.

Elektrischer Fluss:

$$\Phi_E = \int_S \vec{E} \cdot d\vec{s} \qquad (7.12)$$

7.2 Divergenz und Rotation von $\vec{E}$

Das elektrische Feld ist ein Vektorfeld; was bedeutet, dass mit jedem Punkt im Raum ein Vektor verknüpft ist, welcher den Betrag und die Richtung des elektrischen Feldes angibt. Zwei ein Vektorfeld charakterisierende Größen sind seine *Divergenz* sowie seine *Rotation*. Die Divergenz eines Vektorfeldes liefert ein Maß der Quellen und Senken des Feldes (d. h. für ein elektrisches Feld: elektrischer Ladungen), während die Rotation die Drehung des Feldes um eine gegebene Achse beschreibt. Die Divergenz und Rotation von $\vec{E}$ sind im Elektromagnetismus wichtige Größen, da sie mit zwei von vier der *Maxwell-Gleichungen* übereinstimmen. (Die anderen beiden entsprechen der Divergenz und Rotation des magnetischen Feldes, $\vec{B}$, welches in Abschn. 8.4 behandelt wird.) Im Folgenden werden wir die Divergenz und Rotation von $\vec{E}$ bestimmen.

7.2.1 Das Gauß'sche Gesetz

Bestimmen wir zunächst den elektrischen Fluss durch eine geschlossene Oberfläche S:

$$\Phi_E = \oint_S \vec{E} \cdot d\vec{s}\,.$$

Wenn wir die Ausdrücke für $\vec{E}$ aus Gl. 7.11 in Φ_E verwenden, wie in der Herleitung 7.1 gezeigt, stellen wir fest, dass Φ_E proportional zu der in der Fläche eingeschlossenen Ladung ist:

$$\Phi_E = \oint_S \vec{E} \cdot d\vec{s} = \frac{Q_{in}}{\varepsilon_0}$$

(Gl. 7.13 und Herleitung 7.1). Dies ist eine wichtige Gleichung; sie ist eine der vier Maxwellgleichungen und wird als *Gauß'sches Gesetz* bezeichnet. Gl. 7.13 gilt für alle geschlossenen Flächen und für alle Ladungsverteilungen. Indem wir den Divergenzsatz anwenden, können wir das Gauß'sche Gesetz als Divergenz von $\vec{E}$ ausdrücken (Gl. 7.14 und Herleitung 7.2). Derart hat das Gauß'sche Gesetz sowohl eine integrale als auch eine differentielle Form, ebenso wie die anderen drei Maxwellgleichungen. Da die Divergenz eines Vektorfeldes seine Quellen und Senken repräsentiert, illustriert die Gl. 7.14 wie erwartet, dass elektrische Ladungsdichten die Quellen und Senken eines elektrischen Feldes hervorrufen.

Gauß'sches Gesetz (Herleitungen 7.1 und 7.2):

Integrale Form:

$$\oint_S \vec{E} \cdot d\vec{s} = \frac{Q_{in}}{\varepsilon_0} \qquad (7.13)$$

Differentielle Form:

$$\nabla \cdot \vec{E} = \frac{\rho}{\varepsilon_0} \qquad (7.14)$$

Verwendung des Gauß'schen Gesetzes

Für Systeme, die eine geometrische Symmetrie aufweisen, wie etwa eine sphärische, zylindrische oder ebene Symmetrie, können wir die integrale Form des Gauß'schen Gesetzes verwenden, um das elektrische Feld der Ladungsverteilung aus der in der gegebenen Fläche eingeschlossenen Ladung zu berechnen (Beispielrechnung 7.2). Bei solchen Rechnungen wird die symmetrische Oberfläche eine *Gauß'sche Fläche* genannt (Gln. 7.15–7.18).

Gebräuchliche Gauß'sche Flächen (siehe Beispielrechnung 7.2):

Sphärische Symmetrie:
Konzentrische Kugel, Radius r:

$$\oint_S d\vec{s} = 4\pi r^2 \qquad (7.15)$$

Zylindrische Symmetrie:
Koaxialer Zylinder, Radius r, Länge l:

$$\oint_S d\vec{s} = 2\pi r l \qquad (7.16)$$

Ebene Symmetrie:
Gauß'sches Kästchen*, Querschnittsfläche A:

$$\text{Dicke Platte:} \quad \oint_S d\vec{s} = A \qquad (7.17)$$

$$\text{Dünne Platte:} \quad \oint_S d\vec{s} = 2A \qquad (7.18)$$

* Ein Gauß'sches Kästchen hat eine zylindrische Form und ist derart orientiert, dass die äußeren Scheiben der Fläche A senkrecht zu den elektrischen Feldlinien sind (siehe Beispielrechnung 7.2 für Diagramm).

Die differentielle Form des Gauß'schen Gesetzes wird verwendet, wenn wir das inverse Problem lösen müssen, was bedeutet, dass wir das elektrische Feld kennen und die Ladungsdichte bestimmen wollen:

$$\rho = \varepsilon_0 \nabla \cdot \vec{E}\,.$$

7.2.2 Die Rotation von $\vec{E}$

Wir können den Satz von Stokes verwenden, um die Rotation von $\vec{E}$ zu finden. Der Satz von Stokes besagt, dass die Rotation eines Vektorfeldes wie folgt mit seinem geschlossenen Linienintegral verbunden ist:

$$\int_S \left(\nabla \times \vec{E}\right) \cdot d\vec{s} = \oint_L \vec{E} \cdot d\vec{l}\,,$$

wobei S die von L umschlossene Fläche ist. Verwenden wir den Ausdruck für $\vec{E}$ aus Gl. 7.11 im Satz von Stokes, wie in Herleitung 7.1 gezeigt, so sehen wir, dass die Rotation eines statischen elektrischen Feldes gleich null ist (Gl. 7.19 und Herleitung 7.3). Diese Eigenschaft ist intuitiv sinnvoll, da wir wissen, dass die Feldlinien einer Punktladung radial nach außen zeigen und sich somit nicht um irgendeine Achse drehen.

Die Rotation von $\vec{E}$ (Herleitung 7.3):

$$\nabla \times \vec{E} = 0 \qquad (7.19)$$

Herleitung 7.1: Herleitung der integralen Form des Gauß'schen Gesetzes (Gl. 7.13)

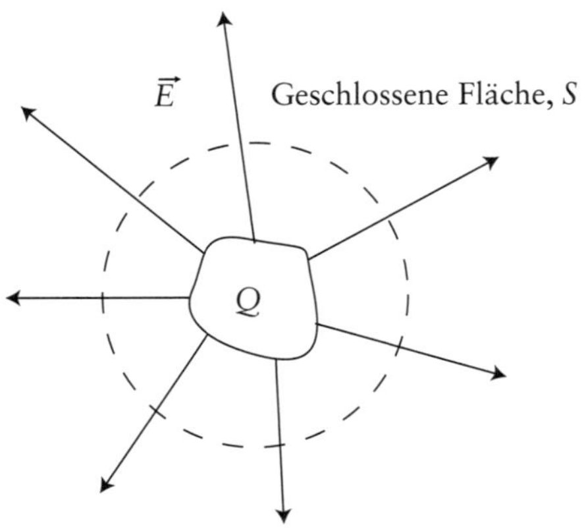

$$\oint_S \vec{E} \cdot d\vec{s} = \oint_S \left(\int_Q \frac{dq}{4\pi\varepsilon_0 r^2} \right) \hat{r} \cdot d\vec{s}$$
$$= \oint_S \left(\int_Q \frac{dq}{4\pi\varepsilon_0 r^2} \hat{r} \cdot \hat{r} \left(r^2 \sin\theta d\theta\, d\phi \right) \right)$$
$$= \frac{1}{4\pi\varepsilon_0} \int_{q=0}^{Q_{\text{in}}} \int_{\phi=0}^{2\pi} \int_{\theta=0}^{\pi} \sin\theta d\theta\, d\phi\, dq$$
$$= \frac{2\pi Q_{\text{in}}}{4\pi\varepsilon_0} [-\cos\theta]_0^{\pi}$$
$$= \frac{4\pi Q_{\text{in}}}{4\pi\varepsilon_0}$$
$$= \frac{Q_{\text{in}}}{\varepsilon_0}$$

- Ansatz: Betrachtet eine Ladungsverteilung, deren Mittelpunkt sich im Ursprung befindet und die von einer Fläche S umschlossen wird. Der elektrische Fluss durch die geschlossene Fläche ist:

$$\Phi_E = \oint_S \vec{E} \cdot d\vec{s}.$$

- Das elektrische Feld ist gegeben durch das Integral:

$$\vec{E} = \int_Q \frac{dq}{4\pi\varepsilon_0 r^2} \hat{r}$$

(Gl. 7.11) und ein Oberflächenelement in Kugelkoordinaten ist:

$$d\vec{s} = r^2 \sin\theta d\theta\, d\phi\, \hat{r} + r \sin\theta\, dr\, d\phi\, \hat{\theta} + r\, dr\, d\theta\, \hat{\phi}.$$

- Setzt $\vec{E}$ und $d\vec{s}$ in den Ausdruck für Φ_E ein. Da $\hat{r}$ orthogonal zu $\hat{\theta}$ und $\hat{\phi}$ ist, verbleibt nur der $\hat{r}$ Term in $d\vec{s}$ im Integral.
- Integriert über alle festen Winkel ($d\Omega = \sin\theta d\theta\, d\phi$) und Ladungen, wobei die in der Oberfläche eingeschlossene Gesamtladung Q_{in} ist.

Herleitung 7.2: Herleitung der differentiellen Form des Gauß'schen Gesetztes (Divergenz von $\vec{E}$) (Gl. 7.14)

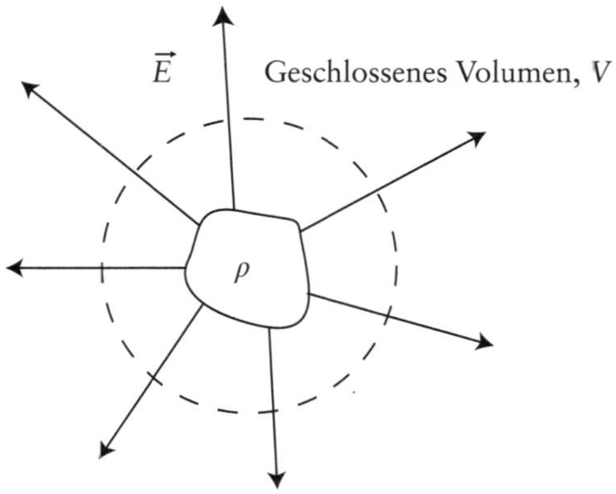

$$\int_V \nabla \cdot \vec{E}\,\mathrm{d}\tau = \oint_S \vec{E} \cdot \mathrm{d}\vec{s}$$
$$= \frac{Q_{\mathrm{in}}}{\varepsilon_0}$$
$$= \int_V \frac{\rho\,\mathrm{d}\tau}{\varepsilon_0}$$

Dies gilt für jedes Volumen, weshalb für den Integranden gelten muss:

$$\Rightarrow \nabla \cdot \vec{E} = \frac{\rho}{\varepsilon_0}\,.$$

- Ansatz: Der Divergenzsatz besagt, dass der der Fluss eines Vektorfeldes durch eine geschlossene Fläche gleich dem Volumenintegral der Divergenz des Feldes innerhalb dieser Fläche ist:

$$\oint_S \vec{E} \cdot \mathrm{d}\vec{s} = \int_V \nabla \cdot \vec{E}\,\mathrm{d}\tau\,.$$

- Verwendet das Gauß'sche Gesetz in integraler Form (Gl. 7.13), um das Flächenintegral in Abhängigkeit von Q_{in} auszudrücken, wobei Q_{in} die in einer geschlossenen Fläche, S, eingeschlossene Ladung ist:

$$\oint_S \vec{E} \cdot \mathrm{d}\vec{s} = \frac{Q_{\mathrm{in}}}{\varepsilon_0}\,.$$

- Ladung und Raumladungsdichte sind verbunden durch:

$$Q = \int_V \rho\,\mathrm{d}\tau\,.$$

Beispielrechnung 7.2: Bestimmung von $\vec{E}$-Feldern mit dem Gauß'schen Gesetz (Gl. 7.13)

Die integrale Form des Gauß'schen Gesetzes ist:

$$\oint_S \vec{E} \cdot d\vec{s} = \frac{Q_{in}}{\varepsilon_0}.$$

Für Systeme mit geometrischer Symmetrie erlaubt uns diese Form des Gauß'schen Gesetzes, das elektrische Feld allein aus der in der gegebenen Fläche eingeschlossenen Ladung zu berechnen. Bei den Beispielen unten (Systeme mit sphärischer, zylindrischer bzw. ebener Symmetrie) sehen wir, dass (i) $\vec{E}$ und $d\vec{s}$ entweder senkrecht oder parallel zueinander sind, was bedeutet, dass wir das Skalarprodukt weglassen können und dass (ii) der Betrag von $\vec{E}$ über die Fläche hinweg konstant ist, weshalb es aus dem Integral herausgezogen werden kann:

$$\Rightarrow \left|\vec{E}\right| = \frac{Q_{in}}{\varepsilon_0 \oint d\vec{s}}.$$

Die Oberfläche, über welche das Integral $\oint d\vec{s}$ ausgeführt wird, wird als *Gauß'sche Fläche* bezeichnet (Gln. 7.15–7.18).

Sphärische Gaußsche Fläche
(Radius r)

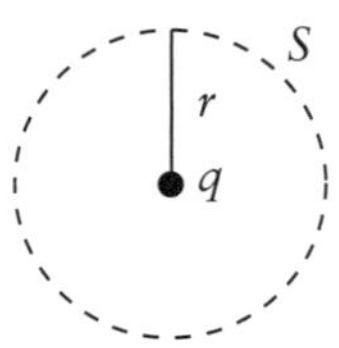

Zylindrische Gaußsche Fläche
(Radius r, Länge l)

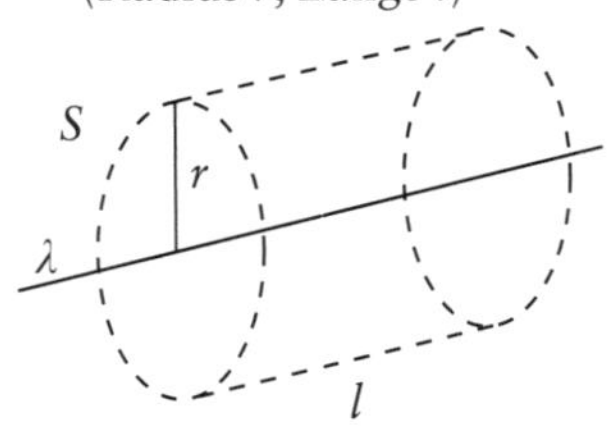

Gaußsche Pillendose
(Fläche A)

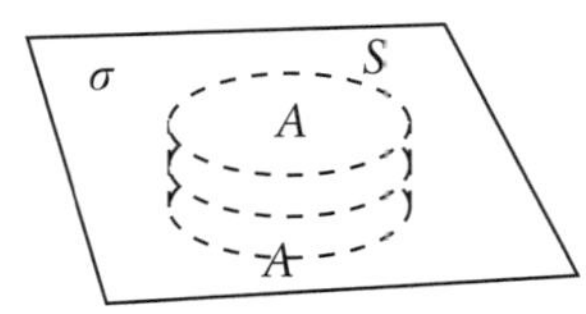

a) Punktladung
(sphärische Gauß'sche Fläche):

$$\oint d\vec{s} = 4\pi r^2$$
$$Q_{in} = q$$
$$\Rightarrow \left|\vec{E}\right| = \frac{Q_{in}}{\varepsilon_0 \oint d\vec{s}} = \frac{q}{4\pi\varepsilon_0 r^2}$$

b) Unendliche Linienladung
(zylindrische Gauß'sche Fläche):

$$\oint d\vec{s} = 2\pi r l$$
$$Q_{in} = \lambda l$$
$$\Rightarrow \left|\vec{E}\right| = \frac{Q_{in}}{\varepsilon_0 \oint d\vec{s}} = \frac{\lambda}{2\pi\varepsilon_0 r}$$

c) Flächenladung
(Gauß'sches Kästchen):

$$\oint d\vec{s} = A \quad \text{oder} \quad 2A$$
(dick oder dünn)
$$Q_{in} = \sigma A$$
$$\Rightarrow \left|\vec{E}\right| = \frac{Q_{in}}{\varepsilon_0 \oint d\vec{s}} = \frac{\sigma}{\varepsilon_0} \quad \text{or} \quad \frac{\sigma}{2\varepsilon_0}$$

Bemerkung: Das elektrische Feld einer Flächenladung (Teil c) ist dasselbe wie das in der Beispielrechnung 7.1 berechnete. Bei a) und b) ist das Feld radial nach außen gerichtet, während es bei c) senkrecht auf der Fläche steht.

Herleitung 7.3: Herleitung der Rotation von $\vec{E}$ (Gl. 7.19)

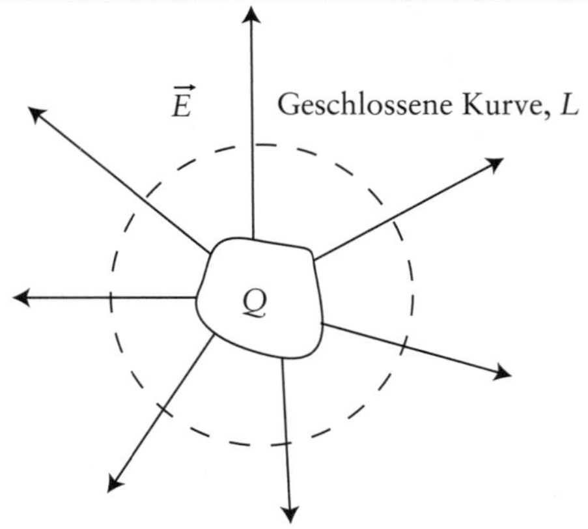

$$\int_S \left(\nabla \times \vec{E}\right) \cdot d\vec{s} = \oint_L \vec{E} \cdot d\vec{l}$$
$$= \oint_L \left(\int_Q \frac{dq}{4\pi\varepsilon_0 r^2} \right) \hat{r} \cdot d\vec{l}$$
$$= \oint_L \int_{q=0}^{Q} \frac{dq}{4\pi\varepsilon_0 r^2} \hat{r} \cdot \hat{r} dr$$
$$= \oint_L \frac{Q}{4\pi\varepsilon_0 r^2} dr$$
$$= \frac{Q}{4\pi\varepsilon_0} \left[-\frac{1}{r} \right]_a^{b=a}$$
$$= \frac{Q}{4\pi\varepsilon_0} \left(-\frac{1}{a} + \frac{1}{a} \right)$$
$$= 0$$
$$\Rightarrow \nabla \times \vec{E} = 0$$

- Ansatz: Der Satz von Stokes besagt, dass die Rotation eines Vektorfeldes wie folgt mit seinem geschlossenen Linienintegral verbunden ist:

$$\int_S \left(\nabla \times \vec{E}\right) \cdot d\vec{s} = \oint_L \vec{E} \cdot d\vec{l},$$

wobei S die von L umschlossene Fläche ist.

- Das elektrische Feld wird durch das Integral:

$$\vec{E} = \int_Q \frac{dq}{4\pi\varepsilon_0 r^2} \hat{r}$$

(Gl. 7.11) gegeben und ein Linienelement in Kugelkoordinaten ist:

$$d\vec{l} = dr\hat{r} + r\, d\theta\, \hat{\theta} + r \sin\theta d\phi\, \hat{\phi}.$$

- Setzt $\vec{E}$ und $d\vec{l}$ in den Satz von Stokes ein. Da $\hat{r}$ orthogonal zu $\hat{\theta}$ und $\hat{\phi}$ ist, verbleibt nur der $\hat{r}$-Term von $d\vec{l}$ im Integral.
- Bei einem geschlossenen Kurvenintegral sind die Integrationsgrenzen gleich.

II Elektrodynamik

7.3 Das elektrische Potential

Aus dem Satz von Stokes folgt, dass das geschlossene Kurvenintegral eines wirbelfreien Vektorfeldes gleich null ist:

$$\begin{aligned}\int_S \left(\nabla \times \vec{E}\right) \cdot \mathrm{d}\vec{s} &= \oint_L \vec{E} \cdot \mathrm{d}\vec{l} \\ &= 0 \quad \text{für } \nabla \times \vec{E} = 0\,.\end{aligned}$$

Da statische elektrische Felder wirbelfrei sind, gilt also:

$$\oint_L \vec{E} \cdot \mathrm{d}\vec{l} = 0\,.$$

Dies bedeutet, dass das Integral zwischen zwei beliebigen Punkten in einem elektrischen Feld wegunabhängig ist und somit einen eindeutigen Betrag hat (siehe Abb. 7.7):

$$\begin{aligned}\oint_L \vec{E} \cdot \mathrm{d}\vec{l} &= \int_A^B \vec{E} \cdot \mathrm{d}\vec{l}_{L_1} + \int_B^A \vec{E} \cdot \mathrm{d}\vec{l}_{L_2} \\ &= 0 \\ \Rightarrow \int_A^B \vec{E} \cdot \mathrm{d}\vec{l}_{L_1} &= -\int_B^A \vec{E} \cdot \mathrm{d}\vec{l}_{L_2} \\ &= \int_A^B \vec{E} \cdot \mathrm{d}\vec{l}_{L_2}\,.\end{aligned}$$

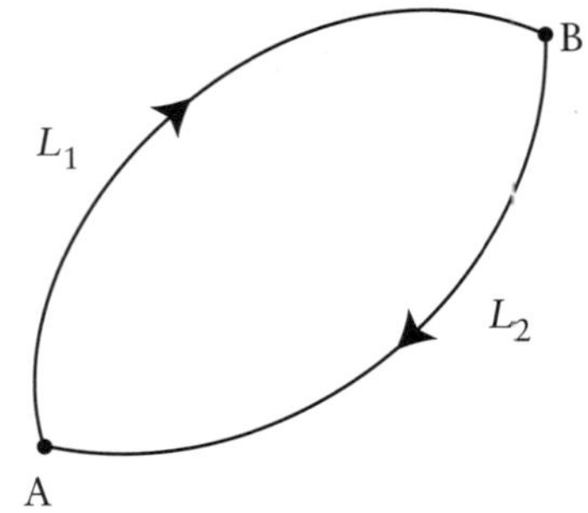

Abbildung 7.7 Linienintegral einer geschlossenen Kurve

Daher ist das Kurvenintegral über $\vec{E}$ von A nach B das gleiche, egal ob wir über den Weg L_1 oder L_2 integrieren, es ist somit unabhängig vom gewählten Weg. Diese Eigenschaft bedeutet, dass wir ein *Skalarfeld* definieren können, etwa $V(\vec{r})$, dessen Betrag am Punkt $\vec{r}$ gleich dem Linienintegral von einem festen Bezugspunkt, 0, nach $\vec{r}$ ist. Mathematisch ausgedrückt:

$$\int_O^{\vec{r}} \vec{E} \cdot \mathrm{d}\vec{l} \stackrel{\text{def}}{=} V(\vec{r}) - V(O)\,.$$

Dieses Skalarfeld stimmt mit dem *elektrischen Potential, V* [V], überein. Der Einfachheit halber wird als Bezugspunkt oft der Punkt gewählt, an welchem $V(O) = 0$ gilt:[3]

$$\Rightarrow \int_O^{\vec{r}} \vec{E} \cdot \mathrm{d}\vec{l} \stackrel{\text{def}}{=} -V(\vec{r})$$

(Gl. 7.20). (Das Minuszeichen ist Konvention – siehe *elektrisches Potential und verrichtete Arbeit* weiter unten.) Beispiele, wie Gl. 7.20 zu verwenden ist, um das elektrische Potential einer Punktladung, einer unendlichen Linienladung und einer Oberflächenladung zu bestimmen, werden in der Beispielrechnung 7.3 gegeben.

Die Gl. 7.20 drückt V als Integral von $\vec{E}$ aus; können wir daher $\vec{E}$ als Ableitung von V ausdrücken? In kartesischen Koordinaten ist das exakte Differential (auch das totale Differential genannt) von V:

$$\begin{aligned}\mathrm{d}V &= \frac{\partial V}{\partial x}\mathrm{d}x + \frac{\partial V}{\partial y}\mathrm{d}y + \frac{\partial V}{\partial z}\mathrm{d}z \\ &= \underbrace{\begin{pmatrix} \partial/\partial x \\ \partial/\partial y \\ \partial/\partial z \end{pmatrix}}_{=\nabla} V \cdot \underbrace{\begin{pmatrix} \mathrm{d}x \\ \mathrm{d}y \\ \mathrm{d}z \end{pmatrix}}_{=\mathrm{d}\vec{l}} \\ &= \nabla V \cdot \mathrm{d}\vec{l}\end{aligned}$$

(dieser Ausdruck wird als das *Gradiententheorem* bezeichnet.) Aus Gl. 7.20 haben wir zusätzlich $\mathrm{d}V = -\vec{E} \cdot \mathrm{d}\vec{l}$. Setzen wir diese Ausdrücke für $\mathrm{d}V$ ein, so sehen wir, dass $\vec{E}$ tatsächlich als Gradient von V ausgedrückt werden kann:

$$\begin{aligned}\vec{E} \cdot \mathrm{d}\vec{l} &= -\nabla V \cdot \mathrm{d}\vec{l} \\ \Rightarrow \vec{E} &= -\nabla V \\ \text{bzw.} \quad \vec{E}(\vec{r}) &= -\frac{\mathrm{d}V(\vec{r})}{\mathrm{d}r}\end{aligned}$$

(Gln. 7.21 und 7.22). Die Rotation eines Gradienten ist gleich null, daher ist die Rotation von $\vec{E}$ wie erwartet:

$$\begin{aligned}\nabla \times \vec{E} &= \nabla \times (-\nabla V) \\ &= 0\,.\end{aligned}$$

[3] Für die meisten Ladungsverteilungen tritt dies auf, wenn $O \equiv \infty$, es sind jedoch auch andere Bezugspunkte möglich (Beispiele siehe Beispielrechnung 7.3).

Beispielrechnung 7.3: Berechnung des elektrischen Potentials aus dem elektrischen Feld (Gl. 7.20)

a) Punktladung:

$$\vec{E}(\vec{r}') = \frac{q}{4\pi\varepsilon_0 (r')^2}\hat{r}'$$

$$V(\vec{r}) = -\int_{\infty}^{r} \vec{E}(\vec{r}') \cdot d\vec{r}' = \frac{q}{4\pi\varepsilon_0 r}$$

b) Unendliche Linienladung:

$$\vec{E}(\vec{r}') = \frac{\lambda}{2\pi\varepsilon_0 r'}\hat{r}'$$

$$V(\vec{r}) = -\int_{O}^{r} \vec{E}(\vec{r}') \cdot d\vec{r}' = V_O - \frac{\lambda \ln r}{2\pi\varepsilon_0}$$

c) Oberflächenladung:

$$\vec{E}(\vec{r}') = \frac{\sigma}{2\varepsilon_0}\hat{n}'$$

$$V(\vec{r}) = -\int_{O}^{l} \vec{E}(\vec{r}') \cdot d\vec{r}' = V_O - \frac{\sigma l}{2\varepsilon_0}$$

Siehe Beispielrechnung 7.2 für die Bestimmung des elektrischen Feldes aus dem Gauß'schen Gesetz und Diagramm für Ladungskonfigurationen

Für a) stimmt die Variable r mit dem radialen Abstand von der Punktladung q überein und der Bezugspunkt des Integrals ist bei ∞, da dies mit mit dem Punkt übereinstimmt, an dem $V = 0$ gilt

Für b) stimmt die Variable r mit dem radialen Abstand von der Linienladungsdichte λ überein und der Bezugspunkt des Integrals ist 0, was mit einem beliebigen Bezugspunkt übereinstimmt, an welchem V_0 konstant ist

Für c) stimmt die Variable l mit dem senkrechten Abstand von der Oberflächenladungsdichte σ überein und der Bezugspunkt des Integrals ist 0, was mit einem beliebigen Bezugspunkt übereinstimmt, an welchem V_0 konstant ist

Um die Variablen von den Integrationsgrenzen zu unterscheiden, werden sie gestrichen notiert.

Elektrisches Feld und Potential:

Da $\nabla \times \vec{E} = 0$ gilt, können wir ein skalares Potentialfeld, V, definieren:

V als das Integral von $\vec{E}$:

$$V(\vec{r}) = -\int_{O}^{\vec{r}} \vec{E}(\vec{r}') \cdot \mathrm{d}\vec{l}' \quad (7.20)$$

Um die Variablen von den Integrationsgrenzen zu unterscheiden, werden sie gestrichen notiert.

$\vec{E}$ als der Gradient von V:

$$\vec{E}(\vec{r}) = -\nabla V(\vec{r}) \quad (7.21)$$

$$\text{bzw.} \quad \vec{E}(\vec{r}) = -\frac{\mathrm{d}V(\vec{r})}{\mathrm{d}r} \quad (7.22)$$

O repräsentiert den Bezugspunkt der Integration, er ist für gewöhnlich als der Punkt definiert, an welchem $V(\mathrm{O}) = 0$ gilt (oft $\mathrm{O} \equiv \infty$).

Elektrisches Potential und verrichtete Arbeit

Indem wir eine elektrische Kraft und ein elektrisches Feld betrachten, welche durch $\vec{F} = q\vec{E}$ verbunden sind, können wir verstehen, was das elektrische Potential auf einer konzeptionelleren Ebene repräsentiert. Mit Verwendung von $\vec{F} = q\vec{E}$ in Gl. 7.20 erhalten wir:

$$\begin{aligned} V(\vec{r}) &= -\int_{O}^{\vec{r}} \vec{E}' \cdot \mathrm{d}\vec{l}' \\ &= -\int_{O}^{\vec{r}} \frac{\vec{F}'}{q} \cdot \mathrm{d}\vec{l}' \\ &= \frac{W}{q}, \end{aligned}$$

wobei W die *gegen* die Coulombkraft verrichtete Arbeit ist. Das elektrische Potential ist daher ein Maß der pro Einheitsladung verrichteten Arbeit, welche eine Ladung in einem elektrischen Feld entgegen elektrostatischer Kräfte vom Ort O nach $\vec{r}$ verschiebt. Mit dem Ausdruck für $\vec{F}$ aus dem Coulomb'schen Gesetz können wir $V(\vec{r})$ in Abhängigkeit von q und r für eine Punktladung, eine diskrete und eine kontinuierliche Verteilung ausdrücken (Gln. 7.23–7.25 und Herleitung 7.4). Die Beispielrechnung 7.4 zeigt, wie die Gl. 7.25 zu verwenden ist, um das elektrische Potential einer unendlichen ebenen Flächenladung zu bestimmen. Indem wir dies tun, sehen wir, dass das elektrische Potential in einem senkrechten Abstand x von der Ebene:

$$V = V_{\mathrm{O}} - \frac{\sigma x}{2\varepsilon_0}$$

ist, wobei V_{O} mit dem Potential an einem beliebigen Bezugspunkt übereinstimmt. Das Minuszeichen zeigt an, dass das elektrische Potential abnimmt, je größer die Entfernung von der geladenen Oberfläche ist. Beachtet, dass wir denselben Ausdruck erhalten, wenn wir den Ausdruck für das elektrische Feld einer unendlichen ebenen Fläche aus der Beispielrechnung 7.1 integrieren:

$$\begin{aligned} V &= -\int_{O}^{x} \vec{E}' \cdot \mathrm{d}\vec{x}' \\ &= -\int_{O}^{x} \frac{\sigma}{2\varepsilon_0} \mathrm{d}x' \\ &= V_{\mathrm{O}} - \frac{\sigma x}{2\varepsilon_0}. \end{aligned}$$

Elektrisches Potential am Ort $\vec{r}$ (Herleitung 7.4):

Punktladung bei $\vec{r}_q$:

$$V(\vec{r}) = \frac{q}{4\pi\varepsilon_0 r_{qr}} \quad (7.23)$$

$$\text{mit} \quad \vec{r}_{qr} = \vec{r} - \vec{r}_q$$

$$\text{und} \quad r_{qr} \stackrel{\text{def}}{=} |\vec{r}_{qr}|$$

(für eine Punktladung im Ursprung, $\vec{r}_q = 0 \Rightarrow \vec{r}_{qr} = \vec{r}$).

Diskrete Verteilung
(die i. Ladung hat den Ortsvektor $\vec{r}_i$):

$$V(\vec{r}) = \sum_i \frac{q_i}{4\pi\varepsilon_0 r_{ir}} \quad (7.24)$$

$$\text{mit} \quad \vec{r}_{ir} = \vec{r} - \vec{r}_i$$

$$\text{und} \quad r_{ir} \stackrel{\text{def}}{=} |\vec{r}_{ir}|$$

Kontinuierliche Verteilung
(das Ladungselement $\mathrm{d}q$ hat den Ortsvektor $\vec{r}_{\mathrm{d}q}$):

$$V(\vec{r}) = \int \frac{\mathrm{d}q}{4\pi\varepsilon_0 r_{\mathrm{d}q\,r}} \quad (7.25)$$

$$\text{mit} \quad \vec{r}_{\mathrm{d}q\,r} = \vec{r} - \vec{r}_{\mathrm{d}q}$$

$$\text{und} \quad r_{\mathrm{d}q\,r} \stackrel{\text{def}}{=} |\vec{r}_{\mathrm{d}q\,r}|$$

(Audrücke für $\mathrm{d}q$ siehe Gl. 7.4).

Definitionen der entsprechenden Ortsvektoren für das elektrische Potential am Punkt P (P hat den Ortsvektor $\vec{r}$ bezüglich des Ursprungs):

Beispielrechnung 7.4: Elektrisches Potential einer unendlichen Flächenladung mit Gl. 7.25

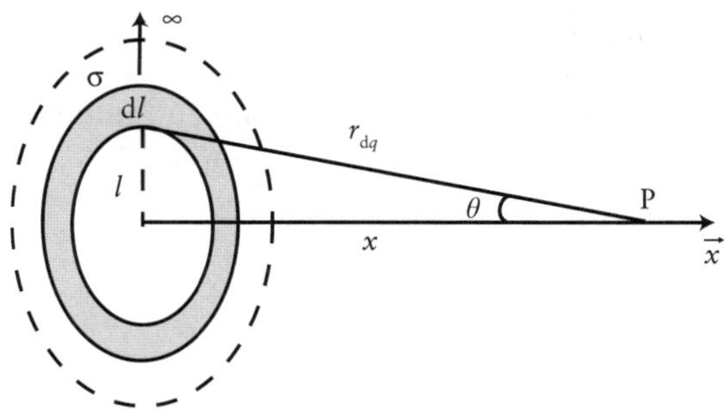

Das elektrische Potential am Punkt P ist:

$$V = \int \frac{dq}{4\pi\varepsilon_0 r_{dq}},$$

wobei, in senkrechten Radius l entlang der Oberfläche (siehe Diagramm), gilt:

$$\begin{aligned} dq &= \sigma ds \\ &= \sigma 2\pi l\, dl \\ \text{und} \quad r_{dq} &= \sqrt{l^2 + x^2}. \end{aligned}$$

Verwendet die Ausdrücke für dq und r_{dq} im Integral für V; um das Integral zu lösen sei $m = l^2 + x^2$:

$$\begin{aligned} V &= \int \frac{dq}{4\pi\varepsilon_0 r_{dq}} \\ &= \int \frac{\sigma ds}{4\pi\varepsilon_0 r_{dq}} \\ &= \frac{2\pi\sigma}{4\pi\varepsilon_0} \int_0^\infty \frac{l dl}{\sqrt{l^2 + x^2}} \\ &= \frac{\sigma}{2\varepsilon_0} \int_{x^2}^\infty \frac{dm}{2\sqrt{m}} \\ &= \frac{\sigma}{2\varepsilon_0} \left[\sqrt{m}\right]_{x^2}^\infty \\ &= V_O - \frac{\sigma x}{2\varepsilon_0}. \end{aligned}$$

Das durch eine unendliche Flächenladung hervorgerufene elektrische Potential nimmt ab, je größer die Entfernung von der Ladung wird (V nimmt mit zunehmendem x ab). Das Potential V_O stimmt mit dem Potential an einem beliebigen Bezugspunkt überein.

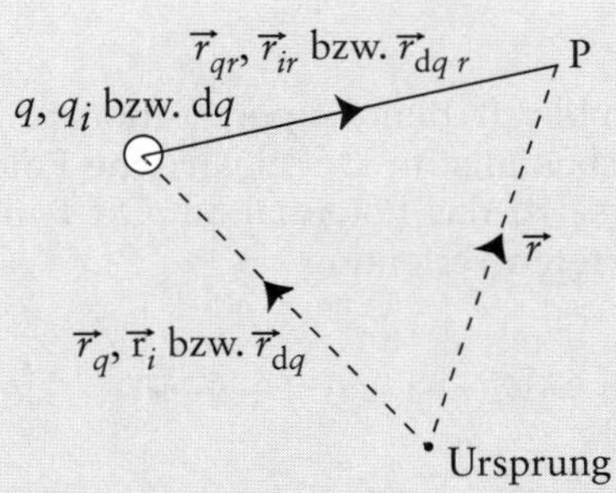

$\vec{r}_{xr} = \vec{r} - \vec{r}_x$, wobei $x = q$, i oder dq ist

Potentialdifferenz

Das elektrische Potential an einem Ort $\vec{r}$ ist als Integral über das elektrische Feld von einem festen Bezugspunkt bis $\vec{r}$ definiert. Gleichermaßen ist die *Potentialdifferenz* zwischen zwei Orten $\vec{a}$ und $\vec{b}$ durch das Linienintegral zwischen diesen beiden Punkten zu beschreiben (Gl. 7.26 und Herleitung 7.5). Die aufzuwendende Arbeit, aufgrund derer eine Ladung q von $\vec{a}$ nach $\vec{b}$ verschoben wird, ergibt sich aus dem Produkt von Potentialdifferenz und q (Gl. 7.27). Dabei muss jedoch beachtet werden, dass das elektrische Potential ein Skalar*feld* (d. h. eine Funktion von $\vec{r}$), Arbeit eine skalare *Größe* (keine Funktion von $\vec{r}$) ist. Die Arbeit, die an oder von q verrichtet wird, entspricht ihrer Umwandlung in potentielle Energie. Im Abschn. 7.4 werden wir sehen, dass eine Ladungsverteilung elektrische potentielle Energie enthält. Diese stammt aus der Arbeit, die aufgewendet wird, um ein Ladungssystem zusammenzustellen.

Potentialdifferenz (Herleitung 7.5):

Potentialdifferenz zwischen $\vec{a}$ und $\vec{b}$:

$$\Delta V_{ab} = -\int_{\vec{a}}^{\vec{b}} \vec{E} \cdot d\vec{l} \qquad (7.26)$$

Arbeit, die an q zwischen $\vec{a}$ und $\vec{b}$ verrichtet wird:

$$W_{ab} = q\,\Delta V_{ab} \qquad (7.27)$$

Herleitung 7.4: Herleitung des elektrischen Potentials der verrichteten Arbeit (Gln. 7.23–7.25)

Potential in einer Entfernung r_{qr} zur Punktladung:

$$\begin{aligned} V(\vec{r}) &= \frac{W}{Q} \\ &= \frac{1}{Q}\int_{\infty}^{r_{qr}} \vec{F}' \cdot \mathrm{d}\vec{r}'_{qQ} \\ &= -\frac{1}{Q}\int_{\infty}^{r_{qr}} \frac{qQ\,\mathrm{d}r'_{qQ}}{4\pi\varepsilon_0 (r')^2_{qQ}} \underbrace{\hat{r}'_{qQ}\cdot\hat{r}'_{qQ}}_{=1} \\ &= -\frac{q}{4\pi\varepsilon_0}\int_{\infty}^{r_{qr}} \frac{\mathrm{d}r'_{qQ}}{(r')^2_{qQ}} \\ &= \frac{q}{4\pi\varepsilon_0 r_{qr}}, \end{aligned}$$

$$\begin{aligned} \text{wobei} \quad & \vec{r}_{qr} = \vec{r} - \vec{r}_q \\ \text{und} \quad & r_{qr} \stackrel{\text{def}}{=} |\vec{r}_{qr}| \\ & \text{gelten.} \end{aligned}$$

Diskrete Verteilung:

$$\begin{aligned} V(\vec{r}) &= \sum_i V_i(\vec{r}) \\ &= \sum_i \frac{q_i}{4\pi\varepsilon_0 r_{ir}}, \end{aligned}$$

$$\begin{aligned} \text{wobei} \quad & \vec{r}_{ir} = \vec{r} - \vec{r}_i \\ \text{und} \quad & r_{ir} \stackrel{\text{def}}{=} |\vec{r}_{ir}| \\ & \text{gelten.} \end{aligned}$$

Kontinuierliche Verteilung:

$$\begin{aligned} V(\vec{r}) &= \int \mathrm{d}V_{\mathrm{d}q}(\vec{r}) \\ &= \int \frac{\mathrm{d}q}{4\pi\varepsilon_0 r_{\mathrm{d}q\,r}}, \end{aligned}$$

$$\begin{aligned} \text{wobei} \quad & \vec{r}_{\mathrm{d}q\,r} = \vec{r} - \vec{r}_{\mathrm{d}q} \\ \text{und} \quad & r_{\mathrm{d}q\,r} \stackrel{\text{def}}{=} |\vec{r}_{\mathrm{d}q\,r}| \text{ gelten.} \end{aligned}$$

- Ansatz: Das elektrische Potential ist als die Arbeit pro Einheitsladung, die aufgewendet werden muss, um eine Ladung Q aus dem Unendlichen in einen radialen Abstand r von einer anderen Punktladung q zu bringen, definiert:

$$\begin{aligned} V &= \frac{W}{Q} \\ &= \frac{1}{Q}\int_{\infty}^{r} \vec{F}' \cdot \mathrm{d}\vec{r}'_{qQ}, \end{aligned}$$

mit $\vec{r}'_{qQ}$, dem Abstandsvektor, der von q nach Q zeigt ($\vec{r}'_{qQ} = \vec{r}'_Q - \vec{r}'_q$).

- Durch die Definition des Einheitsvektors folgt $\mathrm{d}\vec{r}'_{qQ} = \mathrm{d}r'_{qQ}\,\hat{r}'_{qQ}$.
- Die Kraft, die benötigt wird, um eine Ladung durch ein elektrisches Feld zu bewegen, entspricht betraglich der Coulombkraft, $\vec{F}_C$, ist ihr aber entgegengerichtet. Folglich ist die für die Arbeit notwendige Kraft eines Systems zweier Punktladungen q und Q,

$$\begin{aligned} \vec{F}' &= -\vec{F}'_C \\ &= -\frac{qQ}{4\pi\varepsilon_0 (r')^2_{qQ}}\hat{r}'_{qQ}. \end{aligned}$$

- Da die Coulombkraft dem Superpositionsprinzip folgt, gilt dies ebenfalls für das elektrische Potential. Beispielsweise ist das Potential am Ort $\vec{r}$ in der Nähe einer diskreten Verteilung:

$$\begin{aligned} & V(\vec{r}) = V_1(\vec{r}) + V_2(\vec{r}) + V_3(\vec{r}) + \ldots \\ \text{mit} \quad & V_i(\vec{r}) = \frac{q_i}{4\pi\varepsilon_0 r_{ir}} \\ \text{und} \quad & \vec{r}_{ir} = \vec{r} - \vec{r}_i \quad (r_{ir} \stackrel{\text{def}}{=} |\vec{r}_{ir}|) \\ \text{für} \quad & i = 1, 2, 3 \ldots. \end{aligned}$$

Für eine kontinuierliche Verteilung wird aus der Summe ein Integral über alle Ladungselemente $\mathrm{d}q$.

Herleitung 7.5: Herleitung der Potentialdifferenz zwischen zwei Punkten (Gl. 7.26)

$$\begin{aligned}\Delta V_{ab} &= V(\vec{b}) - V(\vec{a})\\ &= -\int_O^{\vec{b}} \vec{E}\cdot d\vec{l} + \int_O^{\vec{a}} \vec{E}\cdot d\vec{l}\\ &= -\int_O^{\vec{b}} \vec{E}\cdot d\vec{l} - \int_{\vec{a}}^{O} \vec{E}\cdot d\vec{l}\\ &= -\int_{\vec{a}}^{\vec{b}} \vec{E}\cdot d\vec{l}\end{aligned}$$

Arbeit, die nötig ist, um q von $\vec{a}$ nach $\vec{b}$ zu bewegen:

$$\begin{aligned}W_{ab} &= -\int_{\vec{a}}^{\vec{b}} \vec{F}\cdot d\vec{l}\\ &= -q\int_{\vec{a}}^{\vec{b}} \vec{E}\cdot d\vec{l}\\ &= q\,\Delta V_{ab}\end{aligned}$$

- Ansatz: Die Potentialdifferenz zwischen den Orten $\vec{a}$ und $\vec{b}$ ist
$$\Delta V_{ab} = V(\vec{b}) - V(\vec{a}).$$
- Unter Verwendung von $V = -\int \vec{E}\cdot d\vec{l}$ (Gl. 7.20) können wir $V(\vec{a})$ wie folgt ausdrücken:
$$V(\vec{a}) = -\int_O^{\vec{a}} \vec{E}\cdot d\vec{l}.$$
In gleicher Weise verfährt man mit $V(\vec{b})$. Die Integrationsgrenze O entspricht einem üblichen Bezugspunkt.
- Bestimmte Integrale erfüllen die Zustandsgröße:
$$\int_a^b f(x)dx = -\int_b^a f(x)dx.$$
- Da die bestimmten Integrale in einer Integrationsgrenze übereinstimmen, können wir beide Integrale zu einem zusammenfassen.
- Die Arbeit, die notwendig ist, um eine Ladung q von $\vec{a}$ nach $\vec{b}$ zu bewegen, wird gegen eine Kraft $\vec{F} = q\vec{E}$ aufgewendet.

Äquipotentiallinien

Wir können ein elektrisches Potentialfeld schematisch unter Verwendung *äquipotentialer Umrisslinien*, die Oberflächen oder Linien eines konstanten Potentials kennzeichnen, darstellen. Da $\vec{E} = -\nabla V$ gilt, liegen die Äquipotentiallinien senkrecht auf den Feldlinien des elektrischen Feldes. Dies ist in Abb. 7.8 für eine positive Punktladung dargestellt. Man kann sich diese Linien wie Höhenlinien auf Wanderkarten vorstellen.

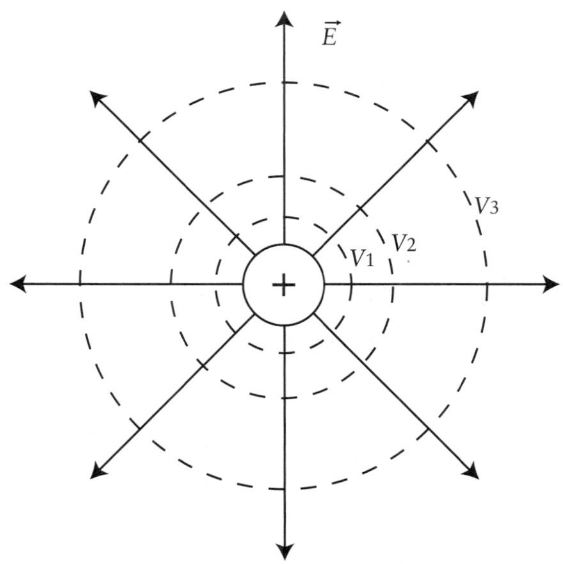

Abbildung 7.8 Elektrische Feldlinien (mit Pfeilen) und äquipotentiale Umrisse (gestrichelt) einer Punktladung

Laplace- und Poissongleichung

Unter Verwendung von $\vec{E} = -\nabla V$ eliminieren wir $\vec{E}$ aus dem Gauß'schen Gesetz, um dieses durch ein elektrisches Potential auszudrücken:

$$\begin{aligned}\frac{\rho}{\varepsilon_0} &= \nabla\cdot\vec{E}\\ &= \nabla\cdot(-\nabla V)\\ &= -\nabla^2 V\end{aligned}$$

(Gl. 7.28). Diese Gleichung wird *Poissongleichung* genannt. Enthält eine Umgebung keine freien Ladungsträger (sodass $\rho = 0$ gilt), erfüllt das Potential in dieser Umgebung die *Laplacegleichung*, $\nabla^2 V = 0$ (Gl. 7.29). Da mit Skalaren leichter gerechnet werden kann als mit Vektoren, ist es oft sehr hilfreich, ρ durch V anstatt durch $\vec{E}$ auszudrücken. In den Abschn. 7.7 und 11.3 werden Beispiele zur Lösung der Laplacegleichung gegeben. Der Lösung der Poissongleichung sind wir bereits begegnet. Sie ist einfach:

$$\begin{aligned} V(\vec{r}) &= \int \frac{\mathrm{d}q}{4\pi\varepsilon_0 r_{\mathrm{d}q\,r}} \quad \text{aus Gl. 7.25} \\ &\equiv \int \frac{\rho\,\mathrm{d}\tau}{4\pi\varepsilon_0 r_{\mathrm{d}\tau\,r}} \\ \text{mit} \quad \vec{r}_{\mathrm{d}q\,r} &= \vec{r} - \vec{r}_{\mathrm{d}q} \\ \vec{r}_{\mathrm{d}\tau\,r} &= \vec{r} - \vec{r}_{\mathrm{d}\tau} \equiv \vec{r}_{\mathrm{d}q\,r} \\ \text{und} \quad r_{\mathrm{d}\tau\,r} &\overset{\text{def}}{=} |\vec{r}_{\mathrm{d}\tau\,r}| \,. \end{aligned}$$

Hierbei wird vorausgesetzt, dass ρ im Unendlichen null wird. Es ist nützlich, sich dieses Ergebnis in Erinnerung zu rufen, wenn wir im Abschn. 8.4 das magnetische Analogon des elektrischen Potentials (das *magnetische Vektorpotential* $\vec{A}$) betrachten werden.

Poisson- und Laplacegleichung:

Poissongleichung:

$$\nabla^2 V = -\frac{\rho}{\varepsilon_0} \tag{7.28}$$

Laplacegleichung ($\rho = 0$):

$$\nabla^2 V = 0 \tag{7.29}$$

7.4 Die elektrische Energie eines Systems

Die *elektrische Energie*, U_E [J], ist eine Form potentieller Energie, die in Ladungsverteilungen gespeichert ist. Diese potentielle Energie entspricht der Arbeit, die nötig ist, um eine Ladungsverteilung (entgegen elektrostatischer Wechselwirkung) herzustellen, und würde zurückgewonnen werden, wenn man das System in Ruhe ließe.

Betrachten wir zuerst das einfache Beispiel der Arbeit, die aufgewendet werden muss, um zwei Ladungen, q_1 und q_2, im Abstand r_{12} voneinander anzuordnen. Ist kein elektrisches Feld vorhanden, dann ist die zur Positionierung der ersten Ladung aufzuwendende Arbeit $W_1 = 0$. Um nun die zweite Ladung, q_2, im Abstand r_{12} von q_1 einzubringen, ist folgende Arbeit notwendig:

$$\begin{aligned} W_2 &= q_2 V_1(r_{12}) \\ &= \frac{q_1 q_2}{4\pi\varepsilon_0 r_{12}} \,. \end{aligned}$$

Daher ist die elektrische potentielle Energie des Systems:

$$\begin{aligned} U_E &= \frac{q_1 q_2}{4\pi\varepsilon_0 r_{12}} \\ &= q_2 V_1(r_{12}) \\ &\equiv q_1 V_2(r_{12}) \,. \end{aligned}$$

Fügt man dem System nun eine dritte Ladung, q_3, hinzu, muss zusätzlich die Arbeit, die benötigt wird, um q_3 im Abstand r_{13} zu q_1 und im Abstand r_{23} zu q_2 zu positionieren, berücksichtigt werden:

$$\therefore U_E = \frac{q_1 q_2}{4\pi\varepsilon_0 r_{12}} + \frac{q_1 q_3}{4\pi\varepsilon_0 r_{13}} + \frac{q_2 q_3}{4\pi\varepsilon_0 r_{23}} \,.$$

Verallgemeinern wir dies für ein System von n Ladungen, wird über Ladungspaare summiert:

$$U_E = \sum_{i=1}^{n} \sum_{\substack{j=1 \\ j>i}}^{n} \frac{q_i q_j}{4\pi\varepsilon_0 r_{ij}} \tag{7.30}$$

(auch Gl. 7.33). Dabei garantieren die Grenzen der zweiten Summe ($j > i$), dass keine Ladungspaare doppelt gezählt werden. Alternativ können wir über alle i und alle j summieren und das Ergebnis durch 2 teilen, um alle Doppelzählungen zu eliminieren:

$$\begin{aligned} U_E &= \sum_{i=1}^{n} \sum_{\substack{j=1 \\ j>i}}^{n} \frac{q_i q_j}{4\pi\varepsilon_0 r_{ij}} \\ &\equiv \frac{1}{2} \sum_{i=1}^{n} \sum_{\substack{j=1 \\ j\neq i}}^{n} \frac{q_i q_j}{4\pi\varepsilon_0 r_{ij}} \,. \end{aligned} \tag{7.31}$$

7.4.1 Energie und elektrisches Potential

Anstatt nun eine Verteilung von Grund auf zusammenzustellen, wollen wir die elektrische Energie einer vollständigen Ladungsverteilung untersuchen. Wir erhalten zwar die gleichen Ergebnisse wie in Gl. 7.31, die Herangehensweise ist jedoch etwas anders und kann leichter für kontinuierliche Ladungsverteilungen verallgemeinert werden.

Bezüglich des elektrischen Potentials kann Gl. 7.31 als

$$U_E = \frac{1}{2}\sum_{i=1}^{n}\sum_{\substack{j=1\\ j\neq i}}^{n} \frac{q_i q_j}{4\pi\varepsilon_0 r_{ij}} = \frac{1}{2}\sum_{i=1}^{n}\sum_{\substack{j=1\\ j\neq i}}^{n} q_i V_j(r_{ij}) \qquad (7.32)$$

geschrieben werden. Nach dem Superpositionsprinzip gilt für das elektrische Potential einer vollständigen Ladungsverteilung am Ort $\vec{r}_i$ (sprich am Ort der i. Ladung):

$$V(\vec{r}_i) = \sum_{\substack{j=1\\ j\neq i}}^{n} V_j(r_{ij}) .$$

Setzt man dies in Gl. 7.32 ein, ergibt sich für die elektrische Energie der vollständigen Ladungsverteilung:

$$\therefore U_E = \frac{1}{2}\sum_{i=1}^{n} q_i V(\vec{r}_i)$$

(Gl. 7.34). Für eine kontinuierliche Verteilung wird die Summe zu einem Integral über Ladungselemente dq:

$$U_E = \frac{1}{2}\int V(\vec{r})\,dq$$

(Gl. 7.35, Herleitung 7.6 gibt ein alternatives Verfahren an.[4])

Elektrische Energie (Herleitung 7.6):

Diskrete Verteilung:

$$U_E = \sum_{i=1}^{n}\sum_{\substack{j=1\\ j>i}}^{n} \frac{q_i q_j}{4\pi\varepsilon_0 r_{ij}} \qquad (7.33)$$

$$\equiv \frac{1}{2}\sum_{i=1}^{n} q_i V(\vec{r}_i) \qquad (7.34)$$

Kontinuierliche Verteilung:

$$U_E = \frac{1}{2}\int V(\vec{r})\,dq \qquad (7.35)$$

(Ausdrücke von dq vgl. Gl. 7.4).

$V(\vec{r}_i)$ und $V(\vec{r})$ sind die elektrischen Potentiale vollständiger Ladungsverteilungen an den Orten $\vec{r}_i$ oder $\vec{r}$.

[4] Hierbei ist zu beachten, dass – unter Berücksichtigung der Terminologie, die zuvor in diesem Kapitel genutzt wurde – der Ortsvektor $\vec{r}$ in Gl. 7.35 als $\vec{r}_{dq}$ ausgedrückt wurde (das meint den Ortsvektor, der zum Ort des Ladungselements dq gehört). Da allerdings das Integral für U_E über dq definiert ist und für alle Koordinaten außerhalb der Ladungsverteilung $dq = 0$ gilt, dürfen wir $\vec{r}_{dq} \equiv \vec{r}$ schreiben.

7.4.2 Energie und elektrisches Feld

Für vollständige Ladungsverteilungen, in denen eine Ladungsdichtefunktion, ρ, existiert, können wir in Gl. 7.35 $dq = \rho\, d\tau$ verwenden, um einen alternativen Ausdruck für U_E bezüglich des elektrischen Feldes zu erhalten:

$$U_E = \frac{1}{2}\varepsilon_0 \int_{\substack{\text{gesamter}\\ \text{Raum}}} \left|\vec{E}\right|^2 d\tau$$

(Gl. 7.36 und Herleitung 7.7). Dieser Ausdruck zeigt, dass die elektrische potentielle Energie im elektrischen Feld einer Ladungsverteilung enthalten ist. Dividieren wir U_E durch das Volumen, erhalten wir die *elektrische Energiedichte*, u_E [J m^{-3}] (Gl. 7.37).

Im elektrischen Feld enthaltene elektrische Energie (Herleitung 7.7):

Gesamtenergie:

$$U_E = \frac{1}{2}\varepsilon_0 \int_{\substack{\text{gesamter}\\ \text{Raum}}} \left|\vec{E}\right|^2 d\tau \qquad (7.36)$$

Energiedichte (Energie pro Volumeneinheit):

$$u_E = \frac{1}{2}\varepsilon_0 \left|\vec{E}\right|^2 \qquad (7.37)$$

Achtung:

Beachtet, dass U_E hierbei nicht dem Superpositionsprinzip folgt, da U_E quadratisch in $\vec{E}$ ist; die Kreuzterme des elektrischen Feldes müssen berücksichtigt werden. Zum Beispiel ist die in zwei verbundenen elektrischen Feldern $\vec{E}_1$ und $\vec{E}_2$ gespeicherte Energie

$$\begin{aligned} U_{E_{\text{ges}}} &= \frac{1}{2}\varepsilon_0 \int \left(\vec{E}_1 + \vec{E}_2\right)^2 d\tau \\ &= \frac{1}{2}\varepsilon_0 \int \left(\left|\vec{E}_1\right|^2 + \left|\vec{E}_2\right|^2 + 2\vec{E}_1\cdot\vec{E}_2\right) d\tau \\ &= U_{E_1} + U_{E_2} + \underbrace{\varepsilon_0 \int \vec{E}_1\cdot\vec{E}_2\, d\tau}_{\text{Kreuzterm}} . \end{aligned}$$

II Elektrodynamik

Herleitung 7.6: Herleitung der in einem Ladungssystem enthaltenen Energie (Gln. 7.34 und 7.35)

$$
\begin{aligned}
\mathrm{d}W_i &= V_i^{\alpha}\mathrm{d}q \\
&= \alpha V(\vec{r}_i)q_i\mathrm{d}\alpha \\
\therefore \mathrm{d}W &= \sum_{i=0}^{n}\mathrm{d}W_i \\
&= \sum_{i=0}^{n} V(\vec{r}_i)q_i\alpha\mathrm{d}\alpha \\
\therefore W &= \sum_{i=0}^{n} V(\vec{r}_i)q_i \int_0^1 \alpha\mathrm{d}\alpha \\
&= \frac{1}{2}\sum_{i=0}^{n} V(\vec{r}_i)q_i \\
\text{oder}\quad W &= \frac{1}{2}\int V(\vec{r})\mathrm{d}q
\end{aligned}
$$

- Ansatz: Betrachten wir ein vollständiges System aus n Punktladungen mit dem Ortsvektor $\vec{r}_i$ der i. Ladung. Dabei sei $V(\vec{r}_i)$ das Potential am Ort der i. Ladung q_i.
- Nun vereinigen wir jede Ladung von Null bis q_i in infinitesimalen Abschnitten $\mathrm{d}q$. Wenn jede Ladung ein Teil α der Gesamtladung ist und $0 < \alpha < 1$ gilt, dann ist das Potential in $\vec{r}_i$ gleich $V_i^{\alpha} = \alpha V(\vec{r}_i)$. Wenn wir die Ladung um einen infinitesimalen Anteil $\mathrm{d}q = q_i\mathrm{d}\alpha$ erhöhen, dann gilt für die Komponente der benötigten Arbeit $\mathrm{d}W_i = V_i^{\alpha}\mathrm{d}q$.
- Das Element der Arbeit, die benötigt wird, um alle n Ladungen um den Betrag $q_i\mathrm{d}\alpha$ zu erhöhen, wird durch Summation über alle Ladungen erreicht:

$$\mathrm{d}W = \sum_{i=0}^{n}\mathrm{d}W_i\,.$$

- Um die gesamte benötigte Arbeit zu erhalten, muss über α integriert werden.
- Für eine kontinuierliche Ladungsverteilung wird aus der Summe ein Integral über die Ladungselemente $\mathrm{d}q$, wobei je nach Dimensionsabhängigkeit der Ladungsverteilung $\mathrm{d}q = \lambda\,\mathrm{d}l$, $\sigma\,\mathrm{d}s$ oder $\rho\,\mathrm{d}\tau$ gilt (betrachtet dazu Gl. 7.4).

Herleitung 7.7: Herleitung der in einem elektrischen Feld enthaltenen Energie (Gl. 7.36)

$$
\begin{aligned}
U_E &= \frac{1}{2}\int_Q V\mathrm{d}q \\
&= \frac{1}{2}\int_V \rho V\mathrm{d}\tau \\
&= \frac{\varepsilon_0}{2}\int_V (\nabla\cdot\vec{E})V\,\mathrm{d}\tau \\
&= \frac{\varepsilon_0}{2}\left(\oint_S V\vec{E}\cdot\mathrm{d}\vec{s} - \int_V \vec{E}\cdot(\nabla V)\mathrm{d}\tau\right) \\
&= \frac{\varepsilon_0}{2}\left(\oint_S V\vec{E}\cdot\mathrm{d}\vec{s} + \int_V \left|\vec{E}\right|^2\mathrm{d}\tau\right) \\
&= \frac{\varepsilon_0}{2}\int_{\substack{\text{gesamter}\\ \text{Raum}}} \left|\vec{E}\right|^2\,\mathrm{d}\tau
\end{aligned}
$$

- Ansatz: Wird U_E durch $\mathrm{d}q = \rho\,\mathrm{d}\tau$ ausgedrückt, dann kann U_E als Volumenintegral geschrieben werden.
- Aus dem Gauß'schen Gesetz folgt $\rho = \varepsilon_0\nabla\cdot\vec{E}$.
- Wir integrieren unter Verwendung der Vektoridentität

$$\int_V (\nabla\cdot\vec{F})\phi\,\mathrm{d}\tau = \oint_S \phi\vec{F}\cdot\mathrm{d}\vec{s} - \int_V \vec{F}\cdot(\nabla\phi)\mathrm{d}\tau\,,$$

wobei $\vec{F}$ eine willkürliche Vektorfunktion, $\vec{\phi}$ eine willkürliche skalare Funktion ist.
- Um ∇V zu eliminieren, nutzen wir $\nabla V = -\vec{E}$ nebst $\vec{E}\cdot\vec{E} = \left|\vec{E}\right|^2$.
- Integrieren wir über den gesamten Raum, dominiert das Volumenintegral über das Oberflächenintegral.

7.5 Elektrische Dipole

Ein *elektrischer Dipol* besteht aus zwei Punktladungen gleichen, aber entgegengesetzten Betrags, $+q$ und $-q$, die im Abstand $\vec{l}$ angeordnet sind – wie in Abb. 7.9 gezeigt.

Elektrische Dipole werden durch ihr *elektrisches Dipolmoment*, $\vec{p}$ [C m], definiert. Dieses ist ein Vektor, der von $-q$ nach $+q$ zeigt und für den

$$\vec{p} = q\vec{l}$$

gilt (Gl. 7.38). Einige gebräuchliche physikalische Beispiele für elektrische Dipole sind polare Moleküle, Antennen oder elektrisierte Wolken. Deshalb ist es wichtig, Eigenschaften und Verhalten elektrischer Dipole zu kennen. Hier wollen wir Dipole als *ideale Dipole* behandeln, das bedeutet, dass der Abstand zwischen den Ladungen, $|\vec{l}|$, im Vergleich zum Ortsvektor, $|\vec{r}|$, zu vernachlässigen ist.

Elektrisches Dipolmoment:

$$\vec{p} = q\vec{l} \tag{7.38}$$

7.5.1 Elektrisches Feld und Potential

Obwohl elektrische Dipole insgesamt elektrisch neutral sind, produzieren sie ein elektrisches Feld und wechselwirken demzufolge mit anderen geladenen Teilchen. Wir können das elektrische Potential eines Dipols unter Verwendung des Superpositionsprinzips, welches auf zwei nahegelegene Punktladungen bezogen wird, berechnen (Gl. 7.39 und 7.40 und Herleitung 7.8). Das elektrische Potential eines Dipols folgt einem Quadratabstandsgesetz ($V \propto 1/r^2$), obgleich wir zuvor festgestellt haben, dass das elektrische Potential einer Punktladung sich wie $V \propto 1/r$ verändert. Weiterhin ist das elektrische Potential eines Dipols nicht kugelsymmetrisch so wie das einer Punktladung, sondern es hängt vom Winkel θ relativ zum Dipol ab.

Wenn wir Gl. 7.40 differenzieren, bemerken wir, dass das elektrische Feld eines Dipols in Kugelkoordinaten eine radiale und eine tangentiale Komponente besitzt (Gl. 7.41 und Herleitung 7.9). Die Form des Feldes ist in Abb. 7.10 a eingezeichnet. Abb. 7.10 b zeigt das elektrische Feld eines *realen* Dipols, in dem $|\vec{l}|$ nicht zwingend $\ll |\vec{r}|$ ist. Reale und ideale Dipole verfügen in weiten Entfernungen vom Dipol über die gleichen Eigenschaften; ihre Gestalt ändert sich jedoch, je näher man dem Dipol kommt. Aus diesem Grund wird in Gl. 7.39 für das elektrische Potential und in Gl. 7.41 für das elektrische Feld die Näherung $|\vec{l}| \ll |\vec{r}|$ angenommen.

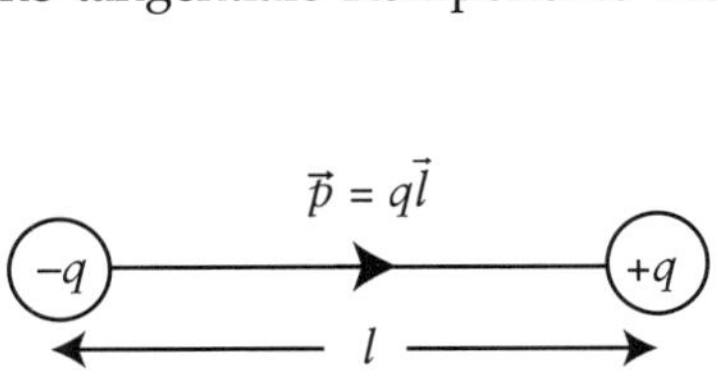

Abbildung 7.9 Elektrischer Dipol

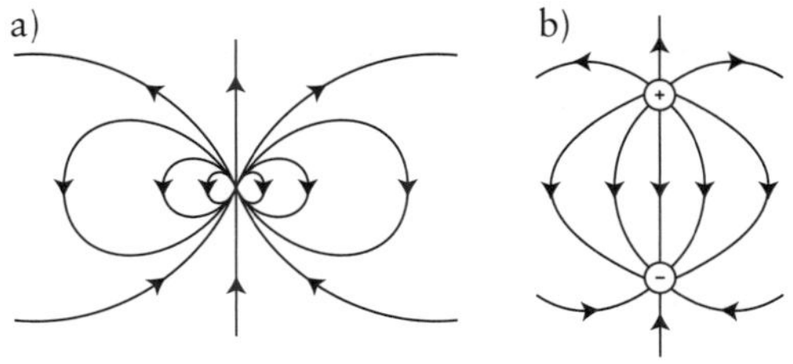

Abbildung 7.10 Elektrisches Feld eines **a** idealen und **b** realen Dipols

Elektrisches Potential eines idealen Dipols (Herleitung 7.8) (Dipol, der im Ursprung sitzt):

$$V(r,\theta) = \frac{\vec{p}\cdot\hat{r}}{4\pi\varepsilon_0 r^2} \tag{7.39}$$

$$= \frac{p\cos\theta}{4\pi\varepsilon_0 r^2} \tag{7.40}$$

Elektrisches Feld eines idealen Dipols (Herleitung 7.9):

$$\vec{E}(r,\theta) = \frac{p}{4\pi\varepsilon_0 r^3}(2\cos\theta\hat{r} + \sin\theta\hat{\theta})$$

$$\equiv \frac{p}{4\pi\varepsilon_0 r^3}\begin{pmatrix} 2\cos\theta \\ \sin\theta \end{pmatrix} \tag{7.41}$$

7.5.2 Dipol in einem externen elektrischen Feld

In einem externen elektrischen Feld erfährt ein Dipol ein *Drehmoment*, $\vec{\tau}_p$ [N m], bis entgegengesetzte Kräfte an jeder Dipolseite herrschen. Das Drehmoment ergibt sich aus dem Kreuzprodukt von $\vec{p}$ und $\vec{E}$:

$$\vec{\tau}_p = \vec{p} \times \vec{E}$$

(Gl. 7.42 und Herleitung 7.10). Das Drehmoment neigt dazu, den Dipol mit dem elektrischen Feld auszurichten,

Herleitung 7.8: Herleitung des elektrischen Potentials eines idealen Dipols (Gln. 7.39 und 7.40)

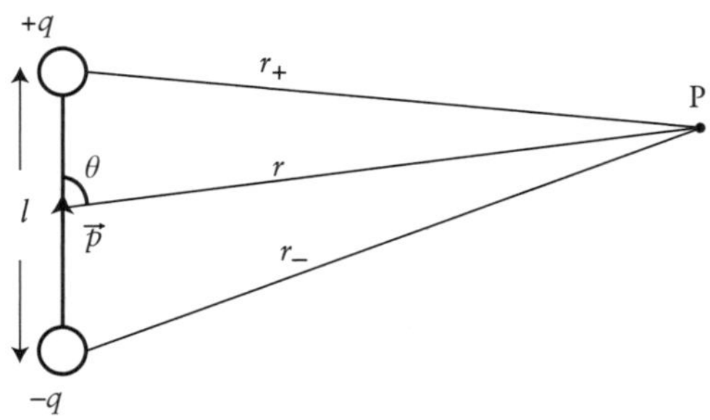

$$
\begin{aligned}
V(\vec{r}) &= V_+(\vec{r}_+) + V_-(\vec{r}_-) \\
&= \frac{q}{4\pi\varepsilon_0 r_+} - \frac{q}{4\pi\varepsilon_0 r_-} \\
&= \frac{q}{4\pi\varepsilon_0}\left(\frac{1}{r_+} - \frac{1}{r_-}\right) \\
&= \frac{q}{4\pi\varepsilon_0}\left\{\left(\frac{1}{r} + \frac{l}{2r^2}\cos\theta\right) - \left(\frac{1}{r} - \frac{l}{2r^2}\cos\theta\right)\right\} \\
&= \frac{q}{4\pi\varepsilon_0}\left(\frac{l}{r^2}\cos\theta\right) \\
&= \frac{ql\cos\theta}{4\pi\varepsilon_0 r^2} \\
&= \frac{p\cos\theta}{4\pi\varepsilon_0 r^2} \\
&= \frac{\vec{p}\cdot\hat{r}}{4\pi\varepsilon_0 r^2}
\end{aligned}
$$

- Ansatz: Das elektrische Potential am Punkt P ergibt sich aus der Überlagerung der elektrischen Potentiale zweier Punktladungen, $+q$ und $-q$.
- Aus dem Kosinussatz können wir Ausdrücke für r_+ und r_- herleiten:

$$
\begin{aligned}
r_\pm^2 &= r^2 + \left(\frac{l}{2}\right)^2 \mp rl\cos\theta \\
&= r^2\left(1 + \frac{l^2}{4r^2} \mp \frac{l}{r}\cos\theta\right) \\
&\simeq r^2\left(1 \mp \frac{l}{r}\cos\theta\right) \quad \text{für} \quad l \ll r.
\end{aligned}
$$

- Für $l \ll r$ (Näherung an idealen Dipol) können wir eine Binomialentwicklung nutzen, um Ausdrücke für die Reziproken, $1/r_+$ und $1/r_-$, zu erhalten:

$$
\begin{aligned}
\therefore \frac{1}{r_\pm} &= \frac{1}{r}\left(1 \mp \frac{l}{r}\cos\theta\right)^{-1/2} \\
&\simeq \frac{1}{r}\left(1 \pm \frac{l}{2r}\cos\theta\right).
\end{aligned}
$$

- Nun setzt man dies in $V(\vec{r})$ ein.
- Das *elektrische Dipolmoment* ist als $\vec{p} = q\vec{l}$ definiert, daher ist der Betrag von $\vec{p}$ gleich $p = |\vec{p}| = q|\vec{l}| = ql$.

wodurch sich folgende potentielle Energie des Dipols ergibt:

$$U_p = -\vec{p}\cdot\vec{E}$$

(Gl. 7.43 und Herleitung 7.11). Die reine *lineare* Kraft am Dipol ist dann

$$
\begin{aligned}
\vec{F}_p &= -\nabla U_p \\
&= -\nabla(\vec{p}\cdot\vec{E}) \\
&= -(\vec{p}\nabla)\cdot\vec{E}
\end{aligned}
$$

(Gl. 7.44).[5] Handelt es sich um ein homogenes Feld, ist die lineare Nettokraft gleich null, wenn die Kräfte an der positiven und negativen Ladung gleich, aber einander entgegengerichtet sind:

$$\vec{F}_p = q\vec{E} - q\vec{E} = 0\,.$$

Dipol in einem externen elektrischen Feld (Herleitungen 7.10–7.11):

Drehmoment:	$\vec{\tau}_p = \vec{p}\times\vec{E}$	(7.42)
Energie:	$U_p = -\vec{p}\cdot\vec{E}$	(7.43)
Kraft:	$\vec{F}_p = (\vec{p}\nabla)\cdot\vec{E}$	(7.44)

[5] Der Nabla-Operator wirkt nicht auf den elektrischen Dipol, $\vec{p}$, sondern nur auf das elektrische Feld, $\vec{E}$. Daher gilt $\nabla(\vec{p}\cdot\vec{E}) = (\vec{p}\nabla)\cdot\vec{E}$.

Herleitung 7.9: Herleitung des elektrischen Feldes eines Dipols (Gl. 7.41)

$$\begin{aligned}
\vec{E} &= -\nabla V \\
\therefore E_r &= -\frac{\partial V}{\partial r} \\
&= \frac{2p\cos\theta}{4\pi\varepsilon_0 r^3} \\
E_\theta &= -\frac{1}{r}\frac{\partial V}{\partial \theta} \\
&= \frac{p\sin\theta}{4\pi\varepsilon_0 r^3} \\
E_\phi &= -\frac{1}{r\sin\theta}\frac{\partial V}{\partial \phi} \\
&= 0
\end{aligned}$$

- Ansatz: Das elektrische Feld ist der Gradient des elektrischen Potentials:

$$\vec{E} = -\nabla V\,.$$

- Man differenziert $V = p\cos\theta/4\pi\varepsilon_0 r^2$ (Gl. 7.40) unter Verwendung des Nabla-Operators in Kugelkoordinaten:

$$\nabla V = \frac{\partial V}{\partial r}\hat{r} + \frac{1}{r}\frac{\partial V}{\partial \theta}\hat{\theta} + \frac{1}{r\sin\theta}\frac{\partial V}{\partial \phi}\hat{\phi}\,.$$

Herleitung 7.10: Herleitung des Drehmoments, das auf einen Dipol in einem externen $\vec{E}$-Feld wirkt (Gl. 7.42)

$$\begin{aligned}
\vec{\tau}_p &= \vec{\tau}_+ + \vec{\tau}_- \\
&= \left(\vec{r}_+ \times \vec{F}_+\right) + \left(\vec{r}_- \times \vec{F}_-\right) \\
&= \frac{\vec{l}}{2} \times q\vec{E} + \left(-\frac{\vec{l}}{2}\right) \times \left(-q\vec{E}\right) \\
&= \vec{l} \times q\vec{E} \\
&= q\vec{l} \times \vec{E} \\
&= \vec{p} \times \vec{E} \\
\therefore \left|\vec{\tau}_p\right| &= |\vec{p}|\left|\vec{E}\right|\sin\theta
\end{aligned}$$

- Ansatz: Das Nettodrehmoment eines Dipols der Länge $\vec{l}$ mit dem Dipolmoment $\vec{p} = q\vec{l}$ besteht aus der Summe der Drehmomente an jeder Ladung: $\vec{\tau}_p = \vec{\tau}_+ + \vec{\tau}_-$.
- Die auf q wirkende Kraft ist $\vec{F} = q\vec{E}$.
- Das Drehmoment führt zu einer Verringerung von θ (dem Winkel zwischen $\vec{p}$ und $\vec{E}$) und wird null, wenn der Dipol parallel zum Feld ausgerichtet ist.

Herleitung 7.11: Herleitung der potentiellen Energie eines Dipols in einem externen $\vec{E}$-Feld (Gl. 7.43)

$$
\begin{aligned}
U_p &= \int_{\pi/2}^{\theta} |\vec{\tau}_p| \, d\theta' \\
&= \int_{\pi/2}^{\theta} |\vec{p}| \left|\vec{E}\right| \sin\theta' d\theta' \\
&= \left[- |\vec{p}| \left|\vec{E}\right| \cos\theta' \right]_{\pi/2}^{\theta} \\
&= - |\vec{p}| \left|\vec{E}\right| \cos\theta \\
&= -\vec{p} \cdot \vec{E}
\end{aligned}
$$

- Ansatz: Die Energie eines Dipols in einem externen elektrischen Feld entspricht der Arbeit, die aufgewendet werden muss, um den Dipol von einer anfänglichen äquipotentialen Ausrichtung (senkrecht zu $\vec{E} \rightarrow \therefore \theta' = \pi/2$) in einen Winkel ϑ zur Feldlinie zu bringen.
- Der Betrag des auf einen Dipol in einem externen Feld wirkenden Drehmoments ist

$$|\vec{\tau}_p| = \left|\vec{p} \times \vec{E}\right| = |\vec{p}| \left|\vec{E}\right| \sin\theta' .$$

- Die potentielle Energie des Dipols ist minimal, wenn dieser parallel zum externen Feld ausgerichtet ist.

7.6 Kondensatoren

Ein *Kondensator* besteht aus zwei durch einen elektrischen Isolator getrennten elektrischen Leitern. Wenn Ladungen nicht durch den Isolator fließen können, bleiben sie auf den Leitern. Man nimmt an, dass ein Kondensator keine Nettoladung besitzt. Das wiederum bedeutet, dass die Leiter über gleiche, aber einander entgegengerichtete Ladungen $\pm Q$ verfügen. Die Leiter erzeugen ein elektrisches Feld, dessen Feldlinien den Isolator durchdringen und vom positiven zum negativen Leiter zeigen. Demnach herrscht eine Potentialdifferenz, V, zwischen den beiden Leitern. Typische Kondensatoren sind Plattenkondensatoren, Koaxialkabel und sphärische Kondensatoren (beachtet die Abbildung in der Beispielrechnung 7.5).

7.6.1 Kapazität

Die *Kapazität*, C [$\mathrm{F} \equiv \mathrm{C\,V^{-1}}$], ist ein Maß für das Vermögen eines Kondensators, Ladung zu speichern. Die Kapazität eines Kondensators mit der Potentialdifferenz V zwischen den Platten mit der Ladung $\pm Q$ ist als

$$C = \frac{Q}{V}$$

definiert (Gl. 7.45). Je höher die Kapazität ist, desto mehr Ladung kann der Kondensator bei gegebener Spannung speichern. Die Kapazität hängt von Größe, Form und Aufteilung der Leiter (sprich der Geometrie des Kondensators) ab. In der Beispielrechnung 7.5 sind einige Rechnungen für die Kapazität geläufiger Kondensatoren aufgeführt. Bei Kondensatoren, deren Kapazität von der angelegten Spannung abhängt, ist die *differentielle* Kapazität, C_d, durch die Ableitung definiert:

$$C_\mathrm{d} = \frac{dQ}{dV}$$

(Gl. 7.46). Es gilt $C = C_\mathrm{d}$, falls die Kapazität (die Kondensatorgeometrie) spannungsunabhängig ist.

Kapazität:

$$C \stackrel{\text{def}}{=} \frac{Q}{V} \tag{7.45}$$

Differentielle Kapazität:

$$C_\mathrm{d} \stackrel{\text{def}}{=} \frac{dQ}{dV} \tag{7.46}$$

7.6.2 Energie eines Kondensators

Kondensatoren speichern elektrische potentielle Energie im elektrischen Feld, das durch die geladenen Leiter erzeugt wird. Die potentielle Energie entspricht der zur Ladung des Kondensators verwendeten Arbeit und wird wieder frei, wenn der Kondensator entladen wird. Die elektrische Energie, U_C, die in einem Kondensator gespeichert ist, ergibt sich aus:

$$U_C = \frac{1}{2} QV$$

Beispielrechnung 7.5: Bestimmung der Kapazität aus dem elektrischen Feld für einige allgemeine Systemanordnungen

a) Sphärischer Kondensator

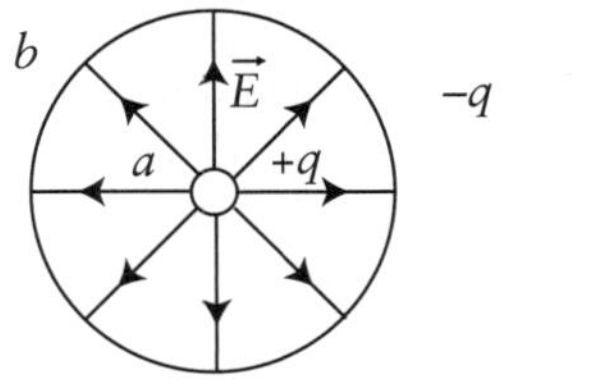

Außenradius, b
Innenradius, a

$$\vec{E} = \frac{q}{4\pi\varepsilon_0 r^2}\hat{r}$$

$$V = -\int_a^b \vec{E}\cdot d\vec{r}$$

$$= \frac{q}{4\pi\varepsilon_0}\left(\frac{1}{a}-\frac{1}{b}\right)$$

$$\therefore C = \frac{q}{V}$$

$$= 4\pi\varepsilon_0\left(\frac{ab}{b-a}\right)$$

b) Zylindrischer oder koaxialer Kondensator

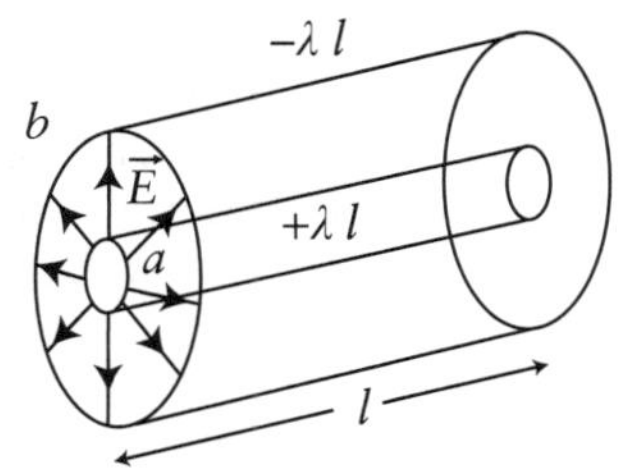

Außenradius, b
Innenradius, a
Länge, l

$$\vec{E} = \frac{\lambda}{2\pi\varepsilon_0 r}\hat{r}$$

$$V = -\int_a^b \vec{E}\cdot d\vec{r}$$

$$= \frac{\lambda \ln(b/a)}{2\pi\varepsilon_0}$$

$$\therefore C = \frac{q}{V} = \frac{\lambda l}{V}$$

$$= \frac{2\pi\varepsilon_0 l}{\ln(b/a)}$$

c) Plattenkondensator

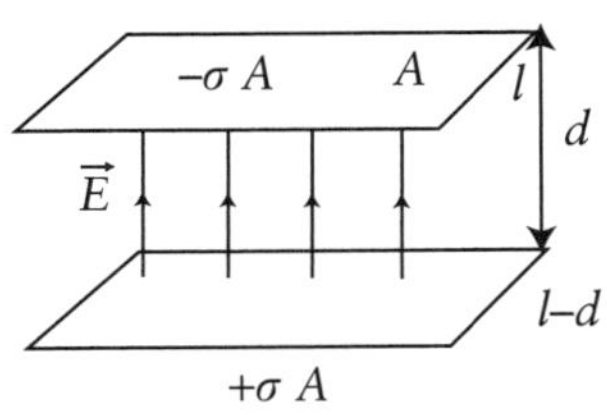

obere Platte l
untere Platte, l-d
Fläche, A

$$\vec{E} = \frac{\sigma}{\varepsilon_0}\hat{n}$$

$$V = -\int_l^{l-d} \vec{E}\cdot d\vec{l}$$

$$= \frac{\sigma d}{\varepsilon_0}$$

$$\therefore C = \frac{q}{V} = \frac{\sigma A}{V}$$

$$= \frac{\varepsilon_0 A}{d}$$

Beachtet dazu die Beispielrechnung 7.2 zur Bestimmung des elektrischen Feldes jeglicher Konstellation aus dem Gauß'schen Gesetz.

(Gl. 7.47 und Herleitung 7.12). Die Kraft, die auf die Leiterplatten ausgeübt wird, ist somit:

$$\vec{F} = -\nabla U_C$$

$$= -\frac{1}{2}Q\nabla V$$

$$= \frac{1}{2}Q\vec{E}\,.$$

Potentielle Energie eines Kondensators (Herleitung 7.12):

$$U_C = \frac{1}{2}QV,\ \frac{1}{2}CV^2,\ \text{oder}\ \frac{Q^2}{2C} \qquad (7.47)$$

Herleitung 7.12: Herleitung der elektrischen Energie, die in einem Kondensator gespeichert ist (Gl. 7.47)

$$
\begin{aligned}
U_C &= W \\
&= \int_0^Q V(q)\mathrm{d}q \\
&= \int_0^Q \frac{q}{C}\mathrm{d}q \\
&= \frac{1}{2}\frac{Q^2}{C} \\
&\equiv \frac{1}{2}QV \\
&\equiv \frac{1}{2}CV^2
\end{aligned}
$$

- Ansatz: Man stellt sich zwei ungeladene Leiter vor und transportiert so lange Ladungselemente, $\mathrm{d}q$, von einem zum anderen, bis eine Gesamtladung Q übertragen wurde (sodass auf einem Leiter nun $+Q$, auf dem anderen $-Q$ herrscht). Für eine konstante Kapazität, C, ergibt sich die Potentialdifferenz zwischen den Leitern als Funktion der momentanen Ladung q: $V(q) = q/C$.
- Das Arbeitselement, das notwendig ist, um ein Ladungselement $\mathrm{d}q$ durch eine Potentialdifferenz $V(q)$ zu transportieren, wird als

$$
\begin{aligned}
\mathrm{d}W &= V(q)\mathrm{d}q \\
&= \frac{q}{C}\mathrm{d}q
\end{aligned}
$$

bestimmt.
- Um die gesamte verrichtete Arbeit zu erhalten, wird darüber integriert. Das Ergebnis liefert die im Kondensator gespeicherte potentielle Energie $U_C = W$.
- Um verschiedene Ausdrücke für U_C zu erhalten, verwendet man die Gleichung für die Kapazität ($C = Q/V$).

7.7 Leiter

Leiter bestehen aus Materialien mit beweglichen Ladungsträgern. Metalle, beispielsweise Aluminium und Kupfer, sind solche Leiter. Sie bestehen aus einem festen Kristallgitter positiver Ionen (den Atomkernen) und freien Valenzelektronen.

Elektrische Fähigkeiten von Leitern

Man stelle sich einen Leiter vor, der einen Überschuss oder ein Defizit an Elektronen aufweist, sodass er über eine Nettoladung verfügt. Im stabilen Zustand erfahren die beweglichen Ladungen keine Nettokraft: $\vec{F} = q\vec{E} = 0$. Daher ist das elektrische Feld innerhalb eines Leiters im ruhenden Zustand gleich null: $\vec{E} = 0$.

Da innerhalb eines Leiters $\vec{E} = 0$ gilt, folgt daraus, dass Leiter äquipotential sind. Die Potentialdifferenz zwischen zwei Punkten im Leiter ist:

$$
\begin{aligned}
V(\vec{b}) - V(\vec{a}) &= -\int_{\vec{a}}^{\vec{b}} \vec{E}\cdot \mathrm{d}\vec{l} = 0 \\
\therefore V(\vec{b}) &= V(\vec{a})\,.
\end{aligned}
$$

Weiterhin folgt aus dem Gauß'schen Gesetz, dass die La dungsdichte innerhalb eines Leiters ebenfalls null ist, wenn $\vec{E} = 0$ gilt: $\rho \propto \nabla \cdot \vec{E} = 0$. Daher sammelt sich die Nettoladung eines geladenen Leiters an dessen Oberfläche an und es ergibt sich die Flächenladungsdichte σ. Das durch σ entstandene elektrische Feld steht senkrecht auf der Leiteroberfläche, weil dort keine Tangentialkomponenten von $\vec{E}$ sind ($\vec{E} = 0$). Die Oberflächenladung ver teilt sich derart, dass Tangentialkomponenten aufgehoben werden, sodass ein reines Radialfeld übrig bleibt. Im Folgenden sind die Eigenschaften geladener Leiter zusammengefasst.

Leiter in einem externen elektrischen Feld

Wenn ein Leiter in ein externes elektrisches Feld eingebracht wird, ordnen sich die freien Ladungsträger so an, dass im Leiter $\vec{E} = 0$ (und damit keine Nettokraft auf die Ladung) herrscht. Wird beispielsweise ein leitender Stab in ein externes elektrisches Feld, $\vec{E}_0$, eingebracht, verteilt sich die Ladung um, sodass ein elektrisches Feld, $-\vec{E}_0$, entsteht, wodurch das resultierende elektrische Feld im Leiter null ergibt (Abb. 7.11). Diese Ladungsumverteilung

Zusammenfassung 7.1: Elektrische Eigenschaften geladener Leiter

1. $\vec{E} = 0$ gilt innerhalb des Leiters.
2. $\rho = 0$ gilt innerhalb des Leiters.
3. Leiter verfügen über ein konstantes Potential.
4. Die Nettoladung befindet sich auf der Leiteroberfläche.
5. Das elektrische Feld auf der Leiteroberfläche verläuft senkrecht zu dieser.

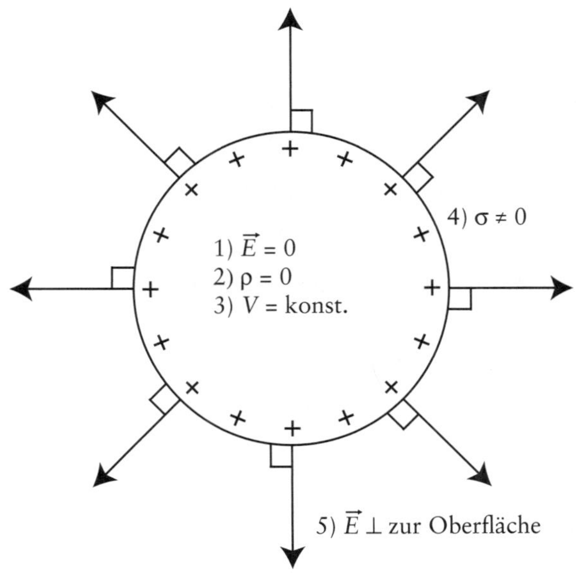

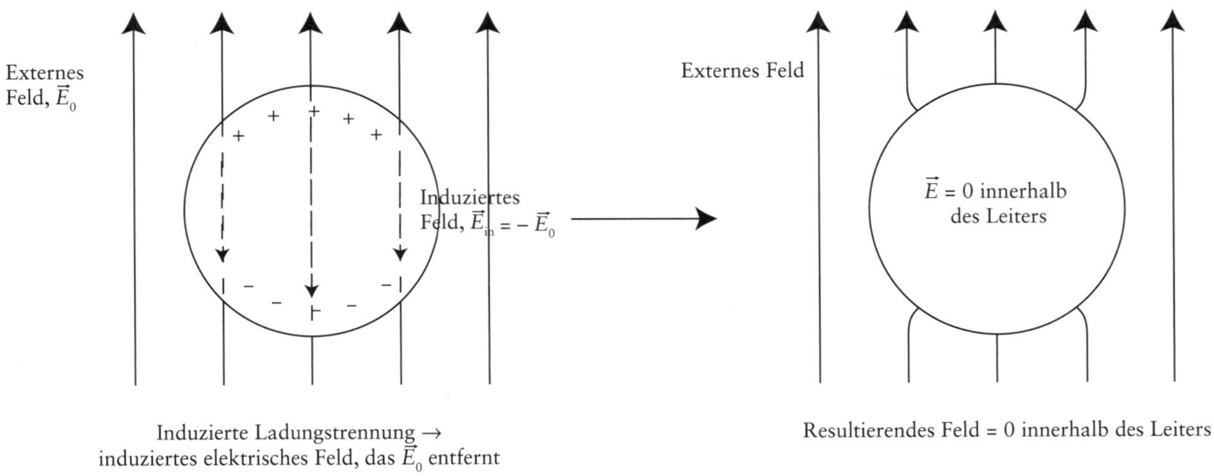

Abbildung 7.11 Bringt man einen Leiter in ein externes elektrisches Feld ein, erfolgt eine induzierte Ladungsverteilung, die wiederum ein internes elektrisches Feld erzeugt, welches das elektrische Feld im Leiter aufhebt, sodass das resultierende Feld innerhalb des Leiters null ergibt.

aufgrund eines externen elektrischen Feldes wird häufig als *induzierte Ladungstrennung* bezeichnet.[6]

Laplacegleichung und Leiter

Wir haben in Abschn. 7.3 gesehen, dass das elektrische Potential und die Ladungsverteilung über die Poissongleichung miteinander in Beziehung gesetzt werden können:

$$\nabla^2 V = -\frac{\rho}{\varepsilon_0}\,.$$

Da innerhalb eines Leiters $\rho = 0$ gilt, erfüllt das elektrische Potential des Leiters die Laplacegleichung (Poissongleichung mit $\rho = 0$):

$$\nabla^2 V = 0\,.$$

[6] Induzierte Ladungstrennung kommt auch in nichtleitenden Materialien vor; meist wird dieser Effekt jedoch in Verbindung mit Leitern beschrieben.

Beispielrechnung 7.6: Bestimmung des elektrischen Potentials eines Leiters in einem externen elektrischen Feld mit der Laplacegleichung

Nehmen wir einen ungeladenen Stableiter mit dem Radius a und einer infiniten Länge an und setzen ihn in ein homogenes elektrisches Feld, $\vec{E}_0$, sodass die Stabachse senkrecht zum Feld verläuft (vgl. mit der Abbildung). Da im Inneren des Leiters $\rho = 0$ ist, erfüllt das elektrische Potential die Laplacegleichung:

$$\nabla^2 V(r,\theta) = 0\,.$$

Schreibt man die zweidimensionale Laplacegleichung in Zylinderkoordinaten, gilt:

$$r\frac{\partial}{\partial r}\left(r\frac{\partial V}{\partial r}\right) + \frac{\partial^2 V}{\partial \theta^2} = 0\,.$$

Durch Substitution kann einfach gezeigt werden, dass

$$V(r,\theta) = Ar\cos\theta + \frac{B\cos\theta}{r}$$

eine mögliche Lösung ist.

Randbedingungen

Wenden wir die folgenden Randbedingungen an, erhalten wir Ausdrücke für A und B:

1. In weiter, radialer Entfernung zum Stab ($r \gg a$) wird das Potential zum Potential eines homogenen elektrischen Feldes:

$$V(r \gg a,\theta) = -E_0 r\cos\theta$$
$$\therefore A = -E_0\,.$$

2. Der Stab ist zunächst ungeladen, sodass das Leiterpotential am Rand gleich null ist:

$$V(a,\theta) = 0$$
$$\therefore B = \frac{E_0}{a^2}\,.$$

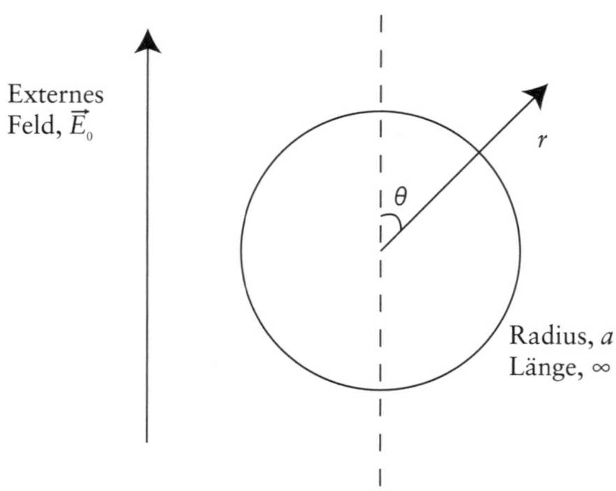

Elektrisches Potential des Stabs

Das elektrische Potential der Ladungsverteilung ist:

$$V(r,\theta) = E_0\left(\frac{a^2}{r} - r\right)\cos\theta\,.$$

Flächenladungsverteilung

Unter Zuhilfenahme des Gauß'schen Gesetzes in integraler Form und der Eigenschaft, dass auf der Leiteroberfläche $\vec{E}$ parallel zu $d\vec{s}$ verläuft, erhalten wir:

$$\oint_S \vec{E}\cdot d\vec{s} = \frac{q}{\varepsilon_0}$$
$$\therefore \left|\vec{E}\right| A = \frac{q}{\varepsilon_0} \Rightarrow \left|\vec{E}\right| = \frac{\sigma}{\varepsilon_0}$$
$$\therefore \vec{E} = \frac{\sigma}{\varepsilon_0}\hat{r}\,.$$

Hierbei ist $\hat{r}$ der radiale Vektor. Das elektrische Feld ist mit dem radialen Anteil des elektrischen Potentials folgendermaßen verknüpft:

$$\vec{E} = -\frac{\partial V}{\partial r}\hat{r} \qquad (\vec{E} = -\nabla V)$$
$$\therefore \frac{\partial V}{\partial r} = -\frac{\sigma}{\varepsilon_0}\,.$$

Stellen wir dies um und differenzieren, erhalten wir einen Ausruck für die Ladungsverteilung auf der Oberfläche, die das elektrische Potential des Leiters hervorruft:

$$\sigma = -\varepsilon_0\left(\frac{\partial V}{\partial r}\right)_{r=a}$$
$$= -\varepsilon_0\frac{\partial}{\partial r}\left(E_0\left(\frac{a^2}{r} - r\right)\cos\theta\right)_{r=a}$$
$$= 2\varepsilon_0 E_0\cos\theta\,.$$

Die Beispielrechnung 7.6 löst die Laplacegleichung, um das elektrische Potential eines zylindrischen Leiters in einem externen elektrischen Feld zu bestimmen.

Das Eindeutigkeitstheorem

Das *Eindeutigkeitstheorem* besagt:

Wenn eine Lösung die Poisson- oder Laplacegleichung erfüllt und die richtigen Randwerte annimmt, dann ist dies die einzige Lösung – eine eindeutige Lösung.

Das Theorem lässt sich durch folgende Argumentation einfach beweisen. Angenommen, für die Laplacegleichung existieren zwei Lösungen des elektrischen Potentials:

$$\nabla^2 V_1 = 0 \quad \text{und} \quad \nabla^2 V_2 = 0 \, .$$

Aufgrund der Randbedingungen müssen V_1 und V_2 denselben Betrag auf der Leiteroberfläche haben, sodass an den Rändern $V_1 = V_2$ gilt. Nun benötigen wir ein Potential, das die Differenz zwischen V_1 und V_2 angleicht: $\Phi = V_2 - V_1$. Da der Laplace-Operator linear ist, erfüllt Φ die Laplacegleichung:

$$\begin{aligned} \nabla^2 \Phi &= \nabla^2 (V_2 - V_1) \\ &= \nabla^2 V_2 - \nabla^2 V_1 \\ &= 0 \, . \end{aligned}$$

An den Rändern ist $V_1 = V_2$, daher gilt an diesen Stellen auch $\Phi = 0$. Folglich erlaubt die Laplacegleichung keine lokalen Maxima oder Minima: $\therefore \Phi_{\text{max}} = 0$ und $\Phi_{\text{min}} = 0$. Das bedeutet wiederum, dass überall $\Phi = 0$ und diesbezüglich auch überall $V_1 = V_2$ gilt. In anderen Worten ausgedrückt: Es gibt nur eine Lösung für das elektrische Potential, welche die Laplacegleichung bei gegebenen Randbedingungen erfüllt. Das Eindeutigkeitstheorem unterliegt einer Problemlösestrategie der Elektrostatik, die als *Spiegelladungsmethode* bekannt ist.

Die Spiegelladungsmethode

Wir haben gesehen, dass über einem äußeren (externen) elektrischen Feld eine Umordnung der Ladung in einem Leiter erzeugt wird, sodass das resultierende elektrische Feld im Leiter null ergibt und senkrecht zur Leiteroberfläche verläuft. In derselben Art und Weise induziert das elektrische Feld, welches durch eine Ladung in der Nähe eines Leiters erzeugt worden ist, eine Ladungsverteilung innerhalb des Leiters. Dadurch entsteht ein Feld, das die Randbedingungen erfüllt. Die Bestimmung des resultierenden elektrischen Feldes eines solchen Systems wäre schwierig, weil hierfür die räumliche Verteilung der induzierten Oberflächenladung des Leiters bekannt sein müsste.

Eine Technik, um das elektrische Potential einer Ladung in der Nähe eines Leiters zu ermitteln, ist die *Spiegelladungsmethode*. Diese Technik erfordert das „Ersetzen" des Leiters durch eine oder mehrere „Spiegelladungen", die in Kombination mit der Originalladung ein elektrisches Potential erzeugen, das die Randbedingungen des ursprünglichen Systems erfüllt. Dann ist dieses Potential – aufgrund des Eindeutigkeitstheorems – die einzige Lösung. Man versteht diese Methode am besten durch ein Beispiel.

Stellt euch eine positive Punktladung in einem Abstand d senkrecht zu einer unendlichen Leiterplatte vor (Abb. 7.12 a). Bei einem flachen Leiter ist die induzierte Ladung die entgegengesetzte der originalen. Allerdings sind beide Ladungen betraglich gleich. Die Spiegelladung dieses Systems ist eine negative Punktladung, die am „spiegelbildlichen" Ort der Originalladung positioniert ist, sodass die Leiteroberfläche als Spiegel fungiert (Abb. 7.12 b). Das elektrische Potential dieses Systems stimmt dann mit der Überlagerung der Felder zweier Punktladungen überein:

$$\begin{aligned} V(x,y,z) = &\frac{q}{4\pi\varepsilon_0} \frac{1}{\sqrt{x^2+y^2+(z-d)^2}} \\ &- \frac{q}{4\pi\varepsilon_0} \frac{1}{\sqrt{x^2+y^2+(z+d)^2}} \, . \end{aligned} \tag{7.48}$$

Die Randbedingungen von Ladung und Leitersystem sind:

1. Der Leiter ist geerdet: $V(z = 0) = 0$.
2. In weiter Entfernung zur Ladung wird das Potential null: $V(x, y, z \to \infty) = 0$.

Da diese beiden Bedingungen mit Gl. 7.48 erfüllt werden, stimmt diese Gleichung – aufgrund des Eindeutigkeitstheorems, Gl. 7.48 – mit dem elektrischen Potential von Originalladung und Leitersystem überein. Das elektrische Feld der Leiteroberfläche (welches senkrecht zur Oberfläche verläuft) kann durch den Gradienten des Potentials eruiert werden:

$$\begin{aligned} E_\perp &= -\left(\frac{\partial V}{\partial z}\right)_{z=0} \\ &= -\frac{qd}{2\pi\varepsilon_0 (x^2+y^2+d^2)^{3/2}} \, . \end{aligned}$$

Aus dem Gauß'schen Gesetz kann folgende Beziehung zwischen dem elektrischen Feld und der Oberflächenla-

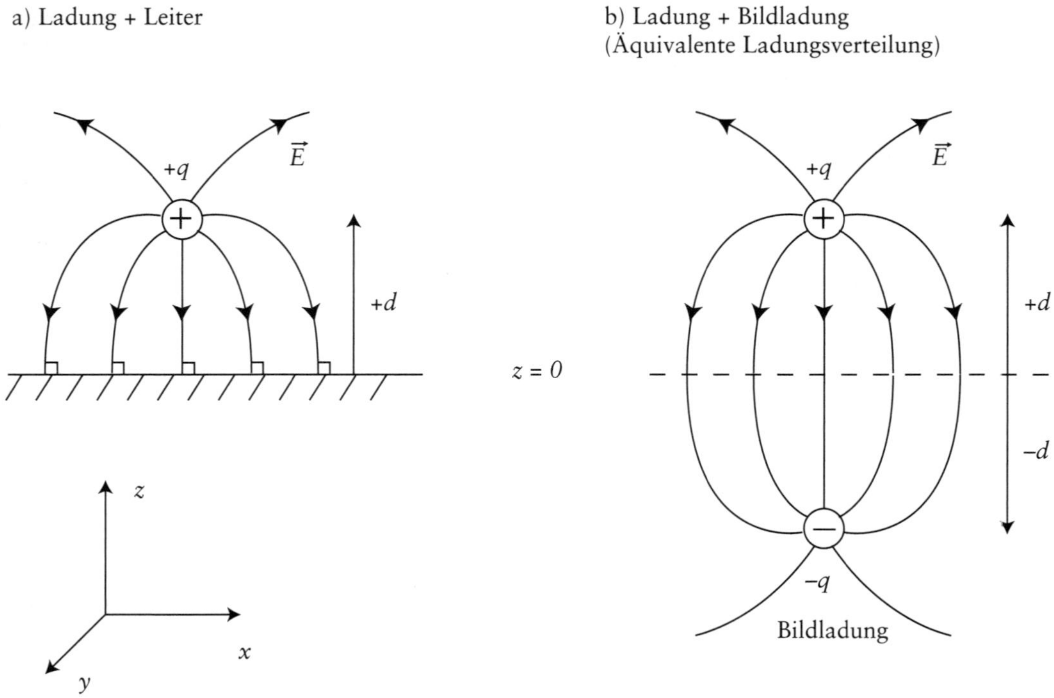

Abbildung 7.12 Beispiel für die Spiegelladungsmethode: Die Spiegelladung einer positiven Punktladung nahe eines unendlichen flachen Leiters ist eine andere Punktladung gleichen Betrags und entgegengesetzter Ladung, die in der „Spiegelbildposition" der originalen Ladung verortet ist

dungsdichte hergestellt werden:

$$E_{\perp} = \frac{\sigma}{\varepsilon_0}\,.$$

Damit ergibt sich für die Flächenladungsdichte der Leiteroberfläche:

$$\sigma = -\frac{qd}{2\pi(x^2+y^2+d^2)^{3/2}}\,.$$

Zur Überprüfung können wir den Betrag der induzierten Ladung durch Integration von σ über die gesamte Platte erhalten. Beschreiben wir $r^2 = x^2 + y^2$ und integrieren über Ringe des Umfangs, $2\pi r\mathrm{d}r$, erhalten wir, wie erwartet, folgende Größe für die induzierte Ladung:

$$\begin{aligned} Q_{\text{ind}} &= \int_0^\infty \sigma 2\pi r \mathrm{d}r \\ &= -qd \int_0^\infty \frac{r}{(r^2+d^2)^{3/2}}\mathrm{d}r \\ &= -qd\left[-\frac{1}{(r^2+d^2)^{1/2}}\right]_0^\infty \\ &= -q\,. \end{aligned}$$

Magnetostatik

8

Bewegt sich elektrische Ladung mit einer konstanten Geschwindigkeit, erzeugt sie einen stationären (konstanten) elektrischen Strom. Magnetostatik ist die Beschreibung von Systemen konstanter Ströme. Diese erzeugen Magnetfelder, deren Eigenschaften zeitlich konstant sind. In diesem Kapitel betrachten wir Kraft und Energie in magnetostatischen Systemen sowie die Eigenschaften statischer Magnetfelder.

8.1 Elektrische Ströme

Ein *Strom*, I [$\mathrm{A} \equiv \mathrm{C\,s^{-1}}$], beschreibt die Durchflussgeschwindigkeit elektrischer Ladung, die einen bestimmten Ort passiert (Gl. 8.1). Ein *stationärer* Strom herrscht, wenn die Ladung mit einer konstanten Rate fließt, d. h., dass die Ladung, die pro Einheitszeit einen bestimmten Ort durchläuft, zeitlich konstant ist. Stationäre Ströme führen zu magnetostatischen Phänomenen.

Elektrischer Strom:

Skalare Schreibweise: $$I = \frac{\mathrm{d}q}{\mathrm{d}t} \quad (8.1)$$

Vektorielle Schreibweise: $$\vec{I} = \lambda\vec{v} \quad (8.2)$$

Entsinnen wir uns des Abschn. 7.1, in dem dargelegt wurde, dass ein Ladungselement, $\mathrm{d}q$, durch die Ladungsdichte ausgedrückt werden kann, wobei eine Linienladung, λ, eine Flächenladung, σ, und eine Volumenladung, ρ, wie folgt definiert sind:

$$\text{Linienladung:} \quad \lambda = \frac{\mathrm{d}q}{\mathrm{d}l}$$
$$\text{Flächenladung:} \quad \sigma = \frac{\mathrm{d}q}{\mathrm{d}s}$$
$$\text{Volumenladung:} \quad \rho = \frac{\mathrm{d}q}{\mathrm{d}\tau}\,.$$

Drücken wir $\mathrm{d}q$ durch die Linienladungsdichte, $\mathrm{d}q = \lambda\,\mathrm{d}l$, aus, erhalten wir:

$$\begin{aligned} I &= \frac{\mathrm{d}q}{\mathrm{d}t} \\ &= \lambda\frac{\mathrm{d}l}{\mathrm{d}t} \\ &= \lambda v\,. \end{aligned}$$

Folglich kann Strom als Linienladung, die sich mit der Geschwindigkeit v fortbewegt, gedacht werden. Da die Geschwindigkeit ein Vektor ist, gilt dies auch für den Strom – er fließt in eine bestimmte Richtung:

$$\therefore \vec{I} = \lambda\vec{v}$$

(Gl. 8.2). Die Richtung des Stroms wird konventionell mit dem Fluss positiver Ladung in Verbindung gesetzt (obgleich der elektrische Strom in einem Kabel aufgrund eines Flusses negativ geladener, freier Elektronen entsteht). Dieser sogenannte „Konventionalstrom“[1] (der Fluss positiver Ladung) läuft in die dem Elektronenstrom entgegengesetzte Richtung (Fluss der negativen Elektronen).

Stromdichten

Da der Strom in einem dünnen Kabel nur in zwei Richtungen fließen kann, ignorieren wir den Vektorcharakter von $\vec{I}$. Die vektorielle Eigenschaft wird wichtig, wenn wir Ströme durch Flächen oder durch ein Volumen betrachten. Ladung, die über eine Fläche fließt, produziert eine *Flächenstromdichte*, $\vec{K}$ [$\mathrm{A\,m^{-1}}$], welche als Strom pro Einheitslänge, die senkrecht zum Fluss steht, definiert ist:

$$\vec{K} = \frac{\mathrm{d}\vec{I}}{\mathrm{d}l_\perp}\,.$$

Setzen wir $\vec{I} = \lambda\vec{v}$ und $\sigma = \mathrm{d}\lambda/\,\mathrm{d}l_\perp$, wobei σ die Flächenladungsdichte ist, in die obige Definition ein, erhalten wir $\vec{K} = \sigma\vec{v}$ (Gl. 8.3 und Abb. 8.1 a). Ähnlich dazu produziert Ladung, die durch ein Volumen fließt, eine *Volumenstromdichte*[2], $\vec{J}$ [$\mathrm{A\,m^{-2}}$], welche als Strom pro Einheitsfläche, die senkrecht zum Fluss steht, definiert ist:

$$\vec{J} = \frac{\mathrm{d}\vec{I}}{\mathrm{d}s_\perp}\,.$$

Mit $\vec{I} = \lambda\vec{v}$ und $\rho = \mathrm{d}\lambda/\,\mathrm{d}s_\perp$ erhalten wir $\vec{J} = \rho\vec{v}$ (Gl. 8.4 und Abb. 8.1 b). Der Betrag des gesamten Stroms ergibt sich durch Integration über die Stromelemente, $\mathrm{d}\vec{I}$, (Gln. 8.5 und 8.6).

Stromdichten:

Flächenstrom: $$\vec{K} = \frac{\mathrm{d}\vec{I}}{\mathrm{d}l_\perp} = \sigma\vec{v} \quad (8.3)$$

Volumenstrom: $$\vec{J} = \frac{\mathrm{d}\vec{I}}{\mathrm{d}s_\perp} = \rho\vec{v} \quad (8.4)$$

[1] Anm. d. Übers.: Dies wird auch als technische Stromrichtung bezeichnet.

[2] In diesem Text werden wir häufig eher auf $\vec{J}$ als „Stromdichte“ als auf die „Volumenstromdichte“ Bezug nehmen. Aber wir werden $\vec{K}$ immer als Flächenstromdichte spezifizieren.

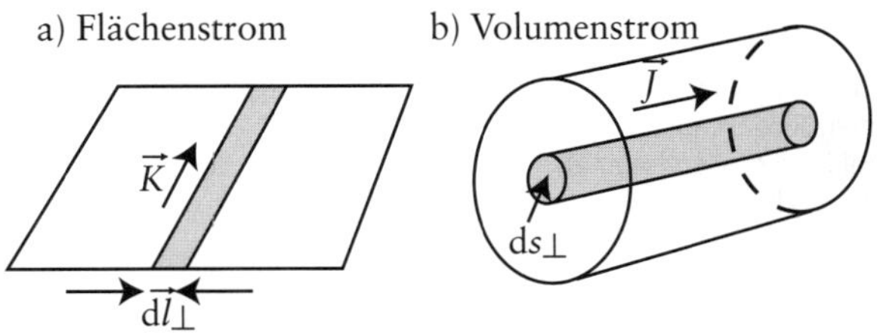

Abbildung 8.1 **a** Flächenstromdichte (Gl. 8.3) und **b** Volumenstromdichte (Gl. 8.4)

Betrag des Gesamtstroms:

$$I = \int_L \vec{K} \cdot d\vec{l} \tag{8.5}$$

$$\text{oder} \quad I = \int_S \vec{J} \cdot d\vec{s} \tag{8.6}$$

Magnetische Monopole

Eine wichtige Asymmetrie zwischen Elektrizität und Magnetismus ist, dass magnetische Monopole – das magnetische Äquivalent einer Punktladung – augenscheinlich nicht existieren. Obwohl einige *große vereinheitlichte Feldtheorien*[3] die Existenz magnetischer Monopole prognostizieren, ist bisher keiner entdeckt worden. Dieses offensichtliche Fehlen führt zu einer Asymmetrie in den Maxwellgleichungen (vgl. Abschn. 10.4).

8.2 Magnetfelder

Das Biot-Savart-Gesetz

Bewegte Ladung – ein Strom – produziert ein *Magnetfeld*, $\vec{B}$ [T]. $\vec{B}$ ist das magnetische Äquivalent des elektrischen Feldes, $\vec{E}$. Stellen wir uns einen Strom, I, vor, der durch eine Leitung fließt. Das Element des Magnetfelds, $d\vec{B}$, das im Abstand $\vec{r}_{dl\,r}$ von einem Teil der stromdurchflossenen Leitung, $d\vec{l}$, produziert wird, kann durch das *Biot-Savart-Gesetz*

$$d\vec{B} = \frac{\mu_0}{4\pi} \frac{I d\vec{l} \times \hat{r}_{dl\,r}}{r^2_{dl\,r}}$$

$$\text{mit} \quad \vec{r}_{dl\,r} = \vec{r} - \vec{r}_{dl}$$

beschrieben werden (Gl. 8.7).[4] Die Konstante μ_0 [$4\pi \cdot 10^{-7}\,\mathrm{N\,A^{-2}}$] im Biot-Savart-Gesetz ist die *magnetische Feldkonstante*, welche das magnetische Äquivalent zur elektrischen Feldkonstante, ε_0, darstellt. Das Gesamtmagnetfeld erhält man durch Integration über alle Feldteile:

$$\vec{B}(\vec{r}) = \frac{\mu_0}{4\pi} I \int_L \frac{d\vec{l} \times \hat{r}_{dl\,r}}{r^2_{dl\,r}}$$

(Gl. 8.8). Für stationäre Ströme hängt I nicht vom Ort ab und kann deshalb vor das Integral gezogen werden. Drückt man I als Vektor aus, sodass $I d\vec{l} = \vec{I} dl$ gilt, weil $\vec{I}$ und $d\vec{l}$ dieselbe Richtung haben, können wir $\vec{B}$ auch als

$$\vec{B}(\vec{r}) = \frac{\mu_0}{4\pi} \int_L \frac{\vec{I} \times \hat{r}_{dl\,r}}{r^2_{dl\,r}} dl$$

schreiben. Wir können diesen Ausdruck generalisieren, um das durch eine Flächen- oder Volumenstromdichte erzeugte Magnetfeld zu erhalten, indem wir für $\vec{I}\,dl$ $\vec{K}\,ds$ oder $\vec{J}\,d\tau$ einsetzen (Gln. 8.9 und 8.10). Die Beispielrechnung 8.1 zeigt, wie mit Gl. 8.8 das Magnetfeld eines unendlichen, geraden, stromdurchflossenen Kabels bestimmt werden kann.

Das Biot-Savart-Gesetz:

$$d\vec{B} = \frac{\mu_0}{4\pi} \frac{I d\vec{l} \times \hat{r}_{dl\,r}}{r^2_{dl\,r}} \tag{8.7}$$

$$\text{mit} \quad \vec{r}_{dl\,r} = \vec{r} - \vec{r}_{dl}$$

Magnetfeld:

$$\vec{B}(\vec{r}) = \frac{\mu_0}{4\pi} I \int_L \frac{d\vec{l} \times \hat{r}_{dl\,r}}{r^2_{dl\,r}} \tag{8.8}$$

$$\equiv \frac{\mu_0}{4\pi} \int_L \frac{\vec{I} \times \hat{r}_{dl\,r}}{r^2_{dl\,r}} dl,$$

$$\text{wobei} \quad \vec{r}_{dl\,r} = \vec{r} - \vec{r}_{dl}\,.$$

Für einen Flächenstrom $\vec{K}$:

$$\vec{B}(\vec{r}) = \frac{\mu_0}{4\pi} \int_S \frac{\vec{K} \times \hat{r}_{ds\,r}}{r^2_{ds\,r}} ds\,, \tag{8.9}$$

$$\text{wobei} \quad \vec{r}_{ds\,r} = \vec{r} - \vec{r}_{ds}\,.$$

[3] Anm. d. Übers.: Im Englischen spricht man von *Grand Unified Theories*, die mitunter auch im Deutschen mit *GUT* abgekürzt werden.

[4] Schaut im Abschn. 7.1.2 nach, woher die Bezeichnungen der Ortsvektoren kommen.

Für einen Volumenstrom $\vec{J}$:

$$\vec{B}(\vec{r}) = \frac{\mu_0}{4\pi} \int\limits_V \frac{\vec{J} \times \hat{r}_{\mathrm{d}\tau r}}{r^2_{\mathrm{d}\tau r}} \mathrm{d}\tau\,, \tag{8.10}$$

wobei $\vec{r}_{\mathrm{d}\tau r} = \vec{r} - \vec{r}_{\mathrm{d}\tau}$.

Die Teilvektoren $\vec{r}_{\mathrm{d}l r}$, $\vec{r}_{\mathrm{d}s r}$, und $\vec{r}_{\mathrm{d}\tau r}$ zeigen vom Stromelement dl bzw. ds oder dτ zum Punkt P am Ortsvektor $\vec{r}$ im $\vec{B}$-Feld.

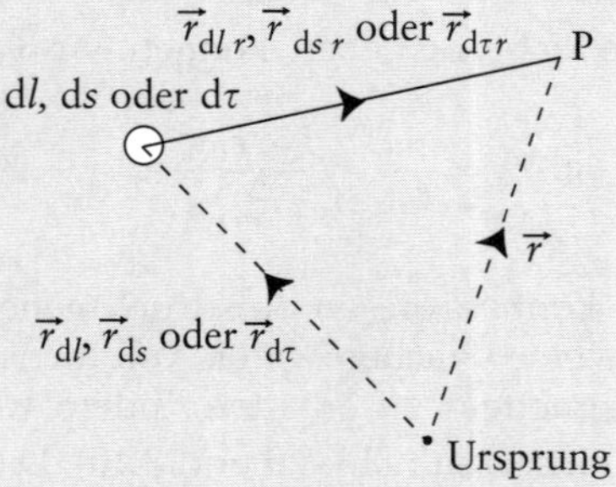

$\vec{r}_{xr} = \vec{r} - \vec{r}_x$, wobei x = dl, ds oder dτ

Magnetfeldlinien

Anhand der Ausdrücke für $\vec{B}$ (Gl. 8.8 – 8.10) können wir sehen, dass ein Vektor, der Betrag und Richtung des Magnetfeldes anzeigt, mit jedem Punkt im Raum verbunden werden kann. Das bedeutet, dass Magnetfelder *Vektorfelder* sind und deshalb schematisch mithilfe von *Feldlinien* dargestellt werden können. Die Richtung der Feldlinien zeigt die Richtungen des Magnetfeldes an und die Dichte der Feldlinien gibt Aufschluss über seine Stärke.

Das Kreuzprodukt im Biot-Savart-Gesetz besagt, dass die Richtung von d$\vec{B}$ an einem Punkt P senkrecht auf der Ebene steht, die aus dem Stromelement, das d$\vec{B}$ erzeugt (d$\vec{l}$), sowie dem Vektor, der das Stromelement mit dem Punkt P verbindet, besteht ($\vec{r}_{\mathrm{d}l r}$, wobei die $\vec{r}_{\mathrm{d}l r}$-Richtung von d$\vec{l}$ zu P reicht – vgl. dazu die Abbildung in Beispielrechnung 8.1). Die Nettorichtung von $\vec{B}$ zu P beschreibt schließlich der Vektor, der aus der Summe der beitragenden Elemente, d$\vec{B}$, entsteht. Beispielsweise sind die Feldlinien einer unendlichen geraden Leitung konzentrische Kreise (Abb. 8.2). Obgleich elektrische Feldlinien an Ladungen beginnen und enden, „umschlingen" Magnetfeldlinien Ströme und schaffen so geschlossene Schlaufen. Die *Rechte-Hand-Schraubenregel* ist sehr hilfreich, um die Richtung des durch einen Strom erzeugten Magnetfeldes (oder umgekehrt) zu ermitteln: Der Daumen eurer rechten Hand zeigt in die Richtung des Stromvektors, krümmt ihr nun eure Finger, so zeigen jene in Magnetfeldrichtung (Abb. 8.3).

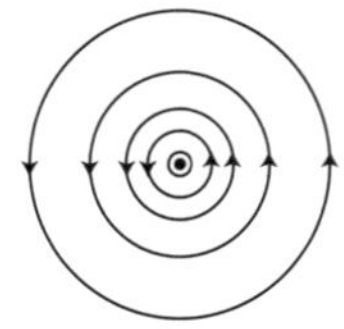

Abbildung 8.2 Magnetfeldlinien einer geraden Leitung, bei der die Stromrichtung aus der Zeichenebene heraus kommt. Die Feldstärke fällt mit 1 / r ab (Beispielrechnung 8.1)

Magnetischer Fluss

Der *magnetische Fluss*, Φ_B [Wb], ist das magnetische Äquivalent zum elektrischen Fluss, Φ_E. Er ist eine skalare Größe und liefert ein Maß des Magnetfeldes in einer bestimmten Gegend. Er kann als proportional zur Anzahl der Feldlinien, die durch eine Fläche treten, gedacht werden. Der magnetische Fluss, der durch eine Fläche fließt, wird als senkrechte Komponente des magnetischen Feldes, das durch die Fläche tritt, multipliziert mit diesem Flächengebiet, definiert. Daher gilt für das Element des magnetischen Flusses, gebildet aus dem Magnetfeld, $\vec{B}$, das durch das Flächenelement, d$\vec{s}$, fließt:

$$\mathrm{d}\Phi_B = \vec{B} \cdot \mathrm{d}\vec{s}\,.$$

Das Skalarprodukt stellt die senkrechte Komponente von $\vec{B}$, die auf dem Flächenelement steht, heraus, wie in Abb. 8.4 dargestellt. Der gesamte magnetische Fluss durch eine Oberfläche, S, errechnet sich aus der Integration über alle Flusselemente:

$$\Phi_B = \int \mathrm{d}\Phi_B = \int\limits_S \vec{B} \cdot \mathrm{d}\vec{s}$$

(Gl. 8.11). Wir werden Gl. 8.11 bei elektromagnetischer Induktion (Kap. 10) anwenden. Man kann sich den Fluss intuitiv analog zur Interaktion des Windes mit einem Segelboot vorstellen. Diese Interaktion ist am besten, wenn der Wind senkrecht gegen das Segel bläst.

Abbildung 8.3 Bestimmung der Stromflussrichtung und Magnetfeldrichtung mit der Rechte-Hand-Schraubenregel

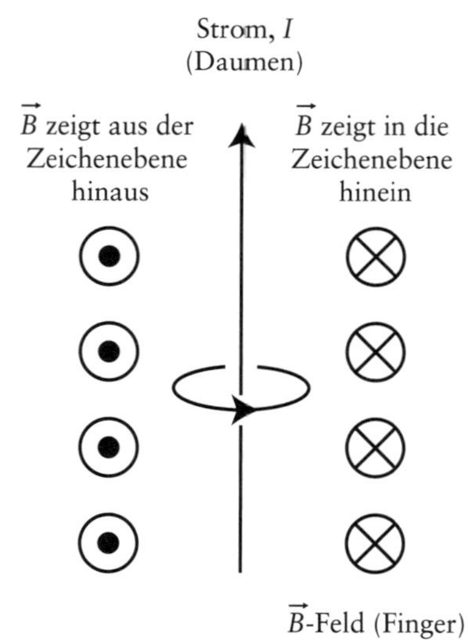

Beispielrechnung 8.1: Magnetfeld einer unendlichen, geraden Leitung, durch die ein stationärer Strom fließt, unter Verwendung von Gl. 8.8

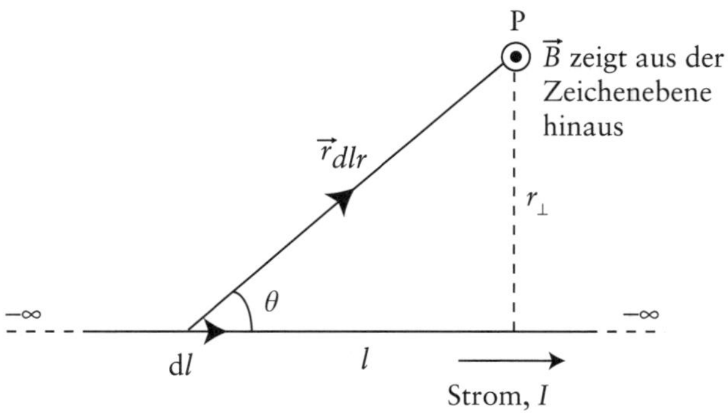

Das Magnetfeld, das am Punkt P (am Ortsvektor $\vec{r}$ vom Ursprung aus) produziert wird, ergibt sich aus dem Biot-Savart-Gesetz,

$$\vec{B}(\vec{r}) = \frac{\mu_0}{4\pi} I \int_L \frac{d\vec{l} \times \hat{r}_{dl\,r}}{r^2_{dl\,r}},$$

wobei, in senkrechter Entfernung $r_\perp$ zur Leitung (vgl. Abbildung), gilt:

$$d\vec{l} \times \hat{r}_{dl\,r} = \sin\theta\, dl \quad \text{aus der Zeichenebene heraus}$$

$$\text{und} \quad r^2_{dl\,r} = r^2_\perp + l^2 .$$

Nun verwenden wir die Ausdrücke für $d\vec{l} \times \hat{r}_{dl\,r}$ und $r^2_{dl\,r}$ im Biot-Savart-Gesetz. Um das Integral zu lösen, bestimmen wir $l = r_\perp \cot\theta \;\therefore\; dl = -r_\perp \csc^2\theta\, d\theta$ und verwenden die trigonometrische Identität:

$$\sin^2\theta + \cos^2\theta = 1 .$$

$$\therefore 1 + \cot^2\theta = \csc^2\theta .$$

$$\begin{aligned}\therefore \vec{B}(\vec{r}) &= \frac{\mu_0}{4\pi} I \int_L \frac{d\vec{l} \times \hat{r}_{dl\,r}}{r^2_{dl\,r}} \\ &= \frac{\mu_0 I}{4\pi} \int_{-\infty}^{\infty} \frac{\sin\theta\, dl}{r^2_\perp + l^2} \\ &= -\frac{\mu_0 I r_\perp}{4\pi r^2_\perp} \int_{\pi}^{0} \frac{\sin\theta \csc^2\theta\, d\theta}{(1+\cot^2\theta)} \\ &= -\frac{\mu_0 I}{4\pi r_\perp} \int_{\pi}^{0} \sin\theta\, d\theta \\ &= \frac{\mu_0 I}{4\pi r_\perp} \left[\cos\theta\right]_{\pi}^{0} \\ &= \frac{\mu_0 I}{2\pi r_\perp}\end{aligned}$$

Richtung von $\vec{B}$: Betrachtet man die Leitung entgegen der Richtung des Stromflusses, formiert sich das $\vec{B}$-Feld in konzentrischen Ringen, die gegen den Uhrzeigersinn laufen, um die Leitung herum (vgl. Abb. 8.2 und 8.3).

Magnetischer Fluss:

$$\Phi_B = \int_S \vec{B} \cdot d\vec{s} \qquad (8.11)$$

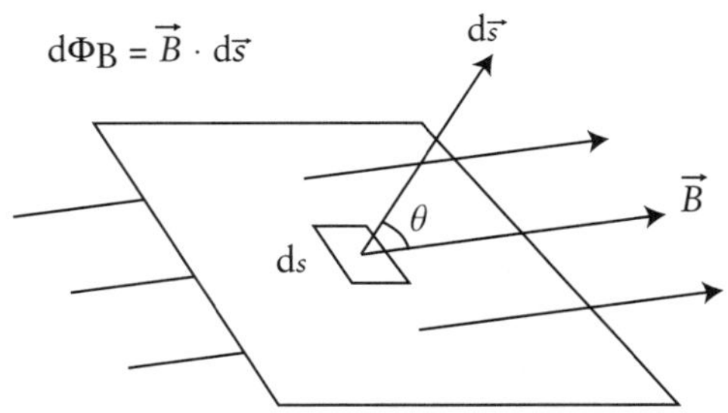

Abbildung 8.4 Der magnetische Fluss. $d\vec{s}$ ist der Normalenvektor auf dem Flächenelement ds, dessen Betrag gleich der Fläche des Elements ist. θ beschreibt den Winkel zwischen $\vec{B}$ und $d\vec{s}$

8.3 Magnetische Kräfte

Bewegte Ladungen erfahren in Magnetfeldern eine *magnetische Kraft*, $\vec{F}_B$ [N]. Die Kraft auf ein mit $\vec{v}$ durch ein Magnetfeld, $\vec{B}$, bewegtes geladenes Teilchen, q, ist sowohl senkrecht zu $\vec{v}$ als auch zu $\vec{B}$ ausgerichtet:

$$\vec{F}_B = q(\vec{v} \times \vec{B})$$

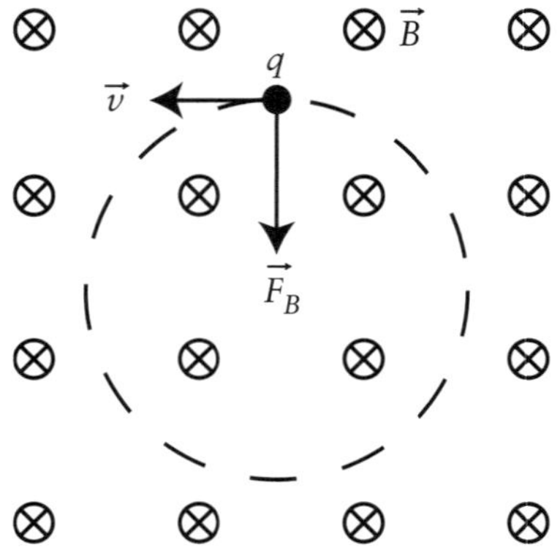

Abbildung 8.5 Magnetische Kraft, die auf ein Teilchen in einem homogenen B-Feld wirkt. Das Teilchen beschreibt eine Kreisbahn

(Gl. 8.12). Die Kraft $\vec{F}_B$ führt zu einer Richtungsänderung von $\vec{v}$, was dann bedeutet, dass sich die Richtung von $\vec{F}_B$ ändert. Daher bewegt sich ein geladenes Teilchen in einem konstanten Magnetfeld auf einer Kreisbahn und $\vec{F}_B$ zeigt radial nach innen (Abb. 8.5). (Dies ist das fundamentale Gestaltungsprinzip kreisförmiger Teilchenbeschleuniger.) Beschreibt man ein Kraftelement durch ein Ladungselement dq, kann man obigen Ausdruck so verändern, dass die Kraft als ein Segment $d\vec{l}$ der stromdurchflossenen Leitung beschrieben werden kann:

$$\begin{aligned} d\vec{F}_B &= dq(\vec{v} \times \vec{B}) \\ &= dq(\frac{d\vec{l}}{dt} \times \vec{B}) \\ &= \frac{dq}{dt}(d\vec{l} \times \vec{B}) \\ &= I(d\vec{l} \times \vec{B})\,. \end{aligned}$$

Integriert man darüber, ergibt sich die Gesamtkraft in der Leitung aus:

$$\begin{aligned} \vec{F}_B &= I \int_L \left(d\vec{l} \times \vec{B} \right) \\ &\equiv \int_L \left(\vec{I} \times \vec{B} \right) dl\,. \end{aligned}$$

Dieser Ausdruck kann leicht für eine Flächenstromdichte oder eine Volumenstromdichte modifiziert werden, indem über eine zweidimensionale Fläche oder ein dreidimensionales Volumen integriert wird (Gl. 8.13). Die Kraft auf ein gerades Stück einer stromdurchflossenen Leitung der Länge L, wobei I durch L konstant verläuft, ist folglich:

$$\vec{F}_B = I\left(\vec{L} \times \vec{B}\right)\,.$$

Haben wir also zwei parallele stromdurchflossene Leitungen, so ziehen jene einander an, wenn die Ströme in dieselbe Richtung fließen, und stoßen einander ab, wenn die Ströme in entgegengesetzte Richtungen fließen (Abb. 8.6). Dies ist sehr einfach durch Zeichnung der kombinierten Magnetfeldlinien der parallelen Leitungen festzustellen. Die Leitungen „ziehen sich zusammen", wenn die Liniendichte gering (schwaches B-Feld) und „stoßen sich ab", wenn die Dichte hoch ist (starkes B-Feld).

Magnetische Kraft:

Kraft auf ein geladenes Teilchen:

$$\vec{F}_B = q(\vec{v} \times \vec{B}) \tag{8.12}$$

Kraft auf einen Strom:

$$\vec{F}_B = \begin{cases} \int_L \left(\vec{I} \times \vec{B}\right) dl & \text{in 1D} \\ \int_S \left(\vec{K} \times \vec{B}\right) ds & \text{in 2D} \\ \int_V \left(\vec{J} \times \vec{B}\right) d\tau & \text{in 3D} \end{cases} \tag{8.13}$$

8.3.1 Das Lorentzkraftgesetz

Die Kraft auf ein geladenes Teilchen, das sich im Magnetfeld *und* im elektrischen Feld bewegt, erhält man durch Addition der magnetischen Kraft, $\vec{F}_B = q\vec{v} \times \vec{B}$, und der elektrischen Kraft, $\vec{F}_E = q\vec{E}$ (Gl. 8.14).

Das Lorentzkraftgesetz:

$$\vec{F}_L = q(\vec{E} + \vec{v} \times \vec{B}) \tag{8.14}$$

Dies wird als *Lorentzkraftgesetz*[5] bezeichnet und kann mit Newtons zweitem Gesetz der Bewegung verwendet werden, um die Bahnkurve eines geladenen Teilchens in einem elektromagnetischen Feld zu bestimmen:

$$\begin{aligned} \text{Newton:}\quad & \vec{F} = m\vec{a} = m\ddot{\vec{r}} \\ \text{Lorentz:}\quad & \vec{F} = q(\vec{E} + \vec{v} \times \vec{B}) \\ & \quad = q\vec{E} + q\dot{\vec{r}} \times \vec{B}\,. \\ \therefore\quad & m\ddot{\vec{r}} = q\vec{E} + q\dot{\vec{r}} \times \vec{B} \end{aligned}$$

Schreibt man die Vektoren in kartesischen Koordinaten, ergibt sich:

$$m\begin{pmatrix} \ddot{x} \\ \ddot{y} \\ \ddot{z} \end{pmatrix} = q\begin{pmatrix} E_x \\ E_y \\ E_z \end{pmatrix} + q\begin{pmatrix} \dot{y}B_z - \dot{z}B_y \\ \dot{z}B_x - \dot{x}B_z \\ \dot{x}B_y - \dot{y}B_x \end{pmatrix}.$$

[5] Manche Texte beschreiben mit diesem Terminus ausschließlich die magnetische Komponente $q\vec{v} \times \vec{B}$.

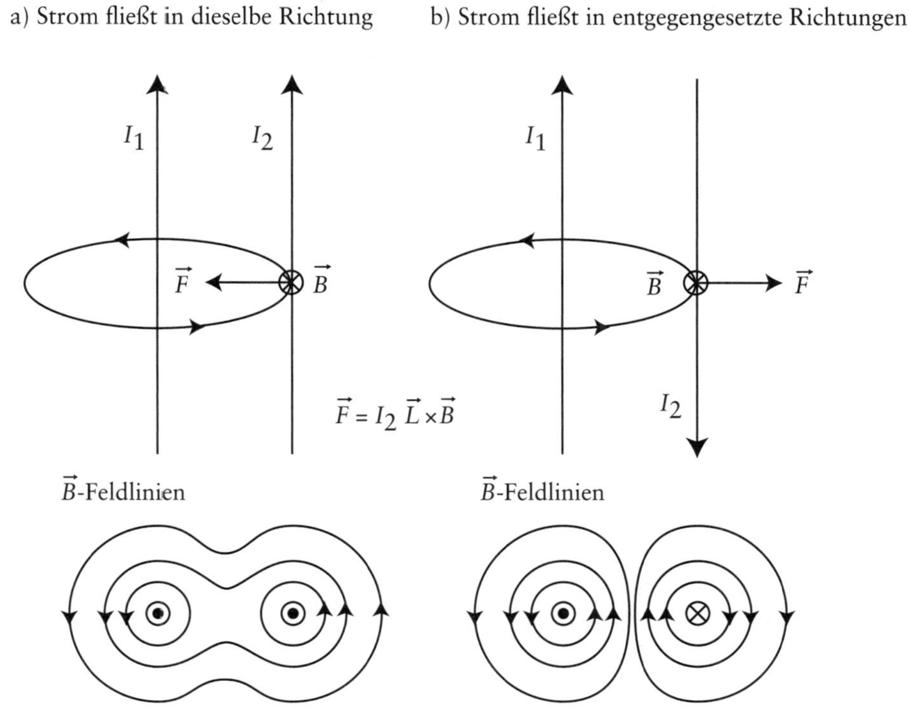

Abbildung 8.6 Magnetische Kraft auf und magnetische Feldlinien von parallelen stromdurchflossenen Leitungen, die **a)** in dieselbe und **b)** in entgegengesetzte Richtungen durchflossen werden

Dies liefert uns drei simultane Differentialgleichungen, die wir lösen müssen. Die Beispielrechnung 8.2 zeigt eine Lösung dieser Gleichungen für ein geladenes Teilchen in einem homogenen elektrischen und magnetischen Feld.

8.3.2 Durch magnetische Kräfte verrichtete Arbeit

Aufgrund des Kreuzprodukts in der Gleichung für $\vec{F}_B$ ist die an einer in einem Magnetfeld situierten Ladung verrichtete Arbeit gleich null; weil $\vec{v} \times \vec{B}$ senkrecht zu $\vec{v}$ verläuft:

$$\begin{aligned} W_B &= \int \vec{F}_B \cdot \mathrm{d}\vec{l} \\ &= \int q(\vec{v} \times \vec{B}) \cdot \vec{v}\,\mathrm{d}t \\ &= 0\,. \end{aligned}$$

Die Richtung eines geladenen Teilchens ändert sich im Magnetfeld, seine Energie bleibt jedoch konstant – das Teilchen wird weder schneller noch langsamer.

8.4 Divergenz und Rotation von $\vec{B}$

Nun wollen wir die Divergenz und die Rotation von $\vec{B}$ berechnen, wie wir es im Abschn. 7.2 bereits für $\vec{E}$ getan haben.

8.4.1 Die Divergenz von $\vec{B}$

Im Unterschied zum elektrostatischen Fall ist die Divergenz des statischen Magnetfeldes gleich null (Gl. 8.16 und Herleitung 8.1). Dies erklärt, warum es keine magnetischen Monopole gibt: Magnetfelder haben keine Quellen oder Senken. Gl. 8.16 ist eine weitere Maxwellgleichung, die manchmal als *Gauß'sches Gesetz des Magnetismus*, oft jedoch nur als *Divergenz von B* bezeichnet wird.

Die Divergenz von $\vec{B}$ (Herleitung 8.1):

$$\nabla \cdot \vec{B} = 0 \qquad (8.16)$$

II Elektrodynamik

Beispielrechnung 8.2: Bewegung eines geladenen Teilchens in einem homogenen elektrischen und magnetischen Feld (Gl. 8.14)

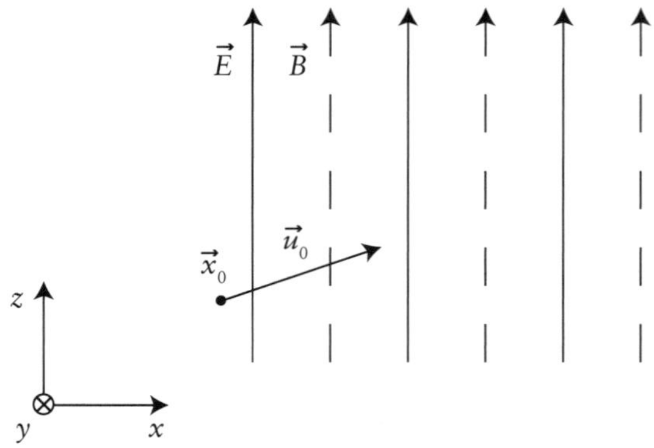

Stellen wir uns ein geladenes Teilchen, q, der Masse m vor, das zu einer Zeit $t = 0$ in eine Gegend gebracht wird, in der sowohl ein homogenes elektrisches als auch ein homogenes magnetisches Feld in z-Richtung verlaufen:

$$\vec{B} = \begin{pmatrix} 0 \\ 0 \\ B \end{pmatrix} \quad \text{und} \quad \vec{E} = \begin{pmatrix} 0 \\ 0 \\ E \end{pmatrix}.$$

Wir definieren die Achsen so, dass die Anfangsposition $\vec{x}_0$ im Ursprung liegt und die anfängliche Geschwindigkeit des Teilchens entlang der y-Achse $u_0^y = 0$ ist. Daher verläuft die Anfangsgeschwindigkeit u_0^x entlang der x- und u_0^z entlang der z-Achse:

$$\vec{x}_0 = \begin{pmatrix} 0 \\ 0 \\ 0 \end{pmatrix} \quad \text{und} \quad \vec{u}_0 = \begin{pmatrix} u_0^x \\ 0 \\ u_0^z \end{pmatrix}.$$

Die Kraft, die auf das Teilchen wirkt, ist nun:

$$\begin{aligned} \vec{F} &= q(\vec{E} + \vec{v} \times \vec{B}) \\ &= q \begin{pmatrix} v_y B \\ -v_x B \\ E \end{pmatrix}. \end{aligned}$$

Verwendet man dies mit dem zweiten Newton'schen Gesetz, $\vec{F} = m\vec{a}$, folgt für die Bewegungsgleichung des Teilchens:

$$m \begin{pmatrix} \dot{v}_x \\ \dot{v}_y \\ \dot{v}_z \end{pmatrix} = q \begin{pmatrix} v_y B \\ -v_x B \\ E \end{pmatrix}. \tag{8.15}$$

Lösung der z-Komponente:

Integriert man die z-Gleichung und bezieht die Anfangsbedingungen mit ein, so sieht man, dass das Teilchen eine gleichmäßig beschleunigte Bewegung in die z-Richtung ausführt:

$$\begin{aligned} \frac{\mathrm{d}v_z}{\mathrm{d}t} &= \frac{qE}{m} \\ \therefore v_z &= \frac{qE}{m} t + u_0^z \\ \text{und} \quad z &= \frac{qE}{2m} t^2 + u_0^z t. \end{aligned}$$

Lösungen der x- und y-Komponenten:

Die x- und y-Gleichung bilden zusammen eine gekoppelte Differentialgleichung. Wir können sie entkoppeln, indem wir die Bewegungsgleichungen aus Gl. 8.15 differenzieren und $\dot{v}_y$ aus der x-Gleichung sowie $\dot{v}_x$ aus der y-Gleichung eliminieren. Dazu verwenden wir die Ausdrücke aus Gl. 8.15 für $\dot{v}_y$ und $\dot{v}_x$:

$$\begin{aligned} \begin{pmatrix} \ddot{v}_x \\ \ddot{v}_y \end{pmatrix} &= \frac{qB}{m} \begin{pmatrix} \dot{v}_y \\ -\dot{v}_x \end{pmatrix} \\ &= -\left(\frac{qB}{m}\right)^2 \begin{pmatrix} v_x \\ v_y \end{pmatrix} \\ &\equiv -\omega^2 \begin{pmatrix} v_x \\ v_y \end{pmatrix}. \end{aligned}$$

Dabei ist

$$\omega = \frac{qB}{m}$$

als *Winkelgeschwindigkeit* definiert.

Beispielrechnung 8.2: Bewegung eines geladenen Teilchens in einem homogenen elektrischen und magnetischen Feld (Gl. 8.14) (Fortsetzung)

Diese Gleichungen erkennen wir als einen einfachen harmonischen Oszillator, dessen gängige Lösungen folglich

$$\begin{pmatrix} v_x \\ v_y \end{pmatrix} = \begin{pmatrix} a\cos\omega t + b\sin\omega t \\ c\cos\omega t + d\sin\omega t \end{pmatrix}$$

sind (vgl. Abschn. 2.3.1 für die Lösungen eines einfachen harmonischen Oszillators). Setzt man hier die Anfangsbedingungen für die Geschwindigkeiten ein, erhält man $a = u_0^x$, $b = 0$, $c = 0$ und $d = -u_0^x$ (um b und d zu lösen, differenzieren wir die Geschwindigkeitslösungen unter Verwendung von Gl. 8.15). Daher ergeben sich für die Geschwindigkeitslösungen für x und y:

$$\begin{pmatrix} v_x \\ v_y \end{pmatrix} = u_0^x \begin{pmatrix} \cos\omega t \\ -\sin\omega t \end{pmatrix}.$$

Integrieren wir darüber, erhalten wir die Abstandsgleichungen von x- und y:

$$\begin{pmatrix} x \\ y \end{pmatrix} = \frac{u_0^x}{\omega} \begin{pmatrix} \sin\omega t \\ \cos\omega t \end{pmatrix}.$$

Diese Lösungen beschreiben eine kreisförmige Bewegung im Radius u_0^x/ω in der x-y-Ebene:

$$\begin{aligned} x^2 + y^2 &= \left(\frac{u_0^x}{\omega}\right)^2 \left(\sin^2\omega t + \cos^2\omega t\right) \\ &= \left(\frac{u_0^x}{\omega}\right)^2. \end{aligned}$$

Kombinieren wir dies mit der gleichmäßig beschleunigten Bewegung in z-Richtung, so entdecken wir, dass das geladene Teilchen eine spiralförmige Bewegung mit einer zeitabhängigen Steigung ausführt.

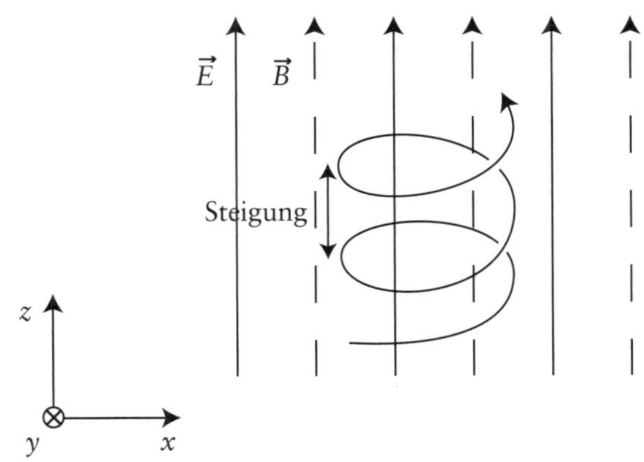

8.4.2 Das Ampère'sche Gesetz

Mithilfe des Stokes'schen Satzes können wir die Rotation von $\vec{B}$ bestimmen. Dieser Satz besagt, dass die Rotation eines Vektorfeldes mit dem geschlossenen Wegintegral um das Feld in Beziehung gesetzt werden kann:

$$\int_S \left(\nabla \times \vec{B}\right) \cdot d\vec{s} = \oint_L \vec{B} \cdot d\vec{l}.$$

Hierbei ist S die Fläche, die von L umschlossen wird. Lasst uns zu Beginn das geschlossene Linienintegral über $\vec{B}$ für einen Strom einer unendlichen, geraden Leitung – wie in Herleitung 8.2 gezeigt[6]– bestimmen. Dabei sehen wir, dass das Integral proportional zum von der Schleife umschlossenen Strom ist:

$$\oint_L \vec{B} \cdot d\vec{l} = \mu_0 I_{\text{um}}.$$

(Gl. 8.17 und Herleitung 8.2). Diese weitere Maxwellgleichung ist als *Ampère'sches Gesetz* bekannt. Es besagt, dass das Magnetfeld ausschließlich aus Strömen erzeugt wird. Unter Zuhilfenahme des Stokes'schen Satzes können wir das Ampère'sche Gesetz als eine Rotation von $\vec{B}$ beschreiben:

$$\nabla \times \vec{B} = \mu_0 \vec{J}$$

(Gl. 8.18 und Herleitung 8.3). Die vier Maxwellgleichungen zur Elektrostatik und Magnetostatik werden in den Gln. 8.19 bis 8.22 zusammengefasst.

[6] Herleitung 8.2 beweist ein allgemeines Ergebnis des speziellen und idealisierten Falls einer infiniten, geraden Leitung, da dieses Verfahren einfacher und eingänglicher ist. Dennoch gilt es für alle Stromkonfigurationen als wahr.

Herleitung 8.1: Herleitung der Divergenz von $\vec{B}$ (Gl. 8.16)

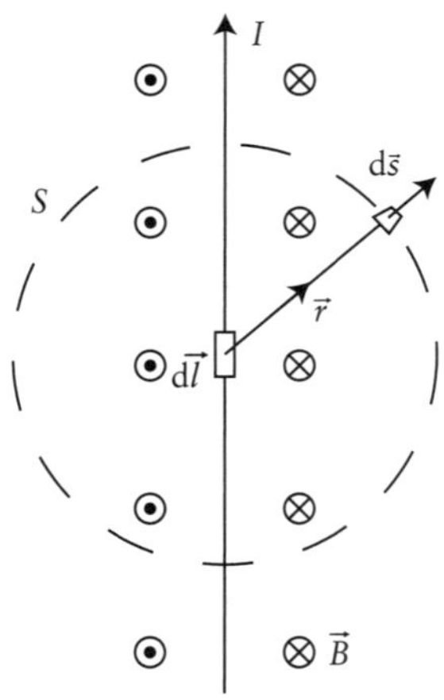

$$\Phi_B = \oint_S \vec{B} \cdot d\vec{s} = \frac{\mu_0}{4\pi} I \oint_S \int \left(\frac{d\vec{l} \times \hat{r}}{r^2} \right) \cdot d\vec{s}$$
$$= 0 .$$

Aus dem Gauß'schen Integralsatz folgt:

$$\int_V (\nabla \cdot \vec{B}) \, d\tau = \oint_S \vec{B} \cdot d\vec{s} = 0$$
$$\therefore \nabla \cdot \vec{B} = 0 .$$

- Ansatz: Stellt euch einen Teil einer stromdurchflossenen Leitung vor, der von einer geschlossenen Fläche, S, (vgl. Zeichnung) umschlossen ist. Der magnetische Fluss durch S ist:

$$\Phi_B = \oint_S \vec{B} \cdot d\vec{s} .$$

- Das Magnetfeld erhalten wir aus dem Integral:

$$\vec{B} = \frac{\mu_0 I}{4\pi} \int \left(\frac{d\vec{l} \times \hat{r}}{r^2} \right),$$

bei dem wir in diesem Fall $\vec{r}$ (diese Variable gehört zu $\vec{r}_{dl\,r}$ in Gl. 8.8) als den Vektor, der von $d\vec{l}$ zu einem Punkt im durch I geschaffenen B-Feld zeigt, definieren.
- Zu jedem Element $+d\vec{B}$, das in die Fläche dringt, wird ein gleiches, aber entgegengerichtetes Element $-d\vec{B}$ aus der Fläche entfernt. Daher wird der resultierende und austretende Strom aufgehoben, wodurch der magnetische Fluss durch die gesamte geschlossene Oberfläche null wird: $\Phi_B = 0$.
- Aus dem Gauß'schen Satz folgt, dass, wenn der Fluss durch eine geschlossene Fläche gleich null ist, die Divergenz von $\vec{B}$ ebenfalls gleich null ist.

Ampère'sches Gesetz (Herleitungen 8.2 und 8.3):

Integrale Form:

$$\oint_L \vec{B} \cdot d\vec{l} = \mu_0 I_{um} \qquad (8.17)$$

Differentielle Form:

$$\nabla \times \vec{B} = \mu_0 \vec{J} \qquad (8.18)$$

Verwendung des Ampère'schen Gesetzes

In geometrisch symmetrischen Systemen, wie radiale oder planare Symmetrie, können wir die integrale Form des Ampère'schen Gesetzes verwenden, um das Magnetfeld eines Stromes, der von einer gegebenen Schleife umschlossen ist (Beispielrechnung 8.3), zu berechnen. In derartigen Rechnungen wird die symmetrische Schleife als *Ampèreschleife* (Gln. 8.23 – 8.25) beschrieben. Um die Richtung von $\vec{B}$ aus der Stromflussrichtung zu bestimmen, können wir die Rechte-Hand-Schraubenregel, die im Abschn. 8.2 eingeführt wurde, verwenden.

Gebräuchliche Ampèreschleifen (siehe Beispielrechnung 8.3):

Radialsymmetrie:
Kreisschleife, Radius r:

$$\oint_L d\vec{l} = 2\pi r \qquad (8.23)$$

Ebene Symmetrie:
Rechtwinklige Schleife, Länge l:

Kurze Weite: $$\oint_L d\vec{l} = 2l \qquad (8.24)$$

Unendliche Weite: $$\oint_L d\vec{l} = l \qquad (8.25)$$

Herleitung 8.2: Herleitung der integralen Form des Ampère'schen Gesetzes für eine unendliche, gerade Leitung (Gl. 8.17)

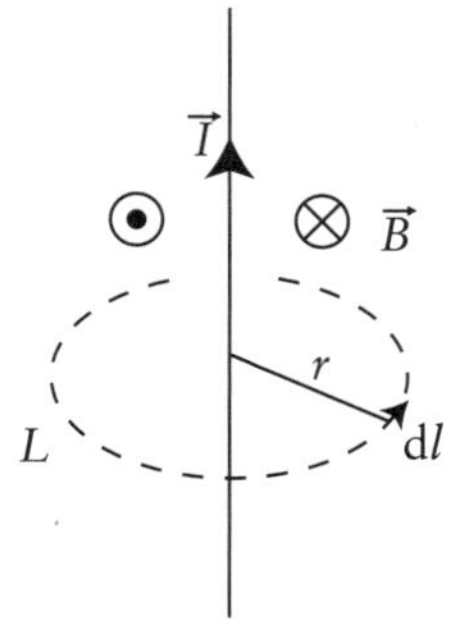

$$\oint_L \vec{B} \cdot d\vec{l} = \oint_L \frac{\mu_0 I}{2\pi r}\hat{\phi} \cdot d\vec{l}$$
$$= \frac{\mu_0 I}{2\pi r} \int_{\phi=0}^{2\pi} \underbrace{\hat{\phi} \cdot \hat{\phi}}_{=1}\, r\, d\phi$$
$$= \frac{\mu_0 I}{2\pi r} 2\pi r$$
$$= \mu_0 I_{\text{um}}$$

- Ansatz: Wir betrachten eine unendliche stromdurchflossene Leitung. Das Magnetfeld umgibt die Leitung in konzentrischen Kreisen, sodass das Magnetfeld im Radius r von der Leitung

$$\vec{B} = \frac{\mu_0 I}{2\pi r}\hat{\phi}$$

beträgt (siehe dazu auch die Beispielrechnung 8.1).
- Ein Streckenelement ist in Zylinderkoordinaten:

$$d\vec{l} = dr\,\hat{r} + r\, d\phi\, \hat{\phi} + dz\,\hat{z}\,.$$

- Setzen wir nun $\vec{B}$ und $d\vec{l}$ ins geschlossene Integral für $\vec{B}$ ein, bleibt ausschließlich der $\hat{\phi}$-Term von $d\vec{l}$ im Integral, da $\hat{\phi}$ orthogonal zu $\hat{r}$ und $\hat{z}$ ist.
- Integrieren wir über einen geschlossenen Kreis, erkennen wir, dass das geschlossene Linienintegral für $\vec{B}$ proportional zum im Kreis eingeschlossenen Strom ist.

Herleitung 8.3: Herleitung der differentiellen Form des Ampère'schen Gesetzes (Gl. 8.18)

$$\int_S (\nabla \times \vec{B}) \cdot d\vec{s} = \oint_L \vec{B} \cdot d\vec{l}$$
$$= \mu_0 I_{\text{um}}$$
$$= \mu_0 \int_S \vec{J} \cdot d\vec{s}$$

Dies gilt für eine jegliche Fläche, da die Integrale gleich sein müssen:

$$\therefore \nabla \times \vec{B} = \mu_0 \vec{J}\,.$$

- Ansatz: Der Stokes'sche Satz besagt, dass die Rotation eines Vektorfeldes mit dem geschlossenen Wegintegral um das Feld in Beziehung gesetzt werden kann:

$$\int_S \left(\nabla \times \vec{B}\right) \cdot d\vec{s} = \oint_L \vec{B} \cdot d\vec{l}\,,$$

wobei S die Fläche ist, die von L umschlossen wird.
- Aus der integralen Form des Ampère'schen Gesetzes (Gl. 8.17) erhalten wir:

$$\oint_L \vec{B} \cdot d\vec{l} = \mu_0 I_{\text{um}}\,.$$

- Strom kann mit der Volumenstromdichte als

$$I = \int_S \vec{J} \cdot d\vec{s}$$

beschrieben werden.

Die differentielle Form des Ampère'schen Gesetzes wird verwendet, wenn wir das umgekehrte Problem lösen wollen, wenn das Magnetfeld bekannt ist und wir die Stromdichte ermitteln wollen:

$$\vec{J} = \frac{1}{\mu_0}\nabla \times \vec{B}\,.$$

Beispielrechnung 8.3: Bestimmung von $\vec{B}$-Feldern mithilfe des Ampère'schen Gesetzes (Gl. 8.17)

Die integrale Form des Ampère'schen Gesetzes lautet:

$$\oint_L \vec{B} \cdot \mathrm{d}\vec{l} = \mu_0 I_{\mathrm{um}} \,.$$

In geometrisch symmetrischen Systemen reicht es aus, das Magnetfeld allein aus dem in einer Schleife eingeschlossenen Strom zu berechnen. Beispiele (Systeme radialer und ebener Symmetrie) zeigen, dass (i) $\vec{B}$ und $\mathrm{d}\vec{l}$ entweder senkrecht oder parallel zueinander verlaufen, was bedeutet, dass das Skalarprodukt weggelassen werden kann und dass (ii) der Betrag von $\vec{B}$ um die Schleife konstant ist, sodass es aus dem Integral herausgenommen werden kann:

$$\Rightarrow \left|\vec{B}\right| = \frac{\mu_0 I_{\mathrm{um}}}{\oint \mathrm{d}\vec{l}} \,.$$

Die Schleife, die das Integral $\oint \mathrm{d}\vec{l}$ beschreibt, wird als *Ampèreschleife* (Gln. 8.23–8.25) bezeichnet.

Zirkulare Ampèreschleife (Radius r)

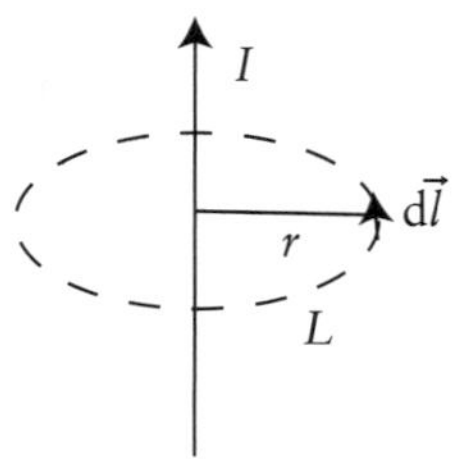

Rechteckige Ampèreschleife (Länge l)

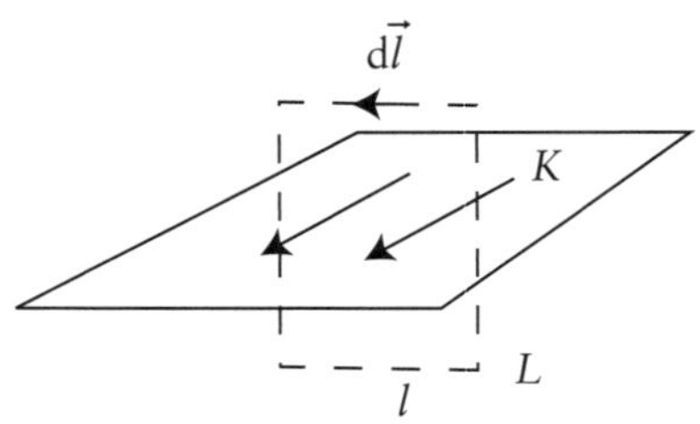

Rechteckige Ampèreschleife (Länge l)

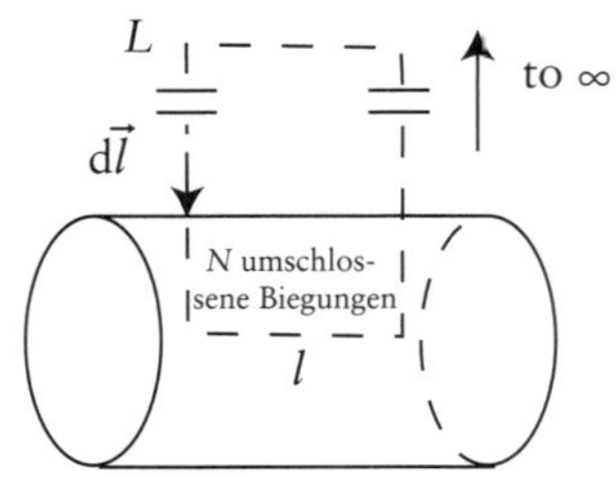

Strom I pro Biegung,
n Biegungen pro einheitlicher Länge

a) Unendliche Leitung (zirkulare Ampèreschleife):

$$\oint \mathrm{d}\vec{l} = 2\pi r$$
$$I_{\mathrm{um}} = I$$
$$\therefore \left|\vec{B}\right| = \frac{\mu_0 I_{\mathrm{um}}}{\oint \mathrm{d}\vec{l}} = \frac{\mu_0 I}{2\pi r}$$

b) Unendlicher Flächenstrom (Rechteckige Ampèreschleife):

$$\oint \mathrm{d}\vec{l} = 2l \quad \text{(endliche Schleife)}$$
$$I_{\mathrm{um}} = Kl$$
$$\therefore \left|\vec{B}\right| = \frac{\mu_0 I_{\mathrm{um}}}{\oint \mathrm{d}\vec{l}} = \frac{\mu_0 K}{2}$$

c) Unendliche Spule (Rechteckige Ampèreschleife):

$$\oint \mathrm{d}\vec{l} = l \quad \text{(unendliche Schleife)}$$
$$I_{\mathrm{um}} = NI$$
$$\therefore \left|\vec{B}\right| = \frac{\mu_0 I_{\mathrm{um}}}{\oint \mathrm{d}\vec{l}} = \frac{\mu_0 IN}{l} = \mu_0 In$$

Beachtet, dass das Magnetfeld einer unendlichen Leitung (Teil a) dasselbe ist, wie das, welches in der Beispielrechnung 8.1. aufgeführt wurde.

8.4.3 Das magnetische Vektorpotential

In der Elektrostatik ermöglicht die Wirbelfreiheit von $\vec{E}$ die Definition eines *skalaren* elektrischen Potentialfeldes V, wobei

$$\vec{E} \overset{\text{def}}{=} -\nabla V$$

definiert ist. Ähnlich dazu bewirkt die Quellfreiheit von $\vec{B}$ die Definition eines *vektoriellen* Potentialfeldes – des *magnetischen Vektorpotentials* $\vec{A}$ [T m]. Das magnetische Vektorpotential ist mit dem Magnetfeld über

$$\vec{B} \overset{\text{def}}{=} \nabla \times \vec{A}$$

Zusammenfassung 8.1: Die Maxwellgleichungen in der Elektrostatik und Magnetostatik

Gauß'sches Gesetz: $\nabla \cdot \vec{E} = \frac{\rho}{\varepsilon_0}$ $\oint_S \vec{E} \cdot d\vec{s} = \frac{Q_{um}}{\varepsilon_0}$ (8.19)

Divergenz von $\vec{B}$: $\nabla \cdot \vec{B} = 0$ $\oint_S \vec{B} \cdot d\vec{s} = 0$ (8.20)

Rotation von $\vec{E}$: $\nabla \times \vec{E} = 0$ $\oint_L \vec{E} \cdot d\vec{l} = 0$ (8.21)

Ampère'sches Gesetz: $\nabla \times \vec{B} = \mu_0 \vec{J}$ $\oint_L \vec{B} \cdot d\vec{l} = \mu_0 I_{um}$ (8.22)

verbunden. Für die Divergenz von $\vec{B}$ ergibt sich dann

$$\begin{aligned}\nabla \cdot \vec{B} &= \nabla \cdot \nabla \times \vec{A} \\ &= 0,\end{aligned}$$

weil die Divergenz der Rotation null ergibt. Obwohl für $\vec{A}$ – im Gegensatz zu V (denkt daran, dass V die Arbeit pro Einheitsladung in einem elektrischen Feld ist, $V = W/q$) – keine eingängige physikalische Erklärung existiert, gibt es viele elegante mathematische Parallelen zu V. Da $\vec{A}$ ein Vektor ist, gibt es für jede einzelne Gleichung für V drei analoge Gleichungen für $\vec{A}$ (für jede räumliche Komponente eine). Schauen wir uns dazu ein Beispiel an.

Poissongleichung für $\vec{A}$

Die Poissongleichung ($\nabla^2 V = -\rho/\varepsilon_0$) erhalten wir, wenn wir $\vec{E} = -\nabla V$ in das Gauß'sche Gesetz einsetzen. Setzen wir nun $\vec{B} = \nabla \times \vec{A}$ in das Ampère'sche Gesetz ein und nutzen die Vektoridentität einer Rotation der Rotation, dann erhalten wir:

$$\begin{aligned}\mu_0 \vec{J} &= \nabla \times \vec{B} \\ &= \nabla \times \nabla \times \vec{A} \\ &= \nabla(\nabla \cdot \vec{A}) - \nabla^2 \vec{A}.\end{aligned}$$

Damit ist gezeigt, dass es immer eine Lösung für $\vec{A}$ gibt, bei der $\vec{A}$ immer noch $\vec{B} = \nabla \times \vec{A}$ erfüllt, selbst wenn $\nabla \cdot \vec{A} = 0$ gilt. Wer am Beweis interessiert ist, sollte auf Griffiths' Buch *Introduction to Electrodynamics* zurückgreifen. Folglich erhalten wir:

$$\therefore \nabla^2 \vec{A} = -\mu_0 \vec{J}, \qquad (8.26)$$

was sich als die Poissongleichung für $\vec{A}$ herausstellt; oder in Komponenten kartesischer Koordinaten geschrieben:

$$\begin{pmatrix} \nabla^2 A_x \\ \nabla^2 A_y \\ \nabla^2 A_z \end{pmatrix} = -\mu_0 \begin{pmatrix} J_x \\ J_y \\ J_z \end{pmatrix}.$$

Im Abschn. 7.3 haben wir gesehen, dass die Lösung der Poissongleichung (unter Annahme von $\rho \to 0$ bei $\vec{r} = \infty$)

$$V(\vec{r}) = \frac{1}{4\pi\varepsilon_0} \int \frac{\rho}{r_{d\tau r}} d\tau$$

ist, wobei $\vec{r}_{d\tau r} = \vec{r} - \vec{r}_{d\tau}$ der Teilvektor des Volumenelements $d\tau$ zum Ortsvektor $\vec{r}$ ist. Analog ergibt sich für die Lösung von Gl. 8.26 (unter der Annahme, dass $\vec{J} \to 0$ für $\vec{r} = \infty$ ist):

$$\begin{aligned}\vec{A}(\vec{r}) &= \frac{\mu_0}{4\pi} \int \frac{\vec{J}}{r_{d\tau r}} d\tau, \\ \text{mit} \quad \vec{r}_{d\tau r} &= \vec{r} - \vec{r}_{d\tau}.\end{aligned}$$

In gleicher Weise ist $\vec{A}$ mit $\vec{I}$ oder $\vec{K}$ verbunden durch:

$$\begin{aligned}\vec{A}(\vec{r}) &= \frac{\mu_0}{4\pi} \int \frac{\vec{I}}{r_{dl\,r}} dl \\ \text{oder} \quad \vec{A}(\vec{r}) &= \frac{\mu_0}{4\pi} \int \frac{\vec{K}}{r_{ds\,r}} ds, \\ \text{wobei} \quad \vec{r}_{dl\,r} &= \vec{r} - \vec{r}_{dl} \\ \text{und} \quad \vec{r}_{ds\,r} &= \vec{r} - \vec{r}_{ds}\end{aligned}$$

gelten. Das magnetische Vektorpotential verfügt über theoretische Anwendungen, die im Rahmen dieses Buches nicht erklärt werden können. Dennoch erlaubt uns seine Symmetrie mit V, $\vec{B}$ durch $\vec{B} = \nabla \times \vec{A}$ mathematisch elegant zu lösen, ohne das Biot-Savart-Gesetz verwenden zu müssen.

8.5 Magnetische Dipole

Ein *magnetischer Dipol* ist das magnetische Äquivalent eines elektrischen Dipols (vgl. Abschn. 7.5). Ein magnetischer Dipol kann als ein kreisförmiger Stromfluss um eine Gegend $\vec{s}$ dargestellt werden (Abb. 8.7). Für den Strom I, der in der Kreisschleife fließt, wird das *magnetische Dipolmoment*, $\vec{m}$ [A m^2], als

$$\vec{m} = I\vec{s}$$

definiert (Gl. 8.27). Die Richtung von $\vec{m}$ kann mit der Rechte-Hand-Schraubenregel ermittelt werden: Krümmt eure Finger der rechten Hand in die Richtung von I, dann zeigt euer Daumen in die Richtung von $\vec{m}$.

Magnetisches Dipolmoment:

$$\vec{m} = I\vec{s}, \tag{8.27}$$

wobei $\vec{s}$ das von der Stromschleife umschlossene Gebiet ist.

8.5.1 Magnetfeld und Potential

Lasst uns die Parallele zwischen V und $\vec{A}$ ausnutzen, um das magnetische Vektorpotential eines Dipols zu beschreiben. Für einen idealen elektrischen Dipol gilt

$$V(\vec{r}) = \frac{\vec{p}\cdot\hat{r}}{4\pi\varepsilon_0 r^2} = \frac{p\cos\theta}{4\pi\varepsilon_0 r^2}$$

(siehe auch Abschn. 7.5). Es stellt sich heraus, dass das magnetische Vektorpotential eines idealen magnetischen Dipols tatsächlich über eine analoge Form verfügt, wie in Gl. 8.28 zu sehen ist.

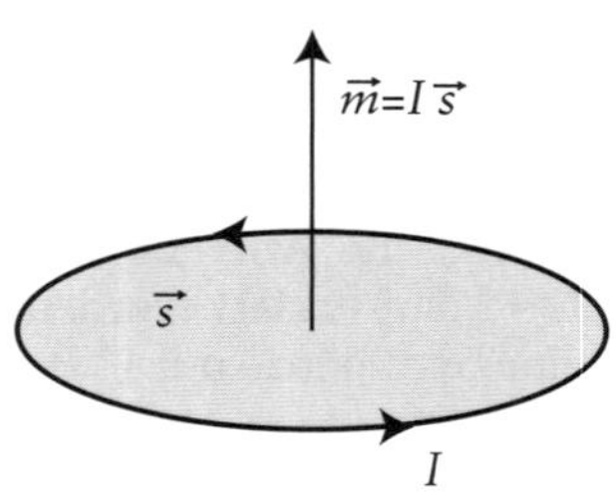

Abbildung 8.7 Magnetischer Dipol

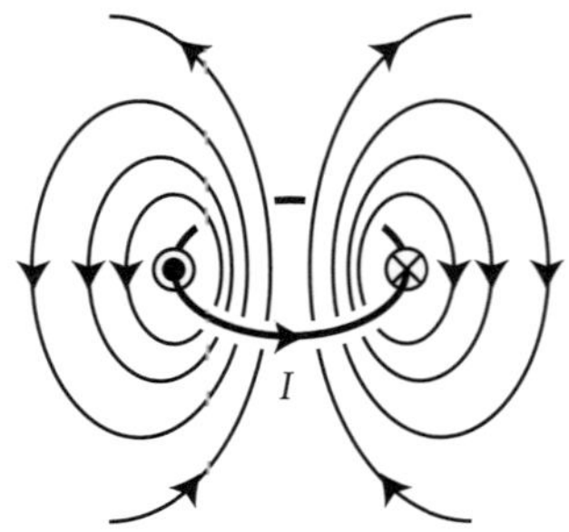

Abbildung 8.8 Magnetfeld eines magnetischen Dipols

Magnetisches Vektorpotential eines idealen Dipols:

$$\vec{A}(\vec{r}) = \frac{\mu_0\,\vec{m}\times\hat{r}}{4\pi r^2} = \frac{\mu_0\, m\sin\theta}{4\pi r^2}\hat{\phi} \tag{8.28}$$

Das Magnetfeld eines magnetischen Dipols erhält man durch Bildung der Rotation von $\vec{A}$ (Gl. 8.29, Herleitung 8.4 und Abb. 8.8). Daran können wir erkennen, dass das Magnetfeld, das durch einen magnetischen Dipol erzeugt wird, dieselbe Form besitzt, wie das durch den elektrischen Dipol geschaffene *elektrische* Feld (vgl. Gl. 8.29 mit Gl. 7.41 und Abb. 8.8 mit Abb. 7.10). Darüber hinaus besitzt das Magnetfeld eines Dipols die gleiche Form wie das Magnetfeld eines Stabmagneten.

Magnetfeld eines idealen Dipols (Herleitung 8.4):

$$\vec{B}(\vec{r}) = \frac{\mu_0\, m}{4\pi r^3}(2\cos\theta\hat{r} + \sin\theta\hat{\theta}) \equiv \frac{\mu_0\, m}{4\pi r^3}\begin{pmatrix} 2\cos\theta \\ \sin\theta \end{pmatrix} \tag{8.29}$$

8.5.2 Ein Dipol in einem externen Magnetfeld

Bringt man einen Dipol in ein externes Magnetfeld ein, erfährt er ein *Drehmoment*, $\vec{\tau}_m$ [N m], da entgegengerichtete Kräfte in jeder Richtung den Strom in der Stromschleife angreifen. Das Drehmoment ergibt sich aus dem Kreuzprodukt von $\vec{m}$ und $\vec{B}$:

$$\vec{\tau}_m = \vec{m}\times\vec{B}$$

(Gl. 8.30 und Herleitung 8.5). Das Drehmoment tendiert dazu, den Dipol dem externen Feld anzupassen.

Herleitung 8.4: Herleitung des Magnetfeldes eines Dipols (Gl. 8.29)

$$
\begin{aligned}
\vec{B} &= \nabla \times \vec{A} \\
\therefore B_r &= \frac{1}{r\sin\theta}\left(\frac{\partial}{\partial\theta}\left(A_\phi \sin\theta\right) - \frac{\partial A_\theta}{\partial\phi}\right)\hat{r} \\
&= \frac{2\mu_0\, m\cos\theta}{4\pi r^3} \\
B_\theta &= \frac{1}{r}\left(\frac{1}{\sin\theta}\frac{\partial A_r}{\partial\phi} - \frac{\partial}{\partial r}\left(rA_\phi\right)\right)\hat{\theta} \\
&= \frac{\mu_0\, m\sin\theta}{4\pi r^3} \\
B_\phi &= \frac{1}{r}\left(\frac{\partial}{\partial r}\left(rA_\theta\right) - \frac{\partial A_r}{\partial\phi}\right)\hat{\phi} \\
&= 0
\end{aligned}
$$

- Ansatz: Das Magnetfeld ist die Rotation des magnetischen Vektorpotentials:

$$\vec{B} = \nabla \times \vec{A}\,.$$

- Man beschreibt die Rotation von $\vec{A} = \mu_0 m \sin\theta / 4\pi r^2\, \hat{\phi}$ (Gl. 8.28) mittels des Nabla-Operators in Kugelkoordinaten:

$$\nabla \times A = \begin{pmatrix} \frac{1}{r\sin\theta}\left(\frac{\partial}{\partial\theta}\left(A_\theta \sin\theta\right) - \frac{\partial A_\theta}{\partial\phi}\right) \\ \frac{1}{r}\left(\frac{1}{\sin\theta}\frac{\partial A_r}{\partial\phi} - \frac{\partial}{\partial r}\left(rA_\phi\right)\right) \\ \frac{1}{r}\left(\frac{\partial}{\partial r}\left(rA_\theta\right) - \frac{\partial A_r}{\partial\theta}\right) \end{pmatrix}.$$

Herleitung 8.5: Herleitung des Drehmoments eines Dipols in einem externen $\vec{B}$-Feld (Gl. 8.30)

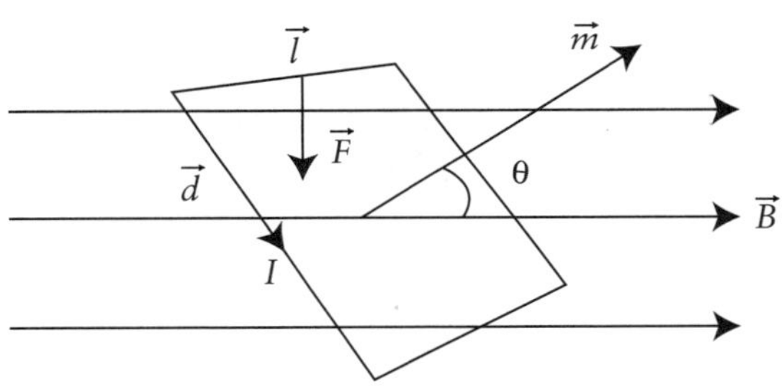

$$
\begin{aligned}
\tau_m &= \vec{r} \times \vec{F}_+ \\
&= \vec{d} \times I\vec{l} \times \vec{B} \\
&= I\vec{s} \times \vec{B} \\
&= \vec{m} \times \vec{B} \\
\therefore |\vec{\tau}_m| &= |\vec{m}|\left|\vec{B}\right|\sin\theta
\end{aligned}
$$

- Ansatz: Stellen wir uns einen rechteckigen, magnetischen Dipol vor, bei dem das Dipolmoment $\vec{m} = I\vec{s}$ ist. Die Seitenlängen betragen $\vec{d}$ und $\vec{l}$, sodass die Dipolgegend $\vec{s} = \vec{d} \times \vec{l}$ ist.
- Eine Seite der Länge $\vec{l}$ wird als Schwenkachse verwendet; damit ist die Kraft auf die andere Längenseite $\vec{l}$: $\vec{F} = I\vec{l} \times \vec{B}$.
- Das Drehmoment führt dazu, dass θ (der Winkel zwischen $\vec{m}$ und $\vec{B}$) verkleinert wird und null ergibt, wenn der Dipol parallel zum Feld ausgerichtet ist.

Herleitung 8.6: Herleitung der Energie eines Dipols in einem externen $\vec{B}$-Feld (Gl. 8.31)

$$
\begin{aligned}
U_m &= \int_{\pi/2}^{\theta} |\vec{\tau}_m| \, \mathrm{d}\theta' \\
&= \int_{\pi/2}^{\theta} |\vec{m}| \left|\vec{B}\right| \sin\theta' \, \mathrm{d}\theta' \\
&= \left[-|\vec{m}| \left|\vec{B}\right| \cos\theta' \right]_{\pi/2}^{\theta} \\
&= -|\vec{m}| \left|\vec{B}\right| \cos\theta \\
&= -\vec{m} \cdot \vec{B}
\end{aligned}
$$

- Ansatz: Die Energie eines Dipols in einem externen Magnetfeld entspricht der Arbeit, die aufzuwenden ist, um einen Dipol von einer anfänglichen Äquipotentiallinie (senkrecht auf $\vec{B} \rightarrow \therefore \theta' = \pi/2$) um einen Winkel θ zu drehen.
- Der Betrag des Drehmoments auf einen Dipol in einem externen Feld ist

$$|\vec{\tau}_m| = \left|\vec{m} \times \vec{B}\right| = |\vec{m}| \left|\vec{B}\right| \sin\theta' .$$

- Die potentielle Energie des Dipols ist minimal, wenn er parallel zum externen Feld ausgerichtet ist.

Auf einem derartigen Prinzip basiert ein Kompass. Die resultierende potentielle Energie, die im Dipol gespeichert ist, ist dann:

$$U_m = -\vec{m} \cdot \vec{B}$$

(Gl. 8.31 und Herleitung 8.6). Die resultierende *lineare* Kraft auf den Dipol ist folglich:

$$
\begin{aligned}
\vec{F}_m &= -\nabla U_m \\
&= \nabla(\vec{m} \cdot \vec{B})
\end{aligned}
$$

(Gl. 8.32). Falls es sich um ein homogenes Feld handelt, ist die resultierende lineare Kraft gleich null, da die Kräfte auf Ströme, die sich entweder in $+\mathrm{d}\vec{l}$ oder $-\mathrm{d}\vec{l}$ bewegen, gleich und einander entgegengesetzt sind:

$$\vec{F}_m = I\mathrm{d}\vec{l} \times \vec{B} - I\mathrm{d}\vec{l} \times \vec{B} = 0 .$$

Die Gln. 8.30 bis 8.32 sind ihren elektrischen Gegenstücken (Gln. 7.42 – 7.44) ähnlich.

Dipol in einem externen Magnetfeld (Herleitungen 8.5 und 8.6):

Drehmoment:	$\vec{\tau}_m = \vec{m} \times \vec{B}$	(8.30)
Energie:	$U_m = -\vec{m} \cdot \vec{B}$	(8.31)
Kraft:	$\vec{F}_m = \nabla(\vec{m} \cdot \vec{B})$	(8.32)

Einführung in die Theorie der Stromkreise

9

Bewegte elektrische Ladung produziert einen elektrischen Strom. Die Theorie der Stromkreise befasst sich mit den Eigenschaften des elektrischen Stroms, der einen geschlossenen Kreis mit eingebauten elektrischen Bauteilen, wie Widerstände und Kondensatoren, passiert, und dabei Arbeit erzeugt. In diesem Kapitel werden wir die Gesetze, die in Stromkreisen gelten, betrachten und sie verwenden, um Komponenten im Gleichstromkreis (GS-Resonanz), im Ausgleichsstromkreis (Ausgleichsstromresonanz) und im Wechselstromkreis (WS-Resonanz) zu bestimmen.

9.1 Gesetze der Elektrizitätslehre

9.1.1 Die Kontinuitätsgleichung

Strom, I [$\mathrm{A} \equiv \mathrm{C\,s^{-1}}$], ist der Anteil des Flusses elektrischer Ladung, der einen bekannten Ort durchfließt:

$$I = \frac{\mathrm{d}Q}{\mathrm{d}t}$$

(Gl. 9.3). Ladung, die durch ein Volumen fließt, erzeugt eine *Stromdichte*, $\vec{J}$ [$\mathrm{A\,m^{-2}}$], die als Strom pro Einheitsfläche, die senkrecht zum Fluss verläuft, bezeichnet werden kann:

$$\vec{J} = \frac{\mathrm{d}I}{\mathrm{d}s_\perp}$$

(siehe dazu Abschn. 8.1). Nutzen wir nun das Divergenztheorem, ist der resultierende Strom, der aus einem Volumen, V, fließt:

$$\begin{aligned} I &= \oint_S \vec{J} \cdot \mathrm{d}\vec{s} \\ &= \int_V \nabla \cdot \vec{J}\, \mathrm{d}\tau \,. \end{aligned} \tag{9.1}$$

Ladung ist mit der Volumenladungsdichte, ρ, durch

$$Q = \int_V \rho \, \mathrm{d}\tau$$

verknüpft. Daher ist die Änderungsrate elektrischer Ladung, die *aus* einem Volumen V *heraus* fließt:

$$\frac{\mathrm{d}Q}{\mathrm{d}t} = -\int_V \frac{\partial \rho}{\partial t} \mathrm{d}\tau \,, \tag{9.2}$$

wobei die partielle Ableitung genutzt wird, weil ρ sowohl eine Funktion des Raumes als auch der Zeit ist. Setzen wir die Gln. 9.1 und 9.2 gleich, dann erhalten wir:

$$I = \frac{\mathrm{d}Q}{\mathrm{d}t} \,.$$

$$\therefore \int_V \nabla \cdot \vec{J}\, \mathrm{d}\tau = -\int_V \frac{\partial \rho}{\partial t} \mathrm{d}\tau \,.$$

Dies gilt für alle Volumina:

$$\therefore \nabla \cdot \vec{J} = -\frac{\partial \rho}{\partial t}$$

(Gl. 9.4). Diese als *Kontinuitätsgleichung* bekannte Beziehung gibt Auskunft über die Ladungserhaltung: Ladung kann nicht geschaffen oder zerstört werden.

Die Kontinuitätsgleichung:

In einer Dimension: $$I = \frac{\mathrm{d}Q}{\mathrm{d}t} \tag{9.3}$$

In drei Dimensionen: $$\nabla \cdot \vec{J} = -\frac{\partial \rho}{\partial t} \tag{9.4}$$

9.1.2 Widerstand und Ohm'sches Gesetz

Wenn Strom durch ein Medium fließt, führen Zusammenstöße zwischen den bewegten Ladungen und anderen Atomen zu einem dem Fluss entgegengesetzten *Widerstand*, R [Ω]. Die *Widerstandsfähigkeit*, ρ [$\Omega\,\mathrm{m}$], eines Materials ist als Widerstand für eine konstante Querschnittsfläche pro Einheitslänge definiert und ist für das jeweilige Material konstant:[1]

$$\rho = \frac{RA}{L} \,,$$

wobei L die Länge und A der Materialquerschnitt, über dem der Widerstand R herrscht, ist (Gl. 9.5). Die Inverse der Widerstandsfähigkeit ist die *Leitfähigkeit*, σ [$\mathrm{S\,m^{-1}}$], welche ein Maß für die Fähigkeiten eines Materials ist, elektrisch zu leiten (Gl. 9.6). (Hierbei muss man aufpassen, dass man diese Parameter nicht mit der Volumenladungsdichte, ρ, und der Flächenladungsdichte, σ, vertauscht.)

[1] Eine Eselsbrücke für die Definition gibt das Rudern. (Anm. d. Übers.: im Englischen: „row = right arm over leg" ($\rho = RA/L$)).

Widerstandsfähigkeit und Leitfähigkeit:

$$\text{Widerstandsfähigkeit:} \quad \rho = \frac{RA}{L} \qquad (9.5)$$

$$\text{Leitfähigkeit:} \quad \sigma = \frac{1}{\rho} \qquad (9.6)$$

Das Ohm'sche Gesetz

Bei vielen Materialien folgt durchfließender Strom dem *Ohm'schen Gesetz*. Dieses Gesetz besagt, dass für eine elektrische Komponente konstanten Widerstands, R, die Spannung, V, über der Komponente mit dem Strom, I, durch

$$V = IR$$

(Gl. 9.7) in Beziehung gesetzt werden kann. Stellen wir uns einen Stromfluss durch ein zylindrisches Volumen der Länge L, des Querschnitts A und des Widerstands $R = L/\sigma A$, wie in Abb. 9.1 dargestellt, vor. Nimmt man eine konstante Potentialdifferenz, V, entlang der Länge an, ergibt sich

$$E = \frac{V}{L}$$

für das elektrische Feld. Setzt man $V = EL$ und $R = L/\sigma A$ in das Ohm'sche Gesetz ein, erhält man eine allgemeingültige dreidimensionale Beschreibung des Ohm'schen Gesetzes:

$$V = IR$$

$$\therefore EL = I\frac{L}{\sigma A} = \frac{JL}{\sigma}$$

$$\therefore \vec{J} = \sigma\vec{E}$$

(Gl. 9.8). Bei isotropen Materialien (Materialien, die in allen Richtungen dieselben Eigenschaften aufweisen) ist die Leitfähigkeit, σ, ein Skalar, für anisotrope Materialien ist sie ein Tensor.

Das Ohm'sche Gesetz:

$$\text{In einer Dimension:} \quad V = IR \qquad (9.7)$$

$$\text{In drei Dimensionen:} \quad \vec{J} = \sigma\vec{E}, \qquad (9.8)$$

wobei σ die Leitfähigkeit darstellt.

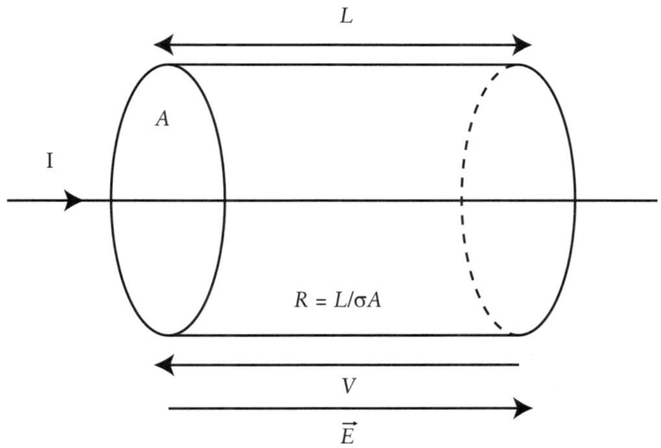

Abbildung 9.1 Stromfluss durch ein zylindrisches Volumen, das eine konstante Potentialdifferenz entlang seiner Länge besitzt

Elektrische Leistung

Die Arbeit, die verrichtet wird, um eine Ladung, Q, entlang einer Potentialdifferenz, V, zu bewegen, ist $W = QV$. Die elektrische Leistung (Rate, in der elektrische Energie in einem Stromkreis übertragen wird) ist dann:

$$P = \frac{\mathrm{d}W}{\mathrm{d}t} = V\frac{\mathrm{d}Q}{\mathrm{d}t} = IV$$

(Gl. 9.9) für ein konstantes Potential. Dieser Ausdruck ist als *Joule'sches Gesetz* bekannt. Die elektrische Energie innerhalb eines Stromkreises kann in andere Energieformen umgewandelt werden, zum Beispiel, um eine Lampe zu erleuchten, einen Ofen zu heizen oder Töne aus einem Lautsprecher zu erhalten. Nutzt man das Joule'sche und das Ohm'sche Gesetz gemeinsam, ergibt sich für die Leistung in einem widerstandsfähigen Geräteteil:

$$P_R = I^2R = \frac{V^2}{R}$$

(Gl. 9.10).

Elektrische Leistung und Joule'sches Gesetz:

$$P = IV \qquad (9.9)$$

$$\therefore P_R = I^2R = \frac{V^2}{R} \qquad (9.10)$$

9.1.3 Die Kirchhoff'schen Regeln

Die *Kirchhoff'schen Regeln* beschreiben die Ladungserhaltung (Knotenregel) und die Energieerhaltung (Maschenregel) in elektrischen Stromkreisen (Zusammenfassung 9.1). Die Knotenregel besagt, dass Strom (Ladung) an einer Abzweigung im Stromkreis erhalten sein muss, sodass der Gesamtstromfluss, der in diese Abzweigung hineinfließt, dem Gesamtstromfluss, der aus der Abzweigung herauskommt, entsprechen muss:

$$\therefore \sum_{i=1}^{N} I_i = 0 \quad \text{an einem Knoten im Stromkreis}$$

(Gl. 9.11 in der Zusammenfassung 9.1). Die Maschenregel besagt, dass die resultierende Potentialänderung in einem geschlossenen Stromkreis null ist:

$$\sum_{i=1}^{\substack{\text{geschlossener}\\ \text{Kreis}}} V_i = 0$$

(Gl. 9.12 in der Zusammenfassung 9.1).

Reihen- und Parallelschaltung von Widerständen

Unter Verwendung der Kirchhoff'schen Regeln und des Ohm'schen Gesetzes sehen wir, dass in Reihe geschaltete Widerstände einen Gesamtwiderstand erzeugen, der aus der Summe der Einzelwiderstände besteht:

$$V = V_1 + V_2 = I\underbrace{(R_1 + R_2)}_{=R}$$
$$\therefore R = R_1 + R_2 ,$$

wohingegen parallel geschaltete Widerstände einen Gesamtwiderstand erzeugen, dessen Kehrwert mit der Summe der Einzelwiderstandskehrwerte übereinstimmt:

$$I = I_1 + I_2 = V\underbrace{\left(\frac{1}{R_1} + \frac{1}{R_2}\right)}_{=1/R}$$
$$\therefore \frac{1}{R} = \frac{1}{R_1} + \frac{1}{R_2}$$

(Gln. 9.13 und 9.14 und Abb. 9.2).

Widerstände in Stromkreisen:

In Reihenschaltung:

$$R = \sum_i R_i \tag{9.13}$$

In Parallelschaltung:

$$\frac{1}{R} = \sum_i \frac{1}{R_i} \tag{9.14}$$

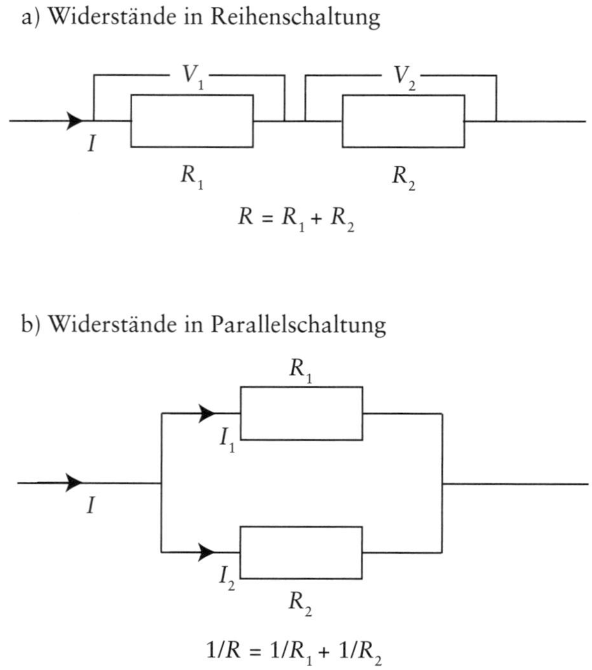

Abbildung 9.2 Summe von Widerständen in Reihen- und Parallelschaltung

9.2 Kapazität und Induktivität

Neben Widerständen sind *Kondensatoren* und *Spulen* zwei andere gebräuchliche elektrische Bauteile. Ein Kondensator besteht aus zwei Leitern, die durch einen elektrischen Isolator voneinander getrennt sind (Abb. 9.3 a). Ladung kann nicht durch den Isolator hindurchtreten, folglich sammelt sich Ladung auf den Leitern eines Kondensators an. Die Ladung eines Kondensators ist als

$$Q = CV$$

definiert, wobei V [V] die Potentialdifferenz zwischen beiden Leitern und C [F] die *Kapazität* als Maß für die Ladungsspeicherfähigkeit eines Kondensators ist. Die Kapazität hängt von der Geometrie des Kondensators ab (zur genaueren Erklärung vgl. Abschn. 7.6). Verändert sich die Spannung an einem Kondensator mit der Zeit, gilt für den Stromfluss durch den Kondensator

$$I_C = \frac{dQ}{dt} = C\frac{dV}{dt}$$

(Gl. 9.15). Eine Spule besteht aus einem aufgewickelten Draht (Abb. 9.3 b). Eine Veränderung des Stromflusses durch den Draht induziert eine Potentialdifferenz über der Spule (vgl. Abschn. 10.2 zur genaueren Erklärung).

Zusammenfassung 9.1: Die Kirchhoff'sche Regeln

1. **Kirchhoff'sche Regel – Knotenregel: Ladungserhaltung**
   An jeder Verzweigung (Knoten) in einem Stromkreis entspricht der Gesamtstromfluss, der auf die Abzweigung trifft, dem, der aus der Abzweigung kommt:

$$\sum_{i=1}^{N} I_i = 0 \,. \tag{9.11}$$

2. **Kirchhoff'sche Regel – Maschenregel: Energieerhaltung**
   Entlang eines geschlossenen Stromkreises ist die Gesamtveränderung des Potentials gleich null:

$$\sum_{i=1}^{\substack{\text{geschlossener}\\\text{Kreis}}} V_i = 0 \,. \tag{9.12}$$

a) Knotenregel b) Maschenregel

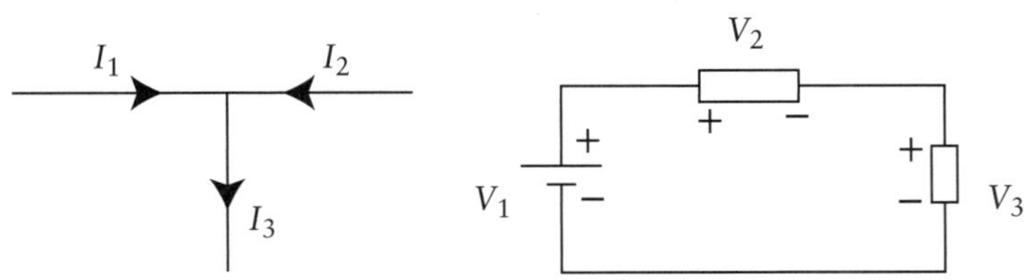

$I_1 + I_2 - I_3 = 0$ $-V_1 + V_2 + V_3 = 0$

Die Spannung an einer Spule in einem Stromkreis ist proportional zur Veränderung des Stromflusses durch die Spule:

$$V_L = L\frac{\mathrm{d}I}{\mathrm{d}t}$$

(Gl. 9.16), wobei L [H] als *Induktivität* bezeichnet wird. Sie ist ein Maß für den „Widerstand" einer stromdurchflossenen Spule, deren Strom sich ändert. Die Induktivität basiert auf der Spulengeometrie (Beispiele sind im Abschn. 10.2.1 zu finden).

Kapazität und Induktivität:

$$I_C = C\frac{\mathrm{d}V}{\mathrm{d}t} \tag{9.15}$$

$$V_L = L\frac{\mathrm{d}I}{\mathrm{d}t} \tag{9.16}$$

In elektrischen Bauteilen gespeicherte Energie

Das Joule'sche Gesetz besagt, dass die elektrische Leistung eines Stromkreises

$$P = IV$$

ist. Dies können wir verwenden, um die potentielle Energie eines Kondensators oder einer Spule (Gln. 9.17 und 9.18 und Herleitung 9.1) zu bestimmen.

Energie eines Kondensators und einer Spule (Herleitung 9.1):

$$U_C = \frac{1}{2}CV^2 \tag{9.17}$$

$$U_L = \frac{1}{2}LI^2 \tag{9.18}$$

Diese gespeicherte Energie wird frei, wenn ein Kondensator entladen oder der Strom in einer Spule langsam auf null reduziert wird.

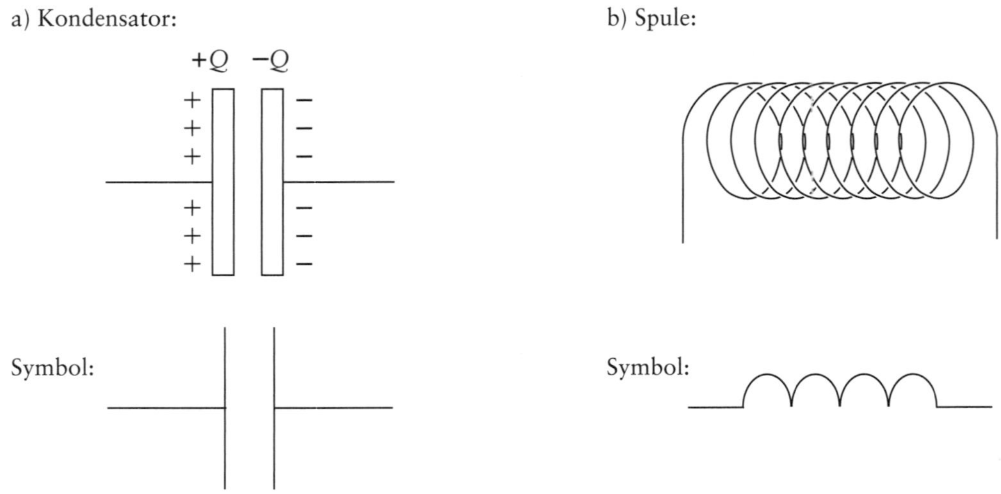

Abbildung 9.3 **a** Kondensator und **b** Spule

Herleitung 9.1: Herleitung der in einem Kondensator und einer Spule gespeicherten Energie (Gln. 9.17 und 9.18)

Kondensatorenergie:

$$\begin{aligned} U_C &= \int P\,\mathrm{d}t \\ &= \int IV\,\mathrm{d}t \\ &= \int CV\frac{\mathrm{d}V}{\mathrm{d}t}\,\mathrm{d}t \\ &= \frac{1}{2}CV^2 \end{aligned}$$

Spulenenergie:

$$\begin{aligned} U_L &= \int P\,\mathrm{d}t \\ &= \int IV\,\mathrm{d}t \\ &= \int LI\frac{\mathrm{d}I}{\mathrm{d}t}\,\mathrm{d}t \\ &= \frac{1}{2}LI^2 \end{aligned}$$

Zusammensetzung der Komponenten

Um die Gesamtkapazität oder -induktivität aller Komponenten innerhalb einer Serien- oder Reihenschaltung zu ermitteln, nutzen wir die Kirchhoff'schen Regeln mit $Q = CV$ für Kondensatoren und $V = L\,\mathrm{d}I/\,\mathrm{d}t$ für Spulen. Schauen wir uns dazu erst zwei in Reihe geschaltete Kondensatoren an. Die gesamte Potentialdifferenz über beide Komponenten ergibt sich aus:

$$\begin{aligned} V &= V_1 + V_2 \\ \therefore \frac{Q}{C} &= \frac{Q_1}{C_1} + \frac{Q_2}{C_2}\,. \end{aligned}$$

Die negative Ladung auf C_1 muss mit der positiven auf C_2 ausgeglichen sein, sodass die Potentialdifferenz in der Leitung, die beide Platten verbindet, gleich null ist:

$$\begin{aligned} -Q_1 + Q_2 &= 0 \\ \therefore Q_1 &= Q_2 = Q \\ \therefore \frac{Q}{C} &= \frac{Q}{C_1} + \frac{Q}{C_2} \\ \Rightarrow \frac{1}{C} &= \frac{1}{C_1} + \frac{1}{C_2}\,. \end{aligned}$$

Aus diesem Grund addieren sich Kondensatoren in Reihenschaltung reziprok (Gl. 9.19). Für parallel geschaltete Kondensatoren ergibt sich die Gesamtladung aus der Summe der Einzelladungen jedes Kondensators:

$$\begin{aligned} Q &= Q_1 + Q_2 \\ \therefore CV &= C_1V + C_2V \\ \Rightarrow C &= C_1 + C_2\,. \end{aligned}$$

Aus diesem Grund addieren sich Kondensatoren in Parallelschaltungen linear (Gl. 9.21). *In Reihe geschaltete* Spulen addieren sich ebenfalls linear:

$$V = V_1 + V_2$$

$$\therefore L\frac{\mathrm{d}I}{\mathrm{d}t} = L_1\frac{\mathrm{d}I}{\mathrm{d}t} + L_2\frac{\mathrm{d}I}{\mathrm{d}t}$$

$$\Rightarrow L = L_1 + L_2$$

(Gl. 9.20), wobei sich bei parallel geschalteten Spulen ihre Reziproken addieren:

$$I = I_1 + I_2$$

$$\therefore \frac{\mathrm{d}I}{\mathrm{d}t} = \frac{\mathrm{d}I_1}{\mathrm{d}t} + \frac{\mathrm{d}I_2}{\mathrm{d}t}$$

$$\therefore \frac{V}{L} = \frac{V}{L_1} + \frac{V}{L_2}$$

$$\Rightarrow \frac{1}{L} = \frac{1}{L_1} + \frac{1}{L_2}$$

(Gl. 9.22).

Komponenten in Stromkreisen:

In Reihenschaltung:

$$\frac{1}{C} = \sum_i \frac{1}{C_i} \tag{9.19}$$

$$L = \sum_i L_i \tag{9.20}$$

In Parallelschaltung:

$$C = \sum_i C_i \tag{9.21}$$

$$\frac{1}{L} = \sum_i \frac{1}{L_i} \tag{9.22}$$

9.3 Einschwingverhalten

Ein Strom, der sich innerhalb eines kurzen Zeitabschnitts verändert, bevor er seinen stabilen Zustand erreicht hat, wird als *Ausgleichsstrom* bezeichnet. Beispielsweise fließt ein Ausgleichsstrom, unmittelbar nachdem ein Stromkreis durch einen Schalter geschlossen wurde. Die Ursache dafür liegt in einer zeitabhängigen Veränderung der Spannung, die an den Komponenten in einem Stromkreis anliegt, ebenso wie im zeitabhängigen Strom, der durch die Komponenten fließt.

Das natürliche Einschwingverhalten ist von den elektrischen Komponenten, die in den Stromkreis eingebaut sind, abhängig. Im Folgenden werden wir das Einschwingverhalten dreier Schaltungen betrachten: (i) eine Reihenschaltung von Widerstand und Kondensator (RC-Kreis), (ii) eine Reihenschaltung von Widerstand und Spule (RL-Kreis) und (iii) eine Reihenschaltung von Widerstand, Spule und Kondensator (RLC-Kreis).

9.3.1 RC-Schwingkreis in Reihenschaltung

Stellen wir uns zuerst einen RC-Kreis vor, der über eine Reihenschaltung von Widerstand und Kondensator verfügt (vgl. die Abbildung in Herleitung 9.2). Zur Zeit $t = 0$ wird der Schalter von B nach A umgelegt und die Batterie schafft ein Potentialgefälle, V_0, an den Komponenten im Stromkreis. Überlegen wir uns, dass sich das Potential an jeder Komponente mit der Zeit ändert, so können wir eine Differentialgleichung für den Stromfluss im Stromkreis aufstellen. Führen wir dies aus – wie in Herleitung 9.2 getan – sehen wir, dass sich der Strom entsprechend der Differentialgleichung

$$\frac{\mathrm{d}I}{\mathrm{d}t} = -\frac{I}{RC}$$

entwickelt. Die Lösung dieser Differentialgleichung ist exponentiell abfallend, mit einer anfänglichen Amplitude $I_0 = V_0/R$ und einer zeitlichen Konstanten $\tau = RC$:

$$I = I_0\,\mathrm{e}^{-t/\tau}$$

(Gl. 9.23 und Herleitung 9.2). Die Spannung, die am Widerstand abfällt, kommt dem Strom nach und fällt daher ebenfalls exponentiell ab:

$$V_R = IR = V_0\,\mathrm{e}^{-t/\tau}$$

(Gl. 9.24). Die Kondensatorspannung steigt hingegen mit einem inversen exponentiellen Abfall an:

$$V_C = V_0 - V_R = V_0(1 - \mathrm{e}^{-t/\tau})$$

(Gl. 9.25). Daher fällt der Stromfluss exponentiell auf null ab, wenn der Kondensator geladen wird und schließlich die Spannung $V_C = V_0$ besitzt (Abb. 9.4). Der Kondensator lädt umso langsamer, je größer die Zeitkonstante $\tau = RC$ ist. Der Kondensator widersteht einer plötzlichen Spannungsänderung, da, aufgrund von $I_C = C\,\mathrm{d}V/\,\mathrm{d}t$, eine solche Veränderung $I_C \to \infty$ bedeuten würde, was wiederum physikalisch nicht möglich ist.

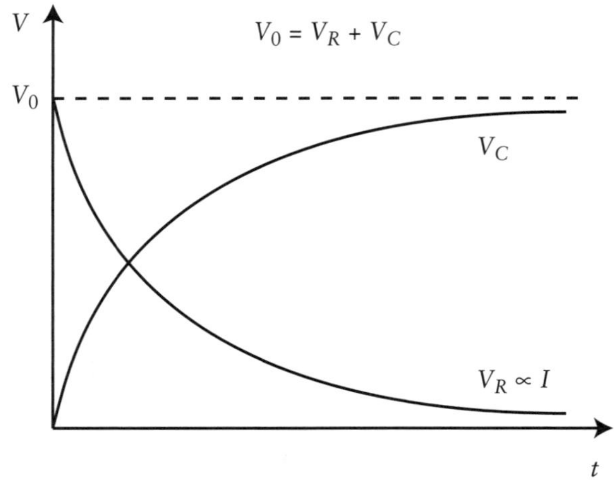

Abbildung 9.4 Die Veränderung der Spannung an den Komponenten eines RC-Schwingkreises

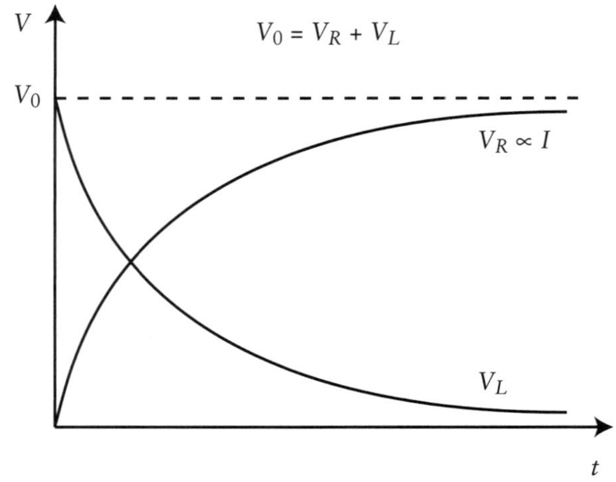

Abbildung 9.5 Die Spannungsänderung an den Komponenten eines in Reihe geschalteten RL-Kreises

RC-Kreis in Reihenschaltung (Herleitung 9.2):

Stromfluss durch den Stromkreis:

$$I = I_0 \mathrm{e}^{-t/\tau}, \qquad (9.23)$$
$$\text{wobei} \quad \tau = RC$$

Spannung über Widerstand und Kondensator:

$$V_R = V_0 \mathrm{e}^{-t/\tau} \qquad (9.24)$$
$$V_C = V_0(1 - \mathrm{e}^{-t/\tau}) \qquad (9.25)$$

9.3.2 RL-Schwingkreis in Reihenschaltung

Betrachten wir nun einen RL-Kreis, der aus einer Reihenschaltung von Widerstand und Spule besteht (vgl. die Abbildung in Herleitung 9.3). Zur Zeit $t = 0$ wird der Schalter von B nach A umgelegt und die Spannungsquelle liefert eine Potentialdifferenz, V_0, entlang der Komponenten im Stromkreis. In der Überlegung, dass sich das Potential zeitlich an jeder Komponente ändert – wie in Herleitung 9.3 gezeigt – stellen wir genauso wie vorher fest, dass der Stromfluss im Stromkreis durch eine Differentialgleichung beschrieben werden kann. In diesem Fall sehen wir, dass sich der Strom aus folgender Differentialgleichung entwickelt:

$$\frac{\mathrm{d}I}{\mathrm{d}t} = \frac{V_0 - IR}{L}.$$

Die Lösung dieser Differentialgleichung ist

$$I = I_0(1 - \mathrm{e}^{-t/\tau})$$
$$\text{mit} \quad \tau = \frac{L}{R}$$

(Gl. 9.26 und Herleitung 9.3). Folglich steigt der Stromfluss im Kreis in Form einer abfallenden Exponentialfunktion an, wobei der endgültige Strom durch $I_0 = V_0/R$ mit einer Zeitkonstanten, $\tau = L/R$, angegeben wird. Die Spannung, die am Widerstand abfällt, folgt dem Strom:

$$\therefore V_R = IR = V_0(1 - \mathrm{e}^{-t/\tau})$$

(Gl. 9.27). Die Spannung an der Spule fällt jedoch exponentiell ab:

$$V_L = V_0 - V_R = V_0 \mathrm{e}^{-t/\tau}$$

(Gl. 9.28). Folglich fällt das Potential aus der Spannungsquelle, V_0, in der Spule anfänglich ab und die Spannung fällt auf null, wenn der Strom im Kreis seinen Gleichgewichtszustand erreicht hat (Abb. 9.5). Eine Spule widersteht einer plötzlichen Stromänderung, weil $V_L = L\,\mathrm{d}I/\mathrm{d}t$ dazu führen würde, dass sich $V_L \to \infty$ bewegte, was physikalisch nicht möglich ist.

RL-Kreis in Reihenschaltung (Herleitung 9.3):

Stromfluss im Kreis:

$$I = I_0\left(1 - \mathrm{e}^{-t/\tau}\right), \qquad (9.26)$$
$$\text{wobei} \quad \tau = \frac{L}{R}$$

Herleitung 9.2: Herleitung eines Ausgleichsstroms in einem in Reihe geschalteten RC-Kreis (Gl. 9.23)

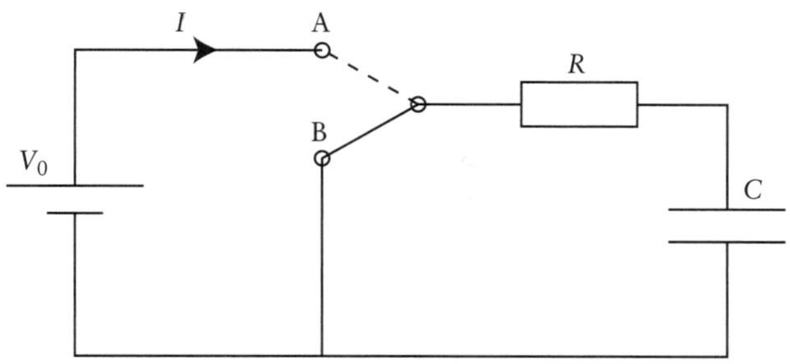

$$\begin{aligned} V_0 &= V_R + V_C \\ &= IR + \frac{Q}{C} \\ \frac{\mathrm{d}V_0}{\mathrm{d}t} &= \frac{\mathrm{d}}{\mathrm{d}t}\left(IR + \frac{Q}{C}\right) \\ &= R\frac{\mathrm{d}I}{\mathrm{d}t} + \frac{1}{C}\frac{\mathrm{d}Q}{\mathrm{d}t} \\ &= R\frac{\mathrm{d}I}{\mathrm{d}t} + \frac{I}{C} \\ \text{und} \quad \frac{\mathrm{d}V_0}{\mathrm{d}t} &= 0 \\ \therefore \frac{\mathrm{d}I}{\mathrm{d}t} &= -\frac{I}{RC} \\ \therefore I &= I_0\,\mathrm{e}^{-t/RC} \\ &\equiv I_0\,\mathrm{e}^{-t/\tau} \\ \text{wobei } \tau &= RC \end{aligned}$$

- Ansatz: Zur Zeit $t = 0$ wird der Schalter von B nach A umgelegt und das Potential, das durch die Spannungsquelle bereitgestellt wurde, ist

$$\begin{aligned} V_0 &= V_R + V_C\,, \\ \text{wobei} \quad V_R &= IR \\ \text{und} \quad V_C &= \frac{Q}{C} \end{aligned}$$

gelten.
- Das Potential der Spannungsquelle ist konstant $\therefore$ $\mathrm{d}V_0/\mathrm{d}t = 0$.
- Differenzieren wir nun $V_0 = V_R + V_C$ und setzen dies gleich null, erkennen wir, dass der Strom im Stromkreis der Differentialgleichung

$$\frac{\mathrm{d}I}{\mathrm{d}t} = -\frac{I}{RC}$$

folgt.
- Die Lösung dieser Gleichung ist eine abfallende Exponentialfunktion mit der Zeitkonstanten $\tau = RC$ und einer maximalen Amplitude von I_0.
- Die Anfangsbedingungen sind $V_C = 0$ zur Zeit $t = 0$. Daher ergibt sich für das Maximum der Amplitude

$$I_0 = \frac{V_0}{R}\,.$$

Spannung an Widerstand und Spule:

$$V_R = V_0(1 - \mathrm{e}^{-t/\tau}) \qquad (9.27)$$

$$V_L = V_0\,\mathrm{e}^{-t/\tau} \qquad (9.28)$$

9.3.3 RLC-Kreis in Reihenschaltung

Schauen wir uns zum Schluss den RLC-Kreis an, in dem Widerstand, Spule und Kondensator in Reihe geschaltet werden (vgl. die Abbildung in Herleitung 9.4). Zur Zeit $t = 0$ wird der Schalter von B auf A umgelegt und die Batterie liefert eine Potentialdifferenz V_0 über alle Komponenten im Stromkreis. Die Differentialgleichung, die die Zeitentwicklung des Stroms leitet, ist in diesem Fall eine Differentialgleichung zweiter Ordnung:

$$\begin{aligned} \frac{\mathrm{d}^2 I}{\mathrm{d}t^2} + \frac{R}{L}\frac{\mathrm{d}I}{\mathrm{d}t} + \frac{I}{LC} &= 0 \\ \text{oder} \quad \frac{\mathrm{d}^2 I}{\mathrm{d}t^2} + \gamma\frac{\mathrm{d}I}{\mathrm{d}t} + \omega_0^2 I &= 0\,, \end{aligned}$$

wobei $\gamma = R/L$ und $\omega_0^2 = 1/LC$ ist (Herleitung 9.4). Wir erkennen in dieser Differentialgleichung einen gedämpften Oszillator, bei dem γ die Dämpfungskonstante und ω_0 die natürliche Schwingungsfrequenz ist (Lösungen dieser Art der Differentialgleichung sind detailliert im Abschn. 2.3.1 und teilweise in Abschn. 2.3.2 aufgeführt worden). Die allgemeine Lösung erhält man durch die Summe zweier komplexer Exponentialfunktionen, die mit einem exponentiellen Dämpfungsfaktor multipliziert

Herleitung 9.3: Herleitung des Ausgleichsstroms in einem in Reihe geschalteten RL-Kreis (Gl. 9.26)

$$\begin{aligned} V_0 &= V_R + V_L \\ &= IR + L\frac{\mathrm{d}I}{\mathrm{d}t} \\ \therefore \int_0^t \mathrm{d}t' &= \int_0^I \frac{L}{V_0 - I'R}\,\mathrm{d}I' \\ t &= -\frac{L}{R}\left[\ln\left(V_0 - I'R\right)\right]_0^I \\ &= -\frac{L}{R}\ln\left(\frac{V_0 - IR}{V_0}\right) \\ \therefore V_0 - IR &= V_0\,\mathrm{e}^{-tR/L} \\ \therefore I &= \frac{V_0}{R}\left(1 - \mathrm{e}^{-tR/L}\right) \\ &= I_0\left(1 - \mathrm{e}^{-tR/L}\right) \\ &\equiv I_0\left(1 - \mathrm{e}^{-t/\tau}\right), \\ \text{wobei}\quad \tau &= \frac{L}{R} \end{aligned}$$

Um die Variablen von den Integrationsgrenzen zu unterscheiden, werden sie gestrichen notiert.

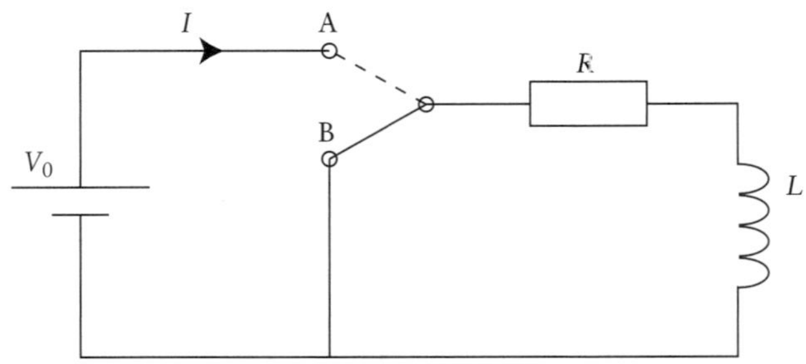

- Ansatz: Zur Zeit $t = 0$ wird der Schalter von B nach A umgelegt und das von der Stromquelle bereitgestellte Potential ist

$$\begin{aligned} V_0 &= V_R + V_L \\ \text{mit}\quad V_R &= IR \\ \text{und}\quad V_L &= L\frac{\mathrm{d}I}{\mathrm{d}t}\,. \end{aligned}$$

- Durch Umformen und Integrieren erhalten wir den Strom durch den Kreis als einen exponentiellen Abfall mit einem Strommaximum bei $I_0 = V_0/R$ und der Zeitkonstanten $\tau = L/R$:

$$I = I_0\left(1 - \mathrm{e}^{-t/\tau}\right)\,.$$

werden (man kann dies durch Substitution testen):

$$I = \underbrace{\mathrm{e}^{-\gamma t/2}}_{\text{Dämpfung}}\underbrace{\left(A\,\mathrm{e}^{\mathrm{i}\omega t} + B\,\mathrm{e}^{-\mathrm{i}\omega t}\right)}_{\text{einfache harmonische Oszillation}}$$

(Gl. 9.29 und Herleitung 9.4). Die Schwingungsfrequenz hängt sowohl von der natürlichen Schwingungsfrequenz, ω_0, als auch von der Dämpfungskonstanten, γ, ab:

$$\omega = \sqrt{\omega_0^2 - \gamma^2/4}\,.$$

Folglich gibt es drei verschiedene Lösungsarten, in denen ω entweder real, null oder imaginär ist:

1. **Schwingfall:**

$$\omega_0^2 > \gamma^2/4 \qquad \therefore \omega \quad \text{ist reell}$$
$$\Rightarrow I = \mathrm{e}^{-\gamma t/2}\left(A\,\mathrm{e}^{\mathrm{i}\omega t} + B\,\mathrm{e}^{-\mathrm{i}\omega t}\right)\,.$$

Der Strom im Stromkreis schwingt, indem er während des Ladevorgangs des Kondensators in die eine Richtung und während des Entladevorgangs in die andere Richtung fließt. Während der Strom im Stromkreis den Nulldurchgang passiert (dies geht mit einem Richtungswechsel einher), erreicht die Spulenspannung ihr Maximum ($V_L = L\,\mathrm{d}I/\,\mathrm{d}t =$ maximal, da $\mathrm{d}I/\,\mathrm{d}t$ ein Maximum besitzt). Folglich fließt der Strom periodisch durch den Kreis. Dadurch wird elektrische Energie von gespeicherter Energie im Kondensator zur feldproduzierenden Energie in einer Spule umgewandelt. Der Betrag des schwingenden Stroms nimmt mit zunehmender Zeit ab, weil Leistung aufgrund von Wärmeenergie im Kondensator verloren geht (hierauf nimmt der Dämpfungsterm γ Einfluss).

Unter Verwendung der Euler'schen Formel ($\mathrm{e}^{\mathrm{i}\theta} = \cos\theta + \mathrm{i}\sin\theta$) erhalten wir:

$$\begin{aligned} I &= \mathrm{e}^{-\gamma t/2}\left(A\,\mathrm{e}^{\mathrm{i}\omega t} + B\,\mathrm{e}^{-\mathrm{i}\omega t}\right) \\ &= \mathrm{e}^{-\gamma t/2}\left(A'\sin\omega t + B'\cos\omega t\right) \\ &\equiv I_0\,\mathrm{e}^{-\gamma t/2}\sin(\omega t + \phi) \end{aligned}$$

(Gl. 9.30). Die Anfangsbedingungen zur Zeit $t = 0$ sind (i) $I = 0$ und (ii) $V_R = 0$, $V_C = 0$ und $V_L = V_0$.

Herleitung 9.4: Herleitung des Ausgleichsstroms in einem RLC-Kreis (Gl. 9.29)

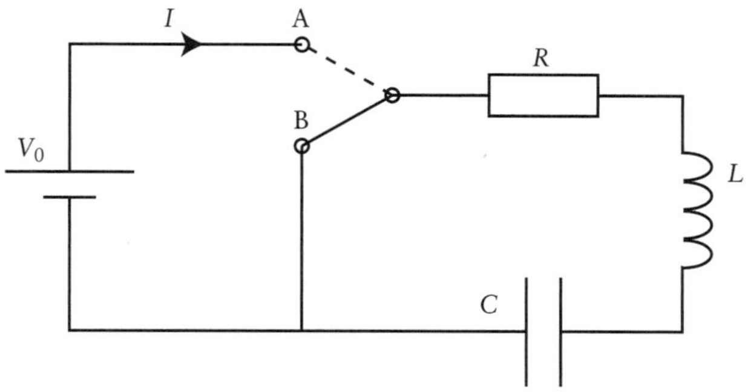

$$V_0 = V_R + V_L + V_C$$
$$= IR + L\frac{dI}{dt} + \frac{Q}{C}$$
$$\frac{dV_0}{dt} = \frac{d}{dt}\left(IR + L\frac{dI}{dt} + \frac{Q}{C}\right)$$
$$= R\frac{dI}{dt} + L\frac{d^2I}{dt^2} + \frac{1}{C}\frac{dQ}{dt}$$
$$= R\frac{dI}{dt} + L\frac{d^2I}{dt^2} + \frac{I}{C}$$
$$\text{und}\quad \frac{dV_0}{dt} = 0$$
$$\therefore \frac{d^2I}{dt^2} + \frac{R}{L}\frac{dI}{dt} + \frac{I}{LC} = 0$$
$$\text{bzw.}\quad \frac{d^2I}{dt^2} + \gamma\frac{dI}{dt} + \omega_0^2 I = 0,$$
$$\text{wobei}\quad \gamma = \frac{R}{L} \quad \text{(Dämpfungsterm)}$$
$$\text{und}\quad \omega_0 = \frac{1}{\sqrt{LC}} \quad \text{(Eigenmode)}$$

Probiert $I = a\,e^{i\alpha t}$ als Lösung aus:

$$-\alpha^2 + i\alpha\gamma + \omega_0^2 = 0$$
$$\therefore \alpha = \frac{-i\gamma \pm \sqrt{-\gamma^2 + 4\omega_0^2}}{-2}$$
$$= \frac{i\gamma}{2} \pm \sqrt{\omega_0^2 - \frac{\gamma^2}{4}}$$
$$= \frac{i\gamma}{2} \pm \omega\,.$$

Folglich ist die Lösung eine Summe zweier komplexer Exponentialfunktionen, die mit einem exponentiell abfallenden Term multipliziert werden:

$$\therefore I = a\,e^{i\alpha t}$$
$$= e^{-\gamma t/2}\left(A\,e^{i\omega t} + B\,e^{-i\omega t}\right).$$

- Ansatz: Zur Zeit $t = 0$ wird der Schalter von B nach A umgelegt und das von der Spannungsquelle geschaffene Potential ist

$$V_0 = V_R + V_L + V_C$$
$$\text{mit}\quad V_R = IR$$
$$V_L = L\frac{dI}{dt}$$
$$\text{und}\quad V_C = \frac{Q}{C}\,.$$

- Das Spannungsquellenpotential ist konstant

$$\therefore\ dV_0/\,dt = 0\,.$$

- Differenzieren wir $V_0 = V_R + V_L + V_C$ und setzen dies gleich null, sehen wir, dass der Strom durch den Stromkreis einer Differentialgleichung zweiter Ordnung mit der Dämpfungskonstanten $\gamma = R/L$ und der Eigenmode $\omega_0^2 = 1/LC$ folgt:

$$\frac{d^2I}{dt^2} + \gamma\frac{dI}{dt} + \omega_0^2 I = 0\,.$$

- Nun versuchen wir, eine Lösung der Form $I = a\,e^{i\alpha t}$ einzusetzen.
- Um α zu erhalten, lösen wir die quadratische Gleichung und definieren die Schwingungsfrequenz als

$$\omega^2 = \omega_0^2 - \frac{\gamma^2}{4}\,.$$

- Die Lösungen sind sinusförmige Schwingungen (komplexe Exponentialfunktionen), die mit einer exponentiell abfallenden Amplitude multipliziert werden:

$$I = e^{-\gamma t/2}\left(A\,e^{i\omega t} + B\,e^{-i\omega t}\right).$$

Es gibt drei Lösungsformen, die darauf beruhen, dass ω entweder reell, null oder virtuell ist:

$$\omega \text{ ist reell:}\quad I = e^{-\gamma t/2}\left(A\,e^{i\omega t} + B\,e^{-i\omega t}\right)$$
$$\omega \text{ ist null:}\quad I = e^{-\gamma t/2}\,(A + B)$$
$$\omega \text{ ist imaginär:}\quad I = e^{-\gamma t/2}\left(A\,e^{-\omega t} + B\,e^{\omega t}\right).$$

Im Haupttext werden diese drei Lösungen interpretiert.

II Elektrodynamik

Aus der Bedingung (i) erhalten wir $\phi = 0$ und aus der Bedingung (ii) erhalten wir:

$$V_0 = L\left(\frac{\mathrm{d}I}{\mathrm{d}t}\right)_{t=0} = LI_0\omega$$
$$\therefore I_0 = \frac{V_0}{\omega L}.$$

2. **Aperiodischer Grenzfall:**

$$\omega_0^2 = \gamma^2/4 \quad \therefore \omega = 0$$
$$\Rightarrow I = \mathrm{e}^{-\gamma t/2}(A+B)$$

(Gl. 9.31). In diesem Fall schwingt der Strom im Kreis nicht, fällt aber in einer festen Zeit, $\tau = 2/\gamma$, exponentiell bis auf null ab. A und B sind Konstanten, die durch die Anfangsbedingungen ermittelt werden können.

3. **Kriechfall:**

$$\omega_0^2 < \gamma^2/4 \quad \therefore \omega \quad \text{ist imaginär}$$
$$\Rightarrow I = \mathrm{e}^{-\gamma t/2}\left(A\mathrm{e}^{-\omega t} + B\mathrm{e}^{\omega t}\right).$$

In diesem Fall schwingt der Strom im Kreis auch nicht. Beginnend bei null, erreicht er ein Maximum und fällt – langsamer als bei der kritischen Dämpfungsgrenze – innerhalb einer festen Zeit auf null ab. Mit folgenden Anfangsbedingungen, (i) $I = 0$ und (ii) $V_R = 0$, $V_C = 0$ und $V_L = V_0$, zum Zeitpunkt $t = 0$, erhalten wir aus der Bedingung (i), dass $A = -B$ und aus der Bedingung (ii), dass

$$V_0 = L\left(\frac{\mathrm{d}I}{\mathrm{d}t}\right)_{t=0} = -2AL\omega$$
$$\therefore A = -\frac{V_0}{2\omega L} = -\frac{I_0}{2}$$

ist (Gl. 9.32).

RLC-Kreis (Herleitung 9.4):

Gesamtlösung:

$$I = \mathrm{e}^{-\gamma t/2}\left(A\mathrm{e}^{\mathrm{i}\omega t} + B\mathrm{e}^{-\mathrm{i}\omega t}\right) \tag{9.29}$$

$$\text{mit} \quad \omega = \sqrt{\omega_0^2 - \gamma^2/4}$$
$$\omega_0 = \frac{1}{\sqrt{LC}} \quad \text{(Eigenmode)}$$
$$\gamma = \frac{R}{L} \quad \text{(Dämpfungskonstante)}$$

Geringe Dämpfung (ω ist reel):

$$\omega_0^2 > \gamma^2/4$$
$$\therefore I = I_0\mathrm{e}^{-\gamma t/2}\sin(\omega t) \tag{9.30}$$

Aperiodischer Grenzfall ($\omega = 0$):

$$\omega_0^2 = \gamma^2/4$$
$$\therefore I = \mathrm{e}^{-\gamma t/2}(A+B) \tag{9.31}$$

Kriechfall (ω ist imaginär):

$$\omega_0^2 < \gamma^2/4$$
$$\therefore I = \frac{I_0}{2}\mathrm{e}^{-\gamma t/2}\left(\mathrm{e}^{\omega t} - \mathrm{e}^{-\omega t}\right) \tag{9.32}$$

Den Strom I_0, der aus den Anfangsbedingungen resultiert, erhält man über

$$I_0 = \frac{V_0}{\omega L},$$

A und B sind Konstanten der Integration, die man aus den Anfangsbedingungen gewinnt.

9.4 Wechselstromkreise

Ströme können in Stromkreisen entweder in eine bestimmte Richtung (Gleichstrom, GS) oder abwechselnd in die eine oder die andere Richtung (Wechselstrom, WS) fließen. Eine WS-Spannungsquelle produziert Wechselstrom. Meist sind dies sinusförmige Wellen, obgleich andere Arten, wie dreiecks- oder rechteckförmige Wellenformen, in einigen Gebieten Anwendung finden. In diesem Abschnitt werden wir ausschließlich sinusartige Wellenformen betrachten. Wechselspannung und Wechselstrom können folglich durch

$$V = V_0\cos\omega t$$
$$\text{und} \quad I = I_0\cos(\omega t - \phi)$$

beschrieben werden, wobei V_0 und I_0 Spannungs- und Strommaxima sind und ϕ die Phasendifferenz zwischen ihnen ist. Um welchen Betrag (das bedeutet den Betrag von ϕ) der Strom der Spannung vorausläuft oder ihr nachfolgt, liegt daran, welche Bauteile im Stromkreis vertreten sind. In einem rein widerstandsbehafteten Stromkreis (keine Kondensatoren oder Spulen) laufen Strom und Spannung in Phase:

$$I_R = \frac{V}{R}$$
$$= I_0\cos(\omega t)$$
$$\therefore \phi_R = 0\,.$$

In einem kapazitiven Stromkreis *folgt* die Spannung dem Strom um $\pi/2$:

$$\begin{aligned} I_C &= C\frac{\mathrm{d}V}{\mathrm{d}t} \\ &= -CV_0\omega \sin(\omega t) \\ &= CV_0\omega \cos(\omega t + \pi/2) \\ \therefore \phi_C &= -\frac{\pi}{2}\,. \end{aligned}$$

In einem induktiven Stromkreis *läuft* die Spannung dem Strom um $\pi/2$ *voraus*:

$$\begin{aligned} I_L &= \frac{1}{L}\int V\,\mathrm{d}t \\ &= \frac{V_0}{\omega L}\sin(\omega t) \\ &= \frac{V_0}{\omega L}\cos(\omega t - \pi/2) \\ \therefore \phi_L &= \frac{\pi}{2}\,. \end{aligned}$$

Komplexe Exponentialfunktion

Die Euler'sche Formel besagt, dass

$$\mathrm{e}^{\mathrm{i}\phi} = \cos\phi + \mathrm{i}\sin\phi$$

gilt. Damit können Wechselspannung und -strom durch

$$\begin{aligned} V &= \mathrm{Re}\left\{V_0\,\mathrm{e}^{\mathrm{j}\omega t}\right\} \equiv \mathrm{Re}\left\{\tilde{V}\right\} \\ \text{und}\quad I &= \mathrm{Re}\left\{I_0\,\mathrm{e}^{\mathrm{j}(\omega t-\phi)}\right\} \equiv \mathrm{Re}\left\{\tilde{I}\right\} \end{aligned}$$

ausgedrückt werden. In der Elektrizitätslehre nutzen wir j lieber als i für $\sqrt{-1}$, um es nicht mit dem Strom durcheinanderzubringen.[2] Folglich werden komplexe Wechselspannung und -strom durch

$$\begin{aligned} \tilde{V} &= V_0\,\mathrm{e}^{\mathrm{j}\omega t} \\ \text{und}\quad \tilde{I} &= I_0\,\mathrm{e}^{\mathrm{j}(\omega t-\phi)} \end{aligned}$$

ausgedrückt, wobei die Tilde über den Buchstaben die Komplexität der Variablen verdeutlicht. Natürlich hätten wir die imaginären Teile von $\tilde{V}$ oder $\tilde{I}$ nehmen und eine Sinuswelle anstatt einer Kosinuswelle ansetzen können, in diesem Fall wäre die Anfangsphase der Welle verändert. Es ist praktischer, Spannung und Strom durch Exponentialfunktionen auszudrücken, wenn man mit Wechselstromquellen arbeitet, da diese Phase und Betrag implizieren und algebraisch günstig erfassen. Wir nutzen dann den reellen oder imaginären Teil, um die physikalische Amplitude oder Phase zu bestimmen.

[2] Anm. d. Übers.: In Deutschland ist diese Notation in der Physik weniger gebräuchlich. Elektrotechniker und/oder Ingenieure nutzen sie jedoch häufiger.

9.4.1 Komplexe Scheinwiderstände

Aus dem Ohm'schen Gesetz erhalten wir für die Spannung einer Wechselspannungsquelle

$$\tilde{V} = \tilde{I}\tilde{Z}\,,$$

wobei $\tilde{Z}$ [Ω] der *komplexe Scheinwiderstand* des Stromkreises ist. Nutzen wir komplexe Algebra, ergibt sich für den Betrag der Spannung

$$|\tilde{V}| = |\tilde{I}|\,|\tilde{Z}|$$

und die Phase ergibt sich aus

$$\mathrm{Phase}(\tilde{V}) = \mathrm{Phase}(\tilde{I}) + \mathrm{Phase}(\tilde{Z})\,.$$

Wenn wir einen RLC-Kreis betrachten, können wir Ausdrücke für den komplexen Scheinwiderstand eines Widerstandes, eines Kondensators und einer Spule finden:

$$\begin{aligned} \tilde{Z}_R &= R \\ \tilde{Z}_C &= \frac{1}{\mathrm{j}\omega C} = -\frac{\mathrm{j}}{\omega C} \\ \tilde{Z}_L &= \mathrm{j}\omega L \end{aligned}$$

(Gl. 9.33–9.35 und Herleitung 9.5). Wir bemerken, dass der Scheinwiderstand eines Widerstandes rein reell ist; folglich gibt es hierbei keine Phasendifferenz zwischen V und I: $\phi_R = 0$. Die Scheinwiderstände eines Kondensators und einer Spule sind völlig imaginär. $\tilde{Z}_C$ zeigt entlang $-$j; daher *folgt* die Spannung dem Strom in einem Kondensator um $\pi/2$: $\therefore \phi_C = -\pi/2$. $\tilde{Z}_L$ zeigt entlang +j; daher *läuft* die Spannung dem Strom innerhalb einer Spule um $\pi/2$ *voraus*: $\therefore \phi_L = \pi/2$.

Komplexe Scheinwiderstände (Herleitung 9.5):

$$\tilde{Z}_R = R \tag{9.33}$$

$$\tilde{Z}_C = \frac{1}{\mathrm{j}\omega C} = -\frac{\mathrm{j}}{\omega C} \tag{9.34}$$

$$\tilde{Z}_L = \mathrm{j}\omega L \tag{9.35}$$

Komplexe Widerstände werden in derselben Art und Weise wie Ohm'sche Widerstände summiert: Scheinwiderstände in Reihenschaltung addieren sich linear und die reziproken Scheinwiderstände addieren sich linear innerhalb einer Parallelschaltung:

$$\begin{aligned} \tilde{Z} &= \sum_i \tilde{Z}_i \quad \text{in Reihenschaltung} \\ \text{und}\quad \frac{1}{\tilde{Z}} &= \sum_i \frac{1}{\tilde{Z}_i} \quad \text{in Parallelschaltung} \end{aligned}$$

Herleitung 9.5: Herleitung komplexer Scheinwiderstände (Gln. 9.33–9.35)

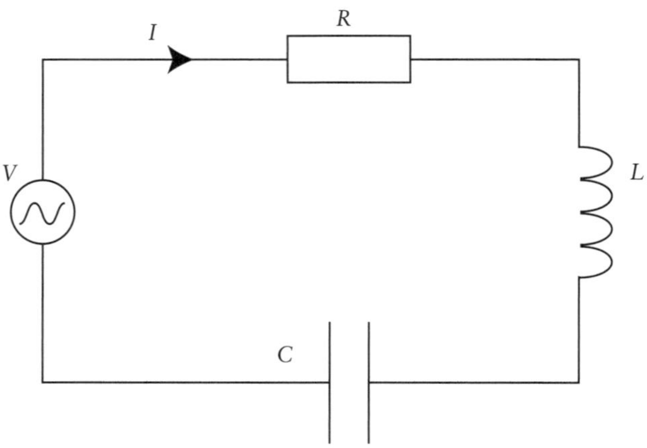

$$\tilde{V} = \tilde{V}_R + \tilde{V}_L + \tilde{V}_C$$
$$= \tilde{I}R + L\frac{\mathrm{d}\tilde{I}}{\mathrm{d}t} + \frac{1}{C}\int \tilde{I}\,\mathrm{d}t$$
$$V_0\,\mathrm{e}^{\mathrm{j}\omega t} = RI_0\,\mathrm{e}^{\mathrm{j}(\omega t-\phi)} + LI_0\frac{\mathrm{d}}{\mathrm{d}t}\left(\mathrm{e}^{\mathrm{j}(\omega t-\phi)}\right) + \frac{I_0}{C}\int \mathrm{e}^{\mathrm{j}(\omega t-\phi)}\,\mathrm{d}t$$
$$= RI_0\,\mathrm{e}^{\mathrm{j}(\omega t-\phi)} + \mathrm{j}\omega LI_0\,\mathrm{e}^{\mathrm{j}(\omega t-\phi)} + \frac{I_0}{\mathrm{j}\omega C}\,\mathrm{e}^{\mathrm{j}(\omega t-\phi)}$$
$$\therefore \tilde{V} = \tilde{I}\left(R + \mathrm{j}\omega L + \frac{1}{\mathrm{j}\omega C}\right)$$
$$\equiv \tilde{I}\left(\tilde{Z}_R + \tilde{Z}_L + \tilde{Z}_C\right)$$
$$\text{mit}\quad \tilde{Z}_R = R,\quad \tilde{Z}_L = \mathrm{j}\omega L,\quad \tilde{Z}_C = \frac{1}{\mathrm{j}\omega C}$$

- Ansatz: Stellen wir uns einen RLC-Kreis an einer Wechselspannungsquelle vor. Spannung und Strom, die von der Quelle produziert werden, sind
$$\tilde{V} = V_0\,\mathrm{e}^{\mathrm{j}\omega t}$$
$$\text{und}\quad \tilde{I} = I_0\,\mathrm{e}^{\mathrm{j}(\omega t-\phi)},$$
wobei ϕ die Phasendifferenz zwischen Spannung und Strom darstellt.
- Die Gesamtspannung entspricht der Summation über die einzelnen Spannungen an jedem Bauteil:
$$\tilde{V} = \tilde{V}_R + \tilde{V}_L + \tilde{V}_C$$
$$\text{mit}\quad \tilde{V}_R = \tilde{I}R$$
$$\tilde{V}_L = L\frac{\mathrm{d}\tilde{I}}{\mathrm{d}t}$$
$$\text{und}\quad \tilde{V}_C = \frac{\tilde{Q}}{C} = \frac{1}{C}\int \tilde{I}\,\mathrm{d}t\,.$$
- Differenzieren oder integrieren wir den Strom, $\tilde{I}$, erhalten wir Ausdrücke für die komplexen Scheinwiderstände $\tilde{Z}_R$, $\tilde{Z}_L$, und $\tilde{Z}_C$.

9.4.2 Elektronische Filter

Elektrische Signale besitzen oft zahlreiche hoch- und niedrigfrequente Wechselstromkomponenten. *Elektronische Filter* sind Stromkreise, die dazu gebaut wurden, um ungewollte Frequenzbereiche eines Signals zu entfernen und gewollte Bereiche „passieren" zu lassen. Zwei gebräuchliche Beispiele sind der *Tiefpassfilter*, der tieffrequente Komponenten durchlässt und hochfrequente sperrt, und der *Hochpassfilter*, der hohe Frequenzen erlaubt und niedrige Frequenzen eines Signals eliminiert.

Tiefpassfilter

Ein einfacher Tiefpassfilter kann aus einem RC-Kreis gebaut werden. Nehmen wir die Ausgangsspannung über dem Kondensator ab, konvergiert das Verhältnis zwischen Ausgangsspannung und Eingangsspannung für tiefe Frequenzen gegen eins und für hohe Frequenzen gegen null (Gl. 9.36 und Herleitung 9.6). Die Umpolfrequenz ist
$$\omega_0 = \frac{1}{RC}\,.$$
Einen Hochpassfilter erhält man, wenn man die Ausgangsspannung anstatt über dem Kondensator über dem Widerstand abnimmt.

Tiefpassfilter (RC-Kreis) (Herleitung 9.6):

$$\left|\frac{V_{\text{aus}}}{V_{\text{ein}}}\right| = \frac{\sqrt{1+(\omega/\omega_0)^2}}{1+(\omega/\omega_0)^2} \tag{9.36}$$
$$\to 1 \quad \text{für} \quad \omega \ll \omega_0$$
$$\to 0 \quad \text{für} \quad \omega \gg \omega_0\,,$$
$$\text{wobei} \quad \omega_0 = \frac{1}{RC} \text{ gilt}.$$

Hochpassfilter

Ein einfacher Hochpassfilter kann mit einem RL-Kreis gebaut werden. Greift man die Ausgangsspannung über der Spule ab, geht das Verhältnis von Ausgangsspannung und Eingangsspannung für tiefe Frequenzen gegen null und für hohe Frequenzen gegen eins (Gl. 9.37 und Herleitung 9.7). In diesem Fall ist die Umpolfrequenz

$$\omega_0 = \frac{R}{L}\,.$$

Einen Tiefpassfilter erhält man, indem man die Ausgangsspannung über dem Widerstand und nicht über der Spule abnimmt.

Hochpassfilter (RL-Kreis) (Herleitung 9.7):

$$\left|\frac{V_{\text{aus}}}{V_{\text{ein}}}\right| = \frac{\sqrt{(\omega/\omega_0)^4+(\omega/\omega_0)^2}}{1+(\omega/\omega_0)^2} \tag{9.37}$$
$$\to 0 \quad \text{für} \quad \omega \ll \omega_0$$
$$\to 1 \quad \text{für} \quad \omega \gg \omega_0\,,$$
$$\text{wobei} \quad \omega_0 = \frac{R}{L} \text{ gilt}.$$

9.4.3 Verlustleistung

Die elektrische Leistung eines Wechselstromkreises erhalten wir durch das Produkt der reellen (oder imaginären) Anteile von $\tilde{V}$ und $\tilde{I}$:

$$P = \text{Re}\left\{\tilde{V}\right\}\text{Re}\left\{\tilde{I}\right\}\,.$$

Ersetzen wir $\tilde{V}$ und $\tilde{I}$ und verwenden trigonometrische Identitäten – wie in Herleitung 9.8 gezeigt – erkennen wir, dass der Großteil der Leistung, die pro Kreis verbraucht wird, von der Phase zwischen V und I abhängt:

$$\langle P\rangle = \frac{V_0 I_0}{2}\cos\phi$$

(Gl. 9.38 und Herleitung 9.8). In einem ausschließlich mit Widerständen bestückten Stromkreis ergibt dies durch $\phi = 0 \therefore \langle P\rangle = V_0 I_0/2$. In einem ausschließlich kapazitiven oder induktiven Stromkreis gilt $\phi = \pm\pi/2 \therefore \langle P\rangle = 0$. Folglich wird Leistung nur in Widerständen verbraucht, da die Arbeit, die verrichtet werden muss, um einen Kondensator oder eine Spule durch einen vollständigen Kreis zu bringen, gleich null ist (z. B. wird Arbeit *an* einem Kondensator verrichtet, während er geladen wird, und *von* ihm, während er sich entlädt). Daher gilt für den durchschnittlichen Leistungsverlust in einem Stromkreis, falls der Teil des Widerstandes im komplexen Scheinwiderstand mit dem reellen Teil übereinstimmt,

$$\langle P\rangle = \frac{1}{2}I_0^2\,\text{Re}\left\{\tilde{Z}\right\}\,.$$

Weiterhin können wir, wenn wir Gl. 9.38 verändern, herausfinden, dass die Leistung in den komplexen Quantitäten $\tilde{V} = V_0\,e^{j\omega t}$ und $\tilde{I}^* = I_0\,e^{-j(\omega t-\phi)}$ geschrieben werden kann, wobei $\tilde{I}^*$ das Komplexkonjugierte von $\tilde{I}$ ist:

$$\begin{aligned}\langle P\rangle &= \frac{V_0 I_0}{2}\cos\phi\\ &= \frac{1}{2}\text{Re}\left\{V_0 I_0\,e^{j\phi}\right\}\\ &= \frac{1}{2}\text{Re}\left\{\tilde{V}\tilde{I}^*\right\}\,.\end{aligned}$$

Verlustleistung (Herleitung 9.8):

$$\begin{aligned}\langle P\rangle &= \frac{V_0 I_0}{2}\cos\phi\\ &\equiv \frac{1}{2}I_0^2\,\text{Re}\left\{\tilde{Z}\right\}\\ &\equiv \frac{1}{2}\text{Re}\left\{\tilde{V}\tilde{I}^*\right\}\end{aligned} \tag{9.38}$$

9.4.4 Serienresonanz und Q-Wert

Serienresonanz

Resonanz wird in einem in Reihe geschalteten RLC-Kreis als die Frequenz, bei der der Scheinwiderstand ein Minimum besitzt, definiert. Folglich verfügt der Strom im Kreis dann über ein Maximum. Wenn die Phase zwischen V und I gleich null ist, tritt dieser Effekt auf, und daher ist der Scheinwiderstand nur reell (reiner Widerstand). Dies wiederum bedeutet, dass bei der Resonanz die Beträge der kapazitiven und induktiven Scheinwiderstände gleich sind und sich um π in ihrer Phase unterscheiden, sodass sich die Beiträge, die von diesen Komponenten stammen, aufheben. Für den Resonanzfall gilt

$$\omega L = \frac{1}{\omega C}\,.$$

Herleitung 9.6: Herleitung eines Tiefpassfilters der Ausgangsspannung (Gl. 9.36)

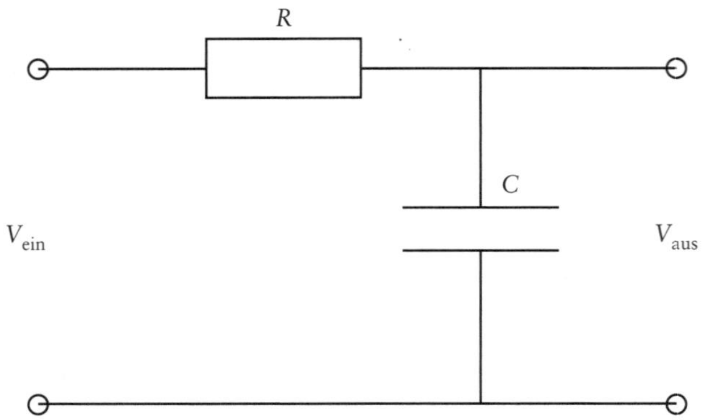

$$\begin{aligned}\tilde{V}_{aus} &= \frac{\tilde{Z}_C}{\tilde{Z}_C + \tilde{Z}_R}\tilde{V}_{ein} \\ \therefore \frac{\tilde{V}_{aus}}{\tilde{V}_{ein}} &= \frac{-j/\omega C}{-j/\omega C + R} \\ &= \frac{-j}{-j + \omega RC} \\ &= \frac{1 - j\omega RC}{1 + (\omega RC)^2} \\ &= \frac{1 - j(\omega/\omega_0)}{1 + (\omega/\omega_0)^2}, \\ \text{wobei} \quad \omega_0 &= \frac{1}{RC}\end{aligned}$$

Folglich ergeben sich für die Beträge und Phasen von Ausgangs- und Eingangsspannung

$$\begin{aligned}\left|\frac{V_{aus}}{V_{ein}}\right| &= \sqrt{\left(\mathrm{Re}\left\{\frac{\tilde{V}_{aus}}{\tilde{V}_{ein}}\right\}\right)^2 + \left(\mathrm{Im}\left\{\frac{\tilde{V}_{aus}}{\tilde{V}_{ein}}\right\}\right)^2} \\ &= \frac{\sqrt{1 + (\omega/\omega_0)^2}}{1 + (\omega/\omega_0)^2} \\ \text{und} \quad \phi &= \tan\left(\mathrm{Im}\left\{\tilde{V}_{aus}/\tilde{V}_{ein}\right\}/\mathrm{Re}\left\{\tilde{V}_{aus}/\tilde{V}_{ein}\right\}\right) \\ &= -\tan^{-1}(\omega/\omega_0)\ .\end{aligned}$$

- Ansatz: Unter Verwendung eines Spannungsteilers ergibt sich für die Ausgangsspannung an einem Kondensator in einem RC-Kreis

$$\begin{aligned}\tilde{V}_{aus} &= \frac{\tilde{Z}_C}{\tilde{Z}_C + \tilde{Z}_R}\tilde{V}_{ein} \\ \text{mit} \quad \tilde{Z}_C &= -\frac{j}{\omega C} \\ \text{und} \quad \tilde{Z}_R &= R\,.\end{aligned}$$

- Stellen wir dies um, so erkennen wir, dass der Betrag des Verhältnisses zwischen Ausgangs- und Eingangsspannung

$$\begin{aligned}\left|\frac{V_{aus}}{V_{ein}}\right| &= \frac{\sqrt{1 + (\omega/\omega_0)^2}}{1 + (\omega/\omega_0)^2} \\ \text{mit} \quad \omega_0 &= \frac{1}{RC}\end{aligned}$$

ist.
- Im Grenzbereich $\omega \ll \omega_0$ gilt

$$\left|\frac{V_{aus}}{V_{ein}}\right| \to 1$$

und im Grenzbereich $\omega \gg \omega_0$ gilt

$$\left|\frac{V_{aus}}{V_{ein}}\right| \to 0\,.$$

Daher produziert der Stromkreis eine Ausgangsspannung für niedrig frequente Spannungskomponenten, jedoch nicht für hochfrequente Spannungskomponenten ⇒ Tiefpassfilter.

Daraus folgt für die Resonanzfrequenz

$$\omega_0 = \frac{1}{\sqrt{LC}}\,.$$

Diese stimmt mit der Eigenfrequenz eines RLC-Kreises überein, welche wir in Herleitung 9.4 abgeleitet haben.

Gütefaktor

Resonanzkreise werden durch ihren *Gütefaktor*, Q, charakterisiert. Diese dimensionslose Zahl entspricht dem Verhältnis von Resonanzfrequenz, ω_0, und den Frequenzbereichen an beiden Seiten der Resonanzfrequenz, zwischen denen der Betrag des Stroms größer ist als der Effek-

Herleitung 9.7: Herleitung eines Hochpassfilters der Ausgangsspannung (Gl. 9.37)

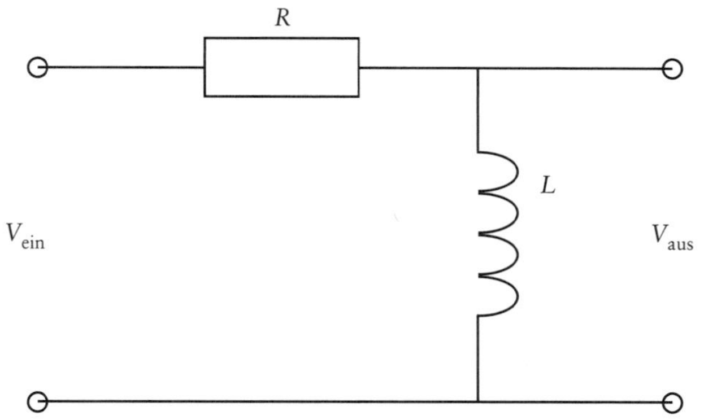

$$\begin{aligned}
\tilde{V}_{aus} &= \frac{\tilde{Z}_L}{\tilde{Z}_R + \tilde{Z}_L}\tilde{V}_{ein} \\
\therefore \frac{\tilde{V}_{aus}}{\tilde{V}_{ein}} &= \frac{\mathrm{j}\omega L}{R + \mathrm{j}\omega L} \\
&= \frac{\mathrm{j}\omega L/R}{1 + \mathrm{j}\omega L/R} \\
&= \frac{(\omega L/R)^2 + \mathrm{j}\,(\omega L/R)}{1 + (\omega L/R)^2} \\
&= \frac{(\omega/\omega_0)^2 + \mathrm{j}\,(\omega/\omega_0)}{1 + (\omega/\omega_0)^2}\,, \\
\text{mit} \quad \omega_0 &= \frac{R}{L}\,.
\end{aligned}$$

Folglich ergeben sich für Betrag und Phase von Ausgangs- und Eingangsspannung:

$$\begin{aligned}
\left|\frac{V_{aus}}{V_{ein}}\right| &= \sqrt{\left(\mathrm{Re}\left\{\frac{\tilde{V}_{aus}}{\tilde{V}_{ein}}\right\}\right)^2 + \left(\mathrm{Im}\left\{\frac{\tilde{V}_{aus}}{\tilde{V}_{ein}}\right\}\right)^2} \\
&= \frac{\sqrt{(\omega/\omega_0)^4 + (\omega/\omega_0)^2}}{1 + (\omega/\omega_0)^2} \\
\text{und} \quad \phi &= \tan\left(\mathrm{Im}\left\{\tilde{V}_{aus}/\tilde{V}_{ein}\right\} / \mathrm{Re}\left\{\tilde{V}_{aus}/\tilde{V}_{ein}\right\}\right) \\
&= \tan^{-1}(\omega_0/\omega)\,.
\end{aligned}$$

- Ansatz: Unter Verwendung eines Spannungsteilers ergibt sich für die Ausgangsspannung über der Spule in einem RL-Kreis:

$$\begin{aligned}
\tilde{V}_{aus} &= \frac{\tilde{Z}_L}{\tilde{Z}_R + \tilde{Z}_L}\tilde{V}_{ein}\,, \\
\text{wobei} \quad \tilde{Z}_L &= \mathrm{j}\omega C \\
\text{und} \quad \tilde{Z}_R &= R\,.
\end{aligned}$$

- Stellen wir das um, so erhalten wir den Betrag des Verhältnisses zwischen Ausgangs- und Eingangsspannung:

$$\begin{aligned}
\left|\frac{V_{aus}}{V_{ein}}\right| &= \frac{\sqrt{(\omega/\omega_0)^4 + (\omega/\omega_0)^2}}{1 + (\omega/\omega_0)^2}\,, \\
\text{wobei} \quad \omega_0 &= \frac{R}{L}\,.
\end{aligned}$$

- Im Grenzbereich $\omega \ll \omega_0$ gilt

$$\left|\frac{V_{aus}}{V_{ein}}\right| \to 0$$

und im Grenzbereich $\omega \gg \omega_0$ gilt

$$\left|\frac{V_{aus}}{V_{ein}}\right| \to 1\,.$$

Folglich gibt der Kreis eine Ausgangsspannung für hohe Frequenzen der Spannungskomponenten aus, aber nicht für niedrige Frequenzen $\Rightarrow$ Hochpassfilter.

Herleitung 9.8: Herleitung einer Wechselstromverlustleistung (Gl. 9.38)

$$\begin{aligned}\langle P\rangle &= \frac{1}{T}\int_0^T P\,\mathrm{d}t \\ &= \frac{V_0 I_0}{T}\int_0^T \cos(\omega t)\cos(\omega t-\phi)\,\mathrm{d}t \\ &= \frac{V_0 I_0}{T}\int_0^T \cos^2(\omega t)\cos\phi \\ &\quad + \cos(\omega t)\sin(\omega t)\sin\phi\,\mathrm{d}t \\ &= \frac{V_0 I_0}{2T}\int_0^T [(1+2\cos(2\omega t))\cos\phi \\ &\quad + \sin(2\omega t)\sin\phi]\,\mathrm{d}t \\ &= \frac{V_0 I_0}{2T}\int_0^T \cos\phi\,\mathrm{d}t \\ &= \frac{V_0 I_0}{2}\cos\phi \\ &= V_{\mathrm{eff}} I_{\mathrm{eff}}\cos\phi\end{aligned}$$

- Ansatz: Die elektrische Leistung eines Wechselstromkreises ist

$$\begin{aligned}P &= \mathrm{Re}\{\tilde{V}\}\,\mathrm{Re}\{\tilde{I}\} \\ &= V_0 I_0 \cos(\omega t)\cos(\omega t-\phi) \\ \text{für}\quad \tilde{V} &= V_0\,\mathrm{e}^{\mathrm{j}\omega t} \\ \text{und}\quad \tilde{I} &= I_0\,\mathrm{e}^{\mathrm{j}(\omega t-\phi)}\,,\end{aligned}$$

wobei die Hauptleistung, die im Kreis innerhalb einer Periode T verbraucht wird,

$$\langle P\rangle = \frac{1}{T}\int_0^T P\,\mathrm{d}t$$

ist.
- Nun verwenden wir trigonometrische Identitäten,

$$\begin{aligned}\cos(A-B) &= \cos A\cos B+\sin A\sin B \\ \cos^2 A &= \frac{1}{2}(1+2\cos(2A)) \\ \text{und}\quad \cos A\sin A &= \frac{1}{2}\sin(2A)\,,\end{aligned}$$

um den Ausdruck für $\langle P\rangle$ umzustellen.
- Das Integral über $\cos(2\omega t)$ und $\sin(2\omega t)$ ist mit den Integrationsgrenzen, die einen kompletten Kreis umfassen, gleich null.
- Die Effektivspannung und der Effektivstrom ergeben sich für sinusförmige V und I wie folgt:

$$\begin{aligned}V_{\mathrm{eff}} &= \frac{V_0}{\sqrt{2}} \\ \text{und}\quad I_{\mathrm{eff}} &= \frac{I_0}{\sqrt{2}}\,.\end{aligned}$$

Herleitung 9.9: Herleitung des Q-Werts in einem RLC-Kreis (Gl. 9.40)

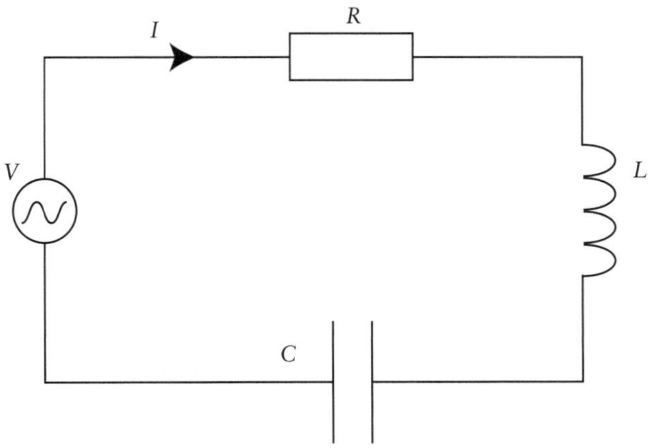

Im System gespeicherte Energie:

$$\begin{aligned} U &= \frac{1}{2}CV_C^2 + \frac{1}{2}LI_L^2 \\ &= \frac{1}{2}C\frac{LI_0^2}{C}\sin^2(\omega t - \phi) \\ &\quad + \frac{1}{2}LI_0^2\cos^2(\omega t - \phi) \\ &= \frac{1}{2}LI_0^2 \end{aligned}$$

Durchschnittlicher Leistungsverlust pro Periode:

$$\begin{aligned} \langle \Delta P \rangle &= \frac{1}{2}I_0 V_0 \underbrace{\cos\phi}_{=1} \\ &= \frac{1}{2}I_0 V_0 \\ &= \frac{1}{2}I_0^2 R \end{aligned}$$

Energie, die pro Periode durch Resonanz verloren geht:

$$\begin{aligned} \Delta U &= \frac{2\pi}{\omega_0}\langle \Delta P \rangle \\ &= \frac{\pi}{\omega_0} I_0^2 R \,. \end{aligned}$$

$\Rightarrow \therefore$ der Q-Wert ist

$$\begin{aligned} Q &= 2\pi \frac{U}{\Delta U} \\ &= \frac{\omega_0 L}{R} \\ &= \frac{1}{R}\sqrt{\frac{L}{C}} \quad \text{for } \omega_0 = 1/\sqrt{LC}\,. \end{aligned}$$

- Ansatz: Die in einem RLC-Kreis gespeicherte Energie ist in Kondensator und Spule enthalten:

$$U = \frac{1}{2}CV_C^2 + \frac{1}{2}LI_L^2 \,.$$

- Die Spannung über dem Kondensator ist

$$\begin{aligned} V_C &= \mathrm{Re}\left\{\tilde{I}\tilde{Z}_C\right\} \\ &= \mathrm{Re}\left\{\frac{I_0\,\mathrm{e}^{\mathrm{j}(\omega t - \phi)}}{\mathrm{j}\omega C}\right\} \\ &= \frac{I_0}{\omega C}\sin(\omega t - \phi)\,. \end{aligned}$$

- Für einen in Reihe geschalteten RLC-Kreis ergibt sich die Resonanzfrequenz

$$\begin{aligned} \omega_0 &= \frac{1}{\sqrt{LC}} \\ \therefore V_C &= I_0\sqrt{\frac{L}{C}}\sin(\omega t - \phi) \quad \text{bei Resonanz.} \end{aligned}$$

- Der Strom in der Spule ist

$$\begin{aligned} I_L &= \mathrm{Re}\left\{\tilde{I}\right\} \\ &= I_0\cos(\omega t - \phi)\,. \end{aligned}$$

- Nun verwenden wir die Ausdrücke für V_C und I_L, um die Gesamtenergie zu beschreiben. Dabei erkennen wir, dass die gespeicherte Energie konstant ist und zwischen Kondensatorenergie und Spulenenergie im Resonanzbereich wechselt:

$$U = \frac{1}{2}LI_0^2 = \frac{1}{2}CV_0^2 \,.$$

- Bei der Resonanz ist der Scheinwiderstand vollständig reell $\therefore \tilde{Z} = R$ und die Phasendifferenz zwischen Spannung und Strom beträgt null: $\phi = 0$. Daher gilt für den mittleren Leistungsverlust pro Periode: $\langle \Delta P \rangle = I_0^2 R/2$.

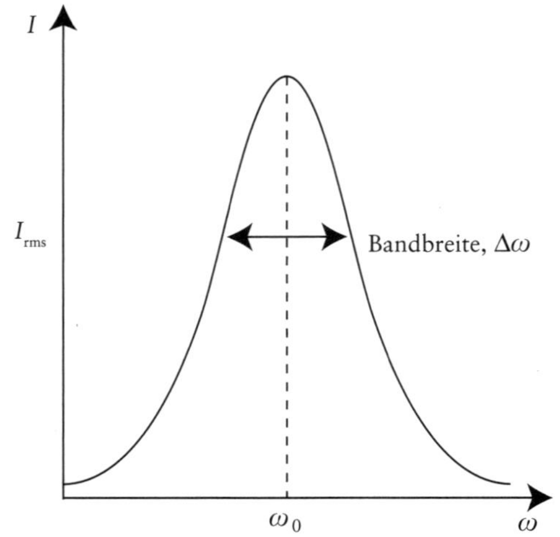

Abbildung 9.6 Die Frequenzabhängigkeit des Wechselstroms in einem RLC-Kreis. Bei der *Resonanzfrequenz*, ω_0, im Kreis besitzt der Strom sein Maximum

tivstrom. Diese Frequenzstreuung, $\Delta\omega$, wird als *Bandbreite* des Stromkreises bezeichnet (Abb. 9.6). Sie stimmt mit dem Frequenzbereich, in dem das Ausgangssignal bedeutsam ist, überein. Demnach definiert sich der Q-Wert wie folgt:

$$Q = \frac{\omega_0}{\Delta\omega} . \tag{9.39}$$

Erhält man scharfe Spitzen bei den Maxima, so existiert ein hoher Q-Wert, für flachere Resonanzen ist der Q-Wert geringer. Man kann Q zusätzlich als die Energie, die in einem System gespeichert ist, im Vergleich zur Energie, die durch die Resonanz in einem Kreis verloren geht, definieren. Diese Definition ist äquivalent zu $\omega_0/\Delta\omega$:

$$\begin{aligned} Q &= 2\pi\left(\frac{\text{Im Kreis gespeicherte Energie}}{\text{Durch Resonanz verlorene Energie}}\right) \\ &= 2\pi\frac{U}{\Delta U} . \end{aligned}$$

Mit dieser Definition erkennen wir, dass Q umgekehrt proportional zum Widerstand, R, im Stromkreis ist:

$$Q = \frac{\omega_0 L}{R} = \frac{1}{R}\sqrt{\frac{L}{C}}$$

(Gl. 9.40 und Herleitung 9.9). Vergleichen wir dies mit Gl. 9.39, sehen wir, dass

$$\Delta\omega = \frac{R}{L}$$

die Bandbreite des Signals ergibt.

Q-Wert im RLC-Kreis (Herleitung 9.9):

$$\begin{aligned} Q &= \frac{\omega_0 L}{R} \\ &= \frac{1}{R}\sqrt{\frac{L}{C}} \\ \text{mit} \quad \omega_0 &= \frac{1}{\sqrt{LC}} \end{aligned} \tag{9.40}$$

Elektromagnetische Induktion

10

In Kap. 7 und 8 wurden die Eigenschaften zeitlich stationärer elektrischer und magnetischer Felder beschrieben. In diesem Kapitel wollen wir die Besonderheiten zeitlich variabler Felder betrachten. Wir stellen fest, dass ein sich änderndes Magnetfeld ein elektrisches Feld und ein sich änderndes elektrisches Feld ein Magnetfeld erzeugt. Diese Phänomene begründen die Thematik der *elektromagnetischen Induktion*. Die durch ein sich änderndes Magnetfeld hervorgerufene Induktion eines elektrischen Feldes wurde von Faraday in den 1830ern entdeckt. Die Induktion eines Magnetfelds aufgrund eines sich ändernden elektrischen Feldes wurde einige Jahrzehnte später durch Maxwell herausgefunden. Die Eigenschaften elektromagnetischer Induktion sind in zwei Maxwellgleichungen verankert: dem Faraday'schen Induktionsgesetz (Rotation von $\vec{E}$) und dem Ampère'schen Durchflutungsgesetz (Rotation von $\vec{B}$). In diesem Kapitel werden wir diese beiden Gleichungen herleiten, um schließlich alle vier Maxwellgleichungen zu formulieren.

10.1 Das Faraday'sche Induktionsgesetz

1831 führte Faraday einige Experimente durch, in denen ein sich ändernder magnetischer Fluss durch eine geschlossene Leiterschleife (zum Beispiel durch eine bewegte Leiterschleife in einem Magnetfeld oder in der Nähe eines Magneten) involviert war. Dabei bemerkte er, dass ein Strom durch den Leiter floss. Dies stellt ein Beispiel für elektromagnetische Induktion dar: Der sich ändernde magnetische Fluss durch eine Leiterschleife induziert einen Stromfluss im Leiter.

Elektromotorische Kraft

Damit ein Strom durch einen Leiter fließen kann, muss an den zwei Enden des Leiters eine Potentialdifferenz angelegt werden. Die Arbeit, die pro Einheitsladung verrichtet wird, um solch eine Potentialdifferenz zu schaffen, wird als *elektromotorische Kraft* (EMK), ξ [V], bezeichnet. Anders ausgedrückt bedeutet dies, dass die EMK eine Energiequelle ist, die dazu tendiert, einen Stromfluss durch einen Schaltkreis zu lenken. Der Terminus „elektromotorische Kraft" ist irreführend, da es sich nicht um eine Kraft, sondern um eine Energie pro Einheitsladung handelt, und damit die Einheit Volt trägt (zur Erinnerung: $V = W/q$).[1]

Quellen der EMK verwenden nicht-elektrostatische Energie, um positive und negative Ladungen innerhalb der Quelle zu trennen. Dementsprechend erzeugen sie eine Potentialdifferenz über zwei offene Endschaltkreise, die, wenn ein elektrischer Stromkreis zum Schließen des Kreises angefügt wird, den Stromfluss durch den Schaltkreis lenkt. Photovoltaikanlagen, welche Solarenergie nutzen, um Ladung zu trennen, thermoelektrische Bauelemente, die Wärmeenergie nutzen, um Ladung zu trennen, und natürlich Batterien, die chemische Energie (aus chemischen Reaktionen) zur Ladungstrennung verwenden, sind gängige Anwendungsgebiete, welche Quellen der EMK beinhalten. EMK-Quellen speichern folglich potentielle Energie.

Damit eine Quelle eine EMK, ξ, entlang eines offenen Endschaltkreises hervorrufen kann, muss für jede Einheit der Ladungstrennung, q, ein Arbeitsanteil, W_ξ, verrichtet werden, wobei

$$\xi = \frac{W_\xi}{q}$$

gilt. Wenn eine Verbindung zu einem elektrischen Stromkreis herrscht, kann die Quelle elektrische Energie, U_{emk}, an eine Ladung im Kreis weitergeben, wobei für eine ideale EMK-Quelle[2]

$$U_{\text{emk}} = W_\xi$$

gilt. Die Ladung verliert diese Energie innerhalb einer Zirkulation im Stromkreis und verrichtet dabei Arbeit (beispielsweise, um eine Lampe zum Leuchten zu bringen).

Definieren wir $W_\xi = \int \vec{F}_\xi \cdot d\vec{l}$, wobei $\vec{F}_\xi$ eine willkürliche Kraft ist, gegen die zur Erzeugung von EMK Arbeit durch die Quelle verrichtet wurde. Dann haben wir

$$\begin{aligned} \xi &= \int\limits_{\substack{\text{Enden der}\\ \text{Quelle}}} \frac{\vec{F}_\xi}{q} \cdot d\vec{l} \\ &= \oint\limits_L \frac{\vec{F}_\xi}{q} \cdot d\vec{l}, \end{aligned} \qquad (10.1)$$

wenn wir dies durch $\vec{F}_\xi$ ausdrücken. Wir können die Integrationsgrenzen so verändern, dass ein geschlossener Kreis entsteht, wenn $\vec{F}_\xi = 0$ außerhalb der EMK-Quelle gilt.

Bewegliche EMK und magnetischer Fluss

Wodurch wird die EMK erzeugt, die den Strom durch eine Leiterschleife führt, welche von Faraday in einem Magnetfeld bewegt wurde? Um diese Frage zu beantworten, stellen wir uns eine Ladung, q, in einem Leiter vor. Wird

[1] Aus diesem Grund wird an dieser Stelle manchmal von *Urspannung* gesprochen.

[2] In einem geschlossenen Stromkreis ist die Potentialdifferenz an den Enden einer EMK-Quelle, V_{Quelle}, geringer als die, die über die offenen Endkreise, ξ, geht. Dies ist eine Folge des Innenwiderstands der Quelle. Folglich ist die an eine Ladung abgegebene Energie, $U_{\text{emk}} = qV_{\text{Quelle}}$, geringer als $W_\xi = q\xi$. Eine ideale EMK-Quelle verfügt über einen vernachlässigbaren Innenwiderstand, $\therefore U_{\text{emk}} = W_\xi$.

der Leiter mit einer Geschwindigkeit, $\vec{v}$, durch das Magnetfeld, $\vec{B}$, bewegt, dann erfährt q eine Kraft,

$$\vec{F}_B = q\vec{v} \times \vec{B}\,.$$

Verlaufen die Richtungen von $\vec{v}$, $\vec{B}$, und dem Leiter alle senkrecht zueinander, wie in Abb. 10.1 gezeigt, dann zeigt die Richtung von $\vec{F}_B$ entlang jener des Leiters. Daher fließt aufgrund von $\vec{F}_B$ ein Strom durch den Leiter. Eine auf diese Art und Weise (d. h. durch eine magnetische Kraft, die auf Ladungen in einem bewegten Leiter wirkt) erzeugte EMK wird als *bewegliche EMK* bezeichnet. Verwenden wir $\vec{F}_\xi = q\vec{v} \times \vec{B}$ in Gl. 10.1, erhalten wir für die bewegliche EMK:

$$\xi_B = \oint_L (\vec{v} \times \vec{B}) \cdot \mathrm{d}\vec{l}\,. \tag{10.2}$$

Kommen wir nun zurück zu Faradays Experiment. Stellen wir uns ein Leiterstück, $\mathrm{d}\vec{l}$, das sich mit einer Geschwindigkeit $\vec{v}$ durch ein Magnetfeld $\vec{B}$ bewegt, vor. Die Umgebung, die durch das Element in einer Zeit $\mathrm{d}t$ abgetastet wird, ist $\mathrm{d}\vec{s} = \vec{v}\mathrm{d}t \times \mathrm{d}\vec{l}$. Fährt der Leiter eine vollständige Gegend ΔS ab, dann ergibt sich für den magnetischen Fluss durch dieses Gebiet:

$$\begin{aligned}\Phi_B &= \int_{\Delta S} \vec{B} \cdot \mathrm{d}\vec{s} \\ &= \int_{\Delta S} \vec{B} \cdot (\vec{v}\mathrm{d}t \times \mathrm{d}\vec{l})\,.\end{aligned}$$

Folglich ist die Änderungsrate des magnetischen Flusses:

$$\begin{aligned}\therefore \frac{\mathrm{d}\Phi_B}{\mathrm{d}t} &= \int_L \vec{B} \cdot (\vec{v} \times \mathrm{d}\vec{l}) \\ &= \int_L (\vec{B} \times \vec{v}) \cdot \mathrm{d}\vec{l} \\ &= -\int_L (\vec{v} \times \vec{B}) \cdot \mathrm{d}\vec{l}\,.\end{aligned}$$

Integrieren wir über die geschlossene Leiterschleife, so folgt

$$\frac{\mathrm{d}\Phi_B}{\mathrm{d}t} = \underbrace{-\oint_L (\vec{v} \times \vec{B}) \cdot \mathrm{d}\vec{l}}_{\text{bewegte EMK}}\,. \tag{10.3}$$

Wir erkennen im Integral auf der rechten Seite die bewegliche EMK (Gl. 10.2):

$$\Rightarrow \quad \therefore \frac{\mathrm{d}\Phi_B}{\mathrm{d}t} = -\xi_B\,. \tag{10.4}$$

Daher entdeckte Faraday, dass ein magnetischer Fluss, der durch einen bewegten Leiter unterbrochen wird, eine bewegliche EMK hervorruft, was zu einem Stromfluss innerhalb des Leiters führt.

Bewegliche EMK versus induzierte EMK

Im oben beschriebenen Beispiel war $\mathrm{d}\Phi_B/\mathrm{d}t$ gleich der Flussrate, die durch einen im Magnetfeld bewegten Leiter *unterbrochen* wurde. Folglich kann $\mathrm{d}\Phi_B/\mathrm{d}t$ auch durch eine ruhende Leiterschleife, die sich in der Nähe einer sich ändernden Magnetfeldstärke befindet, erzeugt werden. Das würde zu einer Veränderung von Φ_B im Kreis führen, was wiederum – nach Gl. 10.4 – gleich einer EMK, ξ_B, wäre. In diesem Fall ist die Geschwindigkeit des Leiters $\vec{v} = 0$, was dazu führt, dass wir $\xi_B = 0$ – aufgrund von Gl. 10.2 – erwarten. Wie ist dies nun mit Gl. 10.4 zu vereinbaren?

Die Antwort darauf ist, dass der detaillierte Vorgang, um ξ_B herzustellen, je nach Bezugsrahmen des Beobachters abweicht, obwohl Gl. 10.4 weiterhin als wahr gilt. Dies geschieht unabhängig von der Erzeugung von $\mathrm{d}\Phi_B/\mathrm{d}t$. Stellen wir uns beispielsweise einen unbegrenzten dünnen Leiterdraht vor, der sich relativ zu einem Magnetfeld $\vec{B}$ bewegt, wobei die Relativgeschwindigkeit zwischen beiden als $\vec{v}$ bezeichnet wird, wie in Abb. 10.1 dargestellt. Die Ladungen im Leiter erfahren eine Kraft $\vec{F} = q\vec{v} \times \vec{B}$ – dabei gibt es keinen Unterschied, ob sich die Ladungen bewegen oder sich $\vec{B}$ relativ zu ihnen „bewegt". Der Einfluss von $\vec{F}$ auf freie Elektronen treibt diese zu einem Ende des Leiters, was zu einer Trennung von positiver und negativer Ladung entlang des Leiters führt. Diese Ladungstrennung führt wiederum zu einer Potentialdifferenz zwischen den Enden, infolge derer ein elektrisches Feld über dem Leiter erzeugt oder *induziert* wird. Wird nun der Leiterdraht zu einem geschlossenen elektrischen Kreis verbunden, erzeugt das induzierte elektrische Feld eine EMK, ξ, die einen Strom im Kreis umhertreibt.

Bei einem stationären Leiter in der Nähe eines sich ändernden Magnetfeldes ruft das elektrische Feld eine EMK hervor. In diesem Fall wird ξ als eine *induzierte* EMK und nicht als eine *bewegliche* EMK bezeichnet und die Flussänderung $\mathrm{d}\Phi_B/\mathrm{d}t$ wird als eine Veränderung des Flusses, der mit dem Kreis *verbunden* ist, bezeichnet, und nicht als eine Veränderung des unterbrochenen Flusses. Der Strom, der aufgrund einer induzierten EMK durch den Kreis fließt, wird als *induzierter Strom* bezeichnet. Trotz der Unterschiede in der Fachsprache sind die fundamentalen Prinzipien, die der beweglichen und der induzierten EMK unterliegen, dieselben.

ξ und $\mathrm{d}\Phi_B/\mathrm{d}t$ hängen demnach in derselben Art und Weise zusammen wie Gl. 10.4:

$$\xi = -\frac{\mathrm{d}\Phi_B}{\mathrm{d}t}$$

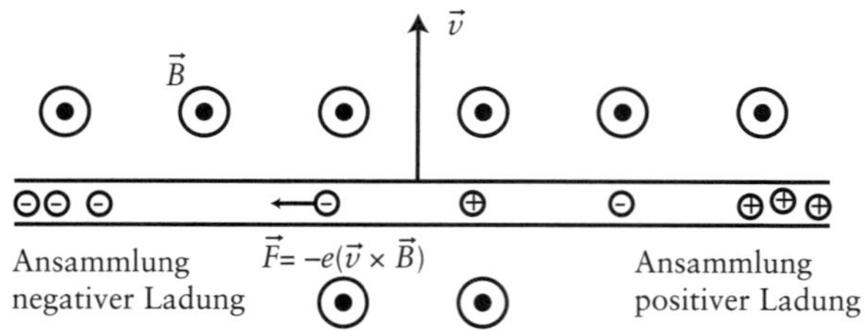

Abbildung 10.1 Induktion eines elektrischen Feldes durch einen Leiter, der sich relativ zu einem B-Feld bewegt

(Gl. 10.5). Diese Gleichung ist als *Faraday'sches Flussgesetz* bekannt. In einem aufgewickelten Leiter, der aus N gleichen Windungen besteht, durch die jeweils ein Fluss Φ_B führt, ist der Gesamtfluss $\Lambda = N\Phi_B$ und die induzierte/bewegliche EMK ist N-mal größer als bei einer einzelnen Schleife (Gl. 10.6).

Faraday'sches Flussgesetz (vgl. Fließtext zur Erklärung):

$$\text{Einfache Schleife:} \quad \xi = -\frac{\mathrm{d}\Phi_B}{\mathrm{d}t} \tag{10.5}$$

$$N\text{-fache Wicklung:} \quad \xi_N = -\frac{\mathrm{d}\Lambda}{\mathrm{d}t} \tag{10.6}$$

$$\text{mit} \quad \Lambda = N\Phi_B$$

Der Betrag des induzierten elektrischen Feldes

Die magnetische Kraft, die auf eine Ladung wirkt und aus einer Relativbewegung zwischen Ladungen in einem Leiter und einem externen Magnetfeld resultiert, hat Einfluss auf eine Richtung, um positive und negative Ladungen zu trennen. Im Gegensatz dazu produziert das elektrische Feld, das aufgrund dieser Ladungstrennung entstanden ist, eine elektrische Kraft, welche in die entgegengesetzte Richtung weist (vgl. Abb. 10.1). Diese einander entgegengerichteten Kräfte schaffen schnell einen Ladungsausgleich im Leiter, sodass sich elektrische und magnetische Kraft ausgleichen:

$$\vec{F}_E = -\vec{F}_B$$

$$\Rightarrow q\vec{E}_\xi = -q\vec{v} \times \vec{B}\,.$$

Daher gilt für die Stärke des induzierten elektrischen Feldes

$$\left|\vec{E}_\xi\right| = |\vec{v}| \left|\vec{B}\right| \sin\theta\,,$$

wobei θ der Winkel zwischen $\vec{v}$ und $\vec{B}$ ist.

Die Lenz'sche Regel

Die *Lenz'sche Regel* beschreibt die Richtung, in welche der induzierte Strom fließt. Sie besagt, dass der induzierte Strom in die Richtung *entgegen* des ihn verursachenden Wechsels fließt. Sinkt beispielsweise der magnetische Fluss in einem Kreis, dann fließt Strom in einer Richtung, die dazu dient, den Fluss *ansteigen* zu lassen und umgekehrt. Die Lenz'sche Regel wird häufig als ein Gesetz unabhängig vom Faraday'schen Flussgesetz eingeführt, aber sie ist tatsächlich nur eine Erklärung für das Minuszeichen in Gl. 10.5.

Das Faraday'sche Gesetz bezüglich $\vec{E}$ und $\vec{B}$

Durch einige einfache Veränderungen können wir das Faraday'sche Flussgesetz mittels $\vec{E}$ und $\vec{B}$ ausdrücken. Mit dem Stokes'schen Satz ergibt sich für die induzierte EMK eines induzierten elektrischen Feldes $\vec{E}$:

$$\xi = \oint_L \vec{E} \cdot \mathrm{d}\vec{l} \tag{10.7}$$

$$= \int_S \nabla \times \vec{E} \cdot \mathrm{d}\vec{s}\,, \tag{10.8}$$

und aus dem Faraday'schen Flussgesetz ergibt sich für die induzierte EMK ausgedrückt durch $\vec{B}$:

$$\xi = -\frac{\mathrm{d}\Phi_B}{\mathrm{d}t} = -\int_S \frac{\partial \vec{B}}{\partial t} \cdot \mathrm{d}\vec{s}\,. \tag{10.9}$$

Setzen wir hingegen Gl. 10.9 mit Gl. 10.7 oder 10.8 gleich, erhalten wir wieder eine integrale und eine differentielle Form des Faraday'schen Gesetzes jeweils in Bezug auf $\vec{E}$ und $\vec{B}$ (Gln. 10.10 und 10.11). In dieser Schreibweise ist das Faraday'sche Gesetz eine weitere Maxwellgleichung. Das Faraday'sche Gesetz besagt, dass ein sich änderndes Magnetfeld ein elektrisches Feld induziert. Ist das Magnetfeld konstant oder null, erhalten wir $\nabla \times \vec{E} = 0$, was mit dem elektrostatischen Fall übereinstimmt.

Das Faraday'sche Gesetz (zur Herleitung vgl. Fließtext):

Integrale Form:

$$\oint_L \vec{E} \cdot \mathrm{d}\vec{l} = -\int \frac{\partial \vec{B}}{\partial t} \cdot \mathrm{d}\vec{s} \tag{10.10}$$

Differentielle Form:

$$\nabla \times \vec{E} = -\frac{\partial \vec{B}}{\partial t} \tag{10.11}$$

10.2 Spulen und Induktivität

Nun schauen wir uns ein elektrisches Bauelement, das auf dem Faraday'schen Flussgesetz basiert, an – die *Spule*. Spulen bestehen zumeist aus einem aufgewickelten Leiter, jedoch sind andere Anordnungen, wie parallele Leiter oder Koaxialkabel, ebenfalls üblich. Wenn sich der Strom innerhalb einer Spule ändert, dann gilt dies auch für den magnetischen Fluss innerhalb der Leiteranordnung, welcher – aufgrund von Faradays Gesetz – eine EMK induziert.

Im Gegensatz dazu induziert die EMK einen Stromfluss durch die Spule. Aus der Lenz'schen Regel folgt, dass der induzierte Strom in eine dem anfänglichen Wechsel des Stroms entgegengesetzte Richtung fließt. Zum Beispiel führt ein anfänglicher Abfall des Stroms zu einer Flussänderung, die einen Strom induziert, der in die Richtung fließt, welche dazu führt, ihn wieder *ansteigen* zu lassen.

Spulen werden als magnetisches Äquivalent zum elektrischen Kondensator betrachtet, insofern, als dass sie magnetische potentielle Energie speichern (vgl. Abschn. 10.2.3). Sie sind durch ihre *Eigeninduktivität*, L [H], gekennzeichnet, welche ein Maß für ihre Fähigkeit, eine EMK als Reaktion auf einen Wechsel des Stromes zu induzieren, ist. In Systemen, die aus mehreren Spulen bestehen, kann ein Wechsel des Stromes in einer Spule eine EMK in der anderen induzieren, was eine *Gegeninduktivität*, M [H], hervorruft. Dies ist ein Maß für die Fähigkeit einer Spule, in einer anderen Spule eine EMK zu induzieren. Im Folgenden werden wir alles der Reihe nach betrachten.

10.2.1 Eigeninduktivität

Die *Eigeninduktivität*, L [H], einer Spule wird als das Verhältnis vom magnetischen Fluss Φ, der mit der Spule verbunden ist, und dem Strom I, der durch sie fließt, definiert:

$$L = \frac{\Phi}{I}$$

(Gl. 10.12). Der Betrag von L hängt von der Spulengeometrie ab. Beispielrechnungen der Eigeninduktivität einiger gängiger Spulen sind in der Beispielrechnung 10.1 aufgeführt. Für Spulen, deren Induktivität stromabhängig ist, wird die *differentielle* Induktivität, L_d, durch die Ableitung definiert:

$$L_\text{d} = \frac{\mathrm{d}\Phi}{\mathrm{d}I}$$

(Gl. 10.13). $L = L_\text{d}$ besagt, dass die Induktivität (die Spulengeometrie) stromunabhängig ist.

Gegen-EMK

Ein Wechsel des Stromes innerhalb einer Spule führt zu einer Änderung des daran angekoppelten magnetischen Flusses, welcher eine EMK induziert. Diese induzierte EMK wird als *Gegen-EMK*, ξ_L [V], bezeichnet, da sie, aufgrund der Lenz'schen Regel, in die Richtung agiert, die der Änderung entgegengesetzt ist. Aus dem Faraday'schen Flussgesetz ergibt sich die Gegen-EMK wie folgt:

$$\begin{aligned}\xi_\text{L} &= -\frac{\mathrm{d}\Phi}{\mathrm{d}t}\\ &= -\frac{\mathrm{d}\Phi}{\mathrm{d}I}\frac{\mathrm{d}I}{\mathrm{d}t}\\ &= -L\frac{\mathrm{d}I}{\mathrm{d}t}.\end{aligned}$$

Demzufolge ist ξ_L proportional zur Stromänderungsrate, wobei die Proportionalitätskonstante die Eigeninduktivität ist (Gl. 10.14).

Eigeninduktivität und Gegen-EMK:

Eigeninduktivität:

$$L \overset{\text{def}}{=} \frac{\Phi}{I} \tag{10.12}$$

Differentielle Eigeninduktivität:

$$L_\text{d} \overset{\text{def}}{=} \frac{\mathrm{d}\Phi}{\mathrm{d}I} \tag{10.13}$$

Gegen-EMK:

$$\xi_\text{L} = -L\frac{\mathrm{d}I}{\mathrm{d}t} \tag{10.14}$$

10.2.2 Gegeninduktivität

Für zwei Spulen i und j ist der mit j verbundene magnetische Fluss, $\vec{B}_i$:

$$\Phi_j = \int_{S_j} \vec{B}_i \cdot \mathrm{d}\vec{s}_j$$

$$\text{ebenso ist}\quad \Phi_i = \int_{S_i} \vec{B}_j \cdot \mathrm{d}\vec{s}_i\,.$$

Eine Änderung in $\vec{B}_i$ führt damit zu einer Änderung in Φ_j, wodurch im Gegenzug eine EMK und ein Strom in j

Beispielrechnung 10.1: Untersuchung der Eigeninduktivität einiger gängiger Spulen in Abhängigkeit ihrer Magnetfelder

a) Spule mit N Windungen

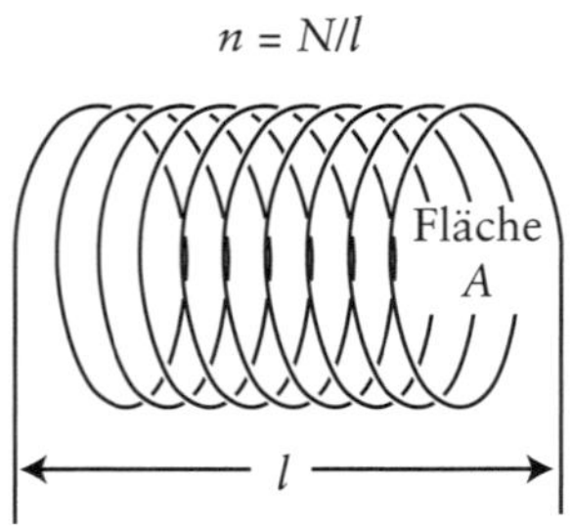

Länge l
Fläche A
n Biegungen pro Einheitslänge

b) Parallele Leiter im selben Stromkreis

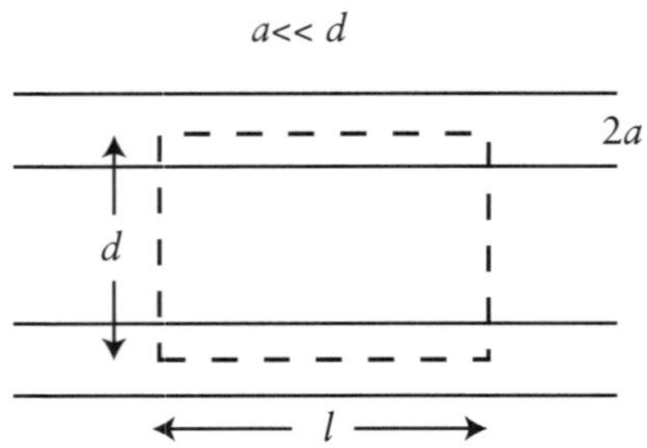

Länge l
Leiterradius a
mit Dielektrikum $(d–2a)$

c) Koaxialkabel

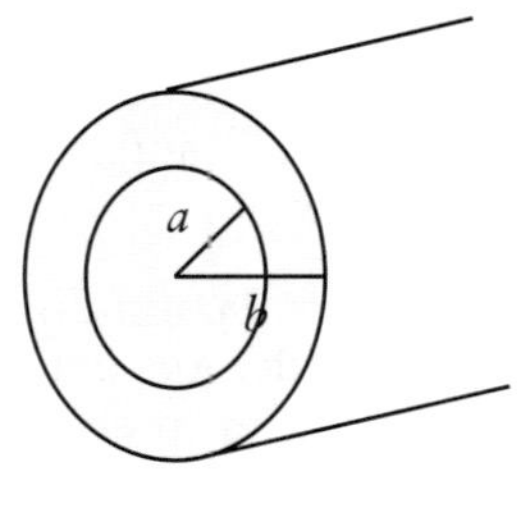

Länge l
Innenradius a
Außenradius b

$$\begin{aligned}
\left|\vec{B}\right| &= \mu_0 In \\
\Phi &= \int \vec{B}\cdot \mathrm{d}\vec{s} \\
&= NA\left|\vec{B}\right| \\
&= \mu_0 An^2 lI \\
\therefore L &= \frac{\Phi}{I} \\
&= \mu_0 An^2 l \\
&= \mu_0 \pi r^2 n^2 l
\end{aligned}$$

für eine kreisförmige Spule

$$\begin{aligned}
\left|\vec{B}\right| &= \frac{\mu_0 I}{2\pi r} \\
\Phi &= 2\int_a^{d-a} \vec{B}\cdot l\,\mathrm{d}\vec{r} \\
&= 2\int_a^{d-a} \frac{\mu_0 Il}{2\pi r}\,\mathrm{d}r \\
&\simeq \frac{\mu_0 Il}{\pi}\ln(d/a)
\end{aligned}$$

für $a \ll d$

$$\begin{aligned}
\therefore L &= \frac{\Phi}{I} \\
&= \frac{\mu_0 l}{\pi}\ln(d/a)
\end{aligned}$$

$$\begin{aligned}
\left|\vec{B}\right| &= \frac{\mu_0 I}{2\pi r} \\
\Phi &= \int_a^b \vec{E}\cdot l\,\mathrm{d}\vec{r} \\
&= \int_a^b \frac{\mu_0 Il}{2\pi r}\,\mathrm{d}r \\
&= \frac{\mu_0 Il}{2\pi}\ln(b/a) \\
\therefore L &= \frac{\Phi}{I} \\
&= \frac{\mu_0 l}{2\pi}\ln(b/a)
\end{aligned}$$

Vergleiche Beispielrechnung 8.3, um das Magnetfeld jeder Anordnung aus dem Ampère'schen Gesetz zu bestimmen.

induziert werden, wobei

$$\xi_j = -\frac{\mathrm{d}\Phi_j}{\mathrm{d}t}$$

gilt. Der Strom, der in j induziert wird, ändert dann $\vec{B}_j$, was wiederum zu einer Änderung in Φ_i führt. Dadurch werden eine EMK und ein Strom in i induziert, wobei

$$\xi_i = -\frac{\mathrm{d}\Phi_i}{\mathrm{d}t}$$

gilt. Dieses Phänomen wird, wenig überraschend, als *Gegeninduktion* bezeichnet. Die *Gegeninduktivität*, M [H], wird – analog zur Eigeninduktivität L – als die Flussrate einer Spule, die mit dem Strom der anderen verbunden ist, definiert:

$$M = \frac{\Phi_j}{I_i}\,.$$

Durch die Wechselwirkung erhält die Gegeninduktivität den gleichen Betrag, egal ob wir die Rate von Φ_j zu I_i berechnen oder die Indizes vertauschen:

$$\therefore M = \frac{\Phi_j}{I_i} = \frac{\Phi_i}{I_j}$$

(Gl. 10.15). Der Betrag von M hängt von der Geometrie und von der Separation beider Spulen ab. Stellen wir uns zum Beispiel zwei koaxiale Spulen vor: eine große Spule der Länge l_1 mit $n_1 = N_1/l_1$ Windungen und eine kleinere Spule der Länge l_2 mit $n_2 = N_2/l_2$ Windungen, die innerhalb der großen gelagert ist. Wir nehmen an, dass das Magnetfeld der großen Spule über die Abmessungen der kleinen Spule konstant ist, wobei der Betrag des Feldes $\left|\vec{B}_1\right| = \mu_0 I_1 n_1$ ist (vgl. Beispielrechnung 8.3). Damit ist der Fluss von $\vec{B}_1$ durch die kleinere Spule

$$\begin{aligned}\Phi_2 &= \int \vec{B}_1 \cdot d\vec{s}_2 \\ &= \left|\vec{B}_1\right| N_2 A_2 \\ &= \mu_0 I_1 n_1 n_2 l_2 A_2\,,\end{aligned}$$

wobei A_2 die Querschnittsfläche der kleineren Spule ist. Daher beträgt die Gegeninduktivität der koaxialen Spulen

$$M = \frac{\Phi_2}{I_1} = \mu_0 n_1 n_2 l_2 A_2\,.$$

Dieser Ausdruck ähnelt dem der Eigeninduktivität einer einzelnen Spule, $L = \mu_0 n^2 l A$, die in der Beispielrechnung 10.1 gezeigt worden ist. Wenn man Gegeninduktivitäten berechnen will, ist es hilfreich zu überlegen, ob es einfacher ist, $M = \Phi_1/I_2$ oder $M = \Phi_2/I_1$ zu bestimmen; dies entspricht in der Regel der Anordnung, in der $\vec{B}$ über dem zur Bestimmung von Φ relevanten Gebiet homogen ist.

Spulen, deren Induktivität stromabhängig ist, haben eine *differentielle* Induktivität, M_d, und werden durch die Ableitung definiert:

$$M_d = \frac{d\Phi_j}{dI_i} = \frac{d\Phi_i}{dI_j}$$

(Gl. 10.16). $M = M_d$ bedeutet, dass die Induktivität (die Geometrie der Spule) stromunabhängig ist.

Induzierte EMK

Drücken wir die induzierte EMK durch M aus, so haben wir

$$\begin{aligned}\xi_j &= -\frac{d\Phi_j}{dt} \\ &= -\frac{d\Phi_j}{dI_i}\frac{dI_i}{dt} \\ &= -M\frac{dI_i}{dt}\,.\end{aligned}$$

$$\text{Ebenso,}\quad \xi_i = -M\frac{dI_j}{dt}$$

(Gln. 10.17 und 10.18). Diese Prinzipien bilden die Grundlage für die Funktion elektrischer Transformatoren: Ein sich ändernder Strom in der ersten Spule führt zu einem Wechsel des magnetischen Flusses im Kern des Transformators, wodurch der magnetische Fluss durch die zweite Spule geändert wird, wodurch wiederum eine EMK in der zweiten Spule erzeugt wird. Daraus folgt, dass die Änderung des Stromes durch einen Stromkreis einen Stromfluss in nahen Kreisen bewirkt, ohne dass eine direkte elektrische Verbindung zwischen den Kreisen besteht.

Gegeninduktivität und induzierte EMK:

Gegeninduktivität:

$$M \stackrel{\text{def}}{=} \frac{\Phi_j}{I_i} = \frac{\Phi_i}{I_j} \qquad (10.15)$$

Differentielle Gegeninduktivität:

$$M_d \stackrel{\text{def}}{=} \frac{d\Phi_j}{dI_i} = \frac{d\Phi_i}{dI_j}\,, \qquad (10.16)$$

wobei der Fluss, der mit einer Spule verbunden ist, dann in der anderen gleich

$$\Phi_j = \int_{S_j} \vec{B}_i \cdot d\vec{s}_j$$

$$\text{oder}\quad \Phi_i = \int_{S_i} \vec{B}_j \cdot d\vec{s}_i$$

ist.

Induzierte EMK:

$$\xi_j = -M\frac{dI_i}{dt} \qquad (10.17)$$

$$\text{und}\quad \xi_i = -M\frac{dI_j}{dt} \qquad (10.18)$$

Die Indizes repräsentieren die Spulen 1 und 2, wobei $i \neq j$ gilt.

10.2.3 Potentielle Energie einer Spule

Um einen Stromfluss durch eine Spule zu erhalten, muss Arbeit gegen die Gegen-EMK aufgewendet werden. (Aus der Lenz'schen Regel folgt, dass die Gegen-EMK in eine Richtung induziert wird, die dazu dient, den Strom zu schwächen.) Diese Arbeit ist als potentielle Energie im Magnetfeld der Spule gespeichert und kann wiedergewonnen werden, wenn der Strom langsam auf null reduziert wird. Die potentielle Energie, U_L, die in einer

Spule gespeichert ist, ergibt sich aus

$$U_L = \frac{1}{2} I \Phi$$

(Gl. 10.19 und Herleitung 10.1). Gl.10.19 besitzt eine ähnliche Form wie die potentielle Energie eines Kondensators ($U_C = QV/2$, Gl. 7.47).

Für eine Menge von N Spulen ergibt sich die potentielle Energie aus der Summe der Energien aufgrund der Eigeninduktivität jeder Spule plus der Gegeninduktivität zwischen Spulenpaaren (Gl. 10.20 und Herleitung 10.2).

Potentielle Energie einer Spule (Herleitungen 10.1 und 10.2):

Eine Spule:

$$U_L = \frac{1}{2} I \Phi, \frac{1}{2} L I^2, \quad \text{oder} \quad \frac{\Phi^2}{2L} \tag{10.19}$$

N Spulen:

$$U_L^N = \frac{1}{2} \sum_{i=1}^{N} L_i I_i^2 + \sum_{i=1}^{N} \sum_{\substack{j=1 \\ j>i}}^{N} M_{ij} I_i I_j \tag{10.20}$$

10.2.4 Magnetische Energiedichte

Drücken wir Φ durch das magnetische Vektorpotential, $\vec{A}$, aus, wobei $\vec{B} = \nabla \times \vec{A}$ gilt, wie in Herleitung 10.3 gezeigt wurde, können wir U_L in Termen des Magnetfelds, $\vec{B}$, eines Systems ausdrücken,

$$U_L \equiv U_B = \frac{1}{2\mu_0} \int_{\substack{\text{gesamter} \\ \text{Raum}}} \left|\vec{B}\right|^2 \, d\tau$$

(Gl. 10.22 und Herleitung 10.3). Innerhalb dieser Schreibweise wird die potentielle Energie normalerweise als *magnetische Energie*, U_B [J], bezeichnet. Magnetische Energie ist daher im Magnetfeld eines Systems gespeichert. Sie besitzt ein ähnliches Erscheinungsbild wie der Ausdruck für die elektrische Energie (vgl. Gl. 7.36):

$$U_E = \frac{1}{2} \varepsilon_0 \int_{\substack{\text{gesamter} \\ \text{Raum}}} \left|\vec{E}\right|^2 \, d\tau .$$

Teilen wir U_B durch das Volumen, dann erhalten wir die *magnetische Energiedichte*, u_B [J m^{-3}] (Gl. 10.23). Auch diese verhält sich analog zur elektrischen Energiedichte (vgl. Gl. 7.37):

$$u_E = \frac{1}{2} \varepsilon_0 \left|\vec{E}\right|^2 .$$

Im Magnetfeld gespeicherte Energie (Herleitung 10.3):

Gesamtenergie:

$$U_B = \frac{1}{2\mu_0} \int_{\substack{\text{gesamter} \\ \text{Raum}}} \left|\vec{B}\right|^2 \, d\tau \tag{10.22}$$

Energiedichte (Energie pro Einheitsvolumen):

$$\therefore u_B = \frac{1}{2\mu_0} \left|\vec{B}\right|^2 \tag{10.23}$$

10.3 Der Verschiebungsstrom

Das Faraday'sche Gesetz besagt, dass ein sich änderndes Magnetfeld ein elektrisches Feld induziert. Maxwell folgerte, dass ein sich änderndes elektrisches Feld ein *Magnetfeld* induziert, wie wir in der folgenden Diskussion sehen werden.

Die integrale Form des Ampère'schen Gesetzes ist

$$\oint_L \vec{B} \cdot d\vec{l} = \mu_0 I_{\text{um}} .$$

Wir können rückschließen, dass diese „statische" Form des Ampèr'schen Gesetzes beim Laden eines Plattenkondensators in einem geschlossenen elektrischen Stromkreis fehlerhaft ist. Ein geschlossener Weg über einen stromtragenden Leiter, der gerade außerhalb einer Kondensatorplatte plaziert ist, umschließt etwas Strom, I. Dagegen umschließt derselbe Pfad genau unterhalb der Platte keinen Strom; folglich können wir aufgrund des Ampèr'schen Gesetzes erwarten, dass $\vec{B}$ in einem kleinen Abstand abrupt auf null abfällt. Allerdings ist $\vec{B}$ eine stetige Funktion bezüglich des Raumes und kann daher in einem kleinen Abstand nicht gegen null absinken.

Infolgedessen bemerkte Maxwell, dass ein zusätzlicher Term zum Ampère'schen Gesetz hinzugefügt werden musste, um eine Unstetigkeit in $\vec{B}$ in solchen Fällen zu vermeiden. Dieser Term wird als *Verschiebungsstrom*, I_D [A], oder *Verschiebungsstromdichte*, $\vec{J}_D$ [A m^{-2}], bezeichnet, wobei die Beziehung zwischen I_D und $\vec{J}_D$ gegeben ist durch:

$$I_D = \int_S \vec{J}_D \cdot d\vec{s} .$$

Herleitung 10.1: Herleitung der in einer Spule gespeicherten Energie (Gl. 10.19)

$$\begin{aligned} U_L &= \int P\,\mathrm{d}t \\ &= \int I'V'\,\mathrm{d}t \\ &= L\int I'\frac{\mathrm{d}I'}{\mathrm{d}t}\,\mathrm{d}t \\ &= L\int_0^I I'\,\mathrm{d}I' \\ &= \frac{1}{2}LI^2 \\ &\equiv \frac{1}{2}I\Phi \\ &\equiv \frac{\Phi^2}{2L} \end{aligned}$$

Um die Variablen von den Integrationsgrenzen zu unterscheiden, werden sie gestrichen notiert.

- Ansatz: Angenommen, L ist zeitlich konstant und wir differenzieren den Ausdruck $\Phi = LI$ nach der Zeit, dann erhalten wir:

$$\frac{\mathrm{d}\Phi}{\mathrm{d}t} = L\frac{\mathrm{d}I}{\mathrm{d}t}\,.$$

- Aus dem Flussgesetz folgt:

$$\frac{\mathrm{d}\Phi}{\mathrm{d}t} = -\xi = V$$

$$\therefore V = L\frac{\mathrm{d}I}{\mathrm{d}t}\,, \tag{10.21}$$

wobei ξ die in einer Spule induzierte EMK und V daher die Spannung über einer Spule im Stromkreis ist.

- Die in der Spule gespeicherte Energie erhalten wir durch ein zeitliches Integral über die momentane Leistung $P = IV = IL\,\mathrm{d}I/\,\mathrm{d}t$. Mittels Integration erhalten wir die in der Spule gespeicherte Energie durch:

$$U_L = \frac{1}{2}LI^2\,.$$

Um verschiedene Ausdrücke für U_L zu erhalten, verwenden wir den Term für die Induktivität ($L = \Phi/I$).

Herleitung 10.2: Herleitung der Energie, die in N Spulen enthalten ist (Gl. 10.20)

$$\begin{aligned} U_L^N &= \frac{1}{2}\sum_{i=1}^N I_i\Phi_i \\ &= \frac{1}{2}\sum_{i=1}^N I_i\left(L_iI_i + \sum_{\substack{j=1\\j>i}}^N M_{ij}I_j\right) \\ &= \frac{1}{2}\sum_{i=1}^N L_iI_i^2 + \sum_{i=1}^N\sum_{\substack{j=1\\j>i}}^N M_{ij}I_iI_j \end{aligned}$$

- Ansatz: Der Gesamtfluss, der mit der i. Spule verbunden ist, ergibt sich aus einer Kombination ihrer Eigeninduktivität und der Summe der Gegeninduktivitäten mit den anderen Komponenten:

$$\Phi_i = L_iI_i + \sum_{\substack{j=1\\j>i}}^N M_{ij}I_j\,.$$

Da $M_{ij} = M_{ji}$ gilt, erfordern die Summengrenzen $j > i$, um eine doppelte Zählung zu vermeiden.

- Die Gesamtenergie von N Spulen ist die Summe der Energien der Einzelspulen, wobei für eine Spule $U_L = I\Phi/2$ gilt. Verwendet den obigen Term von Φ_i in U_L^N.

Herleitung 10.3: Herleitung der im Magnetfeld gespeicherten Energie (Gl. 10.22)

$$
\begin{aligned}
U_L &\equiv U_B \\
&= \frac{1}{2} I \Phi \\
&= \frac{1}{2} I \oint_L \vec{A} \cdot d\vec{l} \\
&= \frac{1}{2} \oint_L \vec{A} \cdot \vec{I}\, dl \\
&= \frac{1}{2} \int_V \vec{A} \cdot \vec{J}\, d\tau \\
&= \frac{1}{2\mu_0} \int_V \vec{A} \cdot \left(\nabla \times \vec{B}\right) d\tau \\
&= \frac{1}{2\mu_0} \int_V \left(\vec{B} \cdot \vec{B} - \nabla \cdot \left(\vec{A} \times \vec{B}\right)\right) d\tau \\
&= \frac{1}{2\mu_0} \left(\int_V \left|\vec{B}\right|^2 d\tau - \oint_S \left(\vec{A} \times \vec{B}\right) \cdot d\vec{s} \right) \\
&= \frac{1}{2\mu_0} \int_{\substack{\text{gesamter}\\ \text{Raum}}} \left|\vec{B}\right|^2 d\tau
\end{aligned}
$$

- Ansatz: Der magnetische Fluss ergibt sich, ausgedrückt durch das magnetische Vektorpotential $\vec{A}$, wobei $\vec{B} = \nabla \times \vec{A}$ ist, und mittels des Stokes'schen Satzes folgendermaßen:

$$
\begin{aligned}
\Phi &= \int_S \vec{B} \cdot d\vec{s} \\
&= \int_S \left(\nabla \times \vec{A}\right) \cdot d\vec{s} \\
&= \oint_L \vec{A} \cdot d\vec{l}\,.
\end{aligned}
$$

- Verwenden wir dies im Ausdruck für U_L ($U_L = I\Phi/2$) und lassen die Indizes von $L \to B$ gehen, was für die magnetische Energie steht, dann können wir die magnetische Energie durch $\vec{A}$ und $\vec{J}$ wie folgt ausdrücken:

$$U_B = \frac{1}{2} \int_V \vec{A} \cdot \vec{J}\, d\tau\,.$$

Dieser Ausdruck bildet das magnetische Äquivalent zur elektrischen Energiedichte,

$$U_E = \frac{1}{2} \int V\rho\, d\tau$$

(vgl. Gl. 7.35).

- Verwenden wir nun das Ampère'sche Gesetz ($\nabla \times \vec{B} = \mu_0 \vec{J}$), um $\vec{J}$ zu eliminieren, und nutzen die Produktregel,

$$
\begin{aligned}
\nabla \cdot (\vec{A} \times \vec{B}) &= \vec{B} \cdot \left(\nabla \times \vec{A}\right) - \vec{A} \cdot \left(\nabla \times \vec{B}\right) \\
&= \vec{B} \cdot \vec{B} - \vec{A} \cdot \left(\nabla \times \vec{B}\right).
\end{aligned}
$$

- Nun nutzen wir den Gauß'schen Satz über dem Integral $\nabla \cdot \left(\vec{A} \times \vec{B}\right)$ und schreiben $\vec{B} \cdot \vec{B} = \left|\vec{B}\right|^2$.
- Integrieren wir nun über den gesamten Raum, dominiert das Volumenintegral das Oberflächenintegral.

Wir können einen Ausdruck für $\vec{j}_D$ durch die differentielle Form des Ampère'schen Gesetzes finden:

$$\nabla \times \vec{B} = \mu_0 \vec{j}\,.$$

Berechnen wir auf beiden Seiten die Divergenz, bekommen wir

$$\nabla \cdot (\nabla \times \vec{B}) = \mu_0 \nabla \cdot \vec{j}\,.$$

Aus der Mathematik erhalten wir $\nabla \cdot \vec{j} = 0$, weil die Divergenz einer Rotation gleich null ist. Aus der Kontinuitätsgleichung (vgl. Abschn. 9.1.1) folgt, dass dieser Term nur gleich null ist, wenn die Änderungsrate der Ladungsdichte, ρ, gleich null ist:

$$\nabla \cdot \vec{j} = -\frac{\partial \rho}{\partial t} = 0\,,$$

d. h. nur im magnetostatischen Fall. Dennoch sehen wir, dass in Systemen, in denen $\partial\rho/\partial t \neq 0$ gilt – sowie für das Kondensatorplattenbeispiel, das vorher beschrieben wurde – der Term $\partial\rho/\partial t$ dem Verschiebungsstromterm entspricht. Verwenden wir die Kontinuitätsgleichung gemeinsam mit dem Gauß'schen Gesetz, dann erkennen wir, dass $\vec{j}_D$ proportional zur Änderungsrate des elektrischen Feldes $\vec{E}$ ist, das durch ρ geschaffen wird:

$$\begin{aligned} \vec{j}_D &= \varepsilon_0 \frac{\partial \vec{E}}{\partial t} \\ \text{und} \quad I_D &= \int_S \vec{j}_D \cdot \mathrm{d}\vec{s} \\ &= \varepsilon_0 \frac{\partial \Phi_E}{\partial t} \end{aligned}$$

(Gln. 10.24 und 10.25 und Herleitung 10.4). Φ_E ist der elektrische Fluss durch die Oberfläche S, der durch

$$\Phi_E = \int_S \vec{E} \cdot \mathrm{d}\vec{s}$$

definiert ist.

Verschiebungsstrom (Herleitung 10.4):

$$\vec{j}_D = \varepsilon_0 \frac{\partial \vec{E}}{\partial t} \tag{10.24}$$

$$\text{und} \quad I_D = \varepsilon_0 \frac{\partial \Phi_E}{\partial t} \tag{10.25}$$

Man unterscheidet den Verschiebungsstrom vom *Leiterstrom*, $\vec{j}$ (oder $\vec{j}_L$), der ein dem Fluss beweglicher Ladung entsprechender Strom ist (welchen wir bisher ausschließlich gebraucht haben).

Das Ampère'sche Gesetz mit Maxwells Korrektur

In Herleitung 10.4 haben wir gesehen, dass wir den Gesamtstrom als Summe aus Leiterstrom und Verschiebungsstrom definieren müssen, um die Divergenz der Rotation von $\vec{B}$ im Ampère'schen Gesetz gleich null zu setzen:

$$\vec{j}_{\text{ges}} = \vec{j} + \varepsilon_0 \frac{\partial \vec{E}}{\partial t}\,.$$

Verwenden wir hierbei die differentielle Form des Ampère'schen Gesetzes, erhalten wir:

$$\begin{aligned} \nabla \times \vec{B} &= \mu_0 \vec{j}_{\text{ges}} \\ &= \mu_0 \vec{j} + \mu_0 \varepsilon_0 \frac{\partial \vec{E}}{\partial t}\,. \end{aligned}$$

Dies ist das *Ampère'sche Gesetz mit Maxwells Korrektur* (Gl. 10.26). Integrieren wir beide Seiten über die Fläche und nutzen den Stokes'schen Satz, erhalten wir:

$$\begin{aligned} \int_S \nabla \times \vec{B} \cdot \mathrm{d}\vec{s} &= \mu_0 \int_S \vec{j} \cdot \mathrm{d}\vec{s} + \mu_0 \varepsilon_0 \int_S \frac{\partial \vec{E}}{\partial t} \cdot \mathrm{d}\vec{s} \\ &= \mu_0 I_{\text{um}} + \mu_0 \varepsilon_0 \frac{\partial \Phi_E}{\partial t} \\ \text{und} \quad \int_S \nabla \times \vec{B} \cdot \mathrm{d}\vec{s} &= \oint_L \vec{B} \cdot \mathrm{d}\vec{l}\,. \end{aligned}$$

Setzen wir diese Ausdrücke gleich, erhalten wir das Ampère'sche Gesetz mit Maxwells Korrektur in der integralen Schreibweise (Gl. 10.27). Daher induziert ein sich änderndes elektrisches Feld einen Strom (den Verschiebungsstrom), der wiederum ein Magnetfeld erzeugt. Gleichermaßen besagt das Faraday'sche Gesetz, dass ein sich änderndes Magnetfeld ein elektrisches Feld induziert. Dies ist die Basis für die Ausbreitung *elektromagnetischer Wellen*, die in Kap. 12 besprochen werden.

Das Ampère'sche Gesetz mit Maxwells Korrektur (Herleitung 10.4):

Differentielle Form:

$$\nabla \times \vec{B} = \mu_0 \vec{j} + \mu_0 \varepsilon_0 \frac{\partial \vec{E}}{\partial t} \tag{10.26}$$

Integrale Form:

$$\oint_L \vec{B} \cdot \mathrm{d}\vec{l} = \mu_0 I_{\text{um}} + \mu_0 \varepsilon_0 \frac{\partial \Phi_E}{\partial t} \tag{10.27}$$

II Elektrodynamik

Herleitung 10.4: Herleitung des Verschiebungsstroms und des Ampère'schen Gesetzes (Gln. 10.24 und 10.26)

$$\nabla \cdot \vec{J} = -\frac{\partial \rho}{\partial t}$$
$$= -\frac{\partial}{\partial t}\varepsilon_0(\nabla \cdot \vec{E})$$
$$= -\nabla \cdot (\varepsilon_0 \frac{\partial \vec{E}}{\partial t})$$
$$\therefore \nabla \cdot (\vec{J} + \varepsilon_0 \frac{\partial \vec{E}}{\partial t}) = 0$$

Wir definieren den Gesamtstrom als

$$\vec{J}_{\mathrm{ges}} = \vec{J} + \varepsilon_0 \frac{\partial \vec{E}}{\partial t}$$
$$\therefore \nabla \cdot \vec{J}_{\mathrm{ges}} = 0\,.$$

Nun verwenden wir diesen Strom im Ampère'schen Gesetz:

$$\nabla \times \vec{B} = \mu_0 \vec{J}_{\mathrm{ges}}$$
$$= \mu_0 \vec{J} + \mu_0 \varepsilon_0 \frac{\partial \vec{E}}{\partial t}$$

- Ansatz: Die Kontinuitätsgleichung zeigt, dass Stromdichte, $\vec{J}$, und Ladungsdichte, ρ, durch

$$\nabla \cdot \vec{J} = -\frac{\partial \rho}{\partial t}$$

verbunden sind. (zur Herleitung vgl. Abschn. 9.1.1).
- Unter Verwendung des Gauß'schen Gesetzes, $\nabla \cdot \vec{E} = \rho/\varepsilon_0$, eliminieren wir ρ aus der Kontinuitätsgleichung und stellen die Gleichung um.
- Ist die Divergenz null, dann wird der Gesamtstrom wie folgt definiert:

$$\vec{J}_{\mathrm{ges}} = \vec{J} + \varepsilon_0 \frac{\partial \vec{E}}{\partial t}$$
$$\equiv \vec{J}_L + \vec{J}_D$$
$$\text{mit} \quad \vec{J}_D = \varepsilon_0 \frac{\partial \vec{E}}{\partial t}\,.$$

Folglich enthält der Gesamtstrom zwei Komponenten: den Leitungsstrom aufgrund des Flusses beweglicher Ladung, $\vec{J}$ (oder $\vec{J}_L$), und den Verschiebungsstrom wegen des sich ändernden elektrischen Feldes, $\vec{J}_D$.
- Nun setzen wir $\vec{J}_{\mathrm{ges}}$ in das Ampère'sche Gesetz ein. Mathematisch erforderlich ist folgende Schreibweise: $\nabla \cdot \nabla \times \vec{B} = \mu_0 \nabla \cdot \vec{J}_{\mathrm{ges}} = 0$.

10.4 Abschließend: Die Maxwellgleichungen

Wir sind nun soweit, die Maxwellgleichungen zusammenzutragen, welche wir aus den vergangenen Kapiteln abgeleitet haben. Die vier Maxwellgleichungen drücken die Divergenz und die Rotation von $\vec{E}$ und $\vec{B}$ aus:

- **Das Gauß'sche Gesetz:** die Divergenz von $\vec{E}$ (Gl. 10.28).
- **Das Gauß'sche Gesetz des Magnetismus:** die Divergenz von $\vec{B}$ (Gl. 10.29).
- **Das Faraday'sche Gesetz:** die Rotation von $\vec{E}$ (Gl. 10.30).
- **Das Ampère'sche Gesetz:** die Rotation von $\vec{B}$ (Gl. 10.31).

Sie verfügen alle über eine differentielle und eine integrale Form und wir können zwischen ihnen wechseln, wenn wir den Gauß'schen Satz (für Gl. 10.28 und 10.29) oder den Stokes'schen Satz (für Gl. 10.30 und 10.31) anwenden.

Die Maxwellgleichungen zeigen, dass elektrische Felder durch elektrische Ladung oder durch ein sich änderndes Magnetfeld erzeugt werden (Gln. 10.28 und 10.30), wohingegen Magnetfelder durch elektrischen Strom oder ein sich änderndes elektrisches Feld hervorgerufen werden (Gln. 10.29 und 10.31). Die Asymmetrie, die zwischen den Gleichungen für $\vec{E}$ und $\vec{B}$ herrscht, entsteht, weil keine magnetischen Monopole und daher keine Quellen oder Senken eines Magnetfelds existieren, während elektrische Monopole (zum Beispiel Protonen und Elektronen) in der Natur vorkommen. Im Wesentlichen bringen die Maxwellgleichungen gemeinsam mit dem Lorentz-Kraft-Gesetz ($\vec{F} = q(\vec{E} + \vec{v} \times \vec{B})$, Gl. 8.14) den gesamten Elektromagnetismus auf den Punkt. In den folgenden Kapiteln werden wir uns anschauen, wie man die Maxwellgleichungen anwendet, um die Eigenschaften elektromagnetischer Felder in Materie (Kap. 11) und die Eigenschaften elektromagnetischer Wellen (Kap. 12) zu verstehen.

Zusammenfassung 10.1: Die Maxwellgleichungen:

Gauß'sches Gesetz:	$\nabla \cdot \vec{E} = \frac{\rho}{\varepsilon_0}$	$\oint_S \vec{E} \cdot \mathrm{d}\vec{s} = \frac{Q_{\mathrm{um}}}{\varepsilon_0}$	(10.28)
Gauß'sches Gesetz des Magnetismus:	$\nabla \cdot \vec{B} = 0$	$\oint_S \vec{B} \cdot \mathrm{d}\vec{s} = 0$	(10.29)
Faraday'sches Gesetz:	$\nabla \times \vec{E} = -\frac{\partial \vec{B}}{\partial t}$	$\oint_L \vec{E} \cdot \mathrm{d}\vec{l} = -\frac{\partial \Phi_B}{\partial t}$	(10.30)
Ampère'sches Gesetz:	$\nabla \times \vec{B} = \mu_0 \vec{J} + \mu_0 \varepsilon_0 \frac{\partial \vec{E}}{\partial t}$	$\oint_L \vec{B} \cdot \mathrm{d}\vec{l} = \mu_0 I_{\mathrm{um}} + \mu_0 \varepsilon_0 \frac{\partial \Phi_E}{\partial t}$	(10.31)

Elektromagnetische Felder in Materie

11

In diesem Kapitel schauen wir uns die Eigenschaften elektromagnetischer Felder in Materie an. Materie setzt sich aus geladenen Teilchen zusammen: positiv geladene Kerne und negativ geladene Elektronen. Diese werden durch ein angelegtes elektrisches und magnetisches Feld derart beeinflusst, dass das Material seinerseits ein eigenes elektrisches oder magnetisches Feld produziert. Ein Material, das ein eigenes elektrisches Feld erzeugt, wird als *polarisiert*, eines, das ein eigenes Magnetfeld erzeugt, wird als *magnetisiert* bezeichnet. In diesem Kapitel werden wir einige Eigenschaften der Polarisation und Magnetisierung betrachten.

Abbildung 11.1 Kern und Elektronenwolke

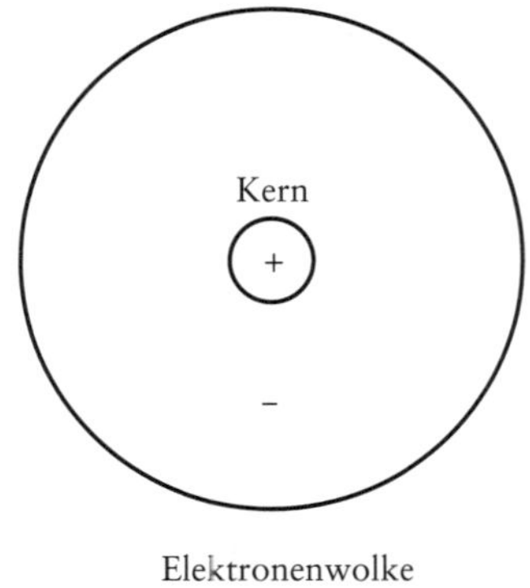

11.1 Elektrische Felder in Materie

Materialien werden oft entweder als Leiter oder als Isolatoren klassifiziert, je nach ihrer Widerstandsfähigkeit bezüglich des elektrischen Stromflusses, der sie durchläuft.[1] Leiter verfügen über bewegliche Elektronen, die sich in einem elektrischen Feld frei bewegen können, wodurch Leiter einen kleinen Widerstand bezüglich des Stromflusses besitzen (Abschn. 7.7). Im Gegensatz dazu besitzen Isolatoren Elektronen, die eng an den Kern gebunden sind, was dazu führt, dass Isolatoren einen hohen Widerstand bezüglich des Stromflusses aufweisen. Elektrische Isolatoren werden häufig als *Dielektrika* bezeichnet. Atome in Dielektrika werden als positive Kerne, die von einer negativen Elektronenwolke umkreist werden, abgebildet (Abb. 11.1).

HILS-Materialien

In diesem Abschnitt werden wir ausschließlich die sogenannten *HILS*-Materialien behandeln, welche *h*omogen (die Eigenschaften verändern sich nicht durch Positionsänderung), *i*sotrop (die Eigenschaften verändern sich nicht durch Richtungsänderung), *l*inear (das Superpositionsprinzip gilt für $\vec{E}$ und $\vec{B}$) und *s*tationär (die Eigenschaften besitzen keine zeitliche Veränderung) sind.

11.1.1 Polarisation

Fügt man ein Dielektrikum in ein externes elektrisches Feld ein, dann wird es *polarisiert*; das bedeutet, es erhält ein internes elektrisches Feld. Polarisation ist die Trennung von positiver und negativer Ladung innerhalb eines Atoms, um einen elektrischen Dipol zu schaffen. Die reine Ausrichtung dieser atomaren Dipole erzeugt eine allumfassende Ladungstrennung innerhalb des Dielektrikums, wodurch ein elektrisches Feld produziert wird. Schauen wir uns beispielsweise zuerst das Atom an, das in Abb. 11.1 dargestellt ist. Positioniert man dies in einem externen elektrischen Feld, dann bewegen sich der positive Kern und die negative Elektronenwolke innerhalb kürzester Zeit in entgegengesetzte Richtungen, was sie zur Dezentralisation veranlasst. Das Atom erfährt folglich ein Dipolmoment, $\vec{p} = q\vec{l}$, wobei $\vec{l}$ die Abweichung des Kerns aus dem Zentrum der Elektronenwolke beschreibt (Abb. 11.2 a). Dies wird als *elektronische* Polarisation bezeichnet. Die Nettoausrichtung der Dipolmomente aller Atome führt zu einer allumfassenden *Polarisation*, $\vec{P}$ [$\mathrm{C\,m^{-2}}$], des Materials, wobei $\vec{P}$ das elektrische Dipolmoment pro Einheitsvolumen darstellt. Daher ist die Polarisation für n Dipole pro Einheitsvolumen als $\vec{P} = n\vec{p}$ (Gl. 11.1) definiert.

Gerichtete und atomare Polarisation

Neben der elektronischen Polarisation gibt es zwei andere Hauptarten der Polarisation, die *gerichtete* und die *atomare* Polarisation. Gerichtete Polarisation tritt in Dielektrika auf, die aus polaren Molekülen (solche, die ein permanentes Dipolmoment besitzen) bestehen. Liegt kein externes elektrisches Feld an, dann sind diese Dipolmomente zufällig ausgerichtet und das Material ist unpolarisiert. Ein externes elektrisches Feld bringt die polaren Moleküle dazu, sich auszurichten, wodurch das Material polarisiert wird (Abb. 11.2 b). Atomare Polarisation tritt bei Dielektrika auf, die aus verschiedenartigen Ionen bestehen, so wie NaCl; ein externes elektrisches Feld bringt die positiven und negativen Ionen dazu, einander zu trennen (Abb. 11.2 c).

Elektrische Suszeptibilität

Die *elektrische Suszeptibilität*, χ_e, ist ein Maß für die Bereitschaft zur Polarisation eines Materials in einem externen elektrischen Feld. In linearen und isotropen Dielektrika ist die Polarisation, $\vec{P}$, proportional zum externen elektrischen Feld, $\vec{E}$:

$$\vec{P} \propto \varepsilon_0 \vec{E} \,.$$

---

[1] Eine dritte Kategorie bilden die *Halbleiter*, welche Strom unter bestimmten Umständen leiten.

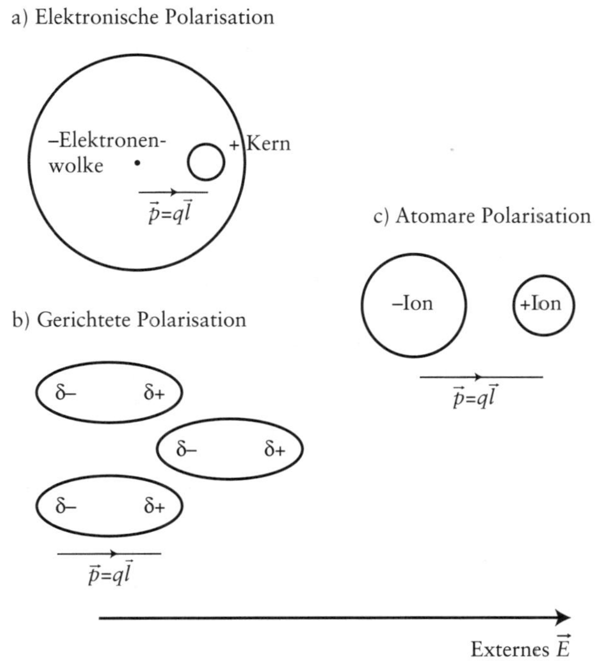

Abbildung 11.2 Polarisation von Dielektrika. $\vec{p}$ steht für das induzierte Dipolmoment.

Führen wir die Konstante ε_0 hinzu, haben beide Seiten – rechts und links – die gleiche Dimension, $\mathrm{C\,m^{-2}}$. Die dimensionslose Proportionalitätskonstante ist die elektrische Suszeptibilität:

$$\therefore \vec{P} = \chi_e \varepsilon_0 \vec{E}$$

(Gl. 11.2). Je höher χ_e ist, desto größer ist $|\vec{P}|$ in einem gegebenen externen elektrischen Feld. Beispielsweise polarisieren Materialien mit polaren Molekülen (beispielsweise Wasser) schneller als solche, die nichtpolare Moleküle besitzen und folglich eine größere Suszeptibilität aufweisen.

Elektrische Polarisation:

In Termen des atomaren elektrischen Dipolmoments, $\vec{p}$:

$$\vec{P} = n\vec{p} \tag{11.1}$$

$$\text{mit} \quad \vec{p} = q\vec{l}\,.$$

In Termen des externen elektrischen Feldes, $\vec{E}$:

$$\vec{P} = \chi_e \varepsilon_0 \vec{E}\,, \tag{11.2}$$

wobei χ_e die elektrische Suszeptibilität ist.

11.1.2 Freie und gebundene Ladungen

Ladung, die mit der Polarisation von Dielektrika zusammenhängt, wird als *gebundene* Ladung, q_g [C], bezeichnet, da sie regelrecht an das Atom „gebunden" ist. Die Ladung pro Einheitsfläche ist die *gebundene Oberflächenladungsdichte*, σ_g [$\mathrm{C\,m^{-2}}$], für die

$$\sigma_g = \frac{dq_g}{ds}$$

gilt und die Ladung pro Einheitsvolumen ist die *gebundene Volumenladungsdichte*, ρ_g [$\mathrm{C\,m^{-3}}$], für die

$$\rho_g = \frac{dq_g}{d\tau}$$

gilt. Wenn ein Material nicht polarisiert ist, dann ist die gebundene Ladungsdichte gleich null. Alle anderen Formen von Ladung (das heißt Ladung, die nicht mit Polarisation assoziiert wird) wird als *freie Ladung*, q_f [C], σ_f [$\mathrm{C\,m^{-2}}$] oder ρ_f [$\mathrm{C\,m^{-3}}$], bezeichnet. Beispielsweise erzeugen in ein Dielektrikum eingebettete Ionen freie Ladung genauso wie bewegliche Elektronen in einem Leiter oder Ionen in Lösung. Diese Ladungen sind sogar bei nicht vorhandener Polarisation präsent. Die Gesamtladung besteht dann aus der Summe von freien und gebundenen Ladungen:

$$q = q_f + q_b\,.$$

Gebundene Ladungsdichten

Das elektrische Potential eines idealen elektrischen Dipols[2] ist

$$V(\vec{r}) = \frac{\vec{p}\cdot\hat{r}}{4\pi\varepsilon_0 r^2}$$

(vgl. Abschn. 7.5). Dieser Ausdruck kann in ein Potential, das durch die gebundene Flächenladungsdichte, σ_b, erzeugt wird, und eine gebundene Volumenladungsdichte, ρ_b (Herleitung 11.1), unterteilt werden. Führen wir dies durch, können wir σ_b und ρ_b durch $\vec{P}$ ausdrücken: Die Flächenladungsdichte entspricht der Polarisationskomponenten, die senkrecht auf der Fläche steht (Gl. 11.3 und Herleitung 11.1), wobei die Volumenladungsdichte gleich der negativen Divergenz der Polarisation ist[3] (Gl. 11.4 und Herleitung 11.1).

[2] Erinnert euch daran, dass bei einem idealen Dipol der Abstandsvektor $\vec{l}$ wesentlich kleiner ist als der Ortsvektor $\vec{r}$: $|\vec{l}| \ll |\vec{r}|$. Da die in Materialien angeregten Dipole atomare Dimensionen besitzen, gilt diese Näherung für die meisten Beobachtungen (vgl. Abschn. 7.5).

[3] Das negative Vorzeichen im Ausdruck für ρ_b resultiert daraus, dass $\vec{P}$ ein Vektor ist, der von der negativen zur positiven Ladung zeigt; folglich wird eine positive, nach außen gerichtete Polarisation durch die Ansammlung negativer gebundener Ladungen erzeugt.

Gebundene Ladungsdichten (Herleitung 11.1):

$$\sigma_b = \vec{P} \cdot \hat{n} \tag{11.3}$$

$$\rho_b = -\nabla \cdot \vec{P} \tag{11.4}$$

Dabei ist $\hat{n}$ der Einheitsvektor, der senkrecht auf der Fläche steht.

Polarisationsstrom

Der *Polarisationsstrom* ist der „Fluss" gebundener Ladung. Ein Polarisationsstrom fließt, wenn sich die Polarisation, $\vec{P}$, mit der Zeit ändert. Verwenden wir den Ausdruck für die gebundene Flächenladungsdichte aus Gl. 11.3, dann erhalten wir die *Polarisationsstromdichte*, $\vec{J}_p$ [A m^{-2}], die der Änderungsrate der Polarisation entspricht (Gl. 11.5 und Herleitung 11.2).

Polarisationsstromdichte (Herleitung 11.2):

$$\vec{J}_p = \frac{d\vec{P}}{dt} \tag{11.5}$$

11.1.3 Die elektrische Flussdichte

Nehmen wir an, dass die gesamte Ladungsdichte der Summe freier und gebundener Ladungsdichten gleicht, dann kann das Gauß'sche Gesetz wie folgt geschrieben werden:

$$\begin{aligned} \nabla \cdot \vec{E} &= \frac{\rho}{\varepsilon_0} \\ &= \frac{\rho_f + \rho_b}{\varepsilon_0} . \end{aligned}$$

Verwenden wir den Ausdruck aus Gl. 11.4 für ρ_b und stellen das Ganze um (der Operator der Divergenz ist linear), so erhalten wir:

$$\begin{aligned} \nabla \cdot \vec{E} &= \frac{\rho_f - \nabla \cdot \vec{P}}{\varepsilon_0} \\ \therefore \nabla \cdot \underbrace{\left(\varepsilon_0 \vec{E} + \vec{P}\right)}_{\vec{D}} &= \rho_f . \end{aligned}$$

Damit können wir ein anderes Vektorfeld definieren, das als *elektrische Flussdichte*, $\vec{D}$ [C m^{-2}], bezeichnet wird und eine Kombination aus dem angelegten elektrischen Feld und der dielektrischen Polarisation darstellt,

$$\vec{D} \stackrel{\text{def}}{=} \varepsilon_0 \vec{E} + \vec{P}$$

(Gl. 11.8).

Das Gauß'sche Gesetz in Dielektrika

Aus der obigen Diskussion folgern wir, dass das Gauß'sche Gesetz in Dielektrika die Divergenz der elektrischen Flussdichte mit der freien Ladungsdichte gleichstellt (Gl. 11.6 und Herleitung 11.3). Integrieren wir über das Volumen und nutzen den Gauß'schen Satz, können wir das Gauß'sche Gesetz in integraler Form darstellen; dadurch werden der Fluss von $\vec{D}$ durch eine geschlossene Fläche S und die in dieser Fläche eingeschlossene freie Ladung gleichgesetzt (Gl. 11.7 und Herleitung 11.3).

Das Gauß'sche Gesetz in Dielektrika (Herleitung 11.3):

Differentielle Form:

$$\nabla \cdot \vec{D} = \rho_f \tag{11.6}$$

Integrale Form:

$$\oint_S \vec{D} \cdot d\vec{s} = (q_f)_{um} , \tag{11.7}$$

wobei die elektrische Flussdichte

$$\vec{D} \stackrel{\text{def}}{=} \varepsilon_0 \vec{E} + \vec{P} \tag{11.8}$$

ergibt.

$\vec{D}$ ist ein Konstrukt, das $\vec{E}$ und $\vec{P}$ so miteinander verbindet, dass wir nicht explizit mit den Effekten der Polarisation in Berührung kommen. Folglich erleichtert $\vec{D}$ Ausdrücke und Rechnungen, wenn Dielektrika involviert sind. Da die Feldlinien von $\vec{D}$ an freien Ladungen beginnen und enden, wird der Betrag von $\vec{D}$ durch die Polarisation eines Dielektrikums nicht verfälscht. Andererseits beginnen und enden die Feldlinien von $\vec{E}$ sowohl an freien als auch an polarisierten Ladungen; das bedeutet, dass sich der Betrag von $\vec{E}$ bezüglich der Polarisation eines Materials ändert. Polarisierte Dielektrika lösen ein internes elektrisches Feld aus, das dem externen Feld entgegensteht (Abb. 11.3). Im freien Raum und in Materialien, in denen $\vec{P} = 0$ gilt, sind elektrischer Fluss und elektrisches Feld gleich: $\vec{D} = \varepsilon_0 \vec{E}$.

Herleitung 11.1: Herleitung der gebundenen Stromdichten (Gln. 11.3 und 11.4)

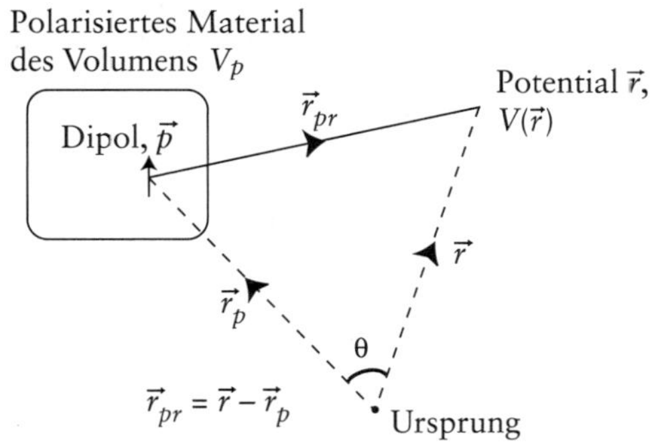

$$
\begin{aligned}
V(\vec{r}) &= N\frac{\vec{p}\cdot\hat{r}_{pr}}{4\pi\varepsilon_0 r_{pr}^2} \\
&= \int_{V_p} \frac{\vec{P}\cdot\hat{r}_p r}{4\pi\varepsilon_0 r_{pr}^2}\,\mathrm{d}\tau_p \\
&= \frac{1}{4\pi\varepsilon_0}\int_{V_p} \vec{P}\cdot\nabla_p\left(\frac{1}{r_p r}\right)\mathrm{d}\tau_p \\
&= \frac{1}{4\pi\varepsilon_0}\int_{V_p}\left(\nabla_p\cdot\left(\frac{\vec{P}}{r_{pr}}\right) - \frac{\nabla_p\cdot\vec{P}}{r_{pr}}\right)\mathrm{d}\tau_p \\
&= \frac{1}{4\pi\varepsilon_0}\left(\oint_{S_p}\frac{\vec{P}}{r_{pr}}\cdot\mathrm{d}\vec{s}_p - \int_{V_p}\frac{1}{r_{pr}}\nabla_p\cdot\vec{P}\,\mathrm{d}\tau_p\right) \\
&= \frac{1}{4\pi\varepsilon_0}\left(\oint_{S_p}\frac{1}{r_{pr}}\underbrace{\vec{P}\cdot\hat{n}}_{\substack{\text{Flächen-}\\\text{ladung, }\sigma_\mathrm{b}}}\mathrm{d}s_p - \int_{V_p}\frac{1}{r_{pr}}\underbrace{\nabla_p\cdot\vec{P}}_{\substack{\text{Volumen-}\\\text{ladung, }\rho_\mathrm{b}}}\mathrm{d}\tau_p\right) \\
&\equiv \frac{1}{4\pi\varepsilon_0}\left(\oint_{S_p}\frac{\sigma_\mathrm{b}}{r_{pr}}\mathrm{d}s_p + \int_{V_p}\frac{\rho_\mathrm{b}}{r_{pr}}\mathrm{d}\tau_p\right)
\end{aligned}
$$

$\therefore \sigma_\mathrm{b} = \vec{P}\cdot\hat{n}$

und $\rho_\mathrm{b} = -\nabla\cdot\vec{P}$.

Der Index p bezieht sich auf die Koordinaten, über welchen das Material polarisiert ist (d. h., wo Dipolmomente präsent sind.) Folglich sind V_p und S_p die Volumen- und Flächengegend in Bezug auf die polarisierte Materie.

- Ansatz: Das elektrische Potential eines polarisierten Dielektrikums mit N identischen elektrischen Dipolen entspricht N-mal dem N-fachen eines einzelnen elektrischen Dipols:

$$V(\vec{r}) = N\frac{\vec{p}\cdot\hat{r}_{pr}}{4\pi\varepsilon_0 r_{pr}^2},$$

wobei für einen Vektor, der in $\vec{r}_p$ verortet ist, der Abstandsvektor, $\vec{r}_{pr}$, als $\vec{r}_{pr} = \vec{r} - \vec{r}_p$ (vgl. Abbildung) definiert ist.

- Die Dipolanzahldichte beträgt $n = N/V_p$, wobei V_p das Volumen des polarisierten Materials ist (dies darf nicht mit dem elektrischen Potential verwechselt werden). Folglich gilt

$$N\vec{p} = \vec{P}V_p \equiv \int_{V_p}\vec{P}\,\mathrm{d}\tau\,,$$

wobei die Polarisation des Materials $\vec{P} = n\vec{p}$ ist.

- Differenzieren wir nun nach r_p, erhalten wir

$$\nabla_p\left(\frac{1}{r_{pr}}\right) = \frac{\hat{r}_{pr}}{r_{pr}^2}.$$

Hinweis: Setzt $r_{pr} = |\vec{r}_{pr}| = ((\vec{r}-\vec{r}_p)\cdot(\vec{r}-\vec{r}_p))^{1/2} = (r^2 + r_p^2 - 2rr_p\cos\theta)^{1/2}$ und differenziert das Reziproke unter Verwendung des Nabla-Operators in Kugelkoordinaten nach r_p.

- Verwendet folgende Beziehung:

$$\nabla\cdot\left(f\vec{G}\right) = \vec{G}\cdot(\nabla f) + f\left(\nabla\cdot\vec{G}\right),$$

um das Integral in zwei Terme zu teilen.

- Nutzt den Gauß'schen Satz, um $\nabla_p\cdot(\vec{P}/r_{pr})$ als Oberflächenintegral auszudrücken und setzt $\mathrm{d}\vec{s}_p = \hat{n}\,\mathrm{d}s_p$, wobei $\hat{n}$ die Normale auf die Oberfläche ist.
- Das Potential kann nun als die Superposition eines Flächenladungsdichteterms und eines Volumenladungsdichteterms beschrieben werden.

Herleitung 11.2: Herleitung der Polarisationsstromdichte (Gl. 11.5)

$$\begin{aligned}\vec{J}_p &= \frac{\mathrm{d}I_p}{\mathrm{d}s_\perp} \\ &= \frac{\mathrm{d}}{\mathrm{d}s_\perp}\left(\frac{\mathrm{d}q_\mathrm{b}}{\mathrm{d}t}\right) \\ &= \frac{\mathrm{d}}{\mathrm{d}s_\perp}\left(\frac{\sigma_\mathrm{b}\,\mathrm{d}s}{\mathrm{d}t}\right) \\ &= \frac{\mathrm{d}}{\mathrm{d}s_\perp}\left(\frac{\vec{P}\cdot\mathrm{d}\vec{s}}{\mathrm{d}t}\right) \\ &= \frac{\mathrm{d}}{\mathrm{d}s_\perp}\left(\frac{\vec{P}\,\mathrm{d}s_\perp}{\mathrm{d}t}\right) \\ &= \frac{\mathrm{d}\vec{P}}{\mathrm{d}t}\end{aligned}$$

- Ansatz: Die Polarisationsstromdichte, $\vec{J}_p$, ist der Polarisationsstrom, I_p, pro Einheitsfläche, die senkrecht auf dem Fluss steht, $s_\perp$, wobei I_p die Änderungsrate der gebundenen Ladung ist:

$$I_p = \frac{\mathrm{d}q_\mathrm{b}}{\mathrm{d}t}.$$

- Drücken wir $\mathrm{d}q_\mathrm{b}$ als eine Flächenladungsdichte aus und verwenden

$$\sigma_\mathrm{b} = \vec{P}\cdot\hat{n}$$

(Gl. 11.3), erkennen wir, dass die Polarisationsstromdichte der Änderungsrate der Polarisation entspricht.

Herleitung 11.3: Herleitung des Gauß'schen Gesetzes in Dielektrika (Gln. 11.6 und 11.7)

Differentielle Form:

$$\begin{aligned}\nabla\cdot\vec{E} &= \frac{\rho}{\varepsilon_0} \\ &= \frac{\rho_\mathrm{f}+\rho_\mathrm{b}}{\varepsilon_0} \\ &= \frac{1}{\varepsilon_0}(\rho_\mathrm{f} - \nabla\cdot\vec{P}) \\ \therefore\ \nabla\cdot(\varepsilon_0\vec{E}+\vec{P}) &= \rho_\mathrm{f} \\ \therefore\ \nabla\cdot\vec{D} &= \rho_\mathrm{f}\end{aligned}$$

Integrale Form:

$$\begin{aligned}\int_V \nabla\cdot\vec{D}\,\mathrm{d}\tau &= \int_V \rho_\mathrm{f}\,\mathrm{d}\tau \\ &= q_\mathrm{f} \\ \text{und}\quad \int_V \nabla\cdot\vec{D}\,\mathrm{d}\tau &= \oint_S \vec{D}\cdot\mathrm{d}\vec{s} \\ \therefore\ \oint_S \vec{D}\cdot\mathrm{d}\vec{s} &= (q_\mathrm{f})_\mathrm{um}\end{aligned}$$

- Ansatz: Wir setzen die gesamte Ladungsdichte im Gauß'schen Gesetz der Summe freier und gebundener Ladungsdichten gleich und verwenden

$$\rho_\mathrm{b} = -\nabla\cdot\vec{P},$$

um ρ_b zu eliminieren.
- Die Divergenz ist eine lineare Operation, was bedeutet, dass wir die Terme der Divergenz zusammenfassen können.
- Wir definieren die elektrische Flussdichte als

$$\vec{D} = \varepsilon_0\vec{E} + \vec{P},$$

um das Gauß'sche Gesetz in Dielektrika als Divergenz von $\vec{D}$ darzustellen.
- Die integrale Form erhalten wir durch Integration der differentiellen Form über das Volumen unter Verwendung des Gauß'schen Integralsatzes.

Permittivität

In einem üblichen HILS-Material[4] sind elektrischer Fluss, $\vec{D}$, und das elektrische Feld, $\vec{E}$, proportional zueinander und durch

$$\vec{D} = \varepsilon\vec{E}$$

(Gl. 11.9) miteinander verbunden, wobei ε die *Permittivität* [F m^{-2}] des Materials beschreibt. Setzen wir diesen Ausdruck für $\vec{D}$ mit Gl. 11.8 gleich und verwenden $\vec{P} = \chi_\mathrm{e}\varepsilon_0\vec{E}$, um $\vec{P}$ zu eliminieren, erhalten wir eine Ausdrucksweise

[4] Homogen, isotrop, linear und stationär.

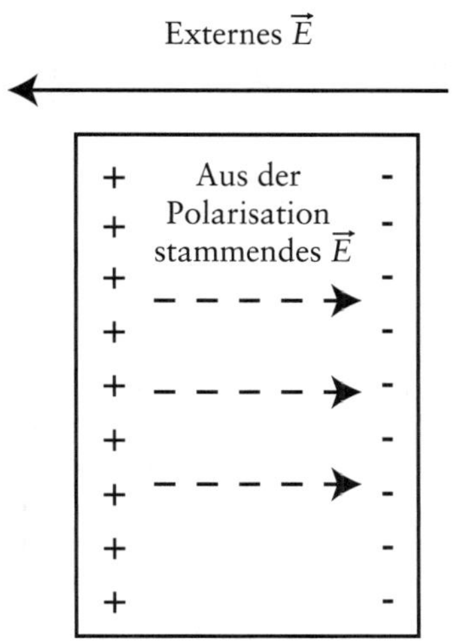

Abbildung 11.3 Das durch ein polarisiertes Dielektrikum erzeugte interne elektrische Feld wirkt dem externen Feld entgegen

für ε mittels der elektrischen Suszeptibilität:

$$\begin{aligned} \varepsilon\vec{E} &= \varepsilon_0\vec{E} + \vec{P} \\ &= \varepsilon_0\vec{E} + \chi_e\,\varepsilon_0\vec{E} \\ &= (1+\chi_e)\varepsilon_0\vec{E} \\ \therefore \varepsilon &= (1+\chi_e)\varepsilon_0 \end{aligned}$$

(Gl. 11.10). Demzufolge ist die Permittivität eines Dielektrikums ein Maß dafür, wie gut es als Reaktion auf ein externes elektrisches Feld polarisiert. Die *relative Permittivität*, ε_r, wird dann als das Verhältnis von ε zu ε_0 definiert:

$$\varepsilon_r = \frac{\varepsilon}{\varepsilon_0}$$

(Gl. 11.11).

Elektrischer Fluss:

$$\vec{D} = \varepsilon\vec{E} = \varepsilon_0\varepsilon_r\vec{E} \qquad (11.9)$$

Permittivität:

$$\varepsilon = (1+\chi_e)\varepsilon_0 \qquad (11.10)$$

Relative Permittivität ($\varepsilon_r = \varepsilon/\varepsilon_0$):

$$\varepsilon_r = 1 + \chi_e \qquad (11.11)$$

Der einzige Unterschied zwischen elektrischen Eigenschaften im freien Raum und in Dielektrika ist, wie wir später noch sehen werden, dass ε_0 durch $\varepsilon = \varepsilon_r\,\varepsilon_0$ ersetzt wird. Für die meisten Dielektrika liegt der Wert von ε_r meist zwischen 3 und 10. Beispielsweise gilt für Papier $\varepsilon_r \simeq 3$, für Gummi 5 und für Graphit 10. Das bedeutet, dass im selben externen elektrischen Feld Graphit eine höhere Polarisation erreicht als Papier. Die relative Permittivität destillierten Wassers besitzt einen hohen Wert von $\varepsilon_r \simeq 80$, was bedeutet, dass Wasser bequem polarisiert. Dies ist auf seine polaren Moleküle und seine liquide Eigenschaft zurückzuführen. Daher richten sich permanente Dipole ohne Weiteres in einem externen elektrischen Feld aus, um eine große Polarisation zu erzeugen. Im Vakuum und (in einer guten Näherung) in Luft gilt $\varepsilon_r = 1$.

11.1.4 Die in Dielektrika gespeicherte elektrische Energie

Die elektrische Energiedichte, die in einem elektrischen Feld im freien Raum gespeichert ist, wird durch

$$u_E = \frac{1}{2}\varepsilon_0\left|\vec{E}\right|^2$$

beschrieben (Abschn. 7.4.2). In einem Dielektrikum ist die Energiedichte ε_r-mal so groß wie im freien Raum:

$$(u_E)_{\text{Dielektrikum}} = \varepsilon_r\,(u_E)_{\text{freier Raum}}$$

(Gln. 11.12 und 11.13 und Herleitung 11.4).

Elektrische Energie in Dielektrika (Herleitung 11.4):

Gesamtenergie:

$$\begin{aligned} U_E &= \frac{1}{2}\varepsilon_r\varepsilon_0 \int_{\substack{\text{gesamter}\\\text{Raum}}} \left|\vec{E}\right|^2 \mathrm{d}\tau \\ &\equiv \frac{1}{2} \int_{\substack{\text{gesamter}\\\text{Raum}}} \vec{D}\cdot\vec{E}\,\mathrm{d}\tau \qquad (11.12) \end{aligned}$$

Energiedichte (Energie pro Einheitsvolumen):

$$\begin{aligned} \therefore u_E &= \frac{1}{2}\varepsilon_0\varepsilon_r\left|\vec{E}\right|^2 \\ &\equiv \frac{1}{2}\vec{D}\cdot\vec{E} \qquad (11.13) \end{aligned}$$

11.1.5 Kondensatoren und Dielektrika

Wenn ein Dielektrikum zwischen den Leiterplatten eines geladenen Kondensators positioniert wird, dann wird das elektrische Feld zwischen den Platten *vermindert* und die

Herleitung 11.4: Herleitung der elektrischen Energie in Materie (Gln. 11.12 und 11.13)

$$
\begin{aligned}
U_E &= \frac{1}{2}\int V \, \mathrm{d}q_f \\
&= \frac{1}{2}\int_{V_p} \rho_f V \, \mathrm{d}\tau \\
&= \frac{1}{2}\int_{V_p} (\nabla \cdot \vec{D}) V \, \mathrm{d}\tau \\
&= \frac{1}{2}\left(\oint_{S_p} V\vec{D} \cdot \mathrm{d}\vec{s} - \int_{V_p} \vec{D} \cdot (\nabla V) \, \mathrm{d}\tau \right) \\
&= \frac{1}{2}\left(\oint_{S_p} V\vec{D} \cdot \mathrm{d}\vec{s} + \int_{V_p} \vec{D} \cdot \vec{E} \, \mathrm{d}\tau \right) \\
&= \frac{1}{2} \int_{\substack{\text{gesamter}\\ \text{Raum}}} \vec{D} \cdot \vec{E} \, \mathrm{d}\tau \\
&\equiv \frac{1}{2}\varepsilon_0 \varepsilon_r \int_{\substack{\text{gesamter}\\ \text{Raum}}} \left|\vec{E}\right|^2 \mathrm{d}\tau \\
\therefore u_E &= \frac{1}{2}\vec{D} \cdot \vec{E} \\
&\equiv \frac{1}{2}\varepsilon_0 \varepsilon_r \left|\vec{E}\right|^2
\end{aligned}
$$

V_p und S_p entsprechen Volumen- und Flächengegend bezüglich der polarisierten Materie, so sollte man V_p nicht mit dem elektrischen Potential, V, verwechseln.

- Ansatz: Die elektrische Energie, die in einer freien Ladungsverteilung, q_f, enthalten ist, beträgt

$$U_E = \frac{1}{2}\int V \, \mathrm{d}q_f$$

(vgl.Gl. 7.35). Unter Verwendung von $\mathrm{d}q_f = \rho_f \, \mathrm{d}\tau$ drücken wir U_E als Volumenintegral aus.
- Wir verwenden das Gauß'sche Gesetz im Dielektrikum ($\rho_f = \nabla \cdot \vec{D}$), um ρ_f zu entfernen.
- Wir führen eine partielle Integration unter Verwendung der Vektoridentität durch:

$$\int_V (\nabla \cdot \vec{F})\phi \, \mathrm{d}\tau = \oint_S \phi\vec{F} \cdot \mathrm{d}\vec{s} - \int_V \vec{F} \cdot (\nabla\phi) \, \mathrm{d}\tau \, .$$

- Um ∇V zu entfernen, nutzen wir $\nabla V = -\vec{E}$.
- Integrieren wir über den gesamten Raum, dann dominiert das Volumenintegral das Flächenintegral.
- Verwenden wir $\vec{D} = \varepsilon_0 \varepsilon_r \vec{E}$, können wir erkennen, dass die elektrische Energie in Materie der ε_r-fachen Energiedichte des freien Raums entspricht (vgl. Gl. 7.36).
- Die Energiedichte, u_E, ist die elektrische Energie pro Einheitsvolumen.

Kapazität *erhöht*. Die Gründe dafür sind folgende: Lasst uns das elektrische Feld, das durch einen Kondensator ohne Dielektrikum erzeugt wird, als $\vec{E}_{fr}$ bezeichnen, wobei „fr" für freien Raum steht. Ein Dielektrikum zwischen den leitenden Kondensatorplatten wird von $\vec{E}_{fr}$ so polarisiert, dass das elektrische Feld, das innerhalb des Dielektrikums durch gebundene Ladungen erzeugt wird, $\vec{E}_{fr}$ *entgegengerichtet* ist (Abb. 11.4). Folglich wird das resultierende elektrische Feld mit einem im Kondensator enthaltenen Dielektrikum ($\vec{E}_{di}$), das sich aus der Summe von $\vec{E}_{fr}$ und dem durch gebundene Ladungen erzeugten entgegengerichteten Feld zusammensetzt, vermindert. Das bedeutet, dass die Potentialdifferenz, V, zwischen den Platten auch verringert wird. Folglich, da $C = Q/V$ gilt und da sich die Ladung, Q, auf den Platten nicht ändert, steigt die Kapazität an. Das elektrische Feld zwischen den Platten wird durch einen Faktor ε_r vermindert, wohingegen die Kapazität durch einen Faktor ε_r erhöht wird (Gln. 11.14 und 11.15 und Herleitung 11.5).

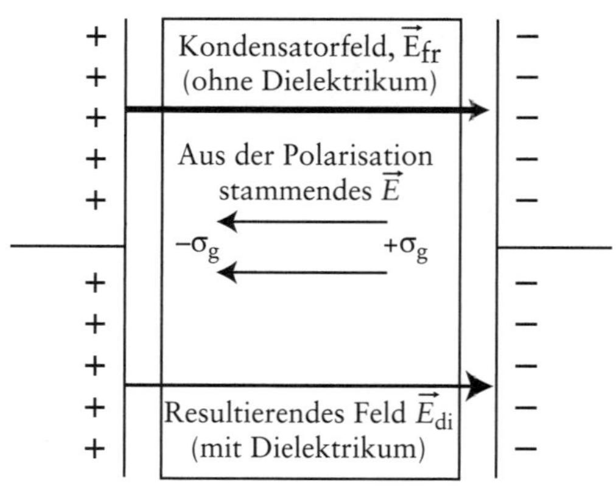

Abbildung 11.4 Elektrisches Feld eines Kondensators mit Dielektrikum

Herleitung 11.5: Herleitung von Kondensatoren mit Dielektrika (Gln. 11.14 und 11.15)

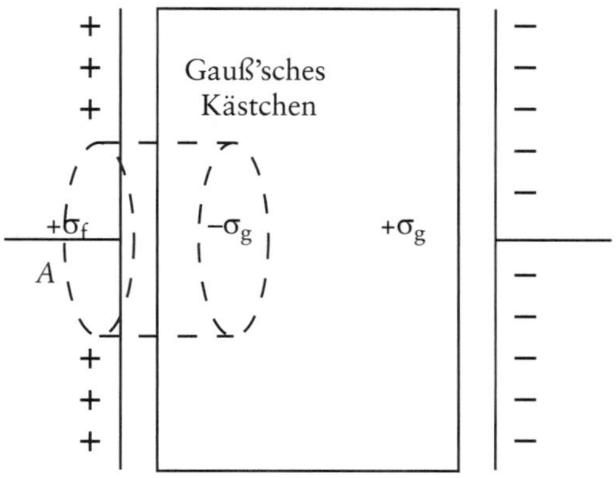

$$\oint_S \vec{E} \cdot d\vec{s} = \frac{Q_{um}}{\varepsilon_0}$$

$$\therefore \left|\vec{E}_{di}\right| A = \frac{(\sigma_f - \sigma_b)A}{\varepsilon_0}$$

$$= \frac{(\sigma_f - \left|\vec{P}\right|)A}{\varepsilon_0}$$

$$= \frac{\left(\sigma_f - \varepsilon_0 \chi_e \left|\vec{E}_{di}\right|\right) A}{\varepsilon_0}$$

$$\therefore \left|\vec{E}_{di}\right| = \frac{\sigma_f}{\varepsilon_0(1+\chi_e)}$$

$$= \frac{\sigma_f}{\varepsilon_0 \varepsilon_r}$$

$$= \frac{\left|\vec{E}_{fr}\right|}{\varepsilon_r}$$

$$\text{und} \quad C_{di} = \frac{\sigma_f A_c}{\left|\vec{E}_{di}\right| d}$$

$$= \frac{\varepsilon_0 \varepsilon_r A_c}{d}$$

$$= \varepsilon_r C_{fr}$$

- Ansatz: Das Gauß'sche Gesetz lautet in integraler Form:
$$\oint_S \vec{E} \cdot d\vec{s} = \frac{Q_{um}}{\varepsilon_0}$$
(vgl. Abb. 11.4).
- Wir verwenden folgende Annahmen im Gauß'schen Gesetz: (i) Das elektrische Feld im dielektrischen Material, $\vec{E}_{di}$, verläuft parallel zu $d\vec{s}$; das bedeutet, dass das Skalarprodukt verworfen werden kann, (ii) $\left|\vec{E}_{di}\right|$ verläuft homogen über ein zylindrisches Gauß'sches Kästchen, A, was bedeutet, dass wir $\vec{E}_{di}$ aus dem Oberflächenintegral herausnehmen dürfen und (iii) es gilt $Q_{um} = (\sigma_f - \sigma_g)A$, wobei σ_f die freie Flächenladungsdichte auf der Kondensatorplatte und σ_g die gebundene Ladung im Dielektrikum ist.
- Die gebundene Flächenladungsdichte ist
$$\sigma_g = \vec{P} \cdot \hat{n} = \left|\vec{P}\right|$$
(vgl. Gl. 11.3), da $\vec{P}$ und $\hat{n}$ parallel verlaufen.
- Wir nutzen $\vec{P} = \varepsilon_0 \chi_e \vec{E}_{di}$, um $\left|\vec{P}\right|$ zu eliminieren.
- Nun stellen wir die Gleichung um und verwenden $\varepsilon_r = 1 + \chi_e$, um zu zeigen, dass das elektrische Feld im Dielektrikum um einen Faktor ε_r geringer ist als im freien Raum (aus der Beispielrechung 7.2, $\left|\vec{E}_{fr}\right| = \sigma_f/\varepsilon_0$).
- Für einen Plattenkondensator ergibt sich die Kapazität
$$C = \frac{Q}{V} = \frac{\sigma A_c}{\left|\vec{E}\right| d},$$
wobei σ die Flächenladung auf den Platten ist, A_c die Plattenflächen beschreibt, $\vec{E}$ das elektrische Feld zwischen den Platten darstellt und d der Abstand zwischen ihnen ist.
- Setzen wir dies Ganze für $\left|\vec{E}_{di}\right|$ ein, erkennen wir, dass die Kapazität mit einem Dielektrikum um einen Faktor ε_r höher ist als die Kapazität im freien Raum (aus der Beispielrechnung 7.5, $C_{fr} = \varepsilon_0 A_c/d$).

Kondensatoren mit Dielektrika (Herleitung 11.5):

$$\vec{E}_{\mathrm{di}} = \frac{\vec{E}_{\mathrm{fr}}}{\varepsilon_{\mathrm{r}}} \tag{11.14}$$

$$C_{\mathrm{di}} = \varepsilon_{\mathrm{r}} C_{\mathrm{fr}} \tag{11.15}$$

di: Dielektrikum, fr: freier Raum.

Es gibt praktische Anwendungen, in denen ein Dielektrikum in einen Kondensator eingebracht wird, weil dadurch bei einem gegebenen Plattenabstand eine höhere Kapazität erreicht werden kann. Das verminderte elektrische Feld zwischen den Platten reduziert ebenfalls die Eventualität, den Stromkreis durch Funkenbildung kurzzuschließen.

11.2 Magnetfelder in Materie

Ein Material wird *magnetisiert*, wenn es in ein externes Magnetfeld eingebracht wird; das bedeutet, dass es sein eigenes Magnetfeld erzeugt. *Alle* Materialien können in mehr oder weniger großem Maße durch ein externes Magnetfeld magnetisiert werden.[5] Die Veranlagung und Intensität der Magnetisierung hängt von den atomaren Eigenschaften des Materials ab. Drei gängige Arten der Magnetisierung sind Diamagnetismus, Paramagnetismus und Ferromagnetismus, obgleich auch andere existieren (beispielsweise Antiferromagnetismus, Ferrimagnetismus, Metamagnetismus, um nur ein paar zu nennen). Die Unterschiede zwischen Dia-, Para- und Ferromagnetismus werden im Folgenden kurz beschrieben.

11.2.1 Magnetisierung

In dielektrischen Materialien führt eine Trennung von positiver und negativer Ladung innerhalb eines Atoms dazu, dass ein atomares elektrisches Dipolmoment entsteht. Die reine Ausrichtung dieser atomaren Dipole innerhalb eines externen elektrischen Feldes erzeugt eine Netto-Polarisation. Analog dazu enthalten Atome kreisende Elektronen, die wie kleine Stromschleifen wirken, wodurch ein atomares *magnetisches* Dipolmoment, $\vec{m}$, entsteht. Ein externes Magnetfeld neigt dazu, die Dipolmomente so auszurichten, dass das Material eine vollständige *Magnetisierung*, $\vec{M}$ [$\mathrm{A\,m^{-1}}$], besitzt. In einem Material, das aus n magnetischen Dipolmomenten pro Einheitsvolumen besteht, ist die Magnetisierung als $\vec{M} = n\vec{m}$ (Gl. 11.16) definiert.

[5] Im Gegensatz dazu können nur Dielektrika (elektrische Isolatoren), nicht jedoch Leiter, durch ein externes elektrisches Feld polarisiert werden.

Magnetisierung:

Durch das atomare magnetische Dipolmoment, $\vec{m}$, ausgedrückt:

$$\vec{M} = n\vec{m} \tag{11.16}$$

$$\text{mit} \quad \vec{m} = I\vec{s}$$

Diamagnetismus

Der *Diamagnetismus* ist die schwächste Form des Magnetismus. Er erscheint in *allen* Materialien, wenn sie in ein externes Magnetfeld eingebracht werden; dies gilt auch für solche, die wir generell als nichtmagnetisch erachten, wie Holz, Plastik oder Wasser. Diamagnetismus wird durch Faradays Induktionsgesetz erklärt: Der Einsatz eines externen Magnetfeldes induziert atomare magnetische Dipolmomente, welche sich in eine Richtung ausrichten, um ein der Änderung entgegengesetztes Magnetfeld zu erzeugen. Folglich verläuft die Magnetisierung, die in Diamagneten produziert wird, antiparallel zum angelegten Feld (Abb. 11.5 a).

Paramagnetismus

Der *Paramagnetismus* tritt in Materialien auf, die ungebundene Elektronen besitzen, wie Aluminium oder Natrium, und die folglich, aufgrund des Spins des ungebundenen Elektrons, permanente magnetische Dipolmomente besitzen. Liegt kein externes Feld vor, zeigen diese permanenten Dipolmomente aufgrund der Wärmebewegung in beliebige Richtungen, sodass das Material keinen Netto-Magnetismus besitzt. Ein externes Feld richtet die Dipolmomente mit dem Feld aus, sodass eine Magnetisierung parallel zum externen Feld entsteht (Abb. 11.5 b). Paramagnetismus überwiegt die viel schwächeren diamagnetischen Effekte.

Ferromagnetismus

Der *Ferromagnetismus* tritt nur in einigen Materialien wie Eisen, Nickel und Kobalt auf und erzeugt die stärksten Magnetfelder. Genau wie paramagnetische Materialien verfügen Ferromagneten über permanente atomare magnetische Dipolmomente aufgrund der Spins ungebundener Elektronen. Die besondere Eigenschaft, die sie auszeichnet, stellen die sogenannten *Domänen* dar, welche Bereiche sind, in denen magnetische Dipolmomente bereits ausgerichtet sind, selbst wenn kein Magnetfeld

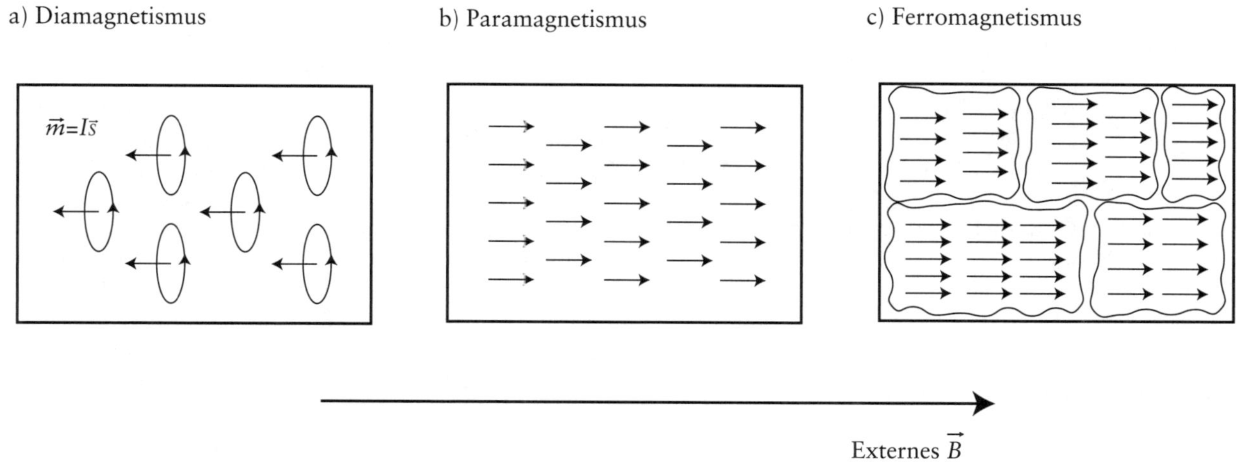

Abbildung 11.5 **a** Diamagnetismus: Induzierte Dipolmomente richten sich antiparallel zum angelegten Feld aus, **b** Paramagnetismus: Permanente Dipolmomente richten sich parallel zum angelegten Feld aus und **c** Ferromagnetismus: Domänen permanenter Dipolmomemnte richten sich parallel zum angelegten Feld aus

angelegt wird. Diese Domänen verfügen dann über eine willkürliche Anordnung, sodass das Material keinen Netto-Magnetismus besitzt. Legt man ein externes Feld an, richten sich die Domänen aus, wodurch eine starke Magnetisierung parallel zum externen Feld hervorgerufen wird (Abb. 11.5 c). Wird das hinzugefügte Feld wieder entfernt, bleiben die Domänen ausgerichtet. Folglich behalten Ferromagneten ihre Magnetisierung, wodurch Permanentmagnete produziert werden. Wärme, mechanische Stöße oder umgekehrt gerichtete externe Felder können die Magnetisierung verringern.

11.2.2 Freie und gebundene Ströme

Ein Strom, der mit Magnetisierung in Verbindung gebracht wird, wird als *gebundener Strom*, $\vec{I}_g$ [A], bezeichnet, da er quasi an das Atom „gebunden" ist. Der Strom, der durch eine Fläche pro Einheitsbreite, die senkrecht auf dem Fluss steht, fließt, wird als *gebundene Flächenstromdichte*, $\vec{K}_g$ [A m^{-1}], bezeichnet, wobei

$$\vec{K}_g = \frac{d\vec{I}_g}{dl_\perp}$$

gilt, und Strom, der durch ein Volumen pro Einheitsfläche, die senkrecht zum Fluss verläuft, beschrieben ist, wird als *gebundene Volumenstromdichte*, $\vec{J}_g$ [A m^{-2}], bezeichnet, wobei

$$\vec{J}_g = \frac{d\vec{I}_g}{ds_\perp}$$

gilt. Bei einem nicht magnetisierten Material ist der gebundene Strom gleich null. Strom, der nicht mit Magnetisierung verbunden wird, wird *freier Strom*, $\vec{I}_f$ [A], $\vec{K}_f$ [A m^{-1}] oder $\vec{J}_f$ [A m^{-2}], genannt. Leiterelektronen, die durch eine Leitung fließen, erzeugen beispielsweise einen freien Strom. Der Gesamtstrom ergibt sich dann aus der Summe der freien und der gebundenen Ströme:

$$\vec{I} = \vec{I}_f + \vec{I}_g \, .$$

Gebundene Stromdichten

Das magnetische Vektorpotential eines idealen magnetischen Dipols[6] ist

$$\vec{A}(\vec{r}) = \frac{\mu_0 \vec{m} \times \hat{r}}{4\pi r^2}$$

(vgl. Abschn. 8.5). Dieser Ausdruck kann in ein Potential, das durch eine gebundene Flächenstromdichte, $\vec{K}_g$, und eine gebundene Volumenstromdichte, $\vec{J}_g$, erzeugt wird, unterteilt werden (Herleitung 11.6). Führen wir dies durch, dann können wir $\vec{K}_g$ und $\vec{J}_g$ durch $\vec{M}$ ausdrücken: Die Flächenstromdichte gleicht der Magnetisierungskomponente entlang der Fläche (Gl. 11.17 und Herleitung 11.6), wobei die Volumenstromdichte der Magnetisierungsrotation entspricht (Gl. 11.18 und Herleitung 11.6). Beachtet hierbei die Ähnlichkeiten zwischen diesen Ausdrücken und ihren elektrischen Gegenstücken (Gln. 11.3 und 11.4).

[6] Ein idealer Dipol ist dadurch gekennzeichnet, dass die Dimensionen der Dipolgegend, $\vec{s}$, wesentlich geringer sind als der Ortsvektor, $\vec{r}$. Da magnetische Dipole in Materialien in etwa atomare Dimensionen aufweisen, gilt diese Näherung für die meisten Beobachtungen.

Gebundene Stromdichten (Herleitung 11.6):

$$\vec{K}_g = \vec{M} \times \hat{n} \tag{11.17}$$

$$\vec{J}_g = \nabla \times \vec{M} \tag{11.18}$$

Hierbei ist $\hat{n}$ der Einheitsvektor, der senkrecht auf der Fläche steht.

11.2.3 Die magnetische Feldstärke

Stellen wir die gesamte Stromdichte mit der Summe freier und gebundener Stromdichten gleich, dann wird das Ampère'sche Gesetz (ohne ein sich änderndes elektrisches Feld) als

$$\begin{aligned} \nabla \times \vec{B} &= \mu_0 \vec{J} \\ &= \mu_0 \left(\vec{J}_f + \vec{J}_g\right) \end{aligned}$$

geschrieben. Verwenden wir den Ausdruck aus Gl. 11.18 für $\vec{J}_g$ und stellen die Gleichung um (der Rotationsoperator ist linear), erhalten wir

$$\nabla \times \vec{B} = \mu_0 \left(\vec{J}_f + \nabla \times \vec{M}\right)$$

$$\therefore \nabla \times \underbrace{\left(\frac{\vec{B}}{\mu_0} - \vec{M}\right)}_{\vec{H}} = \vec{J}_f .$$

Damit können wir ein anderes Vektorfeld, das als *magnetische Feldstärke*, $\vec{H}$ [A m^{-1}], bezeichnet wird und eine Kombination aus dem zugehörigen Magnetfeld, $\vec{B}$,[7] und der Magnetisierung, $\vec{M}$, darstellt, einführen, was zu (Gl. 11.21)

$$\vec{H} \stackrel{\text{def}}{=} \frac{\vec{B}}{\mu_0} - \vec{M}$$

führt.

Das Ampère'sche Gesetz in magnetischen Medien

Anknüpfend an die obige Diskussion setzt das Ampère'sche Gesetz in magnetischen Medien die Rotation der magnetischen Feldstärke mit der freien Stromdichte gleich:

$$\nabla \times \vec{H} = \vec{J}_f .$$

[7] Anm. d. Übers.: B wird im Deutschen manchmal auch als magnetische Flussdichte bezeichnet.

In Gegenwart eines zeitlich variablen elektrischen Feldes erhalten wir zwei zusätzliche Strom-Terme: den Verschiebungsstrom, $\vec{J}_V$, und den Polarisationsstrom, $\vec{J}_P$. In diesem Fall sehen wir, dass die Rotation von $\vec{H}$ gleich der Summe freier Stromdichten plus die Änderungsrate der elektrischen Flussdichte ist (Gl. 11.19 und Herleitung 11.7). Führen wir ein Flächenintegral aus und nutzen den Stokes'schen Satz, dann können wir das Ampère'sche Gesetz in integraler Form ausdrücken; hierbei werden das geschlossene Linienintegral über $\vec{H}$ und der freie Strom, der durch den Kreis fließt, plus die Änderungsrate des elektrischen Verschiebungsstroms, Φ_V, der durch die Fläche fließt, welche von dem Kreis umschlossen wird, gleichgesetzt (Gl. 11.20 und Herleitung 11.7). $\vec{H}$ ist ein Konstrukt, das $\vec{B}$ und $\vec{M}$ so miteinander verbindet, dass wir nicht explizit mit den Effekten der Magnetisierung arbeiten müssen. In ähnlicher Art und Weise ist die Polarisation in $\vec{D}$ integriert, was bedeutet, dass wir ebenfalls nicht explizit mit den Effekten der Polarisation umgehen müssen.

Das Ampère'sche Gesetz in magnetischen Medien (Herleitung 11.7):

Differentielle Form:

$$\nabla \times \vec{H} = \vec{J}_f + \frac{\partial \vec{D}}{\partial t} . \tag{11.19}$$

Integrale Form:

$$\oint_L \vec{H} \cdot d\vec{l} = (I_f)_{\text{um}} + \frac{\partial \Phi_V}{\partial t} , \tag{11.20}$$

wobei die magnetische Feldstärke

$$\vec{H} \stackrel{\text{def}}{=} \frac{\vec{B}}{\mu_0} - \vec{M} \tag{11.21}$$

beträgt.

Quellen und Senken von $\vec{H}$

Das Gauß'sche Gesetz des Magnetismus besagt, dass die Divergenz von $\vec{B}$, $\nabla \cdot \vec{B} = 0$ ergibt, was impliziert, dass ein Magnetfeld keine Quellen oder Senken besitzt. Berechnen wir hingegen die Divergenz von Gl. 11.21, ergibt sich für die Divergenz von $\vec{H}$

$$\nabla \cdot \vec{H} = -\nabla \cdot \vec{M} .$$

Das bedeutet, dass die Quellen von $\vec{H}$ die Senken von $\vec{M}$ sind, d. h., das Verschwinden von $\vec{M}$ führt zu $\vec{H}$ und umgekehrt. Diese Eigenschaften können wir an einer Spule

Herleitung 11.6: Herleitung gebundener Stromdichten (Gln. 11.17 und 11.18)

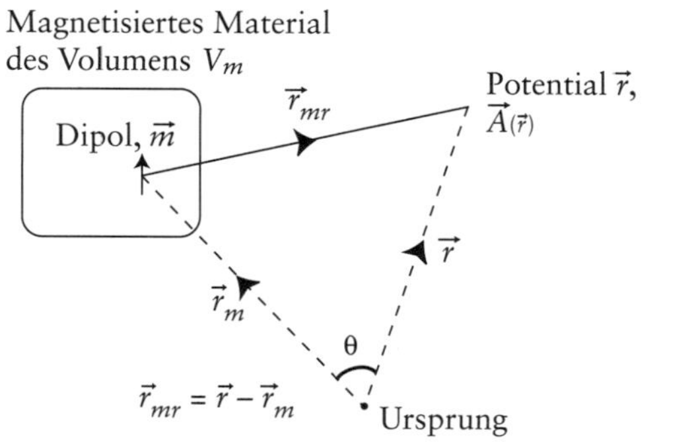

$$
\begin{aligned}
\vec{A}(\vec{r}) &= N\frac{\mu_0 \vec{m} \times \hat{r}_{mr}}{4\pi r_{mr}^2} \\
&= \int_{V_m} \frac{\mu_0 \vec{M} \times \hat{r}_{mr}}{4\pi r_{mr}^2} \mathrm{d}\tau_m \\
&= \frac{\mu_0}{4\pi} \int_{V_m} \vec{M} \times \nabla_m \left(\frac{1}{r_{mr}}\right) \mathrm{d}\tau_m \\
&= \frac{\mu_0}{4\pi} \int_{V_m} \left(\frac{\nabla_m \times \vec{M}}{r_{mr}} - \nabla_m \times \left(\frac{\vec{M}}{r_{mr}}\right)\right) \mathrm{d}\tau_m \\
&= \frac{\mu_0}{4\pi} \left(\int_{V_m} \frac{\nabla_m \times \vec{M}}{r_{mr}} \mathrm{d}\tau_m + \oint_{S_m} \frac{\vec{M}}{r_{mr}} \times \mathrm{d}\vec{s}_m \right) \\
&= \frac{\mu_0}{4\pi} \left(\int_{V_m} \frac{1}{r_{mr}} \underbrace{\nabla_m \times \vec{M}}_{\text{Volumen-strom, } \vec{J}_g} \mathrm{d}\tau_m \right. \\
&\qquad \left. + \oint_{S_m} \frac{1}{r_{mr}} \underbrace{\vec{M} \times \hat{n}}_{\text{Flächen-strom, } \vec{K}_g} \mathrm{d}s_m \right) \\
&\equiv \frac{\mu_0}{4\pi} \left(\int_{V_m} \frac{\vec{J}_g}{r_{mr}} \mathrm{d}\tau_m + \oint_{S_m} \frac{\vec{K}_g}{r_{mr}} \mathrm{d}s_m \right)
\end{aligned}
$$

$$
\begin{aligned}
\therefore\ & \vec{K}_g = \vec{M} \times \hat{n} \\
\text{und}\ & \vec{J}_g = \nabla \times \vec{M}
\end{aligned}
$$

Der Index m bezieht sich auf Koordinaten, über denen das Material magnetisiert ist (d. h., wo magnetische Dipole existieren). Folglich beschreiben V_m und S_m Volumen- und Flächengegend bezüglich magnetisierter Materie.

- Ansatz: Das magnetische Vektorpotential eines magnetisierten Materials mit N identischen magnetischen Dipolmomenten ist N-mal das Vektorpotential eines einzelnen magnetischen Dipols:

$$\vec{A}(\vec{r}) = N\frac{\mu_0 \vec{m} \times \hat{r}_{mr}}{4\pi r_{mr}^2},$$

wobei der Abstandsvektor $\vec{r}_{mr}$ für einen Dipol, der in $\vec{r}_m$ verortet ist, $\vec{r}_{mr} = \vec{r} - \vec{r}_m$ beträgt (vgl. Abbildung).
- Die Dipolanzahldichte beträgt $n = N/V_m$, wobei V_m das Volumen des magnetisierten Materials ist. Daher gilt

$$N\vec{m} = \vec{M}V_m \equiv \int_{V_m} \vec{M}\,\mathrm{d}\tau,$$

dabei ist die Magnetisierung $\vec{M} = n\vec{m}$.
- Differenzieren wir nach r_m, erhalten wir

$$\nabla_m \left(\frac{1}{r_{mr}}\right) = \frac{\hat{r}_{mr}}{r_{mr}^2}.$$

Hinweis: Wir schreiben $r_{mr} = |\vec{r}_{mr}| = ((\vec{r} - \vec{r}_m) \cdot (\vec{r} - \vec{r}_m))^{1/2} = (r^2 + r_m^2 - 2rr_m \cos\theta)^{1/2}$ und differenzieren das Reziproke nach r_m unter Verwendung des Nabla-Operators in Kugelkoordinaten.
- Verwenden wir nun die Identitäten

$$
\begin{aligned}
& \nabla \times \left(f\vec{G}\right) = f\left(\nabla \times \vec{G}\right) - \vec{G} \times (\nabla f) \\
\text{und} \quad & \int_V \left(\nabla \times \vec{G}\right) \mathrm{d}\tau = -\int_S \vec{G} \times \mathrm{d}\vec{s},
\end{aligned}
$$

um das Integral in zwei Terme zu zerlegen.
- Nun schreiben wir $\mathrm{d}\vec{s}_m = \hat{n}\ \mathrm{d}s_m$, wobei $\hat{n}$ senkrecht auf der Fläche steht.
- Das Vektorpotential kann demnach als Superposition eines Flächenstromdichteterms und eines Volumenstromdichteterms ausgedrückt werden.

Herleitung 11.7: Herleitung des Ampère'schen Gesetzes in magnetischem Material (Gln. 11.19 und 11.20)

Differentielle Form:

$$\begin{aligned}\nabla\times\vec{B} &= \mu_0\left(\vec{J}+\varepsilon_0\frac{\partial\vec{E}}{\partial t}\right)\\ &= \mu_0\left(\vec{J}_{\mathrm{f}}+\vec{J}_p+\vec{J}_g+\varepsilon_0\frac{\partial\vec{E}}{\partial t}\right)\\ &= \mu_0\left(\vec{J}_{\mathrm{f}}+\frac{\partial\vec{P}}{\partial t}+\nabla\times\vec{M}+\varepsilon_0\frac{\partial\vec{E}}{\partial t}\right)\\ &= \mu_0\left(\vec{J}_{\mathrm{f}}+\frac{\partial(\vec{P}+\varepsilon_0\vec{E})}{\partial t}+\nabla\times\vec{M}\right)\\ &= \mu_0\left(\vec{J}_{\mathrm{f}}+\frac{\partial\vec{D}}{\partial t}+\nabla\times\vec{M}\right)\end{aligned}$$

$$\therefore\ \nabla\times\left(\frac{\vec{B}}{\mu_0}-\vec{M}\right)=\vec{J}_{\mathrm{f}}+\frac{\partial\vec{D}}{\partial t}$$

$$\therefore\ \nabla\times\vec{H}=\vec{J}_{\mathrm{f}}+\frac{\partial\vec{D}}{\partial t}$$

Integrale Form:

$$\begin{aligned}\int_S\left(\nabla\times\vec{H}\right)\cdot\mathrm{d}\vec{s} &= \int_S\left(\vec{J}_{\mathrm{f}}+\frac{\partial\vec{D}}{\partial t}\right)\cdot\mathrm{d}\vec{s}\\ &= (I_{\mathrm{f}})_{\mathrm{um}}+\frac{\partial\Phi_D}{\partial t}\end{aligned}$$

$$\text{und}\quad \int_S\left(\nabla\times\vec{H}\right)\cdot\mathrm{d}\vec{s}=\oint_L\vec{H}\cdot\mathrm{d}\vec{l}$$

$$\therefore\ \oint_L\vec{H}\cdot\mathrm{d}\vec{l}=(I_{\mathrm{f}})_{\mathrm{um}}+\frac{\partial\Phi_D}{\partial t}$$

- Ansatz: Ist kein magnetisches Material vorhanden, dann beträgt das Ampère'sche Gesetz in integraler Form

$$\nabla\times\vec{B}=\mu_0\left(\vec{J}+\varepsilon_0\frac{\partial\vec{E}}{\partial t}\right)$$

(vgl. Abschn. 10.3).

- Setzen wir nun die Gesamtstromdichte im Ampère'schen Gesetz mit der Summe der freien, gebundenen und polarisierten Stromdichten gleich:

$$\vec{J}=\vec{J}_{\mathrm{f}}+\vec{J}_{\mathrm{g}}+\vec{J}_p\,,$$

$$\text{wobei}\quad \vec{J}_p=\frac{\partial\vec{P}}{\partial t}$$

$$\text{und}\quad \vec{J}_{\mathrm{g}}=\nabla\times\vec{M}$$

gelten.

- Die Definition der elektrischen Flussdichte ist $\vec{D}=\vec{P}+\varepsilon_0\vec{E}$.
- Die Rotation ist eine lineare Operation; das bedeutet, dass wir alle Rotationsterme zusammenfassen dürfen.
- Wir definieren die magnetische Feldstärke als

$$\vec{H}=\frac{\vec{B}}{\mu_0}-\vec{M}\,,$$

um das Ampère'sche Gesetz in magnetischen Medien als Rotation von $\vec{H}$ auszudrücken.

- Die integrale Form erhalten wir durch Integration der differentiellen Form über eine Fläche und unter Hinzunahme des Stokes'schen Satzes. Wir drücken den Fluss der elektrischen Flussdichte durch Φ_V aus: $\Phi_V=\int_S\vec{D}\cdot\mathrm{d}\vec{s}$.

mit ringförmigem Eisenkern, die über ein kleines Loch verfügt, illustrieren (Abb. 11.6). Der Strom, der durch den Ring fließt, erzeugt ein B-Feld, das im gesamten Kern konstant ist. Das B-Feld führt eine Magnetisierung, $\vec{M}$, herbei, die im gesamten Kern ebenfalls konstant ist, die aber im schmalen Luftloch auf null absinkt, da dort kein Material vorhanden ist. Das Verschwinden von $\vec{M}$ ruft damit ein großes $\vec{H}$ im Luftloch hervor. Die hohe Magnetisierung des Eisens erzeugt ein weitaus stärkeres Magnetfeld im Luftloch, als es ein entsprechender Luftkernring mit demselben Strom schaffen würde.

Suszeptibilität und Permeabilität

In linearen und isotropen Dielektrika ist die Polarisation durch die elektrische Suszeptibilität χ_{e}: $\vec{P}=\chi_{\mathrm{e}}\varepsilon_0\vec{E}$ mit dem elektrischen Feld verbunden. In linearen und isotropen magnetischen Materialien ist die Magnetisierung mit der *magnetischen Feldstärke* durch die *magnetische* Suszeptibilität, χ_{m}, verbunden:

$$\vec{M}=\chi_{\mathrm{m}}\vec{H}$$

(Gl. 11.22). (Diese Gleichung gilt nicht für Ferromagneten.) χ_m ist ein dimensionsloser Parameter und bietet ein Maß für die Schnelligkeit, in der ein Material in Bezug auf ein hinzugefügtes Magnetfeld magnetisiert wird. χ_m ist für Diamagneten negativ, da die Magnetisierung dem hinzugefügten Magnetfeld entgegengerichtet ist (Faraday'sches Gesetz und Lenz'sche Regel für ein induziertes magnetisches Dipolmoment). Für Para- und Ferromagneten ist es positiv, da die Magnetisierung parallel zum angelegten Feld verläuft (das Drehmoment auf einen permanenten Dipol im Magnetfeld führt dazu, den Dipol mit dem Feld auszurichten). Verwenden wir $\vec{M} = \chi_m \vec{H}$, erkennen wir, dass $\vec{B}$ proportional zu $\vec{H}$ ist:

$$\vec{H} = \frac{\vec{B}}{\mu_0} - \vec{M}$$

$$\Rightarrow \vec{B} = \mu_0 \left(\vec{H} + \vec{M}\right)$$

$$= \mu_0 \left(\vec{H} + \chi_m \vec{H}\right)$$

$$= \underbrace{(1 + \chi_m)\,\mu_0}_{=\mu} \vec{H}$$

Die Proportionalitätskonstante ist die *Permeabilität*, μ [$\mathrm{H\,m^{-1}}$] (Gln. 11.23 und 11.24). Die *relative Permeabilität*, μ_r, ergibt sich aus dem Verhältnis von μ zur Permeabilität im freien Raum, μ_0 : $\mu_r = \mu/\mu_0$ (Gl. 11.25). Für Diamagneten und viele Paramagneten gilt $\mu_r \simeq 1$, da die Magnetisierung ein schwacher Effekt ist. (Für Diamagneten gilt $\mu_r < 1$ und $\chi_m < 0$, und für Paramagneten $\mu_r > 1$ und $\chi_m > 0$, da ihre Magnetisierungen in entgegengesetzte Richtungen zeigen.) Im Gegenzug besitzen Ferromagneten große Beträge in μ_r, die in üblichen Materialien zwischen 10^2 und 10^5 variieren.

Suszeptibilität:

$$\vec{M} = \chi_m \vec{H} \tag{11.22}$$

$$\text{und} \quad \vec{B} = \mu \vec{H}$$

$$\equiv \mu_0 \mu_r \vec{H}\,, \tag{11.23}$$

wobei χ_m die magnetische Suszeptibilität ist.

Permeabilität:

$$\mu = (1 + \chi_m)\mu_0\,. \tag{11.24}$$

Relative Permeabilität ($\mu_r = \mu/\mu_0$):

$$\mu_r = 1 + \chi_m\,. \tag{11.25}$$

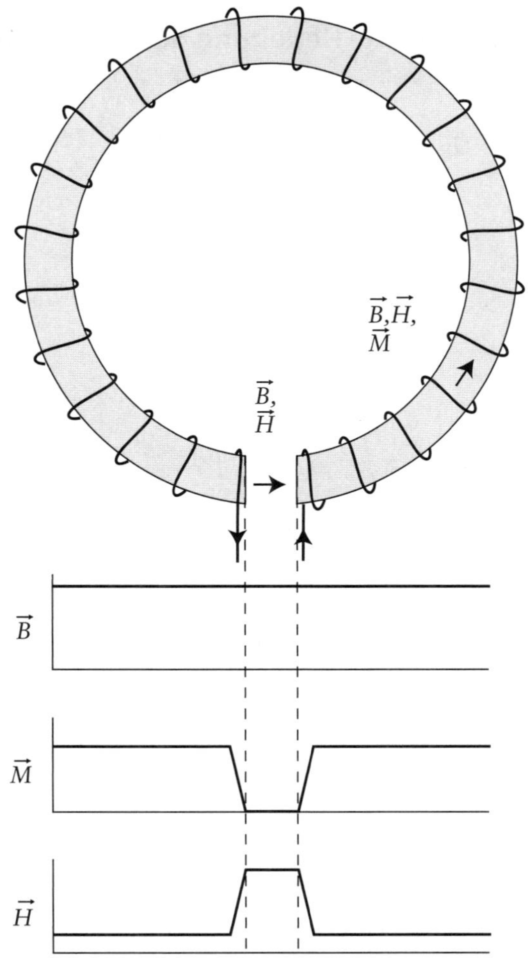

Abbildung 11.6 Wechsel zwischen $\vec{B}$, $\vec{M}$, und $\vec{H}$ über dem Loch einer ringförmigen eisengefüllten Spule mit Luftloch

11.2.4 Magnetische Energie, die in Materie gespeichert ist

Die magnetische Energiedichte, die in einem Magnetfeld im freien Raum gespeichert ist, ergibt sich wie folgt:

$$u_B = \frac{1}{2\mu_0}\left|\vec{B}\right|^2$$

(Abschn. 10.2.4). In magnetischen Materialien ist die Energiedichte μ_r-fach geringer als im freien Raum:

$$(u_B)_{\text{Materie}} = \frac{(u_B)_{\text{freier Raum}}}{\mu_r}$$

(Gln. 11.26 und 11.27 und Herleitung 11.8). Auch hierbei sind wieder die Ähnlichkeiten zwischen den Ausdrücken für U_B und ihre elektrischen Gegenstücke in Gln. 11.12 und 11.13 zu erkennen.

Herleitung 11.8: Herleitung der im Magnetfeld gespeicherten Energie (Gln. 11.26 und 11.27)

$$
\begin{aligned}
U_B &= \frac{1}{2} I_\mathrm{f} \Phi_B \\
&= \frac{1}{2} I_\mathrm{f} \oint_L \vec{A} \cdot \mathrm{d}\vec{l} \\
&= \frac{1}{2} \oint_L \vec{A} \cdot \vec{I}_\mathrm{f}\, \mathrm{d}l \\
&= \frac{1}{2} \int_V \vec{A} \cdot \vec{J}_\mathrm{f}\, \mathrm{d}\tau \\
&= \frac{1}{2} \int_V \vec{A} \cdot \left(\nabla \times \vec{H}\right) \mathrm{d}\tau \\
&= \frac{1}{2} \int_V \left(\vec{H} \cdot \vec{B} - \nabla \cdot \left(\vec{A} \times \vec{H}\right)\right) \mathrm{d}\tau \\
&= \frac{1}{2} \left(\int_V \vec{H} \cdot \vec{B}\, \mathrm{d}\tau - \oint_S \left(\vec{A} \times \vec{H}\right) \cdot \mathrm{d}\vec{s} \right) \\
&= \frac{1}{2} \int_{\substack{\text{gesamter}\\ \text{Raum}}} \vec{H} \cdot \vec{B}\, \mathrm{d}\tau \\
&\equiv \frac{1}{2\mu_0\mu_\mathrm{r}} \int_{\substack{\text{gesamter}\\ \text{Raum}}} \left|\vec{B}\right|^2 \mathrm{d}\tau \\
\therefore u_B &= \frac{1}{2} \vec{H} \cdot \vec{B} \\
&\equiv \frac{1}{2\mu_0\mu_\mathrm{r}} \left|\vec{B}\right|^2
\end{aligned}
$$

- Ansatz: Die im magnetischen Fluss Φ_B enthaltene magnetische Energie, die durch einen freien Strom I_f erzeugt wird, ergibt sich aus

$$U_B = \frac{1}{2} I_\mathrm{f} \Phi_B \,.$$

- Schreibt man den magnetischen Fluss mittels des Vektorpotentials $\vec{A}$, (mit $\vec{B} = \nabla \times \vec{A}$) und nutzt den Stokes'schen Satz, ergibt sich:

$$
\begin{aligned}
\Phi_B &= \int_S \vec{B} \cdot \mathrm{d}\vec{s} \\
&= \int_S \left(\nabla \times \vec{A}\right) \cdot \mathrm{d}\vec{s} \\
&= \oint_L \vec{A} \cdot \mathrm{d}\vec{l} \,.
\end{aligned}
$$

- Verwendet man dies im Ausdruck für U_B, kann die magnetische Energie durch $\vec{A}$ und $\vec{J}_\mathrm{f}$ ausgedrückt werden:

$$U_B = \frac{1}{2} \int_V \vec{A} \cdot \vec{J}_\mathrm{f}\, \mathrm{d}\tau \,.$$

Dieser Ausdruck ist das magnetische Äquivalent der elektrischen Energiedichte einer freien Ladungsverteilung, ρ_f:

$$U_E = \frac{1}{2} \int V \rho_\mathrm{f}\, \mathrm{d}\tau \,.$$

- Wir verwenden das Ampère'sche Gesetz für magnetische Materialien ($\nabla \times \vec{H} = \vec{J}_\mathrm{f}$) und die Produktregel, um $\vec{J}_\mathrm{f}$ zu eliminieren:

$$
\begin{aligned}
\nabla \cdot (\vec{A} \times \vec{H}) &= \vec{H} \cdot \left(\nabla \times \vec{A}\right) - \vec{A} \cdot \left(\nabla \times \vec{H}\right) \\
&= \vec{H} \cdot \vec{B} - \vec{A} \cdot \left(\nabla \times \vec{H}\right) .
\end{aligned}
$$

- Wir nutzen den Gauß'schen Satz im Integral über $\nabla \cdot \left(\vec{A} \times \vec{H}\right)$.
- Integrieren wir über den gesamten Raum, dann dominiert das Volumenintegral gegenüber dem Flächenintegral.
- Verwenden wir $\vec{B} = \mu_0\mu_\mathrm{r}\vec{H}$, bemerken wir, dass die magnetische Energie in Materie μ_r-mal geringer ist als die Energiedichte im freien Raum (vgl. Gl. 10.22).
- Die Energiedichte u_B ist die magnetische Energie pro Einheitsvolumen.

Magnetische Energie in Materie (Herleitung 11.8):

Gesamtenergie:

$$U_B = \frac{1}{2\mu_r\mu_0} \int\limits_{\substack{\text{gesamter}\\ \text{Raum}}} \left|\vec{B}\right|^2 \mathrm{d}\tau \equiv \frac{1}{2} \int\limits_{\substack{\text{gesamter}\\ \text{Raum}}} \vec{H}\cdot\vec{B}\,\mathrm{d}\tau \qquad (11.26)$$

Energiedichte (Energie pro Einheitsvolumen):

$$\Rightarrow u_B = \frac{1}{2\mu_r\mu_0}\left|\vec{B}\right|^2 \equiv \frac{1}{2}\vec{H}\cdot\vec{B} \qquad (11.27)$$

11.3 Die Maxwellgleichungen in Materie

Die Maxwellgleichungen in Materie werden generell durch alle vier Variablen, $\vec{E}$, $\vec{D}$, $\vec{B}$ und $\vec{H}$, ausgedrückt. Für jede Variable existiert eine Gleichung, entweder in Form der Divergenz oder der Rotation. Die differentiellen und integralen Formen werden in Gln. 11.28 bis 11.31 zusammengefasst, Ausdrücke für $\vec{D}$, $\vec{H}$, ρ und $\vec{J}$ in Gln. 11.32 bis 11.37.

11.3.1 Randbedingungen

Die Maxwellgleichungen bieten Lösungen für elektrische und magnetische Felder in *jeglichem* Material. Die Lösungen basieren generell auf der relativen Permitivität des Materials und der Permeabilität ε_r und μ_r. An den Grenzen zwischen zwei Materialien entsteht eine Diskontinuität im Feld. Folglich müssen wir die Lösungen an jeder Grenzseite unter der Verwendung von standardisierten *Grenzbedingungen* abgleichen. Jede Variable, $\vec{E}$, $\vec{D}$, $\vec{B}$, und $\vec{H}$, folgt einer anderen Grenzbedingung. Diese Bedingungen sind einfach aus den integralen Formen der Maxwellgleichungen in Materie herzuleiten, indem entweder ein geschlossenes Flächenintegral oder ein geschlossenes Linienintegral entlang der Grenze gebildet und das Integral über der eingeschlossenen Ladung oder dem eingeschlossenen Strom berechnet wird (Herleitungen 11.9 und 11.10). Führen wir dies durch, erkennen wir, dass in dielektrischen Materialien die Differenz zwischen den Komponenten von $\vec{D}$, die *senkrecht* auf der Grenze stehen, der Flächenladungsdichte an der Grenze, σ_f (Gl. 11.38), entspricht, obgleich die Differenz zwischen den Komponenten von $\vec{E}$, die *parallel* zur Grenze verlaufen, gleich null ist (Gl. 11.39). Bei magnetischen Materialien entspricht die Differenz zwischen den Komponenten von $\vec{H}$, die *parallel* zur Grenze verlaufen, der freien Flächenstromdichte an der Grenze, $\left|\vec{K}_f\right|$ (Gl. 11.40), wohingegen die Differenz zwischen Komponenten von $\vec{B}$, die *senkrecht* zur Grenze verlaufen, null ergibt (Gl. 11.41). Die Beispielrechnung 11.1 zeigt ein Exempel, in dem die Laplacegleichung und Grenzbedingungen genutzt werden, um das elektrische Potential eines dielektrischen Stabs zu lösen, der sich in einem externen elektrischen Feld befindet.

Grenzbedingungen (Herleitungen 11.9 und 11.10):

Für elektrische Felder:

$$\left|\vec{D}\right|^{\perp}_{\text{auß}} - \left|\vec{D}\right|^{\perp}_{\text{in}} = \sigma_f \qquad (11.38)$$

$$\left|\vec{E}\right|^{\parallel}_{\text{auß}} - \left|\vec{E}\right|^{\parallel}_{\text{in}} = 0 \qquad (11.39)$$

Für Magnetfelder:

$$\left|\vec{H}\right|^{\parallel}_{\text{auß}} - \left|\vec{H}\right|^{\parallel}_{\text{in}} = \left|\vec{K}_f\right| \qquad (11.40)$$

$$\left|\vec{B}\right|^{\perp}_{\text{auß}} - \left|\vec{B}\right|^{\perp}_{\text{in}} = 0 \qquad (11.41)$$

Zusammenfassung 11.1: Die Maxwellgleichungen in Materie:

Gauß'sches Gesetz:	$\nabla \cdot \vec{D} = \rho_f$	$\oint_S \vec{D} \cdot d\vec{s} = (q_f)$	(11.28)
Gauß'sches Gesetz des Magnetismus:	$\nabla \cdot \vec{B} = 0$	$\oint_S \vec{B} \cdot d\vec{s} = 0$	(11.29)
Faraday'sches Gesetz:	$\nabla \times \vec{E} = -\frac{\partial \vec{B}}{\partial t}$	$\oint_L \vec{E} \cdot d\vec{l} = -\frac{\partial \Phi_B}{\partial t}$	(11.30)
Ampère'sches Gesetz:	$\nabla \times \vec{H} = \vec{J}_f + \frac{\partial \vec{D}}{\partial t}$	$\oint_L \vec{H} \cdot d\vec{l} = (I_f)_{um} + \frac{\partial \Phi_V}{\partial t}$	(11.31)

Wobei:

Elektrische Flussdichte:

$$\vec{D} = \varepsilon_0 \vec{E} + \vec{P} \quad \text{(immer)} \tag{11.32}$$

$$= \varepsilon_0 \varepsilon_r \vec{E} \quad \text{(in linearen und isotropen Materialien)} \tag{11.33}$$

$$\equiv \varepsilon \vec{E}$$

Magnetische Feldstärke:

$$\vec{H} = \frac{\vec{B}}{\mu_0} - \vec{M} \quad \text{(immer)} \tag{11.34}$$

$$= \frac{\vec{B}}{\mu_0 \mu_r} \quad \text{(in linearen und isotropen Materialien)} \tag{11.35}$$

$$\equiv \frac{\vec{B}}{\mu}$$

Gesamte Ladungsdichte:

$$\rho = \rho_f + \rho_g$$

$$= \nabla \cdot \vec{D} - \nabla \cdot \vec{P} \tag{11.36}$$

Gesamte Stromdichte:

$$\vec{J} = \vec{J}_f + \vec{J}_g + \vec{J}_p$$

$$= \nabla \times \vec{H} - \frac{\partial \vec{D}}{\partial t} + \nabla \times \vec{M} + \frac{\partial \vec{P}}{\partial t} \tag{11.37}$$

Herleitung 11.9: Herleitung der Grenzbedingungen von elektrischen Feldern (Gln. 11.38 und 11.39)

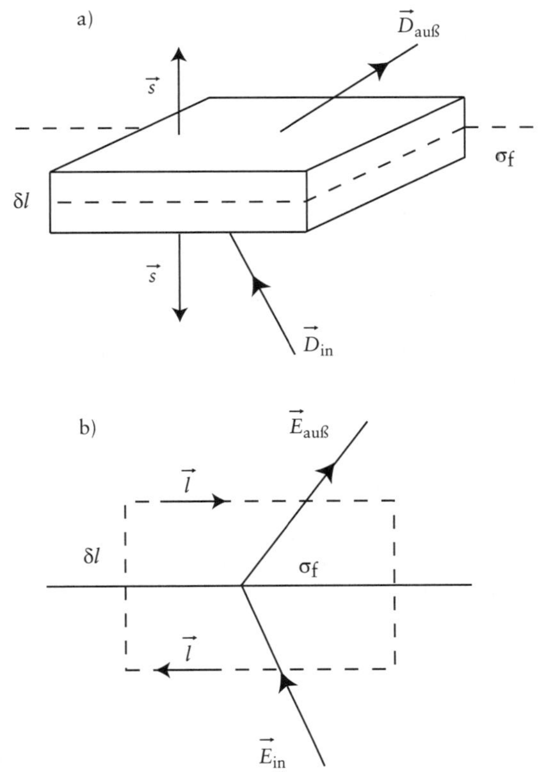

Elektrische Flussdichte

$$\oint_S \vec{D}\cdot d\vec{s} = (q_f)_{\text{um}}$$

$$\text{und}\quad \oint_S \vec{D}\cdot d\vec{s} = \vec{D}_{\text{auß}}\cdot\vec{s} - \vec{D}_{\text{in}}\cdot\vec{s} = \left|\vec{D}\right|^{\perp}_{\text{auß}}|\vec{s}| - \left|\vec{D}\right|^{\perp}_{\text{in}}|\vec{s}|$$

$$\therefore \left|\vec{D}\right|^{\perp}_{\text{auß}} - \left|\vec{D}\right|^{\perp}_{\text{in}} = \frac{(q_f)_{\text{um}}}{|\vec{s}|} = \sigma_f$$

Elektrisches Feld, $\vec{E}$:

$$\oint_L \vec{E}\cdot d\vec{l} = 0$$

$$\text{und}\quad \oint_L \vec{E}\cdot d\vec{l} = \vec{E}_{\text{auß}}\cdot\vec{l} - \vec{E}_{\text{in}}\cdot\vec{l} = \left|\vec{E}\right|^{\parallel}_{\text{auß}}\left|\vec{l}\right| - \left|\vec{E}\right|^{\parallel}_{\text{in}}\left|\vec{l}\right|$$

$$\therefore \left|\vec{E}\right|^{\parallel}_{\text{auß}} - \left|\vec{E}\right|^{\parallel}_{\text{in}} = 0$$

Elektrische Flussdichte, $\vec{D}$:

- Die integrale Form des Gauß'schen Gesetzes in Dielektrika beträgt

$$\oint_S \vec{D}\cdot d\vec{s} = (q_f)_{\text{um}},$$

  wobei S ein Gauß'sches Kästchen des Gebiets $|\vec{s}|$ repräsentiert (vgl. Abbildung a).
- Der Beitrag der Seiten ergibt null, da $\delta l \to 0$; daher schließt das Gauß'sche Gesetz nur die Beiträge der Flächen $\vec{s}$ ein.
- Wir drücken das Skalarprodukt durch Komponenten von $\vec{D}$ aus, die senkrecht zur Grenze verlaufen (parallel oder antiparallel zu $\vec{s}$), $\left|\vec{D}\right|^{\perp}$.

Elektrisches Feld, $\vec{E}$:

- Die integrale Form des Faraday'schen Gesetzes ist für ein konstantes Magnetfeld

$$\oint_L \vec{E}\cdot d\vec{l} = 0,$$

  wobei L eine rechteckige Schleife der Länge $\vec{l}$ repräsentiert (vgl. Abbildung b).
- Die Beiträge von den Seiten ergeben null, da $\delta l \to 0$ geht; folglich beinhaltet Faradays Gesetz nur Beiträge von den Seiten $\vec{l}$.
- Wir drücken das Skalarprodukt durch Komponenten von $\vec{E}$, die parallel zur Grenze verlaufen (parallel oder antiparallel zu $\vec{l}$), $\left|\vec{E}\right|^{\parallel}$, aus.

Herleitung 11.10: Herleitung der Grenzbedingungen für Magnetfelder (Gln. 11.40 und 11.41)

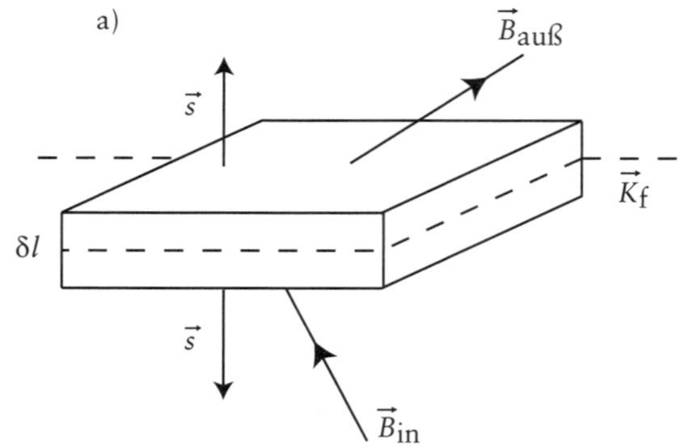

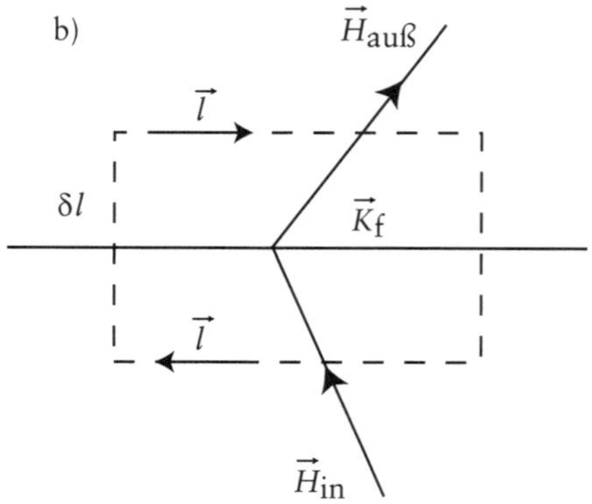

Magnetfeld, $\vec{B}$:

$$\oint_S \vec{B} \cdot d\vec{s} = 0$$

$$\text{und} \quad \oint_S \vec{B} \cdot d\vec{s} = \vec{B}_{\text{auß}} \cdot \vec{s} - \vec{B}_{\text{in}} \cdot \vec{s} = \left|\vec{B}\right|^{\perp}_{\text{auß}} |\vec{s}| - \left|\vec{B}\right|^{\perp}_{\text{in}} |\vec{s}|$$

$$\therefore \left|\vec{B}\right|^{\perp}_{\text{auß}} - \left|\vec{B}\right|^{\perp}_{\text{in}} = 0$$

Magnetische Feldstärke, $\vec{H}$:

$$\oint_L \vec{H} \cdot d\vec{l} = (I_{\text{f}})_{\text{um}}$$

$$\text{und} \quad \oint_L \vec{H} \cdot d\vec{l} = \vec{H}_{\text{auß}} \cdot \vec{l} - \vec{H}_{\text{in}} \cdot \vec{l} = \left|\vec{H}\right|^{\parallel}_{\text{auß}} \left|\vec{l}\right| - \left|\vec{H}\right|^{\parallel}_{\text{in}} \left|\vec{l}\right|$$

$$\therefore \left|\vec{H}\right|^{\parallel}_{\text{auß}} - \left|\vec{H}\right|^{\parallel}_{\text{in}} = \frac{(I_{\text{f}})_{\text{um}}}{\left|\vec{l}\right|} = \left|\vec{K}\right|_{\text{f}}$$

Magnetfeld, $\vec{B}$:

- Die integrale Form des Gauß'schen Gesetzes des Magnetismus ist in magnetischem Material

$$\oint_S \vec{B} \cdot d\vec{s} = 0\,,$$

  wobei S ein Gauß'sches Kästchen der Fläche $|\vec{s}|$ beschreibt (vgl. Abbildung a).
- Die Seitenbeträge ergeben null, da $\delta l \to 0$ geht; folglich schließt das Gauß'sche Gesetz nur die Beträge der Oberflächen $\vec{s}$ ein.
- Wir drücken das Skalarprodukt mittels Komponenten von $\vec{B}$ aus, die senkrecht zur Grenze verlaufen (parallel oder antiparallel zu $\vec{s}$), $|\vec{B}|^{\perp}$.

Magnetische Feldstärke, $\vec{H}$:

- Die integrale Form des Ampère'schen Gesetzes eines konstanten elektrischen Feldes in einem magnetischen Medium beträgt

$$\oint_L \vec{H} \cdot d\vec{l} = (I_{\text{f}})_{\text{um}},$$

  wobei L eine rechteckige Schleife der Länge $\vec{l}$ beschreibt (vgl. Abbildung b).
- Die Seitenbeträge ergeben null, weil $\delta l \to 0$ geht; daher schließt das Ampère'sche Gesetz nur die Seiten $\vec{l}$ ein.
- Nun drücken wir das Skalarprodukt mittels Komponenten von $\vec{H}$, die parallel zur Grenze verlaufen, aus (parallel oder antiparallel zu $\vec{l}$), $|\vec{H}|^{\parallel}$.

Beispielrechnung 11.1: Wir verwenden die Laplacegleichung, um das elektrische Potential eines Dielektrikums in einem externen elektrischen Feld zu bestimmen

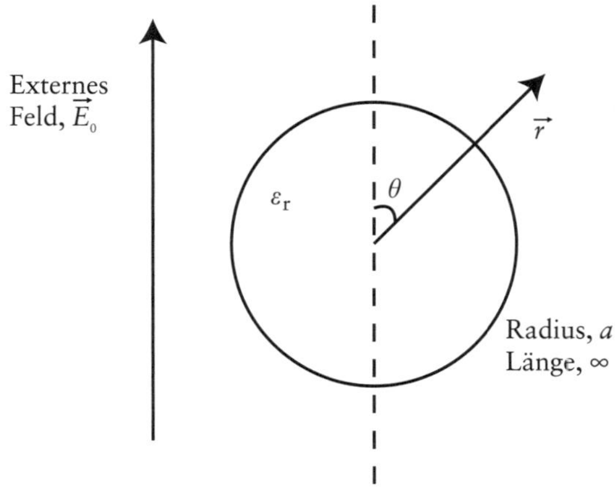

Wir denken uns einen ungeladenen dielektrischen Stab relativer Permittivität, ε_r, mit dem Radius a und einer unendlichen Länge, der in ein homogenes elektrisches Feld, $\vec{E}_0$, so eingebracht wird, dass die Stabachse senkrecht zum Feld verläuft (vgl. mit der Abbildung). Außerhalb des Stabs gilt $\rho = 0$, da keine freien Ladungen existieren, innerhalb des Stabes gilt $\rho = 0$, da positive und negative Polarisationsladungen einander aufheben. Folglich ist die Laplacegleichung in diesen Bereichen erfüllt:

$$\nabla^2 V_{\text{in}} = 0 \quad \text{and} \quad \nabla^2 V_{\text{auß}} = 0\,.$$

An den Grenzen gilt jedoch $\rho \neq 0$, aufgrund der Ansammlung gebundener Ladung; daraus folgt, dass das Potential die Poissongleichung an der Grenze erfüllt:

$$\nabla^2 V_{(r=a)} = -\frac{\rho}{\varepsilon_0}\,.$$

Um das elektrische Potential dieses Systems zu bestimmen, müssen wir die Poissongleichung nicht direkt lösen – wir können die Laplacegleichung V_{in} und $V_{\text{auß}}$ lösen und Grenzbedingungen verwenden, um die Lösungen auf $r = a$ anzupassen, wie unten umrissen wird.

Allgemeine Lösungen von V_{in} und $V_{\text{auß}}$

In zweidimensionalen Kugelkoordinaten ergibt sich die Laplacegleichung durch

$$r\frac{\partial}{\partial r}\left(r\frac{\partial V}{\partial r}\right) + \frac{\partial^2 V}{\partial \theta^2} = 0\,.$$

Durch Substitution kann unkompliziert gezeigt werden, dass

$$V_{\text{auß}}(r,\theta) = A_1 r\cos\theta + \frac{B_1\cos\theta}{r}$$
$$\text{und} \quad V_{\text{in}}(r,\theta) = A_2 r\cos\theta$$

mögliche Lösungen der Laplacegleichung darstellen, wobei A_1, B_1 und A_2 Integrationskonstanten sind, die sich durch die Randbedingungen ergeben.

Randbedingungen

Unter der Verwendung von Randbedingungen erhalten wir Ausdrücke für A_1, B_1 und A_2.

1. Das Potential verhält sich in weitem radialen Abstand vom Stab ($r \gg a$) wie das Potential eines homogenen elektrischen Feldes:

$$V_{\text{auß}}(r \gg a, \theta) = -E_0 r\cos\theta$$
$$\therefore A_1 = -E_0\,.$$

2. Das elektrische Potential muss an den Grenzen stetig sein $\therefore V_{\text{auß}} = V_{\text{in}}$ bei $r = a$:

$$\therefore -E_0 a\cos\theta + \frac{B_1}{a}\cos\theta = A_2 a\cos\theta$$
$$\therefore \frac{B_1}{a^2} - E_0 = A_2\,. \tag{11.42}$$

3. Die senkrechten Komponenten der elektrischen Flussdichte erfüllen die Bedingung

$$\left|\vec{D}\right|^{\perp}_{\text{auß}} - \left|\vec{D}\right|^{\perp}_{\text{in}} = \sigma_f$$

(vgl. Herleitung 11.9). In diesem Beispiel sind keine freien Ladungen vorhanden $\therefore \sigma_f = 0$:

$$\therefore \left|\vec{D}\right|^{\perp}_{\text{auß}} = \left|\vec{D}\right|^{\perp}_{\text{in}}$$
$$\therefore \varepsilon_0 \left|\vec{E}\right|_{\text{auß}} \hat{r} = \varepsilon_r \varepsilon_0 \left|\vec{E}\right|_{\text{in}} \hat{r}.$$

Für die radiale Komponente $\vec{E} = -\nabla V$ gilt $\partial V/\partial r$, folglich ergibt sich die Randbedingung in Termen des elektrischen Potentials aus:

$$\therefore \left(\frac{\partial V_{\text{auß}}}{\partial r}\right)_{r=a} = \varepsilon_r \left(\frac{\partial V_{\text{in}}}{\partial r}\right)_{r=a}$$
$$\therefore -E_0\cos\theta - \frac{B_1}{a^2}\cos\theta = \varepsilon_r A_2\cos\theta$$
$$\Rightarrow -\frac{B_1}{a^2} - E_0 = \varepsilon_r A_2\,. \tag{11.43}$$

Beispielrechnung 11.2: Wir verwenden die Laplacegleichung, um das elektrische Potential eines Dielektrikums in einem externen elektrischen Feld zu bestimmen (Fortsetzung)

Elektrisches Potential

Verwenden wir Gln. 11.42 und 11.43 in B_1 und A_2, erhalten wir

$$B_1 = -E_0 a^2 \left(\frac{1-\varepsilon_r}{1+\varepsilon_r}\right)$$

$$\text{und} \quad A_2 = -E_0 \left(\frac{2}{1+\varepsilon_r}\right) .$$

Folglich ist das elektrische Potential außerhalb und innerhalb des Stabs

$$\begin{aligned} V_{\text{auß}}(r,\theta) &= A_1 r \cos\theta + \frac{B_1 \cos\theta}{r} \\ &= -E_0 \left(r + \frac{a^2}{r}\left(\frac{1-\varepsilon_r}{1+\varepsilon_r}\right)\right)\cos\theta \\ \text{und} \quad V_{\text{in}}(r,\theta) &= A_2 r \cos\theta \\ &= -E_0 \left(\frac{2}{1+\varepsilon_r}\right) r\cos\theta . \end{aligned}$$

Elektrisches Feld innerhalb des Stabs

Setzen wir $z = r\cos\theta$, erkennen wir, dass das reine elektrische Feld innerhalb des Stabs in +z-Richtung homogen verläuft:

$$\begin{aligned} V_{\text{in}} &= -E_0 \left(\frac{2}{1+\varepsilon_r}\right) z \\ \therefore \vec{E}_{\text{in}} &= -\nabla V_{\text{in}} \\ &= \frac{\partial}{\partial z}\left(E_0 \left(\frac{2}{1+\varepsilon_r}\right) z\right)\hat{z} \\ &= E_0 \left(\frac{2}{1+\varepsilon_r}\right)\hat{z} \\ &= \left(\frac{2}{1+\varepsilon_r}\right)\vec{E}_0 . \end{aligned}$$

Daraus folgt, dass das resultierende Feld parallel zum angelegten Feld ausgerichtet ist und einen Amplitudenskalierungsfaktor, $2/(1+\varepsilon_r)$, besitzt.

Elektromagnetische Wellen

12

In den Maxwellgleichungen ist die Existenz elektromagnetischer Wellen integriert. Eine Welle ist eine Störung, die sich in Raum und Zeit fortpflanzt; eine elektromagnetische Welle besteht aus einem sich ausbreitenden elektrischen und magnetischen Feld. Wir sind in der Lage, qualitativ zu erkennen, dass elektromagnetische Induktion sich selbst ausbreitende elektromagnetische Wellen erzeugt. Aus dem Faraday'schen Gesetz ergibt sich, dass ein Magnetfeld ein sich änderndes elektrisches Feld erzeugt und aus dem Ampère'schen Gesetz ist zu entnehmen, dass ein sich änderndes elektrisches Feld ein sich änderndes Magnetfeld erzeugt. Dies induziert wiederum ein sich änderndes elektrisches Feld und so weiter. Wir sind natürlich mit elektromagnetischen Wellen sehr vertraut – beispielsweise sind Licht, Radio- und Mikrowellen alle elektromagnetische Wellen. Die Art der elektromagnetischen Welle hängt von ihrer Frequenz ab. Das Spektrum von Wellen unterschiedlicher Frequenz bildet das *elektromagnetische Spektrum*, das in Abb. 12.1 gezeigt ist. In diesem Kapitel werden wir zuerst die Eigenschaften elektromagnetischer Wellen im freien Raum (im Vakuum) betrachten, anschließend betrachten wir ihre Beschaffenheit in dielektrischer (nichtleitender) Materie.

Die Maxwellgleichungen im freien Raum ($\rho = 0, \vec{J} = 0, \varepsilon_r = 1, \mu_r = 1$):

Das Gauß'sche Gesetz:

$$\nabla \cdot \vec{E} = 0 \tag{12.1}$$

Das Gauß'sche Gesetz des Magnetismus:

$$\nabla \cdot \vec{B} = 0 \tag{12.2}$$

Das Faraday'sche Gesetz:

$$\nabla \times \vec{E} = -\frac{\partial \vec{B}}{\partial t} \tag{12.3}$$

Das Ampère'sche Gesetz:

$$\nabla \times \vec{B} = \varepsilon_0 \mu_0 \frac{\partial \vec{E}}{\partial t} \tag{12.4}$$

12.1 Elektromagnetische Wellen im freien Raum

Freier Raum (ein theoretisch perfektes Vakuum) enthält keine Materie. Daher sind Ladungs- und Stromdichte im freien Raum gleich null:

$$\begin{aligned} &\text{Ladungsdichte:} && \rho = 0 \\ &\text{Stromdichte:} && \vec{J} = 0\,. \end{aligned}$$

Weiterhin sind relative Perimittivität, ε_r, und Permeabilität, μ_r, im freien Raum definitionsgemäß gleich eins:

$$\begin{aligned} &\text{Relative Permitivität:} && \varepsilon_r = 1 \\ &\text{Relative Permeabilität:} && \mu_r = 1\,. \end{aligned}$$

Nutzen wir diese Eigenschaften in den Maxwellgleichungen (vgl. Gln. 11.28–11.31), erkennen wir, dass die Divergenz von $\vec{E}$ und $\vec{B}$ im freien Raum null entsprechen (Gln. 12.1 und 12.2). Intuitiv ergibt dies Sinn – es gibt keine Quellen oder Senken in $\vec{E}$ und $\vec{B}$ (Ladung und Strom) im freien Raum.[1] Hingegen entsprechen Rotation von $\vec{E}$ und $\vec{B}$ im freien Raum nicht null, sondern hängen von der jeweiligen Änderungsrate von $\vec{B}$ oder $\vec{E}$ ab (Gln. 12.3 und 12.4). Als Nächstes werden wir sehen, wie diese Gleichungen sich selbst ausbreitende, ungedämpfte elektromagnetische Wellen beschreiben.

[1] $\nabla \cdot \vec{B} = 0$ gilt immer, da keine magnetischen Monopole existieren.

12.1.1 Die Wellengleichungen

Eine Welle ist eine Störung, die sich in Raum und Zeit ausbreitet. Eine willkürliche Funktion $f(x,t)$ repräsentiert eine Welle, falls sie die *Wellengleichung* erfüllt:

$$\frac{\partial^2 f}{\partial x^2} = \frac{1}{v^2}\frac{\partial^2 f}{\partial t^2} \quad \text{in 1D}$$

$$\text{oder} \quad \nabla^2 f = \frac{1}{v^2}\frac{\partial^2 f}{\partial t^2} \quad \text{in 3D}$$

(vgl. Abschn. 13.2). Entkoppeln wir das Faraday'sche und das Ampère'sche Gesetz, stellen wir fest, dass beide, $\vec{E}$ und $\vec{B}$, eine Wellengleichung erfüllen (Gln. 12.5 und 12.6 und Herleitung 12.1). Wir können ihre Geschwindigkeit,

$$\frac{1}{v^2} = \varepsilon_0 \mu_0$$

$$\Rightarrow v = \frac{1}{\sqrt{\varepsilon_0 \mu_0}}\,,$$

ablesen (mehr über die Eigenschaften dieser Geschwindigkeit folgt weiter unten).

Wellengleichungen im freien Raum (Herleitung 12.1):

Elektrisches Feld:

$$\nabla^2 \vec{E} = \varepsilon_0 \mu_0 \frac{\partial^2 \vec{E}}{\partial t^2} \tag{12.5}$$

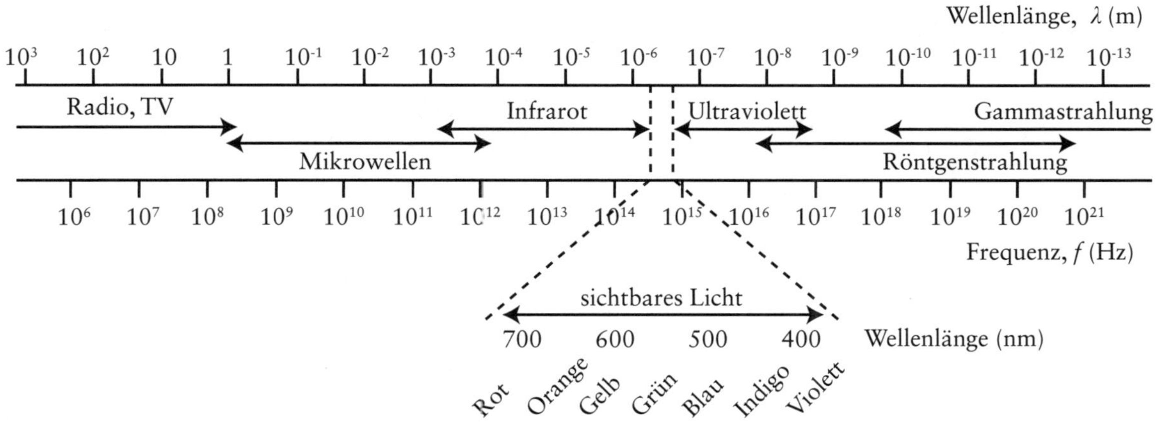

Abbildung 12.1 Das elektromagnetische Spektrum

Magnetfeld:

$$\nabla^2 \vec{B} = \varepsilon_0 \mu_0 \frac{\partial^2 \vec{B}}{\partial t^2} \tag{12.6}$$

Aus dem Faraday'schen und dem Ampère'schen Gesetz können wir qualitativ erkennen, dass sich elektromagnetische Wellen selbstständig ausbreiten: Ein sich änderndes Magnetfeld induziert ein elektrisches Feld (Faraday'sches Gesetz) und ein sich änderndes elektrisches Feld induziert ein Magnetfeld (Ampère'sches Gesetz). Daher induzieren sich die Felder gegenseitig. Da die Divergenz von $\vec{E}$ und $\vec{B}$ im freien Raum null ergibt, sind keine anderen Quellen oder Senken der Felder enthalten. Daher können sich, so die Theorie, elektromagnetische Wellen im freien Raum ungedämpft ausbreiten.

12.1.2 Welleneigenschaften

Es ist einfach, zu zeigen, dass Lösungen für sinusförmige ebene Wellen die Gleichungen für $\vec{E}$ und $\vec{B}$ erfüllen:

$$\vec{E}(\vec{r},t) = \vec{E}_0 \sin(\vec{k}\cdot\vec{r} - \omega t)$$

$$\text{oder}\quad \vec{E}(\vec{r},t) = \vec{E}_0 \sin(\vec{k}\cdot\vec{r} - \omega t + \phi)$$

und ähnlich gilt das für $\vec{B}$ (Gln. 12.7 und 12.9), wobei ϕ eine beliebige Phasenverschiebung und $\vec{E}_0$ das Maximum der Amplitude darstellen. Die Wellenphase verfügt über eine Raumkomponente, $\vec{k}\cdot\vec{r}$, und eine Zeitkomponente, ωt. Der *Wellenvektor*, $\vec{k}$ [m^{-1}], beschreibt die Richtung der Wellenausbreitung ($\hat{k}$) sowie die Wellenlänge ($\lambda = 1/|\vec{k}|$).

Die Kreisfrequenz, ω [s^{-1}], beschreibt die Zeitperiode ($T = 2\pi/\omega$).

Komplexe Exponentialform

In diesem Kapitel werden wir die *komplexe Exponentialform* nutzen, um $\vec{E}$ und $\vec{B}$ zu lösen, da sie besser zu handhaben ist als sinusförmige Lösungen (Gln. 12.8 und 12.10). Die Tilden in Gln. 12.8 und 12.10 kennzeichnen komplexe Lösungen, aber die Funktionen, die physikalische Wellen beschreiben, entsprechen den realen oder imaginären Teilen von $\tilde{\vec{E}}$ und $\tilde{\vec{B}}$ (die folglich sinus- oder kosinusförmige Lösungen ergeben). Es ist üblich, die Tilde-Zeichen wegzulassen, deshalb sind im weiteren Kapitel keine Tilde-Zeichen mehr gesetzt.

Ebene Wellen als Lösungen der dreidimensionalen Wellengleichung:

Elektrisches Feld:

$$\vec{E}(\vec{r},t) = \vec{E}_0 \sin(\vec{k}\cdot\vec{r} - \omega t) \tag{12.7}$$

$$\text{oder}\quad \tilde{\vec{E}}(\vec{r},t) = \tilde{\vec{E}}_0 \mathrm{e}^{\mathrm{i}(\vec{k}\cdot\vec{r} - \omega t)} \tag{12.8}$$

Magnetfeld:

$$\vec{B}(\vec{r},t) = \vec{B}_0 \sin(\vec{k}\cdot\vec{r} - \omega t) \tag{12.9}$$

$$\text{oder}\quad \tilde{\vec{B}}(\vec{r},t) = \tilde{\vec{B}}_0 \mathrm{e}^{\mathrm{i}(\vec{k}\cdot\vec{r} - \omega t)}, \tag{12.10}$$

wobei

$$\vec{r} = x\,\hat{x} + y\,\hat{y} + z\,\hat{z}$$
$$\vec{k} = k_x\,\hat{x} + k_y\,\hat{y} + k_z\,\hat{z}$$
$$\therefore \vec{k}\cdot\vec{r} = k_x x + k_y y + k_z z$$

gelten.

Herleitung 12.1: Herleitung der Wellengleichungen im freien Raum (Gln. 12.5 und 12.6)

$$\nabla \times \vec{E} = -\frac{\partial \vec{B}}{\partial t}$$
$$\therefore \nabla \times \nabla \times \vec{E} = -\nabla \times \frac{\partial \vec{B}}{\partial t}$$
$$= -\frac{\partial}{\partial t}(\nabla \times \vec{B})$$
$$= -\varepsilon_0 \mu_0 \frac{\partial^2 \vec{E}}{\partial t^2}$$
$$\text{und } \nabla \times \nabla \times \vec{E} = \nabla(\nabla \cdot \vec{E}) - \nabla^2 \vec{E}$$
$$= -\nabla^2 \vec{E}$$
$$\therefore \nabla^2 \vec{E} = \varepsilon_0 \mu_0 \frac{\partial^2 \vec{E}}{\partial t^2}$$

Ähnlich wird das Ampère'sche Gesetz verwendet:

$$\nabla^2 \vec{B} = \varepsilon_0 \mu_0 \frac{\partial^2 \vec{B}}{\partial t^2} .$$

- Ansatz: Das Faraday'sche und das Ampère'sche Gesetz sind im freien Raum

$$\nabla \times \vec{E} = -\frac{\partial \vec{B}}{\partial t}$$
$$\text{und} \quad \nabla \times \vec{B} = \varepsilon_0 \mu_0 \frac{\partial \vec{E}}{\partial t} .$$

  Wir nehmen die Rotation aus dem Faraday'schen Gesetz und verwenden das Ampère'sche Gesetz, um $\nabla \times \vec{B}$ durch $\vec{E}$ auszudrücken. (Der Rotationsoperator wirkt nicht auf die zeitliche Ableitung.)
- Die Vektoridentität für die Rotation der Rotation eines Vektors ist

$$\nabla \times \nabla \times \vec{E} = \nabla(\nabla \cdot \vec{E}) - \nabla^2 \vec{E} ,$$

  wobei $\nabla \cdot \vec{E} = 0$ im freien Raum gilt.
- Setzen wir nun die beiden Ausdrücke für $\nabla \times \nabla \times \vec{E}$ gleich. Wenn wir dies durchführen, erkennen wir, dass $\vec{E}$ eine partielle Differentialgleichung zweiter Ordnung, welche eine dreidimensionale Wellengleichung darstellt, erfüllt.
- Wir können eine ähnliche Methode verwenden (nutzt die Rotation des Ampère'schen Gesetzes und eliminiert $\nabla \times \vec{E}$ unter Verwendung von Faradays Gesetz), um eine identische Wellengleichung für $\vec{B}$ zu erhalten.

Ableitungen nach Raum und Zeit

An diesem Punkt ist es hilfreich, Raum- und Zeitableitungen der Lösungen ebener Wellen in Gln. 12.8 und 12.10 zu bestimmen, da wir sie häufig verwenden. Wir erkennen, dass der ∇-Operator die Lösung mit $\mathrm{i}\vec{k}$ und der $\partial/\partial t$-Operator die Lösung mit $-\mathrm{i}\omega$ multipliziert (Gln. 12.11 und 12.12, Herleitung 12.2).

Ableitungen ebener Wellen (Herleitung 12.2):

Für die Lösung einer ebenen Welle $\vec{E} = \vec{E}_0 \,\mathrm{e}^{\mathrm{i}(\vec{k}\cdot\vec{r}-\omega t)}$

Räumliche Ableitungen:

$$\nabla \to \mathrm{i}\vec{k} \tag{12.11}$$
$$\therefore \nabla \cdot \vec{E} = \mathrm{i}\vec{k} \cdot \vec{E}$$
$$\nabla \times \vec{E} = \mathrm{i}\vec{k} \times \vec{E}$$
$$\nabla^2 \vec{E} = -\left|\vec{k}\right|^2 \vec{E}$$

Zeitableitungen:

$$\frac{\partial}{\partial t} \to -\mathrm{i}\omega \tag{12.12}$$
$$\therefore \frac{\partial \vec{E}}{\partial t} = -\mathrm{i}\omega \vec{E}$$
$$\frac{\partial^2 \vec{E}}{\partial t^2} = -\omega^2 \vec{E}$$

Herleitung 12.2: Herleitung der räumlichen und zeitlichen Ableitungen ebener Wellen (Gln. 12.11 und 12.12)

Räumliche Ableitung:
(Erinnert euch an $\vec{k} \cdot \vec{r} = k_x x + k_y y + k_z z$.)

$$\begin{aligned}
\nabla \cdot \vec{E} &= \left(\frac{\partial}{\partial x}\hat{x} + \frac{\partial}{\partial y}\hat{y} + \frac{\partial}{\partial z}\hat{z}\right) \cdot \vec{E}_0 \, \mathrm{e}^{\mathrm{i}(\vec{k}\cdot\vec{r}-\omega t)} \\
&= \mathrm{i}\left(k_x\hat{x} + k_y\hat{y} + k_z\hat{z}\right) \cdot \vec{E}_0 \, \mathrm{e}^{\mathrm{i}(\vec{k}\cdot\vec{r}-\omega t)} \\
&= \mathrm{i}\vec{k} \cdot \vec{E}_0 \, \mathrm{e}^{\mathrm{i}(\vec{k}\cdot\vec{r}-\omega t)} \\
\therefore \nabla^2 \vec{E} &= (\mathrm{i}\vec{k} \cdot \mathrm{i}\vec{k})\vec{E} \\
&= -\left|\vec{k}\right|^2 \vec{E} \, .
\end{aligned}$$

Der ∇-Operator multipliziert die Lösung mit $\mathrm{i}\vec{k}$:

$$\nabla \to \mathrm{i}\vec{k} \, .$$

Zeitliche Ableitung:

$$\begin{aligned}
\frac{\partial}{\partial t}\vec{E} &= \frac{\partial}{\partial t}\vec{E}_0 \, \mathrm{e}^{\mathrm{i}(\vec{k}\cdot\vec{r}-\omega t)} \\
&= -\mathrm{i}\omega\vec{E}_0 \, \mathrm{e}^{\mathrm{i}(\vec{k}\cdot\vec{r}-\omega t)} \\
&= -\mathrm{i}\omega\vec{E} \\
\therefore \frac{\partial^2}{\partial t^2}\vec{E} &= (-\mathrm{i}\omega)^2 \vec{E} \\
&= -\omega^2 \vec{E} \, .
\end{aligned}$$

Der $\frac{\partial}{\partial t}$-Operator multipliziert die Lösung mit $-\mathrm{i}\omega$:

$$\frac{\partial}{\partial t} \to -\mathrm{i}\omega \, .$$

Wellengeschwindigkeit

Setzen wir die Lösungen ebener Wellen anstelle von $\vec{E}$ in die Wellengleichung ein, erhalten wir:

$$\begin{aligned}
\nabla^2 \vec{E} &= \varepsilon_0 \mu_0 \frac{\partial^2 \vec{E}}{\partial t^2} \\
\therefore -\left|\vec{k}\right|^2 \vec{E} &= -\varepsilon_0\mu_0\omega^2 \vec{E} \\
\therefore \left|\vec{k}\right|^2 &= \varepsilon_0\mu_0\omega^2 \, .
\end{aligned}$$

Die Ausbreitungsgeschwindigkeit einer Welle ist als $v = \omega / k$ definiert. Diesbezüglich ergibt sich für die Geschwindigkeit elektromagnetischer Wellen im freien Raum:

$$\begin{aligned}
v &= \frac{\omega}{\left|\vec{k}\right|} \\
&= \frac{1}{\sqrt{\varepsilon_0\mu_0}} \\
&= \frac{1}{\sqrt{8.85 \cdot 10^{-12} \cdot 4\pi \cdot 10^{-7}}} \\
&\simeq 3 \cdot 10^8 \quad \mathrm{m\,s^{-1}} \, .
\end{aligned}$$

Diesen Betrag erkennen wir alle als *Lichtgeschwindigkeit* im Vakuum, c [$\mathrm{m\,s^{-1}}$] (Gl. 12.13). Elektromagnetische Wellen *aller* Frequenzen bewegen sich mit dieser Geschwindigkeit im freien Raum (und in sehr guter Näherung in Luft).

Wellengeschwindigkeit im freien Raum:

$$\begin{aligned}
c &= \frac{1}{\sqrt{\varepsilon_0\mu_0}} \\
&\simeq 3 \cdot 10^8 \ \mathrm{m\,s^{-1}}
\end{aligned} \tag{12.13}$$

Eigenschaften elektromagnetischer Wellen

Lasst uns nun die Lösung einer ebenen Welle für $\vec{E}$ und $\vec{B}$ in den Maxwellgleichungen verwenden, um weitere Eigenschaften elektromagnetischer Wellen (welche in Abb. 12.2 zusammengefasst werden) zu bestimmen:

1. Aus dem Gauß'schen Gesetz für $\vec{E}$ und $\vec{B}$ folgt

$$\begin{aligned}
\nabla \cdot \vec{E} = 0 &\to \mathrm{i}\vec{k} \cdot \vec{E} = 0 \\
\nabla \cdot \vec{B} = 0 &\to \mathrm{i}\vec{k} \cdot \vec{B} = 0 \, .
\end{aligned}$$

   $\therefore$ $\vec{E}$ und $\vec{B}$ stehen senkrecht auf der Ausbreitungsrichtung der Welle, $\vec{k}$ $\Rightarrow$ elektromagnetische Wellen sind *transversale* Wellen (Gln. 12.14 und 12.15).
2. Aus dem Faraday'schen Gesetz folgt

$$\begin{aligned}
\nabla \times \vec{E} = -\frac{\partial \vec{B}}{\partial t} &\to \mathrm{i}\vec{k} \times \vec{E} = \mathrm{i}\omega\vec{B} \\
\left|\vec{k}\right| \hat{k} \times \vec{E} &= \omega\vec{B} \\
\therefore \hat{k} \times \vec{E} &= c\vec{B}
\end{aligned}$$

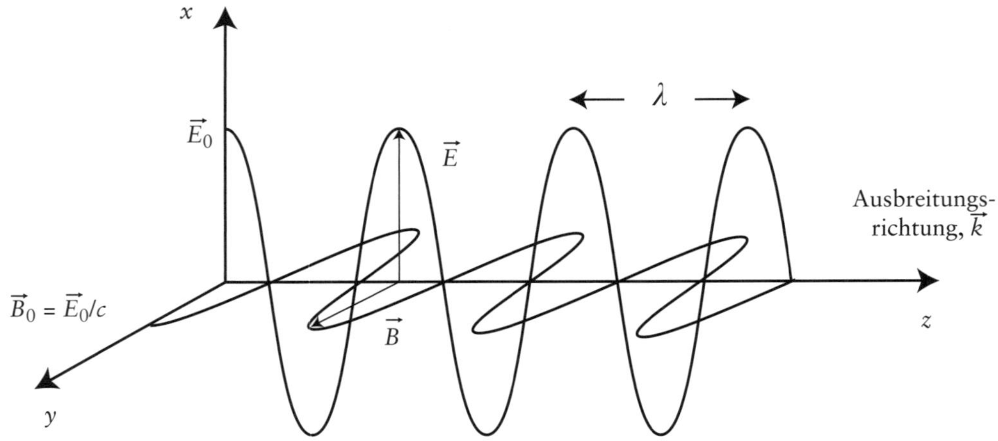

Abbildung 12.2 Eine elektromagnetische Welle. $\vec{E}$ und $\vec{B}$ stehen orthogonal zueinander und zur Ausbreitungsrichtung. $\vec{E}$ und $\vec{B}$ verfügen über dieselbe Frequenz und Wellenlänge, λ. Obwohl die Amplitude von $\vec{E}$ numerisch um das c-fache kleiner ist als die Amplitude von $\vec{B}$, sind die in jeder Komponente gespeicherten Energiedichten gleich

und aus dem Ampère'schen Gesetz folgt

$$\nabla \times \vec{B} = \frac{1}{c^2}\frac{\partial \vec{E}}{\partial t} \rightarrow \mathrm{i}\vec{k} \times \vec{B} = -\frac{\mathrm{i}\omega}{c^2}\vec{E}$$
$$\left|\vec{k}\right| \hat{k} \times \vec{B} = -\frac{\omega}{c^2}\vec{E}$$
$$\therefore \hat{k} \times \vec{B} = -\frac{1}{c}\vec{E}\,.$$

$\therefore$ $\vec{E}$ und $\vec{B}$ stehen *orthogonal* zueinander $\Rightarrow$ $\vec{E}$ und $\vec{B}$ sind folglich linear unabhängig (Gln. 12.16 und 12.17).

3. Die Amplitude von $\vec{E}$ ist numerisch um einen Faktor c größer als die Amplitude von $\vec{B}$ (Gl. 12.18). Jedoch – wie wir in Abschn. 12.2 sehen werden – gleichen die Komponenten der Energiedichte aus Magnetfeld und elektrischem Feld einander. *Dieses spezifische Verhältnis führt zur Ausbreitung einer Welle: ein sich änderndes elektrisches Feld tut dies gerade genug, um ein sich änderndes Magnetfeld zu erzeugen, das sich gerade genug ändert, um ein sich änderndes elektrisches Feld zu produzieren usw.*

Eigenschaften elektromagnetischer Wellen (vgl. Abb. 12.2):

Für eine Welle, die sich entlang $\vec{k}$ bewegt:

$\vec{E}$- und $\vec{B}$-Komponenten verlaufen transversal:

$$\hat{k} \cdot \vec{E} = 0 \qquad (12.14)$$
$$\hat{k} \cdot \vec{B} = 0 \qquad (12.15)$$

$\vec{E}$ und $\vec{B}$ verlaufen orthogonal zueinander:

$$\hat{k} \times \vec{E} \propto \vec{B} \qquad (12.16)$$
$$\hat{k} \times \vec{B} \propto -\vec{E} \qquad (12.17)$$

Das Verhältnis der Amplituden von $\vec{E}$ und $\vec{B}$ gibt c an:

$$\hat{k} \times \vec{E} = c\vec{B}$$
$$\Rightarrow \left|\vec{E}\right| = c\left|\vec{B}\right| \qquad (12.18)$$

Polarisation

Durch eine Konvention ist geregelt, dass die Richtung von $\vec{E}$ die *Polarisation* einer elektromagnetischen Welle angibt. Verbleibt $\vec{E}$ in einer einzigen Ebene, beispielsweise der x-z-Ebene, wie in Abb. 12.2 dargestellt, dann spricht man von einer *eben* polarisierten (oder linear polarisierten) Welle. *Zirkulare* Polarisation wird durch Superposition zweier orthogonaler, eben polarisierter Wellen mit einer Phasenverschiebung von $\pi/2$ zwischen ihnen erreicht. Dadurch wird ein resultierendes $\vec{E}$-Feld geschaffen, das um die Ausbreitungsachse rotiert.

Wellenwiderstand

Das Verhältnis der Amplituden eines elektrischen Feldes, $\vec{E}$ [V m^{-1}], und der magnetischen Feldstärke, $\vec{H}$ [A m^{-1}], verfügt über die Einheit eines Widerstandes:

$$\frac{[\mathrm{V\,m^{-1}}]}{[\mathrm{A\,m^{-1}}]} \equiv [\Omega]\,.$$

Dieses Verhältnis repräsentiert den *Wellenwiderstand*, Z [Ω]:

$$Z \stackrel{\text{def}}{=} \frac{\left|\vec{E}\right|}{\left|\vec{H}\right|}$$

(Gl. 12.19). Z ist ein Spezifikum des Mediums, durch das sich die Welle bewegt. Im freien Raum gilt $|\vec{E}| = c\,\vec{B}|$ und $|\vec{B}| = \mu_0|\vec{H}|$. Daraus folgt, dass der *Feldwellenwiderstand*, Z_0, eine Konstante ist, die nur von μ_0 und ε_0 abhängt (Gl. 12.20).

Wellenwiderstand:

$$Z = \frac{|\vec{E}|}{|\vec{H}|} \quad (12.19)$$

Feldwellenwiderstand:

$$\begin{aligned} Z_0 &= c\mu_0 \\ &= \sqrt{\frac{\mu_0}{\varepsilon_0}} \\ &\simeq 377\,\Omega \end{aligned} \quad (12.20)$$

12.2 Energie und Impuls

Elektromagnetische Wellen tragen sowohl Energie als auch Impuls und übermitteln diesbezüglich Leistung aus ihrer Quelle.

12.2.1 Elektromagnetische Energiedichte

Die elektrische und magnetische Energiedichte, die jeweils in einem elektrischen oder magnetischen Feld gespeichert ist, beträgt

$$u_E = \frac{1}{2}\varepsilon_0|\vec{E}|^2$$
$$\text{und} \quad u_B = \frac{1}{2\mu_0}|\vec{B}|^2$$

(vgl. Abschn. 7.4 und 10.2). Die Gesamtenergiedichte, die durch eine elektromagnetische Welle getragen wird, ergibt sich aus der Summe dieser beiden Beiträge (Gl. 12.21). Verwenden wir $|\vec{E}| = c|\vec{B}| = |\vec{B}|/\sqrt{\varepsilon_0\mu_0}$, sehen wir, dass die Beiträge der elektrischen und der magnetischen Komponente gleich sind:

$$\begin{aligned} u_E &= \frac{1}{2}\varepsilon_0\,|\vec{E}|^2 \\ &= \frac{\varepsilon_0}{2\varepsilon_0\mu_0}\,|\vec{B}|^2 \\ &= \frac{1}{2\mu_0}\,|\vec{B}|^2 \\ &= u_B\,. \end{aligned}$$

Elektromagnetische Energiedichte in einer Welle:

$$\begin{aligned} u_{\text{EM}} &= u_E + u_B \\ &= \frac{1}{2}\varepsilon_0\,|\vec{E}|^2 + \frac{1}{2\mu_0}\,|\vec{B}|^2\,, \end{aligned} \quad (12.21)$$

wobei $u_E = u_B$ gilt.

12.2.2 Der Poyntingvektor

Der *Poyntingvektor*, $\vec{S}$ [W m^{-2}], definiert den Leistungsfluss (Leistung pro Einheitsfläche), der von einer Welle getragen wird. Wir erhalten einen Ausdruck für den Poyntingvektor in Abhängigkeit von $\vec{E}$ und $\vec{B}$, indem wir die Änderungsrate der Energiedichte, $u_{\text{EM}}/\,\mathrm{d}t$, der Welle berechnen, wie in Herleitung 12.3 gezeigt. Außerdem ist er proportional zum Kreuzprodukt von $\vec{E}$ und $\vec{B}$:

$$\vec{S} = \frac{1}{\mu_0}(\vec{E} \times \vec{B})$$

(Gln. 12.22 und 12.23 und Herleitung 12.3). Die Richtung von $\vec{S}$ verläuft senkrecht zu $\vec{E}$ und zu $\vec{B}$ und zeigt daher in die Richtung der Wellenausbreitung.[2] Das Leistungselement, $\mathrm{d}P$, das durch ein Flächenelement, $\mathrm{d}\vec{s}$, geleitet wird, stimmt mit der Komponente von $\vec{S}$ entlang $\mathrm{d}\vec{s}$ überein:

$$\mathrm{d}P = \vec{S} \cdot \mathrm{d}\vec{s}.$$

Daher ist die Gesamtleistung einer Welle durch eine geschlossene Fläche, S, durch das Integral $P = \int \mathrm{d}P$ gegeben (Gl. 12.24).

[2] Dies gilt nur in einem HILS-Material. Es gilt nicht in anisotropen Materialien wie etwa doppelbrechenden Materialien (in denen der Brechungsindex richtungsabhängig ist).

II Elektrodynamik

Herleitung 12.3: Herleitung des Poyntingvektors (Gln. 12.22–12.24)

$$\begin{aligned}
P &= -\int_V \frac{\partial u_{\text{EM}}}{\partial t}\,\mathrm{d}\tau \\
&= -\int_V \frac{\partial}{\partial t}\left(\frac{1}{2}\varepsilon_0\left|\vec{E}\right|^2 + \frac{1}{2\mu_0}\left|\vec{B}\right|^2\right)\mathrm{d}\tau \\
&= -\int_V \left(\varepsilon_0\vec{E}\cdot\frac{\partial\vec{E}}{\partial t} + \frac{1}{\mu_0}\vec{B}\cdot\frac{\partial\vec{B}}{\partial t}\right)\mathrm{d}\tau \\
&= -\int_V \left(\frac{1}{\mu_0}\vec{E}\cdot\left(\nabla\times\vec{B}\right) - \frac{1}{\mu_0}\vec{B}\cdot\left(\nabla\times\vec{E}\right)\right)\mathrm{d}\tau \\
&= \frac{1}{\mu_0}\int_V \nabla\cdot\left(\vec{E}\times\vec{B}\right)\mathrm{d}\tau \\
&= \frac{1}{\mu_0}\oint_S \left(\vec{E}\times\vec{B}\right)\cdot\mathrm{d}\vec{s} \\
&\equiv \oint_S \vec{S}\cdot\mathrm{d}\vec{s}\,,
\end{aligned}$$

wobei

$$\begin{aligned}
\vec{S} &= \frac{1}{\mu_0}\vec{E}\times\vec{B} \\
&\equiv \vec{E}\times\vec{H}\ \text{gilt}\,.
\end{aligned}$$

- Ansatz: Die Leistung, die eine elektromagnetische Welle im freien Raum trägt, wobei keine Energie verloren geht, entspricht dem Verhältnis verrichteter Arbeit,

$$P = \frac{\partial W}{\partial t} = -\frac{\partial U_{\text{EM}}}{\partial t} = -\int_V \frac{\partial u_{\text{EM}}}{\partial t}\,\mathrm{d}\tau\,,$$

wobei die Energiedichte der Welle die Summe aus elektrischer und magnetischer Komponente darstellt:

$$u_{\text{EM}} = \frac{1}{2}\varepsilon_0\left|\vec{E}\right|^2 + \frac{1}{2\mu_0}\left|\vec{B}\right|^2$$

- Nehmen wir $\left|\vec{E}\right|^2 = \vec{E}\cdot\vec{E}$ und differenzieren das Ganze. Ähnlich verfahren wir mit $\vec{B}$.
- Nun nutzen wir das Ampère'sche und das Faraday'sche Gesetz für den freien Raum, um die zeitlichen Ableitungen zu entfernen:

$$\begin{aligned}
\text{Ampère:}\quad & \nabla\times\vec{B} = \varepsilon_0\mu_0\frac{\partial\vec{E}}{\partial t} \\
\text{Faraday:}\quad & \nabla\times\vec{E} = -\frac{\partial\vec{B}}{\partial t}
\end{aligned}$$

- Verwenden wir nun die Vektoridentität,

$$\vec{G}\cdot\left(\nabla\times\vec{F}\right) - \vec{F}\cdot\left(\nabla\times\vec{G}\right) = \nabla\cdot(\vec{F}\times\vec{G})\,,$$

um das Integral zu vereinfachen.
- Mit dem Gauß'schen Satz wandeln wir das Volumenintegral in ein geschlossenes Flächenintegral um, wobei S die das Volumen V umschließende Fläche ist.
- Der Poyntingvektor, $\vec{S}$, ist als Leistung pro Einheitsfläche definiert (Leistungsfluss), welcher von einer Welle getragen wird.

Poyntingvektor (Herleitung 12.3):

$$\vec{S} = \frac{1}{\mu_0}(\vec{E} \times \vec{B}) \tag{12.22}$$

$$\equiv \vec{E} \times \vec{H} \tag{12.23}$$

Leistung, die aus einer geschlossenen Fläche S getragen wird:

$$P = \oint_S \vec{S} \cdot d\vec{s} \tag{12.24}$$

Berechnung des Poyntingvektors

Wir können Betrag und Richtung des Poyntingvektors für elektromagnetische Wellen, die durch elektrische Stromkreise fließen, bei bekanntem Strom, I, und Potential, V, bestimmen (Beispielrechnung 12.1). Die Richtung des Poyntingvektors erhalten wir aus dem Kreuzprodukt zwischen $\vec{E}$ und $\vec{B}$, wie in den Diagrammen in der Beispielrechnung 12.1 gezeigt wird. Aus den aufgeführten Beispielen erkennen wir, dass der Betrag von $\vec{S}$ der Leistung $P = VI$ entspricht, welche durch die Fläche, die senkrecht auf der Leistungsflussrichtung steht (orthogonal auf $\vec{S}$), geteilt wird.

Strahlungsdruck

Elektromagnetische Wellen üben *Strahlungsdruck*, $\vec{R}$ [Pa], auf eine Fläche aus. Strahlungsdruck tritt aufgrund der Impulsänderung[3], $\vec{p}$, eines Photons gegen die Fläche auf. Aus dem zweiten Newton'schen Gesetz folgt, dass Kraft mit der Impulsänderung durch $\vec{F} = d\vec{p}/dt$ verbunden ist und dass der Impuls eines Photons mit seiner Energie, U, durch $\vec{p} = U\hat{n}/c$ in Beziehung steht, wobei $\hat{n}$ ein Einheitsvektor ist, der entlang $\vec{p}$ zeigt. Daraus ergibt sich für den Strahlungsdruck

$$\begin{aligned}\vec{R} &= \frac{\vec{F}}{s_\perp} \\ &= \frac{1}{s_\perp}\frac{d\vec{p}}{dt} \\ &= \frac{1}{s_\perp c}\frac{dU}{dt}\hat{n} \\ &= \frac{\vec{S}}{c},\end{aligned}$$

wobei $s_\perp$ die senkrechte Komponente der Fläche ist (Gl. 12.25). Folglich ist der Strahlungsdruck mit dem Poyting-Vektor durch einen Faktor c verbunden. Wird eine einfallende Welle an der Fläche reflektiert, anstatt von ihr absorbiert zu werden, dann zählt der Strahlungsdruck, $\vec{R} = 2\vec{S}/c$, für den Druck beider – der eingestrahlten und der reflektierten Welle.

[3] Der Impuls, $\vec{p}$, in diesem Abschnitt darf nicht mit dem elektrischen Dipolmoment, das auch mit einem $\vec{p}$ beschrieben wurde, verwechselt werden.

Strahlungsdruck:

$$\vec{R} = \frac{\vec{S}}{c} \tag{12.25}$$

Für eine Welle, die an einer Fläche reflektiert wird, verdoppelt sich der Druck ($\vec{R}_r = 2\vec{S}/c$).

12.3 Elektromagnetische Wellen in nichtleitender Materie

In nichtleitender Materie (≡ Isolatoren oder dielektrische Materialien) sind freie Ladungs- und freie Stromdichte gleich null:

$$\text{Freie Ladungsdichte:} \quad \rho_f = 0$$
$$\text{Freie Stromdichte:} \quad \vec{J}_f = 0\,.$$

Die Permittivität, ε, und Permeabilität, μ, eines dielektrischen Materials beschreiben, wie schnell es durch ein angelegtes elektrisches oder magnetisches Feld polarisiert oder magnetisiert werden kann. Folglich erhalten wir

$$\text{Permittivität:} \quad \varepsilon = \varepsilon_0\varepsilon_r$$
$$\text{Permeabilität:} \quad \mu = \mu_0\mu_r\,,$$

wobei ε_r und μ_r die jeweilige relative Permittivität und Permeabilität des Materials darstellen. Wie wir in diesem Abschnitt sehen werden, charakterisieren diese Parameter die Ausbreitungseigenschaften elektromagnetischer Wellen in Dielektrika.

12.3.1 Die Maxwellgleichungen

In einem HILS-Material stehen die elektrische Flussdichte $\vec{D}$ und die magnetische Feldstärke $\vec{H}$ mit den elektrischen und magnetischen Feldern wie folgt in Verbindung:

$$\vec{D} = \varepsilon\vec{E} \quad \text{und} \quad \vec{H} = \frac{\vec{B}}{\mu}\,.$$

Beispielrechnung 12.1: Berechnung des Poyntingvektors elektromagnetischer Wellen, die – bei gegebenem V und I – durch einen Stromkreis laufen (Gl. 12.22)

a) Gerader Leitungsdraht | b) Runder Plattenkondensator | c) Koaxialkabel

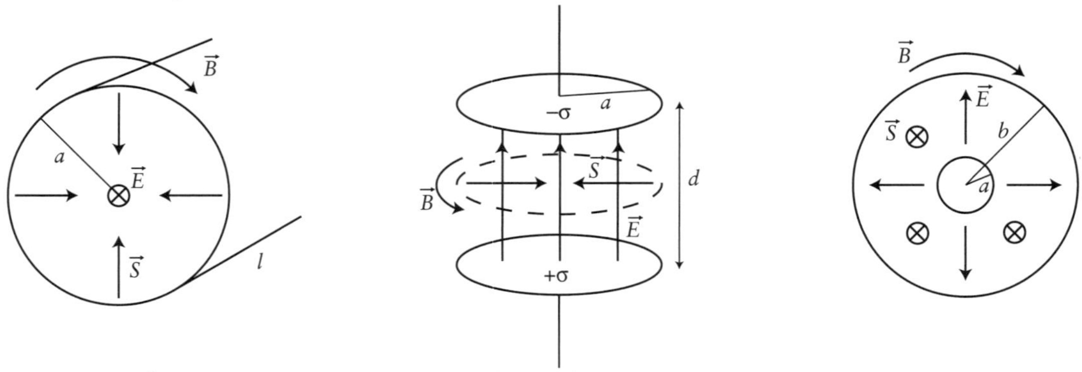

a) Leiterradius a, Länge l

$$\left|\vec{E}\right| = \frac{V}{l}$$
$$\left|\vec{B}\right| = \frac{\mu_0 I}{2\pi a}$$
$$\therefore \left|\vec{S}\right| = \frac{\left|\vec{E}\right|\left|\vec{B}\right|}{\mu_0} = \frac{VI}{2\pi a l}$$

b) Plattenradius a, Plattenabstand d

$$\left|\vec{E}\right| = \frac{V}{d}$$
$$\left|\vec{B}\right| = \frac{\mu_0 I_D}{2\pi a}$$
$$\therefore \left|\vec{S}\right| = \frac{\left|\vec{E}\right|\left|\vec{B}\right|}{\mu_0} = \frac{VI_D}{2\pi a d}$$

c) Innenradius a, Außenradius b

$$\left|\vec{E}\right| = \frac{V}{r\ln(b/a)}$$
$$\left|\vec{B}\right| = \frac{\mu_0 I}{2\pi r}$$
$$\therefore \left|\vec{S}\right| = \frac{\left|\vec{E}\right|\left|\vec{B}\right|}{\mu_0} = \frac{VI}{2\pi r^2\ln(b/a)}$$

Vergleiche Beispielrechnung 7.2, um $\left|\vec{E}\right|$ zu bestimmen, und Beispielrechnung 8.3, um $\left|\vec{B}\right|$ zu bestimmen.

Folglich ist es einfach, die Maxwellgleichungen in nichtleitender Materie aufzuschreiben, wenn die oben genannten Ausdrücke genutzt werden (Gln. 12.26–12.29). Wir erkennen, dass die Maxwellgleichungen in nichtleitender Materie beinah identisch mit denen im freien Raum sind. Die einzigen Unterschiede liegen darin, dass ε_0 durch ε und μ_0 durch μ ersetzt werden (vgl. Gln. 12.26–12.29 mit Gln. 12.1–12.4).

Die Maxwellgleichungen in nichtleitender Materie:

($\rho_f = 0, \vec{J}_f = 0, \varepsilon = \varepsilon_0\varepsilon_r, \mu = \mu_0\mu_r$):

Das Gauß'sche Gesetz:

$$\nabla \cdot \vec{E} = 0 \tag{12.26}$$

Das Gauß'sche Gesetz des Magnetismus:

$$\nabla \cdot \vec{B} = 0 \tag{12.27}$$

Das Faraday'sche Gesetz:

$$\nabla \times \vec{E} = -\frac{\partial \vec{B}}{\partial t} \tag{12.28}$$

Das Ampère'sche Gesetz:

$$\nabla \times \vec{B} = \varepsilon\mu\frac{\partial \vec{E}}{\partial t} \tag{12.29}$$

12.3.2 Die Wellengleichungen

Wir können dasselbe Verfahren wie für den freien Raum verwenden – Entkopplung vom Faraday'schen und Ampère'schen Gesetz durch Bilden der Rotation –, um die Wellengleichungen für $\vec{E}$ und $\vec{B}$ in nichtleitender Materie zu bestimmen (siehe Herleitung 12.1 unter Verwendung von ε und μ anstelle von ε_0 und μ_0). Die Wellengleichungen werden in Gln. 12.30 und 12.31 geliefert (vgl. diese mit Gln. 12.5 und 12.6). Die Lösungen für $\vec{E}$ und $\vec{B}$ sind folglich Lösungen ebener Wellen:

$$\begin{aligned} \vec{E}(\vec{r},t) &= \vec{E}_0 \sin(\vec{k}\cdot\vec{r} - \omega t) \\ \text{oder} \quad \tilde{\vec{E}}(\vec{r},t) &= \tilde{\vec{E}}_0 \,\mathrm{e}^{\mathrm{i}(\vec{k}\cdot\vec{r}-\omega t)} . \end{aligned}$$

Ähnliches gilt für $\vec{B}$ (siehe Abschn. 12.1.2 und Gln. 12.7–12.10).

Wellengleichungen in nichtleitender Materie (siehe Herleitung 12.1):

Elektrisches Feld:

$$\nabla^2 \vec{E} = \varepsilon\mu \frac{\partial^2 \vec{E}}{\partial t^2} \tag{12.30}$$

Magnetfeld:

$$\nabla^2 \vec{B} = \varepsilon\mu \frac{\partial^2 \vec{B}}{\partial t^2} \tag{12.31}$$

Aufgrund der Ähnlichkeit zwischen den Wellengleichungen im freien Raum und in nichtleitender Materie können wir annehmen, dass die Eigenschaften elektromagnetischer Wellen in Materie mit denen im freien Raum identisch sind, allerdings verfügen sie über ε_0 und μ_0, die mit ε_r und μ_r skaliert sind, wie wir weiter unten sehen werden.

12.3.3 Geschwindigkeit und Brechungsindex

Lasst uns zuerst die Geschwindigkeit elektromagnetischer Wellen in nichtleitender Materie bestimmen. Verwenden wir Lösungen ebener Wellen in den Wellengleichungen mit $v = \omega/|\vec{k}|$, erhalten wir die Geschwindigkeit elektromagnetischer Wellen in Materie als

$$\begin{aligned} v &= \frac{1}{\sqrt{\varepsilon\mu}} \\ &= \frac{c}{\sqrt{\varepsilon_r \mu_r}} \end{aligned}$$

(Gl. 12.32). Das Produkt $\varepsilon_r\mu_r$ ist immer größer als 1, daher ist die Geschwindigkeit von Wellen in Materie geringer als im Vakuum.

Geschwindigkeit und Brechungsindex:

Wellengeschwindigkeit:

$$\begin{aligned} v &= \frac{1}{\sqrt{\varepsilon\mu}} \\ &= \frac{c}{\sqrt{\varepsilon_r \mu_r}} \end{aligned} \tag{12.32}$$

Brechungsindex:

$$n = \frac{c}{v} \tag{12.33}$$

$$= \sqrt{\varepsilon_r \mu_r} \tag{12.34}$$

$$\simeq \sqrt{\varepsilon_r} \quad \text{für } \mu_r \simeq 1 \tag{12.35}$$

Brechungsindex

Das Verhältnis der Wellengeschwindigkeit (strenggenommen dem Geschwindigkeitsbetrag) im freien Raum zu der in Materie wird als *Brechungsindex*, n, bezeichnet (Gl. 12.33). Der Brechungsindex hängt nur von ε_r und μ_r ab (Gl. 12.34). Die meisten nichtleitenden Materialien sind nur schwach magnetisch und verfügen demnach über $\mu_r \simeq 1$ (Ferromagneten haben ein hohes μ_r). Demzufolge wird der Brechungsindex häufig mit der Wurzel aus ε_r genähert (Gl. 12.35).

Dispersion

Eine elektromagnetische Welle, die sich durch ein nichtleitendes Material bewegt, ruft eine Wechselwirkung mit den im Material enthaltenen Elektronen hervor, was zu einer Modifizierung der Welleneigenschaften führt, wie etwa ihrem *Geschwindigkeitsbetrag*. Nehmen wir an, das Material sei nicht magnetisch, sodass $\mu_r \simeq 1$ gilt. Das oszillierende elektrische Feld in der Welle übt eine oszillierende Kraft auf gebundene Elektronen aus ($\vec{F} = q\vec{E}$ auf eine Ladung q), was die Elektronen um ihre Gleichgewichtslage schwingen lässt. Im Gegenzug entstehen dadurch schwingende, atomare elektrische Dipolmomente und daher eine Netto-Polarisation des Materials.

Lasst uns nun die Konzepte aus dem oberen Paragraphen mathematisch erklären. Das elektrische Feld in einer Welle verändert sich sinusförmig mit der Zeit, sprich $\vec{E} = \vec{E}_0 \cos\omega t$. Daraus folgt, dass für eine eben polarisierte Welle der Frequenz ω ein Elektron eine schwingende Triebkraft,

$$\vec{F}_T = q\vec{E} = q\vec{E}_0 \cos\omega t ,$$

erfährt (für ein Elektron gilt $q = -e$, aber wir werden zwecks Allgemeingültigkeit in dieser Erörterung die Variable q verwenden). Diese Triebkraft entfernt das Elektron aus seiner Gleichgewichtsposition. Für eine Verschiebung um $\vec{x}$ ergibt sich die Rückstellkraft auf das Elektron aus dem Hookes'schen Gesetz:

$$\vec{F}_\mathrm{R} = -k\vec{x} = -m\omega_0^2\vec{x}\,,$$

wobei k die Federkonstante, ω_0 die Eigenfrequenz des Systems und m die Elektronenmasse ist (siehe Abschn. 2.3.1, um zu sehen, warum $k = m\omega_0^2$ ist). Nehmen wir an, dass keine Dämpfungskräfte auf das gebundene Elektron wirken, dann – unter Verwendung des zweiten Newton'schen Gesetzes – ergeben sich die am Elektron angreifenden Kräfte aus

$$\vec{F}_\mathrm{T} + \vec{F}_\mathrm{R} = m\frac{\mathrm{d}^2\vec{x}}{\mathrm{d}t^2}\,.$$

Stellen wir dies nun um und nutzen die obigen Ausdrücke für $\vec{F}_\mathrm{T}$ und $\vec{F}_\mathrm{R}$, dann ergibt sich die Bewegungsgleichung des Elektrons wie folgt:

$$m\frac{\mathrm{d}^2\vec{x}}{\mathrm{d}t^2} + m\omega_0^2\vec{x} = q\vec{E}_0\cos\omega t\,. \tag{12.36}$$

Diese Differentialgleichung beschreibt eine angetriebene harmonische Bewegung (vgl. Abschn. 2.3.3). Wir können diese Gleichung für $\vec{x}$ lösen und die Lösung nutzen, um einen Ausdruck für den Brechungsindex des Materials zu bestimmen (Gl. 12.37 und Herleitung 12.4).

Der Brechungsindex ist eine Funktion der Kreisfrequenz, ω, der Welle. Folglich gilt, da $v = nc$, dass die Geschwindigkeit einer Welle in einem Material eine Funktion ihrer Frequenz ist. Das Phänomen verschiedener Frequenzen, die sich mit unterschiedlichen Geschwindigkeitsbeträgen durch ein Material bewegen, wird als *Dispersion* bezeichnet. Daher werden sich unterschiedliche Frequenzen, die eine nichtmonochromatische Welle ausmachen, trennen (oder *dispergieren*), wenn sie sich in einem dispersiven Material ausbreiten. Zum Beispiel teilt sich weißes Licht beim Durchgang durch ein trianguläres Glasprisma in seine verschiedenen Farbkomponenten auf und produziert einen Regenbogen.

Dispersionsrelation (Herleitung 12.4):

(Brechungsindex)

$$n(\omega) \simeq 1 + \frac{n_q q^2}{2m\varepsilon_0\left(\omega_0^2 - \omega^2\right)} \tag{12.37}$$

12.3.4 Wellenwiderstand

Der *Wellenwiderstand* eines Materials, Z [Ω], wird als Verhältnis zwischen $|\vec{E}|$ und $|\vec{H}|$ bezeichnet. Verwenden wir $|\vec{E}| = v|\vec{B}|$ und $|\vec{B}| = \mu|\vec{H}|$, erhalten wir

$$Z = \frac{|\vec{E}|}{|\vec{H}|} = \mu v = \sqrt{\frac{\mu}{\varepsilon}}\,,$$

wobei $v = 1/\sqrt{\varepsilon\mu}$ gilt. Vergleichen wir dies mit Gl. 12.20 für die Impedanz im freien Raum, Z_0, sehen wir, dass der Wellenwiderstand eines Materials mit Z_0 durch das Ersetzen von ε_0 durch ε und μ_0 durch μ wie erwartet verbunden ist (Gl. 12.38).

Wellenwiderstand:

$$Z = v\mu = \sqrt{\frac{\mu}{\varepsilon}} = \sqrt{\frac{\mu_\mathrm{r}}{\varepsilon_\mathrm{r}}}Z_0 \tag{12.38}$$

12.3.5 Energiedichte und Poyntingvektor

Die Energiedichte, u_EM, und der Poyntingvektor, $\vec{S}$, elektromagnetischer Wellen in nichtleitenden Medien sind ihren Gegenparts im freien Raum ähnlich, allerdings werden ε_0 und μ_0 durch ε und μ ersetzt (Gl. 12.39 bzw. 12.40).

Energiedichte und Poyntingvektor (siehe Herleitung 12.3 für den Ausdruck für $\vec{S}$):

Energiedichte:

$$u_\mathrm{EM} = \frac{1}{2}\varepsilon\left|\vec{E}\right|^2 + \frac{1}{2\mu}\left|\vec{B}\right|^2 = \frac{1}{2}\vec{E}\cdot\vec{D} + \frac{1}{2}\vec{B}\cdot\vec{H} \tag{12.39}$$

Herleitung 12.4: Herleitung der Dispersionsrelation (Gl. 12.37)

$$m\frac{d^2\vec{x}}{dt^2} + m\omega_0^2\vec{x} = q\vec{E}_0 \cos\omega t$$

Versucht, $\vec{x} = \vec{x}_0 \cos\omega t$ zu verwenden:

$$-m\omega^2\vec{x}_0 \cos\omega t + m\omega_0^2\vec{x}_0 \cos\omega t = q\vec{E}_0 \cos\omega t$$

$$\begin{aligned}
\therefore \vec{x}_0 &= \frac{q\vec{E}_0}{m(\omega_0^2 - \omega^2)} \\
\vec{P}_0 &= n_q q\vec{x}_0 \\
&= \frac{n_q q^2 \vec{E}_0}{m\left(\omega_0^2 - \omega^2\right)} \\
\text{und} \quad \vec{P}_0 &= \chi_e \varepsilon_0 \vec{E}_0 \\
&= (\varepsilon_r - 1)\varepsilon_0 \vec{E}_0 \\
\therefore \varepsilon_r &= 1 + \frac{n_q q^2}{m\varepsilon_0\left(\omega_0^2 - \omega^2\right)} \\
n &\simeq \sqrt{\varepsilon_r} \\
&= \sqrt{1 + \frac{n_q q^2}{m\varepsilon_0\left(\omega_0^2 - \omega^2\right)}} \\
&\simeq 1 + \frac{n_q q^2}{2m\varepsilon_0\left(\omega_0^2 - \omega^2\right)}
\end{aligned}$$

- Ansatz: Die Bewegungsgleichung einer Ladung q der Masse m, die im elektrischen Feld einer elektromagnetischen Welle der Frequenz ω schwingt, beträgt

$$m\frac{d^2\vec{x}}{dt^2} + m\omega_0^2\vec{x} = q\vec{E}_0 \cos\omega t$$

(siehe Text).
- Wir versuchen, die Lösung $\vec{x} = \vec{x}_0 \cos\omega t$ zu verwenden und stellen das Ganze um, um einen Ausdruck für die Auslenkungsamplitude zu erhalten $\vec{x}_0$.
- Die Polarisationsamplitude ist $\vec{P}_0 = n_q\vec{p}_0 = n_q q\vec{x}_0$, wobei n_q die Ladungsdichte und $\vec{p}_0 = q\vec{x}_0$ die Amplitude des elektrischen Dipols ist.
- Die Polarisation und die elektrische Suszeptibilität eines HILS-Materials sind wie folgt definiert:

$$\vec{P} = \chi_e\varepsilon_0\vec{E}$$
$$\text{und} \quad \chi_e = \varepsilon_r - 1\,.$$

Wie verwenden diese, gemeinsam mit den Ausdrücken für $\vec{P}_0$, die oben gezeigt wurden, um eine Ausdrucksweise für die relative Permitivität, ε_r, zu erhalten.
- Der Brechungsindex ist $n \simeq \sqrt{\varepsilon_r}$ (Gl. 12.35). Wir nutzen eine quadratische Ergänzung, um einen Ausdruck für n zu erhalten.

Poyntingvektor:

$$\begin{aligned}
\vec{S} &= \frac{1}{\mu}\vec{E} \times \vec{B} \\
&= \vec{E} \times \vec{H}\,, \qquad (12.40)
\end{aligned}$$

wobei $\vec{D} = \varepsilon\vec{E}$ und $\vec{H} = \vec{B}/\mu$ in einem HILS-Material gelten.

Energiedissipation in leitender Materie

In einem HILS-Material, in dem $\vec{B} = \mu\vec{H}$ gilt, ergibt sich für den Poyntingvektor

$$\vec{S} = \vec{E} \times \vec{H}\,.$$

Obwohl dieses Ergebnis aus nichtleitender Materie abgeleitet wurde, gilt es ebenfalls für *leitende Materie*, d. h., für $\vec{J}_f \neq 0$. Im letzteren Fall berücksichtigt der Poyntingvektor jedoch die Leistungsdissipation (welche im Fall von $\vec{J}_f = 0$ gleich null ist) genauso wie die Änderung der elektrischen und magnetischen Energie. Dies ist am besten zu sehen, wenn wir Herleitung 12.3 „umgekehrt" ausführen.

Unter Verwendung der Vektoridentität $\nabla \cdot (\vec{F} \times \vec{G}) = \vec{G} \cdot \left(\nabla \times \vec{F}\right) - \vec{F} \cdot \left(\nabla \times \vec{G}\right)$ ergibt sich die Divergenz des Poyntingvektors wie folgt:

$$\begin{aligned}
\nabla \cdot \vec{S} &= \nabla \cdot \left(\vec{E} \times \vec{H}\right) \\
&= \vec{H} \cdot \left(\nabla \times \vec{E}\right) - \vec{E} \cdot \left(\nabla \times \vec{H}\right)\,.
\end{aligned}$$

Um die Rotationsterme zu eliminieren, verwenden wir das Faraday'sche und das Ampère'sche Gesetz für den Fall, dass $\vec{J}_f \neq 0$ (siehe Gl. 11.30 und 11.31), stellen das

Ganze um und erhalten

$$\nabla\cdot\vec{S} = -\mu\vec{H}\cdot\left(\frac{\partial\vec{H}}{\partial t}\right) - \vec{E}\cdot\left(\vec{J}_\mathrm{f}+\varepsilon\frac{\partial\vec{E}}{\partial t}\right)$$
$$= -\frac{\partial}{\partial t}\underbrace{\left(\frac{\varepsilon}{2}\left|\vec{E}\right|^2+\frac{\mu}{2}\left|\vec{H}\right|^2\right)}_{\text{Energiedichte}} - \underbrace{\vec{E}\cdot\vec{J}_\mathrm{f}}_{\substack{\text{verbrauchte}\\\text{Energie}}} \quad .$$

Den ersten Term erkennen wir als Änderungsrate der Energiedichte – oder Leistungsdichte – der Welle. Der zweite Term ist gleich der verbrauchten Leistungsdichte:[4]

$$P = VI$$
$$\sim \int\vec{E}\cdot\mathrm{d}\vec{l}\int\vec{J}_\mathrm{f}\cdot\mathrm{d}\vec{s}$$
$$\sim \int\vec{E}\cdot\vec{J}_\mathrm{f}\,\mathrm{d}\tau\,.$$

Die verbrauchte Leistung erweist sich als Wärme, welche entsteht, weil sich elektrische Stromkreise erhitzen, wenn Strom durch sie hindurch fließt. Daher liefert der Poyntingvektor eine Aussage über die Energieerhaltung: Er ist gleich der Summe der Leistung, welche in den elektrischen und magnetischen Komponenten der Welle enthalten ist, addiert mit den Leistungsverlusten der Welle an ihre Umgebung. Allerdings gilt in nichtleitenden Materialien, wie freiem Raum oder perfekten Dielektrika, $\vec{J}_\mathrm{f} = 0$; folglich wird dort durch eine sich ausbreitende Welle keine Leistung verloren.

12.4 Reflexion und Transmission an einer Grenze

Eine Welle, die auf eine Grenze zwischen nichtleitenden Medien einfällt, wird teilweise in das Medium, durch das sich die einfallende Welle bewegt, zurückreflektiert und teilweise durch das zweite Medium transmittiert. Nun werden wir die Eigenschaften reflektierter und transmittierter Wellen betrachten. Im gesamten Abschnitt werden wir nur nichtmagnetische Materialien betrachten, weshalb $\mu_\mathrm{r} = 1$ gilt.

12.4.1 Reflexions- und Brechungsgesetze

Stellen wir uns eine ebene Welle vor, die auf eine Grenze zwischen zwei nichtleitenden Medien fällt, wie in

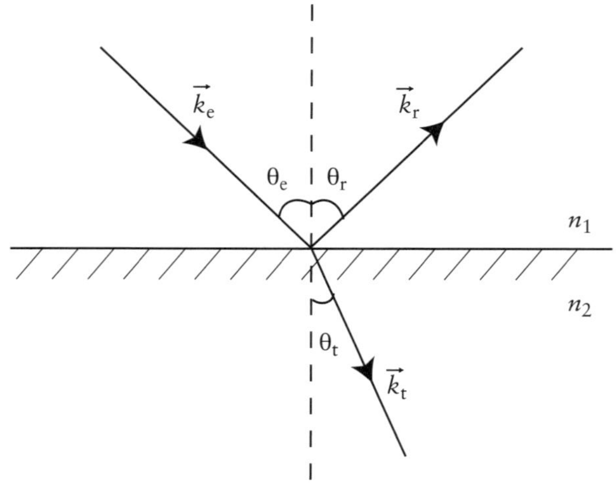

Abbildung 12.3 Reflexion und Transmission einer auf eine Grenze zwischen zwei nichtleitenden Medien treffenden Welle.

Abb. 12.3 gezeigt. Die Brechungsindizes beider Medien sind n_1 und n_2. Die Wellenvektoren der einfallenden, reflektierten und transmittierten Wellen sind jeweils $\vec{k}_\mathrm{e}$, $\vec{k}_\mathrm{r}$, und $\vec{k}_\mathrm{t}$ und bilden die Winkel θ_e, θ_r, und θ_t mit der Grenznormalen.

Die Wellen werden durch Lösungen ebener Wellen beschrieben, deren Komponenten des elektrischen Feldes wie folgt aussehen:

$$\vec{E}_\mathrm{e} = \vec{E}_{\mathrm{e}_0}\,\mathrm{e}^{(\vec{k}_\mathrm{e}\cdot\vec{r}-\omega_\mathrm{e}t)} \tag{12.41}$$
$$\vec{E}_\mathrm{r} = \vec{E}_{\mathrm{r}_0}\,\mathrm{e}^{(\vec{k}_\mathrm{r}\cdot\vec{r}-\omega_\mathrm{r}t)} \tag{12.42}$$
$$\vec{E}_\mathrm{t} = \vec{E}_{\mathrm{t}_0}\,\mathrm{e}^{(\vec{k}_\mathrm{t}\cdot\vec{r}-\omega_\mathrm{t}t)}\,. \tag{12.43}$$

(Selbiges gilt für $\vec{B}$.) Die einfallende elektrische Feldkomponente der Welle ergibt sich aus der Summe der reflektierten und transmittierten Wellen:

$$\vec{E}_{\mathrm{e}_0}\,\mathrm{e}^{(\vec{k}_\mathrm{e}\cdot\vec{r}-\omega_\mathrm{e}t)} = \vec{E}_{\mathrm{r}_0}\,\mathrm{e}^{(\vec{k}_\mathrm{r}\cdot\vec{r}-\omega_\mathrm{r}t)} + \vec{E}_{\mathrm{t}_0}\,\mathrm{e}^{(\vec{k}_\mathrm{t}\cdot\vec{r}-\omega_\mathrm{t}t)}\,.$$

Da diese Gleichung für alle Zeiten und alle Punkte entlang der Grenzfläche gelten muss, müssen die zeitlichen und räumlichen Anteile der Exponenten, welche die zeitliche und räumliche Phase der Welle repräsentieren, unabhängig voneinander gleich sein:

$$\therefore\quad \omega_\mathrm{e}t = \omega_\mathrm{r}t = \omega_\mathrm{t}t$$
$$\text{und}\quad \vec{k}_\mathrm{e}\cdot\vec{r} = \vec{k}_\mathrm{r}\cdot\vec{r} = \vec{k}_\mathrm{t}\cdot\vec{r}.$$

Aus diesen Ausdrücken erkennen wir die folgenden Welleneigenschaften:

(i) Die Frequenzen aller drei Wellen sind gleich:

$$\omega_\mathrm{e} = \omega_\mathrm{r} = \omega_\mathrm{t} \equiv \omega\,.$$

[4] Strenggenommen ist es nicht trivial, die Integrale für I und V zu kombinieren, aber wir bekommen wenigstens ein Gespür dafür, dass $\vec{E}\cdot\vec{J}$ Leistungsdichte repräsentiert.

(ii) Das Reflexionsgesetz ist erfüllt:

$$\vec{k}_e \cdot \vec{r} = \vec{k}_r \cdot \vec{r}$$
$$\therefore \left|\vec{k}_e\right| |\vec{r}| \cos(90 - \theta_e) = \left|\vec{k}_r\right| |\vec{r}| \cos(90 - \theta_r)$$
$$\therefore \left|\vec{k}_e\right| \sin\theta_e = \left|\vec{k}_r\right| \sin\theta_r$$
$$\frac{n_1\omega}{c} \sin\theta_e = \frac{n_1\omega}{c} \sin\theta_r$$
$$\Rightarrow \therefore \theta_e = \theta_r \,.$$

(iii) Das Snellius'sche Brechungsgesetz ist erfüllt:

$$\vec{k}_e \cdot \vec{r} = \vec{k}_t \cdot \vec{r}$$
$$\therefore \left|\vec{k}_e\right| |\vec{r}| \cos(90 - \theta_e) = \left|\vec{k}_t\right| |\vec{r}| \cos(90 - \theta_t)$$
$$\therefore \left|\vec{k}_e\right| \sin\theta_e = \left|\vec{k}_t\right| \sin\theta_t$$
$$\frac{n_1\omega}{c} \sin\theta_e = \frac{n_2\omega}{c} \sin\theta_t$$
$$\Rightarrow \therefore n_1 \sin\theta_e = n_2 \sin\theta_t$$

(man zeigt (ii) und (iii) unter Verwendung von (i) und $v = c/n = \omega/\left|\vec{k}\right|$).

12.4.2 Die Fresnelformeln

Schreiben wir die Amplitude der einfallenden Welle als $\left|\vec{E}_e\right|$, können wir die Amplituden der reflektierten und transmittierten Welle als Bruchteile von $\left|\vec{E}_e\right|$ ausdrücken:

$$\left|\vec{E}_r\right| = r\left|\vec{E}_e\right|$$
$$\text{und} \quad \left|\vec{E}_t\right| = t\left|\vec{E}_e\right| ,$$

wobei r und t als die *Amplitudenkoeffizienten* der reflektierten bzw. der transmittierten Welle bezeichnet werden. Die *Fresnelformeln* sind eine Zusammenstellung von Gleichungen, die r und t bezüglich der Brechungsindizes beider Medien n_1 und n_2 und der Wellenwinkel θ_e, θ_r, and θ_t ausdrücken.

Um Bezeichnungen für r und t zu finden, zerlegen wir gewöhnlich die einfallende Welle in zwei Komponenten: die Komponenten von $\vec{E}$ parallel und senkrecht zur Einfallsebene. Definieren wir beispielsweise die Einfallsebene als die Papierebene (die Ebene, in der die $\vec{k}$-Vektoren in Abb. 12.3 liegen), dann zeigt die senkrechte Komponente von $\vec{E}$ in die Seite hinein und die parallele Komponente zeigt entlang der Seite. Demnach definieren wir zwei Sätze von Amplitudenkoeffizienten: ein Satz für $\vec{E}$ senkrecht auf der Einfallsebene, $r_\perp$ und $t_\perp$ (Gln. 12.44 und 12.45, Herleitung 12.5), und ein Satz für $\vec{E}$ parallel zur Einfallsebene, $r_\parallel$ und $t_\parallel$ (Gln. 12.46 und 12.47, Herleitung 12.5). Setzen wir in diesen Gleichungen $\theta_e = 0°$ und $\theta_t = 0°$, erhalten wir die Amplitudenreflexions- und -transmissionskoeffizienten für senkrechten Einfall (Gl. 12.48 und 12.49).

Fresnelformeln (Herleitung 12.5):

$\vec{E}$ senkrecht zur Einfallsebene:

$$r_\perp = \frac{n_1 \cos\theta_e - n_2 \cos\theta_t}{n_1 \cos\theta_e + n_2 \cos\theta_t} \tag{12.44}$$
$$t_\perp = \frac{2n_1 \cos\theta_e}{n_1 \cos\theta_e + n_2 \cos\theta_t} \tag{12.45}$$

$\vec{E}$ parallel zur Einfallsebene:

$$r_\parallel = \frac{n_1 \cos\theta_t - n_2 \cos\theta_e}{n_1 \cos\theta_t + n_2 \cos\theta_e} \tag{12.46}$$
$$t_\parallel = \frac{2n_1 \cos\theta_e}{n_1 \cos\theta_t + n_2 \cos\theta_e} \tag{12.47}$$

Senkrechter Einfall ($\theta_e = \theta_t = 0°$):

$$r_s = \frac{n_1 - n_2}{n_1 + n_2} \tag{12.48}$$
$$t_s = \frac{2n_1}{n_1 + n_2} \tag{12.49}$$

Die Fresnelformeln liefern die *Amplituden*koeffizienten reflektierter und transmittierter Strahlung; die reflektierten oder transmittierten *Leistungs*koeffizienten (Reflexionsgrad, R, bzw. Transmissionsgrad, T) sind proportional zum Quadrat der Amplitudenkoeffizienten:

$$R_\perp = r_\perp^2 \quad \text{und} \quad R_\parallel = r_\parallel^2$$
$$T_\perp = 1 - R_\perp \quad \text{und} \quad T_\parallel = 1 - R_\parallel \,.$$

12.4.3 Der Brewsterwinkel

Ist die Komponente von $\vec{E}$ parallel zur Einfallsebene, gibt es einen Einfallswinkel, in dem keine reflektierte Welle existiert: $r_\parallel = 0$. Der Einfallswinkel, unter dem dies geschieht, wird als *Brewsterwinkel*, θ_B, bezeichnet (Gl. 12.54, Herleitung 12.6 und Abb. 12.4).

Herleitung 12.5: Herleitung der Fresnelformeln (Gln. 12.44–12.47)

$\vec{E}$ verläuft senkrecht zur Einfallsebene:

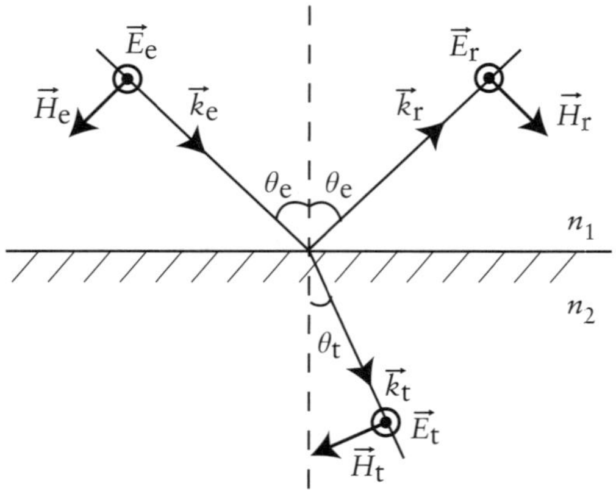

Randbedingungen (vgl. Abschn. 11.3.1):

$$\left|\vec{E}\right|_1^{\|} = \left|\vec{E}\right|_2^{\|}$$

$$\text{und} \quad \left|\vec{H}\right|_1^{\|} = \left|\vec{H}\right|_2^{\|}$$

$\left|\vec{E}\right| \perp$ zur Einfallsebene:

$$r_\perp = \frac{\left|\vec{E}_r\right|}{\left|\vec{E}_e\right|} = \frac{n_1 \cos\theta_e - n_2 \cos\theta_t}{n_1 \cos\theta_e + n_2 \cos\theta_t}$$

$$t_\perp = \frac{\left|\vec{E}_t\right|}{\left|\vec{E}_e\right|} = \frac{2n_1 \cos\theta_e}{n_1 \cos\theta_e + n_2 \cos\theta_t}$$

$\left|\vec{E}\right| \parallel$ zur Einfallsebene:

$$r_\| = \frac{\left|\vec{E}_r\right|}{\left|\vec{E}_e\right|} = \frac{n_1 \cos\theta_t - n_2 \cos\theta_e}{n_1 \cos\theta_t + n_2 \cos\theta_e}$$

$$t_\| = \frac{\left|\vec{E}_t\right|}{\left|\vec{E}_e\right|} = \frac{2n_1 \cos\theta_e}{n_1 \cos\theta_t + n_2 \cos\theta_e}$$

$\vec{E}$ verläuft parallel zur Einfallsebene:

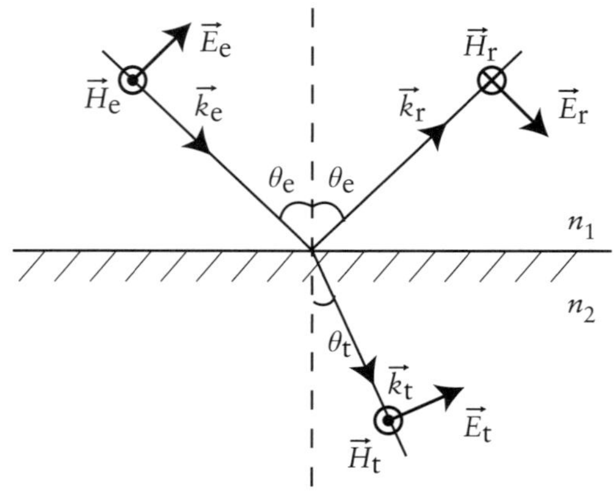

- Ansatz: Wir bestimmen die Amplituden des einfallenden, reflektierten und transmittierten elektrischen Feldes als $|\vec{E}_e|$, $|\vec{E}_r|$ bzw. $|\vec{E}_t|$ und der magnetischen Feldstärke als $|\vec{H}_e|$, $|\vec{H}_r|$ und $|\vec{H}_t|$.
- $|\vec{E}|$ und $|\vec{H}|$ werden durch

$$\left|\vec{E}\right| = v\left|\vec{B}\right| = \frac{c\mu_r\mu_0}{n}\left|\vec{H}\right| = \frac{c\mu_0}{n}\left|\vec{H}\right|$$

miteinander in Beziehung gesetzt, wobei in nichtleitenden Medien $\mu_r = 1$ gilt.

- $\left|\vec{E}\right| \perp$ zur Einfallsebene: Aus den Randbedingungen und dem Diagramm ist zu entnehmen, dass die Wellenamplituden durch

$$\left|\vec{E}_e\right| + \left|\vec{E}_r\right| = \left|\vec{E}_t\right| \tag{12.50}$$

$$\text{und} \quad \left|\vec{H}_e\right| \cos\theta_e - \left|\vec{H}_r\right| \cos\theta_e = \left|\vec{H}_t\right| \cos\theta_t$$

$$\Rightarrow n_1 \left|\vec{E}_e\right| \cos\theta_e - n_1 \left|\vec{E}_r\right| \cos\theta_e = n_2 \left|\vec{E}_t\right| \cos\theta_t \tag{12.51}$$

miteinander in Beziehung stehen. Wir entfernen $|\vec{E}_t|$ aus Gl. 12.51, indem wir Gl. 12.50 verwenden und umstellen, um $r_\perp$ zu finden; wir eliminieren $|\vec{E}_r|$ aus Gl. 12.51 unter Nutzung von Gl. 12.50 und stellen um, um $t_\perp$ zu erhalten.

Herleitung 12.5: Herleitung der Fresnelformeln (Gln. 12.44–12.47) (Forts.)

- $\left|\vec{E}\right| \parallel$ zur Grenzfläche: Wir nutzen die Randbedingungen und das Diagramm und zeigen, dass die Wellenamplituden durch

$$\left|\vec{E}_\mathrm{e}\right| \cos\theta_\mathrm{e} + \left|\vec{E}_\mathrm{r}\right| \cos\theta_\mathrm{e} = \left|\vec{E}_\mathrm{t}\right| \cos\theta_\mathrm{t} \tag{12.52}$$

$$\text{und} \quad \left|\vec{H}_\mathrm{e}\right| - \left|\vec{H}_\mathrm{r}\right| = \left|\vec{H}_\mathrm{t}\right|$$

$$\Rightarrow n_1 \left|\vec{E}_\mathrm{e}\right| - n_1 \left|\vec{E}_\mathrm{r}\right| = n_2 \left|\vec{E}_\mathrm{t}\right| \tag{12.53}$$

miteinander in Verbindung stehen. Um $r_\parallel$ zu erhalten, eliminieren wir $|\vec{E}_\mathrm{t}|$ aus Gl. 12.52 mithilfe von Gl. 12.53 und stellen die Gleichung um; wir entfernen $|\vec{E}_\mathrm{r}|$ aus Gl. 12.52, indem wir Gl. 12.53 verwenden und umstellen, sodass wir $t_\parallel$ erhalten.

Herleitung 12.6: Herleitung des Brewsterwinkels (Gl. 12.54)

- Ansatz: Die Fresnelformel für $r_\parallel$ ist

$$r_\parallel = \frac{n_1 \cos\theta_\mathrm{t} - n_2 \cos\theta_\mathrm{e}}{n_1 \cos\theta_\mathrm{t} + n_2 \cos\theta_\mathrm{e}}\,.$$

- Es gibt keine reflektierte parallele Komponente von $\vec{E}$, wenn $r_\parallel = 0$:

$$\Rightarrow n_1 \cos\theta_\mathrm{t} - n_2 \cos\theta_\mathrm{e} = 0\,.$$

- Verwenden wir nun das Snellius'sche Gesetz ($n_1 \sin\theta_\mathrm{e} = n_2 \sin\theta_\mathrm{t}$), um n_2/n_1 zu eliminieren.
- Nun nutzen wir die trigonometrischen Identitäten

$$\sin\theta\cos\theta = \frac{1}{2}\sin 2\theta$$

$$\text{und} \quad \sin 2\theta_1 - \sin 2\theta_2 = \sin(\theta_1 - \theta_2)\cos(\theta_1 + \theta_2)\,,$$

um den Ausdruck für nicht vorhandene Reflexion zu beeinflussen.
- Haben wir keine Reflexion, sehen wir, dass entweder die Brechungsindizes gleich sind ($\theta_\mathrm{e} = \theta_\mathrm{t}$) oder die Summe der einfallenden und transmittierten Winkel $\theta_\mathrm{e} + \theta_\mathrm{t} = \pi/2$ beträgt.
- Die letztere Bedingung nutzen wir im Snellius'schen Gesetz, um θ_t zu entfernen. Der Einfallswinkel, bei dem keine Reflexion stattfindet, ist der Brewsterwinkel, θ_B.

$$\begin{aligned}
\cos\theta_\mathrm{t} - \frac{n_2}{n_1}\cos\theta_\mathrm{e} &= 0\\
\sin\theta_\mathrm{t}\cos\theta_\mathrm{t} - \sin\theta_\mathrm{e}\cos\theta_\mathrm{e} &= 0\\
\frac{1}{2}\sin 2\theta_\mathrm{t} - \frac{1}{2}\sin 2\theta_\mathrm{e} &= 0\\
\sin(\theta_\mathrm{t} - \theta_\mathrm{e})\cos(\theta_\mathrm{t} + \theta_\mathrm{e}) &= 0
\end{aligned}$$

Hierfür trifft zu, dass

$$\begin{aligned}
\text{entweder} \quad \theta_\mathrm{t} - \theta_\mathrm{e} &= 0\\
\text{oder} \quad \theta_\mathrm{t} + \theta_\mathrm{e} &= \frac{\pi}{2}\,.
\end{aligned}$$

$\therefore$ Das Letztere setzten wir in das Snellius'sche Gesetz ein
(setzt $\theta_\mathrm{e} = \theta_\mathrm{B}$):

$$\begin{aligned}
n_1 \sin\theta_\mathrm{B} &= n_2 \sin\theta_\mathrm{t}\\
\therefore n_1 \sin\theta_\mathrm{B} &= n_2 \sin\left(\frac{\pi}{2} - \theta_\mathrm{B}\right)\\
&= n_2 \cos\theta_\mathrm{B}\\
\therefore \tan\theta_\mathrm{B} &= \frac{n_2}{n_1}\,.
\end{aligned}$$

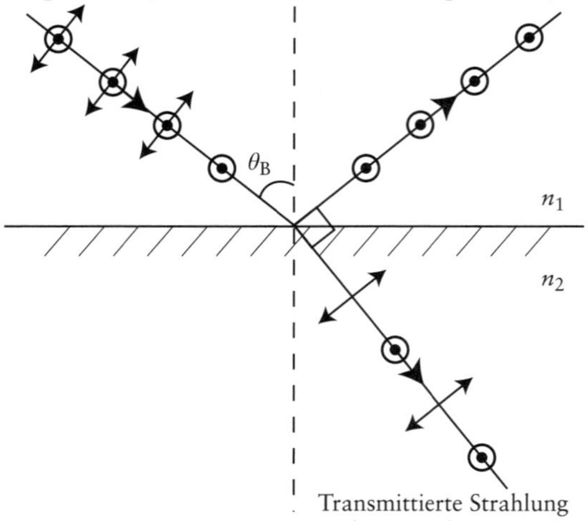

Abbildung 12.4 Der Brewsterwinkel. Fällt unpolarisiertes Licht im Brewsterwinkel auf eine Fläche, dann wird die Komponente des elektrischen Feldes, die in der Einfallsebene (der Papierebene) steht, nicht reflektiert. Das bedeutet, dass das reflektierte Licht parallel zur Einfallsgrenzfläche polarisiert ist (aus der Papierebene heraus). Die transmittierte Strahlung ist teilweise polarisiert

Der Brewsterwinkel (Herleitung 12.6):

$$\tan\theta_B = \frac{n_2}{n_1} \tag{12.54}$$

Abbildung 12.4 zeigt, dass der reflektierte Strahl eines unter dem Brewsterwinkel einfallenden Strahls entlang der Grenzfläche polarisiert ist. Dies ist eine Methode, mit der polarisiertes Licht erzeugt werden kann. Für den Brewsterwinkel von Wasser ergibt sich beispielsweise $\theta_B \simeq \tan^{-1}(1.33) \simeq 53°$ und für Glas ergibt sich $\theta_B \simeq \tan^{-1}(1.5) \simeq 56°$. Polarisierte Sonnenbrillen sind entworfen worden, um die horizontale $\vec{E}$-Komponente des Lichts zu blockieren, wodurch das Blenden durch Reflexionen auf Wasser und anderen hochreflektierenden Oberflächen, wenn die Sonne tief am Himmel steht, stark reduziert wird.

Teil III
Wellen und Optik

Einleitung

Überblick

Die Optik beschäftigt sich mit dem Verhalten und den Eigenschaften von Licht sowie dessen Interaktion mit Materie. Da Licht eine elektromagnetische Welle ist, wird die Optik gewöhnlich neben oder nach einem Kurs über *Wellenbewegung* (Kap. 13) gelehrt. Interagiert Licht mit Materie, deren Größenordnung wesentlich höher ist als seine Wellenlänge ($\gg 10\,\mu m$), dann ist die Wellennatur des Lichts nicht wahrnehmbar. Die Optik, die sich in diesen Maßstäben bewegt, wird *geometrische Optik* (Kap. 14) genannt. Wenn Licht im Unterschied dazu mit Materie in der Größenordnung des Wellenlängenbereichs interagiert ($\sim 10\,\mu m$), dann treffen wir auf Wellenphänomene wie Beugung und Interferenz. Optik wird in diesen Größenordnungen als *Wellenoptik* bezeichnet (Kap. 15).

Praktische Anwendungsbereiche

Praktische Anwendungen der Optik beinhalten optische abbildende Instrumente wie Teleskope, Mikroskope, Kameras und Glasfaserkabel (geometrische Optik); optische Instrumente zur Spektroskopie, wie Beugungsgitter und das Michelson-Morley- und Fabry-Perot-Interferometer (Wellenoptik), und Optometrie (die Untersuchung von Augen und Sehkraft).

Meine Meinung

Optik ist – wenig überraschend – ein Thema, das am besten durch visuelle Beispiele gelernt und verstanden werden kann. Sicherlich haben wir alle eine gute konzeptionelle Vorstellung von Reflexion und Brechung, da wir täglich mit diesen Phänomenen in Berührung kommen. Indes sind wir mit Beugung und Interferenz weniger vertraut. Die Konsequenz daraus ist, dass einfache Fragen, wie „Was sehen wir und wo sehen wir es?", gar nicht so einfach sind. Die beste Möglichkeit, dieses Problem zu umgehen, besteht darin, einige Laborpraktika in der Optik durchzuführen – beispielweise verwendet man ein Beugungsgitter, um die Wellenlänge einer unbekannten Lichtquelle zu bestimmen. Die notwendigen Instrumente müssen offensichtlich von der Universität zur Verfügung gestellt werden, hoffentlich bekommt ihr sie mal in die Finger; ein paar Experimente haben mein Verständnis von optischen Wellenphänomenen verbessert.

Buchempfehlungen

- Hecht, E., 2009, Optik, 5. Aufl. Oldenbourg-Verlag.
- Zinth, W. und Körner, H.-J.,1998, Physik III, Optik Quantenphänomene und Aufbau der Atome, 3. Aufl. Oldenbourg-Verlag.
- Born, M. und Wolf, E., 1999, *Principles of Optics: Electromagnetic Theory of Propagation, Interference and Diffraction of Light*, 7. Aufl. Cambridge University Press.
- Hecht, E., 1974, *Schaum's Outline of Optics*. McGraw-Hill.

Hechts *Optik* ist an dieser Stelle zu empfehlen, weil er trotz großer Allgemeinheit alles Wichtige enthält. Weiterhin sei auf Zinths und Körners *Physik III* verwiesen, da es durch die zusammenfassenden Kommentare am Seitenrand, die wichtige Aspekte noch einmal zusammenfassen, sehr übersichtlich ist. Die vielen Anwendungsbeispiele sind sehr gut erklärt; insbesondere lassen sich Interferenzen an dünnen Schichten sowie die Funktion und Mathematik eines Fabry-Perot-Interferometers sehr gut nachvollziehen.

Ich selbst habe mich schwer getan, ein Optikbuch zu finden, das mir wirklich gefiel. Ich nutzte Hechts *Optik* im grundständigen Studium, und obwohl es ein vollständiges und klar verfasstes Buch ist (mit vielen guten Diagrammen), war es detaillierter als das Niveau eines Einführungskurses und folglich nicht immer hilfreich. *Schaum's Outline of Optics* vom selben Autor bietet viele Beispielrechnungen auf einem für Einführungskurse angemessenen Niveau. Ich habe nie das Buch von Born und Wolf verwendet, mir wurde aber gesagt, es sei ein gutes Buch – auch sehr umfassend.

13 Wellenbewegung

13.1 Wellenarten

Im weitesten Sinne ist eine Welle als eine Störung, die sich mit einer Geschwindigkeit, v, durch Raum und Zeit bewegt, definiert. Wellen übertragen Energie, während sie sich bewegen, sie übertragen jedoch keine Masse. In der klassischen Physik[1] werden Wellen entweder als *mechanische Wellen* (z. B. Schallwellen, Wasserwellen, seismische Wellen, Wellen einer Saite) oder *elektromagnetische Wellen* (z. B. Radiowellen, Licht, Gammastrahlung) klassifiziert.

Mechanische Wellen

Mechanische Wellen benötigen ein materielles Medium, um sich ausbreiten zu können, so wie Luft, Wasser oder Holz. Diese Wellen werden mittels vibrierender Teilchen durch das Medium geleitet, allerdings breiten sich die Teilchen selbst nicht aus. Mechanische Wellen werden entweder als *transversale* oder *longitudinale* Wellen klassifiziert, was von der relativen Vibrationsrichtung der Teilchen zur Wellenausbreitungsrichtung abhängt. In transversalen Wellen, beispielsweise Saitenwellen, verläuft die Teilchenauslenkung senkrecht zur Wellenausbreitungsrichtung; in longitudinalen Wellen, wie Schallwellen, verläuft die Teilchenauslenkung parallel zur Ausbreitungsrichtung (Abb. 13.1). Einige Wellen vereinigen beides, longitudinale und transversale Bewegung. Beispielsweise beinhalten Wellen an der Wasseroberfläche zirkulare Bewegung der Wasserpartikel; und seismische Oberflächenwellen (Rayleighwellen genannt) beinhalten elliptische Teilchenbewegung.

Elektromagnetische Wellen

Im Unterschied zu mechanischen Wellen können sich elektromagnetische Wellen entweder durch ein Material oder durch ein Vakuum bewegen. Elektromagnetische Wellen verbreiten elektrische und magnetische Felder und ihre Eigenschaften sind in den Maxwellgleichungen verankert (siehe Kap. 12). Elektromagnetische Wellen sind transversale Wellen; die Komponenten des elektrischen Feldes und des Magnetfelds verlaufen senkrecht zueinander und zur Wellenausbreitungsrichtung (Abb. 13.2).

Das kontinuierliche Spektrum elektromagnetischer Wellen unterschiedlicher Wellenlänge und Frequenz wird als *elektromagnetisches Spektrum* (Abb. 13.3) bezeichnet. Im spektralen Endbereich der langen Wellenlängen (Wellenlängen in der Größenordnung von Zentimetern bis zu einigen Metern) sind Radiowellen, TV-Wellen und Mikrowellen verortet; im Endbereich der kurzen Wellenlängen (Wellenlängen in der Größenordnung atomarer Dimensionen) sind Röntgenstrahlung und Gammastrahlung zu finden. Zwischen diesen beiden Extrema befindet sich das sichtbare Spektrum (Wellenlängen im Nanometerbereich) mit den infraroten Wellen – unmittelbar hinter dem Ende des roten sichtbaren Spektrums – und ultravioletten Wellen unmittelbar hinter dem violetten Ende des sichtbaren Spektrums. Alle elektromagnetischen Wellen bewegen sich im Vakuum mit derselben Geschwindigkeit, $c \simeq 3 \cdot 10^8\,\mathrm{m\,s^{-1}}$. Die Wellenlänge, λ, und Frequenz, f, einer elektromagnetischen Welle im Vakuum sind miteinander durch $\lambda = c/f$ verknüpft.

[1] In der Quantenphysik werden wir uns auf *Materiewellen* beziehen, welche weder mechanische noch elektromagnetische Wellen sind. Diese repräsentieren die Welle, die mit einem Quantenteilchen assoziiert wird. Um Genaueres zu erfahren, schaut im Kap. 16.

13.2 Die Wellengleichung

Die *Wellengleichung* ist eine partielle Differentialgleichung zweiter Ordnung, die beschreibt, wie sich eine Welle in Raum und Zeit ausbreitet. Eine Funktion $f(x,t)$ repräsentiert eine Welle, die sich mit der Geschwindigkeit v bewegt, falls sie die Wellengleichung

$$\frac{\partial^2 f}{\partial x^2} = \frac{1}{v^2}\frac{\partial^2 f}{\partial t^2}$$

erfüllt (Gl. 13.1 und Herleitung 13.1). Diese Gleichung gilt für mechanische Wellen (transversal und longitudinal) genauso wie für elektromagnetische Wellen. Für mechanische Wellen ist sie eine wesentliche Aussage von Newtons zweitem Gesetz – sie leitet sich aus der Überlegung bezüglich der Kräfte, die an einem Abschnitt des Mediums, durch das die Welle sich bewegt, angreifen, ab, wie in Herleitung 13.1 gezeigt wird. Für elektromagnetische Wellen leitet sie sich aus den Maxwellgleichungen ab (siehe Kap. 12).

Wellengleichung (Herleitung 13.1):

$$\frac{\partial^2 f}{\partial x^2} = \frac{1}{v^2}\frac{\partial^2 f}{\partial t^2}, \qquad (13.1)$$

wobei die allgemeine Lösung $f = f(x \pm vt)$ ist.

Allgemeine Lösung der Wellengleichung

Es ist einfach zu zeigen, dass jegliche Funktion der Form $f(x - vt)$ oder $f(x + vt)$ die Wellengleichung erfüllt.

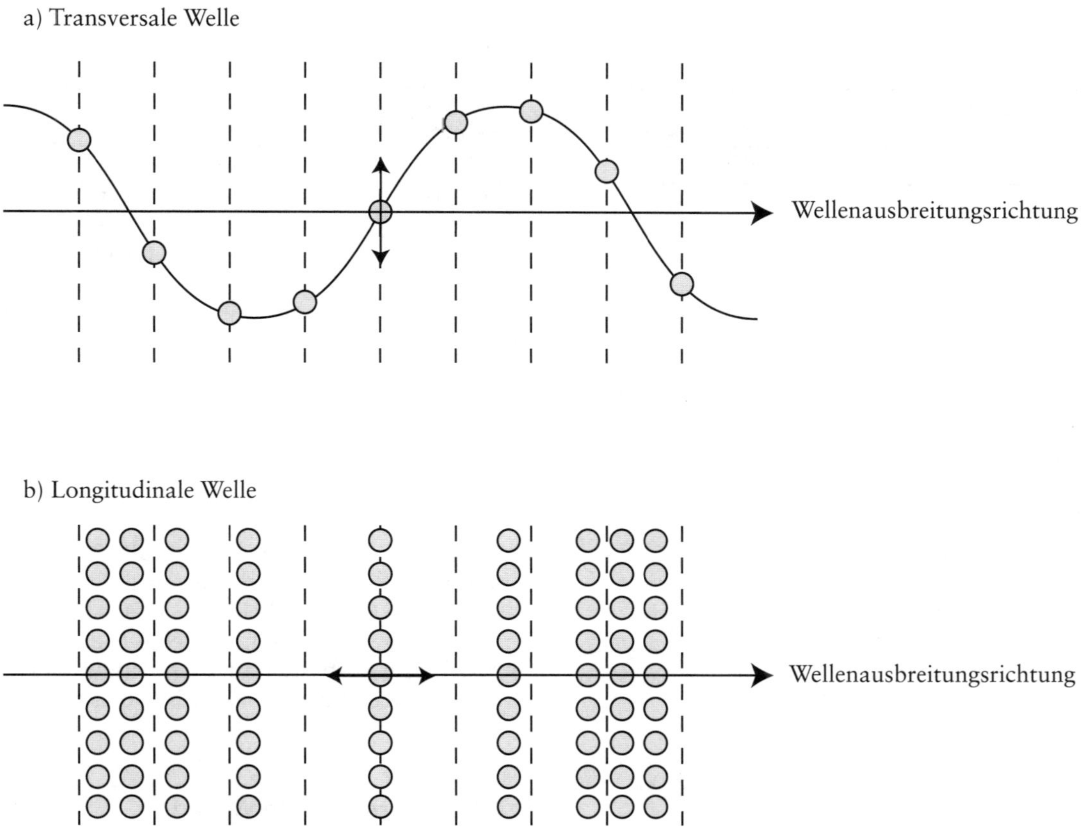

Abbildung 13.1 **a** Eine transversale Welle und **b** eine longitudinale Welle. Die Auslenkung der Teilchen verläuft senkrecht zur Wellenausbreitungsrichtung in einer transversalen und parallel zur Ausbreitungsrichtung in einer longitudinalen Welle

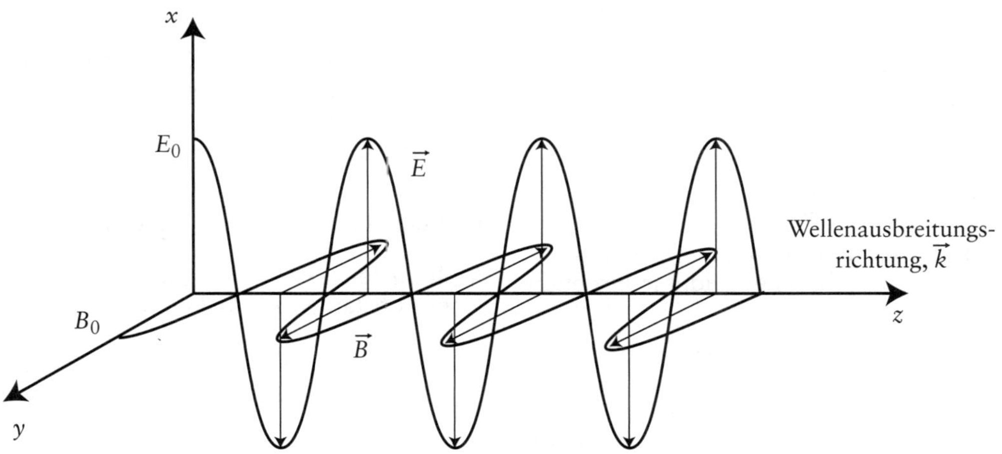

Abbildung 13.2 Eine elektromagnetische Welle. Das elektrische Feld, $\vec{E}$, und das Magnetfeld, $\vec{B}$, oszillieren senkrecht zueinander und beide Komponenten stehen senkrecht zur Wellenausbreitungsrichtung

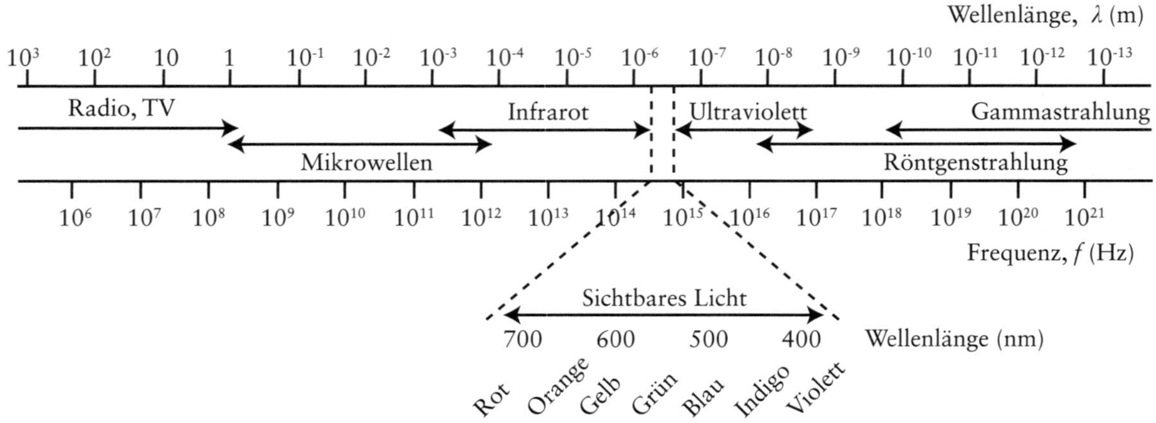

Abbildung 13.3 Das elektromagnetische Spektrum

Setzen wir $y = x \pm vt$, dann folgt:

$$\begin{aligned}
\frac{\partial f}{\partial x} &= \frac{\partial f}{\partial y}\frac{\partial y}{\partial x} = \frac{\partial f}{\partial y} \\
\therefore \frac{\partial^2 f}{\partial x^2} &= \frac{\partial}{\partial x}\left(\frac{\partial f}{\partial y}\right) \\
&= \frac{\partial}{\partial y}\left(\frac{\partial f}{\partial x}\right) \\
&= \frac{\partial^2 f}{\partial y^2} \\
\text{und}\quad \frac{\partial f}{\partial t} &= \frac{\partial f}{\partial y}\frac{\partial y}{\partial t} = \pm v\frac{\partial f}{\partial y} \\
\therefore \frac{\partial^2 f}{\partial t^2} &= \pm v\frac{\partial}{\partial t}\left(\frac{\partial f}{\partial y}\right) \\
&= \pm v\frac{\partial}{\partial y}\left(\frac{\partial f}{\partial t}\right) \\
&= v^2\frac{\partial^2 f}{\partial y^2} \\
\Rightarrow \therefore \frac{\partial^2 f}{\partial x^2} &= \frac{1}{v^2}\frac{\partial^2 f}{\partial t^2}\,.
\end{aligned}$$

Folglich repräsentiert jedwede Funktion, in der Raum- und Zeitvariablen durch $x \pm vt$ miteinander in Beziehung stehen, eine Welle.

Konzeptuell können wir diese Aussage verstehen, wenn wir eine willkürliche Funktion von Raum und Zeit, sagen wir $g(x,t)$, zu zwei Zeitpunkten, beispielsweise 0 und t, betrachten. Zur Zeit $t = 0$ beschreibt die Funktion $g(x,0)$ die Gestalt der Welle in einer Momentaufnahme der Zeit. Eine Welle, die sich mit konstanter Geschwindigkeit, v, fortbewegt, legt in der Zeit t eine Entfernung $\Delta x = vt$ zurück. Für eine Welle konstanter Form sieht die Funktion zur Zeit t wie die Funktion zur Zeit $t = 0$ aus, falls

$$g(x - vt, t) = g(x, 0)$$

gilt (vgl. Abb. 13.4). Gilt dies für alle Zeiten, dann repräsentiert *jede* Funktion, die von x und t in der Kombination $x \pm vt$ abhängt, eine Welle der Geschwindigkeit v. Eine Funktion $f(x - vt)$ beschreibt eine Welle, die sich in die $+x$-Richtung ausbreitet, und eine Funktion $f(x + vt)$ eine Welle, die sich in die $-x$-Richtung ausbreitet.

13.2.1 Harmonische Wellen

Durch direkte Substitution in Gl. 13.1 ist es einfach zu erkennen, dass sinusförmige Funktionen der Form

$$\begin{aligned}
f(x,t) &= A\sin(x \pm vt) \\
\text{oder}\quad g(x,t) &= B\cos(x \pm vt)
\end{aligned}$$

die Wellengleichung erfüllen, wobei A und B willkürliche Konstanten sind. Diese sind mathematisch meist die Basiswellen und werden als *harmonische Wellen* oder *Sinuswellen* bezeichnet.

Wellenzahl und Winkelfrequenz

Multiplizieren wir das Argument der Sinusfunktion mit einer Konstanten, k, erhalten wir

$$\begin{aligned}
f(x,t) &= A\sin(k(x \pm vt)) \\
&= A\sin(kx \pm kvt) \\
&\equiv A\sin(kx \pm \omega t)
\end{aligned}$$

(Gl. 13.2). Dies ist die typische Art, eine harmonische Welle auszudrücken. Die *Wellenzahl*, k [rad m^{-1}], ist umgekehrt proportional zur *Wellenlänge*, λ [m], und wird wie folgt definiert:

$$k = \frac{2\pi}{\lambda}$$

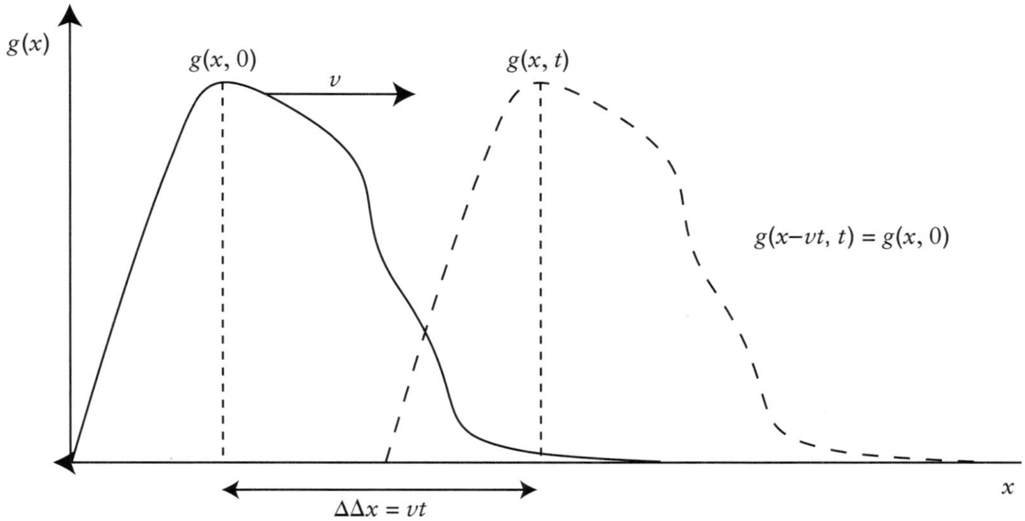

Abbildung 13.4 Graphische Darstellung einer Welle. Jegliche Funktion, die von Zeit und Ort abhängt, bei der die Variablen durch $x \pm vt$ miteinander in Beziehung stehen, repräsentiert eine Welle

(Gl. 13.3). Das Produkt kx besitzt demzufolge die Einheit Radiant und repräsentiert die räumliche Phase der Welle an einem Ort x: $\phi_x = kx = 2\pi x/\lambda$. Die *Winkelfrequenz*, ω [rad s^{-1}], ist proportional zur *Frequenz*, f [s^{-1}], und ist als

$$\omega = 2\pi f$$

definiert (Gl. 13.4). Das Produkt ωt besitzt folglich die Einheit Radiant und repräsentiert die zeitliche Phase der Welle zur Zeit t: $\phi_t = \omega t = 2\pi t/T$, wobei $T = 1/f$ der Dauer einer Periode entspricht (Gl. 13.5).

Wir haben oben gesehen, dass die Winkelfrequenz mit der Wellenzahl durch $\omega = kv$ verknüpft ist. Demzufolge gilt für die Wellengeschwindigkeit

$$v = \frac{\omega}{k} = f\lambda$$

(Gl. 13.6). Diese Welleneigenschaften sind in Abb. 13.5 dargestellt.

Harmonische Wellen:

$$f(x,t) = A \sin \underbrace{(kx \pm \omega t + \phi)}_{\text{Phase}}, \qquad (13.2)$$

wobei ϕ eine willkürliche Anfangsphase ist und Folgendes gilt:

$$\text{Wellenzahl:} \quad k = \frac{2\pi}{\lambda} \qquad (13.3)$$

$$\text{Winkelfrequenz:} \quad \omega = 2\pi f \qquad (13.4)$$

$$\text{Zeit einer Periode:} \quad T = \frac{1}{f} = \frac{2\pi}{\omega} \qquad (13.5)$$

$$\text{Geschwindigkeit:} \quad v = f\lambda = \frac{\omega}{k} \qquad (13.6)$$

13.3 Überlagerung von Wellen

Die Wellengleichung ist eine sogenannte lineare Differentialgleichung. Das bedeutet, wenn $f_1(x,t)$ und $f_2(x,t)$ beide die Wellengleichung erfüllen, erfüllt sie auch ihre Summe, $g(x,t) = f_1(x,t) + f_2(x,t)$:

$$\begin{aligned}
\frac{\partial^2 g}{\partial x^2} &= \frac{\partial^2 (f_1 + f_2)}{\partial x^2} \\
&= \frac{\partial^2 f_1}{\partial x^2} + \frac{\partial^2 f_2}{\partial x^2} \\
&= \frac{1}{v^2}\frac{\partial^2 f_1}{\partial t^2} + \frac{1}{v^2}\frac{\partial^2 f_2}{\partial t^2} \\
&= \frac{1}{v^2}\frac{\partial^2 (f_1 + f_2)}{\partial t^2} \\
&= \frac{1}{v^2}\frac{\partial^2 g}{\partial t^2}\,.
\end{aligned}$$

Die Gesamtamplitude zweier Wellen, die zur gleichen Zeit am gleichen Ort sind, ist somit gleich der Summe der einzelnen Amplituden. Diese Aussage wird *Superpositionsprinzip* genannt und tritt in vielen physikalischen Systemen auf. Wenn sich die Wellen zu einem neuen regelmäßigen Wellenmuster aufsummieren, spricht man von *Interferenz*.

13.3.1 Interferenz fortschreitender Wellen

Wir werden zunächst die Interferenz zweier Wellen mit gleicher Amplitude, Wellenlänge und Frequenz betrachten, die sich mit konstantem Phasenunterschied ϕ in die-

Herleitung 13.1: Herleitung der Wellengleichung für transversale Wellen auf einer Saite (Gl. 13.1)

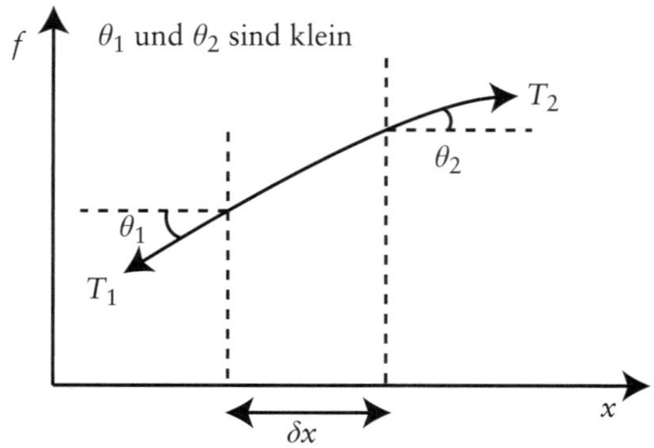

Vertikale Auflösung:

$$\begin{aligned} F &= T\sin\theta_2 - T\sin\theta_1 \\ &\simeq T\tan\theta_2 - T\tan\theta_1 \\ &= T\left(\left(\frac{\partial f}{\partial x}\right)_2 - \left(\frac{\partial f}{\partial x}\right)_1\right) \\ &\simeq T\left(\left(\frac{\partial f}{\partial x}\right)_1 + \frac{\partial}{\partial x}\left(\frac{\partial f}{\partial x}\right)\delta x - \left(\frac{\partial f}{\partial x}\right)_1\right) \\ &= T\left(\frac{\partial^2 f}{\partial x^2}\right)\delta x \end{aligned}$$

Aus dem zweiten Newton'schen Gesetz folgt:

$$\begin{aligned} F &= ma \\ &= \rho\delta x\left(\frac{\partial^2 f}{\partial t^2}\right). \end{aligned}$$

Aus dem Gleichsetzen der Kräfte folgt:

$$\begin{aligned} T\left(\frac{\partial^2 f}{\partial x^2}\right)\delta x &= \rho\delta x\left(\frac{\partial^2 f}{\partial t^2}\right) \\ \Rightarrow \left(\frac{\partial^2 f}{\partial x^2}\right) &= \underbrace{\frac{\rho}{T}}_{=1/v^2}\left(\frac{\partial^2 f}{\partial t^2}\right) \\ \left(\frac{\partial^2 f}{\partial x^2}\right) &= \frac{1}{v^2}\left(\frac{\partial^2 f}{\partial t^2}\right). \end{aligned}$$

- Ansatz: eine Saite der Spannung T fördert transversale Wellen. Stellt euch ein Saitenteil der Länge δx mit den Spannungen T_1 und T_2 an jeder Seite vor (siehe Diagramm).
- Die horizontale Lösung liefert auf den Saitenabschnitt die Lateralkraft $T_1\cos\theta_1 = T_2\cos\theta_2$. Für kleine Winkel gilt $\cos\theta \simeq \theta$:

$$\Rightarrow T_1 \simeq T_2 = T.$$

- Die vertikale Lösung liefert auf den Saitenabschnitt die Nettokraft $F = T\sin\theta_2 - T\sin\theta_1$. In der Kleinwinkelnäherung gilt $\sin\theta \simeq \tan\theta = (\partial f/\partial x)$.
- Für ein kleines Saitensegment, δx, können wir $(\partial f/\partial x)_2$ mit einer Taylorentwicklung über $(\partial f/\partial x)_1$ approximieren:

$$\Rightarrow \left(\frac{\partial f}{\partial x}\right)_2 \simeq \left(\frac{\partial f}{\partial x}\right)_1 + \frac{\partial}{\partial x}\left(\frac{\partial f}{\partial x}\right)\delta x$$

- Aus dem zweiten Newton'schen Gesetz folgt, dass die Nettokraft auf ein Saitensegment gleich $F = ma = (\rho\delta x)a$ ist, wobei ρ die Masse pro Längeneinheit der Saite ist und a die Saitenbeschleunigung.
- Setzen wir die Kräfte gleich, sehen wir, dass die vertikale Auslenkung der Saite durch eine partielle Differentialgleichung zweiter Ordnung regiert wird:

$$\left(\frac{\partial^2 f}{\partial x^2}\right) = \frac{\rho}{T}\left(\frac{\partial^2 f}{\partial t^2}\right)$$

Dies ist die standardisierte Form einer Wellengleichung, die die Ausbreitung einer Welle der Geschwindigkeit

$$v = \sqrt{\frac{T}{\rho}}$$

beschreibt.

selbe Richtung ausbreiten:

$$\begin{aligned} f_1(x,t) &= A\sin(kx - \omega t) \\ f_2(x,t) &= A\sin(kx - \omega t + \phi). \end{aligned}$$

Die resultierende Welle ist die Summe der einzelnen Wellen. Mit der trigonometrischen Identität für die Summe zweier Sinusfunktionen,

$$\sin(x) + \sin(y) = 2\cos\left(\frac{x-y}{2}\right)\sin\left(\frac{x+y}{2}\right),$$

lautet die resultierende Welle:

$$f(x,t) = f_1(x,t) + f_2(x,t)$$

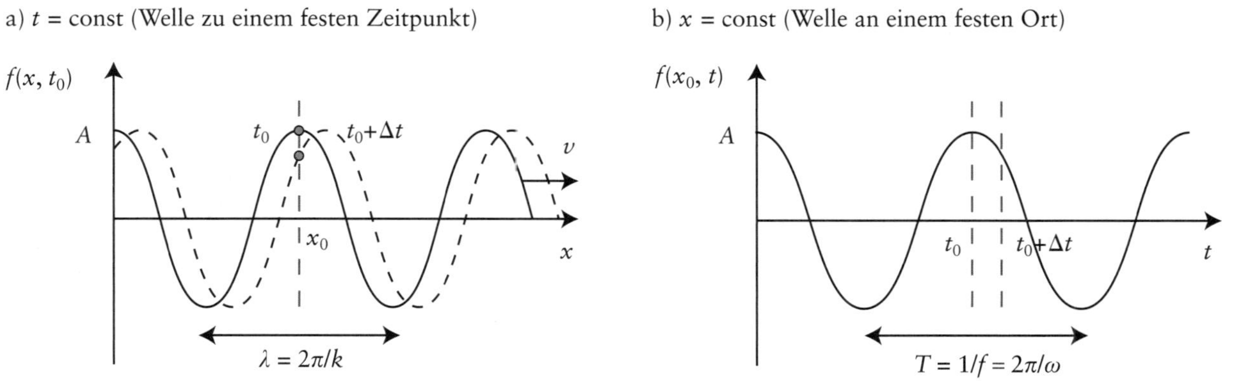

Abbildung 13.5 Ausbreitung einer harmonischen Welle: **a** Räumliche Änderung der Welle zum Zeitpunkt t_0; einen Zeitpunkt Δt später hat sich die Welle nach rechts bewegt. **b** Zeitliche Änderung der Oszillationsamplitude am Punkt x_0; der Abstand zwischen t_0 und $t_0 + \Delta t$ entspricht den beiden in a) markierten Punkten

$$
\begin{aligned}
&= A\sin(kx - \omega t) + A\sin(kx - \omega t + \phi) \\
&= \underbrace{2A\cos\left(\frac{\phi}{2}\right)}_{\substack{\text{konstante neue}\\ \text{Amplitude}}}\ \underbrace{\sin\left(kx - \omega t + \frac{\phi}{2}\right)}_{\substack{\text{fortschreitende}\\ \text{Welle}}} .
\end{aligned}
$$

Dies stellt eine fortschreitende Welle mit derselben Wellenlänge und Frequenz wie die ursprünglichen Wellen dar, jedoch mit anderer Amplitude. Die Amplitude hängt von der Phase, ϕ, zwischen den zwei Wellen ab. Wenn beide Wellen in Phase zueinander sind (d. h., ihre Wellenberge überlagern sich), dann ist $\phi = 0$ und die neue Amplitude beträgt $2A$ (doppelt so groß wie die ursprünglichen Amplituden). In diesem Fall spricht man von *konstruktiver Interferenz* (Abb. 13.6 a). Wenn die beiden Wellen ursprünglich eine halbe Wellenlänge außer Phase sind, dann ist $\phi = \pi$ und die resultierende Amplitude null. Diesen Fall nennt man *destruktive Interferenz*. Die Wellen heben einander auf (Abb. 13.6 b). Für Zwischenwerte von ϕ nimmt die Amplitude der resultierenden Welle einen Wert zwischen null und $2A$ an.

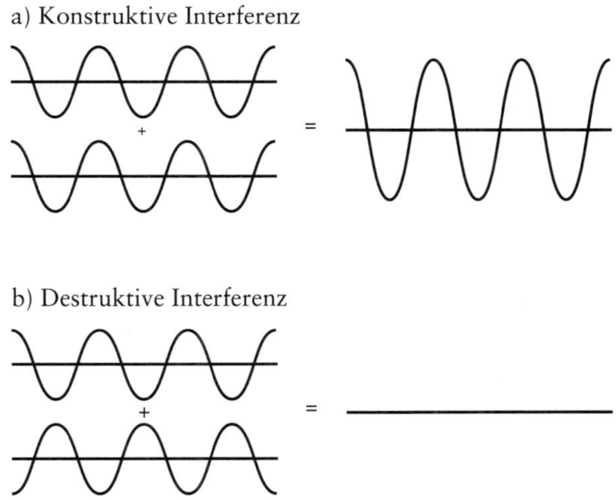

Abbildung 13.6 **a** Konstruktive Interferenz von Wellen, die in Phase sind, und **b** destruktive Interferenz von Wellen, die eine halbe Wellenlänge außer Phase sind

13.3.2 Stehende Wellen

Als nächstes betrachten wir die Interferenz zweier Wellen mit gleicher Amplitude, Wellenlänge und Frequenz, die sich diesmal in *entgegengesetzte* Richtungen ausbreiten:

$$
\begin{aligned}
f_1(x,t) &= A\sin(kx - \omega t) \\
f_2(x,t) &= A\sin(kx + \omega t) .
\end{aligned}
$$

Mit der trigonometrischen Identität für die Summe zweier Sinusfunktionen ist die Überlagerung dieser Wellen:

$$
\begin{aligned}
f(x,t) &= f_1(x,t) + f_2(x,t) \\
&= A\sin(kx - \omega t) + A\sin(kx + \omega t) \\
&= \underbrace{2A\cos(\omega t)}_{\substack{\text{zeitabhängige}\\ \text{Amplitude}}}\ \underbrace{\sin(kx)}_{\substack{\text{stehende}\\ \text{Welle}}} .
\end{aligned}
$$

Dies ist keine Funktion von $kx - \omega t$, was bedeutet, dass die Welle nicht fortschreitet. Die Ortsabhängigkeit der Welle ist $\sin(kx)$, was sich nicht mit der Zeit ändert. Die Amplitude *ändert* sich jedoch zeitlich und beträgt $2A\cos(\omega t)$. Diesen Wellentyp nennt man *stehende* oder *stationäre* Welle, da sie räumlich nicht propagiert. Es gibt einige Punkte von $f(x,t)$, die immer die Amplitude null haben, z. B. bei $kx = 0, \pi, 2\pi$, usw. Diese Punkte werden *Knoten* genannt. Zwischen den Knoten variiert die Amplitude der stehenden Welle zwischen null, für $\cos(\omega t) = 0$, und einem Maximalwert von $2A$, für $\cos(\omega t) = 1$. Die

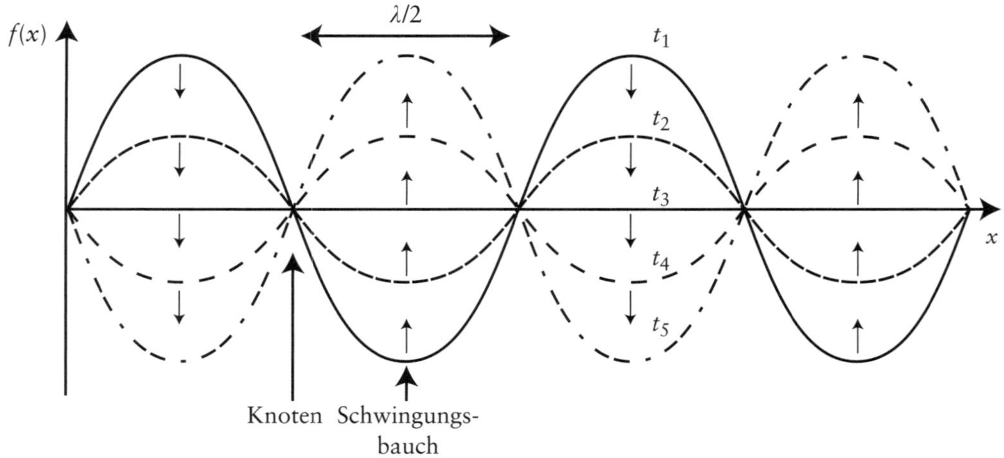

Abbildung 13.7 Stehende Welle: Die Amplitude dieser Welle ist an Knoten immer null und erreicht ein Maximum an den Schwingungsbäuchen

Punkte maximaler Amplitude, die sich auf halber Strecke zwischen den Knoten befinden, nennt man *Schwingungsbauch*. Abb. 13.7 stellt die zeitliche Amplitudenänderung einer stehenden Welle dar.

13.3.3 Schwebungen

Jetzt überlagern wir zwei Wellen gleicher Amplitude, die sich in die gleiche Richtung ausbreiten, aber unterschiedliche Wellenzahlen, k_1 und k_2, und unterschiedliche Frequenz, ω_1 und ω_2, haben. Wir führen eine durchschnittliche Wellenzahl und Frequenz, k bzw. ω ein. Jede Welle ist um $\pm\delta k$ bzw. $\pm\delta\omega$ vom Durchschnitt verschoben. Die beiden Wellenzahlen lauten dann:

$$\begin{aligned} k_1 &= k + \delta k \\ \text{und} \quad k_2 &= k - \delta k\,. \end{aligned}$$

Die Kreisfrequenzen sind:

$$\begin{aligned} \omega_1 &= \omega + \delta\omega \\ \text{und} \quad \omega_2 &= \omega - \delta\omega\,. \end{aligned}$$

Wenn wir die beiden Wellen nun überlagern, ergibt sich:

$$\begin{aligned} f(x,t) &= A\sin(k_1x - \omega_1t) + A\sin(k_2x - \omega_2t) \\ &= A\sin((k+\delta k)x - (\omega+\delta\omega)t) \\ &\quad + A\sin((k-\delta k)x - (\omega-\delta\omega)t) \\ &= \underbrace{2A\cos(\delta kx - \delta\omega t)}_{\text{Einhüllende}}\ \underbrace{\sin(kx - \omega t)}_{\text{fortschreitende Welle}}\,. \end{aligned} \tag{13.7}$$

Dies stellt eine fortschreitende Welle mit Wellenzahl k und Frequenz ω dar, deren Einhüllende durch eine langwellige, fortschreitende Welle mit Wellenzahl δk und Frequenz $\delta\omega$ moduliert ist. Solche Überlagerungen rufen *Schwebungen* hervor, deren Amplituden durch eine harmonische Einhüllende moduliert sind, wie in Abb. 13.8 dargestellt ist.

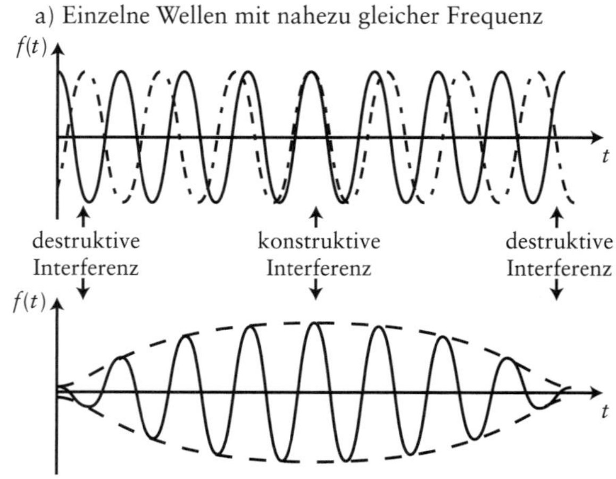

Abbildung 13.8 Die Interferenz zweier Wellen mit ähnlicher Frequenz und gleicher Amplitude, die sich in die gleiche Richtung ausbreiten, erzeugt eine Schwebung mit geringerer Frequenz

Eigenschaften von Schwebungen

Aus Gl. 13.7 kann man leicht die Eigenschaften der sich ausbreitenden Welle und deren Einhüllenden bestimmen. Die Wellenzahl und Frequenz der fortschreitenden Welle sind die Durchschnittswerte der Einzelwellen:

$$\begin{aligned} k &= \frac{k_1 + k_2}{2} \\ \text{und} \quad \omega &= \frac{\omega_1 + \omega_2}{2}\,, \end{aligned}$$

wohingegen die Wellenzahl und Frequenz der *Einhüllenden* die Hälfte der Differenzwerte der Einzelwellen sind:

$$\delta k = \frac{k_1 - k_2}{2}$$
$$\text{und} \quad \delta\omega = \frac{\omega_1 - \omega_2}{2}\,.$$

Die Schwebungsfrequenz ist doppelt so groß wie die Frequenz der Einhüllenden, da es zwei Schwebungen pro Wellenlänge der Einhüllenden gibt:

$$\therefore \omega_B = 2\delta\omega$$
$$= \omega_1 - \omega_2$$

(siehe Abb. 13.8). Da $\delta k \ll k$ und $\delta\omega \ll \omega$ gilt, sind Wellenlänge und Periode der Einhüllenden viel größer als die der fortschreitenden Welle.

Phasen- und Gruppengeschwindigkeit

Die Geschwindigkeit der resultierenden fortschreitenden Welle ist $v = \omega/k$. Man nennt sie die *Phasengeschwindigkeit*, v_p, da sie der Geschwindigkeit entspricht, mit der sich eine feste Phase ausbreitet, z. B. ein Wellental oder -berg (Gl. 13.8). Die Geschwindigkeit der Einhüllenden ist $v = \delta\omega/\delta k$. Diese Geschwindigkeit wird *Gruppengeschwindigkeit*, v_g, genannt und ist durch folgende Ableitung definiert:

$$v_g = \frac{d\omega}{dk}$$

(Gl. 13.9). Die Gruppengeschwindigkeit kann man sich auch als die Geschwindigkeit vorstellen, mit der die Welle Energie oder Informationen transportiert.

Wellengeschwindigkeiten:

$$\text{Phasengeschwindigkeit:} \quad v_p = \frac{\omega}{k} \qquad (13.8)$$
$$\text{Gruppengeschwindigkeit:} \quad v_g = \frac{d\omega}{dk} \qquad (13.9)$$

Dispersion

Die Kreisfrequenz ist eine Funktion der Wellenzahl: $\omega = \omega(k)$. Diese Funktion wird *Dispersionsrelation* genannt, aus der man die Phasen- und die Gruppengeschwindigkeit ermitteln kann. $\omega = vk$ ist beispielsweise so eine Dispersionsrelation. Wenn v konstant ist, gilt:

$$v_p = \frac{\omega}{k} = v$$
$$\text{und} \quad v_g = \frac{d\omega}{dk} = v\,,$$

d. h., Phasen- und Gruppengeschwindigkeit sind gleich. Wenn jedoch v nicht konstant ist, dann sind Phasen- und Gruppengeschwindigkeit nicht gleich:

$$v_p = \frac{\omega}{k} = v$$
$$\text{und} \quad v_g = \frac{d\omega}{dk} = v + k\frac{dv}{dk}\,.$$

Im Allgemeinen gilt $v_g < v_p$. v ist beispielsweise für weißes Licht, das durch ein sogenanntes *dispersives Medium*, wie ein Prisma, propagiert, nicht konstant. Die unterschiedlichen Frequenzkomponenten des weißen Lichts breiten sich mit unterschiedlichen Geschwindigkeiten aus. Deshalb wird die Einhüllende der Welle während der Propagation verzerrt. Dies resultiert in einer Aufspaltung (oder *Dispersion*) der Welle in ihre einzelnen Frequenzkomponenten, weshalb ein Prisma einen Regenbogen erzeugt, wenn weißes Licht hindurchscheint. Vakuum ist ein nichtdispersives Medium, weshalb elektromagnetische Wellen beliebiger Frequenz sich dort mit $v_p = v_g = c$ ausbreiten und keine Dispersion auftritt.

13.4 Der Dopplereffekt

Wann immer eine Relativbewegung zwischen der Quelle einer Welle und einem Beobachter auftritt, ist die vom Beobachter wahrgenommene Frequenz anders als die eigentliche Frequenz der emittierten Welle. Diese Änderung der beobachteten Frequenz wird *Dopplereffekt* genannt. Wenn die Relativbewegung die Quelle näher zum Beobachter bringt, ist die beobachtete Frequenz höher als die emittierte Frequenz, $f' > f$, mit der Frequenz der emittierten Welle $f = v/\lambda$ (Gln. 13.10 und 13.12, Herleitung 13.2). Andersherum, wenn die Relativbewegung die Quelle vom Beobachter wegbewegt, ist die beobachtete Frequenz niedriger als die emittierte Frequenz, $f' < f$ (Gln. 13.11 und 13.13, Herleitung 13.2). Zum Beispiel haben Schallwellen von einer Sirene eines sich nähernden Rettungfahrzeugs einen höheren Ton (höhere Frequenz), als die eines sich entfernenden.

Dopplereffekt (Herleitung 13.2):

Bewegte Quelle (Geschwindigkeit der Quelle v_s):

$$\text{auf O zu:} \quad f' = \frac{f}{(1 - v_s/v)} \qquad (13.10)$$
$$\text{von O weg:} \quad f' = \frac{f}{(1 + v_s/v)} \qquad (13.11)$$

III Wellen und Optik

Herleitung 13.2: Herleitung des Dopplereffekts (Gln. 13.10–13.13)

a) Bewegte Quelle:

Wellen der Frequenz f, die von einer bewegten Quelle S emittiert werden

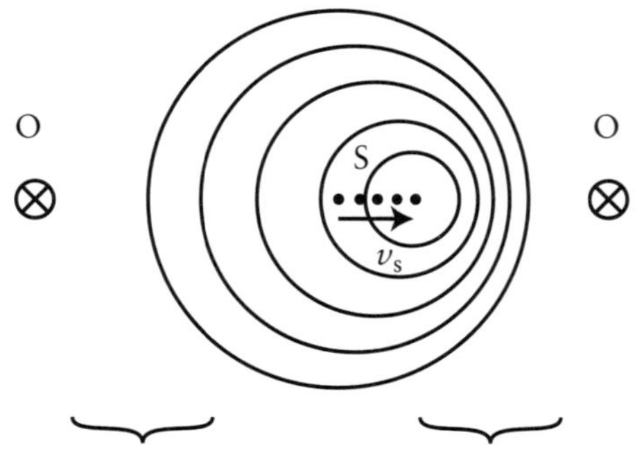

λ vergrößert sich um $\Delta s = v_S/f$: $\lambda' = \lambda + \Delta s$	λ verkleinert sich um $\Delta s = v_S/f$: $\lambda' = \lambda - \Delta s$

b) Bewegter Beobachter:

Wellen der Frequenz f, die von einer stationären Quelle S emittiert werden

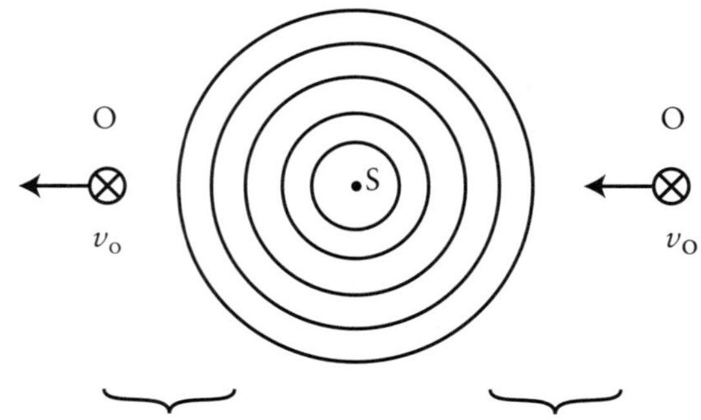

beobachtete Wellengeschwindigkeit verkleinert sich um v_O: $v' = v - v_O$	beobachtete Wellengeschwindigkeit vergrößert sich um v_O: $v' = v + v_O$

S entfernt sich von O:

$$\lambda' = \lambda + \Delta s$$
$$\frac{v}{f'} = \frac{v}{f} + \frac{v_s}{f}$$
$$\therefore f' = \frac{f}{(1 + v_s/v)}$$

S nähert sich O:

$$\lambda' = \lambda - \Delta s$$
$$\frac{v}{f'} = \frac{v}{f} - \frac{v_s}{f}$$
$$\therefore f' = \frac{f}{(1 - v_s/v)}$$

O entfernt sich von S:

$$v' = v - v_o$$
$$\lambda f' = v\,(1 - v_o/v)$$
$$\therefore f' = f\,(1 - v_o/v)$$

O nähert sich S:

$$v' = v + v_o$$
$$\lambda f' = v\,(1 + v_o/v)$$
$$\therefore f' = f\,(1 + v_o/v)$$

Bewegter Beobachter (Beobachtergeschwindigkeit v_o):

$$\text{auf S zu:}\quad f' = f(1 + v_o/v) \tag{13.12}$$
$$\text{von S weg:}\quad f' = f(1 - v_o/v) \tag{13.13}$$

O ist der Beobachter und S die Quelle.

Stoßwellen

Wenn die Geschwindigkeit einer bewegten Quelle größer ist als die Wellengeschwindigkeit, dann interferieren die Wellenberge jeder aufeinanderfolgend emittierten Welle konstruktiv mit den vorhergehenden. Dies resultiert in einer *Stoßwelle*, die sich mit der Geschwindigkeit der Welle ausbreitet (Abb. 13.9). Wenn sich z. B. eine Quelle schneller als die Schallgeschwindigkeit bewegt, wie das Überschallflugzeug Concorde, entspricht die Stoßwelle einem lauten Knall, den man Überschallknall nennt.

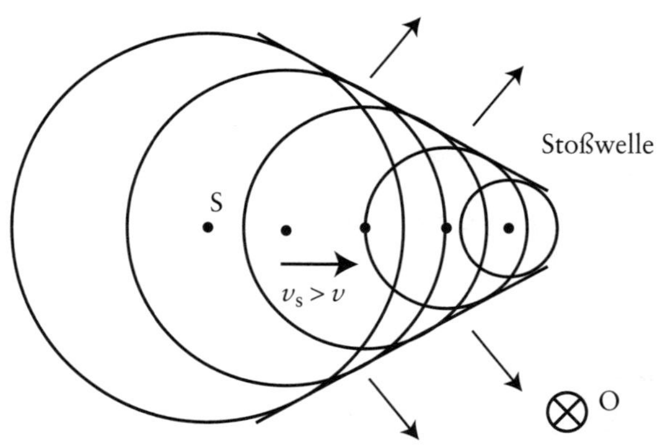

Abbildung 13.9 Die konstruktive Interferenz von Wellen einer sich mit $v_s > v$ bewegenden Quelle resultiert in einer fortschreitenden Stoßwelle

Geometrische Optik

14

Die geometrische Optik beschreibt das Verhalten von Licht bei Wechselwirkung mit Materie, die auf viel größeren Skalen als der Wellenlänge des Lichts stattfinden ($\gg 10\,\mu m$). Auf diesen Skalen werden Wellenphänomene wie Interferenz nicht sichtbar. In der geometrischen Optik betrachten wir Licht schematisch als Lichtstrahlen – gerade Linien, die in die Ausbreitungsrichtung der Welle zeigen. Lichtstrahlen ändern ihre Richtung, wenn sie an einer Oberfläche reflektiert oder gebrochen werden. Durch einfache geometrische Konstruktionen können wir die Richtungsänderungen an Grenzflächen bestimmen. Das Verständnis von Reflexion und Brechung ist wichtig für das Design optischer Instrumente zur Abbildung, wie Mikroskope und Teleskope.

14.1 Fermat'sches Prinzip

Brechungsindex und optische Weglänge

Die Lichtgeschwindigkeit im Vakuum beträgt $c \simeq 3 \cdot 10^8\,\mathrm{m\,s^{-1}}$. In einem Medium ist die Geschwindigkeit einer Welle aufgrund von Wechselwirkungen zwischen Licht und Atomen kleiner als c. Das Verhältnis zwischen Lichtgeschwindigkeit im Vakuum zu dem in Materie nennt man *Brechungsindex*, n (Gl. 14.1). Da für alle Medien $v < c$ gilt, ist der Brechungsindex immer größer als 1. Der Brechungsindex von Glas ist $n \simeq 1.5$, der von Wasser $n \simeq 1.33$ und der von Luft in guter Näherung $n \simeq 1$. Obwohl die Lichtgeschwindigkeit sich beim Durchgang durch ein Medium verringert, bleibt die *Frequenz* konstant: $\omega_v = \omega_c$. Deshalb ist die Wellenlänge von Licht in einem Medium relativ zu der im Vakuum kürzer: $\omega_v = \omega_c \to vk_v = ck_v$ $\therefore \lambda_v = \lambda_c/n$.

Die *optische Weglänge*, OWL [m], entspricht der Entfernung im Vakuum, in die die gleiche Anzahl von Wellenlängen passen wie in die Strecke x, die durch dieselbe Welle in einem Medium mit Brechungsindex n zurückgelegt wird:

$$\mathrm{OWL} = nx$$

(Gl. 14.2). Die gesamte optische Weglänge einer Welle, die durch mehrere Medien mit unterschiedlichem Brechungsindex läuft, ist die Summe der einzelnen optischen Weglängen:

$$\mathrm{OWL} = n_1x_1 + n_2x_2 + n_3x_3 \ldots = \sum_{i=1}^{N} n_i x_i\,.$$

Brechungsindex und optische Weglänge:

Brechungsindex:

$$n = \frac{c}{v} \tag{14.1}$$

Optische Weglänge:

$$\mathrm{OWL} = nx \tag{14.2}$$

Fermat'sches Prinzip der minimalen Zeit

Das Fermat'sche Prinzip der minimalen Zeit besagt: „*Der Weg, den Licht beim Durchgang durch Vakuum oder ein Medium zurücklegt, entspricht dem Weg, der in der kürzesten Zeit zurückgelegt werden kann.*" Mit diesem Prinzip kann man die Wege bestimmen, die Licht bei Reflexion oder Brechung nimmt.

Die Zeit, in der Licht den Weg x in einem Medium mit Brechungsindex n zurücklegt, ist proportional zur optischen Weglänge:

$$t = \frac{x}{v} = \frac{nx}{c} = \frac{\mathrm{OWL}}{c}\,.$$

Damit entspricht der Weg mit minimaler Zeit der kürzesten optischen Weglänge zwischen zwei Punkten. Auch aus dieser Definition sieht man, dass die optische Weglänge der Entfernung entspricht, die durch Licht im Vakuum in der gleichen Zeit zurückgelegt wird, wie die Strecke x in einem Medium. Die optische Weglänge und x entsprechen somit der gleichen zeitlichen und räumlichen Phasenänderung während der Wellenausbreitung.

Weiter unten werden wir das Fermat'sche Prinzip verwenden, um das Reflexions- und Brechungsgesetz abzuleiten.

14.2 Reflexion und Brechung

Lichtstrahlen

In der geometrischen Optik verwenden wir *Lichtstrahlen*, um die Richtung geradlinig strahlenden Lichts darzustellen. Lichtstrahlen sind mathematische Konstrukte, mit denen man sich die Lichtausbreitung verdeutlicht – sie sind keine physikalischen Gebilde.

Die Richtung der Lichtstrahlen ändert sich, wenn Licht auf die Oberfläche von Materialien, wie einen Spiegel oder eine Linse, trifft. Das Licht wird entweder durch das Material *reflektiert*, *absorbiert* oder *transmittiert*. Die Richtungsänderung bei Transmission wird Brechung genannt.

Abbildung 14.1 **a** Gerichtete Reflexion und **b** diffuse Reflexion

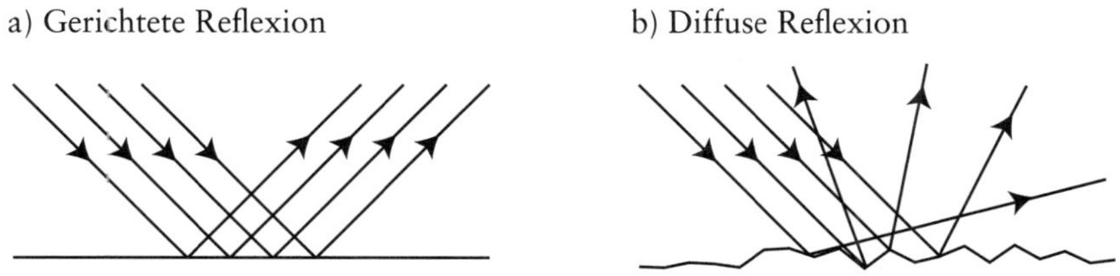

14.2.1 Reflexions- und Brechungsgesetz

Wir können das Fermat'sche Prinzip verwenden, um die Richtungsänderung eines Lichtstrahls bei Reflexion oder Brechung an einer Oberfläche zu bestimmen. Das *Reflexionsgesetz* besagt, dass der Reflexionswinkel, θ_r, gleich dem Einfallswinkel, θ_i, ist (Gl. 14.3 und Herleitung 14.1).

An einer Grenzfläche zwischen zwei Medien mit unterschiedlichen Brechungsindizes, n_1 und n_2, wird ein Lichtstrahl um einen von n_1 und n_2 abhängigen Wert gebrochen. Der Brechungswinkel für unter dem Winkel θ_1, relativ zur Normalen, einfallenden Lichts beträgt:

$$\sin\theta_2 = \frac{n_1}{n_2}\sin\theta_1$$

(Gl. 14.4 und Herleitung 14.2). Diese Gesetzmäßigkeit ist als das *Snellius'sche Brechungsgesetz* bekannt. Unter einem sehr kleinen Winkel zur Normalen einfallendes Licht nennt man *paraxial*. In der *paraxialen Näherung* gilt $\sin\theta \simeq \theta$ und das Snellius'sche Gesetz wird durch Gl. 14.5 ausgedrückt.

Reflexions- und Brechungsgesetz (Herleitungen 14.1 und 14.2):

Reflexionsgesetz:

$$\theta_i = \theta_r \tag{14.3}$$

Snellius'sches Brechungsgesetz:

$$n_1 \sin\theta_1 = n_2 \sin\theta_2 \tag{14.4}$$

Paraxiale Näherung, $\sin\theta \simeq \theta$:

$$n_1\theta_1 \simeq n_2\theta_2 \tag{14.5}$$

Gerichtete und diffuse Reflexion

Reflexion kann entweder *gerichtet* oder *diffus* sein. Gerichtete Reflexion tritt an glatten Oberflächen wie Glas und Spiegeln auf, an denen paralleles Licht in die gleiche Richtung reflektiert wird (Abb. 14.1 a). Im Gegensatz dazu tritt diffuse Reflexion an rauen Oberflächen auf, an denen paralleles Licht in alle Richtungen reflektiert wird (Abb. 14.1 b). Gerichtete Reflexion lässt Objekte glänzend erscheinen und ermöglicht es uns, andere Objekte als „Spiegelbild" auf der reflektierenden Oberfläche zu sehen, wohingegen man durch diffuse Reflexion rauere Oberflächen erkennen kann.

14.2.2 Totalreflexion

Wenn Licht von einem dichten in ein weniger dichtes Material übergeht, so dass im Snellius'schen Gesetz $n_2 < n_1$ gilt, werden Lichtstrahlen *von* der Normalen *weg* gebrochen ($\theta_2 > \theta_1$). Den Einfallswinkel, bei dem Licht entlang der Grenzfläche zwischen den beiden Medien gebrochen wird, d. h. $\theta_2 = 90°$, nennt man *kritischen Winkel*, θ_c (Gl. 14.6 und Abb. 14.2). Für Einfallswinkel größer als θ_c wird das gesamte Licht zurück ins Medium des einfallenden Strahls reflektiert. Dies nennt man *Totalreflexion* und hat viele praktische Anwendungen, wie beispielsweise in Binokularen, Endoskopen und Glasfasern.

Kritischer Winkel:

$$\sin\theta_c = \frac{n_2}{n_1} \tag{14.6}$$

Glasfaserkabel

Glasfaserkabel nutzen Totalreflexion, um Licht ohne Verluste zu transportieren. Sie bestehen üblicherweise aus einem Kern aus Glas oder Kunststoff und sind von einem Material mit niedrigerem Brechungsindex als der Kern ummantelt. Der Zweck der Ummantelung ist es, den Kern vor Kratzern zu schützen, welche zu einem Lichtverlust führen könnten. Der maximale Winkel, unter dem ein auf eine Glasfaser einfallender Lichtstrahl Totalreflexion erfährt, hängt von den Brechungsindizes von Kern, n_K, Mantel, n_M, und dem Material ab, in dem sich die Faser befindet, n_0 (Gl. 14.7 und Herleitung 14.3).

Herleitung 14.1: Herleitung des Reflexionsgesetzes (Gl. 14.3)

$$\begin{aligned}
\mathrm{POQ} &= n_1 L_\mathrm{i} + n_1 L_\mathrm{r} \\
&= n_1\sqrt{(h_\mathrm{i}^2 + x^2)} + n_1\sqrt{(h_\mathrm{r}^2 + (l-x)^2)} \\
\frac{\mathrm{d(POQ)}}{\mathrm{d}x} &= \frac{n_1 x}{\sqrt{(h_\mathrm{i}^2 + x^2)}} - \frac{n_1(l-x)}{\sqrt{(h_\mathrm{r}^2 + (l-x)^2)}} \\
&= n_1 \sin\theta_\mathrm{i} - n_1 \sin\theta_\mathrm{r} \\
&= 0, \quad \text{wenn POQ minimal ist} \\
\therefore n_1 \sin\theta_\mathrm{i} &= n_1 \sin\theta_\mathrm{r} \\
\therefore \theta_\mathrm{i} &= \theta_\mathrm{r}
\end{aligned}$$

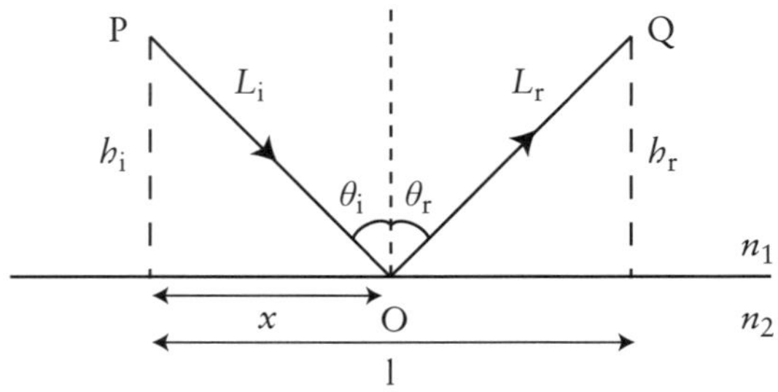

- Ausgangspunkt: Die gesamte optische Weglänge zwischen den Punkten P und Q ist die Summe der optischen Weglängen zwischen PO und OQ.
- Wir minimieren die optische Weglänge POQ bezüglich x.
- Die optische Weglänge ist minimal, wenn der Einfallswinkel gleich dem Reflexionswinkel ist.

Herleitung 14.2: Herleitung des Snellius'schen Brechungsgesetzes (Gl. 14.4)

$$\begin{aligned}
\mathrm{POQ} &= n_1 L_1 + n_2 L_2 \\
&= n_1\sqrt{(h_1^2 + x^2)} + \sqrt{(h_2^2 + (l-x)^2)} \\
\frac{\mathrm{d(POQ)}}{\mathrm{d}x} &= \frac{n_1 x}{\sqrt{(h_1^2 + x^2)}} - \frac{n_2(l-x)}{\sqrt{(h_2^2 + (l-x)^2)}} \\
&= n_1 \sin\theta_1 - n_2 \sin\theta_2 \\
&= 0, \quad \text{wenn POQ minimal ist} \\
\therefore n_1 \sin\theta_1 &= n_2 \sin\theta_2
\end{aligned}$$

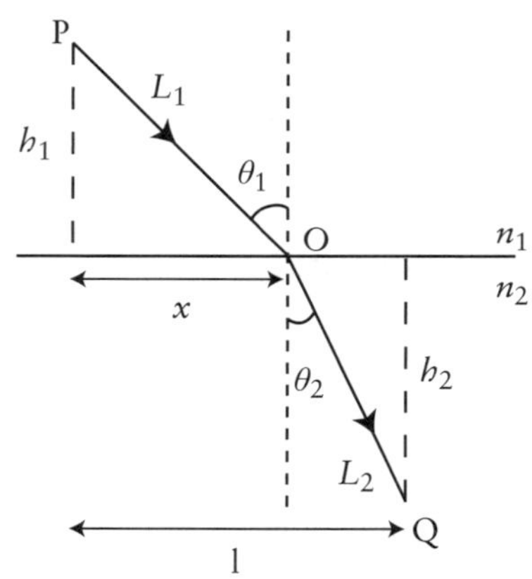

- Ausgangspunkt: Die gesamte optische Weglänge zwischen den Punkten P und Q ist die Summe der optischen Weglängen zwischen PO und OQ.
- Wir minimieren die optische Weglänge POQ bezüglich x.
- Wir erhalten das Snellius'sche Brechungsgesetz, wenn die optische Weglänge minimal ist.

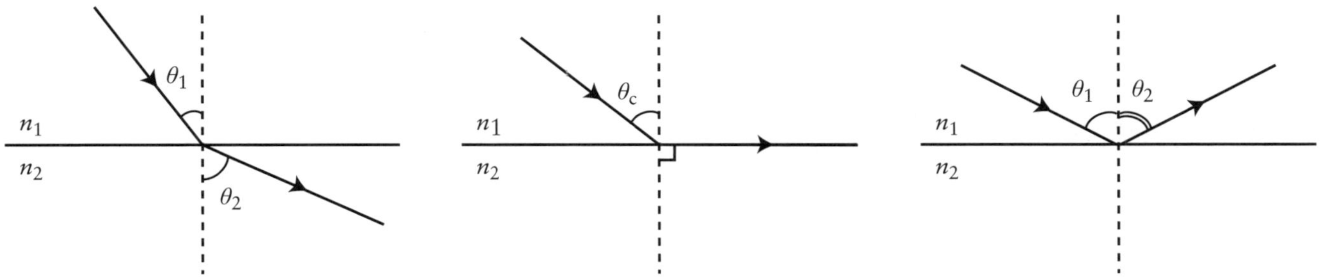

a) Brechung, $\theta_1 < \theta_c$ b) Kritischer Winkel, $\theta_1 = \theta_c$ c) Totalreflexion, $\theta_1 > \theta_c$

Abbildung 14.2 **a** Brechung, **b** kritischer Winkel und **c** Totalreflexion an einer Grenzfläche mit $n_1 > n_2$

Herleitung 14.3: Herleitung des maximalen Einfallswinkels in eine Glasfaser (Gl. 14.7)

$$\begin{aligned} n_0 \sin\theta_{max} &= n_K \sin\theta_r \\ &= n_K \cos\theta_c \\ &= n_K\sqrt{(1-\sin^2\theta_c)} \\ &= n_K\sqrt{1-(n_M/n_K)^2} \\ &= \sqrt{n_K^2 - n_M^2} \\ \therefore \sin\theta_{max} &= \frac{\sqrt{n_K^2 - n_M^2}}{n_0} \end{aligned}$$

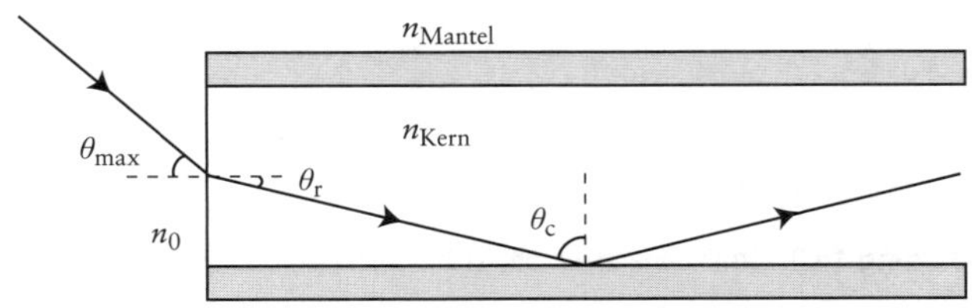

- Ausgangspunkt: Wir benutzen das Snellius'sche Brechungsgesetz für die Grenzfläche zwischen dem Kern und seiner Umhüllung.
- Wir benutzen Geometrie, um θ_r mit dem kritischen Winkel θ_c auszudrücken (Abbildung nicht maßstabsgerecht).
- Wir benutzen die Definition des kritischen Winkels, $\sin\theta_c = n_2/n_1$, um θ_c zu eliminieren, und stellen die Gleichung um.

Maximaler Einfallswinkel in ein Glasfaserkabel (Herleitung 14.3):

$$\sin\theta_{max} = \frac{\sqrt{n_K^2 - n_M^2}}{n_0} \quad (14.7)$$

mit $n_K > n_M$

14.3 Strahlengänge und Abbildungen

Wir können *Strahlengänge* konstruieren, um den Ort des Bildes zu bestimmen, das entsteht, wenn Licht von einem Gegenstand durch ein optisches Instrument, mit Reflexion an Spiegeln und Brechung in Linsen, scheint. Abbildung 14.3 zeigt einen typischen Strahlengang durch eine dünnen Konvexlinse. Die Linse befindet sich senkrecht zur *optischen Achse*. Sie besitzt auf beiden Seiten einen *Brennpunkt* im Abstand f. Der Gegenstand befindet sich in einem Abstand $g > f$ vom Mittelpunkt der Linse. Das Licht wird vom Gegenstand in alle Richtungen ausgestrahlt. Um die Art und Position der Abbildung zu bestimmen, reichen uns jedoch drei „Orientierungsstrahlen" (siehe Abb. 14.3):

1. Der zur optischen Achse parallele Strahl, der hinter der Linse durch den Brennpunkt verläuft.

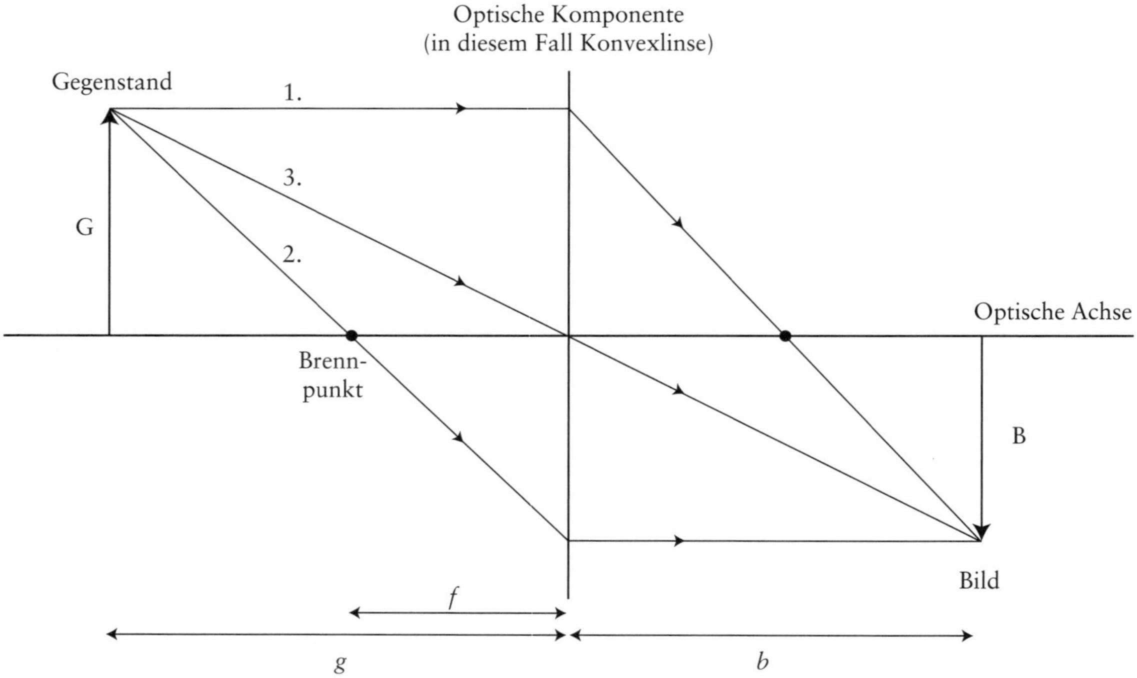

Abbildung 14.3 Strahlengang mit drei Lichtstrahlen zur Abbildungskonstruktion (siehe Text)

2. Der Strahl, der durch den Brennpunkt geht und hinter der Linse parallel zur optischen Achse verläuft.
3. Der Strahl, der durch den Schnittpunkt der optischen Achse mit der Linse verläuft und nicht abgelenkt wird.

Das Bild entsteht im Abstand b vom Mittelpunkt der Linse, wo sich zwei dieser Strahlen schneiden. Wir können einen ähnlichen Strahlengang verwenden, um das Bild eines sphärischen Spiegels statt einer Konvexlinse zu konstruieren, nur dass dort der nicht abgelenkte Strahl durch den Mittelpunkt der Krümmung verläuft, statt durch den Schnittpunkt von optischer Achse und Spiegel.

14.3.1 Reelle und virtuelle Bilder

Mit dem oben beschriebenen Strahlengang können wir die Art und Position der Bilder konstruieren, die durch einzelne Spiegel und Linsen gebildet werden. Abb. 14.4 zeigt die Bildkonstruktion an konvexen und konkaven Spiegeln und Linsen für Gegenstände, die sich in einem größeren Abstand als der Brennweite befinden.[1] Für Konkavspiegel und Konvexlinse sind die reflektierten oder gebrochenen Strahlen *konvergent* – sie nähern sich einander – und es entsteht an ihrem Schnittpunkt ein Bild (siehe Abb. 14.4). In diesem Fall spricht man von einem *reellen* Bild, da es durch den Schnittpunkt zweier Lichtstrahlen gebildet wird. Im Fall von *konvexem* Spiegel und *konkaver* Linse sind die Strahlen *divergent*, was bedeutet, dass sie sich niemals schneiden. Nun entsteht ein *virtuelles* Bild an dem Punkt, von dem die Lichtstrahlen *scheinbar* ausgehen. Wir können reelle sowie virtuelle Bilder „sehen". Unser Gehirn versteht Lichtstrahlen als fortlaufende gerade Linien, deshalb interpretiert es, dass divergentes Licht von dem Punkt kommt, an dem ein virtuelles Bild ist. Reelle Bilder können wahrgenommen werden, indem man sie auf einen Schirm fokussiert. Kameras benutzen beispielsweise Konvexlinsen, um Licht auf eine Photoplatte zu fokussieren, auf der ein reelles Bild entsteht. Wir können das Bild sehen, wenn wir auf die Photoplatte schauen.

[1] Das Bild kann sich dramatisch verändern, je nachdem wo sich der Gegenstand befindet. Ein Gegenstand innerhalb der Brennweite einer konvexen Linse führt beispielsweise zu einem virtuellen, aufrechten und vergrößerten Bild (siehe Abschn. 14.3.5).

14.3.2 Abbildungsgleichung für dünne Linsen

Die Beziehung zwischen Brennweite f, Gegenstandsweite g und Bildweite b für eine dünne Konvexlinse ist durch die *Abbildungsgleichung dünner Linsen* gegeben:

$$\frac{1}{f} = \frac{1}{g} + \frac{1}{b}$$

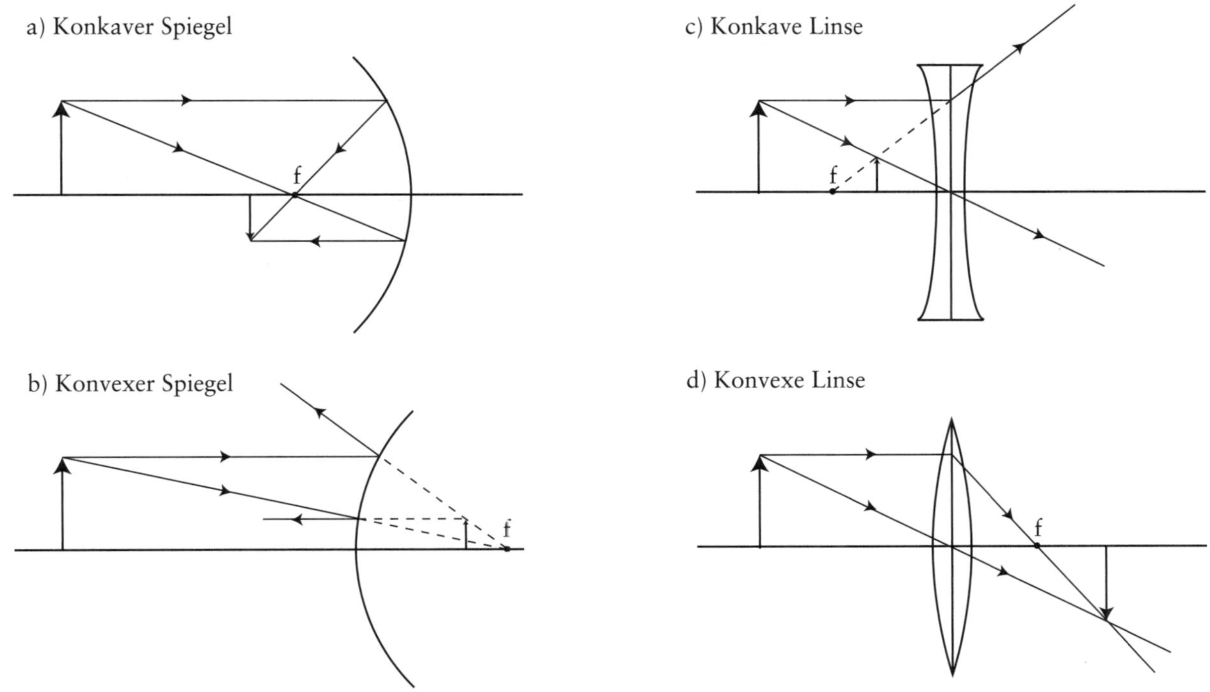

Abbildung 14.4 Strahlengänge und Bildkonstruktionen an konkavem und konvexem Spiegel und Linse: Alle Gegenstände befinden sich in einem Abstand, der größer als die Brennweite, f, der jeweiligen optischen Komponente ist. In diesem Fall ist das Bild **a** reell und invertiert für einen konkaven Spiegel, **b** virtuell und aufrecht für einen konvexen Spiegel, **c** virtuell und aufrecht für eine konkave Linse und **d** reell und invertiert für eine konvexe Linse

(Gl. 14.8 und Herleitung 14.4). Aus dieser Gleichung ergibt sich, dass der Mindestabstand zwischen Gegenstand und Bild, damit ein reelles Bild entsteht, die vierfache Brennweite sein muss:

$$g + b \geqslant 4f$$

(Gl. 14.9 und Herleitung 14.5).

Abbildungsgleichung dünner Linsen (Herleitung 14.4 und 14.5):

$$\frac{1}{f} = \frac{1}{g} + \frac{1}{b} \tag{14.8}$$

Mindestabstand zwischen Gegenstand und Bild:

$$g + b \geqslant 4f \tag{14.9}$$

Vorzeichenkonvention

Die Vorzeichenkonvention für die Abbildungsgleichung dünner Linsen lautet: „Reell ist positiv." Das bedeutet, dass die Abstände reeller Gegenstände und Bilder $+g$ bzw. $+b$ sind, wohingegen die Abstände virtuelle Gegenstände und Bilder $-g$ bzw. $-b$ sind. Gleichermaßen sind die Brennweiten von konkavem Spiegel und konvexer Linse, die reelle Bilder erzeugen, $+f$, wohingegen die von konvexem Spiegel und konkaver Linse $-f$ sind.

14.3.3 Abbildungsgleichung des sphärischen Spiegels

Wir können für den sphärischen Spiegel eine ähnliche Abbildungsgleichung wie für dünne Linsen finden, welche Bild- und Gegenstandsweite mit dem Krümmungsradius, R, eines sphärischen Spiegels in Verbindung setzt (Gl. 14.10 und Herleitung 14.6). Daraus leitet sich ab, dass der Krümmungsradius eines sphärischen Spiegels seine doppelte Brennweite ist (Gl. 14.11). Die Abbildungsgleichung gilt nur in paraxialer Näherung (d. h., das einfallende Licht bildet nur einen kleinen Winkel mit der Normalen, sodass $\sin\theta \simeq \tan\theta \simeq \theta$).

Herleitung 14.4: Herleitung der Abbildungsgleichung dünner Linsen (Gl. 14.8)

$$\begin{aligned} \text{mit } \theta_1: \quad \frac{G}{B} &= \frac{g}{b} \\ \text{mit } \theta_2: \quad \frac{G}{B} &= \frac{f}{b-f} \\ \therefore \frac{g}{b} &= \frac{f}{b-f} \\ \therefore \frac{1}{f} &= \frac{1}{g} + \frac{1}{b} \end{aligned}$$

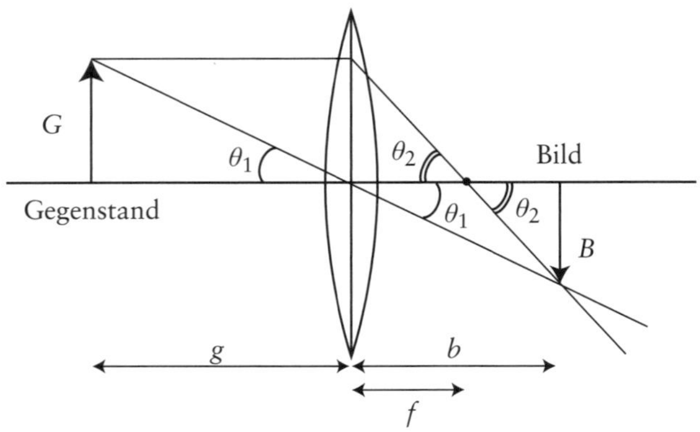

- Ausgangspunkt: Wir können zwei Ausdrücke für ähnliche Dreiecke bestimmen: ein Ausdruck mit dem Winkel θ_1 und einer mit θ_2.
- Ineinander einsetzen und Umstellen führt auf die Abbildungsgleichung für dünne Linsen.

Herleitung 14.5: Herleitung des Mindestabstands zwischen Gegenstand und Bild (Gl. 14.9)

$$\begin{aligned} \frac{1}{f} &= \frac{1}{g} + \frac{1}{b} \\ &= \frac{1}{g} + \frac{1}{(L-g)} \\ &= \frac{L}{g(L-g)} \\ \therefore g^2 - gL + Lf &= 0 \\ \therefore g &= \frac{L \pm \sqrt{L^2 - 4Lf}}{2} \\ \text{mit } \quad L^2 - 4Lf &\geqslant 0 \\ \therefore g + b &\geqslant 4f\,. \end{aligned}$$

- Ausgangspunkt: Definiere den Abstand zwischen Gegenstand und Bild als $L = g + b$ und eliminiere damit b aus der Abbildungsgleichung dünner Linsen.
- Die Lösungen der quadratischen Gleichung sind nur reell, wenn:

$$\begin{aligned} L^2 - 4Lf &\geqslant 0 \\ \therefore L &\geqslant 4f \\ \therefore g + b &\geqslant 4f \end{aligned}$$

Abbildungsgleichung für sphärische Spiegel (Herleitung 14.6):

$$\frac{1}{g} + \frac{1}{b} = \frac{2}{R} \tag{14.10}$$

Brennweite eines sphärischen Spiegels:

$$f = \frac{R}{2} \tag{14.11}$$

14.3.4 Linsenschleiferformel

Die Brennweite einer dünnen Linse ist mit den Krümmungsradien der beiden Linsenflächen über die *Linsenschleiferformel* verknüpft (Gl. 14.12 und Herleitung 14.7). Wie die Abbildungsgleichung für sphärische Spiegel gilt sie nur in paraxialer Näherung. Weiterhin gilt die Linsenschleiferformel nur für *dünne* Linsen, welche eine Dicke d haben, die sehr viel kleiner als die Krümmungsradien der beiden brechenden Oberflächen ist; $d \ll R_1$ und $d \ll R_2$.

Herleitung 14.6: Herleitung der Abbildungsgleichung sphärischer Spiegel für paraxiale Strahlen (Gln. 14.10 und 14.11)

$$\theta_o = \phi - \alpha_o = h\left(\frac{1}{R} - \frac{1}{g}\right)$$

und $$\theta_i = \alpha_i - \phi = h\left(\frac{1}{b} - \frac{1}{R}\right)$$

Aus dem Reflexionsgesetz:

$$\theta_o = \theta_i$$

$$\therefore h\left(\frac{1}{R} - \frac{1}{g}\right) = h\left(\frac{1}{b} - \frac{1}{R}\right)$$

$$\therefore \frac{1}{g} + \frac{1}{b} = \frac{2}{R}$$

∴ Für einen sphärischen Spiegel gilt:

$$f = \frac{R}{2}$$

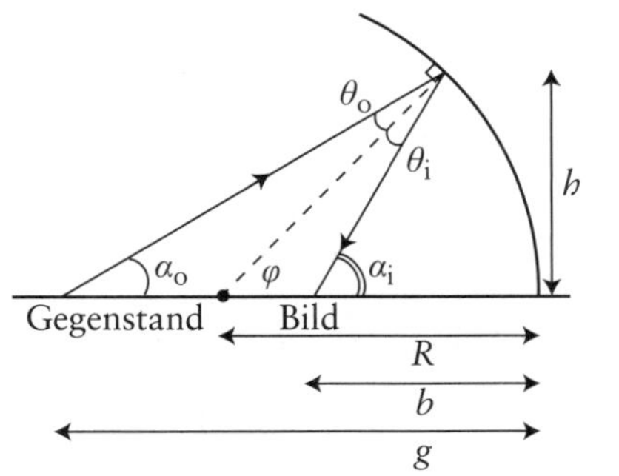

- Ausgangspunkt: In paraxialer Näherung müssen die Winkel sehr klein sein, $\therefore \tan\theta \simeq \theta$ (Abbildung ist zur besseren Darstellung nicht maßstabsgerecht). Mit der paraxialen Näherung sind daher die Winkel in der Abbildung:

$$\alpha_o \simeq \frac{h}{g}, \quad \alpha_i \simeq \frac{h}{b}, \quad \text{und} \quad \phi \simeq \frac{h}{R}.$$

Linsenschleiferformel für dünne Linsen (Herleitung 14.7):

$$\frac{1}{f} \simeq \left(\frac{n_{\text{Linse}}}{n_0} - 1\right)\left(\frac{1}{R_1} - \frac{1}{R_2}\right) \qquad (14.12)$$

n_0 ist der Brechungsindex des Umgebungsmediums.

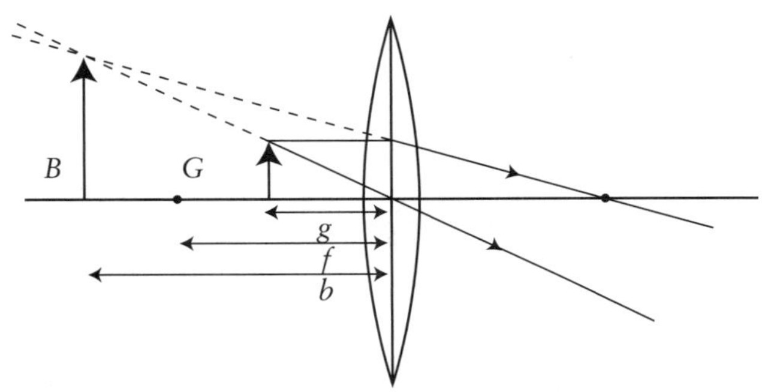

Abbildung 14.5 Strahlengang einer Lupe: Das Bild eines Gegenstands, der sich innerhalb der Brennweite einer konvexen Linse befindet, ist virtuell, vergrößert und aufrecht

14.3.5 Vergrößerung

Die *Vergrößerung* eines Bildes ist das Verhältnis von Bildgröße zu Gegenstandsgröße. *Lineare* Vergrößerung (M_L) ist das Verhältnis von linearen Dimensionen. Zum Beispiel könnte die Vergrößerung aus dem Verhältnis von Bildhöhe zu Gegenstandshöhe oder dem Verhältnis von Bildweite zu Gegenstandsweite bestimmt werden:

$$M_L = \frac{B}{G} \equiv \frac{b}{g}$$

(Gl. 14.13, siehe Abb. 14.3). Das Vorzeichen der Vergrößerung sagt uns, ob das Bild aufrecht (M_L ist negativ) oder invertiert (M_L ist positiv) ist.

Lupe

Wenn die Gegenstandsweite geringer ist als die Brennweite einer dünnen, konvexen Linse, dann ergibt sich aus der Abbildungsgleichung dünner Linsen die Bildweite $|b| > |g|$. Somit ist das Bild vergrößert ($M_L > 1$). Dies ist das Prinzip einer *Lupe*, welche ein virtuelles, aufrechtes, vergrößertes Bild produziert (Abb. 14.5). Wenn die Gegenstandsweite $g = f$ ist, befindet sich das virtuelle Bild bei $b = \infty$ (parallele Strahlen). In diesem Fall ist es nicht sinnvoll die lineare Vergrößerung zu messen, da $M_L \to \infty$ für $b \to \infty$, wir messen stattdessen die Winkelvergrößerung.

Herleitung 14.7: Herleitung der Linsenschleiferformel (Gl. 14.12)

Einzelne sphärische Oberfläche einer dünnen Linse:

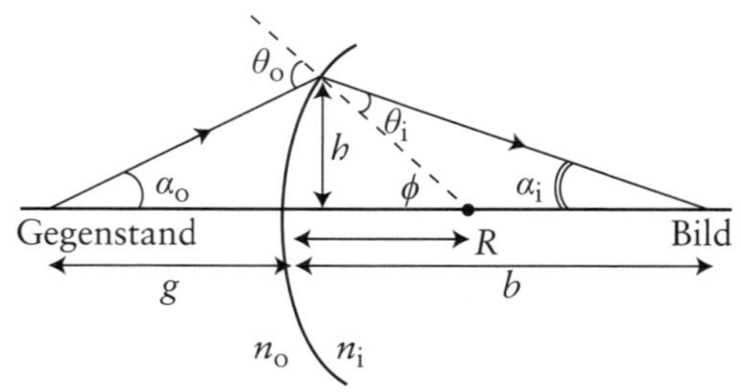

- Ausgangspunkt: In paraxialer Näherung müssen die Winkel sehr klein sein $\therefore \sin\theta \simeq \tan\theta \simeq \theta$ (Abbildung ist zur besseren Darstellung nicht maßstabsgerecht). Mit der paraxialen Näherung sind die Winkel in der Abbildung:

$$\alpha_o \simeq \frac{h}{g}, \quad \alpha_i \simeq \frac{h}{b} \quad \text{und} \quad \phi \simeq \frac{h}{R}.$$

- Wir benutzen diese Winkel, um einen Ausdruck für das Brechungsgesetz in paraxialer Näherung zu formulieren:

$$n_1\theta_o = n_2\theta_i\,.$$

- Eine dünne Linse besteht aus zwei sphärischen Oberflächen, an denen Brechung jeweils dem Brechungsgesetz in paraxialer Näherung gehorcht. n_{Linse} sei der Brechungsindex der Linse und n_0 der des Umgebungsmediums. Daher gilt an der ersten Oberfläche (Umgebungsmedium zu Linse) $n_1 \to n_0$ und $n_2 \to n_{\text{Linse}}$, und an der zweiten Oberfläche (Linse zu Umgebungsmedium) $n_1 \to n_{\text{Linse}}$ und $n_2 \to n_0$.
- Die Krümmungsradien der beiden Oberflächen seien R_1 und R_2. Da die zweite Oberfläche eine konkave Linse ist, gilt mit der „reell ist positiv"-Vorzeichenkonvention $R_2 \to -R_2$ für die zweite Oberfläche.
- Eine dünne Linse ist definiert durch $R_1 \ll d$ und $R_2 \ll d$, mit d als Dicke der Linse.
- Das von der ersten Oberfläche erzeugte Zwischenbild sei im Abstand $s' - d \simeq s'$. Dieses Bild bildet fungiert als virtueller Gegenstand für die zweite Oberfläche ($g \to -s'$).

$$\begin{aligned}\theta_o &= \phi + \alpha_o\\ &= h\left(\frac{1}{R}+\frac{1}{g}\right)\\ \text{und}\quad \theta_i &= \phi - \alpha_i\\ &= h\left(\frac{1}{R}-\frac{1}{b}\right)\end{aligned}$$

Brechungsgesetz in paraxialer Näherung:

$$\begin{aligned}n_1\theta_o &= n_2\theta_i\\ \therefore n_1 h\left(\frac{1}{R}+\frac{1}{g}\right) &= n_2 h\left(\frac{1}{R}-\frac{1}{b}\right)\\ \therefore \frac{n_1}{g}+\frac{n_2}{b} &= \frac{n_2-n_1}{R}\end{aligned}$$

Für zwei sphärische Oberflächen:

$$\text{1. Oberfläche:}\quad \frac{n_0}{g}+\frac{n_{\text{Linse}}}{s'} = \frac{n_{\text{Linse}}-n_0}{R_1}$$

$$\text{2. Oberfläche:}\quad \frac{n_{\text{Linse}}}{(-s')}+\frac{n_0}{b} = \frac{n_0-n_{\text{Linse}}}{(-R_2)}$$

Kombinieren dieser Gleichungen:

$$\begin{aligned}\frac{n_0}{g}+\frac{n_0}{b} &= (n_{\text{Linse}}-n_0)\left(\frac{1}{R_1}-\frac{1}{R_2}\right)\\ \therefore \frac{1}{f} &= \frac{1}{g}+\frac{1}{b}\\ &= \left(\frac{n_{\text{Linse}}}{n_0}-1\right)\left(\frac{1}{R_1}-\frac{1}{R_2}\right)\end{aligned}$$

n_{Linse} ist der Brechungsindex der Linse und n_0 der Brechungsindex des Umgebungsmediums.

Winkelvergrößerung

Eine andere Methode, die Vergrößerung zu messen, die oft für Teleskope in der Astronomie verwendet wird, ist die *Winkelvergrößerung*. Das Auge empfängt die Größe eines Objekts über die Größe des Bilds auf der Netzhaut, welches proportional zu dem Winkel α ist, unter dem es auf das Auge trifft (siehe Abb. 14.6 a). α ist für gewöhnlich als der Winkel gewählt, unter dem ein Gegenstand gesehen wird, der sich im *Nahpunkt*, D, befindet. Das ent-

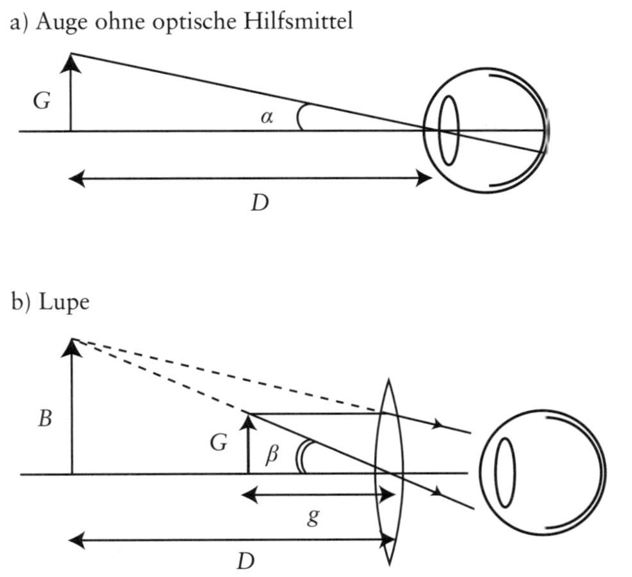

Abbildung 14.6 Strahlengang für Winkelvergrößerung: Ein Gegenstand im Nahpunkt, D, trifft unter einem Winkel α auf das Auge ohne optische Hilfsmittel. Eine Lupe vergrößert den Winkel $\beta > \alpha$, unter dem das Bild auf das Auge trifft

spricht dem kürzesten Abstand vom Auge, in dem es entspannt fokussieren kann. Für den Menschen ist das $\sim$ 25 cm. Ein Gegenstand der Höhe G hat demzufolge einen Winkel von $\alpha \sim G/D$. Ein optisches Instrument, wie eine Lupe, welches ein Bild erzeugt, das unter einem größeren Winkel als α auf das Auge trifft, erzeugt eine Winkelvergrößerung von:

$$M_\theta = \frac{\beta}{\alpha}$$

(Gl. 14.14). β ist der Winkel, unter dem das vergrößerte Bild auf das Auge trifft (siehe Abb. 14.6 b). Ein Bild der Höhe B am Nahpunkt hat dann eine Winkelgröße von $\beta \sim B/D$. Damit sehen wir, dass Winkel- und lineare Vergrößerung äquivalent sind:

$$M_\theta = \frac{\beta}{\alpha} = \frac{B/D}{G/D} = M_\mathrm{L}.$$

Vergrößerung (siehe Abb. 14.3 und 14.6):

Lineare Vergrößerung:

$$M_\mathrm{L} = \frac{B}{G} \equiv \frac{b}{g} \qquad (14.13)$$

Winkelvergrößerung:

$$M_\theta = \frac{\beta}{\alpha} \qquad (14.14)$$

Vergrößerung eines Bildes im Abstand $b = \infty$

Aus den Dreiecken in Abb. 14.6 erkennen wir, dass $\alpha \sim G/D$ und $\beta \sim G/g$ ist. Daher ist die Vergrößerung:

$$M_\theta = \frac{\beta}{\alpha} = \frac{D}{g}.$$

Wenn die Gegenstandsweite $g = f$ ist, entsteht ein virtuelles Bild im Abstand $b = \infty$ (parallele Strahlen). In diesem Fall beträgt die Vergrößerung:

$$M_\theta = \frac{\beta}{\alpha} = \frac{D}{f}.$$

Dieses Bild hat eine kleinere Vergrößerung, als wenn $g < f$ wäre, aber es ist angenehmer zu betrachten, da die Augenmuskeln entspannter sind.

14.3.6 Optische Instrumente zur Abbildung

Optische Instrumente, wie Teleskope und Mikroskope, verwenden oft eine Kombination aus zwei oder mehr dünnen Linsen, um die gewünschte Vergrößerung zu erreichen. Das zusammengesetzte Mikroskop und astronomische Fernrohr benutzen zwei dünne konvexe Linsen: ein *Objektiv* (erste Linse) und ein *Okular* (die zweite Linse) (Abb. 14.7). Licht von einem Gegenstand wird durch das Objektiv fokussiert, um ein Zwischenbild zu erzeugen, welches dann als Gegenstand für das Okular dient. Im Fall eines zusammengesetzten Mikroskops sind die Linsen so angeordnet, dass sich das Zwischenbild innerhalb der Brennweite des Okulars befindet. Dieser Aufbau erzeugt ein vergrößertes, invertiertes, virtuelles Bild im Nahpunkt (Abb. 14.7 a). Im Fall eines astronomischen Fernrohrs sind die Linsen so angeordnet, dass das Zwischenbild in der Brennweite des Okulars entsteht. Das Okular erzeugt somit ein vergrößertes, invertiertes, virtuelles Bild in der Bildweite ∞ (Abb. 14.7 b). In diesem Fall ist die Vergrößerung geringer als die des Bilds im Nahpunkt, aber die Betrachtung ist entspannter für das Auge. Die Winkelvergrößerung eines astronomischen Fernrohrs ist das Verhältnis von Brennweite des Objektivs, f_o, zu der des Okulars, f_e:

$$M_\theta = \frac{\beta}{\alpha} = \frac{h/f_\mathrm{e}}{h/f_\mathrm{o}} = \frac{f_\mathrm{o}}{f_\mathrm{e}}$$

(siehe Abb. 14.7 b).

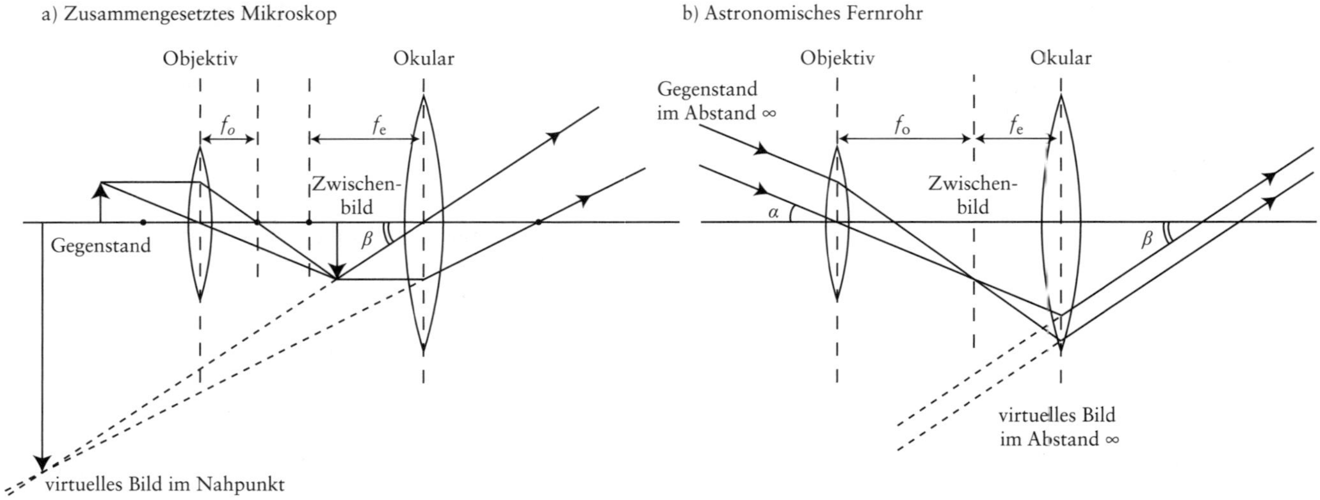

Abbildung 14.7 Strahlengang und Bildkonstruktion eines **a** zusammengesetzten Mikroskops und **b** eines astronomischen Fernrohrs: f_o und f_e sind die Brennweiten von Objektiv bzw. Okular

Wellenoptik

15

Während die geometrische Optik die Eigenschaften von Licht beschreibt, das auf großen Skalen gegenüber der Wellenlänge mit Materie wechselwirkt, beschreibt die Wellenoptik seine Eigenschaften, wenn es auf Skalen der Größenordnung der Wellenlänge ($\sim 10\,\mu\text{m}$) wechselwirkt. In diesen Größenordnungen werden Wellenphänomene wie Beugung und Interferenz sichtbar. Beugung ist das Ablenken von Licht an kleinen Objekten oder Aperturen vergleichbarer Größenordnung der Wellenlänge. Interferenz ist die Überlagerung von kohärentem Licht aus einer oder mehreren Lichtquellen. Wir kennen die Interferenz aus dem Alltag. Zum Beispiel entstehen die bunten Muster auf der Oberfläche von Seifenblasen aufgrund von Interferenz von weißem Licht. In diesem Fall ist die Dicke der Seifenblase in der Größenordnung von λ. Das Verständnis von Interferenz ist wichtig für das Design von optischen Instrumenten zur Spektroskopie, wie das Beugungsgitter, mit dem wir die Eigenschaften einer unbekannten Lichtquelle untersuchen können. Zum Beispiel kann Licht, das von Atomen emittiert wird, mit spektroskopischen Instrumenten analysiert werden, um Informationen über die innere Struktur der Atome zu gewinnen.

15.1 Huygens'sches Prinzip

Lichtstrahlen und Wellenfronten

In der geometrischen Optik interessiert uns die Wellennatur von Licht nicht. Deshalb konnten wir geradlinige Lichtströme durch Lichtstrahlen darstellen und das Fermat'sche Prinzip zur Bestimmung von Reflexions- und Brechungsgesetz eines Lichtstrahls, der auf eine Oberfläche trifft, verwenden.

In der Wellenoptik *interessiert* uns die Wellennatur des Lichts, weshalb wir *Wellenfronten* zur Darstellung des Lichts verwenden. Eine Wellenfront ist eine gerade Linie, die Punkte einer Welle mit gleicher Phase verbindet, beispielsweise Wellenberge oder Wellentäler. Der Abstand zwischen den Wellenfronten entspricht der Wellenlänge und die Ausbreitungsrichtung ist senkrecht zu den Wellenfronten (Abb. 15.1). Somit sind auch Lichtstrahlen senkrecht zu Wellenfronten.

Huygens'sches Prinzip

Das *Huygens'sche Prinzip* ist eine Konstruktion, mit der die Position einer neuen Wellenfront aus der vorherigen bestimmt werden kann. Es besagt: *„Jeder Punkt entlang einer Wellenfront ist die Quelle einer elementaren Kugelwelle; die Wellenfront zu einem späteren Zeitpunkt ist die Einhüllende dieser Elementarwellen"* (Abb. 15.2).

Das Huygen'sche Prinzip ist ein theoretisches Konstrukt, mit dem wir das Reflexions- und das Snellius'sche Brechungsgesetz bestimmen können (Herleitung 15.1). Es trifft eine Aussage über die Überlagerung von Wellen – Elementarwellen interferieren konstruktiv an Punkten gleicher Phase und destruktiv an Punkten, an denen sie eine halbe Wellenlänge außer Phase sind. Die resultierende Wellenfront entspricht somit den Punkten konstruktiver Interferenz.

Eine günstige Art, die resultierende Wellenfront aus den einzelnen Elementarwellen zu bestimmen, ist die Darstellung einer Elementarwelle als *Phasor* (unten beschrieben) und anschließende Bildung der Summe aller Phasoren.

15.1.1 Phasordarstellung einer Welle

Mit der Euler'schen Formel ($A\mathrm{e}^{\mathrm{i}\theta} = A\cos\theta + A\mathrm{i}\sin\theta$) können wir harmonische Wellen als Real- oder Imaginärteil einer komplexen Exponentialfunktion ausdrücken:

$$\begin{aligned} A\sin(kx-\omega t+\phi) &= \mathrm{Im}\left\{A\,\mathrm{e}^{\mathrm{i}(kx-\omega t+\phi)}\right\} \\ A\cos(kx-\omega t+\phi) &= \mathrm{Re}\left\{A\,\mathrm{e}^{\mathrm{i}(kx-\omega t+\phi)}\right\}. \end{aligned}$$

Wenn wir die beliebige Anfangsphase, ϕ, in den Koeffizienten ziehen, können wir eine Welle folgendermaßen ausdrücken:

$$\begin{aligned} \tilde{f}(x,t) &= \tilde{A}\,\mathrm{e}^{\mathrm{i}(kx-\omega t)} \\ &\equiv \tilde{A}\,\mathrm{e}^{\mathrm{i}\delta}. \end{aligned}$$

Die Tilde bedeutet, dass die Zahl oder Funktion komplex ist. Durch Einsetzen sieht man leicht, dass $\tilde{f}(x,t)$ die Wellengleichung erfüllt:

$$\frac{\partial^2\tilde{f}}{\partial x^2} = \frac{1}{v^2}\frac{\partial^2\tilde{f}}{\partial t^2}.$$

Sowohl Real- als auch Imaginärteil sind Lösungen. Man lässt daher üblicherweise die Tilde weg, wenn man eine Welle als komplexe Exponentialfunktion ausdrückt, und es ist klar, dass die physikalische Welle dem Real- oder Imaginärteil der komplexen Funktion entspricht (Gl. 15.1).

Komplexe Exponentialdarstellung (Phasor):

$$\begin{aligned} f(x,t) &= A\sin(kx\pm\omega t) \\ &\equiv A\,\mathrm{e}^{\mathrm{i}(kx\pm\omega t)} \\ &\equiv A\,\mathrm{e}^{\mathrm{i}\delta} \\ \text{mit}\quad \delta &= kx\pm\omega t \end{aligned} \tag{15.1}$$

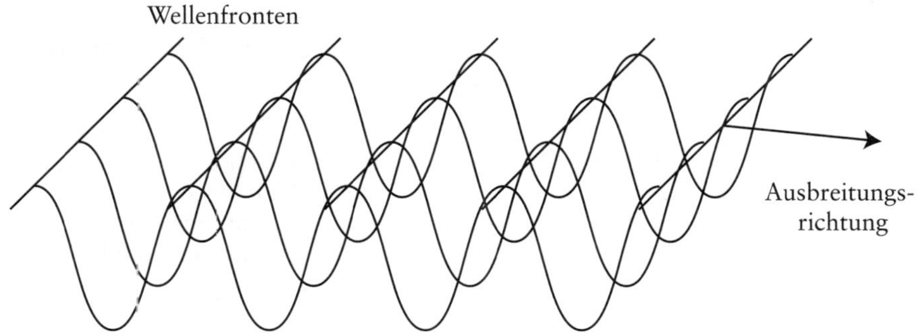

Abbildung 15.1 Wellenfronten sind Linien, die Punkte einer Welle gleicher Phase verbinden. Die Ausbreitungsrichtung ist senkrecht zu den Wellenfronten

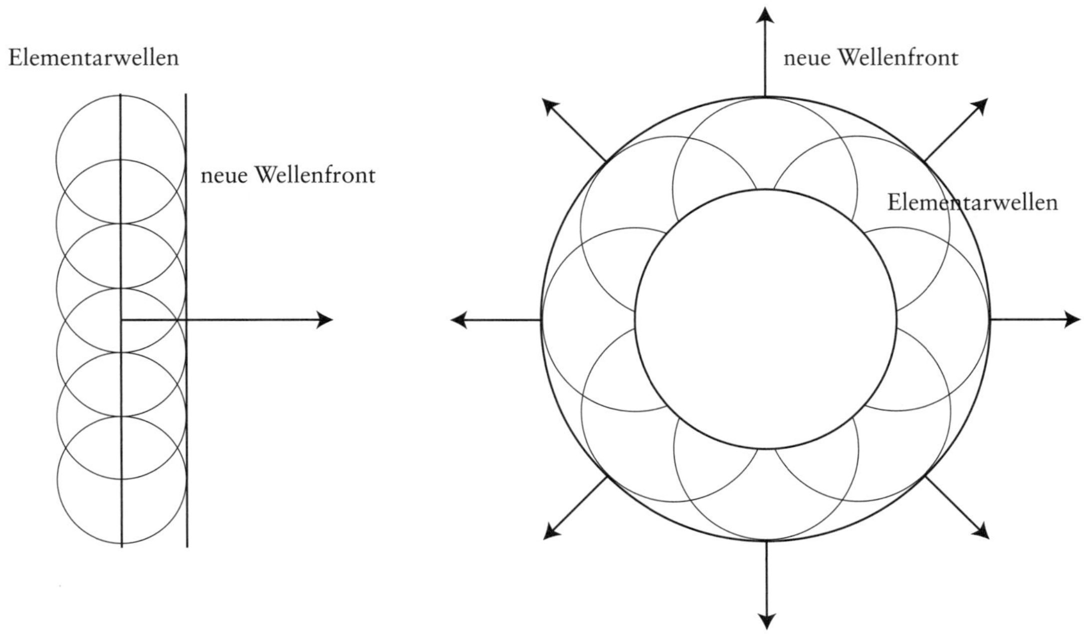

Abbildung 15.2 Huygens'sches Prinzip angewendet auf ebene und kreisförmige Wellenfronten

Phasoren

Wir können eine komplexe Zahl, $A\,\mathrm{e}^{\mathrm{i}\delta}$, in der Gauß'schen Zahlenebene darstellen, wobei A der Abstand der komplexen Zahl vom Ursprung und δ der Winkel zur positiven reellen Achse ist (Abb. 15.3). Ähnlich können wir eine Welle in komplexer Exponentialform darstellen; diese Darstellung nennt man *Phasor*. Die Größe A repräsentiert die Wellenamplitude und das Argument $\delta = kx - \omega t$ die Phase der Welle (d. h. der Fortschritt der Welle als Bruchteil eines kompletten Zyklus, wobei ein kompletter Zyklus 2π Radiant entspricht). Da δ mit der Zeit wächst, ist die Zeitentwicklung eines Phasors eine Rotation entgegen dem Uhrzeigersinn (siehe Abb. 15.3). Es ist günstig, diese Darstellung zur Bestimmung von Interferenzmus-

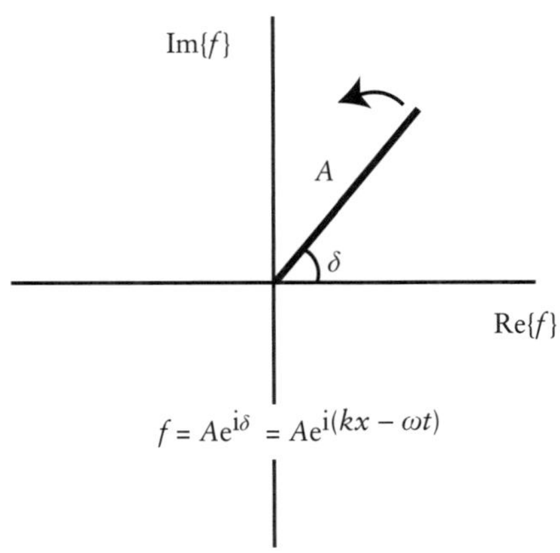

Abbildung 15.3 Phasordarstellung einer Welle

Herleitung 15.1: Herleitung des Reflexions- und Brechungsgesetzes mit dem Huygens'schen Prinzip

Zwei parallele Lichtstrahlen treffen auf eine Grenzfläche. Die einfallende Wellenfront AC erreicht die Grenzfläche am Punkt A. In der Zeit, in der sich der reflektierte oder gebrochene Lichtstrahl von A nach B bewegt, bewegt sich ein benachbarter Strahl von C nach D. Wenn wir eine kugelförmige Elementarwelle mit Ursprung A betrachten, entsteht die reflektierte oder gebrochene Wellenfront BD, wenn BD tangential zur Elementarwelle ist. Wir können das Reflexions- und Brechungsgesetz mit geometrischen Argumenten herleiten.

Reflexionsgesetz:

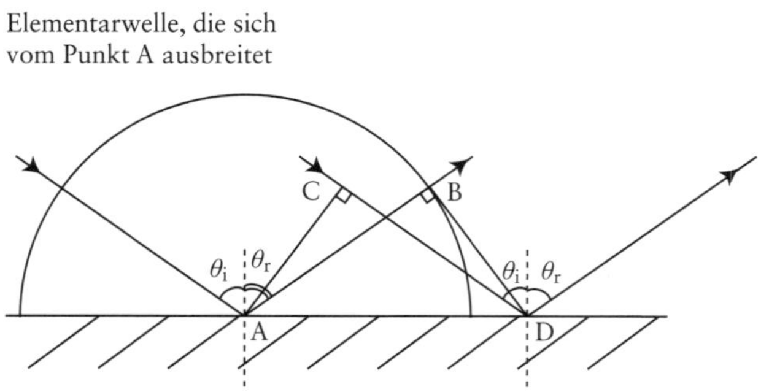

$$\frac{\sin\theta_i}{CD} = \frac{\sin\theta_r}{AB}$$
$$\frac{\sin\theta_i}{v_1 t} = \frac{\sin\theta_r}{v_1 t}$$
$$\therefore\ \theta_i = \theta_r$$

Snellius'sches Brechungsgesetz:

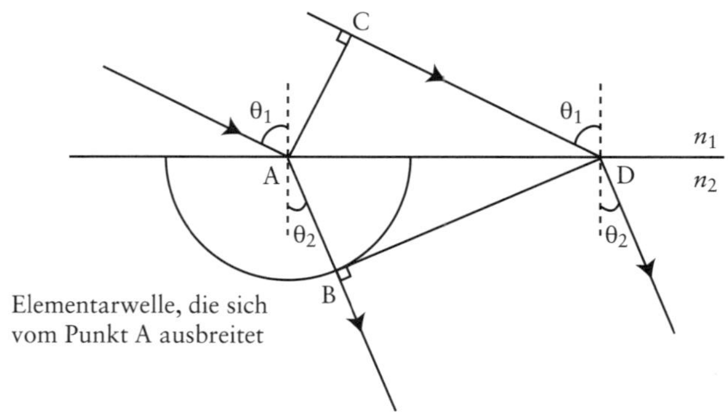

$$\frac{\sin\theta_1}{CD} = \frac{\sin\vartheta_2}{AB}$$
$$\frac{\sin\theta_1}{v_1 t} = \frac{\sin\vartheta_2}{v_2 t}$$
$$\frac{n_1\sin\theta_1}{ct} = \frac{n_2\sin\theta_2}{ct}$$
$$\therefore\ n_1\sin\theta_1 = n_2\sin\theta_2$$

tern mehrerer Elementarwellen zu verwenden, wie wir unten sehen werden.

Addition von Phasoren

Wenn wir die n-te Huygens'sche Elementarwelle einer Wellenfront als Phasor, $a_n\,e^{i\delta_n}$, ausdrücken, ist die resultierende Welle die Überlagerung der einzelnen Elementarwellen:

$$U_{res} = \sum_n a_n\,e^{i\delta_n}$$
$$\equiv A\,e^{i\delta}\,.$$

In den folgenden Abschnitten werden wir die Addition von Phasoren verwenden, um verschiedene Intensitätsverteilungen interferierender Elementarwellen zu bestimmen.

15.2 Interferenz

Kohärente Wellen

Die Phase δ einer Welle entspricht ihrem Fortschritt innerhalb eines kompletten Zyklus von 2π Radiant und ändert sich sowohl räumlich als auch zeitlich:

$$\delta = kx - \omega t\,.$$

Zwei Wellen mit konstanter Phasendifferenz, $\Delta\delta$, werden *kohärent* genannt. Anders ausgedrückt haben kohärente Wellen die gleiche Frequenz, ω, aber sie können einen unterschiedlichen Fortschritt innerhalb eines kompletten Zyklus haben.[1] Im Gegensatz dazu haben Wellen, bei denen $\Delta\delta$ eine Funktion der Zeit ist, keine konstante Phasendifferenz und werden *in*kohärent genannt.

Wenn sich zwei kohärente Wellen an einem bestimmten Ort treffen, haben sie für alle Zeiten die gleiche Pha-

[1] Räumlich kohärente Wellen haben auch überall denselben Wert von k.

Abbildung 15.4 Experimentieraufbau des Young'schen Doppelspaltexperiments

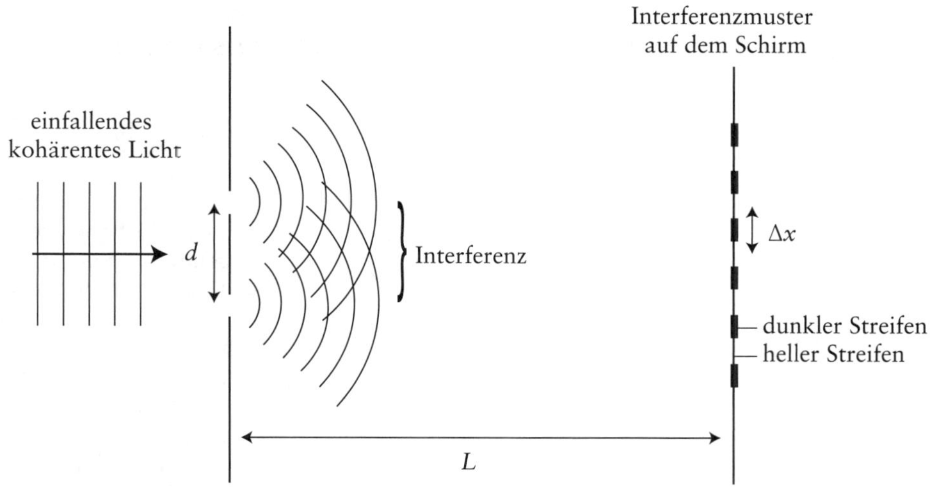

sendifferenz. Wenn sich zum Beispiel zwei Wellenberge an einem bestimmten Ort treffen, wird es dort immer konstruktive Interferenz geben, wohingegen es immer destruktive Interferenz geben wird, wenn sich ein Wellenberg und ein Wellental an einem bestimmten Punkt treffen. Deshalb bildet die Überlagerung kohärenter Wellen ein räumliches Muster konstruktiver und destruktiver Interferenz; dieses Muster wird *Interferenzmuster* genannt. Weiter unten werden wir die Interferenzmuster einiger Standardkonfigurationen mit der Addition von Phasoren und dem Huygens'schen Prinzip bestimmen.

15.2.1 Das Young'sche Doppelspaltexperiment

Ein Beispiel der Interferenz von Wellen ist das *Young'sche Doppelspaltexperiment*, welches nach Thomas Young benannt ist, der es zuerst durchführte. In dem Experiment trifft monochromatisches, kohärentes Licht auf zwei dünne Spalte der Breite a im Abstand d, wie in Abb. 15.4 gezeigt. Fürs Erste werden wir die Spaltbreite als sehr klein gegenüber ihrem Abstand betrachten: $a \ll d$.

Nach dem Huygens'schen Prinzip ist jeder Spalt ein Ausgangspunkt von Elementarwellen. Diese Elementarwellen breiten sich kreisförmig von den Spalten aus und interferieren, wo sie sich überlappen. Daraus resultiert ein *Interferenzmuster* sich abwechselnder heller und dunkler Streifen, welche auf einem Schirm im senkrechten Abstand L von den Spalten beobachtet werden können (siehe Abb. 15.4). Ein heller Streifen entsteht dort, wo die Elementarwellen konstruktiv interferieren (an Orten, wo sie miteinander in Phase sind), und ein dunkler Streifen dort, wo sie destruktiv interferieren (an Orten, wo sie eine halbe Wellenlänge außer Phase sind). Mit der Addition von Phasoren können wir die Intensitätsverteilung der Interferenz auf dem Schirm bestimmen (Gl. 15.2, Herleitung 15.2 und Abb. 15.5).

Young'sches Doppelspaltexperiment (siehe Abb. 15.4) (Herleitung 15.2):

Interferenzmuster:

$$I(\beta) = I_0 \cos^2 \beta \qquad (15.2)$$

$$\text{mit} \quad \beta = \frac{kd \sin\theta}{2}$$

Für konstruktive Interferenz:

$$d \sin\theta = n\lambda \qquad (15.3)$$

mit $n = 0, \pm 1, \pm 2, \ldots$

Abstand der Streifen:

$$\Delta x = \frac{L\lambda}{d} \qquad (15.4)$$

Die Bedingung für konstruktive Interferenz (helle Streifen) ist, dass der Wegunterschied zwischen den beiden Phasoren gleich einem ganzzahligen Vielfachen der Wellenlänge sein muss:

$$\underbrace{d \sin\theta}_{\text{Wegunterschied}} = n\lambda$$

(Gl. 15.3). Diese Gleichung ist nur für das Fernfeld ($L \gg d$) gültig. Wir kommen zu demselben Ergebnis, wenn wir in Betracht ziehen, dass $I(\beta)$ maximal ($I(\beta) = I_0$) ist, wenn $\cos^2(\beta) = 1$, d. h., wenn $\beta = d \sin\theta = n\pi$. Umgekehrt ist die Bedingung für destruktive Interferenz (dunkle Streifen), dass der Wegunterschied zwischen zwei Phasoren eine halbe Wellenlänge beträgt, da dies Bereichen entspricht, in denen sich die Amplituden auslöschen. Mit

Herleitung 15.2: Herleitung des Interferenzmusters eines Doppelspalts (Gl. 15.2)

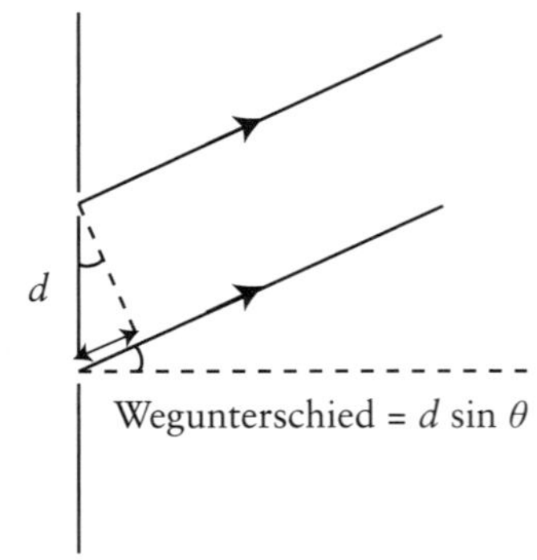

$$
\begin{aligned}
U(\theta) &= U_0 + U_0\,\mathrm{e}^{-\mathrm{i}\delta}\\
&= U_0\left(1 + \mathrm{e}^{-2\mathrm{i}\beta}\right)\\
&= U_0\,\mathrm{e}^{-\mathrm{i}\beta}\left(\mathrm{e}^{\mathrm{i}\beta} + \mathrm{e}^{-\mathrm{i}\beta}\right)\\
&= 2U_0\,\mathrm{e}^{-\mathrm{i}\beta}\cos\beta\\
\therefore I(\theta) &= |U(\theta)|^2\\
&= 4U_0^2\cos^2\beta\\
&\equiv I_0\cos^2\beta\\
\text{mit}\quad \beta &= \frac{kd\sin\theta}{2}
\end{aligned}
$$

- Ausgangspunkt: Kohärentes Licht falle auf zwei schmale Spalte im Abstand d. Elementarwellen breiten sich radial von jedem Spalt aus und interferieren miteinander, wenn sie überlappen. Jede Elementarwelle habe die gleiche Amplitude, U_0, und den relativen Phasenunterschied δ.
- Der resultierende Phasor der interferierenden Elementarwellen ist die Summe der einzelnen Phasoren: $U(\delta) = U_0 + U_0\,\mathrm{e}^{-\mathrm{i}\delta}$.
- Zwei parallele Strahlen seien unter einem Winkel von θ zur Normalen. Die Phasendifferenz zwischen den zwei Elementarwellen ist bei diesem Winkel $\delta = kx = kd\sin\theta = 2\beta$, mit $\beta = kd\sin\theta/2$. Die Phasendifferenz ändert sich zeitlich nicht, da die Elementarwellen kohärent sind.
- Wir benutzen die trigonometrische Identität:

$$\mathrm{e}^{\mathrm{i}\phi} + \mathrm{e}^{-\mathrm{i}\phi} = 2\cos\phi\,,$$

um den Ausdruck zu vereinfachen.

- Die Intensitätsverteilung als Funktion von θ, $I(\theta)$, ist gleich dem Quadrat der resultierenden Amplitude des Phasors: $I(\theta) = |U(\theta)|^2$.

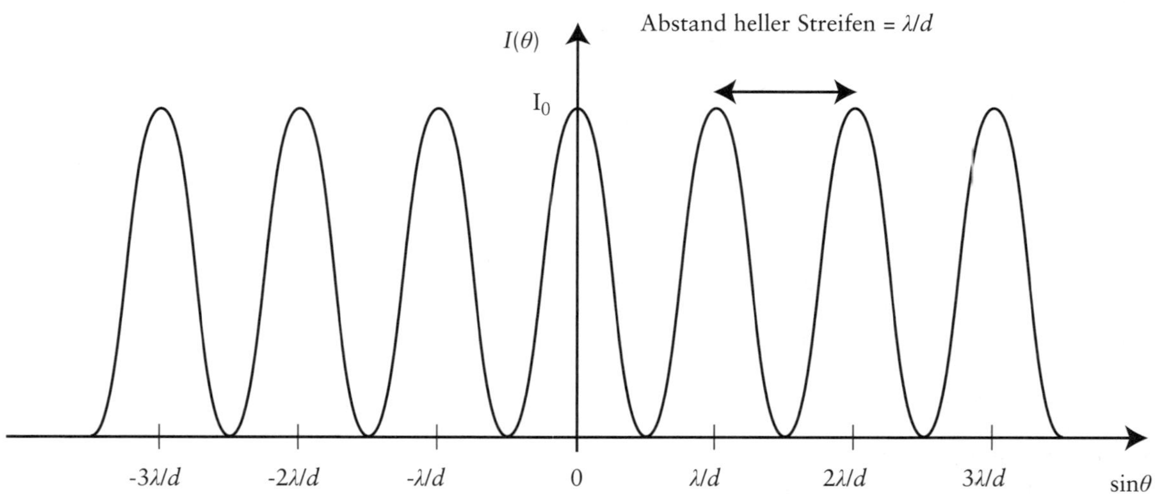

Abbildung 15.5 Interferenzmuster des Doppelspalts (siehe Gln. 15.2 und 15.3)

dem Ausdruck für konstruktive Interferenz ist der Abstand zwischen benachbarten hellen Streifen:

$$\Delta x = L \sin\theta = \frac{L\lambda}{d} .$$

L ist der senkrechte Abstand zwischen den Spalten und dem Schirm (siehe Abb. 15.4). Das Young'sche Doppelspaltexperiment wird in spektroskopischen Untersuchungen verwendet, um die Wellenlänge einer unbekannten Lichtquelle durch Messung von d, L und Δx zu bestimmen.

15.3 Beugung

Beugung ist die Ablenkung einer Welle an einer Apertur oder einer Kante. Beugungseffekte werden sichtbar, wenn die Dimensionen des beugenden Objekts vergleichbar mit der Wellenlänge des Lichts sind. Eine Illustration der Beugung an einer Apertur mit dem Huygens'schen Prinzip ist in Abb. 15.6 dargestellt. Die Elementarwellen an der Kante der Apertur haben auf einer Seite keine benachbarten Elementarwellen, mit denen sie destruktiv interferieren könnten und breiten sich deshalb weiter sphärisch aus, woraufhin sich die Welle verbreitert. Wenn die Apertur sehr schmal ist, so dass sich nur eine Elementarwelle bildet, breitet sich die gebeugte Welle kugelförmig aus.

Beugung geht normalerweise mit der Interferenz der Elementarwellen einher, die sich in der Ebene des beugenden Objekts oder Apertur bilden. Die Intensitätsverteilung des resultierenden Interferenzmusters hängt von der Beschaffenheit des beugenden Objekts ab. In diesem Abschnitt werden wir das Interferenzmuster einer einzelnen Apertur und eines Gitters mit mehreren nebeneinanderliegenden Spalten bestimmen.

15.3.1 Fraunhoferbeugung

Wir teilen die Beugung in zwei Typen ein: *Fraunhofer-* oder *Fernfeldbeugung* und *Fresnel-* oder *Nahfeldbeugung*. Die zwei Voraussetzungen für Fraunhoferbeugung sind, dass (i) einfallendes Licht parallel ist und (ii) sich die Bildebene in großem Abstand zu der Ebene des beugenden Objekts befindet. Im Gegensatz dazu ist Fresnelbeugung der allgemeinere Fall, bei dem einfallende Wellenfronten gekrümmt und die Bildebene nah ist. Allgemein verwendet man Fraunhoferbeugung für Spalte und runde Aperturen, wohingegen man Fresnelbeugung für lichtundurchlässige Kanten und Barrieren verwendet, wie beispielsweise Licht, das um einen Stecknadelkopf gebeugt wird.

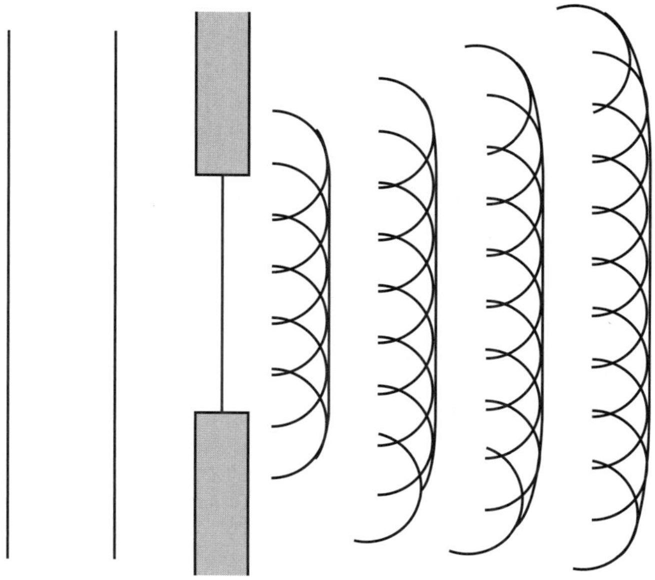

Abbildung 15.6 Beugung mit dem Huygens'schen Prinzip

Fresnelbeugung ist mathematisch schwieriger zu behandeln als Fraunhoferbeugung, deshalb behandeln wir auf einem einführenden Niveau fast ausschließlich Fraunhoferbeugung. Die Bedingungen für Fraunhoferbeugung können experimentell durch eine Anordnung, die in Abb. 15.7 gezeigt ist, hergestellt werden. Solch eine Anordnung sorgt auch dafür, dass kohärentes Licht auf die Apertur fällt, was zu einem Interferenzmuster führt.

Die Fresnelzahl

Die *Fresnelzahl*, F, ist eine dimensionslose Größe, welche anzeigt, wann die Näherung der Fraunhoferbeugung gilt (Gl. 15.5 und Herleitung 15.3). Wenn $F \ll 1$ gilt, dann ist die Krümmung der einfallenden Wellenfront klein, was bedeutet, dass wir mit Fraunhoferbeugung nähern können. Für große Werte von f, so dass gilt $F \gtrsim 1$, ist die Krümmung der Wellenfront nicht mehr zu vernachlässigen, weshalb wir nicht länger mit Fraunhoferbeugung nähern können. In den folgenden Abschnitten werden wir $F \ll 1$ annehmen, so dass die Fraunhofernäherung gültig ist.

Fresnelzahl (Herleitung 15.3):

$$F \simeq \frac{a^2}{8L\lambda} \tag{15.5}$$

Fraunhoferbeugung: $F \ll 1$;
Fresnelbeugung: $F \gtrsim 1$

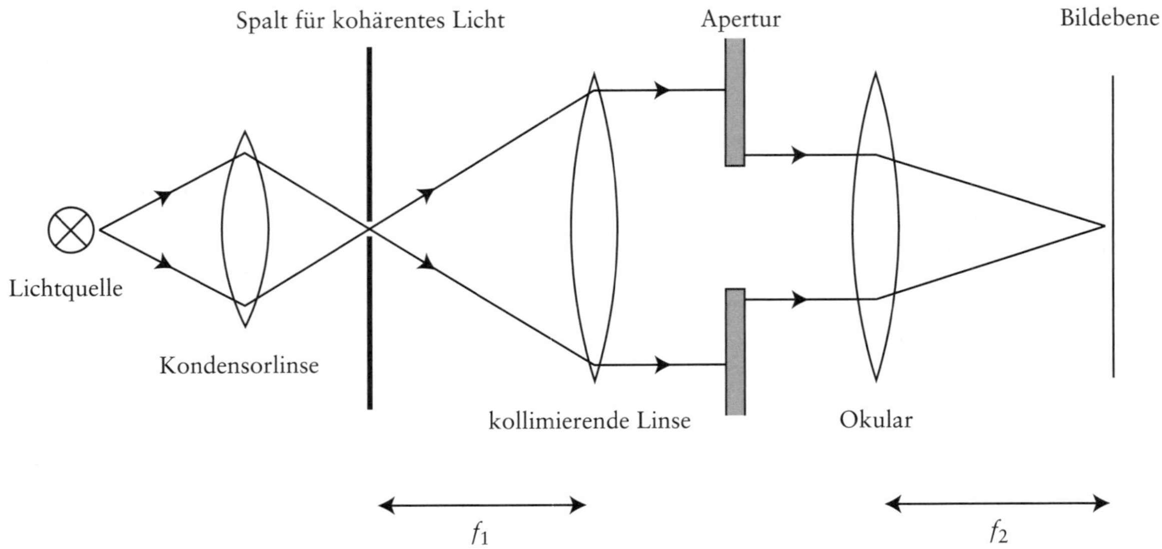

Abbildung 15.7 Experimentieranordnung zur Herstellung der Bedingungen für Fraunhoferbeugung: (i) auf eine beugende Apertur einfallendes Licht ist parallel und (ii) die Bildebene befindet sich in großem Abstand von der Ebene der beugenden Apertur. Die Kondensorlinse fokussiert Licht aus einer Quelle auf einen dünnen Spalt. Licht, das durch den Spalt gebeugt wird, ist daher kohärent. Wenn der Spalt in die Brennweite einer kolliminierenden Linse gesetzt wird, breitet sich Licht, das durch die Linse fällt, parallel zur optischen Achse aus. Licht, das durch die beugende Apertur fällt, wird durch eine Okularlinse auf die Bildebene fokussiert

Herleitung 15.3: Herleitung der Fresnelzahl, F (Gl. 15.5)

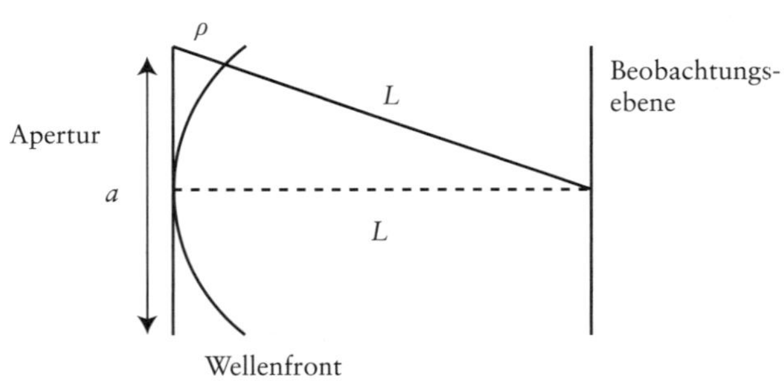

$$(L+\rho)^2 = \left(\frac{a}{2}\right)^2 + L^2$$

$$\text{und} \quad (L+\rho)^2 = L^2 + \rho^2 + 2L\rho$$

$$\simeq L^2 + 2L\rho \quad \text{für } \rho \ll L$$

$$\therefore \rho \simeq \frac{a^2}{8L}$$

$$\therefore F = \frac{\rho}{\lambda} \simeq \frac{a^2}{8L\lambda}$$

- Ausgangspunkt: Eine gekrümmte Wellenfront falle auf eine Apertur. Die Krümmung der Wellenfront sei durch den Parameter ρ definiert, wie in der Abbildung gezeigt. Wir nehmen an, dass $\rho \ll L$, wobei L der senkrechte Abstand zwischen der Apertur und der Beobachtungsebene ist.
- Wir definieren die *Fresnelzahl*, F, als das Verhältnis von Krümmungsparameter ρ zur Wellenlänge λ:

$$F = \frac{\rho}{\lambda}$$

- Mit Trigonometrie erhalten wir $\rho \simeq a^2/8L$, wobei a die Breite der Apertur ist.
- Für Fraunhoferbeugung: $\rho \ll \lambda \;\therefore F \ll 1$
- Für Fresnelbeugung: $\rho \gtrsim \lambda \;\therefore F \gtrsim 1$

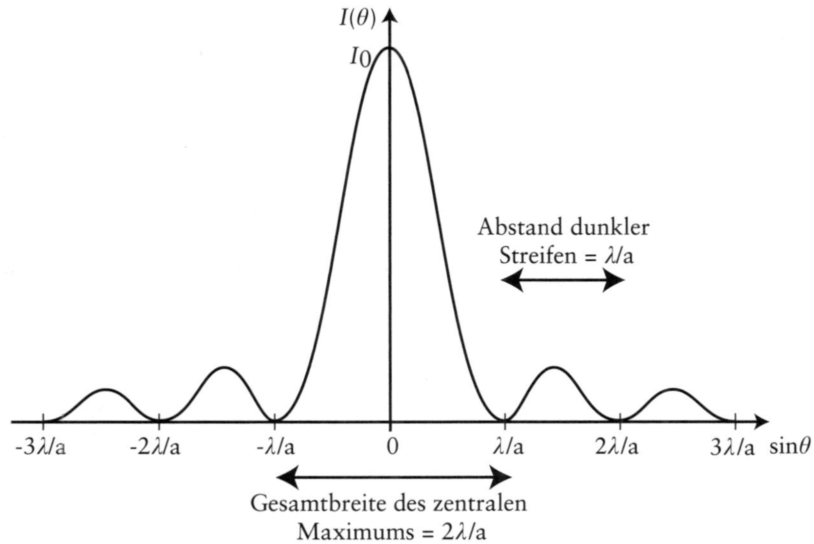

Abbildung 15.8 Beugungsmuster des Einzelspalts (siehe Gln. 15.6–15.8)

15.3.2 Einzelspalt

Auf einen Einzelspalt der Breite a fallendes Licht, wobei a in der Größenordnung der Wellenlänge liegt, erzeugt ein Interferenzmuster heller und dunkler Streifen. Wir können die Intensitätsverteilung der Interferenzstreifen mit der Addition von Phasoren der Huygens'schen Elementarwellen, die am Spalt erzeugt werden, bestimmen (Gl. 15.6, Herleitung 15.4 und Abb. 15.8). Dieses Intensitätsmuster wird *Beugungsmuster des Einzelspalts* genannt.

Interferenzmuster des Einzelspalts (Herleitung 15.4):

Interferenzmuster:

$$I(\alpha) = I_0 \left(\frac{\sin\alpha}{\alpha}\right)^2 \quad (15.6)$$

$$\text{mit} \quad \alpha = \frac{ka\sin\theta}{2}$$

Für destruktive Interferenz:

$$a\sin\theta = m\lambda \quad (15.7)$$

mit $m = \pm 1, \pm 2, \ldots$

Breite des zentralen Maximums:

$$\Delta y = \frac{2L\lambda}{a} \quad (15.8)$$

Bei $\theta = 0$ ist die Phasendifferenz zwischen allen benachbarten Elementarwellen null; deshalb interferieren sie konstruktiv und erzeugen einen zentralen, hellen Streifen der Intensität I_0. Die nachfolgenden hellen Streifen sind sekundäre Maxima mit Intensitäten $< I_0$, da nicht alle Elementarwellen in Phase sind (einige Elementarwellen interferieren destruktiv). Die dunklen Streifen entsprechen Regionen destruktiver Interferenz zwischen allen Elementarwellen, was auftritt, wenn sich die Phasoren „aufwickeln", sodass ihre Summe einen geschlossenen Kreis bildet ($\therefore$ resultierende Amplitude $= 0$). Das entspricht Winkeln, an denen der Wegunterschied zwischen zwei Phasoren an beiden Rändern des Spalts gleich einem ganzzahligen Vielfachen der Wellenlänge ist. Somit ist die Bedingung für destruktive Interferenz:

$$\underbrace{a\sin\theta}_{\text{Wegunterschied}} = m\lambda$$

$$\text{mit} \quad m = \pm 1, \pm 2, \ldots$$

(Gl. 15.7). Wir bekommen dasselbe Resultat, wenn wir in Betracht ziehen, dass $I(\alpha) = 0$ ist, wenn $\sin^2\alpha = 0$, d. h. wenn $\alpha = a\sin\theta = m\pi$. Der Streifen für $m = 0$ entspricht dem zentralen Maximum. Dies stimmt natürlich mit dem Ausdruck für $I(\alpha)$ in Gl. 15.6 überein, da $\sin\theta \simeq \theta$ für $\theta \to 0$:

$$\therefore I(\alpha \to 0) \simeq I_0 \left(\frac{\alpha}{\alpha}\right)^2 = I_0 \,.$$

Mit der Bedingung für destruktive Interferenz (Gl. 15.7) ist die Breite des zentralen Maximums:

$$\Delta y = 2L\sin\theta$$
$$= \frac{2L\lambda}{a}$$

(Gl. 15.8). Die Breite des zentralen Maximums ist doppelt so groß wie die der Sekundärmaxima (siehe Abb. 15.8).

Herleitung 15.4: Herleitung des Beugungsmusters des Einzelspalts (Gl. 15.6)

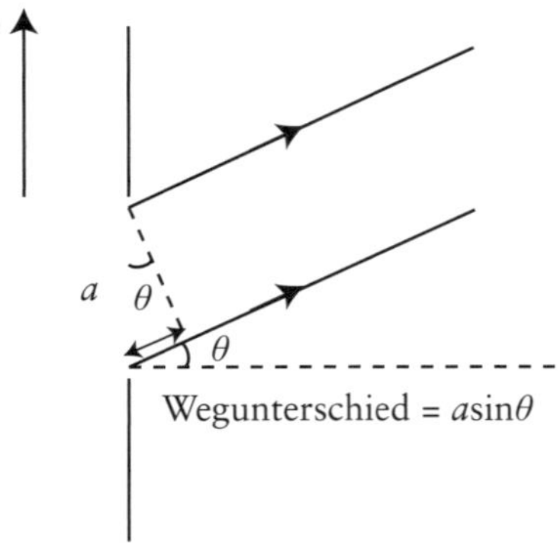

$$
\begin{aligned}
U(\theta) &= \int_0^a U_0 \mathrm{e}^{-\mathrm{i}\delta(y)}\,\mathrm{d}y \\
&= \int_0^a U_0 \mathrm{e}^{-\mathrm{i}y\gamma}\,\mathrm{d}y \\
&= U_0 \frac{\left(\mathrm{e}^{-\mathrm{i}a\gamma} - 1\right)}{-\mathrm{i}\gamma} \\
&= U_0 \mathrm{e}^{-\mathrm{i}a\gamma/2} \frac{\left(\mathrm{e}^{-\mathrm{i}a\gamma/2} - \mathrm{e}^{\mathrm{i}a\gamma/2}\right)}{-\mathrm{i}\gamma} \\
&= U_0 \mathrm{e}^{\mathrm{i}a\gamma/2} \frac{2\mathrm{i}\sin(a\gamma/2)}{\mathrm{i}\gamma} \\
&= U_0 a \mathrm{e}^{\mathrm{i}a\gamma/2} \frac{\sin(a\gamma/2)}{(a\gamma/2)} \\
&= U_0 a \mathrm{e}^{\mathrm{i}\alpha} \frac{\sin\alpha}{\alpha} \\
\therefore I(\theta) &= |U(\theta)|^2 \\
&= (U_0 a)^2 \left(\frac{\sin\alpha}{\alpha}\right)^2 \\
&\equiv I_0 \left(\frac{\sin\alpha}{\alpha}\right)^2 \\
\text{mit} \quad \alpha &= \frac{ka\sin\theta}{2}
\end{aligned}
$$

- Ausgangspunkt: Kohärentes Licht fällt auf einen Spalt der Breite a. Nach dem Huygens'schen Prinzip bilden sich auf der ganzen Länge des Spalts Elementarwellen aus. Diese interferieren und erzeugen ein Beugungsmuster.
- Jede Elementarwelle sei durch einen Phasor $U_0 \mathrm{e}^{-\mathrm{i}\delta}$ repräsentiert, wobei U_0 die Amplitude des Phasors und δ die Phasendifferenz zwischen zwei benachbarten Elementarwellen ist.
- Die Länge, y, entlang des Spalts ist stetig, weshalb δ eine stetige Funktion der Strecke entlang des Spalts ist: $\delta = \delta(y)$.
- Der resultierende Phasor der interferierenden Elementarwellen ist das Integral der Phasoren der einzelnen Elementarwellen: $U(\delta) = \int U_0 \mathrm{e}^{-\mathrm{i}\delta(y)}\,\mathrm{d}y$.
- Parallele Strahlen seien unter einem Winkel von θ zur Normalen. Die Phasendifferenz zwischen zwei benachbarten Elementarwellen ist für diesen Winkel $\delta(y) = ky\sin\theta = y\gamma$, mit $\gamma = k\sin\theta$. Die Phasendifferenz ändert sich zeitlich nicht, da die Elementarwellen kohärent sind.
- Wir benutzen die trigonometrische Identität

$$\mathrm{e}^{\mathrm{i}\phi} - \mathrm{e}^{-\mathrm{i}\phi} = 2\mathrm{i}\sin\phi\,,$$

um den Ausdruck zu vereinfachen.
- Wir setzten $\alpha = ka\sin\theta/2$ ($\equiv a\gamma/2$).
- Die Intensitätsverteilung als Funktion von θ, $I(\theta)$, ist gleich dem Quadrat der Amplitude des resultierenden Phasors: $I(\theta) = |U(\theta)|^2$.

15.3.3 Runde Aperturen

Das Beugungsmuster einer runden Apertur besteht aus einem zentralen hellen Punkt, der mit konzentrischen, dunkleren Ringen umgeben ist, die den Sekundärmaxima entsprechen (Abb. 15.9). Diese Intensitätsverteilung wird *Airymuster*, und der zentrale helle Punkt *Airyscheibchen* genannt. Das Airymuster hat eine ähnliche funktionale Abhängigkeit wie die Intensitätsverteilung des Einzelspalts, aber in diesem Fall tritt das erste Minimum auf, wenn

$$\sin\theta = 1.22\frac{\lambda}{a}$$

ist, anstatt, für $\sin\theta = \lambda/a$, was für eine lineare Apertur gilt.

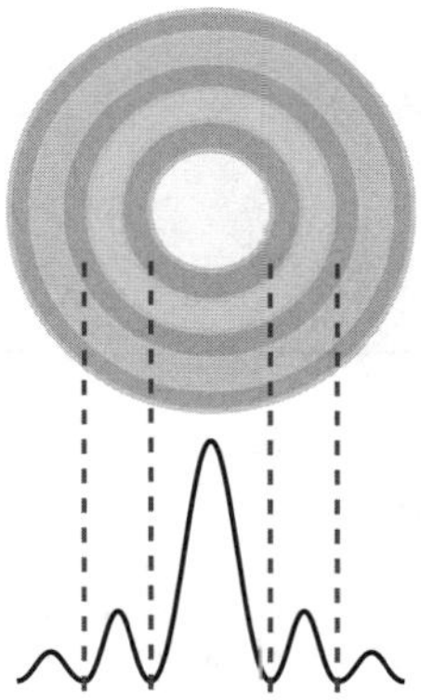

Abbildung 15.9 Airymuster: Das Beugungsmuster eines Lichtpunkts, das durch eine runde Apertur erzeugt wird. Das zentrale helle Maximum wird Airyscheibchen genannt

Auflösungsgrenze

Beugung durch eine runde Linse bedeutet, dass das Bild einer Punktlichtquelle kein heller Punkt ist, sondern ein Airymuster bildet. Dieses Phänomen tritt bei optischen Geräten wie Teleskopen und Kameras auf und limitiert die Fähigkeit, zwei benachbarte kleine Punkte aufzulösen, z. B. zwei nahe Sterne. Beugung verursacht somit eine *Auflösungsgrenze* optischer Geräte, welche dem minimalen Winkelabstand zweier Objekte entspricht, unterhalb dem man sie nicht mehr als zwei einzelne Körper erkennen kann. Die Grenze an der zwei Objekte *gerade noch* aufgelöst werden können, ist als das *Rayleighkriterium* bekannt. Das Kriterium besagt, dass der minimale Winkelabstand, θ_{min}, zwischen zwei Objekten dann erreicht ist, wenn das zentrale Maximum des einen Airymusters mit dem ersten Minimum des anderen übereinstimmt:

$$\therefore \sin(\theta_{\text{min}}) = 1.22\frac{\lambda}{a}$$

(Gl. 15.9 und Abb. 15.10). Die lineare Auflösung eines optischen Geräts hängt von der Brennweite der beugenden Linse ab. Der minimale Abstand zwischen zwei gerade noch aufgelösten Objekten beträgt:

$$\Delta x_{\text{min}} = f\sin(\theta_{\text{min}}) = 1.22\frac{f\lambda}{a}$$

(Gl. 15.10). Als Faustregel sagen wir, dass für weit entfernte Objekte $\sin\theta \simeq \theta$ gilt; deshalb ist die Auflösungsgrenze:

$$\theta_{\text{min}} \sim \frac{\lambda}{a}$$

(Gln. 15.11 und 15.12).

Auflösungsgrenze:

Rayleighkriterium:

$$\sin(\theta_{\text{min}}) = 1.22\frac{\lambda}{a} \tag{15.9}$$

Lineare Auflösung:

$$\begin{aligned}\Delta x_{\text{min}} &= f\sin(\theta_{\text{min}}) \\ &= 1.22\frac{f\lambda}{a} \end{aligned} \tag{15.10}$$

Für weit entfernte Objekte, $\sin\theta \sim \theta$:

$$\therefore \theta_{\text{min}} \sim \frac{\lambda}{a} \tag{15.11}$$

$$\text{und} \quad \Delta x_{\text{min}} \sim \frac{f\lambda}{a} \tag{15.12}$$

15.4 Das Beugungsgitter

Ein *Beugungsgitter* ist ein optisches Gerät, das aus vielen dünnen Spalten besteht. Auf ein Beugungsgitter einfallendes Licht erzeugt ein zu dem des Young'schen Doppelspalts ähnliches Interferenzmuster, aber die Interferenzstreifen haben einen größeren Abstand voneinander. Wir bestimmen die Intensitätsverteilung auf gleiche Weise wie wir es für den Young'schen Doppelspalt oder die einfache Apertur getan haben: Wir verwenden die Addition von Phasoren interferierender Huygens'scher Elementarwellen, die an jedem Spalt des Gitters erzeugt werden. Dabei erkennen wir, dass die Intensitätsverteilung eines Beugungsgitters von der Anzahl der Spalte, N, des Gitters abhängt (Gl. 15.13, Herleitung 15.5 und Abb. 15.11).

Das helle Maximum entspricht Winkeln, bei denen der Wegunterschied zwischen zwei benachbarten Phasoren ein ganzzahliges Vielfaches der Wellenlänge ist. Bei diesen Winkeln sind die Elementarwellen jedes Spalts in Phase und interferieren konstruktiv:

$$\underbrace{d\sin\theta}_{\text{Wegunterschied}} = n\lambda$$

(Gl. 15.14). Die dunklen Streifen entsprechen Bereichen destruktiver Interferenz zwischen allen Elementarwellen. An diesen Punkten ist die Intensität $I(\beta) = 0$. Mit Gl. 15.13 tritt dies auf, für:

$$\begin{aligned}\sin(N\beta) &= \sin(m\pi) \\ \therefore \frac{Nkd\sin\theta}{2} &= m\pi \\ \therefore d\sin\theta &= \frac{2\pi m}{kN} = \frac{m\lambda}{N}\end{aligned}$$

mit $m = 1, 2, 3, \ldots, (N-1)$. (Die Punkte an denen $m = 0$ oder N entsprechen der Bedingung für konstruktive Interferenz, deshalb sind sie Maxima.) Somit gibt es $N - 1$

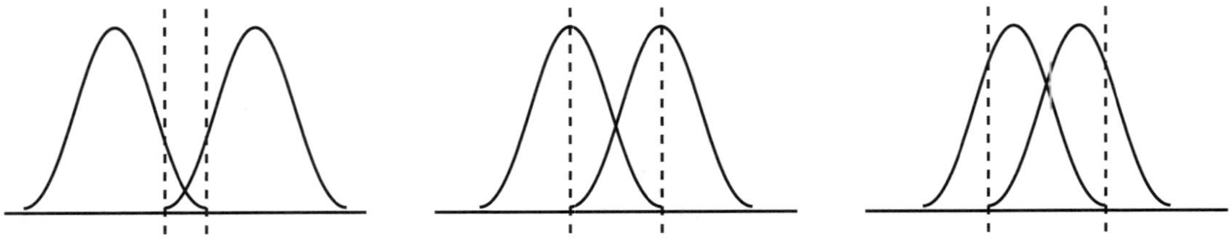

Abbildung 15.10 Rayleighkriterium und Auflösungsgrenze: Zwei Punktquellen sind **a** gut aufgelöst, wenn sich ihre Beugungsmuster ein wenig überlagern, **b** gerade noch aufgelöst, wenn das Maximum des einen Beugungsmusters mit dem ersten Minimum des anderen übereinstimmt (Rayleighkriterium), und **c** nicht aufgelöst, wenn der Winkelabstand geringer als das Rayleighkreiterium ist

Minima zwischen zwei Maxima (siehe Abb. 15.11). Zusätzlich sehen wir aus der Bedingung für destruktive Interferenz, dass die Breite der Maxima proportional zu $1/N$ ist. Daher hat eine Änderung von N bei konstantem Spaltabstand d folgende Auswirkungen für das Interferenzmuster eines Beugungsgitters: Für größere N ist (i) die Anzahl der Minima zwischen zwei Maxima, $\#_{min}$, größer ($\#_{min} = N - 1$), (ii) die Breite der Maxima, Δ_{max}, schmaler ($\Delta_{max} \propto 1/N$) (sie befinden sich aber für alle N an den gleichen Positionen, da die Bedingung für konstruktive Interferenz nicht von N abhängt) und (iii) die maximale Intensität, I_{max}, kleiner ($I_{max} \propto 1/N^2$).

Beugungsgitter (Herleitung 15.5):

Intensitätsverteilung:

$$I(\beta) = \frac{I_0}{N^2}\left(\frac{\sin(N\beta)}{\sin\beta}\right)^2 \quad (15.13)$$
$$\text{mit} \quad \beta = \frac{kd\sin\theta}{2}$$

Für konstruktive Interferenz:

$$d\sin\theta = n\lambda \quad (15.14)$$

mit $n = 0, \pm 1, \pm 2, \ldots$

Für destruktive Interferenz:

$$d\sin\theta = \frac{m\lambda}{N} \quad (15.15)$$

mit $m = 1, 2, \ldots, (N-1)$.

Spalte endlicher Breite

Wenn die Spalte keine vernachlässigbare Breite, sondern die endliche Breite a besitzen, interferieren sowohl Elementarwellen *innerhalb* eines Spalts als auch Elementarwellen *zwischen* Spalten. Das resultierende Intensitätsmuster ist eine Kombination des Beugungsmusters eines Gitters mit mehreren Spalten (Gl. 15.13) und einer Intensitätseinhüllenden des Beugungsmusters des Einzelspalts (Gl. 15.6) (Abb. 15.12):

$$I(\beta) = \frac{I_0}{N^2}\left(\frac{\sin(N\beta)}{\sin\beta}\right)^2 \left(\frac{\sin\alpha}{\alpha}\right)^2$$
$$\text{mit} \quad \beta = \frac{kd\sin\theta}{2}$$
$$\text{und} \quad \alpha = \frac{ka\sin\theta}{2}.$$

Interferenzmuster des Doppelspalts

Wir erhalten das Interferenzmuster des Doppelspalts, indem wir in Gl. 15.13 $N = 2$ setzen und die Formel $\sin 2\phi = 2\sin\phi\cos\phi$ für doppelte Winkel benutzen:

$$I_2(\beta) = I_0\left(\frac{\sin(2\beta)}{2\sin\beta}\right)^2 = I_0(\cos\beta)^2 = I_0\cos^2\beta\,.$$

Interferenzmuster des Einzelspalts

Wenn θ in Gl. 15.13 kleiner wird, geht $\sin\beta \to \beta$, bevor $\sin(N\beta) \to (N\beta)$ geht. In dieser Näherung gleicht das Intensitätsmuster dem des Beugungsmusters des Einzelspalts:

$$I(\beta) \to I_0\left(\frac{\sin(N\beta)}{(N\beta)}\right)^2.$$

Die äquivalente Spaltbreite a ist gleich Nd.

Winkeldispersion

Die Position der Beugungsmaxima hängt von der Wellenlänge des einfallenden Lichts ab:

$$d\sin\theta = n\lambda\,.$$

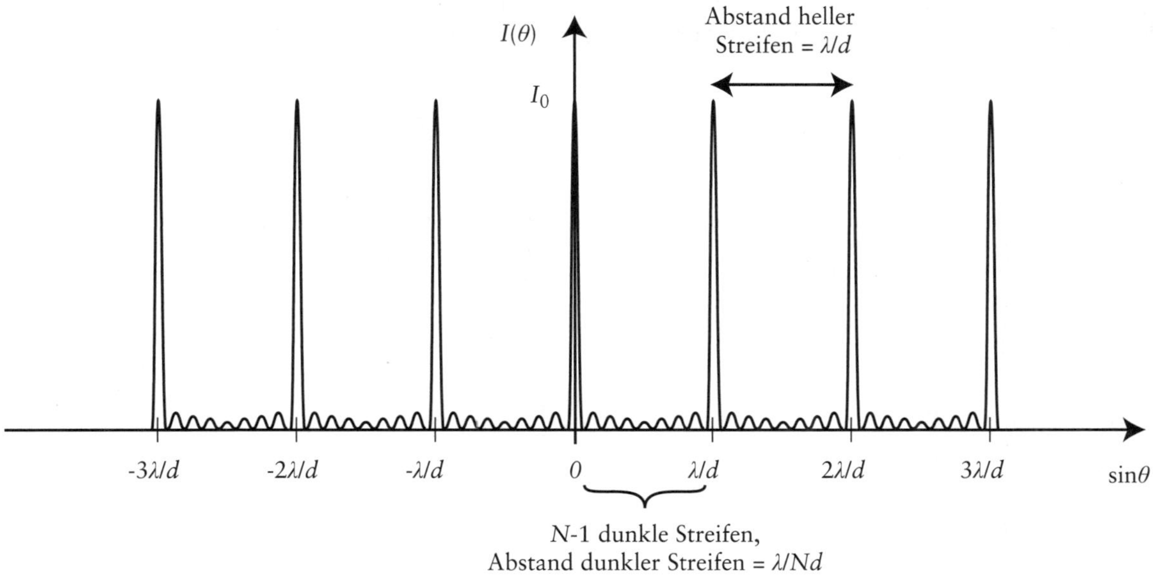

Abbildung 15.11 Interferenzmuster eines Beugungsgitters (siehe Gln. 15.13–15.15)

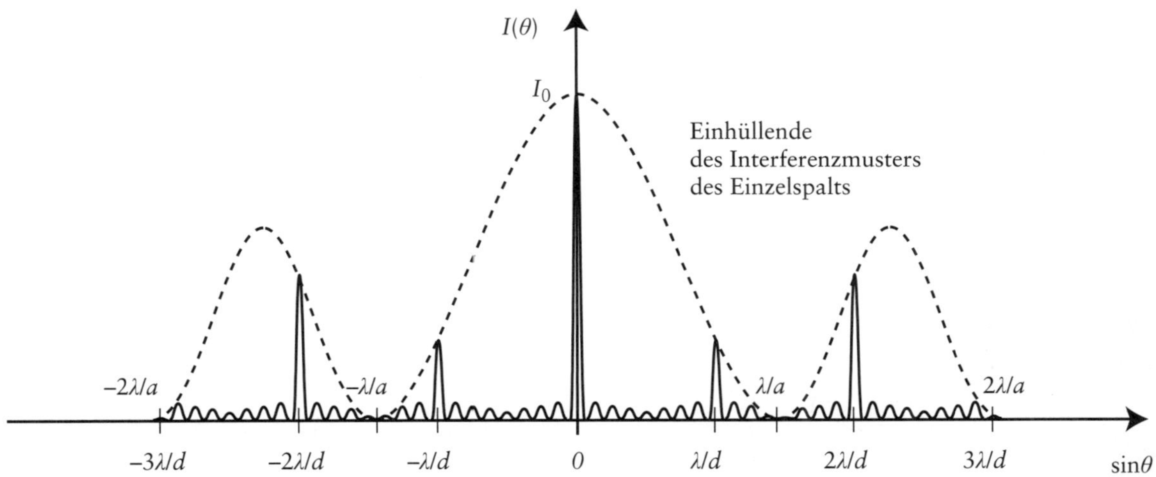

Abbildung 15.12 Interferenzmuster eines Beugungsgitters mit endlicher Spaltbreite a: Die Intensität der Interferenz ist mit der Einhüllenden der Einzelspaltinterferenz, $(\sin\alpha/\alpha)^2$, mit $\alpha = ka\sin\theta/2$, moduliert

Wenn somit nichtmonochromatisches Licht, beispielsweise weißes Licht, auf das Gitter trifft, sind die Beugungsmaxima in die verschiedenen Komponenten der Wellenlänge aufgespalten. Dies ist eine Methode, verschiedene Wellenlängen einer unbekannten Lichtquelle zu trennen und zu bestimmen.

Die *Winkeldispersion*, D, eines Beugungsgitters ist definiert als:

$$D = \frac{\mathrm{d}\theta}{\mathrm{d}\lambda}.$$

Durch Ableiten der Bedingung für konstruktive Interferenz (Gl. 15.14) erhalten wir:

$$d_\mathrm{s}\cos\theta\frac{\mathrm{d}\theta}{\mathrm{d}\lambda} = n$$

Damit ist die Winkeldispersion eines Beugungsgitters:

$$\therefore \frac{\mathrm{d}\theta}{\mathrm{d}\lambda} = \frac{n}{d_\mathrm{s}\cos\theta} = \frac{\tan\theta}{\lambda}$$

(Gl. 15.16).

III Wellen und Optik

Herleitung 15.5: Herleitung des Interferenzmusters eines Beugungsgitters (Gl. 15.13)

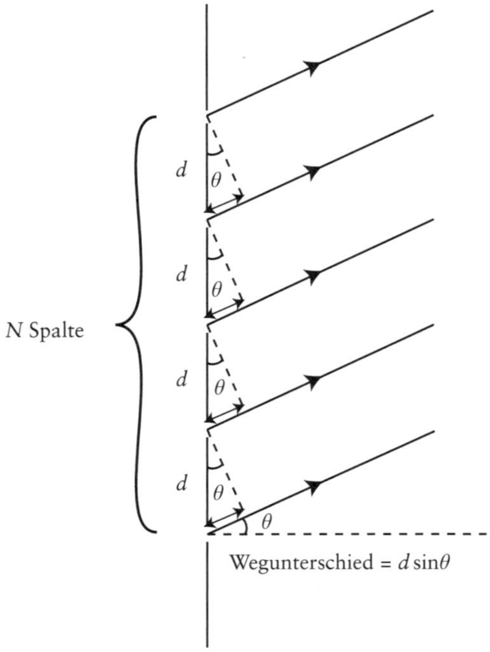

- Ausgangspunkt: Kohärentes Licht falle auf ein Beugungsgitter mit N Spalten mit dem Abstand d. Nach dem Huygens'schen Prinzip werden Elementarwellen radial von jedem Spalt ausgesendet und interferieren miteinander, wenn sie sich überlagern.
- Jede Elementarwelle sei durch einen Phasor $U_0\,\mathrm{e}^{-\mathrm{i}\delta}$ repräsentiert, mit der Amplitude des Phasors U_0 und der Phasendifferenz δ zwischen zwei Elementarwellen benachbarter Spalte.
- Der resultierende Phasor der interferierenden Elementarwellen ist die Summe der einzelnen Phasoren:

$$U(\delta) = \sum_{n=0}^{N-1} U_0\,\mathrm{e}^{-\mathrm{i}n\delta}\,.$$

- Parallele Lichtstrahlen seien unter dem Winkel θ zur Normalen. Die Phasendifferenz zwischen den zwei Elementarwellen benachbarter Spalte ist bei diesem Winkel $\delta = kd\sin\theta = 2\beta$, mit $\beta = kd\sin\theta/2$. Die Phasendifferenz ändert sich zeitlich nicht, da die Elementarwellen kohärent sind.
- Die Summe der Phasoren der Elementarwellen entspricht einer geometrischen Folge mit dem Anfangsterm $a = U_0$ und dem Quotienten $r = \mathrm{e}^{-2\mathrm{i}\beta}$. Die Summe einer endlichen geometrischen Folge ist:

$$\sum_{k=0}^{N} ar^k = \frac{a\left(1 - r^{N+1}\right)}{(1-r)}\,.$$

- Wir benutzen die trigonometrische Identität:

$$\mathrm{e}^{\mathrm{i}\phi} - \mathrm{e}^{-\mathrm{i}\phi} = 2\mathrm{i}\sin\phi\,,$$

um den Ausdruck zu vereinfachen.
- Die Intensitätsverteilung als Funktion von θ, $I(\theta)$, ist gleich dem Quadrat der Amplitude des resultierenden Phasors: $I(\theta) = |U(\theta)|^2$.
- Normierung: In der Kleinwinkelnäherung gilt $\sin\theta \sim \theta$. Deshalb ist das Intensitätsmaximum $I_0 = I(\theta \to 0) = U_0^2 N^2$. Da das Intensitätsmaximum umgekehrt proportional zu N^2 verläuft, setzten wir den Koeffizienten $U_0^2 \to I_0/N^2$.

$$\begin{aligned}
U(\theta) &= U_0 + U_0\,\mathrm{e}^{-\mathrm{i}\delta} + U_0\,\mathrm{e}^{-\mathrm{i}2\delta} + \ldots \\
&\quad + U_0\,\mathrm{e}^{-\mathrm{i}(N-1)\delta} \\
&= \sum_{n=0}^{N-1} U_0\,\mathrm{e}^{-\mathrm{i}n\delta} \\
&= \sum_{n=0}^{N-1} U_0\,\mathrm{e}^{-2\mathrm{i}n\beta} \\
&= U_0\left(\frac{1-\mathrm{e}^{-2\mathrm{i}N\beta}}{1-\mathrm{e}^{-2\mathrm{i}\beta}}\right) \\
&= U_0\frac{\mathrm{e}^{-\mathrm{i}N\beta}}{\mathrm{e}^{-\mathrm{i}\beta}}\left(\frac{\mathrm{e}^{\mathrm{i}N\beta}-\mathrm{e}^{-\mathrm{i}N\beta}}{\mathrm{e}^{\mathrm{i}\beta}-\mathrm{e}^{-\mathrm{i}\beta}}\right) \\
&= U_0\frac{\mathrm{e}^{-\mathrm{i}N\beta}}{\mathrm{e}^{-\mathrm{i}\beta}}\left(\frac{\sin(N\beta)}{\sin\beta}\right) \\
\therefore I(\theta) &= |U(\theta)|^2 \\
&= U_0^2\left(\frac{\sin(N\beta)}{\sin\beta}\right)^2 \\
&= \frac{I_0}{N^2}\left(\frac{\sin(N\beta)}{\sin\beta}\right)^2 \\
\text{mit}\quad \beta &= \frac{kd\sin\theta}{2}
\end{aligned}$$

Auflösungsvermögen

Der Winkelabstand zwischen den spektralen Komponenten verschiedener Wellenlängen sagt uns, ob zwei Streifen unterschiedlicher Wellenlänge aufgelöst werden können. Wir erinnern uns, dass das Rayleighkriterium besagt, dass zwei Bilder gerade noch aufgelöst werden, wenn das Maximum des einen Beugungsmusters mit dem ersten Minimum des anderen übereinstimmt.

Ableiten der Bedingung für destruktive Interferenz (Gl. 15.15) ergibt:

$$d_s \cos\theta \frac{d\theta}{dm} = \frac{\lambda}{N} .$$

Der Winkelabstand zwischen dem Hauptmaximum und dem ersten Minimum entspricht $dm = 1$, daher ist der Winkelabstand für das Rayleighkriterium:

$$\Delta\theta_{\text{Rayleigh}} = \frac{\lambda}{N d_s \cos\theta}$$

Weiterhin ist mit Gl. 15.16 der Winkelabstand zweier spektralen Komponenten der Wellenlängendifferenz $\Delta\lambda$:

$$\Delta\theta_{\Delta\lambda} = \frac{\tan\theta}{\lambda}\Delta\lambda = \frac{n}{d_s \cos\theta}\Delta\lambda .$$

Mit dem Rayleighkriterium sind diese zwei Komponenten also aufgelöst, wenn:

$$\Delta\theta_{\Delta\lambda} \geqslant \Delta\theta_{\text{Rayleigh}}$$

$$\frac{n}{d_s \cos\theta}\Delta\lambda \geqslant \frac{\lambda}{N d_s \cos\theta}$$

$$\Rightarrow \therefore\ nN \geqslant \frac{\lambda}{\Delta\lambda}$$

(siehe Abb. 15.10). Anders ausgedrückt ist das n-te Maximum zweier Spektrallinien der Wellenlängen λ und $\lambda + \Delta\lambda$ aufgelöst, wenn die obige Bedingung erfüllt ist.

Das *Auflösungsvermögen*, R, eines Beugungsgitters ist definiert als:

$$R = \frac{\lambda}{\Delta\lambda}$$

$\Delta\lambda$ entspricht der kleinsten auflösbaren Wellenlängendifferenz. Der Parameter R definiert die Leistungsfähigkeit eines Beugungsgitters. Aus dem Rayleighkriterium sehen wir, dass das Auflösungsvermögen eines Beugungsgitters von der Anzahl der Spalte, N, und der maximalen beobachteten Beugungsordnung, n, abhängt: $R = nN$ (Gl. 15.17).

Gitterdispersion und Auflösungsvermögen:

Winkeldispersion:

$$D = \frac{d\theta}{d\lambda} = \frac{\tan\theta}{\lambda} \qquad (15.16)$$

Auflösungsvermögen:

$$R = \frac{\lambda}{\Delta\lambda} = nN \qquad (15.17)$$

Teil IV
Quantenphysik

Überblick

Quantenphysik ist die Lehre vom Verhalten und den Eigenschaften der Materie und Strahlung auf atomarer und subatomarer Ebene ($\lesssim 10^{-10}$ m). Auf dieser sehr kleinen „Quantenskala“ verhält sich Materie auf eigenartige, nicht intuitive Weise, sodass unsere klassischen Gesetze versagen. Eine bahnbrechende Entdeckung der Quantenphysik war, dass Wellen teilchenähnliche Eigenschaften und Teilchen wellenähnliche Eigenschaften besitzen. Wellenähnliche Teilchen werden *Materiewellen* genannt (Kap. 16). Das Verhalten von Materiewellen wird durch die *Schrödingergleichung* beschrieben. Sie hat in der Quantenphysik den Stellenwert der Newton'schen Gesetze in der Mechanik (Kap. 17). Die Eigenschaften von Materiewellen müssen mit Wahrscheinlichkeiten interpretiert werden – im Gegensatz zu den Eigenschaften bewegter Körper in der klassischen oder relativistischen Physik, die deterministisch sind. Daher sind experimentelle Messungen von Quantensystemen unvorhersehbar. Man kann lediglich die *Wahrscheinlichkeit* eines Ergebnisses angeben (Kap. 18). Die beiden letzten Kapitel dieses Teils beschäftigen sich mit der Anwendung der Quantenphysik auf Elektronenzustände im Atom. Zuerst werden wir den Drehimpuls von Elektronen allgemein behandeln (Kap. 19) und anschließend die Theorie auf das Wasserstoffatom, dem am besten verstandenen Quantensystem, anwenden (Kapitel 20).

Praktische Anwendungen

Praktischen Anwendungen der Quantenmechanik umfassen das Verständnis atomarer Strukturen und Spektren, Atom- und Teilchenphysik, und Materialeigenschaften von z. B. Halbleitern, Paramagneten und Metallen.

Meine bescheidene Meinung

Quantenmechanik ist schwierig und abstrakt. Die Welt der Quantenmechanik widerspricht der Vernunft und wir haben keine alltäglichen Erfahrungen, mit denen wir vergleichen können. Um die Konzepte zu verstehen, braucht es einen mathematischen Formalismus – die lineare Algebra –, welcher selbst sehr abstrakt ist. Eine Grundvorlesung besteht deshalb hauptsächlich aus mathematisch nachvollziehbaren Beispielen, welche die Grundlage für das Verständnis atomarer Strukturen (Atomphysik) und Materieeigenschaften (Physik der kondensierten Materie) bilden.

Jedoch birgt das Lösen „einfacher“ Probleme – wie der unendliche Potentialtopf, welcher mit einer einfach lösbaren DGL beschrieben wird – die Gefahr, die *Bedeutung* der Lösung für die Quantenmechanik aus den Augen zu verlieren. Außerdem wird bei der Lösung des unendlichen Potentialtopfs oft nicht hervorgehoben, in welchem Bezug die Lösung („stehende Wellen in einem Kasten“) zu physikalisch relevanteren Systemen steht. Mein Rat ist, auch wenn ihr den unendlichen Potentialtopf unzählige Male gelöst habt, nehmt euch Zeit, um sicherzugehen, die Bedeutung der Lösung für den Zustand des Teilchens zu verstehen, denn viele der Konzepte aus diesem Beispiel können auf komplexere atomare Systeme übertragen werden.

Empfohlene Bücher

- Wachter, Hoeber, 1998, *Repetitorium der Theoretischen Physik*, Springer.
- Schwabl, 2008, *Quantenmechanik für Fortgeschrittene*, 5. Aufl. Springer.
- Eisberg, R. und Resnick, R., 1985, *Quantum Physics of Atoms, Molecules, Solids, Nuclei, and Particles*, 2. Aufl. Wiley.
- Gasiorowicz, S., 2003, *Quantum Physics*, 3. Aufl. Wiley.
- Griffiths, D. J., 2004, *Introduction to Quantum Mechanics*, 2. Aufl. Benjamin Cummings.
- Rae, A., 2002, *Quantum Mechanics*, 4. Aufl. Institute of Physics Publishing.
- Shankar, R., 2008, *Principles of Quantum Mechanics*, 2. Aufl. Springer.

Das Buch von Wachter und Hoeber bietet eine gute Übersicht und klare Erklärungen – nicht nur zum Thema Quantenmechanik. Es ist somit sehr gut zum Verstehen und Wiederholen geeignet. Allen, die die Grundalgen der Quantenmechanik verinnerlicht haben und nun die mathematische Struktur besser verstehen lernen wollen, sei das Buch von Schwabl empfohlen.

Das Buch von Eisberg und Resnick ist ein umfassendes, anschauliches Buch, das alle Bereiche der Grundvorlesungen beinhaltet: einführende Quantenphysik, Atomphysik, statistische Mechanik, Physik der kondensierten Materie und Teilchenphysik. Die anderen Bücher beinhalten ausschließlich Quantenphysik; Gasiorowicz, Griffiths und Rae behandeln den Stoff auf dem Niveau eines Einführungskurses, während Shankars Buch fortgeschrittener ist. Aus meiner Sicht ist Raes Buch besonders verständlich und liefert eine Menge Diskussion und Beschreibung.

Hintergründe der Quantenmechanik

16

Quantenphysik ist die Lehre vom Verhalten und den Eigenschaften der Materie und Strahlung (elektromagnetische Wellen) auf atomarer und subatomarer Ebene. Auf dieser Ebene verhält sich Materie nicht so, wie wir es aus den klassischen Theorien erwarten. Eine Reihe von bahnbrechenden Experimenten anfang des 20. Jahrhunderts, wonach Wellen teilchenähnliche und Teilchen wellenähnliche Eigenschaften besitzen, führte zur Entstehung der Quantenmechanik. Dieses Kapitel gibt einen Überblick über den Hintergrund und die Postulate der Quantenmechanik.

16.1 Photonen und Materiewellen

Einige der Schlüsselexperimente, die zur Entwicklung der Quantenmechanik führten, beinhalteten die Messung der von Materie emittierten Strahlung. Die Ergebnisse stimmten nicht mit den klassischen Vorhersagen überein. Besonders durch die Unvereinbarkeit der Strahlung schwarzer Körper und des Photoeffekts mit klassischen Erwartungen (siehe unten), wurde postuliert, dass elektromagnetische Wellen keine kontinuierlichen Wellen sind, sondern aus diskreten Energie-„Paketen", den Photonen, bestehen. Die Energie eines Photons mit der Frequenz ν wurde auf $E = h\nu$ bestimmt, wobei h eine Konstante ist (siehe Abschn. 16.2). Diese Beobachtung bedeutete nicht nur, dass Wellen teilchenähnlichen Charakter besitzen, sondern auch, dass die Energie der Strahlung in diskreten Werten *quantisiert* ist, wobei ein „Energiequant" gleich der Energie $h\nu$ [J] ist. Die folgenden Abschnitte geben einen kurzen Überblick über Wärmestrahlung und den photoelektrischen Effekt.[1]

Wärmestrahlung

Ein *schwarzer Körper* ist ein perfekter Absorber und Emitter aller Strahlungsfrequenzen. Nach der klassischen Theorie wurde vorhergesagt, dass die Intensität der von einem schwarzen Körper emittierten Strahlung proportional zum Quadrat der Frequenz sei: $I \propto \nu^2$ (*Rayleigh-Jeans-Gesetz*). Wenn das der Fall wäre, dann würde die Gesamtenergie der von einem schwarzen Körper emittierten Strahlung aufgrund hoher Frequenzanteile (ultraviolett) gegen unendlich streben. Dieses Problem wurde *Ultraviolettkatastrophe* genannt, da es für ein Objekt physikalisch unmöglich ist, unendlich viel Energie abzustrahlen. Dieses Problem wurde von Einstein und Planck gelöst, die postulierten, dass Strahlung tatsächlich in diskreten Paketen – Photonen – abgestrahlt wird, wobei die Energie eines Photons $E = h\nu$ beträgt. Damit würden hochfrequente Photonen in größeren Energiepaketen

[1] Den meisten sollten diese Experimente bekannt sein – wem nicht, seien die Bücher von Eisenberg und Resnick empfohlen.

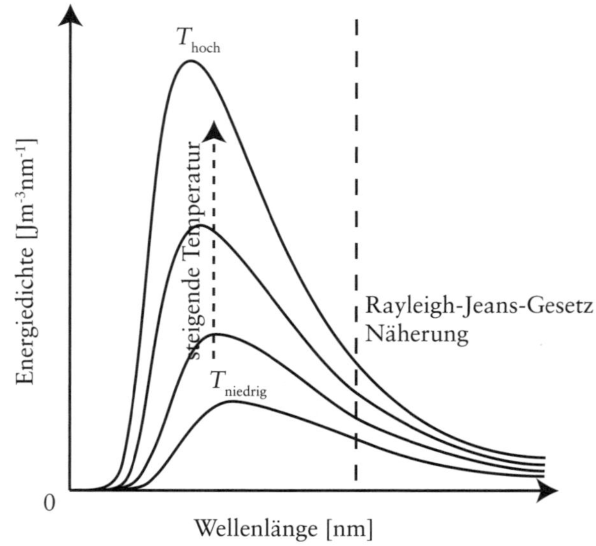

Abbildung 16.1 Planck'sches Strahlungsgesetz (Emissionsspektrum eines schwarzen Körpers): Das Planck'sche Gesetz nähert sich für kleine Frequenzen (große Wellenlängen) dem Rayleigh-Jeans-Gesetz an

abgestrahlt. Deshalb wäre die Intensität, der von einem schwarzen Körper abgestrahlten hochfrequenten Strahlung, geringer als die klassische Vorhersage und würde schließlich bei sehr hohen Frequenzen gegen null gehen. Das Intensitätsspektrum der Strahlung eines schwarzen Körpers wird durch das *Planck'sche Strahlungsgesetz* beschrieben, welches bei hohen Frequenzen auf Null abfällt (Abb. 16.1, siehe Abschn. 24.6.4 zur genaueren Beschreibung). Das Rayleigh-Jeans-Gesetz ist eine Näherung des Planck'schen Strahlungsgesetzes für kleine Frequenzen.

Der photoelektrische Effekt

Der photoelektrische Effekt ist ein Phänomen, bei dem Elektronen von einer Metalloberfläche emittiert werden. Dies geschieht infolge von atomaren Absorptionen von elektromagnetischer Strahlung (Licht), die genügend Energie besitzt, um ein Elektron von der Oberfläche zu lösen.

Das Energieminimum, welches benötigt wird, um ein Elektron herauszulösen, wird *Austrittsarbeit*, ϕ, Einheit *Elektronenvolt* [eV][2], genannt. Die Energie eines emittierten Elektrons ist dann:

$$E_e = \phi + T_e ,$$

[2] Elektronenvolt ist eine gebräuchliche Einheit der Energie im Bezug auf Quantenphänomene, wo Energien sehr kleine Werte haben, wenn man sie in der SI-Einheit Joule misst. Sie ist definiert als „die kinetische Energie eines Elektrons bei Beschleunigung mit einer Spannung von 1 V". Die Energie von 1 eV in J ist $E = e \cdot V = 1,602 \cdot 10^{-19}$ J, wobei e die Elektronenladung ($e = 1,602 \cdot 10^{-19}$ C) und V die Potentialdifferenz ($V = 1$ V, wobei 1 V$\equiv$ 1 J C^{-1}) ist.

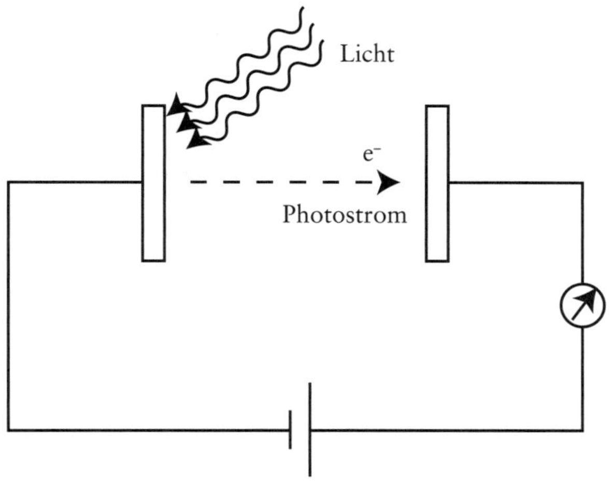

Abbildung 16.2 Photoelektrischer Effekt

wobei T_e die kinetische Energie des Elektrons ist. Das klassische Experiment beinhaltete die Bestrahlung einer metallischen Kathode mit Licht, um Elektronen freizusetzen, und die Messung des durch emittierte Elektronen verursachten Stroms, e^- (d. h. des Photostroms, Abb. 16.2). Wenn Licht eine kontinuierliche Welle wäre, so die klassische Hypothese, würde Licht *irgendeiner* Frequenz bei genügend hoher Intensität schließlich genügend Energie auf die Kathode bringen, um Elektronen herauszulösen.

Tatsächlich wurde beobachtet, dass es eine Grenzfrequenz gab, unter der keine Elektronen emittiert wurden – selbst bei hohen Lichtintensitäten. Diese Beobachtung kann dadurch erklärt werden, dass Licht keine kontinuierliche Welle ist, sondern aus diskreten Photonen besteht, wobei ein Photon die Energie $E = h\nu$ besitzt. Deshalb hat ein Photon mit der Energie $h\nu < \phi$ nicht genügend Energie, um ein Elektron aus der Metalloberfläche zu lösen, egal wie hoch die Intensität des einstrahlenden Lichts ist.

Materiewellen

Kurz nach dem Postulat der Existenz von Photonen (teilchenähnliche Wellen) entdeckte man, dass Elektronen und andere kleine Partikel (z. B. Neutronen und Helium) wellenähnlichen Charakter haben. Die wellenähnliche Natur von Elektronen wurde beispielsweise durch das *Davisson-Germer-Experiment*, im Wesentlichen ein Streuexperiment für Elektronen, gezeigt. Elektronen wurden von einem erhitzten Draht „verdampft“ und im Vakuum auf einen Nickelkristall beschleunigt, an dem sie gestreut wurden (Abb. 16.3). Mit einem Elektronendetektor wurde herausgefunden, dass die Intensität der gestreuten Elektronen nicht in alle Richtungen gleichmäßig war, wie die klassische Theorie vorhersagte, sondern lokale Maxima und Minima aufwies. Das Streumuster ähnelte einem Beugungsmuster mit Maxima in Regionen konstruktiver Interferenz und Minima in Regionen destruktiver Interferenz. Diese Beobachtungen legten nahe, dass sich Partikel wie Wellen verhalten könnten. In den nächsten Kapiteln werden wir wir einige der eigenartigen und nichtintuitiven Eigenschaften von Materiewellen vorstellen.

16.2 Welle-Teilchen-Dualismus

Die Entdeckung, dass sich Wellen wie Teilchen und Teilchen wie Wellen verhalten können, war ein wesentlicher Durchbruch in der Quantentheorie. Dieses Phänomen wird als *Welle-Teilchen-Dualismus* bezeichnet.

In der klassischen Physik beschreiben wir gewöhnlich Wellen durch ihre Frequenz, ω [s^{-1}], und Wellenzahl, k [m^{-1}] (oder Wellenlänge, $\lambda = 2\pi/k$), und Teilchen der Masse m durch ihre Energie, E [J], und Impuls, p [$kg\,ms^{-2}$]. Der Welle-Teilchen-Dualismus besagt theoretisch gesprochen, dass man allen Teilchen eine Frequenz und Wellenzahl und allen Wellen eine Energie und einen Impuls zuordnen kann.

Die Planck- und de-Broglie-Beziehungen

Max Planck entdeckte, dass E und ω in einer scheinbar einfachen Beziehung, bekannt als *Planck'sche Beziehung*, zueinander stehen (sowohl Teilchen als auch Wellen). Diese Beziehung zeigt, dass E proportional zu ω (oder der Frequenz ν mit $\omega = 2\pi\nu$) ist:

$$E = \hbar\omega$$
$$\text{oder} \quad E = h\nu$$

(Gl. 16.1). Der Proportionalitätsfaktor in dem oberen Ausdruck ist das *reduzierte Planck'sche Wirkungsquantum* $\hbar$ [$1{,}05 \cdot 10^{-34}$ J s]. Es steht über den Faktor 2π mit dem *Planck'schen Wirkungsquantum* h [$6{,}63 \cdot 10^{-34}$ J s] in Beziehung:

$$\hbar = \frac{h}{2\pi}$$

(Gl. 16.3). Die kleine Ordnung der Größen h und $\hbar$ gibt die Größenordnung an, in der Quantenphänomene auftreten (d. h. atomare Skala, wie wir sehen werden).

Ungefähr zur gleichen Zeit entdeckte de-Broglie, dass p und k (oder $\lambda = 2\pi/k$) auch proportional sind:

$$p = \hbar k$$
$$\text{oder} \quad p = \frac{h}{\lambda}$$

(Gl. 16.2). Dies ist bekannt als die *de-Broglie-Beziehung* oder die *de-Broglie-Einstein-Beziehung*. Die Wellenlänge einer

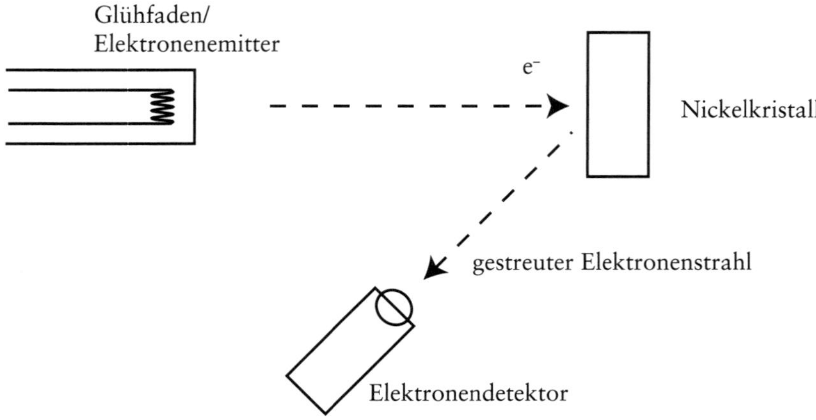

Abbildung 16.3 Davisson-Germer-Experiment

Materiewelle wird *de-Broglie-Wellenlänge*, $\lambda_B = 2\pi/k$, genannt. Somit ist der Impuls einer Materiewelle $p = h/\lambda_B$.

Welle-Teilchen-Dualismus:

Planck'sche Beziehung:

$$E = \hbar\omega \equiv h\nu \quad (16.1)$$

de-Broglie-Einstein-Beziehung:

$$p = \hbar k \equiv \frac{h}{\lambda} \quad (16.2)$$

mit dem reduzierten Planck'schen Wirkungsquantum:

$$\hbar = \frac{h}{2\pi} \quad (16.3)$$

Quantenskalen

In welchen Größenordnungen ist die Wellennatur der Materie sichtbar? Aus der Optik wissen wir, dass Wellenphänomene (wie Beugung und Interferenz) auftreten, wenn die Wellenlänge in der gleichen Größenordnung wie die Größe des beugenden Objekts oder Interferenzspalts ist. Genauso werden wellenähnliche Quantenphänomene sichtbar, wenn die de-Broglie-Wellenlänge eines Teilchens vergleichbar mit seiner Ausdehnung oder seiner Bindung im Raum ist.

Es stellt sich heraus, dass dies mit der atomaren und subatomaren Skala (d. h. $\lesssim 10^{-10}$ m) übereinstimmt. Man kann das leicht sehen, wenn wir uns ein Elektron im Wasserstoffatom anschauen. Die Masse eines Elektrons ist $m_e = 9{,}1 \cdot 10^{-31} \sim 10^{-30}$ kg. Wenn wir seine Geschwindigkeit auf $v \sim 0{,}01c \sim 10^6\,\mathrm{m\,s^{-1}}$ schätzen, dann ist sein Impuls:

$$p_e = m_e v \sim 10^{-30} \cdot 10^6 \sim 10^{-24}\,\mathrm{kg\,m\,s^{-1}}\,.$$

Mit Gl. 16.2 ist die de-Broglie-Wellenlänge:

$$\lambda_e = \frac{h}{p_e} \sim \frac{10^{-34}}{10^{-24}} \sim 10^{-10}\,\mathrm{m}\,.$$

Das ist dieselbe Größenordnung wie die Ausdehnung eines Atoms – daher entsprechen Quantenskalen atomaren Skalen. Quantenskalen werden durch das Planck'sche Wirkungsquantum h vorgegeben. Äquivalent dazu werden relativistische Effekte nur dann sichtbar, wenn sich Objekte mit Geschwindigkeiten nahe der Lichtgeschwindigkeit c bewegen.

Auf unseren „alltäglichen" klassischen Skalen werden dagegen Quantenphänomene nicht sichtbar, da die de-Broglie-Wellenlänge klassischer Objekte vernachlässigbar im Vergleich zu ihrer Größe ist. Stellen wir uns beispielsweise einen hüpfenden Ball mit dem Impuls $p = 10\,\mathrm{kg\,m\,s^{-1}}$ vor. Nach Gl. 16.2 ist seine de-Broglie-Wellenlänge:

$$\lambda_B = \frac{h}{p} \sim \frac{10^{-34}}{10} \sim 10^{-35}\,\mathrm{m} \ll r_{Ball}\,.$$

Das ist offensichtlich viel kleiner als die Ausdehnung des Balls ($r_{Ball} \sim 0{,}1$-1 m). Deshalb behandeln wir dieses System klassisch.

IV Quantenphysik

16.3 Postulate der Quantenmechanik

Die Quantenmechanik basiert auf ein paar Postulaten, die weder bewiesen noch abgeleitet werden können. Dennoch stimmen die Postulate sehr gut mit experimentellen Ergebnissen überein. Solange sie nicht durch Experimente widerlegt werden, werden sie als Axiome behandelt (d. h. nicht beweisbare Aussagen). Die vier Postulate umfassen: die Wellenfunktion, den Operator, die Messung und die Zeitentwicklung. In diesem Abschnitt werden sie der Reihe nach behandelt und in Zusammenfassung 16.1 zusammengefasst.

16.3.1 Postulat der Wellenfunktion

Auf Quantenskalen können wir Teilchen der Masse m nicht als Körper am Ort x zu der Zeit t beschreiben. Stattdessen stellen wir sie durch eine orts- und zeitabhängige Funktion dar, der *Wellenfunktion* $\psi(x,t)$. Wellenfunktionen stellen keine Störung in einem Medium dar – sie können nicht wie die uns bekannten „klassischen Wellen" verstanden werden. Tatsächlich sind Wellenfunktionen *komplexe* Funktionen, wie wir in diesem Kapitel sehen werden. Schon durch ihre Beschaffenheit können sie deshalb nichts „Reales" darstellen. Stattdessen sollten sie als abstraktes, mathematisches *Werkzeug* angesehen werden. In diesem Kapitel werden wir sehen, wie man dieses Werkzeug in einer physikalisch sinnvollen Weise verwendet und interpretiert.

Das *Postulat der Wellenfunktion* besagt:

Jedem quantenmechanischen Teilchen kann eine Wellenfunktion, $\psi(x,t)$, zugeordnet werden, die alles, was man über das System wissen kann, beinhaltet.

Stellen wir uns beispielsweise ein subatomares Teilchen wie ein Elektron vor. Wir können den *Zustand* dieses Elektrons durch Variablen wie Energie, Impuls, Ort usw. beschreiben. Es stellt sich heraus, dass *alle* diese Variablen, die den Zustand des Elektrons beschreiben, in der Wellenfunktion enthalten sind. Elegante mathematische Umformungen erlauben uns die relevanten Informationen aus ihr zu „extrahieren", wie wir in diesem Kapitel sehen werden.

Wellenfunktion und Wahrscheinlichkeit

Der zweite Teil des Postulats der Wellenfunktion gibt uns eine etwas konzeptionelle Interpretation, was die Wellenfunktion darstellt:

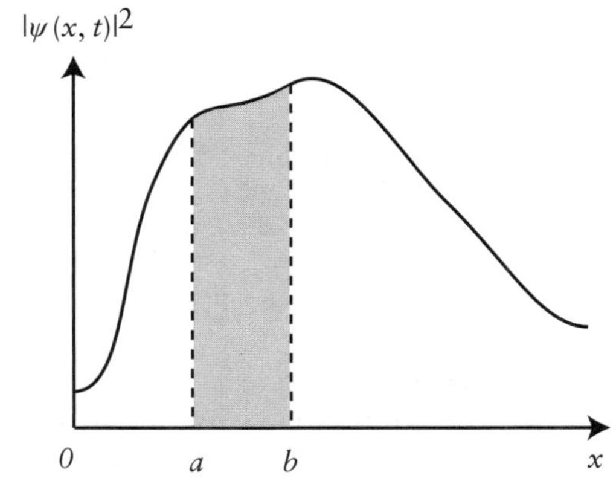

Abbildung 16.4 Die Wahrscheinlichkeit, dass sich ein Teilchen zwischen a und b befindet, ist das Integral der Wahrscheinlichkeitsdichte, $|\psi(x,t)|^2$, in dem Intervall

Die Wahrscheinlichkeit, ein Teilchen zwischen den Punkten x und $x + \mathrm{d}x$ zum Zeitpunkt t anzutreffen, beträgt:

$$P(x,t)\,\mathrm{d}x = |\psi(x,t)|^2 \,\mathrm{d}x \equiv \psi^*(x,t)\,\psi(x,t)\,\mathrm{d}x\,,$$

wobei $\psi^*(x,t)$ das komplex Konjugierte von $\psi(x,t)$ ist. Somit ist das Produkt $\psi^*(x,t)\,\psi(x,t)$ die *Wahrscheinlichkeitsdichte*[3] (die Wahrscheinlichkeit pro Längeneinheit) eines quantenmechanischen Teilchens (Gl. 16.4). Die Wahrscheinlichkeit, dass sich ein Partikel zwischen zwei Punkten, a und b, zu einer Zeit t befindet, ist somit die Integration der Wahrscheinlichkeitsdichte in diesem Intervall:

$$P_{ab}(t) = \int_a^b |\psi(x,t)|^2 \mathrm{d}x$$

(Gl. 16.5 und Abb. 16.4).

Wellenfunktion und Wahrscheinlichkeit:

Wahrscheinlichkeitsdichte:

$$P(x,t) = |\psi(x,t)|^2 = \psi^*(x,t)\,\psi(x,t) \qquad (16.4)$$

Wahrscheinlichkeit, dass sich ein Teilchen zwischen a und b zur Zeit t befindet:

$$P_{ab}(t) = \int_a^b |\psi(x,t)|^2 \mathrm{d}x \qquad (16.5)$$

[3] Entsprechend dieser Bezeichnung wird $\psi(x,t)$ manchmal *Wahrscheinlichkeitsamplitude* genannt.

Zusammenfassung 16.1: Postulate der Quantenmechanik

1. **Postulat der Wellenfunktion:** Jedem quantenmechanischen Teilchen kann eine Wellenfunktion, $\psi(x,t)$, zugeordnet werden, die alles, was man über das System wissen kann, beinhaltet. Die Wahrscheinlichkeit, ein Teilchen zwischen den Punkten x und $x + \mathrm{d}x$ zum Zeitpunkt t anzutreffen, beträgt:

$$P(x,t)\,\mathrm{d}x = \psi^*(x,t)\,\psi(x,t)\,\mathrm{d}x = |\psi(x,t)|^2\,\mathrm{d}x\,.$$

2. **Postulat des Operators:** Zu jeder physikalischen Observablen, q, gehört ein mathematischer Operator, $\hat{Q}$, welcher in Verbindung mit der Wellenfunktion benutzt wird. Die Eigenwertgleichung für eine physikalische Observable q ist:

$$\hat{Q}\psi(x,t) = q\psi(x,t)\,,$$

wobei q der Eigenwert von $\hat{Q}$ zur Eigenfunktion $\psi(x,t)$ ist.
3. **Postulat der Messung:** Die Messung einer physikalischen Observablen q stimmt mit dem Erwartungswert des zugehörigen Operators, $\hat{Q}$, überein:

$$\langle\hat{Q}\rangle = \int_{-\infty}^{\infty} \psi^*(x,t)\,\hat{Q}\,\psi(x,t)\,\mathrm{d}x\,.$$

4. **Postulat der Zeitentwicklung:** Die Zeitentwicklung der Wellenfunktion wird durch die Schrödingergleichung bestimmt:

$$\hat{H}\psi(x,t) = \mathrm{i}\hbar\frac{\partial\psi(x,t)}{\partial t}\,.$$

Bedingungen an die Wellenfunktion

Es gibt ein paar Bedingungen, welche $\psi(x,t)$ erfüllen muss, um die Wellenfunktion eines Teilchens genau zu beschreiben. Erstens muss die Wahrscheinlichkeit, das Teilchen *irgendwo* anzutreffen, eins sein; deshalb muss die Wellenfunktion so normiert werden, dass die Wahrscheinlichkeit integriert über den gesamten Raum eins ergibt (Gl. 16.6). Zweitens muss $\psi(x,t)$ und ihr Anstieg $(\partial\psi/\partial x)$ eine stetige Funktion von x sein. Somit muss an der Grenze $x = a$ die Wellenfunktion und ihre Ableitung auf beiden Seiten der Grenze bei $x = a$ gleich sein (Gl. 16.7).

Bedingungen an die Wellenfunktion:

Normierungsbedingung:

$$P_{\text{gesamt}} = \int_{-\infty}^{\infty} |\psi(x,t)|^2\,\mathrm{d}x = 1 \qquad (16.6)$$

Randbedingungen (bei $x = a$):

$$\psi_1(a,t) = \psi_2(a,t)$$
$$\text{und} \quad \left(\frac{\partial\psi_1}{\partial x}\right)_a = \left(\frac{\partial\psi_2}{\partial x}\right)_a \qquad (16.7)$$

Sind ebene Wellen Wellenfunktionen?

Betrachten wir eine Wellenfunktion mit der Form einer ebenen Welle der Frequenz ω und dem Wellenvektor k: $\psi(x,t) = A\mathrm{e}^{\mathrm{i}(kx-\omega t)}$. Ist das eine plausible Wellenfunktion? Die Antwort ist ja und nein – wir brauchen weitere Vorgaben. *Unendliche* ebene Wellen stellen *keine* Wellenfunktionen dar, weil diese nicht normierbar sind:

$$\int_{-\infty}^{\infty} \left|A\mathrm{e}^{\mathrm{i}(kx-\omega t)}\right|^2 \mathrm{d}x = \int_{-\infty}^{\infty} A^2\,\mathrm{d}x \to \infty\,.$$

Sie *sind* jedoch normierbar, wenn sie sich auf einen endlichen Raum beschränken, beispielsweise in einem Potentialtopf oder einem Experimentierapparat:

$$\int_a^b \left| A\,\mathrm{e}^{\mathrm{i}(kx-\omega t)} \right|^2 \mathrm{d}x = A^2(b-a)\,.$$

Deshalb stellen lokalisierte ebene Wellen Wellenfunktionen dar, vorausgesetzt sie erfüllen die Randbedingungen bei $x = a$ und $x = b$. Das ist sinnvoll – wir würden davon ausgehen, dass ein Teilchen, dargestellt durch eine gegebene Wellenfunktion, im Raum lokalisiert ist.

Die Annahme, dass eine ebene Welle (vorausgesetzt sie ist lokalisiert) eine Wellenfunktion darstellt, ist vernünftig: Eine Welle *irgendeiner* Form kann durch die lineare Superposition von ebenen Wellen unterschiedlicher Frequenz und Amplitude konstruiert werden (dies ist das Wesentliche der Fourieranalysis). Somit ist eine ebene Welle der „Baustein" aller Wellenfunktionen, aus dem Wellen anderer Formen, wie beispielsweise gaußförmige Wellen, konstruiert werden können. Wir werden in diesem Abschnitte Beispiele für ebene Wellenlösungen kennenlernen.

16.3.2 Postulat des Operators

Ein mathematischer *Operator* ist ein Objekt, das auf andere mathematische Objekte wirkt und diese verändert. Ein *Differentialoperator* ist beispielsweise eine Funktion, die die Ableitung einer anderen Funktion wiedergibt ($y = \mathrm{d}f/\mathrm{d}x$ ist eine Operation, die die x-Ableitung einer Funktion f wiedergibt).

Das *Postulat des Operators* besagt:

Zu jeder physikalischen Observablen, q, gehört ein mathematischer Operator, $\hat{Q}$, welcher in Verbindung mit der Wellenfunktion benutzt wird.

Tatsächlich war ein Großteil der Entwicklung der Quantenmechanik die Einführung der Operatoren für die Parameter, die man für die Beschreibung eines Systems braucht, wie beispielsweise den Energie- oder den Impulsoperator. Wir werden des weiteren Ausdrücke für die gebräuchlichsten Operatoren bestimmen.

Orts- und Zeitableitung von ψ

Betrachten wir eine Wellenfunktion von der Form einer ebener Welle der Frequenz ω und dem Wellenvektor k: $\psi(x,t) = A\,\mathrm{e}^{\mathrm{i}(kx-\omega t)}$. Sie sei so normiert, dass A eine Konstante ist. Die erste Orts- und Zeitableitung ist dann:

$$\begin{aligned}\frac{\partial}{\partial x}\psi(x,t) &= \frac{\partial}{\partial x}A\,\mathrm{e}^{\mathrm{i}(kx-\omega t)}\\ &= \mathrm{i}kA\,\mathrm{e}^{\mathrm{i}(kx-\omega t)}\\ &= \mathrm{i}k\,\psi(x,t)\end{aligned}$$

$$\text{und}\quad \begin{aligned}\frac{\partial}{\partial t}\psi(x,t) &= \frac{\partial}{\partial t}A\,\mathrm{e}^{\mathrm{i}(kx-\omega t)}\\ &= -\mathrm{i}\omega A\,\mathrm{e}^{\mathrm{i}(kx-\omega t)}\\ &= -\mathrm{i}\omega\,\psi(x,t)\,.\end{aligned}$$

Die Operation für die Ableitungen einer (ebenen) Wellenfunktion ist somit die Multiplikation der Wellenfunktion mit $\mathrm{i}k$ bzw. $-\mathrm{i}\omega$:

$$\frac{\partial}{\partial x} \to \mathrm{i}k$$

$$\text{und}\quad \frac{\partial}{\partial t} \to -\mathrm{i}\omega\,.$$

Durch Umstellen erhalten wir den Wellenvektoroperator, symbolisiert durch $\hat{k}$, und den Frequenzoperator, $\hat{\omega}$, beides Differentialoperatoren (Gln. 16.8 und 16.9).

Wellenvektor- und Frequenzoperator:

$$\text{Wellenvektor:}\quad \hat{k} = -\mathrm{i}\frac{\partial}{\partial x} \qquad (16.8)$$

$$\text{Frequenz:}\quad \hat{\omega} = \mathrm{i}\frac{\partial}{\partial t} \qquad (16.9)$$

Eigenwerte und Operatoren

Der zweite Teil des Postulats des Operators besagt:

Die Eigenwertgleichung[4] für eine physikalische Observable q ist:

$$\hat{Q}\psi(x,t) = q\psi(x,t)\,,$$

wobei q der Eigenwert von $\hat{Q}$ zur Eigenfunktion $\psi(x,t)$ ist.

Lassen wir beispielsweise $\hat{k}$ auf die Wellenfunktion wirken, erhalten wir:

$$\begin{aligned}\hat{k}\psi &= -\mathrm{i}\frac{\partial}{\partial x}\psi\\ &= -\mathrm{i}(\mathrm{i}k)\psi\\ &= k\psi\,.\end{aligned}$$

[4] Jeder Operator hat einen gegebenen einen Satz von Funktionen, für die die Operation darin besteht, die Funktion mit einem Skalar zu multiplizieren: $\hat{A}f(x) = \lambda f(x)$. Die Gleichung, die diese Transformation repräsentiert, ist die *Eigenwertgleichung* eines gegebenen Operators. Die Funktionen, welche die Eigenwertgleichung erfüllen, werden *Eigenfunktionen* und der Faktor λ *Eigenwert* genannt.

Diese Gleichung, $\hat{k}\psi = k\psi$, ist die Eigenwertgleichung für $\hat{k}$. Somit ergibt die Operation also den Wert des Wellenvektors k (seinen Eigenwert). Wir werden im nächsten Abschnitt sehen, dass die Schrödingergleichung im wesentlichen die Eigenwertgleichung für den Operator der Gesamtenergie ist (welcher Hamiltonoperator, $\hat{H}$, genannt wird).

Energie- und Impulsoperator

Benutzt man Gl. 16.8 für den Ausdruck von $\hat{k}$, ist es einfach, Ausdrücke für den Impulsoperator, $\hat{p}$, und den Operator für die kinetische Energie, $\hat{T}$, zu finden:

$$\begin{aligned}\hat{p} &= \hbar\hat{k}\\ &= -\mathrm{i}\hbar\frac{\partial}{\partial x}\\ \text{und}\quad \hat{T} &= \frac{\hat{p}^2}{2m}\\ &= \left(-\mathrm{i}\hbar\frac{\partial}{\partial x}\right)^2\frac{1}{2m}\\ &= -\frac{\hbar^2}{2m}\frac{\partial^2}{\partial x^2}\end{aligned}$$

(Gln. 16.11 und 16.12).

Der *Hamiltonoperator*, $\hat{H}$, repräsentiert die *Gesamtenergie* eines Teilchens (kinetische Energie plus potentielle Energie). Verwendet man den obigen Ausdruck für $\hat{T}$, erhalten wir:

$$\begin{aligned}\hat{H} &= \hat{T} + \hat{V}\\ &\equiv \frac{\hat{p}^2}{2m} + \hat{V}\\ &\equiv \frac{\hbar^2\hat{k}^2}{2m} + \hat{V}\\ &= -\frac{\hbar^2}{2m}\frac{\partial^2}{\partial x^2} + V(x)\end{aligned}$$

(Gl. 16.10). Wir lassen den Operator für die *potentielle Energie*, $\hat{V}$, als unbekannte Funktion des Orts, $V(x)$, stehen und nehmen an, dass er zeitunabhängig ist (Gl. 16.13).

Der Hamiltonoperator:

$$\hat{H} = \underbrace{-\frac{\hbar^2}{2m}\frac{\partial^2}{\partial x^2}}_{\hat{T}} + \underbrace{V(x)}_{\hat{V}} \tag{16.10}$$

Energie- und Impulsoperatoren:

$$\text{Impuls:}\quad \hat{p} = -\mathrm{i}\hbar\frac{\partial}{\partial x} \tag{16.11}$$

$$\text{Kinetische Energie:}\quad \hat{T} = -\frac{\hbar^2}{2m}\frac{\partial^2}{\partial x^2} \tag{16.12}$$

$$\text{Potentielle Energie:}\quad \hat{V} = V(x) \tag{16.13}$$

16.3.3 Postulat der Messung

Messungen an quantenmechanischen Systemen sind wahrscheinlichkeitsabhängig, nicht deterministisch. In der Wahrscheinlichkeitstheorie ist der wahrscheinlichste Wert einer Variablen durch ihren *Erwartungswert*[5] gegeben. Das *Postulat der Messung* besagt:

Die Messung einer physikalischen Observablen q stimmt mit dem Erwartungswert des zugehörigen Operators, $\hat{Q}$, überein:

$$\langle\hat{Q}\rangle = \int_{-\infty}^{\infty} \psi^*(x,t)\,\hat{Q}\,\psi(x,t)\,\mathrm{d}x$$

(Gl. 16.14). Der Erwartungswert des Ortes eines Teilchens wird beispielsweise durch den Erwartungswert von $\hat{x} = x$ bestimmt:

$$\begin{aligned}\langle\hat{x}\rangle &= \int_{-\infty}^{\infty} \psi^*(x,t)x\,\psi(x,t)\,\mathrm{d}x\\ &= \int_{-\infty}^{\infty} x \underbrace{|\psi(x,t)|^2}_{\text{Wahrscheinlichkeitsdichte}} \mathrm{d}x\end{aligned}$$

(Gl. 16.15). Dies ist der Ort, an dem sich das Teilchen am wahrscheinlichsten befindet.

Erwartungswerte:

Erwartungswert der Größe $\hat{Q}$:

$$\langle\hat{Q}\rangle = \int_{-\infty}^{\infty} \psi^*(x,t)\,\hat{Q}\,\psi(x,t)\,\mathrm{d}x \tag{16.14}$$

[5] Der Erwartungswert, oder Mittelwert, einer beliebigen Größe X, welche den Wert x mit der Wahrscheinlichkeitsdichte $P(x)$ annimmt, ist definiert als: $\langle X\rangle = \int xP(x)\,\mathrm{d}x$.

Erwartungswert des Orts:

$$\langle \hat{x} \rangle = \int_{-\infty}^{\infty} x \, |\psi(x,t)|^2 \, \mathrm{d}x \qquad (16.15)$$

16.3.4 Postulat der Zeitentwicklung

Wellenfunktionen sind Funktionen der Zeit. Deshalb ändert sich die Wahrscheinlichkeit eines Teilchens, zwischen x und $x + \mathrm{d}x$ zu sein, zeitlich. Das *Postulat der Zeitentwicklung* besagt:

Die Zeitentwicklung der Wellenfunktion wird durch die Schrödingergleichung bestimmt:

$$\hat{H}\psi(x,t) = \mathrm{i}\hbar \frac{\partial \psi(x,t)}{\partial t} .$$

Dies ist eine komplexe partielle Wellendifferentialgleichung. Auch wenn sie zuerst abschreckend wirkt, ist ihre Interpretation konzeptionell einfach, wie wir unten sehen werden.

Ableiten der Schrödingergleichung

Die Gesamtenergie eines quantenmechanischen Teilchens ist $\hat{E} = \hbar\hat{\omega}$. Wir haben schon einen Ausdruck für den Frequenzoperator gefunden (siehe Gl. 16.9); angewendet auf eine Wellenfunktion mit dem Hamiltonoperator bekommen wir:

$$\begin{aligned} \hat{H}\psi(x,t) &= \hat{E}\,\psi(x,t) \\ &= \hbar\hat{\omega}\,\psi(x,t) \\ &= \mathrm{i}\hbar \frac{\partial \psi(x,t)}{\partial t} \end{aligned}$$

$$\therefore \hat{H}\psi(x,t) = \mathrm{i}\hbar \frac{\partial \psi(x,t)}{\partial t} .$$

Das ist die *zeitabhängige Schrödingergleichung*. Wir können $\hat{H}$ mit der kinetischen und potentiellen Energie ausdrücken (siehe Gl. 16.10). Damit sieht man, dass die zeitabhängige Schrödingergleichung eine Wellenfunktion ist, die das Verhalten eines Teilchens der Masse m beschreibt, das sich unter dem Einfluss der Potentialfunktion, $V(x)$, bewegt (Gl. 16.16).

Zeitabhängige Schrödingergleichung

$$\underbrace{\left(-\frac{\hbar^2}{2m}\frac{\partial^2}{\partial x^2} + V(x)\right)}_{\text{Hamiltonoperator, } \hat{H}} \psi(x,t) = \mathrm{i}\hbar \frac{\partial \psi(x,t)}{\partial t} \qquad (16.16)$$

Lösungen der Wellenfunktion, die die Schrödingergleichung erfüllen, bestimmen alles, was über das System ausgesagt werden kann. Die Schrödingergleichung ist deshalb eine sehr weitreichende und elegante Gleichung. Im folgenden Kapitel werden wir die Schrödingergleichung für einige einfache Potentialfunktionen, $V(x)$, lösen.

Die Schrödingergleichung 17

Newtons Grundgesetze der Bewegung beschreiben die Zeitentwicklung eines klassischen Körpers, auf den externe Kräfte wirken. Die Schrödingergleichung ist das Quantenanalogon der Newton'schen Gesetze. Sie beschreibt die Zeitentwicklung eines Teilchens resultierend aus seiner Energie (Kraft und Energie/Arbeit sind im Wesentlichen zwei Lesarten des gleichen Sachverhalts). Die Schrödingergleichung beschreibt die Eigenschaften von Teilchen atomarer und subatomarer Größenordnung und nähert sich den Newton'schen Gesetzen im makroskopischen Grenzfall (ähnlich wie sich Einsteins spezielle Relativitätstheorie für den Grenzfall kleiner Geschwindigkeiten den Newton'schen Gesetzen nähert). In diesem Kapitel werden wir die Schrödingergleichung für Teilchen in verschiedenen energetischen Potentialen lösen. Dabei werden wir herausfinden, dass sich subatomare Teilchen etwas anders verhalten, als wir es aus der klassischen Bewegung heraus erwarten würden.

17.1 Separation der Schrödingergleichung

Wir haben im vorherigen Kapitel gesehen, dass die Zeitentwicklung einer Wellenfunktion durch die zeitabhängige Schrödingergleichung bestimmt wird:

$$\underbrace{\left(-\frac{\hbar^2}{2m}\frac{\partial^2}{\partial x^2}+V(x)\right)}_{\text{Hamiltonoperator, }\hat{H}.}\psi(x,t)=\mathrm{i}\hbar\frac{\partial\psi(x,t)}{\partial t} \tag{17.1}$$

Man kann diese Gleichung leicht in zwei Teile zerlegen:[1] einen räumlichen Teil (nur Ableitung nach x) und einen zeitlichen Teil (nur Ableitung nach t). Durch Darstellung der Wellenfunktion als Produkt einer Funktion des Orts, $\phi(x)$, und einer Funktion der Zeit, $T(t)$, erhalten wir:

$$\psi(x,t)=\phi(x)\,T(t)\,.$$

Setzen wir diese Funktion in Gl. 17.1 ein, reduziert sich die zeitabhängige Schrödingergleichung zu zwei gewöhnlichen Differentialgleichungen, einer nur von x abhängigen:

$$\underbrace{\left(-\frac{\hbar^2}{2m}\frac{\mathrm{d}^2}{\mathrm{d}x^2}+V(x)\right)}_{\text{Hamiltonoperator}}\phi(x)=E\,\phi(x) \tag{17.2}$$

[1] Diese Methode wird *Separation der Variablen* genannt und ist eine Standardmethode zur Lösung separabler partieller Differentialgleichungen.

und einer nur von t abhängigen:

$$\mathrm{i}\hbar\frac{\mathrm{d}T(t)}{\mathrm{d}t}=E\,T(t) \tag{17.3}$$

(Herleitung 17.1). E ist eine Konstante und gleich der Gesamtenergie des Systems. Aufspalten der Schrödingergleichung in dieser Weise macht sie einfacher zu lösen und erlaubt es uns, das räumliche Verhalten des Teilchens von seiner zeitlichen Entwicklung zu unterscheiden.

Eigenwertgleichungen

Gleichung 17.2 und 17.3 sind Eigenwertgleichungen der Energie. Der Differentialoperator in der x-Gleichung entspricht dem Hamiltonoperator (kinetische plus potentielle Energie) und der in der t-Gleichung entspricht $\hat{E}=\hbar\hat{\omega}$, wobei gilt: $\hat{\omega}=\mathrm{i}\,\mathrm{d}/\mathrm{d}t$ (siehe Gl. 16.9). Teilen wir die t-Gleichung durch $\hbar$, erhalten wir wieder die Eigenwertgleichung der Kreisfrequenz:

$$\begin{aligned}x\text{-Gleichung:}\quad & \hat{H}\phi(x)=E\phi(x)\\ t\text{-Gleichung:}\quad & \hat{\omega}\,T(t)=\frac{E}{\hbar}T(t)\equiv\omega\,T(t)\,.\end{aligned}$$

Die x-Gleichung nennt man *zeitunabhängige Schrödingergleichung* (Gl. 17.4). In Abschn. 17.2 werden wir Lösungsbeispiele der Gleichung für verschiedene eindimensionale Potentialfunktionen, $V(x)$, untersuchen. Für ein konstantes Potential, $V(x)=V_0$, sind die Lösungen ebene Wellen (Gl. 17.5 und Herleitung 17.2).

Zeitunabhängige Schrödingergleichung (Herleitungen 17.1 und 17.2):

$$\underbrace{\left(-\frac{\hbar^2}{2m}\frac{\mathrm{d}^2}{\mathrm{d}x^2}+V(x)\right)}_{\text{Hamiltonoperator, }\hat{H}}\phi(x)=E\phi(x) \tag{17.4}$$

Lösung für konstantes Potential, $V(x)=V_0$:

$$\begin{aligned}\phi(x)&=A\,\mathrm{e}^{+\mathrm{i}kx}+B\,\mathrm{e}^{-\mathrm{i}kx}\\ \text{mit}\quad k&=\frac{\sqrt{2m(E-V_0)}}{\hbar}\\ \therefore E&=\frac{\hbar^2k^2}{2m}+V_0\equiv T+V\end{aligned} \tag{17.5}$$

A und *B* sind durch Randbedingungen festgelegte Konstanten.

Die t-Gleichung ist eine Differentialgleichung erster Ordnung (Gl. 17.6). Sie hängt nicht vom Potential $V(x)$ ab, das bedeutet, dass die Lösung von $T(t)$ unabhängig vom

IV Quantenphysik

Herleitung 17.1: Separation der Variablen: die zeitabhängige Schrödingergleichung

1. **Partielle Differentialgleichung:** Die zeitabhängige Schrödingergleichung mit einem zeitunabhängigen Potential $V(x)$ lautet:

$$\left(-\frac{\hbar^2}{2m}\frac{\partial^2}{\partial x^2} + V(x)\right)\psi(x,t) = \mathrm{i}\hbar\frac{\partial\psi(x,t)}{\partial t}\,.$$

2. **Separationsansatz:** Wir separieren den Ortsanteil vom Zeitanteil durch den Ansatz $\psi(x,t) = \phi(x)\,T(t)$:

$$\left(-T(t)\frac{\hbar^2}{2m}\frac{\partial^2\phi(x)}{\partial x^2} + V(x)\phi(x)\,T(t)\right) = \phi(x)\mathrm{i}\hbar\frac{\partial T(t)}{\partial t}.$$

3. **Separationskonstante:** Wir teilen durch $\phi(x)\,T(t)$ und stellen die Gleichung um, sodass eine Seite nur von x und die andere nur von t abhängt:

$$\underbrace{\frac{1}{\phi(x)}\left(-\frac{\hbar^2}{2m}\frac{\mathrm{d}^2\phi(x)}{\mathrm{d}x^2} + V(x)\phi(x)\right)}_{=\text{ Konstante, } E} = \underbrace{\frac{1}{T(t)}\mathrm{i}\hbar\frac{\mathrm{d}T(t)}{\mathrm{d}t}}_{=\text{ Konstante, } E}.$$

Damit diese Gleichung für alle Werte von x und t gilt, müssen beide Seiten gleich einer Konstante sein. Die Gleichung hat die Dimension einer Energie, deshalb setzt man die Separationskonstante gleich der Gesamtenergie E.

4. **Zeitunabhängige Schrödingergleichung:** Die x-Gleichung (linke Seite) ist die zeitunabhängige Schrödingergleichung:

$$\left(-\frac{\hbar^2}{2m}\frac{\mathrm{d}^2}{\mathrm{d}x^2} + V(x)\right)\phi(x) = E\phi(x)$$

Die Lösung hängt von der Form des Potenzials $V(x)$ ab. Für konstantes Potential V_0 sind die Lösungen ebene Wellen (mehr Details siehe Herleitung 17.2):

$$\phi(x) = A\,\mathrm{e}^{+\mathrm{i}kx} + B\,\mathrm{e}^{-\mathrm{i}kx},$$

wobei $E = \frac{\hbar^2k^2}{2m} + V_0$ und A und B durch die Randbedingungen festgelegte Konstanten sind.

5. **Zeitentwicklung:** Die t-Gleichung beschreibt die Zeitentwicklung einer Wellenfunktion:

$$\mathrm{i}\hbar\frac{\mathrm{d}T(t)}{\mathrm{d}t} = E\,T(t)$$

Diese Gleichung hängt nicht von $V(x)$ ab; deshalb hat $T(t)$ für alle Systeme die gleiche funktionale Abhängigkeit von der Zeit. Integration zeigt, dass die zeitlichen Lösungen komplex und exponentiell sind:

$$T(t) = C\,\mathrm{e}^{-\mathrm{i}\omega t},$$

wobei $E = \hbar\omega$ und C eine durch Randbedingungen festgelegte Konstante ist.

System ist. Anders gesagt entwickelt sich die Wellenfunktion in jedem Potential mit der gleichen Zeitabhängigkeit. Durch Umstellen und Integrieren von Gl. 17.6 erhalten wir:

$$\begin{aligned}\int\frac{\mathrm{d}T(t)}{T(t)} &= \int\frac{E}{\mathrm{i}\hbar}\,\mathrm{d}t\\ &= -\int \mathrm{i}\omega\;\mathrm{d}t\\ \therefore T(t) &= C\,\mathrm{e}^{-\mathrm{i}\omega t}\\ \text{mit}\quad \omega &= \frac{E}{\hbar}\end{aligned}$$

(Gl. 17.7). Die Integrationskonstante C wird durch Randbedingungen festgelegt.

Zeitanteil der zeitabhängigen Schrödingergleichung (Herleitung 17.1):

$$\mathrm{i}\hbar\frac{\mathrm{d}T(t)}{\mathrm{d}t} = E\,T(t) \tag{17.6}$$

Lösung (einmal integrieren):

$$T(t) = C\,\mathrm{e}^{-\,\mathrm{i}\omega t} \tag{17.7}$$

$$\text{mit}\quad \omega = \frac{E}{\hbar}$$

$$\therefore E = \hbar\omega$$

C ist eine durch Randbedingungen festgelegte Konstante.

Herleitung 17.2: Lösung der zeitunabhängigen Schrödingergleichung für konstantes Potential, V_0 (Gl. 17.5)

- Ausgangspunkt: zeitunabhängige Schrödingergleichung:

$$-\frac{\hbar^2}{2m}\frac{\mathrm{d}^2\phi(x)}{\mathrm{d}x^2} + V(x)\phi(x) = E\phi(x)\,.$$

- Wir setzen $V(x) = V_0$ (konstantes Potential) mit $V_0 < E$:

$$\therefore -\frac{\hbar^2}{2m}\frac{\mathrm{d}^2\phi(x)}{\mathrm{d}x^2} = (E - V_0)\,\phi(x)\,.$$

- Wir definieren die Differenz zwischen der Gesamtenergie des Teilchens und der potentiellen Energie als $T = E - V_0$ (kinetische Energie).
- Die kinetische Energie für Teilchen der Masse m beträgt:

$$T = \frac{p^2}{2m} = \frac{\hbar^2 k^2}{2m}$$
$$\therefore k^2 = \frac{2mT}{\hbar^2} = \frac{2m(E - V_0)}{\hbar^2}\,.$$

- Mit der Substitution für k^2 hat die zeitunabhängige Schrödingergleichung die Form einer gewöhnlichen Differentialgleichung zweiter Ordnung mit komplexen Exponentiallösungen. Die Integrationskonstanten A und B sind durch Randbedingungen festgelegt.

$$-\frac{\hbar^2}{2m}\frac{\mathrm{d}^2\phi(x)}{\mathrm{d}x^2} = (E - V_0)\,\phi(x) = T\,\phi(x)$$

$$\therefore \frac{\mathrm{d}^2\phi(x)}{\mathrm{d}x^2} = -\frac{2mT}{\hbar^2}\phi(x) = -k^2\phi(x)$$

$$\therefore \phi(x) = A\,\mathrm{e}^{+\mathrm{i}kx} + B\,\mathrm{e}^{-\mathrm{i}kx}$$

$$\text{mit}\quad k^2 = \frac{2m(E - V_0)}{\hbar^2}$$

$$\therefore E = \frac{\hbar^2 k^2}{2m} + V_0$$

Gesamtlösung

Die Gesamtlösung ist das Produkt der örtlichen und zeitlichen Lösung:

$$\psi(x,t) = \phi(x)\,T(t) = \phi(x)\,\mathrm{e}^{-\mathrm{i}\omega t}\,.$$

Da $T(t)$ für alle Potentiale $V(x)$ gleich ist, müssen wir, um $\psi(x,t)$ zu lösen, nur $\phi(x)$ der zeitunabhängigen Schrödingergleichung lösen und mit $\mathrm{e}^{-\mathrm{i}\omega t}$ multiplizieren. Für die Normierungsbedingung folgt:

$$\int_{-\infty}^{\infty} |\psi(x,t)|^2\,\mathrm{d}x = \int_{-\infty}^{\infty} |\phi(x)|^2\,\mathrm{d}x = 1\,.$$

Für ein konstantes Potential V_0 sind die $\phi(x)$ Lösungen durch Gl. 17.5 gegeben. Somit sind die gesamten Wellenfunktionen eine Superposition von ebenen Wellen:

$$\psi(x,t) = \underbrace{A\,\mathrm{e}^{-\mathrm{i}(\omega t - kx)}}_{+x\text{-Richtung}} + \underbrace{B\,\mathrm{e}^{-\mathrm{i}(\omega t + kx)}}_{-x\text{-Richtung}}\,.$$

Beachte, dass „reine" ebene Wellenlösungen auf eine endliche Region beschränkt sein müssen, da unendliche ebene Wellen nicht normierbar sind:

$$\int_{-\infty}^{\infty} A^2 \left|\mathrm{e}^{-\mathrm{i}(\omega t - kx)}\right|^2 \mathrm{d}x \to \infty\,.$$

17.2 Eindimensionale Potentialtöpfe

In diesem Abschnitt werden wir die zeitunabhängige Schrödingergleichung (Gl. 17.4) für drei verschiedene eindimensionale Potentialfunktionen lösen:

1. Das *unendliche* Kastenpotential: Das Teilchen ist in einem bestimmten Raum (einem „Topf") gefangen, in dem die potentielle Energie $V(x) = 0$ und außerhalb $V(x) = \infty$ ist.
2. Das *endliche* Kastenpotential: Das Teilchen ist in einem bestimmten Raum gefangen, in dem die potentielle Energie $V(x) = V_0$ und außerhalb $V(x) = V_0$ (konstant) ist.
3. Der harmonische Oszillator: Das Teilchen ist in einem bestimmten Raum gefangen, in dem das Potential quadratisch von x abhängig ist: $V(x) = \frac{1}{2}kx^2$.

Wir beachten, dass Kraft und potentielle Energie durch $F = -\mathrm{d}V/\mathrm{d}x$ miteinander verknüpft sind. Deshalb erfährt ein Teilchen in einem konstanten Potential keine Kraft ($F = -\mathrm{d}V/\mathrm{d}x = 0$), was für den unendlichen und endlichen Potentialtopf der Fall ist. In dem Beispiel des harmonischen Oszillators erfährt ein Teilchen jedoch die Rückstellkraft $F = -\mathrm{d}V/\mathrm{d}x = -kx$ (Hooke'sches Gesetz). Diese Kraft ist näherungsweise die Kraft auf ein Atom im Festkörper, welches ein wenig aus seiner Gleichgewichtslage ausgelenkt wird. Die Lösungen der Wellenfunktion beschreiben somit näherungsweise die Quantenzustände von Atomen in Festkörpern.

17.2.1 Das unendliche Kastenpotential

Das *unendliche Kastenpotential* ist die einfachste Anwendung der zeitunabhängigen Schrödingergleichung und stellt die gröbste Näherung der potentiellen Energie eines im Raum gebundenen Teilchens dar. In diesem Modell befindet sich ein Teilchen in einem Bereich ohne potentielle Energie, sagen wir zwischen $x = 0$ und $x = a$. Am Rand steigt das Potential ins Unendliche. Die potentielle Energie ist somit durch eine Stufenfunktion gegeben:

$$V(x) = \begin{cases} 0 & \text{für} \quad 0 < x < a \\ \infty & \text{sonst} \end{cases}$$

(siehe Diagramm in Beispielrechnung 17.1). Wie sieht die Wellenfunktion eines Teilchens in so einem Potential aus? Die Antwort findet sich in der Lösung der zeitunabhängigen Schrödingergleichung für das obere Potential $V(x)$ (komplette Lösung siehe Beispielrechnung 17.1). Es gibt einen *Satz* von Wellenfunktionen, welche die zeitunabhängige Schrödingergleichung dieses Systems erfüllen. Diese entsprechen Sinusfunktionen unterschiedlicher Wellenlänge:

$$\phi_n(x) = \sqrt{\frac{2}{a}} \sin\left(\frac{n\pi x}{a}\right) \equiv \sqrt{\frac{2}{a}} \sin(k_n x) \quad \text{mit} \quad n = 1, 2, 3, \ldots$$

(Gl. 17.8). Jede Wellenfunktion mit unterschiedlichem n entspricht einem anderen erlaubten Teilchenzustand. Die Wellenzahl (Ortsfrequenz) der Wellenfunktion ist:

$$k_n = \frac{n\pi}{a}, \quad n = 1, 2, 3, \ldots.$$

Somit sind die entsprechenden Wellenlängen:

$$\lambda_n = \frac{2\pi}{k} = \frac{2a}{n}.$$

d. h., nur ein ganzzahliges Vielfaches der halben Wellenlänge „passt" in den Potentialtopf. Das ist analog zu den erlaubten Wellenlängen stehender Wellen auf einer Saite. Die Gesamtenergie eines Teilchens hängt von dem Zustand ab, in dem es sich befindet. Die kinetische Energie im n-ten Zustand ist:

$$E_n = \frac{\hbar^2 k_n^2}{2m} = \frac{\hbar^2}{2m}\left(\frac{n\pi}{a}\right)^2$$

(Gl. 17.9). Die Energie eines Teilchens ist folglich quantisiert (sie kann nur bestimmte diskrete Werte annehmen, bestimmt durch $n = 1, 2, 3, \ldots$) und wächst mit höherem Zustand. Die Quantisierung der Energie ist ein Quantenphänomen, das keine klassische Entsprechung besitzt. Wenn beispielsweise unsere kinetische Energie quantisiert wäre, bedeutete dies, dass die einzigen Geschwindigkeiten, die wir zur Verfügung hätten, sagen wir mal die einer Schildkröte, eines laufenden Hundes oder eines gierigen, beutejagenden Gepards wären – keine dazwischen.

Unendliches Kastenpotential (Beispielrechnung 17.1):

$$\phi_n(x) = \sqrt{\frac{2}{a}} \sin\left(\frac{n\pi x}{a}\right) \tag{17.8}$$

$$E_n = \frac{\hbar^2}{2m}\left(\frac{n\pi}{a}\right)^2 \tag{17.9}$$

mit der Wellenzahl des Teilchens:

$$k_n = \frac{n\pi}{a}$$

mit $n = 1, 2, 3, \ldots$

Zustände und Wahrscheinlichkeitsdichte

Die Wellenfunktionen und Energien der niedrigsten Energiezustände sind:

$$\phi_1(x) = \sqrt{\frac{2}{a}} \sin\left(\frac{\pi x}{a}\right), \quad E_1 = \frac{\hbar^2}{2m}\left(\frac{\pi}{a}\right)^2$$

$$\phi_2(x) = \sqrt{\frac{2}{a}} \sin\left(\frac{2\pi x}{a}\right), \quad E_2 = 4E_1$$

$$\phi_3(x) = \sqrt{\frac{2}{a}} \sin\left(\frac{3\pi x}{a}\right), \quad E_3 = 9E_1.$$

Beispielrechnung 17.1: Unendliches Kastenpotential

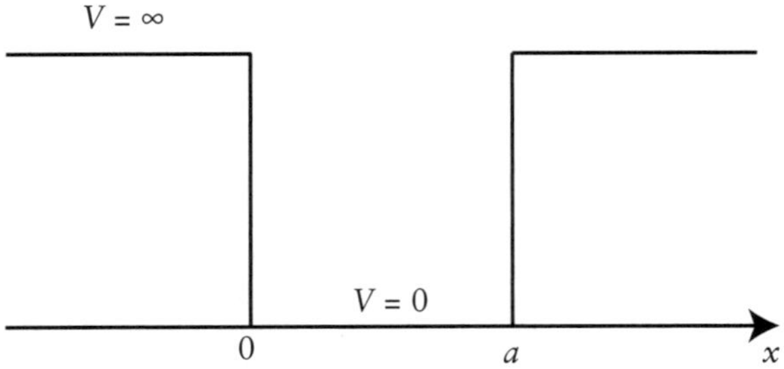

Potentialfunktion: Die potentielle Energie ist durch eine Stufenfunktion gegeben:

$$V(x) = \begin{cases} 0 & \text{für} \quad 0 < x < a \\ \infty & \text{sonst} \end{cases}$$

Ein Teilchen kann sich nur zwischen $0 < x < a$ befinden, da es sonst eine unendliche Energie benötigen würde.

1. **Zeitunabhängige Schrödingergleichung:** Die Schrödingergleichung für den Bereich mit Potential null ($0 < x < a$) lautet:

$$-\frac{\hbar^2}{2m}\frac{\mathrm{d}^2}{\mathrm{d}x^2}\phi(x) = E\phi(x) \rightarrow \therefore \frac{\mathrm{d}^2\phi(x)}{\mathrm{d}x^2} = -k^2\phi(x)$$
$$\text{mit} \quad k^2 = \frac{2mE}{\hbar^2}\,.$$

2. **Wellenfunktionen:** Die zeitunabhängige Schrödingergleichung für ein Nullpotential ist eine gewöhnliche Differentialgleichung zweiter Ordnung mit komplexen exponentiellen Lösungen: $\phi(x) = A\,\mathrm{e}^{ikx} + B\,\mathrm{e}^{-ikx}$. Da sich das Teilchen nicht in Regionen mit $V(x) = \infty$ aufhalten kann, ist die Wellenfunktion dort null. Die Wellenfunktion hat somit folgende Form:

$$\phi(x) = \begin{cases} A\,\mathrm{e}^{ikx} + B\,\mathrm{e}^{-ikx} & \text{für } 0 < x < a \\ 0 & \text{sonst}\,. \end{cases}$$

3. **Randbedingungen:** $\phi(x)$ ist stetig; deshalb muss die Wellenfunktion bei $\phi(0) = 0$ und $\phi(a) = 0$ verschwinden. Die erste Randbedingung sagt uns, dass die Wellenfunktionen sinusförmig sind, und die zweite, dass die Wellenzahl k quantisiert ist:

   1. Randbedingung: $\phi(0) = 0 \rightarrow$ Wellenfunktionen sind sinusförmig:

$$\begin{aligned} \phi(0) &= 0 \\ \therefore A &= -B \\ \therefore \phi(x) &= A(\mathrm{e}^{ikx} - \mathrm{e}^{-ikx}) \\ &= A'\sin(kx)\,. \end{aligned} \tag{17.10}$$

   2. Randbedingung: $\phi(a) = 0 \rightarrow$ Wellenzahl ist quantisiert:

$$\begin{aligned} \phi(a) &= A'\sin(ka) = 0 \\ \therefore k_n &= \frac{n\pi}{a}, \quad \text{mit } n \text{ als ganzer Zahl, } n = 1, 2, 3, \ldots \end{aligned} \tag{17.11}$$

4. **Normierung:** Die Integrationskonstante, A', wird durch die Normierungsbedingung bestimmt. Die Wahrscheinlichkeit, ein Teilchen im Potentialtopf (zwischen $0 < x < a$ anzutreffen, muss eins sein:

$$\int_0^a |\phi(x)|^2\,\mathrm{d}x = 1$$

$$\therefore A'^2 \int_0^a \sin^2(kx)\,\mathrm{d}x = A'^2\frac{a}{2} = 1 \rightarrow A' = \sqrt{\frac{2}{a}}\,.$$

Beispielrechnung 17.1: Unendliches Kastenpotential (Forts.)

5. **Normierte Lösungen:** Durch Einsetzen der Ausdrücke für A' und k_n in Gl. 17.10 finden wir Ausdrücke für die quantisierten Wellenfunktionen, $\phi_n(x)$, und ihren entsprechenden Energien, E_n. Diese sind durch ganze Zahl $n = 1, 2, 3, \ldots$ beschriebene, diskrete Funktionen:

$$\phi_n(x) = \sqrt{\frac{2}{a}} \sin\left(\frac{n\pi x}{a}\right)$$
$$\text{und} \quad E_n = \frac{\hbar^2 k_n^2}{2m} = \frac{\hbar^2}{2m}\left(\frac{n\pi}{a}\right)^2 .$$

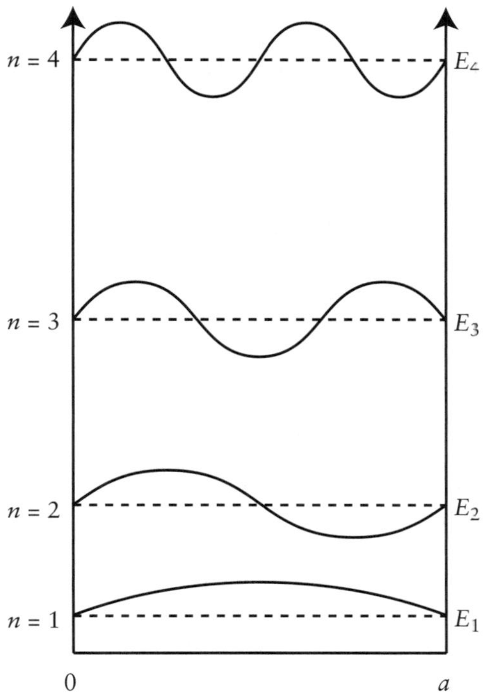

Abbildung 17.1 Wellenfunktionen und ihre entsprechenden Energieniveaus der niedrigsten vier Zustände eines unendlichen Kastenpotentials: Die Energie des Grundzustands ist $E_1 = \hbar^2\pi^2/2ma^2$

Diese sind in Abb. 17.1 dargestellt. Die Energie eines Zustands ist auf der vertikalen Achse aufgetragen. Der Grundzustand der Energie, E_1, ist nicht null, obwohl er der niedrigsten Energie entspricht, die ein Teilchen haben kann. Quantenmechanische Systeme haben also, aufgrund von Quantenbewegung, immer eine minimale Energie, die größer ist als null. Sie wird *Nullpunktsenergie* genannt.

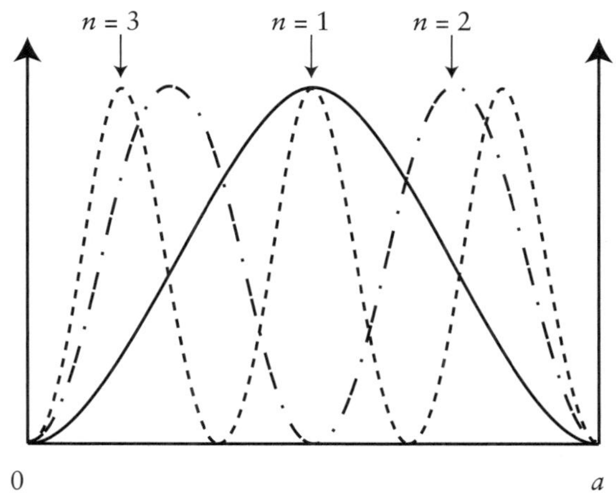

Abbildung 17.2 Wahrscheinlichkeitsdichten der drei niedrigsten Teilchenzustände in einem unendlichen Kastenpotential

Die Wahrscheinlichkeitsdichte des n-ten Zustands ist gleich $|\phi_n(x)|^2$:

$$\therefore\ |\phi_1(x)|^2 = \frac{2}{a}\sin^2\left(\frac{\pi x}{a}\right)$$
$$|\phi_2(x)|^2 = \frac{2}{a}\sin^2\left(\frac{2\pi x}{a}\right) \quad \text{usw.}$$

(Abb. 17.2). Somit hält sich ein Teilchen im Zustand $n = 1$ am wahrscheinlichsten in der Mitte des Potentialkastens auf, wohingegen ein Teilchen im Zustand $n = 2$ eher auf halbem Weg zwischen Mitte und Rand des Kastens anzutreffen ist.

Energieniveaus des Wasserstoffatoms

Wir können Gl. 17.9 zur groben Abschätzung der Größenordnung der Elektronenniveaus in einem Wasserstoffatom verwenden. Wenn wir das Elektron ($m_e \sim 9 \cdot 10^{-31}$ kg) behandeln, als befände es sich in einem Kastenpotential atomarer Dimension $a \sim 10^{-9}$ m, so ist das Energieniveau des Grundzustands von der Größenordnung:

$$E_1 \sim -\frac{(10^{-34})^2}{2 \cdot 9 \cdot 10^{-31}} \cdot \left(\frac{3}{10^{-9}}\right)^2$$
$$\sim -0{,}5 \cdot 10^{-19}\,\mathrm{J}$$
$$\text{oder} \quad E_1 \sim -10\,\mathrm{eV}\,.$$

Der Grundzustand von Wasserstoff ist $-13{,}6$ eV. Somit ist die Annahme eines unendlichen Kastenpotentials zur Abschätzung der Größenordnung von Energieniveaus gerechtfertigt. Wenn wir zu drei Dimensionen übergehen und die Schrödingergleichung in Kugelkoordinaten verwenden, sind die Energieniveaus des Wasserstoffs genau beschrieben.

Wellenfunktionen im klassischen Grenzfall

Für ein klassisches System würden wir erwarten, dass alle Positionen im Potentialkasten gleichwahrscheinlich sind ($|\phi|^2 \sim$ konstant für alle x) und jeder Energiewert erlaubt ist ($E_n - E_{n-1} \sim 0$). Stellen wir uns ein Sandkorn ($m \sim 10^{-6}$ g) in einem 0,1 mm breiten unendlichen Potentialkasten vor. Mit Gl. 17.9 lauten die Energieniveaus des Systems:

$$E_n \sim 10^{-50}\, n^2\,\mathrm{J}\,.$$

Wenn die minimale Energie des Korns seine thermische Energie wäre, ergäbe sich bei Raumtemperatur $E \sim k_\mathrm{B}T \sim 10^{-21}$ J, was einem Zustand von $n \sim 10^{15}$ entspräche. Somit wäre $|\phi|^2$ tatsächlich konstant und die Energiedifferenz zwischen Energieniveaus näherungsweise null und somit E eine kontinuierlich Variable. Die Beobachtung, dass die Quantentheorie im Grenzfall die klassischen Ergebnisse bestätigt, nennt man *Korrespondenzprinzip* und ist eine wichtige Anforderung an die Quantentheorie.

17.2.2 Das endliche Kastenpotential

Das *endliche Kastenpotential* ähnelt dem unendlichen Kastenpotential, mit dem Unterschied, dass das Potential außerhalb des Kastens konstant bei V_0 liegt, statt bei ∞. V_0 ist größer als die Gesamtenergie E des Teilchens. Das Potential wird durch eine Stufenfunktion beschrieben:

$$V(x) = \begin{cases} 0 & \text{für} \quad -a < x < a \\ V_0 & \text{sonst} \end{cases}$$

(siehe Diagramm in Beispielrechnung 17.2). Die Wellenfunktion, die die zeitunabhängige Schrödingergleichung für dieses Potential erfüllt, besteht aus zwei Teilen: einer ebenen Welle im Bereich mit null Potential (wie beim unendlichen Kastenpotential) und einer exponentiell abfallenden Wellenfunktion in den Bereichen mit $V(x) = V_0$ (siehe Beispielrechnung 17.2). Der Bereich mit $V_0 > E$ entspricht einem klassischen verbotenen Bereich (ein Teilchen kann keine größere potentielle Energie als seine Gesamtenergie besitzen, sonst hätte es negative kinetische Energie). Da die Wellenfunktion in diesem Bereich aber nicht null ist, besteht eine endliche Wahrscheinlichkeit, dass ein quantenmechanisches Teilchen in diesen klassisch verbotenen Bereich eindringt. Die Eindringtiefe in diesen Bereich ist:

$$L = \frac{1}{\kappa} = \frac{\hbar}{\sqrt{2m(V_0 - E)}}$$

(siehe Beispielrechnung 17.2). Für $V_0 \to \infty$ wird somit $L \to 0$, was mit dem Modell des unendlichen Kastenpotentials übereinstimmt.

Tunneleffekt

Das Eindringen der Wellenfunktion in einen klassisch verbotenen Bereich führt zu einem quantenmechanischen Phänomen, das als *Tunneleffekt* bekannt ist. Wie der Name sagt, „durchtunnelt" ein Teilchen eine energetische Barriere und taucht auf der anderen Seite wieder auf. Ein klassisches Teilchen hingegen würde eine Energie benötigen, die größer ist als die der Energiebarriere, um auf die andere Seite zu gelangen (ein Ball, der einen Hügel hinunterrollt und einen anderen hinauf, kann nur über den zweiten rollen, wenn seine Gesamtenergie größer ist als die Gravitationsenergie auf der Spitze des Hügels). Die Wahrscheinlichkeit für das Tunneln fällt exponentiell mit der Breite der Barriere, a, ihrer Höhe, V_0, und der Masse m des Teilchens:

$$P_\text{Tunnel} \to \frac{E}{V_0}\,\mathrm{e}^{-2v}$$
$$\text{mit} \quad v^2 = \frac{2mV_0a^2}{\hbar^2}$$

(Gesamtlösung siehe Beispielrechnung 17.3). Selbst im Grenzfall $E \ll V_0$ ist die Wahrscheinlichkeit der Transmission gegeben.

Der Tunneleffekt spielt bei verschiedenen Prozessen eine Rolle. Eine Alphateilchen beispielsweise wird während des Alphazerfalls durch Tunneln durch die hohe Energiebarriere, die den Kern zusammenhält, emittiert. Ein weiteres praktisches Beispiel ist das *Rastertunnelmikroskop*. Dieses Mikroskop detektiert Elektronen, die durch den Tunneleffekt die Bindungskräfte überwinden und aus einer Metalloberfläche austreten. Dies erlaubt es, einzelne Atome der Metalloberfläche durch Variation des Tunnelstroms aufzulösen.

Beispielrechnung 17.2: Endliches Kastenpotential

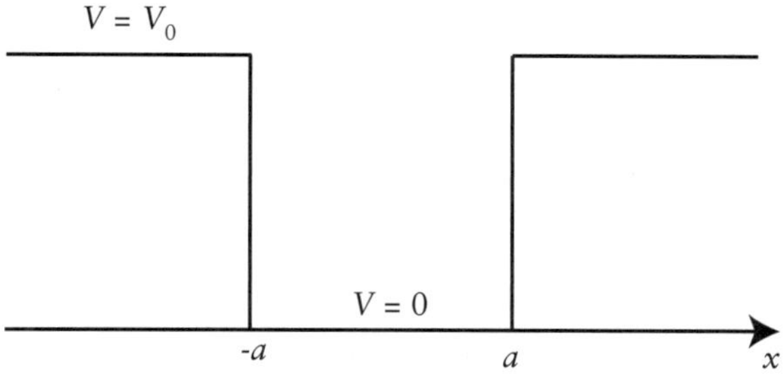

Potentialfunktion: Die potentielle Energie ist durch eine Stufenfunktion gegeben:

$$V(x) = \begin{cases} 0 & \text{für} \quad -a < x < a \\ V_0 \quad (V_0 > E) & \text{sonst}\,. \end{cases}$$

1. **Zeitunabhängige Schrödingergleichung:** Die Schrödingergleichung der einzelnen Bereiche lautet:

$$-\frac{\hbar^2}{2m}\frac{\mathrm{d}^2}{\mathrm{d}x^2}\phi(x) = \begin{cases} E\phi(x) & \text{für} \quad -a < x < a \\ -(V_0 - E)\phi(x) & \text{sonst}\,. \end{cases}$$

$$\therefore \frac{\mathrm{d}^2}{\mathrm{d}x^2}\phi(x) = \begin{cases} -k^2\phi(x) \quad k^2 = 2mE/\hbar^2 & \text{für} \quad -a < x < a \\ \kappa^2\phi(x) \quad \kappa^2 = 2m(V_0 - E)/\hbar^2 & \text{sonst} \end{cases}$$

2. **Wellenfunktionen:** Die zeitunabhängige Schrödingergleichung ist in allen Bereichen eine gewöhnliche Differentialgleichung zweiter Ordnung. Im Bereich mit Nullpotential ($-a < x < a$) sind die Lösungen komplexe Exponentialfunktionen (ebene Wellen), wohingegen in den Bereichen mit endlichem Potential die Lösungen nichtkomplexe exponentiell abfallende Funktionen sind (exponentiell anwachsende Funktionen sind unphysikalisch):

$$\therefore \phi(x) = \begin{cases} A\mathrm{e}^{\kappa x} & \text{für } x < -a & \rightarrow \text{exponentieller Abfall } (\equiv \phi_1(x)) \\ B\cos(kx) + C\sin(kx) & \text{für } -a < x < a & \rightarrow \text{ebene Wellen } (\equiv \phi_2(x)) \\ & & (\equiv B'\,\mathrm{e}^{\mathrm{i}kx} + C'\,\mathrm{e}^{-\,\mathrm{i}kx}) \\ D\mathrm{e}^{-\kappa x} & \text{für } x > a & \rightarrow \text{exponentieller Abfall } (\equiv \phi_3(x)). \end{cases}$$

3. **Randbedingungen:** $\phi(x)$ und die erste Ableitung müssen an den Grenzen stetig sein.

$$\therefore \text{Bei } x = -a: \qquad \phi_1(-a) = \phi_2(-a) \quad \text{und} \quad \left(\frac{\mathrm{d}\phi_1}{\mathrm{d}x}\right)_{(x=-a)} = \left(\frac{\mathrm{d}\phi_2}{\mathrm{d}x}\right)_{(x=-a)}$$

$$\text{Bei } x = a: \qquad \phi_2(a) = \phi_3(a) \quad \text{und} \quad \left(\frac{\mathrm{d}\phi_2}{\mathrm{d}x}\right)_{(x=a)} = \left(\frac{\mathrm{d}\phi_3}{\mathrm{d}x}\right)_{(x=a)}.$$

Diese vier Randbedingungen bilden ein Gleichungssystem, welches gelöst werden kann, um die Integrationskonstanten A, B, C und D zu bestimmen. Außerdem schränkt es k und κ ein. Als Matrix geschrieben sieht das Gleichungssystem folgendermaßen aus:

$$\begin{pmatrix} \mathrm{e}^{-\kappa a} & -\cos ka & \sin ka & 0 \\ \kappa\,\mathrm{e}^{-\kappa a} & -k\sin ka & -k\cos ka & 0 \\ 0 & -\cos ka & -\sin ka & \mathrm{e}^{-\kappa a} \\ 0 & k\sin ka & -k\cos ka & -\kappa\,\mathrm{e}^{-\kappa a} \end{pmatrix} \begin{pmatrix} A \\ B \\ C \\ D \end{pmatrix} = 0.$$

Beispielrechnung 17.2: Endliches Kastenpotential (Forts.)

4. **Lösungen:** Durch Ausmultiplizieren von Zeile 1 und 3 der Matrix sehen wir, dass die Gleichungen zwei Sorten von Lösungen haben:

(i) **Symmetrische Lösungen:** $A = D$ und $C = 0$.

$$\therefore \phi(x) = \begin{cases} A\,\mathrm{e}^{\kappa x} & \text{für } x < -a \\ B\cos(kx) & \text{für } -a < x < a \\ A\,\mathrm{e}^{-\kappa x} & \text{für } x > a \end{cases}$$

(die Werte von A und B werden durch das entsprechende System festgelegt). Diese Wellenfunktion ist symmetrisch zum Ursprung; deshalb hat die Wellenfunktion sogenannte *gerade Parität*. Wenn wir Zeile 1 und 2 unter diesen Einschränkungen ausmultiplizieren und sie durcheinander teilen, bekommen wir eine Beziehung zwischen k und κ:

$$k\tan(ka) = \kappa\,. \tag{17.12}$$

Somit sind nur bestimmte Wellenvektoren (und ihre entsprechenden Energien) von dem System „erlaubt" – wenn k und κ Gl. 17.12 genügen, dann genügen die zugehörigen Wellengleichungen die Randbedingungen des Systems.

(ii) **Antisymmetrische Lösungen:** $A = -D$ und $B = 0$.

$$\therefore \phi(x) = \begin{cases} D\mathrm{e}^{\kappa x} & \text{für } x < -a \\ C\sin(kx) & \text{für } -a < x < a \\ -D\mathrm{e}^{-\kappa x} & \text{für } x > a \end{cases}$$

(die Werte von C und D werden durch das entsprechende System festgelegt). Diese Wellenfunktion ist antisymmetrisch bezüglich des Ursprungs; deshalb hat die Wellenfunktion sogenannte *ungerade Parität*. Wenn wir Zeile 3 und 4 der Matrix unter diesen Einschränkungen ausmultiplizieren und durcheinander teilen, erhalten wir wieder eine Beziehung zwischen k und κ:

$$k\cot(ka) = -\kappa\,. \tag{17.13}$$

Wenn k und κ Gl. 17.13 genügen, erfüllt die entsprechende Wellenfunktion die Randbedingungen des Systems und entspricht einem erlaubten Zustand des Systems.

Die ersten beiden Wellenfunktionen des Systems sind in der Abbildung dargestellt. Zustände höherer Energie haben eine höhere Knotenanzahl im Bereich des Nullpotentials. Eine exponentiell abfallende Wellenfunktion dringt in die Bereiche mit $V = V_0$ ein; die *Eindringtiefe* beträgt:

$$L = \frac{1}{\kappa} = \frac{\hbar}{\sqrt{2m(V_0 - E)}}\,.$$

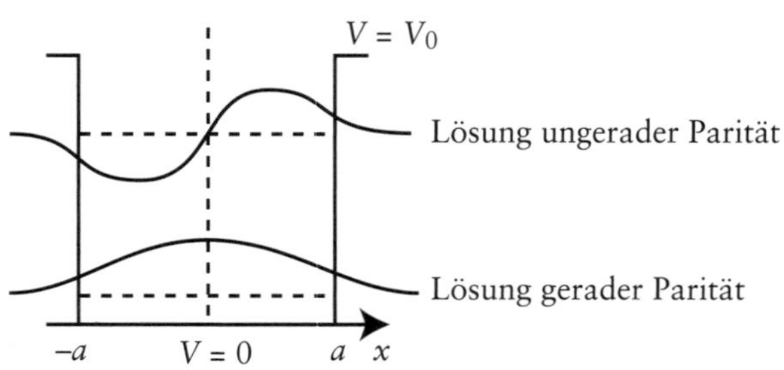

IV Quantenphysik

Beispielrechnung 17.2: Endliches Kastenpotential (Forts.)

5. **Erlaubte Energieniveaus:** In Punkt 4 haben wir herausgefunden, dass die Randbedingungen des Systems nur erfüllt sind, wenn κ und k durch eine der folgenden Beziehungen verknüpft sind:

$$\kappa = \begin{cases} k\tan(ka) \\ -k\cot(ka)\,. \end{cases} \tag{17.14}$$

Diese Gleichungen können nicht analytisch gelöst werden. Durch die Substitution $u = ka$ und $v = \kappa a$ können wir die Gleichungen auf eine Variable reduzieren und graphisch lösen. Aus den Ausdrücken für k und κ (siehe Punkt 1 dieses Beispiels), sehen wir, dass u und v über $v^2 = u_0^2 - u^2$ miteinander verbunden sind, mit $u_0^2 = 2mV_0/\hbar^2$. Somit ist u_0 für ein gegebenes Potential, V_0, konstant. Deshalb kann Gl. 17.14 nach der Substitution der Variablen wie folgt ausgedrückt werden:

$$\sqrt{u_0^2 - u^2} = \begin{cases} u\tan(u) \\ -u\cot(u)\,. \end{cases} \tag{17.15}$$

Die Funktionen $f_1(u) = \sqrt{u_0^2 - u^2}$ (gepunktete schwarze Linien), $f_2(u) = u\tan(u)$ (durchgezogene schwarze Linien) und $f_3(u) = -u\cot(u)$ (durchgezogene graue Linien) sind unten graphisch dargestellt. (Beachte, dass $f_1(u)$ von dem Wert der Konstanten u_0 abhängt und für kleinere Werte von u_0 näher zum Ursprung rückt.) Die Lösungen von u, die die Randbedingungen des Systems erfüllen, entsprechen den Schnittpunkten der Kurve $\sqrt{u_0^2 - u^2}$ mit $u\tan(u)$ oder $-u\cot(u)$. Für den größeren Wert von u_0 gibt es beispielsweise drei Lösungen von u, welche Gl. 17.15 erfüllen, wohingegen für den kleineren Wert von u_0 nur zwei existieren. Da $u\tan(u)$ durch null geht, gibt es immer eine Lösung von u, die Gl. 17.15 erfüllt, selbst für sehr kleine u_0 (d. h. selbst für sehr kleine Potentiale, V_0).

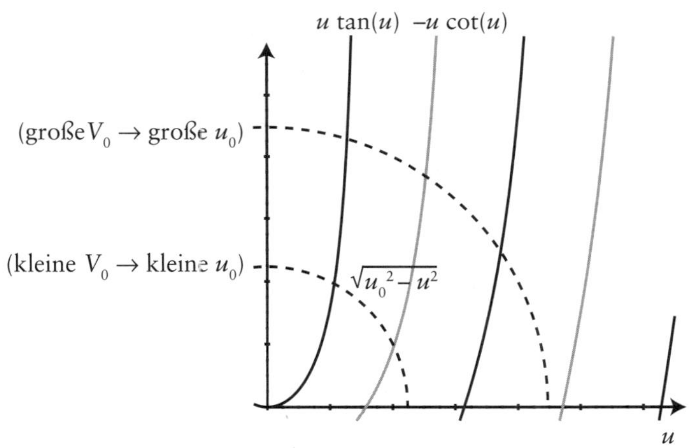

Jeder Schnittpunkt gehört zu einem anderen erlaubten Zustand. Die Energie des dem Schnittpunkt bei u_n entsprechenden Zustands ist:

$$E_n = \frac{\hbar^2 k_n^2}{2m} = \frac{\hbar^2 u_n^2}{2ma^2}\,, \quad u = 1, 2, \ldots, N$$

mit N als Zahl der gesamten Schnittpunkte. Da N endlich ist, gibt es nur eine endliche Anzahl gebundener Zustände für ein gegebenes V_0. Das ist einleuchtend, da für Teilchenenergien größer als V_0 das Teilchen nicht länger im Potentialkasten gefangen ist.

Beispielrechnung 17.3: Tunneln durch eine endliche Potentialbarriere

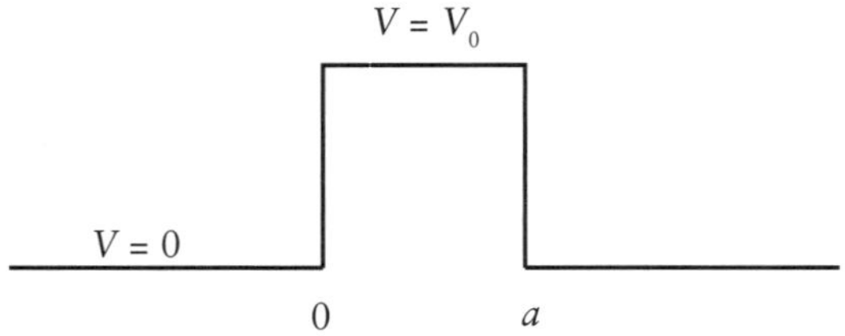

Potentialfunktion: Die potentielle Energie ist durch eine Stufenfunktion gegeben:

$$V(x) = \begin{cases} V_0 \quad (V_0 > E) & \text{für} \quad 0 < x < a \\ 0 & \text{sonst}\,. \end{cases}$$

Stellen wir uns ein Teilchen vor, das auf eine Potentialbarriere trifft. Wenn $V_0 > E$ ist, dringt das Teilchen in der klassischen Behandlung nicht in die Barriere ein und wird reflektiert. Im quantenmechanischen Fall ergibt sich für eine endliche Potentialbreite, dass ein Teilchen hindurchtunneln kann und auf die Wellenfunktion auf der anderen Seite trifft.

1. **Wellenfunktionen und Energie:** Wir haben beim endlichen Potentialkasten (Beispielrechnung 17.2) gesehen, dass die Wellenfunktion im Bereich endlichen Potentials V_0, mit $V_0 > E$, exponentiell abfällt. Nehmen wir an, dass die Wellenfunktion eines auf eine Potentialbarriere treffenden Teilchens teilweise reflektiert und teilweise transmittiert (genauso wie eine Lichtwelle, die auf eine Glasoberfläche trifft). Die Wellenfunktion, welche die Schrödingergleichung für eine Potentialbarriere erfüllt, ist somit:

$$\phi(x) = \begin{cases} \mathrm{e}^{\mathrm{i}kx} + r\,\mathrm{e}^{-\mathrm{i}kx} & k = \sqrt{2mE}/\hbar & \text{für} \quad x < 0 & (= \phi_1(x)) \\ A\,\mathrm{e}^{\kappa x} + B\,\mathrm{e}^{-\kappa x} & \kappa = \sqrt{2m(V_0 - E)}/\hbar & \text{für} \quad 0 < x < a & (= \phi_2(x)) \\ t\,\mathrm{e}^{\mathrm{i}kx} & k = \sqrt{2mE}/\hbar & \text{für} \quad x > a & (= \phi_3(x)) \end{cases}$$

(siehe Beispielrechnung 17.2), wobei r der Reflexions- und t der Transmissionskoeffizient ist. Im Gegensatz zu der Lösung des endlichen Potentialkasten benötigen wir hier sowohl exponentiell wachsende, als auch exponentiell fallende Lösungen innerhalb der Potentialbarriere. Somit sind A und B verschieden von null.

2. **Randbedingungen:** $\phi(x)$ und die erste Ableitung sind an den Rändern stetig:

$$\phi_1(0) = \phi_2(0) \rightarrow 1 + r = A + B \tag{17.16}$$

$$\phi_2(a) = \phi_3(a) \rightarrow A\,\mathrm{e}^{\kappa a} + B\,\mathrm{e}^{-\kappa a} = t\,\mathrm{e}^{\mathrm{i}ka} \tag{17.17}$$

und

$$\left(\frac{\mathrm{d}\phi_1}{\mathrm{d}x}\right)_{x=0} = \left(\frac{\mathrm{d}\phi_2}{\mathrm{d}x}\right)_{x=0} \rightarrow \mathrm{i}k - \mathrm{i}rk = A\kappa - B\kappa \tag{17.18}$$

$$\left(\frac{\mathrm{d}\phi_2}{\mathrm{d}x}\right)_{x=a} = \left(\frac{\mathrm{d}\phi_3}{\mathrm{d}x}\right)_{x=a} \rightarrow \kappa A\,\mathrm{e}^{\kappa a} - \kappa B\,\mathrm{e}^{-\kappa a} = \mathrm{i}kt\,\mathrm{e}^{\mathrm{i}ka}\,. \tag{17.19}$$

3. **Transmissionskoeffizient:** Mit den Gln. 17.16 und 17.18, um r zu eliminieren, und Gln. 17.17 und 17.19, um A und B zu eliminieren, können wir einen Ausdruck für den Tranmissionskoeffizienten t bestimmen:

$$t = \frac{2\,\mathrm{e}^{-2\mathrm{i}ka}}{2\cosh(\kappa a) - \mathrm{i}\left(\frac{k}{\kappa} - \frac{\kappa}{k}\right)\sinh(\kappa a)}\,. \tag{17.20}$$

Beispielrechnung 17.3: Tunneln durch eine endliche Potentialbarriere (Forts.)

4. **Wahrscheinlichkeit der Transmission:** Die Wahrscheinlichkeit der Transmission ist proportional zum Quadrat der transmittierten Wellenfunktion, $|\phi_3|^2 = |t|^2$. Durch Quadrieren von Gl. 17.20 und Benutzen der Identität $\cosh^2 x - \sinh^2 x = 1$ ergibt sich die Wahrscheinlichkeit der Transmission:

$$|t|^2 = \left(1 + \left(\frac{k^2+\kappa^2}{2k\kappa}\right)^2 \sinh^2(\kappa a)\right)^{-1} = \left(1 + \frac{\sinh^2 \sqrt{v^2(1-E/V_0)}}{4(E/V_0)(1-E/V_0)}\right)^{-1} \quad (17.21)$$

mit v als dimensionsloser Konstante:

$$v^2 = \frac{2mV_0a^2}{\hbar^2}.$$

Für Teilchen mit viel kleineren Energien als der Potentialbarriere, $E \ll V_0$, und im Grenzfall $v \gg 1$ (breite und hohe Potentialbarriere) ist Gl. 17.21 näherungsweise:

$$|t|^2 \simeq 16\frac{E}{V_0}\mathrm{e}^{-2v}$$

($\sinh x = (\mathrm{e}^x - \mathrm{e}^{-x})/2$, $\therefore$ für $x \to \infty$, $\sinh x \to \mathrm{e}^x$), ($\sinh x = (\mathrm{e}^x - \mathrm{e}^{-x})/2$, für $x \to \infty$, $\sinh x \to \mathrm{e}^x$). Somit gibt es eine von null verschiedene Wahrscheinlichkeit der Transmission, selbst wenn die Potentialbarriere sehr groß verglichen mit der Teilchenenergie ist. Durch den Parameter v fällt die Tunnelwahrscheinlichkeit exponentiell mit einer Vergrößerung der Barrierehöhe, $\sqrt{V_0}$, und ihrer Breite, a.

17.2.3 Der harmonische Oszillator

Als letztes Beispiel einer eindimensionalen Potentialfunktion, werden wir uns dem Potential des *harmonischen Oszillators* zuwenden. Wie wir von der klassischen Mechanik wissen, vollzieht ein Objekt unter dem Einfluss einer linearen Rückstellkraft, $F = -k_s x$, harmonische Schwingungen. Die Proportionalitätskonstante ist die Federkonstante k_s, die über $k_s = m\omega^2$ mit der Masse und der Kreisfrequenz der Schwingung verknüpft ist (siehe Abschn. 2.3.1). Die Potentialfunktion eines quantenmechanischen harmonischen Oszillators ist die Energie, die eine lineare Rückstellkraft hervorruft: $V = -\int F\,\mathrm{d}x = \int k_s x\,\mathrm{d}x$. Somit ist die potentielle Energie quadratisch in x:

$$V(x) = \frac{1}{2}k_s x^2 = \frac{1}{2}m\omega^2 x^2.$$

In guter Näherung unterliegen viele Quantensysteme, wie beispielsweise die Atome eines Atomgitters, einer linearen Rückstellkraft. Deshalb ist die Beschreibung solcher Systeme durch das Potential eines harmonischen Oszillators näher an der Realität als die durch ein unendliches Kastenpotential.

Die Wellenfunktion, welche die zeitunabhängige Schrödingergleichung erfüllt, kann aufgrund des quadratischen Terms nicht einfach durch Integration bestimmt werden, wie wir es in den vorherigen Beispielen konnten. Wenn wir jedoch eine Lösung der Form einer Gaußfunktion annehmen, genügt diese der Schrödingergleichung des harmonischen Oszillators (zur genaueren Beschreibung siehe Beispielrechnung 17.4). Die normierte Funktion des Grundzustands lautet:

$$\phi_0(x) = \left(\frac{1}{\alpha^2\pi}\right)^{1/4} \mathrm{e}^{-x^2/2\alpha^2} \quad \text{mit} \quad \alpha = \sqrt{\frac{\hbar}{m\omega}}$$

(siehe Beispielrechnung 17.4). Die höheren Energiezustände enthalten die gleiche Gauß'sche Abhängigkeit wie der Grundzustand, sie sind jedoch mit einer speziellen Funktion multipliziert, die *Hermite'sches Polynom*, $H_n(x)$, genannt wird:

$$\phi_n(x) = AH_n(x)\,\mathrm{e}^{-x^2/2\alpha^2}$$

mit der Konstanten A zur Normierung. Die ersten Hermitepolynome lauten:

$$H_0(x) = 1$$
$$H_1(x) = 2x$$
$$H_2(x) = 4x^2 - 2$$
$$H_3(x) = 8x^3 - 12x.$$

Das Energiespektrum des harmonischen Oszillators lautet:

$$E_n = \left(n + \frac{1}{2}\right)\hbar\omega \quad \text{mit} \quad n = 0, 1, 2, \ldots \quad (17.22)$$

Damit ist die Energie des Grundzustands $E_0 = \hbar\omega/2$. Höhere Energieniveaus haben alle im gleichen Abstand $\hbar\omega$.

Die Energie des Grundzustands wird *Nullpunktsenergie* genannt und hat einen von Null verschiedenen, endlichen Wert. Das bedeutet, dass Atome immer eine minimale Energie aufgrund ihrer Quantenbewegung besitzen.

17.3 Die dreidimensionale Schrödingergleichung

Die Größen, die in der klassischen Mechanik Vektoren sind, sind dies auch in der Quantenmechanik. Das Gleiche gilt für Skalare. Es ist daher einfach, Operatoren und die Schrödingergleichung in drei Dimensionen auszudrücken, wenn man ihre eindimensionale Form kennt.

Da der Impuls in der klassischen Physik ein Vektor ist, ist der dreidimensionale Impulsoperator ein Vektoroperator (der Gradient, ∇). Der dreidimensionale Operator der kinetischen Energie ist ein skalarer Operator (der Laplace-Operator, ∇^2):

$$\hat{\vec{p}} = -\mathrm{i}\hbar \begin{pmatrix} \partial/\partial x \\ \partial/\partial z \end{pmatrix} \equiv -\mathrm{i}\hbar\nabla$$

$$\text{und} \quad \hat{T} = \frac{\hat{p}^2}{2m} = \frac{\hat{\vec{p}}\cdot\hat{\vec{p}}}{2m} = -\frac{\hbar^2}{2m}\nabla^2 .$$

Der zeitunabhängige Operator der potentiellen Energie ist eine Funktion des Ortsoperators, $\vec{r}$: $V(\vec{r})$ (Gln. 17.24–17.26). Damit ist die dreidimensionale Schrödingergleichung:

$$\underbrace{\left(-\frac{\hbar^2}{2m}\nabla^2 + V(\vec{r})\right)}_{\text{3-dim. Hamiltonop., }\hat{H}} \psi(\vec{r},t) = \mathrm{i}\hbar\frac{\partial\psi(\vec{r},t)}{\partial t} .$$

Die Zeitabhängigkeit der Schrödingergleichung hat die gleiche Form wie im Eindimensionalen: $T(t) = \mathrm{e}^{-\mathrm{i}\omega t}$ (siehe Abschn. 17.1). Somit lautet die zeitunabhängige Schrödingergleichung:

$$\left(-\frac{\hbar^2}{2m}\nabla^2 + V(\vec{r})\right)\phi(\vec{r}) = E\,\phi(\vec{r})$$

(Gl. 17.23). Die gesamte Wellenfunktion ist dann ein Produkt der örtlichen und zeitlichen Lösungen, $\psi(\vec{r},t) = \phi(\vec{r})\,T(t)$. Die Wahrscheinlichkeitsdichte, $|\psi(\vec{r},t)|^2 \equiv |\phi(\vec{r})|^2$, entspricht der Wahrscheinlichkeit pro Volumeneinheit [m^{-3}]. Die Wahrscheinlichkeit, ein Teilchen in einem Volumenelement $\mathrm{d}\tau = \mathrm{d}x\,\mathrm{d}y\,\mathrm{d}z$ des Ortsvektors $\vec{r}$ zur Zeit t anzutreffen, beträgt:

$$P(\vec{r})\,\mathrm{d}\tau = |\phi(\vec{r})|^2\,\mathrm{d}\tau .$$

Die Normierungsbedingung verlangt, dass die Wahrscheinlichkeit, ein Teilchen *irgendwo* anzutreffen, gleich eins ist. Somit gilt für das Volumenintegral:

$$\int\limits_{\text{gesamter Raum}} |\phi(\vec{r})|^2\,\mathrm{d}\tau = 1 .$$

Separation der dreidimensionalen Schrödingergleichung

Für ein Potential, bei dem die x-, y- und z-Komponenten separabel sind,

$$V(\vec{r}) = V(x) + V(y) + V(z) ,$$

können wir die Methode der Separation der Variablen verwenden, um die x-, y- und z-Komponenten der Wellenfunktion zu separieren. Dadurch erkennt man, dass jede Komponente ihrer eigenen eindimensionalen Schrödingergleichung genügt und dass die Lösung der dreidimensionalen Schrödingergleichung das Produkt der einzelnen x-, y- und z-Lösungen ist (Herleitung 17.3).

Die zeitunabhängige Schrödingergleichung in drei Dimensionen:

$$\underbrace{\left(-\frac{\hbar^2}{2m}\nabla^2 + V(\vec{r})\right)}_{\text{Hamiltonoperator, }\hat{H}} \phi(\vec{r}) = E\,\phi(\vec{r}) \qquad (17.23)$$

Energie- und Impulsoperator:

$$\text{Impuls:} \quad \hat{\vec{p}} = -\mathrm{i}\hbar\nabla \qquad (17.24)$$

$$\text{Kinetische Energie:} \quad \hat{T} = -\frac{\hbar^2}{2m}\nabla^2 \qquad (17.25)$$

$$\text{Potentielle Energie:} \quad \hat{V} = V(\vec{r}) \qquad (17.26)$$

17.3.1 Unendlicher dreidimensionaler Potentialkasten

Man kann leicht den eindimensionale unendlichen Potentialkasten auf drei Dimensionen verallgemeinern. Der dreidimensionale Kasten besteht aus einem Quader mit Potential null der Kantenlängen a, b und c entlang der Achsen x, y und z. Außerhalb des Quaders herrscht unendliches Potential. Ein Teilchen ist somit in dem Quader gefangen, da es eine unendliche Energie benötigen würde, um den Kasten zu verlassen. Die Abmessungen des

Beispielrechnung 17.4: Der einfache harmonische Oszillator

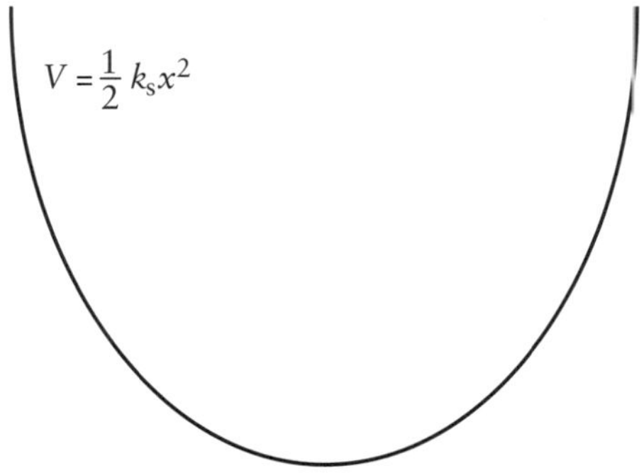

Potentialfunktion: Die potentielle Energie eines harmonischen Oszillators ist quadratisch in x:

$$V(x) = \frac{1}{2}k_s x^2 = \frac{1}{2}m\omega^2 x^2 \,.$$

Ein Teilchen in diesem Potential unterliegt einer linearen Rückstellkraft, $F = -k_s x$, und führt daher harmonische Schwingungen um das Zentrum durch.

1. **Zeitunabhängige Schrödingergleichung:** Die Schrödingergleichung für ein Potential eines harmonischen Oszillators ist eine Differentialgleichung zweiter Ordnung mit einem quadratischen Term. Wenn wir eine Variablensubstitution $x = \alpha y$, mit $\alpha = \sqrt{\hbar/m\omega}$, durchführen, vereinfacht sich die Gleichung, da die Koeffizienten von kinetischer und potentieller Energie gleich werden.

$$\left(-\frac{\hbar^2}{2m}\frac{\mathrm{d}^2}{\mathrm{d}x^2} + \frac{1}{2}m\omega^2 x^2\right)\phi(x) = E\phi(x)$$

$$\xrightarrow{\text{setzen} \quad x = \alpha y}$$

$$\frac{\hbar\omega}{2}\left(-\frac{\mathrm{d}^2}{\mathrm{d}y^2} + y^2\right)\phi(y) = E\phi(y)\,.$$

2. **Wellenfunktion des Grundzustands:** Eine Gaußfunktion, $\phi(y) = A\,\mathrm{e}^{-y^2/2}$ (oder $\phi(x) = A\,\mathrm{e}^{-x^2/2\alpha^2}$), erfüllt die obige zeitunabhängige Schrödingergleichung (durch Einsetzen zu zeigen). Mit der Normierungsbedingung können wir die Konstante A bestimmen. Dadurch bekommen wir die normierte Wellenfunktion des Grundzustands:

$$\int_{-\infty}^{\infty} |\phi(x)|^2\,\mathrm{d}x = 1 \rightarrow A^2 \int_{-\infty}^{\infty} \mathrm{e}^{-x^2/\alpha^2}\,\mathrm{d}x = A^2\alpha\sqrt{\pi} = 1$$

$$\therefore A = \left(\frac{1}{\alpha^2\pi}\right)^{1/4} \Rightarrow \phi_0(x) = \left(\frac{1}{\alpha^2\pi}\right)^{1/4} \mathrm{e}^{-x^2/2\alpha^2}$$

mit dem Integral: $\int_{-\infty}^{\infty} \mathrm{e}^{-\beta x^2}\,\mathrm{d}x = \sqrt{\frac{\pi}{\beta}}$.

3. **Energie des Grundzustands:** Setzt man $\phi_0(x)$ wieder in die zeitunabhängige Schrödingergleichung ein, sieht man, dass die Energie des Grundzustands von null verschieden ist:

$$\frac{\hbar\omega}{2}\left(1 - y^2 + y^2\right) A\,\mathrm{e}^{-y^2/2} = E_0 A\,\mathrm{e}^{-y^2/2}$$

$$\rightarrow \therefore E_0 = \frac{\hbar\omega}{2}\,.$$

Somit besitzen Quantensysteme aufgrund ihrer Quantenbewegung eine von null verschiedene Minimalenergie, die *Nullpunktsenergie* genannt wird – ein Zustand mit der Energie null existiert nicht.

4. **Höhere Energiezustände:** Für höhere Energiezustände nehmen wir Gaußfunktionen, die mit einem Polynom $H(y)$ multipliziert sind, an:

$$\phi(y) = H(y)\,\mathrm{e}^{-y^2/2}\,.$$

Mit $\varepsilon = 2E/\hbar\omega$ finden wir, dass die zeitunabhängige Schrödingergleichung die Form einer speziellen gewöhnlichen Differentialgleichung besitzt, die man *Hermitegleichung* nennt:

$$H''(y) - 2yH'(y) + H(y)(\varepsilon - 1) = 0\,.$$

Die Funktionen, die dieser Gleichung genügen, sind die *Hermite'schen Polynome*, $H(y)$. Die ersten Hermite'schen Polynome sind:

$$H_0(y) = 1\,, \quad H_1(y) = 2y\,, \quad H_2(y) = 4y^2 - 2\,,$$
$$H_3(y) = 8y^3 - 12y\,.$$

5. **Energiespektrum:** Es stellt sich heraus, dass die Lösungen nur normierbar sind, wenn $\varepsilon = 2n + 1$, wobei n eine bei 0 startende, positive, ganze Zahl ist. (Man kommt darauf, wenn man zur Lösung der Differentialgleichung einen Potenzreihenansatz macht. Dies ist hier nicht gezeigt.) Somit lauten die Energiezustände:

$$E_n = \varepsilon\frac{\hbar\omega}{2} = \left(n + \frac{1}{2}\right)\hbar\omega$$
$$\text{mit} \quad n = 0, 1, 2, \ldots$$

Benachbarte Energiezustände haben den gleichen Abstand $\hbar\omega$. Wie erwartet ist der Zustand minimaler Energie $E_0 = \hbar\omega/2$.

Beispielrechnung 17.5: Der einfache harmonische Oszillator (Forts.)

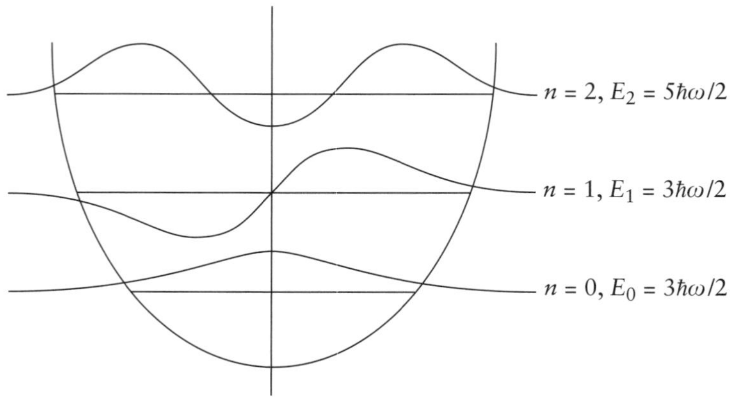

Quaders definieren die Randbedingungen, welche die Wellenfunktionen erfüllen müssen, um in den Kasten zu passen. Ein Teilchen kann somit nur diskrete Zustände besetzen, welche diskreten Energieniveaus entsprechen.

Da sich die dreidimensionale Schrödingergleichung in drei eindimensionale Gleichungen für x, y und z zerlegen lässt (siehe Herleitung 17.3), reduziert sich das Problem zu drei eindimensionalen unendlichen Kastenpotentialen. Die normierten Lösungen für die einzelnen Wellenfunktionen und Energiespektren sind:

$$X(x) = \sqrt{\frac{2}{a}} \sin\left(\frac{n\pi x}{a}\right), \quad E_x = \frac{\hbar^2}{2m}\left(\frac{\pi n}{a}\right)^2$$
$$Y(y) = \sqrt{\frac{2}{b}} \sin\left(\frac{l\pi y}{b}\right), \quad E_y = \frac{\hbar^2}{2m}\left(\frac{\pi l}{b}\right)^2$$
$$Z(z) = \sqrt{\frac{2}{c}} \sin\left(\frac{p\pi z}{c}\right), \quad E_z = \frac{\hbar^2}{2m}\left(\frac{\pi p}{c}\right)^2$$

mit

$$n = 1,2,3,\ldots$$
$$l = 1,2,3,\ldots$$
$$p = 1,2,3,\ldots$$

(siehe Beispielrechnung 17.1 für die eindimensionale Lösung). Die Paramenter n, l und p sind ganze Zahlen, welche die Quantisierung der Zustände, die die Randbedingungen erfüllen, darstellen. Die gesamte normierte Wellenfunktion ist das Produkt der Einzellösungen:

$$\phi_{nlp}(\vec{r}) = X(x)\,Y(y)\,Z(z) = \sqrt{\frac{8}{abc}} \sin\left(\frac{n\pi x}{a}\right) \sin\left(\frac{l\pi y}{b}\right) \sin\left(\frac{p\pi z}{c}\right).$$

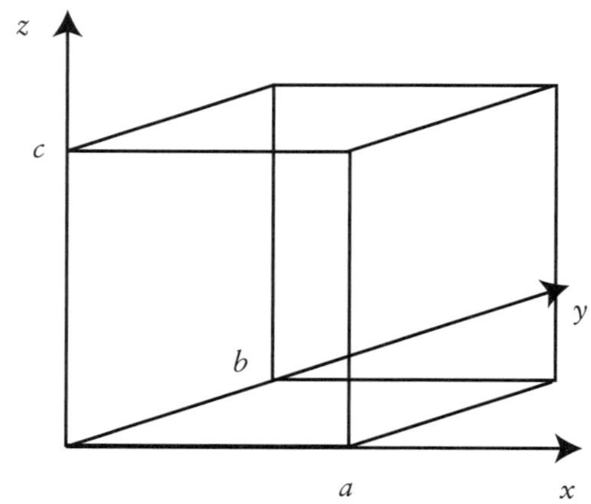

Abbildung 17.3 Dreidimensionaler unendlicher Potentialkasten: Im Kasten ist $V = 0$ und außerhalb ist $V = \infty$

Das entsprechende Energiespektrum ist die Summe der Einzelenergien jeder Komponente:

$$E_{nlp} = E_x + E_y + E_z = \frac{\hbar^2\pi^2}{2m}\left(\left(\frac{n}{a}\right)^2 + \left(\frac{l}{b}\right)^2 + \left(\frac{p}{c}\right)^2\right).$$

Damit ist ein Zustand durch die drei ganzen Zahlen n, l und p beschrieben, welche die Quantisierung entlang jeder Richtung darstellen.

Energieentartung

Für einen Würfel der Kantenlänge a sind die Energieniveaus:

$$E_{nlp} = \frac{\hbar^2\pi^2}{2ma^2}\left(n^2 + l^2 + p^2\right).$$

Herleitung 17.3: Separation der Variablen: dreidimensionale zeitunabhängige Schrödingergleichung in kartesischen Koordinaten

1. **Partielle Differentialgleichung:** Wenn die Potentialfunktion in x-, y- und z-Komponenten zerlegbar ist, lautet die dreidimensionale zeitunabhängige Schrödingergleichung:

$$\left(-\frac{\hbar^2}{2m}\nabla^2 + V(x) + V(y) + V(z)\right)\phi(x,y,z) = E\,\phi(x,y,z)$$

$$\text{mit} \quad \nabla^2 = \left(\frac{\partial^2}{\partial x^2} + \frac{\partial^2}{\partial y^2} + \frac{\partial^2}{\partial z^2}\right).$$

2. **Separationsansatz:** Wir separieren die drei Komponenten durch $\phi(x,y,z) = X(x)\,Y(y)\,Z(z)$:

$$\left(-\frac{\hbar^2}{2m}\nabla^2 + V(x) + V(y) + V(z)\right)X(x)\,Y(y)\,Z(z) = E\,X(x)\,Y(y)\,Z(z).$$

3. **Separationskonstante:** Durch Teilen durch $X(x)\,Y(y)\,Z(z)$ und Umsortieren der Gleichung, um Terme in den gleichen Variablen zu erhalten, finden wir dass die Gesamtenergie als Summe der x-, y- und z-Komponenten ausgedrückt werden kann:

$$\underbrace{\left(-\frac{\hbar^2}{2m}\frac{X''(x)}{X(x)} + V(x)\right)}_{=\text{ const, } E_x} + \underbrace{\left(-\frac{\hbar^2}{2m}\frac{Y''(y)}{Y(y)} + V(y)\right)}_{=\text{ const, } E_y} + \underbrace{\left(-\frac{\hbar^2}{2m}\frac{Z''(z)}{Z(z)} + V(z)\right)}_{=\text{ const, } E_z} = E.$$

4. **Eindimensionale zeitunabhängige Schrödingergleichungen:** Jede Komponente gehorcht seiner eigenen Schrödingergleichung, wobei die Summe der Energiekomponenten gleich der Gesamtenergie ist, $E_x + E_y + E_z = E$:

$$-\frac{\hbar^2}{2m}X''(x) + V(x)\,X(x) = E_x X(x)$$
$$-\frac{\hbar^2}{2m}Y''(y) + V(y)\,Y(y) = E_y Y(y)$$
$$-\frac{\hbar^2}{2m}Z''(z) + V(z)\,Z(z) = E_z Z(z).$$

5. **Wellenfunktion:** Die Gesamtwellenfunktion ist das Produkt der x, y und z Lösungen. Weiterhin erfordert die Normierungsbedingung, dass das Integral über den gesamten Raum eins ergibt.

$$\phi(x,y,z) = X(x)\,Y(y)\,Z(z) \text{und} \quad \int\limits_{\text{gesamter Raum}} |\phi(x,y,z)|^2\,\mathrm{d}\tau = 1.$$

Somit ist jede Komponente für sich normiert:

$$\int |X(x)Y(y)Z(z)|^2\,\mathrm{d}x\,\mathrm{d}y\,\mathrm{d}z = 1 \Rightarrow \begin{cases} \int |X(x)|^2\,\mathrm{d}x = 1 \\ \int |Y(y)|^2\,\mathrm{d}y = 1 \\ \int |Z(z)|^2\,\mathrm{d}z = 1. \end{cases}$$

IV Quantenphysik

Der Grundzustand ist durch die ganzen Zahlen $\{n, l, p\} = \{1, 1, 1\}$ definiert. Für den Grundzustand folgt nun:

$$E_{111} = \frac{3\hbar^2\pi^2}{2ma^2} \,.$$

Der erste angeregte Zustand hat jedoch drei verschiedene Permutationen $\{n, l, p\} = \{2, 1, 1\}, \{1, 2, 1\}$ oder $\{1, 1, 2\}$. Diese entsprechen alle einer anderen Wellenfunktion und gehören somit zu einem anderen Zustand – sie haben aber alle die gleiche Energie:

$$E_{211} = E_{121} = E_{112} = \frac{6\hbar^2\pi^2}{2ma^2} \,.$$

Zustände, die dem gleichen Energieniveau entsprechen, aber unterschiedliche Wellenfunktionen besitzen, werden *entartete* Zustände genannt. Da es in diesem Fall drei Zustände gibt, die dem ersten Energieniveau entsprechen, spricht man von *dreifacher Entartung* des Energieniveaus. Entartung ist eine Eigenschaft *symmetrischer* Systeme. Der Potentialkasten hat beispielsweise kubische Symmetrie. Atome besitzen Kugelsymmetrie, welche ebenfalls entartete Zustände hervorruft, wie wir im Fall des Wasserstoffatoms sehen werden (siehe Kap. 20).

Quantenzustände, Operatoren und Messungen

18

In der klassischen Betrachtungsweise sind die Ergebnisse von Messungen deterministisch: Kennen wir die Eigenschaften eines Systems, so können wir vorhersagen, wie es sich zu einem späteren Zeitpunkt verhält. In der Quantentheorie treten Messergebnisse mit einer gewissen *Wahrscheinlichkeit* auf – wir können nicht vorhersagen, wie sich ein System verhalten wird, wir können nur die *Wahrscheinlichkeit* angeben, mit der sich das System in einer bestimmten Weise verhält. Damit ist die Bedeutung experimenteller Messungen in der Quantenmechanik ein kontroverses und philosophisches Thema. In diesem Kapitel werden wir diskutieren, was es für ein quantenmechanisches System bedeutet, Messungen an ihm durchzuführen, und wie man die Wahrscheinlichkeit eines bestimmten Ergebnisses bestimmt. Um solche Ergebnisse, die nicht intuitiv und abstrakt sind, interpretieren zu können, hilft es, sich ein wenig mit linearer Algebra auszukennen; ein kurzer Überblick wird unten gegeben.

18.1 Überblick lineare Algebra

Die lineare Algebra ist die mathematische Sprache der Quantenmechanik. Sie ist umfangreich und abstrakte. Für einen generellen Überblick sei der Leser an das Buch *The Principles of Quantum Mechanics* von *R. Shankar* verwiesen. In diesem Abschnitt werden wir einige grundlegende Aspekte hervorheben, die nötig sind, um die Quantenmechanik auf einem einführenden Niveau zu verstehen.

18.1.1 Die Diracnotation

Die *Diracnotation* ist ein mathematischer Formalismus, der besonders gut zur Quantenmechanik passt. Obwohl der Formalismus im ersten Moment kompliziert und abschreckend wirken mag, hilft er großartig, die abstrakten Konzepte von Quantensystemen zu verstehen. Die Grundidee wird weiter unten vorgestellt.

Zustand eines Teilchens

Der *Zustand* eines Teilchens oder Systems ist ein umfassender Begriff, der alle physikalischen Aspekte, wie seiner Energie, Drehimpuls, Ort usw. umfasst. Im vorherigen Kapitel haben wir den Zustand eines Teilchens durch eine Wellenfunktion $\psi(x,t)$ dargestellt.

In der Diracnotation wird ein Quantenzustand durch einen *Ket* $|\psi\rangle$ dargestellt. Diesen kann man sich als einen Spaltenvektor[1] irgendeiner Dimension (endlich oder unendlich) mit den Elementen $a_1, a_2, a_3, \ldots, a_N$ vorstellen:

$$|\psi\rangle \equiv \begin{pmatrix} a_1 \\ a_2 \\ \cdots \\ a_N \end{pmatrix}.$$

Diese Objekte existieren im *Hilbertraum*, welchen man sich als „unendlich-dimensionale" Version unseres alltäglichen, dreidimensionalen Euklidischen Raums vorstellen kann. An diesem Punkt müssen wir uns noch nicht besonders um die Eigenschaften des Hibertraums kümmern.[2]

Das komplex konjugierte eines Kets ist ein *Bra*, $\langle\psi|$ (d. h. $|\psi\rangle^* = \langle\psi|$). Diesen kann man sich als einen Zeilenvektor vorstellen, dessen Elemente das komplex konjugierte der Elemente a_i des Kets sind:

$$\langle\psi| \equiv \begin{pmatrix} a_1^* & a_2^* & \ldots & a_N^* \end{pmatrix}.$$

Die Diracnotation, wir manchmal auch *Bra-Ket-Notation* genannt, da sie $\langle Bras|$ und $|Kets\rangle$ beinhaltet.

Skalarprodukt

Das Produkt eines Bras mit einem Ket nennt man *Skalarprodukt*, $\langle\psi_1 \mid \psi_2\rangle$. Übersetzt in die Notation der Wellenfunktion ist das Skalarprodukt definiert als das Integral des Produkts der zwei Wellenfunktionen:

$$\langle\psi_1 \mid \psi_2\rangle \overset{\text{def}}{=} \int_{-\infty}^{\infty} \psi_1^*(x)\psi_2(x)\,\mathrm{d}x\,.$$

In der Geometrie ist ein Skalarprodukt die Projektion eines Vektors auf einen anderen: Es stellt den „Anteil" eines Vektors in die Richtung eines anderen dar. Analog kann man sich das Skalarprodukt als den „Anteil der Überlapps" zweier Zustände $|\psi_1\rangle$ und $|\psi_2\rangle$ (oder zweier Funktionen $\psi_1(x)$ und $\psi_2(x)$) vorstellen. Als etwas konkreteres Beispiel betrachten wir das Skalarprodukt eines Zustands mit sich selbst:

$$\begin{aligned}\langle\psi \mid \psi\rangle &= \int_{-\infty}^{\infty} \psi^*(x)\psi(x)\,\mathrm{d}x \\ &= \int_{-\infty}^{\infty} |\psi(x)|^2\,\mathrm{d}x \\ &= 1\,.\end{aligned}$$

Wie wir sehen, handelt es sich bei dem Integral auf der rechten Seite um das Integral der Wahrscheinlichkeitsdichte (siehe Abschn. 16.3.1). Mit der Normierungsbedingung ist das Integral gleich eins (die Wahrscheinlichkeit ein Teilchen *irgendwo* anzutreffen muss eins sein). Somit ist das Skalarprodukt eines Zustands $|\psi\rangle$ mit sich selbst

[1] Kets können auch $n \times n$ Matritzen darstellen, für unsere Zwecke werden wir sie jedoch als einspaltigen Vektor betrachten.

[2] Siehe *The Principles of Quantum Mechanics* von *R. Shankar*, wenn nötig.

gleich eins – der Zustand „überlappt" vollständig mit sich selbst. Das Skalarprodukt von zwei *orthogonalen* Zuständen ist gleich null:

$$\langle \psi_1 \mid \psi_2 \rangle = 0 \quad \text{if } |\psi_1\rangle \text{ und } |\psi_2\rangle \text{ sind orthogonal}.$$

Das ist analog zum Skalarprodukt zweier orthogonaler Vektoren, das auch null ergibt. Das Skalarprodukt der Einheitsvektoren $\hat{\imath}$ und $\hat{\jmath}$ beispielsweise ist null: $\hat{\imath} \cdot \hat{\jmath} = 0$ – es gibt keine Projektion von $\hat{\imath}$ auf die $\hat{\jmath}$-Achse.

Operatoren und Zustände

Ein Operator $\hat{Q}$ transformiert einen Ket $|\psi\rangle$ in einen anderen, $|\psi'\rangle$. Das Adjungierte eines Operators (d. h. das Transponierte seines komplex Konjugierten), $\hat{Q}^\dagger$, transformiert einen Bra $\langle\psi|$ in einen anderen , $\langle\psi'|$. Mathematisch bedeutet dies:

$$\begin{aligned} \hat{Q}\,|\psi\rangle &= |\psi'\rangle \\ \text{und} \quad \langle\psi|\,\hat{Q}^\dagger &= \langle\psi'|\,. \end{aligned}$$

Alle Operatoren besitzen einen Satz von Kets, auf die ihre Wirkung die Multiplikation des Kets mit einem Skalar q ist:

$$\begin{aligned} \hat{Q}\,|\psi\rangle &= q\,|\psi\rangle \\ \text{und} \quad \langle\psi|\,\hat{Q}^\dagger &= q^*\,\langle\psi|\,. \end{aligned}$$

Das ist die *Eigenwertgleichung* für den Operator $\hat{Q}$. Gewöhnlich bezeichnet man den Satz von Kets, welche die Eigenwertgleichung erfüllen, mit $|u_n\rangle$, $n = 1,2,3,\ldots$, und die entsprechenden Skalare mit q_n (Gl. 18.1). Der Satz $|u_n\rangle$ wird *Eigenkets* (oder Eigenfunktionen) und ihre entsprechenden skalaren Faktoren q_n *Eigenwerte* genannt. Im Kontext der Quantenmechanik bezeichnen wir Eigenkets gewöhnlich als Eigen*zustände*, da die Kets die Zustände eines Systems beschreiben. Der komplette Satz der Eigenwerte wird *Eigenwertspektrum* genannt:

$$\{q_n\} = \{q_1, q_2, q_3, \ldots\}\,.$$

Eigenwertgleichung für $\hat{Q}$:

$$\hat{Q}\,|u_n\rangle = q_n\,|u_n\rangle \tag{18.1}$$

mit $n = 1,2,3,\ldots$

18.1.2 Hermite'sche Operatoren

Ein *Hermite'scher Operator* ist als ein Operator definiert, der gleich seinem Adjungierten ist:

$$\hat{Q}^\dagger = \hat{Q}\,.$$

Hermite'sche Operatoren haben drei spezielle mathematische Eigenschaften:

1. Sie haben reelle Eigenwerte.
2. Ihre Eigenfunktionen sind orthogonal.
3. Die Eigenfunktionen bilden eine vollständige Basis.

(Gln. 18.2–18.4 und Herleitung 18.1). Aus diesen Eigenschaften folgt, dass alle Operatoren, die physikalische Observablen der Quantenmechanik darstellen, wie beispielsweise $\hat{H}$ oder $\hat{p}$, Hermite'sche Operatoren sind. (Mehr dazu in Abschn. 18.2.)

Hermite'sche Operatoren (Herleitung 18.1):

$$\hat{Q}^\dagger = \hat{Q} \tag{18.2}$$

Eigenschaften Hermite'scher Operatoren:

1. **Eigenwerte sind reell:**

$$q_n = q_n^* \tag{18.3}$$

$$\begin{aligned} \therefore\ \hat{Q}\,|u_n\rangle &= q_n\,|u_n\rangle \\ \text{und} \quad \langle u_n|\,\hat{Q} &= \langle u_n|\,q_n \end{aligned}$$

2. **Eigenzustände sind orthonormal***:

$$\langle u_m \mid u_n\rangle = \delta_{mn} \tag{18.4}$$

$$\text{mit} \quad \delta_{nm} = \begin{cases} 1 & \text{für } n = m \\ 0 & \text{für } n \neq m \end{cases}$$

3. **Eigenzustände bilden einen vollständigen Satz**

*Orthonormale Zustände sind sowohl orthogonal als auch normiert, sodass das Skalarprodukt eines Zustands mit sich selbst gleich 1 ist.

Matrixelemente Hermite'scher Operatoren

Das *Matrixelement*[3] eines Operators $\hat{Q}$ ist definiert als:

$$\langle\psi_n|\,\hat{Q}\,|\psi_m\rangle \overset{\text{def}}{=} \int_{-\infty}^{\infty} \psi_n^*(x)\hat{Q}\psi_m(x)\,\mathrm{d}x\,.$$

Das Matrixelement eines Hermite'schen Operators ist gleich seinem komplex Konjugierten:

$$\begin{aligned} \langle\psi_n|\,\hat{Q}\,|\psi_m\rangle^* &= \langle\psi_m|\,\hat{Q}^\dagger\,|\psi_n\rangle \\ &= \langle\psi_m|\,\hat{Q}\,|\psi_n\rangle \end{aligned}$$

[3] Genauso wie man sich einen Ket als Vektor vorstellen kann, kann ein Operator als Matrix gesehen werden. Die Matrixelemente eines Operators $\hat{Q}$ entsprechen der Matrixdarstellung von $\hat{Q}$ zu der Basis, die durch den vollständigen Satz der Zustände $|\psi_n\rangle$ mit $n = 1,2,3,\ldots$ gebildet wird.

Herleitung 18.1: Herleitung der Eigenschaften Hermite'scher Operatoren (Gln. 18.3 und 18.4)

$$\hat{Q}\,|u_n\rangle = q_n\,|u_n\rangle$$
$$\therefore\ \langle u_m|\,\hat{Q}\,|u_n\rangle = \langle u_m|\,q_n\,|u_n\rangle$$

$$\langle u_m|\,\hat{Q} = \langle u_m|\,q_m^*$$
$$\therefore\ \langle u_m|\,\hat{Q}\,|u_n\rangle = \langle u_m|\,q_m^*\,|u_n\rangle$$

$$\langle u_m|\,q_n\,|u_n\rangle = \langle u_m|\,q_m^*\,|u_n\rangle$$
$$q_n\,\langle u_m \mid u_n\rangle = q_m^*\,\langle u_m \mid u_n\rangle$$
$$\therefore\ (q_n - q_m^*)\,\langle u_m \mid u_n\rangle = 0$$

wenn $n = m$:

$$\langle u_n \mid u_n\rangle = 1 \qquad \therefore\ q_n = q_n^*$$

$\Rightarrow$ Eigenwerte sind reell.

wenn $n \neq m$:

$$q_n \neq q_m \qquad \therefore\ \langle u_m \mid u_n\rangle = 0$$

$\Rightarrow$ Eigenzustände sind orthogonal.

- Ausgangspunkt: Die Eigenwertgleichungen für einen auf normierte Eigenzustände $|u_n\rangle$ oder $\langle u_m|$ wirkenden Hermite'schen Operator $\hat{Q}$ sind:

$$\hat{Q}\,|u_n\rangle = q_n\,|u_n\rangle$$
$$\text{und } \langle u_m|\,\hat{Q} = \langle u_m|\,q_m^*\,.$$

- Durch Multiplizieren mit $\langle u_m|$ bzw. $|u_n\rangle$, erhalten wir zwei Ausdrücke für $\langle u_m|\,\hat{Q}\,|u_n\rangle$.
- Durch Gleichsetzen dieser zwei Ausdrücke sehen wir, dass die Eigenwerte und Eigenzustände Hermite'scher Operatoren der Gleichung

$$(q_n - q_m^*)\,\langle u_m \mid u_n\rangle = 0$$

genügen, aus der wir ableiten können, dass die Eigenwerte Hermite'scher Operatoren reell und ihre Eigenzustände orthogonal sind.

(Gln. 18.5 und 18.6). Dies ist die formale Definition eines hermiteschen Operators.

Matrixelement eines Hermite'schen Operators:

$$\langle \psi_n|\,\hat{Q}\,|\psi_m\rangle^* = \langle \psi_m|\,\hat{Q}\,|\psi_n\rangle \tag{18.5}$$

oder in integraler Form:

$$\int_{-\infty}^{\infty} (\psi_n^*\hat{Q}\psi_m)^*\,\mathrm{d}x = \int_{-\infty}^{\infty} (\hat{Q}\psi_m)^*\,\psi_n\,\mathrm{d}x \tag{18.6}$$

Matrixelemente und Erwartungswerte

Der Erwartungswert eines Operators ist wie folgt mit seinen Matrixelementen verknüpft:

$$\langle \psi|\,\hat{Q}\,|\psi\rangle = \underbrace{\int_{-\infty}^{\infty} \psi^*(x)\hat{Q}\psi(x)\,\mathrm{d}x}_{\text{Erwartungswert von } q}$$
$$\equiv \langle \hat{Q}\rangle\,.$$

Der Erwartungswert eines Hermite'schen Operators $\hat{Q}$, mit $|u_n\rangle$ als Eigenzustand von $\hat{Q}$, entspricht einem seiner Eigenwerte, q_n:

$$\langle \hat{Q}\rangle = \langle u_n|\,\hat{Q}\,|u_n\rangle$$
$$= \langle u_n|\,q_n\,|u_n\rangle$$
$$= q_n\,\langle u_n \mid u_n\rangle$$
$$= q_n$$

(Gl. 18.7). Da die Eigenwerte eines Hermite'schen Operators reell sind, ist auch der Erwartungswert von $\hat{Q}$ reell und somit gleich seinem komplex Konjugierten:

$$\langle \hat{Q}\rangle^* = \langle \hat{Q}\rangle\,.$$

Eigenwert und Erwartungswert:

$$q_n = \langle u_n|\,\hat{Q}\,|u_n\rangle$$
$$\equiv \langle \hat{Q}\rangle \tag{18.7}$$

mit $n = 1, 2, 3, \ldots$

18.1.3 Superpositionszustände

Die Eigenzustände eines Hermite'schen Operators sind orthogonal zueinander, also linear unabhängig, und bilden einen vollständigen Satz. Sie bilden deshalb eine *Basis*. Somit kann jeder Zustand $|U\rangle$ als lineare Superposition von Eigenzuständen geschrieben werden:

$$|U\rangle = \sum_{n=1}^{N} c_n |u_n\rangle$$

(Gln. 18.8 und 18.9). Zum Vergleich bilden die x-, y- und z-Einheitsvektoren ($\hat{\imath}, \hat{\jmath}$ und $\hat{k}$) eine Basis im dreidimensionalen euklidischen Raum: *Alle* Vektoren in diesem Raum können als lineare Superposition von $\hat{\imath}, \hat{\jmath}$ und $\hat{k}$ dargestellt werden. Zum Beispiel kann ein beliebiger dreidimensionaler Vektor $\vec{a}$ folgendermaßen geschrieben werden:

$$\vec{a} = \begin{pmatrix} a_x \\ a_y \\ a_z \end{pmatrix} \equiv a_x\hat{\imath} + a_y\hat{\jmath} + a_z\hat{k}.$$

a_x, a_y und a_z ist der „Anteil" von $\vec{a}$ entlang jeder der drei Achsen. Zum Beispiel ist der Anteil von $\vec{a}$ entlang der x-Achse gleich dem Skalarprodukt von $\vec{a}$ mit $\hat{\imath}$ (d. h. die Projektion von $\vec{a}$ auf $\hat{\imath}$):

$$\vec{a} \cdot \hat{\imath} = a_x\hat{\imath} \cdot \hat{\imath} = a_x.$$

Genauso stellen die Koeffizienten c_n aus Gl. 18.8 den Anteil des n-ten Eigenzustands an der Superposition dar (c_n kann komplex sein; deshalb muss man diese Analogie mit Vorsicht genießen). Stellen wir uns einen Superpositionszustand vor, der aus zwei Eigenzuständen zusammengesetzt ist:

$$|U\rangle = c_1 |u_1\rangle + c_2 |u_2\rangle .$$

Mit der Orthonormalität der Eigenzustände ist das Skalarprodukt dieses Zustands mit dem ersten Zustand:

$$\begin{aligned} \langle u_1 \mid U\rangle &= \langle u_1| c_1 |u_1\rangle + \langle u_1| c_2 |u_2\rangle \\ &= c_1 \underbrace{\langle u_1 \mid u_1\rangle}_{=1} + c_2 \underbrace{\langle u_1 \mid u_2\rangle}_{=0} \\ &= c_1. \end{aligned}$$

Genauso gilt $\langle u_2 \mid U\rangle = c_2$. Somit ist der Wert von c_n durch das Skalarprodukt des n-ten Eigenzustands mit dem Superpositionszustand gegeben (Gln. 18.10 und 18.11). Wenn der Superpositionszustand *nicht* teilweise aus dem n-ten Eigenzustand besteht, dann ist $c_n = 0$ und das Skalarprodukt ist null.

Superpositionszustände:

Jeder Zustand $|U\rangle$ kann als lineare Superposition von Eigenzuständen geschrieben werden:

$$\begin{aligned} |U\rangle &= \sum_{n=1}^{N} c_n |u_n\rangle \qquad (18.8) \\ &= c_1 |u_1\rangle + c_2 |u_2\rangle + \dots \end{aligned}$$

$$\begin{aligned} \text{und} \quad \langle U| &= \sum_{n=1}^{N} c_n^* \langle u_n| \qquad (18.9) \\ &= c_1^* \langle u_1| + c_2^* \langle u_2| + \dots \end{aligned}$$

Der n-te Koeffizient ist:

$$c_n = \langle u_n \mid U\rangle \qquad (18.10)$$

$$\text{und} \quad c_n^* = \langle U \mid u_n\rangle \qquad (18.11)$$

Linearität von $\hat{Q}$

Ein Operator ist *linear*, wenn er folgende zwei Bedingungen erfüllt:

$$\begin{aligned} &\hat{Q}(|\psi_1\rangle + |\psi_2\rangle) = \hat{Q}|\psi_1\rangle + \hat{Q}|\psi_2\rangle \\ \text{und} \quad &\hat{Q}(\alpha|\psi_1\rangle) = \alpha\hat{Q}|\psi_1\rangle , \end{aligned}$$

wobei α ein Skalar ist. Wenn ein linearer Operator auf einen Superpositionszustand $|U\rangle$ wirkt, so wirkt er einzeln auf jeden Eigenzustand (Gl. 18.12). Alle Operatoren, mit denen wir es in diesem Kapitel zu tun haben, sind lineare Operatoren.

Linearität von $\hat{Q}$:

$$\begin{aligned} \hat{Q}|U\rangle &= \sum_{n=1}^{N} c_n\hat{Q}|u_n\rangle \qquad (18.12) \\ &= \sum_{n=1}^{N} c_n q_n |u_n\rangle \end{aligned}$$

18.1.4 Der Identitätsoperator

Der *Identitätsoperator*, $\hat{I}$, ist ein Operator, der einen Zustand unverändert lässt:

$$\hat{I}|U\rangle = |U\rangle .$$

Mit den Eigenzuständen $|u_n\rangle$ können wir einen Ausdruck für $\hat{I}$ finden, indem wir einen Superpositionszustand betrachten:

$$\begin{aligned}|U\rangle &= \sum c_n |u_n\rangle \\ &= \sum \langle u_n \mid U\rangle |u_n\rangle \\ &= \sum |u_n\rangle \langle u_n \mid U\rangle \\ &\equiv \hat{I}\,|U\rangle\,.\end{aligned}$$

Damit ist der Operator, der einen Zustand unverändert lässt, die Summe des Vektorprodukts jedes Eigenzustands mit sich selbst (Gl. 18.13).

Identitätsoperator:

$$\hat{I} = \sum_n |u_n\rangle \langle u_n| \tag{18.13}$$

mit $n = 1, 2, 3, \ldots$

18.1.5 Kommutatoren

Der *Kommutator* zweier Operatoren ist das letzte nützliche mathematische Werkzeug, das wir behandeln wollen, bevor wir uns wieder Quantensystemen zuwenden. Wenn zwei Operationen kommutativ sind, können wir die Reihenfolge der Operationen vertauschen, ohne dass sich das Ergebnis ändert. Zum Beispiel ist die Multiplikation kommutativ, da für zwei Skalare A und B gilt: $A \times B = B \times A$. Im Gegensatz dazu ist die Division nicht kommutativ, weil $A/B \neq B/A$. Der *Kommutator* ist ein Maß dafür, wie stark eine Operation nicht kommutativ ist. Die Berechnung erfolgt durch die Bildung der Differenz beider Operationsreihenfolgen. Der Kommutator der Multiplikation ist beispielsweise $(A \times B) - (B \times A) = 0$, wohingegen der Kommutator der Division $(A/B) - (B/A) \neq 0$ ist.

In der linearen Algebra wird der Kommutator zweier Operatoren $\hat{Q}$ und $\hat{R}$ durch $[\hat{Q}, \hat{R}]$ symbolisiert und ist folgendermaßen definiert:

$$[\hat{Q}, \hat{R}] \stackrel{\text{def}}{=} (\hat{Q}\hat{R} - \hat{R}\hat{Q})$$

(zu den Eigenschaften von Kommutatoren siehe Gl. 18.14 und Herleitung 18.2).

Kommutatoren (Herleitung 18.2):

$$[\hat{Q}, \hat{R}]\,|\psi\rangle \stackrel{\text{def}}{=} (\hat{Q}\hat{R} - \hat{R}\hat{Q})\,|\psi\rangle \tag{18.14}$$

Eigenschaften von Kommutatoren beliebiger Operatoren $\hat{Q}$, $\hat{R}$ und $\hat{S}$:

1. Invers:
   - $[\hat{Q}, \hat{R}] = -[\hat{R}, \hat{Q}]$
2. Linearität:
   - $[\hat{Q}, \hat{R} + \hat{S}] = [\hat{Q}, \hat{R}] + [\hat{Q}, \hat{S}]$
   - $[\hat{Q} + \hat{R}, \hat{S}] = [\hat{Q}, \hat{S}] + [\hat{R}, \hat{S}]$
3. Quadrierter Operator:
   - $[\hat{Q}^2, \hat{R}] = \hat{Q}\,[\hat{Q}, \hat{R}] + [\hat{Q}, \hat{R}]\,\hat{Q}$
   - $[\hat{Q}, \hat{R}^2] = [\hat{Q}, \hat{R}]\,\hat{R} + \hat{R}\,[\hat{Q}, \hat{R}]$

18.2 Messungen

Das Postulat der Messung in der Quantenmechanik besagt, dass die Messung einer physikalischen Observable ihrem Erwartungswert entspricht (siehe Abschn. 16.3.3). Betrachten wir einen Hermite'schen Operator $\hat{Q}$ mit den Eigenwerten q_n und Eigenzuständen $|u_n\rangle$. Seine Eigenwertgleichung lautet:

$$\hat{Q}\,|u_n\rangle = q_n\,|u_n\rangle\,.$$

Für ein System, das sich in einem seiner Eigenzustände befindet, ist der Erwartungswert des Operators gleich dem Eigenwert des Zustands:

$$\begin{aligned}\langle\hat{Q}\rangle &= \langle u_n|\,\hat{Q}\,|u_n\rangle \\ &= \langle u_n|\,q_n\,|u_n\rangle \\ &= q_n\,\langle u_n \mid u_n\rangle \\ &= q_n.\end{aligned}$$

Anders ausgedrückt entspricht der gemessene Wert einer Observable, dargestellt durch einen Hermite'schen Operator, einem Eigenwert q_n des Operators. Die Messung der Gesamtenergie eines Systems wird beispielsweise einen der Eigenwerte des Hamiltonoperators, E_n, ergeben:

$$\begin{aligned}\hat{H}\,|\psi_n\rangle &= E_n\,|\psi_n\rangle \\ \therefore\ \langle\hat{H}\rangle &= E_n.\end{aligned}$$

Da Hermite'sche Operatoren reelle Eigenwerte besitzen, entspricht die Messung immer, wie gewünscht, einer reellen Zahl. Der gemessene Eigenwert sagt uns, in welchem Eigenzustand sich das System befindet. Zum Beispiel bedeutet ein gemessener Eigenwert E_3, dass sich das System in seinem $n = 3$ Eigenzustand, $|\psi_3\rangle$, befindet.

Herleitung 18.2: Herleitung der mathematischen Eigenschaften eines Kommutators (Gl. 18.14)

Invers: Vertauschen der Reihenfolge der Operationen ändert das Vorzeichen des Kommutators:

$$\begin{aligned}[\hat{Q},\hat{R}] &= \hat{Q}\hat{R} - \hat{R}\hat{Q} \\ &= -\left(\hat{R}\hat{Q} - \hat{Q}\hat{R}\right) \\ &= -\left[\hat{R},\hat{Q}\right].\end{aligned}$$

Linearität: Der Kommutator einer Superposition von Operatoren ist gleich der Summe der einzelnen Kommutatoren:

$$\begin{aligned}[\hat{Q},\hat{R}+\hat{S}] &= \hat{Q}\left(\hat{R}+\hat{S}\right) - \left(\hat{R}+\hat{S}\right)\hat{Q} \\ &= \hat{Q}\hat{R} + \hat{Q}\hat{S} - \hat{R}\hat{Q} - \hat{S}\hat{Q} \\ &= [\hat{Q},\hat{R}] + [\hat{Q},\hat{S}].\end{aligned}$$

Quadrierte Operatoren: Der Kommutator eines quadrierten Operators kann mit den nicht quadrierten Operatoren geschrieben werden:

$$\begin{aligned}\left[\hat{Q},\hat{R}^2\right] &= \hat{Q}\hat{R}^2 - \hat{R}^2\hat{Q} \\ &= \hat{Q}\hat{R}\hat{R} - \hat{R}\hat{R}\hat{Q} \\ &= \hat{Q}\hat{R}\hat{R} - \left(\hat{R}\hat{Q}\hat{R} - \hat{R}\hat{Q}\hat{R}\right) - \hat{R}\hat{R}\hat{Q} \\ &= \left(\hat{Q}\hat{R} - \hat{R}\hat{Q}\right)\hat{R} + \hat{R}\left(\hat{Q}\hat{R} - \hat{R}\hat{Q}\right) \\ &= [\hat{Q},\hat{R}]\,\hat{R} + \hat{R}\,[\hat{Q},\hat{R}].\end{aligned}$$

Quantisierung

Wenn wir akzeptiert haben, dass der Erwartungswert eines Hermite'schen Operators (d. h. einer seiner Eigenwerte) einem möglichen Messausgang entspricht, ist es nur noch ein kleiner Schritt zum Verständnis, warum manche Größen quantisiert sind (d. h., sie können nur bestimmte diskrete Werte annehmen). Für Größen wie der Energie, dem Impuls oder dem Drehimpuls ist das Eigenwertspektrum diskret:

$$\{q_n\} = \{q_1, q_2, \ldots, q_N\}.$$

(Es ist nicht diskret für stetige Größen wie dem Ort.) Dieser Satz von Eigenwerten entspricht einem diskreten Satz erlaubter Zustände: $|u_1\rangle$, $|u_2\rangle$, …, $|u_N\rangle$. Zum Beispiel zeigen die Energieeigenwerte des Hamiltonoperators, $\{E_1, E_2, \ldots, E_N\}$, dass die Energie quantisiert ist – ein Zustand mit einer Energie zwischen z. B. E_1 und E_2 existiert nicht. Somit kann dieser Energiewert nicht gemessen werden.

Superpositionszustände

Bisher haben wir nur Messungen an Systemen betrachtet, die sich in einem Eigenzustand befinden. Was ist mit Systemen, die sich in einer Superposition von Eigenzuständen befinden? Betrachten wir einen beliebigen Superpositionszustand:

$$|U\rangle = \sum_n c_n\,|u_n\rangle.$$

Der n-te Koeffizient, c_n, entspricht dem Skalarprodukt des n-ten Eigenzustands mit dem Superpositionszustand:

$$c_n = \langle u_n \mid U\rangle$$

(siehe Gl. 18.10). Der Erwartungswert eines Hermite'schen Operators $\hat{Q}$ in diesem Superpositionszustand lautet:

$$\begin{aligned}\langle\hat{Q}\rangle &= \langle U|\,\hat{Q}\,|U\rangle \\ &= \sum_n |c_n|^2\,q_n \\ &\equiv |c_1|^2\,q_1 + |c_2|^2\,q_2 + \ldots + |c_N|^2\,q_N\end{aligned}$$

(Gl. 18.15 und Herleitung 18.3). Der Erwartungswert enthält somit die Eigenwerte aller Eigenzustände der Superposition. Eine Messung darf jedoch nur *einen* Eigenwert ergeben. Welchen Wert messen wir also? Für Messungen in der Quantenmechanik können wir kein Messergebnis vorhersagen, wir können nur die Wahrscheinlichkeit eines bestimmten Ergebnisses bestimmen. Es stellt sich heraus, dass die Wahrscheinlichkeit, q_1 zu messen, $|c_1|^2$ ist, die Wahrscheinlichkeit, q_2 zu messen, $|c_2|^2$ ist usw. Nach der Normierungsbedingug muss die Summe der Einzelwahrscheinlichkeiten gleich eins sein:

$$\therefore |c_1|^2 + |c_2|^2 + \ldots + |c_N|^2 = \sum_n |c_n|^2 = 1$$

(Gln. 18.16 und 18.17). Wenn sich also ein Teilchen im Eigenzustand $|u_m\rangle$ befindet, ist der m-te Koeffizient gleich $|c_m|^2 = 1$ und die Wahrscheinlichkeit, q_m zu messen, gleich eins.

Energieeigenzustände

Energieeigenzustände sind Zustände mit bestimmter Energie E_n. In Abschn. 17.1 haben wir die Zeitentwicklung eines Systems mit der Energie E_n bestimmt:

$$|\psi_n\rangle \propto \mathrm{e}^{\mathrm{i}E_n t/\hbar}.$$

Wenn das System nicht gestört wird, bleibt es in einem Energieeigenzustand, so dass jede Energiemessung den gleichen Wert E_n ergibt. Ein Energieeigenzustand wird oft als *stationärer Zustand* bezeichnet, da die Wahrscheinlichkeit, E_n zu messen, zu jeder Zeit konstant bleibt, es gilt also $P(E_n) = 1$. Ein Beispiel zur Bestimmung der Wahrscheinlichkeiten von Energie- und Impulseigenzuständen ist in Beispielrechnung 18.1 zu finden.

Messungen (Herleitung 18.3):

Erwartungswert:

$$\langle U|\,\hat{Q}\,|U\rangle = \sum_{n=1}^{N} |c_n|^2 q_n = |c_1|^2 q_1 + |c_2|^2 q_2 + \ldots \tag{18.15}$$

Wahrscheinlichkeit, den Wert q_i zu messen:

$$P(q_i) = |c_i|^2 = |\langle u_i \mid U\rangle|^2 \tag{18.16}$$

Normierung der Wahrscheinlichkeit:

$$\sum_{n=1}^{N} |c_n|^2 = 1 \tag{18.17}$$

mit $n = 1, 2, 3, \ldots$

Wahrscheinlichkeiten und Wellenfunktionen

Durch die Formulierung der Quantenmechanik mit der Wellenfunktion sind wir schon mit der Idee der Messwahrscheinlichkeiten vertraut. Ein mit einem diskreten Satz von Eigenzuständen konstruierter Superpositionszustand lautet:

$$|U\rangle = \sum_{n=1}^{N} c_n\,|u_n\rangle\,.$$

Für eine stetige Variable, wie den Ort x, können wir die Summe in ein Integral umwandeln und die diskreten Koeffizienten c_n in eine stetige Funktion $C(x)$ überführen. Ein beliebiger Zustand $|\psi\rangle$ kann somit als Superposition stetiger Ortseigenzustände, $|x\rangle$, geschrieben werden:

$$|\psi\rangle = \int_{-\infty}^{\infty} C(x)\,|x\rangle\,\mathrm{d}x\,.$$

Das Skalarprodukt $\langle x \mid \psi\rangle$ beschreibt den „Anteil“ des Eigenzustands $|x\rangle$ am Superpositionszustand $|\psi\rangle$. Definitionsgemäß ist der Koeffizient $C(x)$ gleich dem folgenden Skalarprodukt (für den diskreten Fall siehe Gl. 18.10):

$$\therefore\, C(x) = \langle x \mid \psi\rangle\,.$$

Im diskreten Fall ist die Wahrscheinlichkeit eines Systems, sich im i-ten Eigenzustand zu befinden, gleich $|c_i|^2$, wobei c_i der Koeffizient des i-ten Eigenzustands in der Superposition ist (siehe Gl. 18.16). Verallgemeinert auf den stetigen Fall ist die Wahrscheinlichkeit, ein Teilchen zwischen den Positionen x und $x + \mathrm{d}x$ anzutreffen:

$$P(x)\,\mathrm{d}x = |C(x)|^2\,\mathrm{d}x = |\langle x \mid \psi\rangle|^2\,\mathrm{d}x\,.$$

In Wellenvektorschreibweise ist das Skalarprodukt $\langle x \mid \psi\rangle$ äquivalent zur Wellenfunktion als Funktion des Ortes x: $\langle x \mid \psi\rangle \equiv \psi(x)$. Somit ist, wie erwartet, die Wahrscheinlichkeit eines Teilchens, sich zwischen x und $x + \mathrm{d}x$ aufzuhalten, durch die quadrierte Wellenfunktion gegeben:

$$\therefore\, P(x)\,\mathrm{d}x = |\psi(x)|^2\,\mathrm{d}x\,.$$

Kollaps der Wellenfunktion

Eine Messung entspricht *einem einzigen* Eigenwert. Das bedeutet, selbst wenn sich ein System *vor* der Messung in einem Superpositionszustand befindet, ist es *danach* immer in einem Eigenzustand (demjenigen, der dem gemessenen Eigenwert entspricht). Man sagt deshalb, die Wellenfunktion „kollabiert“ bei der Messung auf einen Eigenzustand. Anders ausgedrückt kann sich ein System in einem Superpositionszustand befinden, bis wir darauf „schauen“.

Dieses Phänomen verkörpert die kontroverse Seite quantenmechanischer Messungen. *Schrödingers Katze* ist ein bekanntes Paradoxon: Eine Katze befinde sich in einem verschlossenen Kasten, in den mit 50-prozentiger Wahrscheinlichkeit ein giftiges Gas einströmt. Da wir nicht wissen, ob das Gas ausgetreten ist oder nicht, befindet sich die Katze laut Quantentheorie in einem Superpositionszustand aus $|tot\rangle$ und $|lebendig\rangle$. Das Paradoxon ist offensichtlich: Wie kann eine Katze gleichzeitig tot und lebendig sein? Mit der Interpretation des Kollapses wird das Paradoxon jedoch gelöst, indem wir sagen, dass wir nicht wissen, in welchem Zustand sich die Katze befindet, bis wir in den Kasten schauen. Ab diesem Moment befindet sich die Katze in einem eindeutigen Zustand – entweder tot oder lebendig (hoffentlich Letzteres).

Die Idee des Kollapses der Wellenfunktion wird oft auf die *Kopenhagener Deutung* der Quantenmechanik bezogen. Bei dieser Interpretation unterscheidet man zwei Typen der Zeitentwicklung von Quantensystemen: die gleichmäßige Zeitentwicklung eines Superpositionszustands vor der Messung (welche durch den zeitabhängigen Teil der Schrödingergleichung bestimmt wird, $T(t) = \mathrm{e}^{\mathrm{i}Et/\hbar}$), und die plötzliche Zeitentwicklung entsprechend dem Kollaps der Wellenfunktion.

Beispielrechnung 18.1: Impulssuperposition eines Energieeigenzustands

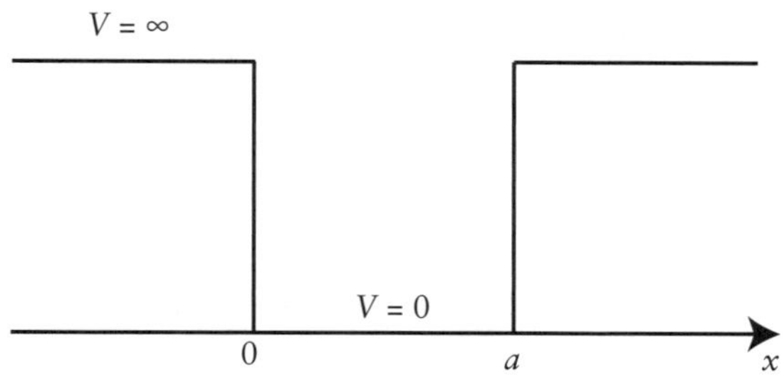

Ein Teilchen befindet sich in einem unendlichen Kastenpotential. Es sei im n-ten Energieeigenzustand, E_n, und habe den Wellenvektor $k_n = p_n/\hbar$. Bestimme die zugänglichen Impulseigenzustände des Teilchens und die Wahrscheinlichkeit, mit der sich das Teilchen in ihnen befindet.

1. **Impulseigenfunktionen:** Der eindimensionale Impulsoperator lautet: $\hat{p} = -\mathrm{i}\hbar\partial/\partial x$. Die Impulseigenwertgleichung ist dann:

$$\hat{p}\,\phi_{p_n}(x) = p_n\,\phi_{p_n}(x) \Rightarrow -\mathrm{i}\hbar\frac{\partial\phi_{p_n}(x)}{\partial x} = p_n\phi_{p_n}(x)\,.$$

Durch Integration sehen wir, dass die Impulseigenwerte komplexen Exponentialfunktionen entsprechen:

$$\phi_{p_n}(x) = A\,\mathrm{e}^{\mathrm{i}p_n x/\hbar} = A\,\mathrm{e}^{\mathrm{i}k_n x} = \frac{1}{\sqrt{a}}\mathrm{e}^{\mathrm{i}k_n x}\,.$$

Der Faktor $A = 1/\sqrt{a}$ ergibt sich durch Normierung der Lösung eines Teilchens in einem Kastenpotential der Breite a.

2. **Impulssuperposition:** Die Wellenfunktion eines Teilchens im n-ten Energieeigenzustand eines Kastenpotentials lautet:

$$\phi_{E_n}(x) = \sqrt{\frac{2}{a}}\sin(k_n x)$$

(siehe Beispielrechnung 17.1). Mit der Identität $\sin\theta = (\mathrm{e}^{\mathrm{i}\theta} - \mathrm{e}^{-\mathrm{i}\theta})/2\mathrm{i}$ können wir den Energieeigenzustand als Superposition zweier Impulseigenzustände $+p_n$ und $-p_n$ darstellen:

$$\begin{aligned}\phi_{E_n}(x) &= \sqrt{\frac{2}{a}}\sin(k_n x)\\ &= \sqrt{\frac{2}{a}}\frac{1}{2\mathrm{i}}\left(\mathrm{e}^{\mathrm{i}k_n x} - \mathrm{e}^{-\mathrm{i}k_n x}\right)\\ &= \frac{1}{\mathrm{i}\sqrt{2}}\left(\phi_{p_n}(x) - \phi_{-p_n}(x)\right)\,.\end{aligned}$$

Die Wahrscheinlichkeit des Teilchens, sich in einem der Eigenzustände zu befinden, ist:

$$P(p_n) = P(-p_n) = \left|\frac{1}{\mathrm{i}\sqrt{2}}\right|^2 = \frac{1}{2}\,.$$

18.3 Erhaltungsgrößen

18.3.1 Die Erhaltungsgleichung

Die Messung einer physikalischen Observablen q eines Quantensystems entspricht dem Erwartungswert ihres Operators, $\langle\hat{Q}\rangle$. Die *Erhaltungsgleichung* beschreibt, wie sich $\langle\hat{Q}\rangle$ mit der Zeit verändert (Gl. 18.18 und Herleitung 18.4). Aus Gl. 18.18 erkennen wir, dass die Änderungsrate von $\langle\hat{Q}\rangle$ von zwei Faktoren abhängt: (i) dem Kommutator von $\hat{Q}$ mit dem Hamiltonoperator (erster Term) und (ii) der impliziten Zeitabhängigkeit von $\hat{Q}$ (zweiter Term). Eine Größe bleibt *erhalten*, wenn ihre Änderungsrate gleich null ist (Gl. 18.19). Die meisten Operatoren sind zeitunabhängig, weshalb der zweite Term in Gl. 18.18 gleich null ist. In diesem Fall ist eine Größe erhalten, wenn ihr Operator mit dem Hamiltonoperator kommutiert:

$$[\hat{H},\hat{Q}] = 0\,.$$

Da der Hamiltonoperator mit sich selbst kommutiert, $[\hat{H},\hat{H}] = 0$, ist die Energie wie erwartet erhalten.

Die Erhaltungsgleichung (Herleitung 18.4):

$$\frac{\mathrm{d}\langle\hat{Q}\rangle}{\mathrm{d}t} = \frac{\mathrm{i}}{\hbar}\langle[\hat{H},\hat{Q}]\rangle + \left\langle\frac{\mathrm{d}\hat{Q}}{\mathrm{d}t}\right\rangle \qquad (18.18)$$

Eine Größe ist erhalten, wenn:

$$\frac{\mathrm{d}\langle\hat{Q}\rangle}{\mathrm{d}t} = 0 \qquad (18.19)$$

Das Ehrenfesttheorem

Wenn wir die Erhaltungsgleichung zusammen mit dem Orts- oder Impulsoperator verwenden, stellen wir fest, dass sich ihr Erwartungswert getreu den klassischen Bewegungsgleichungen (Newton'sche Gesetzte) verhalten.

Herleitung 18.3: Herleitung der Messwahrscheinlichkeiten bei Superpositionszuständen (Gl. 18.15)

$$\begin{aligned}\langle\hat{Q}\rangle &= \langle U|\hat{Q}|U\rangle \\ &= \sum_{n,m}\langle u_m|c_m^*\hat{Q}c_n|u_n\rangle \\ &= \sum_{n,m}c_m^*c_n\langle u_m|\hat{Q}|u_n\rangle \\ &= \sum_{n,m}c_m^*c_n\langle u_m|q_n|u_n\rangle \\ &= \sum_{n,m}c_m^*c_nq_n\langle u_m\mid u_n\rangle \\ &= \sum_{n,m}c_m^*c_nq_n\delta_{mn} \\ &= \sum_{n}c_n^*c_nq_n \\ &= \sum_{n}|c_n|^2q_n\end{aligned}$$

- Ausgangspunkt: Betrachten wir einen beliebigen linearen Operator $\hat{Q}$ mit der Eigenwertgleichung $\hat{Q}|u_n\rangle = q_n|u_n\rangle$ und einen Superpositionszustand $|U\rangle$:

$$|U\rangle = \sum_{n=1}^{N}c_n|u_n\rangle$$
$$\therefore \langle U| = \sum_{m=1}^{N}c_m^*\langle u_m|\,.$$

$|u_n\rangle$ sind die normierten Eigenzustände von $\hat{Q}$.
- Der Erwartungswert von $\hat{Q}$ lautet definitionsgemäß:

$$\langle\hat{Q}\rangle = \langle U|\hat{Q}|U\rangle\,.$$

- $\hat{Q}$ ist ein linearer Operator. Deshalb wirkt er nicht auf die konstanten Koeffizienten c_n und c_m^*, sondern wirkt einzeln auf jeden Eigenzustand der Superposition.
- Die Eigenzustände Hermite'scher Operatoren sind orthonormal, weshalb das Skalarprodukt zweier Eigenzustände die Dirac'sche Deltafunktion ergibt:

$$\langle u_m\mid u_n\rangle = \delta_{mn} = \begin{cases}1 & \text{für } n=m\\ 0 & \text{für } n\neq m\,.\end{cases}$$

Herleitung 18.4: Herleitung der Erhaltungsgleichung (Gl. 18.18)

$$\begin{aligned}\frac{\mathrm{d}\langle\hat{Q}\rangle}{\mathrm{d}t} &= \frac{\mathrm{d}}{\mathrm{d}t}\langle\psi|\hat{Q}|\psi\rangle \\ &= \left(\frac{\mathrm{d}\langle\psi|}{\mathrm{d}t}\right)\hat{Q}|\psi\rangle + \langle\psi|\hat{Q}\left(\frac{\mathrm{d}|\psi\rangle}{\mathrm{d}t}\right) \\ &\quad + \langle\psi|\left(\frac{\mathrm{d}\hat{Q}}{\mathrm{d}t}\right)|\psi\rangle \\ &= \frac{\mathrm{i}}{\hbar}\langle\psi|\hat{H}\hat{Q}|\psi\rangle - \frac{\mathrm{i}}{\hbar}\langle\psi|\hat{Q}\hat{H}|\psi\rangle \\ &\quad + \left\langle\frac{\mathrm{d}\hat{Q}}{\mathrm{d}t}\right\rangle \\ &= \frac{\mathrm{i}}{\hbar}\langle\psi|\hat{H}\hat{Q}-\hat{Q}\hat{H}|\psi\rangle + \left\langle\frac{\mathrm{d}\hat{Q}}{\mathrm{d}t}\right\rangle \\ &= \frac{\mathrm{i}}{\hbar}\langle[\hat{H},\hat{Q}]\rangle + \left\langle\frac{\mathrm{d}\hat{Q}}{\mathrm{d}t}\right\rangle\end{aligned}$$

- Ausgangspunkt: Der Erwartungswert eines beliebigen Operators $\hat{Q}$ ist laut Definition:

$$\langle\hat{Q}\rangle = \langle\psi|\hat{Q}|\psi\rangle\,.$$

- Wir leiten $\langle\hat{Q}\rangle$ ab.
- Umstellen der Schrödingergleichung, um die Zeitableitungen von $|\psi\rangle$ und $\langle\psi|$ mit dem Hamiltonoperator auszudrücken:

$$\hat{H}|\psi\rangle = \mathrm{i}\hbar\frac{\partial|\psi\rangle}{\partial t}$$
$$\therefore \frac{\partial|\psi\rangle}{\partial t} = -\frac{\mathrm{i}}{\hbar}\hat{H}|\psi\rangle$$
$$\text{und}\quad \frac{\partial\langle\psi|}{\partial t} = +\frac{\mathrm{i}}{\hbar}\langle\psi|\hat{H}\,.$$

IV Quantenphysik

Herleitung 18.5: Herleitung der Erhaltungsgleichung für $\hat{x}$ (Gl. 18.20)

$$
\begin{aligned}
\frac{\mathrm{d}\langle\hat{x}\rangle}{\mathrm{d}t} &= \frac{\mathrm{i}}{\hbar}\langle[\hat{H},\hat{x}]\rangle \\
&= \frac{\mathrm{i}}{\hbar}\left\langle\left[\frac{\hat{p}^2}{2m}+\hat{V},\hat{x}\right]\right\rangle \\
&= \frac{\mathrm{i}}{\hbar}\left\langle\frac{1}{2m}\left[\hat{p}^2,\hat{x}\right]+\underbrace{[\hat{V},\hat{x}]}_{=0}\right\rangle \\
&= \frac{\mathrm{i}}{2m\hbar}\langle(\hat{p}\,[\hat{p},\hat{x}]+[\hat{p},\hat{x}]\,\hat{p})\rangle \\
&= \frac{\mathrm{i}}{2m\hbar}\langle-2\mathrm{i}\hbar\hat{p}\rangle \\
&= \frac{\langle\hat{p}\rangle}{m} \\
\therefore\ \langle\hat{p}\rangle &= m\frac{\mathrm{d}\langle\hat{x}\rangle}{\mathrm{d}t}
\end{aligned}
$$

- Ausgangspunkt: Die Erhaltungsgleichung für den Ortsoperator $\hat{x}=x$ lautet:

$$\frac{\mathrm{d}\langle\hat{x}\rangle}{\mathrm{d}t}=\frac{\mathrm{i}}{\hbar}\langle[\hat{H},\hat{x}]\rangle+\underbrace{\left\langle\frac{\mathrm{d}\hat{x}}{\mathrm{d}t}\right\rangle}_{=0}.$$

- Wir benutzen die Linearität von Kommutatoren und die Kommutatorbeziehung für quadrierte Operatoren, um den Hamiltonoperator zu separieren:

$$[\hat{Q}+\hat{R},\hat{S}]=[\hat{Q},\hat{S}]+[\hat{R},\hat{S}]$$
$$\left[\hat{Q}^2,\hat{R}\right]=\hat{Q}\,[\hat{Q},\hat{R}]+[\hat{Q},\hat{R}]\,\hat{Q}$$

- Der Ortsoperator kommutiert mit dem Operator der potentiellen Energie, aber nicht mit dem Impulsoperator:

$$
\begin{aligned}
[\hat{p},\hat{x}]\,\phi &= -\mathrm{i}\hbar\frac{\partial}{\partial x}(x\phi)+x\mathrm{i}\hbar\frac{\partial}{\partial x}(\phi) \\
&= -\mathrm{i}\hbar\phi\,.
\end{aligned}
$$

- Die Änderung des Mittels von $\hat{x}$ entspricht der klassischen Impulsdefinition: $p=mv=m\dot{x}$.

Herleitung 18.6: Herleitung der Erhaltungsgleichung für $\hat{p}$ (Gl. 18.21)

$$
\begin{aligned}
\frac{\mathrm{d}\langle\hat{p}\rangle}{\mathrm{d}t} &= \frac{\mathrm{i}}{\hbar}\langle[\hat{H},\hat{p}]\rangle \\
&= \frac{\mathrm{i}}{\hbar}\left\langle\left[\frac{\hat{p}^2}{2m}+\hat{V},\hat{p}\right]\right\rangle \\
&= \frac{\mathrm{i}}{\hbar}\left\langle\frac{1}{2m}\underbrace{\left[\hat{p}^2,\hat{p}\right]}_{=0}+[\hat{V},\hat{p}]\right\rangle \\
&= \frac{\mathrm{i}}{\hbar}\left\langle\mathrm{i}\hbar\frac{\mathrm{d}\hat{V}}{\mathrm{d}x}\right\rangle \\
&= -\left\langle\frac{\mathrm{d}\hat{V}}{\mathrm{d}x}\right\rangle \\
&= \langle\hat{F}\rangle \\
\therefore\ \langle\hat{F}\rangle &= \frac{\mathrm{d}\langle\hat{p}\rangle}{\mathrm{d}t}
\end{aligned}
$$

- Ausgangspunkt: Die Erhaltungsgleichung für den Impulsoperator $\hat{p}=-\mathrm{i}\hbar\partial/\partial x$ lautet:

$$\frac{\mathrm{d}\langle\hat{p}\rangle}{\mathrm{d}t}=\frac{\mathrm{i}}{\hbar}\langle[\hat{H},\hat{p}]\rangle+\underbrace{\left\langle\frac{\mathrm{d}\hat{p}}{\mathrm{d}t}\right\rangle}_{=0}.$$

- Wir benutzen die Linearitätseigenschaft von Kommutatoren, um den Hamiltonoperator zu separieren:

$$[\hat{Q}+\hat{R},\hat{S}]=[\hat{Q},\hat{S}]+[\hat{R},\hat{S}]\,.$$

- Der Impulsoperator und der Operator der potentiellen Energie kommutieren nicht:

$$
\begin{aligned}
\left[\hat{V},\hat{p}\right]\phi &= -\hat{V}\mathrm{i}\hbar\frac{\partial}{\partial x}(\phi)+\mathrm{i}\hbar\frac{\partial}{\partial x}(\hat{V}\phi) \\
&= \mathrm{i}\hbar\frac{\mathrm{d}\hat{V}}{\mathrm{d}x}\phi\,.
\end{aligned}
$$

- Die Änderung des Mittels von $\hat{p}$ stimmt mit dem zweiten Newton'schen Gesetz überein: $F=-\mathrm{d}V/\mathrm{d}x=\dot{p}$.

IV Quantenphysik

Herleitung 18.7: Herleitung der Wahrscheinlichkeitsstromdichte (Gl. 18.22)

$$\begin{aligned}
\frac{\partial \rho}{\partial t} &= \frac{\partial \psi^* \psi}{\partial t} \\
&= \left(\frac{\partial \psi^*}{\partial t}\right)\psi + \psi^*\left(\frac{\partial \psi}{\partial t}\right) \\
&= \frac{\mathrm{i}}{\hbar}\left\{\left(\hat{H}\psi^*\right)\psi - \psi^*\left(\hat{H}\psi\right)\right\} \\
&= \frac{\mathrm{i}}{\hbar}\left\{\left(-\frac{\hbar^2}{2m}\frac{\partial^2\psi^*}{\partial x^2} + V\psi^*\right)\psi \right. \\
&\qquad \left. -\psi^*\left(-\frac{\hbar^2}{2m}\frac{\partial^2\psi}{\partial x^2} + V\psi\right)\right\} \\
&= -\frac{\mathrm{i}\hbar}{2m}\left(\psi\frac{\partial^2\psi^*}{\partial x^2} - \psi^*\frac{\partial^2\psi}{\partial x^2}\right) \\
&= -\frac{\mathrm{i}\hbar}{2m}\frac{\partial}{\partial x}\left(\psi\frac{\partial\psi^*}{\partial x} - \psi^*\frac{\partial\psi}{\partial x}\right) \\
\text{und}\quad \frac{\partial \rho}{\partial t} &= -\frac{\partial j}{\partial x} \\
\therefore j &= \frac{\mathrm{i}\hbar}{2m}\left(\psi\frac{\partial\psi^*}{\partial x} - \psi^*\frac{\partial\psi}{\partial x}\right)
\end{aligned}$$

- Ausgangspunkt: Ableiten der Wahrscheinlichkeitsdichte $\rho = \psi^*\psi$ nach der Zeit.
- Wir benutzen die Schrödingergleichung, um die Zeitableitungen von ψ und ψ^* mit dem Hamiltonoperator auszudrücken:

$$\begin{aligned}
\hat{H}\psi &= \mathrm{i}\hbar\frac{\partial\psi}{\partial t} \\
\therefore \frac{\partial\psi}{\partial t} &= -\frac{\mathrm{i}}{\hbar}\hat{H}\psi \\
\text{und}\quad \frac{\partial\psi^*}{\partial t} &= +\frac{\mathrm{i}}{\hbar}\hat{H}\psi^* \\
\text{mit}\quad \hat{H} &= -\frac{\hbar^2}{2m}\frac{\partial^2}{\partial x^2} + V\,.
\end{aligned}$$

- Gleichsetzen der Gleichung für $\partial\rho/\partial t$ mit der Kontinuitätsgleichung:

$$\frac{\partial\rho}{\partial t} = -\frac{\partial j}{\partial x}\,,$$

um einen Ausdruck für die Wahrscheinlichkeitsstromdichte j zu finden.

Die Zeitabhängigkeit von $\langle\hat{x}\rangle$ ergibt die klassische Impulsdefinition (Gl. 18.20 und Herleitung 18.5), wohingegen die von $\langle\hat{p}\rangle$ das zweite Newton'sche Gesetz ergibt (Gl. 18.21 und Herleitung 18.6). Die Aussage, dass quantenmechanische Erwartungswerte klassischen Gesetzen gehorchen, ist als *Ehrenfesttheorem* bekannt.

Ehrenfesttheorem Beispiele (Herleitungen 18.5 und 18.6):

Klassische Impulsdefinition:

$$\langle\hat{p}\rangle = m\frac{\mathrm{d}\langle\hat{x}\rangle}{\mathrm{d}t} \tag{18.20}$$

Zweites Newton'sches Gesetz:

$$\langle\hat{F}\rangle = -\left\langle\frac{\mathrm{d}\hat{V}}{\mathrm{d}x}\right\rangle = \frac{\mathrm{d}\langle\hat{p}\rangle}{\mathrm{d}t} \tag{18.21}$$

18.3.2 Wahrscheinlichkeitserhaltung

Die *Wahrscheinlichkeitsdichte*, ρ, ist als das Quadrat des absoluten Betrags einer Wellenfunktion definiert:

$$\rho = |\psi|^2 \equiv \langle\psi \mid \psi\rangle\,.$$

Diese Größe ist äquivalent zu dem Erwartungswert eines Operators $\hat{O} = 1$:

$$\begin{aligned}
\langle\psi|\,\hat{O}\,|\psi\rangle &= \langle\psi|\,1\,|\psi\rangle \\
&= \langle\psi \mid \psi\rangle \\
&= \rho\,.
\end{aligned}$$

Da dieser Operator mit dem Hamiltonoperator kommutiert ($[\hat{H},\hat{O}] = (\hat{H} - \hat{H}) = 0$), ist ρ eine Erhaltungsgröße, wenn ρ zeitunabhängig ist. Wenn ρ *nicht* zeitunabhängig ist, gilt die Kontinuitätsgleichung:

$$\frac{\partial\rho}{\partial t} = -\frac{\partial j}{\partial x}\,.$$

j ist die *Wahrscheinlichkeitsstromdichte*. Diese Gleichung verbindet die Änderungsrate der Wahrscheinlichkeit mit dem „Fluss" der Wahrscheinlichkeitsstromdichte. Wir können einen Ausdruck für j in Abhängigkeit von ψ finden, indem wir die Wahrscheinlichkeitsdichte ableiten (Gln. 18.22–18.24 und Herleitung 18.7).

Wahrscheinlichkeitsstromdichte (Herleitung 18.7):

$$j = \frac{i\hbar}{2m}\left(\psi\frac{\partial\psi^*}{\partial x} - \psi^*\frac{\partial\psi}{\partial x}\right) \quad (18.22)$$

Der Strom j gehorcht der Kontinuitätsgleichung:

$$\frac{\partial j}{\partial x} = -\frac{\partial\rho}{\partial t} \quad (18.23)$$

mit der Wahrscheinlichkeitsdichte:

$$\rho = |\psi|^2 = \psi^*\psi \quad (18.24)$$

18.4 Verträglichkeit von Operatoren

Verträgliche Operatoren

Wenn zwei Operatoren $\hat{Q}$ und $\hat{R}$ kommutieren, nennt man sie *verträglich* (Gl. 18.25). Das bedeutet für ein Teilchen, dass es sich gleichzeitig in einem Eigenzustand beider Operatoren befinden kann. Anders ausgedrückt haben $\hat{Q}$ und $\hat{R}$ gemeinsame Eigenzustände (Gl. 18.26 und Herleitung 18.8). Wenn zum Beispiel $\hat{Q}$ mit dem Hamiltonoperator verträglich ist, kann sich das Teilchen in einem bestimmten Energiezustand E_n befinden und einen bestimmten Eigenwert q_n besitzen.

Verträgliche Operatoren (Herleitung 18.8):

$\hat{Q}$ und $\hat{R}$ sind verträglich, wenn:

$$[\hat{Q}, \hat{R}] = 0 \quad (18.25)$$

$\hat{Q}$ und $\hat{R}$ haben deshalb gemeinsame Eigenzustände:

$$\begin{aligned} \hat{Q}\,|u_n\rangle &= q_n\,|u_n\rangle \\ \text{und} \quad \hat{R}\,|u_n\rangle &= r_n\,|u_n\rangle \end{aligned} \quad (18.26)$$

Wenn sich ein System in einem Eigenzustand, sagen wir $|u_m\rangle$, von $\hat{Q}$ und $\hat{R}$ befindet, so ist die Wahrscheinlichkeit, q_m oder r_m zu messen, gleich $P(q_m) = P(r_m) = 1$. Wenn sich ein System nicht in einem Eigenzustand befindet, dann ist die Wahrscheinlichkeit q_m zu messen gleich der Wahrscheinlichkeit für r_m:

$$\begin{aligned} \langle\hat{Q}\rangle &= \sum_n q_n\,|c_n|^2 \\ \text{und} \quad \langle\hat{R}\rangle &= \sum_n r_n\,|c_n|^2 \\ \therefore P(q_m, r_m) &= |c_m|^2\,. \end{aligned}$$

Unverträgliche Operatoren

Wenn zwei Operatoren *nicht* kommutieren, nennt man sie *unverträglich* (Gl. 18.27). Das bedeutet, dass sich ein System nicht gleichzeitig in einem Eigenzustand beider Operatoren befindet: Ein System in einem Eigenzustand von $\hat{Q}$ befindet sich in einem Superpositionszustand von $\hat{R}$ und umgekehrt. Was hat dies für eine praktische Bedeutung? Es bedeutet, dass eine Messung von q oder r das System stören wird. Ein System befindet sich beispielsweise anfänglich in einem Eigenzustand $|q_m\rangle$ von $\hat{Q}$ und einem Superpositionszustand von $\hat{R}$:

$$|q_m\rangle = \sum_n a_n\,|r_n\rangle\,.$$

Wenn wir nun r messen, kollabiert das System in einen Eigenzustand von $\hat{R}$, was wiederum zu einem Superpositionszustand von $\hat{Q}$ führt. Wenn wir nun wieder q messen, ist die Wahrscheinlichkeit, den ursprünglichen Zustand $|q_m\rangle$ vorzufinden, nicht mehr gleich eins. Das Vornehmen einer Messung führt somit zu einer gewissen Unschärfe im System. Die Unverträglichkeit von nicht kommutierenden Operatoren führt zu der allgemein bekannten *Unschärferelation* der Quantenphysik, die wir als Nächstes betrachten wollen.

Unverträgliche Operatoren:

$\hat{Q}$ und $\hat{R}$ sind unverträglich, wenn:

$$[\hat{Q}, \hat{R}] \neq 0 \quad (18.27)$$

Daher ist ein Eigenzustand von $\hat{Q}$ ein Superpositionszustand von $\hat{R}$ und umgekehrt:

$$\begin{aligned} \hat{Q}\,|q_n\rangle &= q_n\,|q_n\rangle \\ \hat{R}\,|q_n\rangle &= \hat{R}\sum_m a_m\,|r_m\rangle \\ &= \sum_m a_m r_m\,|r_m\rangle \end{aligned} \quad (18.28)$$

$$\begin{aligned} \text{und} \quad \hat{R}\,|r_n\rangle &= r_n\,|r_n\rangle \\ \hat{Q}\,|r_n\rangle &= \hat{Q}\sum_m c_m\,|q_m\rangle \\ &= \sum_m c_m q_m\,|q_m\rangle \end{aligned} \quad (18.29)$$

Herleitung 18.8: Herleitung gemeinsamer Eigenzustände verträglicher Operatoren (Gln. 18.25 und 18.26)

- Ausgangspunkt: Betrachte die Eigenwertgleichung für zwei Operatoren mit gemeinsamen Eigenzuständen $|u_n\rangle$:

$$\hat{Q}\,|u_n\rangle = q_n\,|u_n\rangle \quad \text{und} \quad \hat{R}\,|u_n\rangle = r_n\,|u_n\rangle\,.$$

$$\begin{aligned}
\hat{Q}\hat{R}\,|u_n\rangle &= \hat{Q}r_n\,|u_n\rangle \\
&= r_n\hat{Q}\,|u_n\rangle \\
&= r_n q_n\,|u_n\rangle \\
\text{und}\quad \hat{R}\hat{Q}\,|u_n\rangle &= q_n r_n\,|u_n\rangle \\
\therefore\ [\hat{Q},\hat{R}]\,|u_n\rangle &= (\hat{Q}\hat{R}-\hat{R}\hat{Q})\,|u_n\rangle \\
&= (r_n q_n - r_n q_n)\,|u_n\rangle \\
&= 0 \\
\therefore\ [\hat{Q},\hat{R}] &= 0
\end{aligned}$$

- Die Operatoren kommutieren und werden deshalb verträglich genannt.

18.4.1 Die Unschärferelation

Für zwei unverträgliche Operatoren stört die Messung einer Größe den Wert der anderen Größe, indem es das System in einen Superpositionszustand der nicht gemessenen Größe zwingt. Nicht kommutierende Operatoren haben somit eine spezifische Genauigkeit, mit der ihre Werte gleichzeitig bestimmt werden können – es existiert eine spezifische Unsicherheit des Zustands des Systems. Dieses Phänomen wird durch die berühmte *Unschärferelation* beschrieben, die besagt, dass ein Minimum des Produkts der Unsicherheiten zweier unverträglicher Messungen existiert, welches von der Größenordnung $\hbar$ ist.

Betrachten wir zwei unverträgliche Operatoren $\hat{Q}$ und $\hat{R}$. Die Standardabweichung einer Messung definieren wir als

$$(\Delta q)^2 = \left\langle q^2 \right\rangle - \langle q \rangle^2\,,$$

wobei $\langle q^2 \rangle$ und $\langle q \rangle^2$ das Mittel des Quadrats des gemessenen Wertes bzw. das Quadrat des Mittels des gemessenen Wertes ist. Das Produkt der Unsicherheiten zweier Messungen ist folglich $\Delta q \Delta r$. Die Unschärferelation zeigt, dass dieses Produkt mit dem Kommutator der Operatoren zusammenhängt:[4]

$$(\Delta q)^2 (\Delta r)^2 \geqslant \left(\left\langle \frac{1}{2\mathrm{i}}\,[\hat{Q},\hat{R}] \right\rangle\right)^2\,. \tag{18.30}$$

[4] Für den Beweis sei der Leser auf *Introduction to Quantum Mechanics*, D. Griffiths, Abschnitt 3.5 verwiesen.

Die Heisenberg'sche Unschärferelation

Zuvor (in Herleitung 18.5) haben wir herausgefunden, dass Orts- und Impulsoperator, $\hat{x}$ und $\hat{p}$, unverträglich sind:

$$[\hat{x},\hat{p}] = \mathrm{i}\hbar\,.$$

Deshalb kann sich ein System nicht gleichzeitig in einem Zustand mit definiertem Ort und definiertem Impuls befinden. Mit dem $\hat{x}$, $\hat{p}$ Kommutator in der Unschärferelation (Gl. 18.30) finden wir, dass die kombinierten Unsicherheiten von x und p von der Größenordnung $\hbar$ sind (Gl. 18.31). Diese Aussage wird die *Heisenbergsche Unschärferelation* genannt und besagt, dass der Ort und Impuls eines Teilchens gleichzeitig höchstens mit einer Genauigkeit von $\hbar/2$ gemessen werden kann.

Die Heisenberg'sche Unschärferelation:

$$\Delta x\, \Delta p \geqslant \frac{\hbar}{2} \tag{18.31}$$

Sphärische Systeme

19

Wir werden unsere Aufmerksamkeit nun wieder der Schrödingergleichung zuwenden, diesmal jedoch die Lösungen in *Kugelkoordinaten* betrachten. Die Lösungen können auf Elektronenorbitale in Atomen angewendet werden und helfen uns, Emissionsspektren und das Periodensystem zu verstehen. Es stellt sich heraus, dass für sphärische Systeme die Bewegung eines Teilchens in Radial- und Winkelkomponenten aufgespalten werden kann, was uns zum *quadrierten Bahndrehimpulsoperator*, $\hat{L}^2$, führt. Außerdem zeigt sich, dass Teilchen einen *spezifischen* Drehimpuls besitzen, der *Spin* genannt wird und kein klassisches Äquivalent besitzt. Der Gesamtdrehimpuls eines Teilchens ist dann eine Kombination aus Bahndrehimpuls und Spin. In diesem Kapitel werden wir zuerst die sphärische Schrödingergleichung in Radial- und Winkelanteil aufspalten und anschließend die Eigenschaften von Drehimpulsoperatoren betrachten.

19.1 Die sphärische Schrödingergleichung

Die dreidimensionale zeitunabhängige Schrödingergleichung lautet:

$$\underbrace{\left(-\frac{\hbar^2}{2m}\nabla^2 + V(\vec{r})\right)}_{\text{Hamiltonoperator, } \hat{H}} \phi(\vec{r}) = E\,\phi(\vec{r})$$

(siehe Abschn. 17.3). Wir haben diese Gleichung in kartesischen Koordinaten schon separiert. Für Systeme mit sphärischer Symmetrie verwenden wir Kugelkoordinaten (r, θ, ϕ). Potentialfunktionen, die nur eine Funktion von r sind und nicht von θ oder ϕ abhängen (kugelsymmetrische Potentiale), nennt man *Zentralpotential*. Ein Beispiel für ein Zentralpotential ist das durch eine Ladung Q hervorgerufene Coulombpotential:

$$V(r) = \frac{Q}{4\pi\varepsilon_0 r}\,.$$

In erster Näherung befinden sich Elektronen in Atomen in einem Coulombpotential. Die sphärische zeitunabhängige Schrödingergleichung für ein Zentralpotential lautet:

$$\left(-\frac{\hbar^2}{2m}\nabla^2 + V(r)\right)\psi(r,\theta,\phi) = E\,\psi(r,\theta,\phi)\,.$$

Durch Separation der radialen Variable r von den Winkelvariablen θ und ϕ können wir die kinetische Energie als Summe aus Radial- und Winkelkomponenten ausdrücken (Gl. 19.1 und Herleitung 19.1). Der radiale und der Winkel- (bzw. Dreh-) Impulsoperator werden durch die Gln. 19.2 bzw. 19.3 ausgedrückt.

Radiale Schrödingergleichung (Herleitung 19.1):

$$\left(\underbrace{\frac{\hat{p}_r^2}{2m}}_{\text{radiale KE}} + \underbrace{\frac{\hat{L}^2}{2mr^2}}_{\text{Winkelanteil der KE}} + \underbrace{V(r)}_{\text{PE}}\right)\psi(r,\theta,\phi) = E\psi(r,\theta,\phi) \qquad (19.1)$$

Impulsoperatoren:

Radialer Impuls:

$$\hat{p}_r^2 = -\frac{\hbar^2}{r^2}\frac{\partial}{\partial r}\left(r^2\frac{\partial}{\partial r}\right) \qquad (19.2)$$

Winkelimpuls (Drehimpuls):

$$\hat{L}^2 = -\hbar^2\left(\frac{1}{\sin\theta}\frac{\partial}{\partial\theta}\left(\sin\theta\frac{\partial}{\partial\theta}\right) + \frac{1}{\sin^2\theta}\frac{\partial^2}{\partial\phi^2}\right) \qquad (19.3)$$

Separation der Variablen

Gleichung 19.1 ist eine partielle Differentialgleichung zweiter Ordnung, die durch Separation der Variablen gelöst werden kann. Zunächst separieren wir die Radial- und die Winkelabhängigkeit:

$$\psi(r,\theta,\phi) = R(r)Y(\theta,\phi)\,.$$

Setzen wir das in Gl. 19.1 ein, reduziert sich die Schrödingergleichung auf zwei gewöhnliche Differentialgleichungen: eine ausschließlich r-abhängige:

$$\underbrace{\left(\frac{\hat{p}_r^2}{2m} + V(r) + \frac{\hbar^2c^2}{2mr^2}\right)}_{\text{radialer Hamiltonoperator}} R(r) = ER(r) \qquad (19.4)$$

und eine ausschließlich θ- und ϕ-abhängige:

$$\hat{L}^2Y(\theta,\phi) = \hbar^2c^2Y(\theta,\phi)\,. \qquad (19.5)$$

c ist eine dimensionslose Konstante (Herleitung 19.2). Bei beiden handelt es sich um Eigenwertgleichungen: Die radiale Gleichung ist die Eigenwertgleichung für den radialen Hamiltonoperator und die winkelabhängige Gleichung ist die für den Gesamtdrehimpuls des Systems. An dieser Stelle muss man klarstellen, dass $\hat{L}^2$ den Operator für den gesamten Bahndrehimpuls darstellt – d. h. den Drehimpuls eines Teilchens, das ein anderes umkreist, wie ein um den Atomkern kreisendes Elektron. Im Gegensatz

Herleitung 19.1: Separation von Radial- und Winkelanteil der kinetischen Energie (Gln. 19.1–19.3)

$$\begin{aligned}\hat{T} &= \frac{\hat{p}^2}{2m}\\ &= -\frac{\hbar^2}{2m}\nabla^2\\ &= -\frac{\hbar^2}{2m}\left(\frac{1}{r^2}\frac{\partial}{\partial r}\left(r^2\frac{\partial}{\partial r}\right)+\frac{1}{r^2}\left(\frac{1}{\sin\theta}\frac{\partial}{\partial\theta}\left(\sin\theta\frac{\partial}{\partial\theta}\right)\right.\right.\\ &\quad\left.\left.+\frac{1}{\sin^2\theta}\frac{\partial^2}{\partial\phi^2}\right)\right)\\ &\equiv \underbrace{\frac{\hat{p}_r^2}{2m}}_{\hat{T}_r}+\underbrace{\frac{\hat{L}^2}{2mr^2}}_{\hat{T}_{\theta,\phi}}\end{aligned}$$

mit

radialem Impulsoperator:
(r-abhängige Ableitungen)

$$\therefore \hat{p}_r^2 = -\frac{\hbar^2}{r^2}\frac{\partial}{\partial r}\left(r^2\frac{\partial}{\partial r}\right)$$

Drehimpulsoperatoroperator:
(θ- und ϕ-abhängige Ableitungen)

$$\hat{L}^2 = -\hbar^2\left(\frac{1}{\sin\theta}\frac{\partial}{\partial\theta}\left(\sin\theta\frac{\partial}{\partial\theta}\right)+\frac{1}{\sin^2\theta}\frac{\partial^2}{\partial\phi^2}\right)$$

- Ausgangspunkt: Der dreidimensionale Operator der kinetischen Energie, $\hat{T}$, hängt vom Quadrat des Impulsoperators ab:

$$\hat{\vec{p}} = -\mathrm{i}\hbar\nabla \rightarrow \hat{p}^2 = -\hbar^2\nabla^2 .$$

- Der Laplace-Operator in Kugelkoordinaten lautet:

$$\begin{aligned}\nabla^2 = &\left(\frac{1}{r^2}\frac{\partial}{\partial r}\left(r^2\frac{\partial}{\partial r}\right)\right.\\ &+\frac{1}{r^2\sin\theta}\frac{\partial}{\partial\theta}\left(\sin\theta\frac{\partial}{\partial\theta}\right)\\ &\left.+\frac{1}{r^2\sin^2\theta}\frac{\partial^2}{\partial\phi^2}\right).\end{aligned}$$

- Durch Zusammenfassen der Ableitungen nach r und der nach θ und ϕ kann $\hat{T}$ in die Summe aus Radialanteil, $\hat{T}_r$, und Winkelanteil der kinetischer Energie, $\hat{T}_{\theta,\phi}$, aufgespalten werden.

dazu gibt es den *Spin* eines Teilchens, welcher eine spezifische Form des Drehimpulses ist und keine klassische Entsprechung besitzt (siehe Abschn. 19.3).

Die gesamte Wellenfunktion ergibt sich aus dem Produkt der r- und θ, ϕ-Lösungen: $\psi(r,\theta,\phi) = R(r)Y(\theta,\phi)$. Sie ist so normiert, dass das Integral über den gesamten Raum der quadrierten Wellenfunktion eins ergibt:

$$\int\limits_{\text{gesamter Raum}} |\psi(r,\theta,\phi)|^2\,\mathrm{d}\tau = 1$$

$$\therefore \int |R(r)Y(\theta,\phi)|^2\, r^2\sin\theta\,\mathrm{d}r\,\mathrm{d}\theta\,\mathrm{d}\phi = 1$$

Durch Separierung des Integrals können wir den Radial- und Winkelanteil der Lösung einzeln normieren:

$$\int |R(r)|^2\, r^2\,\mathrm{d}r = 1$$

$$\text{und} \quad \int |Y(\theta,\phi)|^2 \sin\theta\,\mathrm{d}\theta\,\mathrm{d}\phi = 1 .$$

Die radiale Gleichung ist von der genauen Beschaffenheit des Zentralpotentials, $V(r)$, abhängig. In Kap. 20 werden wir die radialen Lösungen, $R(r)$, für ein Elektron in einem Wasserstoffatom bestimmen. Die Eigenwertgleichung für den Drehimpuls ist jedoch unabhängig von $V(r)$. Damit sind die Lösungen für $Y(\theta,\phi)$ universell für alle Zentralpotentiale. Die Lösungen sind Wellenfunktionen, die *Kugelflächenfunktionen* genannt werden und Eigenfunktionen des winkelabhängigen Teils des Laplace-Operators in Kugelkoordinaten sind.

Kugelflächenfunktionen

Wir können die Eigenwertgleichung für den Drehimpuls (Gl. 19.5) weiter in seine θ- und ϕ-Komponenten zerlegen:

$$Y(\theta,\phi) = P(\theta)f(\phi)$$

Mit der Methode der Separation der Variablen erkennen wir, dass die θ-Gleichung die Form einer speziellen gewöhnlichen Differentialgleichung annimmt, die *Legendregleichung* genannt wird (Herleitung 19.3):

$$\sin\theta\frac{\mathrm{d}}{\mathrm{d}\theta}\left(\sin\theta\frac{\mathrm{d}P(\theta)}{\mathrm{d}\theta}\right)+c^2\sin^2\theta P(\theta) = m^2P(\theta) ,$$

mit $c^2 = l(l+1)$, wobei l eine ganze Zahl ist. Die Lösungen für $P(\theta)$ werden *zugeordnete Legendrepolynome*, $P_l^m(\cos\theta)$, genannt. Sie sind durch die beiden Indizes m und l definiert. Damit die zugeordneten Legendrepolynome normierbare Wellenfunktionen darstellen, müssen m und l ganze Zahlen sein und $|m| \leqslant l$. Die ersten drei zugeordneten Legendrepolynome lauten:

$$\begin{aligned} P_0^0(\cos\theta) &= 1 \\ P_1^0(\cos\theta) &= \cos\theta \\ P_1^{\pm 1}(\cos\theta) &= \mp \sin\theta \,. \end{aligned}$$

Die ϕ-Gleichung ist eine gewöhnliche Differentialgleichung zweiter Ordnung mit komplexen Exponentiallösungen:

$$\begin{aligned} \frac{\mathrm{d}^2 f(\phi)}{\mathrm{d}\phi^2} &= -m^2 f(\phi) \\ \therefore f(\phi) &= A\,\mathrm{e}^{\mathrm{i}m\phi} + B\,\mathrm{e}^{-\mathrm{i}m\phi} \,. \end{aligned}$$

Die ganze Zahl m kann positiv oder negativ sein. Deshalb ist es ausreichend, nur einen einzelnen Term als Lösung zu verwenden, der sowohl positive als auch negative Terme darstellt:

$$\therefore f(\phi) = A\,\mathrm{e}^{\mathrm{i}m\phi} \,.$$

Die Gesamtlösungen sind das Produkt aus den θ- und ϕ-Lösungen und werden Kugelflächenfunktionen genannt:

$$Y_l^m(\theta,\phi) = A P_l^m(\cos\theta)\,\mathrm{e}^{\mathrm{i}m\phi} \,.$$

Sie sind durch die Konstante A so normiert, dass das Integral über den gesamten Raumwinkel, Ω, gleich eins ist:

$$\begin{aligned} \int |Y_l^m(\theta,\phi)|^2 \,\mathrm{d}\Omega &= \int_0^{2\pi}\int_0^{\pi} |A P_l^m(\cos\theta)|^2 \sin\theta \,\mathrm{d}\theta\,\mathrm{d}\phi \\ &= 1 \end{aligned}$$

(für die Normierung von Elektronenorbitalen siehe Abschn. 19.2.3).

19.2 Bahndrehimpuls

Körper besitzen einen *Bahndrehimpuls* aufgrund ihrer Drehbewegung oder Rotation um einen Bezugspunkt. Der Bahndrehimpulsoperator der Quantenmechanik, $\hat{\vec{L}}$, ist ein Vektor, der durch das Kreuzprodukt von $\hat{\vec{r}}$ und $\hat{\vec{p}}$, analog zur klassischen Definition von $\vec{L}$, gebildet wird. Mit $\hat{\vec{p}} = -\mathrm{i}\hbar\nabla$ lautet der Bahndrehimpulsoperator:

$$\hat{\vec{L}} = \hat{\vec{r}} \times \hat{\vec{p}} = -\mathrm{i}\hbar\vec{r} \times \nabla \,.$$

Durch Quadrieren dieses Ausdrucks erhalten wir den *quadrierten Gesamtbahndrehimpulsoperator*, $\hat{L}^2$, aus Gl. 19.3 (Herleitung 19.4).

Komponenten des Drehimpulses

Die Komponenten von $\hat{\vec{L}}$ liefern Ausdrücke für die Drehimpulsoperatoren der *Komponenten*, $\hat{L}_x$, $\hat{L}_y$ und $\hat{L}_z$ (Gln. 19.7–19.9 und Herleitung 19.5). Analog zum klassischen Fall ist das Quadrat des Gesamtdrehimpulses gleich die Summe der quadrierten Komponenten:

$$\hat{L}^2 = \hat{L}_x^2 + \hat{L}_y^2 + \hat{L}_z^2 \,.$$

Bahndrehimpulsoperatoren (Herleitung 19.5 und 19.6):

$$\hat{\vec{L}} = -\mathrm{i}\hbar\vec{r} \times \nabla \tag{19.6}$$

Kartesische Komponenten:

$$\hat{L}_x = -\mathrm{i}\hbar\left(y\frac{\partial}{\partial z} - z\frac{\partial}{\partial y}\right) \tag{19.7}$$

$$\hat{L}_y = -\mathrm{i}\hbar\left(z\frac{\partial}{\partial x} - x\frac{\partial}{\partial z}\right) \tag{19.8}$$

$$\hat{L}_z = -\mathrm{i}\hbar\left(x\frac{\partial}{\partial y} - y\frac{\partial}{\partial x}\right) \tag{19.9}$$

z-Komponente in Kugelkoordinaten:

$$\hat{L}_z = -\mathrm{i}\hbar\frac{\partial}{\partial\phi} \tag{19.10}$$

Drücken wir die z-Komponente mit Kugelkoordinaten aus, stellen wir fest, dass diese Komponente des Drehimpulses durch die Änderung des Azimutwinkels, ϕ, der Wellenfunktion hervorgerufen wird (Gl. 19.10 und Herleitung 19.6). Da die Wahl der z-Achse beliebig ist, stellt Gl. 19.10 den Operator für *irgendeine* Komponente des Drehimpulses dar. Deshalb hat ein System mit einer kugelsymmetrischen Wellenfunktion keinen Bahndrehimpuls, da sich ϕ nicht ändert.

19.2.1 Kommutatorbeziehungen

In der klassischen Mechanik können wir bei Kenntnis dreier Werte von L_x, L_y, L_z oder L^2 den vierten durch die Gleichung $L^2 = L_x^2 + L_y^2 + L_z^2$ bestimmen. Außerdem können alle vier Variablen gleichzeitig bestimmt sein. In der Quantenmechanik ist dies jedoch nicht der Fall, da die Komponenten des Bahndrehimpulses nicht kommutieren (sie sind unverträgliche Operatoren):

$$[L_i, L_j] \neq 0$$

Herleitung 19.2: Separation der Variablen: sphärische Schrödingergleichung

1. **Partielle Differentialgleichung:** Die Schrödingergleichung für ein Zentralpotential $V(r)$ in Kugelkoordinaten lautet:

$$\left(\frac{\hat{p}_r^2(r)}{2m}+\frac{\hat{L}^2(\theta,\phi)}{2mr^2}+V(r)\right)\psi(r,\theta,\phi)=E\,\psi(r,\theta,\phi)\,.$$

2. **Separationsansatz:** Wir separieren die radiale Abhängigkeit von der Winkelabhängigkeit durch $\psi(r,\theta,\phi)=R(r)Y(\theta,\phi)$:

$$\left(Y(\theta,\phi)\frac{\hat{p}_r^2R(r)}{2m}+R(r)\frac{\hat{L}^2Y(\theta,\phi)}{2mr^2}+V(r)R(r)Y(\theta,\phi)\right)$$
$$=E\,R(r)Y(\theta,\phi)\,.$$

3. **Separationskonstante:** Wir teilen durch $R(r)Y(\theta,\phi)$ und ordnen die Gleichung so um, dass auf der einen Seite nur eine Funktion von r steht und auf der anderen Seite eine von θ und ϕ:

$$\underbrace{\left(-\frac{1}{R(r)}r^2\hat{p}_r^2R(r)+2mr^2(E-V(r))\right)}_{=\,\text{const},\,\hbar^2c^2}$$
$$=\underbrace{\frac{1}{Y(\theta,\phi)}\hat{L}^2Y(\theta,\phi)}_{=\,\text{const},\,\hbar^2c^2}\,.$$

Damit die obere Gleichung für alle Werte von r, θ und ϕ gilt, müssen beide Seiten gleich einer Konstanten sein. Die Dimension dieser Konstanten muss das Quadrat des Drehimpulses sein $[(\mathrm{kg\,m^2\,s^{-1}})^2\equiv(\mathrm{J\,s})^2]$ – die gleiche Dimension wie $\hbar^2$. Wir setzen deshalb die Integrationskonstante gleich $\hbar^2c^2$, wobei c eine dimensionslose Konstante ist.

4. **Radiale Schrödingergleichung:** Die radiale Schrödingergleichung (linke Seite) lautet:

$$\left(\frac{\hat{p}_r^2}{2m}+V(r)+\frac{\hbar^2c^2}{2mr^2}\right)R(r)=ER(r)\,.$$

Die Lösung ist vom Potential $V(r)$ abhängig, weshalb sie spezifisch für das jeweilige System ist. Radiale Wellenfunktionen für ein Elektron im Wasserstoffatom werden in Abschn. 20.1 behandelt.

5. **Bahndrehimpulsgleichung:** Die θ- und ϕ-Gleichung (rechte Seite) ist die Eigenwertgleichung für das Quadrat des gesamten Bahndrehimpulses:

$$\hat{L}^2Y(\theta,\phi)=\hbar^2c^2Y(\theta,\phi)\,.$$

Diese Gleichung wird in Herleitung 19.3 weiter in θ- und ϕ-Komponente aufgespalten.

(Gl. 19.11 und Herleitung 19.7). Das bedeutet, dass nur eine Komponente des Bahndrehimpulses gleichzeitig bestimmt sein kann. Ein Teilchen im Eigenzustand, sagen wir $\hat{L}_x$, befindet sich in einem Superpositionszustand aus $\hat{L}_y$ und $\hat{L}_z$. Im Gegensatz dazu *kommutiert* jede einzelne Komponente mit dem quadrierten *Gesamtbahndrehimpulsoperator*, $\hat{L}^2$:

$$\left[L_i,L^2\right]=0$$

(Gl. 19.12 und Herleitung 19.7). Somit kann nur der Gesamtbahndrehimpuls und *eine* Komponente gleichzeitig bestimmt sein. Die Messung einer anderen Komponente wird das System so stören, dass die vorher bekannte Komponente nicht mehr bestimmt ist. Eine Folge dieses Phänomens ist, dass wir niemals die Richtung des Vektoroperators $\hat{\vec{L}}$ bestimmen können; seine Richtung hat eine innewohnende Unsicherheit.

Kommutatoren des Bahndrehimpulses (Herleitung 19.7):

$$[L_i,L_j]=\mathrm{i}\hbar\varepsilon_{ijk}L_k \qquad (19.11)$$
$$[L_i,L^2]=0 \qquad (19.12)$$

mit dem Levi-Civita-Symbol:

$$\varepsilon_{ijk}=\begin{cases}+1 & \text{gerade Permutation von } ijk\\ -1 & \text{ungerade Permutation von } ijk\\ 0 & \text{sonst}\end{cases}$$

i, j und k repräsentieren die kartesischen Komponenten x, y und z.

IV Quantenphysik

Herleitung 19.3: Separation der Variablen: Bahndrehimpulsgleichung

1. **Partielle Differentialgleichung:** Die Eigenwertgleichung für den Bahndrehimpuls (mit dem Ausdruck für $\hat{L}^2$) lautet:

$$\underbrace{-\hbar^2\left(\frac{1}{\sin\theta}\frac{\partial}{\partial\theta}\left(\sin\theta\frac{\partial}{\partial\theta}\right)+\frac{1}{\sin^2\theta}\frac{\partial^2}{\partial\phi^2}\right)}_{=\hat{L}^2}Y(\theta,\phi) = \hbar^2 c^2 Y(\theta,\phi)\,.$$

2. **Separationsansatz:** Separation der θ- und ϕ-Abhängigkeit durch $Y(\theta,\phi) = P(\theta)f(\phi)$:

$$-\hbar^2\left(f(\phi)\frac{1}{\sin\theta}\frac{\partial}{\partial\theta}\left(\sin\theta\frac{\partial P(\theta)}{\partial\theta}\right) + P(\theta)\frac{1}{\sin^2\theta}\frac{\partial^2 f(\phi)}{\partial\phi^2}\right) = \hbar^2c^2P(\theta)f(\phi)\,.$$

3. **Separationskonstante:** Wir teilen durch $P(\theta)f(\phi)$ und ordnen die Gleichung so um, dass auf der einen Seite nur eine Funktion von θ und auf der anderen nur eine von ϕ steht:

$$\underbrace{\frac{1}{P(\theta)}\sin\theta\frac{\mathrm{d}}{\mathrm{d}\theta}\left(\sin\theta\frac{\mathrm{d}P(\theta)}{\mathrm{d}\theta}\right)+c^2\sin^2\theta}_{=\,\text{const},\,m^2} = \underbrace{-\frac{1}{f(\phi)}\frac{\mathrm{d}^2f(\phi)}{\mathrm{d}\phi^2}}_{=\,\text{const},\,m^2}\,.$$

Damit diese Gleichung für alle Werte von θ und ϕ gilt, müssen beide Seiten gleich einer Konstanten sein. Da die Gleichung dimensionslos ist, wählen wir die Separationskonstante gleich m^2, mit m als dimensionsloser Konstante.

4. **Legendrefunktion:** Wenn gilt $c^2 = l(l+1)$, mit l als ganzer Zahl, dann nimmt die θ-Gleichung die Form einer speziellen gewöhnlichen Differentialgleichung an, die man Legendrefunktion nennt:

$$\sin\theta\frac{\mathrm{d}}{\mathrm{d}\theta}\left(\sin\theta\frac{\mathrm{d}P(\theta)}{\mathrm{d}\theta}\right)+\underbrace{l(l+1)}_{=c^2}\sin^2\theta P(\theta) = m^2P(\theta)\,.$$

Ihre Lösungen sind die zugeordneten Legendrepolynome, $P_l^m(\cos\theta)$. Damit diese Lösungen eine Wellenfunktion darstellen, müssen sie im $\cos\theta$ Intervall $[-1,1]$ normierbar sein. Dies ist nur der Fall, wenn l und m ganze Zahlen sind und $|m| \leqslant l$. Die ersten drei zugeordneten Legendrepolynome lauten:

$$P_0^0(\cos\theta) = 1$$
$$P_1^0(\cos\theta) = \cos\theta$$
$$P_1^{\pm1}(\cos\theta) = \mp\sin\theta\,.$$

5. **Azimutale Gleichung:** Die ϕ-Gleichung ist eine Differentialgleichung zweiter Ordnung mit komplexen Exponentiallösungen:

$$\frac{\mathrm{d}^2f(\phi)}{\mathrm{d}\phi^2} = -m^2f(\phi)$$
$$\therefore f(\phi) = A\mathrm{e}^{+\mathrm{i}m\phi}+B\mathrm{e}^{-\mathrm{i}m\phi}\,,$$

wobei m eine ganze Zahl ist. Wenn wir m negativ machen, wird der negative Exponent im Positiven aufgenommen: $\therefore f(\phi) = A\mathrm{e}^{\mathrm{i}m\phi}$.

19.2.2 Drehimpulseigenwerte

Die Eigenwertgleichung für den Gesamtbahndrehimpulsoperator, $\hat{L}^2$, lautet:

$$\hat{L}^2Y(\theta,\phi) = \hbar^2c^2\,Y(\theta,\phi)$$

(siehe Herleitung 19.2). Die Eigenfunktionen sind Kugelflächenfunktionen, $Y(\theta,\phi)$. Damit sie normierbar sind, lautet die Separationskonstante:

$$c^2 = l(l+1)$$

mit $l = 0, 1, 2, \ldots$ Die Eigenwertgleichung für $\hat{L}^2$ ist somit:

$$\hat{L}^2Y(\theta,\phi) = l(l+1)\hbar^2\,Y(\theta,\phi)$$

(Gl. 19.13). l ist die Quantenzahl, die den Gesamtbahndrehimpuls eines Teilchens repräsentiert. Eine Messung des Drehimpulses würde einen Wert von $l(l+1)\hbar^2\,(\mathrm{kg\,m^2\,s^{-1}})^2$ ergeben. Wenn zum Beispiel ein Teilchen in seinem $l = 3$ Impulseigenzustand wäre, wäre der gemessene Drehimpuls gleich $12\hbar^2\,(\mathrm{kg\,m^2\,s^{-1}})^2$ (für Anwendung auf das Wasserstoffatom siehe 20).

Die Kugelflächenfunktionen setzen sich aus einem θ-abhängigen zugeordnetem Legendrepolynom, $P_l^m(\cos\theta)$,

Herleitung 19.4: Herleitung des quadrierten Gesamtbahndrehimpulsoperators, $\hat{L}^2$, aus $\hat{\vec{L}}$ (Gl. 19.3)

$$\begin{aligned}\hat{L}^2 &= (-i\hbar\vec{r}\times\nabla)\cdot(-i\hbar\vec{r}\times\nabla)\\ &= -\hbar^2(\vec{r}\times\nabla)\cdot(\vec{r}\times\nabla)\\ &= -\hbar^2\vec{r}\cdot[\nabla\times(\vec{r}\times\nabla)]\\ &= -\hbar^2\vec{r}\cdot\hat{r}\frac{1}{r\sin\theta}\left[\frac{\partial}{\partial\theta}\sin\theta\left(\frac{\partial}{\partial\theta}\right)+\frac{\partial}{\partial\phi}\left(\frac{1}{\sin\theta}\frac{\partial}{\partial\phi}\right)\right]\\ &= -\hbar^2\left(\frac{1}{\sin\theta}\frac{\partial}{\partial\theta}\left(\sin\theta\frac{\partial}{\partial\theta}\right)+\frac{1}{\sin^2\theta}\frac{\partial^2}{\partial\phi^2}\right)\end{aligned}$$

Vektorprodukte:

$$\vec{r}\times\nabla = -\hat{\theta}\frac{1}{\sin\theta}\frac{\partial}{\partial\phi}+\hat{\phi}\frac{\partial}{\partial\theta}$$

$$\begin{aligned}&\therefore\ \nabla\times(\vec{r}\times\nabla)\\ &= \hat{r}\frac{1}{r\sin\theta}\left[\frac{\partial}{\partial\theta}\sin\theta\left(\frac{\partial}{\partial\theta}\right)+\frac{\partial}{\partial\phi}\left(\frac{1}{\sin\theta}\frac{\partial}{\partial\phi}\right)\right]+\ldots\end{aligned}$$

Da der Ausdruck für $\hat{L}^2$ ein Skalarprodukt mit $\vec{r}$ beinhaltet, benötigen wir nur die $\hat{r}$-Komponente der Rotation – die anderen Komponenten sind orthogonal zu $\vec{r}$ und somit ist ihr Skalarprodukt gleich null.

- Ausgangspunkt: Das Quadrat des Drehimpulsoperators lautet $\hat{L}^2 = \hat{\vec{L}}\cdot\hat{\vec{L}}$, mit:

$$\begin{aligned}\hat{\vec{L}} &= \hat{\vec{r}}\times\hat{\vec{p}}\\ &= -i\hbar\vec{r}\times\nabla\,.\end{aligned}$$

- Wir bestimmen das Kreuzprodukt $\vec{r}\times\nabla$ mit $\vec{r} = (r\hat{r}, 0, 0)$ und dem Nabla-Operator in Kugelkoordinaten.

Herleitung 19.5: Herleitung der kartesischen Komponenten des Drehimpulses (Gln. 19.7–19.9)

$$\begin{aligned}\hat{\vec{L}} &= -i\hbar\vec{r}\times\nabla\\ &= -i\hbar\begin{pmatrix}x\\ y\\ z\end{pmatrix}\times\begin{pmatrix}\partial/\partial x\\ \partial/\partial y\\ \partial/\partial z\end{pmatrix}\\ &\equiv\begin{pmatrix}\hat{L}_x\\ \hat{L}_y\\ \hat{L}_z\end{pmatrix}\end{aligned}$$

$$\begin{aligned}\therefore\ \hat{L}_x &= -i\hbar\left(y\frac{\partial}{\partial z}-z\frac{\partial}{\partial y}\right)\equiv y\hat{p}_z - z\hat{p}_y\\ \hat{L}_y &= -i\hbar\left(z\frac{\partial}{\partial x}-x\frac{\partial}{\partial z}\right)\equiv z\hat{p}_x - x\hat{p}_z\\ \hat{L}_z &= -i\hbar\left(x\frac{\partial}{\partial y}-y\frac{\partial}{\partial x}\right)\equiv x\hat{p}_y - y\hat{p}_x\end{aligned}$$

- Ausgangspunkt: Der Drehimpulsoperator lautet:

$$\hat{\vec{L}} = \hat{\vec{r}}\times\hat{\vec{p}} = -i\hbar\vec{r}\times\nabla\,.$$

- Jede Komponente des Kreuzprodukts entspricht einer anderen Komponente des Drehimpulsoperators.

Herleitung 19.6: Transformation der z-Komponente in Kugelkoordinaten (Gl. 19.10)

- Ausgangspunkt: Kartesische Koordinaten und Kugelkoordinaten sind wie folgt miteinander verknüpft:

$$x = r\sin\theta\cos\phi$$
$$y = r\sin\theta\sin\phi$$
$$z = r\cos\theta\,.$$

- Wir benutzen die Kettenregel, um die partiellen Ableitungen von ϕ mit kartesischen Ableitungen darzustellen.

$$\begin{aligned}\frac{\partial}{\partial\phi} &= \left(\frac{\partial x}{\partial\phi}\right)\frac{\partial}{\partial x} + \left(\frac{\partial y}{\partial\phi}\right)\frac{\partial}{\partial y} + \left(\frac{\partial z}{\partial\phi}\right)\frac{\partial}{\partial z}\\ &= -r\sin\theta\sin\phi\frac{\partial}{\partial x} + r\sin\theta\cos\phi\frac{\partial}{\partial y}\\ &= -y\frac{\partial}{\partial x} + x\frac{\partial}{\partial y}\end{aligned}$$

$$\hat{L}_z = -\mathrm{i}\hbar\underbrace{\left(x\frac{\partial}{\partial y} - y\frac{\partial}{\partial x}\right)}_{=\partial/\partial\phi}$$

$$\therefore \hat{L}_z = -\mathrm{i}\hbar\frac{\partial}{\partial\phi}$$

Herleitung 19.7: Herleitung der Kommutatorbeziehungen (Gln. 19.11 und 19.12)

$$\begin{aligned}[\hat{L}_x, \hat{L}_y] &= [(y\hat{p}_z - z\hat{p}_y), (z\hat{p}_x - x\hat{p}_z)]\\ &= [y\hat{p}_z, z\hat{p}_x] - \underbrace{[y\hat{p}_z, x\hat{p}_z]}_{=0}\\ &\quad - \underbrace{[z\hat{p}_y, z\hat{p}_x]}_{=0} + [z\hat{p}_y, x\hat{p}_z]\\ &= [y\hat{p}_z, z\hat{p}_x] - [x\hat{p}_z, z\hat{p}_y]\\ &= y\hat{p}_x[\hat{p}_z, z] - x\hat{p}_y[\hat{p}_z, z]\\ &= \underbrace{[\hat{p}_z, z]}_{=-\mathrm{i}\hbar}(y\hat{p}_x - x\hat{p}_y)\\ &= \mathrm{i}\hbar(x\hat{p}_y - y\hat{p}_x)\\ &= \mathrm{i}\hbar\hat{L}_z\end{aligned}$$

Genauso folgt:

$$[\hat{L}_y, \hat{L}_z] = \mathrm{i}\hbar\hat{L}_x \quad \text{und} \quad [\hat{L}_z, \hat{L}_x] = \mathrm{i}\hbar\hat{L}_y$$

Gesamtdrehimpuls:

$$\begin{aligned}[\hat{L}_z, L^2] &= [\hat{L}_z, \hat{L}_x^2 + \hat{L}_y^2 + \hat{L}_z^2]\\ &= [\hat{L}_z, \hat{L}_x^2] + [\hat{L}_z, \hat{L}_y^2] + \underbrace{[\hat{L}_z, \hat{L}_z^2]}_{=0}\\ &= \hat{L}_x\underbrace{[\hat{L}_z, \hat{L}_x]}_{=\mathrm{i}\hbar\hat{L}_y} + [\hat{L}_z, \hat{L}_x]\hat{L}_x\\ &\quad + \hat{L}_y\underbrace{[\hat{L}_z, \hat{L}_y]}_{=-\mathrm{i}\hbar\hat{L}_x} + [\hat{L}_z, \hat{L}_y]\hat{L}_y\\ &= \mathrm{i}\hbar\hat{L}_x\hat{L}_y + \mathrm{i}\hbar\hat{L}_y\hat{L}_x - \mathrm{i}\hbar\hat{L}_y\hat{L}_x\\ &\quad - \mathrm{i}\hbar\hat{L}_x\hat{L}_y\\ &= 0\end{aligned}$$

Siehe Eigenschaften von Kommutatoren Abschn. 18.1.5

und einer ϕ-abhängigen komplexen Exponentialfunktion zusammen:

$$Y(\theta, \phi) = P_l^m(\cos\theta)\,\mathrm{e}^{\mathrm{i}m\phi}$$

(siehe Herleitung 19.3). Wenn wir $\hat{L}_z = -\mathrm{i}\hbar\partial/\partial\phi$ auf die Kugelflächenfunktionen anwenden, sehen wir, dass sie ebenfalls Eigenfunktionen von $\hat{L}_z$ sind:

$$\begin{aligned}\hat{L}_z Y(\theta, \phi) &= -\mathrm{i}\hbar\frac{\partial}{\partial\phi}Y(\theta, \phi)\\ &= -\mathrm{i}\hbar P_l^m(\cos\theta)\frac{\partial}{\partial\phi}\mathrm{e}^{\mathrm{i}m\phi}\\ &= m\hbar P_l^m(\cos\theta)\,\mathrm{e}^{\mathrm{i}m\phi}\\ &= m\hbar Y(\theta, \phi)\end{aligned}$$

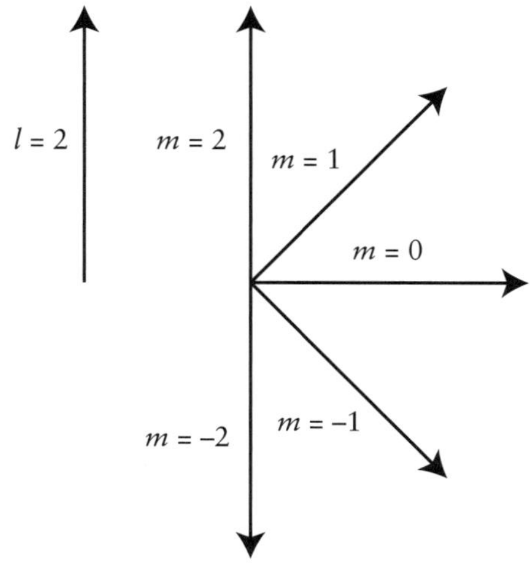

Abbildung 19.1 Schematische Darstellung der Bahndrehimpulskomponenten (Zustände mit unterschiedlichem m) für einen Gesamtbahndrehimpuls von $l = 2$

(Gl. 19.14). In diesem Fall lauten die Eigenwerte $m\hbar\,\mathrm{kg\,m^2\,s^{-1}}$ mit m als ganzer Zahl. Die Bedingung, dass m eine ganze Zahl ist, folgt ebenfalls aus der Bedingung, dass $\hat{L}_z$ ein Hermite'scher Operator ist (Herleitung 19.8). Jede Lösung mit unterschiedlichem m oder l entspricht einem Zustand mit unterschiedlichem Drehimpuls.

Einschränkungen der Werte von l und m

Die zugeordneten Legendrepolynome sind so definiert, dass für jeden l-Wert m die Werte $-l$ bis l in ganzzahligen Schritten annehmen kann. Das bedeutet für ein gegebenes l, dass die möglichen Werte von m,

$$m = -l, (-l+1), (-l+2), \ldots, (l-1), l,$$

sind (Gl. 19.15). Deshalb gibt es für jeden Wert l des Gesamtdrehimpulses $(2l+1)$ Projektionen des Drehimpulses, m, die alle einem anderen Zustand entsprechen. Wenn sich zum Beispiel ein Teilchen in seinem $l = 2$ Eigenzustand des Gesamtdrehimpulses befindet, ist es in einem von fünf verschiedenen Drehimpulszustände der Komponenten, die durch $m = \{-2, -1, 0, 1, 2\}$ dargestellt werden (Abb. 19.1).

Eigenwertgleichungen des Drehimpulses:

Gesamtbahndrehimpuls:

$$\hat{L}^2 Y(\theta,\phi) = l(l+1)\hbar^2\, Y(\theta,\phi) \qquad (19.13)$$

Komponente des Drehimpulses:

$$\hat{L}_z Y(\theta,\phi) = m\hbar\, Y(\theta,\phi)\,, \qquad (19.14)$$

wobei l und m ganzzahlig sind und $|m| \leqslant l$:

$$m = -l, (-l+1), (-l+2), \ldots, (l-1), l \qquad (19.15)$$

Die Bedingung, dass m und l ganzzahlig sind, bedeutet für die Eigenwerte des Drehimpulses, dass sie in ganzzahlige Vielfache von $\hbar$ oder $\hbar^2$ quantisiert sind. Die Quantenzahl l wird *Drehimpulsquantenzahl* und m *magnetische Quantenzahl* genannt.

19.2.3 Normierte Elektronenorbitale

Mit den Ausdrücken für die ersten drei zugeordneten Legendrepolynome können wir die Winkelabhängigkeit der normierten Wellenfunktion für Elektronen im niedrigsten Drehimpulszustand bestimmen (Herleitung 19.9). Dabei sehen wir, dass der Drehimpulszustand null ($l = 0$, $m = 0$) keine Winkelabhängigkeit besitzt und somit eine kugelförmige Gestalt hat (Gl. 19.16, Herleitung 19.9 und Abb. 19.2 a). Zustände mit $l = 1$ *sind* winkelabhängig und haben deshalb eine bestimmte Orientierung im Raum. Diese Orbitale sind hantelförmig. Jeder unterschiedliche Wert von m ($m = 0$, $+1$ oder -1) ist entlang einer anderen kartesischen Achse ausgerichtet (Gln. 19.17 und 19.18, Herleitung 19.9 und Abb. 19.2 b).

Normierte Elektronenorbitale (Herleitung 19.9):

Sphärisches s-Orbital ($l = 0$, $m = 0$):

$$Y_0^0(\theta,\phi) = \frac{1}{\sqrt{4\pi}} \qquad (19.16)$$

Hantelförmige p-Orbitale ($l = 1$, $m = \{-1, 0, +1\}$):

$$Y_1^0(\theta,\phi) = \sqrt{\frac{3}{4\pi}}\cos\theta \qquad (19.17)$$

$$Y_1^{\pm 1}(\theta,\phi) = \mp\sqrt{\frac{3}{8\pi}}\sin\theta\, \mathrm{e}^{\pm\mathrm{i}\phi} \qquad (19.18)$$

Aus historischen Gründen werden den Drehimpulszuständen Buchstaben zugeordnet, die der Quantenzahl, l, entsprechen:

$$l = \left\{ \begin{matrix} 0 & 1 & 2 & 3 & 4 & 5 \\ s & p & d & f & g & h \end{matrix} \right\}.$$

Die Nullzustände des Drehimpulses, $l = 0$, werden deshalb oft als „s-Orbitale", Zustände mit Drehimpuls $l = 1$ als „p-Orbitale" bezeichnet.

Herleitung 19.8: Beweis der Ganzzahligkeit von m wenn $\hat{L}_z$ ein Hermite'scher Operator ist

$$
\begin{aligned}
\left(\int_0^{2\pi} \psi_2^* \hat{L}_z \psi_1 \, d\phi\right)^* &= \int_0^{2\pi} \psi_2 \hat{L}_z^* \psi_1^* \, d\phi \\
&= \int_0^{2\pi} \psi_2 \mathrm{i}\hbar \frac{\partial}{\partial \phi} \psi_1^* \, d\phi \\
&= \mathrm{i}\hbar \left[\psi_1^* \psi_2\right]_0^{2\pi} - \int_0^{2\pi} \psi_1^* \mathrm{i}\hbar \frac{\partial}{\partial \phi} \psi_2 \, d\phi \\
&= \mathrm{i}\hbar \left[\psi_1^* \psi_2\right]_0^{2\pi} + \int_0^{2\pi} \psi_1^* \hat{L}_z \psi_2 \, d\phi
\end{aligned}
$$

Damit $\hat{L}_z$ Hermite'sch ist, muss gelten:

$$
\begin{aligned}
\mathrm{i}\hbar \left[\psi_1^* \psi_2\right]_0^{2\pi} &= 0 \\
\therefore \psi_m(2\pi) &= \psi_m(0) \\
\mathrm{e}^{\mathrm{i}m2\pi} &= \mathrm{e}^0 \\
\therefore m &= 0, \pm 1, \pm 2, \ldots
\end{aligned}
$$

- Ausgangspunkt: Ein Hermite'scher Operator muss folgende Gleichung erfüllen:

$$
\int \psi_1^* \hat{L}_z \psi_2 \, d\phi = \left(\int \psi_2^* \hat{L}_z \psi_1 \, d\phi\right)^* .
$$

- Der Drehimpulsoperator der Komponente lautet:

$$
\hat{L}_z = -\mathrm{i}\hbar \frac{\partial}{\partial \phi} \quad \therefore \hat{L}_z^* = \mathrm{i}\hbar \frac{\partial}{\partial \phi} .
$$

Setze dies in die rechte Seite der obigen Gleichung für Hermite'sche Operatoren ein und integriere partiell.

- Damit $\hat{L}_z$ Hermite'sch ist, muss gelten:

$$
\mathrm{i}\hbar \left[\psi_1^* \psi_2\right]_0^{2\pi} = 0 .
$$

Die Eigenzustände des $\hat{L}_z$-Operators sind komplexe Exponentialfunktionen, $\psi_m(\phi) = A\,\mathrm{e}^{\mathrm{i}m\phi}$. Da $\psi_m(2\pi) = \psi_m(0)$ gilt, muss m eine ganze Zahl sein.

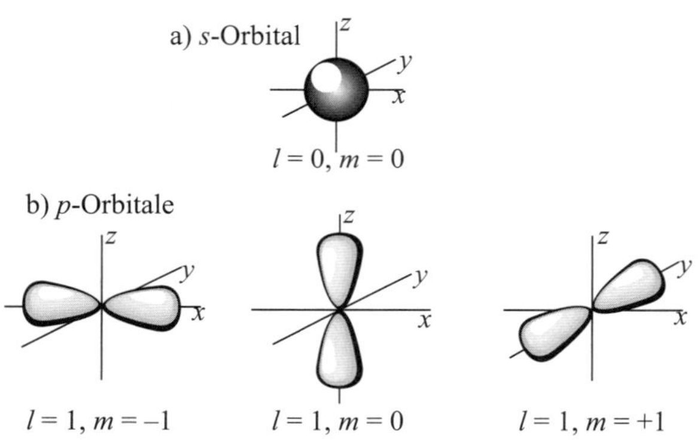

Abbildung 19.2 Elektronenorbitale niedrigen Drehimpulses, *s* und *p*

19.3 Spin

Zusätzlich zum *Bahndrehimpuls* besitzen Teilchen noch einen *spezifischen* Drehimpuls, welcher *Spin* genannt wird. Es gibt keine klassische Entsprechung für den Spin eines Teilchens – es ist eine fundamentale Eigenschaft von Elementarteilchen, wie auch die Masse oder die Ladung. Es ist ein rein relativistischer Effekt und wird durch eine Gleichung beschrieben, die der Schrödingergleichung ähnelt und *Diracgleichung* genannt wird. Die Existenz des Spins wurde durch Experimente entdeckt, in denen Wechselwirkungen von Teilchen mit externen magnetischen Feldern, wie dem unten beschriebenen *Stern-Gerlach-Experiment*, untersucht wurden. Dieses Experiment brachte unerwartete Ergebnisse, welche die Existenz eines anderen Drehimpulses zusätzlich zum Bahndrehimpuls nahelegten. Es wurde entdeckt, dass der Spin *halbzahlig* quantisiert ist (im Gegensatz zu l und m, die ganzzahlig quantisiert sind).

19.3.1 Das Stern-Gerlach-Experiment

Stellen wir uns ein um einen Atomkern kreisendes Elektron der Masse m_e und der Ladung $q = -e$ vor. Für ein Elektron mit der Winkelgeschwindigkeit $\omega = v/r$ ist der Drehimpuls:

$$
\begin{aligned}
\vec{L} &= m_\mathrm{e} \vec{r} \times \vec{v} \\
&= m_\mathrm{e} \omega r^2 \hat{n} ,
\end{aligned}
$$

wobei $\hat{n}$ ein Einheitsvektor in Richtung $\vec{L}$ ist. Die rotierende Ladung verursacht einen kleinen Strom der Größe:

$$
I = qf = -\frac{e\omega}{2\pi}
$$

Herleitung 19.9: Herleitung der normierten Elektronenorbitale (Gln. 19.16–19.18)

$l = 0, m = 0$ Zustand:

$$\int \left|Y_0^0(\theta,\phi)\right|^2 \mathrm{d}\Omega = A^2 \int_0^{2\pi}\int_0^{\pi} \sin\theta \,\mathrm{d}\theta\,\mathrm{d}\phi$$
$$= 2\pi A^2 \left[-\cos\theta\right]_0^{\pi}$$
$$= 4\pi A^2 = 1$$
$$\therefore A = \sqrt{\frac{1}{4\pi}}$$
$$\therefore Y_0^0(\theta,\phi) = \sqrt{\frac{1}{4\pi}}$$

$l = 1, m = 0$ Zustand:

$$\int \left|Y_1^0(\theta,\phi)\right|^2 \mathrm{d}\Omega = B^2 \int_0^{2\pi}\int_0^{\pi} \cos^2\theta \sin\theta \,\mathrm{d}\theta\,\mathrm{d}\phi$$
$$= 2\pi B^2 \left[-\frac{1}{3}\cos^3\theta\right]_0^{\pi}$$
$$= \frac{4\pi}{3}B^2 = 1$$
$$\therefore B = \sqrt{\frac{3}{4\pi}}$$
$$\therefore Y_1^0(\theta,\phi) = \sqrt{\frac{3}{4\pi}}\cos\theta$$

$l = 1, m = \pm 1$ Zustände:

$$\int \left|Y_1^{\pm 1}(\theta,\phi)\right|^2 \mathrm{d}\Omega = C^2 \int_0^{2\pi}\int_0^{\pi} \sin^3\theta \,\mathrm{d}\theta\,\mathrm{d}\phi$$
$$= C^2 \int_0^{2\pi}\int_0^{\pi} \left(1-\cos^2\theta\right)\sin\theta\,\mathrm{d}\theta\,\mathrm{d}\phi$$
$$= 2\pi C^2 \left[-\cos\theta + \frac{1}{3}\cos^3\theta\right]_0^{\pi}$$
$$= \frac{8\pi}{3}C^2 = 1$$
$$\therefore C = \sqrt{\frac{3}{8\pi}}$$
$$\therefore Y_1^{\pm 1}(\theta,\phi) = \mp\sqrt{\frac{3}{8\pi}}\sin\theta\,\mathrm{e}^{\pm\mathrm{i}\phi}$$

- Die Kugelflächenfunktionen lauten:

$$Y_l^m(\theta,\phi) = AP_l^m(\cos\theta)\,\mathrm{e}^{\mathrm{i}m\phi}$$

mit den ersten drei zugeordneten Legendrepolynomen:

$$P_0^0(\cos\theta) = 1$$
$$P_1^0(\cos\theta) = \cos\theta$$
$$P_1^{\pm 1}(\cos\theta) = \mp\sin\theta\,.$$

- Diese sind durch die Konstante A so normiert, dass gilt:

$$\int |Y_l^m(\theta,\phi)|^2 \mathrm{d}\Omega = 1$$
$$\therefore \int_0^{2\pi}\int_0^{\pi} |AP_l^m(\cos\theta)|^2 \sin\theta\,\mathrm{d}\theta\,\mathrm{d}\phi = 1\,.$$

- $l = 0, m = 0$ Zustand: Die erste Kugelflächenfunktion besitzt keine θ- oder ϕ-Abhängigkeit:

$$Y_0^0(\theta,\phi) = A\,P_0^0(\cos\theta)\,\mathrm{e}^0$$
$$= A\,.$$

- $l = 1, m = 0$ Zustand: Die zweite Kugelflächenfunktion ist nur von θ abhängig:

$$Y_1^0(\theta,\phi) = B\,P_1^0(\cos\theta)\,\mathrm{e}^0$$
$$= B\cos\theta\,.$$

- $l = 1$, $m = \pm 1$ Zustände: Die dritten Kugelflächenfunktionen sind θ- und ϕ-abhängig. Die ϕ-Abhängigkeit entfällt, wenn man die Kugelflächenfunktion mit ihrem komplex Konjugierten multipliziert; somit sind die Koeffizienten beider Zustände gleich:

$$Y_1^{\pm 1}(\theta,\phi) = CP_1^{\pm 1}(\cos\theta)\,\mathrm{e}^{\pm\mathrm{i}\phi}$$
$$= \mp C\sin\theta\,\mathrm{e}^{\pm\mathrm{i}\phi}\,.$$

mit der Rotationsfrequenz f. Somit wirkt der Strom wie ein kleiner magnetischer Dipol mit dem Dipolmoment:

$$\begin{aligned}\vec{\mu} &= IA \\ &= -\frac{e\omega}{2\pi}\pi r^2 \\ &= -\frac{e}{2m_e}\vec{L}.\end{aligned}$$

Der Operator des magnetischen Moments ist somit:

$$\hat{\vec{\mu}} = -\frac{e}{2m_e}\hat{\vec{L}}.$$

Oder für eine Komponente:

$$\hat{\mu}_z = -\frac{e}{2m_e}\hat{L}_z.$$

Ein System, das sich in einem Eigenzustand von $\hat{L}_z$ befindet, hat einen Eigenwert von $m\hbar$, mit der magnetischen Quantenzahl m. Die Messung der z-Komponente des magnetischen Moments eines Teilchens würde

$$\begin{aligned}\mu_z &= -\underbrace{\frac{e\hbar}{2m_e}}_{\equiv\mu_B} m \\ &\equiv -m\mu_B\end{aligned}$$

ergeben, wobei μ_B [$9.27\cdot10^{-24}$ J T^{-1}] eine Konstante ist, die das *Bohr'sche Magneton* genannt wird. Somit ist das magnetische Moment in ganzzahlige Vielfache von μ_B quantisiert.

Wechselwirkung von μ_z mit einem externen Magnetfeld

Gegeben sei ein Magnetfeld, B, das in z-Richtung zeigt. Ein magnetischer Dipol wechselwirkt mit einem externen Magnetfeld. Die Wechselwirkungsenergie beträgt:

$$U_\mu = -\mu_z B = m\mu_B B$$

(siehe Abschn. 8.5). In einem inhomogenen Magnetfeld erfährt der Dipol weiterhin eine Kraft entlang der z-Achse:

$$F_z = -\frac{\partial U_\mu}{\partial z} = -m\mu_B\frac{\partial B}{\partial z}.$$

Ein Strahl aus Teilchen mit gegebener magnetischer Quantenzahl, m, der ein inhomogenes Magnetfeld durchquert, wird eine Kraft erfahren, die den Strahl von seiner Richtung ablenkt. Wenn man einen Strahl aus Teilchen mit gegebenem *Gesamtdrehimpuls*, l, durch ein inhomogenes Magnetfeld schicken würde, erfolgte demzufolge eine Aufspaltung des Strahls in $2l+1$ Komponenten mit verschiedenem m, da jedes Teilchen mit verschiedenem m eine andere Kraft erfahren würde und deshalb auch eine unterschiedliche Ablenkung vom einfallenden Strahl.

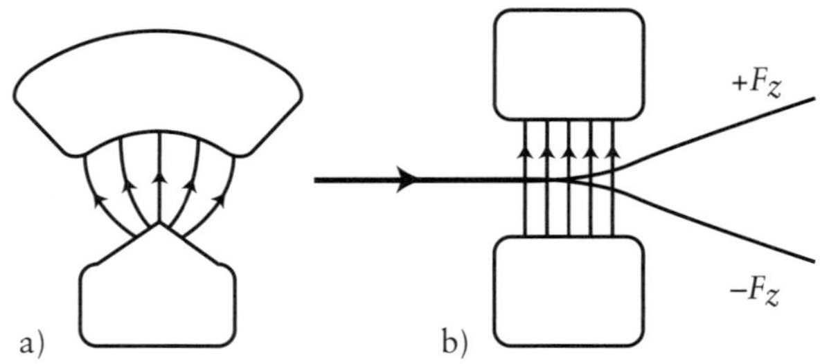

Abbildung 19.3 Stern-Gerlach-Experiment für den Grundzustand von Wasserstoff: Ein einfallender Strahl wird durch ein inhomogenes Magnetfeld in zwei Teilstrahlen aufgespalten. **a** Vorderansicht des Magnetfelds, **b** Seitenansicht des geteilten Strahls

Die Entdeckung des Spin

Ein Strahl aus Wasserstoffatomen hat im Grundzustand die Drehimpulsquantenzahlen $l = 0$ und $m = 0$. Wenn dieser Strahl in ein inhomogenes Magnetfeld geleitet würde, erwarteten wir einen einzelnen Strahl ohne Ablenkung zwischen Eintritt und Austritt aus dem Feld, da gilt $F_z = 0$. Die Beobachtung, als dieses Experiment durchgeführt wurde, war jedoch, dass der Strahl in *zwei* Teilstrahlen mit gleicher Ablenkung in $+z$- und $-z$-Richtung aufgespalten wurde (Abb. 19.3). Diese Beobachtung führte zu zwei Schlussfolgerungen: (i) Teilchen besitzen einen zusätzlichen Drehimpuls, der sich vom Bahndrehimpuls unterscheidet und eine spezifische Eigenschaft eines Teilchens ist (damit ist natürlich der *Spin* gemeint), und (ii) die Quantisierung des Spins muss halbzahlig sein, damit sich $2l + 1 = 2$ Teilstrahlen ausbilden.

19.3.2 Paulimatrizen

Wie der Bahndrehimpuls ist der Spin ein Vektor und besitzt einen Operator $\hat{\vec{S}}$. Spinoperatoren sind Matrizen und keine Differentialoperatoren. Die Matrizen sind komplex, hermitesch und unitär. Die Dimension der Matrix hängt vom Spin des Teilchens ab. In diesem Abschnitt werden wir ausschließlich Teilchen mit *halbzahligem* Spin betrachten (Elektronen, Protonen, Neutronen und Quarks). Die Spin-1/2-Matrizen sind 2×2-Matrizen und werden *Paulimatrizen*, σ, genannt. Es gibt drei Paulimatrizen σ_x, σ_y und σ_z, welche die kartesischen Komponenten x, y und z des Spins darstellen (Gln. 19.19–19.21).

Paulimatrizen:

$$\sigma_x = \begin{pmatrix} 0 & 1 \\ 1 & 0 \end{pmatrix} \quad (19.19)$$

$$\sigma_y = \begin{pmatrix} 0 & -\mathrm{i} \\ \mathrm{i} & 0 \end{pmatrix} \quad (19.20)$$

$$\sigma_z = \begin{pmatrix} 1 & 0 \\ 0 & -1 \end{pmatrix} \quad (19.21)$$

Die Spinoperatoren, $\hat{S}_x$, $\hat{S}_y$ und $\hat{S}_z$, sind mit $\hbar/2$ multiplizierte Paulimatrizen (Gln. 19.22–19.24). Der quadrierte Gesamtspinoperator, $\hat{S}^2$, ist die Summe der Quadrate der Komponenten (Gl. 19.25).

Spin-1/2-Operatoren:

$$\hat{S}_x = \frac{\hbar}{2}\begin{pmatrix} 0 & 1 \\ 1 & 0 \end{pmatrix} \quad (19.22)$$

$$\hat{S}_y = \frac{\hbar}{2}\begin{pmatrix} 0 & -\mathrm{i} \\ \mathrm{i} & 0 \end{pmatrix} \quad (19.23)$$

$$\hat{S}_z = \frac{\hbar}{2}\begin{pmatrix} 1 & 0 \\ 0 & -1 \end{pmatrix} \quad (19.24)$$

Gesamtspinoperator:

$$\hat{S}^2 = \hat{S}_x^2 + \hat{S}_y^2 + \hat{S}_z^2$$

$$= \frac{3}{4}\hbar^2\begin{pmatrix} 1 & 0 \\ 0 & 1 \end{pmatrix} \quad (19.25)$$

Man kann leicht zeigen, dass die Spin-1/2-Operatoren den gleichen Kommutatorbeziehungen genügen wie die Bahndrehimpulsoperatoren: Der Gesamtspinoperator kommutiert mit jeder Komponente, aber die einzelnen Komponenten kommutieren nicht miteinander (Gln. 19.27 und 19.26). Der Kommutator von $\hat{S}_x$ und $\hat{S}_y$ ist beispielsweise:

$$\begin{aligned}[\hat{S}_x, \hat{S}_y] &= \hat{S}_x\hat{S}_y - \hat{S}_y\hat{S}_x \\ &= \frac{\hbar^2}{4}\begin{pmatrix} \mathrm{i} & 0 \\ 0 & -\mathrm{i} \end{pmatrix} - \frac{\hbar^2}{4}\begin{pmatrix} -\mathrm{i} & 0 \\ 0 & \mathrm{i} \end{pmatrix} \\ &= \mathrm{i}\frac{\hbar^2}{2}\begin{pmatrix} 1 & 0 \\ 0 & -1 \end{pmatrix} \\ &= \mathrm{i}\hbar\hat{S}_z\,.\end{aligned}$$

Damit kann nur der Gesamtspin eines Teilchens zusammen mit *einer* Komponente gleichzeitig bestimmt sein. Die Messung einer anderen Komponente stört das System derart, dass die dereinst bekannte Komponente unbestimmt ist. Eine Schlussfolgerung aus diesem Phänomen ist, dass wir niemals die Richtung des Vektoroperators $\hat{\vec{S}}$ definieren können; seine Richtung besitzt eine inhärente Unschärfe.

Kommutatoren des Spins:

$$[\hat{S}_i, \hat{S}_j] = \mathrm{i}\hbar\varepsilon_{ijk}\hat{S}_k \quad (19.26)$$

$$[\hat{S}_i, \hat{S}^2] = 0 \quad (19.27)$$

Mit dem Levi-Civita-Symbol:

$$\varepsilon_{ijk} = \begin{cases} +1 & \text{gerade Permutation von } ijk \\ -1 & \text{ungerade Permutation von } ijk \\ 0 & \text{sonst} \end{cases}$$

i, *j* und *k* repräsentieren die kartesischen Koordinaten *x*, *y* und *z*.

19.3.3 Eigenwertgleichung des Spins

Die Eigenwertgleichungen für die Spinoperatoren $\hat{S}^2$ und $\hat{S}_z$ haben eine ähnliche Form wie die für $\hat{L}^2$ und $\hat{L}_z$ (Gln. 19.28 und 19.29).[1] Die Quantenzahlen s und m_s definieren den Zustand des Gesamtspins bzw. der Komponente des Spins. Die Beziehung zwischen s und m_s lautet $|m_s| \leqslant s$, wobei m_s die ganzzahligen Werte zwischen $-s$ und s annimmt (Gl. 19.30). Deshalb gibt es $(2s+1)$ Zustände mit unterschiedlichem m_s für jeden Spinzustand s. Dies ist dieselbe Beziehung wie die zwischen den Bahndrehimpulsquantenzahlen l und m. Die Unterschiede zwischen den Eigenwertgleichungen von Spin und Bahndrehimpuls sind:

- Die Spinoperatoren sind Matrizen und keine Differentialoperatoren. Hermite'sche Matrizen ähneln Hermite'schen Differentialoperatoren insofern, als dass ihre Eigenwerte reell und ihre Eigenvektoren orthogonal sind und eine vollständige Basis bilden.
- Die Eigenfunktionen des Spins sind keine Kugelflächenfunktionen oder andere Funktionen vom Ort des Teilchens. Stattdessen sind sie *Vektoren*, symbolisiert durch den Zustand $|s, m_s\rangle$ (welchen wir unten bestimmen werden).
- Die Spinquantenzahl s ist *halbzahlig* quantisiert: $s = 0,\ 1/2,\ 1,\ 3/2,\ 2, \ldots$ Im Gegensatz dazu ist die Bahndrehimpulsquantenzahl l *ganzzahlig* quantisiert: $l = 0, 1, 2, \ldots$

[1] Zur ausführlichen Herleitung mit Aufsteige- und Absteigeoperatoren siehe *Quantum Mechanics*, A. Rae, Abschnitt 5.4.

Eigenwertgleichungen des Spins:

$$\hat{S}^2 |s, m_s\rangle = s(s+1)\hbar^2 \, |s, m_s\rangle \qquad (19.28)$$

$$\hat{S}_z |s, m_s\rangle = m_s\hbar \, |s, m_s\rangle \,, \qquad (19.29)$$

wobei s und m_s halbe oder ganze Zahlen sind und $|m_s| \leqslant s$:

$$m_s = -s, (-s+1), \ldots, (s-1), s \,. \qquad (19.30)$$

19.3.4 Spin-1/2-Eigenzustände

Die Gesamtspinquantenzahl für Spin-1/2-Teilchen ist $s = 1/2$. Somit folgt für die Komponenten $m_s = \pm 1/2$ (Gl. 19.30). Deshalb schreibt man für Spin-1/2-Eigenzustände:

$$|s, m_s\rangle = |1/2, \pm 1/2\rangle \,.$$

Setzen wir $s = 1/2$ in Gl. 19.28 und $m_s = \pm 1/2$ in Gl. 19.29 ein, erhalten wir die Spin-1/2-Eigenwertgleichungen:

$$\hat{S}^2 |s, m_s\rangle = \frac{3}{4}\hbar^2 \, |s, m_s\rangle$$

$$\hat{S}_z |s, m_s\rangle = \pm\frac{1}{2}\hbar \, |s, m_s\rangle \,.$$

Das bedeutet, dass wir einen Wert von $\frac{3}{4}\hbar^2$ für den Gesamtspin messen. Wenn wir eine Komponente des Spins messen, erhalten wir entweder *Spin-up*, $m_s = +\frac{1}{2}\hbar$, oder *Spin-down*, $m_s = -\frac{1}{2}\hbar$.

Da die Operatoren 2×2-Matrizen sind, wird der Eigenzustand eines Spin-1/2-Teilchens durch einen Spaltenvektor mit zwei Komponenten ausgedrückt. Wenn wir den Operator des Gesamtspins auf einen beliebigen Spaltenvektor mit zwei Komponenten anwenden, sehen wir, dass alle solche Vektoren Eigenzustände sind:

$$\hat{S}^2 \begin{pmatrix} a \\ b \end{pmatrix} = \frac{3}{4}\hbar^2 \begin{pmatrix} 1 & 0 \\ 0 & 1 \end{pmatrix} \begin{pmatrix} a \\ b \end{pmatrix} = \frac{3}{4}\hbar^2 \begin{pmatrix} a \\ b \end{pmatrix} .$$

Die Eigenvektoren der x-, y- und z-Komponenten des Spins erhalten wir durch Lösung der Eigenwertgleichungen der Operatoren $\hat{S}_x$, $\hat{S}_y$ und $\hat{S}_z$. Die normierten Spin-up-Eigenzustände, $|\uparrow_i\rangle$ mit $i = x$, y oder z, und Spin-down-Eigenzustände, $|\downarrow_i\rangle$ mit $i = x$, y oder z, erhält man mit Gln. 19.31–19.33 (Herleitung 19.10).

Normierte Spin-1/2-Eigenvektoren (Herleitung 19.10):

$$|\uparrow_x\rangle = \frac{1}{\sqrt{2}}\begin{pmatrix} 1 \\ 1 \end{pmatrix} \quad |\downarrow_x\rangle = \frac{1}{\sqrt{2}}\begin{pmatrix} 1 \\ -1 \end{pmatrix} \qquad (19.31)$$

$$|\uparrow_y\rangle = \frac{1}{\sqrt{2}}\begin{pmatrix} 1 \\ \mathrm{i} \end{pmatrix} \quad |\downarrow_y\rangle = \frac{1}{\sqrt{2}}\begin{pmatrix} 1 \\ -\mathrm{i} \end{pmatrix} \qquad (19.32)$$

$$|\uparrow_z\rangle = \begin{pmatrix} 1 \\ 0 \end{pmatrix} \quad |\downarrow_z\rangle = \begin{pmatrix} 0 \\ 1 \end{pmatrix} \qquad (19.33)$$

Orthonormalität von Eigenzuständen:

$$\langle \uparrow_i \mid \uparrow_i \rangle = 1$$

$$\langle \uparrow_i \mid \downarrow_i \rangle = 0$$

mit $i = x, y$, oder z

Jeder normierte Zustand kann als Superposition von $|\uparrow_z\rangle$ und $|\downarrow_z\rangle$ ausgedrückt werden:

$$\frac{1}{\sqrt{a^2+b^2}}\begin{pmatrix} a \\ b \end{pmatrix} = \frac{a}{\sqrt{a^2+b^2}}\begin{pmatrix} 1 \\ 0 \end{pmatrix} + \frac{b}{\sqrt{a^2+b^2}}\begin{pmatrix} 0 \\ 1 \end{pmatrix} = \frac{a\,|\uparrow_z\rangle}{\sqrt{a^2+b^2}} + \frac{b\,|\downarrow_z\rangle}{\sqrt{a^2+b^2}} .$$

Die Wahrscheinlichkeit $m_s = +\hbar/2$ (System ist in einem Spin-up-Zustand) zu messen beträgt:

$$P(\uparrow_z) = \frac{a^2}{a^2+b^2}$$

Die Wahrscheinlichkeit $m_s = -\hbar/2$ (System ist in einem Spin-down-Zustand) zu messen beträgt:

$$P(\downarrow_z) = \frac{b^2}{a^2+b^2} .$$

IV Quantenphysik

Herleitung 19.10: Herleitung der Spin-1/2-Eigenzustände (Gln. 19.31–19.33)

$$\hat{S}_x \begin{pmatrix} a \\ b \end{pmatrix} = \begin{pmatrix} \lambda_x & 0 \\ 0 & \lambda_x \end{pmatrix} \begin{pmatrix} a \\ b \end{pmatrix}$$

$$\therefore \frac{\hbar}{2} \begin{pmatrix} 0 & 1 \\ 1 & 0 \end{pmatrix} \begin{pmatrix} a \\ b \end{pmatrix} = \begin{pmatrix} \lambda_x & 0 \\ 0 & \lambda_x \end{pmatrix} \begin{pmatrix} a \\ b \end{pmatrix}$$

$$\therefore \begin{pmatrix} -\lambda_x & \hbar/2 \\ \hbar/2 & -\lambda_x \end{pmatrix} \begin{pmatrix} a \\ b \end{pmatrix} = 0$$

$$\therefore \begin{vmatrix} -\lambda_x & \hbar/2 \\ \hbar/2 & -\lambda_x \end{vmatrix} = \lambda_x^2 - \frac{\hbar^2}{4} = 0$$

$$\therefore \lambda_x = \pm\frac{\hbar}{2}$$

Damit sind die zu den Eigenwerten gehörenden Eigenvektoren:

$$\text{wenn} \quad \lambda_x = +\frac{\hbar}{2}: \qquad \begin{pmatrix} a \\ b \end{pmatrix} = \begin{pmatrix} 1 \\ 1 \end{pmatrix}$$

$$\therefore |\uparrow_x\rangle = \frac{1}{\sqrt{2}} \begin{pmatrix} 1 \\ 1 \end{pmatrix}$$

$$\text{wenn} \quad \lambda_x = -\frac{\hbar}{2}: \qquad \begin{pmatrix} a \\ b \end{pmatrix} = \begin{pmatrix} 1 \\ -1 \end{pmatrix}$$

$$\therefore |\downarrow_x\rangle = \frac{1}{\sqrt{2}} \begin{pmatrix} 1 \\ -1 \end{pmatrix}.$$

- Ausgangspunkt: Die Eigenwertgleichung für $\hat{S}_x$ lautet:

$$\hat{S}_x \begin{pmatrix} a \\ b \end{pmatrix} = \begin{pmatrix} \lambda_x & 0 \\ 0 & \lambda_x \end{pmatrix} \begin{pmatrix} a \\ b \end{pmatrix}$$

$$\text{mit} \quad \hat{S}_x = \frac{\hbar}{2} \begin{pmatrix} 0 & 1 \\ 1 & 0 \end{pmatrix}.$$

λ_x entspricht den Eigenwerten von $\hat{S}_x$.

- Durch Nullsetzen der Determinante der Matrix erhält man die Eigenwerte λ_x. Damit sind die zwei Eigenwerte:

$$\lambda_x = +\frac{\hbar}{2} \rightarrow \text{Spin-up-Eigenzustand}$$

$$\lambda_x = -\frac{\hbar}{2} \rightarrow \text{Spin-down-Eigenzustand}$$

- Mit diesen Eigenwerten in der Eigenwertgleichung für $\hat{S}_x$ können wir die normierten Eigenvektoren des Spin-up- und Spin-down-Eigenzustands bestimmen:

$$\frac{\hbar}{2} \begin{pmatrix} 0 & 1 \\ 1 & 0 \end{pmatrix} \begin{pmatrix} a \\ b \end{pmatrix} = \frac{\hbar}{2} \begin{pmatrix} 1 & 0 \\ 0 & 1 \end{pmatrix} \begin{pmatrix} a \\ b \end{pmatrix}$$

$$\therefore \frac{\hbar}{2} b = \frac{\hbar}{2} a$$

$$\therefore \frac{a}{b} = 1.$$

- Die Eigenvektoren für $\hat{S}_y$ und $\hat{S}_z$ erhält man auf die gleiche Weise.

19.4 Gesamtdrehimpuls

Der *Gesamtdrehimpuls*, $\hat{\vec{J}}$, ist die Summe aus Spin und Bahndrehimpuls:

$$\hat{\vec{J}} = \hat{\vec{S}} + \hat{\vec{L}}.$$

Die Operatoren $\hat{J}^2$ und $\hat{J}_z$ haben ähnliche Eigenschaften wie die entsprechenden Operatoren für Spin und Bahndrehimpuls. So besitzen sie beispielsweise die gleichen Kommutatorbeziehungen (Gln. 19.34 und 19.35) und Eigenwertgleichungen (Gln. 19.36–19.37).

Kommutatoren des Gesamtdrehimpulses:

$$[\hat{J}_i, \hat{J}_j] = \mathrm{i}\hbar\varepsilon_{ijk}\hat{J}_k \tag{19.34}$$

$$[\hat{J}_i, \hat{J}^2] = 0 \tag{19.35}$$

mit dem Levi-Civita-Symbol:

$$\varepsilon_{ijk} = \begin{cases} +1 & \text{gerade Permutation von } ijk \\ -1 & \text{ungerade Permutation von } ijk \\ 0 & \text{sonst} \end{cases}$$

i, *j* und *k* repräsentieren die kartesischen Komponenten *x*, *y* und *z*.

IV Quantenphysik

Eigenwertgleichung des Gesamtdrehimpulses:

$$\hat{J}^2 |j, m_j\rangle = j(j+1)\hbar^2 |j, m_j\rangle \tag{19.36}$$

$$\hat{J}_z |j, m_j\rangle = m_j\hbar |j, m_j\rangle \,, \tag{19.37}$$

wobei j und m_j halbe oder ganze Zahlen sind und $|m_j| \leqslant j$:

$$m_j = -j, (j+1), \ldots, (j-1), j \,. \tag{19.38}$$

Die Quantenzahl j aus Gl. 19.36 ist die *Gesamtdrehimpulsquantenzahl* und kann halb- oder ganzzahlige Werte annehmen. für jede Kombination der Quantenzahlen l und s gibt es $(2p+1)$ Zustände mit unterschiedlichem j. Es gilt:

$$p = \begin{cases} s & \text{falls } s < l \\ l & \text{falls } l < s \,. \end{cases}$$

Die Extremwerte von j lauten:

$$j_{\text{min}} = |l - s|$$
$$\text{und} \quad j_{\text{max}} = l + s \,.$$

Die anderen Werte von j liegen zwischen j_{min} und j_{max} im Abstand von eins. Ein Zustand mit den Quantenzahlen $s = 3/2$ und $l = 1$ besitzt beispielsweise $(2l+1) = 3$ Zustände mit verschiedenem j:

$$j_{\text{min}} = |l - s| = \frac{1}{2}$$
$$\text{und} \quad j_{\text{max}} = l + s = \frac{5}{2}$$
$$\therefore j = \left\{ \frac{1}{2}, \frac{3}{2}, \frac{5}{2} \right\} \,.$$

Außerdem gibt es für jeden j-Wert $(2j+1)$ Zustände mit unterschiedlicher Projektion m_j, wie aus Gl. 19.38 hervorgeht. Für den $j = 1/2$ Zustand aus dem oberen Beispiel gibt es zwei m_j-Komponenten: $m_j = \{-1/2,\ 1/2\}$ wohingegen es für den $j = 3/2$ Zustand vier Komponenten gibt: $m_j = \{-3/2,\ -1/2,\ 1/2,\ 3/2\}$.

Einführung zum Wasserstoffatom

20

Abbildung 20.1 Wasserstoffatom

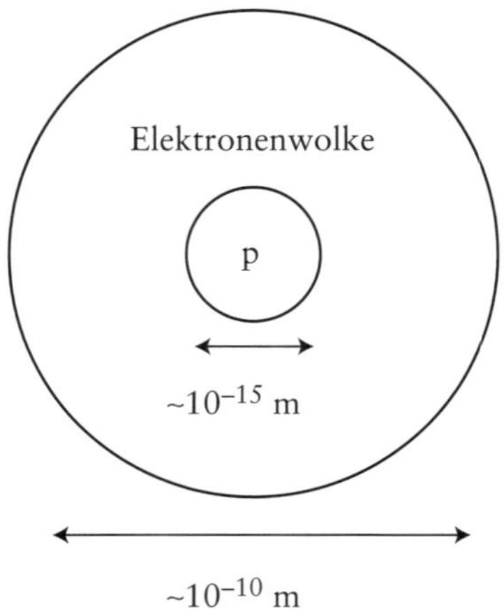

Das Wasserstoffatom ist die am besten verstandene Anwendung der Quantenmechanik. Vorhersagen der Quantentheorie stimmen dort sehr gut mit experimentellen Befunden überein. Ein Wasserstoffatom besteht aus einem einzelnen Elektron, das um ein Proton kreist (Abb. 20.1). Das Elektron kann diskrete Energieniveaus besetzen, welche jeweils durch eine spezielle Wellenfunktion beschrieben werden. In diesem Kapitel werden wir die Theorie der vorhergehenden Kapitel anwenden und die Wellenfunktionen und Energieniveaus des Elektrons bestimmen.

20.1 Radiale Wellenfunktionen

Radiale zeitunabhängige Schrödingergleichung für ein Wasserstoffatom:

$$\Bigg(\underbrace{-\frac{\hbar^2}{2m_\mathrm{e}r^2}\frac{\mathrm{d}}{\mathrm{d}r}\left(r^2\frac{\mathrm{d}}{\mathrm{d}r}\right)}_{\text{radiale kinet. En.}} + \underbrace{\frac{l(l+1)\hbar^2}{2m_\mathrm{e}r^2}}_{\text{Winkelanteil der kinet. En.}} - \underbrace{\frac{e^2}{4\pi\varepsilon_0 r}}_{\text{Coulomb pot. En.}} \Bigg) R(r) = ER(r) \quad (20.1)$$

Schrödingergleichung für ein Wasserstoffatom

Das elektrische Potential eines Elektrons in einem Wasserstoffatom ist proportional zum Coulombpotential des Kerns. Deshalb lautet der Ausdruck für das Zentralpotential eines Wasserstoffatoms:

$$V(r) = -\frac{e^2}{4\pi\varepsilon_0 r}\,.$$

r ist der radiale Abstand vom Kern. Mit diesem Ausdruck in der zeitunabhängigen Schrödingergleichung (siehe Abschn. 19.1, Gl. 19.4) finden wir einen Ausdruck für die Schrödingergleichung des Wasserstoffs (Gl. 20.1). Der Term des Winkelanteils der kinetischen Energie in Gl. 20.1 wird oft *Zentrifugalbarriere* genannt, da er das Elektron am Erreichen des Ursprungs hindert, wenn $l \neq 0$.

Gleichung 20.1 lässt sich schwer analytisch lösen. Wir können dennoch physikalische Schlüsse ziehen, indem wir die radiale Abhängigkeit von $R(r)$ in verschiedene Grenzfälle von r unterteilen.

Verhalten für große und kleine r

Wir betrachten zuerst das Verhalten für extrem große und kleine r. Im einen Extrem, für $r \to \infty$, sehen wir, dass die radiale Wellenfunktion exponentiell mit dem Abstand abfällt:

$$R(r \to \infty) = A\,\mathrm{e}^{-kr}$$

(Gl. 20.2 und Herleitung 20.1). Das leuchtet ein, da wir erwarten würden, dass die Wahrscheinlichkeit, das Elektron weit entfernt vom Kern anzutreffen, mit wachsendem Abstand stark abnimmt. Im anderen Extrem, für $r \to 0$, hängt die radiale Wellenfunktion vom Drehimpuls des Elektrons ab. Die Wellenfunktion ist ein Polynom in r, wobei der Grad des Polynoms der Drehimpuls l ist:

$$R_l(r \to 0) = Br^l$$

(Gl. 20.3 und Herleitung 20.1). Das bedeutet, dass Elektronen mit geringem Drehimpuls mit größerer Wahrscheinlichkeit näher am Kern anzutreffen sind, wohingegen Elektronen mit höherem Drehimpuls eher weiter weg sind. Die radialen Wellenfunktionen der geringsten Drehimpulswerte, $l = 0$, 1 und 2, sind in Gl. 20.4 angegeben.

Radiale Wellenfunktion für verschiedene r (Herleitungen 20.1 und 20.2):

- Für $r \to \infty$: exponentieller Abfall:

$$R(r \to \infty) = A\,\mathrm{e}^{-kr}\,. \quad (20.2)$$

- Für $r \to 0$: polynomiale Abhängigkeit vom Drehimpuls l:

$$R_l(r \to 0) = Br^l \quad (20.3)$$

$$\begin{aligned} \therefore l = 0: \quad & R(r) = \text{const} \\ l = 1: \quad & R(r) = Br \\ l = 2: \quad & R(r) = B'r^2 . \end{aligned} \tag{20.4}$$

- Mittleres r: modifizierte zugeordnete Laguerrepolynome, $v_n^l(r)$. Dabei handelt es sich um eine Reihe von Polynome in r, die mit 1 beginnt. Die ersten zugeordneten Laguerrepolynome, $L_n^a(x)$, lauten:

$$\begin{aligned} L_0^\alpha(x) &= 1 \\ L_1^\alpha(x) &= -x + \alpha + 1 \\ L_2^\alpha(x) &= \frac{x^2}{2} - (\alpha + 2)\,x + \frac{(\alpha+2)\,(\alpha+1)}{2} . \end{aligned}$$

Verhalten für mittlere r

Wenn wir vom asymptotischen Verhalten für große und kleine r absehen, nimmt die Schrödingergleichung für Wasserstoff bei mittleren Werten von r die Form einer speziellen gewöhnlichen Differentialgleichung an, die man die *zugeordnete Laguerregleichung* nennt (die gesamte Herleitung sprengt den Rahmen diese Buches,[1] es gibt jedoch einen Überblick in Herleitung 20.2). Die Lösungen dieser Gleichung sind eine Reihe von Polynomen, beginnend mit 1:

$$v(r) = \sum_{j=0}^{j_{\max}} c_j r^j .$$

Wenn die Summe bis $j = \infty$ geht, nennt man diese Polynome *zugeordnete Laguerrepolynome*. Um jedoch eine Wellenfunktion zu definieren, muss die Summe bei $j_{\max}$ abbrechen (wenn sie bis $j = \infty$ gehen würde, ginge die Wellenfunktion gegen ∞ für $r \to \infty$, was unphysikalisch ist). Aus diesem Grund werden wir die Polynome als *modifizierte* zugeordnete Laguerrepolynome bezeichnen.

Die Koeffizienten c_j gehorchen einer rekursiven Bildungsvorschrift, bei der c_{j+1} folgendermaßen mit c_j verknüpft ist:

$$c_{j+1} = \left\{ \frac{2(j+l+1) - \rho_0}{(j+1)(j+2l+2)} \right\} c_j \tag{20.5}$$

(Herleitung 20.2). Damit die Summe bei $j_{\max}$ abbricht, muss der Koeffizient $j_{\max} + 1$ gleich null sein ($c_{j_{\max}+1} = 0$). Mit Gl. 20.5 bedeutet dies:

$$2(j_{\max} + l + 1) - \rho_0 = 0 . \tag{20.6}$$

Wenn wir $n = j_{\max} + l + 1$ wählen, ist der Grad des Polynoms $v(r)$:

$$j_{\max} = n - l - 1 .$$

[1] Für eine komplette Herleitung sei der Leser an *Introduction to Quantum Mechanics*, D. Griffith, Abschnitt 4. 2 verwiesen.

(Wir werden die physikalische Bedeutung dieser Gleichung in Abschn. 20.2 betrachten.)

Zusammenführung

Die *gesamte* radiale Wellenfunktion kombiniert die modifizierten zugeordneten Laguerrepolynome mit dem asymptotischen Verhalten bei kleinen und großen r (Gl. 20.7). Die Normierungsbedingung der radialen Wellenfunktion ist aus Gl. 20.8 ersichtlich (für die normierte Lösung des Grundzustands von Wasserstoff siehe Abschn. 20.3).

Radiale Wellenfunktion von Wasserstoff (siehe Gl. 20.2 und 20.3):

$$R_{nl}(r) = A\,\mathrm{e}^{-kr} r^l v_n^l(r) , \tag{20.7}$$

wobei $v_n^l(r)$ ein Polynom in r vom Grad $j_{\max} = n - l - 1$ ist.

Die Normierungsbedingung fordert:

$$\int_0^\infty |R_{nl}(r)|^2\, r^2\, \mathrm{d}r = 1 \tag{20.8}$$

20.2 Energieniveaus des Wasserstoffatoms

Die Hauptquantenzahl

Wir haben oben gesehen, dass man folgende Definition benutzen muss, um eine Wellenfunktion zu beschreiben:

$$\begin{aligned} 2(j_{\max} + l + 1) - \rho_0 &= 0 \\ \text{oder} \quad 2n - \rho_0 &= 0 \\ \therefore n &= \frac{\rho_0}{2} \end{aligned}$$

$$\text{mit} \quad n = j_{\max} + l + 1$$

$$\text{und} \quad \rho_0 = \frac{m_\mathrm{e} e^2}{2\pi\varepsilon_0 \hbar^2 k}$$

(siehe Herleitung 20.2). n ist ganzzahlig und fängt bei 1 an ($n = 1$, für $j_{\max} = 0$ und $l = 0$). Die ganze Zahl n nennt man die *Hauptquantenzahl*; sie definiert die Energie-

IV Quantenphysik

Herleitung 20.1: Herleitung der radialen Lösung für große und kleine r (Gln. 20.2 und 20.3)

Radiale zeitunabhängige Schrödingergleichung für $f(r) = rR(r)$:

$$-\frac{\hbar^2}{2m_e}\frac{d^2f(r)}{dr^2} + \left(\frac{l(l+1)\hbar^2}{2m_e r^2} - \frac{e^2}{4\pi\varepsilon_0 r}\right)f(r) = -Ef(r)$$

$$\therefore \frac{\hbar^2}{2m_e}\frac{d^2f(r)}{dr^2} = \left(E + \frac{l(l+1)\hbar^2}{2m_e r^2} - \frac{e^2}{4\pi\varepsilon_0 r}\right)f(r)$$

Für $r \to \infty$:

$$\frac{\hbar^2}{2m_e}\frac{d^2f(r)}{dr^2} = Ef(r)$$

$$\therefore f(r) = Ae^{-kr} + Be^{kr}$$
$$= Ae^{-kr}$$

$$\therefore R(r \to \infty) \to \quad Ae^{-kr}$$

Für $r \to 0$:

$$\frac{\hbar^2}{2m_e}\frac{d^2f(r)}{dr^2} = \frac{l(l+1)\hbar^2}{2m_e r^2}f(r)$$

Ansatz $f(r) = A'r^\beta$:

$$\beta(\beta-1)r^{(\beta-2)} = l(l+1)r^{(\beta-2)}$$

$$\therefore \beta^2 - \beta - l(l+1) = 0$$

$$\therefore \beta = -l \text{ oder } (l+1)$$

$$\therefore f(r) = A'r^{-l} + B'r^{(l+1)}$$
$$= B'r^{(l+1)}$$

$$\therefore R(r \to 0) \to B'r^l$$

- Ausgangspunkt: Setze $R(r) = f(r)/r$ in die radiale Schrödingergleichung ein (Gl. 20.1). Die Energie eines gebundenen Zustands von Wasserstoff ist negativ; deshalb verwenden wir auf der rechten Seite $-E$.
- Für $r \to \infty$ dominiert der konstante (erste) Term auf der rechten Seite. Die zeitunabhängige Schrödingergleichung kann damit durch eine gewöhnliche Differentialgleichung zweiter Ordnung mit komplexen Exponentiallösungen genähert werden. Wir verwenden die Wellenzahl:

$$k = \frac{\sqrt{2m_e E}}{\hbar}.$$

Der positive exponentielle Term (e^{kr}) ist für $r \to \infty$ unphysikalisch.
- Für $r \to 0$ dominiert der zentrifugale (zweite) Term, da er im Nenner die höchste Potenz von r besitzt. Wir probieren die Lösung $f(r) = A'r^\beta$. Durch Einsetzen und Lösen der quadratischen Gleichung erhalten wir für β:

$$\beta = -l \text{ or } (l+1).$$

Die Lösung r^{-l} ist für $r \to 0$ unphysikalisch.

niveaus eines Elektrons:

$$n^2 = \frac{\rho_0^2}{4}$$
$$= \frac{1}{4}\left(\frac{m_e e^2}{2\pi\varepsilon_0\hbar^2}\right)^2\frac{1}{k^2}$$
$$= -\frac{1}{4}\left(\frac{m_e e^2}{2\pi\varepsilon_0\hbar^2}\right)^2\frac{\hbar^2}{2m_e E}$$
$$= -\underbrace{\left(\frac{e^2}{4\pi\varepsilon_0\hbar c}\right)^2}_{\equiv\alpha^2}\frac{m_e c^2}{2E}$$
$$= -\frac{m_e}{2E}(\alpha c)^2.$$

Dabei haben wir $E = -\hbar^2k^2/2m_e$ benutzt. Die Konstante α ist eine dimensionslose Größe, die man *Feinstrukturkonstante* nennt. Ihre Bedeutung wird weiter unten genauer beschrieben.

Die Bohr'sche Formel

Durch Umformung kann man die quantisierten Energieniveaus des Wasserstoffatoms folgendermaßen definieren:

$$\therefore E_n = -\frac{1}{n^2}\left(\frac{1}{2}m_e(\alpha c)^2\right)$$
$$\text{mit} \quad n = 1, 2, 3, \ldots$$

(Gl. 20.9). Dies ist die *Bohrsche Formel.* Ihre Ergebnisse stimmen sehr gut mit Experimenten überein. Die Energie des Grundzustands ist:

$$E_1 = -\frac{1}{2}m_e(\alpha c)^2 \simeq -13.6\text{ eV}.$$

Herleitung 20.2: Radiale Lösung für mittlere r

Radiale zeitunabhängige Schrödingergleichung für $f(r) = rR(r)$:

$$-\frac{\hbar^2}{2m_e}\frac{d^2f(r)}{dr^2} + \left(\frac{l(l+1)\hbar^2}{2m_e r^2} - \frac{e^2}{4\pi\varepsilon_0 r}\right)f(r) = -Ef(r)$$

$$\therefore \frac{1}{k^2}\frac{d^2f(r)}{dr^2} - \frac{l(l+1)}{k^2r^2}f(r) + \frac{e^2}{4\pi\varepsilon_0 Er}f(r) = f(r)\,.$$

- Ausgangspunkt: Setze $R(r) = f(r)/r$ in die radiale Schrödingergleichung (Gl. 20.1) ein. Die Energie eines gebundenen Zustands im Wasserstoffatom ist negativ, deshalb verwenden wir auf der rechten Seite $-E$.

$$\text{Setze} \quad E = \frac{\hbar^2k^2}{2m_e} \rightarrow k^2 = \frac{2m_eE}{\hbar^2}\,.$$

Variablensubstitution $\rho = kr$:

$$\frac{d^2f(\rho)}{d\rho^2} - \frac{l(l+1)}{\rho^2}f(\rho) + \frac{\rho_0}{\rho}f(\rho) = f(\rho)$$

$$\text{mit} \quad \frac{\rho_0}{\rho} = \frac{e^2}{4\pi\varepsilon_0 Er}\,.$$

- Variablensubstitution: Setze $\rho = kr$ mit der Wellenzahl k. Definiere eine dimensionslose Variable ρ_0:

$$\rho_0 = \frac{e^2\rho}{4\pi\varepsilon_0 Er} = \frac{m_e e^2}{2\pi\varepsilon_0\hbar^2 k}\,.$$

Setze $f(\rho) = \rho^{(l+1)}\,e^{-\rho}v(\rho)$:

$$\therefore \rho\frac{d^2v(\rho)}{d\rho^2} + 2(l+1-\rho)\frac{dv(\rho)}{d\rho} + (\rho_0 - 2(l+1))v(\rho) = 0$$

Dieser Ausdruck hat die Form der Laguerregleichung.

- Mit folgendem Ansatz können wir das asymptotische Verhalten von $f(\rho)$ für $\rho \to \infty$ und $\rho \to 0$ abspalten:

$$f(\rho) = \rho^{(l+1)}\,e^{-\rho}v(\rho)$$

wobei gilt $f(\rho \to 0) \to \rho^{(l+1)}$
und $f(\rho \to \infty) \to e^{-\rho}$
(siehe Herleitung 20.1).

Potenzreihenansatz: $v(\rho) = \sum\limits_{j=0}^{\infty} c_j\rho^j$

$$\frac{dv}{d\rho} = \sum jc_j\rho^{(j-1)}$$

$$\text{und} \quad \frac{d^2v}{d\rho^2} = \sum j(j-1)c_j\rho^{(j-2)}$$

$$\therefore \sum j(j-1)c_j\rho^{(j-1)} + 2(l+1)\sum jc_j\rho^{(j-1)}$$
$$-2\sum jc_j\rho^j + (\rho_0 - 2(l+1))\sum_{j=0}^{\infty} c_j\rho^j = 0\,.$$

- Damit nimmt die Differentialgleichung für $v(\rho)$ die Form eines speziellen Typs gewöhnlicher Differentialgleichungen an – die *zugeordnete Laguerregleichung*. Die Lösungen können durch folgende Potenzreihe in ρ ausgedrückt werden:

$$v(\rho) = \sum_{j=0}^{\infty} c_j\rho^j\,.$$

Bei den ersten beiden Terme können wir eine Indexverschiebung $j \to j+1$ durchführen (dies ändert nichts an den Summen):

$$\therefore \sum (j+1)jc_{(j+1)}\rho^j + 2(l+1)\sum (j+1)c_{(j+1)}\rho^j$$
$$-2\sum jc_j\rho^j + (\rho_0 - 2(l+1))\sum c_j\rho^j = 0\,.$$

Durch Zusammenfassen aller Koeffizienten vor den Termen ρ^j erhalten wir eine rekursive Bildungsvorschrift:

$$c_{(j+1)} = \left\{\frac{2(j+l+1) - \rho_0}{(j+1)(j+2l+2)}\right\}c_j\,.$$

Der Koeffizient jeden Terms ist über eine Rekursionsvorschrift mit dem vorhergehenden verknüpft. Die ausgeschriebenen Polynome nennt man *zugeordnete Laguerrepolynome*.

IV Quantenphysik

Höhere Energieniveaus können folgendermaßen aus dem Grundzustand berechnet werden:

$$E_n = \frac{E_1}{n^2}$$
$$\therefore E_2 \simeq -\frac{13.6}{2^2} = -3.4\ \text{eV}$$
$$E_3 \simeq -\frac{13.6}{3^2} = -1.5\ \text{eV}$$

(Gl. 20.10).

Bohr'sche Formel (Energieniveaus des Wasserstoffs):

$$E_n = -\frac{1}{n^2}\left(\frac{1}{2}m_e(\alpha c)^2\right) \tag{20.9}$$
$$\equiv \frac{E_1}{n^2}, \quad n = 1, 2, 3, \ldots \tag{20.10}$$

mit dem Grundzustand der Energie:

$$E_1 = -\frac{1}{2}m_e(\alpha c)^2 \simeq -13.6\,\text{eV}$$

Feinstrukturkonstante:

$$\alpha = \frac{e^2}{4\pi\varepsilon_0\hbar c} \simeq \frac{1}{137} \tag{20.11}$$

Entartung

Für jeden n-Wert gibt es n Zustände mit unterschiedlichem l, damit $n = j_{max} + l + 1$ gilt. Für $n = 1$ gilt zum Beispiel $j_{max} = 0$ und $l = 0$. Für $n = 2$ gilt jedoch entweder $j_{max} = 0$ und $l = 1$, oder $j_{max} = 1$ und $l = 0$. Damit kann l also für jeden n-Wert jede ganze Zahl zwischen 0 und $(n-1)$ annehmen:

$$l = 0, 1, 2, \ldots, (n-1).$$

Das bedeutet, dass jedes Energieniveau, n, in Zustände mit unterschiedlichem Gesamtdrehimpuls, l, *entartet* ist. Weiterhin gibt es für jeden l-Wert $(2l+1)$ Zustände mit unterschiedlicher Projektion des Drehimpulses m:

$$m = -l, -l+1, \ldots, l-1, l$$

(siehe Abschn. 19.2.2). Damit ist die gesamte Entartung des n-ten Energieniveaus:

$$\sum_{l=0}^{n-1}(2l+1) = n(n-1) + n = n^2.$$

Die Anzahl der verschiedenen Drehimpulszustände für die untersten drei Energieniveaus ist somit:

$$n = 1 \to 1\ \text{Ortszustand}$$
$$n = 2 \to 4\ \text{Ortszustände}$$
$$n = 3 \to 9\ \text{Ortszustände}.$$

Diese sind in Abb. 20.2 dargestellt. Jeder Ortszustand ist durch drei Quantenzahlen definiert:

- n: Hauptquantenzahl; Energieniveau
- l: Gesamtbahndrehimpuls
- m: Komponente des Bahndrehimpulses.

Elektronenschalen

Für jeden Ortszustand, der einer unterschiedlichen Kombination von $\{n, l, m\}$ entspricht, gibt es zwei verschiedene *Spinzustände*: Spin-up oder Spin-down. Somit bietet jeder Ortszustand Platz für zwei Elektronen in unterschiedlichen Spinzuständen. Die *gesamte* Entartung (Berücksichtigung von Bahndrehimpuls und Spin) jedes Energieniveaus ist $2n^2$. Das bedeutet, dass sich im n-ten Energieniveau maximal $2n^2$ Elektronen aufhalten können:

$$n = 1 \to 2\ \text{Elektronen}$$
$$n = 2 \to 8\ \text{Elektronen}$$
$$n = 3 \to 18\ \text{Elektronen}.$$

Die Energieniveaus n werden oft als „Elektronenschalen" bezeichnet. Eine Schale ist „vollständig besetzt", wenn alle Orts- und Spinzustände durch ein Elektron besetzt sind. Edelgase wie Helium, Neon und Argon haben vollständig besetzte äußere Elektronenschalen, wodurch sie relativ reaktionsträge sind.

Feinstruktur des Wasserstoffs

Die *Feinstrukturkonstante* α ist folgendermaßen definiert:

$$\alpha \stackrel{\text{def}}{=} \frac{e^2}{4\pi\varepsilon_0\hbar c}$$

(Gl. 20.11). Diese dimensionslose Konstante definiert die Größenordnung des Abstands zwischen den Energieniveaus des Wasserstoffs. Sie liegt im Bereich von Elektronenvolt:

$$E \sim m_e(\alpha c)^2 \sim \text{eV}$$

Energieniveaus, die durch unterschiedliche n-Werte definiert werden, nennt man die *Grobstruktur* von Wasserstoff. Die Grobstruktur unterliegt jedoch relativistischen Korrekturen, welche die Schrödingergleichung nicht beinhaltet. Diese Korrekturen umfassen die relativistische kinetische Energie sowie die Spin-Bahn-Kopplung (weitere

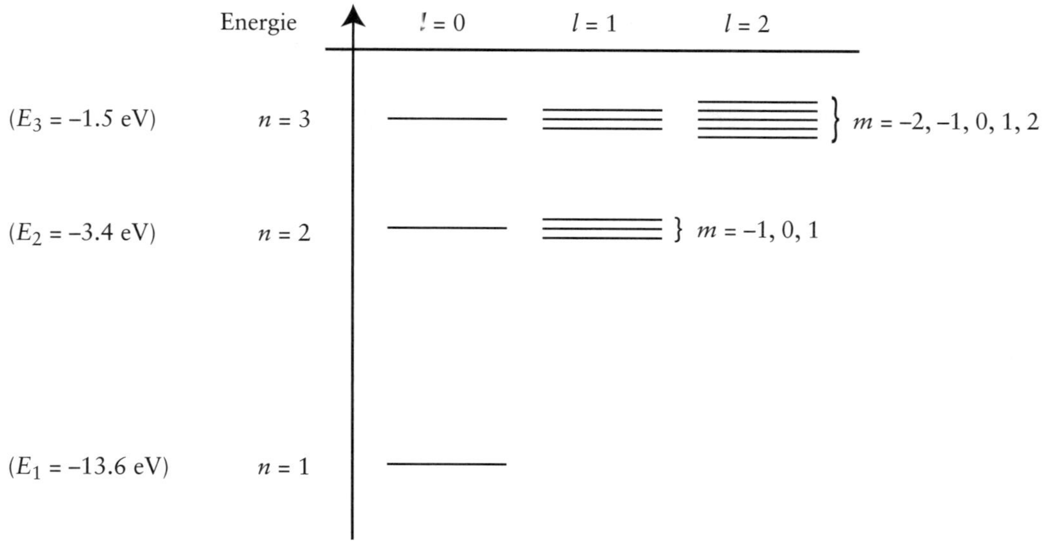

Abbildung 20.2 Niedrigste drei Energieniveaus des Wasserstoffs: Das *n*-te Energieniveau hat n^2 Zustände unterschiedlichen Drehimpulses, wobei *l* der Gesamtdrehimpuls und *m* die Projektion des Drehimpulses ist. Die Zustände mit unterschiedlichem *m* sind zur besseren Darstellung aufgefächert

Details siehe Abschn. 20.4). Durch die Korrekturen werden die Energieniveaus ein wenig verschoben. Diese Verschiebungen nennt man die *Feinstruktur* des Wasserstoffs; sie sind von der Größenordnung 10^{-4} Elektronenvolt:

$$\Delta E \sim \alpha^2 E \sim 10^{-4}\,\text{eV}\,.$$

Die Spin-Bahn-Korrekturen heben einige der Drehimpulsentartungen der Grobstruktur des Wasserstoffs auf, wodurch Zustände mit unterschiedlichem Gesamtdrehimpuls (Bahn + Spin) unterschiedliche Energien bekommen.

Emissionsspektrum

Elektronen können von einem n-Zustand in einen anderen übergehen, indem sie entweder Energie absorbieren oder emittieren (Strahlung).[2] Das *Emissionsspektrum* ist das Strahlungsspektrum, das durch eine Probe angeregter Wasserstoffatome emittiert wird, wenn die Elektronen von höheren Energieniveaus auf niedrigere fallen. Die Wellenlänge dieser Linien entsprechen Photonen, deren Energie gleich der Energiedifferenz der beiden beteiligten Übergangsniveaus sind. Mit der Bohr'schen Formel für Energieniveaus des Wasserstoffs (Gl. 20.10) ist die Photonenenergie:

$$\begin{aligned} E_\gamma &= E_\text{i} - E_\text{f} \\ &= E_1 \left(\frac{1}{n_\text{i}^2} - \frac{1}{n_\text{f}^2} \right). \end{aligned}$$

Dabei ist E_i die anfängliche Elektronenenergie entsprechend dem Energieniveau n_i und E_f die finale Elektronenenergie entsprechend dem Energieniveau n_f (Gl. 20.12). Mit $E_\gamma = hc/\lambda$ ist die Wellenlänge des emittierten Lichts durch die *Rydbergformel* gegeben:

$$\frac{1}{\lambda} = \frac{E_1}{hc} \left(\frac{1}{n_\text{i}^2} - \frac{1}{n_\text{f}^2} \right)$$

(Gl. 20.13).

Emissionsspektrum des Wasserstoffs:

$$\begin{aligned} E_\gamma &= E_\text{i} - E_\text{f} \\ &= E_1 \left(\frac{1}{n_\text{i}^2} - \frac{1}{n_\text{f}^2} \right) \end{aligned} \qquad (20.12)$$

mit $E_1 = -13.6$ eV.

Rydbergformel:

$$\frac{1}{\lambda} = R_\text{H} \left(\frac{1}{n_\text{i}^2} - \frac{1}{n_\text{f}^2} \right) \qquad (20.13)$$

mit der Rydbergkonstante:

$$R_\text{H} = \frac{E_1}{hc} \simeq 10^7\ \text{m}^{-1}$$

[2] Übergänge können nur zwischen Zuständen mit unterschiedlichem *l* auftreten, weil das Photon einen Teil des Drehimpulses abträgt. Dadurch muss sich der *l*-Wert des Elektrons ändern, damit der Drehimpuls erhalten bleibt.

20.3 Grundzustand des Wasserstoffs

Kombinieren wir die radiale Lösung $R_{nl}(r)$ mit den Kugelflächenfunktionen $Y_l^m(\theta,\phi)$ (siehe Abschn. 19.2.3), stellen wir fest, dass die Ortswellenfunktionen durch drei Quantenzahlen definiert werden: n (Energieniveau), l (Gesamtbahndrehimpuls) und m (Komponente des Bahndrehimpulses):

$$\psi_{nlm}(r,\theta,\phi) = R_{nl}(r) Y_l^m(\theta,\phi)$$

mit:

$$\begin{aligned} n &= 1,2,3,\ldots \\ l &= 0,1,2,\ldots,(n-1) \quad \text{für jedes } n \\ m &= -l,-(l+1),\ldots,(l-1),l \quad \text{für jedes } l\,. \end{aligned}$$

Die Normierungsbedingung erfordert:

$$\int\limits_{\text{gesamter Raum}} |\psi_{nlm}|^2\, r^2 \sin\theta \,\mathrm{d}r\, \mathrm{d}\theta\, \mathrm{d}\phi = 1$$

Winkel- und Radialanteil der Lösung können somit einzeln normiert werden:

$$\therefore \int_0^{2\pi}\int_0^{\pi} |Y_l^m(\theta,\phi)|^2 \sin\theta \,\mathrm{d}\theta \,\mathrm{d}\phi = 1$$

$$\text{und} \quad \int_0^{\infty} |R_{nl}(r)|^2\, r^2 \,\mathrm{d}r = 1\,.$$

Wellenfunktion des Grundzustands

Die niedrigste (normierte) Kugelflächenfunktion und (nicht normierte) radiale Wellenfunktion lauten:

$$Y_0^0(\theta,\phi) = \frac{1}{\sqrt{4\pi}}$$

$$\text{und} \quad R_{10}(r) = A\,\mathrm{e}^{-kr}$$

(siehe Gl. 19.16 für $Y_0^0(\theta,\phi)$ und Gl. 20.7 für $R_{10}(r)$). Mit dem Integral

$$\int_0^{\infty} x^2\, \mathrm{e}^{-kx}\,\mathrm{d}x = \frac{2}{k^3}$$

lautet die normierte radiale Wellenfunktion:

$$R_{10}(r) = 2\sqrt{k^3}\,\mathrm{e}^{-kr}\,.$$

Mit dem *Bohr'schen Radius* a_0 [m] ($a_0 = 1/k$), ist der normierte Grundzustand des Wasserstoffs:

$$\begin{aligned} \psi_{100}(r,\theta,\phi) &= \frac{2}{\sqrt{4\pi a_0^3}}\,\mathrm{e}^{-r/a_0} \\ &= \frac{1}{\sqrt{\pi a_0^3}}\,\mathrm{e}^{-r/a_0} \end{aligned}$$

(Gl. 20.14).

Grundzustand des Wasserstoffs:

$$\psi_{100}(r,\theta,\phi) = \frac{1}{\sqrt{\pi a_0^3}}\,\mathrm{e}^{-r/a_0} \tag{20.14}$$

mit dem Bohr'schen Radius:

$$\begin{aligned} a_0 &= \frac{4\pi\varepsilon_0\hbar^2}{e^2 m_\mathrm{e}} \\ &= \frac{\hbar}{m_\mathrm{e}\alpha c} \\ &\sim 0{,}53\,\text{Å} \end{aligned} \tag{20.15}$$

(1 Å = 10^{-10} m)

Der Bohrsche Radius

Die Wahrscheinlichkeit, ein Elektron zwischen dem Radius r und $r + \mathrm{d}r$ anzutreffen, ist:

$$P(r)\,\mathrm{d}r = |R(r)|^2\, r^2\,\mathrm{d}r\,.$$

Man kann leicht zeigen, dass die radiale Wahrscheinlichkeitsdichte für den Grundzustand bei $r = a_0$ ein Maximum besitzt:

$$\text{d.h.} \quad \frac{\mathrm{d}}{\mathrm{d}r}\left(|R_{10}(r)|^2 r^2\right) = 0 \quad \text{für} \quad r = a_0$$

(Abb. 20.3). Damit entspricht der Bohr'sche Radius dem Abstand vom Kern, in dem sich ein Elektron im Grundzustand am wahrscheinlichsten befindet. a_0 ist eine Konstante mit dem Wert $\sim 0{,}53$ Å:

$$\begin{aligned} a_0 &= \frac{1}{k} \\ &= \frac{\hbar}{\sqrt{2m_\mathrm{e}E_1}} \\ &= \frac{\hbar}{m_\mathrm{e}\alpha c} \\ &= \frac{4\pi\varepsilon_0\hbar^2}{e^2 m_\mathrm{e}} \\ &\sim 0{,}53\,\text{Å}\,. \end{aligned}$$

(Gl. 20.15). Ein Elektron, das den Kern mit einer Geschwindigkeit αc im Bohr'schen Radius umkreist, hat einen Drehimpuls von $\hbar$, was einer „Einheit" des Drehimpulses entspricht:

$$L = m_\mathrm{e} r v = m_\mathrm{e} a_0 (\alpha c) = \hbar$$

Herleitung 20.3: Herleitung des Erwartungswerts von r^p (Gl. 20.16)

$$\begin{aligned}\langle r^p\rangle &= \langle R|\, r^p\, |R\rangle \\ &= \int_0^\infty R^*(r) r^p R(r)\, r^2\,\mathrm{d}r \\ &= \int_0^\infty A^2 r^{p+2}\,\mathrm{e}^{-2r/a_0}\,\mathrm{d}r \\ &= (p+2)\,\frac{a_0}{2}\int_0^\infty A^2 r^{p+1}\,\mathrm{e}^{-2r/a_0}\,\mathrm{d}r \\ &= (p+2)\,\frac{a_0}{2}\int_0^\infty R^* r^{p-1} R r^2\,\mathrm{d}r \\ &= (p+2)\,\frac{a_0}{2}\left\langle r^{p-1}\right\rangle\end{aligned}$$

- Ausgangspunkt: Der Erwartungswert von r^p ist definiert durch:

$$\langle r^p\rangle = \int_0^\infty R^*(r) r^p R(r)\, r^2\,\mathrm{d}r\,.$$

  $R(r)$ ist die radiale Wellenfunktion.
- Die radiale Wellenfunktion des Grundzustands von Wasserstoff ist $R(r) = A\,\mathrm{e}^{-r/a_0}$, mit dem Bohr'schen Radius a_0.
- Wir benutzen $R(r)$ in dem Ausdruck für $\langle r^p\rangle$ und verwende partielle Integration mit:

$$\begin{aligned} u(r) &= r^{p+2} \to u'(r) = (p+2) r^{p+1} \\ \text{und}\quad v'(r) &= \mathrm{e}^{-2r/a_0} \to v(r) = -\frac{a_0}{2}\,\mathrm{e}^{-2r/a_0}\,.\end{aligned}$$

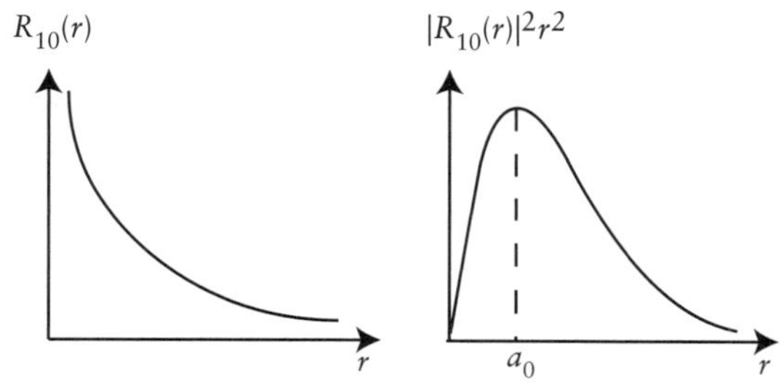

Abbildung 20.3 Radiale Wellenfunktion, $R_{10}(r)$, und Wahrscheinlichkeitsdichte, $|R_{10}(r)|^2\, r^2$, von Wasserstoff im Grundzustand: Das Maximum der Wahrscheinlichkeitsdichte liegt bei $r = a_0$

Mittlere Radien

Der Erwartungswert eines Elektrons sich im Radius r^p, p beliebig, zu befinden, ist proportional zu a_0. $\langle r^p\rangle$ ist folgendermaßen mit $\left\langle r^{(p-1)}\right\rangle$ verknüpft:

$$\langle r^p\rangle = (p+2)\,\frac{a_0}{2}\left\langle r^{(p-1)}\right\rangle \tag{20.16}$$

(Herleitung 20.3). Mit $\left\langle r^0\right\rangle = 1$ erhalten wir:

$$\langle r\rangle = \frac{3}{2} a_0$$
$$\text{und}\quad \left\langle \frac{1}{r}\right\rangle = \frac{1}{a_0}\,.$$

Wir kommen zum gleichen Ergebnis, wenn wir die Erwartungswerte über folgende Integrale bestimmen:

$$\langle r\rangle = \int_0^\infty r\,|R_{10}|^2 r^2\,\mathrm{d}r$$
$$\text{und}\quad \left\langle \frac{1}{r}\right\rangle = \int_0^\infty \frac{1}{r}\,|R_{10}|^2 r^2\,\mathrm{d}r\,.$$

20.4 Einführung in die Feinstruktur des Wasserstoffs

Die Grobstruktur von Wasserstoff unterliegt relativistischen Korrekturen, die nicht durch die radiale Schrödingergleichung erfasst werden.[3] Die relativistische kinetische Energie und die Spin-Bahn-Kopplung sind zwei dieser Korrekturen. Durch die Korrekturen werden die Energieniveaus etwas verschoben und einige Entartungen des Drehimpulses der Grobstruktur aufgehoben. Die Verschiebungen der Energieniveaus nennt man die *Feinstruktur* von Wasserstoff; sie sind im Emissionsspektrum sichtbar.

[3] Die relativistischen Quanteneffekte werden durch die *Diracgleichung* beschrieben.

20.4.1 Zeitunabhängige Störungstheorie

Die *Störungstheorie* ist eine Methode, mit der man Korrekturen niedriger Ordnung für die Energien und Wellenfunktionen nullter Ordnung eines gegebenen Systems herleiten kann. Für einen zeitunabhängigen Hamiltonoperator,[4] $\hat{H}$, behandelt die Störungstheorie $\hat{H}$ wie eine Summe aus dem Hamiltonoperator nullter Ordnung des Systems, $\hat{H}_0$ (z. B. der Hamiltonoperator, der die Grobstruktur von Wasserstoff beschreibt), und einer kleinen Störung $\delta\hat{H}$:

$$\hat{H} = \hat{H}_0 + \delta\hat{H}\,.$$

Auf ähnliche Weise werden die Wellenfunktion und die Energieniveaus als Summe der nullten Ordnung plus „Korrekturen" aufgrund der Störung des Hamiltonoperators dargestellt:

$$\begin{aligned} \psi_n &= \psi_n^0 + \delta\psi_n \\ \text{und} \quad E_n &= E_n^0 + \delta E_n\,. \end{aligned}$$

Für unsere Zwecke sind wir nur daran interessiert, Korrekturen *erster* Ordnung der Lösungen nullter Ordnung zu finden. Die Methode kann jedoch auch benutzt werden, um Korrekturen zweiter oder höherer Ordnung zu finden. Mit dem obigen Ausdruck kann man die Schrödingergleichung als Terme nullter Ordnung plus Störungsterme ausdrücken, wie in Herleitung 20.4 gezeigt wird. Somit wird ersichtlich, dass die Energiekorrektur erster Ordnung gleich dem Erwartungswert der Störung mit den ungestörten Wellenfunktionen ist:[5]

$$\delta E_n = \left\langle \psi_n^0 \middle| \delta\hat{H} \middle| \psi_n^0 \right\rangle$$

(Gl. 20.17 und Herleitung 20.4).

Energiekorrektur erster Ordnung (Herleitung 20.4):

$$\delta E_n = \left\langle \psi_n^0 \middle| \delta\hat{H} \middle| \psi_n^0 \right\rangle \qquad (20.17)$$

20.4.2 Relativistische kinetische Energie

Die zeitunabhängige Störungstheorie kann dazu verwendet werden, die Effekte der relativistischen kinetischen Energie der Elektronen im Wasserstoff auf die Energieniveaus zu bestimmen. Wir drücken die kinetische Energie folgendermaßen aus:

$$T = E - mc^2\,.$$

Dabei ist $E = \sqrt{(mc^2)^2 + (pc)^2}$ die Gesamtenergie des Elektrons und mc^2 die Ruheenergie. T kann genähert werden durch die Summe einer kinetischen Energie nullter Ordnung:

$$\hat{T}_0 = \frac{\hat{p}^2}{2m}$$

plus eines Störungsterms:

$$\delta\hat{T} = \delta\hat{H}^{\text{KE}} = -\frac{1}{2mc^2}\left(\hat{H}_0 - V(r)\right)^2$$

(Gl. 20.18 und Herleitung 20.5). Die Verschiebung der Energieniveaus aufgrund des gestörten Hamiltonoperators lautet dann:

$$\begin{aligned} \delta E_n^{\text{KE}} &= \left\langle \psi_n^0 \middle| \delta\hat{H}^{\text{KE}} \middle| \psi_n^0 \right\rangle \\ &= \alpha^4 \frac{mc^2}{8n^4}\left(3 - \frac{4n}{l + 1/2}\right) \end{aligned}$$

(Gl. 20.19 und Herleitung 20.6). An dieser Stelle sollen einige interessante Punkte bemerkt werden. Erstens ist die Korrektur der relativistischen kinetischen Energie von der Größenordnung:

$$\delta E_n^{\text{KE}} \sim \alpha^4 mc^2 \sim 10^{-4}\,\text{eV}\,.$$

Zweitens bemerken wir, dass für jedes Energieniveau n jeder unterschiedliche Drehimpulszustand l ein wenig verschoben wird. Folglich wird die Entartung in l nicht durch relativistische Effekte der kinetischen Energie aufgehoben (wir werden weiter unten sehen, dass sie durch Spin-Bahn-Wechselwirkungen aufgehoben wird). Mit $n = 1$ und $l = 0$ wird der Grundzustand von Wasserstoff um

$$\delta E_1^{\text{KE}} = -\frac{5}{8}\alpha^4 mc^2\,\text{eV}$$

verschoben.

Korrektur der relativistischen kinetischen Energie (Herleitungen 20.5 und 20.6):

$$\delta\hat{H}^{\text{KE}} = -\frac{1}{2mc^2}\left(\hat{H}_0 - V(r)\right)^2 \qquad (20.18)$$

$$\text{mit} \quad \hat{H}_0 = \hat{T}_0 + V(r)$$

$$\delta E_n^{\text{KE}} = \alpha^4 \frac{mc^2}{8n^4}\left(3 - \frac{4n}{l + 1/2}\right) \qquad (20.19)$$

[4] Die zeitabhängige Störungstheorie ist zu umfangreich für dieses Buch.

[5] Diese Herangehensweise funktioniert nur für in n nicht entartete Wellenfunktionen.

Herleitung 20.4: Herleitung der Energiekorrektur erster Ordnung mit der nicht entarteten, zeitunabhängigen Störungstheorie (Gl. 20.17)

- Ausgangspunkt: Drücke den Hamiltonoperator eines Systems als die Summe aus dem Hamiltonoperator nullter Ordnung, $\hat{H}_0$, und einer Störung, $\delta\hat{H}$, aus:

$$\hat{H} = \hat{H}^0 + \delta\hat{H}\,.$$

Drücke die Wellenfunktionen und Energieniveaus auf gleiche Weise aus:

$$\begin{aligned}\psi_n &= \psi_n^0 + \delta\psi_n \\ E_n &= E_n^0 + \delta E_n\,.\end{aligned}$$

Dabei ist die Schrödingergleichung nullter Ordnung:

$$\hat{H}^0 \left|\psi_n^0\right\rangle = E_n^0 \left|\psi_n^0\right\rangle\,.$$

- Die Schrödingergleichung des Gesamtsystems ist dann:

$$\hat{H}\left|\psi_n\right\rangle = E_n \left|\psi_n\right\rangle\,.$$

Skalare Multiplikation dieser Gleichung mit ψ_n^0 ergibt:

$$\left\langle \psi_n^0 \middle| \hat{H} \middle| \psi_n \right\rangle = \left\langle \psi_n^0 \middle| E_n \middle| \psi_n \right\rangle\,.$$

Durch Einsetzen von $\hat{H}$, E_n und ψ_n, Ausmultiplizieren und Vernachlässigen der Korrekturen zweiter Ordnung (diejenigen, die das Produkt zweier Störungsterme enthalten) sehen wir, dass die Energiekorrektur erster Ordnung gleich dem Erwartungswert der Störung, $\delta\hat{H}$, im ungestörten Fall ist:

$$\delta E_n = \left\langle \psi_n^0 \middle| \delta\hat{H} \middle| \psi_n^0 \right\rangle\,.$$

$$\begin{aligned}\hat{H}\left|\psi_n\right\rangle &= E_n\left|\psi_n\right\rangle \\ \therefore \left\langle \psi_n^0 \middle| \hat{H} \middle| \psi_n \right\rangle &= \left\langle \psi_n^0 \middle| E_n \middle| \psi_n \right\rangle\end{aligned}$$

Linke Seite (LHS):

$$\begin{aligned}\left\langle \psi_n^0 \middle| \hat{H} \middle| \psi_n \right\rangle &= \left\langle \psi_n^0 \middle| \hat{H}^0 + \delta\hat{H} \middle| \psi_n^0 + \delta\psi_n \right\rangle \\ &= \underbrace{\left\langle \psi_n^0 \middle| \hat{H}^0 \middle| \psi_n^0 \right\rangle}_{=E_n^0} + \left\langle \psi_n^0 \middle| \delta\hat{H} \middle| \psi_n^0 \right\rangle \\ &\quad + \underbrace{\left\langle \psi_n^0 \middle| \hat{H}^0 \middle| \delta\psi_n \right\rangle}_{=E_n^0\left\langle\psi_n^0|\delta\psi_n\right\rangle} + \underbrace{\left\langle \psi_n^0 \middle| \delta\hat{H} \middle| \delta\psi_n \right\rangle}_{\text{Korrektur 2. Ordnung}} \\ &\simeq E_n^0 + \left\langle \psi_n^0 \middle| \delta\hat{H} \middle| \psi_n^0 \right\rangle + E_n^0 \left\langle \psi_n^0 \middle| \delta\psi_n \right\rangle\end{aligned}$$

Rechte Seite (RHS):

$$\begin{aligned}\left\langle \psi_n^0 \middle| E_n \middle| \psi_n \right\rangle &= \left\langle \psi_n^0 \middle| E_n^0 + \delta E_n \middle| \psi_n^0 + \delta\psi_n \right\rangle \\ &= E_n^0 + \delta E_n + E_n^0 \left\langle \psi_n^0 \middle| \delta\psi_n \right\rangle \\ &\quad + \underbrace{\delta E_n \left\langle \psi_n^0 \middle| \delta\psi_n \right\rangle}_{\text{Korrektur 2. Ordnung}} \\ &\simeq E_n^0 + \delta E_n + E_n^0 \left\langle \psi_n^0 \middle| \delta\psi_n \right\rangle\end{aligned}$$

Gleichsetzen von RHS mit LHS ergibt:

$$\delta E_n = \left\langle \psi_n^0 \middle| \delta\hat{H} \middle| \psi_n^0 \right\rangle$$

IV Quantenphysik

Herleitung 20.5: Herleitung der Störung der relativistischen kinetischen Energie (Gl. 20.18)

$$
\begin{aligned}
T &= E - mc^2 \\
&= \sqrt{(mc^2)^2 + (pc)^2} - mc^2 \\
&= mc^2 \left(\sqrt{1 + \left(\frac{p}{mc}\right)^2} - 1 \right) \\
&\simeq mc^2 \left(1 + \frac{1}{2}\left(\frac{p}{mc}\right)^2 - \frac{1}{8}\left(\frac{p}{mc}\right)^4 + \ldots - 1 \right) \\
&= \underbrace{\frac{p^2}{2m}}_{\substack{\text{Term} \\ \text{0. Ordnung}}} \underbrace{- \frac{1}{2mc^2}\left(\frac{p^2}{2m}\right)^2}_{\substack{\text{Korrektur} \\ \text{1. Ordnung}}} \\
&= T^0 - \frac{1}{2mc^2}\left(T^0\right)^2
\end{aligned}
$$

Damit lautet der Operator der relativistischen kinetischen Energie:

$$
\begin{aligned}
\therefore \hat{T} &= \hat{T}^0 - \frac{1}{2mc^2}\left(\hat{T}_0\right)^2 \\
&= \hat{T}^0 \underbrace{- \frac{1}{2mc^2}\left(\hat{H}^0 - V(r)\right)^2}_{=\delta \hat{H}^{\mathrm{KE}}}
\end{aligned}
$$

$$
\therefore \delta \hat{H}^{\mathrm{KE}} = -\frac{1}{2mc^2}\left(\hat{H}^0 - V(r)\right)^2
$$

- Ausgangspunkt: Die kinetische Energie eines Körpers ist gleich seiner Gesamtenergie, E, minus seiner Ruheenergie, mc^2:

$$T = E - mc^2 .$$

Dabei ist die Gesamtenergie eines Körpers folgendermaßen mit Ruheenergie und Impuls verknüpft:

$$E^2 = \left(mc^2\right)^2 + (pc)^2$$

(siehe Abschn. 6.4 und 6.5).

- Die relativistische kinetische Energie des Elektrons ist damit:

$$T = mc^2 \left(\sqrt{1 + \left(\frac{p}{mc}\right)^2} - 1 \right) ,$$

wobei gilt $p \ll mc$.

- Durch Entwicklung der Wurzel im oberen Ausdruck erkennen wir, dass der Operator der relativistischen kinetischen Energie durch einen Term der kinetischen Energie nullter Ordnung genähert werden kann:

$$\hat{T}_0 = \frac{\hat{p}^2}{2m} = \hat{H}_0 - V(r)$$

plus einen Term erster Ordnung:

$$\delta \hat{T} = -\frac{1}{2mc^2}\left(\frac{\hat{p}^2}{2m}\right)^2 .$$

Herleitung 20.6: Herleitung der Energieänderung aufgrund der relativistischen Störung der kinetischen Energie (Gl. 20.19)

$$\begin{aligned}
\delta E_n^{\mathrm{KE}} &= \left\langle \psi_n^0 \right| \delta \hat{H}^{\mathrm{KE}} \left| \psi_n^0 \right\rangle \\
&= -\frac{1}{2mc^2} \left\langle \psi_n^0 \right| (\hat{H}_0 - V(r))^2 \left| \psi_n^0 \right\rangle \\
&= -\frac{1}{2mc^2} \left\langle \psi_n^0 \right| \left(\hat{H}_0^2 - 2\hat{H}_0 V(r) + (V(r))^2\right) \left| \psi_n^0 \right\rangle \\
&= -\frac{1}{2mc^2} \left(\left(E_n^0\right)^2 + 2E_n^0 \left(\frac{e^2}{4\pi\varepsilon_0}\right) \left\langle \frac{1}{r} \right\rangle \right. \\
&\quad \left. + \left(\frac{e^2}{4\pi\varepsilon_0}\right)^2 \left\langle \frac{1}{r^2} \right\rangle \right) \\
&= \alpha^4 \frac{mc^2}{8n^4} \left(3 - \frac{4n}{l+1/2}\right)
\end{aligned}$$

- Ansatz: Die Energiekorrektur in erster Ordnung durch die Störung der relativistischen kinetischen Energie ist

$$\delta E_n^{\mathrm{KE}} = \left\langle \psi_n^0 \right| \delta \hat{H}^{\mathrm{KE}} \left| \psi_n^0 \right\rangle$$

mit

$$\delta \hat{H}^{\mathrm{KE}} = -\frac{1}{2mc^2} \left(\hat{H}^0 - V(r)\right)^2 .$$

ψ_n^0 entspricht einer ungestörten Wellenfunktion des Wasserstoffs.

- Wir multiplizieren $\left(\hat{H}^0 - V(r)\right)^2$ aus und nutzen

$$\begin{aligned}
&\left\langle \psi_n^0 \right| \hat{H}_0 \left| \psi_n^0 \right\rangle = E_n^0 \\
\text{und}\quad &\left\langle \psi_n^0 \right| V(r) \left| \psi_n^0 \right\rangle = -\frac{e^2}{4\pi\varepsilon_0} \left\langle \frac{1}{r} \right\rangle \\
\text{mit}\quad &E_n^0 = -\frac{1}{2n^2} m (\alpha c)^2 .
\end{aligned}$$

- Ohne Beweis nehmen wir an, dass der Erwartungswert von $1/r^2$ und $1/r$ für einen Wasserstoffzustand, der durch die Quantenzahlen n (Energie) und l (Bahndrehimpuls) gegeben ist,

$$\begin{aligned}
&\left\langle \frac{1}{r} \right\rangle = \frac{1}{n^2 a_0} \\
\text{und}\quad &\left\langle \frac{1}{r^2} \right\rangle = \frac{1}{(l+1/2)\, n^3 a_0^2}
\end{aligned}$$

entspricht. Mit dem Bohrradius, a_0, und der Feinstrukturkonstanten, α ergibt sich

$$\begin{aligned}
&a_0 = \frac{\hbar}{m\alpha c} \\
\text{und}\quad &\alpha = \frac{e^2}{4\pi\varepsilon_0 \hbar c} .
\end{aligned}$$

20.4.3 Spin-Bahn-Kopplung

Die *Spin-Bahn-Kopplung* ist ein relativistischer Effekt, bei dem der Spin eines Teilchens mit seinem Bahndrehimpuls wechselwirkt. Durch diese Wechselwirkung wird die Entartung von Zuständen mit unterschiedlichem Gesamtdrehimpuls, j, aufgehoben. Jedoch ist auch nach der Berücksichtigung der Spin-Bahn-Kopplung jeder unterschiedliche j-Zustand in seiner Projektion m_j entartet, weil es für jeden unterschiedlichen j-Zustand $2j+1$ verschiedene m_j-Zustände gibt. Zum Beispiel hat ein Zustand mit $j = 3/2$ vier mögliche Projektionen des Drehimpulses, $m_j = \{3/2, 1/2, -1/2, -3/2\}$. Diese Entartung kann durch ein externes Magnetfeld aufgehoben werden – ein Phänomen, das man *Zeemaneffekt* nennt.

Herleitung des gestörten Hamiltonoperators

Im Ruhesystem des Elektrons erzeugt der rotierende Kern ein Magnetfeld, das ein Drehmoment auf das intrinsische Dipolmoment des Elektrons (seinen Spin) ausübt. Dieses Drehmoment möchte das Dipolmoment an dem Feld ausrichten. Klassisch betrachtet ist die Wechselwirkungsenergie eines magnetischen Dipols $\vec{\mu}$ in einem Magnetfeld $\vec{B}$:

$$U = -\vec{\mu} \cdot \vec{B} \,.$$

Im Fall des Wasserstoffatoms stellt das Ruhesystem des Elektrons jedoch kein Inertialsystem dar, weil es um den Atomkern kreist (Beschleunigung). Dadurch tritt eine Präzession auf, die man *Thomaspräzession* nennt und welche die klassische Wechselwirkungsenergie halbiert. Somit ist der Hamiltonoperator der Wechselwirkungsenergie:

$$\hat{H} = -\frac{1}{2}\hat{\mu} \cdot \hat{\vec{B}} \,.$$

Nach dem Biot-Savart'schen-Gesetz ist das Magnetfeld, das der Kern mit der Geschwindigkeit $\vec{v}_\mathrm{n}$ verursacht:

$$\vec{B} = \frac{\mu_0}{4\pi}\frac{q\vec{v}_\mathrm{n} \times \hat{r}}{r^2}$$

$\hat{r}$ ist ein Einheitsvektor entlang r.

Mit der Geschwindigkeit des Elektrons, $\vec{v}_\mathrm{e} = -\vec{v}_\mathrm{n}$, erhalten wir:

$$\vec{B} = \frac{\mu_0 e}{4\pi r^2}\left(-\vec{v}_\mathrm{e} \times \hat{r}\right) .$$

Der Bahndrehimpuls des Elektrons ist $\vec{L} = \vec{r} \times m\vec{v}_\mathrm{e} = mr\hat{r} \times \vec{v}_\mathrm{e}$. Damit und mit $\mu_0 = 1/\varepsilon_0 c^2$ können wir das Magnetfeld mit dem Bahndrehimpuls des Elektrons ausdrücken:

$$\begin{aligned} \therefore \vec{B} &= \frac{\mu_0 e}{4\pi m r^3}\vec{L} \\ &= \frac{e}{4\pi\varepsilon_0 m c^2 r^3}\vec{L} \,. \end{aligned}$$

Somit ist der Operator für das Magnetfeld, das von dem Wasserstoffkern verursacht wird:

$$\therefore \hat{\vec{B}} = \frac{e}{4\pi\varepsilon_0 m c^2 r^3}\hat{\vec{L}} \,.$$

Der Bahndrehimpuls und der Spin-Drehimpuls erzeugen beide ein magnetisches Dipolmoment, $\vec{\mu}_L$ bzw. $\vec{\mu}_S$. Wie wir schon vorher gesehen haben (Abschn. 19.3.1), ist das magnetische Bahndipolmoment mit dem Bahndrehimpuls verknüpft durch:

$$\hat{\vec{\mu}}_L = -\frac{e}{2m}\hat{\vec{L}} \,.$$

Das magnetische Dipolmoment des Spins steht in ähnlichem Zusammenhang mit dem Spin wie das magnetische Dipolmoment der Bahnbewegung, jedoch ist der Faktor bei ersterem zweimal größer:

$$\hat{\vec{\mu}}_S = -\frac{e}{m}\hat{\vec{S}}$$

Die Anpassung geschieht über einen Skalierungsfaktor, der *gyromagnetisches Verhältnis* genannt wird. Er ist $g_s = 2$ für den Spin und $g_l = 1$ für den Drehimpuls der Bahnbewegung. Mithilfe der Ausdrücke von $\hat{\vec{\mu}}_S$ und $\hat{\vec{B}}$, und dem Hamilton-Operator, der die Wechselwirkungsenergie zwischen magnetischem Dipolmoment und magnetischem Feld beschreibt, erhalten wir den Spin-Bahn-Hamilton Operator (SO):

$$\begin{aligned} \delta\hat{H}^{\mathrm{so}} &= -\frac{1}{2}\hat{\vec{\mu}}_S \cdot \hat{\vec{B}} \\ &= \frac{e^2}{8\pi\varepsilon_0 m^2 c^2 r^3}\hat{\vec{L}} \cdot \hat{\vec{S}} \\ &= \left(\frac{e^2}{4\pi\varepsilon_0 r}\right)\left(\frac{1}{2(mcr)^2}\right)\hat{\vec{L}} \cdot \hat{\vec{S}} \end{aligned}$$

(Gl. 20.20)

Aufhebung der Energieniveau-Entartung durch Spin-Bahn-Kopplung

Die Änderung in den Energieniveaus durch den Stör-Hamilton-Operator ergibt sich zu

$$\begin{aligned} \delta E_n^{\mathrm{so}} &= \left\langle \psi_n^0 \middle| \delta\hat{H}^{\mathrm{so}} \middle| \psi_n^0 \right\rangle \\ &= \alpha^4 \frac{mc^2}{4n^3}\left(\frac{j(j+1) - l(l+1) - s(s+1)}{l(l+1/2)(l+1)}\right) \end{aligned}$$

(Gl. 20.21 und Herleitung 20.7). Ähnlich wie bei der relativistischen Korrektur der kinetischen Energie können wir die Größenordnung der Spin-Bahn-Kopplung abschätzen:

$$\delta E_n^{\mathrm{so}} \sim \alpha^4 mc^2 \sim 10^{-4}\,\mathrm{eV}$$

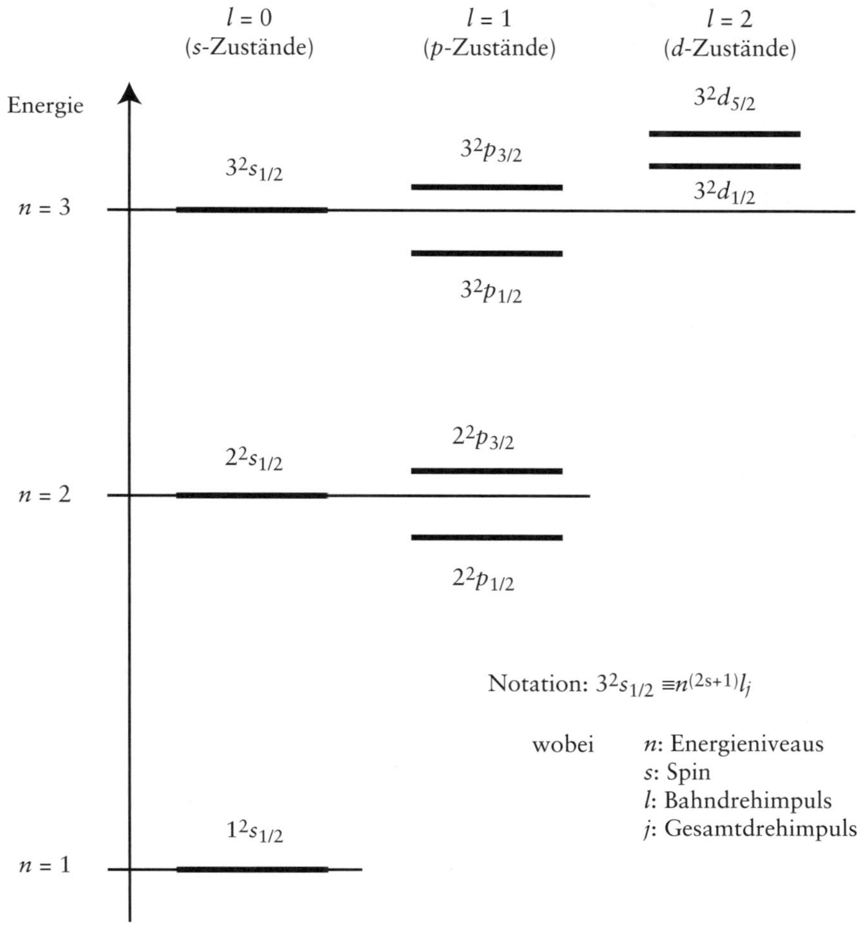

Abbildung 20.4 Schematische Abbildung der Spin-Bahn-Kopplung (Feinstruktur). Der Effekt der Spin-Bahn-Kopplung zeigt sich in einem Aufspalten von Zuständen mit unterschiedlichem Gesamtdrehimpuls, j. Die übrigen Zustände sind weiterhin in Projektionen von j_z entartet (es gibt $2j+1$ Zustände für verschiedene j_z in einem Zustand j). Die Größe der Aufspaltung ergibt sich durch Gl. 20.21. Die s-Zustände ($l=0$) besitzen keinen Feinstruktureffekt, da diese Zustände einen Bahndrehimpuls von null besitzen.

Damit zeigt sich, dass die Feinstruktur von Wasserstoff etwa 10 000-fach ($\alpha^2 \sim 10^{-4}$) kleiner ist als die normale Struktur. Der Effekt der relativistischen kinetischen Energie *verschiebt* die Energieniveaus von verschiedenen n und l um eine gewisse Energie, der Effekt der Spin-Orbit-Wechselwirkung *spaltet* die Energieniveaus der verschiedenen n, l, s und j relativ zum ungestörten Zustand. Daher werden durch die Spin-Bahn-Kopplung einige der Wasserstoffzustände, die eine Entartung im Drehmoment aufweisen, in Zustände verschiedener Gesamtdrehimpulse aufgespalten. Eine Abbildung der Energieniveaus, die die Feinstruktur der Spin-Bahn-Wechselwirkung zeigt, findet sich in Abb. 20.4.

Spin-Bahn-Kopplung (Herleitung 20.7):

$$\delta\hat{H}^{\mathrm{SO}} = \left(\frac{e^2}{4\pi\varepsilon_0 r}\right)\left(\frac{1}{2(mcr)^2}\right)\hat{\vec{L}}\cdot\hat{\vec{S}} \tag{20.20}$$

$$\delta E_n^{\mathrm{SO}} = \alpha^4\frac{mc^2}{4n^3}\left(\frac{j(j+1)-l(l+1)-s(s+1)}{l(l+1/2)(l+1)}\right) \tag{20.21}$$

Herleitung 20.7: Herleitung der Energieänderungen durch Spin-Bahn-Kopplung (Gl. 20.21)

$$\begin{aligned}\delta E_n^{\text{so}} &= \left\langle \psi_n^0 \middle| \delta\hat{H}^{\text{so}} \middle| \psi_n^0 \right\rangle \\ &= \left(\frac{e^2}{8\pi\varepsilon_0 (mc)^2}\right)\left\langle \frac{1}{r^3}\right\rangle \left\langle \psi_n^0 \middle| \hat{\vec{L}}\cdot\hat{\vec{S}} \middle| \psi_n^0 \right\rangle \\ &= \left(\frac{e^2}{8\pi\varepsilon_0 (mc)^2}\right)\left\langle \frac{1}{r^3}\right\rangle \cdot \\ &\quad \left(\frac{\hbar^2}{2}(j(j+1)-l(l+1)-s(s+1))\right) \\ &= \alpha^4\frac{mc^2}{4n^3}\left(\frac{j(j+1)-l(l+1)-s(s+1)}{l\,(l+1/2)\,(l+1)}\right)\end{aligned}$$

- Ansatz: Die Energiekorrektur in erster Ordnung durch die Spin-Bahn-Kopplung ist:

$$\delta E_n^{\text{so}} = \left\langle \psi_n^0 \middle| \delta\hat{H}^{\text{so}} \middle| \psi_n^0 \right\rangle$$

mit

$$\delta\hat{H}^{\text{so}} = \left(\frac{e^2}{4\pi\varepsilon_0 r}\right)\left(\frac{1}{2(mcr)^2}\right)\hat{\vec{L}}\cdot\hat{\vec{S}}\,.$$

(zur Herleitung siehe Haupttext). ψ_n^0 entspricht der ungestörten Wasserstoff-Wellenfunktion.

- Der gesamte Drehimpuls ergibt sich als Summe der Bahn- und Spindrehimpulse:

$$\hat{\vec{J}} = \hat{\vec{L}} + \hat{\vec{S}}\,.$$

Quadrieren und neu Anordnen führt auf einen Ausdruck von $\hat{\vec{L}}\cdot\hat{\vec{S}}$ in Abhängigkeit des Operators für den gesamten Drehimpuls:

$$\begin{aligned}\therefore\ \hat{J}^2 &= \hat{L}^2 + \hat{S}^2 + 2\hat{\vec{L}}\cdot\hat{\vec{S}} \\ \therefore\ \hat{\vec{L}}\cdot\hat{\vec{S}} &= \frac{1}{2}\left(\hat{J}^2 - \hat{L}^2 - \hat{S}^2\right)\,.\end{aligned}$$

Der Erwartungswert dieses Operators ergibt sich folglich als

$$\begin{aligned}\left\langle \psi_n^0 \middle| \hat{\vec{L}}\cdot\hat{\vec{S}} \middle| \psi_n^0 \right\rangle &= \frac{1}{2}\left\langle \psi_n^0 \middle| \left(\hat{J}^2 - \hat{L}^2 - \hat{S}^2\right) \middle| \psi_n^0 \right\rangle \\ &= \frac{\hbar^2}{2}\left(j(j+1)-l(l+1)-s(s+1)\right)\,.\end{aligned}$$

- Ohne Beweis nehmen wir an, dass der Erwartungswert von $1/r^3$ für einen Wasserstoffzustand, der durch die Quantenzahlen n (Energie) und l (Bahndrehimpuls) gegeben ist,

$$\left\langle \frac{1}{r^3}\right\rangle = \frac{1}{l\,(l+1/2)\,(l+1)\,n^3 a_0^3}$$

entspricht. Mit dem Bohrradius, a_0, und der Feinstrukturkonstanten, α, folgt

$$a_0 = \frac{\hbar}{m\alpha c}$$

$$\text{und}\quad \alpha = \frac{e^2}{4\pi\varepsilon_0\hbar c}\,.$$

Teil V
Physik der Wärme

Einleitung

Überblick

Die Physik der Wärme beschäftigt sich mit den thermischen Eigenschaften von Systemen, die aus vielen einzelnen Teilchen bestehen, beispielsweise Festkörper, Flüssigkeiten oder Gase. Dabei versucht man diese Systeme nur durch den Austausch von Energie zu beschreiben. Dazu gibt es zwei möglich Ansätze. Der erste Ansatz versucht, das System *mikro*skopisch zu beschreiben. Dabei werden Systemgrößen, wie Druck, Temperatur und Wärmekapazität durch Mittlungen der individuellen Teilchengrößen abgeleitet. Der andere Ansatz wird *makro*skopisch genannt. Die selben Systemgrößen werden beschrieben, jedoch ohne die Hilfe der Physik der einzelner Teilchen. Vielmehr untersucht man das System durch Energieaustausch mit der Umgebung. Die einfachste Möglichkeit, ein thermodynamisches System zu verstehen, gelingt mithilfe des idealen Gases. In diesem Modell werden die vorhandenen Moleküle als Punktteilchen beschrieben. Die Wechselwirkung zwischen den Teilchen ist minimal. Die Untersuchung des idealen Gases mithilfe des mikroskopischen Ansatzes wird *kinetische Theorie* (Kapitel 21) genannt. Im Gegensatz dazu bezeichnet die *Thermodynamik* (Kapitel 22) den makroskopischen Ansatz. Die Thermodynamik ist nicht nur auf das ideale Gas begrenzt, sondern findet eine Reihe von Anwendungen, beispielsweise reale Gase, Flüssigkeiten, Festkörper und auch Phasenübergänge (Kapitel 23). Analog dazu wird der *mikro*skopische Ansatz, in welchem die Eigenschaften jedes Materials durch die Eigenschaften der Teilchen hervorgehen, die das Material ausmachen, *statistische Mechanik* (Kapitel 24) genannt. Im Gegensatz zum deterministischen Ansatz der klassischen Mechanik, der versucht, makroskopische Größen zu bestimmen, oder zum stochastischen Ansatz der Quantenmechanik, der mikroskopische Größen erklärt, versucht statistische Mechanik mithilfe eines wahrscheinlichkeitstheoretischen Ansatzes Vorhersagen zu treffen.

Anmerkung: In den vorherigen Kapiteln wurde das Volumen mit τ statt mit V bezeichnet, um Verwechslungen mit dem elektrischen Potential V zu vermeiden. In der Physik der Wärme ist dies eher unüblich, daher werden wir in diesem Kapitel alle Volumen durch V kennzeichnen.

Praktische Anwendungen

Das Thema der Thermodynamik wurde während der industriellen Revolution entwickelt. Damals bestand großes Interesse, Wärme zu nutzen, um Großmaschinen zu betreiben, beispielsweise eine Dampfmaschine, die einen Zug antreibt. Kühlmaschinen und Klimaanlagen arbeiten auf Grundlage der Thermodynamik, wobei sie Arbeit nutzen, um ein System zu kühlen. Statistische Mechanik ist die Basis für die Eigenschaften aller Materialien, wie Metalle, Halbleiter, Magneten oder Supraleiter. Der Teil der Physik, der sich mit diesem Themen beschäftigt, wird Festkörperphysik genannt. Auch die Eigenschaften von Molekülen in vielen biologischen Systemen können durch die statistische Physik erklärt werden.

Meine bescheidene Meinung

Aus den drei Unterthemen der Physik der Wärme – kinetische Theorie, Thermodynamik und statistische Physik – ist das letzte wohl konzeptionell am schwersten, da dort auch Quantenphänomene einbezogen werden. Falls euch das auch so geht, empfehle ich euch das Buch von Glazer und Wark (sie unten), da es eine verständliche Beschreibung von Wahrscheinlichkeitstheorie und deren Anwendung auf determinische Systeme liefert. Während Thermodynamik vielleicht von den Konzepten das einfachste der drei Themen ist, bleibt der mathematische Formalismus nicht trivial (partielle Ableitungen und exakte Differentiale). Ich empfehle euch, Ableitungen immer als „Wie ändert sich eine Variable bei Veränderung einer anderen, während eine dritte Variable konstant gehalten wird?"zu interpretieren.

Empfohlene Bücher

- Nolting, W., 2004, *Grundkurs theoretische Physik. Bd.6 : Statistische Physik*, 5. Auflage. Springer Berlin Heidelberg
- Fließbach, T., 2005, *Statistische Physik: Lehrbuch zur Theoretischen Physik IV*, 5. Auflage. Spektrum Akademischer Verlag

- Adkins, C., 1983, *Equilibrium Thermodynamics*, 3. Auflage. Cambridge University Press.
- Glazer, M. and Wark, J., 2001, *Statistical Mechanics: a Survival Guide.* Oxford University Press.

Mit dem Buch von Herrn Nolting kann man alles benötigte über Thermodynamik und Statistik lernen, um Übungszettel zu lösen und die Prüfung am Ende zu bestehen. Mehr kann man sich von einem Buch fast nicht wünschen.

Im Buch von Herrn Fließbach sind alle Themengebiete nochmal kurz zusammengefasst. Es ist sehr hilfreich für Übungsaufgaben

Die letzten beide Bücher behandeln die Thematik auf einem einführenden Niveau. Vor allem das Buch von Glazer und Wark ist ein kurzes, aber leicht zu lesendes Buch. Ich empfehle dringlichst, die grundlegenden Konzepte zu verstehen.

Kinetische Theorie des idealen Gases

21

Die kinetische Theorie beschreibt die thermischen Eigenschaften des idealen Gases durch Mittelwerte, die aus den Eigenschaften individueller Teilchen stammen. Diese Teilchen bilden das Gas. Kennt man beispielsweise die Wahrscheinlichkeitsverteilung von der Energie oder den Geschwindigkeiten der einzelnen Teilchen, ist man in der Lage, Aussagen über die makroskopischen Größen des Gases, wie innere Energie, Wärmekapazität, Druck und Fluss, zu treffen.

21.1 Ideale Gase

Die kinetische Theorie lässt sich nur auf ideale Gase anwenden, welche ein sehr einfaches Modell von realen Gase darstellen. Im Modell des idealen Gases werden die Teilchen des Gases durch harte Kugeln beschrieben, die sich in zufällige Richtungen bewegen und ständig miteinander und mit der Wand des Containers zusammenstoßen. Die Annahmen des idealen Gases und der kinetischen Theorie sind:

1. Größe des Moleküls $\ll$ mittlerer Molekülabstand. (Teilchenvolumen sind vernachlässigbar.)
2. Wechselwirkung zwischen Teilchen ist vernachlässigbar.
3. Alle Stöße laufen vollständig elastisch ab, d. h., Impuls und Energie zwischen stoßenden Teilchen bleiben erhalten.
4. Energieaustausch zwischen Teilchen erfolgt ausschließlich über Kollisionen.
5. Die Geschwindigkeitsverteilung der Teilchen ist zeitlich konstant.

Bei niedrigen Drücken und hohen Temperaturen verhalten sich alle Gase wie ideale Gase, da dort die Annahmen über relative Volumina und Wechselwirkungen zwischen Teilchen erfüllt sind. Edelgase, wie Helium, Neon und Argon, erfüllen auch bei niedrigen Temperaturen die Bedienung der vernachlässigbar kleinen Wechselwirkungen zwischen den Teilchen, da sie keine offenen Schalen besitzen und daher kaum Kräfte untereinander zeigen.

Gesetz des idealen Gases

Eine der definierenden Eigenschaften des idealen Gases ist die Erfüllung des *idealen Gasgesetzes*. Dieses Gesetz setzt die makroskopischen Eigenschaften Druck, p [Pa], Temperatur, T [K], und Volumen, V [m ^{3}] für ein aus n Mol [mol] (Gl. 21.1) bestehendes Gas in einen Zusammenhang. Ein Mol ist ein Maß für die Menge einer Substanz und entspricht einer festen Anzahl von Teilchen oder Molekülen, nämlich $N_A = 6{,}022 \cdot 10^{23}$ Teilchen. Diese Anzahl wird *Avogadro-Konstante* genannt, N_A [$6{,}022 \cdot 10^{23}$ mol^{-1}].

Dadurch lässt sich die Mol-Anzahl einer Substanz bestehend aus N Teilchen als

$$n = \frac{N}{N_\mathrm{A}}\,\mathrm{mol}$$

darstellen.

Gesetz des idealen Gases:

$$pV = nRT \tag{21.1}$$
$$= Nk_\mathrm{B}T\,, \tag{21.2}$$

wobei die universelle Gaskonstante durch

$$R = N_\mathrm{A}k_\mathrm{B}$$
$$= \frac{N}{n}k_\mathrm{B} \tag{21.3}$$

gegeben ist.

Das Gesetz des idealen Gases geht aus der Verbindung dreier anderer Gesetze hervor. Diese anderen Gesetze wurden empirisch gefunden:

1. Gesetz von Boyle: $V \propto 1/p$ bei konstantem T und n.
2. Gesetz von Charles: $V \propto T$ bei konstantem p und n.
3. Gesetz von Avogadro: $V \propto n$ bei konstantem T und p.

Aus diesen drei Gesetzen folgt:

$$\frac{pV}{nT} = \text{konstant} = R\,.$$

Die Proportionalitätskonstante ist die *universelle Gaskonstante*, R [8.31 J K^{-1} mol^{-1}]. Diese lässt sich mit der *Boltzmann-Konstanten*, k_B [$1.38 \cdot 10^{-23}$ J K^{-1}] durch

$$R = N_\mathrm{A}k_\mathrm{B}$$

in einen Zusammenhang bringen (Gl. 21.3). Dadurch können wir R durch die Boltzmann Konstante im Gesetz des idealen Gases ersetzen. Für ein ideales Gas mit N Teilchen erhalten wir Gl. 21.2. Das ideale Gasgesetz lässt sich nur auf Systeme im Gleichgewicht anwenden. Das sind Systeme, deren Eigenschaften zeitlich konstant sind.

21.2 Die Boltzmann-Verteilung

Dass die Energien der Teilchen eines idealen Gases nach der *Boltzmann-Verteilung der Energie*[1], $f(\varepsilon)$, (Gl. 21.4) verteilt sind, ist ein weiteres Postulat der kinetischen Theorie.

[1] Zur Herleitung der Boltzmann-Verteilung siehe Abschn. 24.4

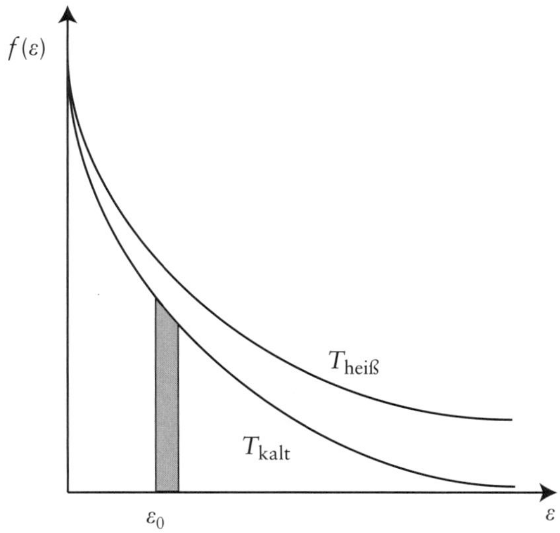

Abbildung 21.1 Die Boltzmann-Verteilung fällt als eine Funktion der Energie exponentiell ab. Für höhere Temperaturen besitzt sie eine größere Abklingkonstante. Daher fällt die Kurve weniger steil ab. (Die Kurven wurden so skaliert, dass sie den gleichen Wert bei $\varepsilon = 0$ besitzen. Sie sind nicht normiert.) Die Wahrscheinlichkeit ein Teilchen mit einer Energie zwischen ε_0 und $\varepsilon_0 + \mathrm{d}\varepsilon$ bei T_{kalt} zu finden, entspricht der schattierten Fläche

Die Wahrscheinlichkeit, dass ein Teilchen eine Energie zwischen ε und $\varepsilon + \mathrm{d}\varepsilon$ besitzt, ist durch die Boltzmann-Verteilung, $f(\varepsilon)$d", gegeben. Die Boltzmann-Verteilung ist eine exponentiell abfallende Funktion der Energie, welche nur von der Temperatur des Gases abhängt (Abb. 21.1). Der exponentielle Faktor in Gl. 21.4 wird auch *Boltzmann-Faktor* genannt. Der Vorfaktor, A, ist die Normierungskonstante. Aufgrund der Bedingung, dass das Integral der Wahrscheinlichkeitsverteilung über alle Energien eins sein muss, kann A berechnet werden (Gln. 21.5 und 21.6).

Die Boltzmann-Verteilung:

$$f(\varepsilon)\,\mathrm{d}\varepsilon = A \underbrace{\mathrm{e}^{-\varepsilon/k_\mathrm{B}T}}_{\substack{\text{Boltzmann}\\ \text{Faktor}}} \mathrm{d}\varepsilon \qquad (21.4)$$

Mit der Normierungsbedingung,

$$\int_0^\infty f(\varepsilon)\,\mathrm{d}\varepsilon = 1\,. \qquad (21.5)$$

Daher folgt für die Normierungskonstante,

$$A = \frac{1}{\int_0^\infty \mathrm{e}^{-\varepsilon/k_\mathrm{B}T}\,\mathrm{d}\varepsilon}\,. \qquad (21.6)$$

21.3 Die Maxwell-Boltzmann-Verteilung

Die *Maxwell-Boltzmann-Verteilung* ist eine Erweiterung der Boltzmann-Verteilung. Im Gegensatz zu jener, welche die Wahrscheinlichkeit, ein Teilchen mit einer bestimmten *Energie* zu finden, beschreibt, ordnet die Maxwell-Boltzmann-Verteilung, ein Teilchen mit einer bestimmten *Geschwindigkeit* zu finden, eine Wahrscheinlichkeit zu. Für ein ideales Gas ohne externe Kräfte, die beispielsweise durch Gravitation hervorgerufen werden, ist die Gesamtenergie eines Teilchens gleich dessen kinetischer Energie. Die Energie eines Teilchens der Masse m und Geschwindigkeit v ergibt sich durch:

$$\varepsilon = \frac{1}{2}mv^2\,.$$

Wenn wir nun ε aus Gl. 21.4 eliminieren, können wir die Wahrscheinlichkeitsverteilung durch die Teilchengeschwindigkeit ausdrücken:

$$f_v(v) = A\,\mathrm{e}^{-mv^2/2k_\mathrm{B}T}\,.$$

In diesem Fall ist der Boltzmann-Faktor eine Gaußkurve, wohingegen er bei der Boltzmann-Verteilung der Energien eine exponentiell abfallende Funktion war. Der Index bei $f_v(v)$ zeigt an, dass die Abhängigkeit der Funktion vom Parameter v in der Maxwell-Boltzmann-Verteilung ein anderer ist als bei der Boltzmann-Verteilung von ε, welche weiterhin als $f(\varepsilon)$ bezeichnet wird. Es ist wichtig, konsistent mit der Notation umzugehen, da es verschiedene Größen gibt, in denen die Maxwell-Boltzmann-Verteilung auftritt:

Dreidimensionale Geschwindigkeitsverteilung:

$$f_v(\vec{v})\ \mathrm{d}^3v$$

Eindimensionale Geschwindigkeitsverteilung:

$$f_v(v_x)\ \mathrm{d}v_x$$

Richtungsfreie Geschwindigkeitsverteilung:

$$F_v(v)\ \mathrm{d}v$$

Die Geschwindigkeitsverteilungen sind von der *Richtung* der Teilchen abhängig, daher sind es Geschwindigkeits*vektor*funktionen ($\vec{v}$ in drei Dimensionen oder v_x in einer Dimension). Im Gegensatz dazu hängt die richtungsfreie Geschwindigkeitsverteilung nur vom *Betrag* der Geschwindigkeit, v, ab. Die Abhängigkeit von v ist eine andere als bei den Geschwindigkeitsverteilungen und wir bezeichnen sie als F_v und nicht als f_v. Im Folgenden betrachten wir die verschiedenen Verteilungen im Einzelnen.

21.3.1 Geschwindigkeitsverteilungen

Zuerst schauen wir uns die eindimensionale Geschwindigkeitsverteilung, $f_v(v_x)\,dv_x$, an. Einsetzen von $\varepsilon = mv_x^2/2$ in Gl. 21.4 führt auf die eindimensionale Geschwindigkeitsverteilung,

$$f_v(v_x)\,dv_x = A\,e^{-mv_x^2/2k_BT}\,dv_x\,.$$

Sie beschreibt die Wahrscheinlichkeit, dass ein Teilchen eine Geschwindigkeit zwischen v_x und $v_x + dv_x$ in x-Richtung besitzt. (Ähnliche Verteilungen existieren für Geschwindigkeiten in die y- oder z-Richtung.) Die Normierungskonstante, A, erhalten wir durch Integrieren der Verteilungsfunktion über die gesamten eindimensionalen Geschwindigkeiten von $-\infty$ bis ∞. Da das Integral eins ergeben muss, wie in Herleitung 21.1 gezeigt, erhalten wir A. Diese Bedingung stellt sicher, dass die Gesamtwahrscheinlichkeit eins ist. Die normierte Geschwindigkeitsverteilung ist eine Gauß-Verteilung (Gl. 21.7 und Abb. 21.3).

Geschwindigkeitsverteilungen (Herleitung 21.1 und 21.2):

In einer Dimension:

$$f_v(v_x)\,dv_x = \sqrt{\frac{m}{2\pi k_BT}}\;\underbrace{e^{-mv_x^2/2k_BT}}_{\text{Boltzmann Faktor}}\,dv_x \tag{21.7}$$

In drei Dimensionen:

$$f_v(\vec{v})\,d^3v = \left(\frac{m}{2\pi k_BT}\right)^{\frac{3}{2}}\underbrace{e^{-mv^2/2k_BT}}_{\text{Boltzmann Faktor}}\,d^3v \tag{21.8}$$

Es ist einfach, dies auf drei Dimensionen zu verallgemeinern. Wir ersetzen v_x durch $\vec{v}$. Das Quadrat der Gesamtgeschwindigkeit ist durch

$$v^2 = v_x^2 + v_y^2 + v_z^2$$

gegeben; und das infinitesimale Volumenelement des Geschwindigkeitsraums ergibt sich als

$$d^3v = dv_x\,dv_y\,dv_z$$

(Abb. 21.2). Der Ausdruck für die normierte dreidimensionale Verteilung, $f(\vec{v})\,d^3v$, ist auch eine Gauß-Verteilung (Abb. 21.8 und Herleitung 21.2). Gl. 21.8 gibt die Wahrscheinlichkeit wieder, dass die Geschwindigkeit eines Teilchens in einem Volumenelement d^3v um den Geschwindigkeitvektor $\vec{v}$ liegt (Abb. 21.2).

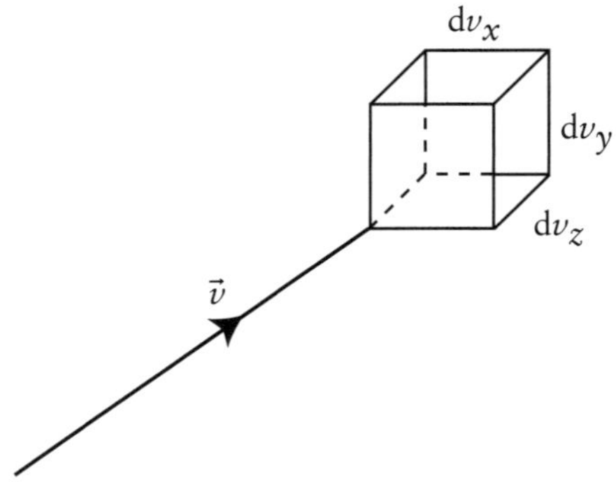

Abbildung 21.2 Infinitesimales Volumenelement des Geschwindigkeitsraums, $d^3v = dv_x\,dv_y\,dv_z$, eines Teilchens mit der Geschwindigkeit $\vec{v}$

Mittelwerte

Sowohl die ein- als auch die dreidimensionalen Geschwindigkeitsverteilungen sind Gauß-Verteilungen, die um den Ursprung zentriert liegen. Die Standardabweichung einer Gaußkurve der Form $e^{-\alpha x^2}$ ist $\sigma = 1/\sqrt{2\alpha}$. Daher sehen wir, dass die Standardabweichungen der Geschwindigkeitsverteilungen temperaturabhängig sind:

$$\sigma_{1D} = \sqrt{\frac{k_BT}{m}}$$

$$\text{und}\quad \sigma_{3D}^2 = 3\,\sigma_{1D}^2$$

$$\therefore\ \sigma_{3D} = \sqrt{\frac{3k_BT}{m}}\,.$$

Das Zentrum der Verteilung entspricht der Durchschnittsgeschwindigkeit, $\langle v_x\rangle$, während die Standardabweichung dem quadratischen Mittelwert entspricht, $\sqrt{\langle v_x^2\rangle}$. In der Beispielrechnung 21.1 wurden diese Mittelwerte mithilfe von Gl. 21.7 ausgerechnet.

21.3.2 Richtungsfreie Geschwindigkeitsverteilung

Die richtungsfreie Geschwindigkeitsverteilung, $F_v(v)\,dv$, gibt die Wahrscheinlichkeit eines Teilchens an, eine richtungsfreie Geschwindigkeit zwischen v und $v + dv$ zu haben, und ist daher unabhängig von der Richtung der Geschwindigkeit. Wenn wir die dreidimensionale Geschwindigkeitsverteilung in Kugelkoordinaten ausdrücken, ergibt sich das Volumenelement im Geschwindigkeitsraum als

$$d^3v = v^2 \sin\theta\,dv\,d\theta\,d\phi\,.$$

Herleitung 21.1: Herleitung der eindimensionalen Geschwindigkeitsverteilung (Gl. 21.7)

- Ansatz: Die eindimensionale Maxwell-Boltzmann-Verteilung für Geschwindigkeiten ist:

$$f_v(v_x)\,\mathrm{d}v_x = A\,\mathrm{e}^{-mv_x^2/2k_\mathrm{B}T}\,.$$

$$\int_{-\infty}^{\infty} f_v(v_x)\,\mathrm{d}v_x = A\int_{-\infty}^{\infty} \mathrm{e}^{-mv_x^2/2k_\mathrm{B}T}\,\mathrm{d}v_x = A\sqrt{\frac{2\pi k_\mathrm{B}T}{m}}$$

- Um die Normierungsbedingung zu erfüllen, muss das Integral über alle Geschwindigkeiten eins ergeben:

$$\int_{-\infty}^{\infty} f_v(v_x)\,\mathrm{d}v_x = 1\,.$$

- Um das Integral auszuführen, nutzen wir das häufig vorkommende Integral.

$$\int_{-\infty}^{\infty} \mathrm{e}^{-\alpha x^2}\,\mathrm{d}x = \sqrt{\frac{\pi}{\alpha}}\,.$$

Daher folgt aus der Normierungsbedingung:

$$A = \sqrt{\frac{m}{2\pi k_\mathrm{B}T}}$$

$$\therefore f_v(v_x)\,\mathrm{d}v_x = \sqrt{\frac{m}{2\pi k_\mathrm{B}T}}\,\mathrm{e}^{-mv_x^2/2k_\mathrm{B}T}\,\mathrm{d}v_x\,.$$

Herleitung 21.2: Herleitung der dreidimensionalen Geschwindigkeitsverteilung (Gl. 21.8)

- Ansatz: Die normierte eindimensionale Maxwell-Boltzmann-Verteilung für Geschwindigkeiten ist:

$$f_v(v_x)\,\mathrm{d}v_x = \sqrt{\frac{m}{2\pi k_\mathrm{B}T}}\,\mathrm{e}^{-mv_x^2/2k_\mathrm{B}T}\,\mathrm{d}v_x$$

(siehe auch Herleitung 21.1).

- Die dreidimensionale Geschwindigkeitsverteilung ist das Produkt aus drei eindimensionalen Geschwindigkeitsverteilungen, wobei

$$\mathrm{d}^3v = \mathrm{d}v_x\,\mathrm{d}v_y\,\mathrm{d}v_z$$
$$\text{und}\quad v^2 = v_x^2 + v_y^2 + v_z^2\,.$$

$$\begin{aligned} f_v(\vec{v})\,\mathrm{d}^3v &= (f_v(v_x)\,\mathrm{d}v_x)\,(f_v(v_y)\,\mathrm{d}v_y)\,(f_v(v_z)\,\mathrm{d}v_z) \\ &= \left(\frac{m}{2\pi k_\mathrm{B}T}\right)^{\frac{3}{2}} \mathrm{e}^{-m(v_x^2+v_y^2+v_z^2)/2k_\mathrm{B}T}\,\mathrm{d}^3v \\ &= \left(\frac{m}{2\pi k_\mathrm{B}T}\right)^{\frac{3}{2}} \mathrm{e}^{-mv^2/2k_\mathrm{B}T}\,\mathrm{d}^3v \end{aligned}$$

Wenn wir nun die Integration über die Winkel θ und ϕ ausführen, entfernen wir die Richtungsabhängigkeit:

$$\begin{aligned} F_v(v)\,\mathrm{d}v &= \int_0^{2\pi}\int_0^{\pi} f_v(\vec{v})v^2 \sin\theta\,\mathrm{d}v\,\mathrm{d}\theta\,\mathrm{d}\phi \\ &= 4\pi v^2 f_v(\vec{v})\,\mathrm{d}v \\ &= 4\pi v^2 \left(\frac{m}{2\pi k_\mathrm{B}T}\right)^{\frac{3}{2}} \mathrm{e}^{-mv^2/2k_\mathrm{B}T}\,\mathrm{d}v \end{aligned}$$

(Gl. 21.9). Diese Verteilung hat den gleichen gaußförmigen Boltzmann-Faktor wie die normalen Geschwindigkeitsverteilungen. Die gesamte Verteilung ist jedoch keine Gauß-Verteilung mehr, da der Boltzman-Faktor mit v^2 multipliziert wird. Daraus folgt, dass die Wahrscheinlichkeitsverteilung im Vergleich zu einer Gaußkurve zu hohen Geschwindigkeiten verschoben ist (Abb. 21.4). Die mittlere richtungsfreie Geschwindigkeit, $\langle v\rangle$, das quadratische Mittel der absoluten Geschwindigkeit, $\sqrt{\langle v^2\rangle}$, und die modale absolute Geschwindigkeit, v_m, welche auch in Abb. 21.4 eingezeichnet sind, werden in der Beispielrechnung 21.2 berechnet.

Beispielrechnung 21.1: Mithilfe von Gl. 21.7 berechnen wir Mittelwerte von Teilchengeschwindigkeiten

1. Die mittlere Geschwindigkeit, $\langle v_x \rangle$, entspricht dem Erwartungswert einer Gauß-Verteilung, μ_x. Da es keine bevorzugte Richtung der Bewegung gibt, ist die mittlere Geschwindigkeit null.
2. Das quadratische Mittel der Geschwindigkeit, $\sqrt{\langle v_x^2 \rangle}$, ist unabhängig von der Richtung, daher erwarten wir einen von null verschiedenen Wert. Wir erkennen, dass $\sqrt{\langle v_x^2 \rangle}$ der Standardabweichung der Gauß-Verteilung, σ_x, entspricht.
3. Da die drei Komponenten v_x, v_y, und v_z unabhängig voneinander sind, ist das Quadrat der Standardabweichung der *dreidimensionalen* Geschwindigkeitsverteilung gleich der Summe der Quadrate der einzelnen Komponenten:

$$\sigma^2 = \sigma_x^2 + \sigma_y^2 + \sigma_z^2 .$$

Daher ist das quadratische Mittel der Gesamtgeschwindigkeit durch

$$\sqrt{\langle v^2 \rangle} = \sqrt{\langle v_x^2 \rangle + \langle v_y^2 \rangle + \langle v_z^2 \rangle} = \sqrt{\frac{3k_B T}{m}}$$

gegeben.

1. Mittlere Geschwindigkeit:

$$\begin{aligned} \langle v_x \rangle &= \int_{-\infty}^{\infty} v_x f_v(v_x)\,dv_x \\ &= \sqrt{\frac{m}{2\pi k_B T}} \int_{-\infty}^{\infty} v_x\, e^{-mv_x^2/2k_B T}\,dv_x \\ &= 0 \\ &\equiv \mu_x \end{aligned}$$

2. Mittlere quadratische Geschwindigkeit:

$$\begin{aligned} \langle v_x^2 \rangle &= \int_{-\infty}^{\infty} v_x^2 f_v(v_x)\,dv_x \\ &= \sqrt{\frac{m}{2\pi k_B T}} \int_{-\infty}^{\infty} v_x^2\, e^{-mv_x^2/2k_B T}\,dv_x \\ &= \frac{k_B T}{m} \\ &\equiv \sigma_x^2 \end{aligned}$$

$$\therefore \sqrt{\langle v_x^2 \rangle} = \sigma_x = \sqrt{\frac{k_B T}{m}}$$

3. Für die Integrationen nutzen wir das Standardintegral:

$$\int_{-\infty}^{\infty} x\, e^{-\alpha x^2}\,dx = 0$$

$$\int_{-\infty}^{\infty} x^2\, e^{-\alpha x^2}\,dx = \frac{1}{2\alpha}\sqrt{\frac{\pi}{\alpha}}$$

Beispielrechnung 21.2: Mithilfe von Gl. 21.9 berechnen wir Mittelwerte von richtungsfreien Teilchengeschwindigkeiten

1. Die mittlere absolute Geschwindigkeit, $\langle v\rangle$, ergibt sich als Mittel der richtungsfreien Geschwindigkeitsverteilung, $F_v(v)$. Da wir nur mit absoluten Geschwindigkeiten arbeiten – d. h., negative Werte müssen nicht berücksichtigt werden – ergeben sich die Grenzen der Integration als 0 und ∞.
2. Das mittlere Quadrat der absoluten Geschwindigkeit, $\sqrt{\langle v^2\rangle}$, ist das gleiche wie im Fall der dreidimensionalen Geschwindigkeitsverteilung (siehe Beispielrechnung 21.1). Dies war zu erwarten, da durch Quadrierung der Geschwindigkeit jegliche Information über die Richtung wegfällt.
3. Die modale absolute Geschwindigkeit ist das Maximum von $F_v(v)$, daher muss
$$\left(\frac{\mathrm{d}F_v(v)}{\mathrm{d}v}\right)_{v_\mathrm{m}} = 0$$
gelten.
4. Das Verhältnis der Mittelwerte ist
$$v_\mathrm{m} : \langle v\rangle : \sqrt{\langle v^2\rangle} = \sqrt{2} : \sqrt{\frac{8}{\pi}} : \sqrt{3}$$
$$\simeq 1 : 1.13 : 1.22$$
(siehe Abb. 21.4).
5. Für die Integration nutzen wir die Standardintegrale:
$$\int_0^\infty x^3\,\mathrm{e}^{-\alpha x^2}\,\mathrm{d}x = \frac{1}{2\alpha^2}$$
$$\int_0^\infty x^4\,\mathrm{e}^{-\alpha x^2}\,\mathrm{d}x = \frac{3}{8\alpha^2}\sqrt{\frac{\pi}{\alpha}}$$

1. Mittlere absolute Geschwindigkeit:
$$\langle v\rangle = \int_0^\infty vF_v(v)\,\mathrm{d}v$$
$$= 4\pi\left(\frac{m}{2\pi k_\mathrm{B}T}\right)^{3/2}\int_0^\infty v^3\,\mathrm{e}^{-mv^2/2k_\mathrm{B}T}\,\mathrm{d}v$$
$$= \sqrt{\frac{8k_\mathrm{B}T}{\pi m}}$$
2. Mittleres Quadrat der absoluten Geschwindigkeit:
$$\left\langle v^2\right\rangle = \int_0^\infty v^2F_v(v)\,\mathrm{d}v$$
$$= 4\pi\left(\frac{m}{2\pi k_\mathrm{B}T}\right)^{3/2}\int_0^\infty v^4\,\mathrm{e}^{-mv^2/2k_\mathrm{B}T}\,\mathrm{d}v$$
$$= \frac{3k_\mathrm{B}T}{m}$$
$$\therefore \sqrt{\langle v^2\rangle} = \sqrt{\frac{3k_\mathrm{B}T}{m}}\,.$$
3. Modale absolute Geschwindigkeit: Ableiten von $F_v(v)$ und anschließendes Nullsetzen von der Ableitung führt zu
$$v_\mathrm{m} = \sqrt{\frac{2k_\mathrm{B}T}{m}}\,.$$

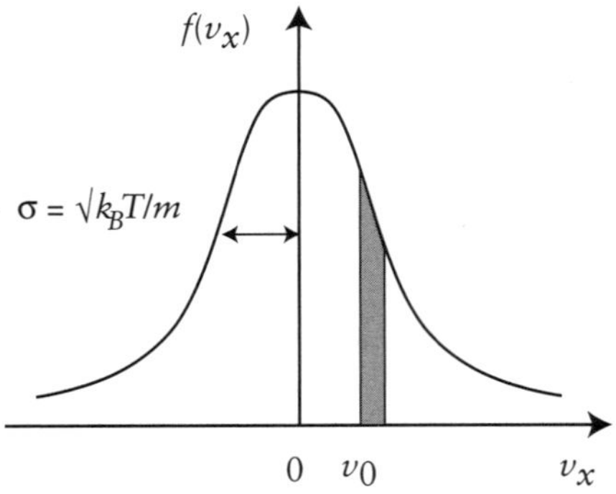

Abbildung 21.3 Eindimensionale Maxwell-Boltzmann-Geschwindigkeitsverteilung. Die Verteilung ist eine Gauß-Verteilung, zentriert um die mittlere Geschwindigkeit, $\langle v_x \rangle$, welche hier null ist, da es keine ausgezeichnete Richtung gibt. Die Standardabweichung, $\sqrt{k_\mathrm{B} T/m}$, erhöht sich mit steigender Temperatur. Die schattierte Fläche entspricht der Wahrscheinlichkeit, ein Teilchen mit einer Geschwindigkeit zwischen v_0 und $v_0 + \mathrm{d}v$ zu finden. Die gesamte Fläche unter der Kruve ist auf eins normiert (Gesamtwahrscheinlichkeit = 1)

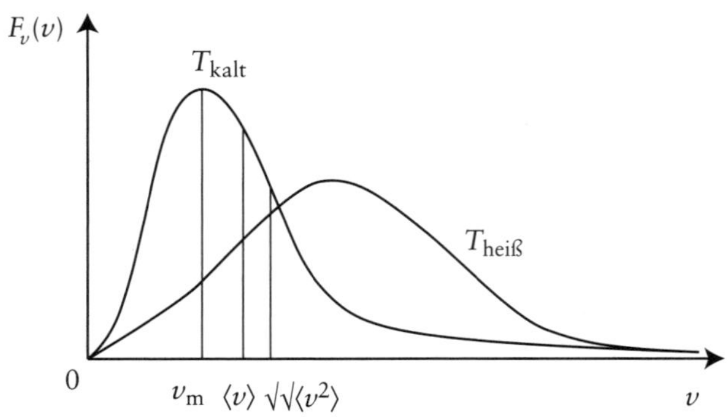

Abbildung 21.4 Richtungsfreie Maxwell-Boltzmann-Geschwindigkeitsverteilung. Für Systeme mit hoher Temperatur nimmt die Gewichtung hoher Teilchengeschwindigkeiten zu. Die Verhältnisse der gemittelten Geschwindigkeiten ergeben sich als $v_\text{m} : \langle v \rangle : \sqrt{\langle v^2 \rangle} \simeq 1 : 1.13 : 1.22$ und sind damit unabhängig von T und m (siehe Beispielrechnung 21.2)

Richtungsfreie Geschwindigkeitsverteilung

$$F_v(v)\,\mathrm{d}v = 4\pi v^2 \left(\frac{m}{2\pi k_\mathrm{B} T}\right)^{\frac{3}{2}} \underbrace{\mathrm{e}^{-mv^2/2k_\mathrm{B}T}}_{\substack{\text{Boltzmann}\\ \text{Faktor}}} \mathrm{d}v \qquad (21.9)$$

21.4 Eigenschaften von Gasen

Aus der Maxwell-Boltzmann-Wahrscheinlichkeitsverteilung lassen sich mittlere Geschwindigkeiten und mittlere absolute Geschwindigkeiten herleiten, wie wir es in den Beispielrechnungen 21.1 und 21.2 gezeigt haben. Wie wir im Folgenden sehen werden, lassen sich aus diesen Mittelwerten makroskopische Eigenschaften des Systems entnehmen, wenn es sich im Gleichgewicht befindet.

21.4.1 Teilchenenergien

Mithilfe der mittleren quadratischen Geschwindigkeit, $\langle v^2 \rangle$, aus der Beispielrechnung 21.2 lässt sich die mittlere kinetische Energie (KE) pro Teilchen berechnen:

$$\begin{aligned}\langle \mathrm{KE} \rangle_\mathrm{3D} &= \frac{1}{2} m \left\langle v^2 \right\rangle \\ &= \frac{3}{2} k_\mathrm{B} T \qquad (21.10)\end{aligned}$$

oder im Fall einer eindimensionalen Bewegung:

$$\begin{aligned}\langle \mathrm{KE} \rangle_\mathrm{1D} &= \frac{1}{2} m \left\langle v_x^2 \right\rangle \\ &= \frac{1}{2} k_\mathrm{B} T\,. \qquad (21.11)\end{aligned}$$

Wir sehen, dass die kinetische Energie pro Teilchen im Gas nur von dessen Temperatur abhängt. Die kinetische Energie lässt sich in drei Komponenten unterteilen. Dabei kann jeder Term einem von drei unabhängigen Freiheitsgraden zugeordnet werden. Diese Freiheitsgrade entsprechen den Bewegungsmöglichkeiten in $x-$, $y-$ und z-Richtung.[2]

Aus Gln. 21.10 und 21.11 erkennen wir, dass mit jedem Freiheitsgrad die kinetische Energie um $k_B T/2$ steigt. Da die mittlere kinetische Energie pro Teilchen nur von der Temperatur abhängt, wird diese auch manchmal als *thermische* Energie des Systems bezeichnet. Man sagt, dass Atome sich *thermisch bewegen*, falls sie dieselbe Temperatur aufweisen und sich ihre Geschwindigkeit mit steigender Temperatur erhöht. Aufgrund von Kollisionen verläuft eine thermische Bewegung wie eine Zufallsbewegung. Als *Brown'sche Bewegung* bezeichnet man die Bewegung eines großen Teilchens in Flüssigkeit oder Gas, die durch Stöße mit Atomen und Molekülen verursacht wird.

Innere Energie

Die Summe von kinetischer und potentieller Energie der einzelnen Teilchen eines Gases bezeichnet man als *innere Energie*, *U* [J]. Die *potentielle Energie* besteht sowohl aus chemischer Energie, die in den atomaren Bindungen steckt, als auch in den Wechselwirkungen zwischen

[2] In diesem Kontext ist ein *Freiheitsgrad* ein Parameter, der eine unabhängige Bewegungsrichtung definiert.

Molekülen. Da die Wechselwirkungen zwischen Teilchen im idealen Gas vernachlässigt werden, ist die potentielle Energie in einem idealen Gas per Definition null. Die innere Energie des idealen Gases besteht also einzig aus der *kinetischen* Energie der Teilchen. Für ein einatomiges ideales Gas aus N Teilchen, welches drei Freiheitsgrade der Bewegung (x, y und z) besitzt, gilt daher:

$$\begin{aligned} U_{3D} &= N\langle \text{KE}\rangle_{3D} \\ &= \frac{3}{2}Nk_BT \\ &\equiv \frac{3}{2}nRT\,, \end{aligned} \tag{21.12}$$

wobei wir die Identität $Nk_B \equiv nR$ aus Gl. 21.3 genutzt haben, um Nk_B zu eliminieren. Auf die gleiche Art und Weise erhalten wir im eindimensionalen Fall:

$$\begin{aligned} U_{1D} &= N\langle \text{KE}\rangle_{1D} \\ &= \frac{1}{2}Nk_BT \\ &= \frac{1}{2}nRT\,. \end{aligned} \tag{21.13}$$

Wie wir sehen, hängt die innere Energie eines idealen Gases nur von der Temperatur ab. (In *realen* Gasen können Wechselwirkungen zwischen den Teilchen nicht vernachlässigt werden. Daher ist die innere Energie nicht nur temperaturabhängig, sondern auch abhängig vom Volumen des Gases.)

Die Gln. 21.12 und 21.13 zeigen, dass die innere Energie pro Freiheitsgrad um $nRT/2$ ansteigt. Zweiatomige ideale Gase besitzen weitere Freiheitsgrade, nämlich Freiheitsgrade für Rotation und Vibration. Für jeden weiteren Freiheitsgrad steigt die innere Energie um $nRT/2$. Somit ergibt sich die innere Energie eines idealen Gases mit f unabhängigen Freiheitsgraden als:

$$\begin{aligned} U &= \frac{f}{2}Nk_BT \\ &= \frac{f}{2}nRT\,. \end{aligned} \tag{21.14}$$

Zum Beispiel gilt für ein einatomiges ideales Gas $f = 3$ (Bewegung in die x-, y- und z-Richtung). Hantelförmige zweiatomige Gase haben darüber hinaus zwei Rotations- und zwei Vibrationsfreiheitsgrade (siehe Abb. 21.5). Daher gilt für ein hantelförmiges zweiatomiges Gas ohne Vibrationen $f = 5$; besitzt es auch radiale Vibrationsfreiheitsgrade, gilt $f = 7$.

Druck und innere Energie

Aus Gl. 21.14 und dem idealen Gasgesetz erhalten wir eine Beziehung zwischen dem Druck, p [Pa], und der inneren Energie pro Einheitsvolumen, $u = U/V$ [J m^{-3}]:

$$p = \frac{2}{f}u\,. \tag{21.15}$$

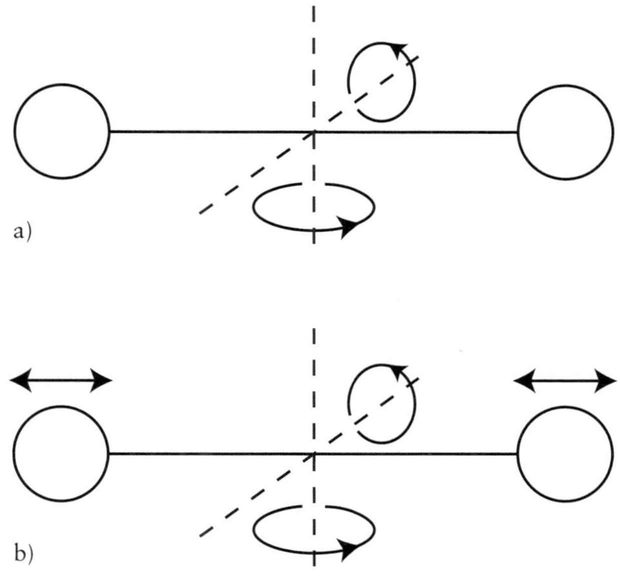

Abbildung 21.5 **a** Rotationsfreiheitsgrade für ein hantelförmiges zweiatomiges ideales Gas und **b** Rotations- und Vibrationsfreiheitsgrade

Für ein ideales einatomiges Gas, für das $f = 3$ gilt, ergibt sich der Druck:

$$p = \frac{2}{3}u\,.$$

Das Äquipartitionstheorem

Gleichung 21.14 bildet die Grundlage für das *Äquipartitionstheorem*, das aussagt, dass die innere Energie eines Systems gleichmäßig auf alle Freiheitsgrade aufgeteilt wird. Anders ausgedrückt erhalten wir für jeden Freiheitsgrad einen zusätzlichen Beitrag $RT/2$ [J mole^{-1}] bzw. $k_BT/2$ [J Moleküle^{-1}] zur freien Energie (Gln. 21.16 und 21.17).

Das Äquipartitionstheorem gilt, falls die innere Energie quadratisch vom jeweiligen Freiheitsgrad abhängt.[3]

Die Abhängigkeit der kinetischen Energie von v oder p ist beispielsweise quadratisch:

$$\text{KE} = \frac{1}{2}mv^2 \equiv \frac{p^2}{2m}\,.$$

Ein weiteres Beispiel ist die potentielle Energie des harmonischen Oszillators, welcher quadratisch in x ist:

$$V_{SHO} = \frac{1}{2}kx^2\,,$$

[3] Der Beweis benötigt die statistische Mechanik, siehe Abschn. 24.4.4.

wobei k [N m^{-1}] die Federkonstante ist. In diesen Fällen kann das Äquipartitionstheorem auf die Systeme angewendet werden.

Äquipartitionstheorem:

Die durschnittliche Energie pro quadratischem Freiheitsgrad ist:

$$\langle E \rangle = \frac{1}{2}RT \quad \text{pro Mol} \tag{21.16}$$

$$\equiv \frac{1}{2}k_B T \quad \text{pro Molekül} \tag{21.17}$$

21.4.2 Wärmekapazität

Im letzten Kapitel sahen wir, dass die Temperatur eines idealen Gases ein Maß seiner inneren Energie ist. Ein Wärmestrom in oder aus einem idealen Gas ändert dessen Temperatur und damit dessen innere Energie. Die *Wärmekapazität*, C [J K^{-1}], eines Systems definieren wir als die Menge der Wärme, Q [J], die benötigt wird, um die Temperatur des Systems um 1 K zu erhöhen (Gl. 21.18). Die *spezifische* Wärmekapazität, c [J K^{-1}kg^{-1}], ist die Wärmekapazität pro Einheitsmasse, und die *molare* Wärmekapazität, c_m [J K^{-1} mol^{-1}], ist die Wärmekapazität pro Mol (Gln. 21.19 bzw. 21.20).

Wärmekapazität:

$$C = \left(\frac{\partial Q}{\partial T}\right) \tag{21.18}$$

Spezifische Wärmekapazität:

$$c = \frac{1}{m}\left(\frac{\partial Q}{\partial T}\right) \tag{21.19}$$

Molare Wärmekapazität:

$$c_m = \frac{1}{n}\left(\frac{\partial Q}{\partial T}\right) \tag{21.20}$$

Die Änderung der Temperatur mit Erhöhung der Energie eines Materials ist abhängig von der Natur seiner Bestandteile. Beispielsweise wird die zugeführte Energie in einem einatomigen idealen Gas komplett in kinetische Energie umgewandelt, wohingegen im zweiatomigen Gas ein Teil der zugefügten Energie in Rotations- oder Vibrationsenergie umgewandelt wird. Also steigt für dieselbe Menge an zugefügter Energie die Temperatur in einem einatomiges Gas stärker.

Wärmekapazität bei konstantem Volumen und Druck

Die *Wärmekapazität bei konstantem Volumen*, C_V [J kg^{-1}], ist als

$$C_V = \left(\frac{\partial Q}{\partial T}\right)_V$$

definiert, d. h., sie entspricht der Wärmekapazität, wenn wir Wärme zu unserem System hinzufügen und dabei das Volumen konstant lassen. Wegen der Energieerhaltung entspricht C_V der Änderung der inneren Energie von unserem System pro Temperaturänderung:

$$C_V = \frac{dU}{dT} \tag{21.21}$$

(Herleitung 21.3). Mithilfe von $U = fnRT/2$ (Gl. 21.14) sehen wir, dass C_V proportional zur Anzahl der Freiheitsgraden, f, eines Systems (Gl. 21.22) ist. Für unser einatomiges ideales Gas, welches drei Freiheitsgrade besitzt, erhalten wir eine Wärmekapazität bei konstantem Volumen von:

$$C_V = \frac{3}{2}nR\,.$$

Analogt definiert man die *Wärmekapazität bei konstantem Druck*, C_p [J kg^{-1}]:

$$C_p = \left(\frac{\partial Q}{\partial T}\right)_p\,.$$

D. h., sie entspricht der Wärmekapazität, wenn wir Wärme zu unserem System hinzufügen und dabei den Druck konstant lassen. C_p ist größer als C_V, da neben der Erhöhung der inneren Energie (also der Temperatur) auch die Erhöhung des Volumens Energie benötigt. Bei erneuter Verwendung der Energieerhaltung können wir zeigen, dass die Differenz der Wärmekapazitäten, $C_p - C_V$, gleich nR ist (Gl. 21.24 und Herleitung 21.3). Daher ist die Wärmekapazität bei konstantem Druck durch Gl. 21.23 gegeben. Die Wärmekapazität bei konstantem Druck für ein einatomiges ideales Gas ergibt sich als:

$$C_p = \frac{5}{2}nR\,.$$

Das Verhältnis der Wärmekapazitäten ist eine Konstante und wird als *Isentropenkoeffizient*, γ, (Gl. 21.25) bezeichnet. Für ein einatomiges ideales Gas gilt für den Isentropenkoeffizient:

$$\gamma = \frac{C_p}{C_V} = \frac{5}{3}\,.$$

C_V und C_p eines idealen Gases (Herleitung 21.3):

Wärmekapazität für f Freiheitsgrade:

$$C_V = \frac{f}{2} nR \tag{21.22}$$

$$C_p = \frac{f+2}{2} nR \tag{21.23}$$

Differenz der Wärmekapazitäten:

$$C_p - C_V = nR \tag{21.24}$$

Verhältnis der Wärmekapazitäten (Isentropenkoeffizient):

$$\frac{C_p}{C_V} = \frac{f+2}{f} \equiv \gamma \tag{21.25}$$

Nebenbemerkung zur latenten Wärme

In diesem Kapitel haben wir nur ideale Gase behandelt. Wenn jedoch eine Substanz ihren Agregatzustand ändert, also beispielsweise von fest zu flüssig oder flüssig zu gasförmig, dann ändert ein Hinzufügen von Wärme nicht die Temperatur des Körpers. Vielmehr wird die Wärme von den Bindungen zwischen den Teilchen aufgenommen. Dadurch erhöht sich die *potentielle* Energie der Teilchen. Die Temperatur der Substanz ändert sich während eines Phasenübergangs nicht, da die kinetische Energie der Teilchen konstant bleibt. Die Menge der Wärme, welche pro Einheitsmasse absorbiert oder freigegeben wird, bezeichnet man als *spezifische latente Wärme*, L [$\mathrm{J\,kg^{-1}}$] (Gl. 21.26). Die latente Schmelzwärme ist die Energie, die benötigt wird, eine Einheitsmasse zu schmelzen, wohingegen die latente Verdampfungswärme die Energie, die benötigt wird, um eine Einheitsmasse zu verdampfen, beschreibt. Schmelzen oder Verdampfen sind endotherme Prozesse, d. h., latente Wärme wird absorbiert. Kondensation oder Frieren sind exotherme Prozesse, d. h., latente Wärme wird freigegeben.

Latente Wärme:

$$L = \frac{Q}{m} \tag{21.26}$$

21.4.3 Druck

Vorhin haben wir die mittlere quadratische Geschwindigkeit des idealen Gases berechnet:

$$\left\langle v^2 \right\rangle = \frac{3k_\mathrm{B}T}{m}$$

(siehe Beispielrechnung 21.2). Wenn wir diese Formel nutzen, um $k_\mathrm{B}T$ aus dem idealen Gasgesetz zu entfernen, können wir den Druck durch $\langle v^2 \rangle$ ausdrücken:

$$p = \frac{1}{3} m n_\mathrm{p} \left\langle v^2 \right\rangle ,$$

wobei n_p [$\mathrm{m^{-3}}$] die Teilchendichte ist:

$$n_\mathrm{p} = \frac{N}{V} .$$

Auf das gleiche Ergebnis kommen wir, indem wir annehmen, dass der Druck des Gases der Kraft pro Einheitsfläche entspricht. Die Kraft entsteht durch Stöße von Molekülen gegen die Behälterwände (Gl. 21.27 und Herleitung 21.4). Ursprünglich erklärte Newton den Druck durch die Abstoßkraft zwischen Atomen, in der folgenden Berechnung sieht man jedoch, dass Druck nicht durch die zwischenatomare Abstoßkraft, sondern durch die Impulse der Moleküle entsteht.

Druck des idealen Gases (Herleitung 21.4):

$$p = \frac{1}{3} m n_\mathrm{p} \left\langle v^2 \right\rangle \tag{21.27}$$

21.4.4 Teilchenstrom

Eine ähnliche Herangehensweise können wir nutzen, um einen Ausdruck für den Teilchenstrom, Φ [$\mathrm{m^{-2}\,s^{-1}}$], zu erhalten. Der Teilchenstrom ist die Anzahl von Teilchen, die auf eine Oberfläche pro Einheitszeit und Einheitsfläche treffen. Er hängt von der Teilchendichte, n_p, und der durchschnittlichen Teilchengeschwindigkeit, $\langle v \rangle$, (Gl. 21.28 und Herleitung 21.5) ab, die wiederum von Druck und Temperatur abhängt. Dadurch können wir den Teilchenstrom durch p und T (Gl. 21.29 und Herleitung 21.5) ausdrücken und so die *mikro*skopische Bewegung von Teilchen mit den *makro*skopischen Eigenschaften des Gases – Druck und Temperatur – verbinden.

Herleitung 21.3: Herleitung der Ausdrücke C_V und C_p (Gl. 21.22–21.24)

Erster Hauptsatz der Thermodynamik:

$$\begin{aligned} dU &= dQ + dW \\ &= dQ - p\,dV \end{aligned}$$

Konstantes Volumen:

$$C_V = \left(\frac{\partial Q}{\partial T}\right)_V = \left(\frac{\partial U}{\partial T}\right)_V$$

U ist nur für ein ideales Gas eine Funktion von T:

$$\begin{aligned} \therefore C_V &= \frac{dU}{dT} \\ &= \frac{f}{2}nR \end{aligned}$$

Konstanter Druck:

$$\begin{aligned} dQ &= dU - dW \\ &= C_V\,dT + p\,dV \end{aligned}$$

$$\left(\frac{\partial Q}{\partial T}\right)_p = C_V + p\left(\frac{\partial V}{\partial T}\right)_p$$

$$\begin{aligned} \therefore C_p &= C_V + nR \\ &= \frac{f+2}{2}nR \end{aligned}$$

$$\therefore C_p - C_V = nR$$

- Ansatz: Die Energieerhaltung fordert, dass eine Erhöhung der inneren Energie dU, der zugefügten Wärme, dQ, und der am System verrichteten Arbeit, dW, entspricht:

$$dU = dQ + dW\,.$$

(Das ist der erste Haupsatz der Thermodynamik; siehe Abschn. 22.2.2.)

- Arbeit entspricht der Energie, die gebraucht wird, um das Volumen des Gases gegen seinen Druck zu ändern. Der Druck entsteht durch die Impulse der Moleküle (siehe Abschn. 22.2.2):

$$dW = -p\,dV\,.$$

- Konstantes Volumen: Die Wärmekapazität bei konstantem Volumen ist als

$$C_V = \left(\frac{\partial Q}{\partial T}\right)_V$$

definiert. Mithilfe dieser Formel und dem ersten Hauptsatz sehen wir, dass C_V der Änderung der inneren Energie pro Temperaturänderung entspricht. Da U nur für ein ideales Gas eine Funktion von T ist, können wir C_V anstelle einer *partiellen* als eine *totale* Ableitung, dU/dT, schreiben. Für ein ideales Gas mit f Freiheitsgraden gilt $U = fnRT/2$ (siehe Gl. 21.14).

- Konstanter Druck: Die Wärmekapazität bei konstantem Druck ist als

$$C_p = \left(\frac{\partial Q}{\partial T}\right)_V$$

definiert. Wir teilen den Ausdruck von dQ durch dT, während wir p konstant halten, danach nutzen wir das ideale Gasgesetz, $pV = nRT$, und erhalten $(\partial V/\partial T)_p$.

Teilchenstrom (Herleitung 21.5):

$$\Phi = \frac{1}{4}n_p\langle v\rangle \qquad (21.28)$$

$$\equiv \frac{p}{\sqrt{2\pi m k_B T}} \qquad (21.29)$$

Effusion

Der Prozess der Effusion bezeichnet das Austreten von Teilchen durch ein kleines Loch. Die Effusionsrate von Teilchen pro Einheitsvolumen, R_E [$m^{-2}\,s^{-1}$], entspricht dem Teilchenfluss, der auf das Loch trifft, als wäre jenes geöffnet:

$$\therefore R_E = \Phi = \frac{1}{4}n_p\langle v\rangle\,.$$

Herleitung 21.4: Herleitung des Drucks bei einem idealen Gas (Gl. 21.27)

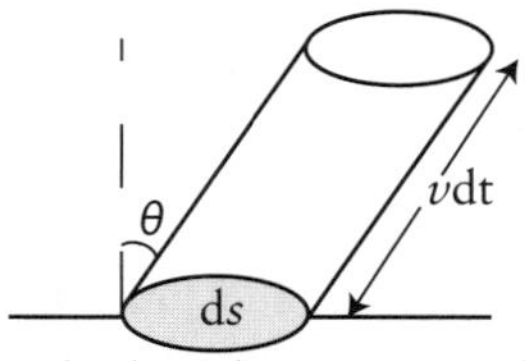

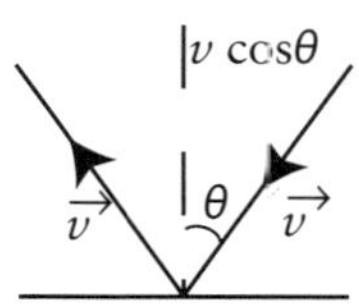

Zylindervolumen $V_C = v\,\mathrm{d}t\,\mathrm{d}s\cos\theta$ $\Delta v = 2v\cos\theta$

Teilchenzahl im Zylinder,
$N_C = n_p V_C = n_p v\,\mathrm{d}t\,\mathrm{d}s\cos\theta$

$$
\begin{aligned}
\mathrm{d}p &= \frac{F}{\mathrm{d}s}\mathrm{d}N \\
&= \frac{F}{\mathrm{d}s} N_C N_\Omega (F_v(v)\,\mathrm{d}v) \\
&= \frac{2mv\cos\theta}{\mathrm{d}s\,\mathrm{d}t} \\
&\quad \cdot \frac{(n_p v\,\mathrm{d}t\,\mathrm{d}s\cos\theta)(\sin\theta\,\mathrm{d}\theta\,\mathrm{d}\phi)(F_v(v)\,\mathrm{d}v)}{4\pi} \\
&= \frac{1}{2\pi} m n_p v^2 F_v(v)\,\mathrm{d}v\cos^2\theta\sin\theta\,\mathrm{d}\theta\,\mathrm{d}\phi \\
\therefore p &= \frac{1}{2\pi} m n_p \underbrace{\int_{-\infty}^{\infty} v^2 F_v(v)\,\mathrm{d}v}_{=\langle v^2\rangle} \int_0^{\pi/2} \cos^2\theta\sin\theta\,\mathrm{d}\theta \int_0^{2\pi}\mathrm{d}\phi \\
&= m n_p \left\langle v^2 \right\rangle \left[-\frac{1}{3}\cos^3\theta\right]_0^{\pi/2} \\
&= \frac{1}{3} m n_p \left\langle v^2 \right\rangle
\end{aligned}
$$

- Ansatz: Wir betrachten ein in einen Behälter befindliches ideales Gas. Die richtungsfreie Geschwindigkeitsverteilung der Teilchen im Gas entspricht $F_v(v)\,\mathrm{d}v$ (richtungsfreie Maxwell-Boltzmann-Geschwindigkeitsverteilung). Wir versuchen, ein infinitesimales Druckelement, $\mathrm{d}p$, zu berechnen, welches durch einen „Zylinder "von Gasteilchen während einer Zeit $\mathrm{d}t$ verursacht wird (siehe Abbildung).
- Ein Druckelement, $\mathrm{d}p$, ist die Kraft eines Teilches pro Einheitsfläche, $F/\,\mathrm{d}s$ (wobei $\mathrm{d}s$ ein Element der Fläche ist), multipliziert mit der Anzahl der Teilen, $\mathrm{d}N$, die zu $\mathrm{d}p$ beitragen:

$$\mathrm{d}p = \frac{F}{\mathrm{d}s}\mathrm{d}N\,.$$

- Bei einer Teilchendichte von n_p [m^{-3}] ergibt sich $\mathrm{d}N$ als

$$
\begin{aligned}
\mathrm{d}N &= N_C N_\Omega (F_v(v)\,\mathrm{d}v) \\
\text{mit}\quad N_C &= n_p v\,\mathrm{d}t\,\mathrm{d}s\cos\theta \\
N_\Omega &= \frac{\mathrm{d}\Omega}{4\pi} = \frac{\sin\theta\,\mathrm{d}\theta\,\mathrm{d}\phi}{4\pi}\,.
\end{aligned}
$$

N_C entspricht der Anzahl von Teilchen innerhalb eines Zylinders (siehe Abbildung); $F_v(v)\,\mathrm{d}v$ ist der prozentuale Anteil von Teilchen mit der richtigen Geschwindigkeit (zwischen v und $v + \mathrm{d}v$); N_Ω ist der Anteil von Teilchen im richtigen Raumwinkel, $\mathrm{d}\Omega$.
- Die Kraft, die durch eine Änderung eines Teilchenimpulses auf $\mathrm{d}s$ wirkt, ergibt sich als

$$
\begin{aligned}
F &= \frac{\mathrm{d}p}{\mathrm{d}t} \\
&= m\frac{\mathrm{d}v}{\mathrm{d}t} \\
&= m\frac{2v\cos\theta}{\mathrm{d}t}
\end{aligned}
$$

(siehe Abbildung).
- Integrieren wir nun über die Winkel θ und ϕ in einem Halbkreis, dann erhalten wir den totalen Druck, der durch alle Teilchen im Gas ausgeübt wird, $p = m n_p \left\langle v^2 \right\rangle /3$.

Herleitung 21.5: Herleitung des Teilchenstroms (Gl. 21.28)

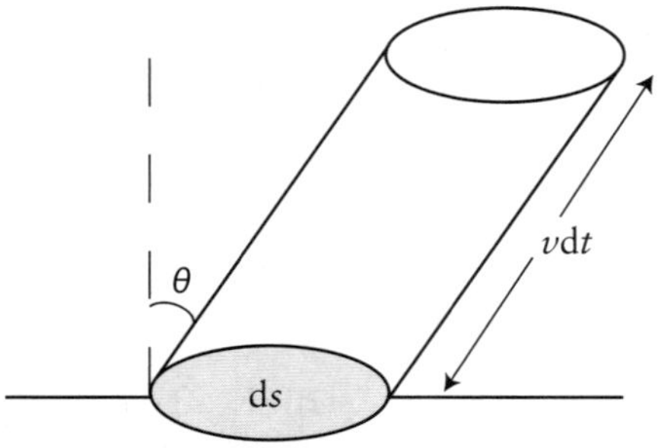

Zylindervolumen $V_C = v\mathrm{d}t\ \mathrm{d}s\cos\theta$
Teilchenzahl im Zylinder,
$N_C = n_p\ V_C = n_p\ v\ \mathrm{d}t\ \mathrm{d}s\ \cos\theta$

- Ansatz: Wir stellen uns ein ideales Gas in einer Box vor. Die richtungsfreie Geschwindigkeitsverteilung der Teilchen im Gas wird durch, $F_v(v)\,\mathrm{d}v$, der richtungsfreie Maxwell-Boltzmann-Geschwindigkeitsverteilung beschrieben. Der Teilchenstrom ist als die Anzahl von Teilchen, $\mathrm{d}N$, die pro Einheitsfläche, $\mathrm{d}s$, und pro Einheitszeit, $\mathrm{d}t$, auftreffen, definiert:

$$\Phi = \frac{\mathrm{d}N}{\mathrm{d}s\,\mathrm{d}t}\,.$$

- Für eine Teilchendichte von n_p [m^{-3}] ergibt sich $\mathrm{d}N$ als

$$\mathrm{d}N = N_\mathrm{C} N_\Omega (F_v(v)\,\mathrm{d}v)\,,$$

$$\text{wobei}\quad N_\mathrm{C} = n_\mathrm{p} v\ \mathrm{d}t\ \mathrm{d}s\cos\theta$$

$$N_\Omega = \frac{\mathrm{d}\Omega}{4\pi} = \frac{\sin\theta\ \mathrm{d}\theta\ \mathrm{d}\phi}{4\pi}\,.$$

N_C ist die Anzahl von Teilchen innerhalb eines Zylinders (siehe Abbildung); $F_v(v)\,\mathrm{d}v$ ist der prozentuale Anteil von Teilchen, die die richtige Geschwindigkeit (zwischen v und $v + \mathrm{d}v$) besitzen; N_Ω ist der prozentuale Anteil von Teilchen innerhalb des korrekten Raumwinkels, $\mathrm{d}\Omega$.

- Durch Integration über eine Halbkugel erhalten wir einen Ausdruck für den Teilchenstrom, ϕ, in Abhängigkeit von n_p und $\langle v\rangle$:

$$\Phi = \frac{1}{4} n_\mathrm{p} \langle v\rangle\,.$$

- Aus dem idealen Gasgesetz , $p = n_\mathrm{p} k_\mathrm{B} T$, und der Beispielrechnung 21.2 folgt:

$$\langle v\rangle = \sqrt{\frac{8k_\mathrm{B}T}{\pi m}}\,.$$

Dadurch können wir Φ mittels Druck und Temperatur ausdrücken.

$$\begin{aligned}
\mathrm{d}\Phi &= \frac{\mathrm{d}N}{\mathrm{d}s\,\mathrm{d}t}\\
&= \frac{N_\mathrm{C}N_\Omega(F_v(v)\,\mathrm{d}v)}{\mathrm{d}s\,\mathrm{d}t}\\
&= \frac{(n_\mathrm{p}v\ \mathrm{d}t\ \mathrm{d}s\cos\theta)(\sin\theta\ \mathrm{d}\theta\ \mathrm{d}\phi)(F_v(v)\ \mathrm{d}v)}{4\pi\,\mathrm{d}s\,\mathrm{d}t}\\
&= \frac{1}{4\pi} n_\mathrm{p} v F_v(v)\,\mathrm{d}v\cos\theta\sin\theta\ \mathrm{d}\theta\ \mathrm{d}\phi
\end{aligned}$$

$$\begin{aligned}
\therefore \Phi &= \frac{1}{4\pi} n_\mathrm{p} \underbrace{\int_{-\infty}^{\infty} vF_v(v)\,\mathrm{d}v}_{=\langle v\rangle} \int_0^{\pi/2} \cos\theta\sin\theta\,\mathrm{d}\theta \int_0^{2\pi} \mathrm{d}\phi\\
&= \frac{1}{2} n_\mathrm{p} \langle v\rangle \left[-\frac{1}{2}\cos^2\theta\right]_0^{\pi/2}\\
&= \frac{1}{4} n_\mathrm{p} \langle v\rangle
\end{aligned}$$

$$\therefore \Phi = \frac{p}{\sqrt{2\pi m k_\mathrm{B} T}}\,.$$

Herleitung 21.6: Herleitung des mittleren freien Wegs von Teilchen (Gl. 21.30)

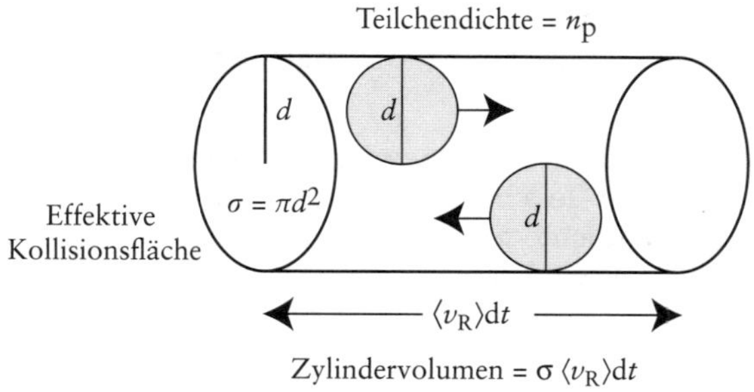

$$\begin{aligned}\lambda &= \frac{dx}{dN} \\ &= \frac{v\,dt}{n_p\,dV} \\ &= \frac{v\,dt}{n_p\,\sigma\,\langle v_R\rangle\,dt} \\ &\simeq \frac{v}{\sqrt{2}v n_p\,\sigma} \\ &\simeq \frac{1}{\sqrt{2}n_p\sigma}\end{aligned}$$

- Ansatz: Der mittlere freie Weg, λ, ist die durchschnittliche Strecke, die ein Teilchen bis zu einer Kollision zurücklegt, $\lambda = dx/dN$.
- Falls dt die Zeit zwischen den Stößen ist, folgt für die durchschnittlich zurückgelegte Strecke eines Teilchens mit der Geschwindigkeit v:

$$dx = v\,dt\,.$$

- In einer Zeit dt ergibt sich das Stoßvolumen als $dV = \sigma\,\langle v_R\rangle\,dt$, mit $\langle v_R\rangle$, der durchschnittlichen relativen Geschwindigkeit zwischen kollidierenden Teilchen, und σ, der effektiven Kollisionsfläche (siehe Abbildung). Falls zwei Teilchen die Geschwindigkeiten $\vec{v}_1$ und $\vec{v}_2$ besitzen, mit $\vec{v}_R = \vec{v}_1 - \vec{v}_2$, erhalten wir den Betrag der relativen Geschwindigkeit als:

$$\begin{aligned}|v_R|^2 &= \vec{v}_R \cdot \vec{v}_R \\ &= (\vec{v}_1 - \vec{v}_2)\cdot(\vec{v}_1 - \vec{v}_2) \\ &= v_1^2 + v_2^2 - 2\vec{v}_1\cdot\vec{v}_2\,.\end{aligned}$$

- Mit der Annahme, $|v_1| \simeq |v_2| \simeq v$, erhalten wir für die durchschnittliche relative Geschwindigkeit zwischen zwei Teilchen:

$$\begin{aligned}\therefore \left\langle v_R^2\right\rangle &= \left\langle v_1^2\right\rangle + \left\langle v_2^2\right\rangle - 2\underbrace{\langle \vec{v}_1\cdot\vec{v}_2\rangle}_{=0} \\ &= \left\langle v_1^2\right\rangle + \left\langle v_2^2\right\rangle \\ &\simeq 2\left\langle v^2\right\rangle \\ \therefore \langle v_R\rangle &\simeq \sqrt{2}v\,.\end{aligned}$$

(Wobei der letzte Schritt eine Näherung ist.)

Drücken wir $\langle v\rangle$ durch die richtungsfreie Maxwell-Boltzmann-Geschwindigkeitsverteilung aus, erhalten wir:

$$\langle v\rangle = \int v F_v(v)\,dv\,,$$

wobei $F_v(v)\,dv$ aus Gl. 21.9 bekannt ist. Dadurch ergibt sich:

$$\begin{aligned}R_E &= \frac{1}{4}n_p \int v F_v(v)\,dv \\ &\equiv \int F_E(v)\,dv\end{aligned}$$

$$\begin{aligned}\text{mit}\quad F_E(v)\,dv &= \frac{1}{4}n_p v F_v(v)\,dv \\ &\propto v^3\,e^{-mv^2/2k_BT}\,dv\,.\end{aligned}$$

Infolgedessen können wir eine Geschwindigkeitsverteilung von austretenden Teilchen, $F_E(v)\,dv$, durch die richtungsfreie Maxwell-Boltzmann-Geschwindigkeitsverteilung definieren. Die Austrittsgeschwindigkeitsverteilung hängt von v^3 ab. Das bedeutet, dass sich die Wahrscheinlichkeitsverteilung zu hohen Geschwindigkeiten verschiebt. Dadurch unterliegen Teilchen mit hoher Geschwindigkeit einer größeren Wahrscheinlichkeit, zu entweichen. Als Konsequenz daraus, verringern sich Druck und Temperatur des Gases im löchrigen Gefäß, da Teilchen mit hohen Energien das Gas verlassen.

Die Effusionsrate hängt auch von der Masse der austretenden Teilchen ab:

$$R_\mathrm{E} \propto \langle v \rangle \propto \frac{1}{\sqrt{m}} .$$

Dieser Effekt lässt sich bei der Isotopentrennung anwenden. Die Konzentration von schwereren Isotopen im Gefäß wird mit der Zeit größer.

21.4.5 Mittlerer freier Weg

Der *mittlere freie Weg*, λ [m], ist die Strecke, die ein Teilchen ohne Kollision mit einem anderen Teilchen zurücklegt. Wenn wir den *Streuquerschnitt*, σ [m^2], als

$$\sigma = \pi d^2$$

mit dem effektiven Teilchendurchmesser, d, definieren, ergibt sich der mittlere freie Weg eines idealen Gases, das eine Teilchendichte n_p besitzt (siehe Gl. 21.30, Herleitung 21.6).

Mittlerer freier Weg (Herleitung 21.6):

$$\lambda = \frac{1}{\sqrt{2}\, n_\mathrm{p}\, \sigma} , \qquad (21.30)$$

wobei der Streuquerschnitt für Teilchen mit einem Durchmesser von d durch

$$\sigma = \pi d^2$$

gegeben ist.

21.5 Erreichen des Gleichgewichts

Das ideale Gasgesetz gilt für Systeme im Gleichgewicht. Ein System im Gleichgewicht ist ein System, dessen makroskopische Eigenschaften zeitlich konstant sind, beispielsweise konstanter Druck, konstante Temperatur und konstantes Volumen. Gleichgewicht ist in der Physik der Wärme ein wichtiges Konzept, da das Gebiet der Thermodynamik, welche sich mit den thermischen Materialeigenschaften nur auf makroskopischer Ebene beschäftigt, nur für Systeme im Gleichgewicht gilt. Jedoch behandelt die kinetische Theorie Systeme auf mikroskopischer Ebene. Daher werden wir in dieser Sektion die kinetische Theorie nutzen, um Transporteigenschaften (Diffusion) von Systemen, die nicht im Gleichgewichtszustand sind, zu studieren.

Das thermodynamische Gleichgewicht besteht aus drei Komponenten.

1. **Chemisches Gleichgewicht:** Konstante Teilchendichte. Durch Teilchendiffusion von Regionen mit hoher Teilchendichte zu Regionen niedriger Teilchendichte wird dieses Gleichgewicht erreicht.
2. **Mechanisches Gleichgewicht:** Konstanter Druck. Dieses Gleichgewicht erreichen wir durch Viskosekräfte, die den Teilchenimpuls von Regionen mit hohen Impulsen zu Regionen mit niedrigen Impulsen transportieren.
3. **Wärmegleichgewicht:** Konstante Temperatur. Diese erreichen wir durch Wärmeleitung, welche Wärme von Regionen mit hoher Temperatur zu Regionen mit niedriger Temperatur transportiert.

Die mikroskopischen Abläufe, die diese Prozesse herbeiführen, sind für alle Fälle sehr ähnlich. Im Folgenden werden wir uns mit den Abläufen auseinander setzen, die zur Einstellung der Gleichgewichte erforderlich sind.

21.5.1 Chemisches Gleichgewicht: Teilchentransport

Das chemische Gleichgewicht ist erreicht, falls die Teilchenkonzentration, n_p, im gesamten System konstant ist. Falls ein Gradient in der Konzentration existiert, $\mathrm{d}n_\mathrm{p} / \mathrm{d}z$, findet Teilchentransport (Diffusion) entlang des Gradienten statt. Wir schauen uns zwei Situationen an: Die *stationäre* Situation, in der der Konzentrationsgradient zeitlich konstant ist, und die *nichtstationäre* Situation, in der der Konzentrationsgradient zeitlich variiert.

Stationäre Diffusion

Das *erste Fick'sche Gesetz* sagt aus, dass der Teilchenstrom,[4] J [m^{-2} s^{-1}], im Falle stationären Diffusion proportional zum Gradienten der Teilchendichte, n_p, ist. Beispielsweise ergibt sich im eindimensionalen Fall, der auf die z-Achse beschränkt ist, das Fick'sche Gesetz als

$$J_z = -D \frac{\partial n_\mathrm{p}}{\partial z}$$

(Gl. 21.31). Die Proportionalitätskonstante wird *Diffusionskonstante*, D [m^2 s^{-1}], genannt. Einen Ausdruck für die

[4] Der Teilchenfluss ist die Anzahl von Teilchen, die eine Einheitsfläche pro Einheitszeit durchströmt.

V Physik der Wärme

Diffusionskonstante erhalten wir, indem die Teilchenanzahl für eine gegebene Oberfläche pro Einheitszeit betrachtet wird. Dies wird in Herleitung 21.7 gezeigt. Wie zu sehen ist, hängt D von der mittleren Teilchengeschwindigkeit, $\langle v \rangle$, und dem mittleren freien Weg, λ, ab (Gl. 21.32 und Herleitung 21.7).

Teilchentransport (Herleitung 21.7):

Erstes Fick'sches Gesetz:

$$J_z = -D\frac{\partial n_\mathrm{P}}{\partial z} \tag{21.31}$$

Diffusionskonstante:

$$D = \frac{1}{3}\langle v \rangle \lambda \tag{21.32}$$

Nichtstationäre Diffusion

Die Änderungsrate der Teilchendichte zwischen z und $z + \mathrm{d}z$ kann durch die Differenz der Teilchenströme bei z und $z + \mathrm{d}z$ ausgedrückt werden:

$$\frac{\partial n_\mathrm{P}}{\partial t}\mathrm{d}z = J(z) - J(z + \mathrm{d}z)\,.$$

Mithilfe der Taylorexpansion von $J(z + \mathrm{d}z)$ und Gl. 21.31 erhalten wir das *zweite Fick'sche Gesetz*, welches den Zusammenhang der Änderung von Teilchendichten mit der zweiten räumlichen Ableitung von n_P herstellt:

$$\begin{aligned}\frac{\partial n_\mathrm{P}}{\partial t}\mathrm{d}z &= J(z) - J(z + \mathrm{d}z)\\ &= J(z) - J(z) - \frac{\partial J}{\partial z}\mathrm{d}z\\ &= D\frac{\partial^2 n_\mathrm{P}}{\partial z^2}\mathrm{d}z\end{aligned}$$

(Gl. 21.33). Gl. 21.33 kann durch eine ortsabhängige Gaußkurve gelöst werden:

$$n_\mathrm{P}(z,t) = \frac{n_0}{\sqrt{4\pi D t}}\mathrm{e}^{-z^2/4Dt}\,,$$

wobei n_0 die anfängliche Teilchenkonzentration bei $z = 0$ und $t = 0$ beschreibt (Gl. 21.34; um zeigen zu können, dass es sich dabei wirklich um eine Lösung handelt, muss man Gl. 21.34 in Gl. 21.33 einsetzen). Da die Varianz einer Gaußkurve $\mathrm{e}^{-\alpha x^2}$ $1/2\alpha$ ist, wächst die Varianz von n_P linear mit der Zeit (Gl. 21.35). Die Standardabweichung, σ, welche die Wurzel aus der Varianz ist, wird auch *Diffusionslänge*, L_D [m], genannt. Sie ist ein Maß für die zurückgelegte Länge von Teilchen in einer Zeit t (Gl. 21.36 und Abb. 21.6).

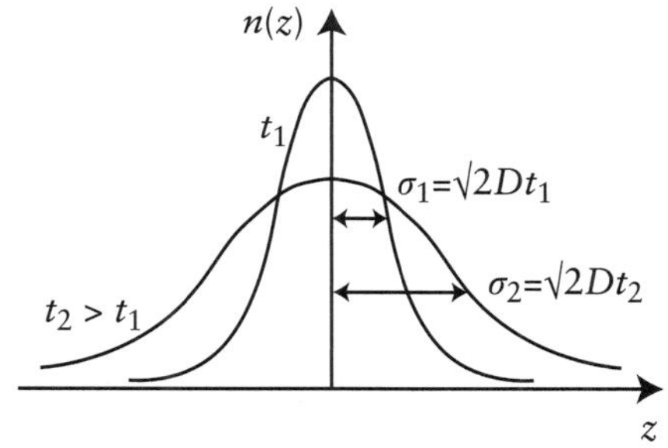

Abbildung 21.6 Teilchendiffusion in einer Dimension (zweites Fick'sches Gesetz, Gl. 21.33). Die Standardabweichung (Diffusionslänge) nimmt mit der Zeit zu

Teilchentransport

Zweites Fick'sches Gesetz:

$$\frac{\partial n_\mathrm{P}}{\partial t} = D\frac{\partial^2 n_\mathrm{P}}{\partial z^2} \tag{21.33}$$

Dieses lässt sich durch eine Gaußkurve lösen:

$$n_\mathrm{P}(z,t) = \frac{n_0}{\sqrt{4\pi D t}}\mathrm{e}^{-z^2/4Dt}\,, \tag{21.34}$$

wobei sich Varianz und Diffusionslänge als

$$\left\langle z^2 \right\rangle = \sigma^2 = 2Dt \tag{21.35}$$

$$L_\mathrm{D} = \sigma = \sqrt{2Dt} \tag{21.36}$$

ergeben.

21.5.2 Mechanisches Gleichgewicht: Transport von Impuls

Wir können einen ähnlichen Ansatz wie bei der stationären Teilchendiffusion nutzen, um zu erklären, wie Druck ein Gleichgewicht erreicht. Druckgradienten entstehen durch Gradienten viskoser Kräfte zwischen Teilchen. Viskose Kräfte sind Scherkräfte pro Einheitsfläche und werden auch als *Scherspannung*, P_x [Pa], bezeichnet. Scherspannung wirkt – ähnlich wie Reibung zwischen zwei Körpern – parallel zur Fläche, auf die sie ausgeübt wird. Der senkrechte Scherspannungsgradient, P_{zx}, proportional zum Gradienten der Teilchengeschwindigkeit, u_x (in x-Richtung), in z-Richtung lautet:

$$P_{zx} = -\eta\frac{\partial u_x(z)}{\partial z}$$

Herleitung 21.7: Herleitung der Diffusionskonstanten (Gl. 21.32)

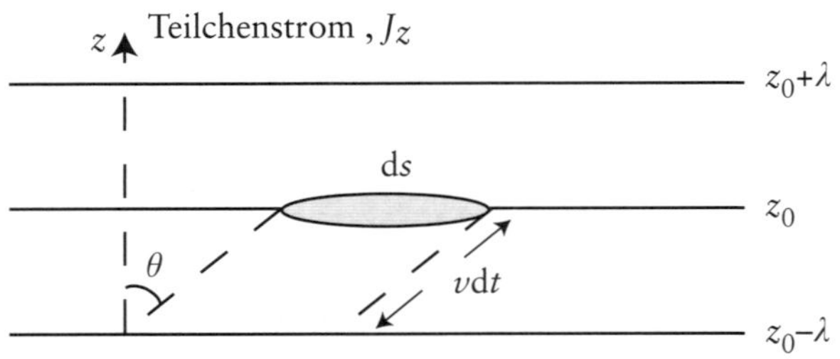

$$\mathrm{d}J_z = \frac{\mathrm{d}N(z)}{\mathrm{d}s\,\mathrm{d}t}\cos\theta$$
$$= \frac{1}{4\pi} n_\mathrm{p}(z) v F_v(v)\,\mathrm{d}v \cos^2\theta \sin\theta\,\mathrm{d}\theta\,\mathrm{d}\phi$$

$$J_z^\pm = \frac{1}{4\pi} n_\mathrm{p}(z_0 \mp \lambda) \cdot \underbrace{\int_{-\infty}^{\infty} vF_v(v)\,\mathrm{d}v}_{=\langle v\rangle} \underbrace{\int_0^{\pi/2} \cos^2\theta \sin\theta\,\mathrm{d}\theta}_{=1/3} \underbrace{\int_0^{2\pi} \mathrm{d}\phi}_{=2\pi}$$
$$= \frac{1}{6} n_\mathrm{p}(z_0 \mp \lambda)\,\langle v\rangle$$

$$\therefore J_z = J_z^+ - J_z^-$$
$$= \frac{1}{6} n_\mathrm{p}(z_0 - \lambda)\,\langle v\rangle - \frac{1}{6} n_\mathrm{p}(z_0 + \lambda)\,\langle v\rangle$$
$$\simeq \frac{1}{6}\langle v\rangle \left\{ n(z_0) - \frac{\partial n_\mathrm{p}}{\partial z}\lambda - \left(n(z_0) + \frac{\partial n_\mathrm{p}}{\partial z}\lambda \right) \right\}$$
$$= -\underbrace{\frac{1}{3}\langle v\rangle\,\lambda}_{=D} \frac{\partial n_\mathrm{p}}{\partial z}$$

$$\text{und}\quad J_z = -D\frac{\partial n_\mathrm{p}}{\partial z} \quad \text{(Fick'sches Gesetz)}$$

$$\therefore D = \frac{1}{3}\langle v\rangle\,\lambda$$

- Ansatz: Die z-Komponente des Teilchenstroms von Teilchen, die auf eine Ebene bei $z = z_0$ unter einem Winkel von θ eintreffen, ist durch

$$\mathrm{d}J_z = \frac{\mathrm{d}N}{\mathrm{d}s\,\mathrm{d}t}\cos\theta$$

gegeben. (Teilchenanzahl, $\mathrm{d}N$, pro Einheitsfläche, $\mathrm{d}s$, pro Einheitszeit $\mathrm{d}t$.) Die Teilchenkonzentration ist nicht konstant: $\therefore N$ ist eine Funktion von z (siehe Diagramm).
- Für eine Teilchendichte n_p [m^{-3}], ergibt sich $\mathrm{d}N$ als

$$\mathrm{d}N = N_\mathrm{C} N_\Omega (F_v(v)\,\mathrm{d}v)\,,$$

$$\text{mit}\quad N_\mathrm{C} = n_\mathrm{p} v\ \mathrm{d}t\ \mathrm{d}s \cos\theta$$
$$N_\Omega = \frac{\mathrm{d}\Omega}{4\pi} = \frac{\sin\theta\ \mathrm{d}\theta\ \mathrm{d}\phi}{4\pi}\,.$$

N_C ist die Teilchenanzahl innerhalb eines Zylinders (siehe Diagramm); $F_v(v)\,\mathrm{d}v$ ist der prozentuale Anteil von Teilchen mit der richtigen Geschwindigkeit (zwischen v und $v + \mathrm{d}v$); N_Ω ist der prozentuale Anteil von Teilchen im korrekten Raumwinkel, $\mathrm{d}\Omega$.
- Den resultierenden Strom nach oben, J^+, und Strom nach unten, J^-, erhalten wir, indem wir in einer Halbkugel über alle Winkel und Geschwindigkeiten integrieren. Der Strom nach oben besteht dabei aus Teilchen, die aus der Ebene $z^- = z_0 - \lambda$ kommen, wohingegen der Strom nach unten aus Teilchen besteht, die aus der Ebene $z^+ = z_0 + \lambda$ kommen (siehe Diagramm).
- Daher beschreibt der resultierende Strom, J_z, die Differenz zwischen Strom nach oben und nach unten. Mithilfe der Taylorexpansion um z_0 können wir das Ergebnis einer Näherung unterziehen.

(Gl. 21.37; siehe Abbildung in Herleitung 21.8). Die Proportionalitätskonstante, η [Pa s], wird *Viskosität* genannt. Viskosität wird oft durch diese Gleichung definiert, also als „Scherspannung pro Einheitsgeschwindigkeitsgradient."Der Wert von η gibt ein Maß an, inwieweit sich eine Substanz weigert, sich wie eine Flüssigkeit zu verhalten. Substanzen hoher Viskosität, beispielsweise Honig, haben eine geringe Flussgeschwindigkeit und daher einen großen Widerstand gegen die Scherspannung (großes η). Im Gegensatz dazu haben Flüssigkeiten mit geringer Viskosität, beispielsweise Wasser, wenig Widerstand gegen die Scherspannung (kleines η). Mithilfe eines mikroskopischen Ansatzes können wir einen Ausdruck für die Viskosität herleiten (Gl. 21.38 und Herleitung 21.8). Die Größe η hat eine ähnliche Form wie die Diffusionskonstante (vgl. Gln. 21.38 und 21.32).

Scherspannung (Herleitung 21.8):

$$P_{zx} = -\eta \frac{\partial u_x}{\partial z} \tag{21.37}$$

Viskosität:

$$\eta = \frac{1}{3} n_{\text{p}}\, m \,\langle v \rangle\, \lambda \tag{21.38}$$

21.5.3 Thermisches Gleichgewicht: Wärmetransport

Das letzte Gleichgewicht, das wir betrachten werden, ist das *thermische Gleichgewicht*, welches Temperaturunterschiede ausgleicht. Dies wird durch Energietransport – Wärmefluss – entlang der Temperaturgradienten erreicht. Es gibt drei verschiedene Arten von Wärmetransport: Leitung, Konvektion und Strahlung. (Weitere Details über Strahlung siehe Abschn. 24.6.4)

Leitung

Den Transport von Wärme durch Materie, also von Teilchen zu Teilchen, bezeichnet man als Leitung. Teilchen mit höherer Energie transferieren einen Teil ihrer Energie an Teilchen mit niedrigerer Energie. Dies führt zu einem Wärmetransport von wärmeren Regionen zu kälteren Regionen. Das Gleichgewicht ist erreicht, falls die Temperatur innerhalb der ganzen Substanz gleich ist. Leitung findet in Festkörpern, Flüssigkeiten und – wenn auch in einem geringeren Ausmaße – in Gasen statt.

Der eindimensionale Wärmestrom, j_z [$\text{J}\,\text{m}^{-2}\,\text{s}^{-1}$], ist als Wärmefluss pro Einheitsfläche und pro Einheitszeit definiert. Er erfüllt eine ähnliche Differentialgleichung wie der Teilchenstrom und die Scherspannung, wobei der Wärmestrom proportional zum Temperaturgradienten ist:

$$j_z = -\kappa \frac{\partial T}{\partial z}$$

(Gl. 21.39). Die Proportionalitätskonstante, κ [$\text{W}\,\text{m}^{-1}\,\text{K}^{-1}$, wird *Wärmeleitfähigkeit* genannt. Sie hat eine ähnliche Form wie die Diffusionskonstante aus Gl. 21.32 und die Viskosität aus Gl. 21.38 (Gl. 21.41 und Herleitung 21.9).

Durch die Multiplikation von j_z mit der Querschnittsfläche, A, erhalten wir die *Wärmeleitungsformel*, welche die Stärke des Wärmetransports angibt (Gl. 21.40).

Wärmeleitung (Herleitung 21.9):

$$j_z = -\kappa \frac{\partial T}{\partial z} \tag{21.39}$$

$$\therefore\ \frac{\mathrm{d}Q}{\mathrm{d}t} = -\kappa A \frac{\mathrm{d}T}{\mathrm{d}z} \tag{21.40}$$

Wärmeleitfähigkeit:

$$\kappa = \frac{1}{3} n_{\text{p}} C_V^N \langle v \rangle\, \lambda\,, \tag{21.41}$$

wobei C_V^N die Wärmekapazität bei konstantem Volumen pro Teilchen ist.

Thermische Leitfähigkeit ist ein Maß für die Fähigkeit eines Materials, Wärme zu leiten. Materialien mit einer hohen thermischen Leitfähigkeit, beispielsweise Silber und andere Metalle, sind gute Leiter für Wärme, d. h., sie transportieren sehr schnell Wärme und erhöhen ihre Temperatur rapide, wenn sie ein heißes Objekt, beispielsweise eine Flamme berühren. Genauso sind Materialen mit *niedriger* thermischer Leitfähigkeit, wie beispielsweise Holz oder Gummi, thermische *Isolatoren*, d. h., sie sind schlechte Leiter für Wärme.

Das Newton'sche Gesetz der Kühlung

Für einen Temperaturgradienten, der über die Länge L konstant ist, vereinfacht sich die Wärmeleitungsformel (Gl. 21.40) zu

$$\frac{\mathrm{d}Q}{\mathrm{d}t} = -\kappa A \frac{(T_L - T_0)}{L}\,,$$

wobei T_0 bzw. T_L die Temperaturen bei $z = 0$ bzw. $z = L$ bezeichnen. Mithilfe der Definition der spezifischen Wärmekapazität ($c = \mathrm{d}Q/m\,\mathrm{d}T$) lässt sich die Änderungsrate der Wärme als

$$\frac{\mathrm{d}Q}{\mathrm{d}t} = mc \frac{\mathrm{d}T}{\mathrm{d}t}$$

schreiben. Durch Gleichsetzen dieser beiden Formeln, erkennen wir, dass die Änderungsrate der Temperatur eines Objektes proportional zur Temperaturdifferenz zwischen dessen Temperatur $T(t)$ und der Außentemperatur T_{a} ist:

$$\frac{\mathrm{d}T}{\mathrm{d}t} = -\frac{\kappa A}{mcL}(T(t) - T_{\text{a}})$$

Diese Beziehung ist als das *Newton'sche Gesetz der Kühlung* bekannt (Gl. 21.42). Gl. 21.42 wird durch einen exponentiellen Abfall mit der Zeitkonstanten

$$\tau = \frac{1}{K} = \frac{mcL}{\kappa A}$$

V Physik der Wärme

Herleitung 21.8: Herleitung des Viskositätskoeffizienten (Gl. 21.38, siehe Diagramm in Herleitung 21.7)

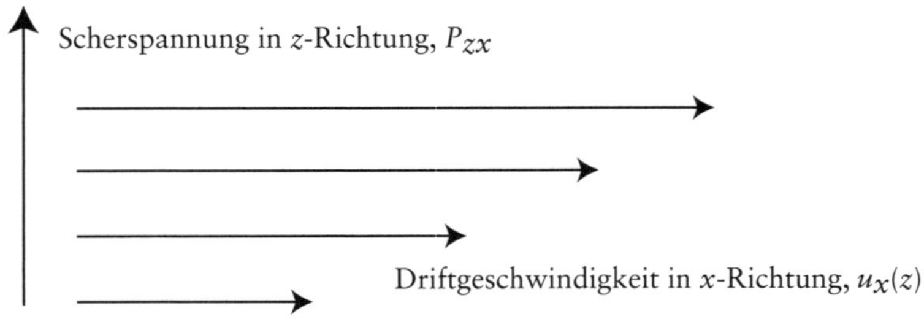

Ein Molekül besitzt den Impuls $p_x(z)=mu_x(z)$

$$
\begin{aligned}
\mathrm{d}P_{zx} &= \frac{\mathrm{d}p_x(z)}{\mathrm{d}t\,\mathrm{d}s}\cos\theta \\
&= \frac{\mathrm{d}N}{\mathrm{d}t\,\mathrm{d}s} m u_x(z)\cos\theta \\
&= \frac{1}{4\pi} n_\mathrm{p} m u_x(z) v F_v(v)\,\mathrm{d}v \cos^2\theta \sin\theta\,\mathrm{d}\theta\,\mathrm{d}\phi \\
\therefore P_{zx}^{\pm} &= \frac{1}{4\pi} n_\mathrm{p} m u_x(z_0 \mp \lambda) \\
&\quad \cdot \underbrace{\int_{-\infty}^{\infty} v F_v(v)\,\mathrm{d}v}_{=\langle v\rangle} \underbrace{\int_0^{\pi/2} \cos^2\theta \sin\theta\,\mathrm{d}\theta}_{=1/3} \underbrace{\int_0^{2\pi} \mathrm{d}\phi}_{=2\pi} \\
&= \frac{1}{6} n_\mathrm{p} m u_x(z_0 \mp \lambda)\,\langle v\rangle \\
\therefore P_{zx} &= P_{zx}^{+} - P_{zx}^{-} \\
&= \frac{1}{6} n_\mathrm{p} m u_x(z_0 - \lambda)\,\langle v\rangle - \frac{1}{6} n_\mathrm{p} m u_x(z_0 + \lambda)\,\langle v\rangle \\
&\simeq \frac{1}{6} n_\mathrm{p} m\,\langle v\rangle \\
&\quad \cdot \left\{ u_x(z_0) - \frac{\partial u_x}{\partial z}\lambda - \left(u_x(z_0) + \frac{\partial u_x}{\partial z}\lambda \right) \right\} \\
&= -\underbrace{\frac{1}{3} n_\mathrm{p} m\,\langle v\rangle\,\lambda}_{=\eta} \frac{\partial u_x}{\partial z}
\end{aligned}
$$

$$
\text{und}\quad P_{zx} = -\eta \frac{\partial u_x}{\partial z}
$$

$$
\therefore \eta = \frac{1}{3} n_\mathrm{p} m\,\langle v\rangle\,\lambda
$$

- Ansatz: Siehe Diagramm in Herleitung 21.7. Die z-Komponente der Scherspannung , $\mathrm{d}P_{zx}$ (Kraft pro Einheitsfläche), für Teilchen, die im Winkel θ auf eine Ebene bei $z = z_0$ treffen, ist

$$
\begin{aligned}
\mathrm{d}P_{zx} &= \frac{F_x(z)}{\mathrm{d}s}\cos\theta \\
&= \frac{\mathrm{d}p_x(z)}{\mathrm{d}t\ \mathrm{d}s}\cos\theta\,,
\end{aligned}
$$

wobei $F_x = \mathrm{d}p_x/\,\mathrm{d}t$ (weites Newton'sches Gesetz) gilt.

- Der Teilchenimpuls in x-Richtung ist proportional zur Driftgeschwindigkeit pro Teilchen, $u_x(z)$:

$$
\mathrm{d}p_x(z) = \mathrm{d}N m u_x(z)\,.
$$

(Zum Ausdruck von $\mathrm{d}N$ siehe Herleitung 21.7).

- Die resultierende Scherspannung nach oben, P_{zx}^{+}, und Scherspannung nach unten, P_{zx}^{-}, erhalten wir durch Integration über alle Winkel in einer Halbkugel und über alle Geschwindigkeiten.
- Die resultierende Scherspannung , P_{zx}, ergibt sich als Differenz der Scherspannungen nach oben und nach unten. Wir können eine Taylorentwicklung um z_0 anwenden, um eine Näherung vornehmen zu können.

Herleitung 21.9: Herleitung der thermischen Leitfähigkeit (Gl. 21.41, siehe Diagramm in Herleitung 21.7)

$$\begin{aligned}
\mathrm{d}j_z &= \frac{\mathrm{d}Q(z)}{\mathrm{d}s\,\mathrm{d}t}\cos\theta \\
&= \frac{\mathrm{d}N}{\mathrm{d}s\,\mathrm{d}t} q(z)\cos\theta \\
&= \frac{1}{4\pi} n_\mathrm{p} q(z) v F_v(v)\,\mathrm{d}v \cos^2\theta \sin\theta\,\mathrm{d}\theta\,\mathrm{d}\phi \\
\therefore j_z^\pm &= \frac{1}{4\pi} n_\mathrm{p} q(z_0 \mp \lambda) \\
&\quad \cdot \underbrace{\int_{-\infty}^{\infty} vF_v(v)\,\mathrm{d}v}_{=\langle v\rangle} \underbrace{\int_0^{\pi/2} \cos^2\theta\sin\theta\,\mathrm{d}\theta}_{=1/3} \underbrace{\int_0^{2\pi}\mathrm{d}\phi}_{=2\pi} \\
&= \frac{1}{6} n_\mathrm{p} q(z_0 \mp \lambda)\,\langle v\rangle \\
\therefore j_z &= j_z^+ - j_z^- \\
&= \frac{1}{6} n_\mathrm{p} q(z_0-\lambda)\,\langle v\rangle - \frac{1}{6} n_\mathrm{p} q(z_0+\lambda)\,\langle v\rangle \\
&\simeq \frac{1}{6} n_\mathrm{p}\,\langle v\rangle \left\{ q(z_0) - \frac{\partial q}{\partial z}\lambda - \left(q(z_0) + \frac{\partial q}{\partial z}\lambda \right) \right\} \\
&= -\frac{1}{3} n_\mathrm{p}\,\langle v\rangle\,\lambda \frac{\partial q}{\partial z} \\
&= -\frac{1}{3} n_\mathrm{p}\,\langle v\rangle\,\lambda \frac{\partial q}{\partial T}\frac{\partial T}{\partial z} \\
&= -\underbrace{\frac{1}{3} n_\mathrm{p}\, C_V^N\,\langle v\rangle\,\lambda}_{=\kappa} \frac{\partial T}{\partial z} \\
\text{und}\quad j_z &= -\kappa \frac{\partial T}{\partial z} \\
\therefore \kappa &= \frac{1}{3} n_\mathrm{p}\, C_V^N\,\langle v\rangle\,\lambda
\end{aligned}$$

- Ansatz: Siehe Diagramm in Herleitung 21.7. Die z-Komponente des Wärmefluss, $\mathrm{d}j_z$, für Teilchen, die eine Ebene unter einem Winkel θ bei $z = z_0$ treffen, ist als

$$\mathrm{d}j_z = \frac{\mathrm{d}Q(z)}{\mathrm{d}s\,\mathrm{d}t}\cos\theta$$

gegeben.
- Ausgedrückt durch den Wärmegradienten pro Teilchen, $q(z)$, ergibt sich die Gesamtwärme als

$$\mathrm{d}Q(z) = \mathrm{d}N q(z)\,.$$

(Zum ausdruck von $\mathrm{d}N$ siehe Herleitung 21.7.)
- Den Wärmefluss nach oben, j_z^+, und den Wärmefluss nach unten, j_z^-, erhalten wir durch Integration der Winkel in einer Halbkugel und den Teilchengeschwindigkeiten.
- Der resultierende Wärmefluss, j_z, ergibt sich als Differenz der Wärmeflüsse nach oben und nach unten. Mithilfe einer Taylorentwicklung um z_0 können wir nähern.
- Den Wärmegradienten können wir durch einen Temperaturgradienten ausdrücken:

$$\frac{\partial q}{\partial z} = \frac{\partial q}{\partial T}\frac{\partial T}{\partial z} = C_V^N \frac{\partial T}{\partial z}\,,$$

wobei C_V^N die Wärmekapazität bei konstantem Volumen pro Teilchen ist.

gelöst. Die exakte Lösung ist von den Randbedingungen abhängig. Für eine Anfangstemperatur von $T(0) = T_0$ ergibt sich die Lösung:

$$T(t) = T_\mathrm{a} + (T_0 - T_\mathrm{a})\,\mathrm{e}^{-Kt}\,.$$

Für $t \to \infty$ strebt die Temperatur gegen T_a.

Newton'sches Gesetz der Kühlung:

$$\frac{\mathrm{d}T}{\mathrm{d}t} = -\frac{\kappa A}{mcL}(T(t) - T_\mathrm{a})\,, \tag{21.42}$$

wobei K eine positive Konstante ist.

Konvektion

Konvektion findet nur in Flüssigkeiten und Gasen statt und beinhaltet den Transport von Teilchenscharen innerhalb der Substanz. *Natürliche Konvektion* ensteht, wenn heiße, weniger dichte Teilchen aufsteigen, während kältere, dichtere Teilchen herabsinken und den freigewordenen Platz einnehmen. Diese werden dann aufgeheizt und steigen. Dieser sich wiederholende Prozess wird *Konvektionsstrom* genannt. *Erzwungene Konvektion* ensteht, wenn beispielsweise ein Ventilator, eine Pumpe oder ein Luftzug die Konvektion verstärkt.

Die Differentialgleichungen der Konvektion ähneln den Gleichungen für Leitung (Gln. 21.40 und 21.42), jedoch ist die Proportionalitätskonstante nicht die thermische Leitfähgikeit, κ, sondern wird als *Wärmetransferkoeffizient*, h, bezeichnet. Dieser ist nicht nur abhängig vom Material, sondern auch von externen Eigenschaften des Stroms, wie Geometrie, Temperatur oder Flussgeschwindigkeit. Daher ist h meistens eine experimentell bestimmte Größe.

Klassische Thermodynamik 22

Klassische Thermodynamik beschäftigt sich mit dem Austausch von Materie und Energie zwischen einem System und dessen Umgebung; sowie mit der Reaktion, die ein System auf einen solchen Austausch ausführt. Die Geburtsstunde dieses Themenkomplexes steht im Zusammenhang mit dem Beginn der industriellen Revolution am Anfang des 19. Jahrhunderts. Das Hauptinteresse lag dabei auf der Entwicklung des Verständnisses, mechanische Antriebskraft und Motoren mit Wärme zu betreiben. Ein Beispiel dafür ist die Dampfmaschine. Zu dieser Zeit hatte Dalton erst damit begonnen, die atomare Struktur von Materie vorzuschlagen. Die klassische Thermodynamik versucht, das System nur auf makroskopischer Ebene zu beschreiben, wohingegen die kinetische Theorie die mikroskopischen Eigenschaften einzelner Teilchen nutzt, um makroskopische Eigenschaften des Systems zu erklären. Trotzdem ist die Thermodynamik allgemeiner als die kinetische Theorie und lässt sich auch auf Systeme anwenden, die nicht durch ein ideales Gas beschrieben werden können. Die Thermodynamik und die kinetische Theorie stimmen in ihren Aussagen überein.

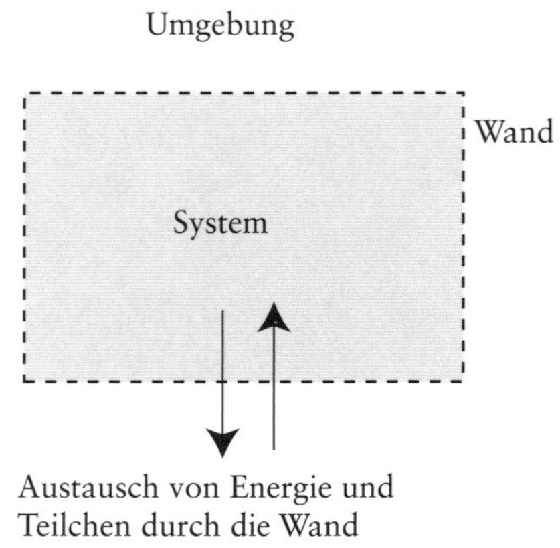

Abbildung 22.1 Schematische Darstellung eines thermodynamischen Systems. In einem offenen System können Materie und Energie zwischen System und Umgebung, in einem abgeschlossenen System kann nur Energie ausgetauscht werden. In einem isolierten System kann weder Materie noch Energie ausgetauscht werden

22.1 Thermodynamische Systeme

Klassische Thermodynamik basiert auf vier Gesetzen, die als *Hauptsätze der Thermodynamik* bekannt sind. Bevor wir diese Gesetze im Abschn. 22.2 präsentieren, werden wir im Vorfeld einige Bezeichnungen der Thermodynamik einführen.

Ein *thermodynamisches System* lässt sich durch drei Eigenschaften definieren: das System, die Umgebung und die Begrenzung zwischen beiden (Abb. 22.1). Wir interessieren uns für die Eigenschaften des *Systems*, dabei kann es sich beispielsweise um ein ideales Gas in einem Zylinder mit einem Kolben handeln. Die *Umgebung* beschreibt alles Restliche. Das System kann mit der Umgebung durch Materie- und Energieaustausch durch die Begrenzung wechselwirken. Thermodynamische Systeme lassen sich in drei Kategorien einteilen: (i) In einem *offenen System* kann dass System sowohl Teilchen als auch Materie mit der Umgebung austauschen, (ii) in einem *abgeschlossenen System* kann das System nur Energie austauschen, daher bleibt die Teilchenanzahl innerhalb des Systems konstant, und (iii) in einem *isolierten System* ist das System vollständig von seiner Umgebung isoliert, d. h., es kann weder Energie noch Materie austauschen. In diesem Kaptitel werden wir uns hauptsächlich mit dem abgeschlossenen System beschäftigen. In Abschn. 22.3.4 werden wir uns kurz die Thermodynamik eines offenen Systems anschauen, da diese Systeme wichtig sind, um Phasenänderungen zu verstehen.

Wärme, Arbeit und innere Energie

Von der kinetischen Theorie wissen wir, dass die *innere Energie*, U [J], eines Systems aus der Summe der kinetischen und potentiellen Energie der Teilchen, die das System ausmachen, besteht. Beispielsweise kann die kinetische Energie Translations-, Rotations- und Vibrationsbewegungen beinhalten, wohingegen potentielle Energie aus chemischer Energie, die in Molekülverbindungen steckt, nuklearer Energie, die in nuklearen Verbindungen steckt, sowie latenter Energie, die vom Aggregatzustand (fest, flüssig oder gasförmig) des Materials abhängt, besteht. Daher ist die innere Energie die Summe aller Energien *innerhalb* des Systems, aber sie beinhaltet nicht die Energie, die ein System aufgrund seiner Eigenbewegung oder Position besitzt. Zum Beispiel wird die kinetische Energie eines den Berg herabrollenden Balles *nicht* zur inneren Energie gezählt.

Die Summe von kinetischer Energie und latenter Energie wird oft *thermische Energie* genannt. Die *Temperatur*, T [K], eines Systems ist ein Maß für die durchschnittliche Energie seiner Teilchen. Je größer die mittlere kinetische Energie pro Teilchen ist, desto größer ist die Temperatur des Systems.

Die innere Energie eines Systems ändert sich, wenn es mit der Umgebung zu einem Austausch von Energie kommt. Es gibt zwei Wege, wie Energie durch eine Wand hinweg ausgetauscht werden kann. Entweder kann ein *Wärmefluss*, Q [J], stattfinden oder *Arbeit*, W [J], kann vom/am System verrichtet werden. Beides sind Prozesse, die dazu dienen, Energie von einem Körper auf einen anderen zu übertragen. „Wärmefluss"bezeichnet den Transport von thermischer Energie zwischen zwei Körpern unterschiedlicher Temperatur, wohingegen „Arbeit"ein allgemeiner Ausdruck ist, um Energietransport *jeder* Art – außer Wär-

Abbildung 22.2 p-V-Diagramm reversibler, quasistatischer und irreversibler Zustände zwischen zwei Gleichgewichtszuständen A und B

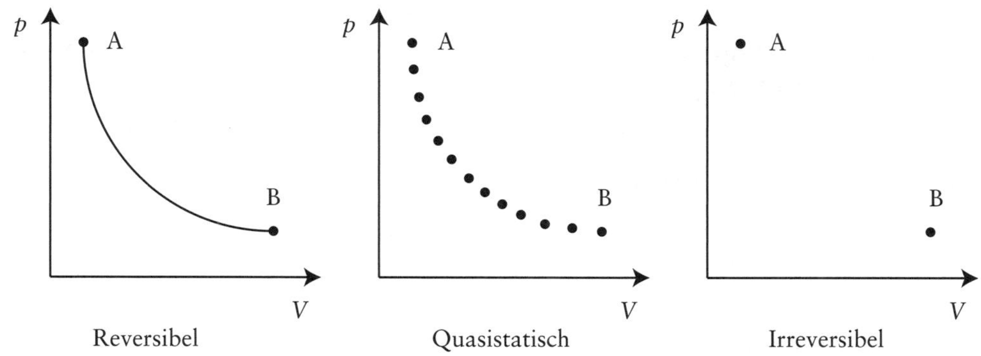

me – zu beschreiben. Die klassische Thermodynamik wurde entwickelt, bevor das mikroskopische Verhalten der Teilchen innerhalb des Systems verstanden worden ist. Die innere Energie wurde nur durch ihre Änderung bei Zu- oder Abfluss von Wärme oder Arbeit definiert. Dies wird durch den ersten Hauptsatz beschrieben (siehe Abschn. 22.2.2).

Thermisches Gleichgewicht

Ein wichtiges thermodynamisches Konzept ist das Gleichgewicht. Ein System ist mit seiner Umgebung im *thermodynamischen Gleichgewicht*, wenn die makroskopischen Größen, wie Temperatur, Druck und Volumen, zeitlich nicht variieren. In der klassischen Thermodynamik beschäftigen wir uns nur mit Systemen, die sich im Gleichgewicht befinden. Um Systeme beschreiben zu können, die nicht im thermodynamischen Gleichgewicht sind, benötigen wir einen mikroskopischen Ansatz, wie zum Beispiel die kinetische Theorie. Wenn ein System im thermodynamischen Gleichgewicht ist, dann ist es gleichzeitig im (i) *mechanischen* Gleichgewicht (konstanter Druck), (ii) *chemischen* Gleichgewicht (konstante Teilchenkonzentration) und (iii) *thermischen* Gleichgewicht (konstante Temperatur). Thermisches Gleichgewicht erreicht man, indem ein System und seine Umgebung in thermischem Kontakt stehen, d. h., Wärme kann ausgetauscht werden. Eine Wand, die zwei Systemen erlaubt, sich im thermischen Kontakt miteinander zu befinden, wird diatherme Wand genannt, wohingegen eine Wand, die das System thermisch von seiner Umgebung isoliert, diatherm genannt wird.

Thermodynamischer Zustand

Der Begriff des *thermodynamischen Zustands* ist weit gefächert und umfasst alle makroskopischen Größen, die ihn definieren. Diese Größen werden *Zustandsvariablen* genannt. Beispiele dafür sind Volumen, Temperatur und innere Energie, wohingegen Wärme und Hitze keine Zustandsvariablen sind. Zustandsvariablen sind oft über eine *Zustandsgleichung* miteinander verknüpft. Für das ideale Gas lautet die Zustandsgleichung $pV = nRT$. Sie stellt einen Zusammenhang zwischen Druck, Volumen und Temperatur her. Zustandsvariablen, die von der Systemgröße abhängig sind, werden *extensive* Größen genannt, wohingegen systemgrößenunabhängige Variablen als *intensiv* bezeichnet werden. Zu den intensiven Größen zählen beispielsweise Druck und Temperatur. Intensive Variablen besitzen den gleichen Wert, egal ob wir das gesamte System betrachten oder nur ein kleines Teilsystem. Für extensive Größen gilt dies nicht.

Thermodynamische Prozesse

Ändert ein thermodynamisches System seinen Zustand, sprechen wir davon, dass das System einen *thermodynamischen Prozess* durchläuft. Prozesse können entweder *reversibel* oder *irreversibel* ablaufen. In irreversiblen Prozessen verliert das System durch dissipative Kräfte, wie beispielsweise Reibung, unwiederbringbare Energie. Weiterhin kann es zur *Hysterese* kommen, d. h., die Zustandsänderung hängt vom Weg ab, auf dem sie den Endzustand erreicht. Da dissipative Energie nicht zurückgewonnen werden kann, wenn das System versucht, seinen Anfangszustand wiederherzustellen, ist der Prozess irreversibel. Analog kommt es in einem reversiblen Prozess nicht zu einer Hysterese und der Anfangszustand des Systems kann durch Umkehrung des Prozesses wiederhergestellt werden. Beispielsweise kann eine reversible Expansion eines Gases durch eine reversible Kompression rückgängig gemacht werden. In der Praxis sind reversible Prozesse idealisiert. Es geht bei jedem Prozess ein wenig Energie durch Reibung oder andere dissipative Kräfte verloren. Trotzdem kann in der Theorie ein reversibler Prozess durch die Annahme von infinitesimalen Schritten erreicht werden, wobei jeder Schritt über eine Zeit erfolgt, die deutlich länger ist, als die Reaktionszeit zwischen System und Umgebung dauert. Das hat zur Folge, dass jederzeit ein thermisches Gleichgewicht zwischen System und Umgebung existiert und somit die Zwischenzustände definierte Werte ihrer makroskopischen Eigenschaften besitzen. Damit sind Werte gemeint, die durch Messungen ermittelt werden können. Ein Prozess, der in der oben

Zusammenfassung 22.1: Häufig vorkommende Prozesse eines idealen Gases (In diesem Kasten gilt $pV = nRT$)

Isothermer Prozess: konstante Temperatur

$$\Delta T = 0$$
$$\therefore pV = \text{konstant} \tag{22.1}$$

Isochorer Prozess: konstantes Volumen

$$\Delta V = 0$$
$$\therefore \frac{p}{T} = \text{konstant} \tag{22.2}$$

Isobarer Prozess: konstanter Druck

$$\Delta p = 0$$
$$\therefore \frac{V}{T} = \text{konstant} \tag{22.3}$$

Adiabatischer Prozess: kein Wärmeaustausch zwischen System und Umgebung:

$$\Delta Q = 0$$
$$\therefore pV^{\gamma} = \text{konstant}\,, \tag{22.4}$$

wobei γ das Verhältnis zwischen spezifischer Wärmekapazität bei konstantem Druck und konstantem Volumen ist, $\gamma = C_p/C_V$ (siehe Herleitung 22.2 für die Herleitung von Gl. 22.4).

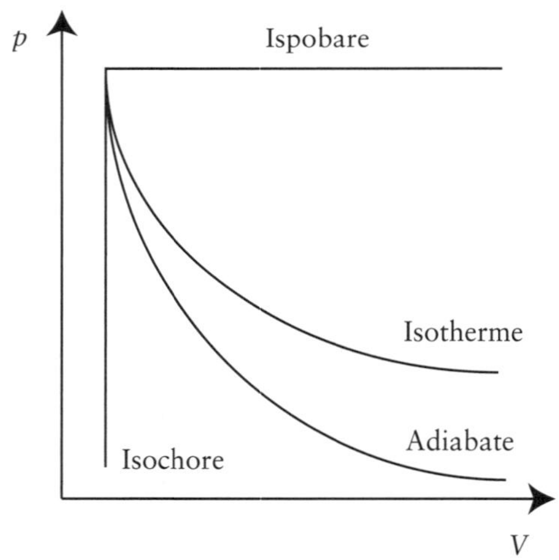

Die Steilheit der adiabatischen Kurve hängt vom Wert von γ ab.

genannten Weise ausgeführt wird, also durch eine Reihe von Gleichgewichtszuständen erfolgt, wird *quasistatischer* Prozess genannt.

Da die Zwischenzustände theoretisch bekannt sind, ist es möglich, reversible und quasistatische Prozesse in einem p-V-Diagramm darzustellen (wobei $pV = nRT$ für alle Werte von p und V gilt) (Abb. 22.2). Aus diesem können wir durch Integration der Kurve die totale Änderung des Zustands berechnen. Im Gegensatz dazu kann für einen irreversiblen Prozess nur der Anfangs- und Endzustand eingezeichnet werden, da Zwischenzustände keine Gleichgewichtszustände sind ($\therefore pV \neq nRT$ für die Zustände zwischen Anfangs- und Endzustand). Daher ist auch der Integrationsweg zwischen den Zuständen unbekannt.

Häufig vorkommende reversible Prozesse

In diesem Kapitel werden wir uns hauptsächlich mit reversiblen Prozessen auseinandersetzen, da diese mathematisch einfacher sind. Außerdem stellen sie idealisierte Resultate von Experimenten dar, bei denen keine Energie permanent aus dem System entfernt wird. Vier häufig vorkommende reversible Prozesse sind *isotherme Prozesse* (Temperatur des Systems bleibt konstant), *isochore Prozesse* (Volumen des Systems bleibt konstant), *isobare Prozesse* (Druck des Systems bleibt konstant) und *adiabatische Prozesse* (kein Wärmeaustausch findet zwischen System und Umgebung statt). Diese Prozesse sind in einem p-V-Diagramm zusammengefasst und in Zusammenfassung 22.1 dargestellt.

22.2 Die Hauptsätze der Thermodynamik

Die klassische Thermodynamik beschreibt, wie sich makroskopische Systemgrößen und Energieaustausch mit der Umgebung ändern, falls das System einen thermodynamischen Prozess durchläuft (Zustandsänderung). Pragmatischer ausgedrückt, beschreibt die Thermodynamik quantitativ, inwieweit man aus dem System verwendbare Arbeit ziehen kann, während sich sein Zustand ändert. Die grundlegenden Resultate aus der klassischen Thermodynamik können in vier Gesetzen zusammengefasst werden. Diese sind bekannt als *Hauptsätze der Thermodynamik* (Zusammenfassung 22.2). Wir werden uns mit diesen jetzt im Einzelnen befassen.

22.2.1 Der nullte Hauptsatz

Wenn ein kaltes und ein heißes System in thermischen Kontakt geraten, fließt Wärme vom heißen System in das kalte System. Dies verringert die Temperatur des warmen und erhöht die Temperatur des kalten Systems. Wenn beide Systeme die gleiche Temperatur besitzen, fließt keine Wärme mehr und man sagt, dass sich beide Systeme im *thermischen Gleichgewicht* befinden. Dies ist die Grundlage des *nullten Hauptsatzes*, welcher Folgendes aussagt:

Wenn sich zwei thermodynamische Systeme zur gleichen Zeit mit einem dritten im thermischen Gleichgewicht befinden, dann sind auch die Systeme untereinander im thermischen Gleichgewicht.

Aus dem nullten Hauptsatz folgt, dass zwei sich im thermischen Gleichgewicht befindende Systeme auch die gleiche Temperatur besitzen und dass sich die Temperatur zeitlich nicht verändert. Historisch wurde der nullte Hauptsatz nach den anderen drei Gesetzen formuliert, jedoch wird er fundamentaler als die anderen empfunden. Daher wird er „nullter Hauptsat"und nicht „vierter Hauptsatz"genannt.

22.2.2 Der erste Hauptsatz

Die Erhaltung der inneren Energie ist die Kernaussage des *ersten Hauptsatzes der Thermodynamik*. Er sagt aus, dass während eines thermodynamischen Prozesses

die Änderung der inneren Energie eines thermodynamischen Systems, ΔU, sich aus der Summe der verrichteten Arbeit, W, und dem Wärmeaustausch mit der Umgebung, Q, ergibt:

$$\Delta U = Q + W$$

(Gl. 22.5 in Zusammenfassung 22.2). Der Hauptsatz wird auch häufig als eine infinitesimale Änderung der inneren Energie, $\mathrm{d}U = \mathrm{d}W + \mathrm{d}Q$ (Gl. 22.6 in Aussage 22.2) anstatt der absoluten Änderung, ΔU, aufgefasst. Unten werden wir bei reversiblen Prozessen $\mathrm{d}U$, $\mathrm{d}Q$, und $\mathrm{d}W$ durch Änderungen der Systemvariablen (wie Temperatur- oder Volumenänderung) ausdrücken. (Diese Ausdrücke gelten jedoch nicht für irreversible Prozesse, da wir nicht wissen, wie viel Energie an die Umgebung abgegeben wird.)

Arbeit verrichten, d*W*

Gase und Flüssigkeit üben einen Druck – eine Kraft pro Einheitsfläche – auf die Wand ihrer Box aus. Mikroskopisch betrachtet resultiert der Druck aus der Impulsänderung von Teilchen, die gegen die Wand stoßen. Wenn sich das Volumen eines Systems verringert, muss dabei Arbeit gegen interatomare Kräfte verrichtet werden. Wenn wir uns Arbeit, die an einem System verrichtet wird, als einen Kolben vorstellen, der das System komprimiert, erhalten wir einen Ausdruck für die verrichtete Arbeit in Abhängigkeit von Druck und Volumenänderung (Gl. 22.8 und 22.9 und Herleitung 22.1). Arbeit wird *an* einem System verrichtet, wenn das Volumen verringert wird ($\mathrm{d}V$ ist negativ und $\mathrm{d}W$ positiv. Arbeit wird *von* einem System verrichtet, wenn sich das Volumen erhöht ($\mathrm{d}V$ ist positiv und $\mathrm{d}W$ ist negativ). Wir sehen in Gl. 22.9, dass (i) keine Arbeit verrichtet wird, wenn das Volumen konstant bleibt, und dass (ii) die Fläche unterhalb einer p-V-Kurve

Zusammenfassung 22.2: Die Hauptsätze der Thermodynamik

- **Nullter Hauptsatz:** thermisches Gleichgewicht
  Wenn sich zwei thermodynamische Systeme zur gleichen Zeit mit einem dritten im thermischen Gleichgewicht befinden, dann sind auch die Systeme untereinander im thermischen Gleichgewicht.
- **Erster Hauptsatz:** Energieerhaltung der inneren Energie
  Die Änderung von innerer Energie eines thermodynamischen Systems ergibt sich als Summe von Arbeit und mit der Umgebung ausgetauschter Wärme:

$$\Delta U = Q + W \tag{22.5}$$

$$\text{oder} \quad \mathrm{d}U = \mathrm{d}Q + \mathrm{d}W\,. \tag{22.6}$$

  Konventionen:
  Δ: absolute Änderung; d: infinitesimale Änderung;
  $+Q, +\mathrm{d}Q$: Wärme wird dem System *zugeführt*; $-Q, -\mathrm{d}Q$: Wärme wird dem System *entnommen*;
  $+W, +\mathrm{d}W$: Arbeit wird *am* System verrichtet; $-W, -\mathrm{d}W$: Arbeit wird *vom* System verrichtet.
- **Zweiter Hauptsatz:** Erhöhung der Entropie
  Es existiert kein Prozess, bei dem sich die gesamte Entropie des Universums verringert. Die gesamte Änderung der Entropie ist immer größer oder gleich null:

$$\begin{aligned} \text{Reversibler Prozess:} \quad & \Delta S = 0 \\ \text{Irreversibler Prozess:} \quad & \Delta S > 0 \\ \Rightarrow & \Delta S \geqslant 0 \quad \text{immer} \end{aligned} \tag{22.7}$$

- **Dritter Hauptsatz:** absoluter Nullpunkt der Temperatur
  Die Entropie eines Systems erreicht null, wenn die Temperatur des System null ist.

eines reversiblen Prozesses der gesamten Arbeit während eines Zustandswechsels entspricht (Abb. 22.3).

Arbeit während eines reversiblen Prozesses verrichten (Herleitung 22.1):

$$\mathrm{d}W = -p\,\mathrm{d}V \tag{22.8}$$

$$\Rightarrow W = -\int_{V_1}^{V_2} p\,\mathrm{d}V \tag{22.9}$$

$+W$: Arbeit wird an einem System verrichtet
$-W$: Arbeit wird von einem System verrichtet

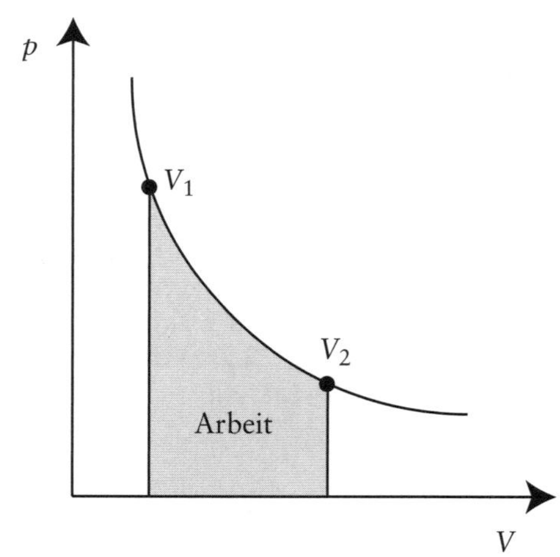

Abbildung 22.3 Die verrichtete Arbeit eines Gases, welches von V_1 nach V_2 expandiert, ergibt sich als Fläche unterhalb der Kurve ($W = -\int p\,\mathrm{d}V$)

Wärmeaustausch, dQ

Die Wärmekapazität eines Systems ist als

$$C_\alpha = \left(\frac{\partial Q}{\partial T}\right)_\alpha$$

definiert, wobei α die Variable ist, die während der Wärmeänderung konstant gehalten wird. Beispielsweise gilt für einen isobaren Prozess (konstanter Druck) $\alpha \equiv p$, wo-

Herleitung 22.1: Herleitung der Arbeit eines reversiblen Prozesses (Gl. 22.8 und 22.9)

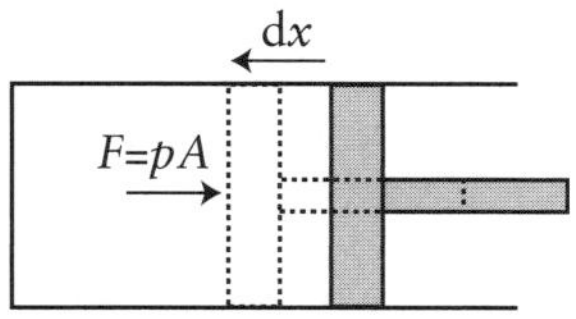

$$\begin{aligned} dW &= -F\, dx \\ &= -pA\, dx \\ &= -p\, dV \end{aligned}$$

$$\Rightarrow W = -\int_{V_1}^{V_2} p(V)\, dV$$

- Ansatz: Die an einem Gas durch die Bewegung dx eines Kolbens in einem Zylinder gegen eine Kraft F verrichtete Arbeit ergibt sich als $dW = -F\,dx$.
- Die entgegenwirkende Kraft ergibt sich aus dem Druck des Systems, $F = pA$, wobei A die Kreisfläche des Zylinders ist.
- Definiert ein Volumenelement, $dV = A\ dx$.
- Für reversible Prozesse ist der Integrationsweg bekannt, daher können wir die gesamte verrichtete Arbeit durch Integration von V_1 nach V_2 bestimmen.

hingegen bei einem isochoren Prozess (konstantes Volumen) $\alpha \equiv V$ gilt. Unter der Annahme, dass Wärmetransport nur von T abhängt (nullter Hauptsatz), können wir statt der partiellen Ableitung die totale Ableitung schreiben:

$$\Rightarrow C_\alpha = \frac{dQ_\alpha}{dT}\,.$$

Wenn wir diese Formeln umschreiben, erhalten wir einen Ausdruck für ein infinitesimales Wärmeelement, das in das System hinein oder aus dem System heraus fließt (Gl. 22.10). Eine Erhöhung der Temperatur resultiert aus einem Wärmefluss *in* das System (dT und dQ sind positiv), wohingegen eine Verringerung der Temperatur einem Wärmefluss *aus* dem System entspricht (dT und dQ sind negativ). In einem reversiblen Prozess erhalten wir den Gesamtzu- bzw. -ablauf von Wärme durch Integration der spezifischen Wärmekapazität über die Temperatur. Die Integrationsgrenzen sind dabei durch die Temperatur des Anfangs- bzw. Endzustandes gegeben (Gl. 22.11).

Wärmeaustausch eines reversiblen Prozesses

$$dQ = C_\alpha\, dT \qquad (22.10)$$

$$\therefore Q = \int_{T_1}^{T_2} C_\alpha\, dT \qquad (22.11)$$

$+Q$: Wärmefluss in ein System
$-Q$: Wärmefluss aus einem System

Änderung der inneren Energie, d*U*

Kombinieren wir die Ausdrücke von dW und dQ unter Verwendung des ersten Hauptsatzes, dann erhalten wir einen Ausdruck für die Änderung der inneren Energie:

$$dU = dQ + dW\,.$$

Für einen isochoren Prozess, d. h., $dV = 0$ (V = konstant), erhalten wir aus Gln. 22.8 und 22.10

$$\begin{aligned} dW &= 0 \\ \text{und} \quad dQ &= C_V\, dT\,. \end{aligned}$$

Damit ergibt sich die Änderung der inneren Energie im System als

$$\begin{aligned} dU &= dQ \\ &= C_V\, dT \end{aligned}$$

(Gl. 22.12). Für einen reversiblen Prozess ist der Integrationsweg bekannt, daher können wir die Gesamtänderung der totalen inneren Energie durch Integration von dU finden (Gl. 22.13). Obwohl der obige Ausdruck für den Fall eines isochoren Prozesses abgeleitet wurde, gilt er für *alle* Prozesse des idealen Gases, selbst wenn das Volumen variabel ist. Darin sehen wir, dass die innere Energie eines idealen Gases nur von seiner Temperatur abhängt! (Für reale Gase hängt die innere Energie auch vom Gasvolumen ab, siehe Beispielrechnung 23.2.)

Innere Energie eines reversiblen Prozesses

$$\mathrm{d}U = C_V\,\mathrm{d}T \tag{22.12}$$

$$\Rightarrow \Delta U = \int_{T_1}^{T_2} C_V\,\mathrm{d}T \tag{22.13}$$

Anwendungen des ersten Hauptsatzes

Beispielrechnung 22.1 nutzt die obige Gleichung zusammen mit dem Idealen Gasgesetz, um W, Q und ΔU für verschiedene reversible Prozesse zu berechnen. Außerdem erhalten wir aus dem ersten Hauptsatz die adiabatische Zustandsgleichung, $pV^\gamma = \text{konstant}$, mit $\gamma = C_p/C_V$, (Herleitung 22.2).

22.2.3 Der zweite Hauptsatz

Der *zweite Hauptsatz der Thermodynamik* führt eine weitere Zustandsfunktion, die *Entropie*, S [$\mathrm{J\,K^{-1}}$], genannt wird, ein. Der zweite Hauptsatz sagt Folgendes aus:

> *Es gibt keinen Prozess, bei dem die gesamte Entropie des Universums verringert wird. Die gesamte Entropie ist immer größer oder gleich null: $\Delta S \geqslant 0$.*

(Gl. 22.7 in Zusammenfassung 22.2). Entropie wird oft als „Grad der Unordnung"eines Systems bezeichnet. Beispielsweise kann man sich Entropie als Anzahl der Möglichkeiten vorstellen, Energie in Portionen aufzuteilen, wobei diese Energieportionen dann auf Teilchen aufgeteilt werden. Die Gesamtenergie bleibt dabei jedoch konstant. Eine infinitesimale Änderung der Entropie, $\mathrm{d}S$, ist als Änderung des Wärmeflusses in ein System pro Einheitstemperatur definiert, unter der Annahme, dass der Wärmefluss in einem reversiblen Prozess erzeugt wird:

$$\mathrm{d}S \stackrel{\text{def}}{=} \frac{\mathrm{d}Q_{\text{rev}}}{T}$$

(Gl. 22.14). Wie zu sehen ist, ändert sich die Entropie eines Systems, wenn Wärme in oder aus dem System transportiert wird. Die Definiton der Entropie folgt aus der *Clausius-Ungleichung*, welche wir nun beschreiben werden.

Entropieänderung eines reversiblen Prozesses:

$$\mathrm{d}S \stackrel{\text{def}}{=} \frac{\mathrm{d}Q_{\text{rev}}}{T} \tag{22.14}$$

Der erste Hauptsatz kann als Einschränkung dafür angesehen werden, was *energetisch* in einem System möglich ist. Der zweite Hauptsatz gibt uns die *Richtung* an, in welche ein System sich entwickeln kann.

Aus unserer Erfahrung wissen wir beispielsweise, dass Wärme eigenständig von heißen zu kalten Körpern fließt. Obwohl der erste Hauptsatz auch die umgekehrte Variante – dass Wärme von kalten zu heißen Körpern fließt – erlaubt, wird diese Möglichkeit vom zweiten Hauptsatz verboten, was man gut anhand von Gl. 22.14 erkennen kann. Die Verringerung der Entropie eines kalten Körpers wäre größer als die Erhöhung der Entropie im warmen Körper, da $T_{\text{kalt}} < T_{\text{heiß}}$ gilt. Dies würde zu einer Gesamtverringerung der Entropie des Gesamtsystems (und des Universums) führen, was jedoch im Widerspruch zum zweiten Hauptsatz steht. In anderen Worten: Die natürliche Richtung einer Änderung strebt gen Unordnung.[1]

Wärmekraftmaschinen und -pumpen

Der zweite Hauptsatz der Thermodynamik beschreibt die Arbeitsweise und Effizienz von Wärmekraftmaschinen und -pumpen. Wärme*motoren* sind Maschinen, die kontinuierlich Wärme verbrauchen, um nutzbare Arbeit zu erzeugen. Zum Beispiel ist eine Dampfmaschine, die einen Zug antreibt, ein Wärmemotor. Wärme*pumpen* sind Maschinen die kontinuierlich Wärme von einem kalten Körper in einen warmen Körper transportieren. Dazu muss Arbeit an der Pumpe verrichtet werden, da diese Richtung des Wärmeflusses dessen natürlichem Streben widerspricht. Kühlschränke und Klimaanlagen sind Beispiele für Wärmepumpen. Da sowohl Wärmemaschinen als auch -pumpen auf Kreisprozessen basieren, ist die Energieumwandlung kontinuierlich.

Kelvin und Clausius entdeckten, dass es unmöglich ist, eine perfekte Wärmemaschine (eine Maschine, die die komplette verbrauchte Wärme in nützliche Arbeit umwandelt) und auch eine perfekte Wärmepumpe (eine Pumpe, die die komplette Wärme ohne Arbeit von einem kalten zu einem warmen Objekt transportiert) herzustellen. Solche Systeme verletzen den zweiten Hauptsatz, da die Gesamtentropie in solchen Systemen abnimmt. Daher wird der zweite Hauptsatz auch oft ohne Erwähnung von Entropie formuliert, sondern nur anhand der obigen Mechanismen. Die Formulierungen von Kelvin und Clausius lauten:

- **Kelvins Formulierung:** Die komplette Umwandlung von Wärme in Arbeit ist unmöglich. Es ist unmöglich, einen perfekten Wärmemotor zu konstruieren.
- **Clausius' Formulierung:** Wärme kann nicht selbstständig von einem kälteren in den wärmeren Körper fließen. Es ist unmöglich, die perfekte Wärmepumpe zu konstruieren.

[1] Dieses Problem führt zu einigen interessanten philosophischen Fragestellungen über das finale Schicksal des Universums.

Beispielrechnung 22.1: Mithilfe des ersten Hauptsatzes der Thermodynamik können wir ΔU, W und Q eines idealen Gases für reversible Prozesse bestimmen

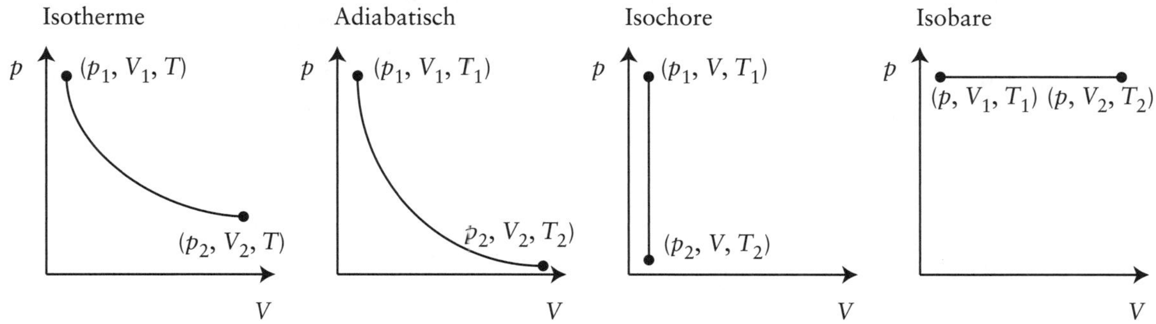

Isotherme Expansion ($\Delta T = 0$):
Änderung der inneren Energie:

$$\Delta U = C_V \Delta T = 0$$

Vom Gas verrichtete Arbeit:

$$\begin{aligned} W &= -\int_{V_1}^{V_2} p(V)\,\mathrm{d}V \\ &= -\int_{V_1}^{V_2} \frac{nRT}{V}\,\mathrm{d}V \\ &= nRT \ln\left(\frac{V_1}{V_2}\right) \end{aligned}$$

Wärmeaustausch:

$$\begin{aligned} Q &= \Delta U - W \\ &= -nRT \ln\left(\frac{V_1}{V_2}\right) \end{aligned}$$

Isochorer Prozess ($\Delta V = 0$):
Änderung der inneren Energie:

$$\Delta U = C_V(T_2 - T_1)$$

Vom Gas verrichtete Arbeit:

$$W = -p\Delta V = 0$$

Wärmeaustausch:

$$\begin{aligned} Q &= \Delta U - W \\ &= C_V(T_2 - T_1) \end{aligned}$$

Adiabatische Expansion ($pV^\gamma = A$ (konstant)):
Änderung der inneren Energie:

$$\Delta U = C_V(T_2 - T_1)$$

Vom Gas verrichtete Arbeit:

$$\begin{aligned} W &= -\int_{V_1}^{V_2} p(V)\,\mathrm{d}V \\ &= -A \int_{V_1}^{V_2} \frac{\mathrm{d}V}{V^\gamma} \\ &= \frac{A}{(\gamma - 1)} \left(\frac{V_2}{V_2^\gamma} - \frac{V_1}{V_1^\gamma}\right) \\ &= \frac{(p_2 V_2 - p_1 V_1)}{(\gamma - 1)} \\ \text{oder} \quad W &= \Delta U \\ &= C_V(T_2 - T_1) \end{aligned}$$

Wärmeaustausch:

$$Q = 0$$

Isobare Expansion ($\Delta p = 0$):
Änderung der inneren Energie:

$$\Delta U = C_V(T_2 - T_1)$$

Vom Gas verrichtete Arbeit:

$$W = -p(V_2 - V_1)$$

Wärmeaustausch:

$$\begin{aligned} Q &= \Delta U - W \\ &= C_V(T_2 - T_1) + p(V_2 - V_1) \\ \text{oder} \quad Q &= C_p(T_2 - T_1) \end{aligned}$$

Herleitung 22.2: Herleitung der adiabatischen Zustandsgleichung (siehe Gl. 22.4 in Zusammenfassung 22.1)

$$\begin{aligned} dU &= dW \\ \Rightarrow C_V\,dT &= -p\,dV \\ &= -\frac{nRT}{V}\,dV \\ &= -\frac{(C_p - C_V)T}{V}\,dV \\ \Rightarrow C_V \int_{T_1}^{T_2} \frac{dT}{T} &= -C_V(\gamma - 1) \int_{V_1}^{V_2} \frac{dV}{V} \\ \ln(T_2/T_1) &= -(\gamma - 1)\ln(V_2/V_1) \\ \Rightarrow \frac{T_2}{T_1} &= \left(\frac{V_1}{V_2}\right)^{(\gamma-1)} \\ \Rightarrow TV^{(\gamma-1)} &= \text{konstant} \\ \Rightarrow pV^{\gamma} &= \text{konstant} \end{aligned}$$

- Ansatz: In einem adiabatischen Prozess gibt es keinen Wärmeaustausch zwischen System und Umgebung $\Rightarrow dQ = 0$. Daher folgt aus dem ersten Hauptsatz für einen adiabatischen Prozess

$$dU = dW,$$

mit $dU = C_V\,dT$ und $dW = -p\,dV$ (siehe Gln. 22.8 und 22.12).
- Die Differenz und das Verhältnis der Wärmekapazitäten ist

$$nR = C_p - C_V$$

$$\text{und} \quad \gamma = \frac{C_p}{C_V}$$

(siehe Abschn. 21.4.2).
- Wenn wir jetzt das ideale Gasgesetz nutzen, können wir T aus $TV^{(\gamma-1)}$ eliminieren.

Ein Wärmemotor erfüllt den zweiten Hauptsatz, indem er Wärme ungenutzt an die Umgebung abgibt. Bei einer Wärmepumpe muss Arbeit verrichtet werden, damit die Wärme gegen ihre natürliche Richtung fließt. Diese Vorgänge sind schematisch in Abb. 22.4 dargestellt.

Wir betrachten einen Wärmemotor oder eine -pumpe, die zwischen zwei Umgebungen mit konstanten Temperaturen, T_H und T_C, (heiße Umgebung bzw. kalte Umgebung) arbeitet. Wir nehmen an, dass der Wärmefluss in oder aus jeder Umgebung, Q_H und Q_C, im Verhältnis zur thermischen Kapazität der Umgebungen klein ist. Dadurch bleiben die Temperaturen konstant. Aus der Energieerhaltung folgt

$$Q_H = Q_C + W$$

sowohl für den Wärmemotor als auch für die -pumpe. Abb. 22.4 zeigt, dass man sich eine Wärmepumpe auch als umgekehrt arbeitenden Wärmemotor vorstellen kann.

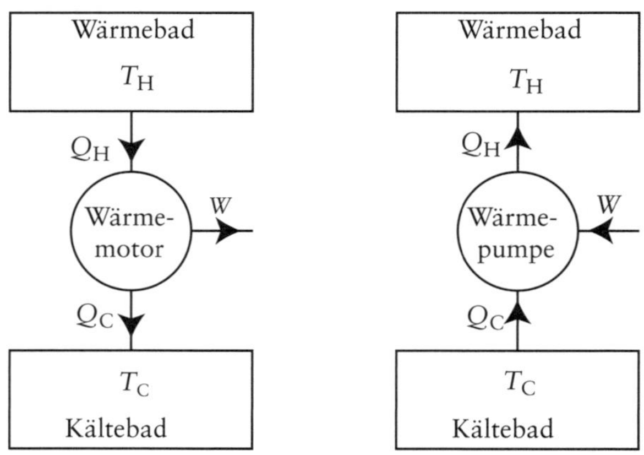

Abbildung 22.4 Schematische Darstellung eines Wärmemotors (links) und einer Wärmepumpe (rechts), die zwischen zwei Umgebungen mit konstanten Temperaturen, T_H und T_C, arbeiten. Q_H ist der Wärmefluss in oder aus der heißen Umgebung; Q_C ist der Wärmefluss in oder aus der kalten Umgebung; W ist die Arbeit aus oder in den Wärmemotor oder die Wärmepumpe

Effizienz und Wirkungsgrad

Die Effizienz eines Wärmemotors oder einer Wärmepumpe, η, ist ein Maß für die Ausnutzung der Energie, die in das System fließt, im Vergleich zur Energie, die aus dem System fließt. Für einen Wärmemotor ist die nutzbare Energie W, wenn eine Energie Q_H ins System fließt. Daher definieren wir den Wirkungsgrad eines Wärmemotors als:

$$\eta = \frac{W}{Q_H}\,.$$

Unter Verwendung von $W = Q_H - Q_C$ können wir den Wirkungsgrad mit Q_C und Q_H ausdrücken:

$$\eta = \frac{Q_H - Q_C}{Q_H} = 1 - \left|\frac{Q_C}{Q_H}\right|$$

(Gl. 22.15). Bei einer Wärmepumpe ist die nutzbare Größe Q_H bzw. Q_C für eine heizende Pumpe bzw. eine kühlende

Pumpe, wobei hier eine Energie W ins System eingebracht wird. Daher ergibt sich der Wirkungsgrad einer Wärmepumpe als:

$$\eta = \frac{Q_H}{W} \quad \text{oder} \quad \eta = \frac{Q_C}{W}$$

(Gln. 22.16 und 22.17). Da diese Verhältnisse größer als eins sein können, spricht man hier von *Wirkungsgrad* und nicht von Wirkungseffizienz.

Effizienz und Wirkungsgrad:

Wirkungsgrad eines Wärmemotors:

$$\eta = \frac{W}{Q_H} = 1 - \left|\frac{Q_C}{Q_H}\right| \qquad (22.15)$$

Wirkungsgrad einer Wärmepumpe

$$\text{Erwärmen}: \quad \text{CoP}_H = \frac{Q_H}{W} \qquad (22.16)$$

$$\text{Abkühlen}: \quad \text{CoP}_C = \frac{Q_C}{W} \qquad (22.17)$$

Das Carnot'sche Theorem

Reversible Motoren dissipieren keine Energie durch dissipative Kräfte, wie Reibung. Das *Carnot'sche Theorem* sagt aus, dass

reversible Wärmekraftmaschinen die effizienteste Art von Motoren sind.

Wir betrachten den zusammengesetzten Motor in Abb. 22.5. Die Variablen W, $Q'_{H,C}$, und $Q_{H,C}$ sind positiv entlang der Pfeile. Nach der Formulierung des zweiten Hauptsatzes von Clausius gibt es einen aus der heißen Umgebung austretenden Wärmefluss:

$$\begin{aligned} Q'_H - Q_H &\geqslant 0 \\ \Rightarrow Q'_H &\geqslant Q_H \\ \Rightarrow \frac{W}{Q'_H} &\leqslant \frac{W}{Q_H} . \end{aligned}$$

Der Wirkungsgrad einer Wärmepumpe ist als $\eta = W/Q_H$, $\Rightarrow \eta' \leqslant \eta$ mit dem Wirkungsgrad der irreversiblen Komponente, η', und dem Wirkungsgrad der reversiblen Komponente, η, definiert. Damit sind reversible Motoren effizienter:

$$\Rightarrow \eta_R \geqslant \eta_I ,$$

wobei die Indizes R und I für reversibel bzw. irreversibel stehen. Die abgeleitete Regel ist intuitiv klar. Da Wärme durch Reibung verloren geht, steht weniger Energie zur Umwandlung in Arbeit zur Verfügung.

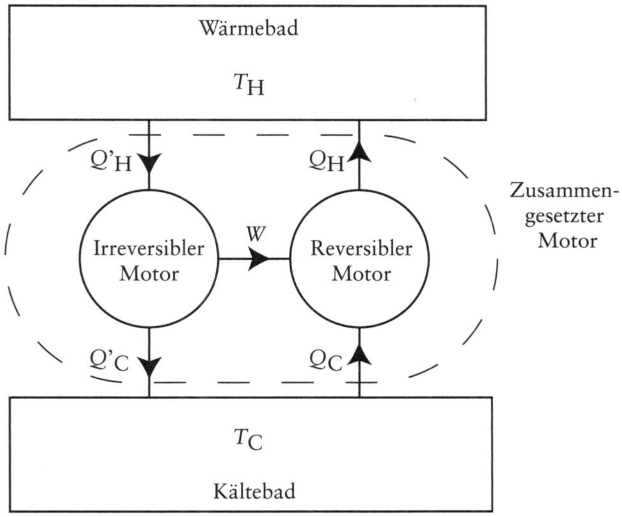

Abbildung 22.5 Zusammengesetzte Maschine, die aus einer reversiblen und einer irreversiblen Komponente besteht

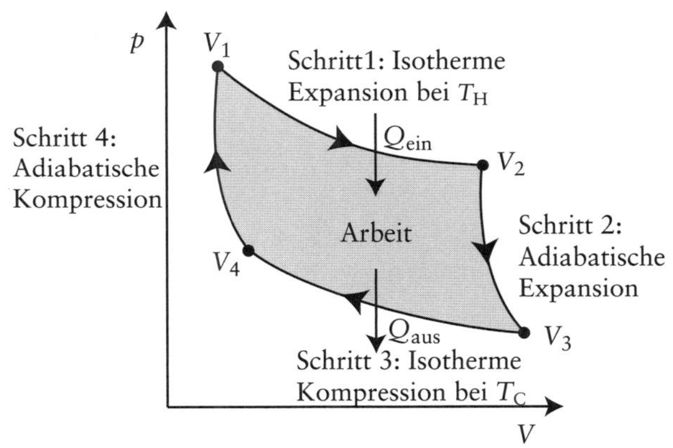

Abbildung 22.6 p-V-Diagramm eines Carnotzyklus'

Der Carnotmotor

Ein reversibler Wärmemotor wird *Carnotmotor* genannt. Nach einem Zyklus befindet sich das System wieder im Anfangszustand. Ein Carnotzyklus besteht aus vier nacheinanderfolgenden reversiblen Prozessen: Eine isotherme Expansion bei T_H, eine adiabatische Expansion von T_H zu T_C, eine isotherme Kompression bei T_C und eine adiabatische Kompression von T_C zu T_H, welche das System an seinen Anfangszustand zurückbringt (T_H und T_C bezeichnen die heiße und kalte Temperatur, zwischen denen die Maschine arbeitet.) Die Arbeitsabschnitte sind unten detailliert erläutert (siehe Abb. 22.6, Beispielrechnung 22.1 und Herleitung 22.2 für die Berechnungen).

Schritt 1: Isotherme Expansion bei T_H (Wärme fließt in das System, Q_{ein}, und Arbeit wird vom System verrichtet):

$$\begin{aligned}\Delta U &= 0\\ \Rightarrow Q_{ein} &= -W_1\\ &= \int_{V_1}^{V_2} p\,\mathrm{d}V\\ &= nRT_H \ln\left(\frac{V_2}{V_1}\right).\end{aligned}$$

Schritt 2: Adiabatische Expansion von T_H zu T_C:

$$\begin{aligned}\Delta Q &= 0\\ \Rightarrow W_2 &= \Delta U\\ &= C_V(T_H - T_C).\end{aligned}$$

Aus der adiabatischen Zustandsgleichung folgt:

$$\frac{T_H}{T_C} = \left(\frac{V_3}{V_2}\right)^{\gamma-1}. \tag{22.18}$$

Schritt 3: Isotherme Kompression bei T_C (Wärme fließt aus dem System, Q_{aus}, und Arbeit wird vom System verrichtet):

$$\begin{aligned}\Delta U &= 0\\ \Rightarrow Q_{aus} &= -W_3\\ &= \int_{V_3}^{V_4} p\,\mathrm{d}V\\ &= nRT_C \ln\left(\frac{V_4}{V_3}\right)\\ &= -nRT_C \ln\left(\frac{V_3}{V_4}\right).\end{aligned}$$

Schritt 4: Adiabatische Kompression von T_C zu T_H:

$$\begin{aligned}\Delta Q &= 0\\ \Rightarrow W_4 &= \Delta U\\ &= -C_V(T_H - T_C).\end{aligned}$$

Aus der adiabatischen Zustandsgleichung folgt:

$$\frac{T_H}{T_C} = \left(\frac{V_4}{V_1}\right)^{\gamma-1}. \tag{22.19}$$

Durch Einsetzen der adiabatischen Zustandsgleichungen in Gln. 22.18 und 22.19, setzen wir die Volumina zueinander ins Verhältnis:

$$\begin{aligned}\left(\frac{V_3}{V_2}\right)^{\gamma-1} &= \left(\frac{V_4}{V_1}\right)^{\gamma-1}\\ \Rightarrow \frac{V_2}{V_1} &= \frac{V_3}{V_4}.\end{aligned}$$

Die gesamte vom System verrichtete Arbeit, die auch der eingeschlossenen Fläche in Abb. 22.6 entspricht, ist durch

$$\begin{aligned}W &= W_1 + W_2 + W_3 + W_4\\ &= -nR\ln\left(\frac{V_2}{V_1}\right)(T_H - T_C)\end{aligned}$$

gegeben. Durch Umformung der obigen Ausdrücke für Q_{aus} und Q_{ein} erhalten wir:

$$\begin{aligned}\left|\frac{Q_{aus}}{T_C}\right| &= nR\ln\left(\frac{V_3}{V_4}\right)\\ &= nR\ln\left(\frac{V_2}{V_1}\right)\\ &= \left|\frac{Q_{ein}}{T_H}\right|\\ \Rightarrow \left|\frac{Q_{aus}}{Q_{ein}}\right| &= \frac{T_C}{T_H}.\end{aligned}$$

Wie zu sehen ist, hängt der Wirkungsgrad des Carnotmotors nur von den Temperaturen, zwischen denen der Motor arbeitet, ab:

$$\begin{aligned}\eta &= 1 - \left|\frac{Q_{aus}}{Q_{ein}}\right|\\ &= 1 - \frac{T_C}{T_H}\end{aligned}$$

(Gl. 22.20). Nun können wir das Carnot'sche Theorem verwenden. Daraus folgt, dass alle reversiblen Maschinen, die zwischen den gleichen Temperaturen arbeiten, auch den gleichen Wirkungsgrad besitzen. Der Wirkungsgrad eines Carnotmotors ist maximal, falls er bei der niedrigst möglichen Temperatur, T_C, und der höchst möglichen, T_H, betrieben wird.

Reversible Wärmekraftmaschinen (Carnot-Zyklus):

$$\begin{aligned}\left|\frac{Q_{aus}}{Q_{ein}}\right| &= \frac{T_C}{T_H}\\ \Rightarrow \eta_R &= 1 - \frac{T_C}{T_H}\end{aligned} \tag{22.20}$$

In der Praxis arbeitet keine Maschine ohne Reibung, jedoch kann man einen reversiblen Prozess gut durch quasistatische Prozesse annähern. Durch Betrachtung der Arbeitsabläufe von reversiblen Motoren sehen wir den Ursprung der Definition der Entropie, $\mathrm{d}S = \mathrm{d}Q/T$. Weiterhin ermöglicht es uns, die Äquivalenz der unterschiedlichen Formulierungen des zweiten Hauptsatzes auf Basis von Wärmekraftmaschinen und Entropie zu demonstrieren. Dies zeigen wir im Folgenden.

Clausius-Ungleichung und Entropie

Aus dem Carnot'schen Theorem folgt, dass das über einen kompletten Zyklus integrierte Verhältnis von Wärme, die in das System fließt, und der Temperatur, bei der der Wärmefluss beginnt, für einen reversiblen Prozess null und für einen irreversiblen Prozess kleiner als null ist:

$$\begin{aligned} \text{Reversibel:} \quad & \oint \frac{dQ_R}{T} = 0 \\ \text{Irreversibel:} \quad & \oint \frac{dQ_I}{T} < 0 \\ \Rightarrow & \oint \frac{dQ}{T} \leqslant 0 \quad \text{immer} \end{aligned}$$

(Gl. 22.21 und Herleitung 22.3). Die obige Ungleichung wird auch *Clausius-Ungleichung* genannt. Wenn wir die Größe dQ_R/T als eine infintesimale Änderung der Entropie, dS, *definieren*, sehen wir mithilfe der Clausius-Ungleichung, dass eine Änderung der Entropie nie negativ sein kann und daraus folgt, dass Entropie eines geschlossenes Systems nie geringer werden kann (Gl. 22.22 und Herleitung 22.4). Da es sich beim Universum um ein geschlossenes System handelt, kann die Entropie des Universums bei einem thermodynamischen Prozess nur abnehmen oder gleich bleiben. Die Ausdrücke in Gln. 22.21 und 22.22 zeigen, dass die Formulierung des zweiten Hauptsatzes durch Wärmekraftmaschinen äquivalent zur Entropieformulierung sind.

Clausius Ungleichung und Entropie (Herleitung 22.3 und 22.4):

$$\oint \frac{dQ}{T} \leqslant 0 \qquad (22.21)$$

$$\text{und} \quad \Delta S \geqslant 0 \qquad (22.22)$$

mit $dS = dQ_R/T$

22.2.4 Der dritte Hauptsatz

Der *dritte Hauptsatz der Thermodynamik* besagt, dass

die Entropie eines Systems null erreicht, wenn die Temperatur am absoluten Nullpunkt liegt.

Die Aussage des Hauptsatzes liefert einen Referenzpunkt für die *absolute* Entropieskala. Andernfalls müssen wir immer von *Änderungen* in der Entropie sprechen. Der Referenzpunkt entspricht der absoluten Nullpunkttemperatur, 0 K.

Mithilfe von $dQ = T\,dS$ erhalten wir in der Definition von C_V:

$$\begin{aligned} C_V &= \frac{dQ}{dT} \\ &= T\frac{dS}{dT}\,. \end{aligned}$$

Wir sehen, dass $C_V \to 0$, falls $T \to 0$. Dies ermöglicht uns eine alternative Formulierung des dritten Hauptsatzes: Die spezifische Wärmekapazität jedes Materials ist beim absoluten Nullpunkt null. Das Konzept des absoluten Nullpunkts ist nur ein theoretischer Referenzwert, der experimentell nicht erreicht werden kann.

22.3 Thermodynamische Potentiale

Ein thermodynamisches Potential ist eine skalare Funktion, die einen thermodynamischen Systemzustand beschreibt. Beispielsweise ist die innere Energie, U, ein thermodynamisches Potential. Neben U gibt es drei häufig genutzte thermodynamische Potentiale: die *Helmholtz'sche freie Energie*, F [J], die *Enthalpie*, H [J], und die *Gibb'sche freie Energie*, G [J]. Weder F und H noch G haben eine physikalische Bedeutung, wie U sie besitzt, jedoch ermöglichen sie uns das Berechnen von physikalischen Größen bei Zustandsänderungen. Diese zeigen wir im Folgenden. Besonders hilfreich sind thermodynamische Potentiale, um Größen, die einen *Gleichgewichts*zustand eines Systems beschreiben, zu finden. Gleichgewichtszustände entsprechen Energieminima (stabile Zustände).

Analogie zu Potentialfeldern

Thermodynamische Potentiale kann man als Analoga zu skalaren Potentialfeldern, die wir in verschiedenen anderen Bereichen der Physik kennengelernt haben, ansehen. Beispiele dazu sind das gravitative Potentialfeld, $\phi(r)$, in der klassischen Mechanik oder das elektrische Potentialfeld, $V(r)$, im Elektromagnetismus.

Thermodynamische Potentiale sind Funktionen, die sich mit Zustandsvariablen ändern, p, V, T, oder S, wohingegen $\phi(r)$ und $V(r)$ Funktionen sind, die sich mit dem Ort, r, ändern. Im Folgenden werden wir beispielsweise sehen, dass die innere Energie eine Funktion der Entropie und des Volumens ist, $U(S, V)$. Eine Masse in einem gravitativen Potential speichert potenzielle Energie ebenso abhängig von ihrer Position, r, wie eine Ladung in einem elektrischen Potentialfeld. Wenn sich die Position einer Masse oder einer Ladung ändert, ändert sich auch ihre potenzielle Energie. Ähnlich speichert ein thermodynamisches System potenziele Energie, abhängig von seinem thermodynamischen Zustand. Wenn ein System seinen Zustand während eines thermodynamischen Prozesses

Herleitung 22.3: Herleitung der Clausius'schen Ungleichung (Gl. 22.21)

$$\eta_R \geqslant \eta_I$$

$$\Rightarrow 1 - \left|\frac{Q_C}{Q_H}\right|_R \geqslant 1 - \left|\frac{Q_C}{Q_H}\right|_I$$

$$\Rightarrow \left|\frac{Q_C}{Q_H}\right|_I \geqslant \left|\frac{Q_C}{Q_H}\right|_R$$

$$\geqslant \frac{T_C}{T_H}$$

$$\Rightarrow \left|\frac{Q_C}{T_C}\right| \geqslant \left|\frac{Q_H}{T_H}\right|$$

Für positive Q_H und negative Q_C:

$$\frac{Q_H}{T_H} + \frac{Q_C}{T_C} \leqslant 0$$

$$\Rightarrow \sum_{\text{Zyklus}}^{n} \frac{Q}{T} \leqslant 0 .$$

Im Limes von kleinen Q können wir die Summe durch ein Integral ersetzen, damit ergibt sich die Clausius-Ungleichung als

$$\oint \frac{dQ}{T} \leqslant 0 .$$

- Ansatz: Aus dem Carnot'schen Theorem folgt, dass reversible Motoren einen höheren Wirkungsgrad besitzen als irreversible Motoren: $\eta_R \geqslant \eta_I$.
- Der Wirkungsgrad eines Wärmemotors ergibt sich als
$$\eta = 1 - \left|\frac{Q_C}{Q_H}\right| .$$
Im Falle von reversiblen Wärmemotoren gilt die Gleichung $|Q_C/Q_H| = T_C/T_H$.
- Nehmen wir an, dass die Wärme, die in das System fließt, Q_H, positiv ist, dann ist Q_C, die das System verlässt, negativ.
- Durch Verallgemeinerung des Zyklus zu einem Zyklus mit n Prozessen, bei denen Wärme in und aus dem System fließt, können wir die Ungleichung als Summe über den Zyklus schreiben.
- Im Limes für kleine Wärmeelemente, dQ, die in das System bei einer Temperatur T fließen, wird die Summe zu einem Integral. In dieser Form ist die Ungleichung als Clausius-Ungleichung bekannt.

ändert, dann ändern sich auch die Zustandsvariablen und somit die gespeicherte Energie. Dabei wird die Energie beispielsweise als Wärme frei oder wird genutzt, um Arbeit zu verrichten.

22.3.1 Innere Energie

Die Kernaussage des ersten Hauptsatzes der Thermodynamik ist die Vorstellung der inneren Energie als Möglichkeit eines Systems, Wärme freizugeben oder Arbeit zu verrichten:

$$dU = dQ + dW .$$

Für einen reversiblen Prozess gilt $dQ = T\,dS$ und $dW = -p\,dV$. Daher können wir den ersten Hauptsatz als

$$dU = T\,dS - p\,dV$$

schreiben (Gl. 22.23). U ist eine Funktion der Zustandsvariablen S und V: $U = U(S, V)$. Die Variablen S und V werden auch als natürliche Variablen des thermodynamischen Potentials U bezeichnet. (Im Folgenden sehen wir, dass auch F, H und G Funktionen zweier natürlicher Variablen sind.)

Die totale Ableitung von $U = U(S, V)$ ergibt sich als

$$dU = \left(\frac{\partial U}{\partial S}\right)_V dS + \left(\frac{\partial U}{\partial V}\right)_S dV .$$

Setzen wir diesen Ausdruck mit $dU = T\,dS - p\,dV$ gleich, ergibt sich:

$$T = \left(\frac{\partial U}{\partial S}\right)_V$$

$$\text{und} \quad -p = \left(\frac{\partial U}{\partial V}\right)_S$$

(Gl. 22.24 und 22.25). Durch diese Gleichungen erhalten wir die Möglichkeit, T und p aus der Funktion U und den Zustandsvariablen V und S zu bestimmen. Damit können wir diese Zustandsgleichungen nutzen, um makroskopische Eigenschaften eines Systems während eines thermodynamischen Prozesses zu berechnen.

Herleitung 22.4: Herleitung der Entropieformulierung des zweiten Hauptsatzes aus der Clausius-Ungleichung (Gl. 22.22)

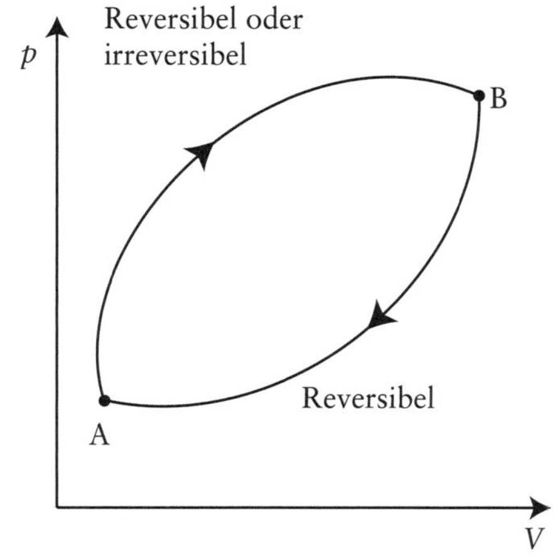

Clausius-Ungleichung:

$$\oint \frac{dQ}{T} \leqslant 0$$

$$\Rightarrow \int_A^B \frac{dQ}{T} + \int_B^A \frac{dQ_R}{T} \leqslant 0$$

$$\Rightarrow \int_A^B \frac{dQ}{T} \leqslant \int_A^B \frac{dQ_R}{T}$$

$$\leqslant \int_A^B dS$$

$$\Rightarrow \oint \frac{dQ}{T} \leqslant \oint dS$$

$$\leqslant \Delta S$$

In Kombination mit der Clausius-Ungleichung

$$\Rightarrow \Delta S \geqslant 0$$

- Ansatz: Betrachten wir einen Zyklus, der aus einem reversiblen oder irreversiblen Prozess zwischen zwei Punkten A und B, und einem reversiblen Prozess von B zurück nach A besteht. Die Gesamtgröße von dQ/T ergibt sich als

$$\oint \frac{dQ}{T} = \int_A^B \frac{dQ}{T} + \int_B^A \frac{dQ_R}{T} .$$

- Für die bestimmten Integrale gilt:

$$\int_B^A \frac{dQ_R}{T} = -\int_A^B \frac{dQ_R}{T} .$$

- Wir definieren ein infitesimales Element der Entropie als

$$dS \overset{\text{def}}{=} \frac{dQ_R}{T} .$$

- Die Änderung der Grenzen ermöglicht es uns, über den kompletten Zyklus zu integrieren. Die totale Änderung der Entropie eines kompletten Zyklus ist ΔS.
- Einsetzen der Ungleichung von ΔS in die Ungleichung von Clausius führt zur Entropieformulierung des zweiten Hauptsatzes der Thermodynamik (Gl. 22.7).

Innere Energie, $U(S,V)$:

$$dU = T\,dS - p\,dV \tag{22.23}$$

Zustandsgleichungen, die wir aus der totalen Ableitung erhalten:

$$T = \left(\frac{\partial U}{\partial S}\right)_V \tag{22.24}$$

$$-p = \left(\frac{\partial U}{\partial V}\right)_S \tag{22.25}$$

Irreversible Prozesse

Die Gln. 22.23–22.25 beinhalten Zustandsvariablen, d. h., Variablen, deren Werte unabhängig vom Weg des thermodynamischen Prozesses sind. Daher gelten die Relationen in Gl. 22.23–22.25 für *alle* Prozesse, sowohl für reversible *als auch* für irreversible. Jedoch geht ein höherer Teil der Energie in einem irreversiblen Prozess als Wärme verloren und nur ein kleinerer Teil im Vergleich zu einem reversiblen Prozess ist verfügbar, um damit Arbeit zu verrichten. Damit gilt für einen irreversiblen Prozess:

$$dW_I < |p\,dV|$$

V Physik der Wärme

und

$$dQ_\mathrm{I} > T\,dS\,.$$

Trotzdem gelten Gl. 22.23 und der erste Hauptsatz für einen irreversiblen Prozess.

22.3.2 *F, H,* und *G*

Die thermodynamischen Potentiale $F, H,$ und G, eines Systems definiert man durch die Zustandsvariablen p, V, T, und S:

$$\text{Helmholtz'sche freie Energie:}\quad F \stackrel{\text{def}}{=} U - TS$$

$$\text{Enthalpie:}\quad H \stackrel{\text{def}}{=} U + pV$$

$$\text{Gibbs'sche freie Energie:}\quad G \stackrel{\text{def}}{=} U - TS + pV$$

(Gl. 22.26, 22.28, und 22.30). Der Energieterm $+TS$ kann als Anteil der Wärme angesehen werden, die einem System von seiner Umgebung zur Verfügung gestellt wird, um sich zu einer Temperatur T aufzuheizen. Der Term $-pV$ wird als Anteil der vom System gegen die Umgebung verrichteten Arbeit, die aufgebracht werden muss, um das System zu einem Volumen V zu expandieren, interpretiert. F, H und G stehen dann mit U im direkten Verhältnis, wenn die Energieterme $+TS$ oder $-pV$ berücksichtigt werden oder nicht.

Thermodynamische Potentiale:

Helmholtz'sche freie Energie, $F(T,V)$:

$$F = U - TS \tag{22.26}$$

$$\text{und}\quad dF = -S\,dT - p\,dV \tag{22.27}$$

Enthalpie, $H(S,p)$:

$$H = U + pV \tag{22.28}$$

$$\text{und}\quad dH = T\,dS + V\,dp \tag{22.29}$$

Gibbs'sche freie Energie, $G(T,p)$:

$$G = U - TS + pV \tag{22.30}$$

$$\text{und}\quad dG = -S\,dT + V\,dp \tag{22.31}$$

Durch Ableiten von F, H und G und Nutzen von $dU = T\,dS - p\,dV$, können deren exakte Differentiale bestimmt werden:

$$\begin{aligned} dF &= dU - T\,dS - S\,dT \\ &= -S\,dT - p\,dV \\ dH &= dU + p\,dV + V\,dp \\ &= T\,dS + V\,dp \\ dG &= dU - T\,dS - S\,dT + p\,dV + V\,dp \\ &= -S\,dT + V\,dp \end{aligned}$$

(Gln. 22.27, 22.29, und 22.31). Hieraus können wir die zwei natürlichen Variablen aller thermodynamischen Potentiale ablesen: $F = F(T,V)$, $H = H(S,p)$ und $G = G(T,p)$. Wenn wir diese Ausdrücke deren totalen Ableitungen gleichsetzen, wie wir es schon für U getan haben, erhalten wir die zwei Zustandsgleichungen für alle Potentiale (Gln. 22.32–22.37). Diese stellen einen Zusammenhang zwischen den Zustandsvariablen und den Ableitungen der thermodynamischen Potentiale her.

Thermodynamische Zustandsgleichungen:

Helmholtz'sche freie Energie, $F(T,V)$:

$$dF = \underbrace{\left(\frac{\partial F}{\partial T}\right)_V}_{=-S} dT + \underbrace{\left(\frac{\partial F}{\partial V}\right)_T}_{=-p} dV$$

$$\Rightarrow S = -\left(\frac{\partial F}{\partial T}\right)_V \tag{22.32}$$

$$\text{und}\quad p = -\left(\frac{\partial F}{\partial V}\right)_T \tag{22.33}$$

Enthalpie, $H(S,p)$:

$$dH = \underbrace{\left(\frac{\partial H}{\partial S}\right)_p}_{=T} dS + \underbrace{\left(\frac{\partial H}{\partial p}\right)_S}_{=V} dp$$

$$\Rightarrow T = \left(\frac{\partial H}{\partial S}\right)_p \tag{22.34}$$

$$\text{und}\quad V = \left(\frac{\partial H}{\partial p}\right)_S \tag{22.35}$$

Gibbs'sche freie Energie, $G(T,p)$:

$$dG = \underbrace{\left(\frac{\partial G}{\partial T}\right)_p}_{=-S} dT + \underbrace{\left(\frac{\partial G}{\partial p}\right)_T}_{=V} dp$$

$$\Rightarrow S = -\left(\frac{\partial G}{\partial T}\right)_p \tag{22.36}$$

$$\text{und}\quad V = \left(\frac{\partial G}{\partial p}\right)_T \tag{22.37}$$

22.3.3 Die Maxwellrelationen

Die *Maxwellrelationen* sind eine Gruppe von Differentialgleichungen, die die unterschiedlichen Ableitungen der Zustandsvariablen p, V, T und S miteinander in Beziehung setzt, ohne dabei auf die thermodynamischen Potentiale zurückgreifen zu müssen. Wir erhalten sie, indem wir die obigen Zustandsgleichungen erneut ableiten. Wenn wir Gln. 22.24 und 22.25 nach V bzw. S ableiten, ergeben sich die zweiten Ableitungen von U als:

$$\left(\frac{\partial T}{\partial V}\right)_S = \left(\frac{\partial^2 U}{\partial V \partial S}\right)_{S,V}$$

$$\text{und} \quad -\left(\frac{\partial p}{\partial S}\right)_V = \left(\frac{\partial^2 U}{\partial S \partial V}\right)_{V,S} .$$

Da die Reihenfolge der Ableitungen in der zweiten Ableitung keine Rolle spielt, können wir die beiden Ausdrücke von oben gleichsetzen:

$$\Rightarrow \left(\frac{\partial T}{\partial V}\right)_S = -\left(\frac{\partial p}{\partial S}\right)_V .$$

Ähnlich erhalten wir drei weitere Differentialgleichungen aus den Zustandsgleichungen für F, H und G (Gln. 22.32–22.37). Zusammen bilden diese vier Differentialgleichungen die Maxwellrelationen (Gln. 22.38–22.41). Eine Eselsbrücke, um sich an die Maxwellgleichungen zu erinnern, ist in Abb. 22.7 dargestellt.

Die Maxwellrelationen

Aus den Gleichungen der inneren Energie (Gln. 22.24 und 22.25):

$$-\left(\frac{\partial p}{\partial S}\right)_V = \left(\frac{\partial T}{\partial V}\right)_S \tag{22.38}$$

Aus den Gleichungen der Helmholtz'sche freien Energie (Gln. 22.32 und 22.33):

$$\left(\frac{\partial S}{\partial V}\right)_T = \left(\frac{\partial p}{\partial T}\right)_V \tag{22.39}$$

Aus den Gleichungen der Enthalpie (Gln. 22.34 und 22.35):

$$\left(\frac{\partial T}{\partial p}\right)_S = \left(\frac{\partial V}{\partial S}\right)_p \tag{22.40}$$

Aus den Gleichungen der Gibbs'schen freien Energie (Gln. 22.36 und 22.37):

$$\left(\frac{\partial V}{\partial T}\right)_p = -\left(\frac{\partial S}{\partial p}\right)_T \tag{22.41}$$

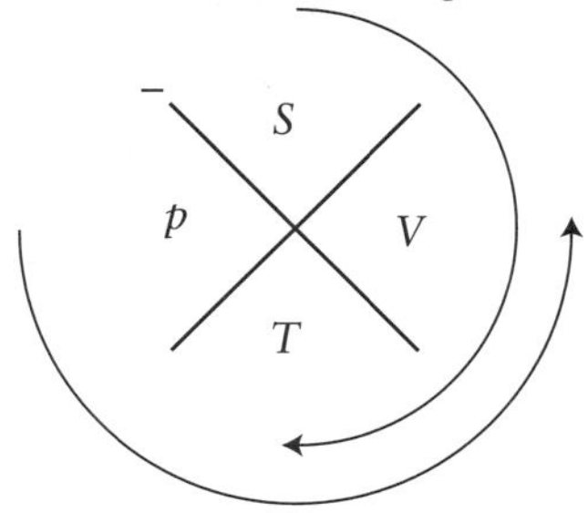

Abbildung 22.7 Eselsbrücke, um sich an die Maxwellrelationen zu erinnern: Gegen den Uhrzeigersinn lautet die Eselsbrücke „Society for the Prevention of Teaching Vectors." Das Diagramm zeigt die Relation $(\partial S/\partial V)_T = (\partial p/\partial T)_V$. Die erste Ableitung erhält man durch ein Vorwärtsgehen im Uhrzeigersinn und dabei ist bei dem Buchstaben anzufangen, der im Zähler steht. Die zweite Ableitung erhält man durch Bewegen gegen den Uhrzeigersinn und dabei ist vom Buchstaben auszugehen, der folgt. Es gibt immer ein negatives Vorzeichen, falls S und p zusammen in einer partiellen Ableitung vorkommen

Die Beispielrechnung 22.2 zeigt, wie wir die Maxwellrelationen nutzen kommen, um zu zeigen, dass die innere Energie des idealen Gases nur von der Temperatur abhängt. (Diese Aussage ist auch bekannt als *Joule'sches Gesetz*.)

22.3.4 Das chemische Potential

Bisher haben wir nur *abgeschlossene* Systeme untersucht. In diesen wurde Energie, aber keine Materie zwischen System und Umgebung ausgetauscht. In offenen Systemen ist es möglich, dass Materie (Teilchen) ausgetauscht werden. In diesem Fall ändert sich die innere Energie eines Systems beim Austausch von Teilchen, da jedes Teilchen Energie besitzt. Zusätzlich ist mit einer Veränderung der Teilchanzahl auch eine Änderung des Volumens und der Entropie verbunden. Daher ist U eine Funktion der Teilchenanzahl, N, genauso wie S und V:

$$U = U(S, V, N) .$$

Das totale Differential von U eines offenen Systems ergibt sich als:

$$\mathrm{d}U = \underbrace{\left(\frac{\partial U}{\partial S}\right)_{V,N}}_{=T} \mathrm{d}S + \underbrace{\left(\frac{\partial U}{\partial V}\right)_{S,N}}_{=-p} \mathrm{d}V + \underbrace{\left(\frac{\partial U}{\partial N}\right)_{S,V}}_{=\mu} \mathrm{d}N$$

$$\equiv T\,\mathrm{d}S - p\,\mathrm{d}V + \mu\,\mathrm{d}N . \tag{22.42}$$

Beispielrechnung 22.2: Unter Verwendung der Maxwellrelationen zeigen wir, dass für ein ideales Gas U eine Funktion ist, die nur von T abhängt

1. Durch Ableiten des exakten Differentials von U nach dem Volumen bei konstanter Temperatur und unter Verwendung der Maxwellrelation in Gl. 22.39 können wir die Entropieableitung eliminieren. Wir sehen, dass U für ein ideales Gas nicht von V abhängt (nutzt $pV = nRT$):

$$\mathrm{d}U = T\,\mathrm{d}S - p\,\mathrm{d}V$$

$$\begin{aligned} \Rightarrow \left(\frac{\partial U}{\partial V}\right)_T &= T\left(\frac{\partial S}{\partial V}\right)_T - p \\ &= T\left(\frac{\partial p}{\partial T}\right)_V - p \\ &= \frac{nRT}{V} - \frac{nRT}{V} \\ &= 0\,. \end{aligned}$$

2. Durch Ableiten des exakten Differentials von U nach dem Druck bei konstanter Temperatur und unter Verwendung der Maxwellrelation in Gl. 22.41 können wir die Entropieableitung eliminieren. Wir sehen, dass U für ein ideales Gas nicht von p abhängt:

$$\mathrm{d}U = T\,\mathrm{d}S - p\,\mathrm{d}V$$

$$\begin{aligned} \Rightarrow \left(\frac{\partial U}{\partial p}\right)_T &= T\left(\frac{\partial S}{\partial p}\right)_T - p\left(\frac{\partial V}{\partial p}\right)_T \\ &= -T\left(\frac{\partial V}{\partial T}\right)_p - p\left(\frac{\partial V}{\partial p}\right)_T \\ &= -\frac{nRT}{p} + \frac{nRT}{p} \\ &= 0\,. \end{aligned}$$

Daher ist U im Falle eines idealen Gases keine Funktion von V oder p und somit nur eine Funktion von T: $U \Rightarrow U(T)$.

Hierbei haben wir eine Variable eingeführt, die auch *chemisches Potential*, μ [J Teilchen^{-1}], genannt wird. Sie spiegelt die Menge der inneren Energie wider, die dem System hinzugefügt wird, wenn die Teilchenanzahl bei konstanter Entropie und konstantem Volumen um eins ansteigt:

$$\mu = \left(\frac{\partial U}{\partial N}\right)_{S,V}$$

(Gl. 22.43). Daher wird das chemische Potential auch oft als „Energie pro Teilchen"interpretiert. Verschiedene Teilchensorten besitzen verschiedene chemische Potentiale. Wenn das System k unterschiedliche Teilchensorten besitzt, dann ergibt sich das chemische Potential der i-ten Sorte als

$$\mu_i = \left(\frac{\partial U}{\partial N_i}\right)_{S,V,N_{j\neq i}}$$

(Gl. 22.44) und das exakte Differential von U enthält eine Summe über die verschiedenen Teilchensorten:

$$\mathrm{d}U = T\,\mathrm{d}S - p\,\mathrm{d}V + \sum_{i=1}^{k} \mu_i\,\mathrm{d}N_i\,.$$

Ähnliche Argumente können wir nutzen, um das chemische Potential in anderen thermodynamischen Potentialen auszudrücken, nämlich in F und G:

$$\mu = \left(\frac{\partial F}{\partial N}\right)_{V,T}$$

$$\text{oder} \quad \mu = \left(\frac{\partial G}{\partial N}\right)_{p,T}.$$

Wobei die letztere Gleichung uns erlaubt, das chemische Potential als Gibbs'sche freie Energie pro Teilchen, $g(p,T)$ (Gl. 22.45) zu definieren. Dies ist hilfreich, wenn wir die Gleichgewichtsbedingung während einer Phasenänderung bestimmen wollen (siehe Abschn. 23.2).

Chemisches Potential:

Durch U ausgedrückt:

$$\text{Eine Teilchensorte:} \quad \mu = \left(\frac{\partial U}{\partial N}\right)_{S,V} \tag{22.43}$$

$$\text{Mehrere Teilchensorten:} \quad \mu_i = \left(\frac{\partial U}{\partial N_i}\right)_{S,V,N_{j\neq i}} \tag{22.44}$$

Durch G ausgedrückt:

$$\begin{aligned} \mu &= \left(\frac{\partial G}{\partial N}\right)_{p,T} \\ &\equiv g(p,T) \end{aligned} \tag{22.45}$$

V Physik der Wärme

Reale Gase und Phasenübergang

23

Bisher haben wir uns nur mit idealen Gasen beschäftigt, also Gasen, die das ideale Gasgesetz, $pV = nRT$, erfüllen. Jedoch sind die meisten Gase, *reale Gase*, die nicht dem idealen Gasgesetz folgen. Reale Gase besitzen (i) eine endliche Atomgröße relativ zur Distanz zwischen den Atomen und (ii) interatomare Wechselwirkungen, die nicht vernachlässigbar sind. Alle realen Gase verhalten sich bei niedrigem Druck und hohen Temperaturen wie ideale Gase, da unter diesen Bedingungen die relativen Volumen und interatomaren Kräfte der Teilchen vernachlässigbar sind. Bei *hohem* Druck und *niedrigen* Temperaturen, kann ein reales Gas zu einer Flüssigkeit kondensieren, welche deutlich stärke interatomare Kräfte besitzt. In diesem Kapitel wollen wir uns mit der Thermodynamik von realen Gasen und zusätzlich mit Eigenschaften beschäftigen, die zu einer Aggregatzustandsänderung von gasförmig zu flüssig führen.

23.1 Zustandsgleichung von Realen Gasen

23.1.1 Die Van-der-Waals-Gleichung

Es gibt mehrere Zustandsgleichungen von realen Gasen, die die Parameter p, V und T verbinden und dabei interatomare Kräfte und endliches Teilchenvolumen berücksichtigen. Eine bekannte Zustandsgleichung ist die *Van-der-Waals-Gleichung*,[1] welche das Ideale Gasgesetz durch zwei empirische Parameter modifiziert. Diese werden als a [Pa m^6 mol^{-2}] und b [m^3 mol^{-1}] bezeichnet:

$$\left(p + a\left(\frac{n}{V}\right)^2\right)(V - nb) = nRT$$

(Gl. 23.1). Diese Parameter sind gasabhängige Konstanten. Je größer die Werte sind, desto mehr unterscheidet sich das Verhalten des Gases von dem eines idealen Gases. Der Parameter a ist die *Konstante des Binnendrucks* und wird eingeführt, um die attraktiven interatomaren Kräfte durch eine Verringerung des Druckes für ein gegebenes Volumen und eine gegebene Temperatur zu ersetzen. Es zeigt sich, dass die Korrektur des Druckes umgekehrt proportional zum Quadrat des Volumens der Box ist, die das Gas einschließt. Für ein n-moliges Gas ergibt sich der innere Druck als $p_{\text{int}} = a(n/V)^2$. Der effektive Druck eines realen Gases folgt aus durch Kollisionen verursachten Druck plus der inneren Druckkorrektur, die als Resultat interatomarer Kräfte angesehen werden kann:

$$p \rightarrow p + a\left(\frac{n}{V}\right)^2 .$$

Der Parameter b in Gl. 23.1 ist die *Konstante des Eigenvolumens* und resultiert aus dem endlichen Volumen der Teilchen eines realen Gases. Sie reduziert das Volumen in der Box, in welcher sich die Teilchen frei bewegen können. Wenn wir b dem effektiven Volumen der Teilchen pro Mol entsprechen lassen, ergibt sich das innere Volumen, welches von einem n-moligen Gas ausgefüllt wird, als $V_{\text{int}} = nb$. Dadurch ergibt sich das effektive Volumen als Volumen der Box differenziert nach dem Volumen, welches die Teilchen selbst ausfüllen:

$$V \rightarrow V - nb .$$

Das Volumen, welches die Teilchen selbst ausfüllen, ist etwa achtmal größer als das Volumen der Gasteilchen, da zwei Teilchen sich nicht näher kommen können als der Länge ihres *doppelten* Radius'. Das Volumen skaliert somit wie $(2r)^3 = 8r^3$, wobei r der Teilchenradius ist. Mithilfe der Druck- und Volumenkorrektur im idealen Gasgesetz erhalten wir die Van-der-Waals-Gleichung in Gl. 23.1. Die Van-der-Waals-Gleichung wird oft durch Volumen pro Mol oder *molares Volumen*, v [m^3 mol^{-1}] mit $v = V/n$, ausgedrückt (Gl. 23.2). Wenn die Dichte des Gases niedrig ist, $n/V \rightarrow 0$, erhalten wir aus der Van-der-Waals-Gleichung das ideale Gasgesetz.

Zwei weitere bekannte Gleichungen sind die *Redlich-Kwong-Gleichung*, die *Dieterici-Gleichung*, und die *Berthelot-Gleichung*. Es handelt sich dabei auch um Zwei-Parameter-Gleichungen, bei denen ein Parameter den Binnendruck des Gases berücksichtigt und der andere das Eigenvolumen. In der folgenden Diskussion beschäftigen wir uns nur mit der Van-der-Waals-Gleichung, jedoch könnte man die anderen Zustandsgleichungen ähnlich handhaben.

Van-der-Waals-Zustandsgleichung für ein reales Gas:

$$\left(p + a\left(\frac{n}{V}\right)^2\right)(V - nb) = nRT \qquad (23.1)$$

Oder durch das molare Volumen $v = V/n$ ausgedrückt:

$$\left(p + \frac{a}{v^2}\right)(v - b) = RT \qquad (23.2)$$

Van-der-Waals-Isothermen

Abbildung 23.1 zeigt die Isothermen von Gl. 23.1 in einem p-V-Diagramm. Das verhalten des Gases hängt von der

[1] Die *Van-der-Waals*-Kraft ist eine schwache Kraft, die durch Dipol-Dipol-Wechselwirkungen zwischen Atomen entsteht. Die Dipole sind entweder induziert oder permanent. Die Kraft ist verantwortlich für die schwache Bindung zwischen den Teilchen in einem Gas.

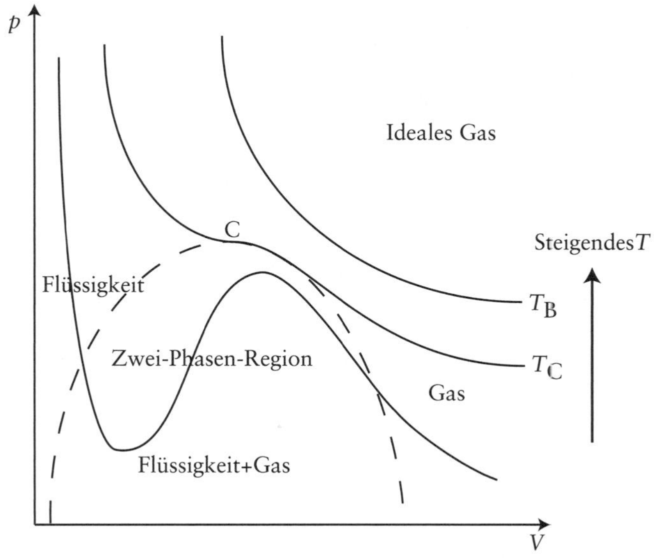

Abbildung 23.1 Das p-V-Diagramm zeigt die Van-der-Waals-Isothermen (Gl. 23.1). Der kritische Punkt liegt bei C. Die Linie T_C entspricht der kritischen Isotherme und T_B der Boyle'schen Temperatur-Isotherme

Stärke der interatomaren Kräfte bei verschiedenen Kombinationen von p, V und T ab. Unten werden wir uns mit den verschiedenen Teilen des Diagramms beschäftigen.

23.1.2 Die Boyle'sche Temperatur

Die gasförmige Region, die in Abb. 23.1 gezeigt wurde, trifft bei großem Volumen und für Isothermen mit niedrigen Temperaturen auch bei niedrigem Druck auf. Mit Erhöhung der Temperaturen werden interatomare Kräfte weniger wichtig und damit verhält sich das reale Gas ähnlich wie ein ideales Gas. Folglich gilt bei Isothermen hoher Temperatur das Boyle'sche Gesetz für ideale Gase, $p \propto 1/V$.

Wir nehmen an, dass wir die Zustandsgleichung eines idealen Gases auch als Taylorentwicklung der Variable $n/V = 1/v$ schreiben können:

$$pv = RT\left(1 + \frac{A(T)}{v} + \frac{B(T)}{v^2} + \dots\right).$$

Wenn die Zustandsgleichung in dieser Art geschrieben wird, nennt man die Expansion auch *Virial Expansion* oder *viriale Zustandsgleichung*. Die Terme $A(T)$, $B(T)$, ... sind temperaturabhänige Virialkoeffizienten. In dieser Darstellung sehen wir, dass die Zustandsgleichung eines realen Gases zur Zustandsgleichung des idealen Gases wird, falls der erste Virialkoeffizient, $A(T)$, null ist. Die Temperatur, bei der dies passiert, wird *Boyle-Temperatur*, T_B [K], genannt:

$$\therefore A(T_B) = 0 .$$

Diese Temperatur kennzeichnet den Übergang von einem realen zu einem idealen Gas. Bei jedem Gas handelt es sich dabei um eine Konstante, die von den Gasparametern a und b abhängt (Gl. 23.3 und Herleitung 23.1).

Die Boyle-Temperatur (Herleitung 23.1):

$$T_B = \frac{a}{Rb} \qquad (23.3)$$

23.1.3 Die Zwei-Phasen-Region

Die Region der Flüssigkeit entspricht der Region mit geringem Volumen im p-V-Diagramm in Abb. 23.1. In dieser Region sind die interatomaren Kräfte deutlich stärker als in der gasförmigen Region. Flüssigkeiten sind stark inkompressibel. Daher führt eine kleine Verringerung des Flüssigkeitsvolumens zu einem größeren Anstieg des Drucks, wie an den großen Gradienten der Isothermen in dieser Region zu sehen ist.

Zwischen der flüssigen und gasförmigen Region existiert die Zwei-Phasen-Region, in der sowohl Flüssigkeit als auch Gas gleichzeitig im Gleichgewicht stehen. Daher beschreibt diese Region den Umstand, dass Verdunstung und Kondensation gleichzeitig stattfinden. Wir werden uns in Abschn. 23.2 mit den thermodynamischen Eigenschaften der Phasenänderungen beschäftigen.

Der kritische Punkt

Die Zwei-Phasen-Region wird mit steigender Temperatur und Druck immer kleiner. Der Punkt, an dem sie vollständig verschwindet, wird auch *kritischer Punkt* genannt. Er ist als C in Abb. 23.1 bezeichnet. Dieser Punkt entspricht einem Sattelpunkt auf der *kritischen Isothermen* – die Isotherme bei T_C. Da es sich um einen Sattelpunkt handelt, sind sowohl erste als auch zweite Ableitung der Van-der-Waals-Zustandsgleichung an diesem Punkt null. Der thermodynamische Zustand am kritischen Punkt, welcher durch p_C, v_C, und T_C beschrieben wird, kann durch die Bedingung des Sattelpunkts, d. h. dem Nullsetzen von erster und zweiter Ableitung von Gl. 23.2 (der Van-der-Waals-Gleichung), ermittelt werden (Gln. 23.4–23.6 und Herleitung 23.2).

Herleitung 23.1: Herleitung der Boyle-Temperatur, T_B (Gl. 23.3)

$$\begin{aligned} pv &= \frac{RT}{1-(b/v)} - \frac{a}{v} \\ &= RT\left(1-\frac{b}{v}\right)^{-1} - \frac{a}{v} \\ &\simeq RT\left(1+\frac{b}{v}+O\left(\frac{1}{v^2}\right)\right) - \frac{a}{v} \\ &\simeq RT + \frac{bRT-a}{v} + O\left(\frac{1}{v^2}\right) \end{aligned}$$

Falls sich das Gas wie ein ideales Gas verhält, gilt:

$$\begin{aligned} bRT_B - a &= 0 \\ \therefore T_B &= \frac{a}{Rb} \end{aligned}$$

- Ansatz: Die Van-der-Waals-Gleichung ist:

$$\left(p + \frac{a}{v^2}\right)(v-b) = RT\,.$$

- Durch Umordnen der Terme können wir pv als eine Taylorentwicklung in $1/v$ ausdrücken (Virialexpansion). Da $v \gg b$ gilt, können wir eine binomiale Expansion von $(1-b/v)^{-1}$ ausführen und die Terme höherer Ordnung zu einem einzelnen Term – dargestellt durch $O\left(1/v^2\right)$ – zusammenfassen.
- Die Zustandsgleichung wird zum idealen Gasgesetz, falls

$$\frac{bRT-a}{v} \to 0$$

gilt. Die Temperatur, bei der dies passiert, wird *Boyle-Temperatur*, T_B, genannt.

Parameter des kritischen Punktes (Herleitung 23.2):

$$T_C = \frac{8a}{27Rb} \tag{23.4}$$

$$v_C = 3b \tag{23.5}$$

$$p_C = \frac{a}{27b^2} \tag{23.6}$$

Verhältnis der Parameter des kritischen Punktes

$$\therefore \frac{p_C v_C}{RT_C} = \frac{3}{8} \simeq \frac{1}{3} \tag{23.7}$$

Durch Vergleich von Gln. 23.3 und 23.4 erhalten wir einen Zusammenhang zwischen der kritischen Temperatur und der Boyle-Temperatur:

$$T_C = \frac{8}{27}T_B \simeq \frac{1}{3}T_B\,.$$

Durch Eliminieren der Parameter a und b aus Gln. 23.4–23.6 erhalten wir das Verhältnis der Parameter des kritischen Punktes, das näherungsweise $1/3$ ist (Gl. 23.7). Dieses Verhältnis ist für alle einfachen Gase ungefähr gleich. Einfache Gase sind Gase mit geringen Dipolmomenten. Interatomare Kräfte sind sogar in der flüssigen Phase gering. Beispiele für einfache Gase sind CO oder Cl_2. Für ein ideales Gas gilt $pv/RT = 1$.

Reduzierte Variablen

Die *reduzierten Variablen* $\bar{p}$, $\bar{v}$, und $\bar{T}$ sind dimensionslos. Sie erhält man aus dem Verhältnis der zugehörigen Variablen und derer kritischen Werte sind:

$$\bar{p} = \frac{p}{p_C}, \quad \bar{v} = \frac{v}{v_C}, \quad \bar{T} = \frac{T}{T_C}\,. \tag{23.8}$$

Wenn wir die Van-der-Waals-Gleichung durch reduzierte Variablen ausdrücken, entfallen die Parameter a und b aus der Gleichung und die Zustandsgleichung für ein reales Gas wird zu

$$\left(\bar{p} + \frac{3}{\bar{v}^2}\right)(3\bar{v}-1) = 8\bar{T}$$

(Gl. 23.9). (Um dies zu zeigen, eliminiert man p, v, und T in Gl. 23.2 – der Van-der-Waals-Zustandsgleichung – unter Verwendung von Gl. 23.8 und setzt die kritischen Werte ein, die aus Gln. 23.4–23.6 stammen.) Alle einfachen Gase, also solche mit geringem Dipolmoment und schwachen interatomren Kräften, besitzen das gleiche p-V-Diagramm, wenn reduzierte Variable verwendet werden. Diese Eigenschaft wird auch *Universalität* genannt.

Zustandsgleichung in reduzierten Variablen:

$$\left(\bar{p} + \frac{3}{\bar{v}^2}\right)(3\bar{v}-1) = 8\bar{T} \tag{23.9}$$

Herleitung 23.2: Herleitung der Parameter des kritischen Punktes (Gln. 23.4–23.6)

Am Sattelpunkt gilt

$$-\frac{RT_C}{(v_C-b)^2}+\frac{2a}{v_C^3}=0$$

$$\text{und}\quad \frac{2RT_C}{(v_C-b)^3}-\frac{6a}{v_C^4}=0$$

$$\therefore v_C = 3b$$

$$T_C=\frac{8a}{27Rb}$$

$$\text{und}\quad p_C=\frac{a}{27b^2}.$$

- Ansatz: Das Anordnen der Van-der-Waals-Gleichung in Gl. 23.2 führt zu:

$$p=\frac{RT}{(v-b)}-\frac{a}{v^2}.$$

Die erste und zweite Ableitung dieser Gleichung führt auf:

$$\left(\frac{\partial p}{\partial v}\right)_T=-\frac{RT}{(v-b)^2}+\frac{2a}{v^3}$$

$$\text{und}\quad \left(\frac{\partial^2 p}{\partial v^2}\right)_T=\frac{2RT}{(v-b)^3}-\frac{6a}{v^4}.$$

Diese sind am Sattelpunkt null, mit $v=v_C$, $T=T_C$, und $p=p_C$.

- Diese Gleichungen können gelöst werden, um Ausdrücke für v_C, T_C und p_C zu erhalten:
Um v_C zu finden, eliminiert a;
um T_C zu finden, substituiert v_C in $(\partial p/\partial v)_T$;
um p_C zu finden, substituiert v_C und T_C in die Van-der-Waals-Zustandsgleichung.

23.1.4 Isotherme Kompressibilität

Der Gradient der Isothermen in Abb. 23.1 zeigt, wie einfach sich eine Substanz komprimieren lässt. Wenn die Kompressibilität so groß ist wie bei einem Gas, dann führt eine große Änderung des Volumens nur zu einer kleinen Änderung des Druckes und der Gradient ist klein. Im umgekehrten Fall, d. h., wenn ein Material inkompressibel wie eine Flüssigkeit ist, resultiert eine kleine Veränderung des Volumens in einer großen des Drucks und der Gradient ist sehr groß. Die *isotherme Kompressibilität* einer Substanz κ_T [$\text{m}^2\,\text{N}^{-1}$], ist ein Maß für die relative Änderung des Volumens durch eine Druckveränderung bei einer konstanten Temperatur. Sie ist als

$$\kappa_T=-\frac{1}{V}\left(\frac{\partial V}{\partial p}\right)_T$$

definiert (Gl. 23.10). Dies hängt mit dem Gradienten der Isothermen in Abb. 23.1 zusammen und wird in Gl. 23.11 gezeigt.

Isotherme Kompressibilität:

$$\kappa_T=-\frac{1}{V}\left(\frac{\partial V}{\partial p}\right)_T \qquad (23.10)$$

$$\therefore p\text{-}V\text{-Gradient}=-\frac{1}{\kappa_T V} \qquad (23.11)$$

23.2 Phasenübergang

Bisher haben wir uns nur mit *homogenen* Systemen beschäftigt; mit Systemen, die überall die gleichen Eigenschaften besitzen. Ein *heterogenes* System besteht aus verschiedenen Komponenten und dessen Eigenschaften ändern sich unstetig an den Grenzen der Komponenten. Ein Beispiel dafür ist eine Mischung aus Öl und Wasser. Ein heterogenes System kann auch aus *einer* Substanz bestehen, aber in zwei unterschiedlichen Aggregatzuständen existieren, beispielsweise Wasser und Dampf. In diesem Fall werden die Komponenten *Phasen* genannt und deren Grenze *Phasengrenze*. Ein *Phasenübergang* entspricht einer Zustandsänderung, beispielsweise das Kondensieren oder Gefrieren. Dabei wird Masse zwischen zwei Phasen ausgetauscht. In diesem Kapitel beschäftigen wir uns mit der Thermodynamik solcher Phasenübergänge.

23.2.1 Bedingungen für Phasengleichgewichte

Damit ein zweiphasiges System ein thermodynamisches Gleichgewicht besitzt, müssen beide Phasen folgende Bedingungen erfüllen:

1. Thermisches Gleichgewicht: $T_1 = T_2$.
2. Mechanisches Gleichgewicht: $p_1 = p_2$.
3. Chemisches Gleichgewicht: $\mu_1 = \mu_2$.

Falls das System *nicht* in jedem dieser Gleichgewichte ist, kommt es zu Wärmeaustausch, Volumenveränderung oder Teilchenaustausch durch die Phasengrenze, damit T, p bzw. μ übereinstimmen. Aus dem exakten Differential der Gibbs'schen freien Energie,

$$\mathrm{d}G = -S\,\mathrm{d}T + V\,\mathrm{d}p$$

(siehe Abschn. 22.3.2), finden wir den Zustand, der zu einem thermischen und mechanischen Gleichgewicht führt (konstantes T bzw. p). Dieser entspricht einem Minimum der Gibbs'schen freien Energie ($\mathrm{d}G = 0$, falls $\mathrm{d}T = 0$ und $\mathrm{d}p = 0$). Daher fordern wir, dass bei einem Phasengleichgewicht $\mathrm{d}G = 0$ gilt. Daraus resultiert, dass im Gleichgewicht die Gibbs'sche freie Energie pro Teilchen, g, beider Phasen identisch ist (Herleitung 23.3):

$$g_1(p, T) = g_2(p, T)\,. \tag{23.12}$$

Per Definition entspricht g dem chemischen Potential μ (siehe Abschn. 22.3.4). Damit wird das chemische Gleichgewicht, $\mu_1 = \mu_2$, wie gefordert impliziert.

23.2.2 Maxwellkonstruktion

In der Zwei-Phasen-Region in Abb. 23.1 existiert eine Substanz sowohl in flüssiger als auch in gasförmiger Phase im Gleichgewicht. In Abb. 23.1 sehen wir die Abweichung der Isothermen der Van-der-Waals-Zustandsgleichung einer Isobaren in dieser Region, d. h., die Isotherme existiert nicht unter konstantem Druck. Auf der Isothermen existiert somit kein Phasengleichgewicht. Die Isotherme beschreibt keine stabilen Gleichgewichtszustände, sondern vielmehr instabile oder metastabile Zustände (überhitzte Flüssigkeit oder unterkühltes Gas). Um Gleichgewichtszustände aus der Nicht-Gleichgewicht-Isotherme ableiten zu können, schlug Maxwell vor, die Van-der-Waals-Isotherme in der Zwei-Phasen-Region durch eine

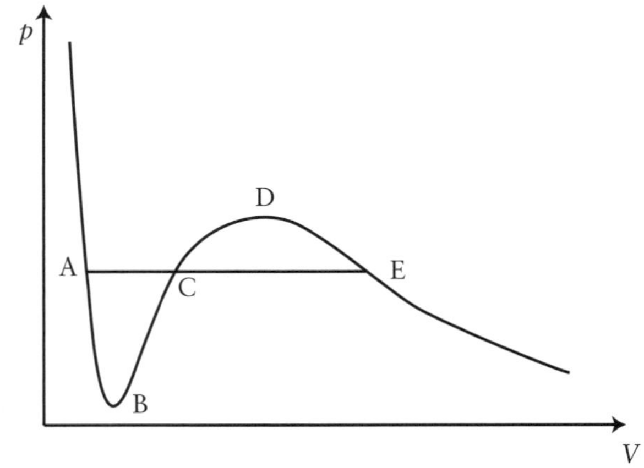

Abbildung 23.2 Maxwellkonstruktion, um den Druck im Gleichgewicht in einer Zwei-Phasen-Region zu erhalten. Die Fläche oberhalb der Isobaren entspricht der eingeschlossenen Fläche unterhalb (siehe Herleitung 23.4)

horizontale Isobare zu ersetzen. Diese sollte dem Gleichgewichtsdruck entsprechen. Die Isobare wird so eingezeichnet, dass die zwei Flächen, die die Isobare und die Isotherme einschließen, gerade gleich groß sind. Dies ist in Abb. 23.2 (Herleitung 23.4) gezeigt. Diese Bedingung versichert, dass die benötigte Arbeit, um von A nach E zu gehen (siehe Abb. 23.2), gleich der Arbeit ist, die sich ergäbe, wenn man stattdessen der Van-der-Waals-Kurve gefolgt wäre. Diese Methode, eine Isobare in der Zwei-Phasen-Region zu vermuten, wird auch *Maxwellkonstruktion* genannt.

Gasdruck

Den Druck der temperaturkonstanten Isobare, die durch Maxwellkonstruktion bestimmt wird, nennt man *Gasdruck*, p_{Gasdruck}. Bei diesem Druck ist das System im Gleichgewicht. Die Rate der Kondensation (gasförmig zu flüssig) entspricht der Rate der Verdampfung (flüssig zu gasförmig).[2] Bewegen wir uns auf einer Isotherme aus Abb. 23.2 von rechts nach links, während das Gas langsam von einem großen Anfangsvolumen komprimiert wird, erreichen wir den Punkt E, welcher die *gesättigte Gasphase* repräsentiert. Darüber hinaus fördert die Kompression des Gases, dessen Kondensation bei konstantem Druck (der Gasdruck auf der Isobare), falls die Temperatur konstant ist. Wenn wir den Punkt A erreichen, besteht das System nur noch aus Flüssigkeit. Weiteres Komprimieren benötigt aufgrund der Inkompressibilität der flüssigen Phase hohe Drücke.

[2] Das Gleiche gilt auch für ein Gas, das im Gleichgewicht mit seiner festen Phase ist. Jedoch beziehen wir uns der Einfachheit halber nur auf ein gasförmig-flüssiges System.

Herleitung 23.3: Herleitung der Bedingungen für ein Phasengleichgewicht (Gl. 23.12)

$$G(p,T,\alpha) = g_1(p,T)\,\alpha N + g_2(p,T)\,(1-\alpha)\,N$$
$$\therefore\ \mathrm{d}G(p,T,\alpha) = g_1(p,T)N\,\mathrm{d}\alpha - g_2(p,T)N\,\mathrm{d}\alpha$$

Im Phasengleichgewicht:

$$\mathrm{d}G(p,T,\alpha) = 0$$
$$\therefore g_1(p,T) = g_2(p,T)$$

- Ansatz: Die gesamte Gibbs'sche freie Energie, G, eines zweiphasigen Systems mit einem Anteil von α-Teilchen in Phase 1 und einem Anteil von $(1-\alpha)$ in Phase zwei ergibt sich als Summe der einzelnen Energien, wobei g_1 und g_2 die Gibbs'sche freie Energie pro Teilchen in der jeweiligen Phase ist.
- Die Gibbs'sche freie Energie ist minimal, falls $\mathrm{d}G = 0$. Diese Gleichung ist erfüllt, falls die Gibbs'sche freie Energie pro Teilchen gleich ist: $g_1 = g_2$.

Herleitung 23.4: Herleitung der Maxwellkonstruktion (siehe Abb. 23.2)

$$\int_A^E \mathrm{d}G = \int_A^E V\,\mathrm{d}p$$
$$= \int_A^C V\,\mathrm{d}p + \int_C^E V\,\mathrm{d}p$$
$$= 0 \quad \text{im Gleichgewicht}$$
$$\therefore \quad \underbrace{\left|\int_A^C V\,\mathrm{d}p\right|}_{\text{Fläche unter der Isobare}} = \underbrace{\left|\int_C^E V\,\mathrm{d}p\right|}_{\text{Fläche überhalb der Isobare}}$$

- Ansatz: Das exakte Differential für G bei konstanter Temperatur ist
$$\mathrm{d}G = -S\,\mathrm{d}T + V\,\mathrm{d}p$$
$$= V\,\mathrm{d}p\,.$$
Dieses Differential ist im Gleichgewicht null.
- Wir integrieren die Van-der-Waals-Kurve zwischen den Punkten A und E in Abb. 23.2 und wenden die obige Bedingung an.

Verletzung der Gleichgewichtsbedingung

Die Isobaren, die in der Maxwellkonstruktion gezeichnet sind, entsprechen den Gleichgewichtszuständen eines Systems in der Zwei-Phasen-Region. Metastabile Zustände finden sich in den Regionen A–B und D–E auf der Kurve in Abb. 23.2. Metastabile Zustände können in Experimenten erreicht werden, indem wir ein System vorsichtig expandieren (A–B) oder komprimieren (E-D) In diesen Fällen haben wir entweder eine überheizte Flüssigkeit (A–B), die nicht kocht, obwohl die Temperatur hoch genug ist, oder ein unterkühltes Gas (D-E), welches nicht kondensiert, obwohl die Temperatur tief genug ist. Da diese Systeme metastabil sind, können sie in einem ruckartigen Übergang in ihren Gleichgewichtszustand übergehen. Geringe Störungen sind dazu ausreichend. Ein Beispiel einer überhitzten Flüssigkeit ist eine Blasenkammer. In dieser wird mit einem Kolben der Druck schnell verringert. Verdunstung tritt auf, durch die Ionisierung von Ionen auf ihrem Weg durch die Flüssigkeit. Ein Beispiel für ein unterkühltes Gas ist eine Nebelkammer mit feuchter Luft, welche adiabatisch expandiert wird.

23.2.3 Phasendiagramme

Verschiedene Zustände von Materie und Phasenübergänge werden typischerweise in *Phasendiagrammen* dargestellt. In diesen wird der Druck gegen die Temperatur bei konstantem Volumen aufgetragen. Ein typisches Phasendiagramm sieht man in Abb. 23.3. Die Linie, welche zwei Phasen separiert, wird *Übergangslinie* oder *Zwei-Phasen-Kurve* genannt. Es gibt drei Übergangslinien. Überquert man eine der Linien, ändert sich der Zustand der Materie. Auf diesen Linen ist die Gibbs'sche freie Energie pro Teilchen beider Phasen gleich, $g_1 = g_2$. Der Wert von g hängt von T und p ab. Diese Bedingung entspricht den Isothermen und Isobaren, welche durch die Zwei-Phasen-Region in Abb. 23.1 ableitbar sind. Das Ende der Übergangslinie entspricht dem kritischen Punkt, C, in 23.1. Über diesem Punkt ist kein Phasenübergang möglich. Die Phase, in der das Material sich befindet, wird als *superkritische Flüssigkeit* bezeichnet. Sie besitzt Eigenschaften einer Flüssigkeit und eines Gases (im Folgenden ausgeführt). Der Punkt, an dem alle drei Übergangslinien kreuzen, wird *Tripel-*

punkt, *T*, genannt. An diesem Punkt existiert Kondensat, Flüssigkeit und Gas gleichzeitig im Gleichgewicht und die freie Energie pro Teilchen ist in allen Phasen gleich: $g_s = g_l = g_v$.

Superkritische Flüssigkeiten

Superkritische Flüssigkeiten erhält man, indem man die Temperatur und den Druck eines Systems in der Zwei-Phasen-Region gleichzeitig erhöht. Dabei erhöht sich die Dichte des Gases durch das Erhöhen des Drucks, während die Dichte der Flüssigkeit wegen der Verringerung der Temperatur kleiner wird. Irgendwann sind beide Dichten gleich. Dann ist es nicht länger möglich, eine Flüssigkeit von einem Gas zu unterscheiden. So eine Substanz wird *superkritsche Flüssigkeit* genannt. Sie besitzt gleichzeitig sowohl Gas- als auch Flüssigkeitseigenschaften gleichzeitig. Durch kleine Veränderungen von Druck und Temperatur der Flüssigkeit kann man die Dichte so beeinflussen, dass sich die Substanz mehr wie eine Flüssigkeit oder mehr wie ein Gas verhält. Gaseigenschaften erhalten wir, falls der Druck unter den kritischen Druck, p_C, fällt. Flüssigkeitseigenschaften erhalten wir, wenn die Temperatur unterhalb der kritischen Temperatur, T_C, liegt. Falls beide Bedingungen erfüllt sind, erhalten wir eine unterscheidbare Mischung aus beidem. Es gibt viele praktische Anwendungen, beispielsweise chemische Reinigungen oder Anwendungen in der Kühltechnik.

Phasendiagramm von Wasser

Wasser besitzt ein anormales Phasendiagramm. Wenn wir in gewöhnlichen Systemen den Druck einer Flüssigkeit bei konstanter Temperatur erhöhen, führt dies zum Gefrieren der Flüssigkeit. Wasser besitzt jedoch einen negativen Gradienten auf der Schmelzlinie. Dies führt zum Schmelzen des Wassers durch Erhöhen des Drucks. Dieses Phänomen ermöglicht beispielsweise das Schlittschuhlaufen.

23.2.4 Clausius-Clapeyron-Gleichung

Die zwei-phasige Kurve in Abb. 23.3 beschreibt die Bedingung für ein Phasengleichgewicht. Die *Clausius-Clapeyron-Gleichung* beschreibt die Steigung dieser Kurven und damit, wie sich der Druck als Reaktion auf eine Temperaturänderung ändert, während das System im Gleichgewicht bleibt. Die Clausius-Clapeyron-Gleichung findet ihr in Gl. 23.13. Dabei ist L die latente Wärme der Verdunstung (Herleitung 23.5). Es kommt zu einer Volumenänderung, ΔV, während eines Phasenübergangs. Die ist intuitiv klar. In der Beispielrechnung 23.1 zeigen wir, wie wir die Temperaturabhängigkeit eines Gasdrucks einer Flüssigkeit mithilfe der Clausius-Clapeyron-Gleichung herleiten können.

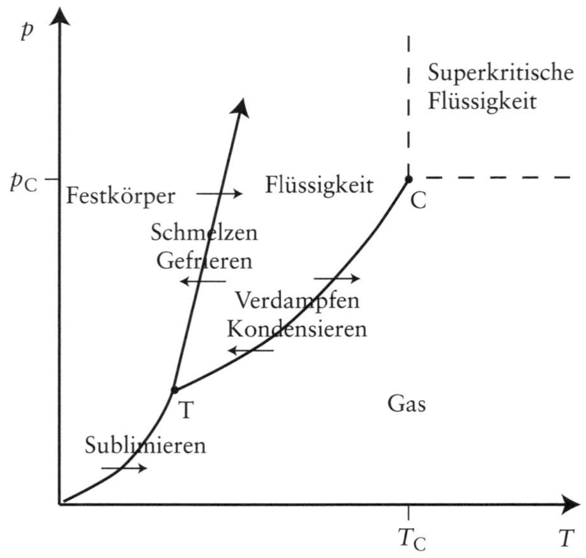

Abbildung 23.3 Ein typisches Phasendiagramm. Die Übergangslinie ist dort, wo die Bedingung für das Gleichgewicht koexistierender Phasen erfüllt ist. Am Tripelpunkt, T, sind alle drei Phasen im Gleichgewicht. Ein Kreuzen einer Übergangslinie entspricht einer Phasenänderung. Die Übergangslinie, welche die flüssige und die gasförmige Phase trennt, endet im kritischen Punkt, C. Die Übergangsline, die die flüssige und feste Phase trennt, endet nicht

Clausius-Clapeyron-Gleichung (Herleitung 23.5):

$$\frac{dp}{dT} = \frac{L}{T\Delta V} \tag{23.13}$$

Die Ordnung eines Phasenübergangs

Phasenübergänge sind durch einen Sprung in den makroskopischen Eigenschaften des Systems charakterisiert. Beispielsweise charakterisiert man Phasenübergänge, bei denen die Clausius-Clapeyron-Gleichung gilt, durch den Sprung der Volumenänderung, ΔV, und auch in der Entropie, $L \propto \Delta S$. Dies ergibt intuitiv Sinn, denn wenn Wasser gefriert, erhöht sich dessen Volumen und die Entropie verringert sich (es wird geordneter).

Diese abrupten Sprünge in makroskopischen Eigenschaften entsprechen Unstetigkeiten der Ableitungen der Gibbs'schen freien Energie. Zum Beispiel:

$$\left(\frac{\partial G}{\partial T}\right)_p = -S$$

$$\text{und} \quad \left(\frac{\partial G}{\partial p}\right)_T = V$$

Herleitung 23.5: Herleitung der Clausius-Clapeyron-Gleichung (Gl. 23.13)

$$
\begin{aligned}
\mathrm{d}g_1 &= \mathrm{d}g_2 \\
V_1\,\mathrm{d}p - S_1\,\mathrm{d}T &= V_2\,\mathrm{d}p - S_2\,\mathrm{d}T \\
\therefore \frac{\mathrm{d}p}{\mathrm{d}T} &= \frac{S_2 - S_1}{V_2 - V_1} \\
&= \frac{\Delta S}{\Delta V} \\
&= \frac{L}{T\Delta V}
\end{aligned}
$$

- Ansatz: Auf einer Zwei-Phasen-Kurve ist die Gibbs'sche freie Energie pro Teilen beider Phasen gleich, $g_1 = g_2$ (siehe Abb.23.3).
- Mithilfe der differenziellen Gleichung für $\mathrm{d}G$ aus Gl. 22.31 erhalten wir

$$\mathrm{d}G = V\,\mathrm{d}p - S\,\mathrm{d}T\,.$$

- Die latente Wärme einer Phasenänderung ist durch

$$L = \Delta Q = T\Delta S$$

definiert.

Beispielrechnung 23.1: Temperaturabhängigkeit des Gasdrucks mithilfe von Gl. 23.13

1. Für einen Phasenübergang zwischen flüssiger und gasförmiger Phase nehme wir $V_{\text{gas}} \gg V_{\text{flüssig}}$ an:

$$
\begin{aligned}
\therefore \Delta V &= V_{\text{gas}} - V_{\text{flüssig}} \\
&\simeq V_{\text{gas}}\,.
\end{aligned}
$$

2. Wir behandeln das Gas als ideales Gas:

$$\therefore pV_{\text{gas}} = nRT\,.$$

3. Wir nehmen an, dass die latente Wärme des Phasenübergangs unabhängig von der Temperatur ist. Die molare latente Wärme ist

$$L_{\text{m}} = \frac{L}{n} \quad \mathrm{J\,mol^{-1}}\,.$$

Nutzen wir die Schritte 1, 2 und 3 in der Clausius-Clapeyron-Gleichung (Gl. 23.13) und integrieren, erhalten wir:

$$
\begin{aligned}
\frac{\mathrm{d}p}{\mathrm{d}T} &= \frac{L}{T\Delta V} \\
&\simeq \frac{L}{TV_{\text{gas}}} \\
&= \frac{Lp}{nRT^2} \\
&= \frac{L_{\text{m}}p}{RT^2} \\
\therefore \int \frac{\mathrm{d}p}{p} &= \frac{L_{\text{m}}}{R}\int \frac{\mathrm{d}T}{T^2} \\
\ln(p) &= -\frac{L_{\text{m}}}{RT} + \text{konstant} \\
\therefore p(T) &= p_0\,\mathrm{e}^{-L_{\text{m}}/RT}\,.
\end{aligned}
$$

(siehe Abschn. 22.3.2). Die *Ordnung* eines Phasenübergangs wird als niedrigste Ableitung von G, welche eine Unstetigkeit während des Übergangs besitzt, definiert. Beispielsweise sind Übergänge, die die Clausius-Clapeyron-Gleichung erfüllen, Übergänge erster Ordnung, da die Unstetigkeit in V und S vorkommen (erste Ableitungen von G). Übergänge erster Ordnung finden daher immer bei konstanten Temperaturen und konstanten Drücken statt. Sie führen immer zu einer latenten Wärme, die mit einem Sprung in der Entropie zusammenhängt.

Übergänge zweiter Ordnung haben Unstetigkeiten in C_p und κ_T, da diese als zweite Ableitungen von G dargestellt werden können:

$$
\begin{aligned}
\left(\frac{\partial^2 G}{\partial T^2}\right)_p &= -\left(\frac{\partial S}{\partial T}\right)_p \\
&= -\frac{1}{T}\left(\frac{\partial Q}{\partial T}\right)_p \\
&= -\frac{C_p}{T}
\end{aligned}
$$

und

$$\left(\frac{\partial^2 G}{\partial p^2}\right)_T = \left(\frac{\partial V}{\partial p}\right)_T = -V\,\kappa_T$$

(siehe Gl. 23.10, um einen Ausdruck für κ_T zu erhalten). Bei diesen Übergängen gibt es keine latente Wärme.

23.3 Irreversible Expansion von Gasen

Am Ende unser Diskussion der klassischen Thermodynamik schauen wir uns zwei *irreversible* Prozesse an: Die Joule-Expansion und die Joule-Thomson-Expansion. Diese Experimente wurden ausgeführt, um die Temperaturänderung von realen und idealen Gasen bei Expansion zu finden. Wir können die Thermodynamik reversibler Prozesse auf irreversible Prozesse anwenden, *falls* Anfangs- und Endzustand Gleichgewichtszustände sind. Jedoch können wir nicht die Eigenschaften der Zwischenzustände bestimmen, da diese nicht im Gleichgewicht sind.

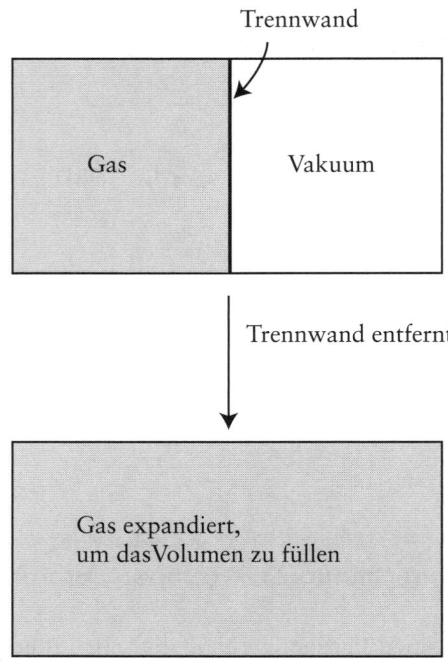

Abbildung 23.4 Joule-Expansion: Wenn die Trennwand entfernt wird, expandiert das Gas ins Vakuum. Der Behälter ist thermisch isoliert, daher kann keine Wärme den Behälter verlassen oder betreten

23.3.1 Joule-Expansion

Stellen wir uns einen geteilten thermischen isolierten Behälter vor, bei dem sich Gas in einem Teil und ein Vakuum im anderen Teil befindet. Dies wird in Abb. 23.4 gezeigt. Wir entfernen nun die Trennwand und erlauben dem Gas, ins Vakuum zu expandieren. Dabei füllt das Gas irgendwann den gesamten Behälter aus. Da es keinen Gegendruck im Vakuum gibt, wird keine Arbeit vom Gas gegen die Umgebung verrichtet ($\mathrm{d}W = 0$), und da das System thermisch isoliert ist, verläuft der Prozess adiabatisch ($\mathrm{d}Q = 0$). Aus dem ersten Hauptsatz der Thermodynamik folgt, dass die innere Energie während der Expansion konstant bleibt:

$$\mathrm{d}U = 0 \quad \rightarrow \quad U = \text{konstant}\,.$$

Joule-Koeffizient

Die Joule-Expansion entspricht einer Expansion bei konstanter innerer Energie. Ein Parameter, um Änderung der Temperatur während der Expansion zu messen, ist der *Joule-Koeffizient*, α_J [$\mathrm{K\,m^{-3}}$], welcher durch die partielle Ableitung definiert ist:

$$\alpha_\mathrm{J} = \left(\frac{\partial T}{\partial V}\right)_U .$$

Mithilfe des exakten Differentials für U und der Definition von C_V finden wir einen Ausdruck für α_J, der abhängig von C_V und den Zustandsvariablen T und p ist:

$$\alpha_\mathrm{J} = -\frac{1}{C_V}\left[T\left(\frac{\partial p}{\partial T}\right)_V - p\right]$$

(Gl. 23.14 und Herleitung 23.6).

Der Joule-Koeffizient (Herleitung 23.6):

$$\alpha_\mathrm{J} = \left(\frac{\partial T}{\partial V}\right)_U = -\frac{1}{C_V}\left[T\left(\frac{\partial p}{\partial T}\right)_V - p\right] \qquad (23.14)$$

Der Joule-Koeffizient eines idealen Gases

Mithilfe des Idealen Gasgesetzes und Gl. 23.14 erhalten wir den Joule-Koeffizienten des idealen Gases:

$$\alpha_\mathrm{J} = -\frac{1}{C_V}\left[\frac{nRT}{V} - \frac{nRT}{V}\right] = 0\,.$$

Herleitung 23.6: Herleitung des Joule-Koeffizienten (Gl. 23.14)

$$\begin{aligned}\alpha_J &= \left(\frac{\partial T}{\partial V}\right)_U \\ &= -\left(\frac{\partial U}{\partial V}\right)_T \left(\frac{\partial T}{\partial U}\right)_V \\ &= -\left(\frac{\partial U}{\partial V}\right)_T \left(\frac{\partial U}{\partial T}\right)_V^{-1} \\ &= -\left(T\left(\frac{\partial S}{\partial V}\right)_T - p\right)\left(T\frac{\partial S}{\partial T}\right)_V^{-1} \\ &= -\frac{1}{C_V}\left[T\left(\frac{\partial S}{\partial V}\right)_T - p\right] \\ &= -\frac{1}{C_V}\left[T\left(\frac{\partial p}{\partial T}\right)_V - p\right]\end{aligned}$$

- Ansatz: Der Joule-Koeffizient ist als

$$\alpha_J = \left(\frac{\partial T}{\partial V}\right)_U$$

definiert.
- Für die reziproke Ableitung gilt

$$\left(\frac{\partial x}{\partial y}\right)_z = -\left(\frac{\partial z}{\partial y}\right)_x \left(\frac{\partial x}{\partial z}\right)_y$$
$$\therefore \left(\frac{\partial T}{\partial V}\right)_U = -\left(\frac{\partial U}{\partial V}\right)_T \left(\frac{\partial T}{\partial U}\right)_V .$$

- Mithilfe des exakten Differentials für U,

$$dU = T\,dS - p\,dV ,$$

können wir Ausdrücke für $(\partial U/\partial V)_T$ und $(\partial U/\partial T)_V$ finden.
- Die Wärmekapazität bei konstantem Volumen ist definiert als:

$$C_V = \left(\frac{\partial Q}{\partial T}\right)_V = T\left(\frac{\partial S}{\partial T}\right)_V$$

- Wir nutzen die folgenden Maxwellrelationen,

$$\left(\frac{\partial S}{\partial V}\right)_T = \left(\frac{\partial p}{\partial T}\right)_V ,$$

um die Ableitung der Entropie zu eliminieren.

Das stimmt mit den Experimenten von Joule überein, der während einer freien Expansion eines idealen Gases keine Änderung der Temperatur fand. Da $C_V \neq 0$ gilt, führt ein Joule-Koeffizient von null zu

$$\left(\frac{\partial U}{\partial V}\right)_T = 0$$

(siehe Herleitung 23.6). Damit hängt die innere Energie eines idealen Gases nicht von einer Änderung des Volumens ab – sie ist schließlich auch nur eine Funktion der Temperatur. Das stimmt mit den Resultaten der kinetischen Theorie (siehe Abschn. 21.4.1) überein. Eine innere Energie, die nicht volumenabhängig ist, impliziert, dass die Energie der Teilchen des idealen Gases unabhängig von ihrem Abstand ist. Dies wiederum impliziert, dass es keine interatomaren Kräfte gibt, wie es für ein ideales Gas erwartet wird.

Joule-Koeffizient eines realen Gases

In einem *realen* Gas ist die innere Energie eine Funktion von Temperatur und Volumen:

$$dU = C_V\,dT + \frac{a}{v^2}\,dV$$

(Beispielrechnung 23.2). Für ein ideales Gas, $a = 0$, erhalten wir wieder $dU = C_V\,dT$, wie wir es mithilfe des ersten Hauptsatzes der Thermodynamik in Abschn. 22.2.2 herausgefunden haben. Aus dem obigen Ausdruck für dU finden wir einen negativen Joule-Koeffizienten für reale Gase:

$$\alpha_J = \left(\frac{\partial T}{\partial V}\right)_U = -\frac{a}{C_V v^2} .$$

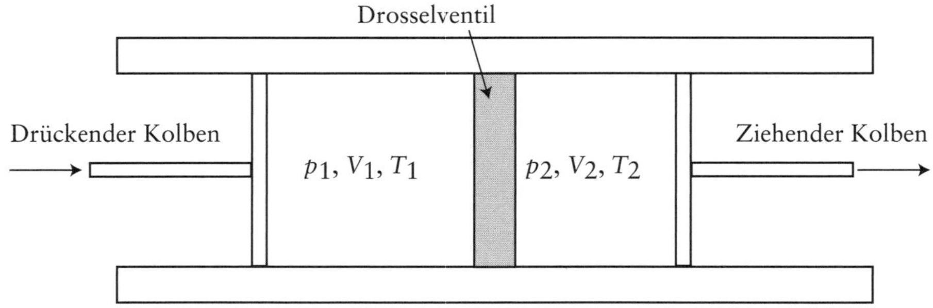

Abbildung 23.5 Joule-Thomson-Expansion. Das Gas wird in einem gedrosselten Rohr expandiert. Dabei stellt die Drosselung ein Hindernis für den Gasstrom dar. Dadurch verringert sich der Gasdruck von p_1 zu p_2 ($p_1 > p_2$). Im Prozess werden jedoch mithilfe des Kolbens p_1 und p_2 konstant gehalten. Das Rohr ist thermisch isoliert, daher gibt es keinen Austausch von Wärme mit der Umgebung

Daher führt eine freie Expansion eines realen Gases immer zu einer Kühlung:

$$\therefore \alpha_J < 0 .$$

23.3.2 Joule-Thomson-Expansion

Das Joule-Thomson-Experiment wurde durchgeführt, um mehr über die Kühlungseigenschaften eines realen Gases bei Expansion zu verstehen. In diesem Fall wird statt der freien Expansion in einem Vakuum, ein Gas betrachtet, welches sich in einem thermisch isolierten gedrosselten Rohr ausbreiten kann. Dies ist in Abb. 23.5 gezeigt. Der Grund für das gedrosselte Rohr – dabei kann es sich um ein poröses Hindernis, aber auch um eine Verengung handeln – ist, dem Gasstrom ein Hindernis entgegenzurichten. Dies würde zu einer Verringerung des Druckes p_1 zu p_2 führen ($p_1 > p_2$). Jedoch wird ein Kolben so eingerichtet, dass er p_1 und p_2 konstant hält. In diesem Fall ist nicht, wie in der Joule Expansion, die innere Energie konstant. Anstelle dessen ist die *Enthalpie*, H, während dieser Expansion konstant (Herleitung 23.7).

Joule-Thomson-Koeffizient

Der *Joule-Thomson-Koeffizient*, μ_J [K Pa^{-1}], beschreibt die Änderung der Temperatur bei Änderung des Druckes unter einer konstanten Enthalpie und ist als

$$\mu_J = \left(\frac{\partial T}{\partial p}\right)_H$$

definiert. Mithilfe des exakten Differentials für H und der Definition von C_p können wir μ_J durch C_p und die Zustandsvariablen T und V ausdrücken:

$$\alpha_J = \frac{1}{C_p}\left[T\left(\frac{\partial V}{\partial T}\right)_p - V\right]$$

(Gl. 23.15 und Herleitung 23.8). μ_J verfügt über eine analoge Form zu α_J (vgl. Gl. 23.15 mit Gl. 23.14).

Der Joule-Thomson-Koeffizient (Herleitung 23.8):

$$\mu_J = \left(\frac{\partial T}{\partial p}\right)_H = \frac{1}{C_p}\left[T\left(\frac{\partial V}{\partial T}\right)_p - V\right] \qquad (23.15)$$

Joule-Thomson-Koeffizient für ideale und reale Gase

Mithilfe des idealen Gasgesetzes und Gl. 23.15 erhalten wir den Joule-Thomson-Koeffizienten für ein ideales Gas:

$$\mu_J = \frac{1}{C_p}\left[\frac{nRT}{p} - \frac{nRT}{p}\right] = 0 .$$

Die Temperatur ändert sich nicht, wenn das Gas auf ein Hindernis trifft. Für ein reales Gas ist μ_J jedoch weder positiv noch negativ, abhängig von den Anfangswerten von T und p. Da p immer kleiner wird ($p_1 > p_2$), gilt:

Falls $\mu_J > 0$: Das Gas wird abgekühlt ($\mathrm{d}T < 0$).

Falls $\mu_J < 0$: Das Gas erwärmt sich ($\mathrm{d}T > 0$).

Das Vorzeichen von μ_J für verschiedene Kombinationen von T und p ist in Abb. 23.6 gezeigt. Es gibt eine *inverse Kurve*, welche eine Funktion von Temperatur und Druck ist. In dieser ändert sich die Temperatur bei einer Expansion nicht. Die inverse Kurve erhält man durch die Bedingung

$$\mu_J = 0$$

Beispielrechnung 23.2: Innere Energie eines realen Gases

1. Entropie ist eine Zustandsvariable und damit können wir sie als exaktes Differential durch zwei der fundamentalen Variablen p, V und T ausdrücken. Beispielsweise ergibt sich das exakte Differential von $S = S(V,T)$ als
$$\mathrm{d}S = \left(\frac{\partial S}{\partial T}\right)_V \mathrm{d}T + \left(\frac{\partial S}{\partial V}\right)_T \mathrm{d}V\,.$$
Dies nutzen wir, um $\mathrm{d}S$ aus dem exakten Differential von U zu eliminieren.
2. Die Wärmekapazität bei konstantem Volumen ist als
$$C_V = \left(\frac{\partial Q}{\partial T}\right)_V = \left(T\frac{\partial S}{\partial T}\right)_V$$
definiert.
3. Wir verwenden die folgenden Maxwellrelationen
$$\left(\frac{\partial S}{\partial V}\right)_T = \left(\frac{\partial p}{\partial T}\right)_V,$$
um die S-V-Ableitung zu eliminieren.
4. Wir nutzen die Van-der-Waals-Zustandsgleichung,
$$\left(p + \frac{a}{v^2}\right)(v-b) = RT\,,$$
um die Terme des Drucks zu eliminieren.

$$\begin{aligned}
\mathrm{d}U &= T\,\mathrm{d}S - p\,\mathrm{d}V \\
&= T\left(\left(\frac{\partial S}{\partial T}\right)_V \mathrm{d}T + \left(\frac{\partial S}{\partial V}\right)_T \mathrm{d}V\right) - p\,\mathrm{d}V \\
&= C_V\,\mathrm{d}T + T\left(\frac{\partial p}{\partial T}\right)_V \mathrm{d}V - p\,\mathrm{d}V \\
&= C_V\,\mathrm{d}T + \frac{RT}{v-b}\mathrm{d}V - \frac{RT}{v-b}\mathrm{d}V + \frac{a}{v^2}\mathrm{d}V \\
&= C_V\,\mathrm{d}T + \frac{a}{v^2}\mathrm{d}V
\end{aligned}$$

$\Rightarrow$ Die Änderung der inneren Energie eines realen Gases ist eine Funktion der Temperatur und des Volumens.

Herleitung 23.7: Herleitung der Enthalpieerhaltung für die Joule-Thomson-Expansion

$$\begin{aligned}
\Delta U &= W \\
&= -p_1\Delta V_1 - p_2\Delta V_2 \\
&= -p_1(0 - V_1) - p_2(V_2 - 0) \\
&= p_1V_1 - p_2V_2 \\
\therefore U_2 - U_1 &= p_1V_1 - p_2V_2 \\
U_2 + p_2V_2 &= U_1 + p_1V_1 \\
\therefore H_2 &= H_1 \rightarrow \text{Enthalpie ist erhalten}
\end{aligned}$$

- Ansatz: Für ein thermisch isoliertes System gilt $\mathrm{d}Q = 0$. Daher erhält man aus dem ersten Hauptsatz $\mathrm{d}U = \mathrm{d}W$.
- Die Gesamtänderung der inneren Energie ist $\Delta U = W$, wobei W die Änderung des Volumens auf beiden Seiten der Drosselung beinhaltet (siehe Abb. 23.5).
- Die Definition der Enthalpie $H = U + pV$.

Herleitung 23.8: Herleitung des Joule-Thomson-Koeffizienten (Gl. 23.15)

$$\begin{aligned}\mu_J &= \left(\frac{\partial T}{\partial p}\right)_H \\ &= -\left(\frac{\partial H}{\partial p}\right)_T \left(\frac{\partial T}{\partial H}\right)_p \\ &= -\left(\frac{\partial H}{\partial p}\right)_T \left(\frac{\partial H}{\partial T}\right)_p^{-1} \\ &= -\left(T\left(\frac{\partial S}{\partial p}\right)_T + V\right)\left(T\frac{\partial S}{\partial T}\right)_p^{-1} \\ &= -\frac{1}{C_p}\left[T\left(\frac{\partial S}{\partial p}\right)_T + V\right] \\ &= \frac{1}{C_p}\left[T\left(\frac{\partial V}{\partial T}\right)_p - V\right]\end{aligned}$$

- Ansatz: Der Joule-Thomson-Koeffizient ist als

$$\mu_J = \left(\frac{\partial T}{\partial p}\right)_H$$

definiert.
- Für die reziproke Ableitung gilt

$$\left(\frac{\partial x}{\partial y}\right)_z = -\left(\frac{\partial z}{\partial y}\right)_x \left(\frac{\partial x}{\partial z}\right)_y$$
$$\therefore \left(\frac{\partial T}{\partial p}\right)_H = -\left(\frac{\partial H}{\partial p}\right)_T \left(\frac{\partial T}{\partial H}\right)_p .$$

- Mithilfe des exakten Differentials von H,

$$\mathrm{d}H = T\,\mathrm{d}S + V\,\mathrm{d}p ,$$

erhalten wir einen Ausdruck für $(\partial H/\partial p)_T$ und $(\partial H/\partial T)_p$.
- Die Wärmekapazität bei konstantem Druck ist als

$$C_p = \left(\frac{\partial Q}{\partial T}\right)_p = T\left(\frac{\partial S}{\partial T}\right)_p$$

definiert.
- Mithilfe der folgenden Maxwellrelationen,

$$\left(\frac{\partial S}{\partial p}\right)_T = -\left(\frac{\partial V}{\partial T}\right)_p ,$$

können wir die Ableitung der Entropie eliminieren.

Da $C_p \neq 0$ ist, gilt für die inverse Kurve,

$$T\left(\frac{\partial V}{\partial T}\right)_p - V = 0$$
$$\therefore \left(\frac{\partial V}{\partial T}\right)_p = \frac{V}{T} \qquad (23.16)$$

(siehe Herleitung 23.8). Innerhalb der inversen Kurve gilt $\mu_J > 0$, daher kann die Joule-Thomson-Drosselung genutzt werden, um Gas mithilfe eines Gegenstromwärmetauschers bis zur Verflüssigung zu kühlen. Außerhalb der Inversionskurve gilt $\mu_J < 0$, daher erwärmt sich Gas bei einer Drosselung in diesem Bereich. Abbildung 23.6 zeigt eine maximale Anfangstemperatur. Oberhalb dieser wird Gas bei allen Drücken erwärmt. Dies passiert, wenn die Inversionskurve die Temperaturachse bei hohen Temperaturen schneidet. Man erhält sie durch die Bedingungen $\mu_J = 0$ und $p = 0$. Der Wert der Inversionstemperatur ist druckabhängig. $T_{\mathrm{inv}}(p)$, und wir erhalten durch die Van-der-Waals-Gleichung (Gl. 23.1) in Gl. 23.16:

$$\left(p + a\left(\frac{n}{V}\right)^2\right)(V - nb) = nRT$$
$$\therefore \left(\frac{\partial V}{\partial T}\right)_p = \frac{nRV^3}{pV^3 - aVn^2 + 2abn^3}$$
$$\text{und} \quad \left(\frac{\partial V}{\partial T}\right)_p = \frac{V}{T} .$$

V Physik der Wärme

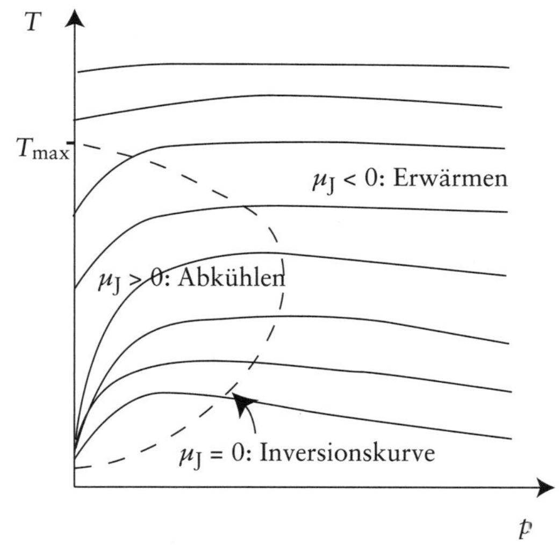

Abbildung 23.6 Linien konstanter Enthalpie einer Joule-Thomson-Expansion eines realen Gases. Die Inversionskruve zeigt an, für welche Bedingungen es keine Temperaturänderung bei einer Expansion gibt. T_{max} entspricht der maximalen Anfangstemperatur, über der alle Joule-Thomson-Expansionen bei allen Drücken zu einer Erwärmung des Gases führen

Durch Gleichsetzen der Ausdrücke erhalten wir die inverse Temperatur als Funktion des Druckes:

$$\therefore T_{\mathrm{inv}}(p) = \frac{pV^3 - aVn^2 + 2abn^3}{nRV^2} .$$

Die maximale inverse Temperatur erhält man bei $T_{\mathrm{max}} = T_{\mathrm{inv}}(0)$:

$$\begin{aligned} \therefore T_{\mathrm{max}} &= T_{\mathrm{inv}}(0) \\ &= \frac{an\,(2bn - V)}{RV^2} . \end{aligned}$$

Statistische Mechanik

24

In der kinetischen Theorie und in der klassichen Thermodynamik (Abschn. 21 und 22) haben wir gesehen, dass wir ein System sowohl über einen *mikro*skopischen Ansatz erkennen können, bei dem der Mittelwert der Eigenschaften individueller Teilchen eines Systems betrachtet wird, oder durch einen *makro*skopischen Ansatz, bei dem nur makroskopische Eigenschaften des Systems betrachtet werden. Da der makroskopische Ansatz Systeme im klassischen Bereich beschreibt, kommt er in anderen Bereichen an seine Grenzen. Wir benötigen jedoch auch eine Beschreibung für den atomaren, also *quantenmechanischen* Bereich. In der statistischen Physik nutzt man ähnlich wie in der kinetischen Theorie einen probalistischen mikroskopischen Ansatz, um makroskopische Eigenschaften eines Systems zu beschreiben. Dieser ist jedoch nicht – wie im Falle der kinetischen Theorie – auf das ideale Gas beschränkt. Wenden wir die statistische Mechanik auf klassische Systeme an, erhalten wir die gleichen Ergebnisse, die wir im Rahmen der Thermodynamik erhielten. Im Falle von quantenmechanischen Systemen entdecken wir neue Phänomene, welche durch die thermodynamische Betrachtung übersehen wurden. Da die statistische Mechanik einen mikroskopischen Ansatz verwendet, um makroskopische Eigenschaften zu erklären, bildet sie einen Übergang von der klassischen Welt, die wir jeden Tag sehen, und der seltsamen subatomischen Quantennatur einzelner Teilchen. All das, was wir sehen, ist eine Konsequenz aus dem kombinierten Verhalten einzelner Atome.

24.1 Statistische Ensembles

In der klassischen Thermodynamik definierten wir drei verschiedene Arten von Systemen abhängig davon, ob sie Energie oder Materie mit ihrer Umgebung austauschen (siehe Abschn. 22.1):

1. *Isoliertes System:* Weder Energie- noch Materieaustausch ist möglich. Daher ist die Gasamtenergie, U, und die Anzahl der Teilchen, N, konstant.
2. *Abgeschlossenes System:* Enerigeaustausch kann stattfinden, aber kein Austausch von Materie. Daher ist U variabel und N konstant.
3. *Offenes System:* Sowohl Energie- als auch Materieaustausch kann stattfinden. Daher sind sowohl U als auch N variabel.

In der statistischen Physik gibt es ähnliche Klassifikationen. Aber anstatt mit einem einzigen System zu arbeiten, schauen wir uns eine *Ansammlung* von makroskopisch identischen Systemen an (gleiche Werte für p, T, V etc.). Die mikroskopischen Eigenschaften, beispielsweise die individuellen Teilchenenergien oder -geschwindigkeiten, sind von System zu System verschieden. Dies ermöglicht uns, die probalistischen mikroskopischen Eigenschaften eines Systems zu finden, beispielsweise die Wahrscheinlichkeitsverteilung der Teilchenenergie. Die Ansammlung solcher Systeme wird *statistisches Ensemble* genannt. Es gibt drei bekannte statistische Ensembles, welche den drei thermodynamischen Systemen ähneln:

1. *Mikrokanonisches Ensemble:* Ansammlung von isolierten Systemen (U und N sind konstant).
2. *Kanonisches Ensemble:* Ansammlung von abgeschlossenen Systemen (U ist variabel und N ist konstant).
3. *Großkanonisches Ensemble:* Ansammlung von offenen Systemen (U und N sind variabel).

In der Theorie besteht ein Ensemble aus einer unendlichen Anzahl von makroskopisch identischen Systemen. Natürlich ist dies in der Praxis unmöglich umzusetzen, daher sind statistische Ensembles mathematische Idealisierungen. Statistische Mechanik besteht daher aus zwei Postulaten, welche uns ermöglichen, die Wahrscheinlichkeitsverteilungen der mikroskopischen Eigenschaften eines gegebenen Systems zu finden. Diese Postulate werden unten dargestellt.

24.2 Die Postulate der statistischen Mechanik

24.2.1 Zustände und Energieniveaus

Der Zustand eines Teilchens wird durch seine *Wellenfunktion* $\psi(q_1, q_2, \ldots, q_n)$ dargestellt. Die Variablen $q_1, q_2, \ldots, q_n$ entsprechen den Variablen, die benötigt werden, um einen Zustand zu definieren. Beispielsweise könnte q_1 dem Ort des Teilchens entsprechen und q_2 dessen Impuls etc. Das Quadrat der Wellenfunktion entspricht der Wahrscheinlichkeit, dass ein Teilchen einen bestimmten Wert für eine bestimmte Variable besitzt. Beispielsweise ergibt sich die Wahrscheinlichkeit, dass ein Teilchen, welches durch eine Wellenfunktion, $\psi(q_1)$, dargestellt wird, den Wert $a < q_1 < b$ besitzt, durch

$$P_{ab} = \int_a^b |\psi(q_1)|^2 \, dq_1$$

(weitere Details siehe Abschn. 16.3.1). Der Zustand eines Teilchens wird oft durch seine *Energie*, ε, angegeben. Aus der Quantenmechanik wissen wir, dass Energie quantisiert ist: Es existiert eine diskrete Menge von erlaubten Energieniveaus, welche ein Teilchen besetzen kann. Diese entstehen durch Randbedinungen, die die Wellenfunktion erfüllen muss. Bei hohen Energien wird der Unterschied zwischen benachbarten Energieniveaus deutlich geringer als die Gesamtenergie des Systems. In diesem Fall können

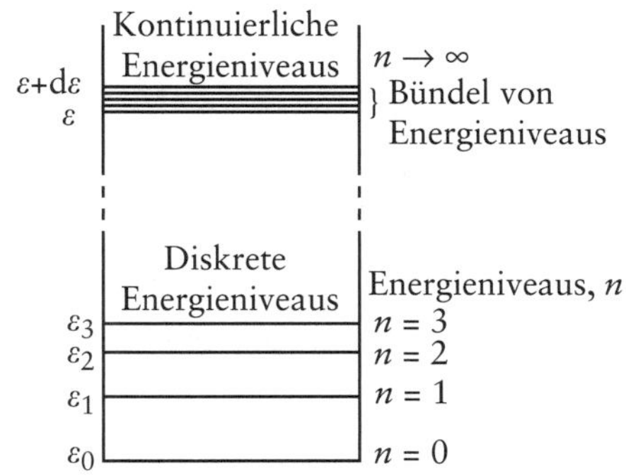

Abbildung 24.1 Diskrete und kontinuierliche Energieniveaus. Wenn der Abstand zwischen benachbarten Energieniveaus vernachlässigbar ist (kontinuierliche Verteilung), dann werden Energieniveaus in Intervalle der Größe dε gebündelt

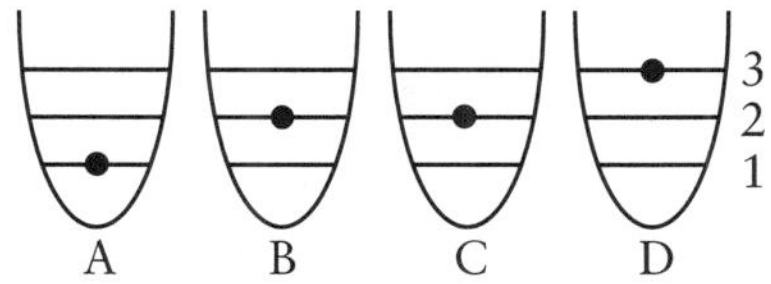

Mikrozustand		Makrozustand	
Teilchen	Energie	Energie	#Teilchen
A	1	1	1
B	2	2	2
C	2	3	1
D	3	Gesamtenergie = 1+2+2+3 = 8	

Abbildung 24.2 Beispiel eines möglichen Mikrozustands und Makrozustands eines Systems mit vier unterscheidbaren Teilchen (A, B, C, und D), welche drei Energieniveaus besetzen (1, 2, und 3)

wir verschiedene Energieniveaus zusammenbündeln. Wir sagen dann häufig, dass ein Teilchen eine Energie zwischen $\varepsilon + d\varepsilon$ besitzt, und nicht, dass es sich im n. Niveau befindet, da bei hohen Energien $n \to \infty$ gilt. Diskrete und kontinuierliche Energieniveaus sind in Abb. 24.1 gezeigt.

Entartete Zustände

Die Begriffe „Zustand"und „Energieniveau"werden manchmal gleichbedeutend verwendet. Es gibt jedoch einen großen Unterschied zwischen ihnen. Das *Energieniveau* sagt uns nur etwas über die Energie des Teilchens; der *Zustand* jedoch gibt uns auch Auskunft über den Impuls oder den Spin des Teilchens. Das bedeutet, dass bei jedem Energieniveau möglicherweise mehrere Zustände existieren können, welche sich durch Spin und Impuls unterscheiden und damit auch durch unterschiedliche Wellenfunktionen dargestellt werden. Wenn mehrere Zustände die gleiche Teilchenenergie besitzen, spricht man von entarteten Zuständen. Beispielsweise besitzen die Elektronenzustände in einem Wasserstoffatom die gleiche Energie unabhängig von ihrem Spin, falls es kein externes Magnetfeld gibt. Man spricht dann von zweifacher Entartung, da das Elektron sowohl Spin-up als auch Spin-down besitzen kann. In einer diskreten Energieverteilung wird die Entartung meist durch das Symbol g_i dargestellt. Es stellt die Anzahl der Zustände im i. Energieniveau dar.

24.2.2 Mikrozustände und Makrozustände

Unterscheidbare Teilchen

Wir nehmen an, dass Teilchen in einem System *unterscheidbar* sind. Das bedeutet, dass wir theoretisch einen Unterschied zwischen ihnen finden können. Beispielsweise sind Teilchen, die in einem Kristall lokalisiert sind, durch ihre Position voneinander unterscheidbar. Auch Atome unterschiedlicher Elemente sind durch ihre Art voneinander unterscheidbar. Jedoch sind auch identische Teilchen in einem idealen Gas unterscheidbar. Diese können theoretisch voneinander abgegrenzt werden. Unterscheidbare Teilchen werden durch nicht im Ortsraum überlappende Wellenfunktionen definiert. (Der Abstand zwischen Teilchen ist deutlicher größer als die De-Broglie-Wellenlänge der Teilchen, siehe Abschn. 24.6.3). Daher besetzt jedes individuelle Teilchen seinen eigenen Potentialtopf. Die Wellenfunktionen von Teilchen überlappen in klassischen Systemen per Definition nicht. Daher besitzen alle klassischen Systeme, wie beispielsweise ideale Gase, unterscheidbare Teilchen. In Abschn. 24.5 werden wir uns mit *nicht*unterscheidbaren Teilchen beschäftigen, also solche, bei denen die De-Broglie-Wellenlänge mit dem Abstand zwischen den Teilchen vergleichbar ist. Ununterscheidbarkeit ist ein quantenmechanisches Phänomen, welches kein klassisches Analogon besitzt.

Zustände unterscheidbarer Teilchen

Es gibt zwei Ausdrücke, um den Zustand eines Systems anhand der durch Teilchen besetzten Energieniveaus zu beschreiben – den *Mikrozustand* und den *Makrozustand*. Der Mikrozustand eines Systems gibt an, *welches* Teilchen sich in *welchem* Energieniveau befindet, wohingegen der Makrozustand die *Gesamtanzahl der Teilchen* in jedem Energieniveau beschreibt, also die Gesamtenergie des Systems, wie sie auf makroskopischer Ebene zu sehen ist, ohne die einzelnen Teilchen zu unterscheiden. Diese Unterscheidung versteht man am besten durch ein Beispiel. Nehmen wir an, dass wir vier Teilchen, genannt A, B, C und D, in ihren eigenen Potentialtöpfen[1] haben und diese die Energieniveaus $n = 1, 2$ oder 3 wie in Abb. 24.2

[1] Die Form der Potentialtöpfe ist an dieser Stelle völlig egal. Wir haben sie als harmonische Oszillator-Potentiale (HOZ) gezeichnet, da diese realen Teilchen am nächsten kommen. Zu weitere Details über das HOZ-Potential, vgl. Abschn. 17.2.1.

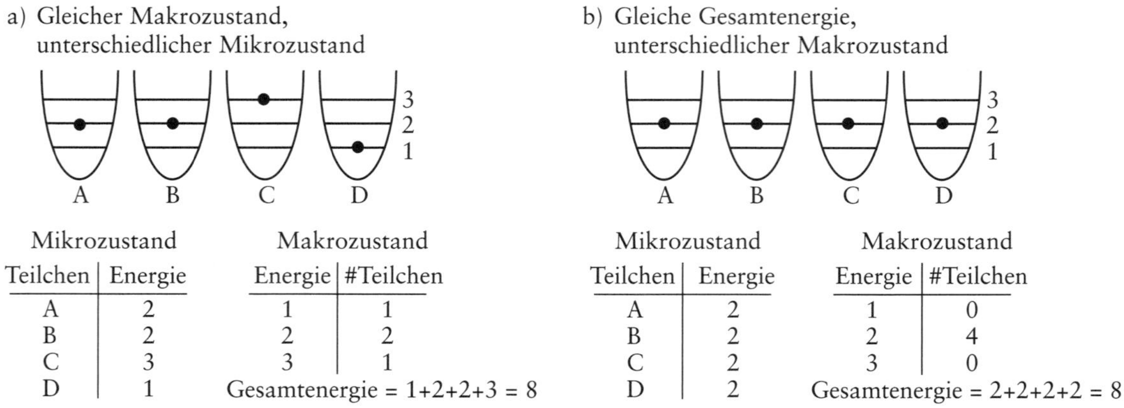

Abbildung 24.3 Systeme, die die gleiche Gesamtenergie besitzen wie in Abb. 24.2, aber für **a** verschiedene Mikrozstände und **b** für verschiedene Mikrozustände und verschiedene Makrozustände

einnehmen. Die Mikrozustände und Makrozustände sind in der Abbildung definiert. Aus dem Makrozustand erkennen wir, dass die Energie des Systems $E = 8$ ist (in beliebigen Einheiten).

Abbildung 24.3 zeigt zwei verschiedene Systeme mit der gleichen Gesamtenergie ($E = 8$), aber mit a) verschiedenen Mikrozuständen, welche dem gleichen Makrozustand entsprechen, und b) sowohl verschiedene Mikrozustände *als auch* verschiedene Makrozustände. Die Postulate der statistischen Mechanik, welche unten genannt werden, handeln von der Beschreibung eines gegeben Systems mithilfe von Mikrozuständen und Makrozuständen.

Das erste und zweite Postulat

Das erste Postulat der statistischen Mechanik beschreibt die Wahrscheinlichkeit, dass sich ein System in einem bestimmten Mikrozustand befindet. Dabei ist der Makrozustand vorgegeben[2]. Das erste Postulat wird auch *Postulat der gleichen*[3] *Wahrscheinlichkeiten* genannt:

Postulat 1:

Ist ein sich im Gleichgewicht befindendes System in einem Makrozustand, so sind die Wahrscheinlichkeiten, dass das System in einem bestimmten Mikrozustand ist, für alle Mikrozustände gleich.

Das bedeutet, dass die Mikrozustände in Abb. 24.3 a die gleiche Wahrscheinlichkeit besitzen wie der Mikrozustand in Abb. 24.2, da alle zu dem gleichen Makrozustand führen. Gibt es für einen Makrozustand Ω Mikrozustände, so ist die Wahrscheinlichkeit, das System in einem bestimmten Mirkozustand zu finden, durch $1/\Omega$ gegeben. Das zweite Postulat der statistischen Mechanik sagt uns, in welchem *Makrozustand* sich das System bei einer *Gesamtenergie* befindet:

Postulat 2:

Der beobachtete Makrozustand ist der Makrozustand mit den meisten Mikrozuständen, Ω.

Beispielsweise gibt es nur eine Möglichkeit, den Makrozustand in Abb. 24.3 b zu erreichen, d. h., es gibt nur einen Mikrozustand (alle Teilchen befinden sich im zweiten Energieniveau), daher ergibt sich die Anzahl der Mikrozustände in diesem Beispiel als $\Omega_b = 1$. Im Gegensatz dazu finden wir zwölf verschiedene Wege den Makrozustand in Abb. 24.3 a zu erreichen, die Anzahl der Mikrozustände ist $\Omega_a = 12$ (um dies zu erhalten ist es am einfachsten, die verschiedenen Kombinationen aufzuschreiben). Da Ω_a größer ist als Ω_b, wird der Makrozustand bei gleicher Gesamtenergie in a häufiger beobachtet werden als der in b.

24.2.3 Eigenschaften von Ω

Aus der vorangegangenen Diskussion wissen wir, dass Ω als Anzahl der Mikrozustände in einem Makrozustand definiert ist. Für ein System von N unterscheidbaren Teilchen, mit n_1 Teilchen in Energieniveau 1, n_2 in Niveau 2 und n_i in Niveau i, können wir Ω durch diese kombinatorische Formel berechnen:

$$\Omega = \frac{N!}{n_1!\, n_2!\, n_3! \ldots} . \tag{24.1}$$

[2] In diesem Fall arbeiten wir mit einem *mikrokanonischen* Ensemble, welches einer Ansammlung von Systemen mit konstanter Gesamtenergie und Teilchenzahl entspricht.

[3] „a priori"bedeutet, dass das Postulat von theoretischen Betrachtungen stammt und nicht aus experimenteller Beobachtung.

Beispielsweise erhalten wir wie erwartet für die Makrozustände in Abb. 24.3:

$$\Omega_a = \frac{4!}{1!\,2!\,1!} = 12$$
$$\text{und } \Omega_b = \frac{4!}{0!\,4!\,0!} = 1\,.$$

In vielen Systemen ist N eine sehr große Zahl. Beispielsweise entspricht N in einem Mol Gas $N \sim 6 \cdot 10^{23}$ Teilchen (Avogadro Konstante). Die Anzahl von Teilchen in einem Zustand n_i ist meist deutlich kleiner als N. Daher gibt es einen Makrozustand, für den Ω deutlich größer ist als für andere, aber mit der gleichen Gesamtenergie. Als einfaches Beispiel überlegen wir uns einen dritten Makrozustand, welcher die gleiche Energie wie die in Abb. 24.3 ($E = 8$) besitzt: zwei Teilchen in Niveau 1, null in Niveau 2 und zwei in Niveau 3. Die Anzahl der Mikrozustände in diesem Makrozustand ist daher:

$$\Omega = \frac{4!}{2!\,0!\,2!} = 6\,.$$

Dies ist signifikant weniger als Ω_a. Daher sehen wir, dass Ω eine starke Spitze bei einem einzelnen Makrozustand für eine gegebene Gesamtenergie besitzt. Nach Postulat 2 entspricht dieser dem beobachteten Makrozustand.

Ein anderer Blickwinkel auf Entropie

Da die Anzahl der Mikrozustände eines Makrozustands von der Gesamtenergie des Makrozustands abhängt, ergibt sich Ω als Funktion der Energie: $\Omega = \Omega(\varepsilon)$. Nehmen wir an, dass der Wert von Ω bei jeder Energie, ε, dem beobachteten Makrozustand entspricht – bei dem laut Postulat 2 der Wert für Ω maximal ist.

Dies führt uns zu einem anderen Postulat der statistischen Mechanik. Die *Entropie* eines Systems ist proportional zum Logarithmus von Ω und ergibt sich durch Gl. 24.2. Dies ist von einer statistischen Perspektive aus die *Definition* der Entropie, welche nicht bewiesen werden kann.

Entropie und Ω:

$$S \stackrel{\text{def}}{=} k_B \ln \Omega \qquad (24.2)$$

$$\text{mit} \quad \frac{\partial \ln \Omega}{\partial \varepsilon} \stackrel{\text{def}}{=} \frac{1}{k_B T} \qquad (24.3)$$

Aus dieser Definition können wir sehen, dass Entropie ein Maß für die Anzahl der Möglichkeiten ist, die Energiequanten zwischen den Teilchen in einem System anzuordnen. (Dies beschreibt die Variable Ω.) Die Sichtweise ist konsistent zu der Interpretation, dass Entropie ein Maß für Unordnung ist. Aus der Thermodynamik wissen wir, dass das exakte Differential $\mathrm{d}U = T\,\mathrm{d}S - p\,\mathrm{d}V = T\,\mathrm{d}S$ ist (siehe Abschn. 22.3.1). Für konstantes Volumen erhalten wir $\mathrm{d}U = T\,\mathrm{d}S$. Daraus definieren wir:

$$\frac{\partial \ln \Omega}{\partial \varepsilon} \stackrel{\text{def}}{=} \frac{1}{k_B T}$$

(Gl. 24.3). Durch Ableiten von Gl. 24.2, erhalten wir

$$\begin{aligned}\frac{\partial S}{\partial \varepsilon} &= \frac{k_B}{\Omega}\frac{\partial \Omega}{\partial \varepsilon} \\ &= k_B \frac{\partial \ln \Omega}{\partial \varepsilon} \\ &= \frac{1}{T}\,.\end{aligned}$$

Umordnen der Terme und Ersetzen der partiellen Ableitung mit der totalen Ableitung führt zu $\mathrm{d}\varepsilon = T\,\mathrm{d}S$, was analog zu $\mathrm{d}U = T\,\mathrm{d}S$ aus der klassischen Thermodynamik ist.

24.3 Zustandsdichte

Wenn wir uns ein Energieintervall $\mathrm{d}\varepsilon$ vorstellen, dann entspricht der Wert von $\Omega(\varepsilon + \mathrm{d}\varepsilon) - \Omega(\varepsilon)$ der Anzahl von Mikrozuständen innerhalb dieses Inveralls. Behandeln wir Ω wie eine kontinuierliche Funktion von ε, und führen eine Taylorentwicklung für $\Omega(\varepsilon + \mathrm{d}\varepsilon)$ aus, ermöglicht uns dies eine Funktion zu definieren, die uns die Anzahl der Zustande, welche zwischen den Energien ε und $\varepsilon + \mathrm{d}\varepsilon$ liegen, angibt:

$$\begin{aligned}\Omega(\varepsilon + \mathrm{d}\varepsilon) - \Omega(\varepsilon) &\simeq \Omega(\varepsilon) + \frac{\mathrm{d}\Omega}{\mathrm{d}\varepsilon}\mathrm{d}\varepsilon - \Omega(\varepsilon) \\ &= \frac{\mathrm{d}\Omega}{\mathrm{d}\varepsilon}\mathrm{d}\varepsilon \\ &\equiv g(\varepsilon)\,\mathrm{d}\varepsilon\,.\end{aligned}$$

Die Funktion $g(\varepsilon)$ wird *Zustandsdichte* genannt. Sie repräsentiert die Anzahl der Zustände im Energieintervall $\mathrm{d}\varepsilon$ und ist eine kontinuierliche Funktion der Energie. Im Folgenden werden wir verschiedene Ausdrücke für $g(\varepsilon)\,\mathrm{d}\varepsilon$ herleiten.

Randbedingungen

Im Falle des einfachen Beispiels eines Teilchens in einem eindimensionalen unendlichen Potentialtopf (siehe Abschn. 17.2.1) wissen wir, dass nur einige Wellenfunktionen die Randbedingungen des Systems erfüllen. Das bedeutet, dass nur einige Wellenfunktionen und damit Energieniveaus existieren. Wenn wir dieses System zu

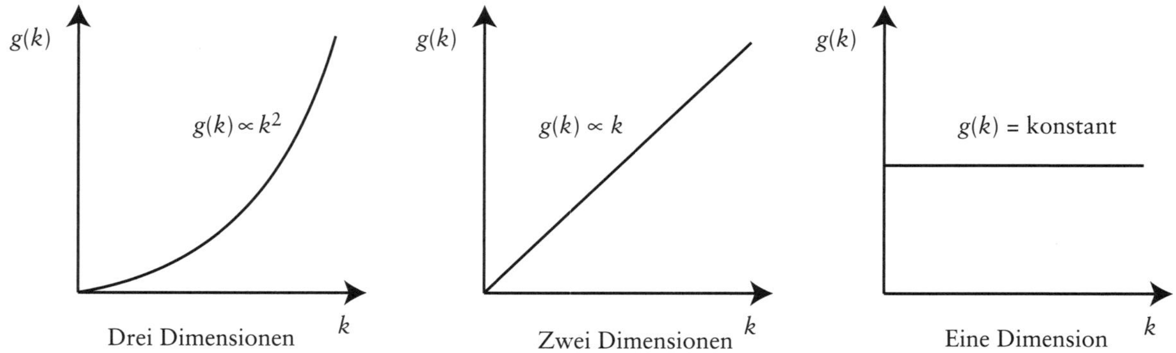

Abbildung 24.4 Zustandsdichte im k-Raum für Teilchen mit und ohne Masse in einer Dimension, sowie in zwei und drei Dimensionen. Die Abhängigkeit von k ist quadratisch in drei Dimensionen, linear in zwei Dimensionen und konstant in einer Dimension

beliebigen Formen und Dimensionen des Potentials verallgemeinern, treten die gleichen Effekte auf. Nur einige Wellenfunktionen erfüllen die Randbedinungen. Damit können Teilchen nur in diesen Zuständen auftauchen und nicht in beliebigen. Die Zustandsdichte drückt aus, welche Quantenzustände die Randbedinungen des gegebenen Systems erfüllen. Daher hängt die Funktion $g(\varepsilon)\,\mathrm{d}\varepsilon$ von der Dimension des Systems ab und hat eine unterschiedliche Abhängigkeit von der Energie in einer, zwei oder drei Dimensionen. Dies zeigen wir im Folgenden.

24.3.1 Herleitung im k-Raum

Im Allgemeinen hängen die Energieniveaus eines Systems von der Masse der Teilchen ab. Das bedeutet, dass die Form von $g(\varepsilon)\,\mathrm{d}\varepsilon$ unterschiedlich ist, wenn das Teilchen eine Masse m besitzt oder wie ein Photon masselos ist. Daher ist es sinnvoller, einen Ausdruck für die Zustandsdichte abhängig von einer *Wellenlänge* statt einer Energie zu suchen, da die „erlaubten Wellenlängen"für beide Teilchensorten gleich sind. Die Herleitung der Zustandsdichte ist deutlich einfacher, wenn wir im k-Raum statt im λ-Raum arbeiten. Dabei ist die Wellenzahl, k, mit der Wellenlänge durch

$$k = \frac{2\pi}{\lambda}$$

verbunden. Die Zustandsdichte im k-Raum bezeichnen wir als $g(k)\,\mathrm{d}k$. Durch Verallgemeinerung der Randbedingungen für ein Teilchen im unendlichen Potentialtopf können wir einen Ausdruck für $g(k)\,\mathrm{d}k$ in drei, zwei und einer Dimension herleiten:

$$\text{in drei Dimensionen:} \quad g_3(k)\,\mathrm{d}k = g\,\frac{k^2}{2\pi^2}\,\mathrm{d}k\,;$$

$$\text{in zwei Dimensionen:} \quad g_2(k)\,\mathrm{d}k = g\,\frac{k}{2\pi}\,\mathrm{d}k\,;$$

$$\text{in einer Dimension:} \quad g_1(k)\,\mathrm{d}k = g\,\frac{1}{\pi}\,\mathrm{d}k\,,$$

wobei g der *Entartungsfaktor* ist (Gln. 24.4–24.6, Herleitung 24.1 und Abb. 24.4). Hierbei haben wir die Zustandsdichte in Anzahl pro Zustände pro Einheitsvolumen in drei Dimensionen, pro Einheitsfläche in zwei Dimensionen und per Einheitslänge in einer Dimension angegeben. Die Ausdrücke gelten für masselose und massive Teilchen. Die gesamte Anzahl der Zustände pro Einheitsvolumen/-fläche/-länge finden wir durch Integration über alle Werte von k (Gl. 24.7).

Der Entartungsfaktor, g, wird für Entartung durch Spin und Polarisation eingeführt. Für Elektronen kann jeder Zustand eines Wellenvektors, k, zwei Elektronen beinhalten – eins für den Spin-up-Zustand und eins für den Spin-down-Zustand. Daher ist die Spinentartung eines Elektrons und anderer Spin-1/2-Teilchen, $g = 2$. Photonen sind Spin-1-Teilchen und können in zwei orthogonalen transversalen Polarisationszuständen auftreten. Daher ist die Polarisationsentartung von Photonen $g = 2$. Andere Spin-1-Teilchen, wie Phononen,[4] besitzen auch longitudinale Polarisationszustände für jeden Wellenvektor k. Daher gilt für Phononen $g = 3$.

Zustandsdichte im k-Raum (Herleitung 24.1):

$$\text{In drei Dimensionen:} \quad g_3(k)\,\mathrm{d}k = g\,\frac{k^2}{2\pi^2}\,\mathrm{d}k \qquad (24.4)$$

$$\text{In zwei Dimensionen:} \quad g_2(k)\,\mathrm{d}k = g\,\frac{k}{2\pi}\,\mathrm{d}k \qquad (24.5)$$

$$\text{In einer Dimension:} \quad g_1(k)\,\mathrm{d}k = g\,\frac{1}{\pi}\,\mathrm{d}k \qquad (24.6)$$

[4] Ein Phonon kann als Quant einer akustischen Welle angesehen werden, analog zu einem Photon, welches ein Quant einer elektromagnetischen Welle ist.

V Physik der Wärme

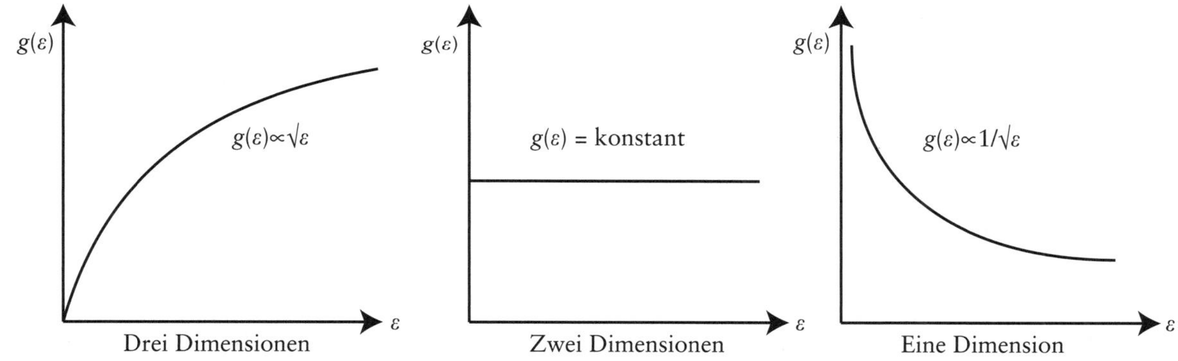

Abbildung 24.5 Zustandsdichte für Teilchen mit Masse im ε-Raum in einer Dimension, sowie in zwei und drei Dimensionen. Die Abhängigkeit von ε in drei Dimensionen ist $\sqrt{\varepsilon}$; sie ist in zwei Dimensionen konstant und in einer$1/\sqrt{\varepsilon}$

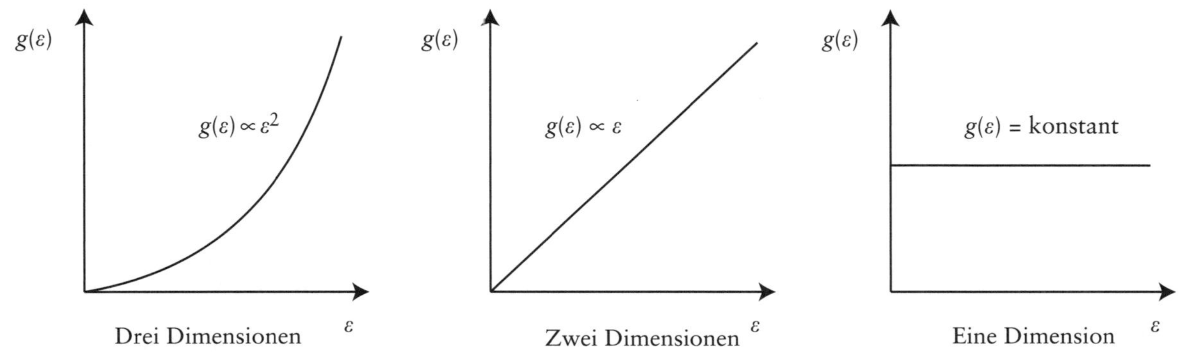

Abbildung 24.6 Zustandsdichte für masselose Teilchen im ε-Raum in einer Dimension, sowie in zwei und drei Dimensionen. Die Abhängigkeit von ε ist quadratisch in drei Dimensionen, linear in zwei Dimensionen und konstant in einer Dimension

mit dem Entartungsfaktor, g, der durch Entartung von Spin und Polarisation entsteht:

$$g = \begin{cases} 2 & \text{für Elektronen} \\ 2 & \text{für Photonen} \\ 3 & \text{für Phononen} \end{cases}$$

Die gesamte Zahl von Zuständen pro Einheitsvolumen/-fläche/-länge ergibt sich aus

$$n_s = \int_0^\infty g(k)\,dk\,. \tag{24.7}$$

24.3.2 Transformation zur Energiedarstellung

Sobald wir einen Ausdruck für die Zustandsdichte im k-Raum haben, können wir diesen auch im ε-Raum (Energie) darstellen. Dies gelingt mithilfe der Dispersionsrelation, welche k und ε verbindet:

$$\text{Für Teilchen mit Masse } m\text{:} \quad \varepsilon = \frac{p^2}{2m} = \frac{\hbar^2 k^2}{2m}\,;$$

$$\text{für masselose Teilchen:} \quad \varepsilon = pc = \hbar kc\,,$$

wobei wir die Planckrelation genutzt haben, $p = \hbar k$. Jetzt besitzen Teilchen mit Masse und masselose Teilchen unterschiedliche Zustandsdichten. Die Zustandsdichte für Teilchen mit Masse findet sich in Gln. 24.9–24.11 (Herleitung 24.2 und Abb. 24.5), während sich die Zustandsdichte für masselose Teilchen in Gln. 24.12–24.14 (Herleitung 24.3 und Abb. 24.6) findet. Auch hier handelt es sich bei den Ausdrücken um die Anzahl von Zuständen pro Einheitsvolumen in drei Dimensionen, pro Einheitsfläche in zwei Dimensionen und Einheitslänge in einer Dimension. Die gesamte Anzahl von Zuständen pro Einheitsvolumen/-fläche/-länge erhält man durch Integration über alle Werte von ε (Gl. 24.15).

Herleitung 24.1: Herleitung der Zustandsdichte im k-Raum, $g(k)\,\mathrm{d}k$ (Gln. 24.4–24.6)

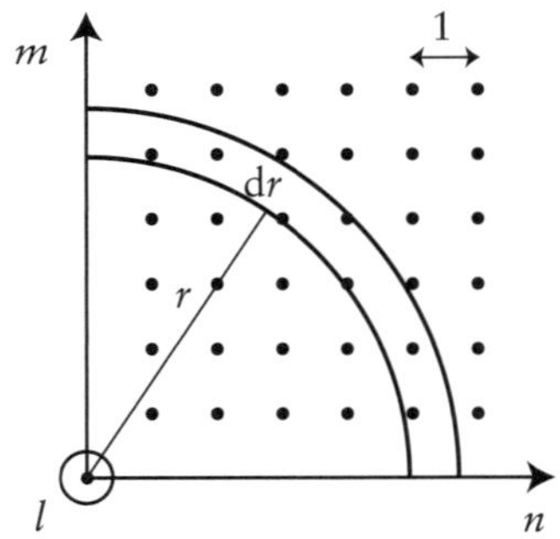

In drei Dimensionen:

$$G_3(k)\,\mathrm{d}k = \frac{1}{8}\,4\pi r^2\,\mathrm{d}r = \frac{\pi}{2}\,\frac{L^3k^2}{\pi^3}\,\mathrm{d}k = \frac{Vk^2}{2\pi^2}\,\mathrm{d}k$$

$$\therefore g_3(k)\,\mathrm{d}k = \frac{k^2}{2\pi^2}\,\mathrm{d}k$$

In zwei Dimensionen:

$$G_2(k)\,\mathrm{d}k = \frac{1}{4}\,2\pi r\,\mathrm{d}r = \frac{\pi}{2}\,\frac{L^2k}{\pi^2}\,\mathrm{d}k = \frac{Ak}{2\pi}\,\mathrm{d}k$$

$$\therefore g_2(k)\,\mathrm{d}k = \frac{k}{2\pi}\,\mathrm{d}k$$

In einer Dimension:

$$G_1(k)\,\mathrm{d}k = \mathrm{d}r = \frac{L}{\pi}\,\mathrm{d}k$$

$$\therefore g_1(k)\,\mathrm{d}k = \frac{1}{\pi}\,\mathrm{d}k$$

- Ansatz: Wir wissen aus der Lösung der Schrödingergleichung für ein Teilchen im eindimensionalen unendlichen Potentialtopf (siehe Beispielrechnung 17.8), dass die erlaubten Wellenvektoren im Topf der Länge L durch Vielfache von π/L gegeben sind:

$$k_x = \frac{n\pi}{L}\,.$$

- Im Dreidimensionalen ergibt sich der gesamte Wellenvektor als

$$k = \sqrt{k_x^2 + k_y^2 + k_z^2} = \frac{\pi}{L}\sqrt{n^2 + m^2 + l^2} \equiv \frac{\pi r}{L} \qquad (24.8)$$

$$\text{mit} \quad r^2 = n^2 + m^2 + l^2\,;$$

$n, m,$ und l sind ganze Zahlen.
- Die Quantenzustände, die durch die Zahlen n, m und l definiert sind, kann man auf einem Gitter mit positiven x, y, z Werten darstellen (siehe Abbildung). Der Abstand zwischen zwei benachbarten Punkten ist dabei 1.
- In drei Dimensionen: Die Anzahl der Zustände zwischen k und $k + \mathrm{d}k$ ergibt sich durch das Volumen einer Kugelhülle mit Radius r und Dicke $\mathrm{d}r$ innerhalb des positiven Oktants:

$$G_3(k)\,\mathrm{d}k = \frac{1}{8}\,4\pi r^2\,\mathrm{d}r\,.$$

- Mithilfe von Gl. 24.8 kann man r und $\mathrm{d}r$ eliminieren. Das maximale Volumen ist $V = L^3$. Um die Zustandsdichte zu finden, dividieren wir durch das Volumen: $g_3(k)\,\mathrm{d}k = G_3(k)\,\mathrm{d}k/V$.
- In zwei Dimensionen: Die Anzahl der Zustände zwischen k und $k + \mathrm{d}k$ ergibt sich durch die Fläche einer Kreisschale mit Radius r und Dicke $\mathrm{d}r$ im positiven Quadranten:

$$G_2(k)\,\mathrm{d}k = \frac{1}{4}\,2\pi r\,\mathrm{d}r\,.$$

- Mithilfe von Gl. 24.8 eliminieren wir r und $\mathrm{d}r$. Die maximale Fläche ergibt sich als $A = L^2$. Um die Zustandsdichte zu finden, teilen wir durch die Fläche: $g_2(k)\,\mathrm{d}k = G_2(k)\,\mathrm{d}k/A$.
- In einer Dimension: Die Anzahl der Zustände zwischen k und $k + \mathrm{d}k$ ergibt sich durch die Länge $\mathrm{d}r$. Die maximale Länge ist L, daher teilen wir durch L, um die eindimensionale Zustandsdichte zu finden.

Zustandsdichte im ε-Raum (Herleitungen 24.2 und 24.3):

Teilchen mit Masse:

In drei Dimensionen:

$$g_3(\varepsilon)\,\mathrm{d}\varepsilon = g\frac{\sqrt{2m^3\varepsilon}}{2\pi^2\hbar^3}\,\mathrm{d}\varepsilon \tag{24.9}$$

In zwei Dimensionen:

$$g_2(\varepsilon)\,\mathrm{d}\varepsilon = g\frac{m}{2\pi\hbar^2}\,\mathrm{d}\varepsilon \tag{24.10}$$

In einer Dimension:

$$g_1(\varepsilon)\,\mathrm{d}\varepsilon = g\sqrt{\frac{m}{2\pi^2\hbar^2\varepsilon}}\,\mathrm{d}\varepsilon \tag{24.11}$$

Masseloses Teilchen:

In drei Dimensionen:

$$g_3(\varepsilon)\,\mathrm{d}\varepsilon = g\frac{\varepsilon^2}{2\pi^2(\hbar c)^3}\,\mathrm{d}\varepsilon \tag{24.12}$$

In zwei Dimensionen:

$$g_2(\varepsilon)\,\mathrm{d}\varepsilon = g\frac{\varepsilon}{2\pi(\hbar c)^2}\,\mathrm{d}\varepsilon \tag{24.13}$$

In einer Dimension:

$$g_1(\varepsilon)\,\mathrm{d}\varepsilon = g\frac{1}{\pi\hbar c}\,\mathrm{d}\varepsilon \tag{24.14}$$

Der Entartungsfaktor, g, ergibt sich durch Entartung des Spins oder der Polarisation:

$$g = \begin{cases} 2 & \text{für Elektronen} \\ 2 & \text{für Photonen} \\ 3 & \text{für Phononen} \end{cases}$$

Die gesamte Anzahl von Zuständen pro Einheitsvolumen/-fläche/-länge ist

$$n_\mathrm{s} = \int_0^\infty g(\varepsilon)\,\mathrm{d}\varepsilon\,. \tag{24.15}$$

Dichte von Moden

Mithilfe der Dispersionsrelation für k und ω können wir die Zustandsdichte auch im Frequenzraum darstellen $g(\omega)\,\mathrm{d}\omega$. In Systemen mit Vibrationen beschreiben wir *Zustände* nicht mit Wellenvektoren k, sondern mit einer *Mode* bei einer Frequenz ω. Anders ausgedrückt entspricht eine Mode einem Zustand des Systems, wenn dieses vibriert. Daher repräsentiert $g(\omega)\,\mathrm{d}\omega$ die Anzahl der Moden pro Einheitsvolumen mit den Frequenzen zwischen ω und $\omega + \mathrm{d}\omega$. Die Herleitung von $g(\omega)\,\mathrm{d}\omega$ $g(\varepsilon)\,\mathrm{d}\varepsilon$ (Herleitung 24.2 und 24.3) funktioniert, bis auf das Verwenden der anderen Dispersionsrelation $\omega(k)$, analog

$$\text{Für Teilchen mit Masse:} \quad \omega = \frac{\varepsilon}{\hbar} = \frac{\hbar k^2}{2m}\,;$$

$$\text{für masselose Teilchen:} \quad \omega = \frac{\varepsilon}{\hbar} = ck\,,$$

wobei wir die Einsteingleichung genutzt haben, $\varepsilon = \hbar\omega$.

24.4 Klassische Statistik

Statistische Mechanik kann man in zwei Regionen unterteilen: Klassik und Quantenmechanik. Wir fangen mit klassischen Systemen, also Systemen, in welchen Teilchen unterscheidbar sind, an. Dort überlappen die Wellenfunktionen der Teilchen nicht, da der zwischenatomare Abstand viel größer als die De-Broglie-Wellenlänge der Teilchen ist, siehe den Beweis in Abschn. 24.6.3.

Klassische Statistik basiert auf der *Boltzmann-Verteilung*, welche wir ohne Beweis in der kinetischen Theorie verwendet haben, um makroskopische Eigenschaften des idealen Gas aus der mikroskopischen Verteilung von Teilchenenergien abzuleiten (Abschn. 21). In diesem Abschnitt zeigen wir, woher die Boltzmann-Verteilung stammt. Dabei betrachten wir die Wechselwirkung eines Teilchens mit seiner Umgebung. Die Herleitung, die wir im Folgenden verwenden, ist nicht rigoros, jedoch erhalten wir ein grundlegendes Verständnis, was die Boltzmann-Verteilung bedeutet.

24.4.1 Die Boltzmann-Verteilung

Betrachten wir ein abgeschlossenes Teilsystem im thermischen Kontakt mit einem Wärmebad, wie in Abb. 24.7 gezeigt. Das Teilsystem und das Bad bilden zusammen ein isoliertes System mit Gesamtenergie U_0. Die Energie des Bads und des Teilsystems sind U_R bzw. ε, wobei $U_0 = U_\mathrm{R} + \varepsilon$ gilt. Aus dem zweiten Postulat der statistischen Mechanik wissen wir, dass die Wahrscheinlichkeit des Bads, in einem gegebenen Makrozustand zu sein, proportional zu der Anzahl der Mikrozustände, die dem Makrozustand entsprechen, ist: $P \propto \Omega$. Da Ω eine Funktion der Energie ist, gilt dies auch für P. Mithilfe der

Herleitung 24.2: Herleitung der Zustandsdichte im ε-Raum für Teilchen mit Masse (Gln. 24.9–24.11)

In drei Dimensionen:

$$\begin{aligned} g_3(\varepsilon)\,\mathrm{d}\varepsilon &= g_3(k)\frac{\mathrm{d}k}{\mathrm{d}\varepsilon}\mathrm{d}\varepsilon \\ &= \frac{k^2}{2\pi^2}\frac{\mathrm{d}k}{\mathrm{d}\varepsilon}\mathrm{d}\varepsilon \\ &= \frac{1}{2\pi^2}\frac{2m\varepsilon}{\hbar^2}\sqrt{\frac{m}{2\varepsilon\hbar^2}}\mathrm{d}\varepsilon \\ &= \underbrace{\frac{\sqrt{2m^3}}{2\pi^2\hbar^3}}_{=\alpha_3}\sqrt{\varepsilon}\,\mathrm{d}\varepsilon \end{aligned}$$

$$\therefore g_3(\varepsilon)\,\mathrm{d}\varepsilon = \alpha_3\sqrt{\varepsilon}\,\mathrm{d}\varepsilon$$

In zwei Dimensionen:

$$\begin{aligned} g_2(\varepsilon)\,\mathrm{d}\varepsilon &= g_2(k)\frac{\mathrm{d}k}{\mathrm{d}\varepsilon}\mathrm{d}\varepsilon \\ &= \frac{k}{2\pi}\frac{\mathrm{d}k}{\mathrm{d}\varepsilon}\mathrm{d}\varepsilon \\ &= \frac{1}{2\pi}\frac{\sqrt{2m\varepsilon}}{\hbar}\sqrt{\frac{m}{2\varepsilon\hbar^2}}\mathrm{d}\varepsilon \\ &= \underbrace{\frac{m}{2\pi\hbar^2}}_{=\alpha_2}\mathrm{d}\varepsilon \end{aligned}$$

$$\therefore g_2(\varepsilon)\,\mathrm{d}\varepsilon = \alpha_2\,\mathrm{d}\varepsilon$$

In einer Dimension:

$$\begin{aligned} g_1(\varepsilon)\,\mathrm{d}\varepsilon &= g_1(k)\frac{\mathrm{d}k}{\mathrm{d}\varepsilon}\mathrm{d}\varepsilon \\ &= \frac{1}{\pi}\frac{\mathrm{d}k}{\mathrm{d}\varepsilon}\mathrm{d}\varepsilon \\ &= \frac{1}{\pi}\sqrt{\frac{m}{2\varepsilon\hbar^2}}\mathrm{d}\varepsilon \\ &= \underbrace{\sqrt{\frac{m}{2\pi^2\hbar^2}}}_{=\alpha_1}\frac{1}{\sqrt{\varepsilon}}\mathrm{d}\varepsilon \end{aligned}$$

$$\therefore g_1(\varepsilon)\,\mathrm{d}\varepsilon = \alpha_1\frac{1}{\sqrt{\varepsilon}}\mathrm{d}\varepsilon$$

- Ansatz: Es gibt einen eineindeutigen Zusammenhang zwischen $g(\varepsilon)\,\mathrm{d}\varepsilon$ und $g(k)\,\mathrm{d}k$:

$$g(\varepsilon) = g(k)\frac{\mathrm{d}k}{\mathrm{d}\varepsilon}.$$

- Die Dispersionsrelation von Teilchen mit der Masse m ist;

$$\varepsilon = \frac{\hbar^2k^2}{2m}$$
$$\therefore\ \mathrm{d}\varepsilon = \frac{\hbar^2}{m}k\,\mathrm{d}k.$$

- Durch Umordnen der oberen Terme erhalten wir:

$$k = \frac{\sqrt{2m\varepsilon}}{\hbar}$$
$$\text{und}\quad \mathrm{d}k = \sqrt{\frac{m}{2\varepsilon\hbar^2}}\mathrm{d}\varepsilon.$$

- Wir nutzen die Ausdrücke von oben, um k und $\mathrm{d}k$ in der Zustandsdichte im k-Raum zu ersetzen:

In drei Dimensionen: $g_3(k)\,\mathrm{d}k = \frac{k^2}{2\pi^2}\mathrm{d}k$

In zwei Dimensionen: $g_2(k)\,\mathrm{d}k = \frac{k}{2\pi}\mathrm{d}k$

In einer Dimension: $g_1(k)\,\mathrm{d}k = \frac{1}{\pi}\mathrm{d}k$

(Gln. 24.4–24.6).

- Definieren der Konstanten α_3, α_2, und α_1 liefert:

$$\alpha_3 = \frac{\sqrt{2m^3}}{2\pi^2\hbar^3} \tag{24.16}$$
$$\alpha_2 = \frac{m}{2\pi\hbar^2} \tag{24.17}$$
$$\alpha_1 = \sqrt{\frac{m}{2\pi^2\hbar^2}}. \tag{24.18}$$

Herleitung 24.3: Herleitung der Zustandsdichte im ε-Raum für masselose Teilchen (Gln. 24.12–24.14)

In drei Dimensionen:

$$\begin{aligned} g_3(\varepsilon)\,\mathrm{d}\varepsilon &= g_3(k)\frac{\mathrm{d}k}{\mathrm{d}\varepsilon}\mathrm{d}\varepsilon \\ &= \frac{k^2}{2\pi^2}\frac{\mathrm{d}k}{\mathrm{d}\varepsilon}\mathrm{d}\varepsilon \\ &= \frac{1}{2\pi^2}\left(\frac{\varepsilon}{\hbar c}\right)^2\frac{\mathrm{d}\varepsilon}{\hbar c} \\ \therefore g_3(\varepsilon)\,\mathrm{d}\varepsilon &= \alpha_3'\,\varepsilon^2\,\mathrm{d}\varepsilon \end{aligned}$$

In zwei Dimensionen:

$$\begin{aligned} g_2(\varepsilon)\,\mathrm{d}\varepsilon &= g_2(k)\frac{\mathrm{d}k}{\mathrm{d}\varepsilon}\mathrm{d}\varepsilon \\ &= \frac{k}{2\pi}\frac{\mathrm{d}k}{\mathrm{d}\varepsilon}\mathrm{d}\varepsilon \\ &= \frac{1}{2\pi}\frac{\varepsilon}{\hbar c}\frac{\mathrm{d}\varepsilon}{\hbar c} \\ \therefore g_2(\varepsilon)\,\mathrm{d}\varepsilon &= \alpha_2'\,\varepsilon\,\mathrm{d}\varepsilon \end{aligned}$$

In einer Dimension:

$$\begin{aligned} g_1(\varepsilon)\,\mathrm{d}\varepsilon &= g_1(k)\frac{\mathrm{d}k}{\mathrm{d}\varepsilon}\mathrm{d}\varepsilon \\ &= \frac{1}{\pi}\frac{\mathrm{d}k}{\mathrm{d}\varepsilon}\mathrm{d}\varepsilon \\ &= \frac{1}{\pi}\frac{\mathrm{d}\varepsilon}{\hbar c} \\ \therefore g_1(\varepsilon)\,\mathrm{d}\varepsilon &= \alpha_1'\,\mathrm{d}\varepsilon \end{aligned}$$

- Ansatz: Es gibt einen eineindeutigen Zusammenhang zwischen $g(\varepsilon)\,\mathrm{d}\varepsilon$ und $g(k)\,\mathrm{d}k$:

$$g(\varepsilon) = g(k)\frac{\mathrm{d}k}{\mathrm{d}\varepsilon}\,.$$

- Die Dispersionsrelation für masselose Teilchen ist :

$$\begin{aligned} \varepsilon &= \hbar k c \\ \therefore \mathrm{d}\varepsilon &= \hbar c\,\mathrm{d}k\,. \end{aligned}$$

- Anordnen der oberen Terme führt zu:

$$k = \frac{\varepsilon}{\hbar c}$$

$$\text{und}\quad \mathrm{d}k = \frac{\mathrm{d}\varepsilon}{\hbar c}\,.$$

- Mithilfe der oberen Terme können wir k und $\mathrm{d}k$ in der Zustandsdichte im k-Raum ersetzen:

In drei Dimensionen: $g_3(k)\,\mathrm{d}k = \frac{k^2}{2\pi^2}\mathrm{d}k$

In zwei Dimensionen: $g_2(k)\,\mathrm{d}k = \frac{k}{2\pi}\mathrm{d}k$

In einer Dimension: $g_1(k)\,\mathrm{d}k = \frac{1}{\pi}\mathrm{d}k$

(Gln. 24.4–24.6).

- Definieren der Konstanten α_3', α_2', und α_1' liefert:

$$\alpha_3' = \frac{1}{2\pi^2(\hbar c)^3} \tag{24.19}$$

$$\alpha_2' = \frac{1}{2\pi(\hbar c)^2} \tag{24.20}$$

$$\alpha_1' = \frac{1}{\pi\hbar c}\,. \tag{24.21}$$

Definition der Entropie aus Gl. 24.2, ergibt sich die Entropie des Bads:

$$\begin{aligned} S_\mathrm{R} &= k_\mathrm{B}\ln\Omega_\mathrm{R} \\ \therefore \Omega_\mathrm{R} &= \mathrm{e}^{S_\mathrm{R}/k_\mathrm{B}}\,. \end{aligned} \tag{24.22}$$

Wir erhalten einen Ausdruck für S_R durch das exakte Differential von U ($\mathrm{d}U = T\mathrm{d}S - p\mathrm{d}V$). Das Volumen des Bads ist konstant, daher gilt $\mathrm{d}V_\mathrm{R} = 0$ und damit, durch Anordnung der Terme in $\mathrm{d}U$, dass sich die Entropie des Bads als

$$\begin{aligned} \mathrm{d}S_\mathrm{R} &= \frac{\mathrm{d}U_\mathrm{R}}{T} \\ \therefore S_\mathrm{R} &= \frac{U_\mathrm{R}}{T} + \text{konstant} \end{aligned}$$

ergibt. Wir teilen $U_\mathrm{R} = U_0 - \varepsilon$ durch T und setzten $S_0 = U_0/T + \text{konstant}$. S_0 ist konstant, da das System isoliert

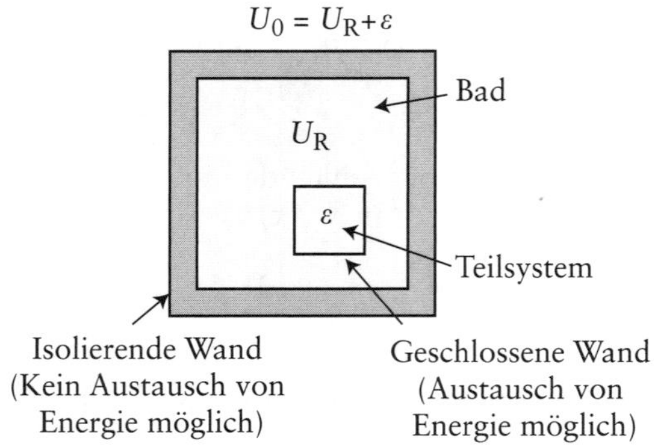

Abbildung 24.7 Ein isoliertes System besitzt ein abgeschlossenes Teilsystem mit der Energie ε. Dieses steht im thermischen Konakt mit einem Wärmebad mit der Energie U_R. Energie kann zwischen dem Bad und dem Teilsystem ausgetauscht werden. Die gesamte Energie des isolierten Systems ist $U_0 = U_R + \varepsilon$

ist. Wir erhalten:

$$\frac{U_R}{T} = \frac{U_0}{T} - \frac{\varepsilon}{T}$$
$$\therefore S_R = S_0 - \frac{\varepsilon}{T} + \text{konstant}\,. \qquad (24.23)$$

Da U_0 konstant ist, ist die Wahrscheinlichkeit, dass das Teilsystem eine Energie, ε, besitzt, gleich der Wahrscheinlichkeit, dass das Bad eine Energie von U_R hat. Daher ist $P(\varepsilon)$ proportional zu $\Omega_R(\varepsilon)$. Mithilfe von Gl. 24.23 in Gl. 24.22 erhalten wir:

$$\begin{aligned} P(\varepsilon) &\propto \Omega_R(\varepsilon) \\ &\propto e^{S_R(\varepsilon)/k_B} \\ &\propto e^{-\varepsilon/k_B T}\,. \end{aligned}$$

Wir finden den expotenziellen Boltzmann Faktor, $e^{-\varepsilon/k_B T}$, durch Betrachtung eines Teilsystems mit der Energie, ε, im thermischen Gleichgewicht mit einem Wärmebad und der Verwendung der Postulate der statistischen Mechanik. Wenn wir das Teilsystem als ein einzelnens Teilchen behandeln, dann ist $P(\varepsilon)\,d\varepsilon$ proportional zur Wahrscheinlichkeit, dass ein Teilchen eine Energie zwischen ε und $\varepsilon + d\varepsilon$ besitzt.

Die *Boltzmann-Verteilung*, $f_B(\varepsilon)\,d\varepsilon$, ist proportional zur Wahrscheinlichkeitsverteilung, $P(\varepsilon)\,d\varepsilon$:

$$\begin{aligned} f_B(\varepsilon)\,d\varepsilon &\propto P(\varepsilon)\,d\varepsilon \\ &= A\,e^{-\varepsilon/k_B T}\,d\varepsilon \end{aligned}$$

(Gl. 24.24). Ein Ausdruck für die Normalisierungskonstante, A, findet sich in Abschn. 24.4.3.

Die Boltzmann-Verteilung:

$$f_B(\varepsilon)\,d\varepsilon = A\,e^{-\varepsilon/k_B T}\,d\varepsilon \qquad (24.24)$$

Besetzungsfunktion

Die Boltzmann-Verteilung ist in der statistischen Mechanik auch als *Besetzungsfunktion* bekannt. Das ist die Wahrscheinlichkeitsverteilung, die die durchschnittliche Anzahl von Teilchen pro Energie angibt. Daher, entsprechend der Boltzmann-Verteilung, nimmt die durchschnittliche Anzahl von Teilchen pro Zustand exponenziell mit zunehmender Energie ab. Es gibt zwei andere Besetzungsfunktionen: Die *Bose-Einstein-* und *Fermi-Dirac-Verteilungen*. Diese beiden finden in der Region der Quanten Anwendung und werden in Abschn. 24.6 besprochen.

24.4.2 Die Verteilung der Teilchendichte

Bisher haben wir die *Zustandsdichte*, $g(\varepsilon)\,d\varepsilon$, die der Anzahl von Zuständen pro Einheitsvolumen entspricht, und die *Besetzungsfunktion*, $f(\varepsilon)$, die die durchschnittliche Anzahl pro Teilchen in einem Zustand angibt, kennengelernt. Das Produkt beider Funktionen bildet eine weitere Wahrscheinlichkeitsverteilung, welche *Verteilung der Teilchendichte* genannt wird, $n(\varepsilon)\,d\varepsilon$. Diese Verteilung entspricht der durchschnittlichen Anzahl von Teilchen in einem Einheitsvolumen:

$$\underbrace{n(\varepsilon)\,d\varepsilon}_{\text{Teilchen /Volumen}} = \underbrace{f(\varepsilon)}_{\text{Teilchen /Zustand}} \times \underbrace{g(\varepsilon)\,d\varepsilon}_{\text{Zustände /Volumen}}$$

(Gl. 24.25). Dabei muss die gesamte Teilchendichte, n_T, gleich dem Integral von $n(\varepsilon)\,d\varepsilon$ über alle Energien sein. Dies ist die Normierungsbedingung (Gl. 24.26).

Verteilung der Teilchendichte:

Teilchendichte zwischen den Energien ε und $\varepsilon + d\varepsilon$:

$$n(\varepsilon)\,d\varepsilon = f(\varepsilon)\,g(\varepsilon)\,d\varepsilon \qquad (24.25)$$

Gesamte Teilchendichte:

$$\begin{aligned} n_T &= \int_0^\infty n(\varepsilon)\,d\varepsilon \\ &= \int_0^\infty f(\varepsilon)\,g(\varepsilon)\,d\varepsilon \qquad (24.26) \end{aligned}$$

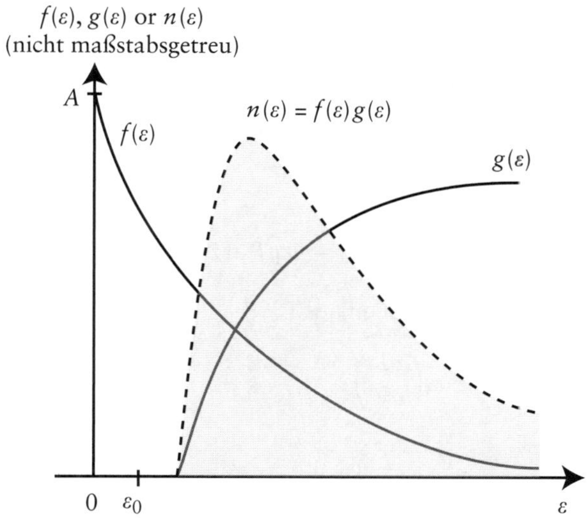

Abbildung 24.8 Die Verteilung der Teilchendichte abhängig von der Teilchenenergie im System, $n(\varepsilon)\,\mathrm{d}\varepsilon$, entspricht dem Produkt der Besetztungsfunktion ($f(\varepsilon) = A\,\mathrm{e}^{-\varepsilon/kT}$) und der Zustandsdichte ($g(\varepsilon)\,\mathrm{d}\varepsilon \propto \sqrt{\varepsilon}\,\mathrm{d}\varepsilon$): $n(\varepsilon)\,\mathrm{d}\varepsilon = f(\varepsilon)g(\varepsilon)\,\mathrm{d}\varepsilon$. Obwohl die Besetzungsfunktion bei der Energie ε_0 groß ist, besitzt kein Teilchen diese Energie, da die Zustandsdichte an diesem Punkt null ist

In Gl. 24.25 erkennen wir, dass die Verteilung der Teilchenenergien in einem System von zwei Größen abhängt. Sie hängt von der Wahrscheinlichkeit ab, dass das Teilchen die Energie ε besitzt, welche durch $f(\varepsilon)$ bekannt ist, und sie hängt von der Anzahl von Zuständen zu dieser Energie ab, welche sich durch $g(\varepsilon)\,\mathrm{d}\varepsilon$ ergibt. Die Zustandsdichte wird daher manchmal auch als Gewichtung in der Wahrscheinlichkeit interpretiert, da die Wahrscheinlichkeit, dass ein Teilchen eine Energie ε besitzt, größer ist, wenn es zu dieser Energie mehrere Zustände gibt. Genauso ist die Wahrscheinlichkeit, ein Teilchen mit einer Energie ε_0 zu finden, für den Fall, dass es keine Zustände mit dieser Energie gibt, null – selbst dann, wenn es laut Besetzungsfunktion eine hohe Wahrscheinlichkeit dafür gibt. (In diesem Fall ist $g(\varepsilon_0)\,\mathrm{d}\varepsilon = 0$ und $f(\varepsilon_0)$ groß.) Die Idee ist schematisch in Abb. 24.8 zu sehen.

24.4.3 Zustandssumme und thermodynamische Eigenschaften

Jetzt wollen wir die Normierungskonstante, A, der Boltzmann-Verteilung bestimmen. Einsetzen von Gl. 24.24 in Gl. 24.26 ergibt:

$$n_\mathrm{T} = A\int_0^\infty g(\varepsilon)\,\mathrm{e}^{-\varepsilon/k_\mathrm{B}T}\,\mathrm{d}\varepsilon\,.$$

Das Integral beinhaltet eine wichtige Größe der statistischen Mechanik. Sie wird Zustandssumme, Z, genannt:

$$Z \stackrel{\mathrm{def}}{=} \int_0^\infty g(\varepsilon)\,\mathrm{e}^{-\varepsilon/k_\mathrm{B}T}\,\mathrm{d}\varepsilon\,.$$

Damit gilt $A = n_\mathrm{T}/Z$ und die normierte Boltzmann-Verteilung findet sich in Gl. 24.27. Für ein *diskretes* Spektrum von Energieniveaus, ε_i, wird aus dem Integral eine Summe über die Zustände i und die Zustandsdichte wird einfach zur Entartung, g_i, des i. Energieniveaus (Gln. 24.28 und 24.29).

Zustandssumme:

Normierte Boltzmann-Verteilung:

$$f_\mathrm{B}(\varepsilon)\,\mathrm{d}\varepsilon = \frac{n_\mathrm{T}}{Z}\,\mathrm{e}^{-\varepsilon/k_\mathrm{B}T}\,\mathrm{d}\varepsilon, \qquad (24.27)$$

wobei sich die Zustandssumme, Z, durch eine diskrete Energieverteilung:

$$Z = \sum_i g_i\,\mathrm{e}^{-\varepsilon_i/k_\mathrm{B}T} \qquad (24.28)$$

oder eine kontinuierliche Energieverteilung

$$Z = \int_0^\infty g(\varepsilon)\,\mathrm{e}^{-\varepsilon/k_\mathrm{B}T}\,\mathrm{d}\varepsilon \qquad (24.29)$$

ergibt.

Die physikalische Interpretation der Zustandssumme ist nicht intuitiv, jedoch wird sie oft als *Summe der Zustände* verstanden. Sie enthält Informationen über die statistischen Eigenschaften der Mikrozustände eines Systems und hängt von dessen Temperatur und Dimension ab. Beispielsweise ist die Zustandssumme eines idealen Gases von der Temperatur, T, und dem Volumen, V, abhängig:

$$Z = V\left(\frac{mk_\mathrm{B}T}{2\pi\hbar^2}\right)^{3/2}$$

(siehe Beispielrechnung 24.1). Die Zustandssumme ist eine wichtige Größe der statistischen Mechanik, da sie eine Brücke zwischen den mikroskopischen Energieniveaus des Systems und seinen makroskopischen Eigenschaften bildet. Wie wir im Folgenden sehen werden, können alle wichtigen makroskopischen und thermodynamischen Eigenschaften eines Systems aus der Zustandssumme berechnet werden.

Innere Energie und Wärmekapazität

Die *innere Energie* U eines Systems ergibt sich als Summe der individuellen Teilchen. U erhält man als Ableitung des natürlichen Logarithmus der Zustandssumme nach der Temperatur:

$$U = Nk_BT^2 \frac{\partial \ln Z}{\partial T}$$

(Gl. 24.30 und Herleitung 24.4). Hierbei ist N die gesamte Teilchenzahl im System. Die Wärmekapazität erhält man als Ableitung der Zustandssumme nach der Temperatur:

$$\begin{aligned} C_V &= \left(\frac{\partial U}{\partial T}\right)_V \\ &= Nk_BT\left(2\frac{\partial \ln Z}{\partial T} + T\frac{\partial^2 \ln Z}{\partial T^2}\right) \end{aligned}$$

(Gl. 24.31).

Innere Energie und Wärmekapazität (Herleitung 24.4):

$$U = Nk_BT^2 \frac{\partial \ln Z}{\partial T} \tag{24.30}$$

$$C_V = Nk_BT\left(2\frac{\partial \ln Z}{\partial T} + T\frac{\partial^2 \ln Z}{\partial T^2}\right) \tag{24.31}$$

Helmholtz'sche freie Energie

Wir erinnern uns an die *Helmholtz'sche freie Energie* aus der Thermodynamik (Abschn. 22.3.2). Sie ist ein thermodynamisches Potential, was durch $F = U - TS$ mit der inneren Energie im Zusammenhang steht. Mithilfe der statistischen Definition der Entropie (Gl. 24.2) können wir einen Ausdruck für F finden, der vom natürlichen Logarithmus der Zustandssumme abhängt:

$$F = -Nk_BT \ln Z$$

(Gl. 24.32 und Herleitung 24.5). Sie ist eine sehr hilfreiche Größe da *alle* thermodynamischen Eigenschaften aus ihr hervorgehen. Der Ausdruck für Druck und Entropie folgt aus dem exakten Differential von F, $\mathrm{d}F = -p\,\mathrm{d}V - S\,\mathrm{d}T$ (siehe Abschn. 22.3.2). Druck und Entropie sind damit mit einer einfachen Ableitung von F bestimmbar:

$$p = -\left(\frac{\partial F}{\partial V}\right)_T$$

$$\text{und} \quad S = -\left(\frac{\partial F}{\partial T}\right)_V$$

(Gln. 24.33 und 24.34) Die übrigen thermodynamischen Potentiale U, H, und G ergeben sich durch Kombinationen von F und dessen Ableitungen. Die Ausdrücke sind in Gln. 24.35–24.37 zu finden.

Helmholtz'sche freie Energie:

$$F = -Nk_BT \ln Z \tag{24.32}$$

Bestimmbare Größen aus F:

$$p = -\left(\frac{\partial F}{\partial V}\right)_T \tag{24.33}$$

$$S = -\left(\frac{\partial F}{\partial T}\right)_V \tag{24.34}$$

$$\begin{aligned} U &= F + TS \\ &= F - T\left(\frac{\partial F}{\partial T}\right)_V \end{aligned} \tag{24.35}$$

$$\begin{aligned} H &= U + pV \\ &= F - T\left(\frac{\partial F}{\partial T}\right)_V - V\left(\frac{\partial F}{\partial V}\right)_T \end{aligned} \tag{24.36}$$

$$\begin{aligned} G &= U - TS + pV \\ &= F - V\left(\frac{\partial F}{\partial V}\right)_T \end{aligned} \tag{24.37}$$

Einsetzen von Gl. 24.32 in Gl. 24.35, führt zu dem Ausdruck von U in Gl. 24.30:

$$\begin{aligned} U &= F - T\left(\frac{\partial F}{\partial T}\right)_V \\ &= Nk_BT^2\left(\frac{\partial \ln Z}{\partial T}\right)_V . \end{aligned}$$

Die Beispielrechnung 24.1 zeigt, wie man einige thermodynamische Eigenschaften eines idealen Gases aus der Zustandssumme erhält. Außerdem können wir für Atome, die in einem Festkörper lokalisiert sind, zeigen, dass die Wärmekapazität nicht für alle Temperaturen konstant ist, wie es von der klassischen Theorie vorhergesagt wird (Beispielrechnung 24.2). Daher benötigen wir einen mikroskopischen quantenmechanischen Ansatz, um das Verhalten eines Festkörpers aus bestimmten Materialien zu verstehen.

24.4.4 Übereinstimmung mit der kinetischen Theorie

Obwohl in der kinetischen Theorie nie von Zustandsdichten oder Zustandssummen gesprochen wird,

Herleitung 24.4: Herleitung der inneren Energie aus der Zustandssumme (Gl. 24.30)

- Ansatz: Die innere Energie eines System ist die Summe der einzelnen Teilchenenergien. Gibt es n_i Teilchen pro Einheitsvolumen im i. Energieniveau mit der Energie ε_i, ergibt sich die gesamte Energiedichte (innere Energie pro Einheitsvolumen), u, als

$$u = \sum n_i \varepsilon_i \,.$$

- Die diskrete Verteilung der Teilchendichte und der Zustandsfunktion sind

$$n_i = A g_i \mathrm{e}^{-\varepsilon_i/k_\mathrm{B}T}$$
$$\text{und} \quad Z = \sum g_i \mathrm{e}^{-\varepsilon_i/k_\mathrm{B}T} \,,$$

wobei g_i die Entartung des i. Zustandes und die Normierungskonstante $A = n_\mathrm{T}/Z$ ist. n_T ist die gesamte Teilchendichte des Systems ($n_\mathrm{T} = N/V$ für N Teilchen in einem Volumen V).

- Ableiten des natürlichen Logarithmus der Zustandssumme führt auf

$$\begin{aligned}\frac{\partial}{\partial T}\ln Z &= \frac{\partial}{\partial T}\left(\ln\left(\sum g_i \mathrm{e}^{-\varepsilon_i/k_\mathrm{B}T}\right)\right)\\ &= \frac{1}{k_\mathrm{B}T^2}\frac{\sum g_i\varepsilon_i \mathrm{e}^{-\varepsilon_i/k_\mathrm{B}T}}{\sum g_i \mathrm{e}^{-\varepsilon_i/k_\mathrm{B}T}}\\ &= \frac{1}{k_\mathrm{B}T^2}\frac{\sum g_i\varepsilon_i \mathrm{e}^{-\varepsilon_i/k_\mathrm{B}T}}{Z} \,.\end{aligned}$$

$$\therefore \sum g_i\varepsilon_i \mathrm{e}^{-\varepsilon_i/k_\mathrm{B}T} = Z k_\mathrm{B} T^2 \frac{\partial}{\partial T}\ln Z \,.$$

$$\begin{aligned}u &= \sum n_i\varepsilon_i\\ &= \sum A g_i \varepsilon_i \mathrm{e}^{-\varepsilon_i/k_\mathrm{B}T}\\ &= \frac{n_\mathrm{T}}{Z}\sum g_i\varepsilon_i \mathrm{e}^{-\varepsilon_i/k_\mathrm{B}T}\\ &= \frac{n_\mathrm{T}}{Z} Z k_\mathrm{B}T^2\frac{\partial}{\partial T}\ln Z\\ &= n_\mathrm{T} k_\mathrm{B}T^2\frac{\partial}{\partial T}\ln Z\end{aligned}$$

Gesamte innere Energie ($n_\mathrm{T} = N/V$):

$$\begin{aligned}U &= u\,V\\ &= N k_\mathrm{B} T^2 \frac{\partial}{\partial T}\ln Z\end{aligned}$$

Wärmekapazität:

$$\begin{aligned}C_V &= \left(\frac{\partial U}{\partial T}\right)_V\\ &= N k_\mathrm{B} T\left(2\frac{\partial \ln Z}{\partial T} + T\frac{\partial^2 \ln Z}{\partial T^2}\right)\end{aligned}$$

gelingt es, die richtungsfreie Maxwell-Boltzmann-Geschwindigkeitsverteilung und das Äquipartitionstheorem mithilfe der statistischen Mechanik herzuleiten.

Maxwell-Boltzmann-Verteilung

Die richtungsfreie Maxwell-Boltzmann-Geschwindigkeitsverteilung ist

$$F_v(v)\,\mathrm{d}v = 4\pi v^2\left(\frac{m}{2\pi k_\mathrm{B}T}\right)^{\frac{3}{2}}\mathrm{e}^{-mv^2/2k_\mathrm{B}T}\,\mathrm{d}v$$

(siehe Abschn. 21.3.2). Diesen Ausdruck erhalten wir direkt aus der Verteilung der Teilchendichte, $n(\varepsilon)\,\mathrm{d}\varepsilon$, unter Verwendung der dreidimensionalen Zustandsdichte und der Zustandssumme eines einatomigen idealen Gases pro Einheitsvolumen. Dies wird in der Beispielrechnung 24.3 gezeigt.

Äquipartitionstheorem

In der kinetischen Theorie sahen wir, dass jeder Freiheitsgrad, der mit einem quadratischen Term zusammehängt, mit einer mittleren Energie

$$\langle E\rangle = \frac{1}{2}k_\mathrm{B}T \quad \text{pro Molekül}$$

zur gesamten inneren Energie des Systems beiträgt. Diese Aussage wird *Äquipartitionstheorem* genannt (siehe Abschn. 21.4.1). Das gleiche Resultat kann direkt aus der Boltzmann-Verteilung abgeleitet werden. Dies wird in Herleitung 24.6 gezeigt.

Herleitung 24.5: Herleitung der Helmholtz'schen freien Energie (Gl. 24.32)

$$\begin{aligned}
S &= k_\mathrm{B} \ln \Omega \\
&= -k_\mathrm{B} \sum_i n_i \ln\left(\frac{n_i}{N}\right) \\
&= -k_\mathrm{B} \sum_i n_i \left(-\frac{\varepsilon_i}{k_\mathrm{B} T} - \ln Z\right) \\
&= \frac{\sum_i n_i \varepsilon_i}{T} + k_\mathrm{B} \underbrace{\sum_i n_i}_{=N} \ln Z \\
&= \frac{U}{T} + N k_\mathrm{B} \ln Z
\end{aligned}$$

$$\begin{aligned}
\therefore F &= U - TS \\
&= -N k_\mathrm{B} T \ln Z
\end{aligned}$$

- Ansatz: Die statistische Definition der Entropie ist:

$$S = k_\mathrm{B} \ln \Omega$$
$$\text{mit} \quad \Omega = \frac{N!}{n_1! n_2! n_3! \ldots}$$

(Gl. 24.1 und 24.2).

- Mithilfe der Stirling-Näherung (siehe Nebenbemerkung) und $N = \sum_i n_i$ folgt:

$$\begin{aligned}
\ln \Omega &= \ln N! - \sum_i \ln n_i! \\
&\simeq N \ln N - N - \sum_i (n_i \ln n_i - n_i) \\
&= \sum_i n_i \ln N - N - \sum_i n_i \ln n_i + \underbrace{\sum_i n_i}_{=N} \\
&= \sum_i n_i (\ln N - \ln n_i) \\
&= -\sum_i n_i \ln\left(\frac{n_i}{N}\right) .
\end{aligned}$$

- Wir verwenden diesen Ausdruck für die Entropie und folgern:

$$n_i = \frac{N}{Z} \mathrm{e}^{-\varepsilon_i / k_\mathrm{B} T}$$
$$\text{und} \quad U = \sum_i n_i \varepsilon_i$$

- Die Helmholtz'sche freie Energie ist als

$$F = U - TS$$

definiert. Wenn wir den obigen Ausdruck für die Entropie nutzen, erhalten wir F in Abhängigkeit vom natürlichen Logarithmus der Zustandssumme.

Nebenbemerkung: Stirlings-Näherung für große n ist

$$\begin{aligned}
\ln n! &= \ln 1 + \ln 2 + \ldots + \ln n \\
&= \sum_{k=1}^{n} \ln k \\
&\simeq \int_1^n \ln k \, \mathrm{d}k \quad \text{(im Limes für große } n\text{)} \\
&= [k \ln k - k]_1^n \\
&= n \ln n - n + 1 \\
&\simeq n \ln n - n \quad (\text{for } n \gg 1)
\end{aligned}$$

Herleitung 24.6: Herleitung des Äquipartitionstheorems der Energie

$$\langle E\rangle = \frac{\int_{-\infty}^{\infty} Ef(\varepsilon)\,\mathrm{d}\varepsilon}{\int_{-\infty}^{\infty} f(\varepsilon)\,\mathrm{d}\varepsilon}$$

$$= \frac{A\int_{-\infty}^{\infty} E\,\mathrm{e}^{-(E(p)+\varepsilon(q_i))/k_\mathrm{B}T}\,\mathrm{d}p\ldots\mathrm{d}q_i}{A\int_{-\infty}^{\infty} \mathrm{e}^{-(E(p)+\varepsilon(q_i))/k_\mathrm{B}T}\,\mathrm{d}p\ldots\mathrm{d}q_i}$$

$$= \frac{\int_{-\infty}^{\infty} E\,\mathrm{e}^{-E/k_\mathrm{B}T}\,\mathrm{d}p}{\int_{-\infty}^{\infty} \mathrm{e}^{-E/k_\mathrm{B}T}\,\mathrm{d}p}$$

$$= -\frac{\partial}{\partial\beta}\ln\left(\int_{-\infty}^{\infty}\mathrm{e}^{-\beta E}\,\mathrm{d}p\right)$$

$$= -\frac{\partial}{\partial\beta}\ln\left(\int_{-\infty}^{\infty}\mathrm{e}^{-\beta b p^2}\,\mathrm{d}p\right)$$

$$= -\frac{\partial}{\partial\beta}\ln\left(\frac{1}{\sqrt{\beta}}\int_{-\infty}^{\infty}\mathrm{e}^{-by^2}\,\mathrm{d}y\right)$$

$$= -\frac{\partial}{\partial\beta}\ln\left(\frac{1}{\sqrt{\beta}}\right) - \underbrace{\frac{\partial}{\partial\beta}\ln\left(\int_{-\infty}^{\infty}\mathrm{e}^{-by^2}\,\mathrm{d}y\right)}_{=0}$$

$$= \frac{1}{2\beta}$$

$$= \frac{k_\mathrm{B}T}{2} \quad \Rightarrow \text{Äquipartitionstheorem}$$

- Ansatz: Angenommen, dass die gesamte Energie, ε, in additive Komponenten getrennt werden kann $\varepsilon = E(p) + \varepsilon(q_i)$, wobei E eine quadratische Funktion der Variablen p ist ($E = bp^2$, mit der Konstanten b). Die Variablen q_i in $\varepsilon(q_i)$ sind keine quadratischen Funktionen. Beispielsweise ist die Energie eine quadratische Funktion des Impules oder der Geschwindigkeit: $E = mv^2/2 = p^2/2m$.
- Die durchschnittliche Energie E erhält man durch Integration mit der normierten Boltzmann-Verteilung:

$$\langle E\rangle = \frac{\int_{-\infty}^{\infty} Ef(\varepsilon)\,\mathrm{d}\varepsilon}{\int_{-\infty}^{\infty} f(\varepsilon)\,\mathrm{d}\varepsilon}$$

$$\text{mit}\quad f(\varepsilon) = A\,\mathrm{e}^{-\varepsilon/k_\mathrm{B}T}\,.$$

- Durch Aufteilen des Integrals in E-Abhängigkeit und $\varepsilon(q_i)$-Abhängigkeiten, erkennt man, dass der letztere Term sich im Bruch wegkürzen lässt.
- Sei $\beta = 1/k_\mathrm{B}T$.
- Variablentransformation. Sei

$$y^2 = \beta p^2$$
$$\therefore\ \mathrm{d}y = \sqrt{\beta}\,\mathrm{d}p$$

und wir eliminieren p^2 und $\mathrm{d}p$ im Ausdruck von $\langle E\rangle$.

- Wenn wir dies ausführen, erhalten wir einen quadratischen Term der mittleren Energie pro Teilchen, der mit einem Freiheitsgrad zusammenhängt ($\langle E\rangle = k_\mathrm{B}T/2$). Dies ist das Äquipartitionstheorem.

Beispielrechnung 24.1: Berechnung der Zustandssumme eines idealen einatomigen Gases

Zustandssumme des idealen einatomigen Gases:

Die Zustandsdichte in drei Dimensionen ist durch $g(\varepsilon)\,\mathrm{d}\varepsilon = \alpha\sqrt{\varepsilon}\,\mathrm{d}\varepsilon$ gegeben, wobei die Konstante durch

$$\alpha = \frac{V\sqrt{2m^3}}{2\pi^2\hbar^3}$$

gegeben ist (siehe Gln. 24.9 und 24.16. In diesem Fall geben wir das Volumen des Systems, V, explizit vor.) Damit ergibt sich die Zustandssumme des einatomigen idealen Gases als

$$\begin{aligned} Z &= \int_0^\infty g(\varepsilon)\,\mathrm{e}^{-\varepsilon/k_\mathrm{B}T}\,\mathrm{d}\varepsilon \\ &= \alpha\int_0^\infty \sqrt{\varepsilon}\,\mathrm{e}^{-\varepsilon/k_\mathrm{B}T}\,\mathrm{d}\varepsilon \\ &= \alpha\frac{\sqrt{\pi\,(k_\mathrm{B}T)^3}}{2} \\ &= V\frac{\sqrt{2m^3}}{2\pi^2\hbar^3}\frac{\sqrt{\pi\,(k_\mathrm{B}T)^3}}{2} \\ &= V\left(\frac{mk_\mathrm{B}T}{2\pi\hbar^2}\right)^{3/2}. \end{aligned}$$

Bei der Integration nutzen wir die bekannte Lösung für das Integral:

$$\int_0^\infty \sqrt{x}\,\mathrm{e}^{-x/a}\,\mathrm{d}x = \frac{\sqrt{\pi a^3}}{2}.$$

Thermodynamische Eigenschaften aus Z:

Mithilfe der Zustandsfunktion erhalten wir die gleichen Ausdrücke für die makroskopischen Eigenschaften des idealen Gases, wie wir sie aus der klassischen Thermodynamik und der kinetischen Theorie kennen:

1. Innere Energie: $Z = Z(T) = CT^{3/2}$, mit der Konstanten C $\left(C = V\left(mk_\mathrm{B}/2\pi\hbar^2\right)^{3/2}\right)$:

$$\begin{aligned} U &= Nk_\mathrm{B}T^2\frac{\partial}{\partial T}\ln Z \\ &= Nk_\mathrm{B}T^2\frac{\partial}{\partial T}\ln CT^{3/2} \\ &= \frac{3}{2}Nk_\mathrm{B}T \\ &= \frac{3}{2}nRT. \end{aligned}$$

2. Wärmekapazität:

$$\begin{aligned} C_V &= \left(\frac{\partial U}{\partial T}\right)_V \\ &= \frac{3}{2}R \text{ pro Mol}. \end{aligned}$$

3. Ideales Gasgesetz: Sei $Z = Z(V) = DV$, mit der Konstanten D $\left(D = \left(mk_\mathrm{B}T/2\pi\hbar^2\right)^{3/2}\right)$:

$$\begin{aligned} F &= -Nk_\mathrm{B}T\ln Z \\ \therefore p &= -\left(\frac{\partial F}{\partial V}\right)_T \\ &= \left(\frac{\partial}{\partial V}\right)_T Nk_\mathrm{B}T\ln DV \\ &= \frac{Nk_\mathrm{B}T}{V} \\ \Rightarrow pV &= Nk_\mathrm{B}T = nRT. \end{aligned}$$

Beispielrechnung 24.2: Thermodynamische Eigenschaften von Atomen in einem harmonischen Potential

Das einfachste Modell, um Vibrationen von Atomen in einem Festkörper zu beschreiben, beruht auf der Annahme, dass das Hook'sche Gesetz für Abweichungen des Atoms von seiner Ruheposition gilt ($F = -kx$). Der zugehörige Potentialtopf ist in x quadratisch:

$$V(x) = -\int F \, dx = \frac{1}{2}kx^2$$

Wir nehmen an, dass jedes Atom in einem eigenen Potentialtopf sitzt und alle Potentialtöpfe identisch sind. Außerdem sollen die Vibrationen der Atome unabhängig voneinander sein. Damit können wir dieses einfache Model nutzen, um thermodynamische Eigenschaften eines Festkörpers zu berechnen.

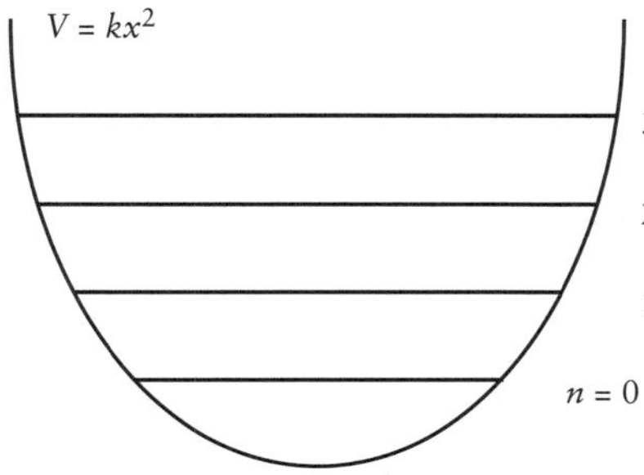

Zustandssumme von harmonischen Oszillatoren:

In Abschn. 17.2.3 sahen wir, dass die Energieniveaus eines eindimensionalen harmonischen Potentialtopfs durch

$$\varepsilon_n = \left(n + \frac{1}{2}\right)\hbar\omega$$

gegeben sind. Die Ein-Teilchen-Zustandssumme ergibt sich als

$$\begin{aligned} Z &= \sum_n e^{-\varepsilon_n/k_B T} \\ &= \sum_n e^{-(n+1/2)\hbar\omega/k_B T} \\ &= e^{-\hbar\omega/2k_B T} \underbrace{\sum_{n=0}^{\infty} e^{-n\hbar\omega/k_B T}}_{\substack{\text{unendliche} \\ \text{geometrische Reihe}}} \\ &= \frac{e^{-\hbar\omega/2k_B T}}{1 - e^{-\hbar\omega/k_B T}}. \end{aligned}$$

Die Summe einer unendlichen geometrischen Reihe, wobei der erste Term der Summe a und das konstante Verhältnis der Folgeterme r ist, ergibt sich zu

$$S_\infty = \frac{a}{1-r}$$

Thermodynamische Eigenschaften aus Z:

1. Innere Energie:

$$\begin{aligned} U &= Nk_B T^2 \frac{\partial}{\partial T} \ln Z \\ &= \underbrace{\frac{N\hbar\omega}{2}}_{\substack{\text{Nullpunkts-} \\ \text{energie}}} + \frac{N\hbar\omega}{1 - e^{-\hbar\omega/k_B T}} \end{aligned}$$

2. Wärmekapazität:

$$\begin{aligned} C_V &= \left(\frac{\partial U}{\partial T}\right)_V \\ &= Nk_B \left(\frac{\theta}{T}\right)^2 \frac{e^{-\theta/T}}{\left(1 - e^{-\theta/T}\right)^2} \end{aligned}$$

$$\text{mit} \quad \theta = \frac{\hbar\omega}{k_B}.$$

Wenn $T \to \infty$ (klassisches Regime) geht, konvergieren U und C_V zu einer Konstanten:

$$\begin{aligned} U &\to Nk_B T \\ \text{und} \quad C_V &\to Nk_B \end{aligned}$$

Wenn $T \to 0$ (Quanten-Regime) geht, konvergiert die innere Energie zur Nullpunktsenergie der Atome, die sie aufgrund ihrer Quantennatur besitzen. Die Wärmekapazität fällt exponentiell ab:

$$\begin{aligned} U &\to \frac{N\hbar\omega}{2} \\ \text{und} \quad C_V &\to Nk_B \left(\frac{\theta}{T}\right)^2 e^{-\theta/T}. \end{aligned}$$

Die Beobachtung, dass die Wärmekapazität für beliebige Temperatur nicht konstant ist – wie von der klassischen Theorie hervorgesagt – kann nur durch die Quantenmechanik erklärt werden.

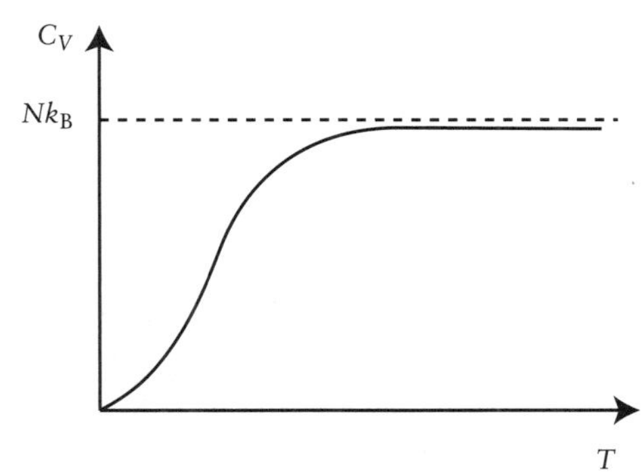

Beispielrechnung 24.3: Herleitung der Maxwell-Boltzmann-Verteilung

1. Die Verteilung der Teilchendichte ist

$$n(\varepsilon)\,\mathrm{d}\varepsilon = f(\varepsilon)g(\varepsilon)\,\mathrm{d}\varepsilon\,,$$

wobei $f(\varepsilon)$ die Boltzmann-Verteilung und $g(\varepsilon)\,\mathrm{d}\varepsilon$ die Zustandsdichte ist (siehe Gln. 24.9, 24.25 und 24.27, falls notwendig).

2. Aus der Beispielrechnung 24.1 nehmen wir die Zustandssumme eines einatomigen idealen Gases:

$$Z = V\left(\frac{mk_\mathrm{B}T}{2\pi\hbar^2}\right)^{3/2}.$$

3. Eine Variablentransformation führt zur richtungsfreien Geschwindigkeitsverteilung:

$$\varepsilon = \frac{1}{2}mv^2$$
$$\therefore\ \mathrm{d}\varepsilon = mv\,\mathrm{d}v\,.$$

4. Einsetzen des obigen Ergebnisses in $n(\varepsilon)\,\mathrm{d}\varepsilon$ führt zur richtungsffreien Maxwell-Boltzmann-Geschwindigkeitsverteilung aus der kinetischen Theorie (siehe Gl. 21.9). In diesem Fall ist die Verteilung auf die gesamte Teilchendichte normiert, n_T, und nicht auf 1.

Normierte Boltzmann-Verteilung:

$$f(\varepsilon) = \frac{n_\mathrm{T}}{Z}\,\mathrm{e}^{-\varepsilon/k_\mathrm{B}T}$$

Dreidimensionale Zustandsdichte:

$$g(\varepsilon)\,\mathrm{d}\varepsilon = \alpha\sqrt{\varepsilon}\,\mathrm{d}\varepsilon$$
$$\text{mit}\quad \alpha = \frac{V\sqrt{2m^3}}{2\pi^2\hbar^3}$$

Verteilung der Teilchenzahldichte:

$$\begin{aligned}
n(\varepsilon)\,\mathrm{d}\varepsilon &= f(\varepsilon)g(\varepsilon)\,\mathrm{d}\varepsilon\\
&= \frac{n_\mathrm{T}}{Z}g(\varepsilon)\,\mathrm{e}^{-\varepsilon/k_\mathrm{B}T}\,\mathrm{d}\varepsilon\\
&= \frac{n_\mathrm{T}}{Z}\alpha\sqrt{\varepsilon}\,\mathrm{e}^{-\varepsilon/k_\mathrm{B}T}\,\mathrm{d}\varepsilon\\
&= n_\mathrm{T}\left(\frac{2\pi\hbar^2}{mk_\mathrm{B}T}\right)^{3/2}\left(\frac{\sqrt{2m^3}}{2\pi^2\hbar^3}\right)\sqrt{\varepsilon}\,\mathrm{e}^{-\varepsilon/k_\mathrm{B}T}\,\mathrm{d}\varepsilon\\
&= 2n_\mathrm{T}\left(\frac{1}{\pi\,(k_\mathrm{B}T)^3}\right)^{1/2}\sqrt{\varepsilon}\,\mathrm{e}^{-\varepsilon/k_\mathrm{B}T}\,\mathrm{d}\varepsilon
\end{aligned}$$

Richtungsfreie Maxwell-Boltzmann-Geschwindigkeitsverteilung:

$$\therefore\ n(v)\,\mathrm{d}v = 4\pi n_\mathrm{T}v^2\left(\frac{m}{2\pi k_\mathrm{B}T}\right)^{3/2}\mathrm{e}^{-mv^2/2k_\mathrm{B}T}\,\mathrm{d}v$$

24.5 Nichtunterscheidbare Teilchen

Bisher haben wir uns nur mit Systemen von unterscheidbaren Teilchen beschäftigt. In einer quantenmechanischen Beschreibung besitzen unterscheidbare Teilchen Wellenfunktionen, die nicht überlappen (ihr Abstand untereinander ist deutlich größer als ihre De-Broglie-Wellenlänge). Die Teilchen können dann theoretisch durch physikalische Messungen voneinander unterschieden werden. Solche Teilchen entsprechen Teilchen im klassischen Bereich und ihre Eigenschaften sind durch die Boltzmannstatistik beschreibbar. Jetzt werden wir uns mit der Statistik *nichtunterscheidbarer* Teilchen auseinandersetzen. Diese Teilchen können nicht durch physikalische Messungen unterschieden werden. Ununterscheidbarkeit ist ein quantenmechanisches Phänomen, welches kein klassisches Analogon besitzt. Nichtunterscheidbare Teilchen können durch überlappende Wellenfunktionen beschrieben werden. Die kombinierte Wellenfunktion von mehreren nichtunterscheidbaren Teilchen muss somit alle Teilchen beschreiben, die sich alle im gleichen Potentialtopf befinden. Vielteilchen-Wellenfunktionen besitzen eine intrinsische Symmetrie, welche *Austauschsymmetrie* genannt wird. Diese wird unten beschrieben.

24.5.1 Austauschsymmetrie

Ununterscheidbare Teilchen können nicht durch physikalische Messungen unterschieden werden. Daher darf das Quadrat der gemeinsamen Wellenfunktion nicht abhängig von der Frage sein, welches Teilchen sich in welchem Zustand befindet. Angenommen, eine Zwei-Teilchen Wellenfunktion wird als $\psi(1,2)$ bezeichnet. Dabei wird angenommen, dass Teilchen 1 in einem Zustand und Teilchen 2 in einem anderen ist. Das *Austauschprinzip* gibt an, dass sich das Quadrat der Wellenfunktion von zwei nichtunterscheidbaren Teilchen nicht ändert, wenn wir ihre Zustände austauschen (Gl. 24.38).

Austauschprinzip:

$$|\psi(1,2)|^2 = |\psi(2,1)|^2 \qquad (24.38)$$

Die *Austauschsymmetrie* ist eine Operation, die beschreibt, wie sich die Wellenfunktion ändert, wenn zwei Teilchen ausgetauscht werden. Dabei wird das Austauschprinzip beachtet. Die Operation wird durch den *Austauschoperator*, $\hat{P}_{12}$, beschrieben, welcher, wenn er auf eine Zwei-Teilchen Wellenfunktion wirkt, den Zustand beider Teilchen vertauscht:

$$\hat{P}_{12}\,\psi(1,2) = \psi(2,1)$$

(Gl. 24.39). Durch zweifaches Anwenden auf die gleiche Wellenfunktion können wir eine Eigenwertgleichung für $\hat{P}_{12}$, und damit dessen Eigenwerte, p, finden, (Gln. 24.40 und 24.41, Herleitung 24.7). Wir erhalten die zwei Eigenwerte: $p = +1$ und $p = -1$. Der Eigenwert $p = +1$ entspricht einer *symmetrischen* Wellenfunktion und $p = -1$ einer *antisymmetrischen* Wellenfunktion (Gl. 24.41).

Der Austauschoperator (Herleitung 24.7):

Austauschoperator:

$$\hat{P}_{12}\,\psi(1,2) = \psi(2,1) \qquad (24.39)$$

Eigenwertgleichung:

$$\hat{P}_{12}\,\psi(1,2) = p\,\psi(1,2) \qquad (24.40)$$

Eigenwerte:

$$p = \begin{cases} +1: & \psi(2,1) = +\psi(1,2) \\ & \text{symmetrische Wellenfunktion} \\ -1: & \psi(2,1) = -\psi(1,2) \\ & \text{antisymmetrische Wellenfunktion} \end{cases} \qquad (24.41)$$

24.5.2 Bosonen und Fermionen

Da die Wellenfunktionen unter Teilchenaustausch entweder symmetrisch oder antisymmetrischen sein muss, existieren zwei unterschiedliche Teilchen in der Natur: *Bosonen* und *Fermionen*. Bosonen entsprechen der symmetrischen Wellenfunktion, wohingegen Fermionen eine antisymmetrische Wellenfunktion besitzen. Außerdem entdeckte man, dass Bosonen einen *ganzzahligen* Spin haben, wohingegen Fermionen einen *halbzahligen* Spin besitzen. Daher sind Elektronen, welche Spin-1/2-Teilchen sind, Fermionen, wohingegen Photonen, welche Spin-1-Teilchen sind, Bosonen sind.

Das Pauli Prinzip

Wir nehmen an, es gibt zwei Teilchenzustände, a und b. Die dazugehörigen Ein-Teilchen Wellenfunktionen für Teilchen 1 sind $\phi_a(1)$ und $\phi_b(1)$, und für Teilchen 2 $\phi_a(2)$ und $\phi_b(2)$. Nehmen wir an, dass ein Teilchen im Zustand a und ein anderes im Zustand b ist. Da wir nicht wissen, welches Teilchen in welchem Zustand ist, muss $\psi(1,2)$ beide Möglichkeiten beinhalten. Die normalisierte symmetrische und antisymmetrische Wellenfunktionen sind daher:

Herleitung 24.7: Herleitung der Austauschoperator-Eigenwerte (Gl. 24.41)

$$\hat{P}_{12}\,\psi(1,2) = \psi(2,1)$$
$$\text{und}\quad \hat{P}_{12}\,\psi(1,2) = p\psi(1,2)$$
$$\therefore\ \psi(2,1) = p\psi(1,2)$$

$$\hat{P}_{12}\psi(2,1) = \psi(1,2)$$
$$\text{und}\quad \hat{P}_{12}\psi(2,1) = p\psi(2,1) = p\hat{P}_{12}\psi(1,2) = p^2\psi(1,2)$$
$$\therefore\ \psi(1,2) = p^2\psi(1,2)$$
$$\therefore\ p^2 = 1$$
$$\therefore\ p = \pm 1$$

- Ansatz: Anwenden des Austauschoperators auf $\psi(1,2)$ führt zum Austausch der Zustände beider Teilchen:
$$\hat{P}_{12}\,\psi(1,2) = \psi(2,1).$$
- Die Eigenwertgleichung für $\hat{P}_{12}$ ist:
$$\hat{P}_{12}\,\psi(1,2) = p\psi(1,2).$$
- Gleichsetzen dieser Ausdrücke und Wiederholen des gesamten Ablaufs führt auf $\psi(2,1)$.

symmetrische Wellenfunktion (Bosonen):

$$\psi_S(1,2) = \frac{1}{\sqrt{2}}\left(\phi_a(1)\phi_b(2) + \phi_a(2)\phi_b(1)\right) = +\psi_S(2,1)\,.$$

antisymmetrische Wellenfunktion (Fermionen):

$$\psi_A(1,2) = \frac{1}{\sqrt{2}}\left(\phi_a(1)\phi_b(2) - \phi_a(2)\phi_b(1)\right) = -\psi_A(2,1)\,.$$

(Dies kann durch Austausch von Zuständen der Teilchen überprüft werden: Beispielsweise $\phi_a(1)\phi_b(2) \to \phi_a(2)\phi_b(1)$ durch Teilchenaustausch.) Falls wir versuchen, beide Teilchen in den gleichen Zustand a zu setzen, führt dies bei der symmetrischen bosonischen Wellenfunktion zu

$$\psi_S(1,2) = \sqrt{2}\,\phi_a(1)\phi_a(2)\,,$$

wohingegen die antisymmetrische fermionische Wellenfunktion verschwindet:

$$\psi_A(1,2) = 0\,.$$

Dies führt dazu, dass zwei Fermionen nicht denselben Quantenzustand besitzen dürfen. Diese Aussage ist als *Pauli-Prinzip* bekannt und führt zu einem unterschiedlichen Verhalten von Bosonen und Fermionen im Quantenbereich, wie wir im Folgenden sehen werden:

24.6 Quantenstatistik

24.6.1 Großkanonische Zustandssumme

Die Zustandssumme, Z, in einem klassischen System von diskreten Zuständen, s, ohne Entartung ist:

$$Z = \sum_s \mathrm{e}^{-E_s/k_B T}$$

(siehe Abschn. 24.4). Dieser Ausdruck wurde mithilfe des Boltzmannfaktors hergeleitet, welcher wiederum Teilchen als Ansammlung von abgeschlossenen Systemen behandelt: Die Teilchen können Energie mit anderen Teilchen (ihrer Umgebung), aber keine Materie austauschen. Daher entspricht Z der *kanonischen* Zustandssumme (zu den Charakterisierungen der statistischen Ensembles siehe Abschn. 24.1). Jedoch dürfen wir im Quantenregime Teilchen nicht länger als abgeschlossene Systeme behandeln, da wir es jetzt mit Vielteilchen-Wellenfunktionen zu tun haben. Stattdessen behandeln wir Teilchen nun als Ansammlung von *offenen* Systemen, welche sowohl Energie *als auch* Materie mit ihrer Umgebung austauschen. Die Zustandssumme für diesen Fall wird *großkanonische Zustandssumme* genannt, Ξ. Wir nutzen einen ähnlichen Ansatz wie für die Herleitung des Boltzmannfaktors (Abschn. 24.4.1), um Ξ zu erhalten.

Nehmen wir an, dass ein offenes Teilsystem im thermischen Kontakt mit einem Wärmebad, wie in Abb. 24.9, steht. Zusammen – also Teilsystem und Wärmebad – bilden sie ein isoliertes System mit N_0 Teilchen und einer

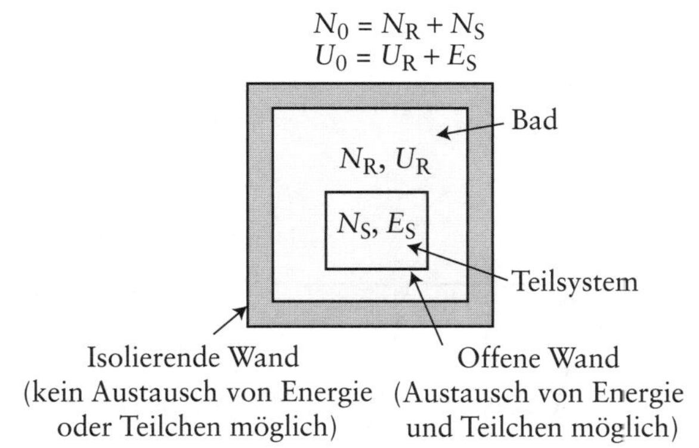

Abbildung 24.9 Ein isoliertes System besteht aus einem offenen Teilsystem mit N_S Teilchen und einer Energie E_S. Es ist im thermischen Kontakt mit einem Wärmebad, welches eine Energie von U_R und N_R Teilchen beinhaltet. Energie und Materie kann zwischen Bad und isoliertem System ausgetauscht werden. Die gesamte Anzahl von Teilchen des isolierten Systems ist $N_0 = N_R + N_S$ und die gesamte Energie ist $U_0 = U_R + E_S$

gesamten Energie von U_0. Die Energie des Bads und des Teilsystems sind U_R bzw. E_S mit $U_0 = U_R + E_S$; die Teilchenanzahl im Bad und im Teilsystem sind N_R bzw. N_S, mit $N_0 = N_R + N_S$.

Das exakte Differential eines offenen Systems von U ist

$$dU = T\,dS - p\,dV + \mu\,dN$$

mit μ dem chemischen Potential, welches die Änderung der inneren Energie pro Teilchen bei konstanter Entropie und Volumen entspricht (siehe Abschn. 22.3.4). Wir nehmen an, dass das Bad ein konstantes Volumen besitzt. Die Entropie des Bads ist

$$dS_R = \frac{dU_R}{T} - \mu\frac{dN_R}{T}$$
$$\therefore S_R = \frac{1}{T}(U_R - \mu N_R) + \text{konstant}.$$

Sei $U_R = U_0 - E_S$, $N_R = N_0 - N_S$, und $S_0 = (U_0 - \mu N_0)/T + \text{konstant}$, dann gilt

$$S_R = S_0 - \frac{1}{T}(E_S - \mu N_S) + \text{konstant}.$$

Mithilfe der statistischen Definition der Entropie aus Gl. 24.2 können wir die Entropie des Bad als

$$S_R = k_B \ln \Omega_R$$
$$\therefore \Omega_R = e^{S_R/k_B}$$

bestimmen. Aus dem zweiten Postulat der statistischen Mechanik wissen wir: Die Wahrscheinlichkeit, dass sich das Bad in einem gegebenen Makrozustand befindet, ist proportional zur Anzahl der Mikrozstände des Makrozustands: $P \propto \Omega$. Unter Verwendung von obiger Gleichung von S_R erhalten wir die Wahrscheinlichkeit, das Teilsystem in einem Zustand mit E_S und N_S zu finden:

$$\begin{aligned} P(E_S, N_S) &\propto \Omega_R(E_S, N_S) \\ &\propto e^{S_R(E_S,N_S)/k_B} \\ &\propto e^{-(E_S - \mu N_S)/k_B T}. \end{aligned} \tag{24.42}$$

Summation über alle Zustände, S, und alle Teilchen, N, führt zur Definition der *großkanonischen Zustandssumme*:

$$\Xi = \sum_S \sum_N e^{-(E_S - \mu N_S)/k_B T}. \tag{24.43}$$

Jetzt werden wir die Zustandssumme nutzen, um die Besetzungsfunktionen – die Fermi-Dirac- und Bose-Einstein-Verteilung – für Quantensysteme herzuleiten.

24.6.2 Besetzungsfunktion von Quantensystemen

Angenommen ein Teilsystem befindet sich im Zustand S mit n Teilchen in einem Energieniveau ε. Die Energie und die Zahl der Teilchen in einem Teilsystem sind

$$E_S = n\varepsilon \quad \text{und} \quad N_S = n.$$

Die Wahrscheinlichkeit, dass das System im Zustand S ist, ergibt sich aus Gl. 24.42:

$$P(E_S, N_S) \propto e^{-n(\varepsilon - \mu)/k_B T}.$$

Die durchschnittliche Anzahl von Teilchen pro Zustand als Funktion der Energie, ε, ist damit:

$$\begin{aligned} \langle n \rangle &= \frac{\sum_n n P(E_S, N_S)}{\sum_n P(E_S, N_S)} \\ &= \frac{\sum_n n\, e^{-n(\varepsilon-\mu)/k_B T}}{\sum_n e^{-n(\varepsilon-\mu)/k_B T}} \\ &\equiv \frac{\sum_n n x^n}{\sum_n x^n} \end{aligned} \tag{24.44}$$

$$\text{mit} \quad x = e^{-(\varepsilon-\mu)/k_B T}.$$

Der Nenner entspricht der großkanonischen Zustandssumme, ξ, aus Gl. 24.43 mit $E_S = n\varepsilon$ und $N_S = n$. Per Definition ist $\langle n \rangle$ eine *Besetzungsfunktion*, $\langle n \rangle \equiv f(\varepsilon)$. Mithilfe von Gl. 24.44 und dem Pauli-Prinzip können wir Ausdrücke für die Fermi-Dirac- und Bose-Einstein-Besetzungsfunktion herleiten. Diese finden sich in Gln. 24.45 bzw. 24.46 (Herleitung 24.8 und 24.9).

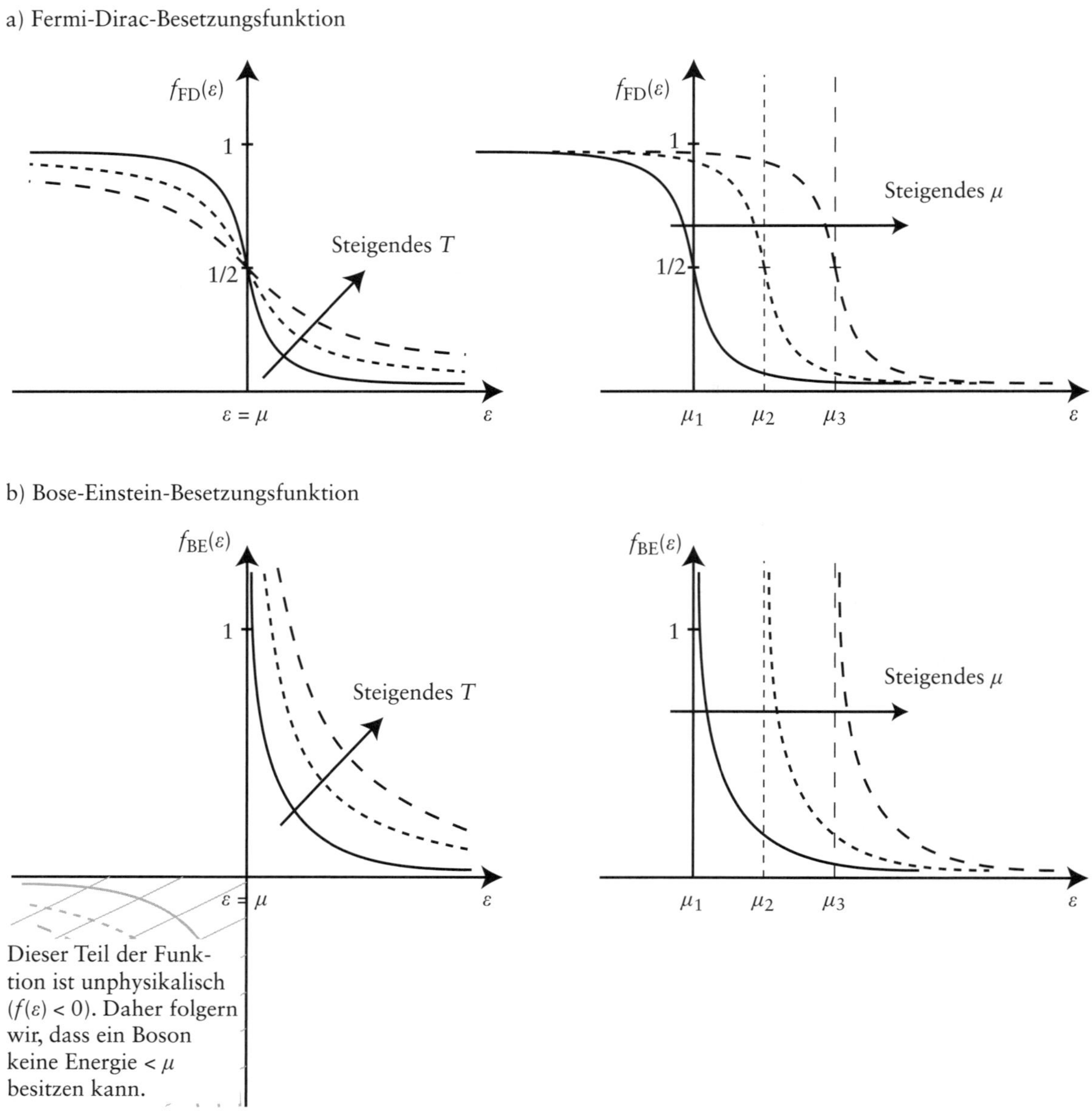

Abbildung 24.10 Variationen der **a)** Fermi-Dirac- und **b)** Bose-Einstein-Besetzungsfunktion bei einer Temperatur, T, und einem chemischen Potential, μ (Gln. 24.45 und 24.46). Eine Änderung von T ändert die Form der Funktionen, wohingegen eine Änderung von μ die Graphen zu höheren oder niedrigeren Energien verschiebt

Quantenmechanische Besetzungsfunktionen (Herleitung 24.8 und 24.9):

Fermi-Dirac-Verteilung (für Fermionen):

$$f_{\mathrm{FD}}(\varepsilon) = \frac{1}{\mathrm{e}^{(\varepsilon-\mu)/k_\mathrm{B}T} + 1} \qquad (24.45)$$

Bose-Einstein-Verteilung (für Bosonen):

$$f_{\mathrm{BE}}(\varepsilon) = \frac{1}{\mathrm{e}^{(\varepsilon-\mu)/k_\mathrm{B}T} - 1} \qquad (24.46)$$

Gl. 24.45 und 24.46 sind in Abb. 24.10 für verschiedene Werte von T und μ eingezeichnet. Wie zu erkennen ist, ändert sich die Krümmung der Graphen für steigendes T,

Herleitung 24.8: Herleitung der Fermi-Dirac Verteilung (Gl. 24.45)

$$\begin{aligned}\langle n\rangle &= \frac{\sum\limits_{n=0}^{1} n x^n}{\sum\limits_{n=0}^{1} x^n}\\ &= \frac{0+x}{1+x}\\ &= \frac{1}{x^{-1}+1}\\ &= \frac{1}{\mathrm{e}^{(\varepsilon-\mu)/k_\mathrm{B}T}+1}\end{aligned}$$

- Ansatz: Wir verwenden die Definition von $\langle n\rangle$ aus Gl. 24.44:

$$\langle n\rangle = \frac{\sum_n n x^n}{\sum_n x^n}$$
$$\text{mit} \quad x = \mathrm{e}^{-(\varepsilon-\mu)/k_\mathrm{B}T}$$

- Aus dem Pauli-Prinzip wissen wir, dass zwei Fermionen nicht den selben Quantenzustand besetzen dürfen, damit gilt $n = 0$ oder 1.

Herleitung 24.9: Herleitung der Bose-Einstein Verteilung (Gl. 24.46)

$$\begin{aligned}\langle n\rangle &= \frac{\sum\limits_{n=0}^{\infty} n x^n}{\sum\limits_{n=0}^{\infty} x^n}\\ &= \frac{0+x+2x^2+3x^3+\ldots}{1+x+x^2+x^3+\ldots}\\ &= \frac{x\left(1+2x+3x^2+\ldots\right)}{1+x+x^2+x^3+\ldots}\\ &= \frac{x\frac{\mathrm{d}}{\mathrm{d}x}\left(1-x\right)^{-1}}{\left(1-x\right)^{-1}}\\ &= \frac{x\left(1-x\right)^{-2}}{\left(1-x\right)^{-1}}\\ &= \frac{x}{1-x}\\ &= \frac{1}{x^{-1}-1}\\ &= \frac{1}{\mathrm{e}^{(\varepsilon-\mu)/k_\mathrm{B}T}-1}\end{aligned}$$

- Ansatz: Unter Verwendung der Definition von $\langle n\rangle$ aus Gl. 24.44 erhalten wir:

$$\langle n\rangle = \frac{\sum_n n x^n}{\sum_n x^n}$$
$$\text{mit} \quad x = \mathrm{e}^{-(\varepsilon-\mu)/k_\mathrm{B}T}\,.$$

- Bosonen folgen nicht dem Pauli Prinzip, daher kann n jede natürliche Zahl zwischen $n = 0$ und ∞ annehmen.
- Die geometrische Reihe für $(1-x)^{-1}$ ist:

$$\frac{1}{1-x} = 1+x+x^2+x^3+\ldots$$
$$\therefore \frac{\mathrm{d}}{\mathrm{d}x}\left(\frac{1}{1-x}\right) = 1+2x+3x^2+\ldots$$

als ob man mehr Teilchen in die höheren Energieniveaus bringt. Durch Erhöhen von μ bei konstantem T bleibt die Form der Funktionen gleich, jedoch wird die Kurve hin zu höheren Energieniveaus verschoben.

Die Fermienergie

Für $T \to 0\,\mathrm{K}$ befinden sich Fermionen in den niedrigsten Energieniveaus. Aufgrund des Pauli Prinzips füllen Fermionen die untersten Energieniveaus bis zu einer Energie von μ auf. Für Spin-1/2-Fermionen, wie z. B. Elektronen, kann jedes Energiniveau von zwei Teilchen ausgefüllt werden: eins im Spin-up-Zustand und eins im Spin-down-Zustand (Abb. 24.11). Für $T \to 0\,\mathrm{K}$ wird die höchste besetzte Energie *Fermienergie*, E_F, genannt. Dieser Parameter hängt von der Teilchenzahldichte, n, und der Masse, m, ab (Gl. 24.47 und Herleitung 24.10).

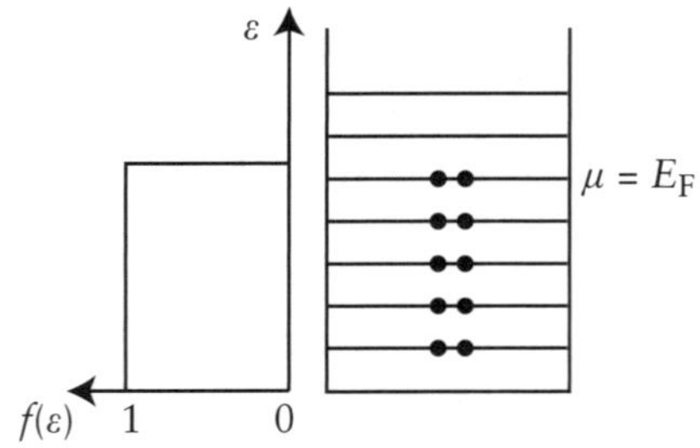

Abbildung 24.11 System von Fermionen bei $T \to 0\,\mathrm{K}$. Das höchste besetzte Energieniveau ist die Fermienergie, E_F. Alle Zustände unterhalb der Fermienergie sind besetzt und alle Zustände oberhalb sind leer. In diesem Regime ist die Fermi-Dirac-Verteilung eine Stufenfunktion mit $f(\varepsilon) = 1$ für $\varepsilon < E_F$ und $f(\varepsilon) = 0$ für $\varepsilon > E_F$

Die Fermienergie (Herleitung 24.10):

$$E_F = \frac{\hbar^2}{2m}\left(3\pi^2 n\right)^{2/3} \tag{24.47}$$

Mithilfe eines ähnlichen Ansatzes wie in Herleitung 24.10 können wir die mittlere Energie eines Fermigases bei 0 K bestimmen:

$$\begin{aligned}\langle\varepsilon\rangle &= \frac{\int_0^{E_F} \varepsilon\, n(\varepsilon)\,\mathrm{d}\varepsilon}{\int_0^{E_F} n(\varepsilon)\,\mathrm{d}\varepsilon} \\ &= \frac{2\alpha \int_0^{E_F} \sqrt{\varepsilon^3}\,\mathrm{d}\varepsilon}{2\alpha \int_0^{E_F} \sqrt{\varepsilon}\,\mathrm{d}\varepsilon} \\ &= \frac{3}{5} E_F\,.\end{aligned}$$

Bose-Einstein-Kondensat

Für $T \to 0\,\mathrm{K}$ in einem System von Bosonen erhalten wir ein völlig anderes Verhalten als im Fall der Fermionen, da für Bosonen nicht das Pauli Prinzip gilt. In der Bose-Einstein-Kurve in Abb. 24.10 b sehen wir bei sehr niedrigen Temperaturen, dass alle Teilchen in einem System im Grundzustand ($\varepsilon_0 = \mu$) sind, falls es keine Wechselwirkungen zwischen den Teilchen gibt. Dieses Phänomen wird *Bose-Einstein Kondensation* genannt. Da alle Teilchen in einem einzigen Quantenzustand sind, werden Quanteneffekte plötzlich auf der makroskopischen Skala sichtbar. Beispielsweise wird vermutet, dass die Suprafluidität von ^{4}He bei Temperaturen unterhalb von $\sim 2\,\mathrm{K}$ mit dem Bose-Einstein-Kondensat im Zusammenhang steht. Bei solchen Temperaturen besitzt flüssiges Helium eine Viskosität von null, d. h., flüssiges Helium kann durch eine kleine Kapillare fließen ohne, dass Reibung auftritt. Beispielsweise könnte flüssiges Helium durch mikroskopische Löcher fließen, obwohl es sich um eine leckagefreie Box handelt.

V Physik der Wärme

24.6.3 Die klassische Näherung

Im Fall von $\varepsilon - \mu \gg k_B T$ dominiert der exponentielle Term in Gln. 24.45 und 24.46:

$$\begin{aligned} \mathrm{e}^{(\varepsilon-\mu)/k_B T} &\gg \pm 1 \\ \therefore \varepsilon &\gg \mu \end{aligned}$$

(Gl. 24.48). Dann konvergieren sowohl Fermi-Dirac- als auch Bose-Einstein-Verteilung gegen die klassische Boltzmann-Verteilung:

$$\begin{aligned} f(\varepsilon) &= \frac{1}{\mathrm{e}^{(\varepsilon-\mu)/k_B T} \pm 1} \\ f(\varepsilon \gg \mu) &\to \frac{1}{\mathrm{e}^{(\varepsilon-\mu)/k_B T}} \\ &\equiv A\,\mathrm{e}^{-\varepsilon/k_B T}\,. \end{aligned}$$

In dieser Form geschrieben, ergibt sich die Normierungskonstante, A, als

$$A = \mathrm{e}^{\mu/k_B T}\,.$$

Mithilfe der Bedingung $\varepsilon \gg \mu$ sehen wir, dass der Grenzfall der Boltzmann-Verteilung einer Näherung an die klassische Physik für Systeme mit hohen Temperaturen, T, und geringen Teilchendichten, n, entspricht (Gl. 24.49 und Herleitung 24.11).

Näherung an die klassische Physik (Herleitung 24.11):

$$\varepsilon \gg \mu \tag{24.48}$$

$$\text{und}\quad \frac{n}{T^{3/2}} \ll \left(\frac{m k_B}{2\pi\hbar^2}\right)^{3/2} \tag{24.49}$$

$$\Rightarrow \text{hohe } T \quad \text{und} \quad \text{niedrige } n$$

In klassischen Systemen sind Energieniveaus dünn, wohingegen Energieniveaus in Quantensystemen dicht besetzt sind. In der klassischen Näherung ist die Anzahl der Zustände zwischen den Energien ε und $\varepsilon + \mathrm{d}\varepsilon$ deutlich größer als die Zahl der Teilchen innerhalb des Energieintervalls. Das bedeutet, dass die Teilchen nicht um die gleichen Zustände konkurrieren müssen. Daher verhalten

Herleitung 24.10: Herleitung der Fermienergie (Gl. 24.47)

$$n = 2\int_0^\infty g(\varepsilon)f(\varepsilon)\,\mathrm{d}\varepsilon$$
$$= 2\alpha \int_0^{E_F} \sqrt{\varepsilon}\,\mathrm{d}\varepsilon$$
$$= 2\frac{\sqrt{2m^3}}{2\pi^2\hbar^3}\frac{2}{3}(E_F)^{3/2}$$
$$\therefore E_F = \frac{\hbar^2}{2m}\left(3\pi^2 n\right)^{2/3}$$

- Ansatz: Die gesamte Teilchendichte ist

$$n = \int_0^\infty n(\varepsilon)\,\mathrm{d}\varepsilon = g_s \int_0^\infty g(\varepsilon)f(\varepsilon)\,\mathrm{d}\varepsilon\,.$$

Es gibt zwei Elektronen, die pro Zustand im Raum erlaubt sind, damit ist die Spinentartung $g_s = 2$.
- Bei $T \simeq 0\,K$ ist die Fermi-Dirac Besetzungsfunktion eine Stufenfunktion:

$$f(\varepsilon) = \begin{cases} 1 & \text{für} \quad \varepsilon < E_F \\ 0 & \text{für} \quad \varepsilon > E_F\,, \end{cases}$$

mit E_F der Fermienergie (höchster besetzter Energiezustand).
- Die Zustandsdichte in drei Dimensionen ist $g(\varepsilon) = \alpha\sqrt{\varepsilon}$, mit der Konstanten

$$\alpha = \frac{\sqrt{2m^3}}{2\pi^2\hbar^3}$$

(siehe Abschn. 24.3.2).
- Integration von n und Umordnen der Terme ermöglicht ein Auflösen nach E_F.

sich Bosonen und Fermionen unter klassischen Bedingungen gleich. Das Pauli Prinzip spielt hier keine Rolle. Ein Postulat der klassischen Statistik ist die Abwesenheit einer oberen Grenze der Zahl von Teilchen in einem gegebenen Energieintervall, dε.

Die de-Broglie-Wellenlänge

In klassischen Systemen können wir das Äquipartitionstheorem nutzen, um die kinetische Energie eines Teilchens k_BT gleichzusetzen:

$$\frac{p^2}{2m} \sim k_BT\,.$$

Die De-Broglie-Wellenlänge eines Teilchens ist als

$$\lambda_{db} = \frac{h}{p}\,.$$

definiert. Eliminieren von p mithilfe des Äquipartitionstheorems führt auf die De-Broglie-Wellenlänge für ein klassisches Teilchen:

$$\lambda_{db} \sim \left(\frac{h^2}{2mk_BT}\right)^{1/2}$$

Der Vergleich dieses Ausdrucks mit der Ungleichung der klassischen Näherung aus Gl. 24.49 führt auf

$$\lambda_{db} \sim \left(\frac{h^2}{2mk_BT}\right)^{1/2} \ll \frac{1}{n^{1/3}} \ll \left(\frac{V}{N}\right)^{1/3} \ll d\,, \tag{24.50}$$

wo wir den mittleren Abstand der Teilchen als

$$d \sim \left(\frac{V}{N}\right)^{1/3}$$

definiert haben. Gl. 24.50 zeigt, dass die de-Broglie-Wellenlänge eines klassischen Teilchens deutlich geringer ist als der Abstand zwischen den Teilchen. Damit überlappen die Wellenfunktionen nicht und klassische Teilchen sind unterscheidbar.

Die Übergangstemperatur

Die *Übergangstemperatur* eines Systems ist die Temperatur, unter welcher wir *Quanten*statistik anwenden müssen,

Herleitung 24.11: Herleitung der Bedingungen für die klassische Statistik (Gl. 24.49)

$$\begin{aligned} n &= \int_0^\infty g(\varepsilon) f(\varepsilon)\,\mathrm{d}\varepsilon \\ &= \int_0^\infty \frac{g(\varepsilon)}{\mathrm{e}^{(\varepsilon-\mu)/k_\mathrm{B}T}}\,\mathrm{d}\varepsilon \\ &= \alpha\,\mathrm{e}^{\mu/k_\mathrm{B}T} \int_0^\infty \sqrt{\varepsilon}\,\mathrm{e}^{-\varepsilon/k_\mathrm{B}T}\,\mathrm{d}\varepsilon \\ &= \frac{\sqrt{2m^3}}{2\pi^2\hbar^3}\frac{\sqrt{\pi}}{2}(k_\mathrm{B}T)^{3/2}\,\mathrm{e}^{\mu/k_\mathrm{B}T} \\ &= \left(\frac{mk_\mathrm{B}T}{2\pi\hbar^2}\right)^{3/2} \mathrm{e}^{\mu/k_\mathrm{B}T} \\ \therefore\ \mathrm{e}^{\mu/k_\mathrm{B}T} &= n\left(\frac{2\pi\hbar^2}{mk_\mathrm{B}T}\right)^{3/2} \end{aligned}$$

- Ansatz: Die gesamte Teilchendichte in einem klassischen System ist:

$$n = \int_0^\infty g(\varepsilon) f(\varepsilon)\,\mathrm{d}\varepsilon$$

$$\text{mit}\quad f(\varepsilon) = A\,\mathrm{e}^{-\varepsilon/k_\mathrm{B}T} = \mathrm{e}^{-(\varepsilon-\mu)/k_\mathrm{B}T}\,.$$

- Die Zustandsdichte in drei Dimensionen ist $g(\varepsilon) = \alpha\sqrt{\varepsilon}$, wobei

$$\alpha = \frac{\sqrt{2m^3}}{2\pi^2\hbar^3}$$

gilt.
- Für die Integration nutzen wir die Standardformel:

$$\int_0^\infty \sqrt{x}\,\mathrm{e}^{-x/a} = \frac{\sqrt{\pi}}{2}a^{3/2}\,.$$

Für klassische Systeme:

$$\begin{aligned} \mathrm{e}^{\mu/k_\mathrm{B}T} &\ll 1 \\ \therefore\ n\left(\frac{2\pi\hbar^2}{mk_\mathrm{B}T}\right)^{3/2} &\ll 1 \end{aligned}$$

$$\Rightarrow \text{hohe } T \quad \text{und} \quad \text{niedrige } n$$

- Für klassische Systeme gilt:

$$\begin{aligned} \mathrm{e}^{(\varepsilon-\mu)/k_\mathrm{B}T} &\gg 1 \\ \therefore\ \mathrm{e}^{-\varepsilon/k_\mathrm{B}T}\,\mathrm{e}^{\mu/k_\mathrm{B}T} &\ll 1 \\ \therefore\ \mathrm{e}^{\mu/k_\mathrm{B}T} &\ll 1 \quad \text{für alle } \varepsilon\,. \end{aligned}$$

- Durch Eliminieren des exponentiellen Faktors aus der obigen Gleichung sehen wir, dass ein klassisches System hohen T und niedrigen n entspricht, d. h. ein heißes, aber dünn besetztes System ist.

und über der wir die *klassische* Näherung verwenden können. Für Fermionen wird diese Temperatur *Fermi-Temperatur*, T_F, genannt, für Bosonen nennen wir sie *Bose-Temperatur*, T_B. Der Übergang zwischen klassischer und quantenmechanischer Statistik findet statt, wenn die de-Broglie-Wellenlänge der Teilchen dem zwischenatomaren Abstand vergleichbar wird:

$$\lambda_\mathrm{db} \sim d\,.$$

Dies entspricht (Herleitung 24.11)

$$\begin{aligned} \mathrm{e}^{\mu/k_\mathrm{B}T} &\sim 1 \\ \therefore\ n\left(\frac{2\pi\hbar^2}{mk_\mathrm{B}T}\right)^{3/2} &\sim 1\,. \end{aligned}$$

Unter Verwendung der obigen Gleichung können wir die Größenordnung der Temperatur finden, bei der der Übergang von quantenmechanischer und klassischer Statistik stattfindet, T_QC (Gl. 24.51).

Übergangstemperatur:

$$T_\mathrm{QC} \sim \frac{2\pi\hbar^2}{mk_\mathrm{B}}n^{2/3} \qquad (24.51)$$

Der Faktor 2π ist für T_F und T_B verschieden, aber Gl. 24.51 ist trotzdem eine gute Näherung der Größenordnung. Beispielsweise sehen wir aus der Definition der Fermienergie Gl. 24.47, dass die Größenordnung der Fermi Übergangstemperatur,

$$T_\mathrm{F} \sim \frac{E_\mathrm{F}}{k_\mathrm{B}} \sim \frac{\hbar^2}{2mk_\mathrm{B}}\left(3\pi^2 n\right)^{2/3}$$

ist. Dies ist ähnlich für T_QC.

Klassische Temperaturen

Aus dem Äquipartitionstheorem wissen wir, dass die durchschnittliche Energie eines Teilchens in einem klassischen System die Größenordnung $k_B T$ besitzt:

$$\langle \varepsilon \rangle \sim k_B T \, .$$

Das gilt nicht in Quantensystemen. Der Bereich, in dem die klassische Näherung gilt, ist erreicht, wenn die Energie pro Teilchen in der Größenordnung von $k_B T$ ist. Die Systemtemperatur ist dabei T. Die Größenordnungen sind für $T \gtrsim T_{QC}$ vergleichbar.

24.6.4 Schwarzkörperstrahlung

Wir werden uns nun mit den Eigenschaften von Photonen beschäftigen (Elektromagnetische Strahlung). Photonen sind Bosonen und haben einen ganzzahligen Spin. Elektromagnetische Strahlung, die auf ein absorbierendes Material trifft, wird teilweise reflektiert und teilweise absorbiert (Abb. 24.12). Diese Vorgänge sind durch dimensionslose Parameter charakterisiert – die *Reflexionsrate* ρ, die *Transmissionsrate* τ, bzw. die *Absorbtionsrate* α. Diese entsprechen den Anteilen der eintretenden Strahlung, die reflektiert, transmittiert oder absorbiert werden, und besitzen Werte zwischen null und eins. Für Strahlung, die auf einen beliebigen Körper trifft, gilt, dass die Summe der Anteile eins ergibt:

$$\rho + \alpha + \tau = 1 \, .$$

Ein *Schwarzkörper* ist ein Objekt, das *alle* auftreffende Strahlung absorbiert, ergo gilt für einen Schwarzköper: $\alpha_{bb} = 1$ und $\rho_{bb} = \tau_{bb} = 0$.

Zusätzlich zur Reflexion, Absoprtion und Transmission emittiert jedes Objekt bei Temperaturen, die von null verschieden sind, elektromagnetische Strahlung. Emission ist durch die *Emissionsrate*, e, eines Objekts quantifiziert. Dabei handelt es sich um eine weitere dimensionslose Größe mit $0 < e < 1$. Im Folgenden werden wir uns mit vier Gesetzen beschäftigen welche das Emissionsspektrum eines Schwarzkörpers beschreiben: dem Kirchhoff'schen Gesetz, dem Planck'schen Strahlungsgesetz, dem Wien'schen Verschiebungsgesetz und dem Stefan-Boltzmann-Gesetz.

Das Kirchhoff'sche Gesetz

Das *Kirchhoff'sche Gesetz* sagt aus, dass Körper, die mit ihrer Umgebung im thermischen Gleichgewicht sind, die gleiche Emissionsrate wie Absorbtionsrate für alle Wellenlängen besitzen:

$$e(\lambda) = \alpha(\lambda)$$

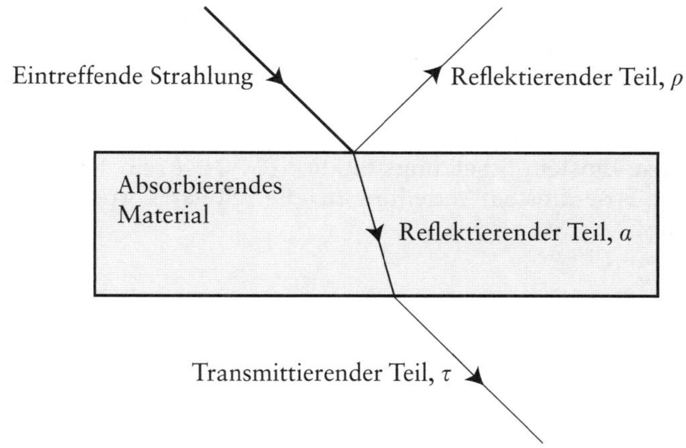

Abbildung 24.12 Strahlung, die auf einen Körper trifft, wird teilweise reflektiert, teilweise transmittiert und teilweise absorbiert

(Gl. 24.52). Da Schwarzkörper $\alpha = 1$ besitzen, folgt aufgrund des Kirchhoff'schen Gesetzes, $e = 1$. Schwarzkörper sind oft als „perfekte Absorber und Emitter von elektromagnetischer Strahlung"definiert. Einen Schwarzkörper kann man sich theoretisch als schwarze Box oder als Hohlraum mit einem kleinen Loch, durch das Strahlung ein- und ausdringen kann, vorstellen. Strahlung, welche in den Hohlraum eintritt, hat eine vernachlässigbare Chance, den Körper durch das kleine Loch sofort wieder zu verlassen, und wird häufig von der Innenwand reflektiert, bis es absorbiert wird. Daher absorbiert ein Hohlraum alle eintreffende Strahlung, was nach dem Kirchhoff'schen Gesetz zu einer Emissionsrate von $e = 1$ führt. Ein solches Objekt wird als Schwarzkörper eingeordnet und die Strahlung, die den Körper durch das kleine Loch verlässt, ist eine Schwarzkörperstrahlung. Das Frequenzspektrum der Emission hängt von der Temperatur des Schwarzkörpers ab und wird durch das *Planck'sche Strahlungsgesetz* erklärt.

Kirchhoff'sche Gesetz:

$$e(\lambda) = \alpha(\lambda) \tag{24.52}$$

Planck'sches Strahlungsgesetz

Das *Planck'sche Strahlungsgesetz* erklärt das Frequenzspektrum der Strahlung eines Schwarzkörper bei einer Temperatur, T. Wir können das Emissionsspektrum des Schwarzkörpers durch die Anwendung der Bose-Einstein-Verteilung auf ein Gas von Photonen erhalten. Wenn wir uns einen Schwarzkörper als dunklen Hohlraum mit einer kleinen Öffnung vorstellen, wie wir es oben beschrieben haben, können wir uns vorstellen, dass die Photonen ständig von den Innenwände emittiert und absorbiert werden. Damit ist die Anzahl der Photonen N innerhalb der Innenwänden nicht konstant. Diese Bedingung impliziert, dass das chemische Potential des Photonengases null ist $\mu = 0$. Setzen wir diese Bedingung in die Bose-Einstein-Besetzungsfunktion (Gl. 24.46) ein, folgt für die Bose-Einstein Verteilung für die Schwarzkörperstrahlung

$$f_{\mathrm{BE}}(\varepsilon) = \frac{1}{\mathrm{e}^{\varepsilon/k_{\mathrm{B}}T} - 1} .$$

Die Energie von Photonen mit der Frequenz ω ist $\varepsilon = \hbar\omega$. Damit erhält man die Bose-Einstein-Besetzungsfunktion in Abhängigkeit von ω:

$$f_{\mathrm{BE}}(\omega) = \frac{1}{\mathrm{e}^{\hbar\omega/k_{\mathrm{B}}T} - 1} .$$

Verwenden wir diese Besetzungsfunktion zusammen mit der Zustandsdichte der Strahlung, wie in Herleitung 24.12 gezeigt, erhalten wir die Energiedichteverteilung der Schwarzkörper Photonen:

$$u(\omega)\,\mathrm{d}\omega = \left(\frac{\hbar}{\pi^2 c^3}\right) \frac{\omega^3\,\mathrm{d}\omega}{\mathrm{e}^{\hbar\omega/k_{\mathrm{B}}T} - 1} .$$

Drücken wir dies nun durch die Energiedichte pro Frequenzintervall, $u(\nu)$ [$\mathrm{J\,m^{-3}\,Hz^{-1}}$], aus, erhalten wir das *Planck'sche Strahlungsgesetz*:

$$u(\nu)\,\mathrm{d}\nu = \left(\frac{8\pi h}{c^3}\right) \frac{\nu^3\,\mathrm{d}\nu}{\mathrm{e}^{h\nu/k_{\mathrm{B}}T} - 1}$$

(Gl. 24.53 und Herleitung 24.12). Üblicherweise kann man das Planck'sche Strahlungsgesetz auch in Abhängigkeit der Energiedichte pro Wellenlängenintervall, $u(\lambda)$ [$\mathrm{J\,m^{-3}\,nm^{-1}}$] ausdrücken:

$$u(\lambda)\,\mathrm{d}\lambda = \left(\frac{8\pi hc}{\lambda^5}\right) \frac{\mathrm{d}\lambda}{\mathrm{e}^{hc/\lambda k_{\mathrm{B}}T} - 1} ,$$

(Gl. 24.54 und Herleitung 24.12). Die Verteilung ist in Abb. 24.13 für Schwarzkörper verschiedener Temperaturen eingezeichnet. Mit sinkender Temperatur (i) erhöht sich die Wellenlänge, bei der die Emission maximal ist (Wendepunkt), und (ii) verringert sich die Fläche unter der Kurve (dies zeigt, dass insgesamt weniger Photonen emittiert werden). Diese beiden Eigenschaften werden vom *Wien'schen Verschiebungsgesetz* bzw. vom *Stefan-Boltzmann-Gesetz* beschrieben.

Planck'sches Strahlungsgesetz (Herleitung 24.12):

$$u(\nu)\,\mathrm{d}\nu = \left(\frac{8\pi h}{c^3}\right) \frac{\nu^3\,\mathrm{d}\nu}{\mathrm{e}^{h\nu/k_{\mathrm{B}}T} - 1} \qquad (24.53)$$

$$\text{oder} \quad u(\lambda)\,\mathrm{d}\lambda = \left(\frac{8\pi hc}{\lambda^5}\right) \frac{\mathrm{d}\lambda}{\mathrm{e}^{hc/\lambda k_{\mathrm{B}}T} - 1} \qquad (24.54)$$

Wien'sches Verschiebungsgesetz

In Abb. 24.13 sehen wir, dass das Emissionsspektrum einen Wendepunkt besitzt, dessen Wellenlänge sich bei sinkender Temperatur erhöht. Durch Ableiten des Planck'schen Gesetzes sehen wir, dass $\lambda_{\max}$ antiproportional zur Temperatur des Schwarzkörpers ist:

$$\lambda_{\max} \propto \frac{1}{T}$$

(Gl. 24.55 und Herleitung 24.13). Diese Gleichung ist als *Wien'sches Verschiebungsgesetz* bekannt.

Wien'sches Verschiebungsgesetz (Herleitung 24.13):

$$T = \frac{2.898 \cdot 10^{-3}}{\lambda_{\max}} \qquad (24.55)$$

Die Farbe eines Schwarzkörpers ist ein Indiz für die Wellenlänge am Maximum. Das Wien'sche Gesetz impliziert, dass die Farbe des Schwarzkörer eine Funktion der Temperatur ist. Sterne können gut als Schwarzkörper genähert werden. Beispielsweise sind weiße Zwerge relativ heiße Sterne mit einer Oberflächentemperatur von bis zu 10 000 K, wohingegen rote Riesen deutlich kälter sind und eine Temperatur um 3000 K besitzen. Die Temperatur unserer Sonne ist $T \sim 6000\,\mathrm{K}$, damit ist der Peak des Emissionsspektrums im sichtbaren Wellenlängenspektrum bei etwa $\sim 500\,\mathrm{nm}$.

Stefan-Boltzmann-Gesetz

Das *Stefan-Boltzmann-Gesetz* beschreibt den gesamten Energiefluss, der von einem Schwarzköper emittiert wird. Diese Größe entspricht der Fläche unterhalb der Kurve des Planck'schen Strahlungsgesetzes (siehe Abb. 24.13). Durch Integration des Planck'schen Strahlungsgesetzes erhalten wir den gesamten Energiefluss des Schwarzkörpers, J [$\mathrm{W\,m^{-2}}$]. Er ist proportional zur vierten Potenz der Temperatur, T^4:

$$J \propto T^4$$

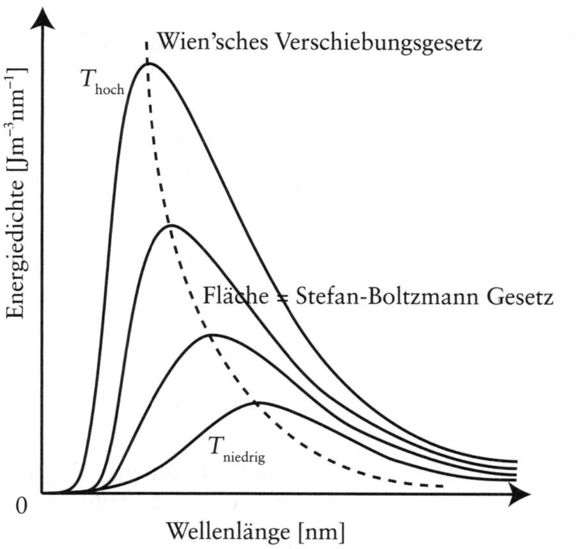

Abbildung 24.13 Das Emissionsspektrum eines Schwarzkörpers. Das Planck'sche Strahlungsgesetz (Gl. 24.54) liefert die Intensitätsverteilung der Strahlung als eine Funktion der Wellenlänge. Das Wien'sche Verschiebungsgesetz beschreibt die Position des Maximums. Das Stefan-Boltzmann-Gesetz gibt die Fläche unter der Kurve (gesamte emittierte Energie pro Einheitsfläche) an. Sinkt die Temperatur des Schwarzkörpers, so erhöht sich die Wellenlänge des Emissionsmaximums und die Fläche unter der Kurve, die den Energiefluss oder die Anzahl der emittierten Photonen anzeigt, wird kleiner

(Gl. 24.56 und Herleitung 24.14). Die Propotionalitätskonstante heißt *Stefan-Boltzmann*-Konstante, σ [$5.67 \cdot 10^{-8}$ $\mathrm{W\,m^{-2}\,K^{-4}}$] (Gl. 24.57).

Stefan-Boltzmann-Gesetz (Herleitung 24.14):

$$J = \sigma T^4 \tag{24.56}$$

$$\text{mit} \quad \sigma = \frac{2\pi^5 k_B^4}{15 h^3 c^2} \tag{24.57}$$

$$\simeq 5.67 \cdot 10^{-8} \quad \mathrm{W\,m^{-2}\,K^{-4}}$$

Herleitung 24.12: Herleitung des Planck'sches Strahlungsgesetzes (Gln. 24.53 und 24.54)

- Ansatz: Die Verteilung der Energiedichte ist die Verteilung der Photonenzahldichte, $n(\omega)\,\mathrm{d}\omega$, multipliziert mit der Energie pro Photon, $\hbar\omega$:

$$u(\omega)\,\mathrm{d}\omega = \hbar\omega\, n(\omega)\,\mathrm{d}\omega\,.$$

- Die Teilchenzahldichte ist

$$n(\omega)\,\mathrm{d}\omega = g(\omega) f_{\mathrm{BE}}(\omega)\,\mathrm{d}\omega$$

$$\text{mit}\quad f_{\mathrm{BE}}(\omega) = \frac{1}{\mathrm{e}^{\hbar\omega/k_{\mathrm{B}}T}-1}\quad \text{für Photonen}\,.$$

- Die Dispersionsrelation von Photonen ist $\omega(k) = ck$. Unter Verwendung der Zustandsdichte im dreidimensionalen k-Raum (Gl. 24.4) erhalten wir die Zustandsdichte der Photonen im ω-Raum:

$$g(\omega)\,\mathrm{d}\omega = 2\frac{\omega^2}{2\pi^2 c^3}\,\mathrm{d}\omega\,. \qquad (24.58)$$

Der Faktor zwei berücksichtigt die Entartung der Photonpolarisation.

- Das Planck'sche Gesetz wird oft in Abhängigkeit der Frequenz ν, mit $\nu = \omega/2\pi$ und $h = 2\pi\hbar$, oder der Photonenwellenlänge λ, mit $\lambda = c/\nu$ beschrieben.

$$\begin{aligned} u(\omega)\,\mathrm{d}\omega &= \hbar\omega\, n(\omega)\,\mathrm{d}\omega \\ &= \hbar\omega\, g(\omega) f_{\mathrm{BE}}(\omega)\,\mathrm{d}\omega \\ &= \hbar\omega \frac{g(\omega)\,\mathrm{d}\omega}{\mathrm{e}^{\hbar\omega/k_{\mathrm{B}}T}-1} \\ &= \left(\frac{\hbar}{\pi^2 c^3}\right)\frac{\omega^3\,\mathrm{d}\omega}{\mathrm{e}^{\hbar\omega/k_{\mathrm{B}}T}-1} \end{aligned}$$

Einsetzen von $\omega = 2\pi\nu$ und $\hbar = h/2\pi$. Damit ist das Planck'sche Gesetz

$$\therefore u(\nu)\,\mathrm{d}\nu = \left(\frac{8\pi h}{c^3}\right)\frac{\nu^3\,\mathrm{d}\nu}{\mathrm{e}^{h\nu/k_{\mathrm{B}}T}-1}$$

oder, für $\nu = c/\lambda$,

$$u(\lambda)\,\mathrm{d}\lambda = \frac{8\pi hc}{\lambda^5}\frac{\mathrm{d}\lambda}{\mathrm{e}^{hc/\lambda k_{\mathrm{B}}T}-1}\,.$$

V Physik der Wärme

Herleitung 24.13: Herleitung des Wien'schen Gesetzes (Gl. 24.55)

$$u(\lambda)\,\mathrm{d}\lambda = \left(\frac{8\pi hc}{\lambda^5}\right)\frac{\mathrm{d}\lambda}{\mathrm{e}^{hc/\lambda k_\mathrm{B}T}-1}$$

$$\therefore \frac{\partial u(\lambda)}{\partial \lambda} = \left\{\frac{8\pi hc}{\lambda^5}\left(\frac{hc\,\mathrm{e}^{hc/\lambda k_\mathrm{B}T}}{\lambda^2 k_\mathrm{B}T}\right)\frac{1}{\left(\mathrm{e}^{hc/\lambda k_\mathrm{B}T}-1\right)^2} - \frac{40\pi hc}{\lambda^6}\frac{1}{\mathrm{e}^{hc/\lambda k_\mathrm{B}T}-1}\right\} = 0$$

$$\therefore 5\lambda\left(\mathrm{e}^{hc/\lambda k_\mathrm{B}T}-1\right) = \left(\frac{hc}{k_\mathrm{B}T}\right)\mathrm{e}^{hc/\lambda k_\mathrm{B}T}$$

$$5\left(\mathrm{e}^{\alpha/\lambda}-1\right) = \frac{\alpha}{\lambda}\mathrm{e}^{\alpha/\lambda}$$

$$\therefore \left(5-\frac{\alpha}{\lambda}\right) = 5\,\mathrm{e}^{-\alpha/\lambda}$$

Durch numerisches Lösen nach α/λ sehen wir, dass die Gleichung für $\alpha/\lambda \simeq 4.965$ erfüllt ist:

$$\therefore T = \frac{hc}{\alpha k_\mathrm{B}} \simeq \frac{hc}{4.965\,k_\mathrm{B}}\frac{1}{\lambda_\mathrm{max}} \simeq \frac{0.002898}{\lambda_\mathrm{max}} \simeq \frac{2.898\cdot 10^{-3}}{\lambda_\mathrm{max}}$$

- Ansatz: Der Hochpunkt des Planck'schen Strahlungsgesetzes entspricht einer Wellenlänge, bei der Folgendes gilt:

$$\frac{\partial u(\lambda)}{\partial \lambda} = 0\,.$$

- Ableiten des Planck'schen Gesetzes (Gl. 24.54) und Nullsetzen der Gleichung führt zu einem Ausdruck der Variablen α/λ, wobei

$$\alpha = \frac{hc}{k_\mathrm{B}T}$$

ist.
- Wir können die Gleichung graphisch für α/λ lösen, indem wir die Funktionen $5-\alpha/\lambda$ und $5\,\mathrm{e}^{-\alpha/\lambda}$ auf der gleichen Achse einzeichnen und den Schnittpunkt ermitteln. Wenn wir dies tun, erhalten wir :

$$\frac{\alpha}{\lambda} \simeq 4.965\,.$$

Damit gilt für die Wellenlänge am Hochpunkt des Planck'schen Strahlungsgesetzes $\lambda_\mathrm{max} \simeq \alpha/4.965$.
- Mithilfe von $T = hc/\alpha k_\mathrm{B}$ und Substituieren von α sehen wir, dass T antiproportional zu λ_max ist $\Rightarrow$ Wien'sches Gesetz.

Herleitung 24.14: Herleitung des Stefan-Boltzmann-Gesetzes (Gl. 24.56)

- Ansatz: Die gesamte Energiedichte, u_T, erhält man durch Integration des Planck'schen Strahlungsgesetzes (Gl. 24.53) über alle Photonenfrequenzen, ν:

$$u_T = \frac{8\pi h}{c^3} \int_0^\infty \frac{\nu^3}{e^{h\nu/k_B T} - 1} d\nu .$$

- Für die Integration nutzen wir folgendes Standardintegral:

$$\int_0^\infty \frac{x^3}{e^{ax} - 1} dx = \frac{1}{15} \left(\frac{\pi}{a}\right)^4 .$$

- In der kinetischen Theorie haben wir gesehen, dass der Teilchenfluss, Φ [$m^{-2} s^{-1}$], von Teilchen mit einer durchschnittlichen Geschwindigkeit, c, durch

$$\Phi = \frac{1}{4} c n$$

gegeben ist (siehe Abschn. 21.4.4, Gl. 21.28). Der gesamte Energiefluss , J [$W m^{-2}$], ergibt sich durch

$$J = \frac{\Phi}{n} u_T = \frac{1}{4} c u_T .$$

- Die *Stefan-Boltzmann-Konstante*, σ [$W m^{-2} K^{-4}$], ist als

$$\sigma = \frac{2\pi^5 k_B^4}{15 h^3 c^2} \simeq 5.67 \cdot 10^{-8} \quad W m^{-2} K^{-4}$$

definiert.

$$\begin{aligned} u_T &= \int_0^\infty u(\nu)\, d\nu \\ &= \frac{8\pi h}{c^3} \int_0^\infty \frac{\nu^3}{e^{h\nu/k_B T} - 1} d\nu \\ &= \frac{8\pi h}{15 c^3} \left(\frac{k_B T \pi}{h}\right)^4 \\ &= \frac{8\pi^5}{15 h^3 c^3} (k_B T)^4 \\ \therefore J &= \frac{1}{4} c u_T \\ &= \underbrace{\frac{2\pi^5 k_B^4}{15 h^3 c^2}}_{=\sigma} T^4 \\ &\equiv \sigma T^4 \end{aligned}$$

V Physik der Wärme

Anhang

Identitäten und Potenzreihen

A

A.1 Trigonometrische Identitäten

Pythagoras-Identität:

$$\sin^2\theta + \cos^2\theta = 1$$

Additionstheoreme:

$$\begin{aligned}
\sin(\theta_1 \pm \theta_2) &= \sin\theta_1\cos\theta_2 \pm \cos\theta_1\sin\theta_2 \\
\cos(\theta_1 \pm \theta_2) &= \cos\theta_1\cos\theta_2 \mp \sin\theta_1\sin\theta_2 \\
\tan(\theta_1 \pm \theta_2) &= \frac{\tan\theta_1 + \tan\theta_2}{1 \mp \tan\theta_1\tan\theta_2}
\end{aligned}$$

Identitäten doppelter Winkel:

$$\begin{aligned}
\sin 2\theta &= 2\sin\theta\cos\theta \\
\cos 2\theta &= \cos^2\theta - \sin^2\theta \\
&= 2\cos^2\theta - 1 \\
&= 1 - 2\sin^2\theta \\
\tan 2\theta &= \frac{2\tan\theta}{1-\tan^2\theta}
\end{aligned}$$

Identitäten von Summen und Produkten:

$$\begin{aligned}
\sin\theta_1 \pm \sin\theta_2 &= 2\sin\left(\frac{\theta_1 \pm \theta_2}{2}\right)\cos\left(\frac{\theta_1 \mp \theta_2}{2}\right) \\
\cos\theta_1 + \cos\theta_2 &= 2\cos\left(\frac{\theta_1 + \theta_2}{2}\right)\cos\left(\frac{\theta_1 - \theta_2}{2}\right) \\
\cos\theta_1 - \cos\theta_2 &= -2\sin\left(\frac{\theta_1 + \theta_2}{2}\right)\sin\left(\frac{\theta_1 - \theta_2}{2}\right) \\
\sin\theta_1\cos\theta_2 &= \frac{1}{2}\left(\sin(\theta_1+\theta_2) + \sin(\theta_1-\theta_2)\right) \\
\cos\theta_1\cos\theta_2 &= \frac{1}{2}\left(\cos(\theta_1+\theta_2) + \cos(\theta_1-\theta_2)\right) \\
\sin\theta_1\sin\theta_2 &= -\frac{1}{2}\left(\cos(\theta_1+\theta_2) - \cos(\theta_1-\theta_2)\right)
\end{aligned}$$

Identitäten der komplexen Exponenzialfunktion:

$$\begin{aligned}
r(\cos\theta + \mathrm{i}\sin\theta) &= r\mathrm{e}^{\mathrm{i}\theta} \qquad \text{(Euler-Formel)} \\
r(\cos\theta - \mathrm{i}\sin\theta) &= r\mathrm{e}^{-\mathrm{i}\theta}
\end{aligned}$$

$$\begin{aligned}
\therefore \sin\theta &= \frac{\mathrm{e}^{\mathrm{i}\theta} - \mathrm{e}^{-\mathrm{i}\theta}}{2\mathrm{i}} \\
\therefore \cos\theta &= \frac{\mathrm{e}^{\mathrm{i}\theta} + \mathrm{e}^{-\mathrm{i}\theta}}{2}
\end{aligned}$$

A.2 Potenzreihenentwicklung

Taylor-Entwicklung

Jede Funktion $f(x)$ kann als Potenzreihe in x um eine Stelle x_0 angenähert werden:

$$\begin{aligned}
f(x) &\simeq f(x_0) + \underbrace{\left(\frac{\mathrm{d}f}{\mathrm{d}x}\right)_{x_0}(x-x_0)}_{\text{linearer Anteil}} + \underbrace{\frac{1}{2!}\left(\frac{\mathrm{d}^2f}{\mathrm{d}x^2}\right)_{x_0}(x-x_0)^2}_{\text{quadratischer Anteil}} \\
&\quad + \underbrace{\frac{1}{3!}\left(\frac{\mathrm{d}^3f}{\mathrm{d}x^3}\right)_{x_0}(x-x_0)^3}_{\text{kubischer Anteil etc.}} + \ldots \\
&= \sum_{n=0}^{\infty}\frac{f^{(n)}(x_0)}{n!}(x-x_0)^n,
\end{aligned}$$

wobei $f^{(n)}(x_0)$ die n-te Ableitung von $f(x)$ ausgewertet bei $x = x_0$ ist.

Einige häufig vorkommende Potenzreihen (die Entwicklungen sind für alle realen Werte von x gültig):

$$\sin x \simeq x - \frac{x^3}{3!} + \frac{x^5}{5!} - \frac{\theta^7}{7!} + \ldots$$

$$\cos x \simeq 1 - \frac{x^2}{2!} + \frac{x^4}{4!} - \frac{\theta^6}{6!} + \ldots$$

$$e^x \simeq 1 + x + \frac{x^2}{2!} + \frac{x^3}{3!} + \frac{x^4}{4!} + \ldots$$

$$\therefore e^{ix} \simeq 1 + ix - \frac{x^2}{2!} - i\frac{x^3}{3!} + \frac{x^4}{4!} + \ldots$$

$$= \cos x + i \sin x \qquad \text{(Euler-Formel)}$$

Binomial-Expansion:

$$(1+x)^\alpha \simeq 1 + \alpha x + \frac{\alpha(\alpha-1)}{2!}x^2 + \frac{\alpha(\alpha-1)(\alpha-2)}{3!}x^3 + \ldots$$

$$\therefore (1+x)^\alpha \simeq 1 + \alpha x, \quad \text{für} \quad |x| \ll 1$$

Koordinatensysteme

B

Kartesische Koordinaten sowie Zylinder- und Kugelkoordinaten

	Kartesisch	**Zylindrisch**	**Sphärisch**
Koordinaten	(x,y,z) x: Länge entlang der x-Achse y: Länge entlang der y-Achse z: Länge entlang der z-Achse 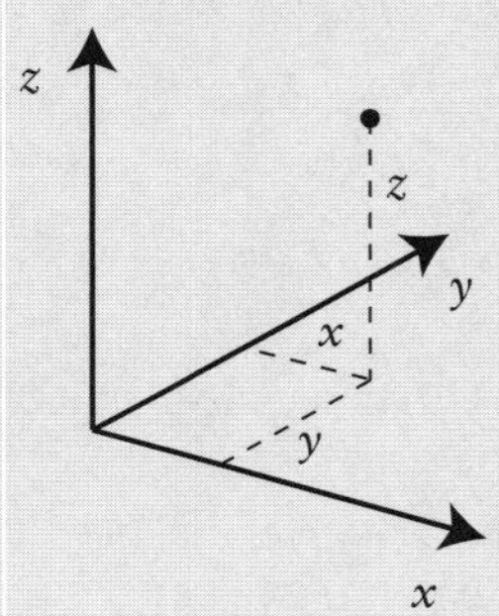 	(r,θ,z) r: $\perp$ Entfernung von der z-Achse θ: Winkel mit der x-Achse z: Länge entlang der z-Achse 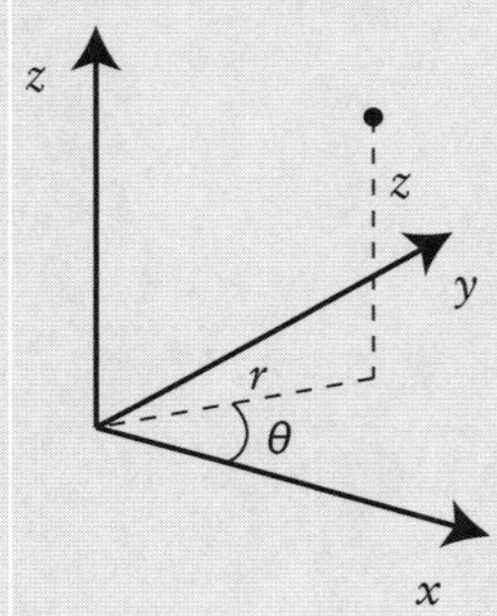 	(r,θ,ϕ) r: Abstand vom Ursprung θ: Winkel mit der z-Achse ϕ: Winkel der Projektion mit der x-Achse 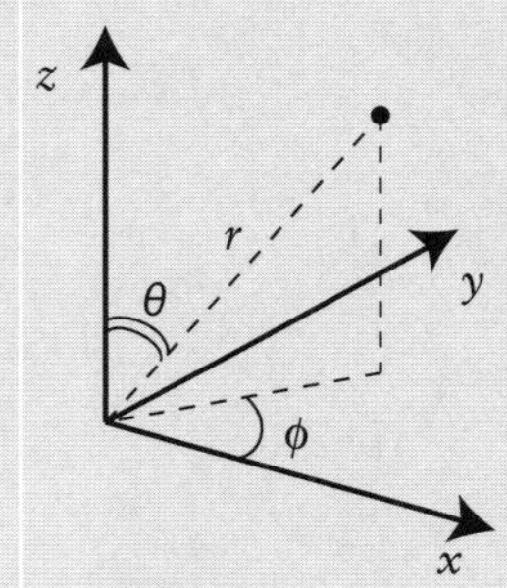
Transformationen **Indizes c und s dienen der Unterscheidung von zylindrischen und sphärischen Koordinaten.*	kartesisch → zylindrisch $r = \sqrt{x^2+y^2}$ $\theta = \tan^{-1}(y/x)$ $z = z$ kartesisch → sphärisch $r = \sqrt{x^2+y^2+z^2}$ $\theta = \cos^{-1}(z/r)$ $\phi = \tan^{-1}(y/x)$	zylindrisch → kartesisch $x = r\cos\theta$ $y = r\sin\theta$ $z = z$ zylindrisch → sphärisch $r_s = \sqrt{r_c^2+z^2}$ $\phi = \theta_c$ $\theta_s = \tan^{-1}(r_c/z)$	sphärisch → kartesisch $x = r\sin\theta\cos\phi$ $y = r\sin\theta\sin\phi$ $z = r\cos\theta$ sphärisch → zylindrisch $r_c = r_s\sin\theta_s$ $\theta_c = \phi$ $z = r_s\cos\theta_s$
Einheitsvektoren	$(\hat{\imath},\hat{\jmath},\hat{k})$	$(\hat{r},\hat{\theta},\hat{z})$	$(\hat{r},\hat{\theta},\hat{\phi})$
Linienelement ($d\vec{l}$)	$d\vec{l} = dx\,\hat{\imath} + dy\,\hat{\jmath} + dz\,\hat{k}$	$d\vec{l} = dr\,\hat{r} + r\,d\theta\,\hat{\theta} + dz\,\hat{z}$	$d\vec{l} = dr\,\hat{r} + r\,d\theta\,\hat{\theta} + r\sin\theta\,d\phi\,\hat{\phi}$
Flächenelement ($d\vec{s}$)	$d\vec{s} = dy\,dz\,\hat{\imath} + dx\,dz\,\hat{\jmath}$ $+ dx\,dy\,\hat{k}$	$d\vec{s} = r\,d\theta\,dz\,\hat{r} + dr\,dz\,\hat{\theta}$ $+ r\,dr\,d\theta\,\hat{z}$	$d\vec{s} = \underbrace{r^2\sin\theta\,d\theta\,d\phi}_{=d\Omega}\,\hat{r} + r\sin\theta\,dr\,d\phi\,\hat{\theta}$ $+ r\,dr\,d\theta\,\hat{\phi}$
Volumenelement ($d\tau$)	$d\tau = dx\,dy\,dz$	$d\tau = r\,dr\,d\theta\,dz$	$d\tau = r^2\sin\theta\,dr\,d\theta\,d\phi$

Vektoren und Vektoranalysis

C

Anhang

C.1 Identitäten von Vektoren

Spatprodukt und doppeltes Kreuzprodukt:

$$\vec{F}\cdot\left(\vec{G}\times\vec{H}\right)=\vec{G}\cdot\left(\vec{H}\times\vec{F}\right)$$
$$=\vec{H}\cdot\left(\vec{F}\times\vec{G}\right)$$
$$\vec{F}\times\left(\vec{G}\times\vec{H}\right)=\vec{G}\left(\vec{F}\cdot\vec{H}\right)-\vec{H}\left(\vec{F}\cdot\vec{G}\right)$$

Produktregel:

Regeln für Gradienten. Der grad-Operator (∇) wirkt auf skalare Funktionen und erzeugt einen Vektor:

$$\nabla(fg)=f(\nabla g)+g(\nabla f)$$
$$\nabla\left(\vec{F}\cdot\vec{G}\right)=\vec{F}\times\left(\nabla\times\vec{G}\right)+\vec{G}\times\left(\nabla\times\vec{F}\right)$$
$$+\left(\vec{F}\cdot\nabla\right)\vec{G}+\left(\vec{G}\cdot\nabla\right)\vec{F}$$

Regeln für Divergenzen. Der div-Operator ($\nabla\cdot$) wirkt auf vektorwertige Funktionen und erzeugt einen Skalar:

$$\nabla\cdot\left(f\vec{F}\right)=f\left(\nabla\cdot\vec{F}\right)+\vec{F}\cdot(\nabla f)$$
$$\nabla\cdot\left(\vec{F}\times\vec{G}\right)=\vec{G}\cdot\left(\nabla\times\vec{F}\right)-\vec{F}\cdot\left(\nabla\times\vec{G}\right)$$

Regeln für Rotationen. Der rot-Operator ($\nabla\times$) wirkt auf vektorwertige Funktionen und erzeugt einen Vektor:

$$\nabla\times\left(f\vec{F}\right)=f\left(\nabla\times\vec{F}\right)-\vec{F}\times(\nabla f)$$
$$\nabla\times\left(\vec{F}\times\vec{G}\right)=\left(\vec{G}\cdot\nabla\right)\vec{F}-\left(\vec{F}\cdot\nabla\right)\vec{G}$$
$$+\vec{F}\left(\nabla\cdot\vec{G}\right)-\vec{G}\left(\nabla\cdot\vec{F}\right)$$

Zweite Ableitungen:

$$\nabla\cdot\left(\nabla\times\vec{F}\right)=0$$
$$\nabla\times(\nabla f)=0$$
$$\nabla\times\left(\nabla\times\vec{F}\right)=\nabla\left(\nabla\cdot\vec{F}\right)-\nabla^2\vec{F}$$

Satz von Gauß und Satz von Stokes:

Gauß'scher Satz: $\int\limits_V\left(\nabla\cdot\vec{F}\right)\mathrm{d}\tau=\oint\limits_S\vec{F}\cdot\mathrm{d}\vec{s}$

Stokes'scher Satz: $\int\limits_S\left(\nabla\times\vec{F}\right)\cdot\mathrm{d}\vec{s}=\oint\limits_L\vec{F}\cdot\mathrm{d}\vec{l}$

C.2 Ableitungen von Vektoren

Kartesische Koordinaten:

$$\nabla f=\frac{\partial f}{\partial x}\hat{\imath}+\frac{\partial f}{\partial y}\hat{\jmath}+\frac{\partial f}{\partial z}\hat{k}$$
$$\nabla\cdot\vec{F}=\frac{\partial F_x}{\partial x}+\frac{\partial F_y}{\partial y}+\frac{\partial F_z}{\partial z}$$
$$\nabla\times\vec{F}=\left(\frac{\partial F_z}{\partial y}-\frac{\partial F_y}{\partial z}\right)\hat{\imath}+\left(\frac{\partial F_x}{\partial z}-\frac{\partial F_z}{\partial x}\right)\hat{\jmath}$$
$$+\left(\frac{\partial F_y}{\partial x}-\frac{\partial F_x}{\partial y}\right)\hat{k}$$
$$\nabla^2 f=\frac{\partial^2 f}{\partial x^2}+\frac{\partial^2 f}{\partial y^2}+\frac{\partial^2 f}{\partial z^2}$$

Zylinderkoordinaten:

$$\nabla f=\frac{\partial f}{\partial r}\hat{r}+\frac{1}{r}\frac{\partial f}{\partial\theta}\hat{\theta}+\frac{\partial f}{\partial z}\hat{z}$$
$$\nabla\cdot\vec{F}=\frac{1}{r}\frac{\partial(rF_r)}{\partial r}+\frac{1}{r}\frac{\partial F_\theta}{\partial\theta}+\frac{\partial F_z}{\partial z}$$
$$\nabla\times\vec{F}=\left(\frac{1}{r}\frac{\partial F_z}{\partial\theta}-\frac{\partial F_\theta}{\partial z}\right)\hat{r}+\left(\frac{\partial F_r}{\partial z}-\frac{\partial F_z}{\partial r}\right)\hat{\theta}$$
$$+\frac{1}{r}\left(\frac{\partial(rF_\theta)}{\partial r}-\frac{\partial F_r}{\partial\theta}\right)\hat{z}$$
$$\nabla^2 f=\frac{1}{r}\frac{\partial}{\partial r}\left(r\frac{\partial f}{\partial r}\right)+\frac{1}{r^2}\frac{\partial^2 f}{\partial\theta^2}+\frac{\partial^2 f}{\partial z^2}$$

Kugelkoordinaten:

$$\nabla f = \frac{\partial f}{\partial r}\hat{r} + \frac{1}{r}\frac{\partial f}{\partial \theta}\hat{\theta} + \frac{1}{r\sin\theta}\frac{\partial f}{\partial \phi}\hat{\phi}$$

$$\nabla \cdot \vec{F} = \frac{1}{r^2}\frac{\partial}{\partial r}\left(r^2 F_r\right) + \frac{1}{r\sin\theta}\frac{\partial}{\partial \theta}\left(\sin\theta F_\theta\right) + \frac{1}{r\sin\theta}\frac{\partial F_\phi}{\partial \phi}$$

$$\begin{aligned}\nabla \times \vec{F} = {} & \frac{1}{r\sin\theta}\left(\frac{\partial}{\partial \theta}\left(F_\phi \sin\theta\right) - \frac{\partial F_\theta}{\partial \phi}\right)\hat{r} \\ & + \frac{1}{r}\left(\frac{1}{\sin\theta}\frac{\partial F_r}{\partial \phi} - \frac{\partial}{\partial r}\left(rF_\phi\right)\right)\hat{\theta} \\ & + \frac{1}{r}\left(\frac{\partial}{\partial r}\left(rF_\theta\right) - \frac{\partial F_r}{\partial \theta}\right)\hat{\phi}\end{aligned}$$

$$\nabla^2 f = \frac{1}{r^2}\left(r^2\frac{\partial f}{\partial r}\right) + \frac{1}{r^2\sin\theta}\left(\sin\theta\frac{\partial f}{\partial \theta}\right) + \frac{1}{r^2\sin^2\theta}\frac{\partial^2 f}{\partial \phi^2}$$

Einheiten

D

D.1 Newton'sche Mechanik und spezielle Relativitätstheorie

Parameter	Symbol	Einheit
Zeit	t	[s]
Masse	m	[kg]
Auslenkung	$\vec{x}$	[m]
Geschwindigkeit	$\vec{v}$	[m s^{-1}]
Beschleunigung	$\vec{a}$	[m s^{-2}]
Impuls	$\vec{p}$	[kg m s^{-1}]
Kraft	$\vec{F}$	[N]
Ruhemasse	m	[kg]
gravitative Masse	m_g	[kg]
Stoß	$\vec{I}$	[kg m s^{-1}]
Energie	E	[J]
Arbeit	W	[J]
Leistung	P	[W]
kinetische Energie	T	[J]
potenzielle Energie	V	[J]
Wärme	Q	[J]
Dämpfungskonstante	Γ	[N s m^{-1}]
Federkonstante	k	[N m^{-1}]
Stoßzahl	ε	dimensionslos
Eigenfrequenz	ω_0	[s^{-1}]
Gütefaktor	Q	dimensionslos
Resonanzfrequenz	ω_R	[s^{-1}]
Winkelauslenkung	$\vec{\theta}$	[rad]
Winkelgeschwindigkeit/-frequenz	$\vec{\omega}$	[rad s^{-1}]
Winkelgeschwindigkeit	$\vec{\alpha}$	[rad s^{-2}]
Drehimpuls	$\vec{\tau}$	[N m]
Drehmoment	$\vec{L}$	[kg m^2 s^{-1}]
Zentrum der Masse	$\vec{R}, \vec{r}_{cm}$	[m]
Trägheitsmoment	I	[kg m^2]
reduzierte Masse	μ	[kg]
Lorentz-Faktor	γ	dimensionslos
Beta-Faktor	β	dimensionslos

D.2 Elektromagnetismus

Parameter	Symbol	Einheit
elektrische Ladung	Q	[C]
Linienladung	λ	[C m^{-1}]
Flächenladung	σ	[C m^{-2}]
Volumenladung	ρ	[C m^{-3}]
elektrisches Feld	$\vec{E}$	[N C^{-1} oder V m^{-1}]
elektrischer Fluss	Φ_E	[N C^{-1} m^2]
elektrisches Potenzial	V	[V]
elektrische Energie	U_E	[J]
elektrische Energiedichte	u_E	[J m^{-3}]
elektrisches Dipolmoment	$\vec{p}$	[C m]
Kapazität	C	[F]
Strom	I	[A]
Oberflächenstromdichte	$\vec{K}$	[A m^{-1}]
Volumenstromdichte	$\vec{J}$	[A m^{-2}]
magnetisches Feld	$\vec{B}$	[T]
magnetischer Fluss	Φ_B	[Wb]
magnetisches Vektorpotenzial	$\vec{A}$	[T m]
magnetisches Dipolmoment	$\vec{m}$	[A m^2]
Widerstand	R	[Ω]
spezifischer Widerstand	ρ	[Ω m]
spezifische Leitfähigkeit	σ	[S m^{-1}]
Induktion	L	[H]
komplexe Impedanz	$\tilde{Z}$	[Ω]
Gütefaktor	Q	dimensionslos
elektromotorische Kraft (EMK)	ξ	[V]
Eigeninduktion	L	[H]
Gegeninduktion	M	[H]
magnetische Energie	U_B	[J]
magnetische Energiedichte	u_B	[J m^{-3}]
Verschiebungsstrom	I_D	[A]
Polarisation	$\vec{P}$	[C m^{-2}]
elektrische Suszeptibilität	χ_e	dimensionslos
gebundene Ladung	q_g	[C]

Parameter	Symbol	Einheit
gebundene Oberflächenladung	σ_g	[C m^{-2}]
gebundene Volumenladung	ρ_g	[C m^{-3}]
Polarisationstromdichte	$\vec{J}_p$	[A m^{-2}]
elektrische Flussdichte	$\vec{D}$	[C m^{-2}]
Permittivität	ε	[F m^{-2}]
relative Permittiviät	ε_r	dimensionslos
Magnetisierung	$\vec{M}$	[A m^{-1}]
gebundener Strom	$\vec{I}_\mathrm{b}$	[A]
gebundene Oberflächenstromdichte	$\vec{K}_\mathrm{b}$	[A m^{-1}]
gebundene Volumemstromdichte	$\vec{J}_\mathrm{b}$	[A m^{-2}]
magnetisches Hilfsfeld	$\vec{H}$	[A m^{-1}]
magnetische Suszeptibilität	χ_m	dimensionslos
Permeabilität	μ	[H m^{-1}]
relative Permeabilität	μ_r	dimensionslos
Wellenvektor	$\vec{k}$	[m^{-1}]
Winkelfrequenz	ω	[s^{-1}]
charakteristische Impedanz	Z	[Ω]
Poynting-Vektor	$\vec{S}$	[W m^{-2}]
Strahlungsdruck	$\vec{R}$	[Pa]
Brechungsindex	n	dimensionslos
Brewsterwinkel	θ_B	[°]

D.3 Wellen und Optik

Parameter	Symbol	Einheit
Wellenlänge	λ	[m]
Wellenzahl	k	[rad m^{-1}]
Zeitperiode	T	[s]
Frequenz	f	[s^{-1}]
Winkelfrequenz	ω	[rad s^{-1}]
Wellengeschwindigkeit	v	[m s^{-1}]
Phasengeschwindigkeit	v_p	[m s^{-1}]
Gruppengeschwindigkeit	v_g	[m s^{-1}]
Brechungsindex	n	dimensionslos
Objektabstand	u	[m]
Bildabstand	v	[m]
Fokuslänge	f	[m]
Krümmungsradius	R	[m]
Vergrößerung	M	dimensionslos
Fresnelzahl	F	dimensionslos
Winkeldispersion	D	[m^{-1}]
Auflösungsvermögen	R	dimensionslos

D.4 Quantenphysik

Parameter	Symbol	Einheit
Masse	m	[kg]
Energie	E	[J]
Impuls	p	[kg m s^{-1}]
Wellenlänge	λ	[m]
Wellenzahl	k	[rad m^{-1}]
Frequenz	f, ν	[s^{-1}]
Winkelfrequenz	ω	[rad s^{-1}]
kinetische Energie	T	[J]
potenzielle Energie	V	[J]
Wellenfunktion	$\psi(x,t)$	dimensionslos

D.5 Wärmephysik

Parameter	Symbol	Einheit
Druck	p	[Pa]
Temperatur	T	[K]
Volumen	V	[m^3]
Zahl der Mol	n	[mol]
Zahl der Teilchen	N	dimensionslos
Energie	ε	[J]
Geschwindigkeit	v	[m s^{-1}]
Masse	m	[kg]
innere Energie	U	[J]
Wärme	Q	[J]
Arbeit	W	[J]
Wärmekapazität	C	[J K^{-1}]
spezifische Wärmekapazität	c	[J K^{-1} kg^{-1}]
molare Wärmekapazität	c_m	[J K^{-1} mol^{-1}]
Wärmekapazität bei konstantem Volumen	C_V	[J K^{-1}]
Wärmekapazität bei konstantem Druck	C_p	[J K^{-1}]
Polytropenindex	γ	dimensionslos
Anzahl der Freiheitsgrade	f	dimensionslos
spezifische latente Wärme	L	[J kg^{-1}]
Teilchenzahldichte	n_p	[m^{-3}]
Teilchenstrom	Φ, J	[m^{-2} s^{-1}]
Effusionsrate	R_E	[m^{-2} s^{-1}]
mittlerer freier Weg	λ	[m]
Streuquerschnitt	σ	[m^2]

Parameter	Symbol	Einheit
Diffusionskoeffizient	D	$[\mathrm{m^2\,s^{-1}}]$
Diffusionslänge	L_D	[m]
Scherspannung	P_x	[Pa]
Viskosität	η	[Pa s]
Wärmefluss	j_z	$[\mathrm{J\,m^{-2}\,s^{-1}}]$
thermische Leitfähigkeit	κ	$[\mathrm{W\,m^{-1}\,K^{-1}}]$
Entropie	S	$[\mathrm{J\,K^{-1}}]$
Helmholtz'sche freie Energie	F	[J]
Enthalpie	H	[J]
Gibbs'sche freie Energie	G	[J]
chemisches Potenzial	μ	[J]
molares Volumen	v	$[\mathrm{m^3\,mol^{-1}}]$
Boyle-Temperatur	T_B	[K]
isothermische Kompressibilität	κ_T	$[\mathrm{m^2\,N^{-1}}]$
Joule-Koeffizient	α_J	$[\mathrm{K\,m^{-3}}]$
Joule-Thomson-Koeffizient	μ_J	$[\mathrm{K\,Pa^{-1}}]$
Wellenzahl	k	$[\mathrm{rad\,m^{-1}}]$
Winkelfrequenz	ω	$[\mathrm{rad\,s^{-1}}]$
Zustandssumme	Z	dimensionslos
Fermienergie	E_F	[J]
de-Broglie-Wellenlänge	λ_{db}	[m]
Reflexionsrate	ρ	dimensionslos
Transmissionsrate	τ	dimensionslos
Absorbtionsrate	α	dimensionslos
Emissionsrate	e	dimensionslos
Energiestrom	J	$[\mathrm{W\,m^{-2}}]$

Naturkonstanten

E

Parameter	Symbol	Wert	Einheit
Ortsfaktor	g	9.81	[$\mathrm{m\,s^{-2}}$]
Gravitationskonstante	G	$6.67 \cdot 10^{-11}$	[$\mathrm{m^3\,kg^{-1}\,s^{-2}}$]
Lichtgeschwindigkeit im Vakuum	c	$3.00 \cdot 10^{8}$	[$\mathrm{m\,s^{-1}}$]
Elementarladung	e	$1.60 \cdot 10^{-19}$	[C]
Permittivität im Vakuum	ε_0	$8.85 \cdot 10^{-12}$	[$\mathrm{F\,m^{-1}}$]
Permeabilität im Vakuum	μ_0	$4\pi \cdot 10^{-7}$	[$\mathrm{N\,A^{-2}}$]
Impedanz im Vakuum	Z_0	377	[Ω]
Elektronenmasse	m_e	$9.11 \cdot 10^{-31}$	[kg]
Planck'sches Wirkungsquantum	h	$6.63 \cdot 10^{-34}$	[J s]
reduziertes Planck'sches Wirkungsquantum	$\hbar$	$1.05 \cdot 10^{-34}$	[J s]
Bohr'sches Magneton	μ_B	$9.27 \cdot 10^{-24}$	[$\mathrm{J\,T^{-1}}$]
Bohr'scher Radius	a_0	$5.29 \cdot 10^{-11}$	[m]
Bindungsenergie vom Wasserstoffgrundzustand	E_1	-13.6	[eV]
Feinstrukturkonstante	α	1/137	dimensionslos
Rydbergkonstante	R_H	$1.10 \cdot 10^{7}$	[$\mathrm{m^{-1}}$]
Avogadrokonstante	N_A	$6.02 \cdot 10^{23}$	[$\mathrm{mol^{-1}}$]
universelle Gaskonstante	R	8.31	[$\mathrm{J\,K^{-1}\,mol^{-1}}$]
Boltzmannkonstante	k_B	$1.38 \cdot 10^{-23}$	[$\mathrm{J\,K^{-1}}$]
Stefan-Boltzmann-Konstante	σ	$5.67 \cdot 10^{-8}$	[$\mathrm{W\,m^{-2}\,K^{-4}}$]

Sachverzeichnis

Printing: Ten Brink, Meppel, The Netherlands
Binding: Stürtz, Würzburg, Germany